합격Easy 기계설계 산업기사 필기

2025

- NCS 기반, 변경된 출제기준에 의한 개편 구성
- 체계적인 단원 분류 및 핵심 이론 정리
- 국제적으로 일반화된 SI 단위 적용
- 최근 CBT 최종모의고사 수록

정연택 저

SCAN ME!
http://www.kkwbooks.com
도서출판 건기원

질의응답
사이트 운영

머리말

컴퓨터 산업의 발달로 **CAD**(Computer Aided Design)/**CAM**(Computer Aided Manufacturing)의 응용범위가 더욱 확대되어 **CAE**(Computer Aided Engineering) 등으로 발전하고 있으며, 기계 분야의 주요 부분을 차지하고 있는 제품개발, 설계, 생산기술 부문에서 앞으로 최첨단 기계개발과 촉진이 끊임없이 요구될 것이다.

본 교재는 수년간의 실무경험과 강의 경험을 통해 기계설계산업기사를 준비하는 수험생들에게 단기간에 가장 효율적인 학습이 되도록 변경된 출제기준에 맞게 새롭게 구성하였고, 수험자가 반드시 알아야 할 중요한 내용을 요약·정리하였으며, 출제 가능성이 높은 엄선된 예상 문제를 선정·수록하여 기계설계산업기사 시험에 대비할 수 있도록 최선을 다하였다.

본 교재의 특징

- 변경된 최신 출제기준에 의한 새로운 핵심 이론을 구성하였다.
- 수험자가 단기간에 완성할 수 있도록 한국산업인력공단 출제기준안에 준하여 각 과목별로 단원을 분류 체계적으로 요약·정리하였다.
- 각 단원별 출제 가능성이 높은 엄선된 형성평가 문제를 수록, 상세한 해설로 쉽게 이해하도록 하였다.
- 국제적으로 일반화된 SI 단위를 적용하였다.
- CBT 최종모의고사를 자세한 해설과 함께 수록하였고, 수험생의 응용력을 배양할 수 있도록 하였다.

본 교재가 기계설계산업기사 자격시험 합격에 도움이 되기를 간절히 기원하며 차후 변경되는 출제경향 및 CBT 검정 문제 등을 참고하여 계속 보완하도록 하겠다.

끝으로 본 교재를 출간하면서 도움을 주시고 지도하여 주신 모든 선·후배들께 감사드리며 도서출판 건기원 직원 여러분에게 진심으로 감사드린다.

저자 씀

출제기준(필기)

직무 분야	기계	중직무 분야	기계제작	자격 종목	기계설계산업기사	적용 기간	2025.1.1. ~ 2025.12.31.
○ **직무내용**: 산업체에서 제품개발, 설계, 생산기술 부문의 기술자들이 치공구를 포함한 기계의 부품도, 조립도 등을 설계하며, 연구, 생산관리, 품질관리 및 설비관리 등을 수행하는 직무이다.							
필기 검정 방법		객관식		문제수	60	시험시간	1시간 30분

필기 과목명	주요항목	주요항목	세세 항목
기계제도	1. 도면분석	1. 도면 분석	1. 도면(설계) 양식과 규격 2. 설계사양서 3. 표준부품 4. 산업표준(KS, ISO)
		2. 요소부품 투상	1. 투상법 2. 조립도 3. 부품도
	2. 도면검토	1. 주요치수 및 공차 검토	1. 치수기입 2. 치수공차 3. 기하공차 4. 끼워맞춤 5. 표면거칠기 6. 표준부품의 호환성
		2. 도면해독 검토	1. 작업방법 2. 작업설비 3. 재료선정 및 중량 산출 4. 부품별 기능파악
	3. 2D도면작업	1. 작업환경설정	1. 사용자 환경 설정 2. 선의 종류와 용도 3. 도면 출력 양식
		2. 도면작성	1. 좌표계 2. 도면작성 3. 형상 비교·검토
	4. 형상모델링 작업	1. 모델링 작업 준비	1. 사용자 환경 설정
		2. 모델링 작업	1. 스케치 작업 2. 모델링 작업 3. 모델링 편집 4. 좌표계의 종류 및 특성

필기 과목명	주요항목	주요항목	세세 항목
기계제도	5. 형상모델링검토	1. 모델링 분석	1. 모델링 분석 2. 모델링 보정
		2. 모델링 데이터 출력	1. 3D-2D 데이터변환 2. 도면 출력 양식
기계요소설계	1. 체결요소설계	1. 요구기능 파악 및 선정	1. 나사 2. 키 3. 핀 4. 리벳 5. 용접 6. 볼트·너트 7. 와셔 8. 코터
		2.. 체결요소 설계	1. 자립조건 2. 체결요소 풀림방지 3. 체결요소의 강도, 강성, 피로, 부식방지 4. 표면처리 방법
	2. 동력전달요소설계	1. 요구기능 파악 및 선정	1. 축 2. 축이음 3. 베어링 4. 마찰차 5. 기어 6. 캠 7. 벨트 8. 로프 9. 체인 10. 브레이크 등
		2. 동력전달요소 설계	1. 동력전달요소 설계 2. 동력전달 사양설정 3. 동력전달 구현방법 4. 동력전달력 계산
	3. 치공구요소설계	1. 요구기능 파악	1. 치공구의 기능과 특성 2. 공정별 가공 공정 이해
		2. 치공구요소 선정	1. 치공구의 종류 2. 치공구의 사용법 3. 공작물의 위치결정 4. 공작물 클램핑 5. 치공구 작업안전
		3. 치공구요소 설계	1. 고정구(Fixture)설계 2. 지그(Jig)설계

필기 과목명	주요항목	주요항목	세세 항목
기계재료 및 측정	1. 요소부품 재질선정	1. 요소부품 재료 파악	1. 철강재료 2. 비철재료 3. 비금속재료
		2. 최적요소부품 재질 선정	1. 재질의 파악 2. 재질 적합성 검토 3. 재료의 특성 4. 재료의 원가
		3. 요소부품 공정 검토	1. 공작기계의 종류 및 용도 2. 선반가공 3. 밀링가공 4. 기타 절삭가공 5. 기계가공 관련 안전수칙
		4. 열처리 방법 결정	1. 강의 열처리 2. 표면처리
	2. 기본측정기사용	1. 작업계획 파악	1. 도면해독
		2. 측정기 선정	1. 측정기 종류 2. 측정 보조기구 선정
		3. 기본측정기 사용	1. 측정기 사용방법 2. 측정기 영점조정 3. 측정 오차 4. 측정기 측정값 읽기

※ 자세한 출제기준은 한국산업인력공단(http://www.q-net.or.kr)에서 확인하실 수 있습니다.

CBT 필기시험 미리 보기

http://www.q-net.or.kr

처음 방문하셨나요?
큐넷 서비스를 **미리** 체험해보고 사이트를 쉽고 빠르게 이용할 수 있는 **이용 안내, 큐넷 길라잡이**를 제공

- 큐넷 체험하기
- CBT 체험하기
- 이용안내 바로 가기
- 큐넷길라잡이 보기
- 동영상 실기시험 체험하기
- 전문자격시험체험학습관 바로 가기

이용방법 큐넷에 **접속**한 후, 메인 화면 하단의 《CBT 체험하기》 **버튼**을 클릭한다.

이 책의 차례 CONTENTS

PART 1 기계제도

Chapter 01 도면 분석 · 12

1. 도면 분석 · 12
  ◎ 형성평가 · 35
2. 요소부품 투상 · 51
  ◎ 형성평가 · 71

Chapter 02 도면 검토 · 91

1. 주요치수 및 공차 검토 · 91
  ◎ 형성평가 · 145
2. 도면해독 검토 · 171
  ◎ 형성평가 · 186

Chapter 03 2D 도면 작업 · 191

1. 작업 환경 설정 · 191
  ◎ 형성평가 · 209
2. 도면작성 · 216
  ◎ 형성평가 · 236

Chapter 04 형상모델링 작업 · 245

1. 모델링 작업 준비 · 245
  ◎ 형성평가 · 258
2. 모델링 작업 · 264
  ◎ 형성평가 · 296

Chapter 05 형상모델링 검토 · 312

1. 모델링 분석 · 312
  ◎ 형성평가 · 321
2. 모델링 데이터 출력 · 325
  ◎ 형성평가 · 331

기계설계산업기사

PART 2 기계요소 설계

Chapter 01 체결요소 설계　　　　　　　　　　　　　　336

1. 요구기능 파악 및 선정 ································· 336
　◎ 형성평가 ·· 363
2. 체결요소 설계 ··· 380
　◎ 형성평가 ·· 397

Chapter 02 동력전달요소 설계　　　　　　　　　　　406

1. 요구기능 파악 및 선정 ································· 406
　◎ 형성평가 ·· 477
2. 동력전달요소 설계 ·· 517

Chapter 03 치공구요소 설계　　　　　　　　　　　　529

1. 요구기능 파악 ··· 529
　◎ 형성평가 ·· 543
2. 치공구요소 선정 ·· 547
　◎ 형성평가 ·· 630
3. 치공구요소 설계 ·· 662
　◎ 형성평가 ·· 697

PART 3 기계재료 및 측정

Chapter 01 요소부품 재질선정 ········ 710

1. 요소부품 재료 파악 ·········· 710
   - 형성평가 ·········· 764
2. 최적 요소부품 재질선정 ·········· 793
   - 형성평가 ·········· 805
3. 요소부품 공정 검토 ·········· 810
   - 형성평가 ·········· 855
4. 열처리 방법 결정 ·········· 890
   - 형성평가 ·········· 903

Chapter 02 기본측정기 사용 ········ 911

1. 작업계획 파악 ·········· 911
   - 형성평가 ·········· 917
2. 측정기 선정 ·········· 921
   - 형성평가 ·········· 948
3. 기본측정기 사용 ·········· 958
   - 형성평가 ·········· 996

부록 CBT 최종모의고사

- ▶ CBT 최종모의고사 1회 ·········· 1006
- ▶ CBT 최종모의고사 2회 ·········· 1023
- ▶ CBT 최종모의고사 3회 ·········· 1040
- ▶ CBT 최종모의고사 4회 ·········· 1059

Part 1

기계제도

01 도면 분석
02 도면 검토
03 2D 도면 작업
04 형상모델링 작업
05 형상모델링 검토

Chapter 01 도면 분석

1 도면 분석

1. 도면(설계) 양식과 규격

1) 설계자료수집 및 표준규격

① 도면을 설계하는 것은 새로운 부품을 제작하거나 기존 부품의 개조·개량 등 다양한 요구사항을 도면으로 표현하는 작업이다.
② 기계부품이나 설비의 제작을 위한 도면 설계에서 가장 먼저 해야 할 일은 그 도면의 용도를 명확하게 파악하는 것이다.
③ 세부적인 작업요구사항을 확인하고 그 용도에 맞는 기계요소의 선정을 비롯하여 각종 규격과 부품의 재질은 물론 끼워맞춤 공차와 표면 다듬질 정도 등 도면작성 전반에 대한 지식을 사전에 충분히 숙지하고 이와 관련한 필요한 자료를 수집하여 도면을 작성하여야 한다.
④ 조립품의 경우 여러 개의 부품들이 상호 조립되어 하나의 요구하는 기능을 효과적으로 발휘하기 위해서는 부품 상호 간 각종 공차와 작동하는 원리 등에 대한 지식은 필수이다.

2) 도면의 양식과 규격

(1) 도면의 양식

① 윤곽 및 윤곽선(border & borderline)
도면에 담아 넣는 내용을 기재하는 역할을 명확히 하고, 용지의 가장자리에서 생기는 손상으로 개재 사항을 해치지 않도록, 도면에는 윤곽을 마련한다. 윤곽의 크기는 0.7mm 굵기의 실선으로 긋는다.

② 표제란(title block, title panel)
표제란은 도면 관리에 필요한 사항과 도면 내용에 관한 정형적인 사항 등을 정리하고 기입하기 위하여 윤곽선 오른편 아래 구석의 안쪽에 설정하고, 이것을 도면의 정위치로 한다. 표제란에는 도면번호, 도면 명칭, 기업(단체)명, 책임자의 서명, 도면작성 연월일, 척도, 투상법 등을 기입한다. 표제란 문자는 도면의 정위치에서 읽는 방향으로

TIP

설정하지 않으면 안 되는 사항
도면의 윤곽 – 윤곽선, 중심마크, 표제란

설정하는 것이 바람직한 사항
비교눈금, 도면의 구역 – 구분 기호, 재단마크

기입하고, 도면번호란은 표제란 중 가장 오른편 아래에 길이 170mm 이하로 마련한다.

③ 부품란(item block)

부품란은 도면에 나타난 대상물 또는 구성 부품의 세부 내용을 기입하기 위해서 일반적으로 도면의 오른편 아래 표제란 위 또는 도면의 오른편 위에 설정한다. 부품란에는 부품번호(품번), 부품명칭(품명), 재질, 수량, 무게, 공정, 비고란 등을 마련한다. 이때 부품번호는 부품란이 오른편 위에 위치할 때에는 위에서 아래로, 오른편 아래에 위치할 때에는 아래에서 위로 나열하여 기록한다.

④ 중심마크(centering mark)

중심마크는 도면을 마이크로필름에 촬영하거나 복사할 때의 편의를 위하여 마련한다. 윤곽선 중앙으로부터 용지의 가장자리에 이르는 굵기 0.5mm의 수직한 직선으로, 허용치는 ±5mm로 한다.

⑤ 비교눈금(metric reference graduation)

비교눈금은 도면을 축소 또는 확대했을 경우, 그 정도를 알기 위해 도면의 아래쪽에 중심마크를 중심으로 하여 마련한다.

⑥ 도면을 접을 경우의 크기

복사한 도면을 접을 때는 그 크기를 원칙적으로 210×297mm(A4 크기)로 한다. 이때 표제란에 기입한 도면 번호 또는 도면 명칭이 접은 최상면에 나타나도록 하여야 한다. 그러나 원도는 접지 않는 것이 보통이며 원도를 말아서 보관할 경우 안지름을 40[mm] 이상으로 한다.

(2) 도면의 규격

원도 및 복사한 도면의 마무리 치수는 종이의 재단치수에서 규정하는 A0~A4에 따른다. 제도용지의 크기는 A열 사이즈를 사용한다. 다만, 연장하는 경우에는 연장 사이즈를 사용한다. 제도용지의 세로와 가로의 비는 1 : $\sqrt{2}$이며, 원도의 크기는 긴 쪽을 좌우 방향으로 놓고 사용한다. 다만 A4는 짧은 쪽을 좌우 방향으로 놓고 사용할 수 있다.

〈표 1-1〉 종이의 재단 치수

호칭방법		A0	A1	A2	A3	A4
a × b		841×1189	594×841	420×594	297×420	210×297
C(최소)		20	20	10	10	10
d(최소)	철하지 않을 때	20	20	10	10	10
	철할 때	25	25	25	25	25

TIP

부품란
대조 번호, 도면의 내역란

TIP

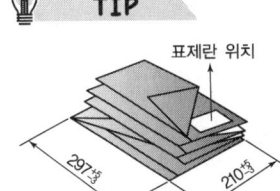

(a) 철할 경우

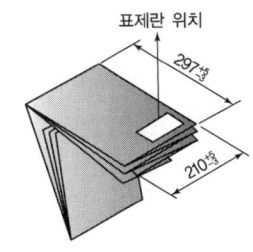

(b) 철하지 않을 경우

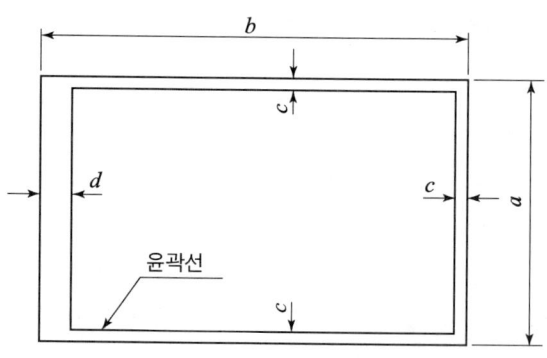

[그림 1-1] 제도용지의 세로와 가로의 비 $1:\sqrt{2}$

3) 척도

(1) 척도의 종류

도면에 사용하는 척도는 다음에 따른다.
① 축척 : 실물을 축소해서 그린 도면
② 현척(실척) : 실물과 같은 크기로 그린 도면
③ 배척 : 실물을 확대해서 그린 도면
④ NS(Non Scale) : 비례척이 아닌 임의의 척도

(2) 척도의 표시방법

척도는 A : B로 표시한다.

여기서, A : 도면에서의 크기
B : 물체의 실제 크기

〈표 1-2〉 축척, 현척, 배척의 값

척도의 종류	란	값
축 척	1	1 : 2 1 : 5 1 : 10 1 : 20 1 : 50 1 : 100 1 : 200
	2	$1:\sqrt{2}$ 1 : 2.5 $1:2\sqrt{2}$ 1 : 3 1 : 4 $1:5\sqrt{2}$ 1 : 25 1 : 250
현 척		1 : 1
배 척	1	2 : 1 5 : 1 10 : 1 20 : 1 50 : 1
	2	$\sqrt{2}:1$ $2.5:\sqrt{2}:1$ 100 : 1

[비고] 1란의 척도를 우선으로 사용한다.

(3) 척도의 기입방법

척도는 도면의 표제란에 기입한다. 같은 도면에 다른 척도를 사용할 때는 필요에 따라 도면의 부근에 도면의 부품도 위쪽에 기입한다. 도형이 치수에 비례하지 않는 경우에는 그 취지를 적당한 곳에 명기한다.

 TIP

척도(scale)
실물의 크기에 대한 도면에 작도된 도형의 크기와의 비율로서 길이의 비를 의미한다.

 TIP

축척의 경우
1 : 2, $1:2\sqrt{2}$, 1 : 10

현척의 경우
1 : 1

배척의 경우
5 : 1

또, 이들 척도의 표는 잘못 볼 염려가 없을 경우에는 기입하지 않아도 좋다.

2. 설계사양서

1) 도면 작업요구사항

① 도면작성에서 가장 선행되는 것은 작업요구사항의 분석이다. 일반적으로 발주자 또는 발주처에서 작성하는 작업요구사항은 외부에서 요청하는 발주의 경우에 시방서 또는 설계사양서 형식을 많이 사용하고, 동일 기업 내에서 부서 간 업무협조로 진행되는 경우에는 도면 제작의뢰서 또는 기술의뢰서 등 자체적으로 규정된 내부 양식을 이용한다.

② 시방서 등을 통해 외부에서 요청하는 도면 제작의 경우에는 도면과 관련된 내용 외에도 비용, 납품기일, 납품방법 등 여러 가지 다양한 항목들이 포함되어 도면작성에 필수적인 내용을 중심으로 하는 내부 도면 제작의뢰서 등에 비해 상당히 복잡하다.

③ 외부에서 시방서 등을 통해 요청하는 도면 작업의 경우에는 회사 내 영업부서 등에서 도면 작업과 관련된 사항들은 제외하고 도면 제작과 내용만 전달하는 경우가 대부분이다.

2) 작업요구에 적합한 설계자료수집

① 도면 검토에서 작업요구사항은 도면에 필수적으로 포함되어 정확하게 전달되어야 할 내용들이다.

② 발주자는 필요로 하는 각종 요구사항들을 시방서, 도면 제작의뢰서, 기술요구서 등의 문서 형태로 제시하고 설계자는 이러한 문서들을 통해 작업요구사항을 확인한다.

③ 적합한 기계요소나 표준부품 또는 재료와 재질 등의 자료를 수집하고 도면작성을 준비해야 한다.

3) 작업요구사항 확인

① 도면 제작을 요구할 때 사용되는 요구서의 형식은 KS규격 등에 명확하게 제시되어 있지 않다.

② 동일 회사 내에서 도면 작업을 요구하는 경우에는 사내 품질경영 절차 등에 의해 지정된 도면 제작의뢰서나 기술검토서 등의 문서 형식을 사용하면 된다.

TIP

시방서 필수 기재사항
- 제품 명칭
- 제품 용도
- 납품 기간
- 원가 산출내역
- 제품의 일반 규격 및 특수사항

③ 기업과 기업 또는 기업과 개인 등 상호 간에 동일한 형식의 문서가 없는 경우에는 일반적으로 시방서(설계사양서) 형식의 제안서를 활용하는 경우가 많다.
④ 도면제작 의뢰서나 시방서 등의 형식을 사용하더라도 발주자가 원하는 도면작성을 위해서는 기본적으로 다음의 내용은 필수적으로 포함되어야 한다.

가) 제품의 명칭
제작하고자 하는 제품의 명칭이 명확하게 기재되어야 한다. 이는 처음 작업요구사항부터 도면작성은 물론 최종 제품 제작 및 유지보수까지 동일한 명칭으로 관리하고 활용되어야 하기 때문이다.

나) 제품의 용도
제품의 용도는 설계 및 도면작성 단계에서 부품의 재질을 결정하는 데 큰 영향을 준다. 발주자가 요구하는 재질과 제품의 용도에 따른 재질이 맞지 않는 경우 그 제품은 제작되어도 제 기능을 발휘할 수 없는 경우가 많기 때문에 이런 경우 발주자와 설계자가 협의하여 재질을 변경할 수 있다. 하지만 제품의 용도가 명확하게 제시되지 않는 경우 설계자는 발주자의 요구를 무조건 수용하여 도면에 반영할 수밖에 없다.

다) 납품기간
도면작성을 요구하는 것은 제품의 생산을 위한 목적이 가장 크다. 이는 도면 제작의 시기적 부분이 필요하다는 의미이다. 따라서 도면이 사용되어야 할 시기를 감안하여 납품 기간을 지정하여야 한다.

라) 원가산출 내역
필요한 제품을 사용 용도보다 좋은 재료나 재질을 이용하여 제작할 수 있다면 가장 좋겠지만 현실적으로 어려운 일이다. 그러므로 필요한 비용으로 최적의 설계가 가능하도록 적정한 금액의 비용이 제시되어야 한다.

마) 제품의 일반 규격 및 특수사항
발주자는 도면작성을 위한 일반적인 제품의 규격은 물론 제품에서 중점적으로 요구되는 기능 등의 특수사항이 있는 경우에는 설계자가 확인할 수 있도록 특수사항에 대해 별지 등을 활용하여 요청하여야 한다.

4) 설계자료수집

시방서나 사내 도면제작요구서 등을 통해 작업요구사항이 확인되면 본격적으로 도면작성을 위한 설계자료를 수집한다. 수집할 설계자료는 도면 규격 관련 자료, 부품 재질 관련 자료, 치수 및 공차 관련자료, 표면 거칠기 관련 자료 등 다양하다.

① 도면 규격 관련 자료

도면의 작성 및 활용과 보관관리와 부품도와 같은 보조 도면의 생성 등을 고려하여 최적의 도면 규격을 설정하기 위한 자료이다.

② 도면 작도 관련 자료

도면을 어떠한 투상법을 사용하여 작성해야 하는지, 또한 결정된 투상법에 따라 추가되어야 하는 보조 투상법은 어떤 기준으로 선택해야 하는지 등과 관련된 자료이다.

③ 부품 재질(재료) 관련 자료

제품의 용도에 따라 사용 부품별 최적의 재질 또는 재료를 선정하기 위한 자료로 제품의 성능과 원가를 결정하는 가장 큰 항목이므로 충분한 자료의 수집과 검토가 필요하다.

④ 치수 및 공차 관련 자료

제품의 동작이나 동력의 전달 등에 중요한 항목으로 기본적인 치수 표기 방법은 물론 끼워맞춤 공차와 가공공차 그리고 기하공차 기입법 등이 있다.

⑤ 표면 거칠기 관련 자료

도면작성에서 부품의 재료선정과 함께 비용적으로 큰 부분을 차지하는 것이 표면 거칠기 정도이다. 제품 표면의 거칠기 정도에 따라 가공비용이 달라지므로 부품별 또는 부위별 표면 거칠기에 대한 자료 확인이 필요하다.

⑥ 도면작성용 CAD 프로그램 관련 자료

최적의 도면을 구현하는 데 가장 적합한 도면작성용 전산 프로그램을 선정하기 위한 프로그램별 특성 분석 자료이다.

⑦ 기타 관련 자료

표제란 및 부품란 표기방법, 도면 공지사항기록 내용, 도면 번호 부여 등 도면과 관련된 부수적인 사항에 대한 자료이다.

5) 설계사양서를 이용하여 관련 도면 파악

설계사양서는 제작 또는 개조·개량하고자 하는 기계나 설비에 관련된 전반적인 요구사항을 기록한 요청서로 이 설계사양서를 바탕으로 관련 도면을 제작하게 된다. 즉, 설계사양서는 관련 도면의 상위 개념으로 설계사양서의 파악이 가능한 경우 자연스럽게 관련 도면에 대한 파악도 가능하다. 이와 같은 설계사양서와 관련 도면의 연결성으로 인하여 도면에는 설계사양서에 있는 제품 관련 요구사항들은 하나도 빠짐없이 표현되어야 한다.

(1) 설계사양서 파악

① 설계사양서를 시방서라는 표현으로 사용하기도 한다.
② 정확하게 구분하면 제품의 제조를 위한 구체적 요구사항을 기록한 설계사양서에 기업 이윤을 포함한 전반적인 비용과 납품기간, 계약 당사자 상호 관계 등이 더해진 것이 시방서로, 도면작성을 위한 내용이 주를 이루는 설계사양서와는 내용면에서 차이가 있다.
③ 일반적으로 설계사양서는 시방서에 표기된 내용 중 제품 제작을 위한 요구사항을 분석하여 도면 제작이 가능하도록 설계한 문서로 발주처에서 시방서 내용에 포함하여 요구하는 경우와 시방서의 요구사항을 기반으로 시행처에서 설계사양서를 만들어 발주처에 승인을 받는 방법 등으로 구분할 수 있으나 세부 내용적인 부분에서 큰 차이는 없다.
④ 설계사양서는 일반적으로 기계나 설비를 신규 제작하거나 외부 위탁을 통해 도면을 작성하는 경우에 주로 사용하고 기계나 설비의 일부 부품에 대한 내부 개조·개량에는 설계사양서보다 간단한 도면 제작의뢰서 등을 활용한다.

(2) 관련 도면 파악

① 기계나 설비의 전체 기능이나 작동원리를 학습하는 일반적 방법은 최초 납품 단계에서 제조사에서 제공하는 사용설명서나 취급 교육을 통해서 시행되는 경우가 대부분이다.
② 기본적인 구조를 이해하지 못한 상태에서 기능이나 원리에 대해 학습하게 되면 큰 효과를 볼 수 없다. 이는 기계 또는 설비를 포함한 모든 제품에서 동일하다고 할 수 있다.
③ 제품의 전체 기능과 작동원리를 이해하기 위해서는 가장 먼저 도면을 파악할 수 있는 능력이 우선되어야 한다.

④ 도면 파악능력이 충족될 경우 제품과 관련된 도면을 통해 제품을 구성하는 각 부품과 부품 사이의 작용 및 작동 관계에 따라 작동되는 기능이나 역할의 파악이 가능하다.

⑤ 회전운동을 왕복운동으로 변환하거나 왕복운동을 회전운동으로 변환시키는 등 운동에너지를 만들고 전달하는 부품과 관련 구조 등에 대한 분석이 가능하여 관련 기계 또는 설비의 지속적인 유지보수도 가능하다.

(3) 도면작성 준비

① 작업요구사항을 바탕으로 도면작성에 필요한 설계자료의 수집이 완료되면 도면제작의뢰서 등에 제시된 발주자 요구사항과 설계자료를 활용하여 도면을 작성하게 된다.

② 도면을 작성하는 중간에도 작업요구사항에 의문점이 들거나 수집한 설계자료에 대한 확신이 떨어지는 경우에는 도면작성을 중지하고 발주자와의 협의 및 표준규격 재확인 등의 절차를 통해 문제점을 해결한 후 도면을 작성하여야 한다.

③ 도면 초안이 완성되었을 경우 3D 프로그램을 이용한 시뮬레이션 구현 등을 통해 작성된 도면을 검증하는 것이 필요하다.

6) 설계사양서 및 관련 도면을 이용한 전체 기능과 작동원리를 파악

① 설계사양서와 모든 도면은 각 부품 기능들의 상호 작용을 통해 전체 기능이 동작하는 제품을 제작하기 위해 작성되는 것으로 각 제품의 조립도는 그 제품의 전체 기능 및 작동원리를 모두 포함하고 있어야 한다.

② 제품의 제작이나 개조 또는 개량을 위한 전체 공정은 제품에 대한 설계 발주(발주처) → 설계사양서 작성(발주처 또는 설계자) → 도면작성(설계자 또는 제도자) → 제품 제작(현장 작업자) → 품질검사(품질부서) → 납품(발주처) 등의 순서로 이루어진다.

③ 도면을 작성하는 제도자는 설계사양서를 바탕으로 도면을 작성하고 실제 제품을 제작하는 현장 작업자는 주어진 도면을 기본으로 부품과 제품을 제작한다. 즉, 제도자는 설계사양서를 통해 제품의 전체 기능과 작동원리를 이해하고 도면을 작성하여야 하고, 현장 작업자는 도면에서 전체 기능과 작동원리를 파악하고 제품을 제작하여야 한다는 것이다.

TIP

설계사양서 총괄표에서 기본적인 사항
- 설계도면
- 주요기능
- 작동원리
- 규격
- 중량
- 재질
- 동작전원
- 제어방식
- 도장 등

설계사양서 총괄표(예시)

업체명	발주처		제품명		납품기일	
	제작처				년 월 일	

기본사항	설계도명		주요구사항	재 질	
	주요기능			일반공차	
	작동원리			표면처리	
	규 격			열처리	
	중 량			유 압	
	재 질			공 압	
	동작전원			조립방식	
	제어방식			운반방식	
	도 장			품질검사방법	
주요표준부품규격	베어링			기 타	
	기 어		전기	전 압	
	축			전 력	
	볼 트			제어방식	
	풀 리			제어박스	
	부 시			기 타	
	키		조각사항	일련번호	
	벨 트			환경마크	
	링			명 판	
	와 셔		냉각	방 식	
	기 타			규 격	

[첨부]
1. 부품별 세부 규격 사양서 1부.
2. 기타 조건 사양서 1부.

[그림 1-2] 설계사양서 총괄표 양식(예시)

7) 해당 도면의 개정, 설계 변경 사항을 확인

(1) 해당 도면의 내용을 개정

이미 제작된 도면을 변경하는 작업에는 수정(修正)과 개정(改正)이 있다. 수정과 개정은 모두 도면의 내용을 변경한다는 점에서는 같은 의미로 사용될 수 있다. 하지만 실제 도면에서 이루어지는 작업 내용이나 작업 후 관리방법 등에서는 큰 차이가 있다.

① 도면 수정하기
  ㉠ 도면의 수정(修正)은 도면에 표기된 각종 치수 또는 끼워맞춤 공차 표기의 오류 또는 관련 표준부품 사용의 오류 등 설계사양서에서 요구하는 각종 사항들을 제대로 반영하지 못하여 도면 내용대로 기계나 설비 등을 제작했을 경우 조립이 불가능하거나 설계사양서에서 요구하는 기능을 모두 발휘하지 못하는 상태를 설계사양서에서 요구하는 모든 조건대로 변경하여 발주처가 원하는 기능을 확보하게 해주는 작업이다.
  ㉡ 도면으로 내용은 출력하지 않고 제작 중인 CAD 데이터의 경우는 바로 수정 내용을 반영하여 변경할 수 있으나, 이미 출력된 도면의 경우에는 다음과 같이 도면에 바로 수정하여 사용하고 그 내용을 원본 CAD 데이터에 적용한다. 이때 도면에서 수정된 내용을 기록·관리하면 좋다.

② 도면 개정하기
  ㉠ 도면의 개정(改正)은 의도적이지 않게 발생한 오류 부분을 고치는 수정과 다르게 정상적인 기능을 하는 제품의 기능이나 용도를 의도적으로 변경하고자 할 때 도면의 일부 내용을 변경하는 작업이다.
  ㉡ 일반적으로 기계나 설비의 개조 또는 개량을 위해 시행하는데, 개조(改造)는 대상 기계나 설비의 용도나 구조를 변경하는 작업으로 때론 신규제작을 하는 수준의 작업이 필요한 경우도 있다.
  ㉢ 개량(改良)은 기계나 설비의 용도나 구조는 유지하면서 그 기능을 높이려는 작업으로 개조에 비해 작업범위가 작은 경우가 대부분이다. 하지만 개조나 개량의 경우 모두 기존 도면을 이용하는 방법으로 신규 설계에 비해 수월한 작업이라 할 수 있다.
  ㉣ 회사 내 품질 경영 시스템이나 사규 등에 규정되어 있는 도면관리절차에 따라 도면관리대장 등을 이용하여 도면의 개정 내용을 기록·관리하여야 한다.
  ㉤ 기존 도면은 폐기하지 않고 개정된 도면에 기존 도면의 관리번호와 연계된 도면관리번호를 부여하는 것이 좋다. 이 경우 연계된 도면관리번호 부여방법은 도면관리절차 규정에 포함되어 있어야 한다.

TIP

도면 수정 내용은 반드시 기록하고 관리하도록 한다.
- 제품의 형상, 치수를 바꾸거나 가공법의 개선 등을 위하여 도면을 변경할 경우에는 변경 개소에 적당한 기호를 부기하고 변경 전의 형상과 치수를 알 수 있도록 보존한다. 이 경우 변경 일자, 변경된 이유 등을 명확히 표기해야 한다. 도면 변경란에 변경 이유 및 연월일을 기입한다. 이때, 수정 전의 도형, 치수 등을 알아볼 수 있도록 해야 한다.
- 기존 도면은 폐기하지 않고 개정된 도면에 기존 도면의 관리번호와 연계된 도면관리번호를 부여하는 것이 좋다. 이 경우 연계된 도면관리번호 부여 방법은 도면관리절차 규정에 포함되어 있어야 한다.
- 도면 번호를 부여하는 방법에는 도면의 작성 순서에 따라 일련번호를 붙이는 방법과 일련번호대로 기입하지 않고 기계의 종류, 형식, 조립도, 부품도의 구분, 도면의 크기 등에 따라 효율적으로 도면을 관리할 수 있도록 도면 번호를 부여하는 방법이 있다.
- 도면 번호는 표제란에 기입하되 도면의 왼쪽 위에 거꾸로 기입해 두면 도면을 정리할 때 편리하며, 표제란이 훼손되었을 때에도 당황하지 않게 된다.

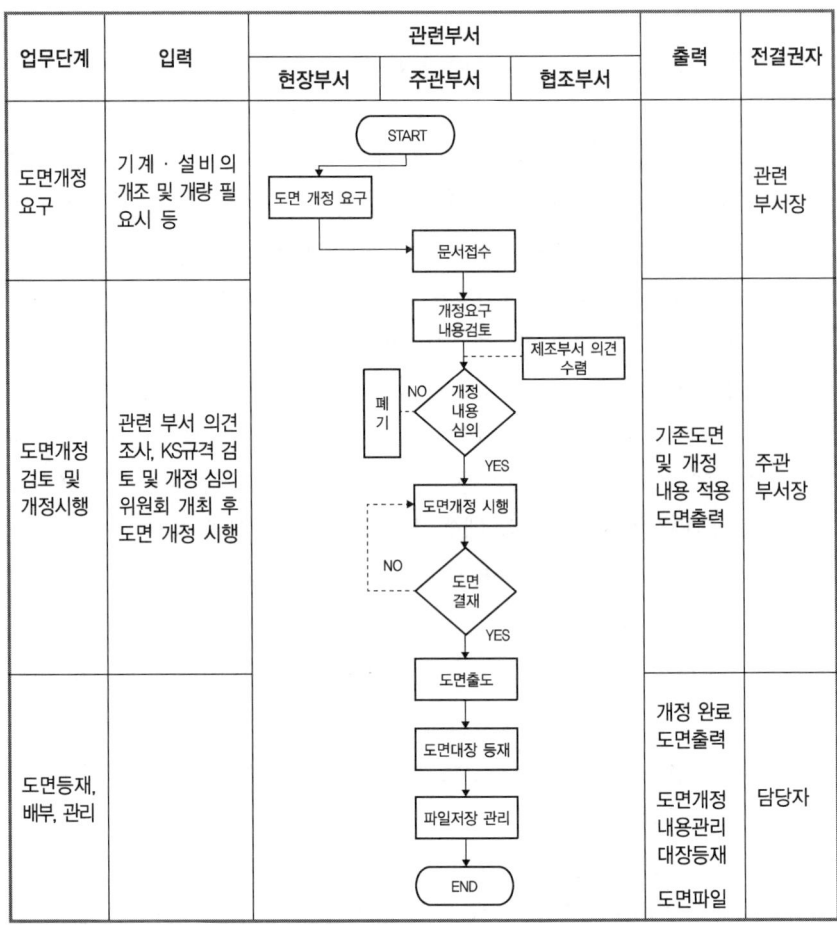

[그림 1-3] 도면 개정관리 업무절차(예시)

(2) 해당 도면의 설계 변경 사항을 확인

① 도면의 설계를 변경하는 경우는 크게 도면설계단계에서 변경하는 것과 도면 제작이 완료된 후 변경을 시행하는 2가지의 경우이다.
② 도면설계단계에서의 변경은 설계사양서 검토나 도면 제작 단계에서 설계의 구조적인 문제점이나 제품의 구조나 기능 변경 등이 필요한 경우다. 이런 경우 설계 변경 내용은 도면관리시스템의 제·개정 관리대장에 기재되지 않고 또 기재할 필요도 없다.
③ 설계 단계에서의 변경은 시방서나 설계서에 기재된 설계 변경 이력으로 확인할 수 있다. 다음으로 도면이 완료된 상태에서의 설계 변경내용의 확인은 도면관리시스템의 제·개정 관리대장 내용으로 확인 가능하다.
④ 도면 제·개정 관리대장이 없는 경우에는 기존 도면과 변경된 도면 내용을 하나씩 확인해야 하는 어려움이 있으므로 도면 제·개정 관리

대장은 필수적으로 비치되어야 한다. CAD파일의 경우에도 도면 제·개정 관리대장과 동일한 관리번호를 이용하는 것이 체계적인 관리에 효과적인 방법이다.

3. 표준부품과 산업표준(KS, ISO)

1) 표준부품과 설계규격

① 각 국가에서는 기계 또는 설비 등을 제작할 때 제품의 호환성이나 효율적인 유지보수를 위해 주요 기계요소 같은 부품에 대한 표준과 설계규격을 제정하여 운영하고 있다.

② 우리나라의 경우 한국산업규격 KS(Korean Industrial Standards)를 1961년도부터 제정하여 운영하고 있다. 또한 전 세계 모든 국가가 공유하는 표준의 운영을 위해 국제표준화기구 ISO(International Organization For Standardization)를 만들어 표준을 관리하고 있다.

 TIP

도면을 작성하는 데 정해진 약속과 규칙을 제도의 표준 규격이라 한다. 제도 규격에 따라서 누가 도면을 작성하거나 보더라도 똑같은 모양과 형태가 되도록 하여야 한다. 또한, 제도 규격에 의하여 작성된 도면으로 제품을 생산하게 되면 제품의 호환성, 품질 향상, 원가절감, 생산성 향상으로 인해 소비자에게도 많은 편리함을 준다.

〈표 1-3〉 각국의 산업규격

국가 및 기구	규격기호	제정 연도
영국	BS(British Standards)	1901
독일	DIN(Deutsche Industrie Normen)	1917
미국	ANSI(American National Standards Institute)	1918
스위스	SNV(Schweitzerish Normen des Vereinigung)	1918
프랑스	NF(Norme Francaise)	1918
일본	JIS(Japanese Industrial Standards)	194
한국	KS(Korean Industrial Standards)	1961
국제표준화기구	ISO(International Organization for Standardization)	1946

③ 국가산업(공업)표준 밑에는 기계, 전기, 건축 등 각 분야별로 규격을 분류하여 분류기호와 규격 번호를 부여하여 관리하고 있다. 한국산업규격의 경우 KS 뒤에 A, B와 같은 알파벳을 추가하여 분류기호를 설정하고 있는데 분야별 분류기호는 〈표 1-4〉와 같다.

〈표 1-4〉 KS의 분류기호

분류	KS	KS	KS	KS	KS	KS	KS	KS	KS	KS	KS	KS	KS	KS	KS
기호	A	B	C	D	E	F	G	H	K	L	M	P	R	V	W	X
부문	기본	기계	전기	금속	광산	토건	일용품	식료품	섬유	요업	화학	의료	수송기계	조선	항공	정보산업

④ 분류기호 밑에는 분류별 0001부터 시작되는 규격번호를 사용하는데 규격을 설명할 때는 분류기호와 규격번호를 합쳐 KS B 0001(기계제도)과 같은 형식으로 사용한다. 전 세계 대부분의 국가가 특수한 경우를 제외하고는 일반적인 표준부품과 설계규격을 모두 이와 같은 분류기호와 규격번호로 관리 및 활용하고 있다고 생각하면 된다.

⑤ 도면을 작성하거나 제품을 제작할 때 국내 규격과 국제 규격이 중복되는 경우 2가지 중 어떤 것을 사용하여도 상관없으나 가능한 한 작업요구사항에 맞게 사용하고 작업요구사항 규격에 대한 내용이 없을 때에는 수출 등 다른 국가와 협력 또는 거래하는 경우라면 해당 국가 규격이나 국제 규격을 사용하는 것이 유리하다.

〈표 1-5〉 KS B 기계부문 분류 규격

규격번호	0001~0809	1000~2403	3001~3402	4001~4606
관련분류	기계기본	기계요소	공구	공작기계
규격번호	5301~5531	6001~6430	7001~7702	8007~8591
관련분류	측정기용 기계기구, 물리 기계	일반기계	산업기계	철도용품

2) 도면작성 준비

(1) 작업요구사항을 바탕으로 도면작성에 필요한 설계자료의 수집이 완료되면 도면 제작 의뢰서 등에 제시된 발주자 요구사항과 설계자료를 활용하여 도면을 작성하게 된다.

(2) 도면을 작성하는 중간에도 작업요구사항에 의문점이 들거나 수집한 설계자료에 대한 확신이 떨어지는 경우에는 도면작성을 중지하고 발주자와의 협의 및 표준규격 재확인 등의 절차를 통해 문제점을 해결한 후 도면을 작성하여야 한다.

(3) 도면 초안이 완성되었을 경우 3D 프로그램을 이용한 시뮬레이션 구현 등을 통해 작성된 도면을 검증하는 것이 필요하다.

(4) 조립도 및 부품도에서 표준부품을 파악하여 설계규격 및 설계공식을 준비한다.

TIP

사용 목적에 따른 기계요소의 분류
(1) 결합용 기계요소 : 나사, 볼트, 리벳, 키, 핀, 코터
(2) 축에 관한 기계요소 : 축, 축이음, 베어링
(3) 동력 전달용 기계요소 : 벨트, 벨트 풀리, 체인 스프로킷, 기어, 링크, 캠
(4) 완충 및 제동용 기계요소 : 스프링, 브레이크, 래칫

3) 각종 표준부품

(1) 나사

부품의 커버나 작은 부품간 조립, 브라켓 고정 등에 주로 사용되는 표준부품으로 표준규격은 KS B 0201 등을 사용하며 나사의 종류를 표시하는 기호 및 나사의 호칭을 표시하는 방법은 KS B 0200에 의거한다(〈표 1-6〉 참조).

〈표 1-6〉 나사의 표시방법

구 분		나사의 종류		나사의 종류를 표시하는 기호	나사의 호칭에 대한 표시방법의 보기
일반용	ISO 규격에 있는 것	미터 보통 나사		M	M 8
		미터 가는 나사			M 8×1
		미니추어 나사		S	S 0.5
		유니파이 보통 나사		UNC	3/8-16 UNC
		유니파이 가는 나사		UNF	No. 8-36 UNF
		미터 사다리꼴나사		Tr	Tr 10×2
		관용 테이퍼 나사	테이퍼 수나사	R	R 3/4
			테이퍼 암나사	Rc	Rc 3/4
			평행 암나사	Rp	Rp 3/4
		관용 평행 나사		G	G 1/2
	ISO 규격에 없는 것	30° 사다리꼴나사		TM	TM 18
		29° 사다리꼴나사		TW	TW 20
		관용 테이퍼 나사	테이퍼 나사	PT	PT 7
			평행 암나사	PS	PS 7
		관용 평행 나사		PF	PF 7
특수용		후강 전선관 나사		CTG	CTG 19
		박강 전선관 나사		CTC	CTC 19
		자전거 나사	일반용	BC	BC 3/4
			스포츠용		BC 2.6
		미싱 나사		SM	SM 1/4, 산 40
		전구 나사		E	E 10
		자동차용 타이어 밸브 나사		TV	TV 8
		자전거용 타이어 밸브 나사		CTV	CTV 8 산 30

TIP

나사
부품을 죄거나 힘을 전달하는 데 쓰이는 기본적인 기계요소이다. 나사는 여러 가지 기계뿐만 아니라, 일상용품에도 널리 사용되고 있다. 따라서 대량 생산과 호환성이 필요하므로 그 치수는 KS(B 0200~0249, B 0101~1060)에 규정되어 있으며 또한 ISO에 의하여 국제적으로 표준화되어 있다.

나사의 등급
나사의 정도를 표시하는 것으로, 나사의 등급을 표시하는 숫자와 문자의 조합 또는 문자로서 다음과 같이 표시한다. 그러나 나사의 등급은 필요가 없을 경우에는 생략하여도 좋다.

나사의 기입 방법 예
① 왼 2줄 M50×2-6H 또는 L2줄 M50×2-6H : 왼2줄 미터 가는 나사(M50×2) 암나사의 등급6 (공차의 위치 H)
② M20×L3-P1.5-6H-N : 미터 나사(M20), 리드 3mm, 피치 1.5mm, 암나사의 공차등급 6H 나사의 끼워맞춤 길이(보통, N)
③ 왼 M10 6H/6g : 왼 한 줄 미터 보통 나사(M10) 나사의 등급 6H(암나사)와 6g(수나사)의 조합
④ No4-40UNC-2A : 왼 한 줄 유니파이 보통나사(No4-40UNC), 나사의 등급2A(암나사)
⑤ G½-A : 관용 평행 수나사(G½) 나사의 등급 A급(수나사)
⑥ Rp½R½ : 관용 평행 암나사(Rp½)와 관용 테이퍼 수나사(R½)의 조합

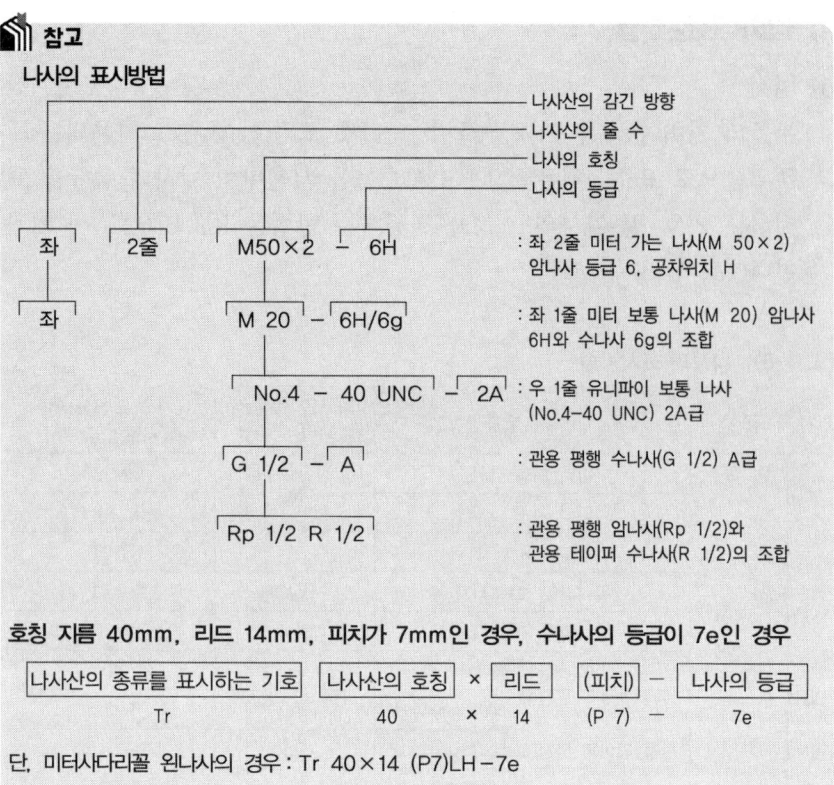

TIP

나사 도시방법은 반드시 숙지한다.

(2) 나사 도시방법

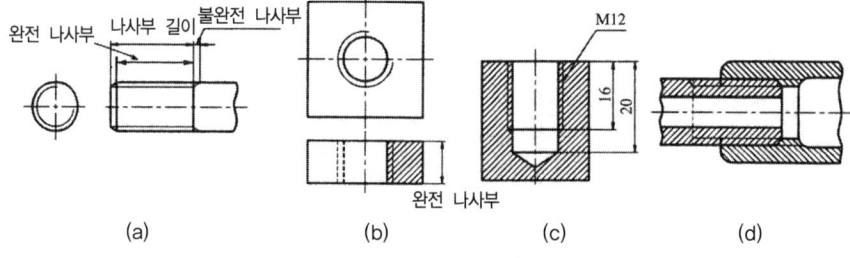

① 수나사의 바깥지름과 암나사의 안지름을 표시하는 선은 굵은 실선으로 그린다.
② 수나사와 암나사의 골을 표시하는 선은 가는 실선으로 그린다.
③ 완전 나사부와 불완전 나사부의 경계선은 굵은 실선으로 그린다.
④ 불완전 나사부의 골을 나타내는 선은 축선에 대하여 30°의 가는 실선으로 그리고 필요에 따라 불완전 나사부의 길이를 기입한다.
⑤ 암나사의 단면도시에서 드릴 구멍이 나타날 때에는 굵은 실선으로 120°가 되게 그린다.
⑥ 보이지 않는 나사부의 산마루는 보통의 파선으로 골을 가는 파선으로 그린다.
⑦ 수나사와 암나사의 결합부의 단면은 수나사로 나타낸다.
⑧ 수나사와 암나사의 측면도시에서 각각의 골지름은 가는 실선으로 약 3/4원으로 그린다.

[그림 1-4] 나사 도시방법

① 볼트

부품 간 조립이나 부품의 고정작업 등에 주로 사용되는 표준부품으로 6각 구멍붙이 볼트, 홈붙이 접시머리 볼트, 키붙이 접시머리 볼트 등 다양한 형태로 구성되어 있으며 관련 표준규격은 KS B 1003, 1017 등이 있다.

② 키

축 부시 등 원형 모양 부품에 주로 사용하며 두 부품의 고정이나 회전력 힘의 전달 등에 이용된다. 평행 키, 반달 키, 경사 키, 미끄럼 키 등의 종류가 있으며 관련 표준규격은 KS B 1311, 1312 등이 있다.

③ 핀

부품의 고정이나 탈락 및 풀림 방지 등에 사용하는 기계요소로 주로 일회용으로 사용한다. 평행 핀, 분할 핀, 테이퍼 핀 등의 종류가 있으며 관련 표준규격은 KS B 1320, 1322 등이 있다.

TIP

볼트(bolt)와 너트(nut)
기계의 부품과 부품을 결합하고 분해하기가 쉽기 때문에 결합용 기계 요소로 널리 사용되고 있으며, 그 종류는 모양과 용도에 따라 매우 다양하다.

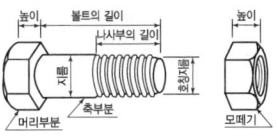

① 관통 볼트(through bolt) : 결합하고자 하는 두 물체에 구멍을 뚫고 여기에 볼트를 관통시킨 다음, 반대쪽에서 너트로 죈다.
② 탭 볼트(tap bolt) : 물체의 한쪽에 암나사를 깎은 다음 나사박기를 하여 죄며, 너트는 사용하지 않는다. 결합하려고 하는 부분이 너무 두꺼워 관통 구멍을 뚫을 수 없을 경우에 사용한다.
③ 스터드 볼트(stud bolt) : 양 끝에 나사를 깎은 머리 없는 볼트로서, 한 끝은 본체에 박고, 다른 끝에는 너트를 끼워 죈다.

〈표 1-7〉 핀의 호칭 방법

명 칭	호칭 방법	사용 예
평행 핀	규격 번호 또는 명칭, 종류, 형식, 호칭, 지름×길이, 재료	KS B 1320m 6A-6×45 SB 41 평행 핀 h 7 B-5×32 SM 45 C
테이퍼 핀	명칭, 등급 $d \times l$, 재료	테이퍼 핀 1급×2×10 SM 50 C
슬롯 테이퍼 핀	명칭, $d \times l$, 재료, 지정사항	슬롯 테이퍼 핀 6×70 SM 35 C 핀 갈라짐의 깊이 10
분할 핀	규격 번호 또는 명칭, 호칭, 지름×길이, 재료	분할 핀 3×40 SWRM 12

① 종류는 끼워맞춤 기호에 따른 m6, h7의 두 종류이다.
② 형식은 끝면의 모양이 납작한 것이 A, 둥근 것이 B이다.
③ 등급은 테이퍼의 정밀도 및 다듬질 정도에 따라 1급, 2급의 두 종류가 있다.

④ 베어링

부품의 원활한 회전이나 회전체에 작용하는 하중을 지탱하는 기능을 하며 깊은 홈볼 베어링, 원통 롤러 베어링, 테이퍼 롤러 베어링 등 다양한 종류가 있다. 관련 표준규격은 KS B 2023, 2026 등이 있다.

가) 구름 베어링의 호칭법

① 베어링 계열기호 : 베어링 계열기호는 베어링의 형식과 치수 계열을 나타낸다.
　㉠ 형식(첫 번째 숫자)
　　1 ………… 복식 자동조심형

TIP

핀의 종류

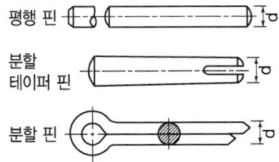

TIP

기본 기호
베어링 계열번호, 안지름 번호, 접촉각 기호

보조기호
리테이너 기호, 실드 기호, 틈새 기호, 등급 기호

베어링(bearing)

회전짝을 이루는 두 요소가 직접 접촉하면, 마찰에 의해서 소음과 열이 발생하고 마멸이 촉진된다. 회전축과 축을 지지하는 요소 사이의 마찰을 줄이고 원활한 상대운동을 유지하기 위해 설치하는 축용 기계요소를 베어링(bearing)이라 한다.

2, 3 …… 복식 자동조심형(큰 너비)
6 ………… 단식 홈형
7 ………… 단식 앵귤러 볼형
N ………… 원통 롤러형

ⓒ 치수 계열(두 번째 숫자) : 폭(높이) 계열과 지름 계열을 조합한 것으로 같은 베어링의 안지름에 대한 폭과 바깥지름과의 계열을 나타낸다.

② 안지름 번호(세 번째, 네 번째 숫자) : 안지름 번호 1에서 9까지는 안지름 번호와 안지름이 같고 안지름 번호가 안지름 20mm 이상 480mm 미만은 안지름을 5로 나눈 수가 안지름 번호(2자리)이다.

00 …… 안지름 10mm   01 …… 안지름 12mm
02 …… 안지름 15mm   03 …… 안지름 17mm

③ 호칭 번호의 표시

㉠ 6008C2P6

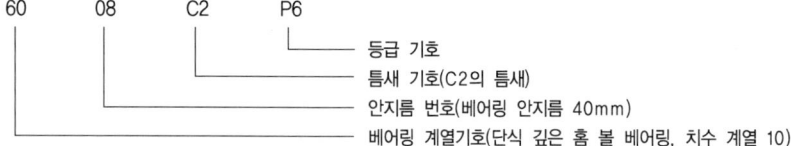

㉡ 6312ZNR

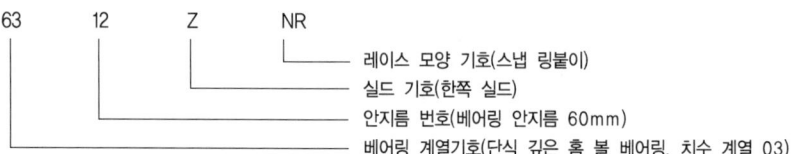

㉢ NA4916V

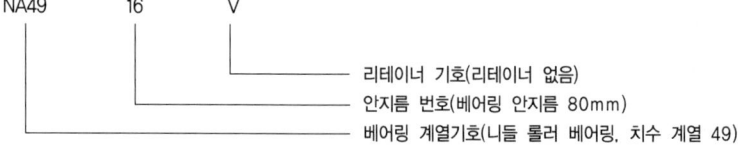

㉣ 2320K

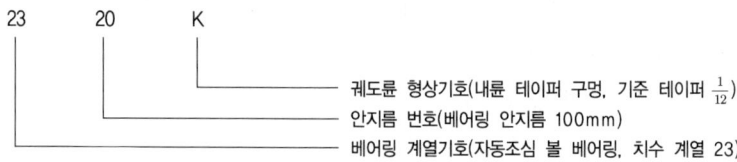

나) 구름 베어링의 제도(KS규격 B0004-2)

① 볼 베어링과 롤러 베어링의 간략도시방법

 TIP
볼 베어링과 롤러 베어링의 간략도시방법은 시험문제에 자주 출제되므로 반드시 숙지하도록 한다.

간략 도면	볼 베어링	롤러 베어링	간략 도면	볼 베어링	롤러 베어링
─┼─	깊은홈 볼 베어링	원통 롤러 베어링	─┼┼─	복열 깊은홈 볼 베어링	복열 원통 롤러 베어링
─⋏─	복열 자동조심 볼 베어링		─╳─	앵귤러 콘택트 볼 베어링	테이퍼 롤러 베어링
─⋎⋏─	복열 앵귤러 콘택트 볼 베어링		─⋎─		복열 앵귤러 콘택트 볼 베어링 (분리형)
─┼─		니들 롤러 베어링	─┼─		복열 니들 롤러 베어링

② 스러스트 베어링의 간략도시방법

간략 도면	볼 베어링	롤러 베어링
┼ ┼	스러스트 볼 베어링	스러스트 롤러 베어링 / 스러스트 니들 베어링(케이지)
┼ ┼ / ┼ ┼	복열 스러스트 볼 베어링	
╳ ╳	앵귤러 콘택트 스러스트 볼 베어링	
⋎ ⋎		자동조심 스러스트 롤러 베어링

TIP

기어(gear)
- 서로 맞물려 돌아가는 1쌍의 마찰차 접촉면에 이(tooth)를 만들어 미끄러지지 않고 연속적으로 동력을 전달하도록 한 기계요소를 기어(gear)라 한다.
- 기어는 축과 축 사이의 거리가 짧을 때에 큰 동력을 일정한 속도비로 정확하게 전달할수 있기 때문에 널리 사용되고 있다.

스퍼 기어의 제도
스퍼 기어를 그릴 때에는 나사의 경우와 같이 치형은 생략하여 표시하는 간략법을 쓰며, 이끝원은 굵은 실선으로, 피치원은 가는 1점 쇄선으로, 이뿌리원은 가는 실선 또는 굵은 실선으로 그리거나 완전히 생략하기도 한다. 제작도에서는 기어의 제작상 중요한 치형, 모듈, 압력각, 피치원 지름 등 기타 필요한 사항은 요목표를 만들어 기입한다.

TIP

기어 도시방법은 반드시 숙지하도록 한다.

⑤ 기어

기어 이의 맞물림을 통해 동력을 전달하는 부품으로 스퍼 기어, 헬리컬 기어, 베벨 기어 등이 있으며 관련 표준규격은 KS B 1414 등을 사용한다.

스퍼 기어 요목표		
기어 치형		표준
공구	치형	보통이
	모듈	2
	압력각	20°
잇수		34
피치원 지름		Ø68
전체 이두께		4.5
벌림 이두께		21.62
다듬질 방법		호브 절삭
정밀도		KS B ISO 1328-1, 4급

[그림 1-5] 스퍼 기어 요목표 상세 내역 예시

가) 기어 도시방법

① 항목표에는 원칙적으로 이 절삭, 조립, 검사 등에 필요한 사항을 기입한다.

② 재료, 열처리, 경도 등에 관한 사항은 필요에 따라 표의 비고란 또는 그림 속에 적당히 기입한다.

③ 이끝원은 굵은 실선으로 그리고 피치원은 가는 1점 쇄선으로 그린다.

④ 이뿌리원은 가는 실선으로 그린다[단, 축에 직각인 방향으로 본 그림(이하 주투상도라 한다)의 단면으로 도시할 때에는 이뿌리원은 굵은 실선으로 그린다. 또 베벨 기어와 웜휠에서는 이뿌리원은 생략해도 좋다].

⑤ 잇줄 방향은 보통 3개의 가는 실선으로 그린다(단, 외접 헬리컬 기어의 주투상도를 단면으로 도시할 때에는 잇줄 방향 도시는 3개와 가는 2점 쇄선으로 그린다).

⑥ 맞물리는 한쌍 기어의 도시에서 맞물림부의 이끝원은 모두 굵은 실선으로 그리고, 주투상도를 단면으로 도시할 때에는 맞물림부의 한쪽 이끝원을 표시하는 선은 가는 파선 또는 굵은 파선으로 그린다.

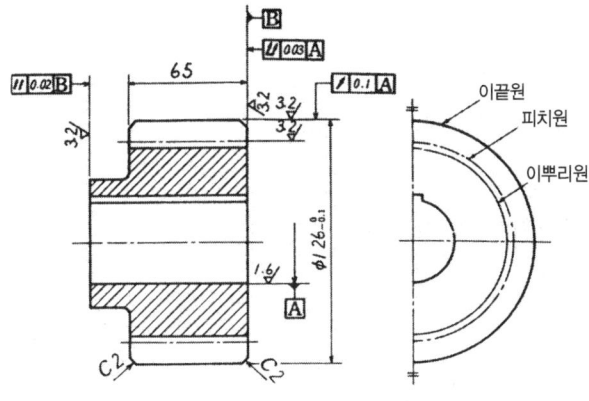

스퍼 기어 요목표		
기어 치형		표 준
공구	치형	보통이
	모듈	3
	압력각	20°
잇수		40
피치원 지름		120
다듬질 방법		호브 절삭

[그림 1-6] 스퍼 기어

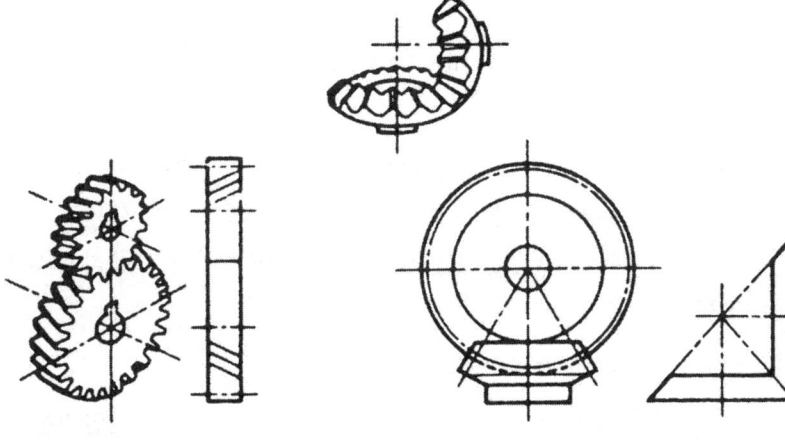

[그림 1-7] 헬리컬 기어   [그림 1-8] 베벨 기어

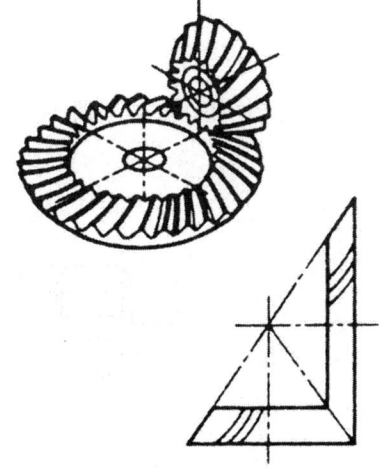

[그림 1-9] 스파이럴 베벨 기어

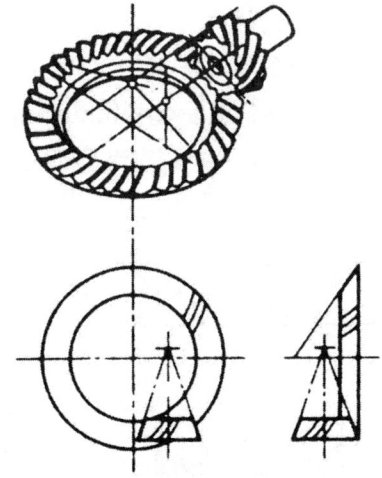

[그림 1-10] 하이포이드 기어

TIP

헬리컬 기어
스퍼 기어의 피치면에 이 끝을 나선형으로 만든 원통 기어를 말하며, 치수의 스퍼 기어에 비하여 기어의 물림률이 커 운동이 원활하며 큰 감속비(1 : 10)를 얻을 수 있으나, 추력이 발생하는 결점이 있다.

베벨 기어
- 서로 교차하는 두 축 사이의 동력을 전달하는 원추형의 기어를 베벨 기어라 한다.
- 베벨 기어는 정면도에서는 이끝선과 이뿌리선은 굵은 실선, 피치선은 가는 1점 쇄선으로 도시하고, 이끝과 이뿌리를 나타내는 원추선은 꼭짓점에 오기 전에 끝마무리 한다. 측면도의 이끝원은 외단부와 내단부를 모두 굵은 실선, 피치원은 외단부만 가는 1점 쇄선으로 도시하고, 이뿌리원은 양쪽 끝을 모두 생략한다.

스파이럴 베벨 기어
비틀림을 표시하는 선을 기어의 일부에 1개의 굵은 실선으로 기입한다.

나) 기어의 이의 크기

① 원주피치(circular pitch) : p

$$p = \frac{\pi D}{Z} [\text{mm}] \text{ or } p = \pi m$$

여기서, p : 원주피치
D : 피치원의 지름(mm)
Z : 잇수

② 모듈(module) : m

$$m = \frac{D}{Z}$$

③ 지름 피치(diametral pitch) : 인치식 기어의 크기를 나타낸 것으로 피치원의 지름 1인치에 해당하는 잇수이다.

$$D \cdot p = \frac{Z}{D(\text{inch})} = \frac{25.4Z}{D(\text{mm})} = \frac{25.4}{m} [\text{mm}]$$

⑥ 축

베어링, 벨트, 키, 기어 등과 함께 사용하여 회전력을 전달하는 부품으로 표준규격 부품을 사용하지만 별도로 제작하여 사용하는 경우도 있다. 별도 제작 시에는 사용하고자 하는 베어링 규격에 맞게 가공하여야 한다.

> **TIP**
> 관련 표준규격은 KS B 0406, 0701 등이 있다.

가) 축의 도시방법

① 축은 길이 방향으로 단면도시를 하지 않는다. 단, 부분단면은 허용한다.
② 긴 축은 중간을 파단하여 짧게 그릴 수 있으며 실제치수를 기입한다.
③ 축 끝에는 모따기 및 라운딩을 할 수 있다.
④ 축에 있는 널링(knurling)의 도시는 빗줄인 경우는 축선에 대하여 30°로 엇갈리게 그린다.

> **TIP**
> 축이음은 회전하면서 동력을 전달하는 원동축과 종동축을 연결하는 데 쓰이는 기계요소로서, 커플링과 클러치가 있다. 커플링(coupling)은 운전 중에 두 축의 연결 상태를 풀 수 없도록 되어 있는 이음이며, 클러치(clutch)는 운전 중에 두 축을 결합시키거나 필요에 따라 떼어 놓을 수 있는 축이음이다.

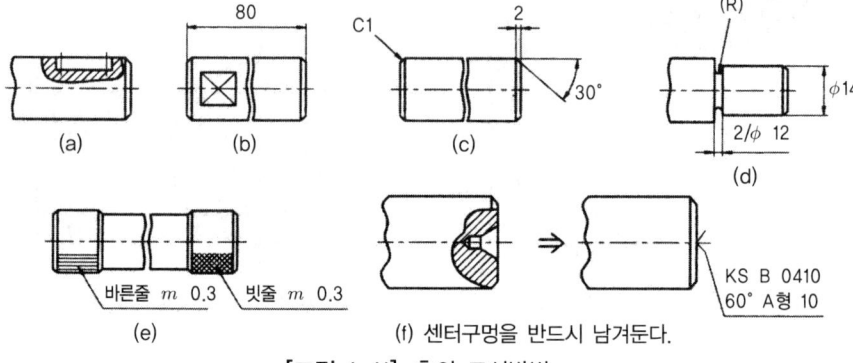

[그림 1-11] 축의 도시방법

⑦ 오일 실(Oil seal)

볼베어링에 주입된 그리스(Grease)가 밖으로 새어 나오지 못하도록 하며, 관련 표준규격은 KS B ISO 9222-1 등이 있다.

⑧ O링

니트릴 고무, 합성고무, 내열성 고무 등 용도에 알맞은 재질로 만들어진 개스킷(Gasket)의 일종으로서 여러 가지 단면을 가진 링 중에서 단면이 O형의 고리 모양을 말하며 단면을 가진 링을 링 개스킷(Ring gasket)이라고 한다.

> **참고**
>
> **오일 실의 기능 해독**
>
> ① 아래 그림과 같이 오일 실(Oil seal)은 탄성이 뛰어나고 기름이나 화학물질에 강한 합성 고무가 강철 케이지(Steel cage)를 감싸고 립(Lip)부분이 스프링에 의해 축직각 방향으로 항상 좁상태를 유지하게 하여 축이나 풀리의 회전 또는 왕복운동 부분을 밀봉한다.
>
>
>
> [그림 1-12] 오일 실의 구조
>
> ② 오일 실은 오일 부분이 있는 안쪽에 압력이 있을 경우에나 없을 경우에 오일이 밖으로 새어 나가지 못하게 하거나 밖으로부터 이물질이 안쪽으로 유입되어 안쪽의 부품들이 오염되지 않도록 하는 기능을 갖는다.
> ③ 장치의 운전 중에 오일 실 안쪽 부분의 온도가 상승함에 따라 압력이 상승하여 누유가 우려될 경우에는 스프링이 있는 오일 실을 설치한다.
> ④ 오일 실은 정확한 윤곽을 나타낼 필요가 없거나, 립의 모양이 없거나, 립의 방향이 중요하지 않을 경우에 그림과 같이 간략표시를 하나, 조립도에서 정확한 오일 실의 해독은 KS B ISO 9222-1 규정에 따라 해독한다.
>
>    
>
> (a) 립의 위치표시 불필요   (b) 립의 위치표시 필요
>
> [그림 1-13] 오일 실의 간략표시

⑨ 멈춤 링

축이나 구멍에서 부품이 빠지지 않도록 저지시켜주는 기능을 하는 부품으로 E형은 적용하는 축 지름 25~38mm 이하에서만 사용한다.

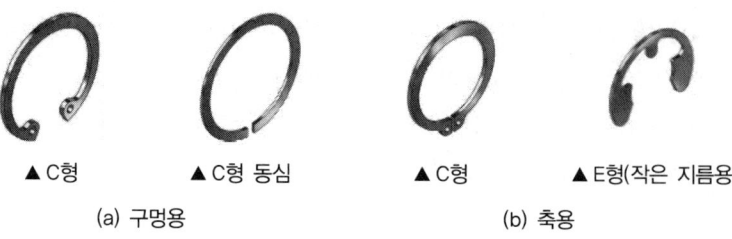

▲ C형　　　　▲ C형 동심　　　▲ C형　　　▲ E형(작은 지름용)

(a) 구멍용　　　　　　　　　　　(b) 축용

[그림 1-14] 멈춤 링의 종류

01 도면(설계) 양식과 규격

01. 도면 분석에서 설계자료수집 및 표준규격에 대한 설명으로 틀린 것은?

① 도면을 설계하는 것은 새로운 부품을 제작하거나 기존 부품의 개조·개량 등 다양한 요구사항을 도면으로 표현하는 작업이다.
② 기계부품이나 설비의 제작을 위한 도면 설계에서 가장 먼저 해야 할 일은 그 도면의 용도를 명확하게 파악하는 것이다.
③ 기계요소 부품의 선정할 때 각종 규격과 부품의 재질보다는 끼워맞춤 공차와 표면 다듬질 정도 등을 사전에 충분히 지식을 숙지하여 도면을 작성하여야 한다.
④ 조립품의 경우 여러 개의 부품들이 상호 조립되어 하나의 요구하는 기능을 효과적으로 발휘하기 위해서는 부품 상호 간 각종 공차와 작동하는 원리 등에 대한 지식은 필수이다.

해설 세부적인 작업요구사항을 확인하고 그 용도에 맞는 기계요소의 선정을 비롯하여 각종 규격과 부품의 재질은 물론 끼워맞춤 공차와 표면 다듬질 정도 등 도면작성 전반에 대한 지식을 사전에 충분히 숙지하고 이와 관련한 필요한 자료를 수집하여 도면을 작성하여야 한다.

02. 제도용지의 세로와 가로의 비는 얼마인가?

① $1 : \sqrt{2}$　　② $1 : 2$
③ $\sqrt{2} : 1$　　④ $2 : 1$

해설 제도용지의 크기는 A열 사이즈를 사용한다. 다만, 연장하는 경우에는 연장 사이즈를 사용한다. 제도용지의 세로와 가로의 비는 $1 : \sqrt{2}$이며, 원도의 크기는 긴 쪽을 좌우 방향으로 놓고 사용한다.

03. 제도에서 A2 종이의 규격은 얼마인가?

① 594×841
② 420×594
③ 297×420
④ 210×297

해설 제도에서 종이의 재단 치수
- A0 : 841×1189
- A1 : 594×841
- A2 : 420×594
- A3 : 297×420
- A4 : 210×297

04. 도면의 양식에서 설정하지 않으면 안 되는 사항은?

① 윤곽선　　② 중심마크
③ 표제란　　④ 재단마크

해설 도면의 양식
- 설정하지 않으면 안 되는 사항 : 도면의 윤곽-윤곽선, 중심마크, 표제란
- 설정하는 것이 바람직한 사항 : 비교눈금, 도면의 구역 - 구분 기호, 재단마크

05. 비례척이 아닌 임의의 척도는?

① 축척　　② 현척
③ 배척　　④ NS

해설 척도의 종류
① 축척 : 실물을 축소해서 그린 도면
② 현척(실척) : 실물과 같은 크기로 그린 도면
③ 배척 : 실물을 확대해서 그린 도면
④ NS(Non Scale) : 비례척이 아닌 임의의 척도

정답　01 ③　02 ①　03 ②　04 ④　05 ④

02 설계사양서

01. 설계사양서에서 도면 작업요구사항에 대한 설명으로 틀린 것은?

① 도면작성에서 가장 선행되는 것은 시방서 분석이다.
② 일반적으로 발주처에서 작성하는 작업요구사항은 외부에서 요청하는 발주의 경우 시방서 또는 설계사양서 형식을 많이 사용한다.
③ 시방서 등을 통해 외부에서 요청하는 도면 제작의 경우에는 도면과 관련된 내용 외에도 비용, 납품 기일, 납품 방법 등 여러 가지 다양한 항목들이 포함되어 도면작성에 필수적인 내용을 중심으로 하는 내부 도면 제작의뢰서 등에 비해 상당히 복잡하다.
④ 외부에서 시방서 등을 통해 요청하는 도면 작업의 경우에는 회사 내 영업부서 등에서 도면 작업과 관련된 사항들은 제외하고 도면 제작과 내용만 전달하는 경우가 대부분이다.

해설 도면작성에서 가장 선행되는 것은 작업요구사항의 분석이다.

02. 작업요구에 적합한 설계자료수집에 대한 설명으로 틀린 것은?

① 도면 검토에서 작업요구사항은 도면에 필수적으로 포함되어 정확하게 전달되어야 할 내용들이다.
② 발주자는 필요로 하는 각종 요구사항들을 시방서, 도면 제작의뢰서, 기술요구서 등의 문서 형태로 제시하고 설계자는 이러한 문서들을 통해 작업요구사항을 확인한다.
③ 적합한 기계요소나 표준부품 또는 재료와 재질 등의 자료를 수집하고 도면작성을 준비해야 한다.
④ 도면 제작을 요구할 때 사용되는 요구서의 형식은 KS규격 등에 명확하게 제시되어 있다.

해설 도면 제작을 요구할 때 사용되는 요구서의 형식은 KS규격 등에 명확하게 제시되어 있지 않다.

03. 도면 제작 의뢰서나 시방서 등의 형식을 사용하더라도 발주자가 원하는 도면작성을 위해서 필수적으로 포함되어야 할 내용이 아닌 것은?

① 납품 기간　　② 제품의 용도
③ 사용기계　　④ 원가 산출 내역

해설 ① 제품의 명칭　② 제품의 용도
③ 납품 기간　④ 원가 산출 내역
⑤ 제품의 일반 규격 및 특수사항

04. 설계 및 도면작성 단계에서 부품의 재질을 결정하는 데 큰 영향을 주는 것은?

① 제품의 명칭　② 제품의 용도
③ 납품 기간　　④ 원가 산출 내역

해설 제품의 용도는 설계 및 도면작성 단계에서 부품의 재질을 결정하는 데 큰 영향을 준다.

05. 제품의 성능과 원가를 결정하는 가장 큰 항목으로 충분한 자료의 수집과 검토가 필요한 것은?

① 도면 규격 관련 자료
② 도면 작도 관련 자료
③ 부품 재질(재료) 관련 자료
④ 치수 및 공차 관련 자료

정답 01 ①　02 ④　03 ③　04 ②　05 ③

해설 부품 재질(재료) 관련 자료
제품의 용도에 따라 사용 부품별 최적의 재질 또는 재료를 선정하기 위한 자료로 제품의 성능과 원가를 결정하는 가장 큰 항목이므로 충분한 자료의 수집과 검토가 필요하다.

06. 도면작성에서 부품의 재료선정과 함께 비용적으로 큰 부분을 차지하는 것은?

① 도면 규격 관련 자료
② 도면 작도 관련 자료
③ 표면 거칠기 관련 자료
④ 치수 및 공차 관련 자료

해설 표면 거칠기 관련 자료
도면작성에서 부품의 재료선정과 함께 비용적으로 큰 부분을 차지하는 것이 표면 거칠기 정도이다. 제품 표면의 거칠기 정도에 따라 가공비용이 달라지므로 부품별 또는 부위별 표면 거칠기에 대한 자료 확인이 필요하다.

07. 설계사양서 파악에 대한 내용으로 틀린 것은?

① 설계사양서를 시방서라는 표현으로 사용하기도 한다.
② 정확하게 구분하면 제품의 제조를 위한 구체적 요구사항을 기록한 설계사양서에 기업 이윤을 포함한 전반적인 비용과 납품기간, 계약 당사자 상호 관계 등이 더해진 것이 시방서로, 도면작성을 위한 내용이 주를 이루는 설계사양서와는 내용면에서 차이가 있다.
③ 일반적으로 설계사양서는 시방서에 표기된 내용 중 제품 제작을 위한 요구사항을 분석하여 도면 제작이 가능하도록 설계한 문서로 발주처에서 시방서 내용에 포함하여 요구하는 경우와 시방서의 요구사항을 기반으로 시행처에서 설

사양서를 만들어 발주처에 승인을 받는 방법 등으로 구분할 수 있으나 세부 내용적인 부분에서 큰 차이는 없다.
④ 설계사양서는 일반적으로 기계나 설비의 일부 부품에 대한 내부 개조·개량에 주로 활용한다.

해설 설계사양서는 일반적으로 기계나 설비를 신규 제작하거나 외부 위탁을 통해 도면을 작성하는 경우에 주로 사용하고 기계나 설비의 일부 부품에 대한 내부 개조·개량에는 설계사양서보다 간단한 도면 제작의뢰서 등을 활용한다.

08. 설계사양서 총괄표에 기본적인 사항이 아닌 것은?

① 규격   ② 주요기능
③ 작동원리   ④ 조립방식

해설 기본사항
설계도명, 주요기능, 작동원리, 규격, 중량, 재질, 동작전원, 제어방식, 도장 등이다.

09. 도면의 수정과 개정에 대한 설명으로 틀린 것은?

① 설계사양서에서 요구하는 기능을 모두 발휘하지 못하는 상태를 설계사양서에서 요구하는 모든 조건대로 변경하여 발주처가 원하는 기능을 확보하게 해주는 작업이다.
② 도면으로 내용은 출력하지 않고 제작 중인 CAD 데이터의 경우는 바로 수정 내용을 반영하여 변경할 수 있다.
③ 기존 도면은 폐기하지 않고 개정된 도면에 기존 도면의 관리번호와 연계된 도면관리번호를 변경하여 부여하는 것이 좋다.
④ 개조(改造)는 대상 기계나 설비의 용도

정답 06 ③ 07 ④ 08 ④ 09 ③

나 구조를 변경하는 작업으로 때론 신규제작을 하는 수준의 작업이 필요한 경우도 있다.

해설 기존 도면은 폐기하지 않고 개정된 도면에 기존 도면의 관리번호와 연계된 도면관리번호를 부여하는 것이 좋다. 이 경우 연계된 도면관리번호 부여방법은 도면관리절차 규정에 포함되어 있어야 한다.

03 표준부품과 산업표준(KS, ISO)

01. 현대 사회는 산업구조의 거대화로 대량생산체제가 이루어지고 있다. 이런 대량생산화의 추세에서 기계제도와 관계된 표준규격의 방향으로 옳은 것은?

① 이익 집단 중심의 단체 규격화
② 민족 중심의 보수 규격화
③ 대기업 중심의 사내 규격화
④ 국제 교류를 위한 통용된 규격화

02. 각국의 산업규격 기호로 틀린 것은?

① 영국 : BS ② 독일 : DIN
③ 미국 : ANSI ④ 프랑스 : SNV

해설
- 스위스 : SNV
- 프랑스 : NF

03. 다음은 KS 부문 기호의 표시이다. 기계를 나타내는 기호는?

① A ② B
③ C ④ D

해설 KS의 부문별 기호

분류	KS	KS	KS	KS	KS	KS
기호	A	B	C	D	E	F
부문	기본	기계	전기	금속	광산	토건

04. KS규격에 있어서 제도기본항은 어느 것인가?

① KS B 0001
② KS B 1000
③ KS B 3001
④ KS B 4001

해설
- KS B 0001~0809 : 제도기본
- KS B 1000~2403 : 기계요소
- KS B 3001~3402 : 공구
- KS B 4001~4606 : 공작기계
- KS B 5301~5531 : 측정계산용 기계 공구
- KS B 6001~6430 : 일반기계

05. 도면작성준비에 대한 설명으로 틀린 것은?

① 작업요구사항을 바탕으로 도면작성에 필요한 설계자료의 수집이 완료되면 도면제작 의뢰서 등에 제시된 발주자 요구사항과 설계자료를 활용하여 도면을 작성하게 된다.
② 도면을 작성하는 중간에 작업요구사항에 의문점이 있을 경우 도면 초안을 완성하고 발주자에게 변경사항을 통보한다.
③ 도면 초안이 완성되었을 경우 3D 프로그램 이용한 시뮬레이션 구현 등을 통해 작성된 도면을 검증하는 것이 필요하다.
④ 조립도 및 부품도에서 표준부품을 파악하여 설계규격 및 설계공식을 준비한다.

해설 도면을 작성하는 중간에도 작업요구사항에 의문점이 들거나 수집한 설계자료에 대한 확신이 떨어지는 경우에는 도면작성을 중지하고 발주자와의 협의 및 표준규격 재확인 등의 절차를 통해 문제점을 해결한 후 도면을 작성하여야 한다.

정답 01 ④ 02 ④ 03 ② 04 ① 05 ②

형성평가

06. 조립도에서 표준부품 파악에 대한 설명으로 틀린 것은?

① 도면에서 사용되는 표준부품은 한국산업규격(KS)에 등록되어 일반적으로 사용하는 기계요소 등을 말한다.
② 기계요소는 대부분 최소 부품단위로 구성되어 있어 조립도나 부품도에서는 치수로 표시되기보다는 한국산업규격(KS)의 분류기호와 규격번호에 따른 호칭번호를 이용하여 표기한다.
③ 모든 제품의 조립상태를 표현하는 조립도의 경우 각 부품과 부품의 조립을 위해 다양한 표준부품을 사용하나 단품 위주로 도면을 작성하는 부품도에서는 표준부품이 사용되지 않거나 상대적으로 사용이 제한적이다.
④ 기계요소가 주를 이루는 표준부품의 특성상 부품도에 비해 조립도에는 표준부품이 적게 사용된다.

해설 기계요소가 주를 이루는 표준부품의 특성상 부품도에 비해 조립도에는 많은 표준부품이 사용된다. 조립도에서 사용되는 대표적인 표준부품으로 나사, 볼트, 키, 핀, 베어링, 와셔, 부시, 축, 풀리, 기어, 로프, 휠 등이 있다.

07. 조립도에서 축의 단으로부터 볼베어링의 내륜과 본체 사이의 간격을 유지시켜 결국 스프로킷 휠의 위치를 결정해주는 부품은?

① 간격 링(Space Ring)
② 오일 실 백업 링(Oil Seal Backup Ring)
③ 평행 키(Parallel Key)
④ 오일 실(Oil Seal)

08. 보스가 회전할 때 본체에 고정된 축 또한 따라 회전하려는 것을 막아주면서 본체와 축의 이음 역할을 하는 것은?

① 간격 링(Space Ring)
② 오일 실 백업 링(Oil Seal Backup Ring)
③ 평행 키(Parallel Key)
④ 오일 실(Oil Seal)

09. 보스의 안지름에 끼워져서 립이 축에 끼워진 볼베어링의 오일이 새나가는 것을 예방하고, 밖으로부터 이물질이 유입되어 베어링이 파손되는 것을 방지해주는 부품은?

① 간격 링(Space Ring)
② 볼베어링(Ball Bearing)
③ 평행 키(Parallel Key)
④ 오일 실(Oil Seal)

10. 치공구의 본체나 공작기계의 본체에 주로 사용되는 재질은?

① 주강
② 회주철
③ 니켈크롬강
④ 청동 주물

11. 다음 중 ISO 규격에 있는 관용 테이퍼 나사 중 평행 암나사의 표시기호는 어느 것인가?

① R
② Rc
③ Rp
④ PS

해설

관용 테이퍼 나사	테이퍼 수나사	R
	테이퍼 암나사	Rc
	평행 암나사	Rp

Part 1. 기계제도

12. ISO규격 미터계 사다리꼴나사의 호칭법은? (단, 지름 20mm, 피치 5mm이다.)
① TM20×5
② Tr20×5
③ TW20×5
④ M20×5

13. 나사의 표시가 "NO.8 - 36UNF"로 나타날 때, 나사의 종류는?
① 유니파이 보통 나사
② 유니파이 가는 나사
③ 관용 테이퍼 수나사
④ 관용 테이퍼 암나사

해설 NO.8 - 36UNF : 유니파이 가는 나사

14. 호칭지름이 3/8인치이고, 1인치 사이에 나사산이 16개인 유니파이 보통 나사의 표시로 옳은 것은?
① UNF 3/8 - 16
② 3/8 - 16 UNF
③ UNC 3/8 - 16
④ 3/8 - 16 UNC

해설
• 유니파이 보통 나사 : 3/8-16 UNC
• 유니파이 가는 나사 : No. 8-36 UNF

15. 나사의 종류를 나타내는 것 중 옳은 것은?
① TW - 관용 평행 나사
② SM - 전구나사
③ UNF - 유니파이 가는 나사
④ PT - 유니파이 보통 나사

해설 나사의 종류 기호
• TW : 29° 사다리꼴나사
• SM : 미싱나사
• PT : 관용 테이퍼나사

16. 호칭 치수 $\frac{3}{8}$인치, 1인치 사이에 24산의 유니파이 가는 나사의 도시법은?
① $\frac{3}{8}$UNC 24
② No. 8-36 UNF
③ $\frac{3}{8}$UNF 24
④ $\frac{3}{8}$-24 UNC

해설
• No. 8-36 UNF : 유니파이 가는 나사
• $\frac{3}{8}$-24 UNC : 유니파이 보통 나사

17. 전선관용 나사의 기호는?
① CTC
② E
③ BC
④ SM

해설
• 전구 나사 : E
• 지전거 나사 : BC
• 미싱 나사 : SM

18. 나사의 종류 중 ISO 규격에 있는 관용 테이퍼 나사에서 테이퍼 암나사를 표시하는 기호는?
① PT
② PS
③ Rp
④ Rc

해설
① PT : 관용 테이퍼 나사(ISO 규격 없음)
② PS : 관용 평행 암나사(ISO 규격 없음)
③ Rp : 관용 평행 암나사(ISO 규격 있음)
④ Rc : 관용 테이퍼 암나사(ISO 규격 있음)

19. 나사 표기가 TM18이라 되어 있을 때 이는 무슨 나사인가?
① 관용 평행 나사
② 29° 사다리꼴나사
③ 관용 테이퍼나사
④ 30° 사다리꼴나사

정답 12 ② 13 ② 14 ④ 15 ③ 16 ② 17 ① 18 ④ 19 ④

해설

관용 나사	테이퍼 수나사	R	R 3/4
	테이퍼 암나사	Rc	Rc 3/4
	평행 암나사	Rp	Rp 3/4
관용 평행 나사		G	G 1/2
30° 사다리꼴나사		TM	TM 18
29° 사다리꼴나사		TW	TW 20

20. KS 나사에서 ISO 표준에 있는 관용 테이퍼 암나사에 해당하는 것은?

① R 3/4　　② Rc 3/4
③ Pt 3/4　　④ Rp 3/4

해설
- R 3/4 : 관용 테이퍼 수나사
- Rc 3/4 : 관용 테이퍼 암나사
- G 3/4 : 관용 평행 나사
- Rp 3/4 : 관용 테이퍼 평행 암나사

21. KS 나사의 표시기호에 대한 설명으로 잘못된 것은?

① 호칭 기호 M은 미터나사이다.
② 호칭 기호 UNF는 유니파이 가는 나사이다.
③ 호칭 기호 PT는 관용 평행 나사이다.
④ 호칭 기호 TW는 29° 사다리꼴나사이다.

해설　호칭 기호 PT는 관용 테이퍼 나사이다.

22. 나사의 종류를 표시하는 기호 중 미터 사다리꼴나사의 기호는?

① M　　② SM
③ PT　　④ Tr

해설
① M : 미터 나사
② SM : 미싱 나사
③ PT : 관용 테이퍼 나사
④ Tr : 미터 사다리꼴나사

23. 다음 나사 기호 중 관용 평행 나사를 나타내는 것은?

① Tr　　② E
③ R　　④ G

해설
① Tr : 미터 사다리꼴나사
② E : 전구 나사
③ R : 관용 테이퍼 수나사
④ G : 관용 평행 나사

24. 나사의 표시법 중 관용 평행 나사 "A"급을 표시하는 방법으로 옳은 것은?

① Rc 1/2 A　　② G 1/2 A
③ A Rc 1/2　　④ A G 1/2

해설　관용 평행 나사(G) A급 : G 1/2 A

25. "2줄 M20×2"와 같은 나사표시 기호에서 리드는 얼마인가?

① 5mm　　② 2mm
③ 3mm　　④ 4mm

해설　2줄×2(피치)=4mm

26. 나사가 "M50×2-6H"로 표시되었을 때 이 나사에 대한 설명 중 틀린 것은?

① 미터 가는 나사이다.
② 암나사 등급 6이다.
③ 피치 2mm이다.
④ 왼 나사이다.

해설　M50×2-6H
- M50×2 : 가는 나사
- 6 : 암나사 등급
- H : 공차위치

정답　20 ②　21 ③　22 ④　23 ④　24 ②　25 ④　26 ④

27. KS 나사가 다음과 같이 표시될 때 이에 대한 설명으로 옳은 것은?

> 왼 2줄 M50×-6H

① 나사산의 감긴 방향은 왼쪽이고, 2줄 나사이다.
② 미터 보통 나사로 피치가 6mm이다.
③ 수나사이고, 공차 등급은 6급, 공차위치는 H이다.
④ 이 기호만으로는 암나사인지 수나사인지를 알 수 없다.

해설 왼 2줄 M50×-6H
① 나사산의 감긴 방향은 왼쪽이고, 2줄 나사이다.
② 좌 2줄 미터 보통 나사(M 50) 암나사 6H급이다.

28. 도면에 나사의 표시가 "M50×2-6H"로 기입되어 있을 경우 이에 대한 올바른 설명은?

① 감김 방향은 왼나사이다.
② 나사의 피치는 알 수 없다.
③ M50×2의 2는 수량 2개를 의미한다.
④ 6H는 암사나의 등급 표시이다.

해설 M50×2-6H
• M50×2 : 미터 가는 나사
• 6 : 암나사 등급
• H : 공차위치

29. 나사의 표기가 "L 2줄 M50×3-6H"로 나타났을 때 이 나사에 대한 설명으로 틀린 것은?

① 나사의 감김 방향이 왼쪽이다.
② 수나사 등급이 6H이다.
③ 미터나사이고, 피치는 3mm이다.
④ 2줄 나사이다.

해설
• 6 : 암나사 등급
• H : 공차위치

30. Tr 40×7-6H로 표시된 나사의 설명 중 틀린 것은?

① Tr : 미터 사다리꼴나사
② 40 : 나사의 호칭지름
③ 7 : 나사산의 수
④ 6H : 나사의 등급

해설 7 : 나사피치

31. 나사의 표시가 다음과 같이 나타날 때 이에 대한 설명으로 틀린 것은?

> L 2N M10 - 6H/6g

① 나사의 감김방향은 오른쪽이다.
② 나사의 종류는 미터나사이다.
③ 암나사 등급은 6H, 수나사 등급은 6g이다.
④ 2줄 나사이며 나사의 바깥지름은 10mm이다.

해설 나사의 감김 방향은 왼쪽(L)이다.

32. 나사의 제도 방법을 설명한 것으로 틀린 것은?

① 수나사에서 골 지름은 가는 실선으로 도시한다.
② 불완전 나사부를 나타내는 골지를 선은 축선에 대해서 평행하게 표시한다.
③ 암나사의 측면도에서 호칭 경에 해당하는 선은 가는 실선이다.
④ 완전 나사부란 산봉우리와 골 밑 모양의 양쪽 모두 완전한 산형으로 이루어지는 나사부이다.

해설 │ 불완전 나사부의 골을 나타내는 선은 축선에 대하여 30°의 가는 실선으로 그리고 필요에 따라 불완전 나사부의 길이를 기입한다.

33. 나사의 도시법을 설명한 것으로 틀린 것은?

① 수나사의 바깥지름의 암나사의 골지름은 굵은 실선으로 표시한다.
② 완전 나사부 및 불완전 나사부의 경계선은 굵은 실선으로 표시한다.
③ 보이지 않는 나사 부분은 가는 파선으로 표시한다.
④ 수나사 및 암나사의 조립 부분은 수나사 기준으로 표시한다.

해설 │ 나사 도시방법
① 수나사의 바깥지름과 암나사의 안지름을 표시하는 선은 굵은 실선으로 그린다.
② 수나사와 암나사의 골을 표시하는 선은 가는 실선으로 그린다.

34. 다음 나사의 도시법에 관한 설명 중 옳은 것은?

① 암나사의 골지름은 가는 실선으로 표현한다.
② 암나사의 안지름은 가는 실선으로 표현한다.
③ 수나사의 바깥지름은 가는 실선으로 표현한다.
④ 수나사의 골지름은 굵은 실선으로 표현한다.

해설 │ ① 암나사의 골지름은 가는 실선으로 표현한다.
② 암나사의 안지름은 굵은 실선으로 표현한다.
③ 수나사의 바깥지름은 굵은 실선으로 표현한다.
④ 수나사의 골지름은 가는 실선으로 표현한다.

35. 다음 ( ) 안에 공통으로 들어갈 내용은?

• 나사의 불완전 나사부는 기능상 필요한 경우 또는 치수 지시를 하기 위하여 필요한 경우 경사된 ( )으로 도시한다.
• 단면도가 아닌 일반 투명도에서 기어의 이 골원은 ( )으로 도시한다.

① 가는 실선   ② 가는 파선
③ 가는 1점 쇄선 ④ 가는 2점 쇄선

해설 │ • 수나사의 바깥지름과 암나사의 안지름을 표시하는 선은 굵은 실선으로 그린다.
• 수나사와 암나사의 골을 표시하는 선은 가는 실선으로 그린다.
• 완전 나사부와 불완전 나사부의 경계선은 굵은 실선으로 그린다.
• 단면도가 아닌 일반 투명도에서 기어의 이 골원은 가는 실선으로 도시한다.

36. 그림과 같이 암나사를 단면으로 표시할 때, 가는 실선으로 도시하는 부분은?

① A
② B
③ C
④ D

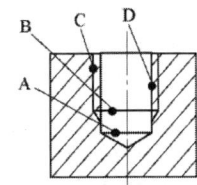

해설 │

나사의 각부	선의 종류	나사부의 그림
암나사의 안지름	굵은 실선	굵은 실선
암나사의 골	가는 실선	가는 실선
가려서 보이지 않는 나사부	파선	
측면도시에서 골지름	가는 실선 (3/4 원)	

정답 33 ① 34 ① 35 ① 36 ③

Part 1. 기계제도

37. 구름 베어링의 호칭 번호가 6001일 때 안지름은 몇 mm인가?

① 12　　② 11
③ 10　　④ 13

해설 호칭법에 쓰이는 숫자의 의미
① 첫 번째 숫자 : 형식번호
  • 1 : 복렬 자동조심형
  • 2, 3 : 복렬 자동조심형(큰너비)
  • 6 : 단열 홈형
  • N : 원통 롤러형
  • 7 : 단열 앵귤러 콘택트형(경사 접촉형)
② 두 번째 숫자 : 치수기호(폭기호＋지름기호)
  • 0, 1 : 특별 경하중형
  • 2 : 경하중형
  • 3 : 중간형
③ 세 번째 숫자와 네 번째 숫자 : 안지름 기호
  • 00 : 안지름 10mm
  • 01 : 안지름 12mm
  • 02 : 안지름 15mm
  • 03 : 안지름 17mm
  안지름 치수 9mm 이하의 한자리 숫자는 그대로 표시하고 10mm 이상 500mm까지는 그 1/5의 수값(2자리 숫자)으로 표시한다.
④ 다섯 번째 이후의 기호 : 베어링의 등급기호
  • 무기호 : 보통급
  • H : 상급
  • P : 정밀급
  • SP : 초정밀급

38. 베어링의 호칭 번호가 6026일 때 이 베어링의 안지름은 몇 mm인가?

① 6　　② 60
③ 26　　④ 130

해설 안지름 번호(세 번째, 네 번째 숫자)＝26×5＝130

39. 다음 구름 베어링 호칭 번호 중 안지름이 22mm인 것은?

① 622　　② 6222
③ 62/22　　④ 62-22

해설 /28＝28, /28＝28, /32＝32 : /표시는 호칭 번호와 안지름은 동일하다.

40. 베어링 호칭 번호 NA 4916 V의 설명 중 틀린 것은?

① NA 49는 니들 롤러 베어링 치수계열 49
② V는 리테이너 기호로서 리테이너가 없음
③ 베어링 안지름은 80mm
④ A는 시일드 기호

해설
• NA49 : 리테이너 기호(리테이너 없음)
• 16 : 안지름 번호(베어링 안지름 80mm)
• V : 베어링 계열기호(니들 롤러 베어링, 치수 계열 49)

41. 다음은 베어링을 나타내는 호칭 번호이다. 베어링의 종류를 나타내는 것은 어느 것인가?

NA 4916V

① NA　　② 49
③ 16　　④ V

해설 베어링 호칭 : NA 4916V
① NA : 니들 베어링
② 49 : 치수 계열
③ 16 : 안지름 번호(16×5＝80mm)
④ V : 리테이너 기호(리테이너 없음)

42. 베어링 기호 608 C2 P6에서 P6가 뜻하는 것은?

① 정밀도 등급 기호　　② 계열기호
③ 안지름 번호　　④ 내부 틈새 기호

해설
• 60 : 등급 기호
• 8 : 틈새 기호(C2의 틈새)
• C2 : 안지름 번호(베어링 안지름 8mm)
• P6 : 깊은 홈 볼 베어링 계열60 치수, 치수 계열 10

정답 37 ①　38 ④　39 ③　40 ④　41 ①　42 ①

43. 다음과 같이 도면에 지시된 베어링 호칭 번호의 설명으로 옳지 않은 것은?

| 6312 Z NR |

① 단열 깊은 홈 볼베어링
② 한쪽 실드붙이
③ 베어링 안지름 312mm
④ 멈춤링 붙이

해설
- 63 : 레이스 모양 기호(스냅 링붙이)
- 12 : 시일드 기호(한쪽 시일드)
- Z : 안지름 번호(베어링 안지름 60mm)
- NR : 베어링 계열기호(단식 깊은 홈 볼 베어링, 치수 계열 03)

44. 베어링 호칭 번호가 다음과 같이 나타났을 경우 이 베어링에서 알 수 없는 항목은?

| F684C2P6 |

① 궤도륜 모양   ② 베어링 계열
③ 실드 기호   ④ 정밀도 등급

해설
- F : 궤도륜 모양(; 플랜지 붙이)
- 68 : 베어링 계열
- 4 : 안지름번호
- C2 : 레이디얼 내부 틈새 기호
- P6 : 정밀도 등급

45. 다음 중 단열 앵귤러 볼베어링의 간략 도시기호는?

① 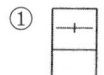   ②

③   ④

해설
① 깊은 홈 볼베어링, 원통 롤러 베어링
② 앵귤러 콘택트 볼베어링, 테이퍼 롤러 베어링
③ 복열 자동조심 볼베어링
④ 규정에 없는 그림

46. 다음 중 복열 깊은 홈 볼베어링의 약식 도시기호가 바르게 표기된 것은?

① 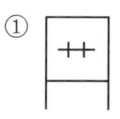   ②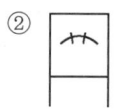

③ 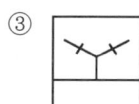   ④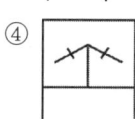

해설
① 복열 깊은 홈 볼베어링
② 복열 자동조심 볼베어링
③ 복열 앵귤러 콘택트 볼베어링(분리형)

47. 기어를 도시할 때 선을 나타내는 방법으로 틀린 것은?

① 잇봉우리원은 가는 실선으로 표시한다.
② 피치원은 가는 1점 쇄선으로 표시한다.
③ 잇줄 방향은 일반적으로 3개의 가는 실선으로 표시한다.
④ 이뿌리원은 가는 실선으로 표시한다. 단, 축에 직각인 방향에서 본 그림을 단면으로 도시할 때 이골의 선은 굵은 실선으로 표시한다.

해설
① 잇봉우리원(이끝원)은 굵은 실선으로 표시한다.
② 피치원은 가는 1점 쇄선으로 표시한다.
③ 잇줄 방향은 일반적으로 3개의 가는 실선으로 표시한다.
④ 이뿌리원(이골원)은 가는 실선으로 표시한다. 단, 축에 직각인 방향에서 본 그림을 단면으로 도시할 때 이뿌리원(이골원)의 선은 굵은 실선으로 표시한다.

48. 스퍼 기어의 도시방법에 관한 설명으로 옳은 것은?

① 잇봉우리원은 가는 실선으로 표시한다.
② 피치원은 가는 2점 쇄선으로 표시한다.

③ 이골원은 가는 1점 쇄선으로 그린다.
④ 축에 직각인 방향에서 본 그림을 단면으로 도시할 때는 이골원의 선은 굵은 실선으로 그린다.

49. 기어의 제도에 관하여 설명한 것으로 잘못된 것은?
① 잇봉우리원은 굵은 실선으로 표시한다.
② 피치원은 가는 1점 쇄선으로 표시한다.
③ 이골원은 가는 실선으로 표시한다.
④ 잇줄 방향은 통상 3개의 가는 1점 쇄선으로 표시한다.

해설 잇줄 방향은 보통 3개의 가는 실선으로 그린다(단, 외접 헬리컬 기어의 주투상도를 단면으로 도시할 때에는 잇줄 방향 도시는 3개와 가는 2점 쇄선으로 그린다).

50. 기어 제도에 관한 설명으로 옳지 않은 것은?
① 잇봉우리원은 굵은 실선으로 표시하고 피치원은 가는 1점 쇄선으로 표시한다.
② 이골원은 가는 실선으로 표시한다. 다만 축에 직각인 방향에서 본 그림을 단면으로 도시할 때는 이골원 선은 굵은 실선으로 표시한다.
③ 잇줄 방향은 통상 3개의 가는 실선으로 표시한다. 다만 주투영도를 단면으로 도시할 때 외접 헬리컬 기어의 잇줄 방향을 지면에서 앞의 이의 잇줄 방향을 3개의 가는 2점 쇄선으로 표시한다.
④ 맞물리는 기어의 도시에서 주투영도를 단면으로 도시할 때는 맞물림부의 한쪽 잇봉우리원을 표시하는 선은 가는 1점 쇄선 또는 굵은 1점 쇄선으로 표시한다.

해설 맞물리는 한쌍 기어의 도시에서 맞물림부의 이끝원(잇봉우리원)은 모두 굵은 실선으로 그리고, 주투상도를 단면으로 도시할 때에는 맞물림부의 한쪽 이끝원(잇봉우리원)을 표시하는 선은 가는 파선 또는 굵은 파선으로 그린다.

51. 표준 스퍼 기어의 항목표에서는 기입되지 아니하나 헬리컬 기어 항목표에는 기입되는 것은?
① 모듈
② 비틀림 각
③ 잇수
④ 기준 피치원 지름

해설 비틀림 각은 스퍼 기어의 항목표에서는 기입되지 아니하나 헬리컬 기어 항목표에는 기입된다.

52. 그림과 같이 스퍼 기어의 주투상도를 부분단면도로 나타낼 때, 'A'가 지시하는 곳의 선의 모양은?
① 가는 실선
② 굵은 파선
③ 굵은 실선
④ 가는 파선

해설
• 이끝원은 굵은 실선으로 그린다.
• 피치원은 가는 1점 쇄선으로 그린다.
• 이뿌리원은 가는 실선으로 그린다.

53. 헬리컬 기어 제도에 대한 설명으로 틀린 것은?
① 잇봉우리원은 굵은 실선으로 그린다.
② 피치원은 가는 1점 쇄선으로 그린다.
③ 이골원은 단면 도시가 아닌 경우 가는 실선으로 그린다.
④ 축에 직각인 방향에서 본 정면도에서 단면 도시가 아닌 경우 잇줄 방향은 경사진 3개의 가는 2점 쇄선으로 나타낸다.

정답 49 ④ 50 ④ 51 ② 52 ① 53 ④

해설 외접 헬리컬 기어의 주투상도를 단면으로 도시할 때에는 잇줄 방향 도시는 3개와 가는 2점 쇄선으로 그린다.

54. 전동용 기계요소 중 표준 스퍼 기어와 헬리컬 기어 항목표에 모두 기입하는 것으로 옳은 것은?

① 리드 ② 비틀림 방향
③ 비틀림 각 ④ 기준 랙 압력각

55. 그림에서 도시한 기어는?

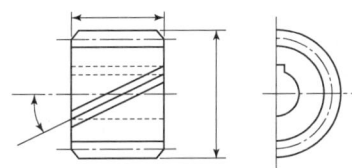

① 베벨 기어
② 웜 기어
③ 헬리컬 기어
④ 하이포이드 기어

56. 그림은 맞물리는 어떤 기어를 나타낸 간략도이다. 이 기어는 무엇인가?

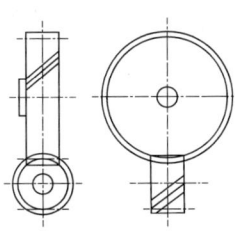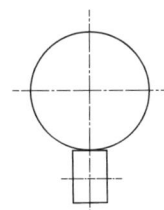

① 스퍼 기어
② 헬리컬 기어
③ 나사 기어
④ 스파이럴 베벨 기어

해설 위 그림은 나사 기어이다.

57. 체인 스프로킷 휠의 피치원 지름을 나타내는 선의 종류는?

① 가는 실선 ② 가는 1점 쇄선
③ 가는 2점 쇄선 ④ 굵은 1점 쇄선

해설 스프로킷 휠 제도법
① 바깥지름(이끝원)은 굵은 실선으로 그린다.
② 피치원은 가는 1점 쇄선으로 그린다.
③ 이뿌리원은 가는 실선으로 그린다.
④ 정면도를 단면으로 도시할 경우 이뿌리는 굵은 실선으로 그린다.

58. 스퍼 기어에서 피치원의 지름이 150mm이고, 잇수가 50일 때 모듈(module)은?

① 5 ② 4
③ 3 ④ 2

해설 $D = MZ = 150 \div 50 = 3$

59. 모듈이 2인 한 쌍의 외접하는 표준 스퍼 기어 잇수가 각각 20과 40으로 맞물려 회전할 때 두 축 간의 중심거리는 척도 1:1 도면에는 몇 mm로 그려야 하는가?

① 30mm ② 40mm
③ 60mm ④ 120mm

해설 $C = \dfrac{(20+40) \times 2}{2} = 60\,\text{mm}$

60. 표준 평기어의 피치원 지름을 D, 모듈을 m, 잇수를 z라 할 때 피치원 지름을 나타내는 공식은?

① $D = zm$ ② $D = \dfrac{zm}{2}$
③ $D = \dfrac{m}{z}$ ④ $D = \dfrac{z}{m}$

Part 1. 기계제도

[해설]
- 기어의 피치원 지름 : $D = zm$
- 기어의 외경 : $D = (z+2)m$

61. 표준 스퍼 기어의 모듈이 2이고, 이끝원 지름이 84mm일 때 이 스퍼 기어의 피치원 지름(mm)은 얼마인가?

① 76　　② 78
③ 80　　④ 82

[해설]
피치원 지름=모듈×잇수=2×40=80
지름=m(Z+2)=2×(Z+2)=84
따라서 잇수는 40

62. 다음의 핀에 대한 설명 중 적당하지 않은 것은?

① 테이퍼 핀 호칭은 명칭, $d \times l$, 등급, 재료 순이다.
② 슬롯 테이퍼 핀 호칭은 명칭, $d \times l$, 재료, 지정사항 순이다.
③ 테이퍼 핀의 테이퍼값은 1/50이다.
④ 테이퍼 핀의 호칭지름은 가는 쪽이 지름이다.

[해설] 핀의 호칭 방법

명칭	호칭 방법
평행 핀	규격번호 또는 명칭, 종류, 형식, 호칭, 지름×길이, 재료
테이퍼 핀	명칭, 등급, $d \times l$, 재료
슬롯 테이퍼 핀	명칭, $d \times l$, 재료, 지정사항
분할 핀	규격번호 또는 명칭, 호칭, 지름×길이, 재료

63. 다음 중 슬롯 테이퍼 핀의 호칭을 바르게 나타낸 것은?

① 명칭, $d \times l$, 재료, 지정사항
② 명칭, $d \times l$, 등급, 재료
③ 명칭, 등급, $d \times l$, 재료, 지정사항
④ 명칭, 종류, $d \times l$, 재료

64. 평행 핀의 호칭이 바른 것은?

① 명칭, 종류, 형식, $d \times l$, 재료
② 명칭, 형식, 종류, $d \times l$, 재료
③ 명칭, $d \times l$, 재료, 지정사항
④ 명칭, 재료, $d \times l$, 지정사항

65. 축의 도시방법을 바르게 설명한 것은?

① 긴 축의 중간을 파단하여 짧게 그리되 치수는 실제의 길이를 기입한다.
② 축 끝의 모따기는 각도와 축을 기입하되 60° 모따기의 경우에 한하여 치수 앞에 "C"를 기입한다.
③ 둥근 축이나 구멍 등의 일부 면이 평면임을 나타낼 경우에는 굵은 실선의 대각선을 그어 표시한다.
④ 축에 있는 널링(knurling)의 도시는 빗줄인 경우 축선에 대하여 45°를 엇갈리게 그린다.

[해설] 축의 도시방법은 다음과 같다.
① 축은 길이 방향으로 단면을 도시하지 않는다. 단, 부분단면은 허용한다.
② 긴 축은 중간을 파단하여 그린다.
③ 축에 있는 널링(Knurling)의 도시는 빗줄인 경우 축선에 대하여 30°를 엇갈리게 그린다.
④ 축 끝의 모따기는 각도와 축을 기입하되 45° 모따기의 경우에 한하여 치수 앞에 "C"를 기입한다.
⑤ 둥근 축이나 구멍 등의 일부 면이 평면임을 나타낼 경우에는 가는 실선의 대각선을 그어 표시한다.

정답　61 ③　62 ①　63 ①　64 ①　65 ①

66. 빗줄 널링(knurling)의 표시방법으로 가장 올바른 것은?

① 축선에 대하여 일정한 간격으로 평행하게 도시한다.
② 축선에 대하여 일정한 간격으로 수직으로 도시한다.
③ 축선에 대하여 30°로 엇갈리게 일정한 간격으로 도시한다.
④ 축선에 대하여 80°가 되도록 일정한 간격으로 평행하게 도시한다.

해설 축에 널링을 도시할 때에는 빗줄인 경우는 축선에 대하여 30°로 엇갈리게 나타낸다.

67. 작은 지름용으로 적용하는 축 지름 25~38mm 이하에서만 사용하는 것은?

① C형
② C형 동심
③ C형
④ E형

68. 캐스킷, 박판, 형강 등과 같이 절단면이 얇은 경우 이를 나타내는 방법으로 옳은 것은?

① 실제 치수와 관계없이 1개의 가는 1점 쇄선으로 나타낸다.
② 실제 치수와 관계없이 1개의 극히 굵은 실선으로 나타낸다.
③ 실제 치수와 관계없이 1개의 굵은 1점 쇄선으로 나타낸다.
④ 실제 치수와 관계없이 1개의 극히 굵은 2점 쇄선으로 나타낸다.

해설 얇은 두께 부분의 단면도
개스킷, 박판, 형강 등에서 절단면이 얇은 경우 다음에 따라 표시할 수 있다.
① 절단면을 검게 칠한다.
② 실제 치수와 관계없이 1개의 극히 굵은 실선으로 표시한다.

69. 다음 V벨트의 종류 중 단면의 크기가 가장 작은 것은?

① M형
② A형
③ B형
④ E형

해설 V벨트의 종류에는 M형 및 A, B, C, D, E형 등의 6종류가 있으며, M형이 가장 작고 E형이 가장 크다[벨트의 각(θ)은 40°이다].

70. 스프링 도시방법에 대한 설명으로 틀린 것은?

① 코일 스프링, 벌류트 스프링은 일반적으로 무하중 상태에서 그린다.
② 겹판 스프링은 일반적으로 스프링 판이 수평인 상태에서 그린다.
③ 요목표에 단서가 없는 코일 스프링 및 벌류트 스프링은 모두 왼쪽으로 감긴 것을 나타낸다.
④ 스프링 종류 및 모양만을 간략도로 나타내는 경우에는 스프링 재료의 중심선만을 굵은 실선으로 그린다.

해설 특별한 단서가 없는 한 모두 오른쪽 감기로 도시하고, 왼쪽 감기로 도시할 때에는 '감긴 방향 왼쪽'이라고 표시한다.

Part 1. 기계제도

71. 다음 중 무하중 상태로 그려지는 스프링이 아닌 것은?

① 접시 스프링
② 겹판 스프링
③ 벌류트 스프링
④ 스파이럴 스프링

해설 겹판 스프링의 제도
① 겹판 스프링은 원칙적으로 판이 수평인 상태에서 그린다. 하중이 걸린 상태에서 그릴 때에는 하중을 명기한다.
② 무하중의 상태로 그릴 때에는 가상선으로 표시한다.
③ 모양만을 도시할 때에는 스프링의 외형을 실선으로 그린다.

72. 다음 중 스파이럴 스프링의 치수나 요목표에 기입하지 않아도 되는 사항은?

① 판 두께
② 재료
③ 전체 길이
④ 최대 하중

정답 71 ② 72 ④

2 요소부품 투상

1. 투상법

제도통칙에서 투상도법은 규격번호 KS A 0111 계열(공업제도 투상법)과 KS B 0001(기계제도)에 기재되어 있다. KS B 0001의 9에 있는 내용을 보면 "투상법은 제3각법에 따르는 것을 원칙으로 한다. 다만, 필요한 경우에는 제1각법에 따를 수도 있다. 투상법의 기호를 표제란 또는 그 근처에 나타낸다. 다만, 지면의 형편 등으로 투상도를 제3각법에 의한 정확한 위치에 그리지 못하는 경우 또는 실제 그림이 필요있는 제3각법에 의한 위치에 그리면 도리어 도형을 이해하기 곤란한 경우에는 상호관계를 화살표와 문자를 사용하여 표시하고 그 글자는 투상의 방향과 관계없이 전부 위 방향으로 명백하게 쓴다"라고 규격 되어 있다. 또한 KS B 0001의 10.1은 투상도의 표시방법에 의해 투상도의 선택방법과 투상도의 종류에 대해 규격하고 있다.

1) 투상도의 명칭

투상도는 보는 방향에 따라 6종류로 구분한다.

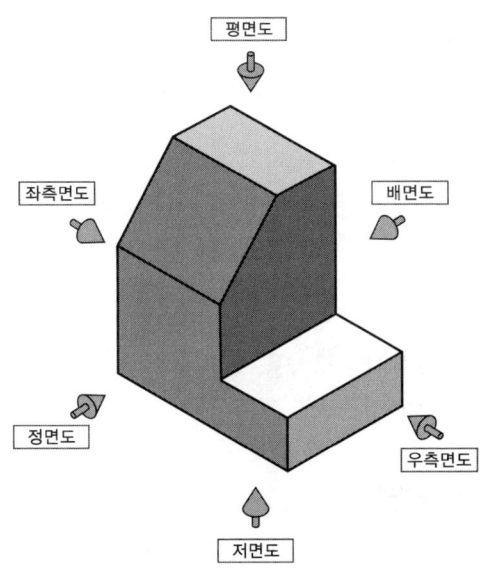

[그림 1-15] 투상도의 명칭

> **TIP**
>
> **투상법(projection)**
> 어떤 물체에 광선을 비추어 하나의 평면에 맺히는 형태, 즉 형상, 크기, 위치 등을 일정한 법칙에 따라 표시하는 도법을 투상법(projection)이라 한다.

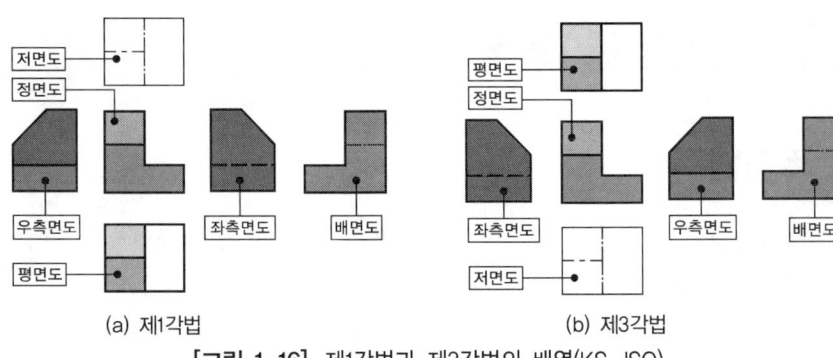

[그림 1-16] 제1각법과 제3각법의 배열(KS, ISO)

(1) 정면도(front view)
물체 앞에서 바라본 모양을 도면에 나타낸 것으로 그 물체의 가장 주된 면, 즉 기본이 되는 면을 정면도라 한다.

(2) 평면도(top view)
물체의 위에서 내려다 본 모양을 도면에 표현한 그림을 말하며, 상면도라고도 하며, 정면도와 함께 많이 사용한다.

(3) 우측면도(right side view)
물체의 우측에서 바라본 모양을 도면에 나타낸 그림을 말하며 정면도, 평면도와 함께 많이 사용한다.

(4) 좌측면도(lift side view)
물체의 좌측에서 본 모양을 도면에 표현한 그림이다.

(5) 저면도(bottom view)
물체의 아래쪽에서 바라본 모양을 도면에 나타낸 그림을 말하며 하면도라고도 한다.

(6) 배면도(rear view)
물체의 뒤쪽에서 바라본 모양을 도면에 나타낸 그림을 말하며 사용하는 경우가 극히 적다.

2) 제1각법과 제3각법

[그림 1-17(a)]와 같이 수직수평의 두 평면이 직교할 때 한 공간을 4개로 구분한다. 이때 수직한 면의 오른쪽과 수평한 면의 위쪽에 있는 공간을 제1상한, 제1상한에서 시계반대방향으로 돌면서 제2, 제3, 제4상한이라 한다.

> **TIP**
>
> **정면도**
> 그 물체의 형상, 기능 등을 가장 정확하고 뚜렷하게 나타낼 수 있는 방향에서 그린 그림을 의미한다. 예를 들면 자동차나 항공기 등은 앞쪽이 정면이지만 옆에서 볼 때가 그 형상을 정확하게 알 수 있으므로 실제로는 측면을 도면의 정면도로 하고 있다.

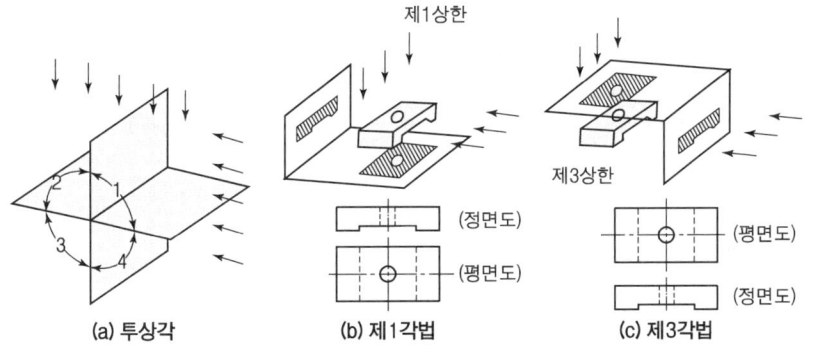

[그림 1-17] 제1각법과 제3각법의 원리

(1) 제1각법

물체를 1각 안에(투상면 앞쪽) 놓고 투상한 것을 말한다. 즉 물체의 뒤의 유리판에 투영한다.

① 투상순서는 눈 → 물체 → 투상이다.
② 투상도의 위치는 [그림 1-18]과 같다.
　㉠ 평면도는 정면도의 아래에 위치한다.
　㉡ 좌측면도는 정면도의 우측에 위치한다.
　㉢ 우측면도는 정면도의 좌측에 위치한다.
　㉣ 저면도는 정면도의 위에 위치한다.

(2) 제3각법

물체를 제3각 안에 놓고 물체를 투상한 것을 말한다. 즉 물체의 앞의 유리판에 투영한다.

① 투상순서는 눈 → 투상 → 물체이다.
② 투상도의 위치는 [그림 1-18]과 같다.
　㉠ 좌측면도는 정면도의 좌측에 위치한다.
　㉡ 평면도는 정면도의 위에 위치한다.
　㉢ 우측면도는 정면도의 우측에 위치한다.
　㉣ 저면도는 정면도의 아래에 위치한다.

(3) 제3각법의 장점

① 전개도와 같으므로 도면표현이 합리적이다.
② 비교 대조가 용이하므로 치수기입이 합리적이다.
③ 경사부분에 있어 보조 투영이 가능하다.

 TIP

제1각법의 원리
제1각의 직육면체 공간을 원리로 분리하여, 각각의 면에 수직인 상태로 중앙에 놓고 '보는 위치'에서 물체 뒷면의 투상면에 비춰지도록 하여 처음 본 것을 정면도라 하고, 각 방향으로 돌아가며 비춰진 투상도를 얻는 원리를 제1각법이라 한다.

제3각법의 원리
제3각의 직육면체 공간을 원리로 분리하여, 분리된 제3면각 공간 안의 물체를 각각의 면에 수직인 상태로 중앙에 놓고 '보는 위치'에서 물체 앞면의 투상면에 반사되도록 하여 처음 본 것을 정면도라 한다. 또한 각 방향으로 돌아가며 보아서 반사되도록 하여 투상도를 얻는 원리를 제3각법이라 한다.

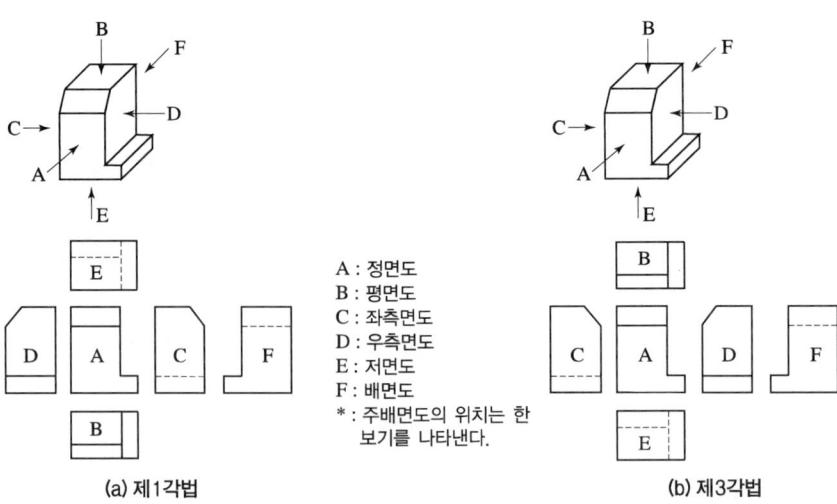

[그림 1-18] 제1각법과 제3각법의 투상도 배치

> **TIP**
> 도면의 제도에 사용된 각법의 표시는 '제1각법' 또는 '제3각법'의 문자기호로 표제란에 기입하거나, 한국산업 표준(KS)과 국제 표준 규격(ISO)으로 각법 기호표시를 표제란의 가까운 곳에 표시한다.

3) 제도에 사용하는 투상법

기계제도에서의 투상법은 제3각법에 따른 것을 원칙으로 한다. 제1각법을 따를 경우 [그림 1-19]와 같은 투상법의 기호를 표제란 또는 그 근처에 표시한다. 한 도면 안에서는 혼용하지 않는 것이 좋다.

[그림 1-19] 투상법의 기호

4) 투상법의 명시

같은 도면 내에서 원칙적으로 제3각법과 제1각법을 혼용해서는 안 되지만, 도면을 이해하는 데 도움을 줄 때는 혼용할 수도 있다. 다만, 제3각법에 의한 올바른 배치로 그릴 수 없는 경우 또는 제3각법에 의하여 정확한 위치에 그리면 도리어 도형을 이해하기 곤란한 경우에는 상호관계를 화살표와 문자를 사용하여 표시하고, 그 글자는 투사의 방향과 관계없이 전부 위 방향으로 명백하게 쓴다.

5) 정면도 선택 시 유의사항

① 물체의 특징을 가장 잘 나타내는 면을 선택한다.
② 관련 투상도(평면도, 측면도)에는 가급적 은선을 사용하지 않는다.

③ 물체는 자연스러운 위치로 안정감을 가질 수 있도록 한다.
④ 물체의 주요면은 수직, 수평이 되게 한다.
⑤ 물체는 가공공정 순서와 같은 방향으로 선택한다.
⑥ 기어, 베어링과 같은 물체는 축과 직각방향에서 본 것을 정면도로 선택한다.

6) 투상도의 선택방법

① 주투상도에는 대상물의 모양 및 기능을 가장 명확하게 표시하는 면을 그리며, 대상물을 도시하는 상태는 도면의 목적에 따라 「조립도 등 주로 기능을 표시하는 도면에서는 대상물을 사용하는 상태」, 「부품도 등 가공하기 위한 도면에서는 가공에 있어서 도면을 가장 많이 이용하는 공정에 대상물을 놓은 상태」 또는 「특별한 이유가 없는 경우, 대상물을 가로길이로 놓은 상태」 중 하나에 따른다.
② 주투상도를 보충하거나 보조하는 다른 투상도는 최소로 하고 주투상도만으로 표기가 가능한 것은 다른 투상도를 그리지 않는다.
③ 서로 관련되는 그림의 배치는 최대한 숨은 선을 쓰지 않도록 한다. 다만, 비교·대조하기 불편한 경우에는 예외로 한다.

(1) 주투상도

대상물의 모양이 가장 명확하게 표시되게 그리는 투상도로 제3각법을 기준으로 정면도, 평면도, 우측면도를 배치하는 방법이 기본이나 필요에 따라 좌측면도나 배면도 등을 추가할 수 있다.

① 주투상도에는 대상물의 모양·기능을 가장 명확하게 나타내는 면을 정면도로 선택한다. 또한, 대상물을 도시하는 상태는 도면의 목적에 따라 다음 어느 것인가에 따른다.
② 조립도 등 주로 기능을 표시하는 도면에서는 대상물을 사용하는 상태이다.
③ 부품도 등 공작기계로 가공하는 물체는 가공자가 도면을 보면서 가공하기 편리하도록 가공량이 가장 많은 공정을 가공할 때와 같은 방향으로 정면도를 선택하여 투상한다.

(2) 보조 투상도

경사면부가 있는 대상물에서 그 경사면의 실제길이를 표시할 필요가 있는 경우에는 다음에 의하여 보조 투상도로 표시한다.

① 물체에 경사진 부분이 있는 경우 도면에 투상도의 모양이나 크기가 축소되어 나타나기 때문에 [그림 1-20]에서와 같이 경사면과

 TIP

등각 투상도(isometric projection drawing)
정면, 평면, 측면을 하나의 투상면 위에 동시에 볼 수 있도록 2개의 옆면 모서리가 수평선과 30°가 되게 하여 세 축이 120°의 등각이 되도록 입체도로 투상한 것을 등각 투상도라고 한다.

사 투상도(oblique projection drawing)
투상선이 투상면을 사선으로 평행하도록 무한대의 수평 시선으로 얻은 물체의 윤곽을 그리게 되면, 육면체의 세 모서리는 경사축이 α각을 이루는 입체도가 되며, 이를 그린 그림을 사 투상도라고 한다.
45°의 경사축으로 그린 것을 카발리에도(cavalier projection drawing), 60°의 경사 축으로 그린 것을 캐비닛도(cabinet projection drawing)라고 한다.

투시도법(perspective projection)
원근감을 갖게 하기 위해 시점과 물체를 방사선으로 표시하는 방법으로 주로 건축 및 토목 조감도 등에 널리 쓰인다.

정 투상법
직교하는 두 평면을 투상면으로 하고, 수평으로 놓은 투상면을 수평투상면 또는 수평면(H.P, Horizontal Plane), 이것과 수직으로 놓이는 투상면을 수직투상면 또는 수직면(V.P, Vertical Plane)이라 한다.

나란하게 투상면을 두고 제3각법으로 투상하면 실물과 같은 크기로 투상을 할 수 있으며, 필요한 부분만을 부분 투상도 또는 국부 투상도로 그리는 것이 좋다.

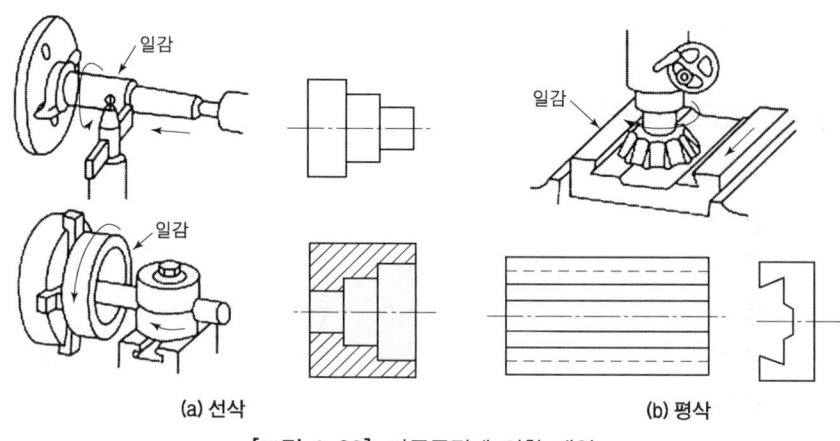

(a) 선삭   (b) 평삭

[그림 1-20] 가공공정에 의한 배열

② 지면의 관계 등으로 보조 투상도를 경사면에 맞는 위치에 배치할 수 없는 경우에는 [그림 1-21(a)]와 같이 화살표와 영문 대문자를 써서 표시할 수 있으며, [그림 1-21(b)]와 같이 중심선을 꺾어 투상 관계를 나타내도 좋다.

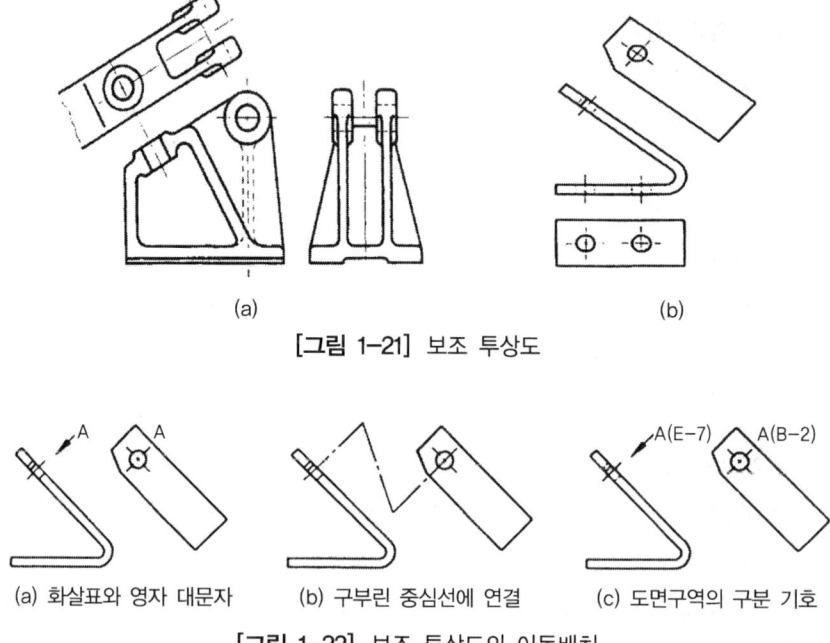

(a)   (b)

[그림 1-21] 보조 투상도

(a) 화살표와 영자 대문자   (b) 구부린 중심선에 연결   (c) 도면구역의 구분 기호

[그림 1-22] 보조 투상도의 이동배치

(3) 회전 투상도

대상물의 일부가 어느 각도를 가지고 있기 때문에 투상면에 그 실형이 나타나지 않을 때에 그 부분을 회전해서 그 실형을 도시할 수 있다. 또한, 잘못 볼 우려가 있을 경우에는 작도에 사용한 선을 남긴다.

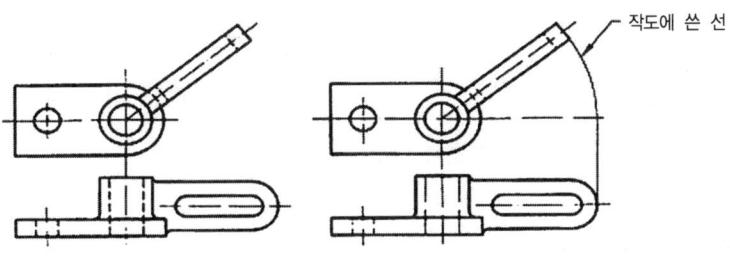

[그림 1-23] 회전 투상도

(4) 부분 투상도

그림의 일부를 도시하는 것으로 충분한 경우에는 그 필요 부분만을 부분 투상도로서 표시한다. 이 경우에는 생략한 부분과의 경계를 파단선으로 나타낸다. 다만, 명확한 경우에는 파단선을 생략하여도 좋다.

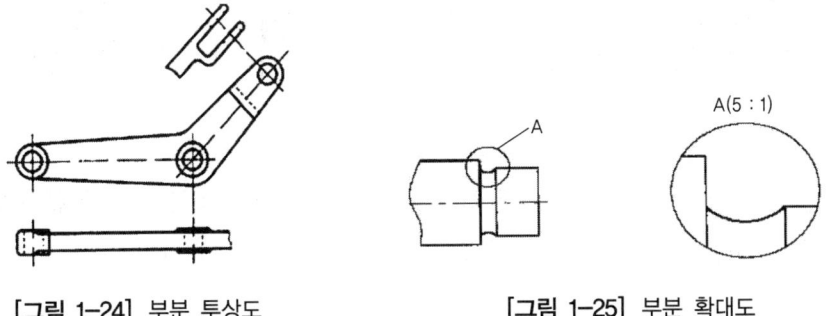

[그림 1-24] 부분 투상도   [그림 1-25] 부분 확대도

(5) 부분 확대도

특정 부분의 도형이 작은 관계로 그 부분의 상세한 도시나 치수기입을 할 수 없을 때는 그 부분을 가는 실선으로 에워싸고, 영자의 대문자로 표시함과 동시에 그 해당 부분을 다른 장소에 확대하여 그리며, 표시하는 문자 및 척도를 부기한다.

(6) 국부 투상도

대상물의 구멍, 홈 등 한 국부만의 모양을 도시하는 것으로 충분한 경우에는 그 필요한 부분만을 국부 투상도로서 나타낸다. 투상 관계를 나타내기 위하여 원칙적으로 주된 그림으로부터 중심선, 기준선, 치수 보조선 등으로 연결한다.

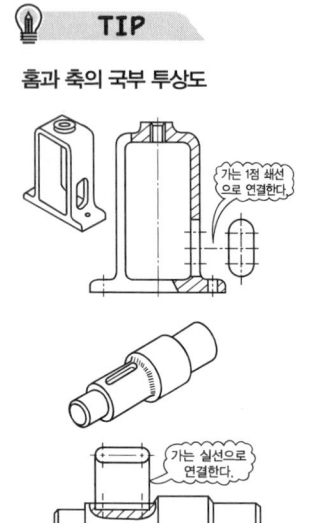

TIP

홈과 축의 국부 투상도

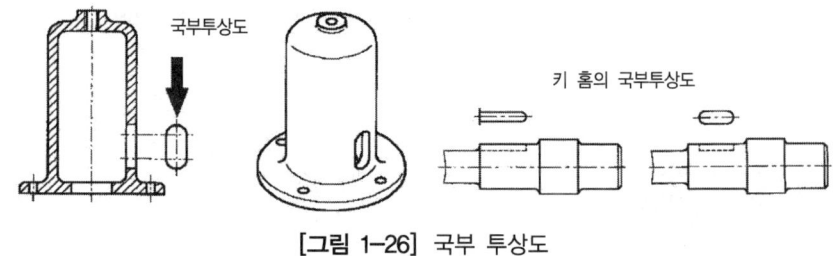

[그림 1-26] 국부 투상도

(7) 대칭도형의 생략

① 대칭 중심선의 한쪽 도형만을 그리고, 그 대칭 중심선의 양끝 부분에 짧은 2개의 나란한 가는 선(대칭 도시기호라 한다)을 그린다.

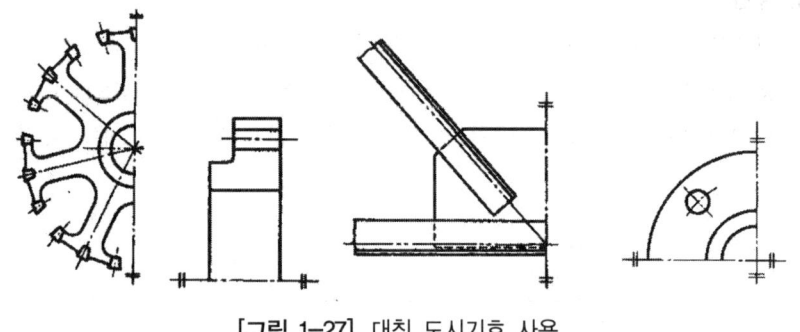

[그림 1-27] 대칭 도시기호 사용

② 대칭 중심선의 한 쪽의 도형을 대칭 중심선을 조금 넘은 부분까지 그린다. 이때에는 대칭 도시기호를 생략할 수 있다.

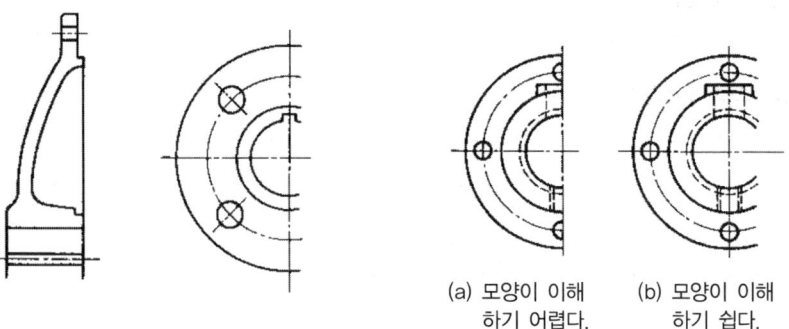

(a) 모양이 이해하기 어렵다.   (b) 모양이 이해하기 쉽다.

[그림 1-28] 대칭도형의 생략

③ 반복 도형의 생략 및 특별한 도시방법은 같은 종류, 같은 모양의 것이 반복되어 있는 경우 도형을 생략할 수 있다.
  ㉠ 실형대신 그림기호를 피치선과 중심선과의 교점에 기입한다.
  ㉡ 2가지 이상의 도형이 반복되면 다음과 같이 도형기호를 구분한다. 또한 잘못 볼 우려가 있을 경우에는 양 끝부분(한끝은 1피치분) 또는 요점만을 도시하고 다른 쪽은 피치선과 중심선과의 교점으로 나타낸다.
  ㉢ 치수기입에 의하여 교점의 위치가 명확할 때는 피치선에 교차되는 중심선을 생략하여도 좋다. 또한, 이 경우에는 반복 부분의 수를 치수기입 또는 주기에 의하여 지시하여야 한다.

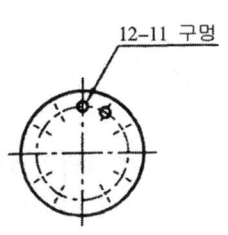
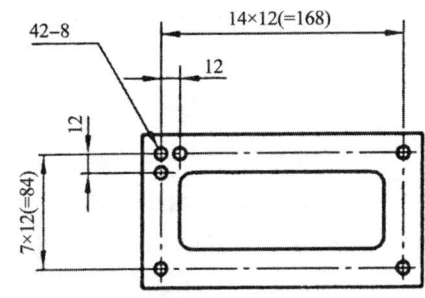

[그림 1-29] 반복 도형의 생략

④ 중간 부분의 생략은 동일한 부분의 단면, 같은 모양이 규칙적으로 줄지어 있는 부분 또는 긴 테이퍼 등의 부분은 지면을 생략하기 위하여 중간 부분을 잘라 내서 그 긴요한 부분만을 가까이하여 도시할 수 있다.

  보기 • 축, 막대, 관, 형강
      • 랙, 공작기계의 어미나사, 교량의 난간, 사다리
      • 테이퍼 축

이 경우, 잘라 낸 끝 부분은 파단선으로 나타낸다.

≫ 요점만을 도시하는 경우, 혼동될 염려가 없을 때는 파단선을 생략하여도 좋다.

≫ 긴 테이퍼 부분 또는 기울기 부분을 잘라낸 도시에서는 경사가 완만한 것은 실제의 각도로 도시하지 않아도 좋다.

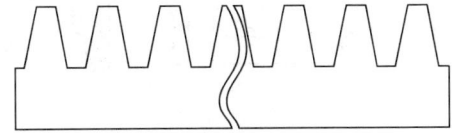

[그림 1-30] 중간 부분의 생략

(8) 특별한 도시방법

① 전개도

판재를 구부려서 만드는 물체는 면으로 구성된 대상물의 전개한 모양을 나타내어도 된다. 이 경우, 전개도의 위쪽 또는 아래쪽에 "전개도"라고 기입하는 것이 좋다.

② 간명한 도시

도시를 필요로 하는 부분을 알기 쉽게 하기 위하여 다음과 같이 하는 것이 좋다.

㉠ 숨은선이 없어도 이해할 수 있는 경우에는 이것을 생략하여도 좋다.

㉡ 보충하는 투상도에 보이는 부분을 전부 그리면, 도면이 오히려 알기 어렵게 될 경우에는 부분 투상도 또는 보조 투상도를 활용하여 표시하는 것이 좋다.

㉢ 절단면의 앞쪽에 보이는 선은 그것이 없어도 이해할 수 있는 경우에는 생략하여도 좋다.

㉣ 일부분에 특정한 모양을 가진 것은 되도록 그 부분이 그림의 위쪽에 나타나도록 그리는 것이 좋다. 보기를 들면 키 홈이 있는 보스 구멍, 벽에 구멍 또는 홈이 있는 관이나 실린더, 쪼개짐을 가진 링 등의 갈라진 부분은 위쪽으로 투상한다.

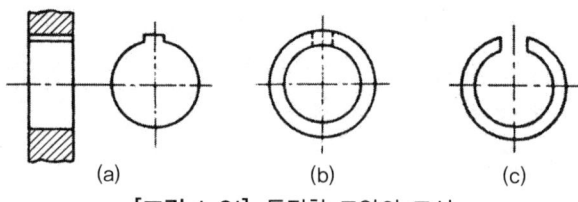

[그림 1-31] 특정한 모양의 도시

(9) 2개의 교차부분의 표시

2개 면의 교차부분을 표시하는 선은 다음과 같이 도시한다.

① 2개의 면이 둥글게 만나는 경우 [그림 1-32]와 같이 둥글게 만나는 교차선의 위치에 굵은 실선으로 표시한다.

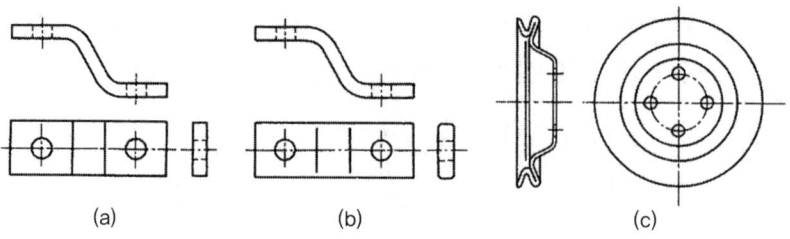

[그림 1-32] 2개 면의 교차부분의 표시

② 리브가 평면과 맞닿을 때는 선의 끝부분은 그림과 같이 직선 그대로 멈추게 한다.

㉠ 둥글기 값 $R_1 < R_2$인 경우에는 그림과 같이 바깥쪽으로 구부린다.

㉡ 둥글기 값 $R_1 > R_2$인 경우에는 그림과 같이 안쪽으로 구부린다.

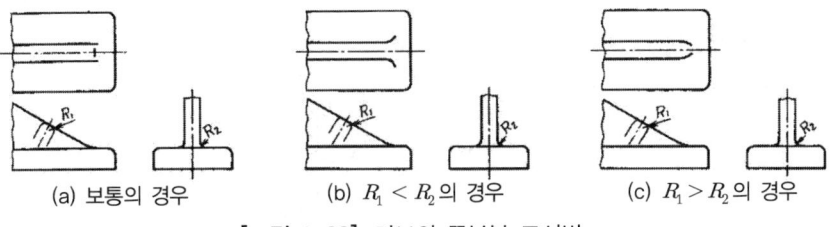

(a) 보통의 경우　　(b) $R_1 < R_2$의 경우　　(c) $R_1 > R_2$의 경우

[그림 1-33] 리브의 끝부분 표시법

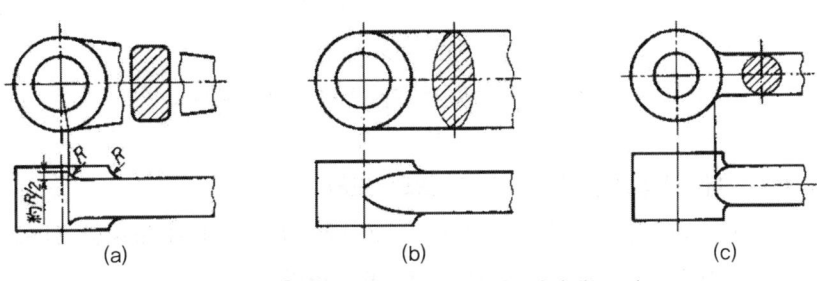

[그림 1-34] 암의 교차하는 부분을 나타내는 법

③ 곡면과 곡면 또는 곡면과 평면이 교차하는 부분의 선(상관선)은 직선으로 표시하든가 근사치에 가깝게 원호로 표시한다.

(10) 평면의 도시

도형 내의 특정한 부분이 평면이란 것을 표시할 필요가 있을 경우에는 가는 실선으로 대각선을 기입한다.

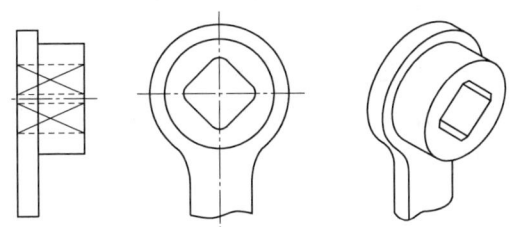

[그림 1-35] 평면이 외부에 있을 때

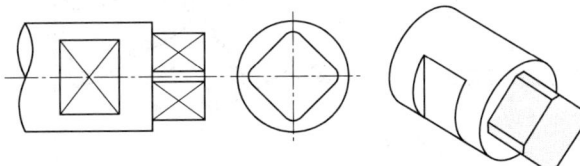

[그림 1-36] 평면이 내부에 있을 때

(11) 가공 전 또는 후의 모양의 도시

[그림 1-37]에 표시하는 대상물의 가공 전 또는 후의 모양의 도시는 다음에 따른다.

① 가공 전의 모양을 표시하는 경우에는 가는 2점 쇄선으로 도시한다.
② 가공 후의 모양, 보기를 들면 조립 후의 모양을 표시하는 경우에는 실선으로 도시한다.

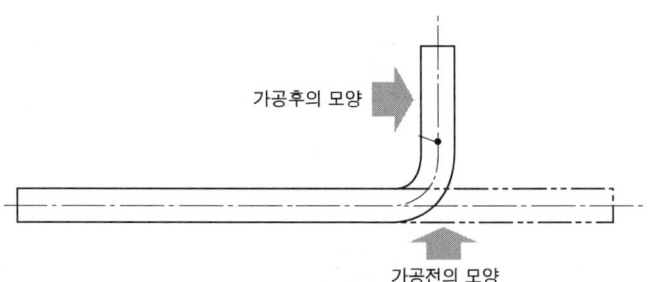

[그림 1-37] 가공 전 또는 후의 모양의 도시

(12) 가공에 사용하는 공구·지그 등의 도시

가공에 사용하는 공구·지그 등의 모양을 참고로 하여 도시할 필요가 있는 경우에는 가는 2점 쇄선으로 도시한다.

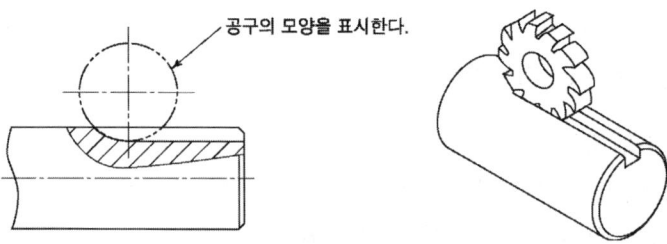

[그림 1-38] 공구·지그 등 도시

(13) 절단면의 앞쪽에 있는 부분의 도시

절단면의 앞쪽에 있는 부분을 도시할 필요가 있는 경우에는 가는 2점 쇄선으로 도시한다.

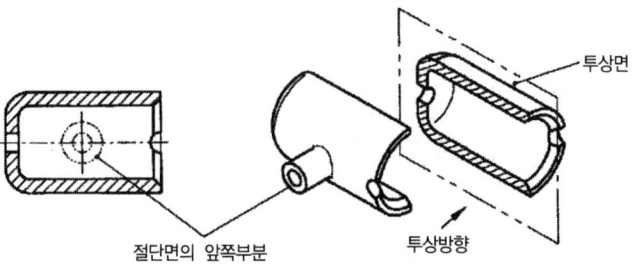

[그림 1-39] 절단면의 앞쪽에 있는 부분의 도시

(14) 인접부분의 도시

대상물을 인접하는 부분을 참고로 도시할 필요가 있을 경우에는 가는 2점 쇄선으로 도시한다. 대상물의 도형은 인접부분에 숨겨지더라도 숨은선으로 하면 안 된다. 단면도에 있어서의 인접부분에는 해칭을 하지 않는다.

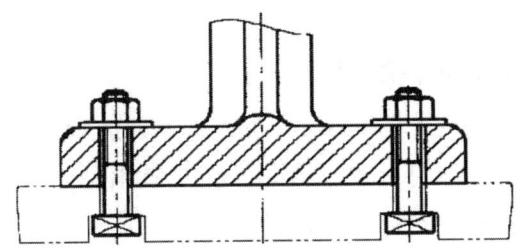

[그림 1-40] 인접부분의 도시

(15) 특수한 가공부분의 표시

대상물의 일부분에 특수한 가공을 하는 경우에는 그 범위를 외형선에 평행하게 약간 떼어서 그은 굵은 1점 쇄선으로 나타낼 수 있다.

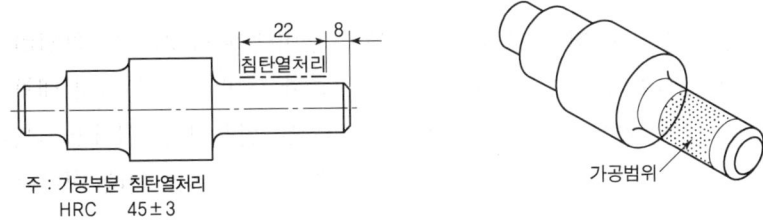

[그림 1-41] 특수한 가공부분의 표시

2. 조립도(assembly drawing)

2개 이상의 부품이나 부분 조립품을 조립한 상태에서 그 상호관계와 조립에 필요한 치수 등을 나타낸 도면으로 도면 내에 부품란을 포함하는 것과 별도의 부품표를 갖는 것이 있다.

1) 총조립도(general assembly drawing)

대상물 전체의 조립상태를 나타낸 조립도라 한다. 이 도면을 보면 그 기계의 구조나 기계 각 부분의 단위 또는 부품의 관련성을 알 수 있다. 이 도면에서는 조립에 필요한 치수 외에는 기입하지 않는다.

2) 부분 조립도(partial assembly drawing)

복잡한 기계에서는 한 장의 조립도에 모든 사항을 빠짐없이 명료하게 도시하지 못할 경우가 있다. 이 같은 경우에는 이것을 몇 개의 부분으로 나누어서 그 부분마다 자세한 조립을 도면에 표시한다. 이것을 부분 조립도라고 한다.

3) 조립도에서 요소부품 파악

① 조립도는 여러 가지 부품들이 조립된 형태로 각 요소에 대한 개별적인 치수나 호칭 번호를 부여하기 어렵다.
② 부품란을 이용하여 각 부품에 번호를 기입하고 그 번호를 이용하여 부품란에서 부품이나 요소의 규격을 표시한다.
③ 조립도에서 요소부품의 확인은 부품란을 이용하는 것이 가장 효과적이다.

3. 부품도(part drawing)

부품에 대하여 최종 다듬질 상태에서 구비해야 할 사항을 완전히 나타내기 위하여 필요한 모든 정보를 기록한 도면이다. 물체의 내부 모양을 알기 쉽게 도시하기 위하여 단면도를 활용한다. 물체를 절단하였다고 가정하고 절단한 부분을 떼어내고 도시한다. 이때 절단한 면을 해칭 처리하여 절단하였음을 나타낸다.

1) 부품란

부품란에는 각 도면에서 숫자(품번)로 표기된 부품들에 대해 품번, 품명, 수량, 재질, 비고 등의 항목 내용에 요소부품들의 품명과 재질을 표기하고 있다. 따라서 이를 확인하면 각 요소부품들에 대한 품명과 재질을 바로 파악할 수 있다. 다만 부품도의 경우 제작하고자 하는 부품에 사용하는 요소부품의 규격에 따라 구성이나 키 크기 등을 표시하고 있을 뿐 직접적으로 기계요소를 표기하는 경우는 극히 찾아보기 어렵다.

2) 부품도에서 요소부품 파악

① 조립도와 달리 부품도는 각 부품에 대한 구체적인 치수나 공차 등을 표시하고 있다.

② 각 가공 부위에 사용되는 요소부품의 규격은 그 부품에 치수나 호칭 번호를 이용하여 표기하는 경우가 대부분이다.
③ 직접 도면에 표기가 어렵거나 별도 규격 사용과 같은 공지사항 등이 필요한 경우 부품란이나 지시사항 등을 통해 표기하기도 한다.

3) 부품도에서 요소부품 확인

조립도와 달리 부품도는 각 부품에 대한 구체적인 치수나 공차 등을 표시하고 있다.

4) 조립도 및 부품도를 파악하여 2D 부품도에서 입체형상을 구현

① 도면을 3D로 제작하는 것은 그 제품이 실제 완성되었을 때 모습을 실사로 구현하는 것이다.
② 2D 상태에서 부품도의 입체형상 구현은 선을 이용하여 입체적인 형상을 구현하는 것으로 3D 입체형상 구현보다는 간단하다.
③ 3D 형상은 그 제품의 구조는 물론 색상, 질감 등과 같은 세밀한 부분까지 가능하나 2D 입체형상은 부품의 모양을 중심으로 표현하는 것으로 사실적 색상이나 질감까지 표현하기에는 어려움이 있다.
④ 각 단면도를 바탕으로 제작된 입체형상을 통해 부품의 조립 순서나 근접 부품의 모양을 파악하기에는 적합하다.

5) 스케치도를 이용한 입체형상 구현

① 스케치도는 손으로 작성하는 도면으로 부품의 정밀도를 표현하기보다는 도면을 제작하기 전 제품이나 부품의 형상을 간략하게 나타내는 데 주로 사용된다.
② 근래에 와서는 완성된 조립도나 단면도의 형상을 미리 확인하기 위해 도면 완성 후에 작성하는 경우도 적지 않다.
③ 스케치도는 사람이 직접 연필 등을 이용하여 제품이나 부품을 입체적으로 표현하여 실제 도면을 제작할 때 참고용으로 많이 활용한다.
④ 보다 정밀한 스케치도가 필요한 경우에는 손보다는 일러스트와 같은 프로그램을 이용하여 제작하기도 한다.
⑤ 일러스트와 같은 전문 프로그램의 사용은 비용 등 여러 가지 제한이 있으므로 도면을 제작하기 전 작성하는 스케치도는 수작업으로 시행하고 완성된 도면의 입체형상을 구현하기 위해서는 일러스트와 같은 전문 프로그램을 이용하여 작성하는 경우가 많다.

6) CAD 프로그램을 이용한 입체형상 구현

① 2D 도면을 입체형상으로 구현하는 가장 간단하면서도 정확한 방법은 CAD 프로그램이나 3D 전환 전용 프로그램을 사용하는 방법이다.
② 2D에서 작업한 도면을 3D 프로그램에서 불러와 입체형상에 필요한 작업을 통해 3D 형상을 구현하는 것이다.
③ 스케치도의 경우 단순하게 형상을 입체화하는 것에 반해 치수나 공차 등 도면의 모든 것을 정확하게 구현할 수 있는 장점이 있다.
④ 스케치도에 비해 많은 시간이 소요되며 3D 관련 프로그램의 가격이 2D 프로그램에 비해 상당히 고가이므로 2D 도면의 입체형상 구현 목적에 따라 적정한 방법을 활용하는 것이 좋다.

7) 도면에서 표준부품의 호환성 파악

① 도면에 사용된 표준부품의 파악은 도면의 부품란을 통해 쉽게 확인할 수 있다.
② KS에 규격되어 있는 표준부품의 경우에는 KS 편람이나 데이터 북 등을 이용하여 호환성 부분을 파악할 수 있다.
③ 특허물품과 같이 특수한 제품 제작 등을 위하여 사내에서 별도로 규격화한 표준부품의 경우에는 사내 규격집 등을 이용하여 호환성을 파악해야 한다.
④ 표준부품의 경우 그 용도나 규격이 명확하게 표기되어 제작된 부품으로 성능이나 작동에 호환성을 가지고 있다 하더라도 그 부품을 설계변경 없이 바로 사용하는 것은 쉽지 않기 때문에 가능한 한 기존 도면에 제시된 표준부품 사용을 권장한다. 예를 들어 기존 도면에 기어를 사용하도록 설계된 부분에 V벨트를 사용한다고 하면 동력을 전달하는 성능에는 호환성이 있으나 구조나 작동원리에서는 큰 차이가 있어 결국은 설계와 구조 그리고 형태가 변경되어야 한다. 이럴 경우 제작 기간이나 비용 면에서 큰 차이가 발생하고 부수적인 부품들에 대한 변경도 수반되어야 한다.

8) 단면도의 종류

(1) 온(전)단면도

보통 물체의 절반을 절단하여 작도한다.
① 원칙으로 대상물의 기본적인 모양을 가장 좋게 표시할 수 있도록 절단면을 정하여 그린다. 이 경우에는 절단선은 기입하지 않는다 (절단 부위가 확실한 경우).

> 💡 **TIP**
>
> **단면도의 표시 방법**
> 물체의 보이지 않는 부분을 도시할 때는 주로 숨은선으로 표시하지만, 물체의 내부 모양이나 구조가 복잡한 경우에는 숨은선이 많으므로 혼동을 일으켜 단면을 정확하게 읽기가 어려워진다. 이러한 경우에 물체를 좀 더 명확하게 표시할 필요가 있는 곳에서 절단 또는 파단한 것으로 가상하여 물체 내부가 보이는 것과 같이 표시하면 대부분의 숨은선이 생략되고, 필요한 부분이 외형선으로 분명히 도시된다.

부품의 절단면 설치

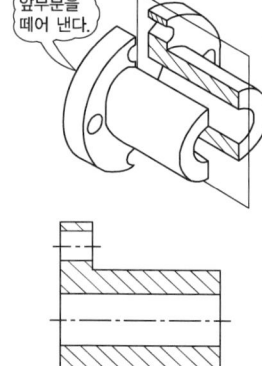

앞부분을 떼어 낸다.

② 필요할 경우에는 특정 부분의 모양을 잘 표시할 수 있도록 절단면을 정하여 그리는 것이 좋다. 이 경우에는 절단선에 의하여 절단 위치를 나타낸다.

(2) 한쪽(반) 단면도(half section view)
상하 또는 좌우 대칭인 물체는 1/4을 떼어 낸 것으로 보고 기본 중심선을 경계로 하여 1/2은 외형, 1/2은 단면으로 동시에 나타낸 것으로 대칭중심의 우측 또는 위쪽을 단면한다.

(3) 부분 단면도
외형도에서 필요로 하는 일부분만을 도시할 수 있다. 이 경우 파단선(가는 실선)에 의해서 경계를 나타낸다.

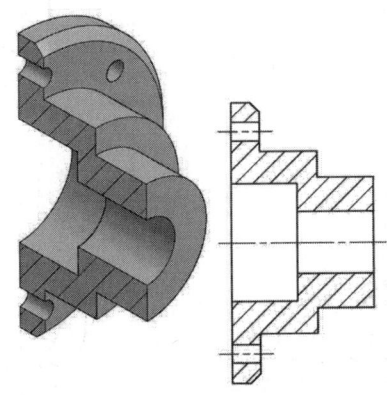

[그림 1-42] 온(전)단면도

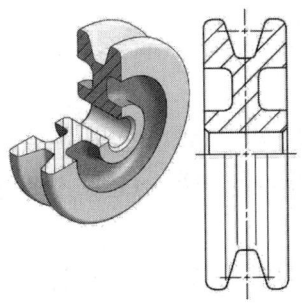

[그림 1-43] 한쪽 단면도

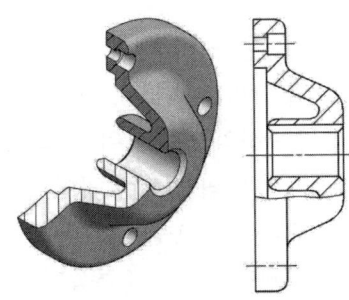

[그림 1-44] 부분 단면도

(4) 회전도시 단면도
핸들이나 바퀴 등의 암 및 림, 리브, 훅, 축, 구조물의 부재 등의 절단면은 90° 회전하여 표시하여도 좋다.

TIP

단면
기본 중심선에서 절단한 면으로 표시하는 것을 원칙으로 한다. 그러나 물체의 안쪽 면이나 보이지 않는 부분의 단면은 물체의 구조나 생김새에 따라서 절단면을 설치하는 방법이 다르므로, 단면을 여러 가지로 그릴 때가 있다.

단면도 적용
① 단면으로 나타낼 필요가 있는 부분이 좁을 때
② 원칙적으로 길이 방향으로 절단하지 않는 것을 특별히 나타낼 때
③ 단면의 경계가 애매하게 될 염려가 있을 때

> **TIP**
>
> **계단 단면도(offset sectional view)**
> 절단면이 투상면에 평행 또는 수직으로 계단 형태로 절단된 것을 계단 단면도라 한다. 수직 절단면의 선은 표시하지 않으며, 절단한 위치는 절단선으로 표시하고 처음과 끝 그리고 방향이 변하는 부분에 굵은 선, 기호를 붙여 단면도 쪽에 기입한다.
>
>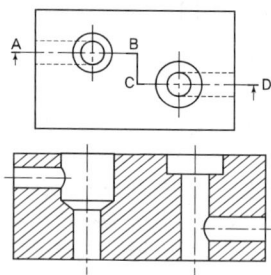

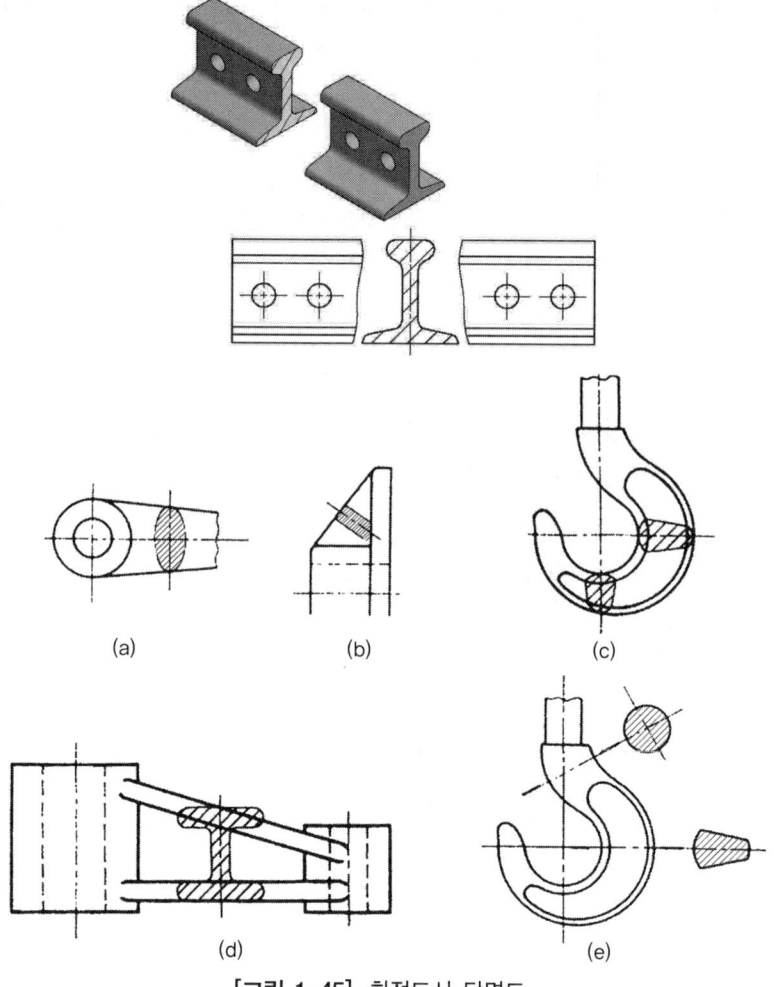

[그림 1-45] 회전도시 단면도

① 절단할 곳의 전후를 끊어 그 사이에 그릴 때는 굵은 실선으로 그린다[그림 1-45(a), (b)].
② 절단선의 연장선 위에 그릴 때는 굵은 실선으로 그린다[그림 1-45(e)].
③ 도형 내의 절단한 곳에 겹쳐서 그릴 때는 가는 실선을 사용하여 그린다[그림 1-45(c), (d)].
④ 회전단면도를 주투상도 밖으로 끌어내어 그릴 경우에는 가는 1점 쇄선으로 단면 위치를 표시하고 굵은 1점 쇄선으로 한계를 표시할 때는 굵은 실선으로 그린다.

(5) 길이 방향으로 절단하지 않는 것

절단했기 때문에 이해를 방해하는 것 또는 절단하여도 의미가 없는 것은 원칙으로 긴 쪽 방향으로는 절단하지 않는다.

KS에서는 다음과 같은 것들은 길이 방향으로 절단하지 않도록 규정하고 있다.
① **물체의 한 부분 중** : 리브, 암, 기어의 이, 체인 스프로켓의 이 등
② **부품 중** : 축, 핀, 볼트, 너트, 와셔, 작은 나사, 리벳, 강구, 키, 원통롤러 등

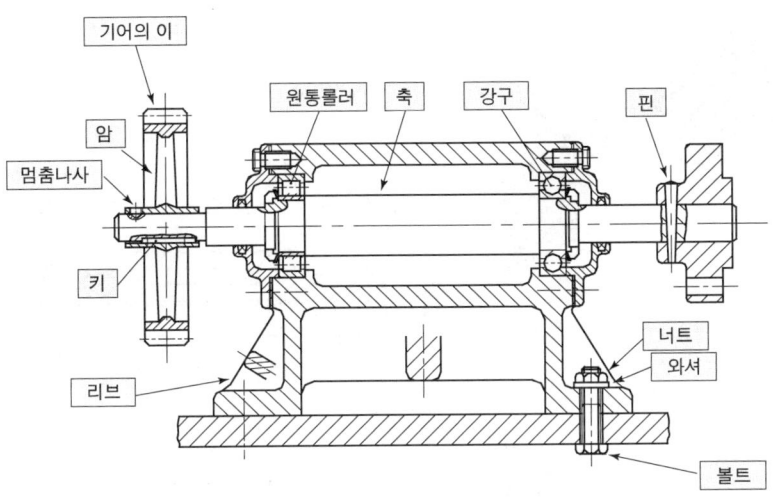

[그림 1-46] 길이 방향으로 절단하지 않는 부품

(6) 단면도의 해칭

단면도의 절단면에 해칭을 할 필요가 있을 경우
① 보통 사용하는 해칭은 주된 중심선에 대하여 45°로 가는 실선으로 등간격을 표시한다.
② 동일 부품의 단면은 떨어져 있어도 해칭의 방향과 간격 등을 같게 한다.
③ 서로 인접하는 단면의 해칭은 선의 방향 또는 각도(30°, 45°, 60° 임의의 각도) 및 그 간격을 바꾸어서 구별한다.
④ 경사진 단면의 해칭선은 경사진 면에 수평이나 수직으로 그리지 않고 재질에 관계없이 기본 중심에 대하여 45° 경사진 각도로 그린다.
⑤ 절단 자리의 면적이 넓을 경우에는 그 외형선을 따라 적절한 범위에 해칭(또는 스머징) 한다.
⑥ 해칭을 하는 부분 속에 문자, 기호 등을 기입하기 위해 필요한 경우에는 해칭을 중단한다.
⑦ 단면도에 재료 등을 표시하기 위하여 특수한 해칭(또는 스머징)을 해도 좋다.

(7) 얇은 두께 부분의 단면도

개스킷, 박판, 형강 등에서 절단면이 얇은 경우 다음에 따라 표시할 수 있다.

① 절단면을 검게 칠한다.
② 실제 치수와 관계없이 1개의 아주 굵은 실선으로 표시한다.

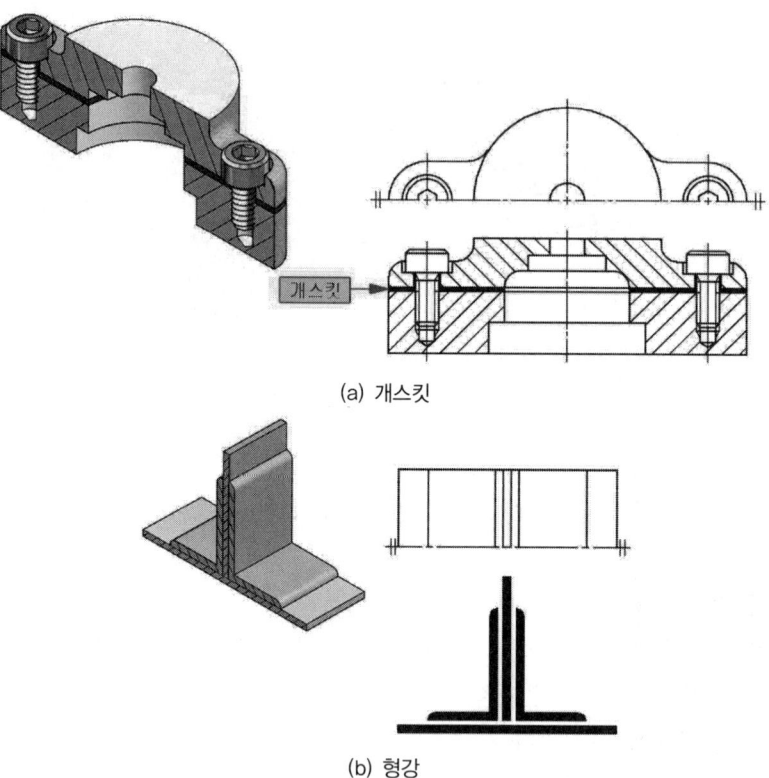

(a) 개스킷

(b) 형강

[그림 1-47] 얇은 제품의 단면은 굵은 실선으로 표시

01 투상법

01. 투상법에 대한 설명으로 틀린 것은?
① 투상법은 제3각법에 따르는 것을 원칙으로 한다. 다만, 필요한 경우에는 제1각법에 따를 수도 있다.
② 투상법의 기호를 표제란 또는 그 근처에 나타낸다.
③ 제도통칙에서 규정하는 주요 투상도는 주투상도, 보조 투상도, 회전 투상도, 부분 투상도, 국부 투상도, 부분 확대도 등이 있다.
④ 국내산업 중심은 가급적 ISO규격을 준용하는 것이 효과적이다.

해설 국내산업 중심은 KS규격을 준용하고 국제거래와 관련된 산업의 경우에는 ISO를 준용하는 것이 효과적이다.

02. 기계제도에서 주로 사용되는 투상도법은 어느 것인가?
① 투시도   ② 사투상도
③ 정투상도   ④ 등각투상도

03. 다음 투상도 중 제3각법이나 제1각법으로 투상하여도 그 투상도면의 배치 위치가 동일 위치인 것은?
① 평면도   ② 배면도
③ 우측면도   ④ 저면도

해설 배면도는 제3각법이나 제1각법에서 배치위치는 같다. 배면도는 물체의 뒤쪽에서 바라본 모양을 도면에 나타낸 그림을 말하며 사용하는 경우가 극히 적다.

04. 수평선과 30°의 각도를 이룬 두축과 90°를 이룬 수직축의 세축이 투상면 위에서 120°의 등각이 되도록 물체를 놓고 투상한 것은?
① 부등각 투상   ② 등각 투상
③ 사투상   ④ 심정 투상

해설 등각투상도란 정면, 평면, 측면을 하나의 투상면 위에서 동시에 볼 수 있도록 표현된 투상도이다.

05. 투상법에 관한 KS B 기계제도 규정 설명 중 틀린 것은?
① ⊕⊏ 은 제1각법의 표시기호이다.
② 제3각법에 따르는 것이 원칙이다.
③ 필요한 경우에는 제1각법을 따를 수 있다.
④ 투상법의 기호를 표제란 또는 그 근처에 나타낸다.

해설 투상법
① 제1각법
 ㉠ 눈 → 물체 → 투상으로 선박 제도에 사용한다.
 ㉡ 평면도는 정면도 아래에 배치된다.
 ㉢ 좌측면도는 정면도의 우측에, 우측면도는 좌측에 배치한다.
② 제3각법
 ㉠ 눈 → 투상 → 물체로 기계제도에 사용한다.
 ㉡ 평면도는 정면도 위에 배치된다.
 ㉢ 측면도는 정면도를 중심으로 좌·우측에 배치한다.

06. 다음 투상도법의 설명 중 옳은 것은?
① 제1각법은 물체와 눈 사이에 투상면이 있는 것이다.

Part 1. 기계제도

② 제3각법은 평면도 아래에 정면도를 둔다.
③ 제1각법은 한국산업규격에서 채택하고 있는 투상법이다.
④ 제1각법은 정면도 아래에 저면도를 둔다.

[해설]
① 제1각법은 눈 → 물체 → 투상으로 선박제도 등에 사용한다.
② 제1각법에서 평면도는 정면도 아래 배치한다.
③ 제1각법에서 좌측면도는 정면도의 우측에, 우측면도는 정면도의 좌측에 배치한다.
④ 제3각법은 평면도 아래에 정면도를 둔다.

07. KS 기계제도와 제3각법을 설명한 것으로 틀린 것은?

① 정면도 왼쪽에 좌측면도가 놓인다.
② 우측면도의 좌측에 정면도가 배치된다.
③ 정면도 아래에 평면도가 놓인다.
④ 기계제도는 제3각법으로 투상하는 것을 원칙으로 하고 있다.

[해설] KS규격에서는 제3각법으로 투상하는 것을 원칙으로 하며 정면도 위에 평면도, 아래에 저면도가 배치된다.
① 투상 순서는 눈 → 투상 → 물체이다.
② 좌측면도는 정면도의 좌측에 위치한다.
③ 평면도는 정면도의 위에 위치한다.
④ 우측면도는 정면도의 우측에 위치한다.
⑤ 저면도는 정면도의 아래에 위치한다.

08. 정면도의 정의로 맞는 것은?

① 물체의 각 면 중 가장 그리기 쉬운 면을 그린 그림
② 물체의 뒷면을 그린 그림
③ 물체를 위에서 보고 그린 그림
④ 물체 형태의 특징을 가장 뚜렷하게 나타내는 그림

[해설] 정면도의 선택은 다음과 같다.
① 물체는 가능한 한 자연스러운 각도로 나타낸다.
② 물체의 특징을 가장 명료하게 나타내는 투상도로 선택하고, 이를 중심으로 평면도와 측면도를 보충한다.
③ 관련 투사도의 배치는 되도록 은선을 그리지 않고도 그릴 수 있게 한다(다만, 비교 대표가 불편할 경우는 제외한다).
④ 도형은 물체의 가공량이 가장 많은 공정을 기준으로 하여 가공 시의 상태와 같은 방향으로 표시한다.

09. 도형의 표시방법 중 맞지 않는 것은?

① 가능한 한 자연, 안정, 사용의 상태로 표시한다.
② 물품의 주요면이 가능한 한 투상면에 수직 또는 평행하게 한다.
③ 물품의 형상이나 기능을 가장 명료하게 나타내는 면을 평면도로 선정한다.
④ 서로 관련되는 도면의 배열은 가능한 한 은선을 사용하지 않도록 한다.

[해설] 물품의 형상이 가장 명료하게 나타내는 면을 정면도로 선정한다.

10. 투상도의 선택방법 중 틀린 것은?

① 주투상도만으로 표시할 수 있는 것에 대해서도 다른 투상도를 그린다.
② 주투상도는 대상물의 모양·기능을 가장 명확하게 표시하는 면을 그린다.
③ 주투상도를 보충하는 다른 투상도는 되도록 작게 그린다.
④ 서로 관련되는 그림의 배치는 되도록 숨은선을 쓰지 않는다.

[해설] 투상도의 선택방법
① 주투상도에는 대상물의 모양, 기능을 가장 명확하게 표현하는 면을 그린다.
② 주투상도를 보충하는 다른 투상도는 되도록 작게 하고 주투상도만으로 표시할 수 있는 것에 대하여는 다른 투상도는 그리지 않는다.

정답 07 ③ 08 ④ 09 ③ 10 ①

③ 서로 관련되는 그림의 배치는 되도록 숨은 선을 쓰지 않도록 한다. 다만, 비교·대조하기 불편할 경우에는 예외로 한다.

11. 주투상도에는 대상물의 모양 및 기능을 가장 명확하게 표시하는 면을 그리며, 도면의 목적에 따라 대상물을 도시하는 상태가 아닌 것은?

① 조립도 등 주로 기능을 표시하는 도면에서는 대상물을 사용하는 상태
② 부품도 등 가공하기 위한 도면에서는 가공에 있어서 도면을 가장 많이 이용하는 공정에 대상물을 놓은 상태
③ 특별한 이유가 없는 경우, 대상물을 가로길이로 놓은 상태
④ 특별한 이유가 있는 경우, 형상공차를 기준면으로 사용하는 상태

해설 주투상도에는 대상물의 모양 및 기능을 가장 명확하게 표시하는 면을 그리며, 대상물을 도시하는 상태는 도면의 목적에 따라 조립도 등 주로 기능을 표시하는 도면에서는 대상물을 사용하는 상태, 부품도 등 가공하기 위한 도면에서는 가공에 있어서 도면을 가장 많이 이용하는 공정에 대상물을 놓은 상태 또는 특별한 이유가 없는 경우, 대상물을 가로길이로 놓은 상태 중 하나에 따른다.

12. 물체의 경사진 부분을 그대로 투상하면 이해가 곤란하여 경사면에 평행한 별도의 투상면을 설정하고 이 면에 투상하여 그린 투상도 명칭은?

① 회전 투상도   ② 보조 투상도
③ 전개 투상도   ④ 부분 투상도

해설 보조 투상도 : 경사면부가 있는 대상물에서 그 경사면의 실형을 표시할 필요가 있는 경우에 보조 투상도로 표시한다.

13. 가상 투상도로 나타낼 수 없는 것은?

① 도시된 물체의 앞부분
② 도시된 물체의 밑부분
③ 가공 후의 모양
④ 회전단면

해설 가상 투상도는 도시된 물체의 바로 앞쪽에 있는 부분이나, 가공 후의 모양 및 이동하는 부분의 운동 범위를 나타내며, 보이지 않는 밑부분은 숨은선으로 나타낸다.

14. 부품도를 제도할 때 물체의 일부분만을 도시하여도 충분한 경우 그 필요한 부분만을 나타내는 투상도는?

① 국부 투상도   ② 부분 투상도
③ 보조 투상도   ④ 회전 투상도

해설 투상도의 종류
• 보조 투상도 : 경사면부가 있는 물체의 경사면의 실형을 표시할 필요가 있는 경우
• 국부 투상도 : 대상물의 구멍, 홈 등 한 국부의 모양을 도시하는 것
• 부분 확대도 : 특정 부분의 도형이 작을 때 그 부분을 확대하여 도시
• 부분 투상도 : 물체의 필요한 일부분만을 도시

15. 보기와 같은 투상도의 명칭은?

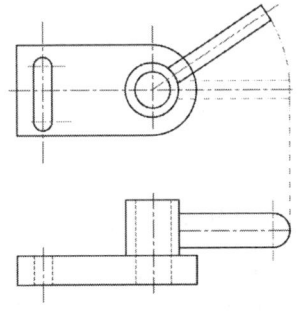

① 부분 투상도   ② 보조 투상도
③ 국부 투상도   ④ 회전 투상도

정답 11 ④ 12 ② 13 ④ 14 ② 15 ④

> **해설** 회전 투상도
> 투상면이 어느 각도를 가지고 있어 그 실형을 표시하지 못할 때 그 부분을 회전하여 그 실형을 도시하는 투상도. 이때 투상 내용을 잘못 볼 우려가 있는 경우에는 작도에 사용한 선을 남겨 둔다.

16. 보기와 같은 투상도의 명칭은?

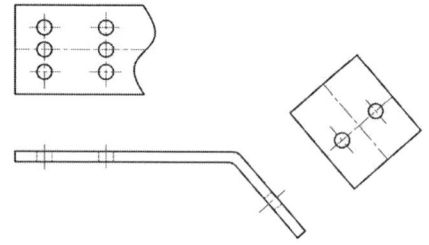

① 부분 투상도 ② 보조 투상도
③ 국부 투상도 ④ 회전 투상도

> **해설** 부분 투상도
> 그림의 일부를 도시하는 것으로 충분한 경우에는 그 필요한 부분만을 부분적으로 투상하여 표시하는 투상법이다. 이 경우 생략한 부분과의 경계를 파단선으로 나타낸다. 다만 그 내용이 명확한 경우에는 파단선을 생략할 수 있다.

17. 보기와 같은 투상도의 명칭은?

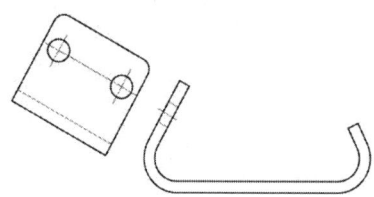

① 부분 투상도 ② 보조 투상도
③ 국부 투상도 ④ 회전 투상도

> **해설**
> • 보조 투상도 : 경사면부에가 있는 공작물에서 그 경사면의 실형을 표시할 때 나타낸다.
> • 회전 투상도 : 투상면이 어느 각도를 가지고 있기 때문에 그 실형을 표시하지 못할 때 그 부분을 회전해서 나타낸다.

18. 다음 그림과 같은 투상도를 무엇이라고 하는가?

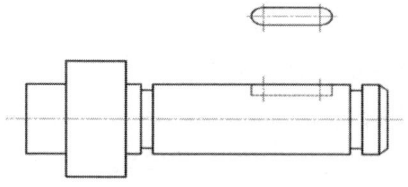

① 부분 확대도 ② 국부 투상도
③ 보조 투상도 ④ 부분 투상도

> **해설** 국부 투상도
> 대상물의 구멍, 홈 등 한 국부 부분만의 모양을 도시하는 것으로 충분한 경우에는 그 필요 부분을 국부 투상도로서 나타낸다. 투상 관계를 나타내기 위하여 원칙으로 주된 그림에 중심선, 기준선, 치수 보조선 등으로 연결한다.

19. 특정 부분의 도형이 작아서 상세한 도시나 치수기입을 할 수 없을 때 사용하는 것은?

① 보조 투상도 ② 부분 투상도
③ 국부 투상도 ④ 부분 확대도

> **해설** 부분 확대도

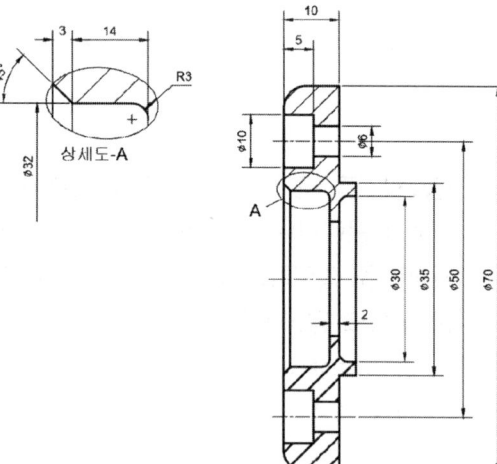

정답 16 ① 17 ② 18 ② 19 ④

특정 부분의 도형이 작아 그 부분의 상세한 도시나 치수기입 등이 곤란할 경우 그부분을 가는 실선으로 에워싸고, 영자의 대문자로 표시하고 그 표시 부분을 다른장소에 확대하여 그리고 표시하고자 하는 글자나 척도를 기입한다. 이때 확대한 그림의 척도를 나타낼 필요가 없는 경우 척도 대신 "확대도"라고 표기할 수 있다.

20. 도면에서 가는 실선으로 표시된 대각선 부분의 의미는?

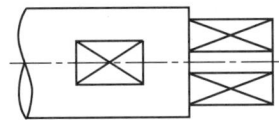

① 평면 ② 곡면
③ 홈부분 ④ 라운드 부분

해설 평면의 도시
도형내의 특정한 부분이 평면이란 것을 표시 필요가 있을 경우에는 가는 실선으로 대각선을 기입한다.

21. 작도의 시간과 지면의 공간을 절약한다는 관점에서 중심선의 한쪽 도형만 그리고 중심선의 양 끝에 짧은 2개의 평행한 가는 선의 도시기호를 그려 넣는 경우는?

① 반복 도형의 생략
② 대칭 도형의 생략
③ 중간 부분 도형의 단축
④ 2개 면의 교차부분이 둥글 때 도시

02 조립도(assembly drawing)

01. 조립도에 대한 설명으로 틀린 것은?

① 2개 이상의 부품이나 부분 조립품을 조립한 상태에서 그 상호관계와 조립에 필요한 치수 등을 나타낸 도면이다.
② 도면 내에 부품란을 포함하는 것과 별도의 부품표를 갖는 것이 있다.
③ 대상물 전체의 조립 상태를 나타낸다.
④ 조립 도면에서는 조립에 필요한 모든 치수를 기입한다.

해설 조립 도면에서는 조립에 필요한 치수 외에는 기입하지 않는다.

02. 조립도에서 요소부품 파악에 대한 설명으로 틀린 것은?

① 조립도는 여러 가지 부품들이 조립된 형태로 각 요소에 대한 개별적인 치수나 호칭 번호를 부여하기 좋다.
② 부품란을 이용하여 각 부품에 번호를 기입하고 그 번호를 이용하여 부품란에서 부품이나 요소의 규격을 표시한다.
③ 조립도에서 요소부품의 확인은 부품란을 이용하는 것이 가장 효과적이다.
④ 조립도에 모든 사항을 빠짐없이 명료하게 도시하지 못하면 몇 개의 부분으로 나누어서 그 부분마다 자세한 조립을 도면에 표시한다.

해설 조립도는 여러 가지 부품들이 조립된 형태로 각 요소에 대한 개별적인 치수나 호칭 번호를 부여하기 어렵다.

03 부품도(part drawing)

01. 부품도에 대한 설명으로 틀린 것은?

① 부품에 대하여 최종 다듬질 상태에서 구비해야 할 사항을 완전히 나타내는 데 필요한 모든 정보를 기록한 도면이다.
② 물체의 내부 모양을 알기 쉽게 도시하기 위하여 은선으로 표시한다.
③ 물체를 절단하였다고 가정하고 절단한 부분을 떼어내고 도시한다.
④ 절단한 면을 해칭 처리하여 절단하였음을 나타낸다.

해설 물체의 내부 모양을 알기 쉽게 도시하기 위하여 단면도를 활용한다.

02. 다음 중 일반적으로 도면의 표제란 위에 있는 부품란에 기입되어 있지 않는 것은?

① 수량   ② 품번
③ 품명   ④ 단가

해설 부품란에는 부품번호(품번), 부품 명칭(품명), 재질, 수량, 무게, 공정, 비고란 등을 마련한다.

03. 부품도에서 요소부품 파악에 대한 설명으로 틀린 것은?

① 조립도와 달리 부품도는 각 부품에 대한 구체적인 치수나 공차 등을 표시하고 있다.
② 각 가공 부위에 사용되는 요소부품의 규격은 그 부품에 치수나 호칭 번호를 이용하여 표기하는 경우가 대부분이다.
③ 직접 도면에 표기가 어렵거나 별도 규격 사용과 같은 공지사항 등이 필요한 경우 부품란이나 지시사항 등을 통해 표기하기도 한다.
④ 요소부품의 내부 모양을 알기 쉽게 도시하기 위하여 은선으로 표시한다.

04. 조립도 및 부품도를 파악하여 2D 부품도에서 입체형상을 구현방법으로 틀린 것은?

① 도면을 3D로 제작하는 것은 그 제품이 실제 완성되었을 때 모습을 실사로 구현하는 것이다.
② 2D 상태에서 부품도의 입체형상 구현은 선을 이용하여 입체적인 형상을 구현하는 것으로 3D 입체형상 구현보다는 복잡하다.
③ 2D 입체형상은 부품의 모양을 중심으로 표현하는 것으로 사실적 색상이나 질감까지 표현하기에는 어려움이 있다.
④ 각 단면도를 바탕으로 제작된 입체형상을 통해 부품의 조립 순서나 근접 부품의 모양을 파악하기에는 적합하다.

해설 2D 상태에서 부품도의 입체형상 구현은 선을 이용하여 입체적인 형상을 구현하는 것으로 3D 입체형상 구현보다는 간단하다.

05. 스케치도를 이용한 입체형상 구현에 대한 설명으로 틀린 것은?

① 스케치도는 손으로 작성하는 도면으로 부품의 정밀도를 표현하기보다는 도면을 제작하기 전 제품이나 부품의 형상을 간략하게 나타내는 데 주로 사용된다.
② 근래에 와서는 완성된 조립도나 단면도의 형상을 미리 확인하기 위해 도면 완성 전에 작성하는 경우가 많다.
③ 스케치도는 사람이 직접 연필 등을 이용하여 제품이나 부품을 입체적으로 표현하여 실제 도면을 제작할 때 참고용으로 많이 활용한다.

정답 01 ② 02 ④ 03 ④ 04 ② 05 ②

④ 정밀한 스케치도가 필요한 경우에는 손보다는 일러스트와 같은 프로그램을 이용하여 제작하기도 한다.

> [해설] 근래에 와서는 완성된 조립도나 단면도의 형상을 미리 확인하기 위해 도면완성 후에 작성하는 경우도 적지 않다.

06. CAD 프로그램을 이용한 입체형상 구현에 대한 설명으로 틀린 것은?

① 2D 도면을 입체형상으로 구현하는 가장 간단하면서도 정확한 방법은 CAD 프로그램이나 3D 전환 전용 프로그램을 사용하는 방법이다.
② 2D에서 작업한 도면을 3D 프로그램에서 불러와 입체형상에 필요한 작업을 통해 3D 형상을 구현하는 것이다.
③ 스케치도의 경우 단순하게 형상을 입체화하는 것에 반해 치수나 공차 등 도면의 모든 것을 정확하게 구현할 수 있는 장점이 있다.
④ 스케치도에 비해 적은 시간이 소요되며 3D 관련 프로그램의 가격이 2D 프로그램에 비해 상당히 고가이므로 2D 도면의 입체형상 구현 목적에 따라 적정한 방법을 활용하는 것이 좋다.

> [해설] 스케치도에 비해 많은 시간이 소요되며 3D 관련 프로그램의 가격이 2D 프로그램에 비해 상당히 고가이므로 2D 도면의 입체형상 구현 목적에 따라 적정한 방법을 활용하는 것이 좋다.

07. 도면에서 표준부품의 호환성 파악에 대한 설명으로 틀린 것은?

① 도면에 사용된 표준부품의 파악은 도면의 부품란을 통해 쉽게 확인할 수 있다.
② KS규격 표준부품의 경우에는 KS 편람이나 데이터 북 등을 이용하여 호환성 부분을 파악할 수 있다.
③ 특허물품과 같이 특수한 제품제작 등을 위하여 사내에서 별도로 규격화한 표준부품의 경우에는 사내 규격집 등을 이용하여 호환성을 파악해야 한다.
④ 표준부품의 경우 그 용도나 규격이 명확하게 표기되어 제작된 부품으로 성능이나 작동에 호환성을 가지고 있다 하더라도 그 부품을 설계·변경하면 표준부품을 사용하기 어렵다.

> [해설] 특허물품과 같이 특수한 제품제작 등을 위하여 사내에서 별도로 규격화한 표준부품의 경우에는 사내 규격집 등을 이용하여 호환성을 파악해야 한다.

08. KS 기계제도에서 단면의 표시법 설명으로 올바른 것은?

① 훅, 축 등의 단면은 절단선의 연장선 위에 표시할 수 없다.
② 핸들의 암이나 리브의 단면 모양을 도형 내에 직접 표시할 때 굵은 실선으로 그린다.
③ 박판, 형강 등에서 단면이 얇은 경우에는 극히 굵은 실선 1줄로 표시할 수 있다.
④ 단면에는 해칭 또는 채색을 할 수 없다.

> [해설] 회전도시 단면도 : 핸들이나 바퀴 등의 암 및 림, 리브, 훅, 축, 구조물의 부재 등의 절단면은 90° 회전하여 표시한다.

09. 단면도의 표시방법 중 조합에 의한 단면도를 옳게 설명한 것은?

① 절단선의 연장선 위에 그린다.
② 절단한 곳의 전후를 끊어서 그 사이에 그린다.

③ 도형 내의 절단할 곳에 겹쳐서 가는 실선을 사용한다.
④ 구부러진 중심선에 따라 절단하고 투상하여 그린다.

10. 단면표시에 대한 설명 중 틀린 것은?
① 일직선으로 절단하지 않아도 좋다.
② 반드시 해칭을 하도록 되어 있다.
③ 단면에 재질을 표시할 때는 표시법이 다르다.
④ 기어의 이에는 단면을 표시하지 않는다.

11. 얇은 물체의 단면을 표시하는 법 중 틀린 것은?
① 굵은 실선 1개로 그린다.
② 패킹, 박판, 얇은 물체 등에 널리 쓰인다.
③ 단면이 인접하고 있을 때에 단면을 표시하는 선과 사이에 약간 틈을 준다.
④ 얇은 물체는 단면을 표시할 수 없다.

12. KS제도 통칙에 의한 단면도의 해칭에 관한 일반적인 원칙 설명으로 틀린 것은?
① 주된 외형선에 대하여 45°로 하는 것이 좋다.
② 가는 실선으로 등 간격을 표시한다.
③ 인접하는 부품의 절단부를 표시하는 해칭에서 모든 부품의 선 간격은 동일해야 한다.
④ 해칭을 하는 부분 속에 문자, 기호 등을 기입하기 위하여 필요한 경우에는 해칭을 중단할 수 있다.

해설 단면도의 해칭
① 보통 사용하는 해칭은 주된 중심선에 대하여 45°로 가는 실선으로 등간격을 표시한다.
② 동일 부품의 단면은 떨어져 있어도 해칭의 방향과 간격 등을 같게 한다.
③ 서로 인접하는 단면의 해칭은 선의 방향 또는 각도(30°, 45°, 60° 임의의 각도) 및 그 간격을 바꾸어서 구별한다.
④ 경사진 단면의 해칭선은 경사진 면에 수평이나 수직으로 그리지 않고 재질에 관계없이 기본 중심에 대하여 45° 경사진 각도로 그린다.
⑤ 절단 자리의 면적이 넓을 경우에는 그 외형선을 따라 적절한 범위에 해칭(또는 스머징)한다.
⑥ 해칭을 하는 부분 속에 문자, 기호 등을 기입하기 위해 필요한 경우에는 해칭을 중단한다.
⑦ 단면도에 재료 등을 표시하기 위하여 특수한 해칭(또는 스머징)을 해도 좋다.

13. 절단한 곳 또는 절단선의 연장선상에 90° 회전하여 단면을 그릴 수 없는 것은?
① 리브   ② 기어의 이
③ 후크   ④ 핸들 바퀴의 암

해설 회전도시 단면도 : 핸들이나 바퀴 등의 암 및 림, 리브, 훅, 축 구조물의 부재 등의 절단면을 90° 회전하여 그린 단면도

14. 핸들이나 차바퀴 등의 암, 림, 리브 및 훅 등을 나타낼 때의 단면으로 가장 적합한 것은?
① 한쪽 단면도
② 회전도시 단면도
③ 부분 단면도
④ 온단면도

해설 ① **한쪽 단면도** : 상하 또는 좌우 대칭형의 물체는 기본 중심선을 경계로 1/2은 외형도로, 나머지 1/2은 단면도로 동시에 나타낸다. 대칭 중심선의 우측 또는 위쪽을 단면으로 한다.

정답 10 ② 11 ④ 12 ③ 13 ② 14 ②

② 회전도시 단면도 : 핸들이나 바퀴 등의 암이나 리브, 훅, 축, 구조물의 부재 등의 절단면은 90° 회전하여 도시하거나 절단할 곳의 전후를 끊어서 그 사이에 그린다.
③ 부분 단면도 : 외형도에서 필요로 하는 일부분만을 부분 단면도로 도시할 수 있다. 파단선(가는 실선)으로 단면의 경계를 표시하고 프리핸드로 외형선의 1/2굵기로 그린다.
④ 온단면도 : 물체의 기본적인 모양을 가장 잘 나타낼 수 있도록 물체의 중심에서 반으로 절단하여 나타낸 것을 온단면도 혹은 전단면도라 한다.

15. 다음 단면도시방법에 대한 설명 중 틀린 것은?
① 단면 부분을 확실하게 표시하기 위하여 보통 해칭(hatching)을 한다.
② 해칭을 안해도 단면이라는 것을 알 수 있을 때는 해칭을 생략한다.
③ 단면은 필요로 하는 부분만을 파단하여 표시할 수 있다.
④ 상하, 좌우가 대칭인 물체에서 외형 단면을 동시에 나타낼 때는 전체를 단면으로 나타낸다.

16. 한쪽 단면도에 대한 설명으로 맞는 것은?
① 물체의 중심에서 1/2 절단한 것이다.
② 특정 부분의 일부분만 나타내는 경우에 사용된다.
③ 필요에 따라 계단상으로 나타낼 수 있다.
④ 물체의 외형과 내부를 동시에 나타내는 경우를 말한다.

해설 한쪽 단면도(반단면도)
상하 또는 좌우 대칭인 물체는 1/4을 떼어낸 것으로 보고, 기본 중심선을 경계로 하여 1/2은 외형, 1/2은 단면으로 동시에 나타낸 것이다.

17. 물체의 1/4을 잘라내고 도면의 반쪽을 단면으로 나타낸 것을 무엇이라 하는가?
① 전단면도   ② 반단면도
③ 부분 단면도   ④ 계단 단면도

18. 작도의 시간과 지면의 공간을 절약한다는 관점에서 중심선의 한쪽 도형만 그리고 중심선의 양 끝에 짧은 2개의 평행한 가는 선의 도시기호를 그려 넣는 경우는?
① 반복 도형의 생략
② 대칭 도형의 생략
③ 중간 부분 도형의 단축
④ 2개 면의 교차부분이 둥글 때의 도시

19. 부분 단면도에 대한 설명 중 틀린 것은?
① 단면의 경계가 애매하게 될 염려가 없을 때 사용한다.
② 일부분의 단면을 필요할 때 사용한다.
③ 전체를 절단하면 필요한 부분의 외형을 표시할 수 없을 경우에 쓰인다.
④ 파단한 곳을 불규칙한 실선의 파단선으로 표시한다.

20. 그림과 같이 2개 이상의 절단면에 의하여 단면도를 그리는 단면도시 종류는?
① 한쪽 단면도
② 부분 단면도
③ 회전도시 단면도
④ 조합에 의한 단면도

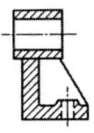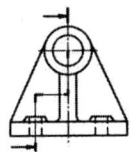

해설 조합에 의한 단면은 계단 단면도라 한다.

정답 15 ④ 16 ④ 17 ② 18 ② 19 ① 20 ④

21. 그림이 나타내고 있는 것은 어느 단면도에 해당하는가?

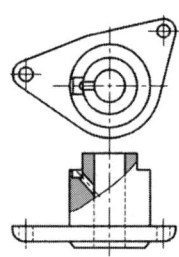

① 전단면도　　② 한쪽 단면도
③ 회전 단면도　④ 부분 단면도

해설　부분 단면도는 외형도에서 필요로 하는 요소의 일부분만을 표시하는 단면도법이다.

22. 다음 그림은 어느 단면도에 해당하는가?

① 온단면도
② 한쪽 단면도
③ 회전 단면도
④ 부분 단면도

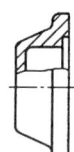

해설　① 온단면도 : 물체의 1/2을 절단하여 단면으로 도시
② 한쪽 단면도 : 상하 또는 좌우가 대칭인 물체를 내부와 외부를 동시에 나타내고자 할 때 사용
③ 부분 단면도 : 물체의 일부분을 파단하여 단면으로 도시

23. 다음 그림과 같은 단면도는 어떤 종류의 단면도인가?

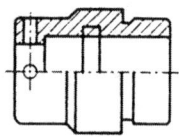

① 온단면도　　② 한쪽 단면도
③ 부분 단면도　④ 회전도시 단면도

해설　한쪽 단면도
상하 또는 좌우 대칭인 물체는 1/4을 떼어낸 것으로 보고, 기본 중심선을 경계로 하여 1/2은 외형, 1/2은 단면으로 동시에 나타낸다. 가능하면 대칭 중심선의 오른쪽 또는 위쪽을 단면으로 하는 것이 좋다.

24. 그림과 같은 단면도의 형태는?

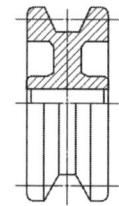

① 온단면도　　② 한쪽 단면도
③ 부분 단면도　④ 회전도시 단면도

해설　한쪽 단면도
상하 또는 좌우 대칭인 물체는 1/4을 떼어낸 것으로 보고 기본 중심선을 경계로 하여 1/2은 외형, 1/2은 단면으로 동시에 나타낸 것으로 대칭중심의 우측 또는 위쪽을 단면한다.

25. 그림과 같이 제3각법으로 정투상한 도면에서 A의 치수는?

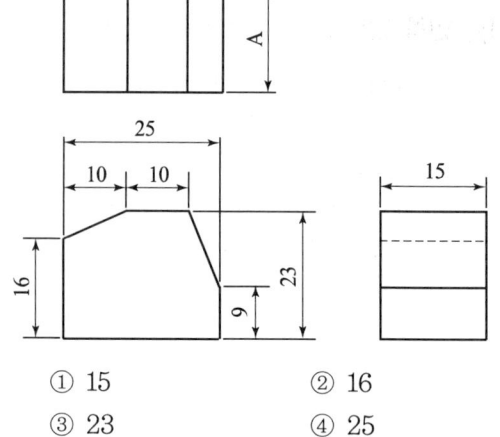

① 15　　② 16
③ 23　　④ 25

형성평가

26. 그림과 같은 입체도에서 제3각법에 의해 3면도로 적합하게 투상된 것은?

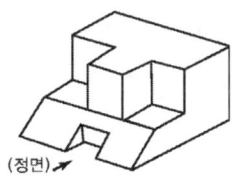

① 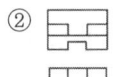 ②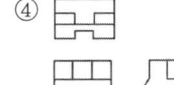

③ ④

27. 제3각법으로 투상한 정면도와 우측면도가 그림과 같을 때 평면도로 가장 적합한 것은?

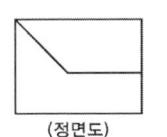 
(정면도)

① 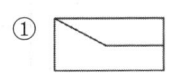 ②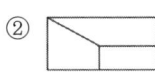

③ 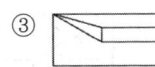 ④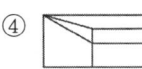

28. 그림과 같은 제3각법으로 정투상한 정면도와 평면도에 대한 우측면도로 가장 적합한 것은?

①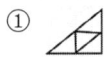
②
③
④

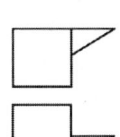

29. 그림과 같은 입체도에서 화살표 방향의 투상도가 정면도일 경우 평면도로 가장 적합한 것은?

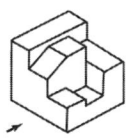

①  ②

③ ④

30. 다음 입체도에서 화살표 방향이 정면일 경우 평면도로 가장 적합한 것은?

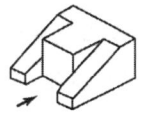

① 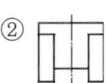 ②

③ 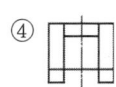 ④

31. 다음 입체도를 제3각법으로 나타낸 3면도 중 가장 옳게 투상한 것은?

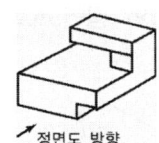
정면도 방향

①   ②

③ 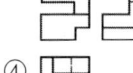 ④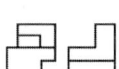

정답 26 ② 27 ③ 28 ① 29 ② 30 ② 31 ①

32. 다음 입체도를 제3각법에 의해 3면도로 옳게 투상한 것은? (단, 화살표 방향을 정면으로 한다.)

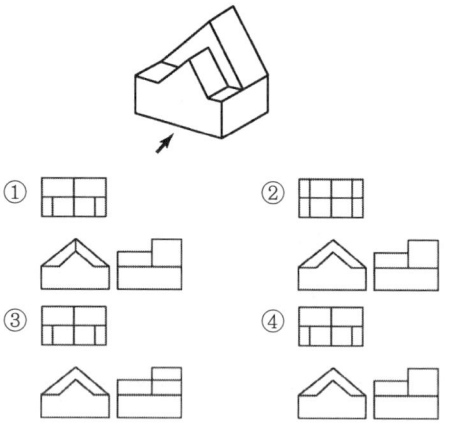

33. 제3각법에 의하여 나타낸 그림과 같은 투상도에서 좌측면도로 가장 적합한 것은?

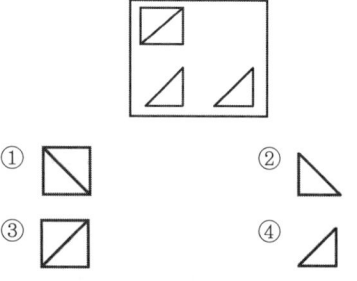

34. 다음 입체도의 정면도(화살표 방향)로 적합한 것은?

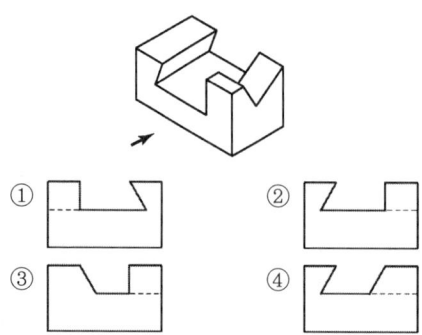

35. 그림과 같이 제3각법으로 투상한 도면에서 '?' 부분의 평면도로 가장 적합한 것은?

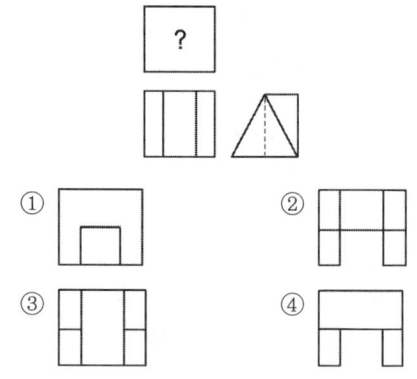

36. 그림과 같은 입체도에서 화살표 방향이 정면일 때 평면도로 가장 적합한 것은?

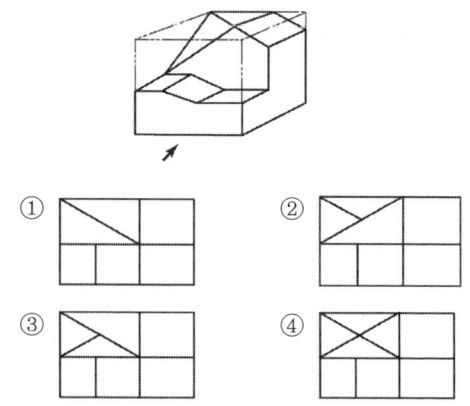

37. 그림과 같이 우측의 입체도를 제3각법으로 정투상한 도면(정면도, 평면도, 우측면도)에 대한 설명으로 옳은 것은?

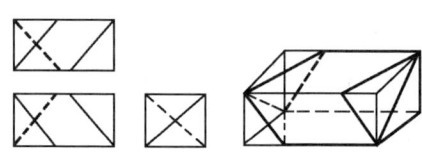

① 정면도만 틀림 ② 모두 맞음
③ 우측면도만 틀림 ④ 평면도만 틀림

정답 32 ④ 33 ② 34 ② 35 ② 36 ① 37 ②

형성평가

38. 다음 그림과 같은 평면도 A, B, C, D와 정면도 1, 2, 3, 4가 올바르게 짝지어진 것은? (단, 제3각법을 적용)

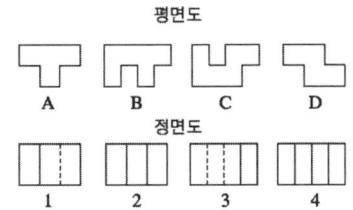

① A-2, B-4, C-3, D-1
② A-1, B-4, C-2, D-3
③ A-2, B-3, C-4, D-1
④ A-2, B-4, C-1, D-3

39. 보기와 같은 입체도를 제3각법으로 투상할 때 가장 적합한 투상도는?

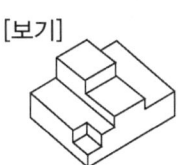

① 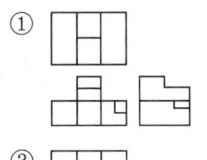 ②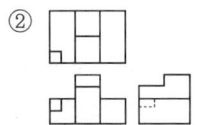
③ 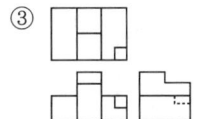 ④

40. 보기와 같이 화살표 방향이 정면일 경우 우측면도로 가장 적합한 투상도는?

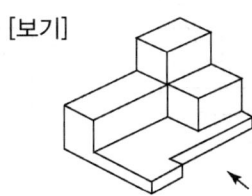

① 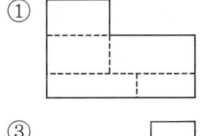 ②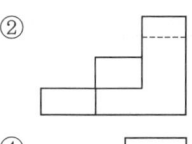
③  ④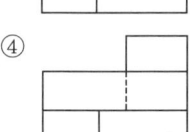

41. 그림과 같은 입체도에서 화살표 방향을 정면도로 할 경우에 우측면도로 가장 적절한 것은?

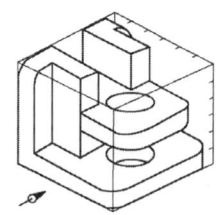

① 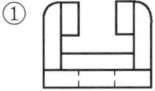 ②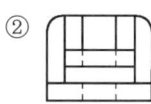
③ 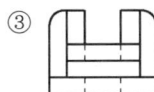 ④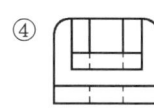

42. 제3각법으로 투상한 보기의 도면에 가장 적합한 입체도는?

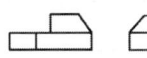

① 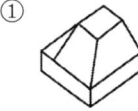 ②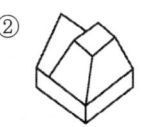
③ 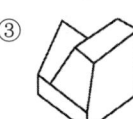 ④

정답 38 ① 39 ② 40 ③ 41 ③ 42 ②

Part 1. 기계제도

43. 제3각 투상법으로 정면도와 평면도를 그림과 같이 나타낼 경우 가장 적합한 우측면도는?

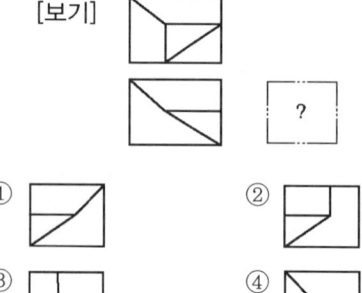

44. 제3각 정투상법으로 그린 "(보기)"에 알맞은 우측면도는?

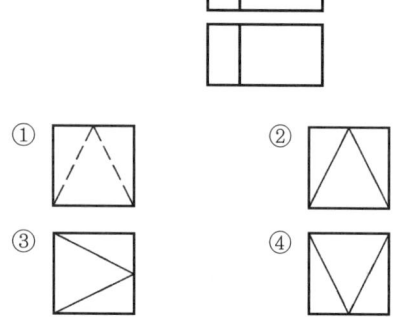

45. 그림과 같이 제3각법으로 투상한 도면에 가장 적합한 입체도 형상은?

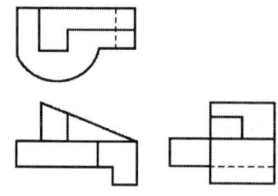

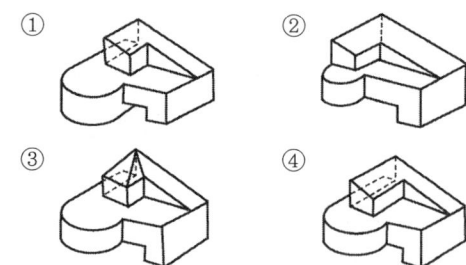

46. 그림과 같은 제3각 정투상도의 입체도로 가장 적합한 것은?

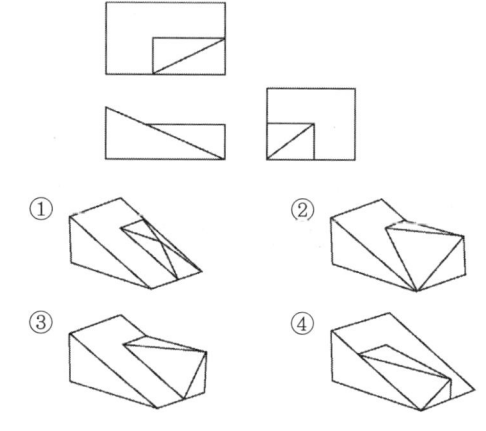

47. 다음 입체도의 화살표 방향 투상도로 가장 적합한 것은?

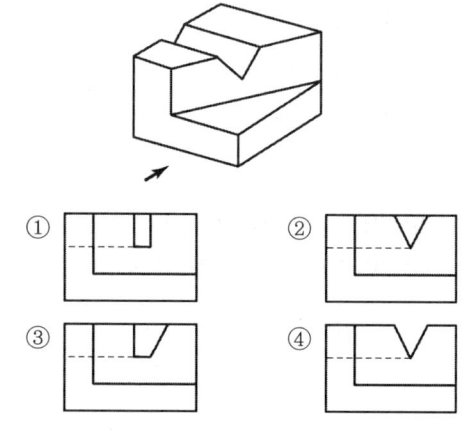

정답 43 ① 44 ② 45 ④ 46 ④ 47 ②

48. 그림과 같은 입체도에서 화살표 방향을 정면으로 할 때 정투상도를 가장 옳게 나타낸 것은?

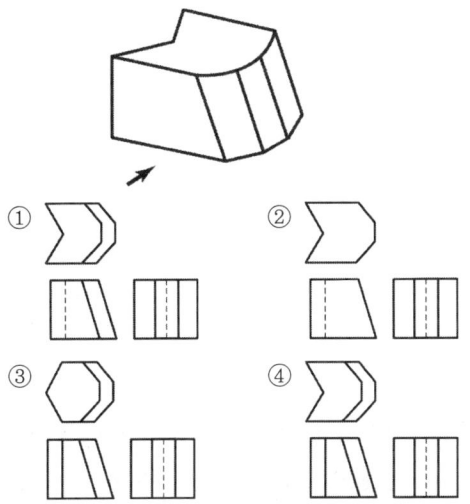

49. 다음 제3각법으로 투상된 도면 중 잘못된 투상도가 있는 것은?

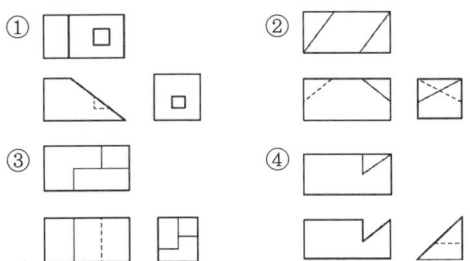

50. 그림과 같은 입체도에서 화살표 방향에서 본 정면도를 가장 올바르게 나타낸 것은?

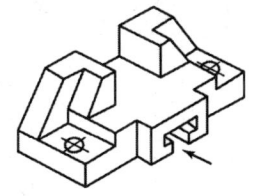

① 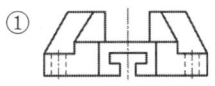 ②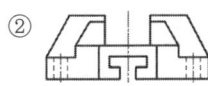
③  ④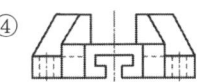

51. 그림과 같은 정면도와 평면도에 가장 적합한 우측면도는?

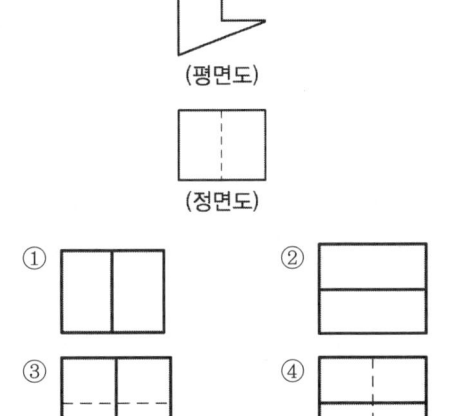

52. 다음 정면도와 우측면도에 가장 적합한 평면도는?

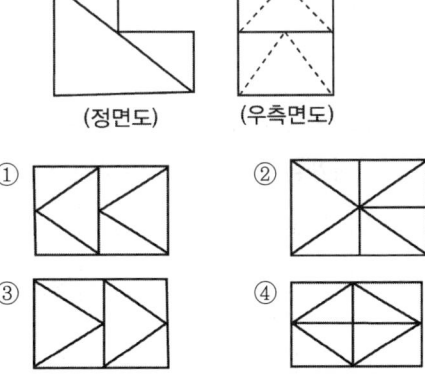

정답 48 ① 49 ③ 50 ① 51 ① 52 ①

Part 1. 기계제도

53. 그림과 같은 정면도와 우측면도에 가장 적합한 평면도는?

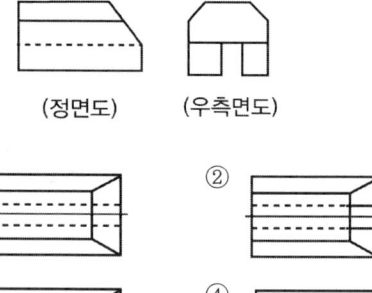

54. 그림과 같이 제3각법으로 나타낸 정면도와 우측면도에 가장 적합한 평면도는?

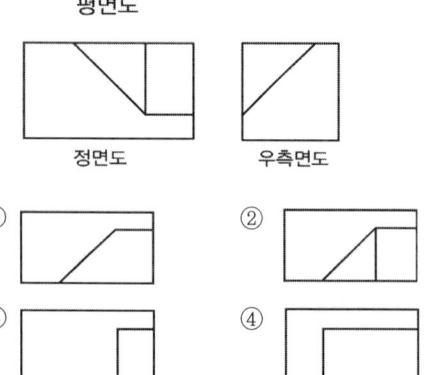

55. 제3각법으로 도시한 3면도 중 각 도면 간의 관계를 가장 옳게 나타낸 것은?

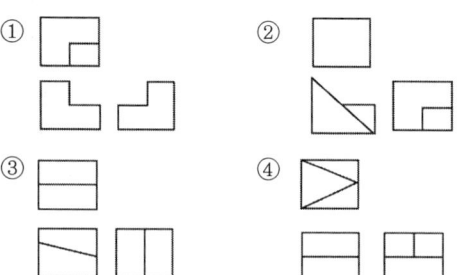

56. 제3각법으로 나타낸 그림과 같은 정투상도에 해당하는 입체도는?

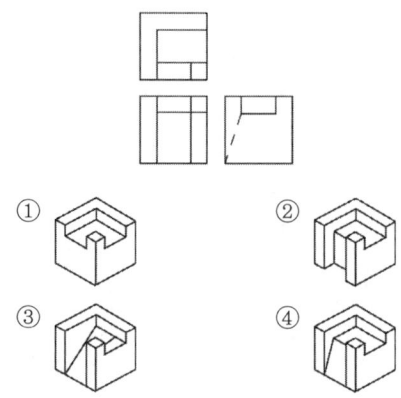

57. 그림의 입체도에서 화살표 방향이 정면일 때 평면도로 적합한 것은?

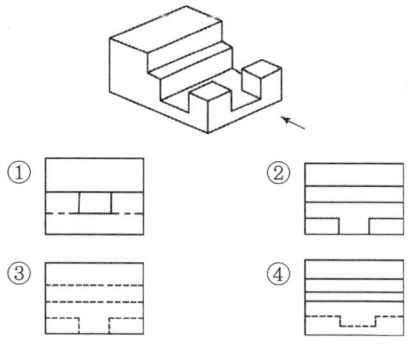

58. 그림과 같은 입체도에서 화살표 방향 투상도로 가장 적합한 것은?

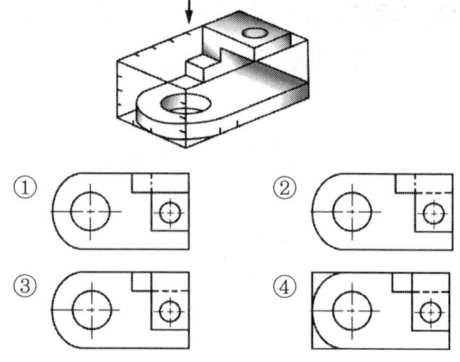

정답 53 ① 54 ② 55 ④ 56 ④ 57 ② 58 ③

59. 제3각법으로 나타낸 그림에서 정면도와 우측면도를 고려하여 가장 적합한 평면도는?

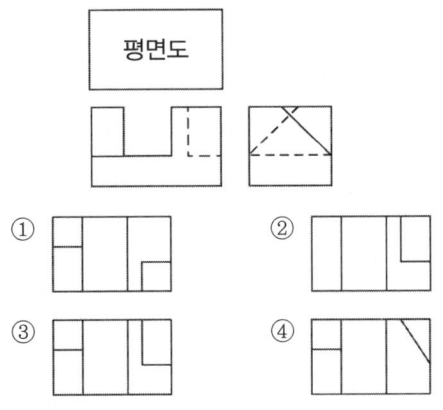

60. 그림과 같은 입체도에서 화살표 방향이 정면일 경우 평면도로 가장 적합한 투상도는?

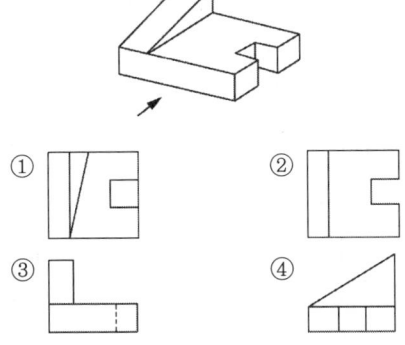

61. 그림과 같은 등각투상도에서 화살표 방향이 정면일 경우 제3각법으로 투상한 평면도로 가장 적합한 것은?

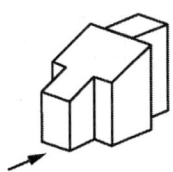

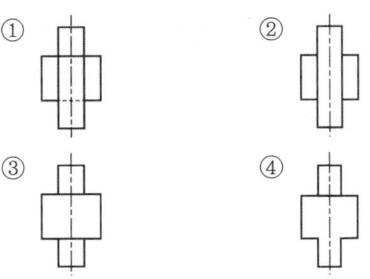

62. 다음은 제3각법으로 나타낸 정면도와 우측면도이다. 이에 대한 평면도를 가장 올바르게 나타낸 것은?

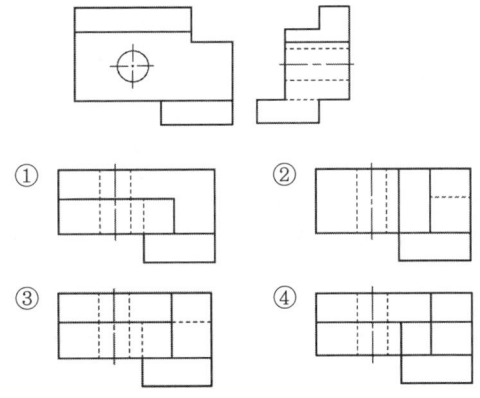

63. 그림의 입체도에서 화살표 방향이 정면일 경우 정면도로 가장 적합한 것은?

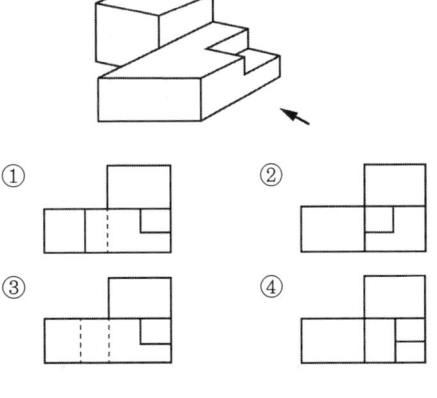

정답 59 ③ 60 ② 61 ④ 62 ③ 63 ①

Part 1. 기계제도

64. 그림은 제3각 정투상도로 나타낸 정면도와 우측면도이다. 이에 대한 평면도로 가장 적합한 것은?

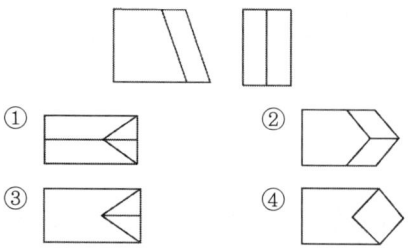

65. 다음과 같은 입체도에서 화살표 방향 투상도로 가장 적합한 것은?

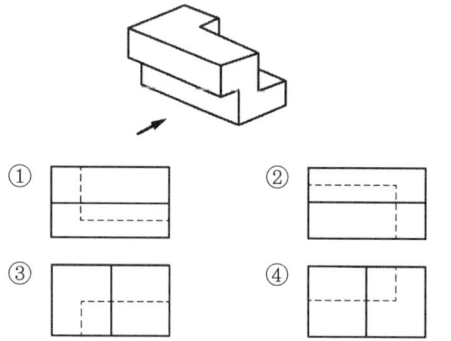

66. 다음과 같은 입체도를 제3각법으로 투상한 투상도로 가장 적합한 것은?

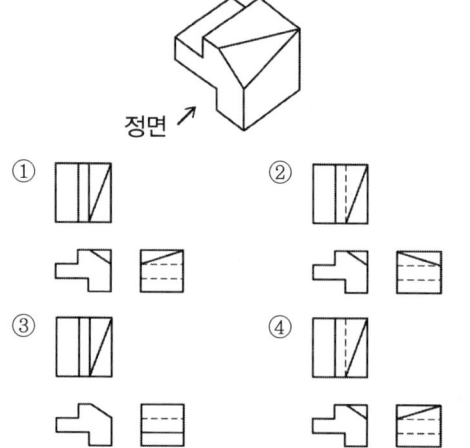

67. 그림과 같은 입체도를 제3각법으로 나타낸 정투상도로 가장 적합한 것은?

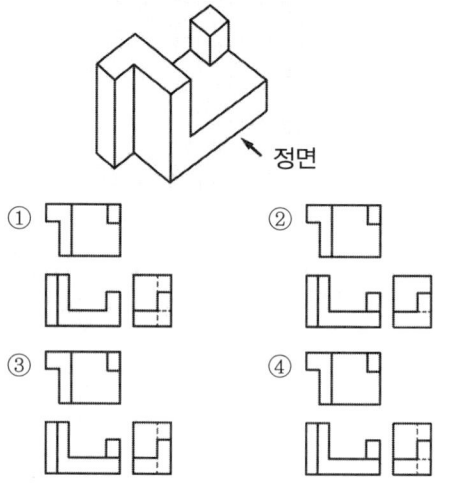

68. 그림과 같은 입체도를 화살표 방향에서 본 투상도면으로 가장 적합한 것은?

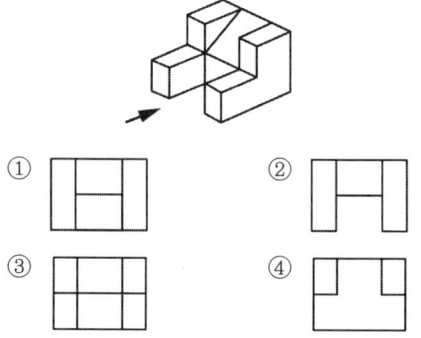

69. 다음 제3각법으로 그린 투상도 중 옳지 않은 것은?

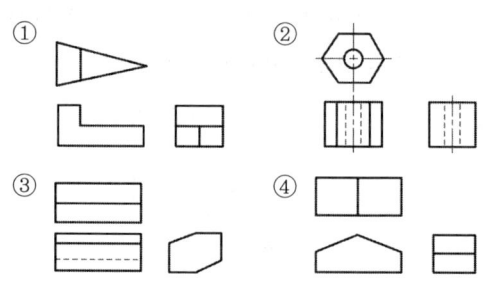

정답 64 ② 65 ① 66 ④ 67 ④ 68 ③ 69 ①

70. 그림과 같은 입체도를 제2각법으로 투상할 때 가장 적합한 투상도는?

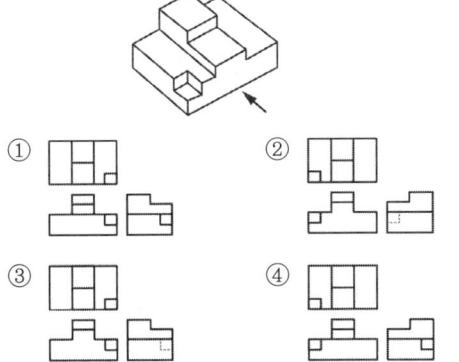

71. 그림과 같이 제3각법으로 정투상한 정면도와 평면도에 대한 우측면도로 가장 적합한 것은?

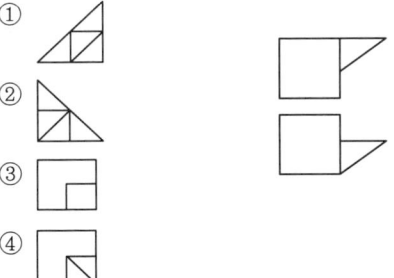

72. 아래 그림은 제3각법으로 투상한 정면도와 평면도를 나타낸 것이다. 여기에 가장 적합한 우측면도는?

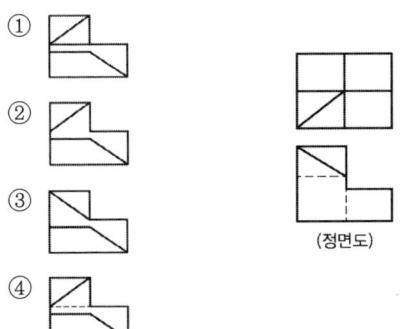

(정면도)

73. 그림과 같은 제3각법 정투상도면의 입체도로 가장 적합한 것은?

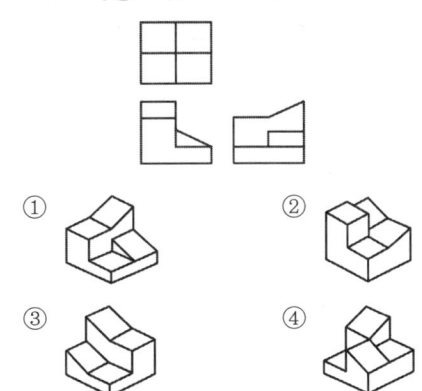

74. 그림과 같은 입체도에서 화살표 방향이 정면일 경우 평면도로 가장 적합한 투상도는?

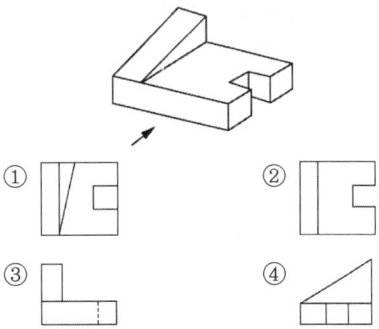

75. 다음과 같은 제3각법으로 그린 투상도의 입체도로 가장 옳은 것은? (단, 화살표의 방향이 정면이다.)

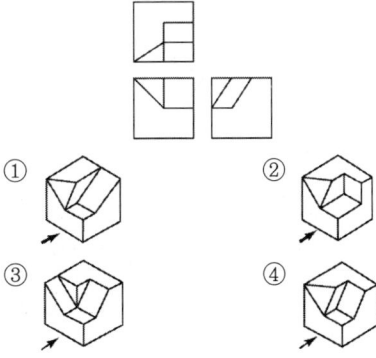

정답 70 ② 71 ① 72 ② 73 ① 74 ② 75 ④

76. 일반적으로 그림과 같은 입체도를 제1각법과 제3각법으로 도시할 때 배열 위치가 동일한 것을 모두 고른 것은?

① 정면도, 배면도
② 정면도, 평면도
③ 우측면도, 배면도
④ 정면도, 우측면도

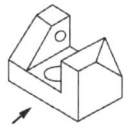

해설   위 그림에서 제1각법과 제3각법으로 도시할 때 배열위치가 동일한 것은 정면도, 배면도이다.

77. 그림과 같은 입체도의 화살표 방향 투상도로 가장 적합한 것은?

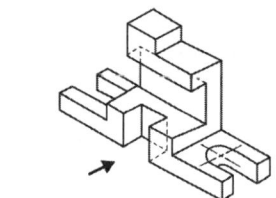

①   ②
③   ④

78. 입체도의 화살표 방향이 정면일 경우 평면도로 가장 적합한 투상은?

(정면)

①   ②
③   ④

79. 그림과 같은 도형에서 화살표 방향에서 본 투상을 정면으로 할 경우 우측면도로 옳은 것은?

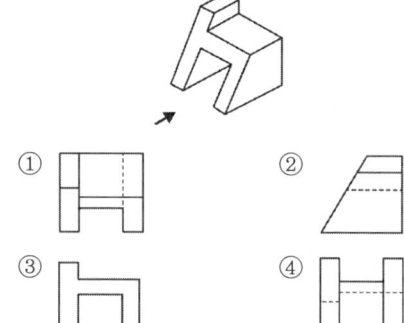

①   ②
③   ④

정답   76 ①   77 ③   78 ②   79 ②

Chapter 02 도면 검토

1 주요치수 및 공차 검토

1. 치수기입

1) 치수지시의 개념

치수는 크기 · 자세 · 위치치수로 구분하여 지시하게 된다. 크기치수는 길이, 높이, 두께의 치수 값을 의미하고 자세치수나 위치치수는 각도나 가로 · 세로의 치수이다.

> **TIP**
>
> **치수**
> 도면에 표시되는 것 중에 가장 중요한 것이다. 도형이 올바르게 그려져도 치수기입이 올바르지 못하면 완전한 제품을 만들 수 없다. 즉 치수기입은 단순히 물체의 치수만을 표시하는 것이 아니라 가공법, 재료 등에도 관계되기 때문에 올바르지 못한 치수기입은 작업 능률에 큰 영향을 미칠 수 있다. 또한 제품을 잘못 만드는 원인이 된다.

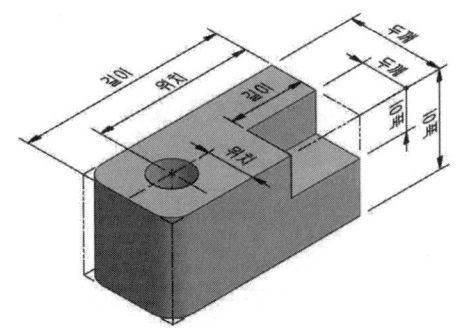

(a) 등각투상도의 치수

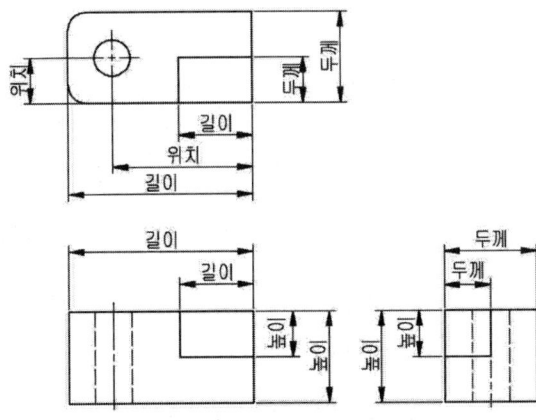

(b) 정투상도의 치수

[그림 2-1] 치수의 종류와 지시위치

2) 치수기입방법

① 치수는 치수선, 치수 보조선, 치수 보조기호 등을 사용하여 치수수치(치수를 나타내는 수치를 말한다)에 의하여 표시한다.
② 도면에 기입하는 치수는 필요한 경우에 치수의 허용한계를 지시한다. 다만 이론적으로 정확한 치수는 제외한다.
③ 도면에 표시하는 치수는 특별히 명시하지 않는 한 그 도면에 도시한 대상물의 마무리 치수(완성 치수)를 표시한다.
④ 길이, 높이의 치수 지시 위치는 주로 정면도에 지시되며 모양에 따라 평면도, 측면도 등에 지시할 수 있다.
⑤ 두께치수는 주로 평면도나 측면도에 지시한다. 다만, 부분적인 특징에 따라 다른 투상도에 지시할 수 있다.
⑥ 원기둥, 각기둥, 홈, 구멍 등의 위치를 정면도에 크기가 지시되면 위치치수는 측면도나 평면도 등 다른 투상도에 지시한다.
⑦ 면의 기울기, 원기둥, 각기둥, 홈, 구멍 등의 자세치수는 가로·세로 치수나 각도로 지시한다.
⑧ 치수 보조선은 치수선에 직각으로 그리고 치수선을 약간 넘도록 연장한다. 또한 수선에 직각으로 치수선을 2~3mm 지날 때까지 가는 실선으로 그리고 치수 보조선과 투상도 사이를 0.5~1mm 틈새를 두고 그린다.
⑨ 치수기입의 관계상 특히 필요한 경우에는 치수선에 대하여 적당한 각도로 치수 보조선을 그릴 수 있다. 이 경우 될 수 있는 대로 치수선과 60° 또는 45°가 되도록 치수 보조선을 그리는 것이 좋다.

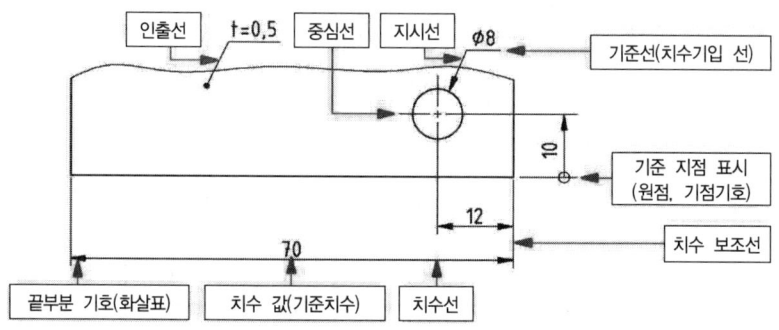

[그림 2-2] 치수기입의 요소

3) 치수 지시의 요소

① 숫자는 크기, 자세, 위치 등을 지시하는 아라비아 숫자를 말하며 투상도의 어떤 선보다 우선하여 지시한다.

> **TIP**
>
> **치수의 기입방법**
> 치수는 두 개의 점, 두 개의 선, 두 개의 평면 사이 또는 점, 직선, 평면 등 상호간의 거리를 표시하기 위하여 사용한다. 숫자로 실제 길이를 표시하고, 치수선과 치수 보조선으로 치수의 구간을 표시한다.

② 문자는 투상도에 지시하는 개별주서나 표제란 근처에 지시하는 일반주서를 말하며 투상도의 어떤 선보다 우선하여 지시한다.
③ 숫자와 문자의 크기는 도면과 투상도의 크기에 따라 마이크로필름 촬영, 축소 및 확대의 경우를 대비하여 선택한다.

4) 치수수치의 표시방법

① 길이의 치수수치는 원칙적으로 mm의 단위로 기입하고 단위기호는 붙이지 않는다.
② 각도의 치수수치는 일반적으로 도의 단위로 기입하고, 필요한 경우에는 분 및 초를 병용할 수 있다. 또 각도의 치수수치를 라디안의 단위로 기입하는 경우에는 그 단위 기호 rad를 기입한다.
③ 치수수치의 소수점은 아래쪽의 점으로 하고 숫자 사이를 적당히 띄워서 그 중간에 약간 크게 찍는다. 또, 치수수치의 자릿수가 많은 경우, 3자리마다 숫자의 사이를 적당히 띄우고 콤마는 찍지 않는다.
④ 도면에 표현된 형상의 크기를 나타내는 치수에 추가적으로 의미를 명확히 하기 위하여 보조기호를 사용한다.

5) 치수기입의 원칙

① 대상물의 기능·제작·조립 등을 고려하여 필요하다고 생각되는 치수를 명료하게 도면에 기입한다.
② 치수는 대상물의 크기, 자세 및 위치를 가장 명확하게 표시하는 데 필요하고도 충분한 것을 기입한다.
③ 치수는 되도록 주투상도에 집중시키며, 중복 기입을 피하고, 되도록 계산하여 구할 필요가 없도록 기입한다.
④ 치수는 필요에 따라 기준으로 하는 점, 선 또는 면을 기초로 하여 기입한다.
⑤ 도면에 나타내는 치수는 특별하게 명시하지 않는 한, 그 도면에 도시한 대상물의 다듬질 치수를 표시한다.
⑥ 치수는 기능상 필요한 경우 KS A 0108에 따라 치수의 허용한계를 지시한다.
⑦ 치수는 되도록 계산해서 구할 필요가 없도록 기입한다.
⑧ 관련 치수는 가능한 한곳에 모아 기입하고 공정마다 배열을 분리 기입한다.
⑨ 치수 중 참고치수에 대해서는 치수수치에 괄호를 사용한다.

> **TIP**
>
> **각도의 치수수치**
> 일반적으로 도의 단위로 기입하고, 필요한 경우에는 분 및 초를 병용할 수 있다. 도, 분, 초를 표시할 때에는 숫자의 오른쪽 위에 각각 도(°), 분('), 초(")를 기입한다.
> [보기] 90°, 22.5°, 6° 21′ 5″, 8° 0′ 12″, 3′ 21″
>
> 또한 각도의 치수 수치를 라디안의 단위로 기입하는 경우에는 그 단위 기호 rad를 기입한다.
> [보기] 0.52rad, π/3rad

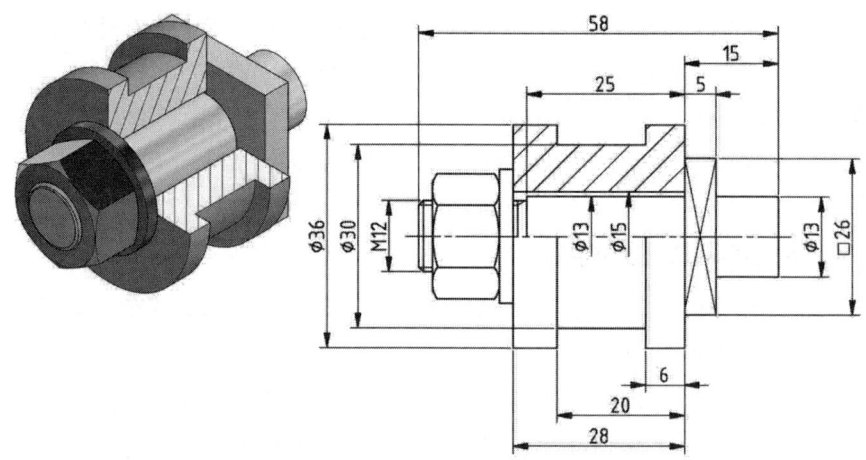

[그림 2-3] 지시 구역을 나누어 치수기입

〈표 2-1〉 치수 보조기호

구 분	기호	사 용 법	예
지름	⌀	지름 치수의 수치 앞에 붙인다.	⌀30
반지름	R	반지름 치수의 수치 앞에 붙인다.	R10
구의 지름	S⌀	구의 지름 치수수치 앞에 붙인다.	S⌀20
구의 반지름	SR	구의 반지름 치수수치 앞에 붙인다.	SR10
정사각형의 변	□	정사각형의 한변의 치수수치 앞에 붙인다.	□20
판의 두께	t	판두께의 치수수치 앞에 붙인다.	t10
45°의 모따기	C	모따기 치수수치 앞에 붙인다.	C3
카운터 보어	⌴	카운트 보어 지름 치수 앞에 붙인다.	10⌴
카운터 싱킹	∨	카운트 싱킹 각도 앞에 붙인다.	10∨
깊이	↧	깊이 치수 앞에 붙인다.	10↧
전개 길이	○▶	전개 길이 앞에 붙인다.	10○▶
실제 둥글기	TR	실제 둥글기(True radius) 치수 앞에 붙인다.	10TR
등 간격	EQS	등 간격의 개수 앞쪽으로 한 칸 띄어서 붙인다.	
원호의 길이	⌒	원호의 길이치수 수치 위에 붙인다.	⌒20
이론적으로 정확한 치수	□	이론적으로 정확한 치수를 붙인다.	20
참고치수	( )	참고치수의 치수수치를 둘러싼다.	(20)
치수의 기준(기점)	⌀	누진·좌표치수를 지시할 때 치수의 기준이 되는 지점을 표시한다.	

6) 치수선과 치수 보조선

① 치수선과 치수 보조선에는 가는 실선을 사용한다.
② 치수선은 원칙적으로 치수 보조선을 사용하여 긋는다. 다만, 치수 보조선을 사용하여 그림이 혼동되기 쉬워질 경우에는 이에 따르지 않는다.

③ 치수선은 원칙적으로 지시하는 길이 또는 각도를 측정방향으로 평행하게 긋는다.
④ 치수선 또는 그 연장선 끝에는 화살표, 사선 또는 검정 동그라미(이하, 총칭할 때에는 끝부분의 기호라 한다)를 붙여 그린다.
  ㉠ 화살표는 살 끝을 적당한 각도(90°를 포함한다)로 하고 끝이 열린 것, 닫힌 것, 빈틈없이 칠한 것의 어느 것이라도 좋다. 또한, 화살표는 치수선 쪽에서 바깥쪽으로 향하여 붙인다. 다만, 화살표를 기입할 여지가 없을 때에는 치수선을 연장하여 치수선 쪽으로 향하여 화살표를 기입하여도 좋다.
  ㉡ 사선은 치수 보조선을 지나 왼쪽 아래에서 오른쪽 위로 향하여 약 45°로 교차하는 짧은 선으로 한다.
  ㉢ 검정 동그라미는 치수선의 끝을 중심으로 하여 빈틈없이 칠한 작은 원으로 한다.

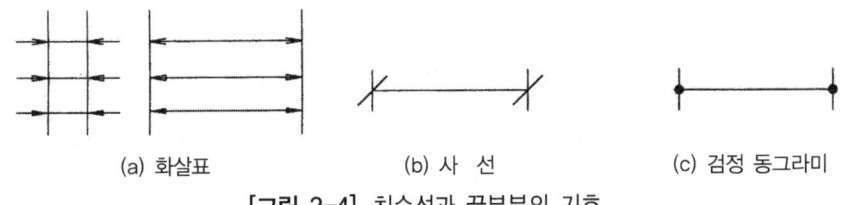

(a) 화살표   (b) 사 선   (c) 검정 동그라미

[그림 2-4] 치수선과 끝부분의 기호

⑤ 치수선에 붙이는 끝부분 기호는 일련의 도면에서 다음의 경우를 제외하고는 같은 모양의 것으로 통일하여 사용한다.
  ㉠ 반지름을 지시하는 치수선에는 호 쪽에만 화살표를 붙이고 중심 쪽에는 붙이지 않는다.
  ㉡ 누진 치수기입 시 기점에는 기점기호를 사용하고 다른 끝에는 화살표를 사용한다.
  ㉢ 치수 보조선의 간격이 좁아 화살표를 기입할 여지가 없을 때에는 화살표 대신 검정 동그라미 또는 사선을 사용할 수 있다.
⑥ 기점기호는 치수선의 기점을 중심으로 칠하지 않은 작은 원으로 하되 검정 동그라미보다 약간 크게 그린다.
⑦ 끝부분 기호 및 기점기호의 크기는 그림의 크기에 따라 보기 쉬운 크기로 한다.
⑧ 치수 보조선은 지시하는 치수의 끝에 해당하는 도형상의 점 또는 선의 중심을 지나 치수선에 직각으로 긋고, 치수선을 약간 넘도록 연장한다. 이때 치수 보조선과 도형 사이를 약간 띄워도 좋다. 또한, 치수를 지시하는 점 또는 선을 명확하게 하기 위하여 특별히

필요한 경우에는 치수선에 대하여 적당한 각도를 갖는 서로 평행한 치수 보조선을 그을 수 있다. 이 각도는 60°가 좋다.
⑨ 중심선, 외형선, 기준선 및 이들의 연장선을 치수선으로 사용해서는 안 된다.
⑩ 각도를 기입하는 치수선은 각도를 구성하는 두 변 또는 그 연장선(치수 보조선)의 교점을 중심으로 하여, 양변 또는 그 연장선 사이에 그린 원호로 표시한다.

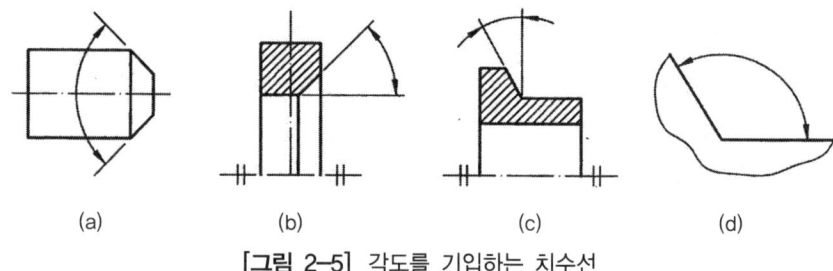

[그림 2-5] 각도를 기입하는 치수선

7) 치수수치를 기입하는 위치 및 방향

특별히 정한 누진 치수기입법의 경우를 제외하고는 다음 2가지 방법 중 일반적으로 방법 1에 따른다(같은 도면 내에서 방법 2와 방법 1을 혼용해서는 안 됨).

① **방법 1** : 수평방향의 치수선에 대하여는 도면의 아래쪽에서, 수직방향의 치수선에 대하여는 도면의 오른쪽에서 읽도록 쓴다. 경사방향의 치수선에 대해서도 이에 준해서 쓴다. 치수수치는 치수선을 중단하지 않고 치수선 위쪽에 약간 띄워서 중앙에 기입한다. 수직선에 대하여 시계 반대방향으로 향하여 약 30° 이하의 각도를 이루는 방향에는 치수의 기입을 피한다.

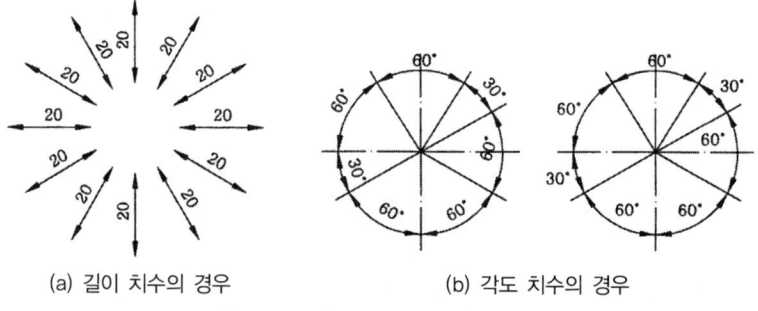

(a) 길이 치수의 경우　　(b) 각도 치수의 경우

[그림 2-6] 치수의 방향(방법 1)

② 방법 2 : 치수수치를 도면의 아래쪽에서 읽을 수 있도록 쓴다. 그러므로 수평방향 이외의 치수선은 치수수치를 끼우기 위하여 중앙을 중단하여 기입한다.

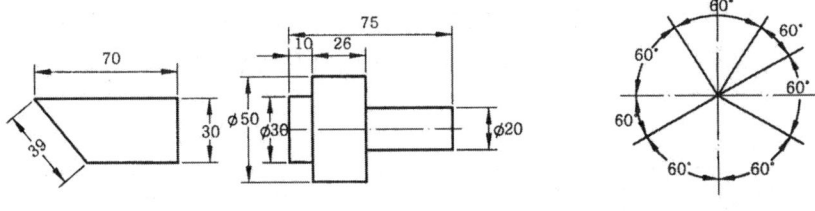

(a) 길이 치수의 경우 (b) 각도 치수의 경우
[그림 2-7] 치수수치의 위치와 방향(방법 2)

8) 좁은 곳에서의 치수의 기입

부분 확대도로 기입하거나 다음 중 어느 것을 사용하여도 좋다.

① 지시선을 치수선에서 경사방향으로 끌어내고 원칙적으로 그 끝을 수평으로 구부리고 그 위쪽에 치수수치를 기입한다. 가공방법, 주기, 부품번호 등을 기입하기 위하여 사용하는 지시선은 원칙적으로 경사방향으로 끌어낸다. 이 경우, 모양을 표시하는 선으로부터 지시선을 끌어내는 경우에는 끝부분에 화살표를 하고, 모양을 표시하는 선의 안쪽에서 지시선을 끌어내는 경우에는 끝부분에 검은 둥근점을 붙인다.

② 치수선을 연장하여 그 위쪽 또는 바깥쪽에 기입하여도 좋다.

③ 치수 보조선의 간격이 좁아서 화살표를 기입할 여지가 없을 경우에는 화살표 대신 검은 둥근점 또는 경사선을 사용하여도 좋다.

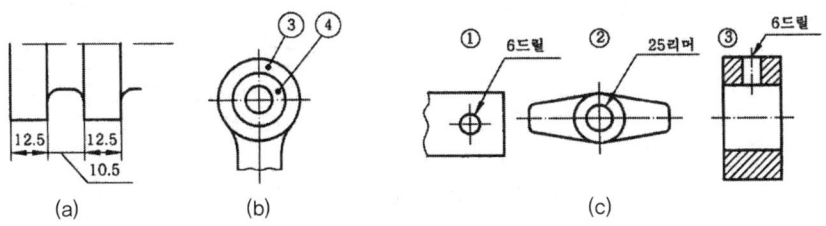

[그림 2-8] 좁은 곳에서의 치수의 기입(1)

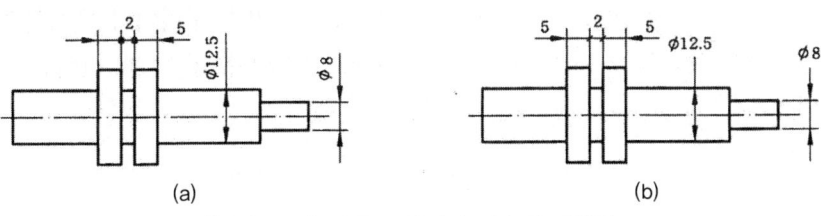

[그림 2-9] 좁은 곳에서의 치수의 기입(2)

9) 치수의 배치

① **직렬 치수기입법**: 직렬로 나란히 연결된 개개의 치수에 주어진 치수공차가 차례로 누적되어도 상관없는 경우에 사용한다.
② **병렬 치수기입법**: 이 방법에 따르면 병렬로 기입하는 개개의 치수공차는 다른 치수의 공차에 영향을 미치지 않는다.

TIP

직렬 치수기입
기계 분야보다는 철골 구조물의 설계 도면에 주로 사용된다.

병렬 치수기입
기준면에 해당하는 치수 보조선의 위치는 제품의 기능, 조립, 가공, 검사 등의 조건을 고려하여 정한다.

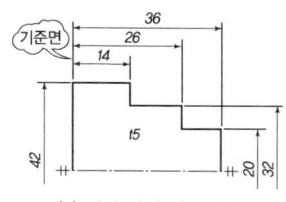
(a) 면의 병렬 치수기입

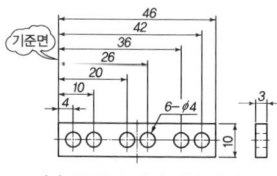
(b) 위치의 병렬 치수기입

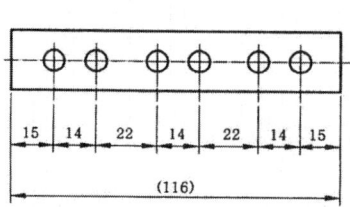

[그림 2-10] 직렬 치수기입법   [그림 2-11] 병렬 치수기입법

③ **누진 치수기입법**: 이 방법에 따르면 치수공차에 관하여 병렬 치수기입법과 완전히 동등한 의미를 가지면서, 1개의 연속된 치수선으로 간편하게 표시할 수 있다. 기점기호(○)와 치수선의 다른 끝은 화살표로 표시한다.

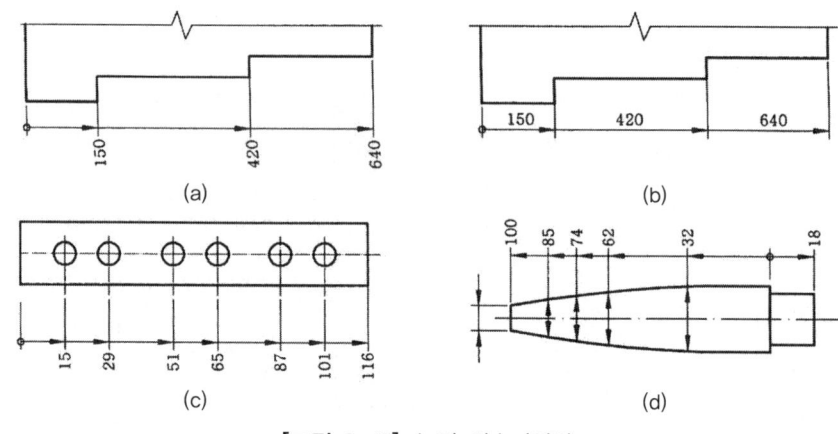

[그림 2-12] 누진 치수기입법

④ **좌표 치수기입법**: 구멍의 위치나 크기 등의 치수는 좌표를 사용하여 표로 나타내어도 좋다. 예를 들면 기점은 기준 구멍이나 대상물의 한 구석 등 기능 또는 가공의 조건을 고려하여 적절하게 선택한다.

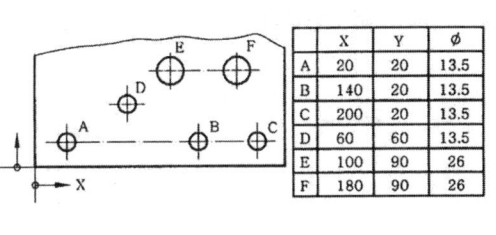 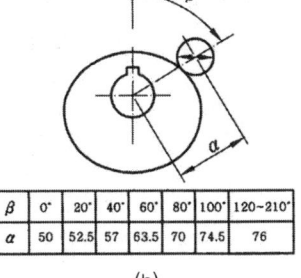

(a)   (b)

[그림 2-13] 좌표 치수기입법

10) 지름의 표시방법

① 단면이 원형일 때, 지름의 기호를 치수수치의 앞에 치수숫자와 같은 크기로 기입하여 표시한다. 원형의 그림에 지름의 치수를 기입할 때는 치수수치의 앞에 지름의 기호는 기입하지 않는다. 원형의 일부를 그리지 않은 도형에서 치수선의 끝부분 기호가 한쪽만 있는 경우에는 반지름의 치수와 혼동되지 않도록 지름의 치수를 수치 앞에 ∅를 기입한다.

② 지름이 서로 다른 원통이 연속되어 있고, 그 치수수치를 기입할 여백이 없을 경우 한쪽에만 치수선의 연장선과 화살표를 그리고, 지름의 기호와 치수수치를 기입한다.

11) 반지름의 표시방법

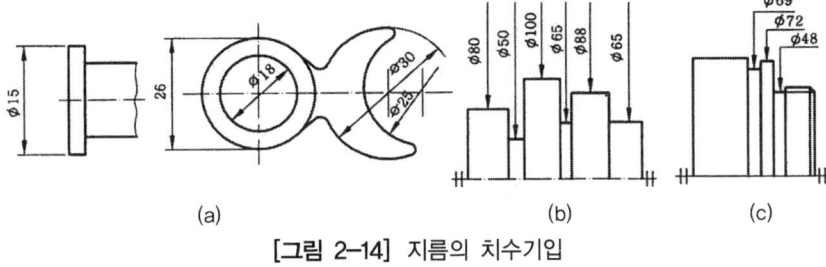

[그림 2-14] 지름의 치수기입

① 반지름의 치수는 반지름의 기호 R을 치수수치 앞에 치수숫자와 같은 크기로 기입하여 표시한다. 다만 반지름을 나타내기 위한 치수선을 원호의 중심까지 긋는 경우에는 이 기호를 생략하여도 좋다.

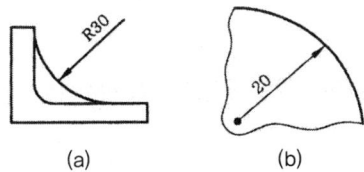

[그림 2-15] 반지름의 치수기입(1)

② 원호의 반지름을 나타내기 위한 치수선에는 원호 쪽에만 화살표를 붙이고 치수 앞에 반지름 기호 R을 붙인다.

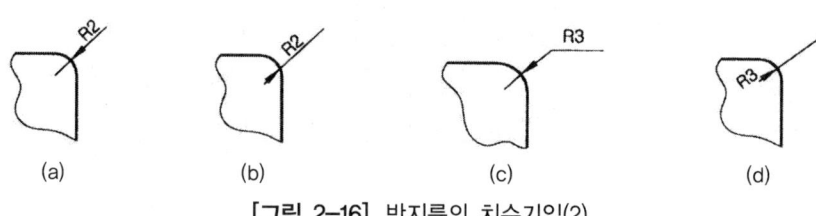

[그림 2-16] 반지름의 치수기입(2)

③ 반지름의 치수를 나타내기 위하여 원호의 중심위치를 표시할 필요가 있을 경우에는 +자 또는 검은 둥근점으로 그 위치를 나타낸다. 반지름이 큰 원호의 중심위치를 나타낼 필요가 있을 경우, 지면 등의 제약이 있을 때에는 그 반지름의 치수선을 꺾어도 좋다. 이 경우, 치수선의 화살표가 붙은 부분은 정확히 중심을 향하고 있어야 한다.

④ 동일중심을 가진 반지름은 길이치수와 같이 기점기호를 사용하여 누진 치수기입법을 사용해서 표시할 수 있다.

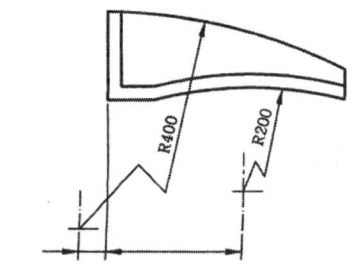

[그림 2-17] 반지름이 큰 경우의 중심과 치수선의 표시

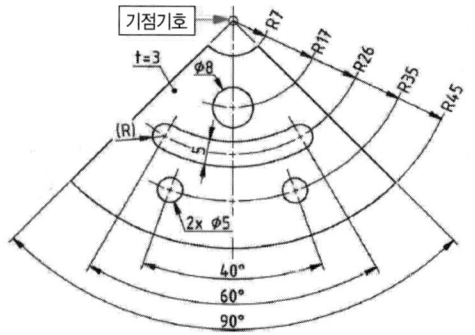

[그림 2-18] 동일 중심을 가진 반지름의 치수기입

⑤ 아래 그림과 같이 정면도 투상을 생략한 단면도에서는 반드시 등간격임을 'EQS'를 붙여서 지시한다.

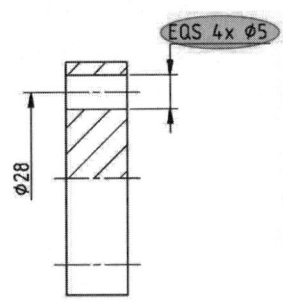

[그림 2-19] 등간격의 지시

⑥ 실제의 투상도가 아닌 곳에 실제 반지름 치수를 지시할 때는 [그림 2-20]과 같이 치수 앞에 TR 보조기호를 붙인다.

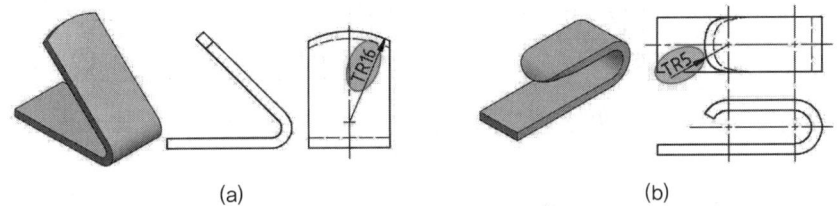

[그림 2-20] 실제 둥글기 치수 지시

12) 구의 지름 또는 반지름의 표시방법

구의 지름 또는 구의 반지름의 치수는 그 치수수치의 앞에 치수숫자와 같은 크기로 구의 기호 S 또는 구의 반지름 기호 SR을 기입하여 표시한다.

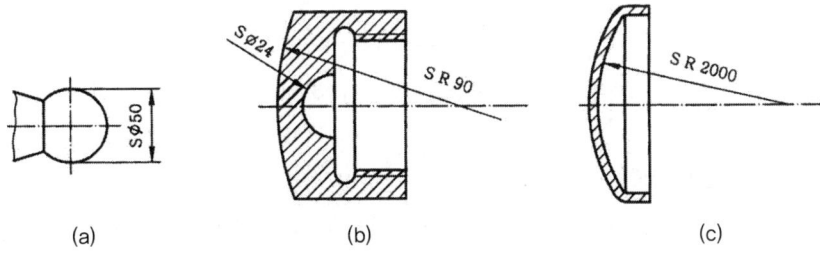

[그림 2-21] 구의 지름 또는 반지름의 치수기입

TIP

정사각형 변의 크기 치수기입

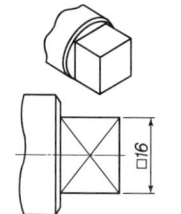

13) 정사각형의 변의 표시방법

대상으로 하는 부분의 단면이 정사각형일 때, 그 모양을 그림에 표시하지 않고 정사각형인 것을 표시하는 경우에는 그 변의 길이를 표시하는 치수수치 앞에 치수숫자와 같은 크기로 정사각형의 한변이라는 것을 나타내는 기호(□)를 기입한다.

14) 두께의 표시방법

판의 주투상도에 그 두께의 치수를 표시할 경우에는 그 도면의 부근 또는 그림 속의 보기 쉬운 위치에 두께를 표시하는 치수수치의 앞에 치수숫자와 같은 크기로 두께를 나타내는 기호(t)를 기입한다.

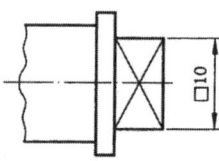
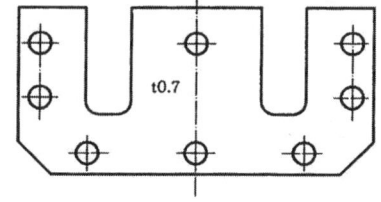

[그림 2-22] 정사각형의 한변의 치수기입   [그림 2-23] 두께의 치수기입

15) 현, 원호의 길이 표시방법

① 현의 길이 표시방법

현의 길이는 원칙적으로 현에 직각으로 치수 보조선을 긋고, 현에 평행한 치수선을 그어 표시한다.

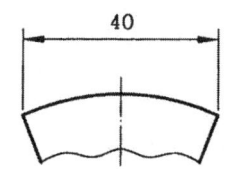

[그림 2-24] 현의 치수기입

② 원호의 길이 표시방법
  ㉠ 치수 보조선을 긋고 그 원호와 동심인 원호를 치수선으로 하고, 치수수치의 위에 원호의 길이 기호(⌒)를 붙인다.
  ㉡ 원호를 구성하는 각도가 클 때나, 연속하여 원호의 치수를 기입할 때에는 원호의 중심으로부터 방사상으로 그린 치수 보조선에 치수선을 맞추어도 좋다. 이 경우 2개 이상의 동심 원호 중

한 원호의 길이를 명시할 필요가 있을 때에는 다음 어느 한 가지에 따른다.

ⓐ 원호의 치수수치에 대하여 지시선을 긋고 끌어낸 쪽으로 화살표를 붙인다.

ⓑ 원호 길이의 치수수치 뒤에 괄호를 하고 원호의 반지름 치수를 넣어서 나타낸다.

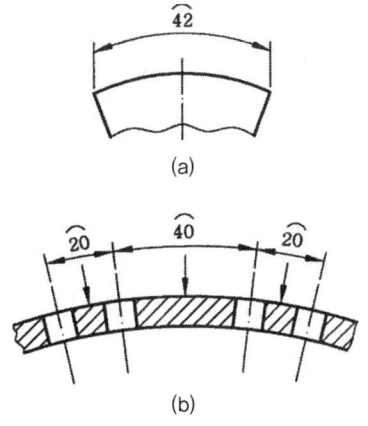
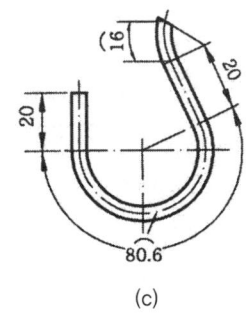

[그림 2-25] 원호의 치수기입

16) 곡선의 표시방법

① 원호로 구성되는 곡선의 치수는 일반적으로 이들 원호의 반지름과 그 중심 또는 원호의 접선위치로써 표시한다.

② 원호로 구성되어 있지 않은 곡선치수는 곡선상의 임의의 점의 좌표 치수로 표시한다. 이 방법은 필요하면 원호로 구성되는 곡선의 경우에도 사용할 수 있다.

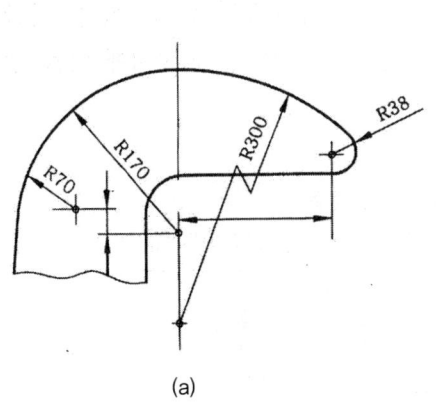
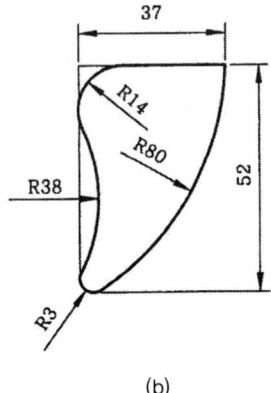

[그림 2-26] 곡선의 치수기입

17) 모따기의 표시방법

일반적인 모따기는 보통의 치수기입 방법에 따라 표시한다.
45모따기의 경우에는 모따기의 치수수치×45 또는 모따기 기호 C를 치수수치 앞에 치수숫자와 같은 크기로 기입하여 표시한다.

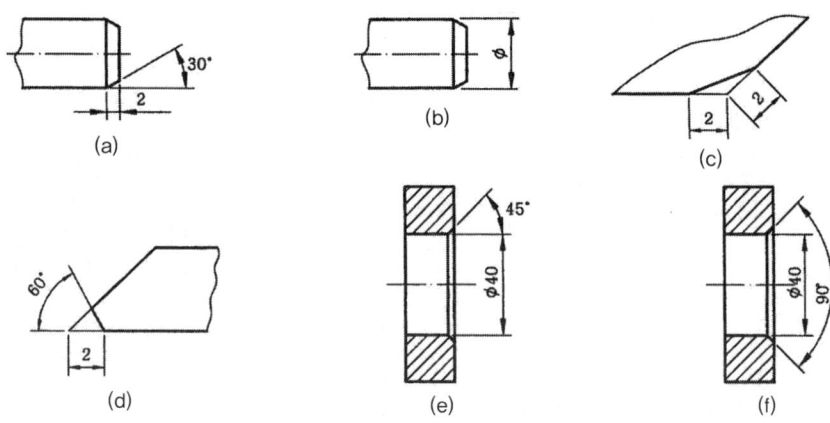

[그림 2-27] 모따기의 치수기입(1)

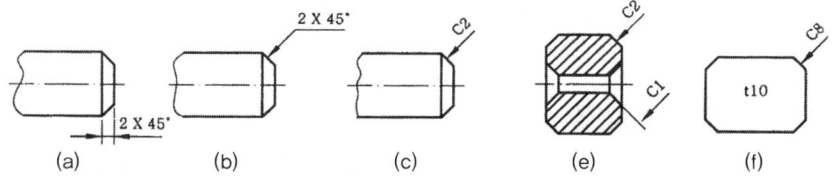

[그림 2-28] 모따기의 치수기입(2)

18) 구멍의 표시방법

① 드릴구멍, 펀칭구멍, 코어구멍 등 구멍의 가공방법에 의한 구별을 나타낼 필요가 있을 경우에는 원칙적으로 공구의 호칭 치수 또는 기준치수를 나타내고, 그 뒤에 가공방법의 구별을 지시한다. 다만 〈표 2-2〉에 표시한 것에 대하여는 이 표의 간략 지시에 따를 수 있다.

〈표 2-2〉 가공방법의 간략 지수

가공방법	간략 지시
주조한 대로	코어
프레스 펀칭	펀칭
드릴로 구멍뚫기	드릴
리머 다듬질	리머

② 여러 개의 동일치수 볼트구멍, 작은 나사구멍, 핀구멍, 리벳구멍 등의 치수표시는 구멍으로부터 지시선을 끌어내어 그 총수를 나타내는 숫자 다음에 짧은 선을 끼워서 구멍의 치수를 기입한다.

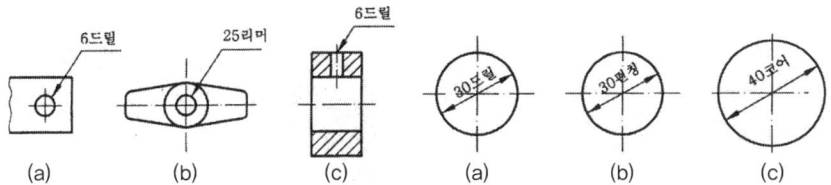

[그림 2-29] 구멍의 치수기입(1)   [그림 2-30] 구멍의 치수기입(2)

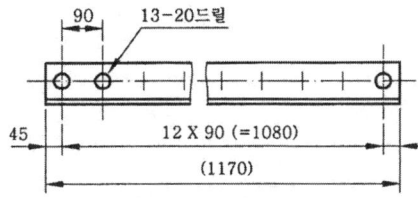

[그림 2-31] 같은 간격의 구멍 치수기입

③ 구멍의 깊이를 지시할 때는 구멍의 지름을 나타내는 치수 다음에 "깊이"라 쓰고 그 수치를 기입한다.
　㉠ 관통구멍의 경우 구멍깊이를 기입하지 않는다.
　㉡ 구멍깊이란 드릴 앞 끝의 원추부, 리머 앞 끝의 원추부 등을 포함하지 않는 원통부의 깊이를 말한다.
④ 볼트, 너트 등의 자리를 좋게 하기 위한 자리파기의 표시방법은 자리파기의 지름을 나타내는 치수 다음에 "자리파기"라고만 쓴다.

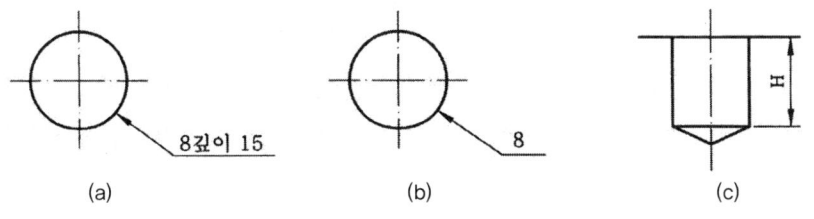

[그림 2-32] 구멍깊이의 치수기입

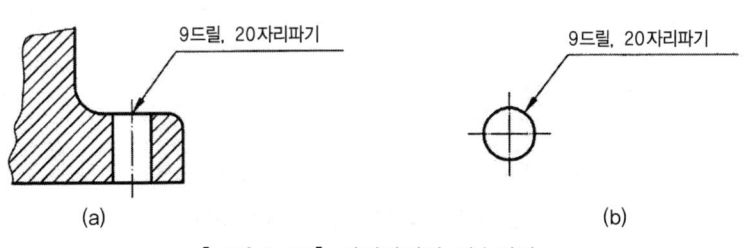

[그림 2-33] 자리파기의 치수기입

⑤ 구멍의 깊이 치수지시가 원으로 그려져 있는 투상도에 구멍의 깊이 치수를 지시할 때는 그림과 같이 구멍의 크기 치수 다음에 기호(⤓)를 붙이고 깊이 치수를 지시한다.

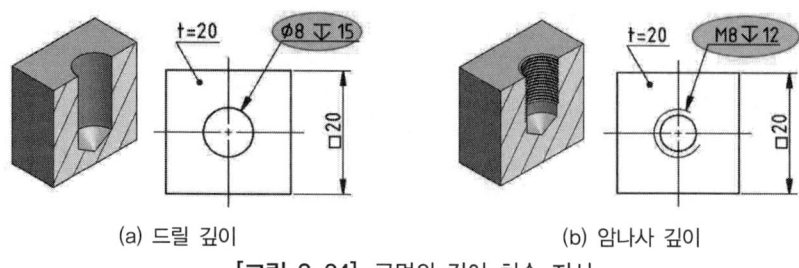

(a) 드릴 깊이　　　　　　　　　(b) 암나사 깊이
[그림 2-34] 구멍의 깊이 치수 지시

⑥ 볼트머리를 잠기게 하는 경우에 사용하는 깊은 자리파기의 표시방법은 깊은 자리파기의 지름을 나타내는 치수 다음에 "깊은 자리파기"라고 쓰고 다음에 깊이 수치를 기입한다.
깊은 자리파기의 깊이 수치를 반대쪽 면으로부터 지시할 필요가 있을 때는 치수선을 사용하여 표시한다.

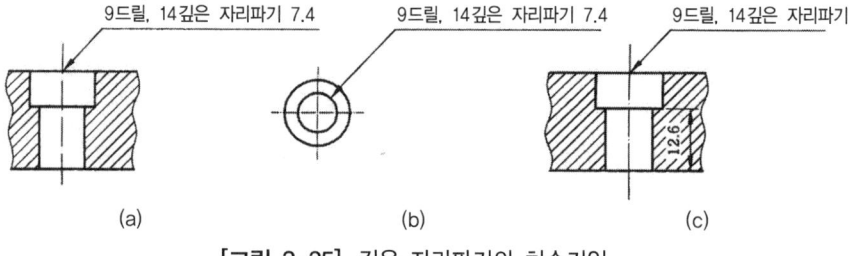

[그림 2-35] 깊은 자리파기의 치수기입

⑦ 볼트, 너트, 와셔 등과 같이 반제품에서 흑피를 깎는 정도의 자리파기는 그림과 같이 드릴지름 치수 앞에 ⌴ 보조기호를 표시하고 그 깊이는 지시하지 않는다.

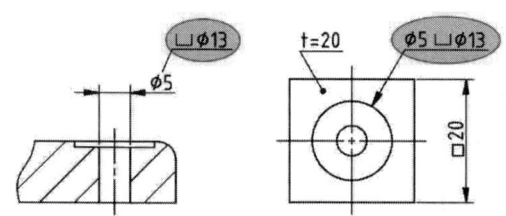

[그림 2-36] 자리파기 구멍치수 지시

⑧ 구멍의 원형이 표시된 투상도에 지시할 때는 그림과 같이 지시한다.

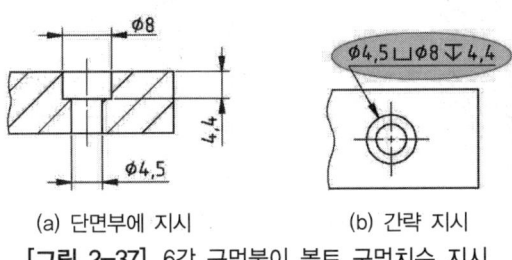

(a) 단면부에 지시　　　(b) 간략 지시

[그림 2-37] 6각 구멍붙이 볼트 구멍치수 지시

⑨ 접시머리 볼트 등의 머리가 잠기게 하는 구멍은 그림과 같이 지시한다.

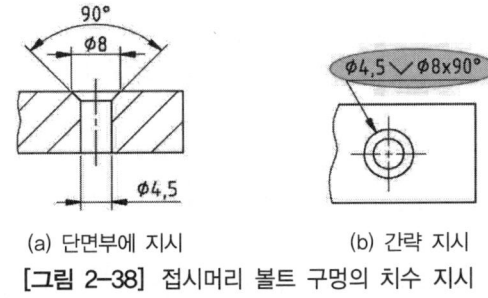

(a) 단면부에 지시　　　(b) 간략 지시

[그림 2-38] 접시머리 볼트 구멍의 치수 지시

⑩ 긴 원의 구멍은 기능 또는 가공방법에 따라 치수의 기입방법을 어느 것인가에 따라 지시한다.
　㉠ 하나의 공구로 가공하여 전체 치수가 필요한 경우에는 (a), (d)와 같이 지시한다.
　㉡ 하나의 공구로 가공하여 중심 거리가 설계에서 필요한 경우에는 (b), (c), (e), (f)와 같이 지시한다.

⑪ 경사진 구멍의 깊이는 구멍 중심선상의 깊이로 표시하든가, 그것에 따를 수 없는 경우에는 치수선을 사용하여 표시한다.

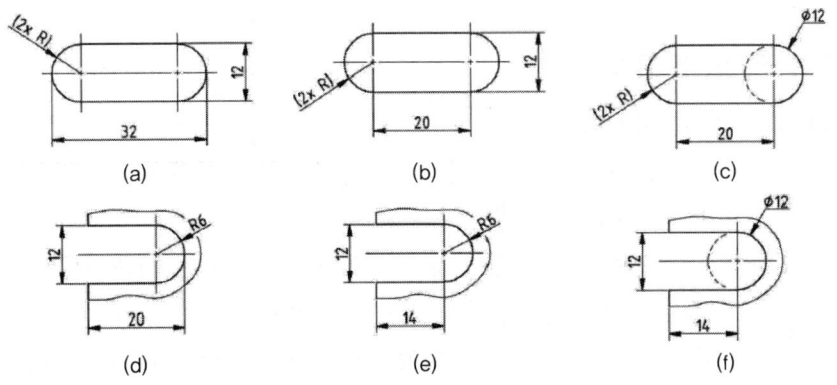

[그림 2-39] 긴 원의 구멍의 치수기입

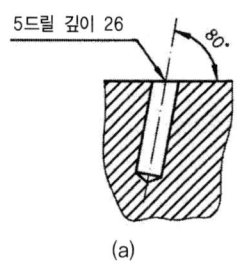 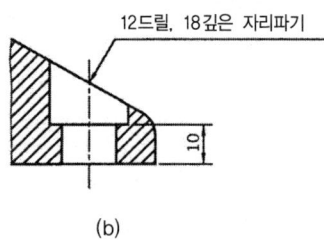

[그림 2-40] 경사진 구멍의 치수기입

⑫ 원이나 암나사의 부품도에서 지시선을 사용할 때는 [그림 2-41]과 같이 중심 방향으로 수평선으로부터 60°로 꺾어서 긋는다.

① 틀림　　② 맞음　　　　　① 틀림　　　② 맞음
(a) 원의 지시선 긋기　　　　　(b) 암나사의 지시선 긋기

[그림 2-41] 원과 암나사의 지시선

⑬ 인출선은 조립도, 부품도 등에서 지시하거나 설명을 위한 선으로서 그림과 같이 그 끝에는 0.7 또는 1mm 점(·)이나 화살표를 붙인다.

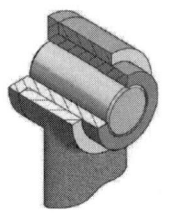 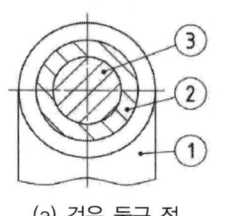 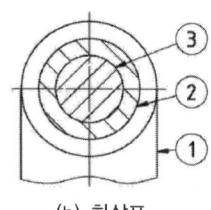

(a) 검은 둥근 점　　　　(b) 화살표

[그림 2-42] 조립도의 인출선과 끝부분 기호

19) 키 홈의 표시방법

(1) 축의 키 홈 표시방법

① 축의 키 홈 치수는 키 홈의 너비, 깊이, 길이, 위치 및 끝 부를 표시하는 치수에 따른다.
② 키 홈을 밀링커터 등에 의하여 절삭하는 경우에는 기준 위치에서 공구중심까지의 거리와 공구지름을 표시한다.
③ 키 홈의 깊이는 키 홈과 반대쪽의 축 지름 면으로부터 키 홈 바닥까지의 치수로 표시한다. 다만, 필요한 경우에는 키 홈의 중심면

위에서의 축 지름 면으로부터 키 홈의 바닥까지의 치수(절삭깊이)로 표시할 수 있다.

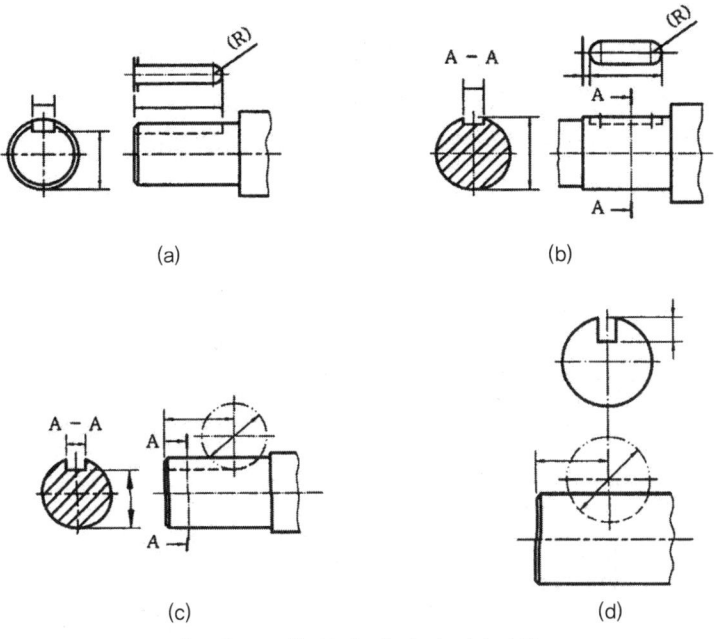

[그림 2-43] 축의 키 홈의 치수기입

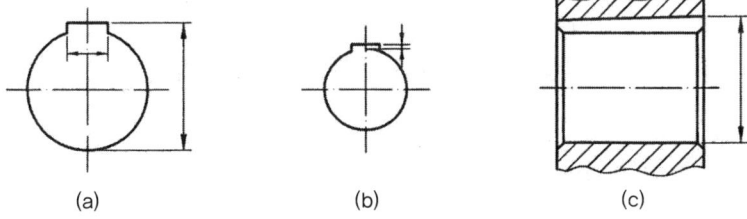

[그림 2-44] 구멍의 키 홈의 치수기입

(2) 구멍의 키 홈 표시방법
① 구멍의 키 홈 치수는 키 홈의 너비 및 깊이를 표시하는 치수에 따른다.
② 키 홈의 깊이는 키 홈과 반대쪽의 구멍 지름 면으로부터 키 홈의 바닥까지의 치수로 표시한다. 특히 필요한 경우에는 키 홈의 중심 면상에서의 구멍 지름 면으로부터 키 홈의 바닥까지의 치수로 표시할 수 있다.
③ 경사키 보스의 키 홈의 깊이는 키 홈의 깊은 쪽에 표시한다.

20) 테이퍼, 기울기의 표시방법

테이퍼는 원칙적으로 중심선에 연하게 기입하고, 기울기는 변에 연하게 기입한다.

① 테이퍼 또는 기울기의 정도와 방향을 특별히 명확하게 나타낼 필요가 있을 경우에는 별도로 표시한다.
② 특별한 경우에는 경사면에서 지시선을 끌어내어 기입할 수 있다.

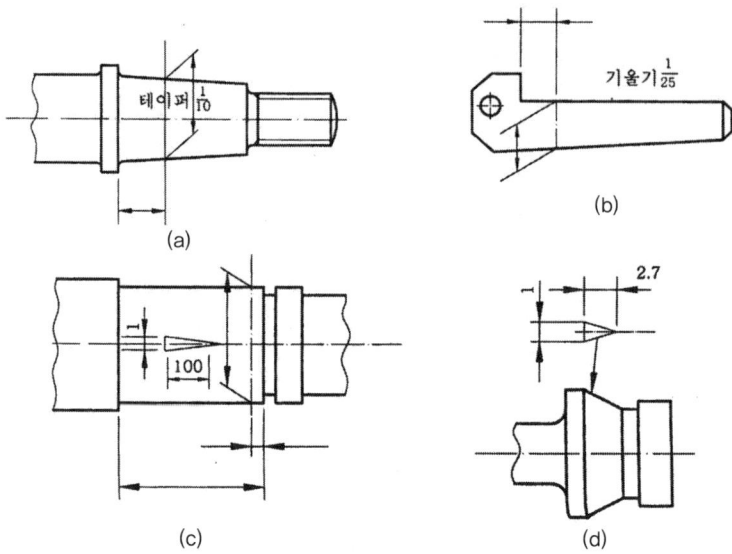

[그림 2-45] 테이퍼 및 기울기의 치수기입

21) 펼친 길이치수 지시

(1) 선이나 봉의 펼친 길이

선이나 봉의 펼친 길이는 [그림 2-46]과 같이 지시한다.

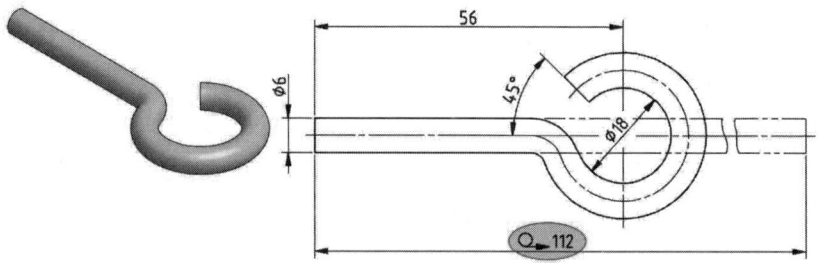

[그림 2-46] 선, 봉의 펼친 길이 치수기입

(2) 판의 펼친 길이

판의 펼친 길이는 [그림 2-47]과 같이 지시한다.

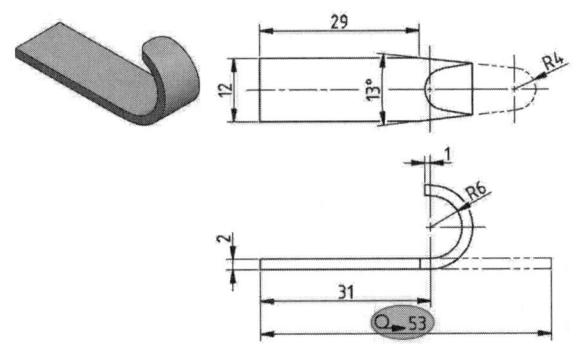

[그림 2-47] 판의 펼친 길이치수 지시

22) 얇은 두께 부분의 표시방법

얇은 두께의 단면을 아주 굵은 실선으로 그린 도형에 치수를 기입하는 경우에는 단면을 표시한 굵은 실선에 연하게 짧고 가는 실선을 긋고, 여기에 치수선의 끝부분을 기호를 댄다. 이 경우, 가는 실선을 그려준 쪽까지의 치수를 의미한다.

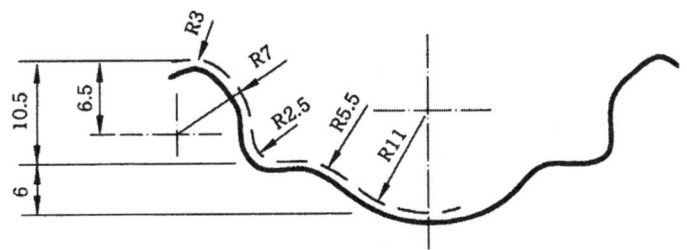

[그림 2-48] 얇은 두께 부분의 치수기입

23) 형강, 강관, 각강 등의 표시방법

〈표 2-3〉의 표시방법에 의하여 각각의 도형에 연하게 기입할 수 있다.

〈표 2-3〉 형강 등의 치수 표시방법

종류	단면모양	표시방법
등변ㄱ형강		$\llcorner A \times B \times t - L$

종류	단면모양	표시방법
부등변부등 두께ㄱ형강		$\llcorner A \times B \times t_1 \times t_2 - L$
I형강		$\text{I } H \times B \times t - L$
ㄷ형강		$\llcorner H \times B \times t_1 \times t_2 - L$
T형강		$\text{T } B \times H \times t_1 \times t_2 - L$
I형강		$\text{I } H \times A \times t_1 \times t_2 - L$
경ㄷ형강		$\llcorner H \times A \times B \times t - L$
립ㄷ형강		$\llcorner H \times A \times C \times t - L$

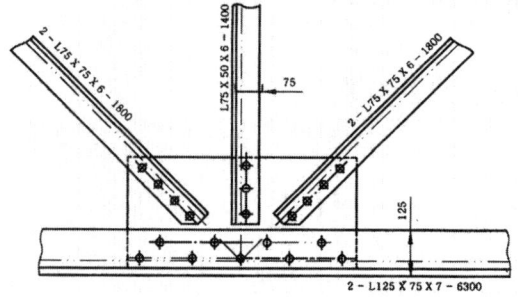

[그림 2-49] 형강의 치수기입

24) 치수기입 시 기타 주의사항

① 치수수치를 나타내는 일련의 치수숫자는 도면에 그린 선에서 분할 되지 않는 위치에 그리는 것이 좋다.
② 치수숫자는 선에 겹쳐서 기입하면 안 된다. 다만, 할 수 없는 경우에는 치수숫자와 겹쳐지는 선의 부분을 중단하여 치수수치를 기입한다.

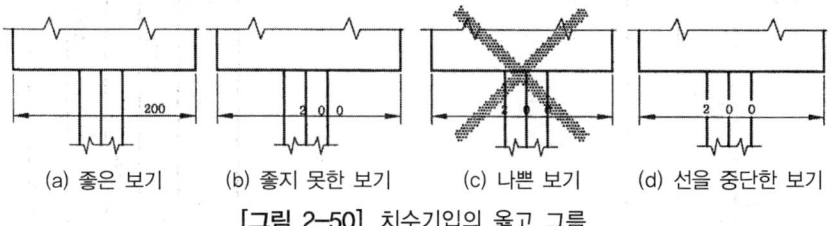

(a) 좋은 보기   (b) 좋지 못한 보기   (c) 나쁜 보기   (d) 선을 중단한 보기

[그림 2-50] 치수기입의 옳고 그름

③ 치수수치는 치수선과 교차되는 장소에 기입하면 안 된다.
④ 치수선이 인접해서 연속되는 경우에는 동일 직선상에 가지런히 긋는 것이 좋다. 또한, 관련되는 부분의 치수는 동일 직선상에 기입하는 것이 좋다.

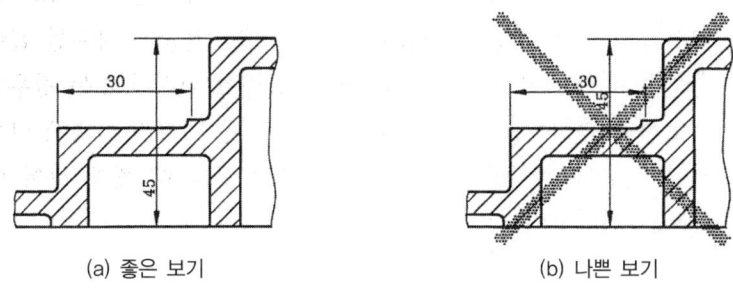

(a) 좋은 보기   (b) 나쁜 보기

[그림 2-51] 교차 부분 치수기입

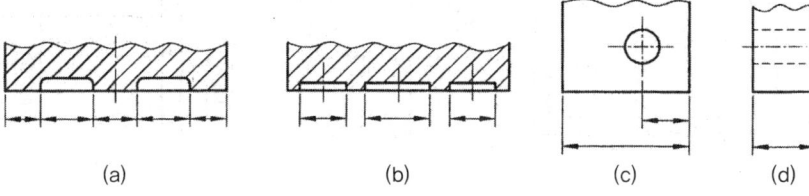

(a)   (b)   (c)   (d)

[그림 2-52] 인접 부분의 치수선 긋기

⑤ 치수 보조선을 긋고 기입하는 지름의 치수가 대칭 중심선의 방향에 몇 개 늘어선 경우에는 각 치수선을 되도록 같은 간격으로 긋고 작은 치수를 안쪽에, 큰 치수를 바깥쪽에 가지런하게 기입한다. 다만, 지면의 형편으로 치수선의 간격이 좁은 경우에는 치수수치를 대칭 중심선의 양쪽에 교대로 써도 좋다.

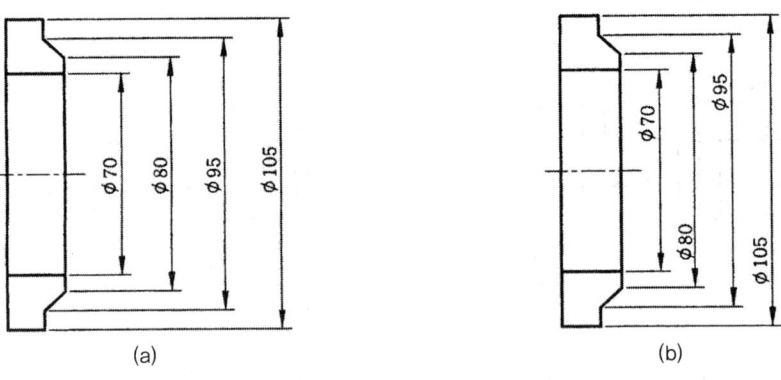

[그림 2-53] 여러 개의 지름 치수기입

⑥ 치수선이 길어서 그 중앙에 치수수치를 기입하면 알기 어렵게 될 경우에는 어느 한쪽의 끝부분 기호쪽으로 치우쳐서 기입할 수 있다.
⑦ 대칭 도형에서 대칭 중심선을 지나는 치수선은 원칙적으로 그 중심선을 넘어서 적당히 연장한다. 이 경우, 연장한 치수선 끝에는 끝부분 기호를 붙이지 않는다. 다만, 오해할 염려가 없는 경우에는 치수선이 중심선을 넘지 않아도 좋다. 또한 대칭의 도형에 다수의 지름 치수를 기입할 때에는 치수선의 길이를 더 짧게 하여 여러 단으로 분리하여 기입할 수 있다.

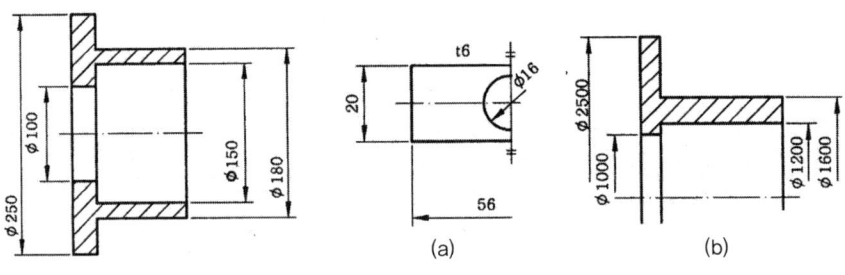

[그림 2-54] 긴 추수선상의 치수기입   [그림 2-55] 대칭 도형의 치수기입

⑧ 치수기입에 있어서 치수수치 대신 글자 기호를 써도 좋다. 이 경우 그 수치를 별도로 표시한다.
⑨ 서로 경사진 2개의 면 사이에 둥글기 또는 모따기가 있을 때, 두 면의 교차되는 위치를 나타낼 때에는 둥글기 또는 모따기를 하기 이전의 모양을 가는 실선으로 표시하고, 그 교점에서 치수 보조선을 끌어낸다. 이 경우, 교점을 명확하게 나타낼 필요가 있을 때에는 각각의 선을 서로 교차시키든가 또는 교점에 검은 둥근점을 붙인다.
⑩ 원호 부분의 치수는 원호가 180°까지는 원칙적으로 반지름으로 표시하고, 그것을 넘는 경우에는 원칙적으로 지름으로 표시한다. 다만, 180° 이내라고 기능상 또는 가공상 특히 지름의 치수를 필요로 하는 것에 대해서는 지름의 치수를 기입한다.

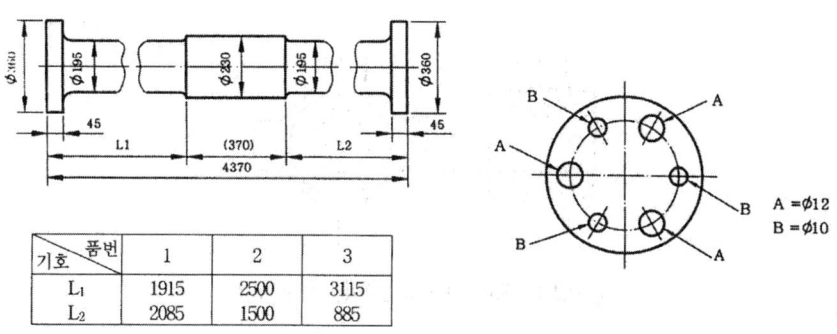

[그림 2-56] 글자 기호에 의한 치수기입

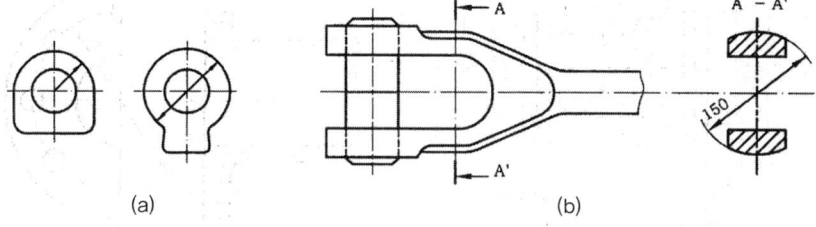

[그림 2-57] 180° 내외의 원호 부분의 치수기입

⑪ 반지름의 치수가 다른 곳에 지시한 치수에 따라 자연히 결정될 경우에는 반지름의 치수선과 반지름의 기호만으로 나타내고, 치수수치는 기입하지 않는다. 키 홈이 단면에 나타나 있는 보스의 안지름 치수를 기입한다.
⑫ 가공 또는 조립할 때 기준으로 할 곳이 있는 경우의 치수는 그곳을 기준으로 하여 기입한다. 특히 그곳을 나타낼 필요가 있을 경우에는 그 취지를 기입한다.

⑬ 공정을 달리하는 부분의 치수는 그 배열을 나누어서 기입하는 것이 좋다. 서로 관련되는 치수는 한 곳에 모아서 기입한다. 예를 들면 플랜지의 경우 볼트 구멍의 피치원 지름과 구멍의 치수 및 구멍의 배치는 피치원이 그려져 있는 쪽 그림에 모아서 기입하는 것이 좋다.

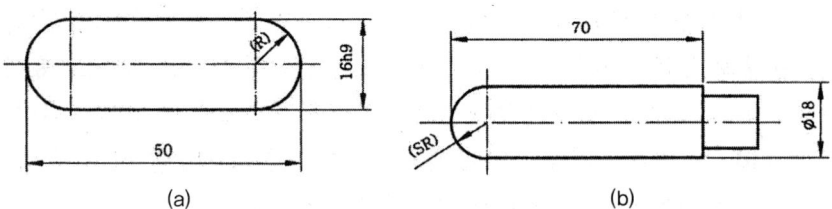

[그림 2-58] 인식되는 반지름의 표시

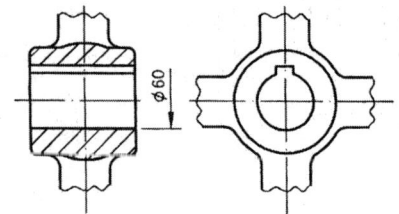

[그림 2-59] 보스의 안지름 치수기입

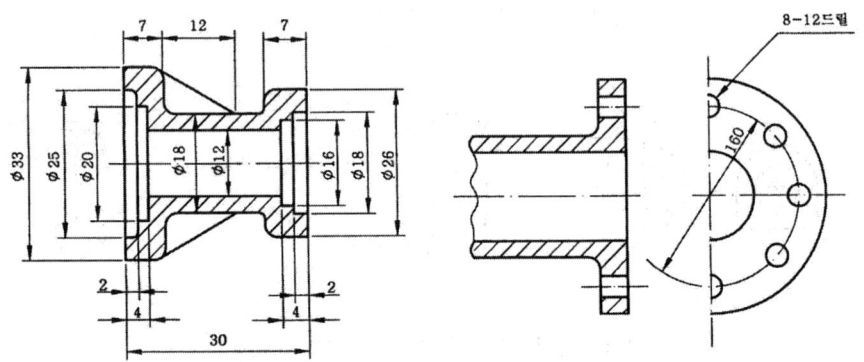

[그림 2-60] 공정을 달리하는 부분의 치수기입   [그림 2-61] 서로 관련되는 치수기입

⑭ T형 관이음, 밸브 몸통, 콕 등의 플랜지와 같이 1개의 물품에 똑같은 치수부분이 2개 이상 있는 경우 그중 한쪽만 기입하는 것이 좋고 치수를 기입하지 않는 부분에 동일 치수인 것을 주기한다.

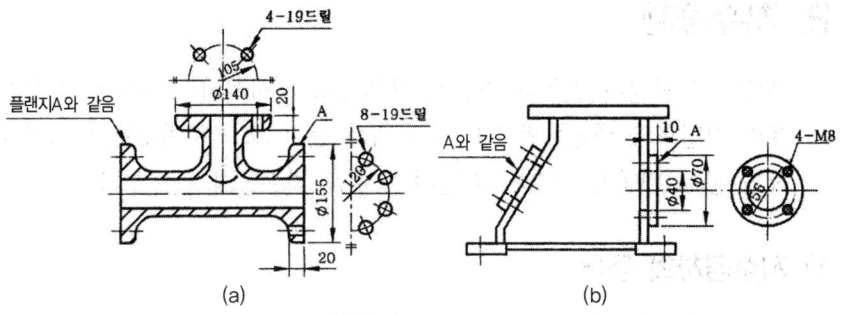

[그림 2-62] 같은 치수 부분이 2개 이상 있을 경우의 치수기입

⑮ 일부의 도형이 그 치수수치에 비례하지 않을 때에는 치수숫자의 아래쪽에 굵은 실선을 긋는다.

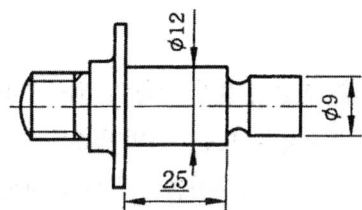

[그림 2-63] 치수와 도형이 비례하지 않는 경우의 치수기입

⑯ 출도 후에 변경할 경우에는 [그림 2-64]와 같이 치수에 가로선을 그은 다음 그 옆에 변경된 치수를 지시한다. 이때 변경한 가까운 곳에 변경 그림기호를 지시하고 이유, 이름, 연월일을 표시한다.

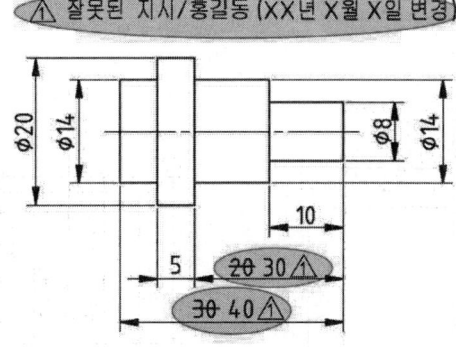

[그림 2-64] 출도가 된 후의 치수변경

2. 치수공차

부품이 조립되어 원활한 기능을 발휘하도록 지시되는 공차는 공작기계의 정밀도와 생산방법에 따라 측정된 값이 그 기준치수보다 크거나 작게 공차 결과가 나오게 되는데 이것을 치수공차라고 한다.

1) 치수공차의 용어

① **구멍** : 주로 원통형 부분의 내측 부분

② **축** : 주로 원통형 부분의 외측 부분

③ **실치수** : 두 점 사이의 거리를 실제로 측정한 치수

④ **허용한계치수** : 실치수가 그 사이에 들어가도록 정한 대·소의 허용치수이며, 최대 허용치수(30.2)와 최소 허용치수(29.9)가 있다. (예 $30^{+0.2}_{-0.1}$)

⑤ **기준치수** : 치수 허용한계의 기준이 되는 치수

⑥ **기준선** : 허용한계치수 또는 끼워맞춤을 도시할 때 치수허용차의 기준이 되는 선으로, 치수허용차가 0인 직선으로 기준치수를 나타낼 때에 사용한다.

⑦ **치수허용차** : 허용한계치수에서 그 기준치수를 뺀 값으로 위 치수허용차와 아래 치수허용차가 있다.

⑧ **치수공차** : 최대 허용한계치수와 최소 허용한계치수의 차이다. 또는 위 치수허용차와 아래 치수허용차의 차를 의미하기도 하며 공차라고도 한다.

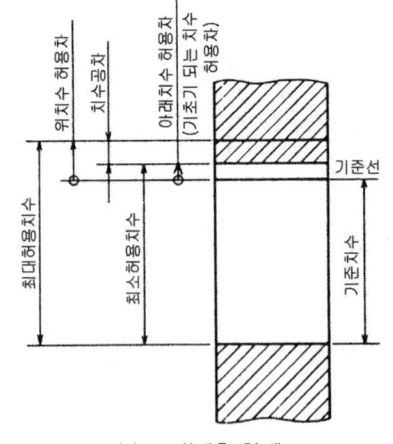
(a) 구멍(내측 형체)

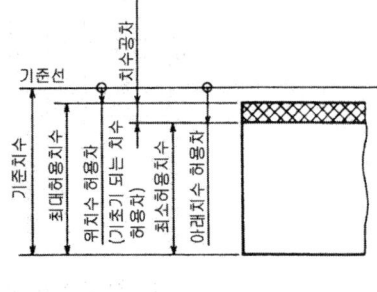
(b) 축(외측 형체)

[그림 2-65] 치수공차의 용어

> **TIP**
> 도면에 기입되는 치수는 제품의 완성된 치수를 나타낸 것이다. 그러나 실제로 부품을 가공할 때 도면에 기입된 완성 치수대로 오차 없이 가공하기는 힘들다. 따라서 기계부품의 용도와 경제성 등을 고려하여 알맞은 가공정도 및 공차를 정해주는 것은 다른 부품과의 조립에 있어 매우 중요하다.

> **예제**
> $30^{+0.05}_{-0.02}$ 에서 최대 허용치수와 최소 허용치수는?
>
> **해설**
> ① 최대 허용치수
> = 기준치수 + 위 치수허용차
> = 30 + 0.05 = 30.05mm
> ② 최소 허용치수
> = 기준치수 + 아래 치수허용차
> = 30 + (-0.02) = 29.98mm
> ③ 치수공차
> = 최대 허용치수 - 최소 허용치수
> = 30.05 - 29.98 = 0.07mm

2) 기본공차 등급 적용

IT 기본공차는 치수공차와 끼워맞춤에 있어서 정해진 모든 치수공차를 의미하는 것으로, 국제 표준화 기구(ISO) 공차 방식에 따라 분류한다.

(1) 기본공차의 적용

용도	게이지 제작 공차	끼워맞춤 공차	끼워맞춤 이외 공차
구멍	IT 01~IT 5	IT 6~IT 10	IT 11~IT 18
축	IT 01~IT 4	IT 5~IT 9	IT 10~IT 18

TIP

IT 기본공차는 치수의 구분에 따라 IT 01 ~ IT 18까지 20등급이 있으나, IT 01, IT 0은 정밀도가 아주 높아 제품 생산에 적용하지 않고 별도로 정하고 있다.

(2) IT 공차의 수치

기준치수가 500 이하인 경우와 500을 초과하여 3,150인 경우까지 기본공차의 수치를 나타낸다.

3) IT(International tolerance) 기본공차

기본공차는 치수공차와 끼워맞춤의 기준치수를 구분하여 공차값을 적용하는 것으로서 표와 같이 IT 01급부터 IT 18급까지 20등급으로 구분하고 있다.

〈표 2-4〉 IT 기본공차

구분 등급		IT 01	IT 0	IT 1	IT 2	IT 3	IT 4	IT 5	IT 6	IT 7	IT 8	IT 9	IT 10	IT 11	IT 12	IT 13	IT 14	IT 15	IT 16	IT 17	IT 18
초과	이하	기본공차의 수치(μm)													기본공차의 수치(mm)						
-	3	0.3	0.5	0.8	1.2	2.0	3.0	4.0	6.0	10	14	25	40	60	0.10	0.14	0.26	0.40	0.60	1.00	1.40
3	6	0.4	0.6	1.0	1.5	2.5	4.0	5.0	8.0	12	18	30	48	75	0.12	0.18	0.30	0.48	0.75	1.20	1.80
6	10	0.4	0.6	1.0	1.5	2.5	4.0	6.0	9.0	15	22	36	58	90	0.15	0.22	0.36	0.58	0.90	1.50	2.20
10	18	0.5	0.8	1.2	2.0	3.0	5.0	8.0	11	18	27	43	70	110	0.18	0.27	0.43	0.70	1.10	1.80	2.27
18	30	0.6	1.0	1.5	2.5	4.0	6.0	9.0	13	21	33	52	84	130	0.21	0.33	0.52	0.84	1.30	2.10	3.30
30	50	0.6	1.0	1.5	2.5	4.0	7.0	11	16	25	39	62	100	160	0.25	0.39	0.62	1.00	1.60	2.50	3.90
50	80	0.8	1.2	2.0	3.0	5.0	8.0	13	19	30	46	74	120	190	0.30	0.46	0.74	1.20	1.90	3.00	4.60
80	120	1.0	1.5	2.5	4.0	6.0	10	15	22	35	54	87	140	220	0.35	0.54	0.87	1.40	2.20	3.50	5.40
120	180	1.2	2.0	3.5	5.0	8.0	12	18	25	40	63	100	160	250	0.40	0.63	1.00	1.60	2.50	4.00	6.30
180	250	2.0	3.0	4.5	7.0	0	14	20	29	46	72	115	185	290	0.46	0.72	1.15	1.85	2.90	4.60	7.20

4) 공차역

치수공차역이란 최대 허용치수와 최소 허용치수를 나타내는 2개 직선 사이의 영역이다. 치수공차역은 기준선으로부터 상대적인 공차의 위치를 나타내기 위한 것으로 영문자로 표기한다. 구멍과 같이 안치수를 나타내는 경우에는 대문자를, 축과 같이 바깥치수를 나타내는 경우에는 소문자를 사용한다.

(1) 구멍의 공차역

① 구멍의 공차역은 A B C CD D EF F FG G H J JS K M N P R S T U X Y Z ZA ZB ZC로서 대문자를 사용하여 27가지로 표현된다.
② 구멍의 경우 A에 가까워질수록 실제치수가 호칭치수보다 크고, Z에 가까워질수록 실제치수가 호칭치수보다 작다. 즉 A에 가까워질수록 구멍의 크기가 커지며, Z에 가까워질수록 구멍의 크기가 작아진다.
③ 구멍공차역 H의 최소 치수는 기준치수와 동일하다.
④ 구멍공차역 JS 공차역에서는 위 치수허용차와 아래 치수허용차의 크기가 같다.

(2) 축의 공차역

① 축의 공차역은 a b c cd d ef f fg h j js k m n p r s t u v x y z za zb zc로서 소문자를 사용하여 27가지로 표현된다.
② 축의 경우 a에 가까워질수록 실제치수가 호칭치수보다 작고, z에 가까워질수록 실제치수가 호칭치수보다 크다. 즉 a에 가까워질수록 축의 크기가 작아지며, z에 가까워질수록 축의 크기가 커진다.
③ 축공차역 h의 최대 치수는 기준치수와 동일하다.
④ 축공차역 js 공차역에서는 위 치수허용차와 아래 치수허용차의 크기가 같다.

3. 기하공차

기하공차(geometrical tolerancing)는 기계부품의 치수공차에 형상 및 위치공차를 주어 제품을 정밀하고 효율적으로 생산하여 경제성을 추구하는 데 있다.

1) 기하공차 필요성

기하공차는 치수공차만으로 규제된 도면의 문제점을 보완·개선하여 보다 정확하고 확실한 정보를 도면상에 나타내어 경제적으로 제품을 생산할 수 있고 기능관계에 중점을 두고 있으며 다음과 같은 경우에 사용된다.

TIP

기하공차 사용에 따른 장점
(1) 경제적이고 효율적인 생산을 할 수 있다.
(2) 생산 원가를 절감할 수 있다.
(3) 최대의 제작 공차를 통하여 생산성을 올릴 수 있다.
(4) 결합 부품 상호간에 호환성을 주고 결합 상태를 보증할 수 있다.
(5) 설계 치수 및 공차상의 요구가 명확하게 정해지고, 확실해진다.
(6) 기능 게이지(functional gauge)를 사용하여 효율적으로 검사, 측정할 수 있다.
(7) 도면의 안정성과 통일성으로 일률적인 설계를 할 수 있다.

① 가공부품의 정밀도에 대해 요구될 때
② 호환성 확보 및 기능 향상이 필요할 때
③ 제조와 검사의 일관성을 위해 참조기준이 필요할 때

〈표 2-5〉 기하공차의 종류와 기호

적용하는 형체	구분	기호	공차의 종류	
단독 형체	모양공차	─	진직도 공차	
		▱	평면도 공차	
		○	진원도 공차	
		⌀	원통도 공차	
단독 형체 또는 관련 형체		⌒	선의 윤곽도 공차	
		⌓	면의 윤곽도 공차	
관련 형체	자세공차	∥	평행도 공차	최대실체공차 적용 (MMC)
		⊥	직각도 공차	
		∠	경사도 공차	
	위치공차	⌖	위치도 공차	
		◎	동축도 공차 또는 동심도 공차	
		═	대칭도 공차	
	흔들림 공차	↗	원주 흔들림 공차	
		↗↗	온 흔들림 공차	

〈표 2-6〉 기하공차 부가기호

표시하는 내용		기 호
공차붙이 형체	직접 표시하는 경우	
	문자기호에 의하여 표시하는 경우	
데이텀	직접 표시하는 경우	
	문자기호에 의하여 표시하는 경우	

> **TIP**
>
> **데이텀(datum)**
> (1) 데이텀(datum) : 관련 형체에 기하학적 공차를 지시할 때, 그 공차 영역을 규제하기 위하여 설정한 이론적으로 정확한 기하학적 기준이다. 보기를 들면 이 기준이 점, 직선, 축 직선, 평면 및 중심 평면인 경우에는 각각 데이텀 점, 데이텀 직선, 데이텀 축 직선, 데이텀 평면 및 데이텀 중심 평면이라고 부른다.
> (2) 데이텀 형체 : 데이텀을 설정하기 위하여 사용하는 대상물의 실제의 형체(부품의 표면, 구멍 등)
> [비고] 데이텀 형체에는 가공 오차 등이 있으므로, 필요에 따라서 데이텀 형체에 적합한 형상 공차를 지시한다.
> (3) 실용 데이텀 형체 : 데이텀 형체에 접하여 데이텀을 설정할 경우에 사용하는, 충분히 정밀한 모양을 갖는 실제의 표면(정반, 베어링, 맨드릴 등)
> [비고] 실용 데이텀 형체는 가공, 측정 및 검사를 할 경우에 지시한 데이텀을 실제로 구체화한 것이다.
> (4) 공통 데이텀 : 두 가지의 데이텀 형체에 따라서 설정되는 단일의 데이텀
> (5) 데이텀 시스템 : 공차를 갖는 형체를 기준으로 하기 위해, 개별로 두 가지 이상의 데이텀을 조합해서 사용할 경우의 데이텀 그룹
> (6) 데이텀 표적 : 데이텀을 설정하기 위해서 가공, 측정 및 검사용의 장치, 기구 등에 접촉시키는 대상물 위의 점, 선 또는 한정된 영역

데이텀 표적(target) 기입 틀		⌀2/A1
이론적으로 정확한 치수	직각 테두리로 표시	50
돌출 공차역	돌출된 부분까지 포함하는 공차표시	Ⓟ
최대 실체 공차 방식	최대 질량의 실체를 갖는 조건	Ⓜ
형체 치수 무관계	규제기호로 표시되지 않음	Ⓢ

2) 기하공차의 기입방법

① 기하공차에 대한 표시사항은 공차 기입 틀을 두 구획 또는 그 이상으로 한다.
② 단독형체에 기하공차를 지시하기 위하여 기하공차의 종류를 나타내는 기호와 공차값을 테두리 안에 도시한다.
③ 단독형체에 공차역을 나타낼 경우에는 공차수치 앞에 공차역의 기호를 붙여 기입한다.
④ 관련 형체에 대한 기하공차를 나타낼 때에는 기하공차의 기호와 공차값, 데이텀을 지시하는 문자 기호를 나타낸다.
⑤ 관련 형체의 데이텀을 여러 개 지시할 경우에는 데이텀의 우선 순위별로 공차값 다음에 칸막이를 하여 왼쪽에서 오른쪽으로 기입하여 나타낸다.

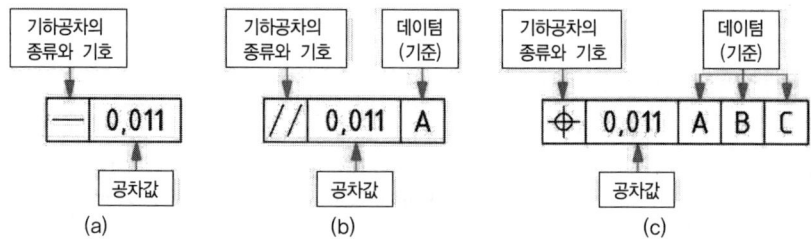

[그림 2-66] 공차 지시 틀과 구획

⑥ "6구멍", "4면"과 같은 공차붙이 형체에 연관시켜서 지시하는 주기는 공차 기입 틀의 위쪽에 지시한다.
⑦ 1개의 형체에 2개 이상의 종류의 공차를 지시할 필요가 있을 때 공차의 지시 틀을 상하로 겹쳐서 지시한다.

[그림 2-67] 기하공차의 기입방법

⑧ 원주 흔들림 공차와 온 흔들림 공차의 표시

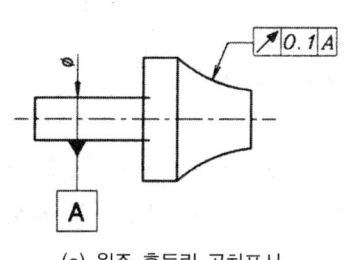

(a) 원주 흔들림 공차표시

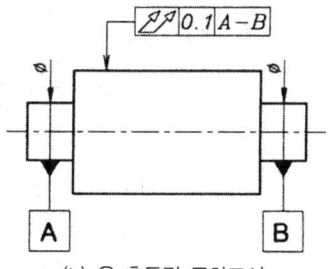

(b) 온 흔들림 공차표시

[그림 2-68] 흔들림 공차표시

> **TIP**
>
>
>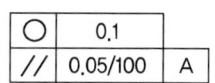
>
> • 진원도 공차값 0.1mm
> • 축선은 데이텀 축직선 A에 평행하고, 또한 지정길이 100mm 평행도 공차값 0.05mm

⑨ 공차역에 쓰이는 선
  ㉠ 굵은 실선 또는 파선 : 형체
  ㉡ 굵은 1점 쇄선 : 데이텀
  ㉢ 가는 실선 또는 파선 : 공차역
  ㉣ 가는 1점 쇄선 : 중심선
  ㉤ 가는 2점 쇄선 : 보충하는 투상면 또는 절단면
  ㉥ 굵은 2점 쇄선 : 투상면 또는 절단면에서의 형체의 투상

3) 기하공차 지시방법

기하공차를 지시할 경우, 기하공차를 나타내는 테두리를 규제하는 형체 옆이나 아래에 나타내거나 지시선, 치수 보조선 또는 치수선의 연장선에 다음과 같이 나타낸다.

① 단독 형체에 대해 기하공차를 지시할 경우에는 규제 형체에 화살표를 붙인 지시선을 수직으로 하고 기입 테두리를 연결하여 나타낸다.

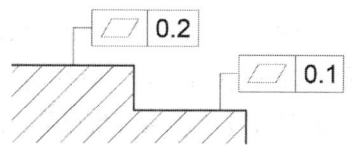

[그림 2-69] 형체의 표시방법

② 단독 형상의 원통 형체에 기하공차를 지시하는 경우에는 수직한 지시선이나 치수선의 연장선 또는 치수 보조선에 기입 테두리를 연결함으로 나타낸다.

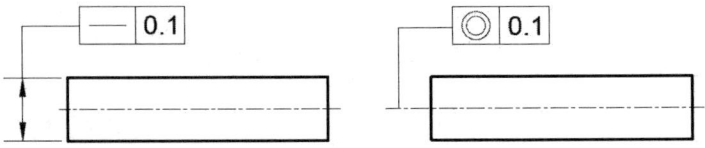

[그림 2-70] 형체의 축선 또는 중심면 표시방법

③ 치수가 지정되어 있는 형체의 축선 또는 중심면에 기하공차를 지정하는 경우에는 치수의 연장선이 공차기입 테두리로부터의 지시선이 되도록 한다.
④ 하나의 형체에 2개 이상의 기하공차를 지시할 경우에는 이들의 공차 기입 테두리를 상하로 겹쳐서 기입한다.
⑤ 축선 또는 중심면이 공통인 모든 형체의 축선 또는 중심면에 공차를 지정하는 경우에는 축선 또는 중심면을 나타내는 중심선에 수직으로 기입한다.

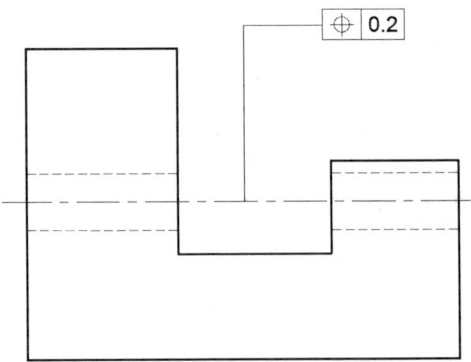

[그림 2-71] 축선의 중심면이 공통인 경우

4) 데이텀을 표시하는 방법

① 데이텀 형체를 지시하려면 외형선, 치수 보조선 또는 치수선의 연장선에 삼각형의 한 변을 일치시켜 나타낸다.
② 데이텀을 나타낸 삼각기호와 규제형체의 기하공차 기입 테두리를 직접 연결하여 나타낸다. 이 경우에는 데이텀을 지시하는 문자 부호와 사각형의 틀을 생략할 수 있다. 또한 데이텀 형체에 삼각기호를

나타낸 직각 장점에서 끌어낸 선 끝에 사각형의 테두리를 붙이고 그 테두리 안에 데이텀을 지시하는 알파벳 대문자의 부호를 기입하여 나타낸다.

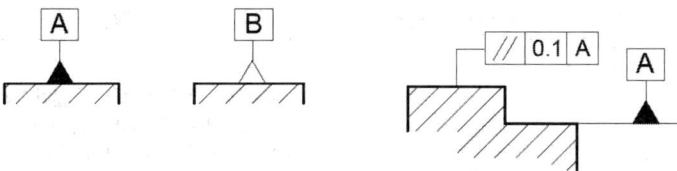

[그림 2-72] 데이텀 삼각기호

③ 치수가 지정되어 있는 형체의 축 직선 또는 중심 평면이 데이텀인 경우에는 치수선의 연장선을 데이텀의 지시선으로 사용하여 나타낸다.

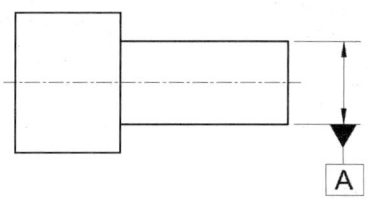

[그림 2-73] 치수선의 연장선에 데이텀 지시

5) 데이텀 및 데이텀 표적의 기호

사 항		기 호	설 명
데이텀을 지시하는 문자기호		A	• 규제하는 형체가 단독 형체인 경우는 문자 기호를 공차 기입 틀에 기입하지 않는다(KS B 0243).
데이텀 삼각기호			• 삼각 기호는 검게 칠하지 않아도 된다(KS B 0243).
데이텀 표적 기입 테두리		A1, Ø2/A1	• 데이텀 표적 기입 테두리 상단 : 보조 사항을 기입한다. • 데이텀 표적 기입 테두리 하단 : 형체 전체의 데이텀과 같은 데이텀을 지시하는 문자 기호 또는 표적의 번호를 나타내는 숫자를 기입한다.
데이텀 표적 기호	점	×	• 굵은 실선으로 ×표를 한다.
	선	×—×	• 2개의 ×표시를 가는 실선으로 연결한다.
	영역 (원인 경우)		• 원칙적으로 가는 2점 쇄선으로 둘러싸고 해칭을 한다. 단, 도시가 곤란한 경우에는 2점 쇄선 대신에 가는 실선을 사용해도 좋다(KS B 0243).
	영역 (직사각형인 경우)		

6) 기하공차 기호의 지시와 해석

(1) 모양공차

① 진직도 공차 지시와 해석

공차 지시	공차 적용 범위	해석
— 0.1 / 25		지시선의 화살표로 나타낸 길이 25mm의 원기둥 면 위에 임의의 능선 바르기는 중심에서 한쪽의 바깥 방향으로 0.1mm만큼 떨어진 2개의 평행한 직선 사이 안에 있어야 한다. [보기] 평행 핀 등
— ⌀0.08 / ⌀25		길이 25mm의 원기둥에 지름을 나타내는 치수에 지시틀이 연결되어 있는 경우의 원기둥 축 선 바르기는 지름 0.08mm의 원통 내에 있어야 한다. [보기] 평행 핀 등

② 평면도 공차 지시와 해석

공차 지시	공차 적용 범위	해석
▱ 0.08 / 40×15		화살표로 지시한 길이 40mm, 두께 15mm의 표면은 0.08mm만큼 떨어진 2개의 평행한 평면 사이 이내의 평탄 고르기로 있어야 한다. [보기] 측정용 정반의 표면, 면 접촉의 미끄럼운동을 하는 부품 등

③ 진원도 공차 지시와 해석

공차 지시	공차 적용 범위	해석
○ 0.1 / 15		길이 15mm의 축이나 구멍을 임의의 위치에서 축직각으로 단면을 한 원형 단면 모양의 바깥 둘레 바르기는 0.1mm만큼 떨어진 2개의 동심원 사이의 찌그러짐 안에 있어야 한다. [보기] 진원이 필요로 하는 원형 단면의 부품

④ 원통도 공차 지시와 해석

공차 지시	공차 적용 범위	해석
(도면: 30, ⌀0.1)	(도면)	길이 30mm 원기둥의 표면 찌그러짐은 같은 중심에서 0.1mm만큼 떨어진 2개의 원통면 사이 이내의 찌그러짐이어야 한다. [보기] 직선, 미끄럼 운동을 하는 부품으로서 미끄럼 베어링과 축 등

⑤ 선의 윤곽도 공차 지시와 해석

공차 지시	공차 적용 범위	해석
(도면: 50, ⌒0.04)	(도면: ⌀0.04)	길이 50mm에 생긴 임의의 단면 곡선 윤곽은 이론적으로 정확한 윤곽을 갖는 선 위에 중심을 두는 지름 0.04mm의 원이 만드는 2개의 포락선 사이의 고르기 이내에 있어야 한다. [보기] 주로 캠의 곡선 등

⑥ 면의 윤곽도 공차 지시와 해석

공차 지시	공차 적용 범위	해석
(도면: ⌓0.02)	(도면: S⌀0.02)	구의 면 고르기는 이론적으로 정확한 윤곽을 갖는 구의 면 위에 중심을 두는 면 사이에서 구가 굴러서 만드는 2개의 면 사이인 지름 0.02mm의 이내에 있어야 한다. [보기] 주로 캠의 곡면 등

(2) 자세공차

① 평행도 공차 지시와 해석

공차 지시	공차 적용 범위	해석
(도면: ⌀10, // ⌀0.03 A, A)	(도면: ⌀0.03)	지시선의 화살표로 나타내는 지름 10mm의 축 선은 데이텀 축 직선 A에 평행한 지름 0.03mm의 원통 내에 있어야 한다. [보기] 구름 베어링이나 미끄럼 베어링이 설치된 하우징 등

공차 지시	공차 적용 범위	해석
// 0.01 A		지시선의 화살표로 나타내는 면은 데이텀평면 A에 평행하고 또한 지시선의 화살표 방향으로 0.01mm 만큼 떨어진 2개의 평면 사이에 있어야 한다.

② 경사도 공차 지시와 해석

공차 지시	공차 적용 범위	해석
∠ 0.08 A		지시선의 화살표로 나타내는 면은 데이텀평면 A에 대하여 이론적으로 정확하게 45°기울고, 지시선의 화살표 방향으로 0.08mm만큼 떨어진 2개의 평행한 평면 사이에 있어야 한다. [보기] 경사면, 더브테일 홈 등

③ 직각도 공차 지시와 해석

공차 지시	공차 적용 범위	해석
⊥ ∅0.01 A		지시선의 화살표로 나타내는 원통의 축선은 데이텀 평면 A에 수직한 지름 0.01mm의 원통 내에 있어야 한다.
⊥ 0.08 A		지시선의 화살표로 나타내는 면은 데이텀평면 A에 수직하고 또한 지시선의 화살표 방향으로 0.08mm만큼 떨어진 2개의 평행한 평면 사이에 있어야 한다.

(3) 위치공차

① 위치도 공차 지시와 해석

공차 지시	공차 적용 범위	해석
⌖ ⌀0.03 A B	⌀0.03	지시선의 화살표로 나타낸 원은 데이텀 직선 A로부터 6mm, 데이텀 직선 B로부터 10mm 떨어진 위치를 중심으로 하는 지름 0.03mm의 원 안에 있어야 한다. [보기] 금형과 슬라이더 부품 등
⌖ S⌀0.03 A B	S⌀0.03	지시선의 화살표로 나타낸 구의 중심은 데이텀 축 직선 A의 선 위에서 데이텀 평면 B로부터 10mm 떨어진 위치에 중심을 갖는 지름 0.03mm의 구 안에 있어야 한다. [보기] 미끄럼 피봇(pivot) 베어링

② 동축도 공차 지시와 해석

공차 지시	공차 적용 범위	해석
◎ ⌀0.08 A-B	⌀0.08	지시선의 화살표로 나타낸 축 선은 데이텀 축 직선 A-B를 축 선으로 하는 지름 0.08mm인 원통 안에 있어야 한다.

③ 동심도 공차 지시와 해석

공차 지시	공차 적용 범위	해석
◎ ⌀0.01 A	⌀0.01 데이텀 점	지시선의 화살표로 나타낸 원의 중심은 데이텀 점 A를 중심으로 하는 지름 0.01mm인 원통 안에 있어야 한다.

④ 대칭도 공차 지시와 해석

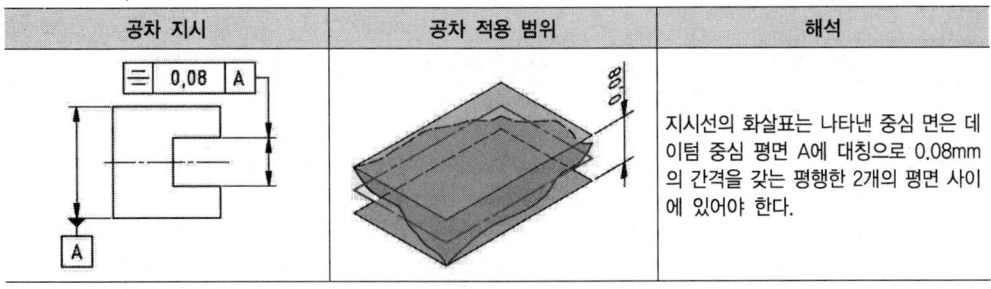

(4) 흔들림 공차

① 원주 흔들림 공차 지시와 해석

공차 지시	공차 적용 범위	해석
		지시선의 화살표로 나타내는 원통 면의 반지름 방향의 흔들림은 데이텀 축 직선 A-B에 관하여 1회전 시켰을 때 데이텀 축 직선에 수직한 임의의 측정 평면 위에서 0.01mm를 초과하지 않아야 한다.

② 온 흔들림 공차 지시와 해석

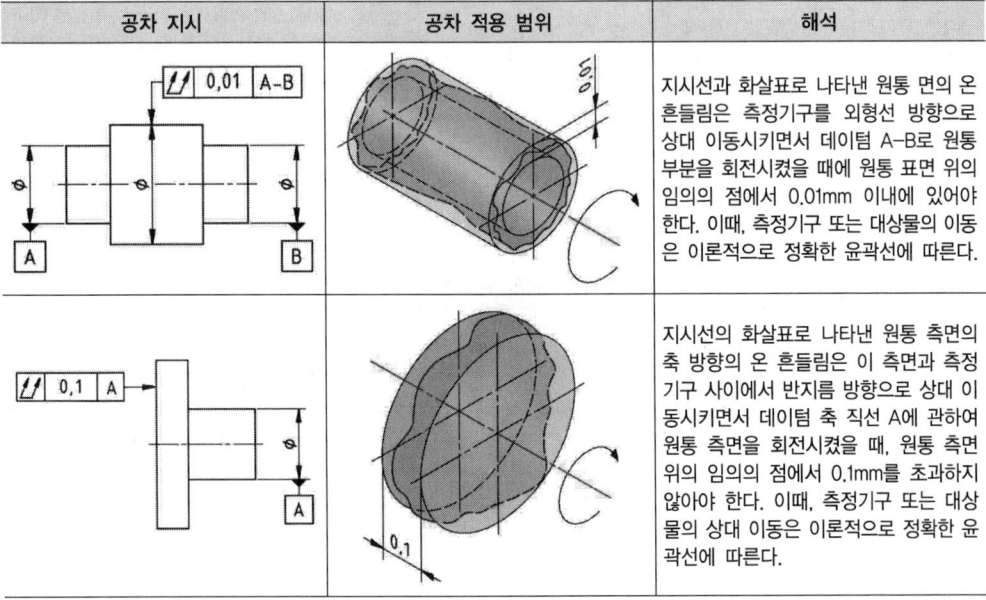

4. 끼워맞춤

1) 끼워맞춤의 기준

① 구멍 기준식 끼워맞춤은 아래 치수허용차가 0인 H기호의 구멍을 기준 구멍으로 하고 이에 적당한 축을 선정하여 필요로 하는 죔새나 틈새를 얻는 끼워맞춤 방식이다.

② 축 기준식 끼워맞춤은 위 치수허용차가 0인 h기호의 축을 기준으로 하고 이에 적당한 구멍을 선정하여 필요한 죔새나 틈새를 얻는 끼워맞춤 방식이다.

2) 끼워맞춤의 종류

(1) 헐거움 끼워맞춤

구멍의 최소 치수가 축의 최대 치수보다 큰 경우에 사용되며 항상 틈새가 생기는 끼워맞춤으로 미끄럼운동이나 회전운동이 필요한 기계부품 조립에 적용한다.

예 40H7은 $40^{+0.025}_{\ \ 0}$ 또는 $\dfrac{40.025}{40.000}$

40g6은 $40^{-0.009}_{-0.025}$ 또는 $\dfrac{39.991}{39.975}$

∴ 최소 틈새 = 구멍의 최소 허용치수 − 축의 최대 허용치수
  = 40.000 − 39.991 = 0.009

최대 틈새 = 구멍의 최대 허용치수 − 축의 최소 허용치수
  = 40.025 − 39.975 = 0.050

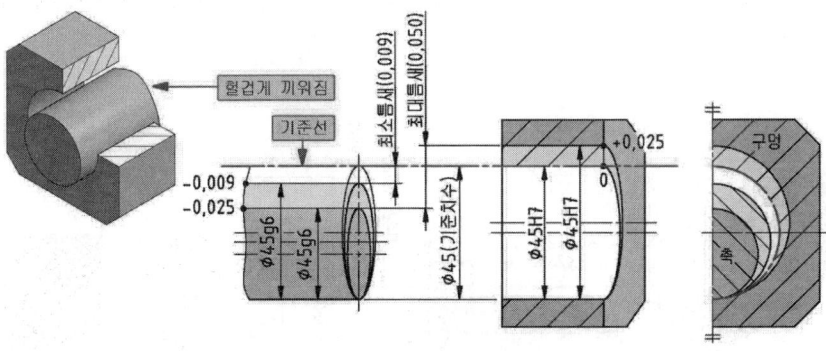

[그림 2-74] 틈새가 있는 헐거운 끼워맞춤(∅45 H7/p6의 경우)

 TIP

기계 부품을 조립할 때에 원형이나 각형의 구멍(홈)과 축 등이 미끄럼운동, 회전 운동 및 고정 상태에 있는 경우가 대부분이다.

이와 같이 구멍과 축이 조립되는 관계를 끼워맞춤이라 하고, 구멍 지름이 축 지름보다 큰 경우 두 지름의 차를 틈새, 축지름이 구멍 지름보다 큰 경우 두 지름의 차를 죔새라 한다.

틈새
구멍의 치수가 축의 치수보다 클 때의 치수차(헐거움 끼워맞춤)

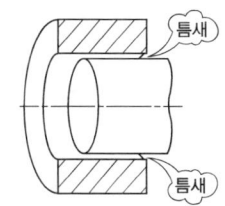

죔새
구멍의 치수가 축의 치수보다 작을 때의 치수차(억지 끼워맞춤)

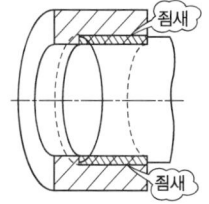

(2) 중간 끼워맞춤(정밀 끼워맞춤)

구멍과 축의 실제 치수에 따라 죔새와 틈새가 생기는 끼워맞춤으로 베어링 조립에 주로 쓰인다.

예 40H7은 $40^{+0.025}_{0}$ 또는 $\dfrac{40.025}{40.000}$

40n6은 $40^{+0.033}_{+0.017}$ 또는 $\dfrac{40.033}{40.017}$

∴ 최대 죔새 = 축의 최대 허용치수 − 구멍의 최소 허용치수
$= 40.033 - 40.000 = 0.033$

최대 틈새 = 구멍의 최대 허용치수 − 축의 최소 허용치수
$= 40.025 - 40.017 = 0.008$

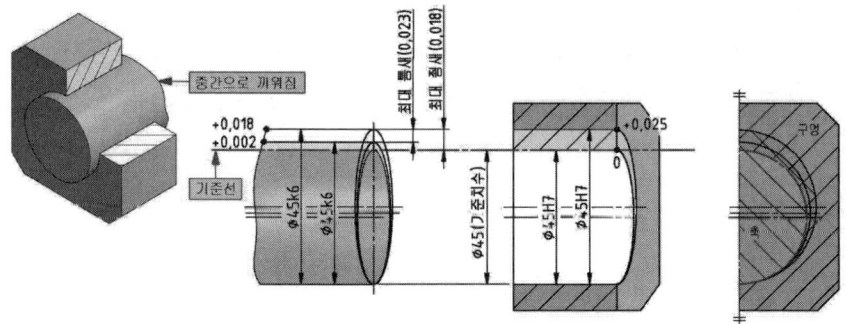

[그림 2-75] 틈새와 죔새가 있는 중간 끼워맞춤(⌀45 H7/k6의 경우)

(3) 억지 끼워맞춤

구멍의 최대 치수가 축의 최소 치수보다 작은 경우이며 항상 죔새가 생기는 끼워맞춤으로 동력전달장치의 분해조립의 반영구적인 곳에 적용된다.

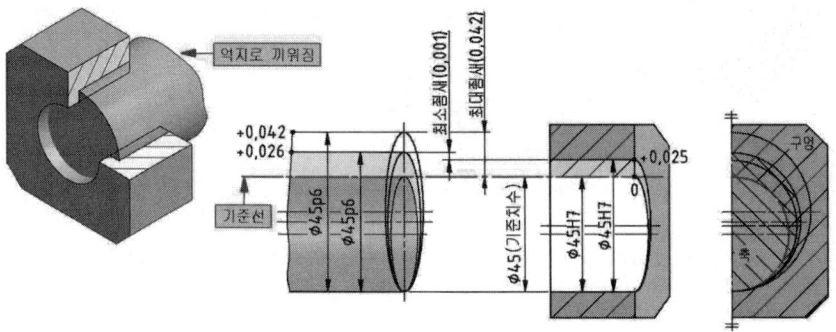

[그림 2-76] 죔새가 있는 억지 끼워맞춤(⌀45 H7/p6의 경우)

3) 끼워맞춤 방식

① 구멍 기준식 끼워맞춤 : H6~H10(아래 치수허용차가 0인 H기호 구멍)
② 축 기준식 끼워맞춤 : h5~h9(위 치수허용차가 0인 h기호 축)

〈표 2-7〉 상용하는 구멍기준 끼워맞춤 공차

기준 구멍	축의 종류와 등급														
	헐거운 끼워맞춤							중간 끼워맞춤			억지 끼워맞춤				
	b	c	d	e	f	g	h	js	k	m	n	p	r	s	t	u	x
H5					4	4	4	4	4	4							
H6					5	5	5	5	5	5							
				6	6	6	6	6	6	6	6[1]	6[1]					
H7			(6)	6	6	6	6	6	6	6	6	6[1]	6[1]	6	6	6	6
				7	7	(7)	7	7	(7)	(7)	(7)	(7)	(7)	(7)	(7)	(7)	(7)
H8					7		7										
			8	8			8										
		9	9														
H9			8	8			8										
	9	9	9				9										
H10	9	9	9														

[비고] (1) 이들의 끼워맞춤은 치수의 구분에 따라 예외가 생긴다. 표중의 괄호를 붙인 것은 될 수 있는 대로 사용하지 않는다.

(1) 끼워맞춤 방식의 적용

부품의 기능과 작동상태를 고려하고 가공방법과 표준품의 사용 여부에 따라 구멍 기준식 끼워맞춤이나 축 기준식 끼워맞춤으로 선택한다.

① 구멍 기준식 끼워맞춤이나 축 기준식 끼워맞춤을 같이 적용하는 것이 편리할 때에는 다음의 ②와 ③의 방식을 혼용할 수도 있다.
② 구멍이 축보다 가공하거나 검사하기가 어려우므로 구멍 기준식 끼워맞춤을 선택하는 것이 편리하며 일반적인 기계설계 도면에 적용한다.
③ 구멍 기준식 끼워맞춤이나 축 기준식 끼워맞춤을 같이 적용하는 것이 편리할 때는 다음 보기의 'ㄱ'과 'ㄴ'의 방식을 혼용할 수 있다.

보기 ㄱ 평행 핀(m6, h8, h11)과 테이퍼 핀(h10)을 사용할 경우
ㄴ 기어 펌프의 기어 외경(h6)과 펌프 내경(G7)의 경우

TIP

구멍 기준 끼워맞춤
구멍의 아래 치수허용차가 "0"인 끼워맞춤 방식으로 H기호 구멍을 기준 구멍으로 하고, 이에 적당한 축을 선정하여 필요로 하는 죔새나 틈새를 얻는 끼워맞춤 방식이다.

축 기준 끼워맞춤
축의 위 치수허용차가 "0"인 끼워맞춤 방식으로 h기호 축을 기준으로 하고, 이에 적당한 구멍을 선정하여 필요로 하는 죔새나 틈새를 얻는 끼워맞춤 방식이다.

TIP

- φ50H7g6 : 구멍 기준식 헐거운 끼워맞춤
- φ40H7p5 : 구멍 기준식 억지 끼워맞춤
- φ30G7 h5 : 축 기준식 헐거운 끼워맞춤

(2) 치수공차와 끼워맞춤 공차의 지시

① 기준치수의 허용한계를 수치에 의하여 치수공차를 지시하는 경우

㉠ 기준치수 다음에 치수허용차(위 치수허용차 및 아래 치수허용차)의 수치를 기준치수와 같은 크기로 [그림 2-77]과 같이 지시한다.

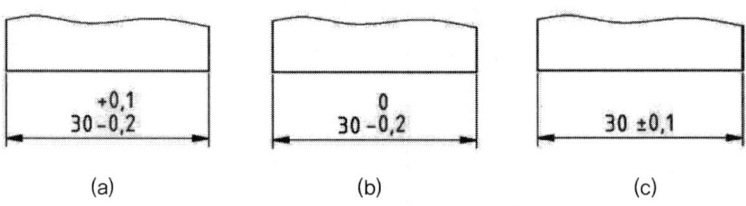

[그림 2-77] 허용한계를 허용차 값으로 지시

㉡ 허용한계치수(최대 허용치수 및 최소 허용치수)에 의하여 [그림 2-78]과 같이 지시하며 최대 허용치수는 위에, 최소 허용치수는 아래에 지시한다.

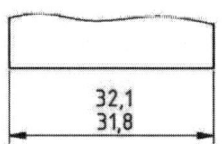

[그림 2-78] 허용한계치수로 지시

② 허용한계를 끼워맞춤 공차 기호에 의하여 지시하는 경우

[그림 2-79]와 같이 기준치수 뒤에 끼워맞춤 공차의 기호를 지시하거나 그 위아래 치수허용차를 기호 다음의 괄호 안에 덧붙여 지시하는 어느 한 가지 방법에 따른다. 이때, 기호 크기의 호칭은 기준치수의 숫자와 같게 하고 허용한계치수는 기준치수의 크기로 한다.

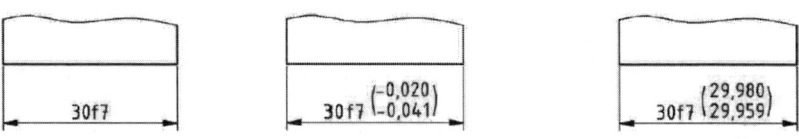

(a) 기호로 지시　　(b) 기호와 허용차를 동시지시　　(c) 기호와 허용한계치수

[그림 2-79] 끼워맞춤 공차 지시

4) 조립상태에서 기입방법

(1) 수치에 의하여 지시하는 경우

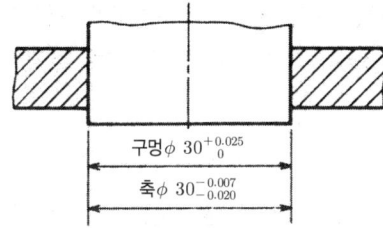

(2) 치수허용차 기호에 의하여 지시하는 경우

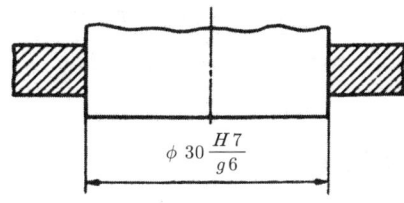

> **TIP**
>
> **치수 허용한계의 표시**
> 치수의 허용한계는 공차역 클래스의 기호 또는 치수 허용차의 값을 기준 치수에 계속하여 표시한다.
> [보기] $32H7$, $80js$, $100g6$, 100
>
> **끼워맞춤의 표시**
> 끼워맞춤은 구멍·축의 공통 기준 치수에 구멍의 치수공차 기호와 축의 치수공차 기호를 계속하여 표시한다.
> [보기] $52H7/g6$, $52H7-g6$
> 또는 $52\dfrac{H7}{g6}$

5. 표면 거칠기

공작물의 표면에 생긴 작은 구간에서의 요철을 표면 거칠기(surface roughness)라 한다. 또한, 표면 거칠기보다 큰 간격으로 반복되는 기복의 상태를 파상도라 하며, 이는 공작기계나 바이트의 변형, 진동 등에 의하여 발생한다. KS에서는 표면 거칠기의 측정방법으로 최대 높이(Ry), 10점 평균 거칠기(Rz : ten point height), 산술평균 거칠기(Ra)의 3가지 방법을 규정하고 있다.

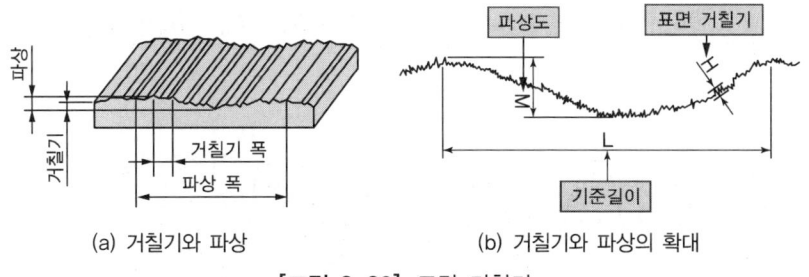

(a) 거칠기와 파상 (b) 거칠기와 파상의 확대

[그림 2-80] 표면 거칠기

1) 최대 높이

단면 곡선에서 기준 길이 l을 채취하여 그 부분의 가장 높은 산과 가장 깊은 골과의 차를 단면 곡선의 종배율의 방향으로 측정하여 그 값을 마이크로미터(μm)로 나타낸 것을 최대 높이(Ry)라 한다.

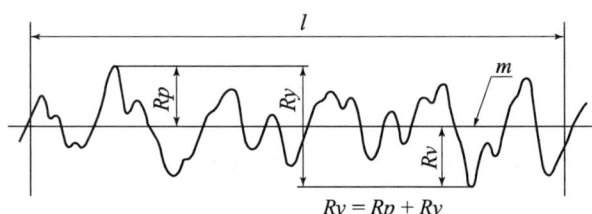

[그림 2-81] 최대 높이(Ry)

2) 10점 평균 거칠기(Rz)

10점 평균 거칠기는 단면 곡선에서 기준 길이만큼 채취한 부분에 있어서 평균선에 평행, 또한 단면 곡선을 가로지르지 않는 직선에서 세로 배율의 방향으로 측정한 가장 높은 곳으로부터 5번째의 봉우리의 표고 평균값과 가장 깊은 곳으로부터 5번째까지 골밑의 표고 평균값과의 차이를 [μm]로 나타낸 것을 말한다.

l : 기준길이

R_1, R_3, R_5, R_7, R_9 : 기준 길이 l에 대응하는 채취 부분의 가장 높은 곳으로부터 5번째 가지의 봉우리 표고

$R_2, R_4, R_6, R_8, R_{10}$: 기준 길이 l에 대응하는 채취 부분의 가장 깊은 곳으로부터 5번째까지의 골밑 표고

$$Rz = \frac{(R_1 + R_3 + R_5 + R_7 + R_9) - (R_2 + R_4 + R_6 + R_8 + R_{10})}{5}$$

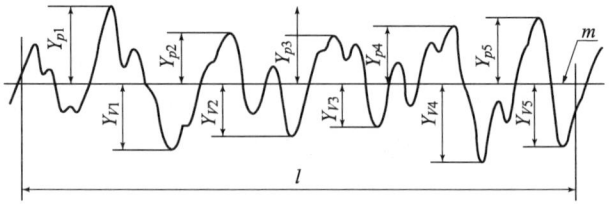

[그림 2-82] 10점 평균 거칠기를 구하는 방법

3) 산술평균 거칠기(Ra)

단면 곡선으로부터 표면 파상도나 매우 작은 요철을 전기적으로 제거하여 기록한 곡선을 거칠기 곡선이라 한다. 이 곡선에서 일정한 측정 길이 l의 부분을 채취하여 이 부분의 산을 깎아 골을 메웠을 때 생기는 직선을 평균선이라 한다. 평균선으로부터 아래쪽에 있는 부분을 위쪽으로 접어서 얻은 빗금친 부분의 면적을 측정 길이 l로 나누어 얻은 수치(Ra)를 미크론 단위로 나타낸 것을 산술평균 거칠기라 한다. 산술평균 거칠기는 전기적인 직독식 표면 거칠기 측정기를 사용하여 직접 구한다. 이 측정기로 표면 파상도의 성분을 제거하는 한계의 파장을 컷오프(cut off)라 한다. 측정 길이는 원칙적으로 컷오프 값의 3배 또는 그보다 큰 값을 취한다.

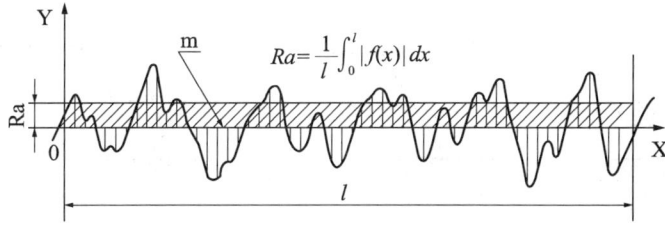

[그림 2-83] 산술평균 거칠기(Ra)

4) 표면 거칠기의 표시

(1) 대상면을 지시하는 기호

① [그림 2-84(a)]와 같이 절삭 등 제거가공의 필요 여부를 문제 삼지 않는 경우에는 면에 지시기호를 붙여서 사용한다.
② [그림 2-84(b)]와 같이 제거가공을 필요로 한다는 것을 지시할 때에는 면의 지시기호의 짧은 쪽의 다리 끝에 가로선을 부가한다.
③ [그림 2-84(c)]와 같이 제거가공을 해서는 안 된다는 것을 지시할 때에는 면의 지시기호에 내접하는 원을 그린다.

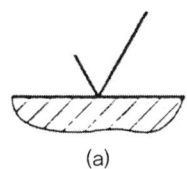
(a)

(b)

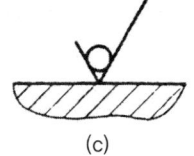
(c)

[그림 2-84] 면의 지시기호

(2) 표면 거칠기 값의 지시

① [그림 2-85(a)]와 같이 표면 거칠기의 최댓값만을 지시하는 경우
② [그림 2-85(b)]와 같이 구간으로 지시하는 경우

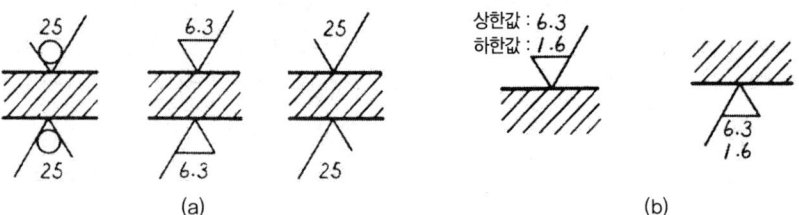

[그림 2-85] 산술평균 거칠기 기호 지시

③ [그림 2-86(a)]와 같이 컷오프값을 지시하는 경우
④ [그림 2-86(b)]와 같이 최대 높이를 지시하는 경우

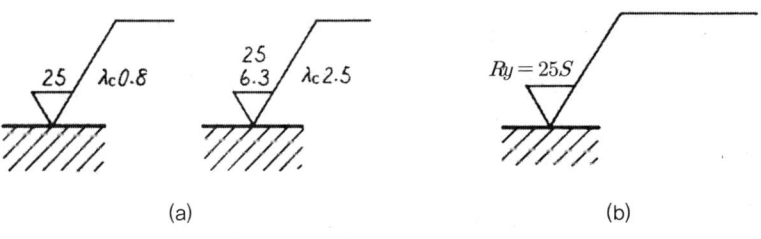

[그림 2-86] 컷오프값을 지시

(3) 최대 높이, 10점 평균 거칠기 지시 방법

표면 거칠기의 지시값은 지시기호의 긴 쪽 다리에 가로선을 붙이고, 그 아래쪽에 간략 기호와 함께 기입한다.

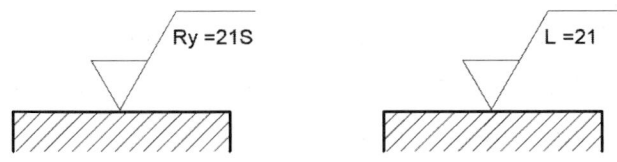

[그림 2-87] 최대 높이, 10점 평균 거칠기 기호

(4) 면의 지시기호에 대한 각 지시사항의 기입 위치

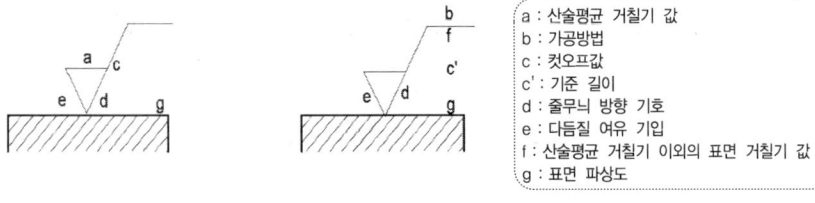

a : 산술평균 거칠기 값
b : 가공방법
c : 컷오프값
c' : 기준 길이
d : 줄무늬 방향 기호
e : 다듬질 여유 기입
f : 산술평균 거칠기 이외의 표면 거칠기 값
g : 표면 파상도

[그림 2-88] 면의 지시기호

① 줄무늬 방향의 기호(가공모양의 기호)

기호	의미	설명도
=	가공에 의한 커터의 줄무늬 방향이 기호를 기입한 그림의 투상면에 평행해야 한다. [보기] 세이빙 면 등	
⊥	가공에 의한 커터의 줄무늬 방향이 기호를 기입한 그림의 투상면에 직각이어야 한다. [보기] 세이빙 면(옆으로부터 보는 상태), 선삭, 원통 연삭 면 등	
X	가공에 의한 커터의 줄무늬 방향이 기호를 기입한 그림의 투상면에 경사지고 두 방향으로 교차해야 한다. [보기] 호닝 다듬질 면	
M	가공에 의한 커터의 줄무늬 방향이 여러 방향으로 교차 또는 두 방향이어야 한다. [보기] 래핑 다듬질 면, 수퍼피니싱 면, 가로 이송을 한 정면 밀링 또는 앤드 밀절삭 면 등	
C	가공에 의한 커터의 줄무늬가 기호를 기입한 면의 중심에 대하여 대략 동심원 모양이어야 한다. [보기] 끝 면 절삭	
R	가공에 의한 커터의 줄무늬가 기호를 기입한 면의 중심에 대하여 대략 레디얼 모양이어야 한다.	

② 가공방법의 기호

가공방법	약호 I	약호 II	가공방법	약호 I	약호 II
선반 가공	L	선반	호우닝 가공	GH	호우닝
드릴 가공	D	드릴	액체호우닝 다듬질	SPLH	액체 호우닝
보링머신 가공	B	보링	배럴연마 가공	SPBR	배럴
밀링 가공	M	밀링	버프 다듬질	FB	버프
플레이닝 가공	P	평삭	브러스트 다듬질	SB	브러스트
세이핑 가공	SH	형삭	래핑 다듬질	FL	래핑
브로우치 가공	BR	브로칭	줄 다듬질	FF	줄
리머 가공	FR	리머	스크레이퍼 다듬질	FS	스크레이퍼
연삭 가공	G	연삭	페이퍼 다듬질	FCA	페이퍼
벨트샌드 가공	GB	포연	주조	C	주조

5) 다듬질 기호 및 표면 거칠기의 표준값

다듬질 기호		정 도(精度)	사용보기	분 류	Rz	Ra	표준편 게이지 번호
~	/////////	일체의 가공이 없는 자연면	압력에 견뎌야 하는 곳	자연면	특히 규정 않음		
	⌒	고운 자연면을 그대로 두고 아주 거친 곳만 조금 가공	스패너의 자루, 핸들의 암, 주조 및 단조한 그대로의 면, 플랜지의 측면 등	주조면, 단조면			
$\overset{w}{\forall}$	▽	줄 가공, 플래너, 선반, 밀링, 그라인딩, 샌드페이퍼 등에 의한 가공으로써 가공 흔적이 뚜렷하게 남을 정도의 거친 가공면	저널 베어링 몸체의 밑면, 펌프 본체의 밑면, 축이나 핀의 양 끝 면, 다른 부품과 닿지 않는 가공면 등	거친 다듬면	50-S 100-S	12.5a 25a	N10 N11
			중요하지 않은 독립 부분의 거친 면이나 간단하게 흑피(표면의 불규칙한 돌기)를 제거하는 정도의 거친 면				
$\overset{x}{\forall}$	▽▽	줄 가공, 선반, 밀링, 부로칭 등에 의한 선삭, 그라인딩에 의한 가공으로 가공 흔적이 희미하게 남을 정도의 보통의 가공면	플랜지나 커플링의 접합면, 키로 고정하는 구멍의 안지름면과 축의 바깥지름면, 저널 베어링의 본체와 뚜껑의 접합면, 리머 볼트가 끼워지는 안지름면, 기어의 이끝면, 키의 외면과 키 홈의 면, 나사산의 면, 회전 및 직선 미끄럼 운동을 하지 않은 접촉면과 접착되는 면, 패킹의 접착면, 핸들의 사각 구멍 안쪽면, 부시니 미끄럼 베어링의 양 끝면, 볼트로 고정하는 접촉면, 기어의 보스양 측면, 풀리의 보스 양 측면	보통(중간) 다듬면	12.5-S 25-S	3.2a 6.3a	N8 N9
$\overset{y}{\forall}$	▽▽▽	줄 가공, 선반이나 밀링 등에 의한 선삭, 그라인딩, 래핑, 보링 등에 의한 가공으로 가공흔적이 전혀 남아 있지 않은 극히 깨끗한 정밀 고급 가공면	오링이 끼워지거나 접촉해 고정되는 면, 크랭크 핀의 바깥지름면, 크랭크축과 운동하는 저널의 안지름면, 기어의 이맞물림면, 부시니 미끄럼 베어링의 안지름면, 회전 또는 직선 왕복운동을 하는 축의 바깥지름면과 보스의 안지름면, 밸브 시트면이나 콕의 스토퍼 접촉면, 크랭크축과 미끄럼 접촉하는 저널의 안지름면, 내연기관의 피스톤 로드와 피스톤 핀 및 크로스헤드 핀, 피스톤 링의 바깥지름면, 중저속 베어링의 구름면, 캠의 면, 기타 윤이 나거나, 도금을 해야 하는 외면, 정밀 나사의 산면 등	고운 다듬면	3.2-S 6.3-S	0.8a 1.6a	N6 N7
$\overset{z}{\forall}$	▽▽▽▽	래핑, 버핑 등에 의한 가공으로 광택이 나며, 거울면처럼 극히 깨끗한 초정밀 고급 가공면	정밀을 요하는 래핑(lapping), 버핑(buffing) 등에 의한 특수 용도의 고급 플랜지면	정밀 다듬면	0.1-S 0.2-S 0.4-S 0.8-S 1.6-S S	0.025a 0.05a 0.1a 0.2a 0.4a	N1 N2 N3 N4 N5
			내연기관의 피스톤 로드와 피스톤 핀 및 크로스헤드 핀, 피스톤 링의 바깥지름면, 고속 베어링의 구름면, 연료 펌프의 플랜지, 공기압 또는 유압 실린더의 안지름면, 오일 실 및 오링과 회전운동 및 직선 왕복미끄럼 접촉하는 축 바깥지름면, 볼이나 니들 롤러의 외면 등				

6) 다듬질 기호의 표시방법

① 가공 표면에 삼각 기호의 꼭짓점이 접하게 그린다.
② 가공면에 직접 그리기 곤란할 경우에는 가공면에서 연장한 가는 실선 상에 표시하거나 지시 선에 의해 나타낸다.
③ 전체 면이 동일한 다듬질 면일 때는 도면 위에 표시하거나 부품번호 옆에 표시한다.
④ 다듬질 면이 대부분 같으나 일부가 다를 경우에는 일부가 다른 면은 도형 상에 나타내고 대부분 같은 다듬질 면 기호 옆에 묶음표를 하여 일부 다른 다듬질기호를 나타낸다.
⑤ 가공방법을 지정할 필요가 있을 경우에는 삼각 기호 빗면이나 파형 기호를 연장하고 평행하게 그린 선 위에 가공법을 나타낸다.

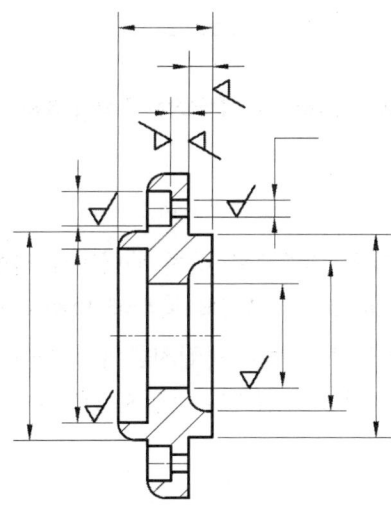

[그림 2-89] 표면 거칠기의 도면 기입방법

6. 표준부품의 호환성

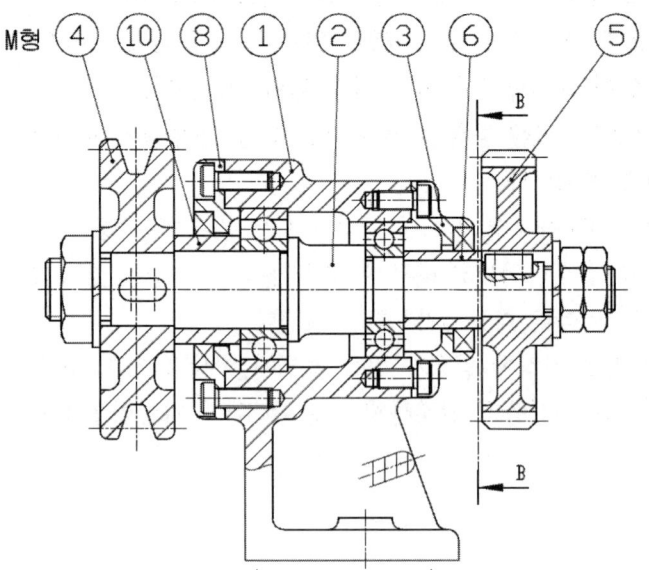

[그림 2-90] 동력전달장치 조립도 예시

1) 조립체 검토

베어링은 호칭 번호를 기준으로 하여 베어링과 결합되는 요소부품의 치수가 결정된다. 베어링의 안지름 치수에 의해 축의 저널 부분의 치수가 결정되며, 베어링의 폭과 바깥지름의 치수에 의해 본체의 안지름과 폭의 치수 및 커버의 접촉부 바깥지름의 치수가 각각 결정된다.

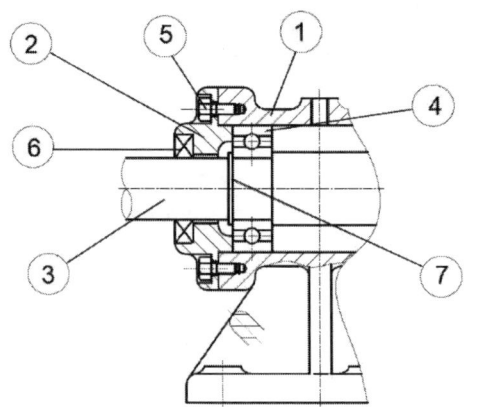

품번	품명
1	본체
2	커버
3	축
4	베어링
5	볼트
6	오일 실
7	멈춤링

[그림 2-91] 표준부품 조립체 예시

2) 베어링 파악

베어링은 두 면 사이의 마찰력을 줄여서 회전운동이나 직선운동을 부드럽게 하는 역할을 한다. 베어링은 면과 면 사이 볼(ball)이나 롤러(roller)가 들어가서 마찰력을 줄이는 원리를 이용한 구름 베어링(rolling bearing)과 면과 면이 서로 미끄러지는 운동을 하는 미끄럼 베어링(sliding bearing)으로 구분된다.

(1) 안지름 치수

00 = 10mm
01 = 12mm
02 = 15mm
03 = 17mm
04 ×5 = 20mm

안지름 번호 04부터 5를 곱한 값이 안지름 치수가 된다.

(2) 적용

깊은 홈 볼 베어링의 호칭 번호가 6202이며, 편람을 참고하여 치수를 확인한다. 베어링의 안지름 d=15, 바깥지름 D=35, 폭 B=11, 최소 허용치수 r=0.6을 찾는다.

3) 축의 정의와 종류

축은 주로 회전운동에 의하여 동력을 전달하는 데 사용되며, 단면은 주로 원형이 많고 속에 구멍이 뚫려 있는 중공축과 속이 차 있는 중실축으로 나누어진다. 축의 전체 모양은 일직선인 직선축이 많으나 크랭크축과 같은 곡선축도 있으며, 축은 베어링으로 지지되고 축과 축의 연결은 축이음이 사용된다.

(1) 축의 저널 치수

베어링 안지름에 축의 저널이 끼워 맞추어진다. 따라서 베어링 안지름 치수가 15mm이므로 축의 저널 치수도 15mm이다. 끼워맞춤을 고려하여 축의 저널에 공차 등급 h5를 부여한다.

4) 본체 폭과 안지름 치수를 파악

베어링 바깥지름이 본체의 구멍에 끼워 맞추어진다. 따라서 베어링 바깥지름 치수가 35mm이므로 본체의 구멍치수도 35mm이다. 끼워맞춤을 고려하여 본체의 구멍에 공차 등급 H8을 부여한다.

5) 축의 멈춤링 치수

멈춤링은 축 위나 구멍의 내부면에 부품들이 정확하게 고정시킬 때 자주 사용되는 부품이다. 멈춤링을 찾을 때는 KS 기계제도 편람에서 축지름을 기준으로 멈춤링이 들어갈 폭과 멈춤링이 체결되는 안지름을 정하고 각 부위의 허용차들을 찾아 적용할 수 있다.

6) V벨트 풀리

(1) V벨트 풀리의 표준치수

V형 홈이 파져 있는 V풀리로 구동하는 방법이며 단면은 사다리꼴의 단면을 가지고 있다.

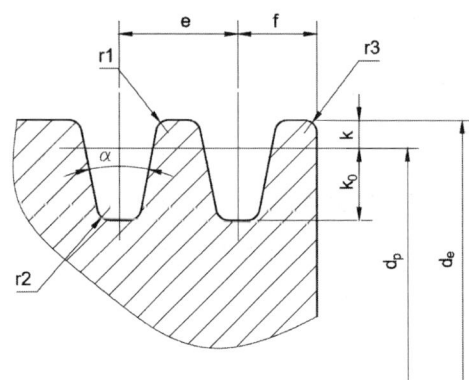

V벨트 치수허용차(mm)

형별	α 허용차	k 허용차	e 허용차	f 허용차
M			−	
A	±0.5	+0.2 0	±0.4	±1
B				
C		+0.3 0	±0.5	
D		+0.4 0		+2 −1
E		+0.5 0		+3 −1

[그림 2-92] V벨트 풀리

(2) 키의 치수

축과 보스(풀리, 기어 등)를 결합하는 기계요소이다. 키의 치수를 선정하는 방법으로는 우선 KS B 1311-74에서 적용되는 축직경(d)을 기준으로 축에 파져 있는 키 홈의 깊이(t_1)와 폭(d_1), 풀리 구멍에 파져 있는 키의 깊이(t_2)와 폭(d_2)을 찾을 수 있다.

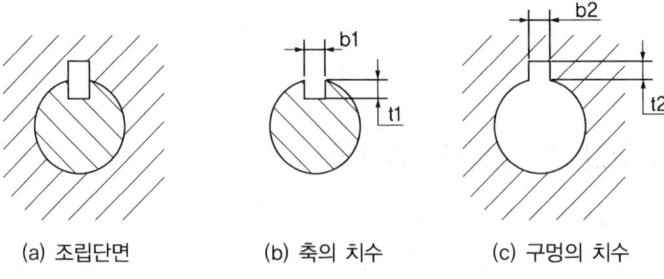

(a) 조립단면   (b) 축의 치수   (c) 구멍의 치수

[그림 2-93] 키의 치수

01 치수기입

01. 치수기입에 대한 설명 중 틀린 것은?

① 필요한 치수를 명료하게 도면에 기입한다.
② 잘 알 수 있도록 중복하여 기입한다.
③ 가능한 한 주요 투상도에 집중하여 기입한다.
④ 가능한 한 계산하여 구할 필요가 없도록 기입한다.

해설 도면의 치수기입 원칙
- 대상물의 기능, 제작, 조립 등을 고려하여 필요하다고 생각되는 치수를 명료하게 도면에 기입한다.
- 치수는 대상물의 크기, 자세 및 위치를 가장 명확하게 표시하는 데 필요하고 충분한 것을 기입한다.
- 치수는 되도록 정면도에 집중하여 기입한다.
- 치수는 중복 기입을 피한다.
- 치수는 선에 겹치게 기입해서는 안 된다.
- 치수는 되도록 계산하여 구할 필요가 없도록 기입한다.
- 치수선이 서로 교차하는 곳에 기입하면 안 된다.
- 치수는 필요에 따라 기준으로 하는 점, 선 또는 면을 기초로 한다.

02. 치수기입의 원칙에 관한 설명으로 옳지 않은 것은?

① 치수는 되도록 주투상도에 집중하여 기입한다.
② 치수는 되도록 공정마다 배열을 분리하여 기입한다.
③ 치수는 기능, 제작, 조립을 고려하여 명료하게 기입한다.
④ 중요치수는 확인하기 쉽도록 중복하여 기입한다.

해설 치수기입에서 중복 치수는 피한다.

03. 치수를 나타내는 방법에 관한 설명으로 틀린 것은?

① 도면에서 정보용으로 사용되는 참고치수는 공차를 적용하거나 ( ) 안에 표시한다.
② 척도가 다른 형체의 치수는 치수값 밑에 밑줄을 그어서 표시한다.
③ 정면도에서 높이를 나타낼 때는 수평의 치수선을 꺾어 수직으로 그은 끝에 90°의 개방형 화살표로 표시하며, 높이의 수치 값은 수평으로 그은 치수선 위에 표시한다.
④ 같은 형체가 반복될 경우 형체 개수와 그 치수 값을 '×' 기호로 표시하여 치수기입을 해도 된다.

해설 참고치수는 공차를 적용하지 않으며 ( ) 안에 표시한다.

04. 도면에 치수를 기입하는 방법을 설명한 것 중 옳지 않은 것은?

① 특별히 명시하지 않는 한, 그 도면에 도시된 대상물의 다듬질 치수를 기입한다.
② 길이의 단위는 mm이고, 도면에는 반드시 단위를 기입한다.
③ 각도의 단위로는 일반적으로 도(°)를 사용하고, 필요한 경우 분(′) 및 초(″)를 병용할 수 있다.
④ 치수는 될 수 있는 대로 주투상도에 집중해서 기입한다.

정답 01 ② 02 ④ 03 ① 04 ②

해설 길이의 치수수치는 원칙적으로 mm의 단위로 기입하고 단위기호는 붙이지 않는다.

05. 치수 보조기호의 설명으로 틀린 것은?

① R15 : 반지름 15
② t15 : 판의 두께 15
③ (15) : 비례척이 아닌 치수 15
④ SR15 : 구의 반지름 15

해설 (15) : 참고치수 15

06. 다음 치수 보조기호에 대한 설명으로 옳지 않은 것은?

① (50) : 데이텀 치수 50mm를 나타낸다.
② t=5 : 판재의 두께 5mm를 나타낸다.
③ ⌒20 : 원호의 길이 20mm를 나타낸다.
④ SR30 : 구의 반지름 30mm를 나타낸다.

해설 (50) : 참고치수 50mm를 나타낸다.

07. 도면에 치수의 외곽에 표시된 직사각형 30은 무엇을 뜻하는가?

① 다듬질전 소재 가공치수
② 완성 치수
③ 이론적으로 정확한 치수
④ 참고치수

해설 ☐ : 이론적으로 정확한 치수를 붙인다.

08. 누진·좌표치수를 지시할 때 치수의 기준이 되는 지점을 표시하는 기호는?

① ⊥   ② ⌒→
③ ↧   ④ EQS

해설 ① ⊥ : 치수의 기준(기점)
② ⌒→ : 전개 길이
③ ↧ : 깊이 치수
④ EQS : 등 간격

09. 그림과 같은 도면에서 참고치수를 나타내는 것은?

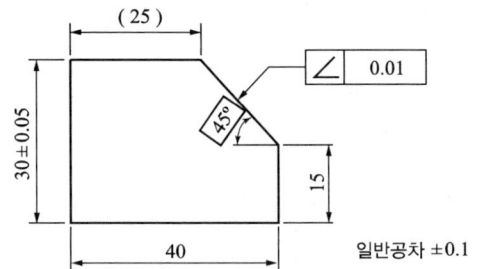

① (25)
② ∠ 0.01
③ 45°
④ 일반공차 ±0.1

해설 ( ) : 참고치수의 치수수치를 둘러싼다.

10. 도면에서 S가 나타내는 의미는 어느 것인가?

① 구
② 반지름
③ 면
④ 모서리면

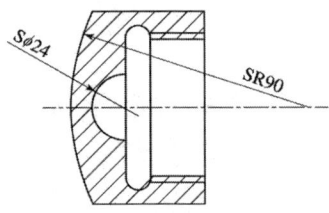

해설 도면의 기호
• Ø : 지름
• R : 반지름
• SØ : 구의 지름
• SR : 구의 반지름
• C : 45° 모따기
• ☐ : 정사각형의 변

정답 05 ③ 06 ① 07 ③ 08 ② 09 ① 10 ①

11. 치수선과 치수 보조선에 대한 설명으로 틀린 것은?

① 치수선과 치수 보조선에는 가는 실선을 사용한다.
② 치수선은 원칙적으로 치수 보조선을 사용하여 긋는다. 다만, 치수 보조선을 사용하여 그림이 혼동되기 쉬워질 경우에는 이에 따르지 않는다.
③ 치수선은 원칙적으로 지시하는 길이 또는 각도를 측정방향으로 직각으로 긋는다.
④ 치수선 또는 그 연장선 끝에는 화살표, 사선 또는 검정 동그라미(이하, 총칭할 때에는 끝부분의 기호라 한다)를 붙여 그린다.

해설 치수선은 원칙적으로 지시하는 길이 또는 각도를 측정방향으로 평행하게 긋는다.

12. 치수수치를 기입할 공간이 부족하여 인출선을 이용하는 방법으로 가장 올바른 것은?

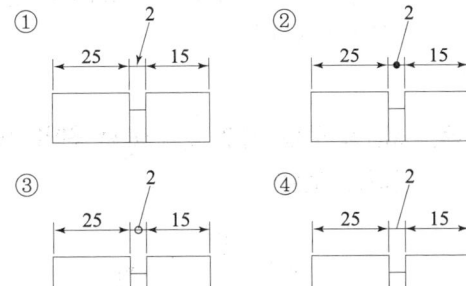

해설 위 예문 그림에서 치수수치를 기입할 공간이 부족하여 인출선을 이용하는 가장 적합한 방법은 ④이다.

13. 좁은 곳에서의 치수의 기입에 대한 설명으로 틀린 것은?

① 지시선을 치수선에서 경사방향으로 끌어내고 원칙적으로 그 끝을 수평으로 구부리고 그 위쪽에 치수수치를 기입한다.
② 가공방법, 주기, 부품번호 등을 기입하기 위하여 사용하는 지시선은 원칙적으로 경사방향으로 끌어낸다.
③ 치수선을 연장하여 그 아래쪽 또는 바깥쪽으로 기입하면 안 된다.
④ 치수 보조선의 간격이 좁아서 화살표를 기입할 여지가 없을 경우에는 화살표 대신 검은 둥근점 또는 경사선을 사용하여도 좋다.

해설 치수선을 연장하여 그 위쪽 또는 바깥쪽에 기입하여도 좋다.

14. 그림과 같이 여러 각도로 기울여진 면의 치수를 기입할 때 잘못 기입된 치수 방향은?

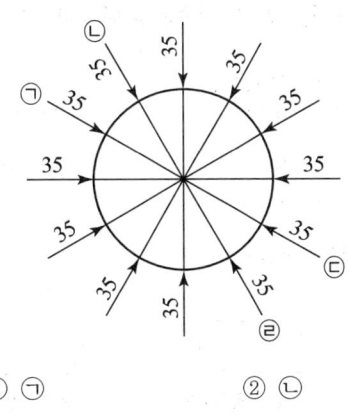

① ㉠   ② ㉡
③ ㉢   ④ ㉣

해설 ㉡방향은 치수기입을 하지 않는 것이 좋다.

Part 1. 기계제도

15. 치수를 기입할 때 기준면을 설정하여 기점기호(O)를 사용한 후 기점기호를 기준으로 치수를 기입하는 방법은?

① 직렬 치수기입
② 병렬 치수기입
③ 누진 치수기입
④ 좌표 치수기입

해설
- **직렬 치수기입법**
  직렬로 나란히 연결된 개개의 치수에 주어지는 치수공차가 차례로 누적되어도 상관없는 경우에 적용한다.
- **병렬 치수기입법**
  한곳을 중심으로 치수를 기입하는 방법으로, 개개의 치수공차는 다른 치수의 공차에는 영향을 주지 않는다. 기준이 되는 치수보조선의 위치는 기능, 가공 등의 조건을 고려하여 적절히 선택 하는 것이 좋다.
- **누진 치수기입법**
  치수공차에 대해서는 병렬 치수기입법과 같은 의미를 가지며 하나의 연속된 치수선으로 간단히 표시할 수 있다. 치수의 기준이 되는 위치는 기호(0 zero)로 표시하고, 치수선의 다른 끝은 화살표를 그린다.

16. 다음 중 호의 치수기입을 나타낸 것은?

① 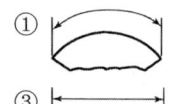   ②
③ 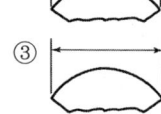   ④

해설 호의 치수기입

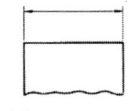 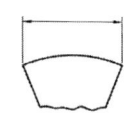
(a) 변의 길이치수   (b) 현의 길이치수

(c) 호의 길이치수   (d) 각도 치수

17. 치수기입에 있어서 누진 치수기입방법으로 올바르게 나타낸 것은?

①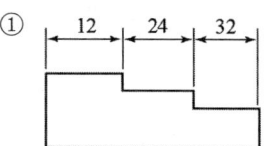

②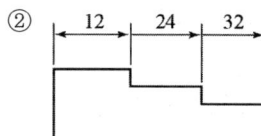

③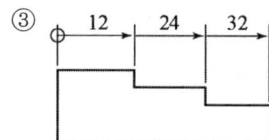

④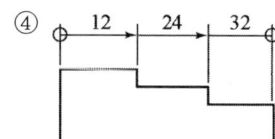

해설 누진 치수기입법
이 방법에 따르면 치수공차에 관하여 병렬 치수기입법과 완전히 동등한 의미를 가지면서, 1개의 연속된 치수선으로 간편하게 표시할 수 있다. 기점기호(O)와 치수선의 다른 끝은 화살표로 표시한다.

18. 그림과 같은 치수 120 숫자 위의 기호가 뜻하는 것은?

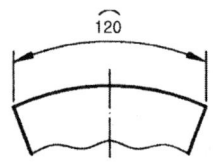

① 원호의 길이   ② 참고치수
③ 현의 길이   ④ 각도 치수

해설 치수 보조선을 긋고 그 원호와 동심인 원호를 치수선으로 하고, 치수수치의 위에 원호의 길이 기호⌒를 붙인다.

정답 15 ③ 16 ① 17 ③ 18 ①

19. 원호의 반지름을 기입하는 방법이 틀린 것은?

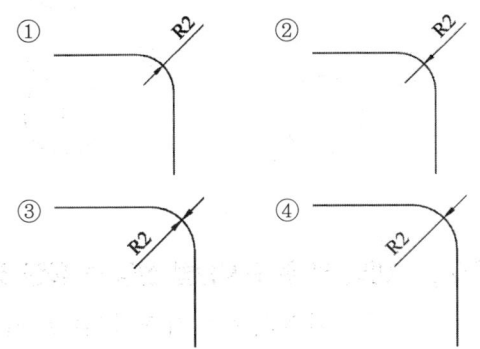

해설 원호의 반지름을 나타내기 위한 치수선에는 원호 쪽에만 화살표를 붙이고 치수 앞에 반지름 기호 R을 붙인다.

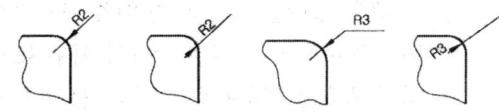

20. 다음 그림에서 "C2"가 의미하는 것은?

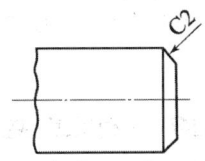

① 크기가 2인 15° 모따기
② 크기가 2인 30° 모따기
③ 크기가 2인 45° 모따기
④ 크기가 2인 60° 모따기

해설 C2 : 크기가 2인 45° 모따기

21. 그림과 같이 크기와 간격이 같은 여러 구멍의 치수기입에서 (A)에 들어갈 피수로 옳은 것은?

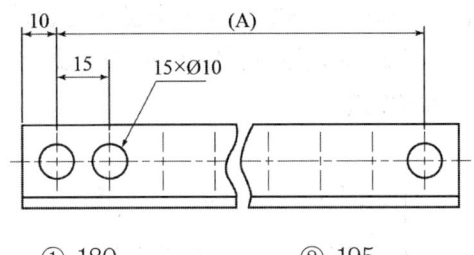

① 180   ② 195
③ 210   ④ 225

해설 14×15=210

22. 다음 도면에서 X부분의 치수는 얼마인가?

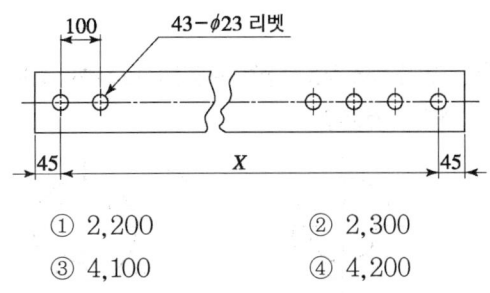

① 2,200   ② 2,300
③ 4,100   ④ 4,200

해설 42×100=4,200

23. 그림과 같은 도면에서 'L' 치수는 몇 mm 인가?

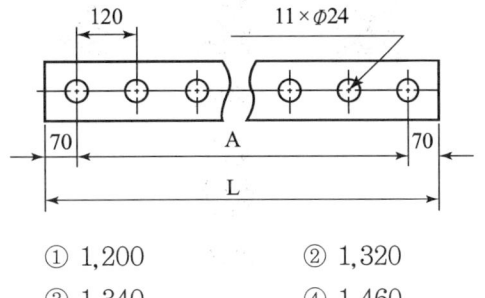

① 1,200   ② 1,320
③ 1,340   ④ 1,460

해설 A=10×120=1,200
L=70+70+1,200=1,340

24. 그림과 같이 여러 개의 구멍이 일정한 간격으로 배치된 경우, 전체길이 값 "A"는 얼마인가?

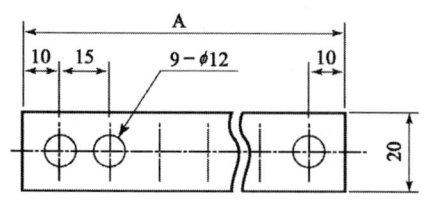

① 120
② 135
③ 140
④ 155

해설 8×15=120mm+10+10=140mm

25. 그림에서 암나사의 구멍을 도시한 것으로 맞는 것은?

① 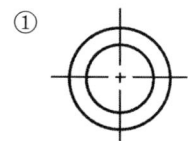 ②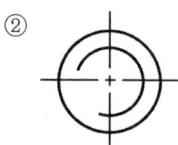

③  ④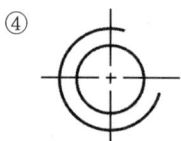

해설

[틀림]

[맞음]

26. 원의 반지름을 나타내고자 할 때 치수선을 가장 옳게 나타낸 것은?

① 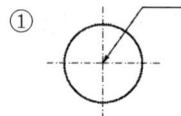 ②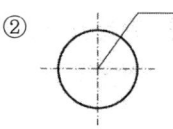

③ 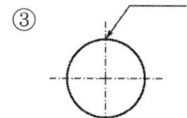 ④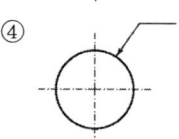

27. 구멍의 키 홈 표시방법 설명 중 틀린 것은?

① 경사 키 홈의 보스 키 홈의 깊이는 키 홈의 깊은 쪽에서 표시
② 구멍의 키 홈의 치수는 키 홈의 너비 및 깊이와 길이의 끝 부분의 치수표시
③ 키 홈의 깊이는 키 홈과 반대쪽 구멍지름 면으로부터 키 홈의 바닥까지 치수 표시
④ 특히 필요한 경우에는 키 홈의 중심면 상에서의 축지름 면으로부터 키 홈의 바닥까지 치수 표시

해설 ② 구멍의 키 홈 치수는 키 홈의 너비 및 깊이를 표시하는 치수에 따른다.

28. 그림과 같은 Ⅰ형강의 표시법으로 옳은 것은? (단, 형강의 길이는 L이다.)

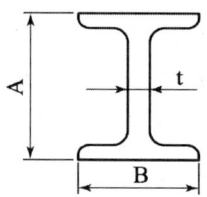

① IA×B×t − L
② It×B×A − L
③ IB×A×t − L
④ IB×A×t × L

정답 24 ③ 25 ④ 26 ④ 27 ② 28 ①

해설	종류	단면모양	표시방법
	부등변부등 두께ㄱ형강		$\llcorner A \times B \times t_1 \times t_2 - L$
	I형강		$I\ A \times B \times t - L$

29. 부등변 ㄱ형강의 표시가 바르게 된 것은?

① $\llcorner A \times B \times t \times L$
② $\llcorner A \times B \times t - L$
③ $\llcorner A \times B - t - L$
④ $\llcorner A - B - t - L$

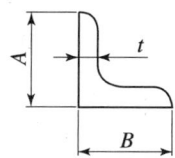

해설	종류	단면모양	표시방법
	등변ㄱ형강		$\llcorner A \times B \times t - L$
	부등변부등 두께ㄱ형강		$\llcorner A \times B \times t_1 \times t_2 - L$

30. 철골 구조물 도면에 2 - L75×75×6-1800 으로 표시된 형강을 올바르게 설명한 것은?

① 부등변 부등두께 ㄱ형강이며 길이는 1800 mm이다.
② 형강의 개수는 6개이다.
③ 형강의 두께는 75mm이며 그 길이는 1,800mm이다.
④ ㄱ형강 양변의 길이는 75mm로 동일하며 두께는 6mm이다.

해설
① 등변 ㄱ형강이며 길이는 1800mm이다.
② 형강의 두께는 6개이다.
③ 형강의 넓이는 75mm이며 그 길이는 1800 mm이다.

31. 강구조물(steel structure) 등의 치수 표시에 관한 KS 기계 제도 규격에 관한 설명으로 틀린 것은?

① 구조선도에서 절점 사이의 치수를 표시할 수 있다.
② 형강, 강관 등의 치수를 각각의 도형에 연하여 기입할 때 길이의 치수도 반드시 나타내야 한다.
③ 구조선도에서 치수는 부재를 나타내는 선에 연하여 기입할 수 있다.
④ 등변 ㄱ형강의 경우 "L 100×100×5-1500"과 같이 나타낼 수 있다.

해설 형강, 강관 등의 치수를 각각의 도형에 연하여 기입할 때 길이의 치수는 생략할 수 있다.

32. 그림에서 도시한 KS A ISO 6411-A4/8.5 의 해석으로 틀린 것은?

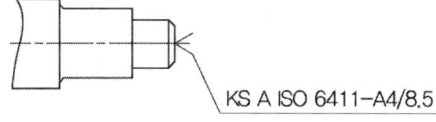

① 센터구멍의 간략 표시를 나타낸 것이다.
② 종류는 A형으로 모따기가 있는 경우를 나타낸다.
③ 센터구멍이 필요한 경우를 나타낸다.
④ 드릴 구멍의 지름은 4mm, 카운터싱크 구멍지름은 8.5mm이다.

해설 종류는 A형으로 모따기는 없다.

33. 축에 센터구멍이 필요한 경우의 그림기호로 올바른 것은?

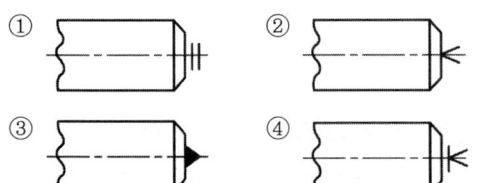

해설

센터구멍의 필요 여부	기호	도시방법
필요		KS A ISO 6411-A 2/4.25
필요하나 기본적으로 요구하지 않음	없음	KS A ISO 6411-A 2/4.25
불필요		KS A ISO 6411-A 2/4.25

34. 축 중심의 센터구멍 표현법으로 옳지 않은 것은?

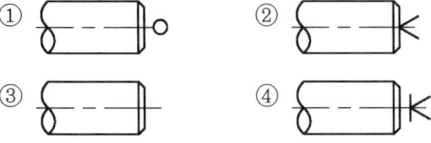

35. 축을 가공하기 위한 센터구멍의 도시방법 중 그림과 같은 도시기호의 의미는?

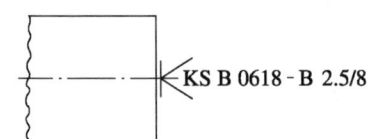

① 센터의 규격에 따라 다르다.
② 다듬질 부분에서 센터구멍이 남아 있어도 좋다.
③ 다듬질 부분에서 센터구멍이 남아 있어서는 안 된다.
④ 다듬질 부분에서 반드시 센터구멍을 남겨둔다.

해설 문제 그림은 다듬질 부분에서 센터구멍이 남아 있어서는 안 된다.

36. 다음 도면에서 A의 길이는 얼마인가?

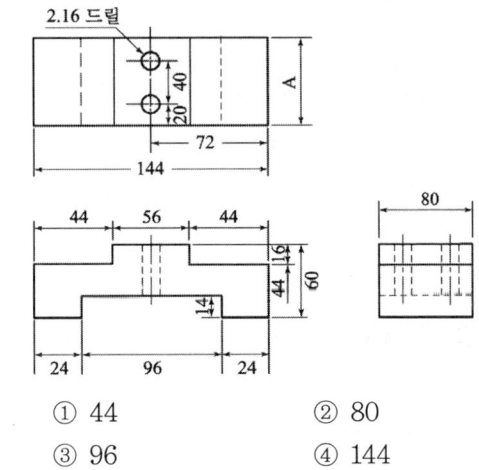

① 44　　② 80
③ 96　　④ 144

해설 A의 치수는 우측면도 80이다.

37. V-블록을 제3각법으로 정투상한 그림과 같은 도면에서 "A" 부분의 치수는?

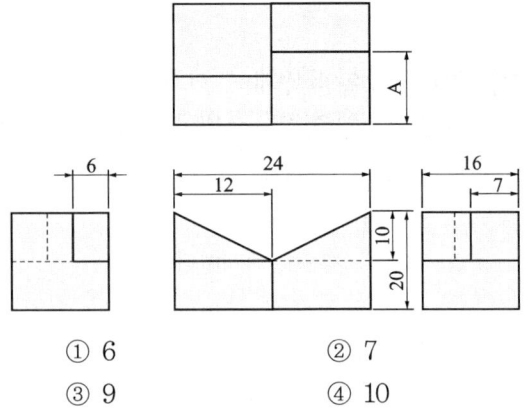

① 6　　② 7
③ 9　　④ 10

해설 16-7=9

38. 앵글 구조물을 그림과 같이 한쪽 각도가 30°인 직각 삼각형으로 만들고자 한다. A의 길이가 1,500mm일 때 B의 길이는 약 몇 mm인가?

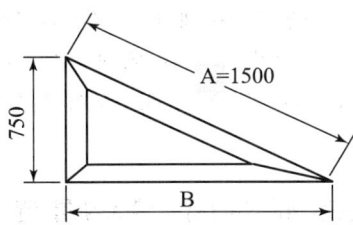

① 1,299   ② 1,100
③ 1,131   ④ 1,185

해설 $A\cos\theta = 1,500 \times \cos 30 = 1,299$

39. 다음 도면에서 L에 들어갈 치수 값으로 옳은 것은?

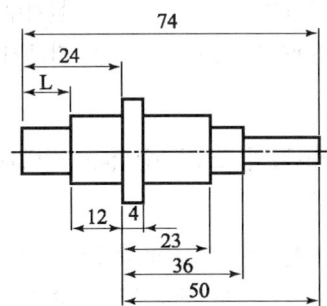

① 7   ② 12
③ 17   ④ 13

해설 $L = 24 - 12 = 12\,\text{mm}$

40. 다음 도면에서 L로 표시된 부분의 길이(mm)는?

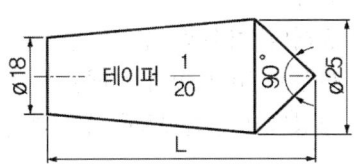

① 52.5   ② 85.0
③ 140.0   ④ 152.5

해설 $\dfrac{D-d}{l} = \dfrac{1}{20}$, $l = 20(25-18) = 140$
$25 \times \sin 90 = 25 \div 2 = 12.5$
$140 + 12.5 = 152.5$

41. 다음 그림에서 "A"의 치수는 얼마인가?

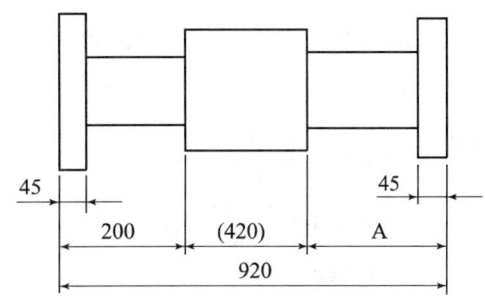

① 200   ② 225
③ 250   ④ 300

해설 920−(200+420)=300

42. 그림과 같이 가공된 축의 테이퍼값은 얼마인가?

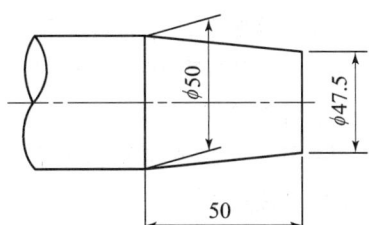

① $\dfrac{1}{5}$ ② $\dfrac{1}{10}$
③ $\dfrac{1}{20}$ ④ $\dfrac{1}{40}$

해설 $T = \dfrac{D-d}{l} = \dfrac{50-47.5}{60} = \dfrac{1}{20}$

정답 38 ① 39 ② 40 ④ 41 ④ 42 ③

Part 1. 기계제도

43. 그림과 같은 제품을 굽힘 가공하기 위한 전개길이는 약 몇 mm인가?

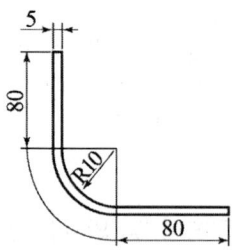

① 169.93 ② 179.63
③ 185.83 ④ 190.83

해설
$$L = a + b + \frac{\pi \times \theta}{180} \times (R + kt)$$
$$= 80 + 80 + \frac{\pi \times 90}{180} \times (10 + 2.5)$$
$$= 179.63$$

02 치수공차

01. 치수공차 및 끼워맞춤 용어 설명 중 틀린 것은?

① 형체 : 치수공차 방식, 끼워맞춤 방식의 대상이 되는 기계부품의 부분
② 치수 : 형체의 크기를 나타내는 양
③ 치수차 : 치수와 대응하는 최대 허용치수와의 대수차
④ 기준치수 : 허용한계치수가 주어지는 기준이 되는 치수

해설
• 치수허용차
허용한계치수에서 그 기준치수를 뺀 값으로 위 치수허용차와 아래 치수허용차가 있다.
• 치수공차
최대 허용한계치수와 최소 허용한계치수의 차이다. 또는 위 치수허용차와 아래 치수허용차의 차를 의미하기도 하며 공차라고도 한다.

02. 다음 중 공차에 대한 설명으로 맞는 것은?

① 위 치수허용차와 아래 치수허용차의 차
② 허용한계치수와 기준치수의 관계를 결정하는데 기초가 되는 치수의 차
③ 허용한계치수에서 그 기준치수를 뺀 값
④ 실치수가 그 사이에 들어가도록 정한, 허용할 수 있는 대·소의 치수

03. 허용한계치수에서 기준치수를 뺀 값을 무엇이라 하는가?

① 실치수   ② 치수허용차
③ 치수공차   ④ 틈새

04. 도면상에 구멍, 축 등의 호칭치수를 의미하며 치수 허용한계의 기준이 되는 치수는?

① IT치수   ② 실치수
③ 허용한계치수 ④ 기준치수

05. 공차범위의 크기 순서를 바르게 나열한 것은?

① 표면 거칠기 > 형상공차 > 치수공차
② 치수공차 > 형상공차 > 표면 거칠기
③ 형상공차 > 표면 거칠기 > 치수공차
④ 치수공차 > 표면 거칠기 > 형상공차

06. 형상공차를 두는 이유가 아닌 것은?

① 대량 생산으로 원가를 절감시키기 위하여
② 고도의 정밀도를 갖는 제품을 만들기 위하여
③ 종래의 치수공차만으로는 제품간의 호환성을 주기 어렵기 때문에
④ 고정도의 생산제품을 설계하기 위하여

정답 43 ② / 01 ③ 02 ① 03 ② 04 ④ 05 ② 06 ①

07. 다음 치수 중 치수공차가 0.1이 아닌 것은?

① $50^{+0.1}_{0}$ ② 50 ± 0.05
③ $50^{+0.07}_{-0.03}$ ④ 50 ± 0.1

해설 $50 \pm 0.1 = $ 공차 0.2

08. ⌀$100e7$인 축에서 치수공차가 0.035이고, 위 치수허용차가 −0.072라면 최소 허용치수는 얼마인가?

① 99.893 ② 99.928
③ 99.965 ④ 100.035

해설 ⌀$100e7^{-0.072}_{-0.107}$
$100 - 0.107 = 99.893$

09. 기준치수가 30, 최대 허용치수가 29.98, 최소 허용치수가 29.95일 때 아래 치수허용차는 얼마인가?

① +0.05 ② +0.03
③ −0.05 ④ −0.03

해설 아래 치수허용차 = 기준치수가 30 − 최소 허용치수가 29.95 = −0.05

10. 기준치수가 50mm이고, 최대 허용치수 50.015mm이며, 최소 허용치수 49.990mm일 때 치수공차는 몇 mm인가?

① 0.025 ② 0.015
③ 0.005 ④ 0.010

해설 $(+0.015) + (-0.01) = 0.025$

11. 지름이 60mm, 공차가 +0.001 ~ +0.015인 구멍의 최대 허용치수는?

① 59.85 ② 59.985
③ 60.15 ④ 60.015

해설 구멍의 최대 허용치수는 60.015, 구멍의 최소 허용치수는 60.001이다.

12. IT 기본공차에서 구멍 끼워맞춤에 적용되는 공차등급은?

① IT 01 ~ IT 5 ② IT 5 ~ IT 9
③ IT 6 ~ IT 10 ④ IT 10 ~ IT 18

해설 • 구멍인 경우 : 끼워맞춤 공차는 IT 6~IT 10이다.
• 축인 경우 : 끼워맞춤 공차는 IT 5~IT 9이다.

13. 다음 중 구멍용 게이지 제작공차에 적용되는 IT공차는?

① IT 6 ~ IT 10 ② IT 01 ~ IT 5
③ IT 11 ~ IT 18 ④ IT 05 ~ IT 9

해설 IT 기본공차는 IT 01부터 IT 18까지 20등급으로 구분한다.

용도	게이지 제작 공차	끼워맞춤 공차	끼워맞춤 이외 공차
구멍	IT 01 ~ IT 5	IT 6 ~ IT 10	IT 11 ~ IT 18
축	IT 01 ~ IT 4	IT 5 ~ IT 9	IT 10 ~ IT 18

14. IT 기본공차의 등급수는 몇 가지인가?

① 16 ② 18
③ 20 ④ 22

15. 끼워맞춤에서 IT기본공차의 등급이 커질 때 공차값은? (단, 기타 조건은 일정함)

① 작아진다. ② 커진다.
③ 일정하다. ④ 관계없다.

정답 07 ④ 08 ① 09 ③ 10 ① 11 ④ 12 ③ 13 ② 14 ③ 15 ②

Part 1. 기계제도

16. 끼워맞춤에서 IT기본공차 등급이 작아질 때의 공차값의 변화는? (단, 기타 조건은 일정하다.)

① 항상 같다. ② 관계없다.
③ 작아진다. ④ 커진다.

17. IT기본 공차에 대한 설명으로 틀린 것은?

① IT 기본 공차는 치수공차와 끼워맞춤에 있어서 정해진 모든 치수공차를 의미한다.
② IT 기본 공차의 등급은 IT 01부터 IT 18까지 20등급으로 구분되어 있다.
③ IT 공차 적용 시 제작의 난이도를 고려하여 구멍에는 ITn-1, 축에는 ITn을 부여한다.
④ 끼워맞춤 공차를 적용할 때 구멍일 경우 IT 6 ~ IT 10이고, 축일 때에는 IT 5 ~ IT 9이다.

18. 18JS7의 공차표시가 옳은 것은? (단, 기본공차의 수치는 $18\mu m$이다.)

① $18^{+0.018}_{0}$ ② $18^{0}_{-0.018}$
③ 18 ± 0.009 ④ 18 ± 0.018

> **해설** JS의 공차는 $\pm \dfrac{IT}{2}$ 이므로
> $\pm \dfrac{0.18}{2} = \pm 0.009$

19. 치수공차역에 대한 설명으로 틀린 것은?

① 치수공차역이란 최대 허용치수와 최소 허용치수를 나타내는 2개 직선사이의 영역이다.
② 치수공차역은 기준선으로부터 상대적인 공차의 위치를 나타내기 위한 것으로 영문자로서 표기한다.
③ 구멍의 공차역은 대문자를 사용하여 27가지로 표현된다.
④ 구멍공차역 h의 최소 치수는 기준치수와 동일하다.

> **해설** 구멍공차역 H의 최소 치수는 기준치수와 동일하다.

03 기하공차

01. 기하공차 필요성으로 볼 수 없는 것은?

① 가공부품의 정밀도에 대해 요구될 때
② 호환성 확보 및 기능 향상이 필요할 때
③ 제조와 검사의 일괄성을 위해 참조기준이 필요할 때
④ 조립도에서 조립치수가 요구될 때

02. 다음 기하공차 중에서 자세공차를 나타내는 것은?

① — ② ▱
③ ○ ④ ⊥

> **해설**
>
> | 구분 | 기호 | 공차의 종류 | |
> |---|---|---|---|
> | 모양
공차 | — | 진직도 공차 | |
> | | ▱ | 평면도 공차 | |
> | | ○ | 진원도 공차 | |
> | | ⌭ | 원통도 공차 | |
> | | ⌒ | 선의 윤곽도 공차 | |
> | | ⌓ | 면의 윤곽도 공차 | |
> | 자세
공차 | // | 평행도 공차 | 최대실체공차 적용
(MMC) |
> | | ⊥ | 직각도 공차 | |
> | | ∠ | 경사도 공차 | |

정답 16 ③ 17 ③ 18 ③ 19 ④ / 01 ④ 02 ④

03. KS에서 정의하는 기하공차 기호 중에서 관련 형체의 위치공차 기호들만으로 짝지어진 것은?

① ▱ ○ —
② ∠ ⊥ ⌒
③ ⊕ ◎ ≡
④ ↗ ⌒ ◎

해설

위치공차	⊕	위치도 공차
	◎	동축도 공차
	≡	대칭도 공차

04. 그림과 같이 표시된 기호에서 Ⓜ은 무엇을 나타내는가?

| ⊕ | 0.01 | A | Ⓜ |

① A의 원통 정도를 나타낸다.
② 기계 가공을 나타낸다.
③ 최대 실체 공차 방식을 나타낸다.
④ A의 위치를 나타낸다.

해설 Ⓜ는 최대 실체 공차 방식을 나타낸다.

05. 그림과 같은 도면에서 "가" 부분에 들어갈 가장 적절한 기하공차 기호는?

① //
② ⊥
③ ▱
④ ⊕

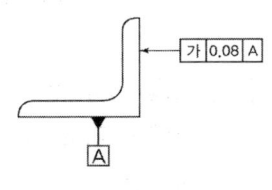

해설

자세공차	//
	⊥
	∠

06. 그림과 같은 기하공차 기입 틀에서 "A"에 들어갈 기하공차 기호는?

① ▱
② //
③ ⊥
④ ≡

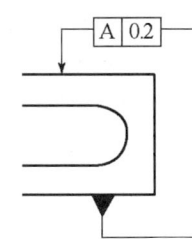

해설
① 평면도이다.
② 평행도 위 그림에서 A는 평행도를 의미한다.
③ 직각도이다.
④ 대칭도이다.

07. 다음 보기의 설명에 적합한 기하공차 기호는?

[보기] 구 형상의 중심은 데이텀 평면 A로부터 30mm, B로부터 25mm 떨어져 있고, 데이텀 C의 중심선 위에 있는 점의 위치를 기준으로 지름 0.3mm 구 안에 있어야 한다.

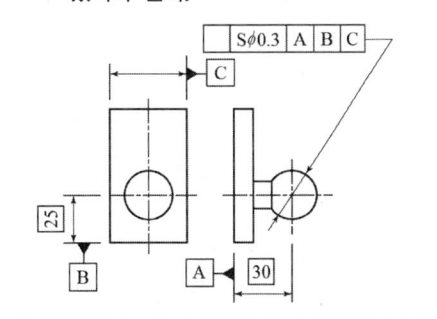

① ⊕   ② ∠
③ ⊥   ④ ◎

해설 위 그림은 위치도가 정답이다.

정답 03 ③ 04 ③ 05 ② 06 ② 07 ①

Part 1. 기계제도

08. 그림과 같은 도면의 기하공차 설명으로 가장 옳은 것은?

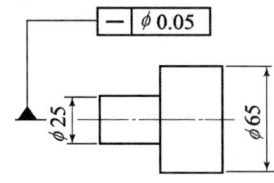

① ∅ 25 부분만 중심축에 대한 평면도가 ∅ 0.05 이내
② 중심축에 대한 전체의 평면도가 ∅ 0.05 이내
③ ∅ 25부분만 중심축에 대한 진직도가 ∅ 0.05 이내
④ 중심축에 대한 전체의 진직도가 ∅ 0.05 이내

해설 ― ∅0.05 : 중심축에 대한 전체의 진직도가 ∅ 0.05 이내이다.

09. 데이텀(datum)에 관한 설명으로 틀린 것은?

① 데이텀을 표시하는 방법은 영어의 소문자를 정사각형으로 둘러싸서 나타낸다.
② 지시선을 연결하여 사용하는 데이텀 삼각기호는 빈틈없이 칠해도 좋고, 칠하지 않아도 좋다.
③ 형체에 지정되는 공차가 데이텀과 관련되는 경우 데이텀은 원칙적으로 데이텀을 지시하는 문자기호에 의하여 나타낸다.
④ 관련 형체에 기하학적 공차를 지시할 때, 그 공차 영역을 규제하기 위하여 설정한 이론적으로 정확한 기하학적 기준을 데이텀이라 한다.

해설 데이텀을 표시하는 방법은 영어의 대문자를 정사각형으로 둘러싸서 나타낸다.

10. 다음 도면과 같은 데이텀 표적 도시기호의 의미 설명으로 올바른 것은?

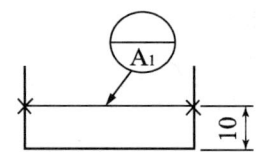

① 점의 데이텀 표적
② 선의 데이텀 표적
③ 면의 데이텀 표적
④ 구형의 데이텀 표적

해설 데이텀 표적 도시기호의 의미 설명

용도		기호	비고
데이텀 표적이 점일 때		×	굵은 실선인 ×표를 한다.
데이텀 표적이 선일 때		×―×	2개의 ×표시를 가는 실선으로 연결한다.
데이텀 표적이 한정된 영역일 때	원인 경우	◎	원칙적으로 가는 2점 쇄선으로 둘러싸고 해칭한다. 다만, 도시하기 곤란한 경우에는 2점 쇄선 대신 가는 실선을 사용해도 좋다.
	직사각형인 경우	▨	

11. 기하학적 형상의 특성을 나타내는 기호 중 자유상태 조건을 나타내는 기호은?

① Ⓟ ② Ⓜ
③ Ⓕ ④ Ⓛ

해설 ① 돌출된 부분까지 포함하는 공차표시
② 최대질량의 실체를 갖는 조건
③ 자유상태 조건
④ 최소질량의 실체를 갖는 조건

12. 다음 기하공차 기호 중 돌출 공차역을 나타내는 기호는?

① Ⓟ ② Ⓜ
③ Ⓐ ④ Ⓐ

돌출 공차역	Ⓟ
최대 실체 공차 방식	Ⓜ
형체 치수 무관계	Ⓢ

13. 보기와 같은 공차기호에서 최대 실체 공차방식을 표시하는 기호는?

[보기] | ◎ | ⌀ 0.04 | AⓂ |

① ◎ ② A
③ Ⓜ ④ ⌀

해설

이론적으로 정확한 치수	50
돌출 공차역	Ⓟ
최대 실체 공차 방식	Ⓜ
형체 치수 무관계	Ⓢ

14. 최대 실체 공차방식을 적용할 때 공차붙이 형체와 그 데이텀 형체 두 곳에 함께 적용하는 경우로 옳게 표현한 것은?

① ⌖ ⌀0.04 Ⓜ A
② ⌖ ⌀0.04 A Ⓜ
③ ⌖ ⌀0.04 Ⓜ A
④ ⌖ ⌀0.04 Ⓜ A Ⓜ

해설 ⌖ ⌀0.04 Ⓜ A Ⓜ
최대 실체 공차방식을 적용할 때 공차붙이 형체와 그 데이텀 형체 두 곳에 함께 적용한다.

15. 축의 치수가 ⌀20±0.1이고 그 축의 기하 공차가 다음과 같다면 최대 실체 공차방식에서 실효치수는 얼마인가?

| ⊥ | ⌀0.2Ⓜ | A |

① 19.6 ② 19.7
③ 20.3 ④ 20.4

해설 ⌀20+0.1=20.1+0.2=20.3

16. 최대 실체 공차방식으로 규제된 축의 도면이 다음과 같다. 실제 제품을 측정한 결과 축 지름이 49.8mm일 경우 최대로 허용할 수 있는 직각도 공차는 몇 mm인가?

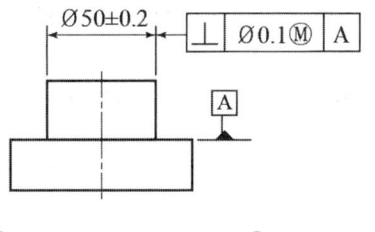

① ⌀0.3mm ② ⌀0.4mm
③ ⌀0.5mm ④ ⌀0.6mm

해설 ±0.2 = 0.4+0.1 = 0.5

17. 그림과 같은 도면에서 구멍 지름을 측정한 결과 10.1일 때 평행도 공차의 최대 허용치는?

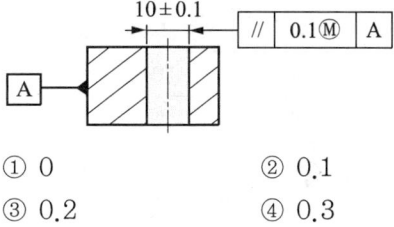

① 0 ② 0.1
③ 0.2 ④ 0.3

해설 공차의 최대 허용치=공차(0.2)+평행도 공차(0.1)=0.3

정답 13 ③ 14 ④ 15 ③ 16 ③ 17 ④

Part 1. 기계제도

18. 원형 부분을 2개의 동심의 기하학적 원으로 취했을 경우, 두 원의 간격이 최소가 되는 두 원의 반지름의 차로 나타내는 형상 정밀도는?

① 원통도　　② 직각도
③ 진원도　　④ 평행도

19. 다음과 같은 기하공차에 대한 설명으로 틀린 것은?

| ◎ | ⌀0.01 | A |

① 허용공차가 ⌀0.01 이내이다.
② 문자 'A'는 데이텀을 나타낸다.
③ 기하공차는 원통도를 나타낸다.
④ 지름이 여러 개로 구성된 다단 축에 주로 적용하는 기하공차이다.

[해설] 기하공차는 동축도, 동심도를 나타낸다.

20. 기하공차를 나타내는 데 있어서 대상면의 표면은 0.1mm만큼 떨어진 2개의 평행한 평면 사이에 있어야 한다는 것을 나타내는 것은?

① | — | 0.1 |
② | ▱ | 0.1 |
③ | ⌭ | 0.1 |
④ | ⊥ | 0.1 | A |

[해설]

기호	공차의 종류
—	진직도 공차
▱	평면도 공차
⌭	원통도 공차
⊥	직각도 공차

21. 그림과 같이 도면에 기입된 기하공차에 관한 설명으로 옳지 않은 것은?

| // | 0.05 | A |
| | 0.011/200 | |

① 제한된 길이에 대한 공차값이 0.011이다.
② 전체 길이에 대한 공차값이 0.05이다.
③ 데이텀을 지시하는 문자기호는 A이다.
④ 공차의 종류는 평면도 공차이다.

[해설]
① 전체 평행도 공차값이 0.05이다.
② 지정길이 200mm에 대한 공차값이 0.011이다.
③ 축선은 데이텀 축 직선 A에 평행하다.
④ 공차의 종류는 평면도 공차이다.

22. 그림과 같은 기하공차의 해석으로 가상 적합한 것은?

| // | 0.05 | A |
| | 0.005/100 | |

① 지정 길이 100mm에 대하여 0.05mm, 전체길이에 대해 0.005mm의 대칭도
② 지정 길이 100mm에 대하여 0.05mm, 전체길이에 대해 0.005mm의 평행도
③ 지정 길이 100mm에 대하여 0.005mm, 전체길이에 대해 0.05mm의 대칭도
④ 지정 길이 100mm에 대하여 0.005mm, 전체길이에 대해 0.05mm의 평행도

[해설] 지정 길이 100mm에 대하여 0.005mm, 전체길이에 대해 0.05mm의 평행도

정답　18 ③　19 ③　20 ②　21 ④　22 ④

형성평가

23. 평행도가 데이텀 B에 대하여 지정길이 100mm마다 0.05mm의 허용값을 가질 때 그 기하공차 기호를 옳게 나타낸 것은?

① | // | 0.05/100 | B |
② | ▱ | 0.05/100 | B |
③ | ⚌ | 0.05/100 | B |
④ | ↗ | 0.05/100 | B |

해설 | // | 0.05/100 | B |

24. 그림과 같은 기하공차 기호에 대한 설명으로 틀린 것은?

| ▱ | 0.2 |
| | 0.1/100×100 |

① 평면도 공차를 나타낸다.
② 전체부위에 대해 공차값 0.2mm를 만족해야 한다.
③ 지정넓이 100mm×100mm에 대해 공차값 0.1mm를 만족해야 한다.
④ 이 기하공차 기호에서는 2가지 공차조건 중 하나만 만족하면 된다.

25. 도면에 그림과 같은 기하공차가 도시되어 있을 때 이에 대한 설명으로 옳은 것은?

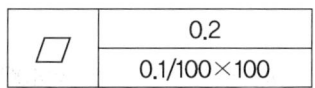

① 경사도 공차를 나타낸다.
② 전체 길이에 대한 허용값은 0.1이다.
③ 지정길이에 대한 허용값은 $\frac{0.05}{100}$mm이다.
④ 이 기하공차는 데이텀 A를 기준으로 100mm 이내의 공간을 대상으로 한다.

해설 위 도면에서 데이텀 A면에 대하여 전체 길이에 대한 평행도 허용값은 0.1mm이고, 지정길이 100mm에 대하여 허용값은 0.05mm이다.

26. 다음 그림에 대한 설명으로 가장 올바른 것은?

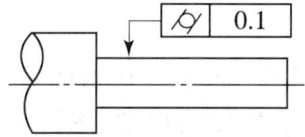

① 대상으로 하고 있는 면은 0.1mm만큼 떨어진 2개의 동축 원통면 사이에 있어야 한다.
② 대상으로 하고 있는 원통의 축선은 ⌀0.1 mm의 원통 안에 있어야 한다.
③ 대상으로 하고 있는 원통의 축선은 0.1mm 만큼 떨어진 2개의 평행한 평면 사이에 있어야 한다.
④ 대상으로 하고 있는 면은 0.1mm만큼 떨어진 2개의 평행한 평면 사이에 있어야 한다.

해설 위 그림은 대상으로 하고 있는 면은 0.1mm만큼 떨어진 2개의 동축 원통면 사이에 있어야 한다.

27. 다음과 같이 치수가 도시되었을 경우 그 의미로 옳은 것은?

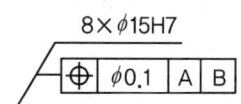

① 8개의 축이 ⌀15에 공차등급이 H7이며, 원통도가 데이텀 A, B에 대하여 ⌀0.1을 만족해야 한다.
② 8개의 구멍이 ⌀15에 공차등급이 H7이며, 원통도가 데이텀 A, B에 대하여 ⌀0.1을 만족해야 한다.

③ 8개의 축이 ∅15에 공차등급이 H7이며, 위치도과 데이텀 A, B에 대하여 ∅0.1을 만족해야 한다.
④ 8개의 구멍이 ∅15에 공차등급이 H7이며, 원통도가 데이텀 A, B에 대하여 ∅0.1을 만족해야 한다.

28. 그림에서 나타난 기하공차 도시에 대해 가장 올바르게 설명한 것은?

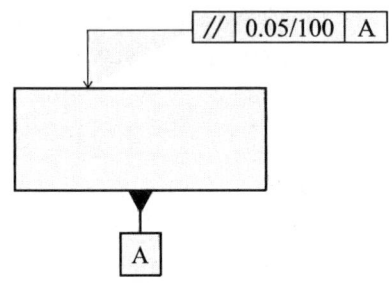

① 임의의 평면에서 평행도가 기준면 A에 대해 $\frac{0.05}{100}$mm 이내에 있어야 한다.
② 임의의 평면 100mm×100mm에서 평행도가 기준면 A에 대해 $\frac{0.05}{100}$mm 이내에 있어야 한다.
③ 지시하는 면 위에서 임의로 선택한 길이 100mm에서 평행도가 기준면 A에 대해 0.05mm 이내에 있어야 한다.
④ 지시한 화살표를 중심으로 100mm 이내에서 평행도가 기준면 A에 대해 0.05mm 이내에 있어야 한다.

[해설] 위 그림에서 기하공차 도시는 지시하는 면 위에서 임의로 선택한 길이 100mm에서 평행도가 기준면 A에 대해 0.05mm 이내에 있어야 한다.

04 끼워맞춤

01. 구멍의 최대 치수가 축 최소 치수보다 작은 경우에 해당하는 끼워맞춤 종류는?
① 헐거운 끼워맞춤 ② 억지 끼워맞춤
③ 틈새 끼워맞춤   ④ 중간 끼워맞춤

[해설] 억지 끼워맞춤 : 구멍의 최대 치수가 축의 최소 치수보다 작은 경우이며, 항상 죔쇠가 생기는 끼워맞춤으로 동력 전달을 하기 위한 기계 조립이나 분해 조립이 불필요한 영구 조립 부품에 적용한다.

02. 끼워맞춤의 치수가 ∅40H7과 ∅40G7일 때 치수공차값을 비교한 설명으로 옳은 것은?
① ∅40H7이 크다. ② ∅40G7이 크다.
③ 치수공차는 같다. ④ 비교할 수 없다.

[해설]
- $\varnothing 40H7^{+0.025}_{\ 0}$: 치수공차 0.025
- $\varnothing 40G7^{+0.034}_{+0.009}$: 치수공차 0.034−0.009 =0.025

03. 억지 끼워맞춤에서 조립 전의 구멍의 최대 허용치수와 축의 최소 허용치수와의 차를 무엇이라고 하나?
① 최대 틈새 ② 최소 틈새
③ 최대 죔새 ④ 최소 죔새

[해설]

구분	용어	해설
틈새	최소 틈새	구멍의 최소 허용치수 − 축의 최대 허용치수
	최대 틈새	구멍의 최대 허용치수 − 축의 최소 허용치수
죔새	최소 죔새	구멍의 최대 허용치수 − 축의 최소 허용치수
	최대 죔새	구멍의 최소 허용치수 − 축의 최대 허용치수

정답 28 ③ / 01 ② 02 ③ 03 ④

04. $\phi 40^{-0.021}_{-0.037}$의 구멍과 $\phi 40^{\ 0}_{-0.016}$ 축 사이의 최소 죔새는?

① 0.053 ② 0.037
③ 0.021 ④ 0.005

해설

구분	구멍	축
최대 허용치수	A = 39.979mm	a = 40.000mm
최소 허용치수	B = 39.963mm	b = 39.984mm
최대 죔새	a − B = 0.037mm	
최소 죔새	b − A = 0.005mm	

05. 구멍 $70H7\left(70^{+0.030}_{\ \ \ 0}\right)$, 축 $70g6\left(70^{-0.010}_{-0.029}\right)$의 끼워맞춤이 있다. 끼워맞춤의 명칭과 최대 틈새를 바르게 설명한 것은?

① 중간 끼워맞춤이며 최대 틈새는 0.01이다.
② 헐거운 끼워맞춤이며 최대 틈새는 0.059이다.
③ 억지 끼워맞춤이며 최대 틈새는 0.029이다.
④ 헐거운 끼워맞춤이며 최대 틈새는 0.039이다.

해설 헐거운 끼워맞춤 : 구멍의 최소 치수가 축의 최대 치수보다 큰 경우이며, 항상 틈새가 생기는 끼워맞춤으로 미끄럼 운동이나 회전 운동이 필요한 기계부품 조립에 적용한다.

구분	구멍	축
최대 허용치수	A = 70.030mm	a = 69.990mm
최소 허용치수	B = 70.000mm	b = 69.971mm
최대 틈새	A − b = 0.059mm	
최소 틈새	B − a = 0.01mm	

06. 기준치수가 ∅50인 구멍 기준식 끼워맞춤에서 구멍과 축의 공차값이 다음과 같을 때 틀린 것은?

구멍	위 치수허용차 +0.025
	아래 치수허용차 0.000
축	위 치수허용차 −0.025
	아래 치수허용차 −0.050

① 축의 최대 허용치수 : 49.975
② 구멍의 최소 허용치수 : 50.000
③ 최대 틈새 : 0.050
④ 최소 틈새 : 0.025

해설
① 축의 최대 허용치수 : 50(기준치수)−0.025(축 최대)=49.975
② 구멍의 최소 허용치수 : 50.000
③ 최대 틈새 : 50.025(구멍 최대)−49.95(축 최소)=0.075
④ 최소 틈새 : 50(구멍 최소)−49.975(축 최대)=0.025

07. 최대 틈새가 0.075mm이고, 축의 최소 허용치수가 49.950mm일 때 구멍의 최대 허용치수는?

① 50.075mm ② 49.875mm
③ 49.975mm ④ 50.025mm

해설

구분	구멍	축
최대 허용치수	A = 50.025mm	a = 49.975mm
최소 허용치수	B = 50.000mm	b = 49.950mm
최대 틈새	A − b = 0.075mm	
최소 틈새	B − a = 0.025mm	

08. 기준치수가 ∅50인 구멍 기준식 끼워맞춤에서 구멍과 축의 공차값이 다음과 같을 때 옳지 않은 것은?

구멍	위 치수허용차 +0.025
	아래 치수허용차 0000
축	위 치수허용차 +0.050
	아래 치수허용차 +0.034

정답 04 ④ 05 ② 06 ③ 07 ④ 08 ①

① 최소 틈새는 0.009이다.
② 최대 죔새는 0.050이다.
③ 축의 최소 허용치수는 50.034이다.
④ 구멍과 축의 조립 상태는 억지 끼워맞춤이다.

해설

구분	구멍	축
최대 허용치수	A = 50.025mm	a = 50.050mm
최소 허용치수	B = 50.000mm	b = 50.034mm
최대 죔새	a − B = 0.050mm	
최대 틈새	A − b = 0.009mm	

09. 축의 치수가 $\phi 30^{+0.03}_{+0.02}$이고, 구멍의 치수가 $\phi 30^{+0.01}_{0}$일 때 어떤 끼워맞춤인가?

① 중간 끼워맞춤
② 헐거운 끼워맞춤
③ 보통 끼워맞춤
④ 억지 끼워맞춤

해설 축의 치수보다 구멍치수가 모두 크므로 억지 끼워맞춤에 해당된다.
① 최소 죔새 : 축의 최소 허용치수−구멍의 최대 허용치수
30.02−30.01=0.01
② 최대 죔새 : 축의 최대 허용치수−구멍의 최소 허용치수
30.03−30=0.03

10. 다음 중 죔새가 가장 큰 억지 끼워맞춤은?

① $100\dfrac{H7}{h6}$
② $100\dfrac{H7}{g6}$
③ $100\dfrac{H7}{x6}$
④ $100\dfrac{H7}{m6}$

해설
① $100\dfrac{H7}{h6}$=구멍 100H7=$100^{+0.035}_{0}$, 축 100h6=$100^{\ 0}_{-0.022}$
② $100\dfrac{H7}{g6}$=구멍 100H7=$100^{+0.035}_{0}$, 축 100h6=$100^{\ 0}_{-0.022}$
③ $100\dfrac{H7}{x6}$=구멍 100H7=$100^{+0.035}_{0}$, 축 100h6=$100^{\ 0}_{-0.022}$
④ $100\dfrac{H7}{m6}$=구멍 100H7=$100^{+0.035}_{0}$, 축 100h6=$100^{\ 0}_{-0.022}$

11. 다음 중 $\phi 50H7$의 기준구멍에 가장 헐거운 끼워맞춤이 되는 축의 공차 기호는?

① $\phi 50$ f6
② $\phi 50$ n6
③ $\phi 50$ m6
④ $\phi 50$ p6

해설
① $\phi 50$ f6 : 헐거운 끼워맞춤
② $\phi 50$ n6 : 중간(H7) 끼워맞춤, 억지(H6) 끼워맞춤
③ $\phi 50$ m6 : 중간 끼워맞춤
④ $\phi 50$ p6 : 억지 끼워맞춤

12. 다음 끼워맞춤 중에서 헐거운 끼워맞춤인 것은?

① 50 G7/h6
② 25 N6/h5
③ 20 P6/h5
④ 6 JS7/h6

해설
① 50 G7/h6 : 헐거운 끼워맞춤
② 25 N6/h5 : 억지 끼워맞춤
③ 20 P6/h5 : 억지 끼워맞춤
④ 6 JS7/h6 : 중간 끼워맞춤

13. 끼워맞춤지수 $\varnothing 20H6/g5$는 어떤 끼워맞춤인가?

① 중간 끼워맞춤
② 헐거운 끼워맞춤
③ 억지 끼워맞춤
④ 중간 억지 끼워맞춤

정답 09 ④ 10 ③ 11 ① 12 ① 13 ②

해설 상용하는 구멍 기준 끼워맞춤

기준축	구멍 공차역 클래스								
	헐거운 끼워맞춤			중간 끼워맞춤			억지 끼워맞춤		
H6			g5	h5	js5	k5	m5		
		f6	g6	h6	js6	k6	m6	n6	p6
H7		f6	g6	h6	js6	k6	m6	n6	p6 r6 s6
	e7	f7		h7	js7				
		f7		h7					
H8	e8	f8		h8					
	d9	e9							
H9	d8	e8		h8					
	d9	e9		h9					

14. 다음 끼워맞춤 중에서 헐거운 끼워맞춤인 것은?

① 25 N6/h5 ② 20 P6/h5
③ 6 JS7/h6 ④ 50 G7/h6

15. 그림은 축과 구멍의 끼워맞춤을 나타낸 도면이다. 다음 중 중간 끼워맞춤에 해당하는 것은?

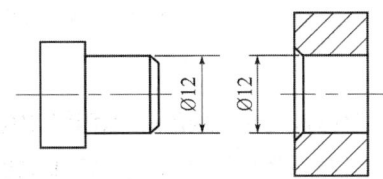

① 축-Ø12k6, 구멍-Ø12H7
② 축-Ø12h6, 구멍-Ø12G7
③ 축-Ø12e8, 구멍-Ø12H8
④ 축-Ø12h5, 구멍-Ø12N6

16. 끼워맞춤 관계에 있어서 헐거운 끼워맞춤에 해당하는 것은?

① H7/g6 ② H7/n6
③ P6/h6 ④ N6.h6

17. 끼워맞춤 중에서 구멍과 축 사이에 가장 원활한 회전운동이 일어날 수 있는 것은?

① H_1/f_6 ② H_7/p_6
③ H_7/n_6 ④ H_7/t_6

해설
① H_1/f_6 : 헐거운 끼워맞춤
② H_7/p_6 : 억지 끼워맞춤
③ H_7/n_6 : 억지 끼워맞춤
④ H_7/t_6 : 억지 끼워맞춤

18. h6 공차인 축에 중간 끼워맞춤이 적용되는 구멍의 공차는?

① R7 ② K7
③ G7 ④ F7

해설 상용하는 축 기준 끼워맞춤

기준축	구멍 공차역 클래스							
	헐거운 끼워맞춤		중간 끼워맞춤			억지 끼워맞춤		
H5			H6	JS6	K6	M6	N6	P6
	F6	G6	H6	JS6	K6	M6	N6	P6
H6	F7	G7	H7	H7	K7	M7	N7	P7 R7
	F7							

05 표면 거칠기

01. 표면 거칠기 표기방법 중 산술평균 거칠기를 표기하는 기호는?

① Rp ② Rv
③ Rz ④ Ra

해설 KS에서는 표면 거칠기의 측정방법으로 최대 높이(Ry), 10점 평균 거칠기(Rz), 산술평균 거칠기(Ra)의 3가지 방법을 규정하고 있다.

Part 1. 기계제도

02. 표면 프로 파일 파라미터 정의의 연결이 틀린 것은?

① Rt - 프로 파일의 전체 높이
② RSm - 평가 프로 파일의 첨도
③ Rsk - 평가 프로 파일의 비대칭도
④ Ra - 평가 프로 파일의 산술 평균 높이

해설
- 거칠기의 첨도(Rku)
- 거칠기 프로 파일 요소의 평균 길이(Rsm)

03. 표면 거칠기의 측정법으로 틀린 것은?

① NPL식 측정
② 촉침식 측정
③ 광 절단식 측정
④ 현미 간섭식 측정

해설
NPL식 측정
각도 게이지로 100×15mm의 강철제 블록으로 되어 있고, 12개의 게이지를 한조로 하며, 2개 이상 조합해서 0°에서 81°까지 6″간격으로 임의의 각도를 만들 수 있고 조립후의 정도는 ±2∼3″이다.

04. 표면 거칠기 측정기가 아닌 것은?

① 촉침식 측정기
② 광절단식 측정기
③ 기초 원판식 측정기
④ 광파 간섭식 측정기

해설
표면 거칠기의 측정법
- **비교용 표준편과의 비교측정** : 사람의 손가락 감각으로 표준편과 가공된 제품과의 표면 거칠기를 비교측정
- **광절단식 표면 거칠기 측정법** : 현미경이나 투영기에 의해서 확대하여 관측 또는 사진을 찍어서 요철 상태를 알 수 있다.
- **광파간섭식 표면 거칠기 측정법** : 빛의 간섭을 이용하여 가공면의 거칠기를 측정하는 방법으로 래핑면과 같이 초점 밑면에 적합

하며 1μm 이하의 비교적 미세한 표면의 측정에 사용한다.
- **촉침식 표면 거칠기 측정법** : 표면 거칠기 측정법의 대표적인 방법으로 측정원리는 피측정면에 수직으로 움직이는 촉침으로 피측정면의 표면을 긁어서 상하의 움직임 량을 전기적인 신호로 변환하고, 증폭시켜 그래프에 그리거나 meter에 값을 지시한다.

05. 바이트의 끝 모양과 이송이 표면 거칠기에 미치는 영향 중 이론적인 표면 거칠기 값(H_{max})을 구하는 식으로 옳은 것은? (단, r : 바이트 끝 반지름, S : 이송거리이다.)

① $H_{max} = \dfrac{8r}{S}$ ② $H_{max} = \dfrac{S^2}{8r}$

③ $H_{max} = \dfrac{S}{8r}$ ④ $H_{max} = \dfrac{8r}{S^2}$

해설
가공면의 거칠기
$H = \dfrac{S^2}{8r}$
가공면의 거칠기를 양호하게 하려면 노즈의 반지름을 크게, 이송을 적게 한다. 또 노즈의 반경은 보통 이송의 2 내지 3배가 양호하다.

06. 그림과 같은 표면의 상태를 기호로 표시하기 위한 표면의 결 표시기호에서 d는 무엇을 표시하는가?

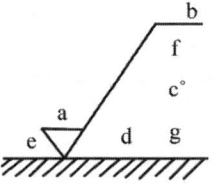

① a에 대한 기준길이 또는 컷 오프 값
② 기준 길이·평가 길이
③ 줄무늬 방향의 기호
④ 가공방법 기호

정답 02 ② 03 ① 04 ③ 05 ② 06 ③

해설
a : 산술평균 거칠기 값
b : 가공방법
c : 컷오프값
c' : 기준 길이
d : 줄무늬 방향 기호
e : 다듬질 여유 기입
f : 산술평균 거칠기 이외의 표면 거칠기 값
g : 표면 파상도

07. 보기와 같이 지시된 표면의 결 기호의 해독으로 올바른 것은?

[보기]
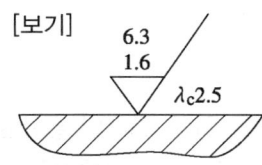

① 제거가공 여부를 문제 삼지 않을 경우이다.
② 최대 높이 거칠기 하한값이 $6.3\mu m$이다.
③ 기준길이는 $1.6\mu m$이다.
④ 2.5는 컷오프 값이다.

해설
① 제거가공을 필요로 한다. 가공흔적이 거의 없는 중간 또는 상급 다듬질요구
② 최대 높이 거칠기 하한값 1.6, 상한값 6.3 μm이다.
③ 2.5는 컷오프 값이다.

08. 그림과 같은 기호에서 "1.6" 숫자가 의미하는 것은?

① 컷오프 값
② 기준길이 값
③ 평가길이 표준값
④ 평균 거칠기의 값

해설
• 그림에서 1.6은 산술평균 거칠기 값이다.
• 2.5는 컷오프 값이다.

09. 그림과 같은 표면의 결 지시기호에서 각 항목별 설명 중 옳지 않은 것은?

① a : 거칠기 값
② b : 가공방법
③ c : 가공 연유
④ d : 표면의 줄무늬 방향

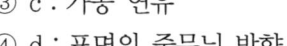
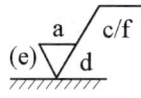

해설
c : 컷오프값
f : 산술평균 거칠기 이외의 표면 거칠기 값

10. 기계 가공면에 다음과 같은 기호가 표시되어 있을 때 이 기호의 의미는?

① 물체의 표면에 제거가공을 허락하지 않는 것을 지시하는 기호
② 물체의 표면을 제거가공을 필요로 한다는 것을 지시하는 기호
③ 물체 표면의 결을 도시할 때에 대상면을 지시하는 기호
④ 제거가공의 필요 여부를 문제삼지 않는다는 것을 지시하는 기호

해설
① 절삭 등 제거가공의 필요 여부를 문제 삼지 않는 경우에는 아래 그림 (a)와 같이 면에 지시기호를 붙여서 사용한다.
② 제거가공을 필요로 한다는 것을 지시할 때에는 면의 지시기호의 짧은 쪽의 다리 끝에 가로선을 부가한다(그림 b).
③ 제거가공을 해서는 안 된다는 것을 지시할 때에는 면의 지시기호에 내접하는 원을 부가한다(그림 c).

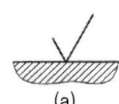 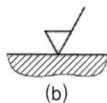 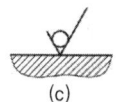
(a)　　　　(b)　　　　(c)

11. 재료의 제거가공으로 이루어진 상태든 아니든 앞의 제조공정에서의 결과로 나온 표면 상태가 그대로라는 것을 지시하는 것은?

①  ②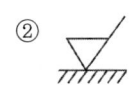
③ 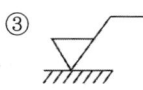 ④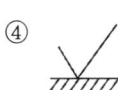

해설 표면 거칠기 관련 자료

기호	거칠기 정도(Ra)	적 용
▽	—	• 절삭가공 등 가공을 하지 않은 표면 주물의 표면
W▽	약 25~100μm	• 일반 절삭가공만 하고 끼워맞춤이 없는 표면(드릴구멍, 선삭 가공부 등)
X▽	약 6.3~25μm	• 끼워맞춤만 있고 상대운동은 없는 표면 • 커버와 몸체의 끼워맞춤부, 키 홈, 축과 회전체의 결합부 등
Y▽	약 0.8~6.3μm	• 끼워맞춤이 있고 상대운동이 있는 표면 • 베어링, 씰 등 정밀 축 기계요소 등이 끼워지는 표면, 정밀가공이 요구되는 표면(연삭 가공)
Z▽	약 0.1~0.8μm	• 대단히 매끄러운 표면을 의미함 • 게이지류, 피스톤, 실린더 표면 등 (호닝 등 정밀입자가공)

12. 표면의 결 지시 방법에서 "제거 가공을 허용하지 않는다"를 나타내는 것은?

① 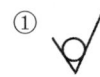 ②
③ 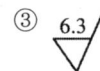 ④

해설 ▽ : 제거가공을 해서는 안 된다는 것을 지시할 때에는 면의 지시기호에 내접하는 원을 부가한다.

13. 그림과 같은 표면 거칠기 지시기호에서 $\lambda_c 2.5$의 값은 어떤 값을 의미하는가?

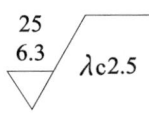

① 컷 오프 값
② 거칠기 지시 값 상한값
③ 최대 높이 거칠기 값
④ 거칠기 지시 값 하한값

해설 위 그림에서 $\lambda_c 2.5$의 값은 컷 오프 값을 의미한다.

14. 가공에 의한 커터의 줄무늬가 여러 방향일 때 도시하는 기호는?

① = ② X
③ M ④ C

해설

기호	설 명
=	가공으로 생긴 앞줄의 방향이 기호를 기입한 그림의 투상면에 평행
⊥	가공으로 생긴 앞줄의 방향이 기호를 기입한 그림의 투상면에 직각
X	가공으로 생긴 선이 두 방향으로 교차
M	가공으로 생긴 선이 다방면으로 교차 또는 무방향
C	가공으로 생긴 선이 거의 동심원
R	가공으로 생긴 선이 거의 방사상(레이디얼형)

15. 그림과 같은 환봉의 "A" 면을 선반 가공할 때 생기는 표면의 줄무늬 방향 기호로 가장 적합한 것은?

① C
② M
③ R
④ X

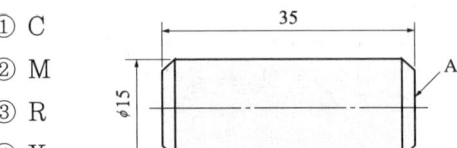

정답 11 ① 12 ① 13 ① 14 ③ 15 ①

16. 다음과 같은 표면의 결 도시기호에서 C가 의미하는 것은?

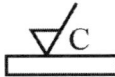

① 가공에 의한 컷의 줄무늬가 투상면에 평행
② 가공에 의한 컷의 줄무늬가 투상면에 경사지고 두 방향으로 교차
③ 가공에 의한 컷의 줄무늬가 투상면의 중심에 대하여 동심원 모양
④ 가공에 의한 컷의 줄무늬가 투상면에 대해 여러 방향

해설   표면의 결 도시기호 설명

기호	의미	설명도
=	가공으로 생긴 앞 줄의 방향이 기호를 기입한 그림의 투영면에 평행	커터의 줄무늬 방향
⊥	가공으로 생긴 앞 줄의 방향이 기호를 기입한 그림의 투영면에 수직	커터의 줄무늬 방향
X	가공으로 생긴 선이 두 방향으로 교차	커터의 줄무늬 방향
M	가공으로 생긴 선이 다방면으로 교차 또는 무방향	
C	가공으로 생긴 선이 거의 동심원	
R	가공으로 생긴 선이 거의 방사상 (레이디얼형)	

17. 그림의 기호가 의미하는 표면의 무늬결의 지시에 대한 설명으로 옳은 것은?

① 표면의 무늬결이 여러 방향이다.
② 표면의 무늬결이 방향이 기호가 사용된 투상면에 수직이다.
③ 기호가 적용되는 표면의 중심에 관해 대략적으로 원이다.
④ 기호가 사용되는 투상면에 관해 2개의 경사 방향에 교차한다.

18. 다음 그림이 나타내는 가공방법은?

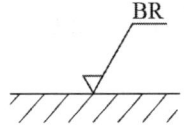

① 대상 면의 선삭가공
② 대상 면의 밀링가공
③ 대상 면의 드릴링가공
④ 대상 면의 브로칭 가공

해설   위 그림의 BR은 대상 면의 브로칭 가공이다.

19. 가공부에 표시하는 다듬질 기호 중 줄 다듬질의 기호는?

① FF   ② FL
③ FS   ④ FR

해설 ① FF : 줄 다듬질
② FL : 랩 다듬질
③ FS : 스크레이퍼다듬질
④ FR : 리머가공

정답 16 ③ 17 ① 18 ④ 19 ①

Part 1. 기계제도

20. 가공방법의 표시기호에서 "SPBR"은 무슨 가공인가?

① 기어 셰이빙
② 액체 호닝
③ 배럴 연마
④ 숏 블라스팅

해설
- 배럴 연마 : SPBR
- 액체 호닝 : SPL

21. 가공방법에 따른 KS 가공방법 기호가 바르게 연결된 것은?

① 방전 가공 : SPED
② 전해 가공 : SPU
③ 전해 연삭 : SPEC
④ 초음파 가공 : SPLB

2 도면해독 검토

1. 작업방법

요구되는 조건에 맞게 재료를 선택하고 대상품의 형상과 관련된 정보(치수, 표준공차, 표면 거칠기 등)를 표시한 도면에 따라 가장 적합한 방법을 선택하여 가공해야 한다.

1) 비절삭가공의 종류

(1) 주조 작업

목재, 금속 등으로 제작된 실물 모양의 모형에 금속을 용해하여 주입한 다음 응고시켜 원하는 모양의 금속제품을 제조하는 방법이다. 고압주조법(high pressure casting process), 다이캐스팅(die casting process), 이산화탄소 주조법(CO_2 process), 인베스트먼트 주조법(investment molding process) 등이 있다.

(2) 용접 작업

금속을 접합하는 방법 중에서 접합 부분을 가열하여 녹이고, 여기에 용접봉을 용해 보충하여 접합하는 방법으로 가스용접, 전기용접, 특수용접, 납땜 등이 있다.

(3) 소성 가공

재료에 힘을 가하면 변형하고 그 힘을 제거하면 변형이 사라져 원래의 형태로 복귀하는 성질을 탄성(elasticity)이라 하고, 이와는 반대로 힘을 제거하더라도 변형이 남아 있는 성질을 소성(plasticity)이라 한다. 소성 가공은 재료에 소성을 이용하여 소재에 힘을 가하여 변형시켜 필요한 형상과 치수를 얻는 가공방법으로 압연(rolling), 압출(extruding), 인발(drawing), 전조(form rolling) 등이 있다.

2) 절삭가공의 종류

(1) 절삭가공

공작물을 원하는 형상으로 만들기 위하여 공작물보다 경도가 높은 공구와 공작물을 상대운동 시켜 불필요한 부분을 제거해서 원하는 모양으로 깎아내는 작업으로 절삭에 사용되는 공작기계는 선반, 드릴링머신, 밀링머신, 플레이터 등이 있다.

(2) 연삭 가공

미세한 숫돌 입자의 예리한 모서리 하나하나를 작은 날끝으로 제작하여 일반 재료는 물론, 담금질한 강이나 초경합금 그리고 유리, 석재 및 도자기 등의 비금속 재료 등 절삭가공이 어려운 단단한 재료의 가공이 가능하며, 치수가 정밀하고 매끈한 다듬질 면을 얻을 수 있는 가공방법이다.

3) 특수가공의 종류

초경합금과 같이 매우 단단하여 구멍을 뚫을 수 없는 재료는 방전가공(electro discharge machining)이 효과적이다. 또한 전해작용(electrolytic machining)을 이용한 전해가공, 전자에너지(electron beam machining)를 이용한 전자 빔 가공과 레이저 가공(laser machining), 초음파 가공(ultrasonic machining), 플라즈마 가공(plasma machining) 등이 특수가공에 속한다.

4) 동력전달장치 본체 작업방법 결정

정확한 속도비로 동력을 전달하기 위해 기어로 구성된 동력전달장치를 설계하였다. 요소부품들의 조립 관계와 기능을 검토한 결과 예상되는 가공방법을 아래와 같이 결정할 수 있다.

(1) 본체 주조 작업

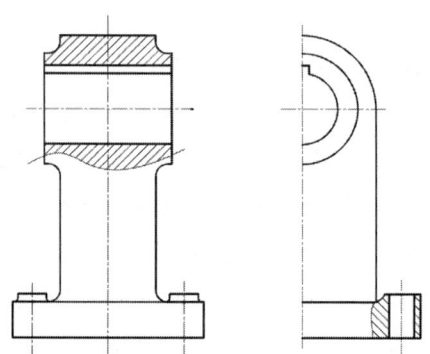

[그림 2-94] 동력전달장치 본체

① 주조공정은 완성 주물과 근사하게 본뜬 모형을 제작하고 주형 재료를 모형 주위에 다지고 모형 주형 공동을 만들기 위하여 빼낸다.
② 주형 상자는 주형 재료를 담는 상자로 두 부분으로 이루어진 주형에서 상형은 모형, 주형 상자, 주형 또는 코어의 상반부를 의미하고 하형은 하반부를 의미한다.

③ 코어는 수냉을 위한 구멍이나 통로와 같은 주물의 내부 형상을 만들기 위하여 주형 내에 삽입하는 주물사 형상이다.
④ 코어 프린트는 주형 내에 코어를 고정하고 지지하기 위하여 모형, 코어 또는 주형에 추가된 부분이다.
⑤ 주형의 재료와 코어는 주형 공동을 만들기 위하여 조립된다. 주형 공동에 용융물 질을 넣고 응고시켜 원하는 형상을 만든다.
⑥ 라이저는 주형에 만든 추가 공간으로 용융 물질로 채운다. 라이저는 응고 과정에서 주물의 수축으로 인한 용탕 부족을 보상하기 위한 것이며, 라이저 내의 재료가 주형 공동으로 공급된다.
⑦ 탕도계는 용융재료를 주형 공동으로 전달하기 위한 통로의 연결망이다. 본체의 모제 마련은 사형주조로 얻어지며 가공여유 및 수축여유를 고려하여 설계 치수보다 크게 하여 다음과 같은 작업방법으로 제작한다.

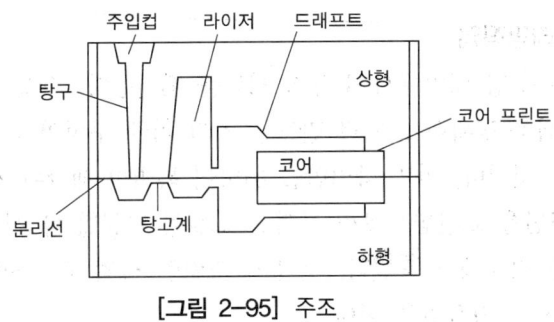

[그림 2-95] 주조

㉠ 본체와 동일한 형상의 모형판을 만든다.
㉡ 모형바닥을 위로 향하게 두고 모형판을 상하 주형 상자의 사이에 둔다.
㉢ 주물사를 주형의 하반부에 채워 다진다.
㉣ 하판을 다져진 주물사 위에 두고 주형을 뒤집는다. 탕구와 라이저 핀이 있는 모형의 상반부를 위로 한다.
㉤ 주형의 상반부를 주물사로 채워 다진다.
㉥ 주형은 개방되고, 모형판을 제거하고, 탕도와 주입구가 주물사의 분리면을 자른다.
㉦ 주형 상반부의 분리면은 모형과 핀을 제거하면 보인다.
㉧ 주형은 모형판을 제거하여 재조립하고 용융 금속을 탕구를 통하여 주입한다.
㉨ 주형 상자 안의 내용물을 흔들어 주형 상자로부터 제거하고 주물사를 분리하며 다음 가공에 대해 준비를 한다.

(2) 본체 밀링 가공

밀링작업은 점진적으로 칩을 제거함으로써 표면을 생성하는 기본적인 기계가공공정이다. 공작물은 이송하여 회전하는 절삭공구로 물려 들어간다. 일반적으로 공작물이 움직이지 않고 커터가 공작물로 이송되기도 한다.

① 주물을 통해 완성된 형상을 밀링 가공으로 기준면을 설정하기 위해 먼저 본체의 밑면을 가공한다.
② 바닥에 고정할 볼트 자리 부와 축이 조립될 위치의 측면 작업가공을 한다.

(3) 본체 드릴링 가공

2개의 절삭 인선 또는 날을 가진 공구로 구멍을 가공하는 공정으로 본체를 고정하기 위해 하단에 볼트 조립 부분과 축이 조립될 위치에서 드릴링 가공을 하여 관통시킨다.

(4) 본체 리밍작업

리밍은 구멍 내면에서 소량의 재료를 제거한다. 작업 목적은 크게 구멍을 더욱 정확한 크기로 만드는 것과 기존 구멍의 다듬질 정도를 개선하는 것이다. 리밍 작업만을 위하여 특별히 제작된 기계는 없다. 절삭공구만을 교환함으로써 구멍을 드릴링 가공할 때 사용된 것과 같은 기계를 리밍에 사용한다. 본체에 드릴링 작업 후 가공공차를 확보하기 위해 리밍작업을 한다.

(5) 본체 브로칭작업

브로치는 전체 표면을 한번 통과하여 다듬질한다. 브로치는 구멍, 키홈과 평면을 다듬질하는 생산작업에 이용된다. 본체 축 조립부에 키홈을 가공하기 위한 작업을 한다.

(a) 공작물(주조작업)   (b) 밑면 밀링(밀링 고정구 사용)   (c) 양 측면 밀링

(d) 앉음 자리 밀링과 마킹   (e) 볼트구멍 드릴링, 모따기   (f) 축 조립 구멍 드릴링

(g) 축 구멍 양측 모따기   (h) 축 구멍의 공차값 리밍   (i) 축 구멍 브로칭

(j) 구멍 위치 측정   (k) 구멍 측면 폭 측정   (l) 구멍 및 키 홈 측정

[그림 2-96] 본체의 가공 순서

5) 동력전달장치 축 가공방법

축 가공은 길이와 지름 부에 가공여유를 준 원형 봉의 부품 소재를 마련하며 열처리의 경우에는 연삭 여유를 주어 가공한다. 재질은 SM45C로 하고 열처리는 뜨임(조질) 열처리한다(HRc42±2).

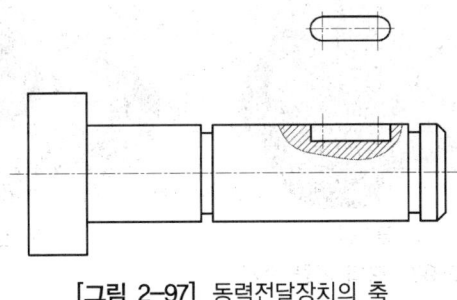

[그림 2-97] 동력전달장치의 축

(1) 작업방법 및 순서

① 선반의 주축대에 척(Chuck)에 물린 후 중심 잡기와 센터링 등 사전작업을 하고 바이트를 이동시켜 가공물에 끝단부터 절삭작업을 시행한다.
② 도면에 명시된 축 치수 중 가장 큰 지름부터 가공해 나가고 기타 모따기를 한다.
③ 키 홈을 엔드밀 가공하여 키 홈이 조립될 수 있도록 가공한다.
④ 축 재료의 강도를 확보하기 위하여 열처리 후(뜨임 열처리해 줄 것 HRc 42±2) 작은 지름 부의 물림과 연삭을 하고 큰 지름은 부는 폴리싱(코팅의 경우 열처리하지 않으며, 해당 부분 폭에만 코팅 두께를 고려한 가공) 한다.

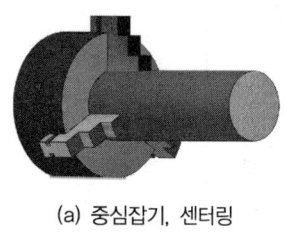
(a) 중심잡기, 센터링

(b) 끝면 가공

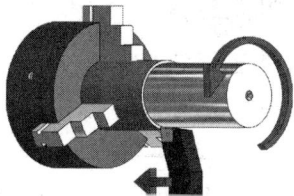
(c) 큰 지름 외경 가공

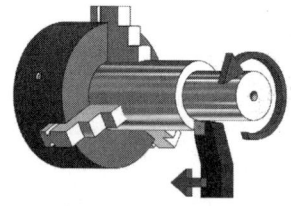
(d) 작은 지름 외경 가공

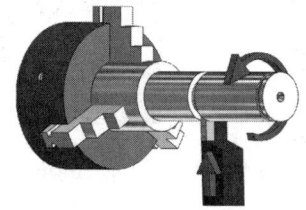
(e) 오링 및 멈춤 링부위 홈가공

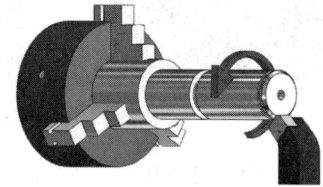
(f) 끝부분 모따기

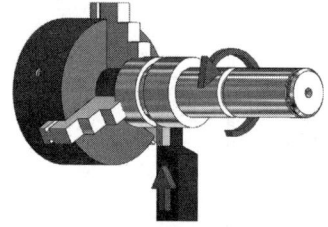
(g) 삽입안내 모따기

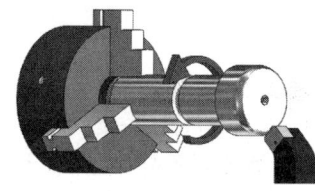
(h) 절단, 모따기

(i) 키 홈 엔드밀

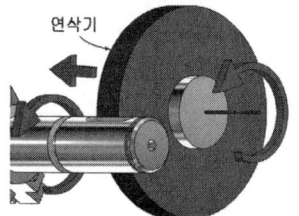
(j) 열처리 후 연삭

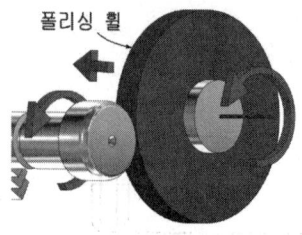
(k) 폴리싱

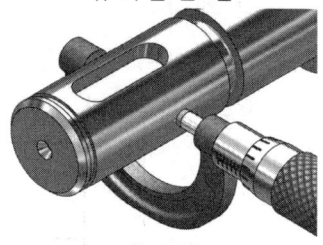
(l) 검사

[그림 2-98] 축의 가공 순서

2. 작업설비

1) 설비의 결정

① 제품 설계가 완료되면 조립도면, 부품도면 등을 검토하여 필요한 설비를 검토하여야 한다. 가공재료, 형상, 치수공차 및 표면 거칠기 등을 고려하여 공정설계를 한다.
② 공정설계가 완료되면 제조공정도 또는 조립공정도를 작성하여 설비의 효율성과 품질 및 생산성을 고려한 설비의 배치가 이루어진다.
③ 완성된 도면을 검토하여 설비를 결정하는 단계는 제품의 품질과 비용에 중요한 수단이 되기 때문에 신중하게 고려되어야 한다.
④ 자체 설비를 이용하는 방법과 외주 설비를 이용하는 방법을 신중하게 고려한다. 기존 설비를 검토할 때 설비의 능력을 고려하여야 한다.
⑤ 새로운 설비를 검토할 때 설비의 능력을 고려하여 감가상각을 판단하는 것도 중요하다.

2) 열처리 방법

기계재료는 같은 성분의 것이라도 열처리 방법에 따라 조직이 크게 달라질 수가 있으므로, 열처리를 알맞게 하면 필요에 따라 기계재료의 기계적 성질이나 그 밖에 성질을 변화시켜 효과적으로 이용할 수 있다. 동일한 강재라도 기계가공을 용이하게 하려면 풀림(annealing)을 하고, 단단한 조직으로 하려면 담금질(quenching)을 하면 된다. 또한 담금질이나 가공으로 취성(brittleness)이 커지면 뜨임(tempering)으로 용도에 알맞게 열처리를 한다.

3. 재료선정 및 중량 산출

1) 재질의 표시

기계의 부품에는 철강 재료, 비철금속 재료 및 비금속 재료 등 다양한 기계재료가 사용된다. 도면의 부품란에는 각 부품의 기능에 적합한 기계재료를 선택하여 이를 표제란이나 부품란에 재질을 표시하는데, 작업자나 부품 구매자는 물론 제품 재질과 관련된 구성원은 재질을 반드시 이해하여야 한다. 기계재료를 표시할 때는 주철, 황동 등 일반적인 재료 명칭 대신 규격에 정해진 재료기호를 사용한다. 도면에서 재료기호를 사용하면 부품의 재료를 간단하고 명료하게 표시할 수 있다. 규격이 제정되어 있지 않은 비금속 재료의 경우에는 재료명을 직접 기입한다.

2) 재료기호의 이해

한국산업규격의 금속 부문에는 재료의 종류별로 화학성분, 기계적 성질 및 용도에 따라 재료기호를 지정해 놓았다. 단, 여기에서 정해진 재료기호는 일반적으로 다음과 같이 구성되어 있다. 재료기호는 영문자와 숫자로 이루어져 있으며, 보통 다음의 세 부분으로 나누어진다. 처음은 재질을 나타내는 부분으로 로마자 표기의 머리글자나 원소기호 등으로 표기한다. 중간 부분에는 규격명, 제품명, 형상별 종류나 용도를 나타내는 부분으로, 로마자 표기의 머리글자로 표기한다. 그 다음에 재질의 종류 번호나 최고, 최저 인장강도를 숫자나 영문자로 표시한다. 때에 따라서는 재료기호 끝부분에 제조 방법, 모양, 열처리 방법 등을 덧붙여 표시한다.

3) 재료기호의 구성

한국산업규격(KS)의 금속 부문(D)에는 재료의 종류별로 화학성분, 기계적 성질 및 용도에 따라 재료기호를 지정해 놓았다.

(1) 처음 부분
재질을 나타내는 부분으로 영문자의 머리글자나 원소기호로 지시한다.

(2) 중간 부분
규격명, 제품명, 형상별 종류나 용도를 나타내는 부분으로 영자의 머리글자로 지시한다.

(3) 끝부분
재질의 종류 번호, 최저 인장강도, 제조 방법, 열처리 방법 등을 숫자나 영문자로 표시한다.

① SF340A(탄소강 단강품)

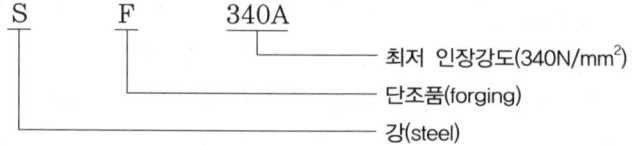

② PW1(피아노선 1종)

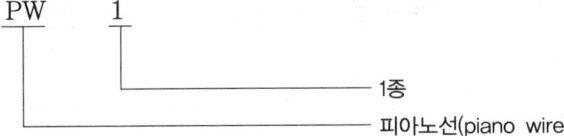

③ SM20C(기계구조용 탄소강재)

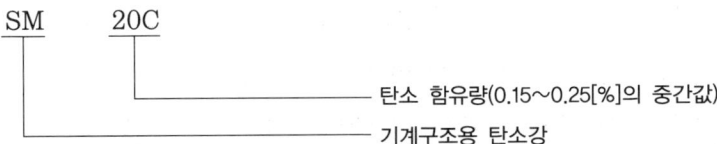

④ BSBMAD□(기계용 황동 각봉)

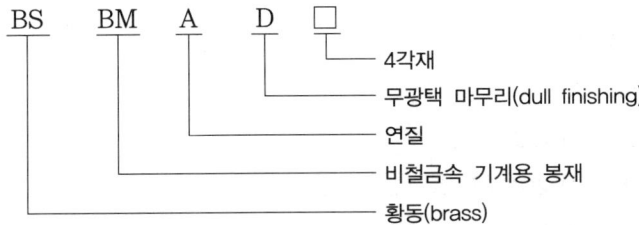

〈표 2-8〉 처음 부분의 기호

기호	재질명	영문	기호	재질명	영문
Al	알루미늄	aluminium	HBs	고강도 황동	high strength brass
AlB	알루미늄 청동	aluminium bronze	HMn	고망간	high manganese
B	청동	bronze	PB	인 청동	phosphor bronze
Bs	황동	brass	S	강	steel
C	구리	copper	ST	스테인리스강	stainless steel
Cr	크롬	chromium	WM	화이트 메탈	white metal

〈표 2-9〉 중간 부분의 기호

기 호	재 질 명	기 호	재 질 명
B	봉(bar)	MC	가단주철품(malleable iron cashing)
C	주조품(castings)	P	판(plate)
CD	구상 흑연주철	PS	일반 구조용 관
CP	냉간 압연강판	PW	피아노선
CS	냉간 압연강대	S	일반 구조용 압연재
DC	다이 캐스팅(die castings)	SW	강선(steel wire)
F	단조품(forgings)	T	관(tube)
HG	고압 가스용기	TC	탄소공구강
HP	열간 압연강판	W	선(wire)
HR	열간 압연	WR	선재(wire rod)
HS	열간 압연강대	WS	용접구조용 압연강
K	공구강		

4) 기계재료의 종류와 기호

각종 기계의 부품에는 철강 재료, 비철금속 재료 등 다양한 재료가 사용되며, 기계의 용도와 각 부품의 기능에 적합한 재료를 선택하여 도면의 부품란에 규격에서 정한 재료기호를 기입한다. 한국산업규격의 금속 부문에는 기계재료의 종류별로 재료·기호가 정해져 있으므로, 각 부품의 기능에 적합한 재료를 선택하여 그 기호를 사용하면 된다.

① SHP1~SHP3 : 열간압연 연강판 및 강대
② SS330, SS400, SS490, SS540 : 일반구조용 압연강판
③ SCP1~SCP3 : 냉간 압연강판 및 강대
④ SWS 400A~SWS570 : 용접구조용 압연강재
⑤ PW1~PW3 : 피아노선
⑥ SPS1~SPS9 : 스프링 강재
⑦ SCr415~SCr420 : 크롬 강재
⑧ SNC415, SNC815 : 니켈크롬 강재
⑨ SF340A~SF640B : 탄소상 난상품
⑩ STC1~STC7 : 탄소공구강재
⑪ SM10C~SM58C, SM9CK, SM15CK, SM20CK : 기계구조용 탄소강재
⑫ SC360~SC480 : 탄소 주강품
⑬ GC100~GC350 : 회주철품
⑭ GCD370~GCD800 : 구상흑연 주철품
⑮ BMC270~BMC360 : 흑심 가단 주철품
⑯ WMC330~WMC540 : 백심가단 주철품
⑰ C5191B : 인청동
⑱ BC1~BC7 : 청동주물
⑲ ALDC1~ALDC8 : 알루미늄 합금 다이캐스팅

5) 기계재료의 열처리 표시

부품 전체에 열처리할 때는 부품란에 재질과 함께 열처리 방법을 표시하거나 주기란에 기입한다. 부품의 면 일부분에 열처리할 때는 아래 그림과 같이 범위를 외형선에 평행하게 약간 떼어서 굵은 1점 쇄선을 긋고 열처리 방법을 기입한다.

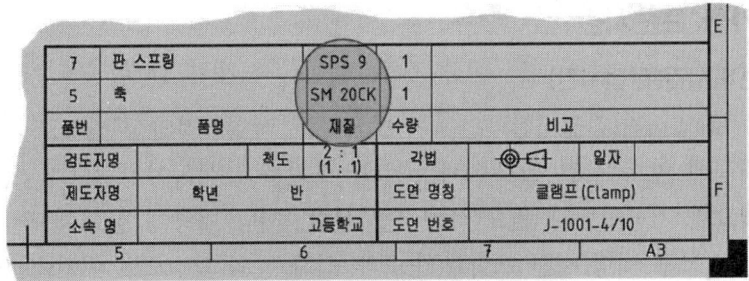

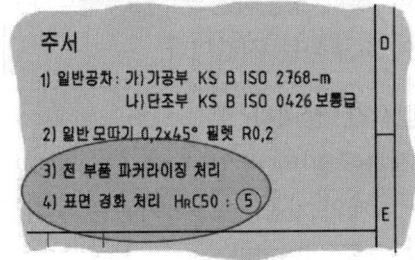

[그림 2-99] 전체를 열처리할 경우 표제란에 지시하는 방법

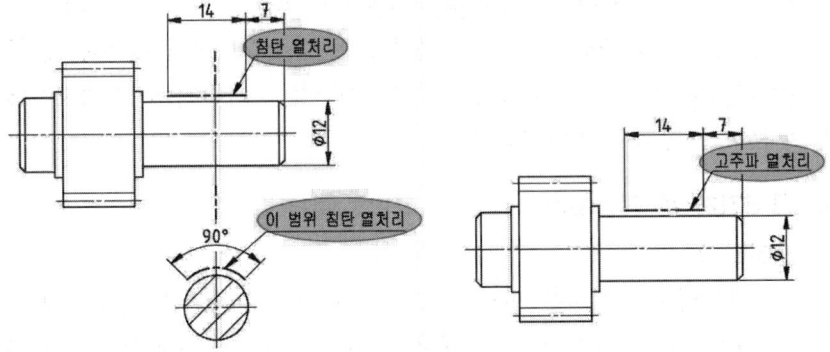

(a) 원둘레 범위 한정

(b) 전체 원둘레

[그림 2-100] 부품 일부분을 열처리할 경우의 지시 방법

6) 가공 표준시간

(1) 준비시간(간접시간)

주 작업시간(직접시간) 전·후 발생하는 작업공정의 시간으로 작업 시행에 앞서 작업 절차서(매뉴얼)와 도면을 분석하여 가공 대상품에 필요한 가공방법과 필요한 공구를 선별, 해당 가공에 필요한 공구를 조립(공구 세팅 시간 포함), 가공 후 검사 등의 과정으로 여기에 작업 완료 후 작업장에 정리 정돈하는 시간도 필요하고 제품가공 시마다 초기 세팅 시간이 요구되는 시간이다.

(2) 주 작업시간(직접시간, 정미시간)

지시된 도면의 절차에 따라 투입된 시간을 말하며 실제 기계가공에 필요한 시간, 즉 기계의 가공 속도와 가공품의 형상에 따라 가공하는 데 필요한 소요시간을 의미한다.

(3) 가공 여유시간(간접시간)

가공시간마다 일정하지 않고 불규칙적으로 또는 우발적으로 발생하는 시간으로 직접 가동시간당 여유시간을 결정하기가 어렵기 때문에 주 작업시간과 다르게 구분하여 발생평균시간을 조사하여 주 작업시간에 배분하는 방법이 바람직하다.

(4) 공작기계 주 작업시간

① 선반

선반작업은 공작물을 회전시키고 절삭공구인 바이트를 공구대에 고정하여 절삭깊이와 이송 운동을 시켜서 원통형의 공작물을 가공하는 공작기계로 보통선반, 타상선반, 터릿선반, 자동선반, NC 선반 등이 있다.

㉠ 외경 가공

$$T = \frac{L}{Nf} i$$

여기서, T : 정미시간
N : 회전수($\frac{1,000\,V}{\pi D}$)
f : 이송속도
L : 공작물 길이 + 도입부 여유량 + 종료부 여유량
i : 회수 = $\dfrac{\text{소재지름} - \text{가공후 지름}}{2 \times \text{절삭깊이}}$

 예제

절삭속도 140m/min, 이송 0.25 mm/rev의 절삭조건을 사용하여 φ80인 환봉을 절삭하고자 한다. φ75로 가공하고자 할 때 소요되는 가공시간은 몇 분인가? (단, 1회 절입량은 직경 5mm, 절삭길이는 300mm)

해설

$N = \dfrac{1,000\,V}{\pi D}$
$= \dfrac{1,000 \times 140}{\pi \times 75} = 594.4$

$T = \dfrac{l}{Nf}$
$= \dfrac{300}{594.4 \times 0.25} \simeq 2\min$

ⓒ 단면(내경) 작업시간

ⓐ 중공형 단면

$$T = \frac{(D-d)/2}{Nf}i = \frac{dm}{Nf}i$$

여기서, D : 공작물 외경
d : 공작물 내경
N : 회전수
dm : 평균지름 = $\dfrac{외경 + 내경}{2}$

ⓑ 원형 단면절삭

$$T = \frac{D/2}{Nf}i$$

② 밀링

밀링머신은 원주 위에 절삭날이 등간격으로 배치되어 있는 밀링커터를 회전시켜 가공물이 고정된 테이블을 이송하면서 가공하는 공작기계로 일반적으로 테이블은 길이 방향, 전후방향 및 상하 방향으로 이동하여 평면 및 표면을 정확히 가공할 수 있다.

㉠ 수평(plane)밀링

$$T = \frac{L}{f}i = \frac{L + \sqrt{t(D-t)}}{f}i$$

여기서, T : 작업시간
L : 공작물 길이
D : 커터지름
t : 절삭깊이
i : 절입횟수

$$f = fz \times Z \times n$$

여기서, fz : 한날당 이송
Z : 커터날 수
n : 회전수 = $\dfrac{1,000\,V}{\pi D}$

㉡ 정면(수직, face) 밀링

$$T = \frac{l + D}{f}i$$

③ 연삭

연삭기는 숫돌바퀴를 고속회전시켜 원통의 외면, 내면, 평면 등을 정밀 다듬질하는 공작기계이다.

예제

커터의 지름이 100mm이고, 커터의 날수 10개인 정면 밀링커터로 길이 200mm인 공작물을 절삭할 때 가공시간은 얼마인가? (단, 절삭속도는 100m/min, 1날당 이송량은 0.1mm이다.)

해설

• 회전수

$N = \dfrac{1,000\,V}{\pi D}$

$= \dfrac{1,000 \times 100}{\pi \times 100} = 318\,\text{rpm}$

• 테이블의 이송

$f = 0.1 \times 10 \times 318$
$= 318\,\text{m/min}$

• 테이블 이송거리

$L = 200 + 100 = 300\,\text{mm}$

∴ 가공시간

$T = \dfrac{L}{f} = \dfrac{300}{318}$

$= 0.94\text{분} = 56\text{초}$

㉠ 외경연삭

$$T = \frac{L}{Nf}i$$

여기서, T : 정미 가공시간
L : 공작물의 길이+숫돌폭
f : 숫돌이송량(mm/rev)
N : 회전수 $= \dfrac{1{,}000V}{\pi D}$
i : 연삭횟수 $= \dfrac{\text{연삭여유량}}{\text{숫돌절입량}}$(회)

㉡ 센터리스 연삭

$$T = \frac{L}{F}ix$$

여기서, T : 정미 가공시간
L : 공작물 길이
x : 수량

㉢ 센터리스 연삭에서의 이송

$$F = \frac{\pi DN\sin\alpha}{1{,}000}$$

여기서, D : 조정숫돌외경
N : 조정 숫돌 회전수
α : 조정숫돌 경사각도(일반적으로 3~4°로 계산한다.)

④ 드릴링

드릴머신은 주축이 회전하고 공구는 주로 드릴을 사용하여 구멍뚫기를 하는 공작기계로서 공작물은 테이블 위에 고정시키고 공구를 회전시켜 주축방향으로 절삭 이송운동을 준다. 다양한 공구를 이용하여 리밍, 보링, 카운터 보링 등의 작업을 할 수 있다.

㉠ 드릴링 가공시간

$$T = \frac{L}{Nf}i = \frac{t+h}{Nf}i$$

여기서, T : 정미 가공시간, N : 회전수 $= \dfrac{1{,}000V}{\pi D}$
f : 이송(mm/rev), t : 구멍 깊이(가공깊이)
i : 절입횟수
h : 드릴원추높이
$h = \dfrac{D}{3}$, $h = \dfrac{D/2}{\tan\dfrac{\alpha}{2}}$

예제

센터리스 연삭기에서 통과 이송법으로 연삭하려고 한다. 조정 숫돌 바퀴의 바깥지름 400mm, 회전수가 30rpm, 경사각이 4°일 때 1분 동안의 이송속도(f)는?

해설

$f = \pi DN\sin\alpha$ (mm/min)
$= 3.14 \times 400 \times 30 \times \sin 4°$
$= 2{,}629.76$ mm/min
$= 2.63$ m/min

예제

절삭 속도 20m/min, 드릴 직경 20mm, 이송 0.1mm/rev이고 드릴의 원뿔 높이를 6mm라 하면 깊이 94mm인 구멍을 관통하는 데 소요되는 시간은?

해설

$T = \dfrac{l}{ns} = \dfrac{\pi D(t+h)}{1{,}000vs}$
$= \dfrac{\pi \times 20 \times (94+6)}{1{,}000 \times 20 \times 0.1}$
$= 3.14$ min

7) 재료의 중량 계산

설계 완료된 기계에 대하여 중량 계산을 할 필요가 있다. 첫째는 기계의 정미중량을 알아보기 위한 것이고 둘째는 기계부품 또는 재료에 대하여 원가계산을 하기 위한 것이다. 정미중량을 위해 중량 계산을 할 경우에는 도면에 그려진 치수에 의하여 정확한 계산을 하고 원가계산을 위한 중량 계산을 할 경우에는 부품란에 기재되는 소재 치수에 의하여 중량 계산을 한다.

① 제품의 중량(W)=체적(단면적×두께 또는 길이)×비중량(γ)

② $W = 1,000\,VS = \dfrac{V(\text{cm}^3)S}{1,000} = \dfrac{V(\text{mm}^3)S}{1,000,000}$ [kgf]

③ 무게(중량)$= \dfrac{체적(\text{cm}^3) \times 비중}{1,000} = \dfrac{체적(\text{mm}^3) \times 비중}{1,000,000}$ [kgf]

④ 비중량(γ) $= \dfrac{무게(W)}{체적(V)}$

　$W = V\gamma$ (물의 비중량(4℃) 1,000kgf/m³)

　$\gamma = 1,000S$ (비중)

　(비중 : 철 7.8, 구리 8.9, 알루미늄 2.7)

⑤ 체적(부피)

　㉠ 사각형=가로×세로×길이+가공여유량

　㉡ 삼각형=(밑변×높이)÷2×길이+가공여유량

　㉢ 원형=$\dfrac{\pi}{4}d^2$×길이+가공여유량

　㉣ 중공원통=$\dfrac{\pi}{4}(D^2 - d^2)$×길이+가공여유량

　㉤ 직원뿔형=$\dfrac{1}{3}\pi h(R^2 + Rr + r^2)$

　㉥ 6각 기둥 : $2.6\,S^2$(폭)

　㉦ 구의 부피(V)=$\dfrac{4}{3}\pi r^3 = 0.866hl$

예제

강재의 절삭 체적값(V)이 50 cm³/min일 때 시간당 절삭되는 칩의 무게(G_h)는 얼마인가? (단, 비중은 7.85이다.)

해설

$w = \dfrac{체적 \times 비중 \times 시간}{1,000}$

　$= \dfrac{50 \times 7.85 \times 60}{1,000} = 23.55\text{kg}$

01 작업방법

01. 비절삭가공의 종류가 아닌 것은?
① 주조 작업   ② 용접 작업
③ 소성 가공   ④ 방전가공

해설 방전가공은 절삭 특수가공이다.

02. 소성 가공이 아닌 것은?
① 압연   ② 압출
③ 인발   ④ 방전

03. 주조 작업 중 응고 과정에서 주물의 수축으로 인한 용탕 부족을 보상하기 위한 것은?
① 코어   ② 라이저
③ 탕도계   ④ 코어 프린트

04. 구멍의 키 홈을 다듬질하는 작업은?
① 주조   ② 밀링
③ 브로칭   ④ 드릴링

05. 축 재료의 강도와 인성 확보하기 위하여 담금질 후에 하는 열처리는?
① 풀림   ② 뜨임
③ 불림   ④ 심랭 처리

해설
- 풀림 : 내부 응력제거
- 뜨임 : 인성 부여
- 불림 : 조직의 표준화
- 담금질 : 강도, 경도 증가
- 심랭 처리 : 시효 변형 방지

02 작업설비

01. 작업설비의 결정에 대한 설명으로 틀린 것은?
① 제품 설계가 완료되면 조립도면, 부품도면 등을 검토하여 필요한 설비를 검토하여야 한다. 가공재료, 형상, 치수공차 및 표면 거칠기 등을 고려하여 공정설계를 한다.
② 공정설계가 완료되면 제조공정도 또는 조립공정도를 작성하여 설비의 효율성과 품질 및 생산성을 고려한 설비의 배치가 이루어진다.
③ 완성된 도면을 검토하여 설비를 결정하는 단계는 제품의 품질과 비용에 중요한 수단이 되기 때문에 신중하게 고려되어야 한다.
④ 기존의 자체 설비를 이용할 수 없을 때는 외주 설비를 이용하는 방법을 우선하여 고려한다.

해설 자체 설비를 이용하는 방법과 외주 설비를 이용하는 방법을 신중하게 고려한다. 기존 설비를 검토할 때 설비의 능력을 고려하여야 한다.

02. KS 기계 재료기호 중 스프링 강재인 것은?
① SPS   ② SBC
③ SM   ④ STS

해설
① SPS : 스프링 강재
② SCM : 크롬몰리브덴강
③ SM : 기계구조용 탄소강재
④ STS : 합금공구강

정답 01 ① 02 ④ 03 ② 04 ③ 05 ② / 01 ④ 02 ①

형성평가

03. 다음 KS 재료기호 중 탄소공구강 강재의 기호는?

① STC ② STS
③ SF   ④ SPS

해설
① STC : 탄소공구강
② STS : 합금공구강
③ SF : 탄소강 단강품
④ SPS : 스프링 강재

04. 기계재료 중 기계구조용 탄소강재에 해당하는 것은?

① SS 400 ② SCr 410
③ SM 40C ④ SCS 55

해설
• SS 400 : 일반구조용 압연강판
• SCr 410 : 크롬 강재
• SM 40C : 기계구조용 탄소강재
• SC 410 : 탄소강 주강품

05. "SPP"로 나타내는 재질의 명칭은 어떤 것인가?

① 일반 구조용 탄소강관
② 냉간 압연강재
③ 일반 배관용 탄소강관
④ 보일러용 압연강재

해설
• 일반 구조용 탄소강관 : SS
• 냉간 압연강재 : SCP
• 일반 배관용 탄소강관 : SPP

06. 피아노 선재의 KS 재질기호는?

① HSWR ② STSY
③ MSWR ④ SWRS

해설
• HSWR : 경강선재
• SWRM : 연강선재
• SWRS : 피아노 선재

07. 크롬 몰리브덴강 단강품의 KS 재질기호는?

① SCM   ② SNC
③ SFCM ④ SNCM

해설
• SCMn : 구조용 고장력 탄소강 및 저합금강 주강품
• SNC : 니켈크롬 강재
• SFCM : 크롬 몰리브덴강 단강품

08. 다음 KS 재료기호 중 니켈크롬 몰리브덴강에 속하는 것은?

① SMn 420
② SCr 415
③ SNCM 420
④ SFCM 590S

해설
• SCr415~SCr420 : 크롬 강재
• SNC415, SNC815 : 니켈크롬 강재
• SNCM 420 : 니켈크롬 몰리브덴강
• SFCM 590S : 크롬 몰리브덴 단강품

09. 다음 중 니켈크롬강의 KS 기호는?

① SCM 415   ② SNC 415
③ SMnC 420 ④ SNCM 420

해설
① SCM 415 : 기계구조용 합금강 강재 크롬 몰리브덴강
② SNC 415 : 기계구조용 합금강 강재 니켈크롬강
③ SMnC 420 : 기계구조용 합금강 강재 망간크롬강
④ SNCM 420 : 기계구조용 합금강 강재 니켈크롬몰리브덴강

10. 다음 중 다이캐스팅용 알루미늄 합금에 해당하는 기호는?

① WM 1 ② ALDC 1
③ BC 1 ④ ZDC 1

정답 03 ① 04 ③ 05 ③ 06 ④ 07 ③ 08 ③ 09 ② 10 ②

> 해설
> ① WM 1 : 화이트 메탈
> ② ALDC 1 : 다이캐스팅용 알루미늄합금
> ③ BC 1(신규격 CAC401) : 청동주물
> ④ ZDC 1 : 아연합금 다이캐스팅

11. 재료기호가 'STD 10'으로 나타날 때 이 강재의 종류로 옳은 것은?

① 기계구조용 합금강
② 탄소공구강
③ 기계구조용 탄소강
④ 합금공구강

> 해설
> ① 기계구조용 합금강 : SCM415(크롬몰리브덴강), SNC415(니켈크롬강)
> ② 탄소공구강 : STC
> ③ 기계구조용 탄소강 : SM45C
> ④ 합금공구강 : STS, STD

12. 금속재료 기호가 SS400일 때 그 설명으로 옳은 것은?

① 탄소 함유량이 0.40%인 기계구조용 탄소강재
② 탄소 함유량이 0.40%인 일반 구조용 압연강재
③ 최저 인장강도가 400kg/cm²인 기계구조용 탄소강재
④ 최저 인장강도가 400N/mm²인 일반 구조용 압연강재

> 해설
> SS400 : 최저 인장강도가 400N/mm²인 일반구조용 압연강재

13. 도면에 표시된 재료기호가 "SF390A"로 되었을 때 "390"이 뜻하는 것은?

① 재질 번호
② 탄소 함유량
③ 최저 인장강도
④ 제품 번호

> 해설
> SF340A(탄소강 단강품)
> • S : 강(steel)
> • F : 단조품(forging)
> • 390 : 최저 인장강도(340N/mm²)

14. SM20C의 재료기호에서 탄소 함유량은 몇 % 정도인가?

① 0.18~0.23%
② 0.2~0.3%
③ 2.0~3.0%
④ 18~23%

> 해설
> • S : 강(steel)
> • M : 기계구조용(machine structural use)
> • 20C : 탄소 함유량 0.15~0.25%의 중간값

03 재료선정 및 중량 산출

01. 지시된 도면의 절차에 따라 투입된 시간을 말하며 실제 기계가공에 필요한 시간은?

① 준비시간
② 정미시간
③ 간접시간
④ 표준시간

> 해설
> 주 작업시간(직접시간, 정미시간)
> 지시된 도면의 절차에 따라 투입된 시간을 말하며 실제 기계가공에 필요한 시간, 즉 기계의 가공 속도와 가공품의 형상에 따라 가공하는데 필요한 소유 시간을 의미한다.

02. 지름이 10cm이고, 길이가 20cm인 알루미늄 봉이 있다. 이 알루미늄의 비중이 2.7일 때 질량(kg)은?

① 0.424kg
② 4.24kg
③ 1.70kg
④ 17.0kg

> 해설
> • 질량(중량) = $\frac{체적(cm^2) \times 비중}{1,000}$
> = $\frac{1,571(cm^2) \times 2.7}{1,000}$ = 4.24 kgf
> • 체적 = $\frac{\pi \times 10^2}{4} \times 20 = 1,571\,cm^2$

정답 11 ④ 12 ④ 13 ③ 14 ① / 01 ② 02 ②

03. 지름이 10cm이고, 길이가 20cm인 알루미늄 봉이 있다. 비중량이 2.7일 때, 중량(kg)은?

① 0.4242kg ② 4.241kg
③ 42.42kg   ④ 2424kg

해설
- 무게(중량) = $\dfrac{체적(cm^3) \times 비중}{1,000}$
  = $\dfrac{체적(mm^3) \times 비중}{1,000,000}$
  = $\dfrac{1571(cm^3) \times 2.7}{1,000}$
  = 4.241 kg
- 원형 = $\dfrac{\pi}{4}d^2 \times$ 길이 = $\dfrac{\pi}{4} 10^2 \times 20 = 1,571\,cm$

04. 그림과 같은 탄소강 재질의 가공품 질량은 약 몇 g인가? (단, 치수의 단위는 mm이며, 탄소강의 밀도는 7.8g/cm³으로 계산한다.)

① 49.09
② 54.81
③ 64.54
④ 71.75

해설
- 중량 = $\dfrac{체적 \times 비중}{1,000} = \dfrac{7027.1 \times 7.8}{1,000} = 54.81\,gr$
- 체적 = $(15 \times 15 \times 15) + (\dfrac{\pi \times 25^2}{4} \times 10)$
  $- (\dfrac{\pi \times 8^2}{4} \times 25)$
  = $7,027.1\,mm^3$

05. 두께 5.5mm인 강판을 사용하여 그림과 같은 물탱크를 만들려고 할 때 필요한 강판의 질량은 약 몇 kg인가? (단, 강판의 비중은 7.85로 계산하고 탱크는 전체 6면의 두께가 동일함)

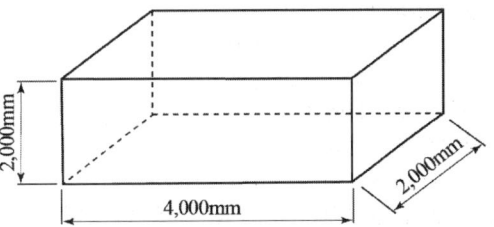

① 1,638   ② 1,727
③ 1,836   ④ 1,928

해설
- 체적사각형 = 가로 × 세로 × 길이
  ① 4,000 × 2,000 × 5.5 = 44,000,000 × 4면
     = 176,000,000
  ② 2,000 × 2,000 × 5.5 = 22,000,000 × 2
     = 44,000,000
- 무게(중량)
  = $\dfrac{체적(cm^3) \times 비중}{1,000} = \dfrac{체적(mm^3) \times 비중}{1,000,000}$
  = $\dfrac{220,000,000 \times 7.85}{1,000,000} = 1,727\,mm$

06. 다음 그림은 정면도와 측면도 모두 좌우 대칭인 열교환기 지지철물의 도면이다. 소요되는 모든 ㄱ형강의 중량은 약 몇 kgf 인가? (단, ㄱ형강 L-65×65×6의 단위 길이당 중량은 5.91 kgf/m이고, 조립을 위한 볼트, 너트는 무시한다.)

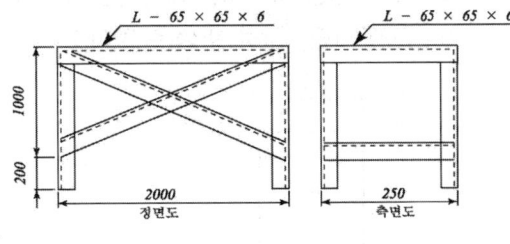

① 99   ② 111
③ 133   ④ 155

해설
- 무게(중량) = $\dfrac{체적(cm^3) \times 비중}{1,000}$
  = $\dfrac{체적(mm^3) \times 비중}{1,000,000}$ [kgf]

※ 형강의 총길이

형강의 대각선 길이 $= \dfrac{2,000}{\cos 27} = 2,245$

$(2,000 \times 2) + (1,200 \times 4) + (250 \times 4) + (2,245 \times 4) = 18,780$

단위길이당 중량은 5.91kgf/m

$18,780 \div 1,000 = 18.78 \times 5.91 = 110.98$

∴ 약 111kgf

07. 다음의 원뿔을 전개하였을 때 전개 각도 θ는 약 몇 도인가? (단, 전개도의 치수 단위는 mm이다.)

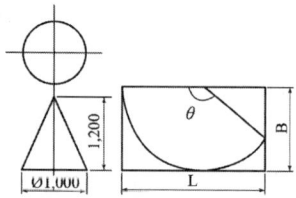

① 120° ② 128°
③ 138° ④ 150°

해설 $l = \sqrt{h^2 + r^2} = \sqrt{1,200^2 + 500^2} = 1,300$

$\theta = \dfrac{r \times 360}{1,300} = \dfrac{500 \times 360}{1,300} = 138°$

08. 그림과 같이 지름이 50mm이고, 길이가 60mm인 원통 외부의 표면적은 약 몇 mm²인가? (단, 상하 뚜껑은 없다.)

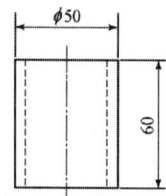

① 2,400 ② 5,637
③ 7,540 ④ 9,425

해설 $A = \pi \times 50 \times 60 = 9,424.8$

09. 아래 원뿔을 전개하면 오른쪽의 전개도와 같을 때 θ는 약 몇 도(°)인가? (단, $r = $ 20mm, $h = $ 100mm이다.)

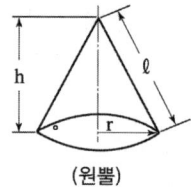 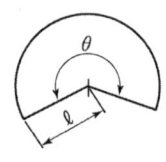

(원뿔)   (전개도)

① 약 130° ② 약 110°
③ 약 90°   ④ 약 70°

해설 원뿔 전개도에서 θ각을 구하는 방법

$l = \sqrt{h^2 + r^2} = \sqrt{100^2 + 20^2} = 101.98$

$\theta = \dfrac{r \times 360}{l} = \dfrac{20 \times 360}{101.98} = $ 약 70°

10. 그림과 같은 물탱크의 측면도에서 원통 부분을 6mm 두께의 강판을 사용하여 판금 작업하고자 전개도를 작성하려고 한다. 이 원통의 바깥지름이 600mm일 때 필요한 마름질 판의 길이는 약 몇 mm인가? (단, 두께를 고려하여 구한다.)

① 1,903.8
② 1,875.5
③ 1,885
④ 1,866.1

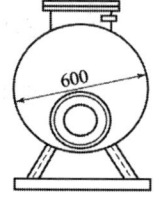

해설 $\pi \times (D - t) = \pi(600 - 6) = 1,866.1 \text{mm}$

Chapter 03. 2D 도면 작업

1 작업 환경 설정

1. 사용자 환경 설정

1) CAD의 정의

디자인 개념(Design concept)을 시각적으로 구현하는 데 컴퓨터를 이용하는 창의적인 작업방법을 CAD(computer aided design)라 하며, 컴퓨터를 이용한 제조(CAM: computer-aided manufacturing)와 대비를 이룬다. CAD/CAM 기술은 기계설계, Bio/Nano/Medical CAD, 선박설계, 건축설계, 토목설계, 플랜트 설계 등 매우 다양한 분야에서 활용된다.

2) CAD 프로그램의 종류와 용도

(1) 오토캐드(AutoCAD)

2D, 3D 디자인과 제도, 건축설계 등을 위해 사용하는 프로그램으로 오토데스크가 저작사이며, 사용자에 의한 기능 최적화를 지원한다.

(2) 캐디안(CADian)

오토캐드의 dwg, dxf, dwf 파일의 읽기, 저장, 편집, 출력이 가능하고 양방향으로 호환이 되며 동일한 명령어 구조 및 dwg 확장자를 사용한다. 또한 Bentley사의 Microstation 포맷인 dgn 파일 읽기가 가능하다.

(3) 지스타캐드(GstarCAD)

dwg, dxf 호환성, 타 캐드 프로그램과 매끄러운 호환성을 가지며, 저렴한 가격의 대안 캐드로서 오토캐드사와 동일한 단축키, 명령어 폰트, 메뉴 및 작동 방법을 사용한다.

(4) ZWCAD

중국의 ZWSOFT사에서 개발한 캐드 프로그램으로 타 캐드 소프트웨어와의 원활한 호환성과 빠른 속도로 대안 캐드 시장에서 높은 점유율을 자랑하고 있으며, 낮은 사양에서도 사용이 가능하고 프로그램이 가벼운 것이 특징이다.

> **TIP**
>
> **CAD/CAM의 효과**
> (1) 설계의 생산성 향상 : 도면수정, 부품대칭, 비슷한 도면, 도면이 복잡할 때
> (2) 시간 단축 : 도면수정 및 비슷한 도면을 그릴 때
> (3) 설계 해석 : 설계해석을 동시에 제공
> (4) 설계 오류의 감소 : CRT에서 도형의 모양이나 치수 확인
> (5) 설계 계산의 정확성, 표준화, 정보화, 경영의 효율화와 합리화

(5) 마이크로 스테이션(microstation)

벤틀리(Bentley)에서 개발한 캐드 프로그램으로 dwg와 dgn을 통합하고 dwg 데이터의 가치를 확장하고 다양한 dwg 재사용에 대한 난제를 극복한 것이 특징이며, 대화식 도구 상자 및 타 캐드 시스템과의 뛰어난 상호 호환성을 갖추고 있다.

(6) 카티아(CATIA: computer aided three dimensional interactive application)

프랑스 다쏘시스템에서 자동차나 항공기를 설계하고 개발하기 위해 만든 3D지원 설계 프로그램으로 2D, 3D 기계디자인부터 복합디자인까지 전체 형상 디자인, 스타일링 및 곡면처리 워크플로우 등의 기능을 제공한다.

3) 캐드에서 그리기 보조 도구(Drawing Aids)

(1) 그리드(gird) 명령

도면 작업 속도 및 생산 효율을 향상시키기 위하여 도면 영역에 직사각형 grid(격자)를 표시하는 기능이다.

(2) 스냅(snap) 명령

레이아웃(layout) 도면을 작도할 때 유용하게 사용되는 포인트를 일정한 간격으로 이동하도록 제어하는 기능으로 '그리드(grid)'와 '스냅(snap)' 기능은 동시에 쌍으로 동작하는 상호 보완적인 기능이다.

(3) OSNAP

오토캐드에서 가장 중요한 명령어로 오브젝트에서 정확한 점을 찾아주는 기능이며 Shift 키를 누른 상태에서 마우스 오른쪽 버튼을 사용하거나, 명령창에서 'OSNAP'을 입력하여 사용한다.

(4) 구속조건 추정(infer constraints)

파라메트릭 설계 작업에서 작성할 엔티티(entity)에 기하학적 구속조건들을 표시하는 기능으로 미리 설정한 조건을 근거로 삼아 직교, 평행, 수평, 수직, 접점, 동심, 대칭과 같은 판단을 이끌어 내어 표시한다.

(5) 동적 입력(dynamic input)

도면 작업 영역에서 설계 작업에 집중하는 데 도움을 주기 위해서 마우스 포인터 주위에 명령 프롬프트 인터페이스를 제공한다. 이는 헤드업 디자인(head-up design)이라고도 하며, 설계 초보자는 혼동을 야기할 수 있으므로 설계 숙련자의 사용을 권장한다.

(6) 직교 모드(ortho mode)

마우스 커서가 4개의 각도 방향으로만 이동하는 것을 허용하는 것으로 도면 윈도에서 손 또는 눈대중으로 마우스를 이용하여 수평선 또는 수직선을 작도할 수 없으므로 수직선 또는 수평선을 작도하기 위해 사용한다.

(7) 극좌표 추적(polar tracking)

직교 모드는 4개의 각도 방향으로만 이동하는 것을 허용하여 다양한 방향의 각도 경사선을 작도할 수 없으므로 이를 가능하도록 보완한 기능이다.

4) 환경 설정하기

도면을 쉽고 빠르게 제도하기 위해 화면 상태의 설정과 명령어 입력 및 실행상태를 보조 명령어를 이용하여 사용자 환경에 맞게 설정한다.

(1) 옵션 설정

파일의 열기, 저장 경로, 화면의 표시상태, 시스템 설정 등을 지정한다.

(2) 상태 표시줄의 설정

도면작성에 필요한 부가 명령들을 설정한다.

(3) 모드 설정

도면요소를 확장, 이동, 복사, 회전, 확대, 축소, 대칭 복사 등을 한다.

(4) 도면영역 설정

도면의 영역 설정을 하고 제도 범위를 제한한다.

(5) 화면 조정

도면요소의 크기를 변경하지 않고 화면에 도면요소를 확대하거나 축소 및 이동한다.

(6) 도구 모음의 표시

도구막대를 수정, 편집하거나 새로운 막대도구를 만들고 아이콘 단추를 변경한다.

(7) 화면 표시 항목을 설정

'옵션 → 화면 표시'에서 사용자 환경에 적합하도록 '윈도 요소', '배치 요소', '표시 해상도', '표시 성능', '십자선 크기', '페이드 컨트롤' 등을 설정한다.

① 윈도 요소

윈도 요소 중 '툴팁 표시' 항목은 캐드를 처음 사용할 경우 아이콘에 마우스를 올려놓을 때 풍선 도움말이 나오는 유용한 기능으로 사용자 편의에 맞추면 된다.

② 표시 해상도

화면상에 만들어지는 객체의 품질을 조정하는 것으로 높게 설정하면 화면 표시 품질은 좋아지나, 컴퓨터 실행 시 속도가 느려질 수 있으므로 컴퓨터의 사양을 고려하여 조정한다. 반대로 너무 낮게 설정하는 경우 원이 다각형처럼 보일 수 있다.

③ 표시 성능

화면상의 객체의 품질을 조정하는 것으로 높게 설정하면 컴퓨터 실행 시 속도가 느려질 수 있으므로 컴퓨터의 사양을 고려하여 설정한다.

㉠ 래스터 및 OLE 초점 이동과 줌 : 화면 크기 조정 시 작업 화면상의 이미지나 OLE 객체를 어떻게 표현할 것인가를 설정하는 것으로 활성화(☑)하면 내용을 전부 표시한 상태에서 작업이 이루어진다.

㉡ 래스터 이미지 프레임만 강조 : 이미지 선택 시의 표시방법으로 활성화(☑)하면 프레임만 강조된다. 비활성화(☐) 시에는 전체 이미지를 강조한다.

(8) 열기 및 저장 항목을 설정

① 파일 저장

작업한 파일을 저장할 때 적용되는 세팅 값으로 하위 버전에서 열리지 않을 수 있으므로 도면의 호환성을 위해 하위 버전으로 세팅하기를 권장한다.

㉠ 다른 이름으로 저장 : '주석 객체의 시각적 사실성 유지'를 활성화(☑)하면 2007 이전 버전으로 저장될 때 주석 축척이 지정된 객체가 축척별로 다른 도면층(layer)에 지정되며, '도면 크기 호환성 유지'를 활성화(☑)하면 기존의 도면을 열어 저장할 때 큰 객체 크기를 제한한다.

② 파일 안전 예방 조치

캐드 작업 시 발생할 수 있는 컴퓨터의 멈춤, 정전 등의 예상치 못한 상황으로 작업 중인 데이터가 손실되는 것을 방지하기 위해서는 다음의 항목을 설정한다.

㉠ **자동 저장** : 지정된 시간(분)에 도면을 자동으로 저장하도록 하는 기능으로 저장 간격이 너무 짧은 경우 작업 시 방해가 되고, 반대로 길면 다운이나 정전 시 작업 중인 데이터를 잃는 범위가 커지므로 작업 데이터의 양을 고려하여 설정한다.

㉡ **저장할 때마다 백업본 작성** : 백업본 파일 저장 시에는 '*.bak'파일이 생성되며 확장자 'bak'를 'dwg'로 변경하면 열린다.

③ **상시 중복 점검(CRC) 확인**

도면에 객체를 읽어올 때 순환 중복 점검(CRC: cyclical redundancy check)이 수행될지 결정하는 것으로 파일이 손상되어 오류가 의심되는 경우 이 옵션을 선택한다.

④ **로그 파일 유지 보수**

이 옵션을 선택하면 파일과 같은 이름으로 모든 명령어 진행 과정을 텍스트 파일(*log)로 만들어 준다.

⑤ **임시 파일의 확장자**

임시 저장되는 파일의 확장자는 'ac$'이며, 컴퓨터 다운 시 이 확장자를 찾아서 'dwg'로 변경하면 열린다.

⑥ **보안 옵션**

도면의 불법적인 도용 방지를 위해서 보안이 필요한 경우 파일에 암호에 대한 옵션을 설정한다.

⑦ **디지털 서명 정보**

컴퓨터 문서(dwg 포함)에 대해 보안 장치를 적용하는 것으로 허용된 사용자만 문서를 볼 수 있도록 하는 기능이다. 단순한 암호의 개념에서 발전된 것으로 보안 서버에 등록된 사용자만이 문서를 열 수 있는 권한이 부여된다.

⑧ **파일 열기**

최근 사용한 파일과 불러왔던 파일에 대한 설정으로 다음과 같이 한다.

㉠ **최근 사용된 파일 개수** : 최근 사용한 파일을 파일 메뉴 하단에 나타낼 개수를 설정한다(최대 9개).

㉡ **제목 표시 줄에 전체 경로 표시** : 제목 표시 줄(상단)에 현재 도면의 전체 경로를 표시한다.

⑨ 메뉴 검색기

아이콘을 클릭할 때 제일 먼저 나오는 화면에 최근 사용된 파일을 나타낼 개수를 설정한다(최대 50개까지 나타낼 수 있다).

(9) 사용자 기본 설정 항목을 설정

'옵션 → 사용자 기본 설정' 항목에서 캐드의 작업 방식을 사용자 환경에 최적화할 수 있는 옵션으로 설정한다.

① windows 표준 동작

마우스에 대한 기본 설정 중 '두 번 클릭 편집' 항목은 마우스로 객체를 더블클릭하여 객체를 편집 상태로 전환할 것인지 선택하는 기능이다. '도면 영역의 바로 가기 메뉴'는 마우스 오른쪽 버튼을 클릭했을 때 나타나는 바로 가기 메뉴 설정 기능이다.

② 삽입 축척

도면에 블록 또는 도면을 삽입할 때의 단위 설정으로 특별한 경우가 아니라면 미터법에 따라 'mm'를 사용한다.

③ 좌표 데이터 항목에 대한 우선순위

명령창에서 입력한 좌표가 우선인지, 객체 스냅이 우선인지를 선택하여 적용한다.

(10) 제도 항목 설정

AutoSnap과 AutoTrack 등 편리 기능은 '옵션 → 제도' 항목을 클릭하면 화면이 나타나고 여기에서 필요 항목을 사용자에 맞도록 설정한다.

① AutoSnap 설정

표식기, 마그넷 및 AutoSnap 툴팁 등 사용하고자 하는 기능에 체크(☑)하여 활성화 여부를 설정한다.

② AutoSnap 표식기 크기

크기 조정 막대를 마우스로 클릭하고 드래그하여 사용자의 환경에 맞게 설정하여 사용한다.

③ 객체 스냅 옵션

해치, 치수 보조선 등 자동 객체 스냅이 무시되도록 하고자 하는 경우 해당 기능에 체크(☑)하여 활성화 여부를 설정한다.

④ AutoTrack 설정

극좌표 추적 또는 객체 스냅 추적 기능이 켜져 있을 때 자동 추적 동작에 관한 기능으로 해당 기능에 체크(☑)하여 활성화 여부를 설정한다.

2. 선의 종류와 용도

1) 선의 굵기 및 종류 구별

도면을 작성할 경우 도형의 외형선과 중심선 그리고 치수선과 치수 보조선 등을 아래 언급된 규칙에 따라 구별하여 작성한다.

① 선의 굵기 기준은 0.18mm, 0.25mm, 0.35mm, 0.5mm, 0.7mm, 1mm로 한다.

② 가는 선, 굵은 선 및 극히 굵은 선의 굵기 비율은 1 : 2.5 : 5(또는 1 : 2 : 4)로 한다.

③ 모양에 따른 선의 종류(단속 형식에 따른 종류)
  ㉠ 실선(──────) : 연속된 선으로 끊어짐 없이 연속되게 그린다.
  ㉡ 파선(┈┈┈┈┈) : 짧은 선을 약간의 간격으로 나열한 선으로 선의 길이와 간격의 비율 기준을 2 : 1로 한다.
  ㉢ 1점 쇄선(─ ─ ─ ─) : 긴 선과 짧은 선 1개를 서로 규칙적으로 나열한 선으로 긴 선의 길이와 간격, 그리고 짧은 선 길이의 비율 기준을 9 : 1 : 1로 한다.
  ㉣ 2점 쇄선(─ ·· ─ ·· ─) : 긴 선과 짧은 선 2개를 서로 규칙적으로 나열한 선으로 긴 선의 길이와 간격, 짧은 선 길이와 간격, 짧은 선의 비율 기준을 15 : 1 : 1 : 1 : 1로 한다.

④ 굵기에 따라 분류한 선
  ㉠ 가는 선 : 굵기가 0.18~0.5mm인 선
  ㉡ 굵은 선 : 굵기가 0.35~1mm인 선(가는 선 굵기의 2배)
  ㉢ 아주 굵은 선 : 굵기가 0.7~2mm인 선(굵은 선 굵기의 2배)

⑤ 선의 용도에 따라 분류한 선
  〈표 3-1〉과 같이 사용한다. 또한 이 표에 의하지 않는 선을 사용할 때에는 그 선의 용도를 도면 안에 주기한다.

TIP

단속 형식에 따른 종류
① 실선 : 연속된 선
② 파선 : 선의 길이와 간격의 비율 기준을 2:1로 한다.
③ 1점 쇄선 : 긴 선의 길이와 간격과 짧은 선 길이의 비율기준을 9:1:1로 한다.
④ 2점 쇄선 : 긴 선의 길이와 간격, 짧은 선 길이와 간격, 짧은 선의 비율 기준은 15:1:1:1:1로 한다.

CAD 제도 선 굵기의 비율 (KS B 7091)

선 굵기의 종류	비율
가는 선	1
굵은 선	2.5
아주 굵은 선	5

〈표 3-1〉 선의 종류에 의한 사용방법 KS B 0001

용도에 의한 명칭	선의 종류		선의 용도	그림1-4의 조합번호
외형선	굵은 실선	———————	대상물의 보이는 부분의 형상을 표시	1.1
치수선	가는 실선		치수를 기입하기 위하여 사용	2.1
치수 보조선			치수를 기입하기 위하여 도형으로부터 끌어내는데 사용	2.2
지시선			기술, 기호 등을 표시하기 위하여 끌어내는데 사용	2.3
회전 단면선			도형 내에 그 부분의 끊은 곳을 90° 회전하여 표시	2.4
중심선			도형의 중심선을 간략하게 표시	2.5
수준면선(2)			수면, 유면 등의 위치를 표시	2.6
숨은선	가는 파선 또는 굵은 파선	------------	대상물의 보이지 않는 부분의 형상을 표시	3.1
중심선	가는 1점 쇄선		• 도형의 중심을 표시 • 중심 이동한 중심 궤적을 표시	4.1 4.2
기준선			위치결정의 근거가 된다는 것을 명시할 때 사용	4.3
피치선			되풀이하는 도형의 피치를 취하는 기준을 표시	4.4
특수 지정선	굵은 1점 쇄선	—·—·—	특수한 가공을 하는 부분 등 특별한 요구사항을 적용할 수 있는 범위를 표시하는데 사용	5.1
가상선(3)	가는 2점 쇄선	—··—··—	• 인접부분을 참고로 표시 • 공구, 지그의 위치를 참고로 표시 • 가동부분을 이동 중의 특정한 위치 또는 이동 한계의 위치를 표시 • 가공 전 또는 가공 후의 형상을 표시 • 되풀이하는 것을 표시 • 도시된 단면의 앞쪽에 있는 부분을 표시	6.1 6.2 6.3 6.4 6.5 6.6
무게 중심선			단면의 중심을 연결한 선을 표시	6.7
파단선	불규칙한 파형의 가는 실선 또는 지그재그선	∿∿	대형물의 일부를 파단한 경계 또는 일부를 떼어낸 경계를 표시	7.1
절단선	가는 1점 쇄선으로 끝부분 및 방향이 변하는 부분을 굵게 한 것(4)	⌐_⌐	단면도를 그리는 경우 그 절단위치를 대응하는 도면에 표시하는데 사용	8.1
해칭	가는 실선으로 규칙적으로 줄을 늘어 놓은 것	//////	도형의 한정된 특정 부분을 다른 부분과 구별하는데 사용	9.1
특수한 용도의 선	가는 실선	———	• 외형선 및 은선의 연장을 표시 • 평면이란 것을 표시 • 위치를 명시하는데 사용	10.1 10.2 10.3
	아주 굵은 실선	———	얇은 부분의 단면도시를 명시하는데 사용	11.1

[주] (2) ISO 128(Technical drawing-General principles of presentation)에는 규정되어 있지 않다.
(3) 가상선은 투상법상에서는 도형에 나타나지 않으나, 편의상 필요한 모양을 나타내는데 사용한다. 또, 기능상·공작상의 이해를 돕기 위하여 도형을 보조적으로 나타내기 위하여도 사용된다.
(4) 다른 용도와 혼용할 염려가 없을 때에는 끝부분 및 방향이 변하는 부분을 굵게 할 필요는 없다.

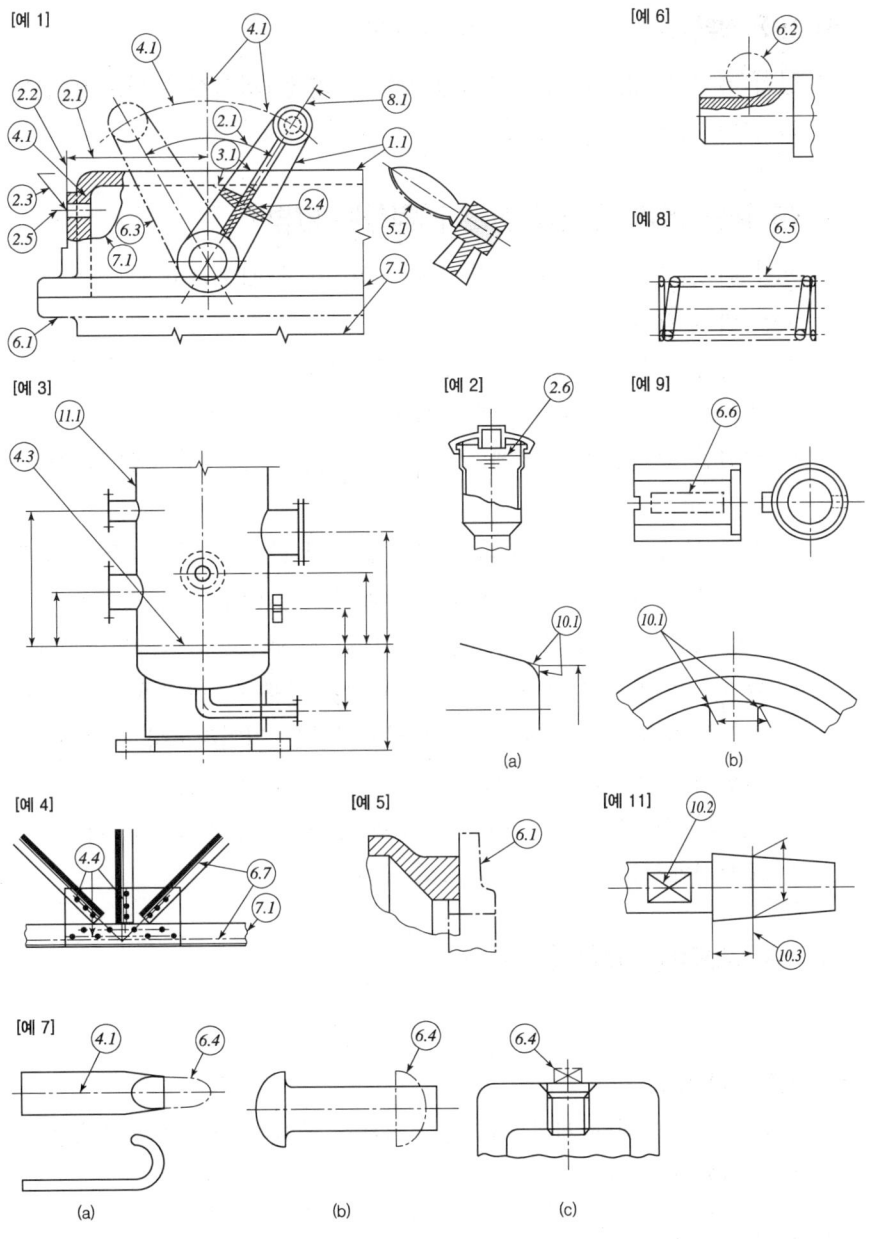

[그림 3-1] 선의 용도에 따른 사용 보기

2) 겹치는 선의 우선순위

도면에서 2종류 이상의 선이 같은 장소에 중복될 경우에는 다음 순위에 따라 우선되는 종류의 선부터 그린다.

① 외형선　　② 숨은선
③ 절단선　　④ 중심선
⑤ 무게 중심선　　⑥ 치수 보조선

TIP

선의 종류
- 파형의 선 : 내부 설명을 위하여 일부를 제거한 부분의 파단선
- 지그재그 선 : 일부를 도면상에서 생략한 것이 분명한 경우에 사용하는 파단선
- 8자형의 선 : 원통 모양 물체를 축 직각으로 파단하였을 때의 파단선

3) 선의 용법

선의 용법은 KS A 0109의 5에 따르는 외에, 파단선은 가는 실선에 의하여 3종류로 그린다.

4) 선 긋는 방법 중 중심선을 기입하는 방법

도형에 중심이 있을 때에는 반드시 중심선(0.1~0.25mm)을 기입하는 것이 바람직하다.

① 평행선은 선 간격을 선 굵기의 3배 이상으로 하여 긋는다. 또, 선의 틈새는 0.7mm 이상으로 한다.
② 밀접한 교차선의 경우에는 그 선 간격을 선 굵기의 4배 이상으로 하여 긋는다.
③ 많은 선이 한 점에 집중하는 경우에는 선 간격이 선 굵기의 약 3배가 되는 위치에서 선을 멈춰, 점의 주위를 비우는 것이 좋다.
④ 1점 쇄선 및 2점 쇄선은 긴쪽 선으로 시작하고 끝나도록 긋는다.
⑤ 실선과 파선, 파선과 파선이 서로 만나는 부분은 이어지도록 그린다.
⑥ 1점 쇄선(중심선)끼리 서로 만나는 부분은 이어지도록 긋는다.
⑦ 파선이 서로 평행할 때에는 서로 엇갈리게 그린다.
⑧ 원호와 직선이 서로 만나는 부분은 층이 나지 않게 그린다.
⑨ 모서리에서는 서로 이어지도록 긋는다.

5) CAD제도에 사용되는 문자

KS A 0107에 따르며, 그 외에는 다음과 같이 한다.

(1) 숫자 · 영문자

서체는 B형 사체를 기본으로 한다. 다만, 특별히 필요한 경우에는 이에 한하지 않는다.

(2) 수치의 소수점

I문자분을 취하여 그 중앙 하부에 기입한다.

(3) 도면 중의 일련의 기술에 사용하는 문자

크기 비율은 한자 : 숫자 · 영문자 = 1 : 0.83으로 하는 것이 바람직하다.

3. 도면 출력 양식

1) 도면 한계의 기능

일반적인 도면 한계의 기능은 다음과 같다.
① 모눈(grid) 표시의 범위
② 엔티티(entity)의 작도 가능 영역 제한
③ 줌(zoom)/All 표시 영역
④ 플롯(plot) 명령의 영역 옵션 기능

2) 도면 한계 설정의 이점

① 설계 작업 속도와 업무 효율성이 증진된다.
② 작도를 도면 한계 영역 내에서만 할 수 있다.

3) 도면 규격 한계(limits)를 설정

도면 작도를 위해 사용하는 CAD 프로그램의 대부분은 실물 크기로 대상물을 작도하기 위하여 무한대의 2D평면을 제공하므로 도면 한계 영역에서만 작도할 수 있도록 도면 한계(drawing limits)를 다음과 같이 설정한다.

(1) 설정 방법

도면 한계는 도면 작업 시 가장 우선적으로 실행해야 하는 명령어로 도면 한계의 기본 값으로는 A3가 설정되어 있으며, 이를 변경하고자 하는 경우 다음과 같이 한다.
① 오토캐드 윈도 화면의 하단에 위치한 명령 입력창에 'limits'라고 입력한 다음 Enter↵ 한다.
② '왼쪽 아래 구석 지정 또는 [켜기(on)/끄기(off)] ⟨0.0000,0.000⟩:'이라는 메시지가 나타나면 기준 값이 되도록 별도의 값을 입력하지 않고 Enter↵ 한다.
③ '오른쪽 위 구석 지정 ⟨12.0000, 9.0000⟩:'이라는 메시지에 원하는 용지 규격의 크기(예 A3의 경우: 594,420)를 입력하고 Enter↵ 한다.

(2) 도면 한계는 출도 용지 크기를 고려

작도가 완료된 도면은 용도에 맞도록 사용하기 위해서는 제도, 복사, 보존, 검색, 사용 등의 편의를 고려하여 한국산업규격(KS) 및 플로팅 용지 규격의 크기 범위로 도면 한계(drawing limits)를 설정한다.

〈표 3-2〉 용지 크기

한국산업규격 호칭	용지 크기	플로팅 용지규격 호칭	용지 크기
A0	1,189×841	S2700	2,689×841
A1	841×594	S2100	2,089×841
A2	594×420	S1800	1,789×841
A3	420×297	S1500	1,489×841
A4	297×210	-	-

> **TIP**
> 척도의 표기기준
> 도면 한계의 출도를 원하는 도면 용지 크기에 축척의 역수를 곱한 크기로 설정한다.

4) 척도(scale) 설정

KS A 0110 제도 척도로는 가능하다면 1 : 1을 사용하는 것을 원칙으로 하고 축척과 배척은 〈표 3-3〉과 같이 정해진 척도의 종류와 기준 축척을 사용한다.

〈표 3-3〉 척도의 종류

종류	의미	기준 축척(기계 도면의 경우)
축척	실물 크기보다 작게	1:2, 1:5, 1:10, 1:20, 1:50, 1:100, 1:200
현척	실물 크기와 같게	1:1
배척	실물 크기보다 크게	2:1, 5:1, 10:1, 20:1, 50:1

[척도의 표기 방법]

A : B

A : 도면 영역에서의 크기
B : 대상물의 실제 크기

5) 단위(unit) 및 정밀도(precision) 설정

단위의 설정은 '① 응용프로그램 버튼 → ② 도면 유틸리티 → ③ 단위 → ④ 도면 단위' 항목의 순서대로 클릭한다. 각도는 동쪽을 '0도'로 하여 반시계 방향으로 증분되는 값을 기본으로 가지므로 이를 조정하고자 하는 경우 ⑤ 방향 조정에서 기준 각도를 선정하면 된다.

(1) 길이

기계 산업 분야의 도면에 도시할 대상체의 길이 단위는 기본적으로 SI 단위인 'mm'를 사용하며, 표기는 생략한다.

(2) 각도

각도는 십진 도수(°)를 사용하며, 단위를 붙인다.

(3) 무게

무게(중량)는 'kg'으로 표시한다.

6) 윤곽선 설정

윤곽선은 도면 한계 영역보다 작아야 하며, 10mm 작게 하는 경우 다음과 같이 설정한다.

① 오토캐드 윈도 화면의 하단에 위치한 명령 입력창에 'REC'라고 입력한 다음 Enter↵ 한다.
② '첫 번째 구석점 지정 또는 [모따기(C)/고도(E)/모깎기(F)/두께(T)/폭(W)]:' 값에 '10,10'을 입력한 다음 Enter↵ 한다.
③ 'RECTANG 다른 구석점 지정 또는 [영역(A) 치수(D) 회전(R)]:' 값에 '584,410'을 입력하고 Enter↵ 하면, 574×400 크기의 윤곽선이 그려진다.

7) 도면 템플릿 설정

도면의 영역 설정을 하고 제도 범위를 제한하는 것으로 수정 및 편집 없이 반복적으로 이용 가능한 시트의 윤곽선, 표제란, 자재 리스트(BOM: bill of material) 같은 도면 기본 요소들을 설정하거나 작성하여 도면 템플릿 파일로 저장하고, 새 도면을 시작할 때마다 이것을 이용해서 도면 작업을 신속하게 할 수 있다. 이러한 도면 템플릿 파일에 저장해야 하는 도면 설정(drawing setup)은 다음과 같이 한다.

(1) 도면 템플릿 파일에 저장해야 하는 항목설정

① 도면 규격 한계(limits)
② 축척(scale)
③ 단위 및 형식
④ 윤곽선(border), 표제란, 부품란, 중심마크
⑤ 도면층 작성 및 설정
⑥ 선 종류와 선 가중치 설정
⑦ 문자 스타일 및 치수 스타일
⑧ 품번, 다듬질 등 각종 기호
⑨ 플롯 및 게시 설정

(2) 도면 템플릿 작성

① 시작 화면에서 확장자가 'dwt'인 기존 도면 또는 도면 템플릿을 열어 새 템플릿을 작성한다.
② 도면에서 유지하지 않은 개체를 모두 지운다.
③ 도면 규격 한계를 설정한다. 기본 값이 A3이므로 다른 용지 크기를 원하는 경우 변경한다.
④ 관련 규격과 대상품에 따라 도면의 축척과 단위, 형식을 지정한다.
⑤ 윤곽선을 지정한다. 이때 윤곽선은 도면 규격 한계보다 10mm 정도 작게 설정하고, 윤곽선을 참조하여 중심마크를 한다.
⑥ 표제란 및 부품 목록란을 추가한다. 표제란은 제도 규격에 정확한 규정이 없으므로 산업 현장에서는 일반적으로 설계를 수행하는 업무 표준으로 설정하여 도면 템플릿에 포함하여 관리하므로 참조한다.
⑦ 대상품의 복잡성 등을 고려하여 필요한 경우 도면층을 설정하고, 선의 종류와 선가중치를 함께 설정한다.
⑧ 문자 스타일 및 치수 스타일은 관련 산업규격 또는 사내 표준규격에 따라 설정한다.
⑨ 설정이 완료되면 '응용프로그램( ) → 다른 이름으로 저장 → AutoCAD 도면 템플릿'을 클릭하여 템플릿 파일을 저장한다. 필요시 템플릿에 대한 설명을 입력해 두면 템플릿을 식별하는 데 도움이 된다.

(3) 도면 템플릿 파일에 저장하고 이용할 수 있는 부가적인 내용 확인

① 스냅 및 격자 간격(snap and grid space)
② 다중 지시선의 스타일
③ 테이블 스타일
④ 배치 및 페이지 설정

(4) 도면 템플릿 변경

도면 또는 시트 세트에 대한 템플릿 파일 위치, QNEW 명령과 연관된 기본 템플릿, 그리고 시트 작성 및 페이지 설정 재정의에 대한 기본 템플릿을 설정하거나 변경하는 작업은 다음의 순서에 따라 한다.
① 도면 및 시트 세트 템플릿과 연결된 파일과 폴더를 지정한다.
② 도면 영역을 마우스 오른쪽 버튼으로 클릭하고 옵션을 선택한다.
③ 필요한 경우 파일 탭을 클릭한다.
④ 트리뷰에서 템플릿 설정을 확장하고 사용 가능한 하위 객체를 원하는 대로 변경한다.

8) 도면층의 개념

① 여러 장의 투명한 필름 각각에 형상을 그리고 이것을 모두 겹쳐서 보더라도 한 장의 필름에 그린 형상으로 보이게 된다. 이때 각각의 낱장 필름 역할을 하는 심벌(symbol)을 도면층이라고 한다.
② 중요한 구성도구로 도면 구성요소들은 선 종류, 색상, 선 가중치 등 표준을 강화하는 데 이용된다.

9) 도면층의 기능

① 도면 자체는 물론이고 다양한 객체들의 관리가 용이하다.
② 매우 복잡한 도면을 작업하는 경우, 화면에 객체를 일시적으로 숨기거나 필요시 다시 표시할 수 있다.
③ 객체가 화면에 표시되지만 선택 불가능(잠금)으로 설정하면, 편집 작업을 좀 더 쉽고 빠르게 수행할 수 있다.
④ 객체의 선 가중치와 지정된 색상에 따라 최종 도면을 인쇄할 수 있다.
⑤ 네트워크 설계 환경에서 프로젝트를 수행하는 경우, 외부 참조한 도면의 잠긴 도면층 객체들은 수정할 수 없어 자동으로 보호되어 동시 공동 작업을 수행할 수 있다.

10) 도면층(layer) 설정

여러 종류의 도면 정보를 구성하고 그룹화하여 투명하게 중첩시켜 놓은 것이 도면층으로, 도면층에 작성된 객체에는 색상, 선 종류 및 선 가중치 등과 같은 공통 특성이 있다. 이러한 특성은 해당 객체가 그려지는 도면층에 속한 것으로 가정하거나 개별 객체에 특별하게 지정될 수 있는 것으로 가정하여 다음과 같이 작성한다.

(1) 도면층 작성

도면층은 Layer 명령에서 만들고, 작업 시에 도면층을 관리해야 하는 경우는 Layers 툴바의 Layer Control을 이용하면 편리하다.
① 도면층 특성 관리자에서 새 도면층을 클릭하면 도면층 이름이 도면층 리스트에 추가된다.
② 강조된 도면층 이름 위에 새 도면층 이름을 입력한다.
③ 도면층 이름은 255자(2바이트 또는 영숫자)까지 허용되며, 문자, 숫자, 공백, 몇몇 특수 문자를 포함한다.
④ 도면층 이름에 포함할 수 없는 문자는 < > / ₩ " : ; ? * | = ' 등이다.

㉠ 도면층이 많은 복잡한 도면의 경우에는 설명 열에 설명 문자를 입력한다.
㉡ 각 열을 클릭하여 새 도면층의 설정 및 기본 특성을 지정한다.

(2) 도면층 제거
① 도면층 특성 관리자에서 도면층을 클릭하여 선택한다.
② 도면층 삭제를 클릭한다.
③ 다음 도면층은 삭제할 수 없다.
　㉠ 도면층 0 및 Defpoints
　㉡ 블록 정의의 객체를 비롯한 객체가 포함된 도면층
　㉢ 현재 도면층
　㉣ 외부 참조에서 사용되는 도면층

(3) 도면층에 지정된 특성 변경
① 여러 도면층을 변경하려면 도면층 특성 관리자에서 다음 방법 중 하나를 사용한다.
　㉠ Ctrl 키를 누른 상태로 여러 도면층 이름을 선택한다.
　㉡ Shift 키를 누른 상태로 범위의 첫 번째 도면층과 마지막 도면층을 선택한다.
　㉢ 마우스 오른쪽 버튼을 클릭하고 도면층 리스트의 필터 표시를 클릭하여 도면층 리스트에서 도면층 필터를 선택한다.
② 변경하려는 열에서 현재 설정을 클릭하면 해당 특성의 대화상자가 표시된다.
③ 사용할 설정을 선택한다.

11) 도면 출력

(1) 페이지 설정하기를 한다
이름은 저장한 목록을 선택하여 현재 설정한 값으로 저장하고 새로운 플롯 이름은 새로운 이름을 입력한다.

(2) 프린터와 플로터 선택하기를 한다
이름은 도면을 출력할 프린터 또는 플로터를 선택하고 출력한다.

(3) 플롯 영역 설정하기를 한다
플롯으로 출력할 도면 영역을 설정하고 도면의 한계 영역(디스플레이에 표시된 부분)으로 설정한 부분만 출력한다.

(4) 플롯 축척 설정하기를 한다.
도면이 용지에 출력할 비율과 용지 단위를 지정한 후 용지에 꼭 맞게 설정하여 출력한다.

12) 도면에 반드시 마련하는 양식

도면은 도면의 윤곽선, 표제란, 중심마크를 반드시 마련해야 한다.

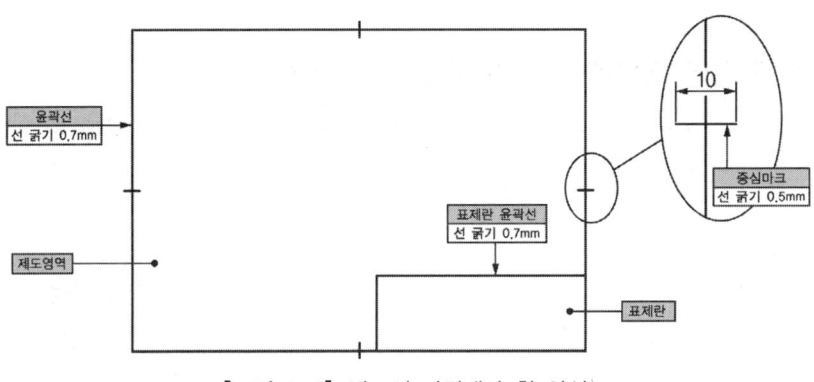

[그림 3-2] 반드시 마련해야 할 양식

(1) 윤곽선
윤곽선 긋기는 용지의 안쪽에 그려진 내용이 확실히 구분되도록 그으며 가장자리가 찢어져서 내용을 해치지 않아야 한다. 도면의 윤곽선 마련은 0.7mm의 실선으로 긋는다.

(2) 표제란
위치는 긴 변을 좌우로 놓은 위치에서는 우측 아래쪽에 마련하며, 짧은 변을 좌우로 놓은 A4용지의 경우에는 아래쪽에 마련한다. 표제란에는 도면 관리상 필요한 사항과 도면 내용에 관한 사항을 기입하며, 도면 명칭, 도면 번호, 회사명, 척도, 투상법, 도면작성 연월일, 설계자 또는 제도자 성명과 서명, 승인자의 성명과 서명 등을 표시한다.

(3) 중심마크
완성된 도면을 영구적으로 보관하기 위하여 마이크로필름 제작을 위한 촬영을 하거나 제품 생산에 사용할 수 있도록 출력을 할 때, 또한 도면을 정리하고 철하기에 편리하도록 하는 수단으로 그림과 같이 윤곽의 중심 안쪽과 바깥쪽으로 5mm씩 0.5mm 굵기의 실선으로 긋는다.

13) 표제란의 양식 종류와 등록정보 내용
KS A ISO 7200은 3종류의 표제란을 규정하며 등록정보를 표시한다.

(1) 도면 번호
알파벳 문자 기호와 아라비아 숫자로 표시

(2) 도면 제목(도면 명칭)
반드시 도면 번호 위 칸에 표시

(3) 회사(소속) 명(도면의 법적 소유자 명)
그림, 문자, 기호(상징 로고, 등록상표) 등으로 표시

14) 도면에 마련하는 것이 바람직한 양식

도면에 마련하는 것이 바람직한 양식은 도면은 읽거나 관리에 편리하도록 구역표시기호, 재단마크도 표시한다.

(1) 구역표시

구역표시는 도면을 읽을 때 윤곽 안에 있는 특정한 부분의 부품도를 읽거나 지시해야 할 때는 구역을 표시해 주면 편리하다. 중심마크를 기준으로 하여 좌우 또는 상하로 한 칸당 50mm 간격으로 0.35mm 굵기의 실선을 윤곽선으로부터 바깥쪽으로 5mm 폭을 긋고 가로방향은 아라비아 숫자, 세로방향은 영문자의 대문자로 구역표시기호를 표시한다.

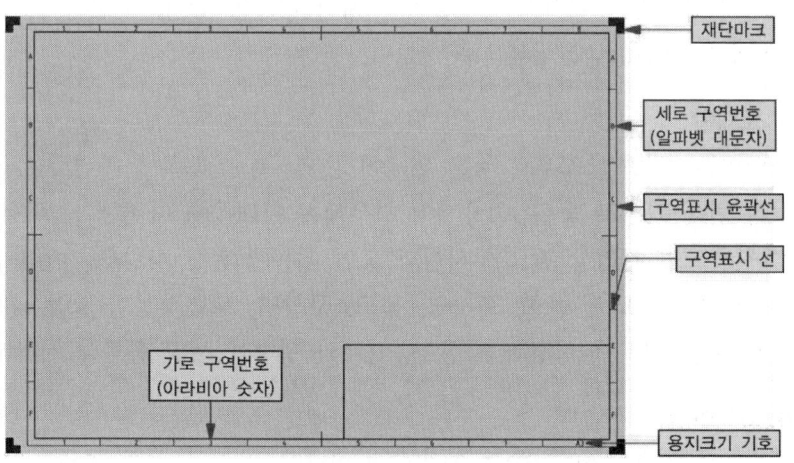

[그림 3-3] 도면에 마련하는 것이 바람직한 양식

(2) 재단마크

재단마크는 시간과 비용 등을 절감하기 위해서 주로 많이 사용하는 용지에 양식을 인쇄소에서 인쇄하여 사용한다. 또한 인쇄, 복사 또는 플로터로 출력된 도면을 표준에서 규정한 크기로 자르기에 편리하도록 재단마크를 마련한다.

01 사용자 환경 설정

01. 다음 중 CAD의 필요성에 해당되지 않은 것은?

① 설계의 부분적 변경이 용이하다.
② 무기능자도 쉽게 설계할 수 있다.
③ 새로운 설계자도 쉽게 이해할 수 있다.
④ 신규 설계 작업도 순차적으로 처리할 수 있다.

[해설] 무기능자는 쉽게 설계할 수 없다.

02. 다음 중 CAD 시스템의 장점이 아닌 것은?

① 작업속도(Speed)
② 수정(Revisions)
③ 반복성(Repetition)
④ 비밀보호

[해설] CAD 시스템의 장점 : 작업속도, 수정, 반복성

03. CAD 시스템의 도입 효과로 볼 수 없는 것은?

① 품질향상　② 원가상승
③ 표준화　　④ 경쟁력 강화

[해설] CAD 시스템을 도입하면 원가감소 효과를 볼 수 있다.

04. 다음은 CAD 시스템에서 수행되는 설계와 관련된 업무이다. 관련이 가장 적은 것은?

① 기하학적 도형표현
② 설계의 필요성 인식
③ 공학적인 해석
④ 설계검사와 평가

05. CAD 소프트웨어에서 명령어를 아이콘으로 만들어 아이템별로 묶어 명령을 편리하게 이용할 수 있도록 한 것은?

① 툴바　　　　② 스크롤바
③ 스크린 메뉴　④ 풀다운 메뉴바

[해설]
• 스크롤바 : 윈도 방식의 프로그램에서, 하나의 윈도 안에서 모든 정보를 표시할 수 없을 때 현재 화면의 정보가 전체에서 어디쯤 위치하는지를 표시해 주는 도구이다.
• 스크린 메뉴 : 필요한 항목을 선택하여 사용할 수 있는 화면메뉴이다.
• 풀다운 메뉴바 : 메뉴를 구성하는 방식의 하나. 한 줄의 메뉴 바가 화면의 위쪽에 항상 나와 있으며, 마우스나 키보드를 사용해 메뉴 바의 항목 중 하나를 선택하면 거기서 밑으로 메뉴 창이 열리면서 그 항목에 따르는 하위 메뉴가 다시 나타나게 되어 있다.

06. 캐드에서 도면 작업 영역에서 설계 작업에 집중하는 데 도움을 주기 위해서 마우스 포인터 주위에 명령 프롬프트 인터페이스를 제공하며 헤드업 디자인(head-up design)이라고도 하는 보조 도구는?

① 동적 입력(dynamic input)
② 구속조건 추정(infer constraints)
③ 스냅(snap)
④ OSNAP

07. 오토캐드에서 가장 중요한 명령어로 오브젝트에서 정확한 점을 찾아 주는 기능은?

① 동적 입력(dynamic input)
② 구속조건 추정(infer constraints)
③ 스냅(snap)
④ OSNAP

정답　01 ②　02 ④　03 ②　04 ②　05 ①　06 ①　07 ③

Part 1. 기계제도

08. 직교, 평행, 수평, 수직, 접점, 동심, 대칭과 같은 판단을 이끌어 내어 표시하는 기능은?

① 동적 입력(dynamic input)
② 구속조건 추정(infer constraints)
③ 스냅(snap)
④ OSNAP

09. 도면요소를 확장, 이동, 복사, 회전, 확대, 축소, 대칭 복사 등을 하는 환경설정 기능은?

① 옵션 설정
② 상태 표시줄의 설정
③ 모드 설정
④ 도면영역 설정

해설
- 옵션 설정 : 파일의 열기, 저장 경로, 화면의 표시상태, 시스템 설정 등을 지정한다.
- 상태 표시줄의 설정 : 도면작성에 필요한 부가 명령들을 설정한다.
- 도면영역 설정 : 도면의 영역 설정을 하고 제도 범위를 제한한다.

10. '툴팁 표시' 항목은 캐드를 처음 사용할 경우 아이콘에 마우스를 올려놓을 때 풍선 도움말이 나오는 유용한 기능으로 사용자 편의에 맞추면 되는 화면 표시 항목 설정요소는?

① 윈도 요소
② 표시 해상도
③ 표시 성능
④ 도구 모음의 표시

11. CAD에서 백업본 파일 저장 시 생성되는 확장자는?

① dwg   ② bak
③ dwt   ④ log

12. CAD에서 로그 파일 유지 보수 옵션을 선택하면 파일과 같은 이름으로 모든 명령어 진행 과정을 만들어 주는 텍스트 파일은?

① dwg   ② bak
③ dwt   ④ log

13. CAD에서 임시 저장되는 파일의 확장자는?

① ac$ ② bak
③ dwt   ④ log

14. 캐드의 작업 방식을 사용자 환경에 최적화할 수 있는 옵션 설정 항목이 아닌 것은?

① windows 표준 동작
② 삽입 축척
③ 좌표 데이터 항목에 대한 우선순위
④ 제목 표시 줄에 전체 경로 표시

15. CAD에서 제도 항목설정이 아닌 것은?

① AutoSnap 설정
② AutoSnap 표식기 크기
③ 객체 스냅 옵션
④ 표시 해상도

정답 08 ② 09 ③ 10 ① 11 ② 12 ④ 13 ① 14 ④ 15 ④

02 선의 종류와 용도

01. 가는 선, 굵은 선 및 극히 굵은 선의 굵기 비율은?
① 1 : 2.5 : 5
② 1 : 3.5 : 5
③ 1 : 2 : 5
④ 1 : 3.5 : 6

해설 가는 선, 굵은 선 및 극히 굵은 선의 굵기 비율은 1 : 2.5 : 5(또는 1 : 2 : 4)로 한다.

02. CAD 시스템에 의한 도형처리를 할 때 1점 쇄선의 긴선 길이와 간격과 짧은 선 길이의 비율은?
① 9 : 1 : 1
② 9 : 3 : 1
③ 15 : 1 : 1
④ 15 : 3 : 1

03. 기계제도에서 특수한 가공을 하는 부분(범위)을 나타내고자 할 때 사용하는 선은?
① 굵은 실선
② 가는 1점 쇄선
③ 가는 실선
④ 굵은 1점 쇄선

해설
- 굵은 실선 : 대상물의 보이는 부분의 형상을 표시
- 가는 1점 쇄선 : 단면도를 그리는 경우 그 절단위치를 대응하는 도면에 표시하는데 사용
- 가는 실선 : 치수선, 치수 보조선, 지시선, 회전 단면선, 중심선 등

04. 파단선에 대한 설명으로 옳은 것은?
① 대상물의 일부분을 가상으로 제외했을 경우의 경계를 나타내는 선
② 기술, 기호 등을 나타내기 위하여 끌어낸 선
③ 반복하여 도형의 피치를 잡는 기준이 되는 선
④ 대상물이 보이지 않는 부분의 형태를 나타낸 선

해설
① 대상물의 일부분을 가상으로 제외했을 경우의 경계를 나타내는 선 : 불규칙한 파형의 가는 실선
② 기술, 기호 등을 나타내기 위하여 끌어낸 선 : 가는 실선
③ 반복하여 도형의 피치를 잡는 기준이 되는 선 : 가는 1점 쇄선
④ 대상물이 보이지 않는 부분의 형태를 나타낸 선 : 가는 파선 또는 굵은 파선

05. 단면도의 절단된 부분을 나타내는 해칭선을 그리는 선은?
① 가는 2점 쇄선
② 가는 파선
③ 가는 실선
④ 가는 1점 쇄선

해설
① 가는 2점 쇄선 : 가상선
② 가는 파선 : 숨은선
③ 가는 실선 : 치수선, 치수 보조선, 지시선, 회전단면선 등
④ 가는 1점 쇄선 : 중심선, 기준선, 피치선

06. 선의 용도가 기술, 기호 등을 표시하기 위하여 끌어내는 데 쓰이는 선의 명칭은?
① 기준선
② 가상선
③ 지시선
④ 절단선

해설
① 기준선 : 위치결정의 근거가 된다는 것을 명시할 때 사용
② 가상선
- 인접부분을 참고로 표시
- 공구, 지그의 위치를 참고로 표시
- 가동부분을 이동 중의 특정한 위치 또는 이동 한계의 위치를 표시
- 가공 전 또는 가공 후의 형상을 표시
- 되풀이하는 것을 표시
- 도시된 단면의 앞쪽에 있는 부분을 표시

정답 01 ① 02 ① 03 ④ 04 ① 05 ③ 06 ③

Part 1. 기계제도

③ 지시선 : 기술, 기호 등을 표시하기 위하여 끌어내는 데 사용
④ 절단선 : 단면도를 그리는 경우 그 절단위치를 대응하는 도면에 표시하는 데 사용

07. 대상물의 일부를 파단한 경계 또는 일부를 떼어낸 경계를 표시하는 선으로 옳은 것은?

① 가는 1점 쇄선
② 가는 2점 쇄선
③ 가는 1점 쇄선으로 끝부분 및 방향이 변하는 부분을 굵게 한 선
④ 불규칙한 파형의 가는 실선

08. 도면작성 시 가는 실선을 사용하는 경우가 아닌 것은?

① 특별히 범위나 영역을 나타내기 위한 틀의 선
② 반복되는 자세한 모양의 생략을 나타내는 선
③ 테이퍼가 진 모양을 설명하기 위해 표시하는 선
④ 소재의 굽은 부분이나 가공공정을 표시하는 선

해설 가는 실선
① 치수를 기입하기 위하여 사용
② 치수를 기입하기 위하여 도형으로부터 끌어내는 데 사용
③ 기술, 기호 등을 표시하기 위하여 끌어내는 데 사용
④ 도형 내에 그 지분의 끊은 곳을 90도 회전하여 표시
⑤ 도형의 중심선을 간략하게 표시
⑥ 수면, 유면 등의 위치를 표시

09. 다음 중 가는 실선으로 나타내지 않는 선은?

① 지시선　　② 치수선
③ 해칭선　　④ 피치선

해설 피치선 : 가는 1점 쇄선

10. 가는 1점 쇄선의 용도가 아닌 것은?

① 도형의 중심을 표시하는 데 쓰인다.
② 수면, 유면 등의 위치를 표시하는 데 쓰인다.
③ 중심이 이동한 중심궤적을 표시하는 데 쓰인다.
④ 되풀이 하는 도형의 피치를 취하는 기준을 표시하는 데 쓰인다.

해설 수면, 유면 등의 위치를 표시 : 가는 실선

11. 가상선의 용도에 해당되지 않는 것은?

① 가공 전 또는 가공 후의 모양을 표시하는 데 사용
② 인접부분을 참고로 표시하는 데 사용
③ 대상의 일부를 생략하고 그 경계를 나타내는 데 사용
④ 되풀이되는 것을 나타내는 데 사용

해설 가상선(가는 2점 쇄선)
① 인접부분을 참고로 표시
② 공구, 지그의 위치를 참고로 표시
③ 가동부분을 이동 중의 특정한 위치 또는 이동 한계의 위치를 표시
④ 가공 전 또는 가공 후의 형상을 표시
⑤ 되풀이하는 것을 표시
⑥ 도시된 단면의 앞쪽에 있는 부분을 표시

정답　07 ④　08 ①　09 ④　10 ②　11 ③

12. 다음 중 가는 1점 쇄선으로 표시하지 않는 선은?

① 피치선　　　② 기준선
③ 중심선　　　④ 숨은선

> 해설　숨은선 : 굵은파선, 가는파선

13. 선의 용법에 따른 용도로 일부를 도면상에서 생략한 것이 분명한 경우에 사용하는 파단선의 종류는?

① 파형의 선　　② 지그재그 선
③ 8자형의 선　　④ 숨은선

14. 선 긋는 방법 중 중심선을 기입하는 방법이 아닌 것은?

① 평행선은 선 간격을 선 굵기의 2배 이상으로 하여 긋는다. 또한 선의 틈새는 0.7mm 이상으로 한다.
② 밀접한 교차선의 경우에는 그 선 간격을 선 굵기의 4배 이상으로 하여 긋는다.
③ 실선과 파선, 파선과 파선이 서로 만나는 부분은 이어지도록 그린다.
④ 1점 쇄선 및 2점 쇄선은 긴쪽 선으로 시작하고 끝나도록 긋는다.

> 해설　선 긋는 방법 중 중심선을 기입하는 방법
> ① 도형에 중심이 있을 때에는 반드시 중심선(0.1~0.25mm)을 기입하는 것이 바람직하다.
> ② 평행선은 선 간격을 선 굵기의 3배 이상으로 하여 긋는다. 또, 선의 틈새는 0.7mm 이상으로 한다.
> ③ 많은 선이 한 점에 집중하는 경우에는 선 간격이 선 굵기의 약 3배가 되는 위치에서 선을 멈춰 점의 주위를 비우는 것이 좋다.
> ④ 1점 쇄선(중심선)끼리 서로 만나는 부분은 이어지도록 긋는다.
> ⑤ 파선이 서로 평행할 때에는 서로 엇갈리게 그린다.
> ⑥ 원호와 직선이 서로 만나는 부분은 층이 나지 않게 그린다.
> ⑦ 모서리에서는 서로 이어지도록 긋는다.

15. CAD제도에 사용되는 문자의 내용으로 틀린 것은?

① 숫자·영문자의 서체는 B형 사체를 기본으로 한다.
② 수치의 소수점은 1문자분을 취하여 그 중앙 하부에 기입한다.
③ 크기 비율은 한자 : 숫자·영문자 = 1 : 0.83으로 하는 것이 바람직하다.
④ 가는 선, 굵은 선 및 극히 굵은 선의 굵기 비율은 1 : 2 : 5로 한다.

> 해설　가는 선, 굵은 선 및 극히 굵은 선의 굵기 비율은 1 : 2.5 : 5로 한다.

16. 도면에서 2종류 이상의 선이 같은 장소에서 겹치게 될 경우 우선 순위로 알맞은 것은?

① 외형선 > 숨은선 > 절단선 > 중심선
② 외형선 > 절단선 > 숨은선 > 중심선
③ 외형선 > 중심선 > 숨은선 > 절단선
④ 외형선 > 절단선 > 중심선 > 숨은선

> 해설　겹치는 선의 우선순위
> ① 외형선
> ② 숨은선
> ③ 절단선
> ④ 중심선
> ⑤ 무게 중심선
> ⑥ 치수 보조선

정답　12 ④　13 ②　14 ①　15 ④　16 ①

Part 1. 기계제도

17. CAD제도 시 선의 굵기 비율에 따른 종류를 설명한 것 중 맞지 않는 것은?

① 선은 굵기 비율에 따라 표시하고 3종류로 한다.
② 선의 최대 굵기는 0.5mm로 한다.
③ 동일 도면에서는 선의 종류마다 굵기를 일정하게 한다.
④ 선의 최소 굵기는 0.18mm로 한다.

18. CAD제도에 사용하는 선의 종류를 나열하였다. 모양에 따른 선의 종류에 속하지 않는 것은?

① 실선　　　　② 파선
③ 1점 쇄선　　④ 절단선

03 도면 출력 양식

01. 기계제도에서 사용하는 척도에 대한 설명 중 틀린 것은?

① 공통적으로 사용한 주요 척도는 표제란에 기입한다.
② 축척으로 제도한 경우에 치수기입은 실제 치수가 아닌 실물의 실제 치수에 축척 비율이 적용된 값으로 기입한다.
③ 그림의 일부를 확대하여 그려야 할 경우에는 배척 값을 선택하여 그릴 수 있다.
④ 같은 도면에서 서로 다른 척도를 사용한 경우에는 해당 부품 번호의 참조 문자 부근에 척도를 기입한다.

[해설] 축척으로 제도한 경우에 도면에 치수기입은 실제 치수로 기입한다.

02. CAD에서 도면 템플릿 파일에 저장해야 하는 항목설정이 아닌 것은?

① 도면 규격 한계(limits)
② 축척(scale)
③ 단위 및 형식
④ 제품명 및 부품명

[해설] 도면 템플릿 파일에 저장해야 하는 항목설정
① 도면 규격 한계(limits)
② 축척(scale)
③ 단위 및 형식
④ 윤곽선(border), 표제란, 부품란, 중심마크
⑤ 도면층 작성 및 설정
⑥ 선 종류와 선 가중치 설정
⑦ 문자 스타일 및 치수 스타일
⑧ 품번, 다듬질 등 각종 기호
⑨ 플롯 및 게시 설정

03. CAD에서 도면층의 기능이 아닌 것은?

① 도면 자체는 물론이고 다양한 객체들의 관리가 용이하다.
② 매우 복잡한 도면을 작업하는 경우, 화면에 객체를 일시적으로 숨길 수 없다.
③ 객체가 화면에 표시되지만 선택 불가능(잠금)으로 설정하면, 편집 작업을 좀 더 쉽고 빠르게 수행할 수 있다.
④ 객체의 선 가중치와 지정된 색상에 따라 최종 도면을 인쇄할 수 있다.

[해설] 매우 복잡한 도면을 작업하는 경우, 화면에 객체를 일시적으로 숨기거나 필요시 다시 표시할 수 있다.

04. 도면 작도 시 반드시 마련해야 할 사항이 아닌 것은?

① 도면의 윤곽　　② 비교눈금
③ 표제란　　　　④ 중심마크

정답 17 ②　18 ④　/　01 ②　02 ④　03 ②　04 ②

> **[해설]** 도면의 양식
> - 설정하지 않으면 안 되는 사항 : 도면의 윤곽 – 윤곽선, 중심마크, 표제란
> - 설정하는 것이 바람직한 사항 : 비교눈금, 도면의 구역-구분 기호, 재단마크, 부품란-대조 번호, 도면의 내역란

05. 도면을 축소 또는 확대 복사할 때 편의를 위하여 윤곽선의 외부에 그려주는 것은?

① 비교표시　　② 비교마크
③ 중심마크　　④ 비교눈금

06. 다음 중 표제란에 기입하지 않는 사항은?

① 도면번호　　② 부품번호
③ 투상법　　　④ 척도

> **[해설]**
> - **표제란**(title block, title panel)
>   도면 번호, 도면 명칭, 기업(단체)명, 책임자의 서명, 도면작성 연월일, 척도, 투상법 등을 기입한다. 표제란 문자는 도면의 정위치에서 읽는 방향으로 기입하고, 도면번호란은 표제란 중 가장 오른편 아래에 길이 170mm 이하로 마련한다.
> - **부품란**(item block)
>   품번호(품번), 부품명칭(품명), 재질, 수량, 무게, 공정, 비고란 등을 마련한다. 이때 부품번호는 부품란이 오른편 위에 위치할 때에는 위에서 아래로, 오른편 아래에 위치할 때에는 아래에서 위로 나열하여 기록한다.

정답　05 ④　06 ②

2 도면작성

1. 좌표계

2차원 형상은 도형의 기본요소인 점(Point), 선(Line), 원(Circle), 원호(Arc)로 구성된다. 이 도형이 서로 연결되어 자유곡선이 정의된다.

〈표 3-4〉 좌표계 종류

구분	기준점	입력방법	해설
절대좌표	X, Y, Z 축이 만나는 곳 (원점=0, 0)	X, Y	원점에서 해당 축 방향으로 이동한 거리
상대극좌표	먼저 지정된 좌표	@거리< 방향	먼저 지정된 점과 지정된 점까지의 직선거리 방향은 각도계와 일치
상대좌표	먼저 지정된 좌표	@X, Y	먼저 지정된 점으로부터 해당 축 방향으로 이동한 거리
최종좌표	마지막으로 지정된 좌표	@	지정될 점 이전의 마지막으로 지정된 점

1) 절대좌표

캐드의 2D/3D 작업 환경에서는 어느 지점이나 X, Y, Z축의 좌푯값을 가지고 있다. 원점인 (0, 0)을 기준으로 X, Y 축으로 얼마나 떨어져 있는지를 표현할 수 있는 좌표계가 절대좌표이다.

2) 상대좌표

절대좌표는 기준점이 (0, 0, 0)이지만, 상대좌표에서는 사용자가 지정한 마지막 지점이 '기준점'이 되어 얼마만큼 이동할 것인가를 정하여 새로운 좌표를 지정한다. 즉, 사용자가 어디로 지정하느냐에 따라 기준점이 상대적으로 변하므로 상대좌표라고 한다.

3) 극좌표

극좌표 또한 상대좌표와 마찬가지로 사용자가 마지막으로 지정해 놓은 점이 기준점이 되어 입력하는 값을 통해 위치를 지정하는 좌표이다. 절대좌표계 원점(P0)으로부터 반지름(radius-거리)과 각도(angle) 성분으로 표시할 수 있으며, '거리< 각도(D < A)' 형식으로 입력한다.

4) 상대극좌표 시스템(relative polar coordinate system)

바로 직전 점(상대 원점)의 좌푯값을 기준으로 기준점(상대 원점)에서 좌표 지점까지의 반지름(radius-거리)과 X축과의 각도(angle) 성분으로 표시할 수 있으며, 상대극좌표 값의 식별은 '@' 기호로 하며 '@거리 < 각도(@D < A)' 형식으로 입력한다.

5) 최종좌표 시스템(last point)

오토캐드는 마지막에 지정한 점의 좌푯값을 항상 추적, 저장하는데 이것을 최종 좌표라고 하며 이전 명령에 사용되었던 마지막 점을 지정하는 좌푯값이다. 최종 좌푯값은 '@'로 표시하며, 최종 좌푯값은 마지막 점을 지정하는 데 사용된 좌표 방식과는 무관하게 적용된다.

① 동적 입력이 실행되는 상태의 선(line) 명령은 첫 점입력 이후 상대좌표로 전환되므로 절대좌표 이용은 동적 입력을 비활성화 상태로 해야 한다.
② 항상 원점을 기준으로 입력해야 하므로 입력 항목이 많아지고, 도면이 커질수록 계산이 극도로 복잡해지는 단점이 있다.
③ 직교 모드가 활성화(on)인 경우 [Shift] 키를 누르면 일시적으로 직교 모드가 해제(off)된다.
④ 직교 모드가 비활성화(off)인 경우 [Shift] 키를 누르면 일시적으로 직교 모드가 활성화(on)된다.

2. 도면작성

1) CAD 소프트웨어의 기본 기능

① 요소 작성 기능 : 점·선·원·원호·곡선 등 요소의 생성 기능
② 요소 변환 기능 : 요소의 이동·회전·복사·대칭·변형 등
③ 요소 편집 기능 : 선의 정렬·부분 삭제·선의 등분·라운딩·모따기
④ 도면화 기능 : 치수기입·주서·마무리 기호·용접 기호 등 도면화할 수 있는 기능
⑤ 디스플레이 제어 기능 : 화면에서 도형을 확대·축소·이동·그리드·은선 처리·롤러 등 화면 표시 제어 기능
⑥ 데이터 관리 기능 : 작성한 모델의 등록·삭제·복사·검색·파일 이름 변경 등의 데이터 관리
⑦ 특성 해석 기능 : 면적·길이·도심·체적·모멘트 등
⑧ 플로팅 기능 : 도면화 데이터를 플로터에 출력하는 기능

2) 선(line)

명령 옵션은 '선(line)'이며 수직, 수평, 경사선과 연속되는 세그먼트를 가진 선을 작도할 수 있다.

① 선의 정의 : 선 객체는 공간상의 두 지점 사이를 최단 거리로 연결하는 형상이다.

② 선의 종류 : 캐드에서 선의 종류에는 수평선, 수직선, 경사선 및 일련의 연속되는 선 세그먼트(segment)를 가진 연속선이 있다.

③ 선의 엔티티(entity) : 색상(color), 선 종류(line type) 및 선 가중치(line weight) 등의 특성(property)을 지정할 수 있다.

④ 선의 명령 옵션
  ㉠ 첫 번째 점 지정 : 선 엔티티의 시작점을 지정하거나 Enter↵ 키를 눌러 마지막으로 그린 선 끝점에서부터 계속 드래그한다.
  ㉡ 다음 점 지정 : 선 세그먼트의 끝점을 지정한다.
  ㉢ 닫기(C) : 첫 번째 선 세그먼트의 시작점과 마지막 선 세그먼트의 끝점을 연결해서 닫힌 도형을 작도할 수 있다.
  ㉣ 명령 취소(U) : 선 세그먼트의 가상 최근 세그민드를 삭제할 수 있다.

(1) 직선의 정의

① 두 점에 의해서 연결하는 선
② 한 점과 수평선과의 각도로 표시하는 선
③ 한 점에서 직선에 대한 평행선 혹은 수직선
④ 두 곡선(원)에 접하는 선(접선)
⑤ 한 곡선에 접하고 한 점을 지나는 곡선
⑥ 두 곡선의 최단거리를 잇는 선

(2) 직선 그리기

① '홈 TAB' → 리본 메뉴의 '그리기 패널' → '선'을 선택한다.
② 작업 영역에 마우스로 선의 첫 번째 지점을 지정한 후, 다음 점을 지정한다.
③ 추가로 계속 선을 이어서 그릴 수 있고, Enter↵ 나 Space Bar , Esc 를 이용하여 명령을 완료할 수 있다. 또한 닫기(C)를 누르면 닫힌 다각형의 선을 그릴 수 있다. 이때 선은 하나의 폴리선이 아니고, 각각 개별로 지울 수 있다.

(3) 그리기 명령 취소하기
   ① 명령창에 'U'를 입력한다.
   ② 신속 접근 도구 막대에서 실행 취소 버튼을 클릭한다.

(4) 특정 각을 주어 선 그리기
   ① 그리기 패널에서 선을 선택한다.
   ② 시작점을 지정한다.
   ③ 원하는 각을 주기 위해 '〈45'를 입력하고, 마우스를 선의 방향으로 위치시키면 45도각에서 스내핑되어 각도가 고정된다.
   ④ 마지막으로 원하는 길이까지 끝점을 정하여 마무리한다.

(5) 다중선(MLINE) 그리기
   한 번에 여러 선을 원하는 일정 간격을 유지하면서 동시에 생성하게 해주는 기능으로 다음과 같이 명령어 설정을 한다. 평행선은 'offset' 명령어를 이용하여 만들 수도 있으나, 'mline' 명령어가 훨씬 작업이 쉽고, 편리하여 주로 사용된다.
   ① 명령창에 'mlstyle'을 입력하고 Enter↵ 입력한다. 'New' 버튼을 눌러, 새로운 스타일을 만든다.
   ② 'New' 버튼을 클릭하여 Create New Multiline Style 창이 뜨면 'multiline(다중선)' 이름을 넣고, [Continue] 버튼을 누른다.
   ③ 선의 개수, 간격 등 여러 가지 옵션을 설정할 수 있는 창이 뜬다.
   ④ 빨간 박스 안의 선 간격 및 색상, 선 종류를 한 눈에 볼 수 있고, 아래의 추가/삭제 버튼을 통해 다중선의 개수를 설정한다. 간격 띄우기 'offset' 항목에서 다중선 간의 간격을 지정하고 색상 및 선 종류를 선택한다.
   ⑤ 축척(선 간격, S) 설정하기 : 'ML' 입력 후 Enter↵ → S 입력 후 Enter↵ → 숫자 '3' 입력 후 Enter↵ 한다.
   ⑥ 자리 맞추기(J) 설정 : 선의 중심을 맨 위, 중간, 아래 중에서 선택할 수 있으므로 환경에 맞도록 설정한다.
   ⑦ 'MLINE(ML)' 입력 후 Enter↵ 한다.
   ⑧ 시작점을 지정한다.
   ⑨ 다음 점을 지정한다.
   ⑩ 계속 다음 점을 지정하고, Enter↵로 명령을 종료한다. 3개 이상의 점을 지정하는 경우 '닫기(C)'를 입력하여야 닫힌 도형이 만들어진다.

3) 원(circle)

원의 명령 옵션은 중심점-반지름(center-radius), 중심점-지름(center-diameter), 2점(two points), 3점(three points), 접선-접선-반지름(tangent-tangent-radius), 접선-접선-접선(tangent-tangent-tangent) 등이 있으며, 이를 이용하여 작도할 수 있다.

(1) 원의 정의
① 중심점과 반지름지정에 의한 원
② 2점 지정에 의한 원
③ 3점 지정에 의한 원
④ 중심점과 1요소의 접선 지정
⑤ 2요소의 접선과 반지름 지정에 의한 원
⑥ 1요소의 접선과 1요소의 중심점, 반지름 지정에 의한 원
⑦ 기존 원의 중심점 인식과 반지름 지정에 의한 원
⑧ 두 점 사이의 거리를 반지름으로 하고 이 두 점의 벡터에 수직한 평면에 원 구성
⑨ 동심원 구성

(2) 원 그리기 명령
① 원의 중심점, 반지름(지름)을 지정하여 원 그리기
먼저 원의 중심점을 지정하고, 반지름 혹은 지름을 이용하여 원을 그린다. 명령 행에 Circle을 입력하고 Space Bar 를 누른다. 혹은 도구 팔레트에서 [중심점, 반지름] 혹은 [중심점, 지름] 중에 선택하여 원을 그릴 수 있다.

② 3P 옵션으로 3점을 지나는 원 그리기
임의의 3점을 지정해서 지정한 3점을 지나는 원을 그린다.
㉠ Circle 명령을 입력하고, 3점(3P) 옵션을 마우스로 클릭하거나, '3P'를 입력하거나, 그리기 팔레트 원의 서브 메뉴에서 3점 그리기를 선택한다.
㉡ 마우스를 클릭하여 첫 번째 지점, 두 번째 지점, 세 번째 지점을 지정하고 그 점을 지나는 원을 그린다.

③ 2P 옵션으로 두 점을 지나는 원 그리기
임의의 두 점을 지정해서 그 두 점을 지름으로 하는 원을 그린다.
㉠ Circle 명령을 입력하고, 2점(2P) 옵션을 마우스로 클릭하거나, '2P'를 입력하거나, 그리기 팔레트 원의 서브 메뉴에서 2점 그리기를 선택한다.

ⓛ 마우스를 클릭하여 첫 번째 지점, 두 번째 지점을 지정하고 그 점을 지름으로 하는 원을 그린다.

④ Ttr(tangent-tangent-radius) 옵션으로 접선과 반지름을 이용한 원 그리기

Circle 명령의 서브 메뉴 중 하나인 'Ttr' 옵션은 2개의 접선(tangent)과 반지름을 지정해서 원을 그리는 기능이다.

㉠ Circle 명령을 입력하고 명령 행에 'T'를 입력하거나, 그리기 팔레트에서 접선 반지름을 선택하여 그릴 수 있다.

ⓛ 두 접선에 원을 그리려면 첫 번째 접선 위를 마우스 클릭하고, 두 번째 접선 위를 마우스 클릭하면 원의 반지름이 자동으로 계산되며, 여기에서 Enter⏎를 하면 원이 그려진다.

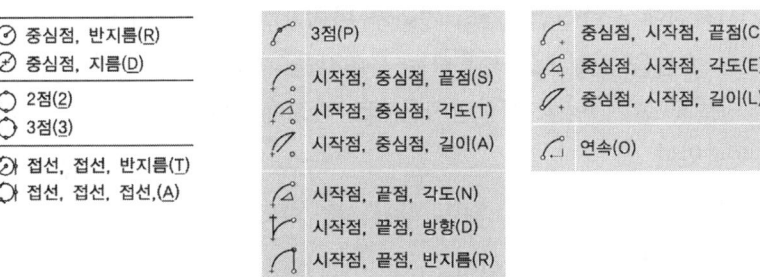

[그림 3-4] 호와 원 그리기 메뉴

4) 호(arc)

호는 중심점(C)을 기준으로 시작점(S) 및 끝점(E)을 잇는 현으로 구성되며, 반지름(radius), 각도(angle), 현의 길이 및 방향 값으로 조합하여 작도할 수 있다.

(1) 원호의 정의

① 임의의 3점을 지나는 원호
② 한 요소의 접선, 한점, 반지름
③ 시작점, 중심점, 각도
④ 시작점, 중심점, 현의 길이
⑤ 시작점, 끝점, 내부각(협각)
⑥ 시작점, 끝점, 반지름
⑦ 시작점, 끝점, 시작방향
⑧ 시작점, 중심점, 끝점
⑨ 2점과 발생위치에 의한 원호
⑩ 두 요소의 라운딩(fillet)

(2) 호 그리기 명령

① **3점 옵션의 3개의 점을 지정하여 그리기**

  호 그리기에는 보통 3P 옵션을 주로 사용한다. 3개의 점을 지정하여 3점을 지나는 호를 그린다. 호의 시작점을 지정하고, 호가 지나는 두 번째 지점, 마지막으로 호의 세 번째 끝점을 지정하여 호 그리기를 완성한다.

② **시작점(S), 중심점(C), 끝점(E)을 지정하여 그리기**

  시작점에서 중심점까지가 반지름이 되며 끝점은 중심점에서 시작하여 세 번째 점을 지나는 선에 의해 결정된다. 따라서 이 방법은 호가 항상 시작점으로부터 반시계 방향으로 작성되는 특징이 있다.

③ **시작점(S), 중심점(C), 각도(A)를 지정하여 그리기**

  시작점에서 중심점까지의 거리가 반지름이 되며 호의 다른 쪽 끝은 호 중심을 정점으로 사용하는 사잇각을 지정함으로써 결정된다. 이 방법도 호가 항상 시작점으로부터 반시계 방향으로 작성되는 특징이 있다.

④ **시작점(S), 중심점(C), 현의 길이(L)를 지정하여 그리기**

  시작점에서 중심점까지의 거리가 반지름이 되며 호의 다른 쪽 끝은 호의 시작점에서 끝점까지의 현 길이를 지정함으로써 결정된다. 이 방법도 호가 항상 시작점으로부터 반시계 방향으로 작성되는 특징이 있다.

⑤ **시작점(S), 끝점(E), 각도(A)를 지정하여 그리기**

  시작점, 끝점 및 사잇각을 사용하여 호를 작성하며, 호 끝점 사이의 사잇각에 따라 호의 중심점과 반지름이 결정된다.

⑥ **시작점(S), 끝점(E), 호의 시작 방향(D)을 지정하여 그리기**

  시작점, 끝점 및 시작점에서의 접선 방향을 사용하여 호를 그리는 방법으로 원하는 접선 위에서 한 점을 선택하거나 각도를 입력하여 접선의 방향을 지정할 수 있다. 두 끝점의 지정 순서를 변경하여 어떤 끝점으로 접선을 조정할지 결정할 수 있다.

⑦ **시작점(S), 끝점(E), 반지름(R)을 지정하여 그리기**

  시작점, 끝점, 반지름을 이용하여 호를 그리는 방법으로 3P 옵션 다음으로 많이 사용하는 방법이다. 호의 돌출 방향은 끝점을 지정하는 순서에 따라 결정되며, 반지름은 직접 입력하거나 원하는 반지름 거리의 한 점을 선택하여 지정할 수 있다. 시작점과 끝점을 시계반대 방향으로 지정하면 볼록한 호가 되고, 시계 방향으로 지정하면 오목한 호가 된다.

⑧ 중심점(C), 시작점(S), 끝점(E)을 지정하여 그리기

중심점, 시작점, 끝점을 결정하는 제3의 점을 사용하여 호를 작성하는 방법으로 시작점에서 중심점까지의 거리가 반지름이 되며 끝점은 중심점에서 시작하여 세 번째 점을 지나는 선에 의해 결정된다. 따라서 이 방법은 호가 항상 시작점으로부터 시계 방향으로 작성되는 특징이 있다.

⑨ 중심점(C), 시작점(S), 각도(A)를 지정하여 그리기

중심점, 시작점, 사잇각을 사용하여 호를 그리는 방법으로 시작점에서 중심점까지의 거리가 반지름이 되며, 호의 다른 쪽 끝은 호 중심을 정점으로 사용하는 사잇각을 지정함으로써 결정된다. 이 방법은 호가 항상 시작점으로부터 반시계 방향으로 작성되는 특징이 있다.

⑩ 중심점(C), 시작점(S), 현의 길이(L)를 지정하여 그리기

중심점, 시작점 및 현의 길이를 사용하여 호를 그리는 방법으로 시작점에서 중심점까지의 거리가 반지름이 되며, 호의 다른 쪽 끝은 호 시작점에서 끝점까지의 현 길이를 지정함으로써 결정된다. 이 방법은 시작점으로부터 반시계 방향으로 작성되는 특징이 있다.

5) 직사각형(rectangle)

길이, 폭, 영역 및 회전 매개변수를 지정할 수 있으며, 옵션으로 모따기(chamfer), 모깎기(fillet) 등을 이용하여 구석 유형을 조정할 수 있다.

① 모따기(chamfer) : 사각형의 네 모서리를 각지게 깎아서 조정할 수 있다.

② 모깎기(fillet) : 사각형의 네 모서리를 둥그스름하게 깎아서 조정할 수 있다.

③ 선 굵기(width) : 직사각형의 선 굵기를 지정할 수 있다.

6) 폴리선(polyline)

선(line)과 호(arc) 세그먼트들을 조합하여 하나의 객체로 작도할 수 있는 기능으로, 복합 개체인 폴리선은 선과 호의 단일 객체로 분해할 수 있다.

7) 폴리곤(polygon)

폴리선으로 다각형을 작도하는 기능으로, 5각형에서부터 128각형까지 가능하다.

8) 스플라인(spline)

점들이 집합에 의해 정의되는 부드러운 곡선으로, 곡선이 점과 일치하는 정도를 조정할 수 있으며, 명령 옵션으로 매서드(M), 매듭(K), 객체(C), 다음 점, 시작 접촉부(T), 끝접촉부(T), 공차(L), 각도(D), 명령 취소(U), 닫기(C) 등이 사용된다.

9) 타원(ellipse)

장축과 단축으로 구성된 도형으로, 일반적으로 작도법은 중심점을 지정하고 장축과 단축의 끝점들을 지정해서 작도된다.

> **TIP**
>
> **타원의 정의**
> 타원은 두 축을 중심으로 회전하는 타원을 그리는 명령어이다.
> - 축(axis)과 편심(eccentricity)에 의한 타원
> - 중심(center)과 두 축(two axis)에 의한 타원
> - 아이소메트릭 상태에서 그리는 방법

10) 도넛(donut)

폭(width)을 갖는 닫힌 폴리선으로, 솔리드로 채워진 원 또는 원환을 작성하는 데 사용한다.

11) 채우기(fill)

2D 솔리드, 해치, 굵은 폴리선과 같은 객체의 채우기를 설정할 때 사용한다.

12) 객체 간격 띄우기, 자르기 및 연장하기

① 객체 간격 띄우기(offset) : 도면 영역에 도형 작도 시 가장 빈번하고 유용하게 사용하는 요소로서 명령 옵션으로는 간격 띄우기 거리, 통과점(T), 지우기(E), 도면층(L) 등이 사용된다.

② 자르기(trim) : 명령 옵션으로 울타리(F), 걸치기(C), 프로젝트(P), 모서리(E), 지우기(R) 등이 사용된다.

③ 연장(extend) : 다른 객체의 경계 모서리와 만나도록 연장하는 기능이다.

13) 복사, 이동, 스케일, 배열 명령

① 복사(copy) 명령 : 원본 객체로부터 지정된 거리 및 방향 객체의 복사본을 만드는 기능이다.

② 이동(move) 명령 : 객체를 지정된 방향 및 지정된 거리만큼 이동하는 기능이다.
③ 스케일(scale) 명령 : 선택한 객체를 확대 또는 축소할 수 있는 기능이다.
④ 배열(array) 명령 : 규칙적인 매트릭스(열과 행) 패턴으로 선택된 객체들의 다중 복사를 만드는 기능으로 다음과 같은 3가지 유형의 배열이 있다.
  ㉠ 직사각형(rectangle)
  ㉡ 경로(path)
  ㉢ 원형(circular)

14) 기능키

오토캐드에서 사용되는 주요 기능키는 아래와 같다.
① F1 도움말 창이 뜨며, 목차와 색인으로 구성됨
② F2 입력하고, 실행된 모든 명령 내용들이 담긴 문자 윈도가 열림
③ F3 원하는 지점을 정확하게 잡아주는 기능인 객체(OSNAP) 기능을 설정함
④ F4 3D 객체 스냅의 사용 여부를 설정함
⑤ F5 등각 평면의 지정을 설정함
⑥ F6 동적 UCS를 설정(on/off)함(3D에서 필요한 기능)
⑦ F7 격자(grid) 기능을 설정(on/off)함
⑧ F8 직교(Ortho) 기능을 설정(on/off)함
⑨ F9 스냅(snap) 기능을 설정(on/off)함
⑩ F10 극좌표 기능을 설정(on/off)함
⑪ F11 객체 스냅 추적(Otrack) 기능을 설정(on/off)함
⑫ F12 동적 입력 기능을 설정(on/off)함

15) CAD 관련 용어

(1) 도형의 편집(EDIT)

CAD 시스템에는 도형의 이동, 회전, 대칭 확대, 축소 복사 등의 편집 작업을 자유롭게 할 수 있다.
① 이동(translation) : 선택한 도형 요소를 지정된 위치로 이동시킨다(move 명령).
② 복사(copy) : 선택된 도형 요소를 지정된 위치로 복사한다(copy, array : 이동, 복사).

③ 회전(rotate) : 선택한 도형 요소를 기준점을 중심으로 회전시킨다.
➡ Rotate Array(회전, 복사)
④ 반전(대칭 : mirror, symmetry) : 선택한 도면 요소를 사용자가 지정한 선을 따라 대칭으로 반사시킨다.

(2) 도형의 겹침(Level = Layer = Class)
설계시 한 장에 모두 작도하지 않고, 여러 장에 공통된 부분을 갖는 것끼리 각각 투명한 필름 층에 그려 도면을 관리해주는 것이다.

(3) 도형의 블록화(Block = Pattern)
작도하기 어렵거나 혹은 번번이 사용하는 것을 어딘가에 저장해놓고 필요할 때마다 꺼내어 사용하는 객체를 블록이라 한다.

(4) 도형의 해칭(hatching)
hatch는 사용자가 지정하는 빈 공간에 일정한 패턴을 채워주는 명령어이다. 부품의 단면도, 평면도의 입면표시, 각종 재료표시 등을 쉽게 표현할 수 있다.

(5) CAD 시스템의 view의 종류
CAD 시스템에서는 자신이 원하는 관점에 따라 물건을 바라볼 수 있고 화면을 분할함으로써 한 객체를 여러 관점에서 동시에 파악할 수 있다.

예) oblique view(경사진 뷰), isometric view(등각투상도)
axonometric view(물체의 3면을 동시에 확인 가능한 뷰)

(6) 클리핑(Clipping)
화면에 나타난 데이터의 일부분이 스크린에 나타날 때 윈도 밖에 표시되는 데이터를 이 파일에서 제거하는 작업이다.

(7) 그룹기법
하나 이상의 객체들을 계속 지정해 주어야 하는 경우, 반복 작업을 해야 한다. 이럴 때 그 객체들을 GROUP으로 묶어주면, GROUP 이름만 지정해 객체를 선택할 수 있으므로 편리하다.

(8) 다각형(polygon)
Polygon은 3부터 1,024개의 변을 가지는 2차원 형태의 다각형을 그리는 명령어이다. 다각형의 크기는 내접하거나 외접하는 원의 반지름에 의하거나 각 변의 길이에 의해 지정될 수 있다.

(9) 스케치(sketch)

CAD에서 유일하게 치수에 구애받지 않고 자유자재로 도면을 그리는 명령어이다.

(10) 사각형(rectangle)

사각형을 한번에 그리는 명령이다. 여기서는 높이를 지닌 사각형도 그릴 수 있고, 높이가 없는 사각형도 그릴 수가 있다.

(11) 포인트(point)

포인트 명령어는 도면상에 점을 찍거나 Divide, Measure 명령 사용 시 분할되는 위치를 표시할 때 사용된다.

(12) 선의 유형(linetype)

도면 내에 쓰여지는 선의 형태를 지정한다. 이 명령을 이용하여 이미 만들어진 라이브러리 화일로 저장되어 있는 선의 유형(점선, 중심선, 쇄선 등)들을 불러내어 사용할 수 있고, 사용자가 새로운 선의 형태를 만들어 쓸 수가 있다.

(13) 선의 유형 스케일(linetype scale)

도면 작업을 하다가 보면 선의 유형을 바꾸었는데도 불구하고 실선으로 그대로 보이는 경우가 있는데, 이러한 현상은 limits 값을 바꾸었을 때 나타나는 현상들이다. 이러한 문제는 ltscale을 사용하여 해결할 수가 있다. limits의 변화에 따라 선의 크기를 조절한다.

(14) 색상(color)

color는 도면작성 시 객체 구분을 용이하게 하며, 디폴트 색상을 무시하고 새로운 도면 요소의 색상을 지정한다. 새로운 색상을 설정하려면 색상 번호 또는 이름으로 응답하면 된다. 단 7번까지는 이름으로 입력하고 8번에서 255번까지는 할당 번호를 입력해야 한다. 또한 Ddemodes 대화상자를 이용하여 도면 요소 색상을 설정할 수도 있다.

(15) 지우기(erase)

지정한 도면 요소를 삭제하는 명령어로서 all, window, crossing 등 객체를 선택하는 방법에 따라 특정 요소를 지울 수 있다.

(16) MOVE

선택한 도면 요소를 지정된 위치로 이동시킨다.

(17) COPY

선택한 도형 요소를 지정된 위치에 복사한다.

(18) ROTATE

Rotate는 객체를 기준점을 중심으로 회전시키는 명령어이다.

(19) MIRROR

선택한 도면 요소를 사용자가 지정한 선을 따라 대칭으로 반사시킨다.

(20) SCALE

Scale 명령은 객체의 크기를 조절하는 명령어이다.

(21) STRETCH

Stretch는 객체를 선택한 후 도면의 연결된 상태를 그대로 유지하면서 선이나 호, 트레이드, 솔리드, 폴리라인 및 3차원 면으로 이루어진 연결된 선들을 늘리거나 수축시키는 데 사용하는 명령어이다.

(22) ARRAY

선택된 객체를 원형 또는 박스 형태로 배열해서 다중 복사한다. Copy의 다중 복사와 유사한 명령으로 일정한 위치에 같은 크기로 원하는 개수만큼 일정한 간격으로 복사할 수 있다.

(23) CHANGE

선택된 객체의 위치, 크기, 방향 또는 색깔, 고도, 도면층 선형태, 두께 문자 등을 변형시킨다.

(24) CHPROP

change명령어의 "특성"만을 떼어놓은 명령이다.

(25) DDCHPROP

Ddchprop는 대화 상자를 이용하여 도면요소의 속성을 바꾸는 명령이다.

(26) BREAK

객체를 자르고, 분리시킨다(반시계 방향이 기준).

(27) TRIM

Trim 명령은 교차점을 기준으로 객체를 자른다.

(28) EXTEND

선, 호 또는 폴리선을 다른 객체와 만나도록 연장시킨다.

(29) FILLET
지정된 반경의 호를 가지고 2개의 선분을 연결한다(모깎기).

(30) CHAMFER
Chamfer는 모서리를 아예 따버리는 명령어로서 거리와 각도로 모따기를 할 수 있다.

(31) OFFSET
직선이나 곡선 등에 평행하게 복사해주는 명령어이다.

(32) DIVIDE
도면 요소를 지정한 수만큼의 등간격으로 분할하고 분할 점에 maker를 표시한다.

(33) EXPLODE
Block이나 Polyline, Dimension, Hatching 등의 구성요소를 분해하여 각각의 객체로 다시 정의된다.

(34) PEDIT
일반적인 선을 폴리선으로 재생성하거나 폴리선을 편집한다.

(35) DDMODIFY
Ddmodify는 기존 도면요소의 속성을 조절해주는 명령어이다.

(36) DDGRIPS
Ddgrips는 그립의 작동 및 그립의 색상, 크기 등을 지정할 수 있게 해주는 명령어이다.

(37) U 또는 UNDO
U는 가장 최후에 내린 명령을 취소시키는 명령인데, 이전에 내린 여러 개의 명령을 취소할 수 있고, 지정한 상태로 돌아갈 수 있다.

(38) OOPS
block이나 erase를 사용하면 선택된 대상은 지워지게 된다. 사라진 객체가 도면상에 계속 존재할 필요가 있을 때 "oops"를 사용하면 사라졌던 객체가 다시 도면상에 나타난다.

(39) ID(IDENTIFY)
도면상의 지정된 점의 위치를 좌표로 표시한다.

(40) BLIPS/BLIPMODE

Blips는 화면상에 어떠한 점을 표시하거나 대상을 선택할 때 나타나는 작은 임시 십자형 표시(+모양)를 말하는데, blips와 blipmode는 이것을 제어할 때 사용하는 명령어이다. 디폴트 값은 〈ON〉이고, 표시된 점들을 없어지게 하려면 redraw나 regen을 하면 된다.

(41) AREA

객체의 면적과 길이를 재는 명령어로 면적을 더하거나 뺄 수 있다.

(42) FILL

solid, trace, donut 등의 명령어로 작성된 도형의 속을 채울 것인지, 채우지 않을 것인지 여부를 결정하는 시스템 변수이다.

(43) DRAG/DRAGMODE

원, 호, Block 등과 같은 어떠한 도면요소를 그리다 보면, 고무줄 같은 선이 늘어났다 줄어들었다 하는 선을 볼 수 있는데 이것을 drag라고 한다. dragmode는 drag를 나타내거나 나타내지 않게 하는 데 사용한다.

(44) REDRAW

Redraw는 도면작성 시 불필요한 잔상 또는 erase할 때 blip 등으로 지저분해진 도면을 깨끗이 정리를 해주며, 편집 등으로 인해 사라진 어떠한 도면요소를 재 드로잉 시켜준다.

(45) REGEN/REGENALL

내부에서 전체 도면의 모든 데이터 및 기하학적 정보가 재산정된다.

(46) ZOOM

Zoom 명령은 화면의 크기를 사용자가 원하는 대로 조절하는 것이다. 이것은 도면의 크기를 바꾸는 것이라기보다는 도면 일부를 자세히 보거나 도면 전체를 보고자 할 때 많이 사용된다.

> **형식** Command : ZOOM
> All/Center/Dynamic/Extents/Left/Previous/Vmax/Window/〈Scale(X/XP) : 옵션선택

(47) PAN

도면의 배율 변화 없이 화면을 이동시킨다. 아포스트로피(')와 함께 다른 명령이 사용되고 있는 동안에도 실행시킬 수 있다.

(48) 텍스트(TEXT)

Text 명령은 도면에 문자를 기입할 때 사용한다. 문자 도면요소는 여러 가지 다양한 문자형태를 제공해 주고 있으며 문자 사용방법으로는 넓게 늘리거나, 압축되거나, 비스듬하게 하거나, 반사되거나 수직으로 그려질 수 있도록 되어 있으며 영문 이외에도 특수기호나 한글도 사용할 수 있다.

〈표 3-5〉 특수문자

%%O	문자 위에 줄긋기	[예] %%oOverscored	Overscored
%%U	문자 아래에 줄긋기	[예] %%uUnderscored	Underscored
%%D	각도를 나타내는 기호	[예] 30%%d	30°
%%P	허용 오차를 나타내는 기호	[예] %%P40	±40
%%C	원의 지름을 나타내는 기호	[예] %%C20	ø20
%%%	비율을 나타내는 기호	[예] 50%%%	50%

(49) DTEXT

Dtext는 Dynamic Text의 약어로 화면에 문자의 크기가 박스 형태로 나타나며 문자를 쓸 때마다 쓰여질 글자가 화면에 나타나는데 백 스페이스를 사용하여 기본적인 편집기능과 한 명령으로 여러 행에 걸친 문장의 입력을 수행시킬 수 있다.

(50) QTEXT

Text와 Attribute의 표시와 작도를 화면상에 제어한다. Qtext를 실행하면 간단한 직사각형 형태로 나타나는데, 이것은 글씨가 많아 빠른 진행을 요할 때 쓰인다. 즉, Qtext 명령은 문자가 많은 도면에서 화면이 재생성되는 시간을 절약할 때 사용한다.

(51) 블록(BLOCK)

여러 개의 객체로 이루어진 객체를 하나의 symbol로 만들어 도면상에서 반복적으로 쓰이는 경우 삽입 명령으로 도면 작업을 용이하게 한다.

(52) 블록쓰기(WBLOCK)

Wblock은 하나의 *.dwg라는 개별적인 파일이 생성되어 어떤 도면에서든 삽입하여 사용할 수 있다.

3. 형상 비교 검토

1) 정투상 방법

정투상 방법은 물체를 향해 무한대의 평행한 시선(빛)을 보내면 물체의 윤곽이 화면에 직각으로 나타나는 것의 윤곽을 그리는 방법을 말한다.

2) 정투상 방법의 원리

아래 그림과 같이 물체의 각 면과 그것을 바라보는 위치에서 시선을 평행하게 연결하면 물체와 보는 사람 사이에 설치해 놓은 투상면에서 실제의 면과 같은 크기의 투상도를 얻게 되는 원리이다.

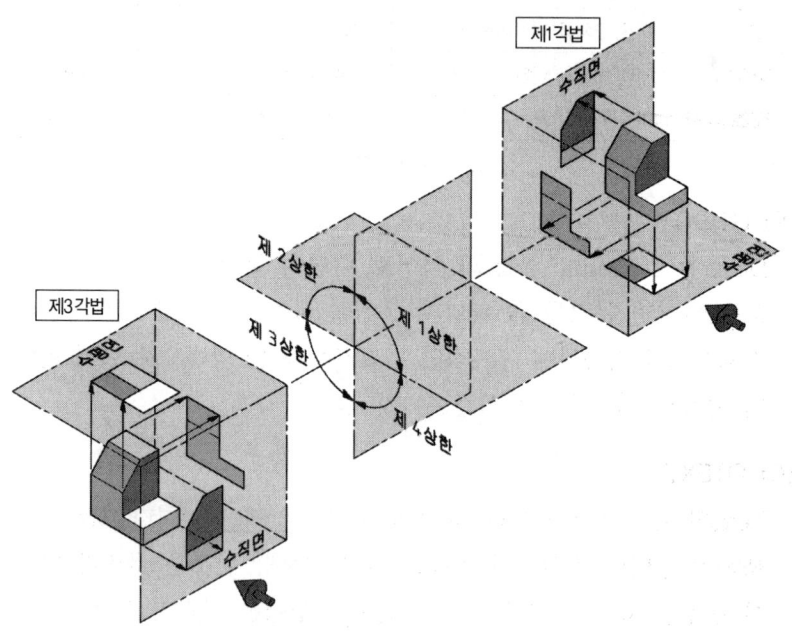

[그림 3-5] 정투상도를 얻기 위한 화면 설치

3) 투상면의 설치

투상면에서 얻은 물체의 투상도를 배열하기 위해서는 아래 그림과 같이 정면에 설치한 투상면을 기준으로 전개하는 원리를 이용한다.

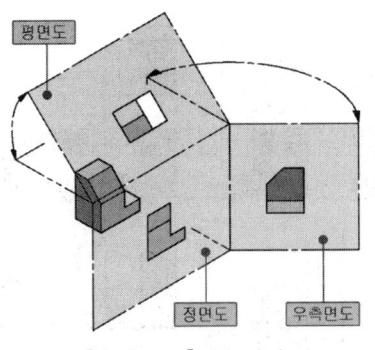
[그림 3-6] 제3각법

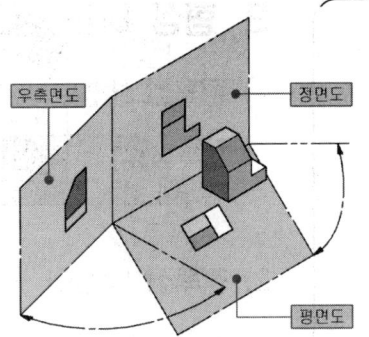
[그림 3-7] 제1각법

4) 제1각법

위의 그림에서 얻은 제1면각의 직육면체 공간을 아래 그림과 같이 분리된 제1각 공간 안에 물체를 놓고 투상을 하는 방법으로 투상원리는 아래 그림과 같이 "눈 → 제품 → 투상면"으로 투상하는 방법이다.

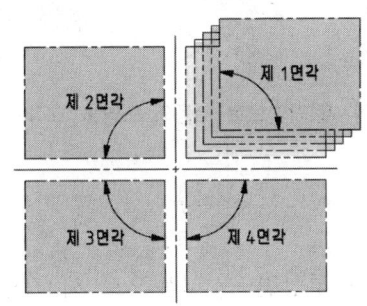
[그림 3-8] 제1면각의 분리되는 모습

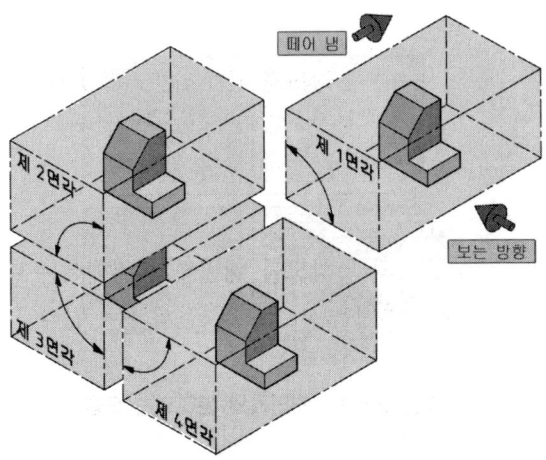
[그림 3-9] 제1면각 안의 제품과 투상

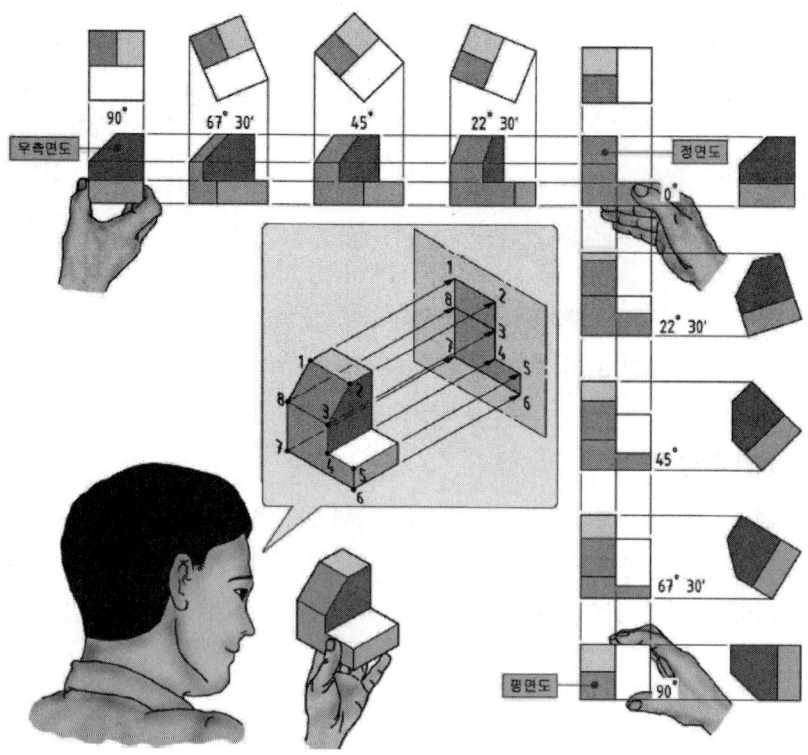

[그림 3-10] 제1각법으로 제품의 모양을 그리는 투상 원리

5) 제3각법

투상 원리는 '눈 → 투상면 → 제품'으로 제3각법은 아래의 그림에서 얻은 제3면각의 직육면체 공간을 그림과 같이 분리된 제3면각 공간 안에 제품을 놓고 투상을 하는 방법이다.

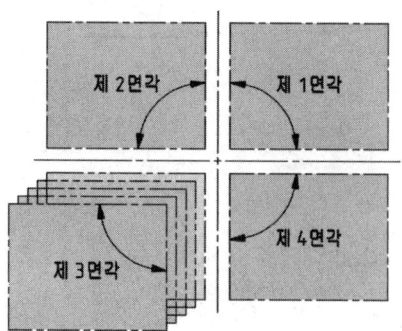

[그림 3-11] 제3면각의 분리되는 모습

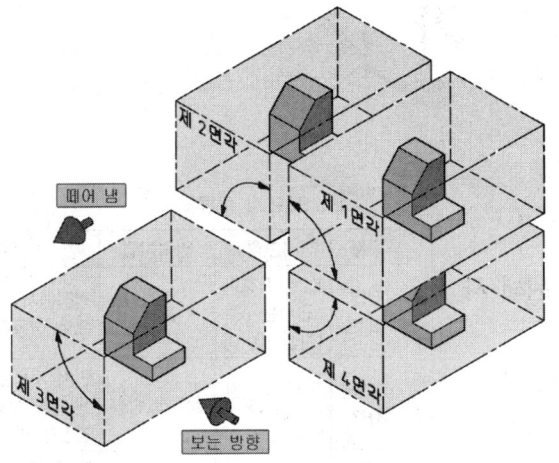

[그림 3-12] 제3면각 안의 제품과 투상

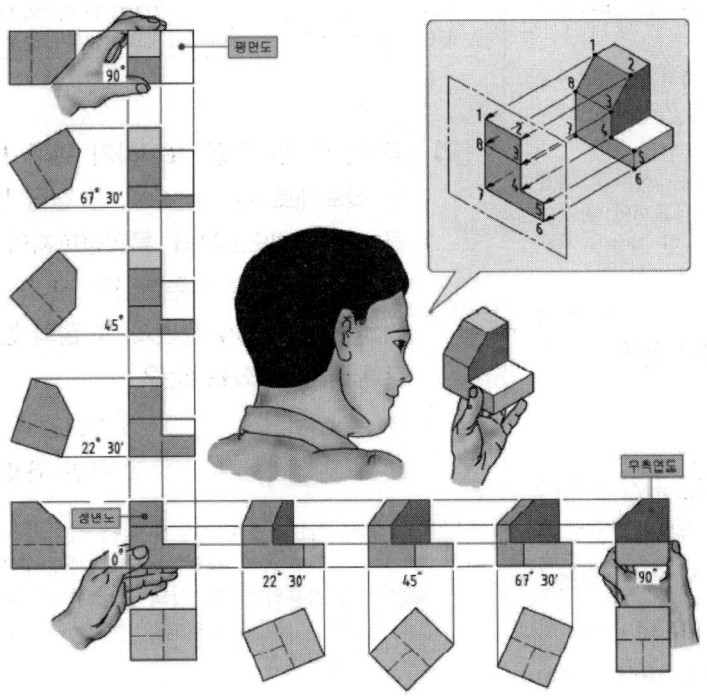

[그림 3-13] 제3각법으로 제품의 모양을 그리는 투상 원리

01 좌표계

01. CAD 시스템에서 점을 정의하기 위해 사용되는 좌표계가 아닌 것은?

① 직교 좌표계
② 원통 좌표계
③ 구면 좌표계
④ 벡터 좌표계

해설 CAD 시스템 좌표계
① 직교 좌표계 : X, Y, Z 방향의 축을 기준으로 공간상의 하나의 점 표시로 교차점은 $P(x_1, y_1, z_1)$
② 극좌표계 : 한 쌍의 직교축과 단위길이를 사용하여 평면상의 한 점 P의 위치 표시로 한점은 $P(거리, 각도)$
③ 원통 좌표계 : 평면상에 있는 하나의 점을 나타내기 위해 사용한 극좌표계에 공간의 개념을 적용하여 공간상의 한 점을 표시로 원통 좌표계의 점은 $P(r, \theta, z_1)$
④ 구면 좌표계 : 공간상에 구성되어 있는 하나의 점을 표현하며 구면 좌표계의 점은 $P(\rho, \Phi, \theta)$

02. CAD 프로그램 내에서 3차원 공간상 하나의 점을 화면상에 표시하기 위해 사용되는 3개의 기본 좌표계에 속하지 않는 것은?

① 세계 좌표계(world coordinate system)
② 벡터 좌표계(vector coordinate system)
③ 시각 좌표계(viewing coordinate system)
④ 모델 좌표계(model coordinate system)

03. CAD에서 사용되는 좌표 중에서 최종점에서 일정한 거리와 각도로서 표현하는 좌표계는?

① 극좌표계
② 실린더 좌표계
③ 상대좌표계
④ 절대좌표계

해설 좌표계 종류

구분	기준점	입력방법	해설
절대 좌표	X, Y, Z 축이 만나는 곳 (원점=0, 0)	X, Y	원점에서 해당 축 방향으로 이동한 거리
상대극 좌표	먼저 지정된 좌표	@거리〈방향	먼저 지정된 점과 지정된 점까지의 직선거리 방향은 각도계와 일치
상대 좌표	먼저 지정된 좌표	@X, Y	먼저 지정된 점으로부터 해당 축 방향으로 이동한 거리
최종 좌표	마지막으로 지정된 좌표	@	지정될 점 이전의 마지막으로 지정된 점

04. 공간상의 한 점을 표시하기 위해 사용되는 좌표계로 xy 평면으로 한 점을 투영했을 때 원점으로부터 투영점까지의 거리(r), x축과 원점과 투영점이 지나는 직선과의 각도(θ), xy 평면과 그 점의 높이(z)로 나타내는 좌표계는?

① 직교 좌표계
② 극좌표계
③ 원통 좌표계
④ 구면 좌표계

해설 원통 좌표계 : 평면상에 있는 하나의 점 P를 나타내기 위해 사용한 극좌표계에 공간의 개념을 적용하여 공간상의 한 점을 표기하기 위한 좌표계로서 표시되는 점 P는 (r, θ, z_1)으로 표기한다.

05. 도형의 평행이동(translation) 변화를 행렬식의 곱셈 연산 형태로 표현하기 위해 사용되는 좌표계는?

① 화면 좌표계(screen coordinates)
② 원통 좌표계(cylindrical coordinates)
③ 극좌표계(polar coordinates)
④ 동차 좌표계(homogeneous coordinates)

정답 01 ④ 02 ② 03 ① 04 ③ 05 ④

06. 오토캐드는 마지막에 지정한 점의 좌푯값을 항상 추적, 저장하는 좌표계는?
① 극좌표계   ② 최종 좌표계
③ 상대좌표계 ④ 절대좌표계

07. 점과 점 사이의 좌표 정의로 틀린 것은?
① 극좌표   ② 상대좌표
③ 원통 좌표 ④ 회전 좌표

02 도면작성

01. CAD 소프트웨어가 반드시 갖추고 있어야 할 기능으로 거리가 먼 것은?
① 화면 제어 기능   ② 치수기입 가능
③ 도형 편집 기능   ④ 인터넷 가능

해설 CAD 소프트웨어의 기본 기능
① 요소 작성 기능
② 요소 변환 기능
③ 요소 편집 기능
④ 도면화 기능
⑤ 디스플레이 제어 기능
⑥ 데이터 관리 기능
⑦ 특성 해석 기능
⑧ 플로팅 기능

02. 일반적인 CAD 소프트웨어의 기본적인 기능으로 볼 수 없는 것은?
① 문자나 데이터의 편집 기능
② 디스플레이 제어기능
③ 도면작성 기능
④ 가공정보 제어기능

해설 가공정보 제어기능은 CAM기능이다.

03. CAD 용어에 대한 설명 중 틀린 것은?
① Pan : 도면의 다른 영역을 보기 위해 디스플레이 윈도를 이동시키는 행위
② Zoom : 대상물의 실제 크기(치수 포함)를 확대하거나 축소하는 행위
③ Clipping : 필요 없는 요소를 제거하는 방법, 주로 그래픽에서 클리핑 윈도로 정의된 영역 밖에 존재하는 요소들을 제거하는 것을 의미
④ Toggle : 명령의 실행 또는 마우스 클릭 시마다 On 또는 Off가 번갈아 나타나는 세팅

해설 Zoom : 대상물의 실제 크기를 확대하거나 축소하는 행위로 치수는 포함하지 않는다.

04. CAD(Computer-Aided Design) 소프트웨어의 가장 기본적인 역할은?
① 기하 형상의 정의
② 해석 결과의 가시화
③ 유한요소 모델링
④ 설계물의 최적화

해설 CAD(Computer-Aided Design) 소프트웨어의 가장 기본적인 역할은 기하 형상의 정의이다.

05. 다음 중 CAD 소프트웨어가 갖추어야 할 기능으로 가장 거리가 먼 것은?
① 제조공정 제어
② 데이터 변환
③ 화면 제어
④ 그래픽 요소 생성

해설 CAD 소프트웨어에서 제조공정 제어는 되지 않는다.

정답 06 ② 07 ④ / 01 ④ 02 ④ 03 ② 04 ① 05 ①

Part 1. 기계제도

06. CAD 소프트웨어에서 명령어를 아이콘으로 만들어 아이템별로 묶어 명령을 편리하게 이용할 수 있도록 한 것은?

① 스크롤바   ② 툴바
③ 스크린 메뉴   ④ 상태(status)바

[해설] 툴바 : 명령어를 아이콘으로 만들어 아이템별로 묶어놓은 명령어이다.

07. CAD 시스템에서 일반적인 선의 속성(attribute)으로 거리가 먼 것은?

① 선의 굵기(line thickness)
② 선의 색상(line color)
③ 선의 밝기(line brightness)
④ 선의 종류(line type)

[해설] CAD 시스템에서 일반적인 선의 속성
① 선의 굵기(line thickness)
② 선의 색상(line color)
③ 선의 종류(line type)

08. 2차원 스케치 평면에서 임의의 사각형을 정의하기 위해 필요한 형상 구속조건 및 치수조건을 합치면 총 몇 개인가? [단, 직사각형의 네 꼭짓점 좌표를 (x1, y1), (x2, y2), (x3, y3), (x4, y4)으로 표시할 때, x1 = 3으로 한다면 치수조건을 준 경우이고, x1 = x2과 같이 표현한다면 형상 구속조건을 준 경우이다. 또한 각 조건은 x 방향과 y 방향을 별개로 한다.]

① 2개   ② 4개
③ 6개   ④ 8개

[해설] 아래 그림과 같이 사각형을 정의하기 위해 필요한 형상 구속조건은 6개이고, 치수조건은 2개이다.

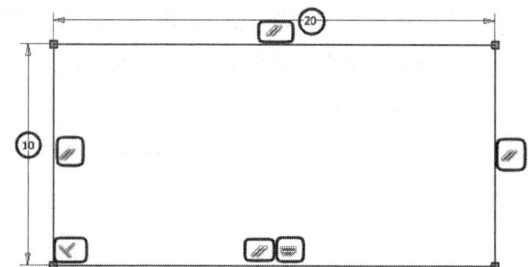

09. 양궁 과녁과 같이 일정 간격을 가진 여러 개의 동심원으로 구성되는 형상을 만들려고 한다. 다음 중 가장 적절하게 사용될 수 있는 기능은?

① zoom   ② move
③ offset   ④ trim

[해설]
① zoom : 화면을 확대하거나 축소하여 물체를 자세히 보거나 전체적인 화면을 보는 화면제어 명령어이다.
② move : 객체를 이동시키는 명령어로 두 점 또는 숫자를 입력해서 그 변위만큼 물체가 이동하는 명령어이다.
③ offset : 양궁 과녁과 같이 일정 간격을 가진 여러 개의 동심원으로 구성되는 형상을 만들 때 가장 적절하게 사용될 수 있는 간격띄우기 명령어이다.
④ trim : 기준선을 가지고 2부분 혹은 여러 부분으로 나눠 필요 없는 부분을 잘라내는 명령어이다.

10. CAD 시스템에서 원호를 정의하고자 한다. 다음 중 하나의 원호를 정의내릴 수 없는 경우는?

① 중심점과 원호의 시작점과 끝점, 그리고 시작점에서 원호가 그려지는 방향이 주어질 때
② 중심점과 원호의 시작점, 현의 길이, 그리고 시작점에서 원호가 그려지는 방향이 주어질 때

정답 06 ② 07 ③ 08 ④ 09 ③ 10 ④

③ 원호를 이루는 각각의 시작점, 중간점, 끝점이 주어질 때
④ 중심점과 원호 반지름의 크기, 그리고 시작점에서 원호가 그려지는 방향이 주어질 때

해설 원호 정의
- 반지름 원호 : 중심선과 반지름에 의해서 원호를 생성한다.
- 두 점과 원호 : 두 점과 반지름에 의하여 원호를 정의한다.
- 3개의 점과 원호 : 3개의 점에 의하여 원호를 정의한다.
- 두 점과 사잇각에 의하여 원호를 정의한다.

11. 2차원 평면에서 원(circle)을 정의하고자 할 때 필요한 조건으로 틀린 것은?

① 중심점과 원주상의 한 점으로 정의
② 원주상의 3개의 점으로 정의
③ 2개의 접선으로 정의
④ 중심점과 하나의 접선으로 정의

해설
- 중심점, 반지름(R)
- 중심점, 지름(D)
- 2점(2)
- 3점(3)
- 접선, 접선, 반지름(T)
- 접선, 접선, 접선(A)

12. 다음 중 원호를 정의하는 방법으로 틀린 것은?

① 시작점, 중심점, 각도를 지정
② 시작점, 중심점, 끝점을 지정
③ 시작점, 중심점, 현의 길이를 지정
④ 시작점, 끝점, 현의 길이를 지정

해설
- 3점(P)
- 시작점, 중심점, 끝점(S)
- 시작점, 중심점, 각도(T)
- 시작점, 중심점, 길이(A)
- 시작점, 끝점, 각도(N)
- 시작점, 끝점, 방향(D)
- 시작점, 끝점, 반지름(R)
- 중심점, 시작점, 끝점(C)
- 중심점, 시작점, 각도(E)
- 중심점, 시작점, 길이(L)
- 연속(O)

13. 다음 중 하나의 타원을 구성하기 위한 설명으로 틀린 것은?

① 서로 대각선을 이루는 두 점에 의한 타원
② 타원의 중심, 장축 지정점, 단축 지정점을 알고 있는 경우
③ 타원의 중심, 장축 지정점, 장축과 수직한 직선을 알고 있는 경우
④ 3점 중 두 점은 일직선상에 존재하고 남은 한 점은 나머지 두 점에 의한 직선과 수직관계를 성립하는 경우

해설 타원의 구성
- 서로 대각선을 이루는 두 점에 의한 타원
- 타원의 중심, 장축 지정 점, 단축 지정 점을 알고 있는 경우
- 3점 중 두 점은 일직선상에 존재하고 남은 한 점은 나머지 두 점에 의한 직선과 수직관계를 성립하는 경우

14. 다음을 CAD에서 사용되고 있는 명령어들이다. 성격이 서로 다르다고 생각되는 것은?

① TRIM   ② BREAK
③ COPY   ④ ARC

해설 ARC는 그리기 명령이다.

정답 11 ③ 12 ④ 13 ③ 14 ④

Part 1. 기계제도

15. 하나의 점을 정의할 수 없는 경우는?
① 평행하지 않은 두 직선의 교점을 점으로 지정한다.
② 원의 중심점에 점을 지정한다.
③ 직선과 원간의 교점을 점으로 지정한다.
④ 두 원의 접점을 점으로 지정한다.

16. 다음 중에서 위치를 지정할 때(CAD 작업의 경우) 가장 부정확한 값을 갖게 되는 것은?
① 선 요소의 끝점 입력
② 키보드를 이용 숫자상으로 입력
③ 두 요소의 교차점을 이용하여 입력
④ 화면상에서 커서(CURSOR)로 입력

17. 화면 표시 장치 각각의 영역에서 판독 위치, 입력 가능 위치 및 입력 상태 등을 표현하여 주는 표식은?
① 좌표 원점(origin point)
② 도면 요소(entity)
③ 커서(cursor)
④ 대화 상자(dialogue box)

18. 일반적인 CAD 시스템에서 해칭(hatching)할 도형을 지정한 후에 수정해야 할 파라미터가 아닌 것은?
① 해칭선의 종류
② 해칭선의 굵기
③ 해칭선의 각도
④ 해칭선의 간격

19. 다음은 일반적인 CAD 시스템에서 도형의 작성 방법이다. 잘못 연결된 것은?
① 직선 : 임의의 2점을 지정하는 방법
② 원 : 2개의 점(지름)의 지정에 의한 방법
③ 원호 : 중심점, 끝점, 시작점이 주어질 때
④ 원호 : 중심선과 반지름이 주어질 때

20. 다음 CAD 용어 중 대화에 관한 용어가 아닌 것은?
① 오프셋(offset)
② 커서(cursor)
③ 그리드(grid)
④ 모델(model)

21. 가장 기본적인 도면 요소는?
① 점, 직선   ② 원, 원호
③ 점, 곡선   ④ 직선, 원

22. 그림과 같은 A, B 두 원에 접하는 접선의 개수는 몇 개인가?

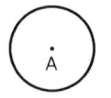 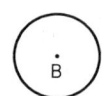

① 2   ② 3
③ 4   ④ 5

23. 다음 중 도면을 그리고자 할 때 가장 먼저 작업해야 될 명령은?
① LINE   ② OFFSET
③ FILLET   ④ LIMITS

정답 15 ③ 16 ④ 17 ③ 18 ② 19 ④ 20 ④ 21 ① 22 ③ 23 ④

24. 일반적인 CAD 시스템에서 직선의 작성 방법이 아닌 것은?

① 임의의 두 점을 지정하는 방법
② 두 요소의 끝점을 연결하는 방법
③ 절대좌푯값의 입력에 의한 방법
④ 두 평면의 교차에 의한 방법

25. CAD에서 위치를 지정하는 방법으로 정확한 값을 얻기 어려운 것은?

① End Point(선 요소의 끝점 지정)
② Intersect(두 요소의 교차점 지정)
③ Key In(키보드의 숫자 입력으로 지정)
④ Mouse(화면상의 마우스 크로스 헤어로 지정)

해설 마우스는 화면 임의의 점을 택할 수 있다.

26. CAD 시스템에서 해칭할 경우 에러 발생의 원인이라고 할 수 없는 것은?

① 윤곽선의 인식이 잘못된 경우
② 3차원 공간상에 해칭할 면이 놓을 경우
③ 윤곽선이 곡선으로 작성된 경우
④ 교차되는 선에서 교차점을 작성하지 않는 경우

해설 해칭은 선택된 곳이 모두 닫혀 있어 실행이 되며 윤곽선이 곡선으로 작성된 경우도 해칭이 된다.

27. CAD 소프트웨어의 기능은 기본 기능과 옵션 기능으로 나누고 있다. 기본 기능이 아닌 것은?

① 요소작성 및 변환기능
② 요소편집 및 도면화 기능
③ 화면제어 및 플로팅 기능
④ 데이터 관리 및 가공정보 기능

해설 CAD 기본 기능: 요소 작성 기능, 편집, 변환, 도면화 디스플레이어 제어, 데이터 관리, 물리적 특성 해석 및 플로팅 기능이 있다.

28. CAD 시스템에서 치수기입할 때 치수기입 요소 중 틀린 것은?

① 치수선   ② 화살표
③ 치수단면 ④ 치수 보조선

29. 일반적인 CAD 시스템에서 그림에 있는 결과와 같이 편집하기 위한 방법은?

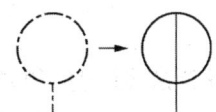

① 필릿(FILLET)
② 모따기(CHAMFER)
③ 트림(TRIM)
④ 익스텐드(EXTEND)

30. CAD 시스템에 의한 치수기입 시 설정할 파라미터가 아닌 것은?

① 치수선 형상의 파라미터
② 치수숫자 형상의 파라미터
③ 치수숫자 형상 보조 파라미터
④ 주기(comentary)형상 보조 파라미터

31. CAD 시스템에서 3차원 물체의 바라보는 위치를 임의로 조정할 수 있도록 하는 기능은?

① Trimming ② Clipping
③ Shading   ④ Viewing

Part 1. 기계제도

32. CAD의 기본적 기능 중에서 표시의 보조 기능이 아닌 것은?
① 확대, 축소 표시
② 화면이동(scroll, shift)
③ 재표시(redraw)
④ 요소의 삭제(delete)

33. CAD작업 시 Fillet 명령어의 사용은?
① 도면 요소를 모따기 한다.
② 도면 요소를 교점하여 삭제한다.
③ 도면 요소를 라운딩 처리한다.
④ 도면 요소를 등간격으로 분할한다.

34. 지정된 도형을 점, 선, 면을 기준으로 도형을 대칭되는 위치로 옮기는 기능을 무엇이라고 하는가?
① 이동 ② 회전
③ 복사 ④ 반전

35. 2개의 직선에 반경이 R인 원호(Arc)를 구하는 경우 이는 몇 개의 Arc가 존재하는가?
① 2 ② 4
③ 6 ④ 8

36. 다음의 설명 중 맞는 것은 어느 것인가?
① 2개의 직선은 언제나 교차점을 갖는다.
② 두 직선에 접하는 원은 반경만 주어지면 유일하게 정해진다.
③ 직선과 원의 교점은 항상 2개가 된다.
④ 극좌표계로 표시하면 $r = a$는 원이 된다 (단, $a > 0$).

37. 도형을 대칭변환을 시키고자 한다. 다음 항목을 입력하여 대칭변환이 되지 않는 것은?
① 점(Point)
② 선(Line)
③ 자유곡면(Surface)
④ 평면(Plane)

38. CAD작업 시 Toggle이 되는 기능이 아닌 것은?
① Graphic, Text mode
② Grid
③ Ortho
④ Polyline

해설 Toggle : On, Off시키는 기능으로 polyline은 선그리기 명령어이다.

39. CAD 명령어에서 이동(Move) 기능과 복사(Copy) 기능의 차이는?
① 오브젝트의 변위
② 오브젝트의 위치
③ 오브젝트의 수
④ 오브젝트의 변환

해설 CAD 명령어에서 이동(Move) 기능과 복사(Copy) 기능의 차이는 오브젝트의 수이다.

03 형상 비교 검토

01. 원을 등각 투상법으로 투상하면 어떻게 나타내는가?
① 진원 ② 타원
③ 마름모 ④ 직사각형

정답 32 ③ 33 ③ 34 ④ 35 ② 36 ④ 37 ③ 38 ④ 39 ③ / 01 ②

02. 물체를 향해 무한대의 평행한 시선(빛)을 보내면 물체의 윤곽이 화면에 직각으로 나타나는 것의 윤곽을 그리는 방법은?

① 사투상법　　② 등각투상법
③ 정투상법　　④ 투시도법

03. 그림과 같이 하나의 그림으로 정육면체의 세 면 중의 한면 만을 중점적으로 엄밀, 정확하게 표현하는 것으로 캐비닛도가 이에 해당하는 투상법은?

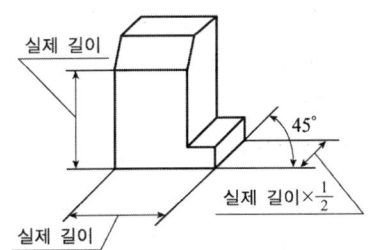

① 사투상법　　② 등각투상법
③ 정투상법　　④ 투시도법

해설　사투상법 : 정육면체의 세 면 중의 한면 만을 중점적으로 엄밀, 정확하게 표현하는 것으로 캐비닛도가 이에 해당하는 투상법이다.

04. 아래 그림에 해당하는 각법은?

① 제1각법
② 제2각법
③ 제3각법
④ 제4각법

해설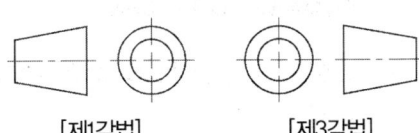
[제1각법]　　[제3각법]

05. 기계제도에서 주로 사용되는 투상도법은 어느 것인가?

① 투시도　　② 사투상도
③ 정투상도　　④ 등각투상도

06. 정투상도법에서 투상선과 투상면과의 관계는?

① 수직　　② 수평
③ 직각　　④ 평행

해설　정투상 : 상물의 주요면을 투상면에 평행한 상태로 놓고 투상하므로 투상선은 서로 나란하게 또 투상면에 수직으로 닿는다.

07. 다음 투상도 중 제3각법이나 제1각법으로 투상하여도 그 투상도면의 배치 위치가 동일 위치인 것은?

① 평면도　　② 배면도
③ 우측면도　　④ 저면도

해설　배면도 : 제3각법이나 제1각법에서 배치위치는 같다. 배면도는 물체의 뒤쪽에서 바라본 모양을 도면에 나타낸 그림을 말하며 사용하는 경우가 극히 적다.

08. 수평선과 30°의 각도를 이룬 두 축과 90°를 이룬 수직축의 세 축이 투상면 위에서 120°의 등각이 되도록 물체를 놓고 투상한 것은?

① 부등각 투상　　② 등각 투상
③ 사투상　　④ 심정 투상

해설　등각 투상도
정면, 평면, 측면을 하나의 투상면 위에 동시에 볼 수 있도록 표현된 투상도이다.

09. 등각투상도에서 둥근 구멍이 있는 물체를 그릴 때 윗면의 구멍은 수평인 타원으로 되며 축면의 구멍은 어떻게 나타나는가?

① 각각 15° 경사진 타원으로 나타난다.
② 각각 45° 경사진 타원으로 나타난다.
③ 각각 60° 경사진 타원으로 나타난다.
④ 각각 120° 경사진 타원으로 나타난다.

Chapter 04 형상모델링 작업

1 모델링 작업 준비

1. 사용자 환경 설정

1) 3D 모델링 개념

① 3D 모델링은 제품 설계의 과정에 컴퓨터를 활용하여 그 결과물을 3차원 형상으로 나타내는 것이다.
② 2D 설계의 결과가 도면에 있다면, 3D 설계에서는 제품의 형상과 질감을 '3D모델'로 표현하여 누가 보아도 이해하기 쉽게 한다.
③ 제조공정에서의 문제는 없는지, 부품은 적절히 조립되는지, 사용하기는 쉬운지 등을 직관적으로 이해할 수 있다.
④ 도면화, CAM, CAE, 동작 시뮬레이션, 3D 프린터 등의 데이터로 쉽게 변환하여 활용할 수 있게 한다.
⑤ 제품개발 프로세스에서도 기획에서부터 개발, 제품의 준비에 이르는 과정을 공유하여 개발시간을 줄이고 효율을 향상시킬 수 있게 된다.

2) 3D 모델링의 과정

① 3차원 솔리드 모델러를 이용한 일반적인 기계부품의 설계과정은 아래 그림과 같이 간략히 설명될 수 있다.
② 대략적인 개념설계를 시작으로 2차원 스케치에서 여러 특징형상을 부여하고 필요한 데이터를 생성한 후 최종적인 3차원 솔리드모델을 생성한다.
③ 설계를 변경할 필요가 있을 경우에는 설계변수를 변경함으로써 새로운 3차원 모델을 생성하는 과정을 되풀이할 수 있다.

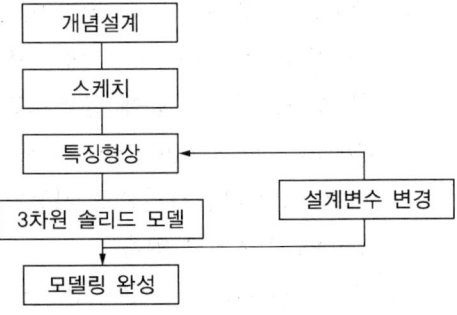

[그림 4-1] 3차원 형상 모델링 과정

3) 3D 모델링 작업을 위한 정보 확인

회사에서 요구하는 3D 모델링에 필요한 정보 및 내용을 확인하여 이에 적합한 소프트웨어를 선정하고 요구사항 등을 검토하여 모델링에 활용한다. 필요한 내용은 다음과 같은 것을 활용한다.

① 프로그램 정보회사의 소프트웨어 관련 요구사항, 활용 가능한 소프트웨어, 제품에 적합한 소프트웨어 정보 확인
② 관련 소프트웨어 매뉴얼 확보 및 교육
③ 모델링과 데이터 활용시의 회사 지침 및 작업표준
④ 3D 모델링 요구사항 검토
    ㉠ 3D 모델링 데이터 범위 : 부품의 수와 어셈블리
    ㉡ 모델링 디렉토리 구조 : 부품과 어셈블리의 수가 많아질 경우 관리 필요
    ㉢ 어셈블리 단계(하위 어셈블리의 범위 등)
    ㉣ 조립성 정보 : 조립 시 유의사항 여부
    ㉤ 간섭 주의사항 : 간섭 유의사항 여부
    ㉥ 설계변경 범위 확인
⑤ 도면 출력여부
⑥ CAM, CAE, 3D 프린터기 연동 활용 여부
⑦ 제품 관련 디자인 특이사항 여부
⑧ 작업기간 및 모델링 시간

4) 3D 모델링 프로그램의 종류

3D 모델링을 하기 위한 3D CAD 프로그램은 개발 동기와 활용처에 따라서 각기 다르게 발달하였다. 대표적으로는 CREO, CATIA, UG NX, SolidWorks, Inventor 등이 있으며 이외에도 여러 소프트웨어가 활용되고 있다.

① Creo : PTC사의 하이엔드(high end) 제품으로 Pro-Engineer → Wildfire → Creo로 명칭 변경이 있었으며 반도체 장비, 핸드폰 설계, 자동화 등에 활용되고 있음
② CATIA : Dassault Systems의 하이엔드(high end) 제품으로 서피스 모델링의 강점으로 자동차나 항공기처럼 곡선이 많은 고급 설계에 활용되고 있음
③ NX : Siemens의 하이엔드(high end) 제품으로 Unigraphics(UG)에서 명칭변경 되었으며 자동차, 전자, 금형, 항공기 등 고급 설계에 활용되고 있음

④ SolidEdge : Siemens의 미들엔드(middle end) 제품으로 가격의 강점과 활용성으로 전세계적으로 인기있는 소프트웨어 중의 하나로 활용되고 있음

⑤ Inventor : AUTODESK사의 미들엔드(middle end) 제품으로 AutoCAD와의 호환성이 뛰어나서 DWG파일로의 변환이 우수함

⑥ SolidWorks : Dassault Systems의 미들엔드(middle end) 제품으로 가격의 강점과 활용성으로 아시아쪽에서 인기있는 소프트웨어 중의 하나로 활용되고 있음

⑦ 기타 이외에도 3차원 모델링 프로그램이 다수 존재함

5) 3D 형상 모델링 프로그램의 화면구성

3차원 모델링 프로그램의 화면은 대체적으로 4개의 창으로 구성되어 있다.

① 메인화면(Main Window) : 화면의 가장 큰 부분을 차지하는 부분으로 작업에 대한 결과를 볼 수 있는 곳이다.

② 메뉴창(Menu Window) : Main Window에 작업수행을 위한 명령을 입력하는 곳이다.

③ 트리창(Tree Window) : 지금까지 작업한 내용을 한눈에 볼 수 있는 곳이다.

④ 메시지창(Message Window) : 작업을 수행할 때 필요한 파라미터 값이나 작업에 대한 오류가 생기게 되면 여기서 알아볼 수 있는 곳이다.

6) 3D 모델링 프로그램 환경 설정

3D 모델링 프로그램별로 서로 다른 환경 유지하고 있다. 대부분은 '도구' 혹은 '파일' 메뉴의 하단에 있는 '옵션'에서 설정을 한다. 프로그램별로 환경 설정의 창은 아래와 같다.

① CREO : 메뉴 툴바의 '파일'을 클릭 후 풀다운(pull-down)창에서 '옵션'을 선택하여 사용자 환경을 설정한다. 메뉴창(Menu Window)에 대한 내용은 다음과 같다.

㉠ File : 파일을 조작할 수 있는 명령어가 있다.

㉡ 모델 : 피처, Model, Surface 등과 같은 모델에 대한 정보를 입력한다.

㉢ 맵키 : 모델 디스플레이에 사용되는 각종 단축키를 정의한다.

ⓔ 분석 : 모델링에 필용한 각종 분석 작업을 진행한다.
ⓜ 주석달기 : 여러 창을 관리하는 명령어가 있다.
ⓗ 렌더링 : 렌더링 활용 도구가 있다.
ⓢ 도구 : 작업 환경에 필요한 도구 등을 정의한다.
ⓞ 보기 : 모델링 작업에 대한 보기를 도와주는 도구가 있다.

② CATIA : 메뉴 툴바의 '도구(Tools)'를 클릭 후 풀다운(pull-down) 창에서 '옵션'을 선택하여 사용자 환경을 설정한다.

③ Inventer : 메뉴 툴바의 '파일'을 클릭 후 '옵션'을 선택하여 사용자 환경을 설정한다.

④ SolidWorks : 메뉴 툴바의 '도구'를 클릭 후 풀다운(pull-down)창에서 '옵션'을 선택하여 사용자 환경을 설정한다.

⑤ UG NX : 메뉴 툴바의 '환경 설정(Preferences)'을 클릭 후 풀다운(pull-down)창에서 '사용자환경(user interface)'을 선택하면 팝업창이 뜨며 다음과 같이 작업에 대한 환경을 설정할 수 있다. 작업 환경을 설정할 수 있는 부분으로 모델링 작업 중 설정을 변경하게 되면 그 상태의 환경이 적용된다.

7) CAD 소프트웨어의 옵션 기능

① 비도형 정보처리 기능 : 도형의 선 종류, 도형의 계층, 도형에 부여하는 재질, 밀도, 주기 등의 정보를 입출력하여 계산이나 표를 만드는데 이용하는 기능

② 파라메트릭 도형 기능 : 형상은 같으나 치수가 다른 도형 등을 작성할 때 가변되는 기본 도형을 작성하여 놓고 필요에 따라 치수를 입력하여 비례되는 도형을 작성하는 기능

③ 도형 처리 언어 : 형상 및 치수가 변경되는 가변 도형처리나 해석, 판정처리, 반복처리 등을 조합한 전용 명령어를 작성할 수 있는 CAD 전용 언어

④ 메뉴 관리 기능 : 매크로화 기능이나 도형처리 전용 언어를 이용하여 작성한 전용 명령어를 메뉴에 배치할 때 이용할 수 있도록 하는 기능

⑤ 데이터 호환 기능 : CAD 시스템간의 모델 데이터(model data)를 서로 주고받기 위한 기능

⑥ NC 정보 기능 : CAD에 의한 모델링을 포스트 프로세서를 통하여 NC 가공 정보 데이터를 출력하는 기능

8) 모델링 기법

모델링 작업의 주요 기법은 다음과 같다.

① wire frame : 선으로만 모든 것을 표현하는 기법

② color : 각 물체에 고유의 특성에 따라 color를 넣는 기법

③ depth cueing : 멀리 있는 선을 흐리게 또는 엷게 그려줌으로써 원근감을 표현하는 기법

④ depth clipping : 멀리 있는 것을 눈에서 안 보이도록 삭제하는 기법

⑤ gouraud shaded polygons with diffuse reflection : 각 면간의 구분선에서 부드럽게 표현하는 기법

⑥ phong shaded polygons with specular reflection : gouraud shading 기법보다 더 부드럽게 표현하는 기법

⑦ visible(line determination) : 가려서 보이지 않는 선을 제거하는 기법

⑧ visible(surface determination) : 가려서 보이지 않는 면을 제거하는 기법

⑨ gouraud shaded polygons with specular reflection : 조명이 있는 곳을 특히 밝게 하여 실제 모양과 비슷하게 표현하는 기법

⑩ individually shaded polygons with specular reflection : 조명의 위치와 각 물체의 위치 및 거리를 고려하여 계산하는 기법

9) 이미지 표현 방법

① 비트맵 이미지(bitmap image) : 도형, 그림을 픽셀(pixel) 또는 비트맵의 조합으로 표현한 이미지이다.

② 벡터 이미지(vector image) : 컴퓨터에서 표현된 이미지가 곡선으로 연결된 것으로 원래 이미지를 손상하지 않고 확대 · 축소 · 회전 등 다양한 조작을 할 수 있고, 저용량이며 객체 지향적 이미지라고도 한다.

③ 래스터 이미지(raster image) : 기본 원리는 비트맵 이미지와 같은 픽셀 방식에 의한 표현으로서 컴퓨터 그래픽스에서의 드로잉, 페인팅, 사진 등 모든 이미지는 이 픽셀을 다양하게 사용하고 있다.

10) 렌더링 기법

물체의 그림자를 표현하거나 또는 입체감을 구현하기 위하여 사용하는 방법으로 3차원 형상의 정보를 2차원 평면의 화면에 나타내 3차원의

이미지처럼 느낄 수 있도록 하는 것을 말하며, 렌더링 기법은 다음과 같다.

① shadows : 음영을 처리하는 기법을 말한다.
② texture mapping : 각 면체의 무늬를 입히는 기법으로 컴퓨터 내부적으로 이미 만들어진 것을 다른 것에 삽입하는 방법을 사용함으로써 그리는 시간이 빨라진다.
③ reflection mapping : 바닥에 물체들이 반사되도록 하는 기법이다.
④ ray tracing(광선투사법) 알고리즘 : 은선/은면 제거 알고리즘 중 광원으로부터 빛이 물체에 반사되고 이것이 관찰자에게 도달함으로써 관찰자가 이를 볼 수 있다는 원리에 근거한 알고리즘으로 광원으로부터 나오는 광선이 직접 또는 반사 및 굴절을 거쳐 화면에 도달하는 경로를 역추적하여 화면을 구성하는 각 화소의 빛의 강도와 색깔을 결정하는 렌더링 방법이다. 광선투사법(ray tracing) 특징은 다음과 같다.
  ㉠ 광선이 광원으로부터 나와 물체에 반사되어 뷰잉 평면에 투사될 때까지의 궤적을 거꾸로 추적한다.
  ㉡ 뷰잉 화면상에서 거꾸로 추적한 광선이 광원까지 도달하였다면 광원과 화소 사이에는 반사체가 존재한다고 해석한다.
  ㉢ 뷰잉 화면상에서 거꾸로 추적한 광선이 광원까지 도달하지 않는다면 그 반사면에서의 색깔을 화소에 부여한다.
  ㉣ 가상의 광선이 카메라에서 나와 장면내의 물체를 거쳐 다시 돌아오는 경로를 계산함으로서 사실적인 영상을 얻을 수 있기 때문에 현재 널리 쓰이고 있는 기법이나 렌더링 시간이 오래 걸리는 단점이 있다.
⑤ 고라드(Gouraud) 음영법 : 임의의 삼각형으로 표현된 곡면의 각 꼭짓점에서 이웃 삼각형들과 법선벡터의 평균을 사용하여 반사광의 강도를 보간하여 내부의 화소에서 반사광의 강도를 계산하는 렌더링 기법이다.
⑥ improved illumination model and multiple lights : 조명의 개수가 많아지게 하는 기법으로 스탠드 전구의 불빛을 묘사하게 된다.
⑦ curved surfaces with specular reflection : 다각형모델을 곡선 모델로 바꾸는 기법으로 각이 진 것이 없어지게 한다.

11) 3차원 디자인 표현기법

3차원 모델링은 2차원 평면을 돌출시킨 입체에 입체감을 주는 단계이다.

① 와이어프레임 모델 : 선과 점을 이어 단순히 면을 표현하여 주는 3D의 기본이며 뼈대로만 구성되는 모델을 말한다.

② 서피스 모델 : 와이어프레임 모델에 표면을 처리하는 방식으로 속은 비어 있고 표면만 있는 모델이다.

③ 솔리드 모델 : 속이 차 있는 모델로서 일단 작성되면 무게와 질량 및 중심 등 물체의 물리적인 특성을 알 수 있게 되므로 CAE 해석에 사용하기 유용하다.

④ 프랙털 모델 : 단순한 모양에서 출발하여 차츰 복잡한 형상으로 구축되는 기법이며 산이나 구름 등 자연 대상물의 불규칙적인 성질을 갖는 움직임을 표현할 경우 사용된다.

⑤ 파라메트릭 모델 : 수학적 방식으로 정의되는 모델을 생성하는 표현으로 곡면 모델이라고도 하며 점과 점을 잇는 선분이 부드러운 곡선으로 되어 있어 가장 많은 계산을 필요로 하는 모델이다.

12) 그래픽 용어

① 픽셀(pixel, 화소) : 디지털 이미지의 가장 작은 구성단위로 눈으로 볼 수 있는 모든 디지털 이미지는 화소로 구성되어 있다. 좌표들은 화상에서의 픽셀 위치를 정의하는 데 사용되며 픽셀은 모니터의 '가로×세로' 안에 들어가는 수치로 해상도를 나타낸다.

② 채널(channel) : 그래픽에서 RGB 모드에는 빨강, 초록, 파랑 3개의 채널이 있다. 각 채널은 각 색상의 음영으로 이루어지는데 이 3개의 채널을 합하면 하나의 완성된 이미지를 이루게 된다. 이미지를 이루는 채널은 각 색상모드를 이루는 기본 채널 외에도 더 추가할 수 있는데 이것을 알파채널(alpha channel)이라고 한다.

③ 이미지 맵(image map) : 이미지 파일의 영역을 구분해 메뉴로 이용하는 것인데, 웹에서 지도 찾기를 할 때 A지역을 클릭하면 A에 관련된 정보가, B를 클릭하면 B에 관련된 정보가 나타날 수 있도록 하나의 이미지를 여러 개의 링크로 구분한 것이다.

④ 매핑(mapping) : 3D 프로그램에서 목표물의 표면에 나타날 재질, 색상, 이미지 등을 정의하여 입히는 일을 말한다.

⑤ 그라디언트(gradient) : 여러 가지 색상의 중간색을 단계적으로 채워나가는 것을 말한다.

⑥ 그레이스케일(gray scale) : 무채색이라고 말하는 흰색, 회색, 검정색으로 구성된 이미지를 말한다. 컬러 이미지를 그레이 스케일로 변환했다면 모든 색은 256가지의 음양을 가진 흑백 이미지로 변하게 되고 당연히 검정색 채널 하나만 남게 된다. 흑백 정보만을 갖게 되므로 컬러 이미지보다 파일 크기가 훨씬 작아진다.

⑦ 그리드(grid) : 모눈종이와 같이 가로 세로의 격자를 그리드라고 하며, 이미지의 정확한 수정이 필요할 때 그리드를 사용한다.

⑧ 워터마크(watermark) : 인터넷 서비스가 대중화되면서 웹에서의 이미지는 누구나 저장할 수 있고 복사하거나 수정하는 일이 가능하게 되고 이미지의 저작권을 보호하기 위해 디지털 이미지에 저작권을 포함시키는 것을 워터마크라고 한다.

⑨ 디더링(dithering) : 화면에 어떤 색상을 표시할 수 없는 경우, 표시할 수 있는 색상들의 화소를 모아 조합하여 원하는 비슷한 색상을 만들어 내는 것을 말한다.

⑩ 텍스처(texture) : 3차원 입체 도형을 2차원의 그물로 감싸 놓은 듯한 모습으로 나타나게 하는 그래픽 정보 표시 기법이다.

⑪ 레이어(layer) : 이미지의 층으로서 복잡한 형상을 구현할 경우 사용하면 효과적인데 이것은 여러 개의 투명한 셀룰로이드 판 종이를 준비하여 각각의 투명 종이에 차례로 그림을 그린 후 필요한 층만 활성화시켜 겹쳐 나타내면 하나의 그림처럼 보이는 원리를 이용한다.

⑫ 필터(filter) : 컴퓨터 그래픽에서 명암을 주기 위하여 픽셀을 표현하는 다각형 정보를 처리해 나가는 과정을 말한다. 각각의 점의 위치와 색상을 변형시키면 변화된 형태의 이미지를 얻을 수 있는데, 이러한 이미지 표현 방법을 필터 효과라고 한다.

⑬ 마스크(mask) : 흔히 스프레이 물감을 뿌려 글씨를 표시할 때 종이에 원하는 글자를 쓴 후 그 부분을 오려 내고 스프레이하면 주위에 묻지 않고 깨끗한 글씨를 나타낼 수 있다. 이때 마스크는 글씨를 오려낸 종이와 같은 것이다.

⑭ 모핑(morphing) : 2차원의 이미지나 3차원의 이미지를 다른 형상으로 변화시키는 작업으로 CAD/CAM시스템에서 모델링 화면 디스플레이와 관계가 없다.

2. 모델링 작업 준비

1) 3D 모델 생성

3차원 모델링 프로그램에서는 대부분의 부품이 특징형상(피처)(Feature-based Modeling)을 기반으로 형성되어 진다. 파트를 모델링 하는 과정은 실제로 가공 현장에서 기계부품을 제작하는 과정과 흡사하다. 그림은 두 과정을 비교한 그림이다.

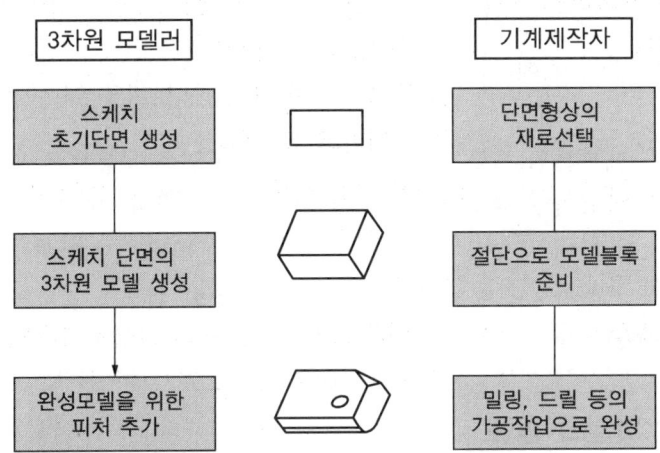

[그림 4-2] 3차원 모델러와 기계제작자

2) 3D 모델링 생성 과정

일반적으로 이루어지는 3차원 모델링 프로그램의 과정은 다음과 같다.
① 3차원 형상 모델링 프로그램에 적합한 피처의 종류를 정한다.
② 3차원 형상 모델링 프로그램 피처의 속성을 정한다.
③ 3차원 형상 모델링 프로그램 피처의 기본형상을 스케치한다.
④ 3차원 형상 모델링 프로그램 피처의 미리 보기 기능을 통해서 제대로 되었는지 확인한다.
⑤ 생성된 피처를 완성한다.

3. 모델링 파일

3차원 모델 작업 후 저장하여 활용되는데 프로그램별로 파일의 확장자 이름이 다르게 활용되고 있다. 예를 들면 CREO는 *.prt 파일을 SolidWorks의 경우에는 *.stl 파일을 CATIA의 경우에는 *.cat 파일 등을 쓰는 것처럼 각 모델러 프로그램 회사마다 고유의 확장자를 활용하고 있다.

이렇게 만들어진 각각의 파일은 프로그램 간에 직접 호환이 가능하도록 개선되고 있으나 현장 적용은 쉽지 않은 현실이다. 이러한 문제를 해결하기 위해 여러 가지 표준화된 파일 구조를 갖는 형식을 사용하고 있으며 대표적으로는 IGES 파일과 STEP 파일 등이 있다.

현재 대부분의 프로그램에서는 2가지의 파일을 공통으로 사용할 수 있도록 하고 있으며 대부분 호환이 되고 있다. 다만, 모델링 과정에서 프로그램 간에 사용법이 다른 것처럼 모든 엔티티가 호환이 가능하지 않으니 시행착오를 통하여 프로그램 간의 호환 여부를 검토하고 사용해야 한다.

1) 저장 파일의 종류

파일의 저장은 소프트웨어마다 약간의 차이가 발생한다. 예를 들어 SolidWorks의 경우 저장되는 파일만 만들어지지만, CREO의 경우 *.prt로 저장되면서 파일을 저장하면 그때마다 같은 파일이름의 버전이 계속 증가한다. test.prt를 저장하고 나서 다시 이 파일을 저장하게 되면 test.prt.2로 새롭게 저장된다.

2) CAD/CAM 인터페이스

(1) GKS

GKS(Graphical kernal system)은 2차원 그래픽 시스템을 위한 표준규격이다.

① GKS-3D : 3차원 기능을 부여한 것으로 3D 요소의 입력과 디스플레이 등을 추가

② PHIGS : PHIGS(Programmer's Hierachical Interactive Graphics System)는 3차원의 움직이는 물체를 실제와 같이(realtime) 화면에 나타나게 하며 주로 이용되는 산업분야는 도형 구성분야, 항공교통망 시뮬레이션, 몰분자 모델링분야, 건축설계 등 여러 분야에서 활용되고 있다.

TIP

CREO에서 주로 다루어지는 파일의 종류와 확장자
① OOO.sec 단면파일
② OOO.prt 파트파일
③ OOO.drw 도면파일
④ OOO.frm 도면 표제란 파일
⑤ OOO.asm 조립 파일
⑥ color.map 색깔 지정을 저장하는 파일
⑦ rels.inf 관계식을 저장하는 파일
⑧ layer-all.inf 모든 Layer에 관련된 정보를 저장하는 파일
⑨ layer-#.inf 특정 Layer에 관련된 정보를 저장하는 파일

(2) IGES

IGES(Initial Graphics Exchange Specification)는 서로 다른 CAD/CAM 시스템 사이에서 도형정보를 옮기거나 공동사용을 할 수 있도록 하기 위한 데이터베이스의 표준 표시방식이다(미국에서 시작하여 ISO의 표준규격으로 제정).

① preprocessor : 자체 데이터를 IGES로 바꾸는 프로그램
② postprocessor : preprocessor에 반대
③ IGES 파일의 구조
  ㉠ 개시 섹션(start section) : IGES 파일에 대한 임의의 주석을 기록하는 부분이다.
  ㉡ 그로벌 섹션(grobal section) : IGES 파일을 만든 시스템 환경에 대한 정보를 기록하는 부분이다. 총 24개의 데이터를 기록한다.
  ㉢ 디렉토리 섹션(directory section) : 파일에 기록되어 있는 모든 형상/비형상 개체(Entity)에 대한 속성정보를 기록하는 부분이다.
  ㉣ 파라미터 섹션(parameter section) : 디렉토리 섹션에서 정의된 개체들에 대한 실제 데이터를 기록하는 부분이다.
  ㉤ 종결 섹션(terminate section) : 5개 구성섹션에 사용된 줄 수를 기록한다.
  ㉥ 플래그 섹션(flag section) : 압축형 ACSCⅡ와 이진형식에서만 사용되는 것으로 데이터의 표현형식에 따른 선택사항이다.

(3) DXF(Data Exchange File)

CAD 시스템에서 구성된 자료에 대해 서로 다른 CAD 소프트웨어를 사용하더라도 서로의 CAD 자료를 공통으로 사용하기 위한 가장 일반적인 데이터 교환 방식으로 DXF(Data Exchange File) 파일을 선정할 수 있다. DXF 파일에 의해서 직접 사용하고자 하는 CAD 소프트웨어로 읽어들일 수 있는 특징을 갖고 있다. 이 DXF 파일은 Auto CAD 데이터와 호환성을 위해 제정한 자료공유 파일을 말한다. 또한 DXF 파일은 아스키(ASCII) 텍스트 파일로 구성된다.

① DXF파일의 구성
  ㉠ 헤더 섹션(header section) : 도면에 대한 일반적인 자료와 자변수명(Variable Name)과 사용된 값을 수록하고 있다.
  ㉡ 테이블 섹션(table section) : L Type, Layer, Style, View, HCS, Vport, Dimstyle, Appid(응용부분 테이블)이 수록되어 있다.

TIP

IGES
1979년 미국의 NBS(National bureau of standard)에 의해서 제안되었고 1980년 규정이 정립되면서 Version 1.0이 발표되었다. IGES는 기계, 전기, 전자, 유한요소해석(FEM), Solid Model 등의 표현 및 3차원 곡면 데이터를 포함하여 CAD/CAM Data를 교환하는 세계적인 표준이고, IGES는 3차원 모델링 기법인 CSG(기본 입체의 집합연산 표현방식) Modeling과 B-rap(경계표현 방식)에 의한 모델을 정의할 수 있으며, File은 FORTRAN Program File과 비슷한 80문자의 ASCⅡ로 한 Line이 구성된다. IGES 파일의 구조는 6개의 섹션으로 구성되어있다.

TIP

ASCII Code
미국 표준협회에서 제정한 코드로 7비트 또는 8비트로 한 문자를 표시하는데 3비트의 존 비트와 4비트의 숫자 비트로 구성되고, 8비트인 경우 1비트의 패리티비트가 추가되어 128개의 문자표현 방식이다.

TIP

DXF
Data Exchange File의 약자로서, 미국의 Autodesk사에서 개발한 Auto CAD Data와 호환성을 위해 제정한 ASCⅡ Format이다.

ⓒ 블록(block) 섹션 : 도면에서 사용된 블록에 대한 자료를 수록한 블록정의 부분을 수록하고 있다.
ⓓ 엔티티(entitiy) 섹션 : 도면을 구성하는 도형요소 및 블록의 참고사항 등을 수록하고 있다.
ⓔ END OF FILE : 파일의 끝을 표시한다.

(4) STEP(STandard for the Exchange of Product model data)

개별적인 생산 및 설계 시스템 간에 데이터 공유를 통한 유기적 연결을 위해 국제표준기구에서 정한 "생산 정보 모델에 대한 자료의 교환을 위한 표준"이다.

(5) STL(Stereo Lithography)

이 규격은 쾌속조형의 표준입력파일 포맷으로 많이 사용되고 있으며, 1987년 미국의 3D system사가 Albert Consulting Group에 의뢰하여 만들어진 것이다. 3차원 데이터의 서피스 모델을 삼각형 다면체(facet)로 근사시킨 것으로 CAD/CAM S/W 개발자들이 STL파일을 표준출력의 옵션으로 선정하였다. IGES, STEP 등 각종 표준규격 파일들을 STL파일로 변환시키는 소프트웨어들이 개발되고 있다. 쾌속조형 소프트웨어 알고리즘은 모드 STL기반을 가지고 있다. STL 파일은 내부처리구조가 다른 CAD/CAM 시스템에서 쉽게 정보를 교환할 수 있는 장점을 가지고 있으나, 모델링 된 곡면을 정확히 삼각형 다면체로 옮길 수 없는 점과, 이를 정확히 변환시키려면 용량이 많이 차지하는 단점도 있다.

(6) CGI(Computer Graphic Interface)

VDI(Virtual Device Interface)라는 이름으로 시작된 하드웨어 기준의 표준이며, 이를 ISO에서 취급하게 되면서 CGI로 명칭이 바뀐 것이다. 그래픽 기능과 Hardware driver 간에 공유되어 각종 하드웨어를 Control 할 수 있도록 하는 표준규격이다.

(7) CGM(Computer Graphic Metafile)

VDM(Virtual Device Metafile)이라고도 한다. CGM은 서로 다른 시스템 간에 형상된 모형에 관한 도형의 이미지와 정보의 저장방법 및 도형정보를 File로 저장할 때, 도형의 종류에 따라 일정한 규칙을 정하여 저장파일을 구성하게 하는 표준규칙으로, 다른 시스템에서 바로 이 파일을 이용하여 수정 · 편집이 가능하도록 한 표준이다.

TIP

STEP
제품의 모델과 이와 관련된 데이터의 교환에 관한 국제규격(ISO 10303)으로 정식 명칭은 "Industrial automation system – Product dara representation and exchange – ISO 10303"이다.
1984년 시작하여 1994년 이후 국제규격으로 인정되었다. STEP은 정식 명칭과 같이 제품데이터(Product)의 표현(Representation) 및 교환(Exchange)을 위한 국제표준 규격이다.

(8) NAPLPS(North American Presentation Level Protocol Syntax)
문자와 도형을 전송하기 위해서 통신회선을 사용하고자 할 때 필요한 규정으로 미국의 AT&T가 채택한 하드웨어기준의 표준규격이다. 문자와 도형으로 나타난 영상자료를 전송할 때 필요한 코드 체계를 제정한 것이다.

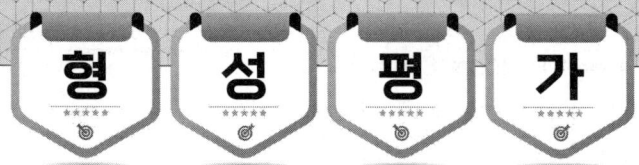

01 사용자 환경 설정

01. 3D 모델링 개념에 대한 설명으로 적합하지 않은 것은?

① 2D 설계의 결과가 도면에 있다면, 3D 설계에서는 제품의 형상과 질감을 '3D 모델'로 표현하여 누가 보아도 이해하기 쉽다.
② 제조공정에서의 문제는 없는지, 부품은 적절히 조립되는지, 사용하기는 쉬운지 등을 직관적으로 이해할 수 있다.
③ 도면화, CAM, CAE, 동작 시뮬레이션, 3D 프린터 등의 데이터로 쉽게 변환하여 활용할 수 있다.
④ 제품개발 프로세스에서도 기획에서부터 개발, 제품의 준비에 이르는 과정을 공유하여 효율을 향상시킬 수 있으나 개발시간이 많이 걸린다.

해설 제품개발 프로세스에서도 기획에서부터 개발, 제품의 준비에 이르는 과정을 공유하여 개발시간을 줄이고 효율을 향상시킬 수 있다.

02. 3D 모델링의 과정으로 적합한 것은?

① 개념설계 → 스케치 → 특징형상 → 3차원 솔리드모델
② 스케치 → 개념설계 → 특징형상 → 3차원 솔리드모델
③ 특징형상 → 개념설계 → 스케치 → 3차원 솔리드모델
④ 개념설계 → 특징형상 → 스케치 → 3차원 솔리드모델

03. CAD 소프트웨어에서 형상 모델러가 하는 역할은?

① 컴퓨터 내에 저장되어 있는 형상 정보를 인쇄하는 기능
② 물체의 기하학적인 형상을 컴퓨터 내에서 표현하는 기능
③ 물체의 3차원 위상정보를 컴퓨터에 입력하는 기능
④ 컴퓨터 내에 저장되어 있는 형상을 다른 소프트웨어로 보내는 기능

해설 CAD에서 형상 모델러가 하는 역할은 물체의 기하학적인 형상을 컴퓨터 내에서 표현하는 기능이다.

04. 3D 모델링 프로그램의 종류가 아닌 것은?

① CREO   ② SolidEdge
③ NX   ④ 3ds Max

해설 오토데스크 3ds 맥스(Autodesk 3ds Max)
오토데스크 미디어 및 엔터테인먼트에서 개발된 3차원 컴퓨터 그래픽스를 위한 디자인 소프트웨어이다. 오토데스크 3ds 맥스(Autodesk 3ds Max)는 오토데스크 미디어 및 엔터테인먼트에서 개발된 3차원 컴퓨터 그래픽스를 위한 디자인 소프트웨어이다. 3ds Max Design은 건축이나 제품 디자인, 렌더링 등에 초점이 맞추어져 있다.

05. 3D 모델링 프로그램의 종류에서 하이엔드(high end) 제품으로 볼 수 없는 것은?

① Creo   ② CATIA
③ NX   ④ SolidWorks

[해설] **SolidWorks**
Dassault Systems의 미들엔드(middle end) 제품으로 가격의 강점과 활용성으로 아시아 쪽에서 인기있는 소프트웨어 중의 하나로 활용되고 있다.

06. 3D 형상 모델링 프로그램의 화면구성으로 화면의 가장 큰 부분을 차지하는 부분으로 작업에 대한 결과를 볼 수 있는 곳은?

① 메인화면(Main Window)
② 메뉴창(Menu Window)
③ 트리창(Tree Window)
④ 메시지창(Message Window)

[해설]
- 메뉴창(Menu Window) : Main Window에 작업수행을 위한 명령을 입력하는 곳이다.
- 트리창(Tree Window) : 지금까지 작업한 내용을 한눈에 볼 수 있는 곳이다.
- 메시지창(Message Window) : 작업을 수행할 때 필요한 파라미터 값이나 작업에 대한 오류가 생기게 되면 여기서 알아볼 수 있는 곳이다.

07. 형상은 같으나 치수가 다른 도형 등을 작성할 때 가변되는 기본 도형을 작성하여 놓고 필요에 따라 치수를 입력하여 비례되는 도형을 작성하는 기능은?

① 비도형 정보처리 기능
② 파라메트릭 도형 기능
③ 도형 처리 언어
④ 메뉴 관리 기능

[해설] CAD 소프트웨어의 옵션 기능
- 비도형 정보처리 기능 : 도형의 선의 종류, 도형의 계층, 도형에 부여하는 재질, 밀도, 주기 등의 정보를 입출력하여 계산이나 표를 만드는데 이용하는 기능
- 도형 처리 언어 : 형상 및 치수가 변경되는 가변 도형처리나 해석, 판정처리, 반복처리 등을 조합한 전용 명령어를 작성할 수 있는 CAD 전용 언어
- 메뉴 관리 기능 : 매크로화 기능이나 도형처리 전용 언어를 이용하여 작성한 전용 명령어를 메뉴에 배치할 때 이용할 수 있도록 하는 기능

08. CAD에서 사용되는 모델링 방식에 대한 설명 중 잘못된 것은?

① wire frame model : 음영 처리하기가 용이하다.
② surface model : NC data를 생성할 수 있다.
③ solid model : 정의된 형상의 질량을 구할 수 있다.
④ surface model : tool path를 구할 수 있다.

[해설] 와이어 프레임 기법의 주목적은 도면제작으로 단면도(Section Drawing) 작성이 불가능하다.

09. 화면에 CAD 모델들을 현실감 있게 나타내기 위하여 채색이나 음영 등을 주는 작업은 무엇인가?

① Animation   ② Simulation
③ Modelling   ④ Rendering

[해설] **Rendering**
화면에 CAD 모델들을 현실감 있게 나타내기 위하여 채색이나 음영 등을 주는 작업

10. 컴퓨터를 이용한 형상 모델링에 대한 일반적인 설명 중 틀린 것은?

① 형상 모델링(geometric modeling)은 물체의 모양을 완전히 수학적으로 표현하는 과정이라고 할 수 있다.

정답 06 ① 07 ② 08 ① 09 ④ 10 ③

② 컴퓨터 그래픽스(computer graphics)는 시각적 디스플레이를 통하여 부품의 설계나 복잡한 형상을 표현하는데 이용될 수 있다.
③ 3차원 모델링 및 설계는 현실감 있는 3차원 모델링과 시뮬레이션을 가능하게 하지만, 물리적 모델(목업 등)에 비해 비용이 많이 소요되는 단점이 있다.
④ 구조물의 응력해석, 열전달, 변형 및 다른 특성들도 시각적 기법들로 잘 표현될 수 있다.

해설 3차원 모델링 및 설계는 현실감 있는 3차원 모델링과 시뮬레이션을 가능하고, 물리적 모델(목업 등)에 비해 비용이 적게 소요된다.

11. 다음 중 기존의 제품에 대한 치수를 측정하여 도면을 만드는 작업을 부르는 말로 적절한 것은?

① RE(Reverse Engineering)
② FMS(Flexible Manufacturing System)
③ EDP(Electronic Data Processing)
④ ERP(Enterprise Resource Planning)

해설 RE(Reverse Engineering)
완성된 제품을 상세하게 분석하여 제품의 기본적인 설계 개념과 적용 기술들을 파악하고 재현하는 것. 설계 개념 → 개발 작업 → 제품화의 통상적인 추진 과정을 거꾸로 수행하는 공학 기법으로 기존의 제품에 대한 치수를 측정하여 도면을 만드는 작업이다.

12. 다음 모델링 기법 중 컴퓨터를 이용한 자동공정계획(CAPP)에 가장 적합한 모델링 기법은?

① 특징형상 모델링
② 경계 모델링
③ 와이어 프레임 모델링
④ 조립 모델링

해설 특징형상 모델링
컴퓨터를 이용한 자동공정계획(CAPP)에 가장 적합한 모델링 기법이다.

13. 와이어프레임 모델에 표면을 처리하는 방식으로 속은 비어 있고 표면만 있는 모델은?

① 파라메트릭 모델   ② 서피스 모델
③ 솔리드 모델   ④ 프랙털 모델

해설 3차원 디자인 표현기법
• 파라메트릭 모델 : 수학적 방식으로 정의되는 모델을 생성하는 표현으로 곡면 모델이라고도 하며 점과 점을 잇는 선분이 부드러운 곡선으로 되어 있어 가장 많은 계산을 필요로 하는 모델이다.
• 솔리드 모델 : 속이 차있는 모델로써 일단 작성되면 무게와 질량 및 중심 등 물체의 물리적인 특성을 알 수 있게 됨으로 CAE 해석에 사용하기 유용하다.
• 프랙털 모델 : 단순한 모양에서 출발하여 차츰 복잡한 형상으로 구축되는 기법이며 산이나 구름 등 자연 대상물의 불규칙적인 성질을 갖는 움직임을 표현할 경우 사용된다.

14. 다음 중 숨은선 또는 숨은면을 제거하기 위한 방법에 속하지 않는 것은?

① x-버퍼에 의한 방법
② z-버퍼에 의한 방법
③ 후방향 제거 알고리즘
④ 깊이 분류 알고리즘

해설 은면 소거법에는 Z 정렬법, Z 버퍼법, 후방향 제거 알고리즘, 깊이 분류 알고리즘, 주사선(scan-line)법, 광선 투사법(ray-tracing) 등이 있는데 각각 계산 시간이나 렌더링(화면 생성)시의 화질에 차이가 있다. 렌더링의 종류는 은면 소거법에 의해서 구별된다.

정답 11 ① 12 ① 13 ② 14 ①

15. 3차원 형상을 표현하는데 있어서 사용하는 Z-buffer 방법은 무엇을 의미하는가?

① 음영을 나타내기 위한 방법
② 은선 또는 은면을 제거하기 위한 방법
③ view-port에 모델을 나타내기 위한 방법
④ 두 곡면을 부드럽게 연결하기 위한 방법

해설 Z-buffer : 은선 또는 은면을 제거하기 위한 방법

16. 화면에 나타난 데이터를 확대하여 데이터의 일부분만을 스크린에 나타낼 때 상당 부분이 viewport를 벗어나는데 이와 같이 일정한 영역을 벗어나는 부분을 잘라버리는 것을 무엇이라고 하는가?

① 윈도잉(Windowing)
② 클리핑(Clipping)
③ 매핑(Mapping)
④ 패닝(Panning)

해설 클리핑(Clipping) : 화면에 나타난 데이터를 확대하여 데이터의 일부분만을 스크린에 나타낼 때 상당 부분이 viewport를 벗어나는데 이와 같이 일정한 영역을 벗어나는 부분을 잘라버리는 것을 의미한다.

02 모델링 작업 준비

01. 솔리드 모델링 기법의 일종인 특징형상 모델링기법의 성격에 대한 설명으로 맞지 않는 것은?

① 모델링 입력을 설계자 또는 제작자에게 익숙한 형상단위로 하자는 것이다.
② 각각의 형상단위는 주요 치수를 파라미터로 입력하도록 되어 있다.
③ 모델링 된 입체를 제작하는 단계의 공정계획에서 매우 유용하게 사용될 수 있다.
④ 사용되는 사용분야와 사용자에 관계없이 특징형상의 종류가 항상 일정하다는 것이 장점이다.

해설 특징형상 모델링 : 3D 모델링 방법에서 가장 고급적인 기법으로, 셀(cell) 혹은 기본곡면(primitive)이라고 불리는 직육면체, 구, 원추, 실린더, 삼각추 등의 입체요소들을 조합하여, 모델을 구성하는 방식이다.

02. 다음 중 형상구속조건과 치수 조건을 입력하여 모델링 하는 기법은?

① 파라메트릭 모델링
② Wire frame 모델링
③ B-rep(Boundary Representation)
④ CSG(Constructive Solid Geometry)

해설 파라메트릭 모델링
① 설계자에 친숙한 형상단위로 물체를 모델링 할 수 있다.
② 대부분의 시스템이 제공하는 전형적인 특징형상으로는 모따기(chamfer), 구멍(hole), 슬롯(slot), 포켓(pocket) 등이 있다.
③ 형상구속조건과 치수구속조건을 이용하여 모델링한다.
④ 구속조건식을 푸는 방법으로 순차적 풀기, 동시풀기 방법에 따라 결과 형상이 달라질 수 있다.
⑤ 특징형상을 정의할 때 그 크기를 결정하는 파라미터들도 같이 정의하며, 이들을 변경하여 모델의 크기를 바꾸는 것은 파라메트릭 모델링의 한 형태로 볼 수 있다.
⑥ 파라메트릭 모델링의 형상요소를 한번 만든 후에는 직접 형상요소를 수정하는 것보다 조건식을 이용하여 수정하는 것이 효과적이다.
⑦ 특징형상의 종류는 많이 사용되는 적용 분야에 따라 결정되며, 우리나라의 경우 KS 규격에서 여러 적용 분야에 대해 필요한 모든 특징형상을 정의하고 있지 않다.

Part 1. 기계제도

03. 일반적으로 이루어지는 3차원 모델링 프로그램의 과정으로 틀린 것은?

① 3차원 형상 모델링 프로그램에 적합한 피처의 종류를 정한다.
② 3차원 형상 모델링 프로그램 피처의 속성을 정한다.
③ 3차원 형상 모델링 프로그램 피처의 기본형상은 스케치를 생략하고 형상을 확인한다.
④ 3차원 형상 모델링 프로그램 피처의 미리보기 기능을 통해서 제대로 되었는지 확인한다.

[해설] 3차원 형상 모델링 프로그램 피처의 기본형상을 스케치한다.

04. 컴퓨터 내부 모델링 방법 중 3차원적인 물체의 표현방법이 아닌 것은?

① 회전 분할에 의한 표현방법
② 공간격자에 의한 표현방법
③ 메시(mash) 분할에 의한 표현방법
④ 시브(sheave)에 의한 표현방법

[해설] 3차원적인 물체의 형상 표현방법
① 공간격자에 의한 방법
② 프리미티브에 의한 방법
③ 메시분할에 의한 방법
④ 반공간에 의한 방법
⑤ 시브에 의한 방법
⑥ 경계표현에 의한 방법

03 모델링 파일

01. 국제표준화기구(ISO)에서 제정한 제품 모델의 교환과 표현의 표준에 관해 줄인 이름으로 형상 정보뿐 아니라 제품의 가공, 재료, 공정, 수리 등 수명주기 정보의 교환을 지원하는 것은?

① IGES   ② DXF
③ SAT   ④ STEP

[해설]
- IGES : 미국규격으로 IGES(Initial Graphics Exchange Specification)는 서로 다른 CAD/CAM 시스템사이에서 도형정보를 옮기거나 공동사용 할 수 있도록 하기 위한 데이터베이스의 표준 표시방식이다.
- DXF : CAD 시스템에서 구성된 자료에 대해 서로 다른 CAD 소프트웨어를 사용하더라도 서로의 CAD 자료를 공통으로 사용하기 위한 가장 일반적 데이터 교환 방식이다.
- SAT : AutoCAD에서 표준 Asci 텍스트 파일이다.

02. 다음 중 서로 다른 CAD 시스템 간의 데이터 상호 교환을 위한 표준화 파일 형식을 모두 고른 것은?

| ㉠ IGES | ㉡ GKS |
| ㉢ PRT | ㉣ STL |

① ㉠, ㉡, ㉢   ② ㉠, ㉢, ㉣
③ ㉠, ㉡, ㉣   ④ ㉡, ㉢, ㉣

[해설]
- IGES(Initial Graphics Exchange Specification)
서로 다른 CAD/CAM 시스템 사이에서 도형정보를 옮기거나 공동사용을 할 수 있도록 하기 위한 데이터베이스의 표준 표시방식이다.
- GKS(Graphical kernal system)
2차원 그래픽 시스템을 위한 표준규격이다.
- STL(Stereo Lithography)
규격은 쾌속조형의 표준입력파일 포맷으로 많이 사용된다.

형성평가

03. 3차원 그래픽스 처리를 위한 ISO 국제표준의 하나로서 ISO-IEC TTC 1/SC 24에서 제정한 국제표준으로 구조체 개념을 가지고 있는 것은?

① PHIGS ② DTD
③ SGML ④ SASIG

해설 PHIGS : 3차원의 움직이는 물체를 실제와 같이(realtime) 화면에 나타나게 하며 주로 이용되는 산업분야는 도형 구성분야, 항공교통망 시뮬레이션, 몰분자 모델링분야, 건축설계 등 여러 분야에서 활용되고 있다. 3차원 그래픽스 처리를 위한 ISO 국제표준의 하나로서 ISO-IEC TTC 1/SC 24에서 제정한 국제표준으로 구조체 개념을 가지고 있다.

04. IGES에 대한 설명으로 옳은 것은?

① 널리 쓰이는 자동 프로그래밍(system의 일종이다)
② Wire frame 모델에 면의 개념을 추가한 data format 이다.
③ 서로 다른 CAD 시스템 간의 데이터의 호환성을 갖기 위한 표준 데이터 교환 형식이다.
④ CAD와 CAM을 종합한 운영 프로그램의 일종이다.

해설 IGES(Initial Graphics Exchange Specification) 서로 다른 CAD/CAM 시스템사이에서 도형정보를 옮기거나 공동사용 할 수 있도록 하기 위한 데이터베이스의 표준 표시방식이다(미국에서 시작하여 ISO의 표준규격으로 제정).

05. IGES 파일 포맷에서 엔티티들에 관한 실제데이터, 즉 예를 들어 직선 요소의 경우 두 끝점에 대한 6개의 좌푯값이 기록되어 있는 부분(section)은?

① 스타트 섹션(start section)
② 글로벌 섹션(global section)
③ 디렉토리 엔트리 섹션(directory entry section)
④ 파라미터 데이터 섹션(parameter data section)

해설 IGES 파일의 구조
- 개시 섹션(start section) : IGES 파일에 대한 임의의 주석을 기록하는 부분이다.
- 그로벌 섹션(grobal section) : IGES 파일을 만든 시스템 환경에 대한 정보를 기록하는 부분이다. 총 24개의 데이터를 기록한다.
- 디렉토리 섹션(directory section) : 파일에 기록되어 있는 모든 형상/비형상 개체(Entity)에 대한 속성정보를 기록하는 부분이다.
- 파라미터 섹션(parameter section) : 디렉토리 섹션에서 정의된 개체들에 대한 실제 데이터를 기록하는 부분이다.
- 종결 섹션(terminate section) : 5개 구성섹션에 사용된 줄 수를 기록한다.
- 플래그 섹션(flag section) : 압축형 ACSCⅡ와 이진형식에서만 사용되는 것으로 데이터의 표현형식에 따른 선택사항이다.

정답 03 ① 04 ③ 05 ④

2 모델링 작업

1. 스케치 작업

① 3D 모델링에서 가장 기본이 되는 것이 바로 스케치 작업이다.
② 제대로 된 스케치를 만드는 것이 3D 모델링의 기본이 된다.
③ 스케치 작업은 2차원에서 작업이 이루어지므로 평면을 기반으로 한다.
④ 평면의 선택으로 스케치가 시작되며 평면이 존재하지 않을 경우 평면 생성의 과정이 필요하다.
⑤ 평면 생성의 과정은 대부분의 3차원 모델링 소프트웨어에 존재하며 이를 활용해야 한다.
⑥ 만들어진 스케치를 활용하여 파트 모델링 작업을 수행하게 된다.
⑦ 조립, 제작, 가공, 결함 등의 원인에 따라 설계 변경을 하여야 할 경우에는 작업된 스케치 형상과 데이터를 이용하면 쉽게 형상 수정이 가능하다.
⑧ 예를 들어 볼트와 너트의 조립품을 만들고사 하는 경우 스케치 작업을 이용하여 파트(부품)를 형상화하고 이를 활용하여 어셈블리와 도면화 과정을 거치게 된다.

1) 스케치 평면선택

① 스케치는 2D 작업이 이루어질 평면(예 xy, yz, zx 평면)을 선택하고 시작한다.
② 모델링 과정에서는 점, 선, 면 등으로 새롭게 만들어진 평면을 활용하여 스케치할 수 있다.

2) 스케치 기초

3차원 모델링 프로그램에서의 스케치화면은 다음과 같은 순서로 작업이 이루어지며 그 내용들은 다음과 같다.
① 스케치 아이콘 : 스케치 윈도로 들어가는 시작점
② 스케치 아이콘을 활용하여 사각형, 원, 삼각형 등을 스케치
③ 직사각형, 원, 호, 스플라인, 치수 입력 등 아래의 옵션에 따라 수행
④ 삭제 : 필요한 내용을 제외하고 불필요한 부분은 삭제

3) 스케치의 일반적 기본기능

① 선 : 선체인, 라인탄젠트
② 직사각형 : 코너직사각형, 경사진 직사각형, 중심 직사각형, 평행사변형
③ 호 : 3점/탄젠트 끝, 중심/끝, 3탄젠트, 동심원, 원추형
④ 타원 : 축 끝 타원, 중심과 축타원
⑤ 스플라인 : 임의의 점을 선택하여 만듦
⑥ 필릿 : 원형, 원형 트림, 타원, 타원형 트림
⑦ 모따기 : 모따기, 모따기 트림
⑧ 텍스트 : 텍스트 모델링에 활용
⑨ 오프셋 : 간격을 띄워 활용

4) 기하학적 도형정의

① 하나의 도면은 보통 점, 선, 원, 원호, 숫자 및 문자로 구성된다.
② 도형요소는 프리미티브(primitive), 오브젝트(object), 엘리멘트(element), 엔티티(entity) 등으로 불린다. 기본도형요소의 정의는 다음과 같다.

(1) 점 정의

① 임의의 점 : 좌표를 입력하거나 마우스로 위치를 선택한다.
② 양 끝점 : 개체의 양 끝점은 점으로 정의한다.
③ 교점 : 교점이 선분에 있지 않는 경우는 그 연장선에 점을 생성한다.

(2) 선(직선) 정의

① 수평선 : UCS-X축과 평행한 수평선을 정의한다.
② 수직선 : UCS-Y축과 평행한 수직선을 정의한다.
③ 평행선 : 지정된 선에 대한 평행선을 정의한다.
④ 접 선 : 임의의 개체에 접하는 선을 정의한다.
  ㉠ 점과 점 선택 : 두 점을 잇는 직선이 정의
  ㉡ 점과 점 선택 : 한 점을 지나고 원에 접하는 직선이 정의
  ㉢ 점과 점 선택 : 두 원에 접하는 직선이 정의

(3) 원 정의

① 중심선과 원 : 원의 중심점과 지름, 반지름 지나는 점에 의하여 원을 정의한다.
② 3개의 점과 원 : 3개의 점을 지나는 원은 하나밖에 존재하지 않으므로 이를 이용한 기능이다.

③ 접하는 원 : 접하는 두 도형과 반지름에 의하여 원을 정의한다.
④ 중심선과 원 : 중심선과 접하는 도형에 의하여 원을 정의한다.

(4) 원호 정의
① 반지름 원호 : 중심선과 반지름에 의해서 원호를 생성한다.
② 두 점과 원호 : 두 점과 반지름에 의하여 원호를 정의한다.
③ 3개의 점과 원호 : 3개의 점에 의하여 원호를 정의한다.
④ 두 점과 사잇각에 의하여 원호를 정의한다.

(5) 2차원 편집
① 한쪽 자르기 및 연장 : 기존 요소에 대하여 다른 요소를 자르거나 연장한다.
② 양쪽 자르기 : 선택된 두 요소의 만나는 위치에서 자르거나 연장한다.
③ 한 점 분할 : 하나의 요소를 2개의 요소로 분할한다.
④ 두 점 분할 : 지정된 두 점을 기준으로 양쪽으로 분할한다.

5) 스케치 작업

스케치는 3차원 형상의 밑그림을 작업하는 것이다. 3차원 모델링이 완성되기까지는 3차원 형상을 여러 번 나누어 덧붙이거나 빼는 작업으로 완성한다. 이때 각 형상마다 스케치 작업으로 밑그림을 그려주어야 한다. 이때 주의할 점은 솔리드 모델링의 경우 가급적이면 폐곡선으로 이루어진 작업으로 수행한다. 모델링 프로그램 기술의 발전으로 다수의 폐곡선을 이용한 3차원 형상 작업이 가능해졌지만, 기본적으로 폐곡선을 만드는 개념으로 작업하면 오류를 현저히 줄일 수 있다.

6) 구속조건

대부분의 3차원 모델링은 스케치 기능에 구속조건 도구를 갖추고 있다. 엔티티로 스케치 한 뒤 사용자가 강제적으로 구속을 부여할 때 사용할 수 있다. 프로그램이 자동 구속을 부여하기도 하지만 고정된 구속조건으로는 부족하다. 따라서 사용자가 임의로 구속을 부여함으로써 해당 엔티티에 고정된 구속을 부여할 수 있다.

7) 구속조건의 종류

구속조건은 스케치에서 실행한 선, 점, 원 등에 대한 구속을 주는 것으로 프로그램별로 조금씩 차이는 있으나 구속에는 9가지의 종류가 있으며 각각의 구속에는 생성 이후에 해당 기호를 작업 창에서 확인하고 삭제할 수 있게 된다.
① **수직** : 선 또는 두 교점에 수직 구속 생성
② **수평** : 선 또는 두 교점에 수평 구속 생성
③ **직각** : 두 개체에 직교 구속 생성
④ **탄젠트** : 두 개체에 탄젠트 구속 생성
⑤ **중점** : 점을 선 또는 호의 중점에 배치 구속 생성
⑥ **일치** : 점 또는 개체 상에 점 일치 구속 생성
⑦ **대칭** : 두 점 또는 교점이 중심선에 대칭하는 구속 생성
⑧ **동일** : 동일 길이, 동일 반지름, 동일 치수, 동일 곡률 구속 생성
⑨ **평행** : 선에 평행 구속 생성

2. 모델링 작업

1) 모델링 작업순서 결정방법

3D 형상 모델은 일반적으로 여러 개의 명령어와 작업들을 조합해서 만든다. 설계자는 모델링 방법의 기본 방향을 결정해야 한다. 모델링 방법으로 단품의 형상 모델링 방안과 전체적인 형상의 연결 등을 결정하였다면 3차원 모델링 프로그램으로 표현만 하면 되는 것이다. 따라서 모델링의 작업순서의 구상 능력과 이를 표현하는 능력을 높이는 것이 중요하다.
① 돌출과 돌출 빼기 명령어를 이용한 방법
② 회전 돌출과 회전 돌출 빼기 명령어 방법
③ 스케치에서 프로파일을 선택하여 솔리드를 생성하는 방법
④ 스케치 기반 형상 명령어에서 결합 명령어를 사용하는 방법
⑤ 명령어 조합에 의한 방법

2) 와이어프레임 모델링(Wire-frame Modeling)

모델링의 표현에 있어 모델의 특정 선과 점으로 형상을 표현하는 것이다. 따라서 모델의 표시내용도 선과 점으로 구성된다. 선과 점의 수정을 통해 모델의 형상 수정이 이루어진다. 초기 모델링은 대부분 이러한 와이어프레임 모델링으로 이루어졌다. 주로 2차원의 도면 출력을 위한 용도와 평면 가공에 적합한 모델링 방식 AutoCAD가 대표적인 프로그램이라고 할 수 있다.

[와이어 모델의 특징]
① data의 구성이 단순하다.
② Model 작성을 쉽게 할 수 있다.
③ 처리 속도가 빠르다.
④ 3면 투시도의 작성이 용이하다.
⑤ 은선 제거(Hidden Line Removal)가 불가능하다.
⑥ 단면도(Section Drawing) 작성이 불가능하다.
⑦ 물리적 성질의 계산이 불가능하다.

3) 서피스 모델링(Surface Modeling)

선과 점으로 형상이 표현되는 와이어프레임 모델에서 선과 점에 면의 정보를 추가하여 표현하는 것이다. 표현은 곡선방정식, 곡면방정식을 활용하여 수학적 표현을 나타낸다. 따라서 화면 위의 모델을 조작하면 곡면 방정식의 목록, 곡선방정식의 목록 및 끝점의 좌표로 이루어진 모델 데이터가 수정되어 표시된다.

> **TIP**
> 서피스 모델링의 용도
> ① NC공구 경로 생성
> ② 솔리드 프리미티브 생성
> ③ 음영처리와 같은 렌더링을 이용한 곡면의 품질평가
> ④ 도면 생성

[서피스 모델링의 특징]
① 은선 제거가 가능하다.
② Section Drawing(단면)을 할 수 있다.
③ 2개의 면의 교선을 구할 수 있다.
④ 복잡한 형상을 표현할 수 있다.
⑤ NC data를 생성할 수 있다.
⑥ 물리적 성질(Weight, Center of Gravity, Moment)을 구하기 어렵다.
⑦ 유한요소법(FEM : finite element method)의 적용을 위한 요소 분할이 어렵다.
⑧ surface 표현시 와이어 프레임 엔티티를 요구할 수 있다.
⑨ Wire-frame보다 데이터 처리 때문에 컴퓨터의 용량이 커야 한다.
⑩ 솔리드와 같이 명암(shade)알고리즘을 제공할 수 있다.

4) 솔리드 모델링(Solid Modeling)

서피스 모델링에 면 및 질량을 표현한 형상 모델을 솔리드 모델링이라고 한다. 서피스모델링은 아주 얇은 면으로 이루어져 있기 때문에 이론적으로는 체적을 표시할 수 없으나 솔리드 모델은 면과 질량이 추가되어 물체의 다양한 성질을 좀 더 정확하게 표현할 수 있다. 현재 솔리드

> **TIP**
> 솔리드 모델링의 용도
> ① 표면적, 부피, 관성 모멘트 계산
> ② 유한요소해석
> ③ 솔리드 모델들 간의 간섭현상 검사
> ④ NC공구 경로 생성
> ⑤ 도면 생성

모델링은 입체적 형상의 표현이 가능할 뿐만 아니라 무게중심 등의 해석과 질량 등을 나타내는 것이 가능하다. 대부분의 현장에서 솔리드 모델링이 주로 사용되며 일부 뷰(view)를 활용하거나 고급 모델링에서 와이어 프레임 모델링이나 서피스 모델링을 활용하고 있다.

[솔리드 모델링의 특징]
① 은선 제거가 가능하다.
② 간섭체크가 가능하다.
③ 형상을 절단하여 단면도를 작성하기가 쉽다.
④ 불리언(Boolean) 연산(합, 차, 적)에 의하여 복잡한 형상도 표현할 수 있다.
⑤ 물리적 성질(Weight, Center of Gravity Moment)의 계산이 가능하다.
⑥ 명암(shade)컬러기능 및 회전, 이동을 이용하여 사용자가 좀 더 명확하게 물체를 파악할 수 있다.
⑦ CAD/CAM 이외에 잡지, 출판물, 영화 필름, 애니메이션 시뮬레이터에 이용할 수 있다.
⑧ 복잡한 데이터로 컴퓨터 사용용량이 증가하여 데이터처리시간이 많이 걸린다.

(1) Constructive Solid Geometry(CSG 또는 B-rep building block) 방식
CSG는 복잡한 형상을 단순한 형상(primitive : 구, 실린더, 직육면체, 원추 등)의 조합으로 생성하는데, 여기서는 불리언 연산자(합, 차, 적)를 사용한다.

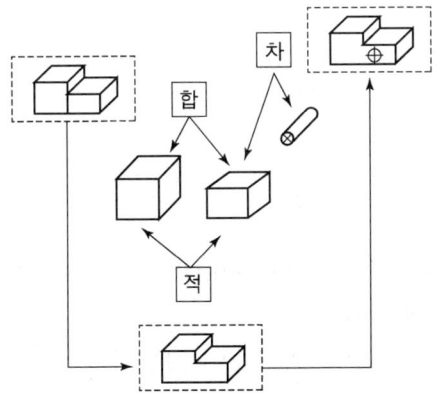

[그림 4-3] CSG에 의한 솔리드 예

① 장점
  ㉠ 불리언 연산자로 더하기(합), 빼기(차), 교차(적)시키는 방법을 통해 명확한 모델생성이 쉽다.
  ㉡ 데이터를 아주 간결한 파일로 저장할 수 있어, 메모리가 적다.
  ㉢ 형상 수정이 용이하고 중량을 계산할 수 있다.
  ㉣ CSG 트리로 저장된 솔리드는 항상 구현이 가능한 입체를 나타낸다.
  ㉤ 기본형상(primitive)의 파라미터만 간단히 변경하여 입체 형상을 쉽게 바꿀 수 있다.
  ㉥ CSG표현은 항상 대응되는 B-Rep모델로 치환 가능하다.

② 단점
  ㉠ 모델을 화면에 나타내기 위한 디스플레이에서 체적 및 면적의 계산 등에 많은 계산시간이 필요하다.
  ㉡ 3면도, 투시도, 전개도, 표면적 계산이 곤란하다.

(2) Boundary Representation(B-rep) 방식

사용자기 형상을 구성하고 있는 정점(vertex), 면(face), 모서리(edge)가 어떠한 관계를 가지는지에 따라 표현하는 방법이며 그 관계식은 정점+면-모서리=2이다. 즉, "$v-e+f-h=2(s-p)$" 오일러-포앙카레 공식을 만족해야 한다.

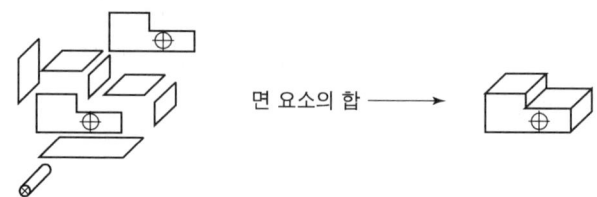

[그림 4-4] B-rep에 의한 솔리드 예

① 장점
  ㉠ CSG방법으로 만들기 어려운 물체를 모델화시킬 때 편리하다(비행기 동체, 자동차 외형 모델).
  ㉡ 화면의 재생시간이 적게 소요되며, 3면도, 투시도, 전개도, 표면적 계산이 용이하다.
  ㉢ 데이터 상호교환이 쉬워 많이 사용되고 있다.

② 단점
  ㉠ 모델의 외곽을 저장하므로 많은 메모리가 필요하다.
  ㉡ 적분법을 사용하기 때문에 중량 계산이 곤란하다.

〈표 4-1〉 B-Rep & CSG 방식의 비교

구 분		CSG	B-Rep
데이터 작성		용이	곤란
데이터 구조		단순	복잡
필요 메모리 영역		적음	많음
데이터 수정		약간 곤란	용이
3면도, 투시도 작성		곤란	용이
패턴의 응용		비교적 용이	곤란
전개도 작성		곤란	용이
중량계산		용이	약간 곤란
유한요소	솔리드	용이	곤란
	표면	곤란	용이

(3) NURBS(Non Uniformed Ration B-spline)

B-spline의 일종으로 ARC, CONIC을 B-spline에서는 완벽한 표현이 불가능하였으나, NURB로는 표현이 가능하다.

기존의 solid 모델링 S/W는 Line, Arc, Conic, B-spline, Bezier Curve, Non-linear Curve, Parametric Cubic Spline 등의 도형요소를 이용하여 형상을 단순히 정의했다. 그렇지만 여기서는 곡선을 원하는 치수까지 연속성/불연속성을 유지할 수 있으며, 곡선의 부분적인 수정이 가능하고, 모든 종류의 Geometry Entity를 한 종류의 방정식으로 표현도 가능하다. 또한 계산속도가 빠르며, Wave가 없는 Fair한 곡선을 얻을 수 있다.

이외의 특징으로는 타 S/W와 데이터 교환이 쉽고, S/W자체의 Algorithm이 간단하다.

(4) Feature-Base Design(피쳐 기반 모델링)

Feature-Base란 Slot, Counterbore, Pocket와 같이 Tooling이 되어지는 부분으로서 Parameterized Object로 표현이 가능하다. Feature-Base Design에서는 Solid 모델링 기법에는 주로 사용되는 Boolean Operation 대신 Object로부터 Feature를 가감함으로써 원하는 형상을 만들어간다.

종래의 CAD SYSTEM에서는 제조과정(Fixturing 또는 Tooling)에 관한 정보를 전혀 포함하지 않았으므로 제작 시 숙련기능공이 지식과 경험을 바탕으로 도면을 참고하여 제작순서나 Tooling 방법을 결정한다. Feature-Base Design에서 만들어진 모델을 기하학적 정보뿐만 아니라 가공정보를 가지고 있으므로 모델로부터 제작순서,

Tooling 정보를 추출할 수 있다(Hole → Drilling, Slot → Milling). Feature-based modeling의 특징은 다음과 같다.

① 구멍(hole), 슬롯(slot), 포켓(pocket) 등의 형상단위를 라이브러리(library)에 미리 갖추어 놓고 필요시 이들의 치수를 변화시켜 설계에 사용하는 모델링 방식이다.
② 피쳐 기반 모델링은 모서리만 가지고 있는 와이어 프레임 모델과는 달리 체적이 있기 때문에 솔리드 모델이라 부르며, 대부분의 CAD/CAM 소프트웨어는 솔리드 모델을 피쳐 베이스모델 또는 3D 부품 모델링이라고 한다.
③ Design이 완료되면, 모델로부터 제작을 위한 데이터(가공경로, 가공조건, 가공 tool 등)를 추출해 낼 수 있으므로 CAM과 연결이 가능하다.

(5) Parametric Design(파라메트릭 모델링)

형상을 Sketch한 후 특정 값이나 Parameter로 표현되는 수식을 입력함으로써 형상을 만들어내는 방식으로 Parameter나 수식을 변경하며 자동적으로 형상이 수정된다. Parametric 모델링은 사용자가 형상구속조건과 치수조건을 이용하여 형상을 모델링 하는 방식으로 특정 값이나 변수로 표현된 수식을 입력하여 형상을 생성하는 방식으로 이후 매개변수나 수식을 변경하면 자동으로 형상이 수정되는 형식이며 수학적 방식으로 정의되는 모델을 생성하는 표현으로 곡면 모델이라고도 하며 점과 점을 잇는 선분이 부드러운 곡선으로 되어 있어 가장 많은 계산을 필요로 하는 모델이이며 형상구속조건은 기준점에서 형상기호로 표시한다. 특징형상 모델링특징은 다음과 같다.

① 설계자에 친숙한 형상단위로 물체를 모델링 할 수 있다.
② 대부분의 시스템이 제공하는 전형적인 특징형상으로는 모따기(chamfer), 구멍(hole), 슬롯(slot), 포켓(pocket) 등이 있다.
③ 형상구속조건과 치수구속조건을 이용하여 모델링한다.
④ 구속조건식을 푸는 방법으로 순차적 풀기, 동시풀기 방법에 따라 결과 형상이 달라질 수 있다.
⑤ 특징형상을 정의할 때 그 크기를 결정하는 파라미터들도 같이 정의하며, 이들을 변경하여 모델의 크기를 바꾸는 것은 파라메트릭 모델링의 한 형태로 볼 수 있다.
⑥ 파라메트릭 모델링의 형상요소를 한번 만든 후에는 직접 형상요소를 수정하는 것보다 조건식을 이용하여 수정하는 것이 효과적이다.

⑦ 특징형상의 종류는 많이 사용되는 적용 분야에 따라 결정되며, 우리나라의 경우 KS규격에서 여러 적용 분야에 대해 필요한 모든 특징형상을 정의하고 있지 않다.

(6) Variational Design

Parametric Design 방식과 유사하며, Parametric Design → Parameter가 형상을 결정하고, variational Design → Relation(Constraint)으로 형상 결정된다.

① 장점
  ㉠ 도면 수정이 용이하다.
  ㉡ Kinematics Design이 가능하다.
  ㉢ 유사형상의 부품 설계가 가능하다.
  ㉣ Tolerance and Sensitivity Analysis
  ㉤ 최적 설계 시 관련 부품의 설계가 연계되어 활용될 수 있다.

② 단점
  ㉠ 완벽한 기능을 갖는 상용 Package가 없다.
  ㉡ Relation(Constraint)에 관한 정보를 타 System으로 전달할 수 있는 표준 Tool이 없다.

(7) 비례 전개법 모델링

곡면을 모델링 하는 여러 방법들 중에서 평면도, 정면도, 측면도상에 나타난 곡면의 경계곡선들로부터 비례적인 관계를 이용하여 곡면을 모델링(modeling)하는 방법이다.

(8) Decomposition(분해) 모델링

임의의 3차원 입체형상을 그보다 작은 정육면체 등과 같이 기본적인 입체 요소의 집합으로 잘게 분할, 근사한 형상으로 대체하여 표현하는 기법으로 유한요소법(FEM)에서 주로 사용되며 3차원 형상모델을 분해모델로 저장하는 방법은 다음과 같다.

① 복셀(Voxel) 모델
② 옥트리(Octree) 모델
③ 세포분해(Cell Decomposition) 모델

[복셀(Voxel) 모델의 특징]
① 3D 공간의 한 점을 정의한 일단의 그래픽 정보로 정밀하게 얻어진 실제 부피의 데이터 표본을 뜻하며 어떠한 형상의 물체이건 간에 정확한 형상의 표현이 불가능하다.

② 질량, 관성 모멘트 등의 성질을 계산하기 용이하다.
③ 공간 내의 물체를 표현하기 용이하다.
④ 필요로 하는 메모리 공간의 복셀의 크기를 줄일수록 급격히 증가한다.

5) 3D 모델링 방법

(1) 돌출(밀어내기)
하나의 2차원 단면형상을 돌출시켜 3차원 솔리드 모델을 생성하는 기법이다. 각 프로그램별로 용어를 달리 사용하고 있으나 형상을 만드는 것을 기본으로 한다.

(2) 회전
부품의 형상이 중심축에 대해 회전 대칭인 경우 사용되는 기법이다. 이것은 하나의 기준선을 가지고 그에 상응하는 단면을 회전시켜 3차원 솔리드를 만드는 방법이다.
하나의 곡선을 임의의 축이나 요소를 중심으로 회전시켜 모델링 한 곡면으로 컵, 유리병 등을 그리는 것이다.

(3) 스윕(Sweep)
2차원 단면을 기준 궤적을 따라 이동시켰을 때 생성되는 궤적으로 3차원 솔리드를 생성하는 기법으로 2개 이상의 곡선에서 안내 곡선을 따라 이동곡선이 이동규칙에 따라 이동하면서 생성되는 곡면이다.

(4) 쉘
두께를 주고 내부를 비우는 기법이다.

(5) 구배
두께를 주고 내부를 비우는 기법이다.

(6) 리브(rib)
부품을 강화하기 위한 보강대를 만드는 기법이다.

(7) 라운드(Round)
부품의 각이 있는 곳을 둥글게 만드는 기법이다.

(8) 모따기(chamfer)
부품의 모서리 혹은 구석을 비스듬하게 만드는 기법이다.

(9) 패턴
같은 형상의 모양을 반복적으로 만들어 내기 위한 기법이다.

(10) 대칭복사
대칭적인 모양에 대한 복사 기법이다.

(11) 구멍가공
표준적인 모양이나 일반적인 모양의 구멍가공이 필요한 곳에 구멍을 만드는 기법이다.

(12) 스윕(Sweep)
2차원 단면을 기준 궤적을 따라 이동시켰을 때 생성되는 궤적으로 3차원 솔리드를 생성하는 기법이다.

(13) 헬리컬스윕
스프링과 같이 회전하면서 2차원 단면이 회전하면서 스프링과 같은 형상을 만드는 기법이다.

(14) 블렌드(Blend)
여러 개의 단면 데이터를 가지고 하나의 3차원 형상을 만드는 기법이다.

(15) 스윕블렌드(Sweepblend)
이 기능은 스윕과 블렌드 여러 개의 단면 데이터를 가지고 하나의 3차원 형상을 만드는 기법이다.

(16) 로프트(Loft) 곡면
여러 개의 단면곡선이 연결규칙에 따라 연결된 곡면이다.

(17) Patch
경계곡선의 내부를 형성하는 곡면이다.

(18) Blending 곡면
두 곡면이 만나는 부분을 모서리 부분을 반경으로 부드럽게 만들 때 생성하는 곡면이다.

(19) Grid 곡면
삼차원 측정기 등에서 얻은 점을 근사적으로 연결하는 곡면이다.

(20) 메시(mesh)
그물처럼 널려 있는 곡선을 가까이 지나는 곡면이다.

(21) 필릿(Fillet)
두 곡면이 만나는 날카로운 부위를 공이 굴러가는 곡면으로 대치하여 부드럽게 만드는 곡면이다.

(22) 리메싱(remeshing)
종방향의 배열이 맞지 않는 데이터에서 오와 열의 배열이 가지런한 형태의 곡면 입력점을 새로이 구해내는 절차이다.

(23) 스무딩(smoothing)
표현된 심한 굴곡면을 평활한 곡면으로 재계산하는 것이다.

(24) 필리팅(filleting)
연결부위를 일정한 반지름을 갖도록 하는 것이다.

(25) 피팅(fitting)
점 데이터로 곡면을 형성할 때 측정오차 등으로 인한 굴곡을 명확하게 하는 것이다.

(26) 로프트(loft)
여러 개의 단면곡선을 연결 규칙에 따라 연결한 것이다.

(27) 패치(patch)
기본적으로 곡면이 많은 사각형 또는 삼각형으로 분할하여 분할된 단위 곡면 요소들을 이이서 곡면을 표현할 때 이 사각형 또는 삼가형의 곡면요소를 말한다.

(28) 스키닝(skinning)
미리 정해진 연속된 단면을 덮는 표면 곡면을 생성시켜 닫혀진 부피 영역 혹은 솔리드 모델을 만드는 방법이다.

(29) 트위킹(tweeking)
기존에 주어진 입체의 형식을 변화시켜 가면서 원하는 형상을 모델링하는 변환기능이다.

(30) 트위킹(tweaking)
하위 구성요소들을 수정하여 솔리드 모델을 직접 조작, 주어진 입체의 형상을 변화시켜 가면서 원하는 형상을 모델링한다.

(31) 리프팅(lifting)
주어진 물체의 특정면의 전부 또는 일부를 원하는 방향으로 움직여서 물체가 그 방향으로 늘어난 효과를 갖도록 하는 것이다.

(32) 보간(interpolation)
순서가 정해진 여러 개의 점들을 입력하면 이를 모두를 지나는 곡선을 생성하는 것이다.

(33) 근사(approximation)
점들이 곡면으로부터 조금 떨어져 있는 것을 허용하는 것이다.

(34) 스위핑(sweeping)
하나의 2차원 단면형상을 입력하고 폐쇄된 평면 영역이 단면이 되어 직진이동 혹은 회전 이동시켜 솔리드 모델링을 만드는 기법이다.

(35) 롤드 곡면(ruled surface)
가장 간단한 곡면을 2개의 선이나 곡선 지정하는 패치로 마주보는 2개의 단면형상 일 때 곡면을 표현한다.

(36) 경계 곡면(surface of boundary)
3개의 곡선을 지정한다.

(37) 테이퍼 곡면(tapered surface)
어떤 선, 곡선, 원의 요소에 진행 방향과 길이, 각도 등을 지정한다.

(38) 변형 스위프 곡면
원, 다각형 등을 지정하여 이동한다.

(39) Coons 곡면
4개의 경계 곡선을 선형 보간하여 곡면을 표현한다.

① 허밋(Hermite) 곡선 : 양 끝점의 위치와 양 끝점에서의 도함수를 이용해 구한 3차원 곡선식이다.

② 원뿔(Conic) 곡선 : 직원뿔을 그 꼭짓점을 지나지 않는 평면으로 잘랐을 때 생기는 단면의 평면곡선의 총칭으로 원추곡선이라고도 한다.

③ Hyperbolic 곡선 : 원뿔 곡선의 하나로 $x_2/a_2 - y_2/b_2 = 1$(단, $a > 0$)인 것이다.

④ 다항(Polynomial) 곡선 : 다항식으로 표시할 수 있는 곡선으로 직선, 이차곡선 등이 있다.

⑤ 베지어(bezier) 곡선 : 주어진 양 끝점만 통과하고 중간의 점은 조정점의 영향에 따라 근사하고 부드럽게 연결되는 선이다.

⑥ 퍼거슨(Ferguson) 곡선 : 평면상에 곡선뿐만 아니라 3차원 공간에 있는 형상도 간단히 표현할 수 있다.

⑦ 스플라인(Spline) 곡선 : 지정된 모든 점을 통과하면서도 부드럽게 연결된 곡선이다.

TIP

곡선

일반적으로 서피스 모듈을 이용하여 정확한 3차원 곡면형상을 구성하기 위해서는 곡선과 곡면을 잘 이용해야 한다. 특히, 기본곡선이 어떻게 구성되었는가에 따라 구성되는 곡면 혹은 패치(patch)의 형상이 결정되며, 이렇게 구성된 곡면, 패치에 의해서 완전한 3차원 형상의 곡면인지 아닌지가 결정되므로 곡선을 구성하는데 세심한 주의가 필요하다. 곡선을 구성하기 위해서는 곡선의 범주에 속하는 형상구성요소는 다음과 같다.
① 직선(line) 종류
② 원(circle)이나 원호(arc)
③ 베지어 곡선
④ 베지어 곡선을 변형시켜서 구성한 곡선
[예] offset 혹은 parallel에 의해서 만들어진 곡선

패치

곡면을 구성하는 최소단위의 곡면 형상으로, 이러한 패치(patch)들이 1개 이상 모여서 하나의 3차원 곡면 형상(surface)을 구성하는데 이러한 패치에는 기본적으로 다음 두 가지가 있다.
- untrimmed patch(exact patch)
  하나의 곡면을 구성시킬 때 곡면을 구성하는 데 필요한 정확한 곡선을 사용하여 곡면을 구성시킨 후 어떠한 수정·편집 작업도 가해지지 않은 곡면을 의미하며 이때 가해지는 수정·편집 작업에는 topology 작업, trim과 같은 편집 작업이 있다.
- trimmed patch
  topology나 trim 작업에 의해서 잘라내서 구성한 곡면을 의미한다.

3. 모델링 편집

1) 곡선과 곡면(curve and surface)

일반적으로 평범한 구조물들은 직선과 원호로 구성된다. 그러나 특수한 산업분야, 즉 항공기 날개나 동체, 자동차 차체, 배의 동체 등에는 매우 복잡한 형상이 요구된다. CAD/CAM 시스템에서도 이를 표현하기 위하여 여러 가지의 곡선과 곡면이 사용된다.

(1) 원추곡선(Conic section curve)

음함수 형태의 곡선이며, 원추를 어느 방향에서 절단하느냐에 따라 생성되는 곡선이다.

① 원(circle) : 원추를 일정한 높이 Z에서 절단하여 생기는 곡선이다.
$$x^2 + r^2 - r^2 = 0$$

② 타원(ellipse) : 원추를 비스듬하게 절단하여 생기는 곡선이다.
$$x^2/a^2 + r^2/b^2 = 0$$

③ 포물선(parabola) : 원추를 원추의 경사와 평행하게 절단 시 생기는 곡선이다.
$$r^2 - 4ax = 0$$

④ 쌍곡선(hyperbola) : 원추를 z축 방향으로 절단 시 생기는 곡선이다.
$$x^2/a^2 - y^2/b^2 - 1 = 0$$

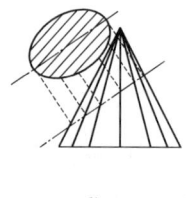
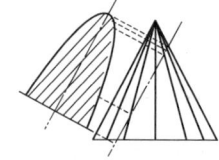
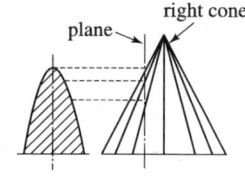

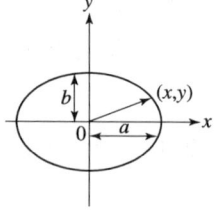
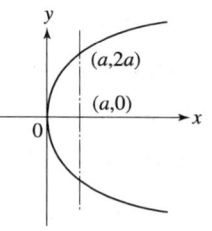
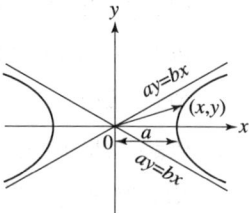

[그림 4-5] 타원　　[그림 4-6] 포물선　　[그림 4-7] 쌍곡선

(2) 퍼거슨(Ferguson) 곡선과 곡면(1960)

2개 이상의 곡선을 이용하여 복잡한 곡선을 만들 때 양수 곡선이 3차식이면 연결점에서 2차 미분까지 할 수 있어 연속적인 곡면을 보장할 수 있는 3차식 이상의 곡선 방정식이 쓰인다.

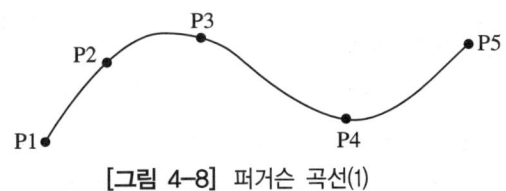

[그림 4-8] 퍼거슨 곡선(1)

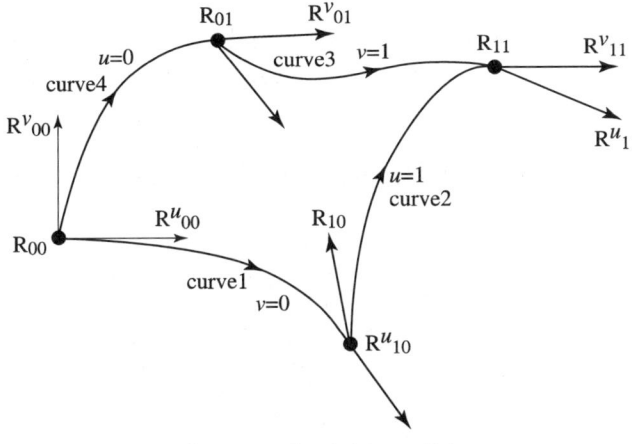

[그림 4-9] 퍼거슨 곡선(2)

이 방법은 단위 곡선의 양 끝점에서의 위치 벡터(position vector)와 접선 벡터(tangent vector)를 이용한 3차 매개변수식에 의한 것으로 5개의 점 P1, P2, P3, P4, P5가 주어졌다면 5개의 점을 모두 통과하는 부드러운 곡선이 만들어진다.

퍼거슨은 4개 모서리의 위치 벡터와 접선 벡터를 이용하여 곡면을 형성하는 방법을 사용하였는데, 퍼거슨이 곡선과 곡면을 매개변수로 표현한 후부터는 매개변수에 의한 곡선과 곡면의 표현이 일반화되었다. 이를 허밋(Hermite)곡선·곡면이라고 하며 그 특징은 다음과 같다.

① 평면상에 곡선뿐만 아니라 3차원 공간에 있는 형상도 간단히 표현할 수 있다.
② 곡선이나 곡면의 일부를 표현하려고 할 때는 매개변수의 범위를 가지므로 간단히 표현할 수 있다.
③ 곡선이나 곡면의 좌표 변환이 필요할 경우 단순히 주어진 벡터만을 좌표변환하여 원하는 결과를 얻을 수 있다.

④ 일반 대수식에 비해 곡선 생성이 쉽긴 하지만, 벡터의 변화에 대해 벡터 중간부의 곡선 형태를 예측하여 원하는 특정 형상을 표현하는 데에 어려움이 있다.
⑤ 이런 특징으로 자동차 외관과 같이 곡률 변화율이 중요한 경우에는 곡면의 품질을 저하시킨다.

(3) 쿤스(Coons) 곡면(1964)

1964년 M.I.T. 대학의 S. A 쿤스는 4개의 모서리 점과 4개의 경계곡선을 부드럽게 연결한 곡면을 발표하였다. 이 방법은 퍼거슨의 방법을 발전시킨 것으로 만일 쿤스의 방법에는 4개의 모서리 점과 그 점에서 양방향의 접선 벡터를 주고 3차식을 사용하면 이것은 퍼거슨의 곡면과 동일한 것이다. 즉 퍼거슨 곡면은 쿤스곡면의 특별한 경우가 되는 것이다. 쿤스 곡면은 퍼거슨 곡면과 마찬가지로 곡면의 표현이 간절하여 예전에는 널리 사용했으나, 곡면 내부의 볼록한 정도를 직접 조절하기가 어려우므로, 정밀한 곡면 표현에는 적합하지 않다.

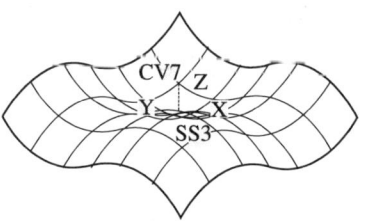

[그림 4-10] 쿤스 곡면

(4) 스플라인(Spline) 곡선

스플라인 곡선은 이웃하는 단위 곡선/곡면과의 연결성에 문제가 있는 퍼거슨 곡선/곡면이나 쿤스 곡면과 달리, 지정된 모든 점을 통과하면서도 부드럽게 연결된 곡선이다.

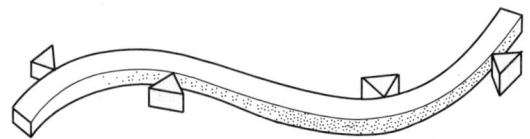

[그림 4-11] 스플라인 자의 곡선 형성

이 유래는 자동차나 항공기와 같은 자유곡선이나 곡면을 설계할 때 부드러운 곡선을 그리기 위하여 사용되는 도구인 스플라인 자에서 얻어지는 곡선을 의미한다. 스플라인 자에 무리를 가하지 않고 휘었을 때,

받침 지점에서 탄젠트와 곡률벡터 연속을 이루고 탄성 에너지가 가장 적은 3차 아크로 이루어진 복잡한 곡선이 생성된다. 이같은 개념으로 $(n+1)$개의 점을 지나며, 각 노드점에서 일정한 치수의 n개의 아크로 구성된 복합곡선을 스플라인 곡선이라 부른다.

(5) 베지어(Bezier) 곡선과 곡면(1971)

이 베지어 곡선은 주어진 양 끝점만 통과하고 중간의 점은 조정점의 영향에 따라 근사하고 부드럽게 연결되는 곡선이다.

퍼거슨이나 쿤스의 방법과는 다르게 단순한 곡선인 경우에는 다각형 안에만 표현되고, 곡면인 경우에는 다면체 안에서만 표현된다. 이 다각형의 한 점이 곡선과 가까우면 상대적으로 곡선의 형상에 더 많은 영향력을 갖고 있다는 것이다.

> **TIP**
> 베지어 곡선을 구성하기 위해서 사용되는 수식에 의하면 제시되는 점의 수량에는 제한이 없다.
> 베지어 곡선을 구성하기 위한 수학 방정식은 다음과 같다.
> $$P(u) = \sum_{i=0}^{n} \frac{n!}{i!(n-i)!} u^i (1-u)^{n-i} P_i$$
> 여기서,
> P_i : 제시된 점의 좌푯값
> n : 베지어 곡선을 구성하기 위한 descriptor의 order(degee) 수
> u : 하나의 곡선 상에 존재하는 점을 의미하는 변수 $(0 \leq u \leq 1)$
> $P(u)$: 베지어 곡선을 구성시키기 위해 계산되는 값으로 매개변수 u에 관한 함수를 의미한다.
> 이 식에 의해서 베지어 곡선은 매개변수 u에 의한 함수임을 알 수 있다.

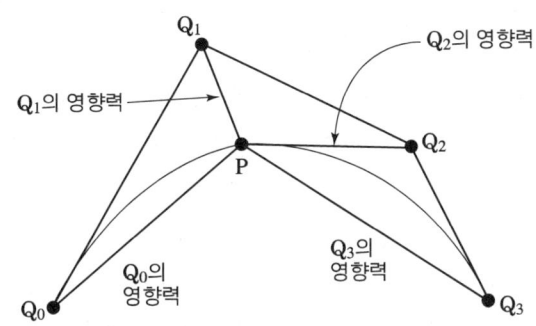

[그림 4-12] 베지어 곡선(1)

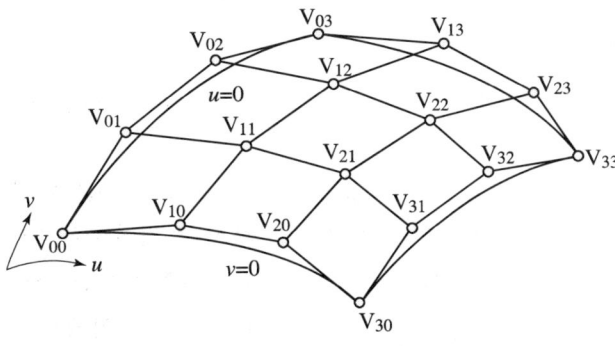

[그림 4-13] 베지어 곡선(2)

이러한 특성의 다각형 모양이 결정되면 곡선 모양을 상상할 수 있어서 곡면이나 곡선의 형상을 쉽게 바꿀 수 있다. Q_0, Q_1, Q_2, Q_3를 베지어 조정점(Control Point)이라 하고 그 특징은 다음과 같다.

① 곡선은 양단의 끝점을 반드시 통과한다.

② 곡선은 정점을 통과시킬 수 있는 다각형의 내측에 존재한다(곡면은 다면체).
③ 다각형의 양끝의 선은 시작점과 끝점의 접선벡터와 같은 방향이다.
④ 1개의 정점변화가 곡선 전체에 영향을 미친다.
⑤ n개의 정점에 의해서 생성된 곡선은 $(n-1)$차 곡선이다.
⑥ 다각형의 꼭짓점의 순서를 거꾸로 하여 곡선을 생성하여도 같은 곡선이어야 한다(대칭성).
⑦ 번스타인(Bernstein) 다항식에 의하여 주어진 점들을 표현하는 형상에 가깝도록 자유로이 형상을 제어할 수 있는 곡선으로 국부 변형(Local Control)이 불가능하고 폐곡선은 조정 다각형의 두 끝점을 연결시켜 간단하게 생성할 수 있다.
⑧ 항상 조정점에 의해 생성된 다각형의 최외곽점에 의한 볼록포(convex hull)의 내부에 포함되며 조정점들을 둘러싸는 볼록포(Convex Hull) 안에 곡선의 전체가 놓인다.
⑨ 번스타인 다항식은 베지어 곡선을 정의하기 위한 블렌딩 함수로 사용되며 조정점 1개의 위치를 변화시키면 곡선 세그먼트 전체의 형상이 변화한다.
⑩ 조정점(Control Point)의 개수와 곡선식의 차수가 직결되어 실제로 모든 조정점이 곡선의 형상에 영향을 주며 Bezier 곡선을 정의하는 다각형의 첫 번째 선분은 Bezier 곡선의 시작점에서의 접선벡터와 같다.
⑪ 복잡한 형상의 곡선생성을 위해 조정점의 수가 증가하게 되고, 곡선 형상의 진동 등의 문제를 일으킬 수 있으며, 2개의 인접한 Bezier 곡선의 연결점에서 접선 연속성과 곡률 연속성을 동시에 만족시키는 것이 가능하다.
⑫ 모든 조정점이 곡선의 형상에 영향을 주므로 부분적 형상 변경을 위해 조정점을 옮기면 곡선 전체의 형상이 변경되는 문제가 발생한다.
⑬ 베지어 곡면은 4개의 조정점에 곡면 내부의 볼록한 정도를 나타내며 3차 곡면 패치의 4개의 꼬임 막대와 같은 역할을 한다.
⑭ 조정 다각형의 첫 번째 선분은 시작점에서의 접선 벡터와 같은 방향이며 곡선의 단에 있어서 접선벡터는 단의 2점을 연결하는 변의 방향과 일치한다.
⑮ 조정점의 개수가 증가하면 곡선의 차수도 증가하고, 곡면을 부분적으로 수정할 수 없으며, 곡면의 코너와 코너 조정점이 일치한다. 또한 곡선의 끝점과 조정점에 의한 다각형의 끝점이 일치한다.

(6) B-spline 곡선과 곡면(1972)

베지어와 마찬가지로 다각형의 형상이 정해지면 생성된 곡선의 형상을 쉽게 예측할 수 있다. B-spline 곡선의 다각형의 점을 특정한 위치에 놓으면 B-spline 곡선은 베지어 곡선과 동일하게 된다. 그래서 B-spline 곡선은 무엇보다도 곡선의 연결성(continuity)과 조작성에 그 특징이 있고 꼭짓점의 위치를 이동하여 곡선의 형태를 수정하여도 연결성이 보장되는 것이 특징이다. 또한 베지어 복합곡선은 1개의 조정점에 의해 곡선이 전역적으로 변경되므로 수정 후 형상파악이 어렵고, 복잡한 형상의 표현에서는 계산량이 많으나 B-spline은 그럴 필요가 없다.

B-spline 곡선의 종류는 곡선의 형태를 부분적으로 영향을 주는 매듭값(knot)이 주기적(periodic) 또는 균일(uniform)한 B-spline 곡선과, 매듭값이 일정하지 않은 비주기적(non-periodic) 또는 비균일(non-unifrom) B-spline 곡선이 있다.

복잡한 곡선을 표현하는 데에는 매듭값이 일정할 수 없기 때문에 CAD/CAM에서는 비주기적 B-spline 곡선은 많이 사용하고, 비주기적 B-spline 곡선은 베지어 곡선처럼 양 끝점을 통과하나 주기적 B-spline 곡선은 양 끝점을 통과하지 않는다.

B-spline 곡선의 성질로는 연속성, 다각형에 따른 형상 직관 제공, 지역 유일성, 역변환의 용이성 등이 있다. B-spline의 특징은 다음과 같다.
① B-spline의 곡선식을 포함하는 일반적인 형태이다.
② 꼭짓점을 움직여도 연속성이 보장되며 곡선을 국소적으로 변형할 수 있다.
③ 조정 다각형에 의하여 곡선을 표현하며 스플라인이 갖는 접속성과 곡면이 갖는 제어성이 가장 우수한 곡면이다.
④ 곡선함수의 차수가 1개의 정점(control point)이 영향을 줄 수 있는 곡선 세그먼트의 개수를 결정한다.
⑤ 조정점의 개수가 많더라도 원하는 차수를 지정할 수 있다.
⑥ 곡선의 차수는 조정점의 개수와 무관하다.
⑦ 첫 번째 조정점과 마지막 조정점은 반드시 통과한다.
⑧ 기초 스플라인을 이용한 곡선 및 곡면을 그리고, 곡선 전체의 연속성이 좋다.
⑨ 균일 B-Spline 곡선(uniform B-Spline curve)은 매듭값의 간격이 항상 1의 등 간격을 이루는 것이다.
⑩ 1개의 조정점이 움직이면 몇 개의 곡선 세그먼트만 영향을 받고 나머지는 변하지 않는다.

> **TIP**
> 제시된 점 4개로 구성되는 베지어 곡선의 선형(linear)적 특성이 비스플라인(B-spline) 곡선을 구성할 때 곡선 곡률의 연속성과 접속성(tangent), 연결성(connectivity)들을 유지하면서 비스플라인 곡성을 구성한다.
>
>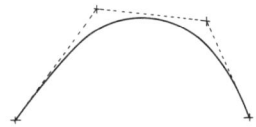
>
> 이 같은 비스플라인 곡선을 구성하기 위한 수학방정식은 다음과 같다.
>
> $$P_{(u)} = \sum_{i=0}^{n} N_{i,k}(u) P_i$$
>
> 여기서,
> P_i : 비스플라인 곡선을 구성하기 위해 제시된 점의 좌푯값(x, y, z)
> n : 제시된 점에 의해서 결정되는 order수(degree수, 주어진 점의 수 -1)
> $N_{i,k}(u)$: 조화함수(blending function)로 제시된 점의 숫자만큼 조화함수가 사용된다.

곡선과 곡면의 descriptor를 찾을 수 있는 도형요소
① 베지어 곡선(Bezier curve)
② 비스플라인 곡선(B-spline curve)
③ 패치(Patch)

가) 연속성

베지어 곡선은 하나의 꼭짓점을 옮기면 이웃하는 단위곡선과의 연속성 때문에 움직일 수 있는 자유도가 매우 제한되나, B-spline은 꼭짓점을 아무리 움직여도 연속성이 보장된다. 이는 B-spline 곡선에서는 어느 부분의 수정도 하나의 단위 곡선을 수정하는 것과 같이 할 수 있다는 것이다.

나) 다각형에 따른 형상 직관 제공

베지어 곡선에서와 마찬가지로 B-spline 곡선도 일단 다각형이 정해지면 형성될 곡선을 상상할 수 있다.

다) 지역 유일성(국소적 변형)

3차 B-spline 곡선은 4개의 이웃하는 꼭짓점에 의하여 결정된다. 만일 꼭짓점 중에 하나를 이용하여 곡선을 수정한다면 그 꼭짓점의 수정에 의하여 전후 꼭짓점 구간의 곡선 형상만 변경된다는 것이다.

라) 역변환의 용이성

만일 곡선상의 점 몇 개를 알고 있다면, 그에 따른 B-spline 곡선의 꼭짓점을 쉽게 얻을 수 있다. 이것을 역변환(inverse transformation)이라 한다.

(7) NURBS(Non-Uniform Rational B-Spline) 곡선과 곡면

NURBS는 Non-Unifrom Rational B-Spline의 약자이며 이는 비주기적인 B-spline 함수를 블렌딩 함수로 이용한다는 점에서 비주기적 B-spline과 유사하다. 비주기적 B-spline 조정점 x, y, z에 호모지니어스 좌표(homogeneous coordinates) h를 추가해 조정하는 곡선으로 그 특징은 다음과 같다.

① NURBS의 곡선으로 B-spline, Bezier, 원추곡선도 표현할 수 있다.
② 4개 좌표의 조종점 사용으로 곡선의 변형이 자유롭다.
③ NURBS 곡선은 곡선의 양끝점을 반드시 통과해야 한다.
④ 원, 타원, 포물선, 쌍곡선 등 원추곡선을 정확하게 나타낼 수 있다.
⑤ 3차 NURBS 곡선은 특정 노트 구간에서 4개의 조정점 외에 가중값(weights value)과 노트(knot) 벡터의 정보가 이용된다.
⑥ B-Spline은 각각의 조정점에서 3개의 자유도를 갖고 NURBS에서는 4개의 자유도를 갖는다.
⑦ B-spline에 비하여 NURBS 곡선이 보다 자유로운 변형이 가능하다.
⑧ NURBS 곡선은 자유곡선뿐만 아니라 원추곡선까지 한 방정식의 형태로 표현이 가능하다.

2) 수정작업

(1) 구멍

파라메트릭 드릴, 카운터보어, 접촉 공간 또는 카운터싱크 구멍 피쳐를 작성한다. 부품 피쳐의 경우 단일 구멍 피쳐는 동일한 구성(지름과 종료 방법)을 가진 여러 개의 구멍을 나타낼 수 있다. 다른 구멍은 동일하고 공유된 구멍 패턴 스케치로부터 작성될 수 있다.

(2) 셸

부품 내부에서 재질을 제거하여 지정된 두께의 벽으로 속이 빈 구멍을 작성한다. 선택된 면을 제거하여 쉘 개구부를 구성할 수 있다.

(3) 모따기

하나 이상의 부품 모서리에 모따기를 추가한다. 모서리 모양을 지정하고 모서리를 개별적으로 또는 체인의 부품으로 선택한다. 단일 작업에서 작성된 모든 모따기는 하나의 피쳐이다. 조립품 환경에서 작성된 모따기에 대해 여러 개의 부품에서 형상을 선택할 수 있다.

(4) 모깎기

2개의 면 세트 사이 또는 3개의 인접 면 세트 사이에서 하나 이상의 부품 모서리에 모깎기 또는 라운드를 추가한다. 모서리 모깎기의 경우 접선(G1) 또는 부드러운(G2) 연속성을 인접 면에 적용할 수 있다.

(5) 제도(면 기울기)

피쳐의 지정된 면에 기울기를 적용한다. 기울기 각도는 고정된 모서리 또는 접하는 모서리, 기존 피쳐의 고정 면이나 작업 평면으로부터 계산된다.

(6) 분할(면, 부품)

부품 면을 분할하고, 전체 부품을 자르고, 결과로 발생하는 면 중 하나를 제거하거나 솔리드를 2개의 본체로 분할한다. 면 분할은 분할된 양쪽 면에 기울기가 적용될 수 있도록 허용한다. 면을 분할할 3D 곡선을 선택할 수도 있다.

(7) 스레드

구멍, 샤프트, 스터드 또는 볼트에 스레드를 작성한다. 스레드 위치, 스레드 길이, 간격띄우기, 방향, 형태, 호칭 크기, 클래스 및 피치를 지정한다. 스레드 데이터는 스프레드시트에 생성되며 스레드 유형 및 크기를 추가하여 사용자를 지정할 수 있다.

(8) 결합

솔리드 본체의 체적을 결합하여 하나 이상의 솔리드 본체를 결합한다. 결합 작업으로 도구본체의 체적이 기준 솔리드에 추가된다. 잘라내기 작업으로 도구본체의 체적이 기준 솔리드에서 제거된다. 교차 작업으로 선택된 본체의 공유 체적에서 기준 솔리드가 수정된다.

(9) 객체복사

① 조립품에서 한 부품으로부터 다른 부품에 곡면 형상의 연관 또는 비연관 사본을 작성한다. 예를 들면, 조립품에서 원본 부품의 결합 곡면을 같은 조립품의 대상 부품에 복사하여 대상 부품에서 참조로 사용할 수 있다.

② 부품 파일 내의 형상을 구성 환경 내에서 복합, 기준 곡면 또는 그룹으로 복사하거나 이동한다. 예를 들어, 구성 환경과 부품 모델링 환경 간에 사본을 작성하거나 형상을 이동할 수 있다.

(10) 본체이동

다중 본체 부품 파일에서 원하는 방향으로 솔리드 본체를 이동한다. 이 본체는 가져온 파생 구성요소이거나 일반적인 모델링 명령을 사용하여 작성된 부품 본체일 수 있다.

(11) 굽힘

굽힘을 사용하여 부품의 일부를 굽힌다. 절곡부 선을 사용하여 절곡부의 접선 위치를 정의한 후 굽힐 부품 면, 굽힐 방향, 각도, 반지름 또는 호 길이를 지정할 수 있다.

3) 상세 특징형상(Detail Feature)

(1) 두께 주기(Thicken)

지정된 두께 값을 사용하여 솔리드 바디의 내부를 비우거나 그 주위에 셸을 생성할 수 있다. 각 면에 대해 개별 두께를 할당하고 중공 과정에서 천공할 면의 영역을 선택할 수 있다.

(2) 구배 (Draft)

지정된 벡터 및 선택적인 참조 점을 기준으로 면 또는 모서리에 테이퍼를 적용할 수 있다. 1개 이상의 면, 모서리 또는 개별 특징형상을 수정하도록 선택할 수 있다. 그러나 이러한 항목은 모두 동일한 솔리드 바디의 일부여야 한다.

(3) 모서리 블렌드(Edge Blend)

모서리에서 만나는 면에 볼이 계속 접촉하도록 유지하면서 Blend 할 모서리(Blend반경)를 따라 볼을 굴려 수행된다. Blend 볼은 둥근 모서리 Blend(재료 제거)를 생성하는지 또는 필릿 모서리 Blend(재료 추가)를 생성하는지에 따라 면의 안쪽 또는 바깥쪽에서 굴러간다.

(4) 면 블렌드(Face Blend)

선택한 면세트 사이에 접하는 블렌드 면을 추가한다. 블렌드 형상은 원형, 원뿔, 제어 법칙 중 하나이다.

(5) 스타일 블렌드

곡면을 블렌딩한 후 블렌딩한 곡선의 접하는 곡선에 기울기 및 곡률 구속조건을 추가한다.

(6) 외양 면 블렌드

블렌드의 접하는 블렌드에서 기울기 또는 곡률 구속조건을 적용하는 동안 곡면을 블렌드 한다. 블렌드 단면 형상은 원형, 원뿔 또는 리드인 유형일 수 있다.

(7) 브리지

두 면을 결합하는 시트 바디를 생성한다.

(8) 블렌드 코너

블렌드 코너 또는 상호 블렌드에서 기존 면의 일부를 교체할 패치를 생성한다.

(9) 스타일 코너

세 곡면을 교차하는 지점에 정확하고 보기 좋은 클래스 품질의 코너를 생성한다.

(10) 모따기(Chamfer)

원하는 Chamfer 치수를 정의하여 솔리드 바디의 모서리에 빗각을 낼 수 있다. 선택방법은 Edge Blend와 동일하다.

(11) 셸(Shell)

지정된 두께 값을 사용하여 솔리드 바디의 내부를 비우거나 그 주위에 셸을 생성할 수 있다. 각 면에 대해 개별 두께를 할당하고 중공 과정에서 천공할 면의 영역을 선택할 수 있다.

 TIP

블렌딩의 종류
① 하나의 곡선 내에 존재하는 edge를 제거하기
② 두 개의 별도 곡선이 존재할 때 교차부위에 필릿(fillet) 처리하기
③ 하나의 곡면 내에 있는 패치들 간의 각이 있는 edge를 부드럽게(smoothing)하기
④ 두 개의 별도 곡면에 존재할 때 교차부위에 필릿 처리하기

4) 동기식 모델링(Synchronous Modeling)

Synchronous(동기화)는 현재 작업상태의 모델을 수정하고, synchronous 관계로 고유의 지오메트리 조건을 유지하는 디자인 변경을 위한 방법이다.

Synchronous modeling은 생성된 위치와 방법을 고려하지 않고 적용하며, Feature의 history는 저장되지 않고, Feature 생성순서에 의존하지 않는다. 사용자는 좀 더 빠르고 단순하게 더 개방된 환경에서 빠르게 디자인할 수 있다. 동기식 모델링의 장점은 아래와 같다.

① Model은 feature의 생성순서에 제한되지 않아서, 모델의 원점, associativity, Feature history와 관계없이 편집 및 수정을 할 수 있다.

② History가 없으므로, Feature playback이 없지만, associativity가 없는 것은 아니다. 예를 들면 Drawing은 여전히 Model과 associativity를 가지고 있다.

(1) 동기식 모델링을 사용하는 이유

Synchronous Model로 변경되는 모델에 대한 계획 없이 빠르게 디자인하기 위해 사용한다. 또한 2개의 모드를 이용해 작업할 수 있다.

① History Mode

History Mode는 기존의 모델링 방식으로 Parameter를 유지하면서 작업 가능하다.

② History-Free Mode

History Mode에서 모델링을 수정할 때는, 작업 순서에 따라 모델링을 수정해야 하기 때문에 모델링의 순서가 앞에 있을 경우 모든 작업이 되돌아간 후 모델링을 수정해야만 했다. 이 경우 모델링의 형상이 복잡할 경우 많은 시간이 걸리고, 변경한 작업에 따라 오류 발생확률이 많았다. 하지만 History-Free Mode에서는 작업순서와 Parameter에 구애받지 않고 Geometry형상은 즉각적으로 수정이 가능하다. 하지만 History Mode에서 History-Free Mode로 넘어갈 경우, 기존에 있던 Parameter는 삭제되기 때문에 주의해야 한다.

(2) 면 이동

면 세트를 이동하며 이에 따라 인접 면도 조정된다.

(3) 면 당기기
면을 모델 바깥으로 당겨서 재료를 추가하거나 모델 안쪽으로 당겨서 재료를 제거한다.

(4) 옵셋 영역
현재 위치에서 면 세트를 옵셋한다. 이에 따라 인접 면도 조정된다.

(5) 면 복사
축을 기준으로 축 면의 크기를 변경한다.

(6) 면 교체
면의 세트를 다른 면의 세트로 교체한다.

(7) 면 삭제
바디에서 면을 삭제하고 나머지 면을 연장하여 빈 공간(void)을 닫는다.

4. 좌표계의 종류 및 특성

1) 좌표계의 종류
CAD/CAM 시스템을 이용하여 형상을 정의하기 위해서는 형상을 정의하는 데 가장 기본적인 공간상의 점을 정의하는 방법이 필요하다.

(1) 직교 좌표계(cartesian coordinate system)
직교 좌표계는 X, Y, Z 방향의 축을 기준으로 공간상에서 하나의 점을 표시할 때 각 축에 대한 X, Y, Z에 대응하는 좌푯값으로 표시하는 방식으로 교차하는 지점인 $P(x_1, y_1, z_1)$가 형성하는 것이다.

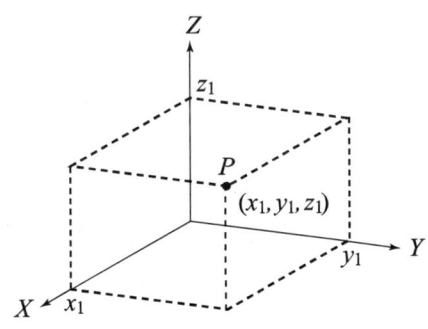

[그림 4-14] 직교 좌표에 의한 P점

> **TIP**
>
> **좌표계의 종류**
> ① 직교 좌표계
>   (cartesian coordinate system)
> ② 극 좌표계
>   (polar coordinate system)
> ③ 원통 좌표계
>   (cylindrical coordinate system)
> ④ 구면 좌표계
>   (spherical coordinate system)

(2) 극좌표계(polar coordinate system)

한 쌍의 직교축과 단위 길이를 사용하여 평면상의 한 점 P의 위치를 표시하는 방식으로 표기방법은 한 점 P(거리, 각도) 또는 $P(r, \theta)$로 표기하며 방향은 CCW이다.

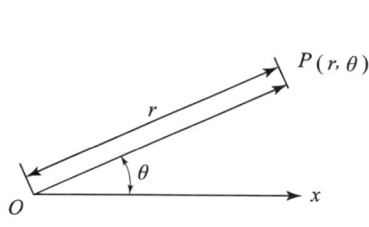

[그림 4-15] 극좌표계에 의한 P점   [그림 4-16] 극좌표의 직교 좌표 변환

극좌표의 기준축을 X축이라고 하면 $P(r, \theta)$에 의한 x_1, y_1은 다음과 같이 표기한다. $x_1 = r \cdot \cos\theta$, $y_1 = r \cdot \sin\theta$, 즉 $P(r, \theta)$를 직교 좌표계의 좌푯값으로 표기하면 $(x_1, y_1) = (r \cdot \cos\theta, r \cdot \sin\theta)$임을 알 수 있다.

(3) 원통 좌표계(cylindrical coordinate system)

평면상에 있는 하나의 점 P를 나타내기 위해 사용한 극좌표계에 공간의 개념을 적용하여 공간상의 한 점을 표기하기 위한 좌표계로서 표시되는 점 P는 (r, θ, z_1)으로 표기되며, 극좌표계의 좌푯값(r, θ)가 Z축 방향으로 z_1만큼 이동한 결과이다. 원통 좌표계의 점 $P(r, \theta, z_1)$을 직교 좌표로 표기하면 다음과 같다.

$x_1 = r \cdot \cos\theta$, $y_1 = r \cdot \sin\theta$, $z_1 = z_1$ 그리고 x, y, z값의 표기를 원통 좌표계로 표기할 수도 있다.

$$r^2 = x_1^2 + y_1^2, \ \theta = \tan^{-1}\frac{y_1}{x_1}, \ z_1 = z_1$$

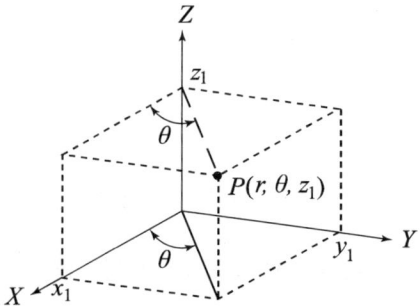

[그림 4-17] 원통 좌표계에 의한 P점

(4) 구면 좌표계(spherical coordinate system)

공간상에 구성되어 있는 하나의 점 P를 표현하는 방법 중 한 가지로 해당점의 좌표의 기준점을 중심으로 구를 그리듯 표기하는 방법으로 이때, 하나의 점은 (ρ, ϕ, θ)로 표기되며, 변수 ρ는 기준점으로부터 점 P까지의 거리, ϕ는 Z축과 기준점으로부터 P까지의 직선거리가 이루는 각도, θ는 XZ평면과 기준점으로부터 P까지의 직선거리가 XY평면에 투영되어진 선과의 각도를 의미한다.

① 구면 좌표계를 원통 좌표계로 변환
$r = \rho \cdot \sin\phi,\ \theta = \theta,\ z = \rho \cdot \cos\phi$

② 원통 좌표계를 직교 좌표계로 변환
$x = r \cdot \cos\theta,\ y = r \cdot \sin\theta,\ z = z$

③ 구면 좌표계를 직교 좌표계로 변환
$x = \rho \cdot \sin\phi \cdot \cos\theta,\ y = \rho \cdot \sin\phi \cdot \sin\theta,\ z = \rho \cdot \cos\phi$

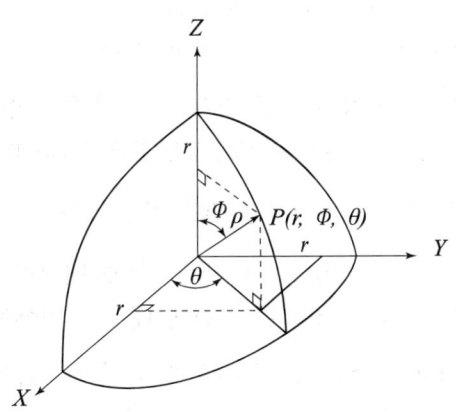

[그림 4-18] 구면 좌표계에 의한 P점

2) 도형의 좌표변환

컴퓨터에 의해 제작된 도면이나 형상 모델을 조작하기 위해서는 이미 작성된 데이터를 이동, 회전 및 스케일 등을 할 필요가 있는데 이를 도형의 좌표변환이라 한다.

(1) 점의 표현

n차원 공간에서의 한 점은 임의의 n차원 벡터로 표현한다.

- 2차원 좌표계 : $[x\ y]$ 또는 $\begin{bmatrix} x \\ y \end{bmatrix}$, 즉 (1×2) 또는 (2×1)행렬
- 3차원 좌표계 : $[x\ y\ z]$ 또는 $\begin{bmatrix} x \\ y \\ z \end{bmatrix}$, 즉 (1×3) 또는 (3×1)행렬

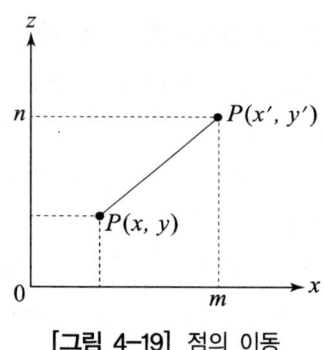

[그림 4-19] 점의 이동

① 이동(translation) : 도형 요소의 위치를 이동하는 방법
점 $P(x, y)$를 x방향으로 m, y방향으로 n만큼 이동시키기 위해서 새로운 좌표 $P'(x', y')$를 만들려면 $x' = x + m$, $y' = y + n$
여기서, $P(x, y)$: 원래의 점
$P'(x', y')$: 이동한 후의 점
m, n : x, y방향의 증분값
이를 벡터로 $[x' \ y'] = [x \ y] + [m \ n]$이다.

② 확대 및 축소 : 도형 요소를 확대 또는 축소의 방법
점 $P(x, y)$를 x방향으로 Sx, y방향으로 Sy 비율로 늘린(scaled stretched) 점 $P'(x', y')$를 만들려면 $[x' \ y'] = \begin{bmatrix} Sx & 0 \\ 0 & Sy \end{bmatrix}$
여기서, $Sx = +1$, $Sy = -1$이면 x축에 대칭인 변환,
$Sx = Sy < 0$이면 원점에 대칭인 변환이다.

③ 회전(rotation) : 도형 요소의 위치를 회전시켜 놓는 방법
점 $P(x, y)$를 원점을 중심으로 반시계 방향의 각도 θ만큼 회전시킨 점 $P'(x', y')$
$[x' \ y'] = [x \ y] \begin{bmatrix} \cos\theta & \sin\theta \\ -\sin\theta & \cos\theta \end{bmatrix}$
$= [x\cos\theta - y\sin\theta \ \ x\sin\theta + y\cos\theta]$

(2) 동차 좌표(HC)에 의한 표현

n차원의 벡터를 $(n+1)$차원의 벡터 형태로 표현한 것을 의미한다.

- 2차원 좌표계 $[X \ Y \ H] = [x \ y \ 1] \begin{bmatrix} a & b & c \\ c & d & q \\ m & n & s \end{bmatrix}$

- 3차원 좌표계 $[X \ Y \ Z \ H] = [x \ y \ z \ 1] \begin{bmatrix} a & b & c & p \\ d & e & f & q \\ l & m & n & s \end{bmatrix}$

① 동차 좌표에 의한 2차원 좌표변환 행렬

2차원에서 일반적인 변환 행렬은 3×3이며 다음과 같다.

$$T_H = \begin{bmatrix} a & b & p \\ c & d & q \\ m & n & s \end{bmatrix} \Rightarrow \begin{bmatrix} 2\times 2 & & 2 \\ & \times & \\ 1 & 1\times 2 & 1\times 1 \end{bmatrix}$$

여기서, $a, b, c, d\,(2\times 2)$: 스케일링(scaling), 회전(rotation), 전단(shearing), 반전(reflection)

$m, n\,(1\times 2)$: 이동(translation)

$p, q\,(2\times 1)$: 투사(투영 : projection)

$s\,(1\times 1)$: 전체적인 스케일링(overall scaling)

가) 이동(translation) 변환

$$[x'\ y'\ 1] = [x\ y\ 1] \begin{bmatrix} 1 & 0 & 0 \\ 0 & 1 & 0 \\ m & n & 1 \end{bmatrix}$$

나) 스케일링(scaling) 변환

$$[x'\ y'\ 1] = [x\ y\ 1] \begin{bmatrix} Sx & 0 & 0 \\ 0 & Sy & 0 \\ 0 & 0 & 1 \end{bmatrix}$$

다) 반전(reflection) 또는 대칭 변환

$$[x'\ y'\ 1] = [x\ y\ 1] \begin{bmatrix} -1 & 0 & 0 \\ 0 & 1 & 0 \\ 0 & 0 & 1 \end{bmatrix}$$

라) 회전(rotation) 변환

$$[x'\ y'\ 1] = [x\ y\ 1] \begin{bmatrix} \cos\theta & \sin\theta & 0 \\ -\sin\theta & \cos\theta & 0 \\ 0 & 0 & 1 \end{bmatrix}$$

마) 역 변환(inverse of transformation)

$$T_1 \cdot T_2 = \begin{bmatrix} 1 & 0 & 0 \\ 0 & 1 & 0 \\ m & n & 1 \end{bmatrix} \begin{bmatrix} 1 & 0 & 0 \\ 0 & 1 & 0 \\ -m & -n & 1 \end{bmatrix}$$

즉 이동 행렬의 역은 이동 성분의 부호를 반대로 한 것이며 회전변환의 역은 회전하는 각도의 부호를 바꾸면 역 행렬이 된다.

② 동차 좌표에 의한 3차원 좌표변환 행렬

3차원에서 일반적인 변환 행렬은 4×4이며 다음과 같다.

$$T_H = \begin{bmatrix} a & b & c & p \\ d & e & f & q \\ h & i & j & r \\ l & m & n & s \end{bmatrix} \Rightarrow \begin{bmatrix} & & & 3 \\ 3 \times 3 & & & \times \\ & & & 1 \\ 1 \times 3 & & & 1 \times 1 \end{bmatrix}$$

여기서, $\begin{bmatrix} a & b & c \\ d & e & f \\ h & i & j \end{bmatrix}$ (3×3) : 스케일링, 회전, 전단, 대칭

$l, m, n (1 \times 3)$: 이동

$p, q, r (3 \times 1)$: 원근화법(perspective Transformation)

$s (1 \times 1)$: 전체적인 스케일링

가) 평행이동(transformation) 변환

$$[X\,Y\,Z\,H] = [x\,y\,z\,1] \begin{bmatrix} 1 & 0 & 0 & 0 \\ 0 & 1 & 0 & 0 \\ 0 & 0 & 1 & 0 \\ l & m & n & 1 \end{bmatrix} = [(x+l)\,(y+m)\,(z+n)\,1]$$

나) 스케일링(scaling) 변환

① 국부적인 스케일링 변환

$$[X\,Y\,Z\,H] = [x\,y\,z\,1] \begin{bmatrix} a & 0 & 0 & 0 \\ 0 & e & 0 & 0 \\ 0 & 0 & j & 0 \\ 0 & 0 & 0 & 1 \end{bmatrix} = [ax\,\,ey\,\,jz\,\,1]$$

② 전체적인 스케일링 변환

$$[X\,Y\,Z\,H] = [x\,y\,z\,1] \begin{bmatrix} 1 & 0 & 0 & 0 \\ 0 & 1 & 0 & 0 \\ 0 & 0 & 1 & 0 \\ 0 & 0 & 0 & s \end{bmatrix} = [x\,y\,z\,s] = \left[\frac{x}{s}\,\,\frac{y}{s}\,\,\frac{z}{s}\,\,1\right]$$

다) 회전(rotation) 변환

$$T_x = \begin{bmatrix} 1 & 0 & 0 & 0 \\ 0 & \cos\theta & \sin\theta & 0 \\ 0 & -\sin\theta & \cos\theta & 0 \\ 0 & 0 & 0 & 1 \end{bmatrix}$$

$$T_y = \begin{bmatrix} \cos\theta & 0 & -\sin\theta & 0 \\ 0 & 1 & 0 & 0 \\ \sin\theta & 0 & \cos\theta & 0 \\ 0 & 0 & 0 & 1 \end{bmatrix}$$

$$T_z = \begin{bmatrix} \cos\theta & \sin\theta & 0 & 0 \\ -\sin\theta & \cos\theta & 0 & 0 \\ 0 & 0 & 1 & 0 \\ 0 & 0 & 0 & 1 \end{bmatrix}$$

라) 반전(reflection) 변환(대칭 변환)

$$T_{xy} = \begin{bmatrix} 1 & 0 & 0 & 0 \\ 0 & 1 & 0 & 0 \\ 0 & 0 & -1 & 0 \\ 0 & 0 & 0 & 1 \end{bmatrix} \quad T_{yz} = \begin{bmatrix} -1 & 0 & 0 & 0 \\ 0 & 1 & 0 & 0 \\ 0 & 0 & 1 & 0 \\ 0 & 0 & 0 & 1 \end{bmatrix} \quad T_{xz} = \begin{bmatrix} 1 & 0 & 0 & 0 \\ 0 & -1 & 0 & 0 \\ 0 & 0 & 1 & 0 \\ 0 & 0 & 0 & 1 \end{bmatrix}$$

마) 전단(shearing) 변환

$$[X\ Y\ Z\ H] = [x\ y\ z\ 1] \begin{bmatrix} 1 & b & c & 0 \\ d & 1 & f & 0 \\ h & i & 1 & 0 \\ 0 & 0 & 0 & 1 \end{bmatrix}$$

01 스케치 작업

01. 스케치 작업에 대한 설명으로 틀린 것은?
① 3D 모델링에서 가장 기본이 되는 것이 2D도면화 작업이다.
② 스케치 작업은 2차원에서 작업이 이루어지므로 평면을 기반으로 한다.
③ 평면의 선택으로 스케치가 시작되며 평면이 존재하지 않을 경우 평면 생성의 과정이 필요하다.
④ 조립, 제작, 가공, 결합 등의 원인에 따라 설계 변경을 하여야 할 경우에는 작업된 스케치 형상과 데이터를 이용하면 쉽게 형상 수정이 가능하다.

해설 3D 모델링에서 가장 기본이 되는 것이 스케치 작업이다.

02. 스케치는 2D 작업이 이루어질 평면을 선택하고 시작하는데 직사각형 형태의 평면 선택은?
① xy평면 ② yz평면
③ zx평면 ④ xz평면

해설 직사각형 형태는 xy평면을 선택하고 스케치한다.

03. 다음 중 형상구속조건과 치수조건을 입력하여 모델링 하는 기법으로 옳은 것은?
① 파라메트릭 모델링
② Wire frame 모델링
③ B-rep(Boundary Representation)
④ CSG(Constructive Solid Geometry)

해설 Parametric 모델링은 사용자가 형상구속조건과 치수조건을 이용하여 형상을 모델링 하는 방식으로 특정 값이나 변수로 표현된 수식을 입력하여 형상을 생성하는 방식이다.

04. CAD 시스템의 3차원 공간에서 평면을 정의할 때 입력 조건으로 충분치 않은 것은?
① 1개의 직선과 이 직선의 연장선 위에 있지 않는 1개의 점
② 일직선상에 있지 않은 3점
③ 평면의 수직 벡터와 그 평면 위의 1개의 점
④ 2개의 직선

해설 2개의 접선

05. 2차원 평면에서 2개의 점이 정의되었을 때 이 두 점을 포함하는 원은 몇 개로 정의할 수 있는가?
① 1개 ② 2개
③ 3개 ④ 무수히 많다.

해설 2차원 평면에서 2개의 점이 정의되었을 때 이 두 점을 포함하는 원은 무수히 정의할 수 있다.

06. 스케치 구속조건에서 두 개체에 직교 구속 생성은?
① 수직 ② 수평
③ 직각 ④ 평행

해설 구속조건
① 수직 : 선 또는 두 교점에 수직 구속 생성
② 수평 : 선 또는 두 교점에 수평 구속 생성
③ 직각 : 두 개체에 직교 구속 생성
④ 평행 : 선에 평행 구속 생성

정답 01 ① 02 ① 03 ① 04 ④ 05 ④ 06 ③

02 모델링 작업

01. 3D 형상 모델은 일반적으로 여러 개의 명령어와 작업들을 조합해서 만드는 방법으로 틀린 것은?

① 돌출과 돌출 빼기 명령어를 이용한 방법
② 회전 돌출과 회전 교차 빼기 명령어 방법
③ 스케치에서 프로파일을 선택하여 솔리드를 생성하는 방법
④ 스케치 기반 형상 명령어에서 결합 명령어를 사용하는 방법

02. 와이어 프레임 모델의 장점에 해당하지 않는 것은?

① 데이터의 구조가 간단하다.
② 모델 작성이 용이하다.
③ 투시도의 작성이 용이하다.
④ 물리적 성질(질량)의 계산이 가능하다.

해설 와이어 모델의 특징
① data의 구성이 단순하다.
② Model 작성을 쉽게 할 수 있다.
③ 처리 속도가 빠르다.
④ 3면 투시도의 작성이 용이하다.
⑤ 은선 제거(Hidden Line Removal)가 불가능하다.
⑥ 단면도(Section Drawing) 작성이 불가능하다.
⑦ 물리적 성질의 계산이 불가능하다.

03. 모델링 기법 중에서 실루엣(silhouette)을 구할 수 없는 것은?

① CSG 방식
② Surface model 방식
③ B-rep 방식
④ Wire frame model 방식

해설 와이어 프레임 모델링은 실루엣이 표현이 안 되며 해석용으로 사용하지 못한다.

04. 형상 모델링에서 서피스 모델링(Surface Modeling)의 특징을 잘못 설명한 것은?

① 복잡한 형상을 표현할 수 있다.
② 단면도 작성이 가능하다.
③ NC 데이터를 생성할 수 없다.
④ 2개 면의 교선을 구할 수 있다.

해설 서피스 모델링 : 면 정보에 의한 모델
① 은선 제거 및 면의 구분이 가능하다.
② NC data에 의한 NC가공 작업이 수월하다.
③ 복잡한 형상 처리가 가능하다.
④ 단면도 및 전개도 작성이 가능하다.
⑤ 해석용 모델 및 유한 요소법(FEM) 해석이 어렵다.
⑥ 물리적 성질을 계산하기가 곤란하다.

05. 솔리드 모델링의 특징에 관한 설명 중 틀린 것은?

① 은선 제거가 가능하다.
② 물리적 성질 등의 계산이 불가능하다.
③ 간섭 체크가 용이하다.
④ 와이어 프레임 모델링에 비해 데이터 처리 양이 많다.

해설 솔리드 모델링의 용도
① 표면적, 부피, 관성 모멘트 계산
② 유한요소해석
③ 솔리드 모델들 간의 간섭현상 검사
④ NC공구 경로 생성
⑤ 도면 생성

06. 3차원 형상 모델 중 B-rep과 비교한 CSG 방식의 특징을 설명한 것으로 옳은 것은?

① 데이터의 작성에 필요한 메모리가 많이 요구된다.

정답 01 ② 02 ④ 03 ④ 04 ③ 05 ② 06 ④

② 불 연산을 통한 모델링 기법을 적용하기 곤란하다.
③ 화면 재생에 필요한 연산 과정이 적게 소요된다.
④ 3면도, 투시도, 전개도 등의 작성이 곤란하다.

해설 CSG 방식의 특징
① 불리언 연산자로 더하기(합), 빼기(차), 교차(적)시키는 방법을 통해 명확한 모델생성이 쉽다.
② 데이터를 아주 간결한 파일로 저장할 수 있어, 메모리가 적다.
③ 형상 수정이 용이하고 중량을 계산할 수 있다.
④ CSG 트리로 저장된 솔리드는 항상 구현이 가능한 입체를 나타낸다.
⑤ 기본형상(primitive)의 파라미터만 간단히 변경하여 입체 형상을 쉽게 바꿀 수 있다.
⑥ CSG표현은 항상 대응되는 B-Rep모델로 치환이 가능하다.
⑦ 모델을 화면에 나타내기 위한 디스플레이에서 체적 및 면적의 계산 등에 많은 계산 시간이 필요하다.
⑧ 3면도, 투시도, 전개도, 표면적 계산이 곤란하다.

07. 솔리드 모델링 방법 중 CSG 방식과 비교할 때 B-rep 방식의 특징에 해당하는 것은?

① 메모리 용량이 적다.
② 파라메트릭 모델링을 쉽게 구현할 수 있다.
③ 3면도, 투시도, 전개도의 작성이 용이하다.
④ 자료 구조가 단순하다.

해설 B-rep 방식의 특징
① CSG방법으로 만들기 어려운 물체를 모델화시킬 때 편리하다(비행기 동체, 자동차 외형 모델).
② 화면의 재생시간이 적게 소요되며, 3면도, 투시도, 전개도, 표면적 계산이 용이하다.
③ 데이터 상호교환이 쉬워 많이 사용되고 있다.
④ 모델의 외곽을 저장하므로 많은 메모리가 필요하다.
⑤ 적분법을 사용하기 때문에 중량 계산이 곤란하다.

08. 솔리드 모델링의 데이터 구조 중 CSG(Constructive Solid Geometry) 트리구조의 특징에 대한 설명으로 틀린 것은?

① 데이터 구조가 간단하고 데이터의 양이 적어 데이터 구조의 관리가 용이하다.
② CSG 트리로 저장된 솔리드는 항상 구현이 가능한 입체를 나타낸다.
③ 화면에 입체의 형상을 나타내는 시간이 짧아 대화식 작업에 적합하다.
④ 기본형상(primitive)의 파라미터만 간단히 변경하여 입체 형상을 쉽게 바꿀 수 있다.

해설 CSG 방식 : 모델을 화면에 나타내기 위한 디스플레이에서 체적 및 면적의 계산 등에 많은 계산시간이 필요하므로 대화식 작업에 적합하지 않다.

09. 솔리드 모델링에서 표면을 몇 개의 분할 가능한 부분으로 나누고 각각의 표면의 결합구조에 의해서 입체를 표현하는 방식은?

① CSG 방식
② CYLINDER 방식
③ FEM 방식
④ B-REP 방식

해설 B-REP 방식
솔리드 모델링에서 표면을 몇 개의 분할 가능한 부분으로 나누고 각각의 표면의 결합구조에 의해서 입체를 표현하는 방식이다.

10. 다음 모델링에 관한 설명 중 틀린 것은?

① 솔리드 모델링은 3차원의 형상정보를 명확하게 표현하는 표현방식이다.
② 솔리드 모델의 표현방식에는 CSG 방식과 B-rep 방식 등이 있다.
③ B-rep 방식은 경계가 잘 정의되는 단위형상의 조합으로 솔리드를 표현하는 방법이다.
④ 모따기, 필릿, 포켓 등 전형적인 특징형상을 시스템에 기억하고 있다가 불러내어 모델링 하는 방법도 있다.

해설   B-rep 방식은 사용자가 형상을 구성하고 있는 정점, 면, 모서리가 어떠한 관계를 가지는지에 따라 표현하는 방법이며 그 관계식은 정점+면-모서리=2이다. 즉, "v-e+f-h=2(s-p)" 오일러-포앙카레 공식이 만족해야 한다.

11. 다음 중 B-Bep 모델링에서 토폴로지 요소 간에 만족해야 하는 오일러-포앙카레 공식으로 옳은 것은? (단, V는 꼭짓점의 개수, E는 모서리의 개수, F는 면 또는 외부 루프의 개수, H는 면상에 구멍 루프의 개수, C는 독립된 셀의 개수, G는 입체를 관통하는 구멍의 개수이다.)

① $V + F + E + H = 2(C + G)$
② $V + F - E + H = 2(C + G)$
③ $V + F - E - H = 2(C - G)$
④ $V - F + E - H = 2(C - G)$

해설   Boundary Representation(B-rep) 방식
사용자가 형상을 구성하고 있는 정점, 면, 모서리가 어떠한 관계를 가지는지에 따라 표현하는 방법이며 그 관계식은 정점+면-모서리=2이다. 즉, "V+F-E-H=2(C-G)" 오일러-포앙카레 공식이 만족해야 한다.

12. 솔리드 모델이 저장되는 데이터 자료구조의 종류로서 적당하지 않은 용어는?

① CSG 트리 구조
② half-edge 데이터 구조
③ winged-edge 데이터 구조
④ Polyhedron 데이터 구조

해설   솔리드 모델이 저장되는 데이터 자료구조의 종류
- CSG 트리 구조
- half-edge 데이터 구조
- winged-edge 데이터 구조

13. NURBS(Non-Uniform Rational B-Spline)에 관한 설명으로 가장 옳지 않은 것은?

① NURBS 곡선식은 B-Spline 곡선식을 포함하는 일반적인 형태라고 할 수 있다.
② B-Spline에 비하여 NURBS 곡선이 보다 자유로운 변형이 가능하다.
③ 곡선의 변형을 위하여 NURBS 곡선에서는 각각의 조정점에서 x, y, z 방향에 대한 3개의 자유도가 허용된다.
④ NURBS 곡선은 자유곡선뿐만 아니라 원추곡선까지 하나의 방정식 형태로 표현이 가능하다.

해설   NURBS 곡선/곡면
- B-스플라인 곡선/곡면의 개선형의 하나로, 계산은 복잡하지만 정확성이나 유연성이 높다.
- B-Spline에 비하여 NURBS 곡선이 보다 자유로운 변형이 가능하다.
- NURBS 곡선은 자유곡선뿐만 아니라 원추곡선까지 하나의 방정식 형태로 표현이 가능하다.
- NURBS 곡면의 형태는 U, V 방향의 차수와 각 방향에 있는 컨트롤 포인트의 개수에 의해 정의된다.

정답   10 ③   11 ③   12 ④   13 ③

Part 1. 기계제도

14. 특징 형상 모델링(Feature-based Modeling)의 특징으로 거리가 먼 것은?

① 기본적인 형상 구성요소와 형상 단위에 관한 정보를 함께 포함하고 있다.
② 전형적인 특징 형상으로 모따기, 구멍, 슬롯 등이 있다.
③ 특징 형상 모델링 기법을 응용하여 모델로부터 공정 계획을 자동으로 생성시킬 수 있다.
④ 주로 트위킹 기능을 이용하여 모델링을 수행한다.

해설 Feature-based modeling의 특징
- 구멍, 슬롯, 포켓 등의 형상단위를 라이브러리에 미리 갖추어 놓고 필요시 이들의 치수를 변화시켜 설계에 사용하는 모델링 방식이다.
- 피처 기반 모델링은 모서리만 가지고 있는 와이어 프레임 모델과는 달리 체적이 있기 때문에 솔리드 모델이라 부르며, 대부분의 CAD/CAM 소프트웨어는 솔리드 모델을 피처 베이스모델 또는 3D 부품 모델링이라고 한다.
- Design이 완료되면, 모델로부터 제작을 위한 데이터(가공경로, 가공조건, 가공 tool 등)를 추출해 낼 수 있으므로 CAM과 연결이 가능하다.

15. Variational Design의 특징이 아닌 것은?

① 도면 수정이 어렵다.
② Kinematics Design이 가능하다.
③ 유사형상의 부품 설계가 가능하다.
④ Relation(Constraint)에 관한 정보를 타 System으로 전달할 수 있는 표준 Tool이 없다.

해설 Variational Design의 특징
- 도면 수정이 용이하다.
- Kinematics Design이 가능하다.
- 유사형상의 부품 설계가 가능하다.
- Tolerance and Sensitivity Analysis
- 최적 설계 시 관련 부품의 설계가 연계되어 활용될 수 있다.
- 완벽한 기능을 갖는 상용 Package가 없다.
- Relation(Constraint)에 관한 정보를 타 시스템으로 전달할 수 있는 표준 Tool이 없다.

16. 곡면을 모델링 하는 여러 방법 중에서 평면도·정면도·측면도상에 나타난 곡면의 경계곡선들로부터 비례적인 관계를 이용하여 곡면을 모델링(modeling) 하는 방법은?

① Variational Design
② 비례 전개법 모델링
③ Decomposition(분해) 모델링
④ 스윕(sweep)에 의한 방식

해설 비례 전개법에 의한 방식
면을 모델링 하는 여러 방법 중에서 평면도, 정면도, 측면도상에 나타난 곡면의 경계곡선들로부터 비례적인 관계를 이용하여 곡면을 모델링(modeling)하는 방법

17. 솔리드 모델을 정육면체와 같은 간단한 입체의 집합으로 대략 근사적으로 표현하는 모델을 분해 모델(decomposition model)이라고 하는데, 다음 중 이러한 분해 모델의 표현에 해당하지 않는 것은?

① 복셀(voxel) 표현
② 컴파운드(compound) 표현
③ 옥트리(octree) 표현
④ 세포(cell) 표현

해설 3차원 형상모델을 분해모델로 저장하는 방법
- 복셀(Voxel) 모델
- 옥트리(Octree) 모델
- 세포분해(Cell Decomposition) 모델

18. 솔리드 모델링에서 모델을 구현하는 자료 구조가 몇 가지 있는데, 복셀 표현(voxel representation)은 어느 자료구조에 속하는가?

① CGS 트리구조
② B-rep 자료구조
③ 날개 모서리(winged-edge) 자료구조
④ 분해모델을 저장하는 자료구조

해설 복셀(voxel) 모델의 특징
- 3D 공간의 한 점을 정의한 일단의 그래픽 정보로 정밀하게 얻어진 실제 부피의 데이터 표본을 뜻하며 어떠한 형상의 물체이건 간에 정확한 형상의 표현이 불가능하다.
- 질량, 관성 모멘트 등의 성질을 계산하기 용이하다.
- 공간 내의 물체를 표현하기 용이하다.
- 필요로 하는 메모리 공간의 복셀의 크기를 줄일수록 급격히 증가한다.

19. 부품들 사이의 만남 조건(mating condition)을 이용하여 형상을 모델링 하는 방법은?

① 파라메트릭(parametric) 모델링
② 비다양체(nonmanifold) 모델링
③ B-rep 모델링
④ 조립체(assembly) 모델링

해설 조립체(assembly) 모델링
- 부품들 사이의 만남 조건을 이용하여 형상을 모델링 하는 방법이다.
- 어떤 축의 지름을 변경하였을 때 이와 조립된 구멍의 지름도 같이 변하게 하는 모델링 방식을 말한다.

20. 모든 유형의 곡선(직선, 스플라인, 원호 등) 사이를 경사지게 자른 코너를 말하는 것으로 각진 모서리나 꼭짓점을 경사 있게 깎아 내리는 작업은?

① Hatch
② Fillet
③ Rounding
④ Chamfer

해설 Chamfer : 모든 유형의 곡선(직선, 스플라인, 원호 등) 사이를 경사지게 자른 코너를 말하는 것으로 각진 모서리나 꼭짓점을 경사 있게 깎아 내리는 작업이다.

21. 서로 만나는 2개의 평면 혹은 곡면에서 서로 만나는 모서리를 곡면으로 바꾸는 작업을 무엇이라고 하는가?

① blending
② sweeping
③ remeshing
④ trimming

해설 blending : 서로 만나는 2개의 평면 혹은 곡면에서 서로 만나는 모서리를 곡면으로 바꾸는 작업이다.

22. 이미 정의된 두 곡면을 매끄러운 곡선으로 필릿(fillet) 처리하여 연결하는 기능은?

① Smoothing
② Blending
③ Remeshing
④ Levelling

해설
- Smoothing : 표현된 심굴곡면을 평활한 곡면으로 재계산하는 것
- Remeshing : 종 방향의 배열이 맞지 않는 데이터를 오와 열의 배열이 가지런한 형태의 곡면 입력점을 새로이 구해내는 절차
- Levelling : 평평하게 하는 절차

23. CAD 용어 중 회전 특징 형상 모양으로 잘려나간 부분에 해당하는 특징 형상은?

① 그루브(groove)
② 챔퍼(chamfer)
③ 라운드(round)
④ 홀(hole)

해설 그루브(groove) : 회전 특징 형상 모양으로 잘려나간 부분에 해당하는 특징 형상이다.

24. CAD 용어에 관한 설명으로 틀린 것은?

① 표시하고자 하는 화면상의 영역을 벗어나는 선들을 잘라버리는 것을 트리밍(trimming)이라고 한다.
② 물체를 완전히 관통하지 않는 홈을 형성하는 특징 형상을 포켓(pocket)이라고 한다.
③ 명령의 실행 또는 마우스 클릭시마다 On 또는 Off가 번갈아 나타나는 세팅을 토글(toggle)이라고 한다.
④ 모델을 명암이 포함된 색상으로 처리한 솔리드로 표시하는 작업을 셰이딩(shading)이라 한다.

해설 Trim(자르기) : 기준객체를 잡은 후 그 기준에서 벗어나는 객체를 잘라준다.

25. 폐쇄된 평면 영역이 단면이 되어 직진이동 혹은 회전이동시켜 솔리드 모델을 만드는 모델링 기법은?

① 스키닝(skinning)
② 리프팅(lifting)
③ 스위핑(sweeping)
④ 트위킹(tweaking)

해설
- 스키닝(skinning)
  미리 정해진 연속된 단면을 덮는 표면 곡면을 생성시켜 닫혀진 부피영역 혹은 솔리드 모델을 만드는 방법
- 리프팅(lifting)
  주어진 물체의 특정면의 전부 또는 일부를 원하는 방향으로 움직여서 물체가 그 방향으로 늘어난 효과를 갖도록 하는 것
- 트위킹(tweaking)
  하위 구성요소들을 수정하여 솔리드 모델을 직접 조작, 주어진 입체의 형상을 변화시켜가면서 원하는 형상을 모델링

26. 곡면 편집 기법 중 인접한 두 면을 둥근 모양으로 부드럽게 연결하도록 처리하는 것은?

① Fillet
② Smooth
③ Mesh
④ Trim

해설
- Smooth : 표현된 심굴곡면을 평활한 곡면으로 재계산하는 것
- Mesh : 그물처럼 널려 있는 곡선을 가까이 지나는 곡면
- Trim : 객체를 잘라 다른 객체의 모서리와 만나도록 한다.

27. 점, 선, 프로파일(윤곽선)을 경로에 따라 이동하여 베이스, 보스, 자르기 또는 곡면 형상을 생성하는 모델링 기법은?

① 스키닝(skinning)
② 리프팅(lifting)
③ 스윕(sweep)
④ 특징형상모델링(feature-based modeling)

28. 심미적 곡면 중 단면이 안내 곡선을 따라 이동하여 형성하는 형태의 곡면은?

① Sweep 곡면
② Grid 곡면
③ Patch 곡면
④ Blending 곡면

해설
- Grid 곡면
  삼차원 측정기 등에서 얻은 점을 근사적으로 연결하는 곡면
- Patch 곡면
  경계곡선의 내부를 형성하는 곡면
- Blending 곡면
  두 곡면이 만나는 부분을 모서리 부분을 반경으로 부드럽게 만들 때 생성하는 곡면

29. 솔리드 모델링(Solid Modeling)에서 면의 일부 혹은 전부를 원하는 방향으로 당겨서 물체를 늘어나도록 하는 모델링 기능은?

① 트위킹(Tweaking)
② 리프팅(Lifting)
③ 스위핑(Sweeping)
④ 스키닝(Skinning)

해설
- 트위킹(Tweaking)
  기존에 주어진 입체의 형식을 변화시켜 가면서 원하는 형상을 모델링 하는 변환기능
- 스위핑(Sweeping)
  하나의 2차원 단면형상을 입력하고 폐쇄된 평면 영역이 단면이 되어 직진이동 혹은 회전 이동시켜 솔리드 모델링으로 만드는 기법
- 스키닝(Skinning)
  미리 정해진 연속된 단면을 덮는 표면 곡면을 생성시켜 닫혀진 부피영역 혹은 솔리드 모델을 만드는 방법

30. 그림과 같이 곡면 모델링 시스템에 의해 만들어진 곡면을 불러들여 기존 모델의 평면을 바꿀 수 있는 모델링 기능은 무엇인가?

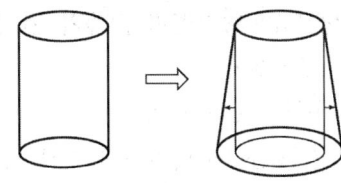

① 네스팅(nesting)
② 트위킹(tweaking)
③ 돌출하기(extruding)
④ 스위핑(sweeping)

해설 트위킹(tweeking)
기존에 주어진 입체의 형식을 변화시켜 가면서 원하는 형상을 모델링 하는 변환기능

31. 그림과 같이 여러 개의 단면 형상을 생성하고 이들을 덮어 싸는 곡면을 생성하였다. 이는 어떤 모델링 방법인가?

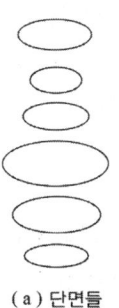 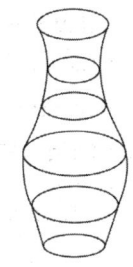

(a) 단면들   (b) 생성된 입체

① 스위핑   ② 리프팅
③ 블렌딩   ④ 스키닝

해설
① 스위핑 : 하나의 2차원 단면형상을 입력하고 폐쇄된 평면 영역이 단면이 되어 직진 이동 혹은 회전 이동시켜 솔리드 모델링을 만드는 기법
② 리프팅 : 주어진 물체의 특정면의 전부 또는 일부를 원하는 방향으로 움직여서 물체가 그 방향으로 늘어난 효과를 갖도록 하는 것
③ 블렌딩 : 두 곡면이 만나는 부분을 모서리 부분을 반경으로 부드럽게 만들 때 생성하는 곡면
④ 스키닝 : 미리 정해진 연속된 단면을 덮는 표면 곡면을 생성시켜 닫혀진 부피영역 혹은 솔리드 모델을 만드는 방법

32. 그림과 같은 꽃병 형상의 도형을 그리기에 가장 적합한 방법은?

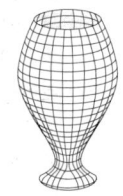

① 오프셋 곡면
② 원추 곡면
③ 회전 곡면
④ 필릿 곡면

해설 회전 곡면(surface of revolution)
곡선경로와 회전축 지정

Part 1. 기계제도

33. 공간상에서 곡면을 작성하고자 한다. 안내선(guide line)과 단면 모양(sention)으로 만들어지는 곡면은?

① Revolve 곡면
② Sweep 곡면
③ Blending 곡면
④ Grid 곡면

해설
① Revolve 곡면
하나의 곡선을 임의의 축이나 요소를 중심으로 회전시켜 모델링 한 곡면으로 컵, 유리병 등을 그리는 것
② Sweep 곡면
2개 이상의 곡선에서 안내 곡선을 따라 이동곡선이 이동규칙에 따라 이동하면서 생성되는 곡면
③ Blending 곡면
두 곡면이 만나는 부분을 모서리 부분을 반경으로 부드럽게 만들 때 생성하는 곡면
④ Grid 곡면
모눈종이와 같이 가로 세로의 격자를 그리드라고 하며, 이미지의 정확한 수정이 필요할 때 그리드를 사용한다.

34. 2차원 도형을 임의의 선을 따라 이동시키거나 임의의 회전축을 중심으로 회전시켜 입체를 생성하는 것을 나타내는 용어는?

① 블렌딩   ② 스위핑
③ 스키닝   ④ 라운딩

해설
• 블렌딩
두 곡면이 만나는 부분을 모서리 부분을 반경으로 부드럽게 만들 때 생성하는 곡
• 스키닝
미리 정해진 연속된 단면을 덮는 표면 곡면을 생성시켜 닫혀진 부피영역 혹은 솔리드 모델을 만드는 방법
• 필리팅
연결부위를 일정한 반지름을 갖도록 하는 것

35. 다음은 곡면 모델링에 관한 설명이다. ( )에 알맞은 말로 짝지어진 것은?

> 주어진 점들이 곡면 상에 놓이도록 피팅(fitting)하는 것을 [㉠](이)라고 하며, 점들이 곡면으로부터 조금 떨어져 있는 것을 허용하는 경우를 [㉡](이)라고 부른다.

① ㉠ : 보간(interpolation)
  ㉡ : 근사(approximation)
② ㉠ : 근사(approximation)
  ㉡ : 보간(interpolation)
③ ㉠ : 블렌딩(blending)
  ㉡ : 스무싱(smoothing)
④ ㉠ : 스무싱(smoothing)
  ㉡ : 블렌딩(blending)

해설
• 보간(interpolation) : 순서가 정해진 여러 개의 점들을 입력하면 이들 모두를 지나는 곡선을 생성하는 것
• 근사(approximation) : 점들이 곡면으로부터 조금 떨어져 있는 것을 허용하는 것

36. CAD에서 곡선을 표현하기 위한 방법 중 고전적인 보간법과 관계가 먼 것은?

① 선형보간
② 3차 스플라인 보간
③ Lagrange 다항식에 의한 보간
④ Bernstein 다항식에 의한 보간

해설 고전적인 보간법 종류
보간법이란 측정하지 않았거나, 측정할 수 없는 값을 구해야 할 경우에 사용한다.
(1) 다항식 보간법 : 전 구간에서 모든 데이터 점을 지나는 단 하나의 다항식을 구하는 방법
  ① 저차 보간 다항식
    - 선형 보간법, 2차 보간법 등
  ② 고차 보간 다항식에 의한 일반화
    - Lagrange 보간법 : 보간 함수를 고차 다항식으로 표현

정답 33 ② 34 ② 35 ① 36 ④

- Newton 보간법
- Hermite 보간법

(2) 스플라인 보간법
구간별 다항식 보간법으로 구간을 나누어 소구간 별로 정해진 차수의 다항식으로 매끄러운 함수들을 구하는 방법
① 3차 스플라인 보간법
② B-스플라인 보간법

03 모델링 편집

01. 널리 사용되는 원추 단면 곡선에는 원, 타원, 포물선 및 쌍곡선 등이 있다. 포물선을 음함수 형태로 표시한 식은?

① $x^2 + y^2 - r^2 = 0$
② $y^2 - 4ax = 0$
③ $\dfrac{x^2}{a^2} - \dfrac{y^2}{b^2} - 1 = 0$
④ $\dfrac{x^2}{a^2} + \dfrac{y^2}{b^2} - 1 = 0$

해설
① 원(circle) : $x^2 + r^2 - r^2 = 0$
② 타원(ellipse) : $\dfrac{x^2}{a^2} + \dfrac{r^2}{b^2} = 0$
③ 포물선(parabola) : $r^2 - 4ax = 0$
④ 쌍곡선(hyperbola) : $\dfrac{x^2}{a^2} - \dfrac{y^2}{b^2} - 1 = 0$

02. 2차원상에서 구성되는 원뿔곡선을 다음과 같은 일반식으로 표현할 때 $b = 0, a = c$ 인 경우는 다음 원뿔곡선 중 어느 것을 나타내는가?

$$f(x, y) = ax^2 + bxy + cy^2 + dx + ey + o = 0$$

① 원 ② 타원
③ 포물선 ④ 쌍곡선

03. 다음 중 원뿔에 의한 원추곡선이 아닌 것은?

① 1차 스플라인 곡선
② 쌍곡선
③ 포물선
④ 타원

해설 원뿔에 의한 원추곡선 : 원, 타원, 쌍곡선, 포물선 등

04. 자동차 차체 곡면과 같이 곡면 모델링 시스템을 활용하여 곡면을 생성하고자 한다. 이를 생성하기 위해 주로 사용하는 방법 3가지로 가장 거리가 먼 것은?

① 곡면상의 점들을 입력받아 보간 곡면을 생성한다.
② 곡면상의 곡선들을 그물 형태로 입력받아 보간 곡면을 생성한다.
③ 주어진 단면 곡선을 직선 또는 회전 이동하여 곡면을 생성한다.
④ 곡면의 경계에 있는 꼭짓점만을 입력받아 보간 곡면을 생성한다.

05. 곡면(surface)으로 기하학적 형상을 정의하는 과정에서 곡면 구성 종류가 아닌 것은?

① 쿤스 곡면(Coons surface)
② 회전 곡면(Revolved surface)
③ 베이저 곡면(Bezier surface)
④ 트위스트 곡면(Twist surface)

해설
① 쿤스 곡면 : 4개의 경계곡선을 선형 보간하여 곡면을 표현
② 회전 곡면 : 하나의 곡선을 임의의 축이나 요소를 중심으로 회전시켜 모델링 한 곡면으로 컵, 유리병 등을 그리는 것
③ 베이저 곡면 : 주어진 양 끝점만 통과하고 중간의 점은 조정점의 영향에 따라 근사하고 부드럽게 연결되는 선

정답 01 ② 02 ① 03 ① 04 ④ 05 ④

06. 4개의 경계곡선이 주어진 경우 그 경계곡선을 선형 보간하여 만들어지는 곡면은?

① Coons 곡면
② Bezier 곡면
③ Blending 곡면
④ Sweep 곡면

해설 쿤스의 방법에는 4개의 모서리 점과 그 점에서 양방향의 접선 벡터를 주고 3차식을 사용하면 이것은 퍼거슨의 곡면과 동일한 것이다. 즉 퍼거슨 곡면은 쿤스곡면의 특별한 경우가 되는 것이다.

07. 일반적인 B-Spline 곡선의 특징을 설명한 것으로 틀린 것은?

① 곡선의 차수는 조정점의 개수와 무관하다.
② 곡선이 형상을 국부적으로 수정할 수 있다.
③ 원, 타원, 포물선과 같은 원추곡선을 정확하게 표현할 수 있다.
④ 조정점의 수가 오더(k)와 같은 비주기적 균일 B-Spline 곡선은 베지어 곡선과 같다.

해설 베지어 복합곡선은 1개의 조정점에 의해 곡선이 전역적으로 변경되므로 수정 후 형상파악이 어렵고, 복잡한 형상의 표현에서는 계산량이 많아지나 B-spline은 그럴 필요가 없다.

08. B-Spline 곡선의 설명으로 옳은 것은?

① 각 조정점(control vertex)들이 전체곡선의 형상에 영향을 준다.
② 곡선의 형상을 국부적으로 수정하기 어렵다.
③ 곡선의 차수는 조정점의 개수와 무관하다.
④ Hermite 곡선식을 사용한다.

해설 B-spline의 특징
① 곡선의 차수는 조정점의 개수와 무관하다.
② 첫 번째 조정점과 마지막 조정점은 반드시 통과한다.
③ 기초 스플라인을 이용한 곡선 및 곡면을 그리고, 곡선 전체의 연속성이 좋다.
④ 균일 B-Spline 곡선(uniform B-Spline curve)은 매듭값의 간격이 항상 1의 등 간격을 이루는 것이다.
⑤ 1개의 조정점이 움직이면 몇 개의 곡선 세그먼트만 영향을 받고 나머지는 변하지 않는다.

09. 다음과 같은 특징을 가진 곡선은?

- 조정점의 양 끝점을 통과한다.
- 국부적인 곡선 조정이 가능하다.
- 원이나 타원 등의 원추곡선은 근사적으로만 나타낼 수 있다.

① Bezier 곡선
② Ferguson 곡선
③ NURBS 곡선
④ B-spline 곡선

해설 B-spline의 특징
① 첫 번째 조정점과 마지막 조정점은 반드시 통과한다.
② 꼭짓점을 움직여도 연속성이 보장되며 곡선을 국부적인 곡선 조정이 가능하다.
③ 원이나 타원 등의 원추곡선은 근사적으로만 나타낼 수 있다.
④ 조정 다각형에 의하여 곡선을 표현하며 스플라인이 갖는 접속성과 곡면이 갖는 제어성이 가장 우수한 곡면이다.
⑤ 곡선함수의 차수가 1개의 정점(control point)이 영향을 줄 수 있는 곡선 세그먼트의 개수를 결정한다.
⑥ 조정점의 개수가 많더라도 원하는 차수를 지정할 수 있다.
⑦ 곡선의 차수는 조정점의 개수와 무관하다.

10. B-Spline 곡선이 Bezier 곡선에 비해서 갖는 특징을 설명한 것으로 옳은 것은?

① 곡선을 국소적으로 변형할 수 있다.
② 한 조정점을 이동하면 모든 곡선의 형상에 영향을 준다.
③ 자유곡선을 표현할 수 있다.
④ 곡선은 반드시 첫 번째 조정점과 마지막 조정점을 통과한다.

해설 B-Spline 곡선의 특징은 꼭짓점을 움직여도 연속성이 보장되며 곡선을 국소적으로 변형할 수 있다.

11. Bezier 곡선을 이루기 위한 블렌딩 함수의 성질에 대한 설명으로 틀린 것은?

① 시작점이나 끝점에서 n번 미분한 값은 그 점을 포함하여 인접한 $n-1$개의 꼭짓점에 의해 결정된다.
② 생성되는 곡선은 다각형의 시작점과 끝점을 반드시 통과해야 한다.
③ Bezier 곡선을 이루는 다각형의 첫번째 선분은 시작점에서의 접선벡터와 같은 방향이고, 마지막 선분은 끝점에서의 접선벡터와 같은 방향이어야 한다.
④ 다각형의 꼭짓점 순서가 거꾸로 되어도 같은 곡선이 생성되어야 한다.

해설 Bezier 곡선
① 곡선은 양단의 끝점을 반드시 통과한다.
② 곡선은 정점을 통과시킬 수 있는 다각형의 내측에 존재한다(곡면은 다면체).
③ 다각형의 양끝의 선은 시작점과 끝점의 접선벡터와 같은 방향이다.
④ 1개의 정점변화가 곡선전체에 영향을 미친다.
⑤ n개의 정점에 의해서 생성된 곡선은 $(n-1)$차 곡선이다.
⑥ 다각형의 꼭짓점의 순서를 거꾸로 하여 곡선을 생성하여도 같은 곡선이어야 한다.

12. 다음 설명의 특징을 가진 곡면에 해당하는 것은?

- 평면상의 곡선뿐만 아니라 3차원 공간에 있는 형상도 간단히 표현할 수 있다.
- 곡면의 일부를 표현하고자 할 때는 매개변수의 범위를 두므로 간단히 표현할 수 있다.
- 곡면의 좌표변환이 필요하면 단순히 주어진 벡터만을 좌표변환하여 원하는 결과를 얻을 수 있다.

① 원추(Cone) 곡면
② 퍼거슨(Ferguson) 곡면
③ 베지어(Bezier) 곡면
④ 스플라인(Spline) 곡면

해설 퍼거슨(Ferguson) 곡선·곡면, 허밋(Hermite) 곡선·곡면이라고 하며 그 특징은 다음과 같다.
① 평면상에 곡선뿐만 아니라 3차원 공간에 있는 형상도 간단히 표현할 수 있다.
② 곡선이나 곡면의 일부를 표현하려고 할 때는 매개변수의 범위를 가지므로 간단히 표현할 수 있다.
③ 곡선이나 곡면의 좌표 변환이 필요할 경우 단순히 주어진 벡터만을 좌표변환하여 원하는 결과를 얻을 수 있다.
④ 일반 대수식에 비해 곡선 생성이 쉽긴 하지만, 벡터의 변화에 대해 벡터 중간부의 곡선 형태를 예측하여 원하는 특정 형상을 표현하는 데에 어려움이 있다.
⑤ 이런 특징으로 자동차 외관과 같이 곡률 변화율이 중요한 경우에는 곡면의 품질을 저하시킨다.

13. 퍼거슨(Ferguson) 곡면의 방정식에는 경계조건으로 16개의 벡터가 필요하다. 그 중에서 곡면 내부의 볼록한 정도에 영향을 주는 것은 무엇인가?

① 꼭짓점 벡터
② U 방향 접선벡터
③ V 방향 접선벡터
④ 꼬임 벡터

정답 10 ① 11 ① 12 ② 13 ④

해설 꼬임 벡터
퍼거슨(Ferguson) 곡면의 방정식에는 경계조건에서 곡면 내부의 볼록한 정도에 영향을 주는 것을 의미한다.

14. 다음 중 Coons patch에 대한 설명으로 가장 옳은 것은?

① 주어진 4개의 점이 곡면의 4개의 꼭짓점이 되도록 선형 보간하여 얻어지는 곡면을 말한다.
② 조정다면체(control polyhedron)에 의해 정의되는 곡면을 말한다.
③ 4개의 경계곡선을 선형 보간하여 생성되는 곡면을 말한다.
④ B-spline 곡선을 확장하여 유도되는 곡면을 말한다.

해설 쿤스는 4개의 모서리 점과 4개의 경계곡선을 부드럽게 연결한 곡면을 말한다. 이 방법은 퍼거슨의 방법을 발전시킨 것으로 만일 쿤스의 방법에는 4개의 모서리 점과 그 점에서 양방향의 접선 벡터를 주고 3차식을 사용하면 이것은 퍼거슨의 곡면과 동일한 것이다.

15. 형상을 구성하기 위해서 추출한 형상제어점들을 전부 통과하는 도형요소로 옳은 것은?

① 쿤스(coons) 곡면
② 베지어(bezier) 곡면
③ 스플라인(spline) 곡선
④ B-스플라인(B-spline) 곡선

해설
• 쿤스(coons) 곡면 : 4개의 모서리 점과 4개의 경계곡선을 부드럽게 연결한 곡면
• 베지어(bezier) 곡면 : 주어진 양 끝점만 통과하고 중간의 점은 조정점의 영향에 따라 근사하고 부드럽게 연결되는 선
• B-스플라인(B-spline) 곡선 : 곡선의 연결성(continuity)과 조작성에 그 특징이 있고 꼭짓점의 위치를 이동하여 곡선의 형태를 수정하여도 연결성이 보장

16. 번스타인 다항식(Bernstein polynomial)을 근본으로 하여 만들어낸 표면은?

① 이차식 표면(Quadric surface)
② 베지어 표면(Bezier surface)
③ 스플라인 표면(Spline surface)
④ 헤르밋 표면(Hermite surface)

해설 베지어 표면(Bezier surface)
번스타인 다항식(Bernstein polynomial)을 근본으로 하여 만들어낸 표면이다.

17. 임의의 4개의 점이 공간상에 구성되어 있다. 4개의 점으로 1개의 베지어(Bezier) 곡선을 구성한다면, 베지어 곡선을 구성하기 위한 블렌딩 함수는 몇 차식인가?

① 2차식
② 3차식
③ 4차식
④ 5차식

해설 베지어 곡면는 4개의 조정점에 곡면 내부의 볼록한 정도를 나타내며 3차 곡면 패치의 4개의 꼬임 막대와 같은 역할을 한다.

18. NURBS 곡선에 대한 설명으로 틀린 것은?

① 원, 타원, 포물선, 쌍곡선 등 원추곡선을 정확하게 나타낼 수 있다.
② 일반적인 B-Spline 곡선을 포함한다.
③ 3차 NURBS 곡선은 특정 노트 구간에서 4개의 조정점 외에 4개의 가중값(Weights Value)과 노트(Knot) 벡터의 정보가 이용된다.
④ 모든 조정점을 지나는 부드러운 곡선이다.

정답 14 ③ 15 ③ 16 ② 17 ② 18 ④

해설 Nurbs(Non Uniform Rational B-Spline) 곡선 자유곡선이나 자유곡면을 표현하는 기하학식(관수)의 한 부분으로, 부드럽고 자유도가 높은 형상을 표현할 수 있다.
① 원, 타원, 포물선, 쌍곡선 등 원추곡선을 정확하게 나타낼 수 있다.
② 일반적인 B-Spline 곡선을 포함하며 B-Spline 곡선과 곡면을 다양하게 변형할 수 있는 Non-Uniform한 곡선이다.
③ 3차 NURBS 곡선은 특정 노트 구간에서 4개의 조정점 외에 4개의 가중값(Weights Value)과 노트(Knot) 벡터의 정보가 이용된다.

19. B-spline 곡선을 다양하게 변형할 수 있는 non-iniform한 곡선을 무엇이라고 하는가?

① Bezier 곡선
② Spline 곡선
③ NURBS 곡선
④ Coons 곡선

해설 NURBS 곡선
B-spline 곡선을 다양하게 변형할 수 있는 non-iniform한 곡선이다.

20. 다음과 같은 원추곡선(conic curve) 방정식을 정의하기 위해 필요한 구속조건의 수는?

$$f(x,y) = ax^2 + bxy + cy^2 + dx + ey + g = 0$$

① 3개 ② 4개
③ 5개 ④ 6개

해설 원뿔에 의한 원추곡선
$f(x,y) = ax^2 + bxy + cy^2 + dx + ey + g = 0$
원에 대한 방정식이므로 구속조건의 수는 5개이다.

21. 평면 좌푯값(x, y)에서 x, y가 다음과 같은 식으로 주어질 때 그리는 궤적의 모양은? (단, r은 일정한 상수이다.)

$$x = r\cos\theta, y = r\sin\theta (-\pi \leq \theta \leq \pi)$$

① 원   ② 타원
③ 쌍곡선   ④ 포물선

해설 $x = r\cos\theta, y = r\sin\theta$가 그리는 궤적의 모양은 원이다.

22. 원통 좌표계에서 표시된 점의 위치가 (r, θ, z)이다. 이를 직교 좌표계(x, y, z)로 나타내고자 할 때 x, y로 옳은 것은?

① $x = r \cdot \cos\theta, y = r \cdot \sin\theta$
② $x = r \cdot \sin\theta, y = r \cdot \cos\theta$
③ $x = r \cdot \sin\theta, y = -r \cdot \cos\theta$
④ $x = -r \cdot \cos\theta, y = r \cdot \sin\theta$

해설 ① 구면 좌표계를 원통 좌표계로 변환
$r = \rho \cdot \sin\phi, \theta = \theta, z = \rho \cdot \cos\phi$
② 원통 좌표계를 직교 좌표계로 변환
$x = r \cdot \cos\theta, y = r \cdot \sin\theta, z = z$
③ 구면 좌표계를 직교 좌표계로 변환
$x = \rho \cdot \sin\phi \cdot \cos\theta, y = \rho \cdot \sin\phi \cdot \sin\theta, z = \rho \cdot \cos\phi$

23. 컴퓨터 그래픽스에서 3D 형상정보를 화면상에 표현하기 위해서는 필요한 부분의 3D좌표가 2D 좌표정보로 변환되어야 한다. 이와 같이 3D 형상에 대한 좌표정보를 2D 평면좌표로 변환해주는 것을 무엇이라 하는가?

① 점 변환   ② 축척 변환
③ 투영 변환 ④ 동차 변환

해설 투영 변환 : 3D 형상에 대한 좌표정보를 2D 평면좌표로 변환해주는 것을 말한다.

정답 19 ③ 20 ③ 21 ① 22 ① 23 ③

Part 1. 기계제도

24. CAD 시스템에서 곡선을 표시하는 데 3차식을 사용하는 이유로 가장 적당한 것은?

① 곡면을 생성할 때 고차식에 비해 시간이 적게 걸린다.
② 4차로는 부드러운 곡선을 표현할 수 없기 때문이다.
③ CAD 시스템은 3차를 초과하는 차수의 곡선방정식을 지원할 수 없다.
④ 3차식이 아니면 곡선의 연속성이 보장되지 않는다.

해설 2개 이상의 곡선을 이용하여 복잡한 곡선을 만들 때 양수 곡선이 3차식이면 연결점에서 2차 미분까지 할 수 있어 연속적인 곡면을 보장할 수 있는 3차식 이상의 곡선 방정식이 쓰이며 곡면을 생성할 때 고차식에 비해 시간이 적게 걸린다.

25. 3차원 좌표계를 표현하는 데 있어서 $P(r, \theta, z_1)$로 표현되는 좌표계는 무엇인가? (단, r은 (x, y) 평면에서의 직선거리, θ는 (x, y) 평면에서의 각도, z_1은 z축 방향 거리이다.)

① 직교 좌표계 ② 극좌표계
③ 원통 좌표계 ④ 구면 좌표계

해설 원통 좌표계 : 평면상에 있는 하나의 점 P를 나타내기 위해 사용한 극좌표계에 공간의 개념을 적용하여 공간상의 한 점을 표기하기 위한 좌표계로서 표시되는 점 P는 (r, θ, z_1)으로 표기된다.
$r^2 = x_1^2 + y_1^2$, $\theta = \tan^{-1}\dfrac{y_1}{x_1}$, $z_1 = z_1$

26. 다음 2차원 데이터 변환행렬은 어떠한 변환을 나타내는가? (단, S_x는 1보다 크다.)

$$[x'\ y'\ 1] = [x\ y\ 1] \begin{bmatrix} s_x & 0 & 0 \\ 0 & s_x & 0 \\ 0 & 0 & 1 \end{bmatrix}$$

① 이동(translation) 변환
② 스케일링(scaling) 변환
③ 반사(reflection) 변환
④ 회전(rotation) 변환

해설 동차 좌표에 의한 2차원 좌표변환 행렬
2차원에서 일반적인 변환행렬은 3×3이며 다음과 같다.

$$T_H = \begin{bmatrix} a & b & p \\ c & d & q \\ m & n & s \end{bmatrix} \Rightarrow \begin{bmatrix} 2\times 2 & & 2 \\ & \times & \\ 1 & 1\times 2 & 1\times 1 \end{bmatrix}$$

여기서,
- $a, b, c, d(2\times 2)$: 스케일링(scaling), 회전(rotation), 전단(shearing), 반전(reflection)
- $m, n(1\times 2)$: 이동(translation)
- $p, q(2\times 1)$: 투사(투영 : projection)
- $s(1\times 1)$: 전체적인 스케일링(overall scaling)

27. 다음 중 CAD에서의 기하학적 데이터(점, 선 등)의 변환행렬과 관계가 먼 것은?

① 이동   ② 회전
③ 복사   ④ 반사

28. 3차원 변환에서 Z축을 기준으로 다음의 변환식에 따라 P점을 P'로 임의의 각도(θ)만큼 변환할 때 변환 행렬식(T)으로 옳은 것은? (단, 반시계 방향으로 회전한 각을 양(+)의 각으로 한다.)

$$P' = PT$$

① $\begin{bmatrix} \cos\theta & 0 & -\sin\theta & 0 \\ 0 & 1 & 0 & 0 \\ \sin\theta & 0 & \cos\theta & 0 \\ 0 & 0 & 0 & 1 \end{bmatrix}$

정답 24 ① 25 ③ 26 ② 27 ③ 28 ②

② $\begin{bmatrix} \cos\theta & \sin\theta & 0 & 0 \\ -\sin\theta & \cos\theta & 0 & 0 \\ 0 & 0 & 1 & 0 \\ 0 & 0 & 0 & 1 \end{bmatrix}$

③ $\begin{bmatrix} 1 & 0 & 0 & 0 \\ 0 & \cos\theta & \sin\theta & 0 \\ 0 & -\sin\theta & \cos\theta & 0 \\ 0 & 0 & 0 & 1 \end{bmatrix}$

④ $\begin{bmatrix} \cos\theta & 0 & -\sin\theta & 0 \\ \sin\theta & 0 & \cos\theta & 0 \\ 0 & 0 & 1 & 0 \\ 0 & 0 & 0 & 1 \end{bmatrix}$

해설 3차원에서의 회전(rotation) 변환

$T_x = \begin{bmatrix} 1 & 0 & 0 & 0 \\ 0 & \cos\theta & \sin\theta & 0 \\ 0 & -\sin\theta & \cos\theta & 0 \\ 0 & 0 & 0 & 1 \end{bmatrix}$

$T_y = \begin{bmatrix} \cos\theta & 0 & -\sin\theta & 0 \\ 0 & 1 & 0 & 0 \\ \sin\theta & 0 & \cos\theta & 0 \\ 0 & 0 & 0 & 1 \end{bmatrix}$

$T_z = \begin{bmatrix} \cos\theta & \sin\theta & 0 & 0 \\ -\sin\theta & \cos\theta & 0 & 0 \\ 0 & 0 & 1 & 0 \\ 0 & 0 & 0 & 1 \end{bmatrix}$

29. 3차원 좌표를 변환할 때 4×4 동차 변환행렬을 사용한다. 그런데 다음과 같이 3×3 변환행렬을 사용할 경우 표현할 수 없는 것은?

$[x' \ y' \ z'] = [x \ y \ z] \begin{bmatrix} a & b & c \\ d & e & f \\ g & h & i \end{bmatrix}$

① 이동 변환   ② 회전 변환
③ 스케일링 변환   ④ 반사 변환

해설 3차원에서 일반적인 변환행렬은 4×4이며 다음과 같다.

$T_H = \begin{bmatrix} a & b & c & p \\ d & e & f & q \\ h & i & j & r \\ l & m & n & s \end{bmatrix} \Rightarrow \begin{bmatrix} 3\times 3 & & 3\times 1 \\ 1\times 3 & & 1\times 1 \end{bmatrix}$

여기서,
$\begin{bmatrix} a & b & c \\ d & e & f \\ h & i & j \end{bmatrix}$ (3×3) : 스케일링, 회전, 전단, 대칭(반사)

l, m, n (1×3) : 이동
p, q, r (3×1) : 원근화법(perspective Transformation)
s (1×1) : 전체적인 스케일링

30. 3차원 좌표계에서 물체의 크기를 각각 x축 방향으로 2배, y축 방향으로 3배, z축 방향으로 4배의 크기 변환을 하고자 할 때, 사용되는 좌표변환 행렬식은?

① $\begin{bmatrix} 1 & 0 & 0 & 0 \\ 0 & 1 & 0 & 0 \\ 0 & 0 & 1 & 0 \\ 2 & 3 & 4 & 1 \end{bmatrix}$ ② $\begin{bmatrix} 1 & 1 & 2 & 1 \\ 1 & 3 & 1 & 1 \\ 4 & 1 & 1 & 1 \\ 1 & 1 & 1 & 1 \end{bmatrix}$

③ $\begin{bmatrix} 1 & 0 & 0 & 2 \\ 0 & 1 & 0 & 3 \\ 0 & 0 & 1 & 4 \\ 0 & 0 & 0 & 1 \end{bmatrix}$ ④ $\begin{bmatrix} 2 & 0 & 0 & 0 \\ 0 & 3 & 0 & 0 \\ 0 & 0 & 4 & 0 \\ 0 & 0 & 0 & 1 \end{bmatrix}$

해설 전체적인 스케일링 변환

$[x' \ y' \ z' \ 1] = [x \ y \ z \ 1] \begin{bmatrix} S_x & 0 & 0 & 0 \\ 0 & S_y & 0 & 0 \\ 0 & 0 & S_z & 0 \\ 0 & 0 & 0 & 1 \end{bmatrix}$

$S_x = 2, \ S_y = 3, \ S_z = 4$를 적용하면

$\begin{bmatrix} 2 & 0 & 0 & 0 \\ 0 & 3 & 0 & 0 \\ 0 & 0 & 4 & 0 \\ 0 & 0 & 0 & 1 \end{bmatrix}$ 이다.

정답 29 ① 30 ④

Chapter 05 형상모델링 검토

1 모델링 분석

1. 모델링 분석

1) 어셈블리 구조

① 완성품이라고 하는 것은 하나 이상의 단품들이 조립되어 기능을 할 수 있는 제품을 말한다.
② 3D CAD 프로그램에서는 파트 모델링에서 디자인한 여러 개의 단품을 조립하기 위하여 어셈블리 작업을 하게 된다.
③ 어셈블리란 단품을 부를 수도 있고, 다른 어셈블리를 부를 수도 있다. 어셈블리를 부를 수 있는 기능은 어셈블리를 세분화하게 만들고, 상위 어셈블리에서 단품회히어 처리할 수 있게 하는 것이다.
④ 실제 현장에서 보면, 완성품을 만들기 위하여 단품들을 조립하는 경우도 있지만 단품끼리 조립된 하나의 모듈은 완성품에 조립되기도 한다. 이러한 모듈 단위를 서브 어셈블리라고 생각하면 된다.
⑤ 어셈블리의 작업 방식에는 상향식 설계 방식과 하향식 설계 방식 그리고 이를 혼합하여 사용하는 방식이 있다.
⑥ 제품 설계 시 어떤 방식으로 설계했다는 것이 중요한 것은 아니지만, 이러한 개념을 이해하고 특정한 방법을 적용하여 어셈블리 모델링을 할 수 있다.
⑦ 파트 모델링에서도 형상을 만드는 방법은 여러 가지가 있다고 하였으며, 여러 가지 상황에 맞게 사용자가 쉽고 편하게 작업할 수 있는 방법이 좋은 모델링 방법이다.
⑧ 어셈블리 방법도 파트 모델링처럼 사용자가 활용하기 편한 좋은 방법을 찾아야 한다.

(1) 상향식 설계(bottom up design)

① 조립품을 구축하는 전통적인 방법이다.
② 항상 다른 부품들을 먼저 정의한다.
③ 조립품의 구속조건을 이용하여 서브 조립품을 만들고 그 서브 조립품을 상위 조립품에 배치하여 최상위 조립품까지 만드는 과정을

상향식 설계 방식이라고 한다.
④ 컴포넌트 레벨에서 제품을 분석하여 마스터 어셈블리가 되도록 작업한다.
⑤ 상향식 설계가 성공하려면 마스터 어셈블리에 대한 기본적인 이해가 필요하다.
⑥ 상향식 방식을 바탕으로 하는 설계는 설계 의도의 활용도가 크지 않기 때문에 하향식 설계와 결과가 같을 수는 있지만 융통성이 부족한 설계로 설계 충돌과 오류의 위험이 증가할 수 있다.
⑦ 상향식 설계는 현재 설계업계에서 가장 많이 사용하는 패러다임이다.
⑧ 유사한 제품이나 제품의 라이프사이클 동안 수정이 많지 않은 제품을 설계하는 회사에서 상향식 설계 방식을 사용한다.
⑨ 어셈블리 상에서 단품을 부르고 배치하며 배치하는 과정에서 단품에 대한 문제가 발생했다면 단품을 수정하기 위하여 파트 모델링 창을 열고 단품에 대한 수정 작업을 한다.
⑩ 어셈블리에서 오류가 없는지를 확인한다. 어셈블리를 하지 않은 상태에서 사용자의 구상으로만 상세한 단품 설계를 하는 것은 제품에 대한 충분한 이해 및 많은 경험이 필요하다.
⑪ 먼저 부품을 하나씩 Modeling을 하여 Assembly를 하는 방식이다.
⑫ 어셈블리를 구성하기 위한 세부 단품들을 먼저 모델링 하여 라이브러리로 구축한 이후에 이 단품들을 어셈블리에서 불러들여 조립하는 방식으로 어셈블리 하위 단품작업들이 선행된다는 점에서 Bottom-UP 방식이라 한다.

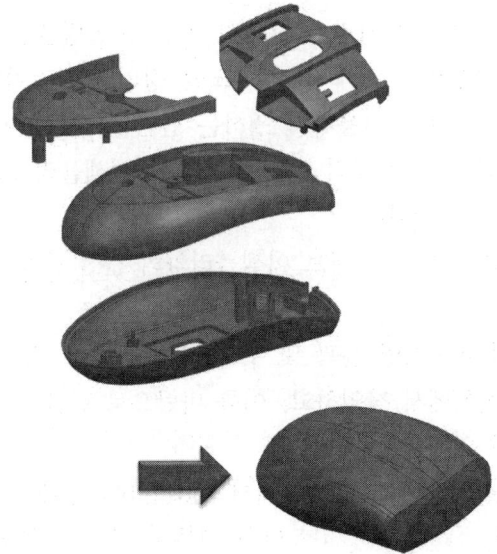

[그림 5-1] 상향식 설계

⑬ 가장 기본이 되는 조립방법으로 조립작업이 상당히 수월하여 일정한 규칙만 준수하면 누구나 손쉽게 어셈블리를 구성할 수 있다.
⑭ 설계 시스템의 자원을 많이 사용하여 성능을 저하시킨다.
⑮ 부품 간의 상호 참조를 많이 하므로 참조 형상이 삭제되었을 때 모델 변경에 어려움이 발생할 수 있다.

(2) 하향식 설계(top down design)

① 하향식 설계는 완성된 제품에서 제품을 분석하여 세부적인 작업을 진행하는 것을 말한다.
② 마스터 어셈블리부터 시작하여 해당 어셈블리를 어셈블리와 서브 어셈블리로 나누게 된다.
③ 주 어셈블리 컴포넌트와 핵심 모델을 확인하고, 어셈블리 간의 관계를 이해하며, 제품이 조립되는 방법을 평가한다.
④ 하향식 설계를 사용하면 설계를 계획하고 전체 설계 의도를 특정 모델에 적용할 수 있다.
⑤ 하향식 설계는 빈번한 설계 변경이 발생하는 제품을 설계하거나 광범위한 제품을 설계하는 회사에서 많이 사용하는 설계 방식이다.
⑥ 대략적인 구상을 스케치 등을 통하여 밑그림을 그리고 어셈블리 상에서 단품들의 형상을 구체화시키는 것이다.
⑦ 하향식 설계방법에는 골격 모델링, 물체 모델링, 레이아웃 디자인과 같은 설계방법이 있다.
⑧ 기본적으로 설계 의도가 반영된 마스터 파일이라고 할 수 있는 하나의 부품이 전체 디자인과 새로운 부품을 제어하는 기준이 된다.
⑨ 하향식 설계에서 가장 중요한 단계는 모델링을 시작하고 마스터 부품을 작성하기 전에 설계 의도를 정의하는 것이다.
⑩ 어셈블리 상에서 사용자가 원하는 단품 및 서브 어셈블리에 대한 구조를 만들고, 각각의 단품이나 서브 어셈블리 모델링을 어셈블리 상에서 진행한다.
⑪ 다른 단품이나 다른 서브 어셈블리와의 간섭 등에 대한 체크를 바로 할 수 있다.
⑫ 완성품의 대략적인 윤곽 및 주요 기능에 대한 정보 등을 어셈블리 상의 스케치에서 작업하고, 이를 바탕으로 단품의 상세 설계가 진행되면서 완성품을 완성한다.
⑬ 하향식 설계는 한 파트 안에서 Assembly 형태로 Modeling하는 방식이다.

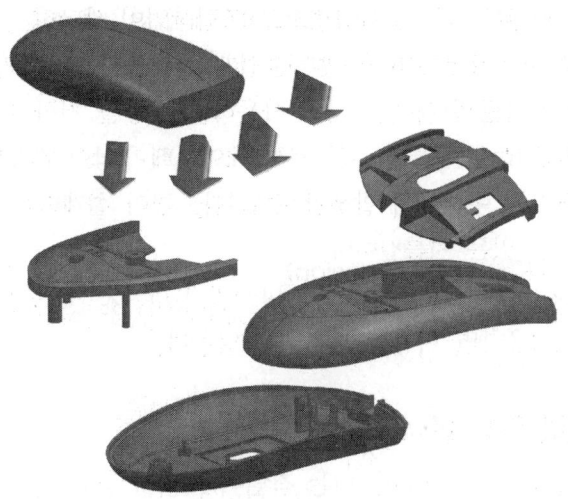

[그림 5-2] 하향식 설계

⑭ 상위 Assembly에서부터 새로이 필요한 단품을 생성하는 모델링방식으로 이미 조립된 다른 단품으로부터 필요한 정보를 추출하여 단품 모델링이 진행되기 때문에 연관설계 모델링이 상당히 간단하다.
⑮ 설계초기에 Lay-Out이라던가 Concept(구상) 설정이 용이하고 어셈블리에 설정한 설계초기 정보를 모든 단품에 적용이 가능하므로 매우 효과적인 모델링 방식이다.
⑯ 기존의 단품 및 서브어셈블리를 참고하여야 하므로 연관설계를 위해 필요한 요소가 어떠한 것들인지 미리 파악할 필요가 있으며 여러 단품으로부터 필요한 요소를 추출하는 경우라면 상당히 복잡하여진다.
⑰ 많은 경험과 사례를 통해서 직접 체험하여 특성을 이해하여야 하므로 원리이해에 상당한 노력을 필요로 한다.

(3) 혼합형 설계
① 혼합형 설계란 위에서 언급한 상향식 설계 방식과 하향식 설계 방식을 적절하게 혼합하여 사용하는 설계 방식이다.
② 표준부품과 같은 단품인 경우는 파트 모델링 상에서 다른 부품에 대한 제약조건 없이 해당 단품에 대한 형상만 모델링 하기 때문에 단품에 대한 파트 모델링 작업을 하는 것이 편리하지만 사용자의 의도대로 설계해야 하는 단품인 경우는 다른 부품에 대한 간섭 등을 체크하면서 설계하는 것이 편리하다.

③ 단품에 대한 설계 방식에 따라 파트에서 작업을 하든, 어셈블리 상에서 파트 작업을 하든, 원하는 방식을 사용자가 선택적으로 진행하는 방식을 말한다.

④ 현장에서는 단품들은 회사에서 데이터베이스로 보관하고 있기 때문에 기존 부품들의 활용도를 높이는 것이 설계하는 시간을 단축시킬 수 있는 지름길이다.

⑤ 필요에 따라서 Bottom-UP 방식과 Top-Down 방식을 혼합하여 함께 이용하면 시간과 노력을 절약한다.

2) 어셈블리 작업(불러오기 및 이동)

어셈블리에서는 모델링을 하는 작업이 아니라 단품 및 서브 어셈블리에 대한 배치를 하는 작업이다. 다시 말하면, 이러한 단품 및 서브 어셈블리를 어셈블리 상에 불러온 다음에 배치가 이루어진다. 일반적으로 어셈블리에서 부를 수 있는 것은 다음과 같다.

① 파트 모델링 작업을 통하여 만들었던 기존 형상이 있다.
② 다른 어셈블리 상에서 만들어진 서브 어셈블리가 있다.
③ 어셈블리 상에 배치하여 새롭게 시작하는 단품이나 서브 어셈블리가 있다.

어셈블리 상에서 불러오는 방법은 일반적으로 다음과 같이 나눌 수 있다.

① 명령어로 불러오는 대상을 선택하면 어셈블리 상에 배치가 되는 것이다. 일반적으로 단품이나 서브 어셈블리의 원점 좌표를 어셈블리의 원점 좌표에 배치시킨다. 만일 어셈블리의 원점 좌표가 없는 3D CAD 프로그램은 첫 단품의 원점 좌표를 어셈블리의 원점 좌표로 인식하는 경우도 있다.

② 어셈블리 구조 창에서 어셈블리 대상 파일을 마우스로 드래그하여 가지고 오는 방식이다. 이러한 드래그 방식은 사용자가 활용하기 편리하기 때문에 자주 사용하는 방식이며, 드래그 방식으로 형상을 불러오면 바로 이동 명령어를 사용하는 3D CAD 프로그램도 있다.

③ 어셈블리 상에서 동일한 단품을 여러 번 불러오는 경우가 있다. 이러한 단순 작업을 줄이기 위하여 어셈블리 상의 단품 패턴 명령어가 있다. 대상 및 부를 횟수를 설정하여 여러 개의 단품을 불러오는 명령어이다. 3D CAD 프로그램에 따라 단품에서의 패턴 명령어를 참조하여 반복 횟수를 설정하는 프로그램도 있다.

3) 조립 구속조건

① 조립 구속조건이란 어셈블리 상에서 단품이나 서브 어셈블리를 해당 위치에 고정시키거나 다른 부품과의 관계로 인하여 움직임에 대한 제한 조건을 설정하는 기능을 의미한다.

② 공간이라는 것은 x축, y축 그리고 z축으로 이루어져 있으며, 대상물은 이러한 공간에서 축 방향으로 움직이거나 축을 기준으로 회전할 수 있다. 이러한 이동이나 회전에 대한 제한 조건을 설정한다.

③ 이러한 제한 조건 이외에도 3D 프로그램에서는 요소 간의 간격, 요소 간의 거리 등과 같은 제한 조건으로 공간상에서 대상물의 움직임을 제한하고 있다.

④ 형상을 만드는 경우 본드, 핀 또는 볼트 등으로 부품을 몸체 등에 고정시키거나 원하는 방향, 원하는 각도로만 움직일 수 있게 한다. 이러한 본드나 볼트 등의 역할을 하는 것이 조립 구속조건을 부여하는 것과 같다고 할 수 있다.

⑤ 구속조건 설정 시 몇 개의 요소를 선택하는가에 따라서 구속 방법이 조금씩 달라진다. 선택 요소가 1개인 경우는 구속조건을 부여하려는 대상을 선택해야 하며, 선택 요소가 2개인 경우는 기준으로 설정하려는 대상의 요소(기준 요소)와 구속조건을 부여하려는 대상의 요소를 선택해야 한다.

⑥ 선택 요소가 3개인 경우는 구속조건을 부여하려는 대상의 요소와 기준 요소 2개를 선택해야 한다. 그리고 여기서 말하는 대상이란 단품과 서브 어셈블리를 말하는데, 요소별로 각각의 단품과 서브 어셈블리를 의미한다. 그리고 어셈블리에서 서브 어셈블리는 일반적으로 단품화하여 처리한다.

⑦ 서브 어셈블리에 2개의 단품(A, B)이 있다고 할 때, 단품 A, B의 구속조건 설정은 어셈블리에서 할 수 없다. 어셈블리 상에서 볼 때, 단품 A와 B는 각각의 단품으로 보는 것이 아니라 하나의 단품으로 인식하기 때문이다.

(1) 고정

① 단품 및 서브 어셈블리가 움직이지 않도록 하는 명령어이다.
② 3D CAD 프로그램에서 몸체가 움직이지 않도록 고정시킨 후 다른 단품이나 서브 어셈블리를 추가하게 되는데 사용하는 것이 고정 명령어이다.

(2) 일치
① 일치 명령어는 2개의 대상물의 선택 요소를 정렬시키는 데 사용한다.
② 선택 요소는 점, 선 그리고 면을 선택할 수 있으며, 선택하는 요소에 따른 의미다.
③ 면과 면 일치, 선과 선 일치, 면과 선 일치 등이 많이 사용된다.
④ 면과 면 일치인 경우는 3축에 대한 모든 회전(x축, y축, z축 회전)에 대하여 구속시킬 수 있는 성질이 있다.

(3) 동심
① 2개의 대상물에 대한 요소를 정렬시키는 명령어로서 일치 명령어와 비슷하며 선택 요소에서 구별된다.
② 선택 요소는 면을 선택할 수 있는데, 면에서도 원통의 옆면을 의미한다.
③ 동심 명령어는 원통과 원통의 구속조건으로 원통의 옆면에 대한 일치 조건이 아니라 원통의 중심축 간의 동심 조건이다.

(4) 옵셋
① 2개의 대상물에 대한 요소 시이에 일정한 간격을 설정하는 기능이며, 요소 간에 평행하다는 의미가 내포되어 있다.
② 옵셋 명령어는 평면과 평면의 일정한 간격을 유지하는 경우에 많이 사용된다.

(5) 각도
2개의 대상물에 대한 요소 사이에 일정한 각도를 설정하는 기능이다.

(6) 평행, 수직, 탄젠트
① 평행 명령어는 옵셋 명령어와 동일하지만 일정한 간격을 설정하는 것이 아니며, 평행 상태만 유지하는 것이다.
② 수직 명령어는 두 요소 간의 각도를 90°로 설정하는 것을 말하고, 탄젠트 명령어는 고정요소를 기준으로 대상 요소를 접선 방향으로 배치하는 기능이다.

(7) 대칭
① 3개의 대상물에 대한 요소 사이에 대칭 구조를 형성하는 기능이다.
② 대칭 구조란 원본인 단품을, 기준면을 기준으로 동일하게 복사하는 것을 의미하는데, 여기서는 원본 단품과 동일한 단품을 고정요소로 인식하고, 똑같은 거리에 떨어져 있는 기준면에 대상 요소를 배치시키는 것을 의미한다.

③ 베어링 같은 단품을 배치시킬 때 한쪽 면에서 일정 간격을 유지하는 것보다 양쪽 면에서 일정 간격을 유지하고 싶을 때 대칭 명령어를 많이 사용한다.

2. 모델링 보정

1) 모델링 오류 검토

① 선택한 요소 및 형상에 대한 정보를 사용자에게 알려주는 기능을 모아 놓은 도구 모음이다.
② 도구 모음의 명령어는 형상을 생성·제거하는 기능을 하는 것이 아니라, 형상에 대한 정보를 통하여 비교·검토하여 오류 발견 시 수정할 수 있게 도와주는 역할을 한다.
③ 최종 형상에 대한 검토보다 모델링 하는 과정에서의 형상 검토 및 명령어를 실행하는 과정에서 필요한 수치 정보를 얻기 위하여 많이 사용한다.

(1) 측정

① 선택한 요소 간의 성분을 알려주는 기능이다. 여기서 선택한 요소란 점, 선, 면 등을 말하며, 알려주는 성분은 3D CAD 프로그램에 따라 다를 수 있다.
② 선택 요소가 점과 점인 경우는 두 점에 대한 길이 정보를 나타내며, 점과 직선인 경우는 점과 직선의 최단 거리 정보를 보여준다.
③ 3D CAD 프로그램에 따라 각각의 축에 대한 증가분을 나타내 주는 프로그램도 있으며, 각도 정보를 나타내 주는 프로그램도 있다.
④ 최단 거리란 일반적으로 직선상에 있는 점과 사용자가 선택한 점의 최단 거리를 말하며, 프로그램에 따라 직선상에 있는 점이 아니라 연장선과 점의 최단 거리를 알려주는 프로그램도 있다. 선택 요소가 직선과 직선인 경우도 동일하다.
⑤ 호나 원과 같은 곡선과 직선을 측정하는 경우는 일반적으로 중심과 직선의 길이를 측정하지만 곡선과 직선의 최단 거리나 최대 거리를 측정하는 프로그램도 있다.
⑥ 점과 면, 선과 면, 면과 면인 경우도 위와 비슷하다.
⑦ 측정 명령어는 단품에 대한 모델링 과정 및 최종 형상에 대한 검토보다 어셈블리에 대한 구속 과정 및 단품과 단품의 떨어진 거리 등을 확인하기 위하여 더 많이 사용된다.

(2) 물성치

① 선택한 형상의 물성치 정보를 측정해 주는 기능이다. 여기서 물성치 정보란 겉면적, 밀도, 질량, 부피, 면적, 무게중심 좌표, 관성 모멘트 등을 말하며, 3D CAD 프로그램에 따라 조금씩 다르다.

② 질량 등과 같은 물성치 정보는 재질을 적용해야 알 수 있으며, 재질은 프로그램에서 제공하는 재질 데이터베이스에서 선택하거나 사용자가 조사한 물성치 정보를 입력하여 적용할 수 있다.

(3) 두께 검사

① 일정 두께 이상의 형상을 요구할 때는 두께 검사를 통하여 최소 두께 등을 확인할 수 있다. 이러한 검사방법은 일반적으로 그래픽 창으로 표시된다.

② 대칭 구조를 갖고 있는 형상인 경우는 대칭 검사를 통하여 확인할 수 있는 3D CAD 프로그램도 있다.

2) 간섭 확인과 수정

간섭 확인과 수정을 통하여 3D 형상모델링 관련 정보를 도출하고 수정할 수 있고, 조립품의 간섭 및 조립 여부를 점검하고 수정할 수 있다.

(1) 간섭 체크

① 간섭 체크 명령어란 여러 개의 단품 및 서브 어셈블리와의 간섭이 있는지 확인하는 명령어로, 일반적으로 명령어를 실행하면 간섭 여부를 그래픽 창에 보여주거나 대화식 창에 수치를 표시해 준다.

② 어셈블리 상에서 여러 단품 및 서브 어셈블리가 결합된 상태의 절단면 상태를 보여주는 섹션 명령어, 홀의 정렬이 제대로 되어 있는지를 검토하는 구멍 정렬 명령어, 단품과 단품의 여유분이 제대로 설정되어 있는지를 확인하는 여유분 명령어 등이 있다. 이러한 명령어들이 모든 3D CAD 프로그램에 있는 것은 아니다.

01 모델링 분석

01. 모델링에서 어셈블리 구조에 대한 설명으로 틀린 것은?

① 완성품이라고 하는 것은 하나 이상의 단품들이 조립되어 기능을 할 수 있는 제품을 말한다.
② 3D CAD 프로그램에서는 파트 모델링에서 디자인 한 여러 개의 단품을 조립하기 위하여 어셈블리 작업을 하게 된다.
③ 어셈블리란 단품을 부를 수도 있고, 다른 어셈블리를 부를 수도 있다. 어셈블리를 부를 수 있는 기능은 어셈블리를 세분화하게 만들고, 상위 어셈블리에서 단품화하여 처리할 수 있게 하는 것이다.
④ 실제 현장에서 보면, 완성품을 만들기 위하여 단품들을 조립하는 경우도 있지만 단품끼리 조립된 하나의 모듈은 완성품에 조립되기도 한다. 이러한 모듈 단위를 하향식 어셈블리라고 생각하면 된다.

해설) 실제 현장에서 보면, 완성품을 만들기 위하여 단품들을 조립하는 경우도 있지만 단품끼리 조립된 하나의 모듈은 완성품에 조립되기도 한다. 이러한 모듈 단위를 서브 어셈블리라고 생각하면 된다.

02. 모델링에서 어셈블리 구조에 대한 설명으로 틀린 것은?

① 어셈블리의 작업 방식에는 상향식 설계 방식과 하향식 설계 방식 그리고 이를 혼합하여 사용하는 방식이 있다.
② 제품 설계 시 어떤 방식으로 설계했다는 것이 중요한 것은 아니지만, 이러1개념을 이해하고 특정한 방법을 적용하여 어셈블리 모델링을 할 수 있다.
③ 파트 모델링에서도 형상을 만드는 방법은 여러 가지가 있고 산업현장에서는 상향식 방법이 좋은 모델링 방법이다.
④ 어셈블리 방법도 파트 모델링처럼 사용자가 활용하기 편한 좋은 방법을 찾아야 한다.

해설) 파트 모델링에서도 형상을 만드는 방법은 여러 가지가 있다고 하였으며, 여러 가지 상황에 맞게 사용자가 쉽고 편하게 작업할 수 있는 방법이 좋은 모델링 방법이다.

03. 모델링에서 상향식 설계(bottom up design)에 대한 설명으로 틀린 것은?

① 조립품을 구축하는 전통적인 방법이다.
② 항상 다른 부품들을 먼저 정의한다.
③ 조립품의 구속조건을 이용하여 서브 조립품을 만들고 그 서브 조립품을 상위 조립품에 배치하여 최상위 조립품까지 만드는 과정을 하향식 설계 방식이라고 한다.
④ 컴포넌트 레벨에서 제품을 분석하여 마스터 어셈블리가 되도록 작업한다.

해설) 조립품의 구속조건을 이용하여 서브 조립품을 만들고 그 서브 조립품을 상위 조립품에 배치하여 최상위 조립품까지 만드는 과정을 상향식 설계 방식이라고 한다.

Part 1. 기계제도

04. 모델링에서 상향식 설계에 대한 설명으로 틀린 것은?

① 상향식 설계가 성공하려면 마스터 어셈블리에 대한 기본적인 이해가 필요없다.
② 상향식 방식을 바탕으로 하는 설계는 설계 의도의 활용도가 크지 않기 때문에 하향식 설계와 결과가 같을 수는 있지만 융통성이 부족한 설계로 설계 충돌과 오류의 위험이 증가할 수 있다.
③ 상향식 설계는 현재 설계업계에서 가장 많이 사용하는 패러다임이다.
④ 유사한 제품이나 제품의 라이프사이클 동안 수정이 많지 않은 제품을 설계하는 회사에서 상향식 설계 방식을 사용한다.

해설 상향식 설계가 성공하려면 마스터 어셈블리에 대한 기본적인 이해가 필요하다.

05. 모델링에서 하향식 설계(top down design)에 대한 설명으로 틀린 것은?

① 하향식 설계는 완성된 제품에서 제품을 분석하여 세부적인 작업을 진행하는 것을 말한다.
② 마스터 어셈블리부터 시작하여 해당 어셈블리를 어셈블리와 서브 어셈블리로 나누게 된다.
③ 주어셈블리 컴포넌트와 핵심 모델을 확인하고 어셈블리 간의 관계를 이해하고 제품이 조립되는 방법을 평가한다.
④ 하향식 설계를 사용하면 설계를 계획하고 전체 설계 의도를 특정 모델에 적용할 수 없다.

해설 하향식 설계를 사용하면 설계를 계획하고 전체 설계 의도를 특정 모델에 적용할 수 있다.

06. 모델링에서 하향식 설계에 대한 설명으로 틀린 것은?

① 하향식 설계는 빈번한 설계변경이 발생하는 제품을 설계하거나 광범위한 제품을 설계하는 회사에서 많이 사용하는 방식이다.
② 대략적인 구상을 스케치 등을 통하여 밑그림을 그리고 어셈블리 상에서 단품들의 형상을 구체화시키는 것이다.
③ 다른 단품이나 다른 서브 어셈블리와의 간섭 등에 대한 체크를 바로 할 수 없다.
④ 기본적으로 설계 의도가 반영된 마스터 파일이라고 할 수 있는 하나의 부품이 전체 디자인과 새로운 부품을 제어하는 기준이 된다.

해설 다른 단품이나 다른 서브 어셈블리와의 간섭 등에 대한 체크를 바로 할 수 있다.

07. 모델링에서 혼합형 설계에 대한 설명으로 틀린 것은?

① 혼합형 설계란 위에서 언급한 상향식 설계 방식과 하향식 설계 방식을 적절하게 혼합하여 사용하는 설계 방식이다.
② 표준부품과 같은 단품인 경우는 파트 모델링 상에서 다른 부품에 대한 제약조건 없이 해당 단품에 대한 형상만 모델링하기 때문에 단품에 대한 파트 모델링 작업을 하는 것이 어렵다.
③ 단품에 대한 설계 방식에 따라 파트에서 작업을 하든, 어셈블리 상에서 파트 작업을 하든, 원하는 방식을 사용자가 선택적으로 진행하는 방식을 말한다.
④ 현장에서는 단품들은 회사에서 데이터베이스로 보관하고 있기 때문에 기존 부

품들의 활용도를 높이는 것이 설계하는 시간을 단축시킬 수 있는 지름길이다.

해설 표준부품과 같은 단품인 경우는 파트 모델링 상에서 다른 부품에 대한 제약조건 없이 해당 단품에 대한 형상만 모델링 하기 때문에 단품에 대한 파트 모델링 작업을 하는 것이 편리하지만 사용자의 의도대로 설계해야 하는 단품인 경우는 다른 부품에 대한 간섭 등을 체크하면서 설계하는 것이 편리하다.

08. 일반적으로 어셈블리에서 부를 수 있는 것은 다음과 같다. 틀린 것은?

① 파트 모델링 작업을 통하여 만들었던 기존 형상이 있다.
② 다른 어셈블리 상에서 만들어진 서브 어셈블리는 부를 수가 없다.
③ 어셈블리 상에 배치하여 새롭게 시작하는 단품이나 서브 어셈블리가 있다.
④ 어셈블리에서는 모델링을 하는 작업이 아니라 단품 및 서브 어셈블리에 대해 배치를 하는 작업이다.

해설 다른 어셈블리 상에서 만들어진 서브 어셈블리가 있다.

09. 조립 구속조건에 대한 설명으로 틀린 것은?

① 선택 요소가 3개인 경우는 구속조건을 부여하려는 대상의 요소와 기준 요소 3개를 선택해야 한다.
② 공간이라는 것은 x축, y축 그리고 z축으로 이루어져 있으며, 대상물은 이러한 공간에서 축 방향으로 움직이거나 축을 기준으로 회전할 수 있다. 이러한 이동이나 회전에 대한 제한 조건을 설정한다.
③ 이러한 제한 조건 이외에도 3D 프로그램에서는 요소 간의 간격, 요소 간의 거리 등과 같은 제한 조건으로 공간상에서 대상물의 움직임을 제한하고 있다.
④ 형상을 만드는 경우 본드, 핀 또는 볼트 등으로 부품을 몸체 등에 고정시키거나 원하는 방향, 원하는 각도로만 움직일 수 있게 한다.

해설 선택 요소가 3개인 경우는 구속조건을 부여하려는 대상의 요소와 기준 요소 2개를 선택해야 한다.

10. 조립 구속조건이 아닌 것은?
① 일치 ② 동심
③ 옵셋 ④ 직각

해설 각도, 대칭, 고정, 일치, 동심, 옵셋 등이 있다.

11. 베어링 같은 단품을 배치시킬 때 한쪽 면에서 일정 간격을 유지하는 것보다 양쪽 면에서 일정 간격을 유지하고 싶을 때 구속조건 명령어는?

① 일치 ② 동심
③ 옵셋 ④ 대칭

정답 08 ② 09 ① 10 ④ 11 ④

02 모델링 보정

01. 모델링 오류 검토에 대한 설명으로 틀린 것은?

① 선택한 요소 및 형상에 대한 정보를 사용자에게 알려주는 기능을 모아 놓은 도구 모음이다.
② 도구 모음의 명령어는 형상을 생성·제거하는 기능을 하는 것이 아니라, 형상에 대한 정보를 통하여 비교·검토하여 오류 발견 시 수정할 수 있게 도와주는 역할을 한다.
③ 최종 형상에 대한 검토보다 모델링 하는 과정에서의 형상 검토 및 명령어를 실행하는 과정에서 필요한 수치 정보를 얻기 위하여 많이 사용한다.
④ 선택한 요소 간의 성분을 알려주는 기능으로 점과 직선의 두께 검사이다.

02. 모델링 보정에서 단품에 대한 모델링 과정 및 최종 형상에 대한 검토보다 어셈블리에 대한 구속 과정 및 단품과 단품의 떨어진 거리 등을 확인하기 위하여 더 많이 사용하는 것은?

① 측정
② 물성치
③ 두께 검사
④ 간섭 체크

03. 모델링 보정에서 겉면적, 밀도, 질량, 부피, 면적, 무게중심 좌표, 관성 모멘트 등을 말하는 것은?

① 측정
② 물성치
③ 두께 검사
④ 간섭 체크

04. 어셈블리 상에서 여러 단품 및 서브 어셈블리가 결합된 상태의 절단면 상태를 보여주는 섹션 명령어는?

① 측정
② 물성치
③ 두께 검사
④ 간섭 체크

정답 01 ④ 02 ① 03 ② 04 ④

2 모델링 데이터 출력

1. 3D-2D 데이터 변환

1) 2D 도면 유형 설정과 치수 입력

3D 형상 모델링을 마친 후 생성된 데이터를 기반으로 2D 도면화 과정
① 부품 혹은 제품의 제작을 위한 도면을 KS 및 ISO 규격에 맞는 도면 양식으로 적용한다.
② 적용 투상법에 따라 정면도, 평면도, 측면도, 단면도, 상세도, 입체 형상을 배치한다.
③ 필요한 치수정보를 입력하는 방법에 대한 설명을 포함하고 있다.

2) 2D 도면 유형 설정

① 형상 모델을 도면으로 표현하기 위한 도면의 크기는 부품 및 제품의 크기와 표현할 축척에 따라 달리 적용된다.
② 도면의 크기는 ISO 규격에 따라 A0, A1, A2, A3, A4로 분류할 수 있다. KS규격에 맞는 도면의 크기는 부록을 참조한다.
③ 각 프로그램별로 도면 양식이 저장되어 있으며, 작업장이나 산업체에서 별도 양식의 도면 유형을 사용하는 경우 작업자 3D 프로그램의 내용에 따라 템플릿을 작성하여 저장한 후 도면화 작업 시에 템플릿을 불러와 사용하면 된다.
④ 3D 형상모델링 작업을 마친 후 도면화를 바로 실행할 수 있다.
⑤ 도면화를 하는 경우 위에서 언급한 적용 도면의 크기를 사용자가 설정할 수 있다.
⑥ 기본적으로 제공되는 표제란에 사용자, 검토자, 승인자 정보와 도면의 제목, 소속 기관 이름 등을 입력하여 표현할 수 있다.

3) 투상도 배치 및 치수 입력

(1) 투상도 배치
① 제3각법을 기본으로, 경우에 따라서는 제1각법도 적용된다.
② 기본적으로 적용되는 투상도는 정면도, 평면도, 측면도(투상도법에 따라 우측면도 혹은 좌측면도 적용) 및 등각보기를 배치한다.
③ 주요 단면에 대한 단면도 및 축척에 따라 자세한 표현이 필요한 경우 상세도를 별도의 축척을 적용하여 나타낼 수도 있다.

④ 도면 양식에 정면도, 평면도, 우측면도, 저면도 및 등각보기 등을 배치할 수 있다.
⑤ 일반적으로 3D CAD 프로그램에서 제공하는 기본 템플릿은 제1각법이 기본이다.
⑥ 우리나라에서는 제3각법이 보편화되어 있기 때문에 제3각법으로 변경하여야 한다. 이러한 작업을 반복하여야 하기 때문에 사업장에 맞는 템플릿을 만들어 사용한다.

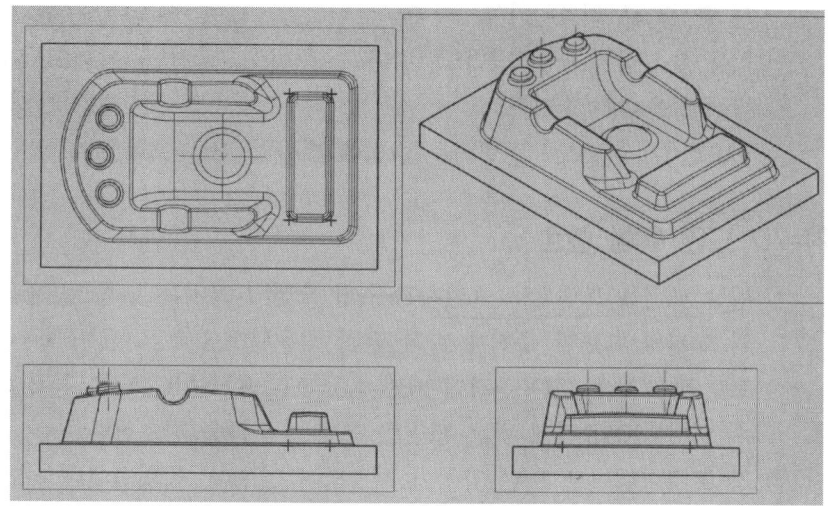

[그림 5-3] 도면의 투상도 배치 예시

(2) 치수 입력

① 2D 도면화 과정에서의 치수기입은 치수 적용의 기준이 되는 좌표축, 점, 기본 형상으로부터 도면을 읽는 사용자가 해독이 가능할 수 있도록 기입하여야 한다.
② 가공과 제작 및 조립에 필요한 치수를 기입하되, 하나의 투상도에서 표기된 치수는 중요하거나 도면을 이해하는 데 꼭 필요한 경우를 제외하고 중복하여 기입하는 것을 피하도록 한다.
③ 형상이 복잡하거나 숨은 형상 등에 참고로 표시가 필요한 경우에는 괄호 안에 별도로 표시한다.

4) 전반적인 도면화 작업 흐름

아래 그림은 도면화 작업의 전반적인 흐름이다. 이러한 과정은 프로그램에서 지원하는 도면 템플릿을 활용하는 것이며, (a), (b)인 경우는 사용자가 템플릿을 작성하여 반복적인 과정을 줄일 수 있다.

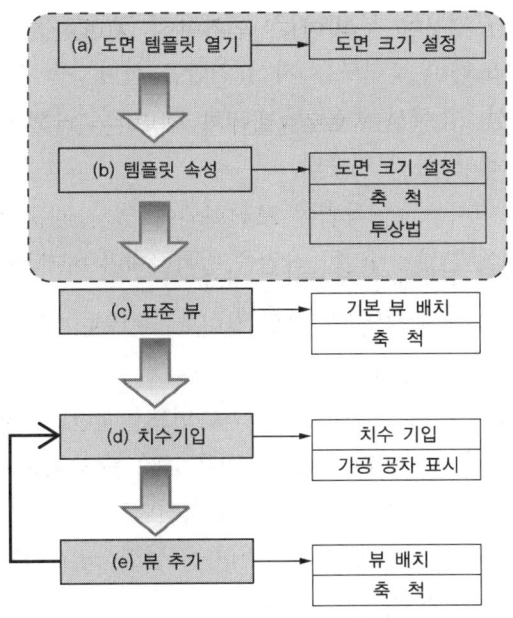

[그림 5-4] 도면화 작업의 흐름

(1) 도면 템플릿 열기

사용자가 소속된 작업장이나 교육장에서 제시하는 도면 크기가 있다면 도면 템플릿을 열고, 도면 크기를 선정하면 된다. 그렇지 않다면 사용자 환경에 맞게 선정할 수 있으며 일반적으로 A3 용지를 많이 사용하고 있다.

(2) 템플릿 속성

① 3D CAD 프로그램에서 제공하는 기본 템플릿을 열었다면 템플릿 속성에서 도면 크기, 축척, 투상법 유형을 선정할 수 있다.
② 도면 크기는 도면 템플릿을 열었을 때 선정했기 때문에 이에 대하여 사용자가 선택한 도면 크기와 맞는지 확인만 하면 된다. 축척은 현재 작업하는 도면의 크기이다. 일반적으로 사용하는 도면 축척 크기가 있기 때문에 이에 맞게 사용하면 된다.
③ 투상법 유형은 제1각법과 제3각법이 있으며, 일반적으로 많이 사용하는 것은 제3각법이다.
④ 제3각법은 정면도, 평면도, 우측면도가 기본인 투상법이다.
⑤ 일반적으로 단품이나 어셈블리에서 제일 복잡하고 넓은 부분을 정면도로 설정한다. 그리고 나머지는 정면도에 따라서 설정되기 때문에 사용자는 정면도의 방향을 신중하게 선택할 필요가 있다.

⑥ 제3각법인 경우는 부모-자식 관계에서 정면도가 부모 역할을 하며, 평면도와 우측면도는 자식 역할을 한다. 즉 정면도의 속성에서 숨은선, 중심선 등을 보여주면, 평면도, 우측면도에서도 숨은선, 중심선 등을 보여준다.

(3) 표준 뷰

3D CAD 프로그램에서 제공하는 표준 뷰는

① 3개의 뷰로서 제3각법인 경우 정면도, 평면도, 우측면도를 보여주는 프로그램도 있다.
② 6개의 뷰(정면도, 평면도, 우/좌측면도, 배면도, 하면도)를 모두 보여주는 경우도 있다. 최근 도면은 ISO 뷰(등각보기)를 삽입하는 경우가 많기 때문에 이 또한 포함시킨다.
③ 정면도의 방향 및 도면에서의 위치를 설정하면 프로그램에서 나머지 배치는 실행된다.
④ 배치된 뷰는 사용자가 원하는 배치와 맞는지 확인하고 마우스를 이용하여 수동으로 재배치한다.

(4) 치수기입

뷰 배치가 끝났으면 치수기입을 하면 된다. 일단 치수기입은 정면도에서 충분하게 기입하고, 기입하지 못한 부분만 평면도나 우측면도에 기입하면 된다.

(5) 뷰 추가

일반적인 형상은 3개의 뷰를 통하여 충분하게 형상을 이해할 수 있지만 복잡한 형상은 3개의 뷰로 충분하지 않다. 이런 경우에 절단 뷰(섹션 뷰, Section View)나 상세 뷰(Detail View)를 통하여 형상을 충분하게 설명해야 한다. 이러한 뷰가 추가되면 다시 치수기입을 하게 되며, 축척 등과 같은 속성을 변경하고자 할 경우에는 앞 단계에서 진행했던 절차를 다시 진행하면 된다.

2. 도면 출력 양식

1) 데이터 저장

3D 형상모델링 데이터와 2D 도면 데이터는 여러 가지 형식으로 저장이 가능하다. 사용자가 사용하는 프로그램과 데이터 혹은 도면을 받아 보는 관계자가 사용하는 프로그램에 따라 저장되는 파일의 형식을 맞추어 저장하면 된다. 아래 표는 4개의 CAD 프로그램의 모델 데이터, 어셈블리 데이터, 도면 데이터의 저장 시 적용되는 확장자이다. 작성한 모델 데이터 등을 서로 다른 프로그램을 사용하는 환경에서 작업하기 위해서는 저장 형식을 바꾸어야 한다.

〈표 5-1〉 3D CAD 프로그램별 확장자

구분	CATIA	UG NX	Inventor	Solidworks
파트	CATpart	prt	ipt	sldprt
어셈블리	CATproduct	prt	iam	sldasm
도면	CATdrawing	prt	dwg/idw	slddrw

2) 데이터 출력

인쇄물로 출력하는 경우는 다음과 같은 경우가 있다.

(1) 파트 및 어셈블리 파일은 이미지 파일로 저장하여 출력하는 방법

(2) 도면화 작업을 통해 도면 인쇄하는 방법

① 3D 형상 모델 작업 중 현재 상태에서의 이미지를 화면 캡처 기능을 활용하면 작업하고 있는 모델 형상만 별도의 이미지로 캐시(cache)에 저장되며 그림 그리기 프로그램을 이용하여 붙여 넣고 저장하거나 출력한다.

② 3D CAD 프로그램에 따라서는 동영상으로 저장하는 방법도 있다. 동영상 작업은 형상에 대한 작업 과정을 동영상으로 촬영하여 동영상 파일로 만드는 방법으로 출력 매체로서 이해도를 높일 수 있는 방법이다.

③ 실제 조립 과정과 흡사하게 어셈블리의 조립 과정을 진행하여 완성품의 조립 방법을 동영상 파일로 만들어 첨부하게 하면 어셈블리를 효과적으로 할 수 있다.

④ 도면 인쇄 방법은 일반적인 문서 작성 프로그램의 인쇄와 비슷하다. 도면 작업 시 단품이나 어셈블리 하나당 하나의 시트를 사용하는 경우도 있으며, 여러 개의 단품이나 어셈블리에 대한 각각의

시트를 하나의 파일에 저장하는 경우도 있다.
⑤ 작업하는 환경에 따라서 하나의 파일에 여러 개의 시트를 저장하는 방식은 사용자 3D 형상모델링 프로그램에 따라서 많은 영향이 있다.
⑥ 모든 작업이 끝나고 인쇄물을 출력하는 경우가 많기 때문에 여러 개의 시트를 하나의 파일에 저장하고 인쇄 시 모든 시트 적용을 하여 출력하는 것이 편리하다.
⑦ 하나의 파일에 여러 개의 시트를 만드는 경우 서브 어셈블리별로 파일을 만들고 시트를 구성하며 어셈블리 작업 시 도면에 대한 시트의 양도 어느 정도 고려해서 어셈블리의 구조를 만든다는 것이다.

01 3D-2D 데이터 변환

01. 2D 도면 유형 설정과 치수 입력에 대한 설명으로 틀린 것은?

① 3D 형상 모델링을 마친 후 생성된 데이터를 기반으로 2D 도면화 과정이다.
② 부품 혹은 제품의 제작을 위한 도면을 KS 및 ISO 규격에 맞는 도면 양식으로 적용한다.
③ 적용 투상법에 따라 정면도, 평면도, 측면도 등 제1각법으로 배치한다.
④ 필요한 치수 정보를 입력하는 방법에 대한 설명을 포함하고 있다.

해설 적용 투상법에 따라 정면도, 평면도, 측면도, 단면도, 상세도, 입체 형상을 제3각법으로 배치한다.

02. 2D 도면 유형 설정에 대한 설명으로 틀린 것은?

① 형상 모델을 도면으로 표현하기 위한 도면의 크기는 부품 및 제품의 크기와 표현할 축척에 따라 달리 적용된다.
② 도면의 크기는 ISO 규격에 따라 A0, A1, A2, A3, A4로 분류할 수 있다.
③ 프로그램별로 도면 양식이 저장되어 있으며, 작업장이나 산업체에서 별도 양식의 도면 유형을 사용하는 경우 작업자 3D 프로그램의 내용에 따라 템플릿을 작성하여 저장한 후 도면화 작업 시에 템플릿을 불러와 사용하면 된다.
④ 3D 형상 모델링 작업을 마친 후 도면화를 바로 실행할 수 없다.

해설 3D 형상 모델링 작업을 마친 후 도면화를 바로 실행할 수 있다.

03. 모델링에서 투상도 배치방법으로 틀린 것은?

① 제3각법을 기본으로, 경우에 따라서는 제1각법도 적용된다.
② 기본적으로 적용되는 투상도는 정면도, 평면도, 측면도(투상도법에 따라 우측면도 혹은 좌측면도 적용) 및 등각 보기를 배치한다.
③ 주요 단면에 대한 단면도 및 축척에 따라 자세한 표현이 필요한 경우 상세도를 별도의 축척을 적용하여 나타낼 수도 있다.
④ 일반적으로 3D CAD 프로그램에서 제공하는 기본 템플릿은 제3각법이 기본이다.

해설 일반적으로 3D CAD 프로그램에서 제공하는 기본 템플릿은 제1각법이 기본이다.

04. 모델링에서 치수 입력 방법으로 틀린 것은?

① 2D 도면화 과정에서의 치수기입은 치수 적용의 기준이 되는 좌표축, 점, 기본형상으로부터 도면을 읽는 사용자가 해독이 가능할 수 있도록 기입한다.
② 가공과 제작 및 조립에 필요한 치수를 기입한다.
③ 형상이 복잡하거나 숨은 형상 등에 참고로 표시가 필요한 경우에는 괄호 안에 별도로 표시한다.
④ 하나의 투상도에서 표기된 치수는 도면을 이해하는 데 필요한 경우에는 중복하여 치수를 기입한다.

정답 01 ③ 02 ④ 03 ④ 04 ④

해설 하나의 투상도에서 표기된 치수는 중요하거나 도면을 이해하는 데 꼭 필요한 경우를 제외하고 중복하여 기입하는 것을 피하도록 한다.

05. 3D CAD에서 전반적인 도면화 작업 흐름에 대한 설명으로 틀린 것은?

① 도면 템플릿 열기에서 사용자환경에 맞게 선정할 수 있으며 일반적으로 A2 용지를 많이 사용하고 있다.
② 기본 템플릿을 열었다면 템플릿 속성에서 도면 크기, 축척, 투상법 유형을 선정할 수 있다.
③ 제3각법은 정면도, 평면도, 우측면도가 기본인 투상법이다.
④ 일반적으로 단품이나 어셈블리에서 제일 복잡하고 넓은 부분을 정면도로 설정한다.

해설 도면 템플릿 열기에서 사용자환경에 맞게 선정할 수 있으며 일반적으로 A3 용지를 많이 사용하고 있다.

06. 3D CAD 프로그램에서 제공하는 표준 뷰에 대한 설명으로 틀린 것은?

① 3개의 뷰로서 제1각법일 때 정면도, 평면도, 우측면도를 보여주는 프로그램도 있다.
② 6개의 뷰(정면도, 평면도, 우/좌측면도, 배면도, 하면도)를 모두 보여주는 경우도 있다. 최근 도면은 ISO 뷰(등각보기)를 삽입하는 경우가 많으므로 이 또한 포함한다.
③ 정면도의 방향 및 도면에서의 위치를 설정하면 프로그램에서 나머지 배치는 실행된다.
④ 배치된 뷰는 사용자가 원하는 배치와 맞는지 확인하고 마우스를 이용하여 수동으로 재배치한다.

해설 3개의 뷰로서 제3각법일 때 정면도, 평면도, 우측면도를 보여주는 프로그램도 있다.

02 도면 출력 양식

01. 도면 출력 양식에서 데이터 저장방법으로 틀린 것은?

① 3D 형상 모델링 데이터와 2D 도면 데이터는 여러 가지 형식으로 저장할 수 있다.
② 사용자가 사용하는 프로그램과 데이터 혹은 도면을 받아 보는 관계자가 사용하는 프로그램에 따라 저장되는 파일의 형식을 맞추어 저장하면 된다.
③ 작성한 모델 데이터 등을 서로 다른 프로그램을 사용하는 환경에서 작업하기 위해서는 저장 형식을 바꾸어야 한다.
④ 모든 3D 형상 모델링 데이터와 2D 도면 데이터는 저장 형식과 관계없이 호환할 수 있다.

02. 도면화 작업을 통해 도면 인쇄하는 방법으로 틀린 것은?

① 3D 형상 모델 작업 중 현재 상태에서의 이미지를 화면 캡처 기능을 활용하면 작업하고 있는 모델 형상만 별도의 이미지로 캐시(cache)에 저장되며 그림 그리기 프로그램을 이용하여 붙여넣고 저장하거나 출력한다.
② 3D CAD 프로그램에 따라서는 동영상으로 저장하는 방법도 있다. 동영상 작업은 형상에 대한 작업 과정을 동영상

으로 촬영하여 동영상 파일로 만드는 방법으로 출력 매체로서 이해도를 높이는 방법이다.
③ 실제 조립 과정과 흡사하게 어셈블리의 조립 과정을 진행하여 완성품의 조립 방법을 동영상 파일로 만들어 첨부하게 하면 어셈블리를 효과적으로 할 수 있다.
④ 도면 인쇄 방법은 일반적인 문서 작성 프로그램의 인쇄와 비슷하다. 도면 작업 시 단품이나 어셈블리 하나당 하나의 시트를 사용할 수 없으며, 여러 개의 단품이나 어셈블리에 대한 각각의 시트를 하나의 파일에 저장하여야 한다.

해설 도면 인쇄 방법은 일반적인 문서 작성 프로그램의 인쇄와 비슷하다. 도면 작업 시 단품이나 어셈블리 하나당 하나의 시트를 사용하는 경우도 있으며, 여러 개의 단품이나 어셈블리에 대한 각각의 시트를 하나의 파일에 저장하는 경우도 있다.

Part 2

기계요소 설계

01 체결요소 설계
02 동력전달요소 설계
03 치공구요소 설계

Chapter 01 체결요소 설계

1 요구기능 파악 및 선정

1. 나사

둥근 막대에 나선의 높은 부분을 갖게 한 것으로, 막대 중심선을 포함한 단면에 있어서 홈과 홈 사이의 높은 부분을 나사산이라고 하며 삼각, 사각, 둥근 것 등 사용 목적에 따라 분류한다. 나사의 용도에 따라 결합용, 운동용, 계측용으로 분류한다.

1) 나사 곡선

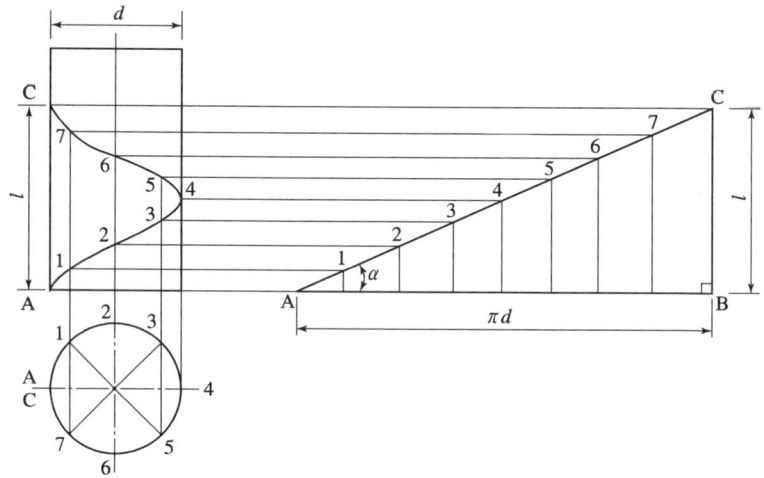

[그림 1-1] 나사 곡선

[그림 1-1]에서 지름 d인 원기둥에 밑면 AB = πd인 직각 삼각형 ABC를 원통 축선에 직각이 되게 A를 기점으로 하여 올라가면 그 빗변 AC는 원통 위에 하나의 곡선이 된다. 이 곡선을 나사 곡선이라 한다.

> **TIP**
>
> **체결용 나사**
> - 기계 부품의 체결, 고정 또는 거리 조정 등에 사용됨
> - 나사산의 모양이 삼각형으로 되어 있어 삼각나사라고도 함
>
> **운동용 나사**
> 회전 운동을 직선 운동으로 변환시키는 동력
>
> **전달 기계요소**
> 나사산의 모양에 따라 사각나사, 사다리꼴나사, 톱니 나사, 볼나사 등으로 분류됨
>
> **나사 곡선(Helix)**
> 가상 원통 위의 한 점이 축 방향의 직선운동과 접선방향의 회전운동을 일정한 비율로 동시에 하였을 경우 원통 위에 그려지는 궤적을 말한다.

2) 나사 용어

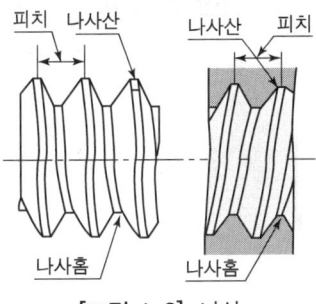

[그림 1-2] 나사

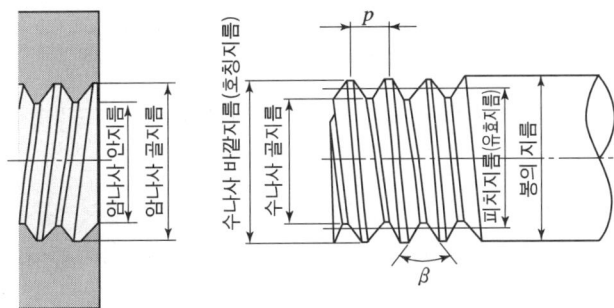

[그림 1-3] 나사의 명칭

① **바깥지름** : 수나사의 산봉우리에 접하는 가상적인 원통 또는 원뿔의 지름. 수나사의 크기는 바깥지름으로 나타내고 암나사는 이것에 끼워지는 수나사의 바깥지름으로 나타낸다. 수나사에서 최소지름을 말하며, 암나사의 최대지름이기도 하다.

② **골지름** : 수나사의 골 밑에 접하는 가상적인 원통 또는 원뿔의 지름 수나사는 최소, 암나사는 최대지름이다.

③ **유효지름(피치지름)** : 나사골의 너비가 나사산의 너비와 같은 가상적인 원통 또는 원뿔의 지름이다.

$$d_2 = \frac{d + d_1}{2}$$

④ **나사 각** : 나사의 축선을 포함한 단면 형에 있어서 측정한 인접된 2개의 플랭크가 이루는 각

⑤ **산 높이** : 골 밑에서 산의 끝까지를 축선에 직각으로 측정한 거리

⑥ **호칭지름** : 나사의 치수를 대표하는 지름으로, 수나사의 바깥지름에 대한 기준치수로 사용

⑦ **산수** : 인치나사에서 1인치를 피치로 나눈 값

TIP

리드와 피치 사이의 관계

$l = np$

여기서, l : 리드(mm)
n : 줄 수
p : 피치(mm)

TIP

1줄 나사(single start)

lead = pitch

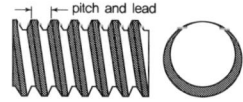

2줄 나사(double start)

lead = 2×pitch

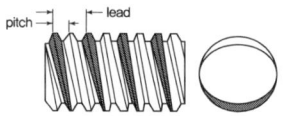

4줄 나사(four start)

lead = 4×pitch

⑧ 피치(pitch) : 나사의 축선을 포함하는 단면에서 서로 이웃한 나사산에 대응하는 2점 사이의 축선 방향의 거리

⑨ 리드(lead) : 나사산이 원통을 한 바퀴 회전하여 축 방향으로 나아가는 거리

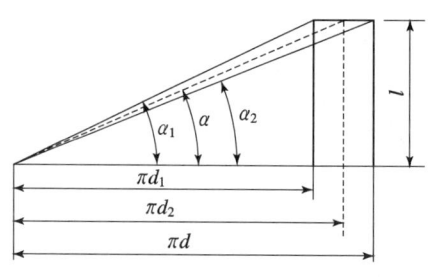

[그림 1-4] 나사의 리드각   [그림 1-5] 리드각과 비틀림각

⑩ 리드각 : 직각 삼각형에 감은 종이의 경사각 α로서 나사의 골지름, 유효지름, 바깥지름에서 각각 리드각은 다르고 골지름이 가장 크다.

$$\alpha = \tan^{-1} \frac{l}{\pi d}$$

⑪ 비틀림각(β) : 나사의 나사 곡선과 그 위의 1점을 통과하는 나사의 축에 평행한 직선과 맺는 각

$$\alpha + \gamma = 90°$$

⑫ 나사의 유효 단면적 : 나사의 유효지름과 수나사의 골지름 간의 평균값을 지름으로 하는 원통의 단면적

$$A = \frac{\pi}{4} \frac{(유효지름 + 수나사골지름)^2}{2}$$

⑬ 완전 나사부 : 산 끝과 골 밑이 양쪽 모두 같이 산 모양을 가진 나사 부분

⑭ 불완전 나사부 : 나사 공구 모따기 부위 또는 나사산이 완전히 만들어지지 않는 부분

⑮ 유효 나사부 : 산 끝과 골 밑이 규정 나사산에 가까운 모양을 갖는 나사부로부터 나사의 한끝에 있어서 면을 잘라내는 것 때문에 산마루가 완전하지 않은 부분이 있을 때는 허용오차 범위 내에서 유효 나사부라고 볼 수 있다.

3) 나사의 종류와 용도

① 외형에 따라 : 수나사, 암나사

② 감김에 따라 : 오른나사, 왼나사

③ 줄 수에 따라 : 1줄 나사, 2줄 나사, 3줄 나사

④ 용도에 따라
  - ㉠ 체결용 : 미터나사, 유니파이 나사, 관용 나사, 둥근나사
  - ㉡ 전동용 : 사다리꼴나사, 각 나사, 톱니 나사, 볼나사
  - ㉢ 위치 조정용 : 작은 나사, 멈춤 나사
  - ㉣ 거리 조절용 : 삼각나사, 사각나사
  - ㉤ 계측용 : 마이크로미터용 나사, 차동 나사 기구

⑤ 호칭에 따라 : 미터나사, 인치나사

⑥ 산의 크기에 따라 : 보통 나사, 가는 나사

⑦ 산의 모양에 따라 : 삼각나사(체결용), 사각나사(힘 전달용), 둥근나사(큰 힘이 작용하는 곳), 사다리꼴나사(운동 전달용), 톱니 나사(한쪽 방향으로 강한 힘을 받는 경우)

(1) 체결용 나사

기계부품의 접합 또는 위치의 조정에 사용되는 나사로 삼각나사가 주로 사용되며, 나사산의 단면이 정삼각형에 가까운 나사이다.

① 미터나사
  - ㉠ KS와 ISO 규격 나사로 기호는 M, 호칭치수는 수나사의 바깥지름과 피치를 mm로 나타내며 나사산의 각도는 60°이다.
  - ㉡ 용도는 기계부품의 접합 또는 위치 조정 등에 사용되며, 체결용 나사로써 가장 많이 사용된다.
    - ⓐ 미터 보통 나사 : 일반적으로 많이 사용되는 나사로 KS B 0201에 규정된 호칭치수는 바깥지름의 치수이며 0.25~68mm까지 규격화되어 있다.
    - ⓑ 미터 가는 나사 : M×피치로 표기하고, 지름에 대한 피치의 비율이 보통 나사보다 작고 관용 나사보다는 약간 크게 한 것으로 보통 나사와 비교해서 골 지름이 커 강도가 크고 나사에 의한 조정을 세밀하게 할 수 있다.
    - ⓒ 미터나사의 용도는 다음과 같다.
      - 보통 나사보다 강도를 필요로 하는 곳
      - 살이 얇은 원통 부

- 정밀기계, 공작기계의 이완 방지용
- 자동차, 비행기 등의 롤링 베어링 부품
- 진동에 의해 나사의 이완이 있는 부분
- 수밀이나 기밀을 필요로 하는 부분

② 유니파이 나사

미국, 영국, 캐나다 3국 협정으로 제정된 나사로 ABC 나사라고도 하며, 인치계 나사로서 기호 U로 나타내고 호칭치수는 수나사의 바깥지름을 인치로 나타낸 값과 1인치(25.4mm) 사이의 나사산의 수(n)로 나타낸다. 나사산의 각도는 60°이며 유니파이 보통 나사와 항공기용 작은 나사에 사용되는 유니파이 가는 나사가 있다.

③ 휘트워드 나사

영국의 나사 규격으로 우리나라에서는 1971년 규격에서 폐지되었으며, 기호는 W, 나사산의 각도는 55°이다.

④ ISO 나사

국제 표준화 기구에 의해 제정된 나사로 나사산의 모양은 미터나사, 유니파이 나사와 같다. ISO 미터나사와 ISO 인치나사가 있다.

⑤ 관용 나사

파이프 연결 시 사용하는 나사로서(기본 나사를 사용하면 나사산이 너무 높아 파이프의 강도를 감소) 누설을 방지하고 기밀을 유지하는 데 사용되고 관용 테이퍼 나사(기밀용)와 관용 평행나사가 있다. 나사산의 각도는 55°이고, 크기는 인치당 산수로 나타낸다.

㉠ 관용 평행나사(PF) : 평행 수나사·암나사가 있으며 관용 테이퍼 나사보다 기밀이 떨어진다.

㉡ 관용 테이퍼 나사(PT) : 나사의 내밀성을 주목적으로 하며, 테이퍼 수나사·암나사가 있다. 테이퍼는 1/16로 한다.

(2) 운동용 나사

① 사각나사(Square screw thread)

용도는 축 방향에 큰 하중을 받아 운동 전달에 적합. 하중의 방향이 일정하지 않은 교번하중 작용 시 효과적이다. 나사산의 모양이 4각이며, 3각 나사보다 풀어지기는 쉬우나 저항이 작은 이점과 동력전달용 잭(Jack), 나사 프레스, 선반의 피드(Feed)에 쓰인다.

단점은 가공이 어렵고 자동조심작용이 없어 높은 정밀도의 나사로는 적합하지 않다.

② 사다리꼴나사(Trapezoidal screw thread)

애크미 나사라고도 하고, 나사산의 각도는 미터계(TM)에서는 30°, 인치계(TW)에서는 29°이다. 용도는 스러스트(thrust)를 전달시키는 운동용 나사이며 사각나사보다 강도가 높고 저항력이 크며, 물림이 좋고 마모에 대해서도 조정이 쉬워 공작기계의 이송나사(Lead screw)로 널리 사용되고 그 밖에 밸브의 개폐용, 잭, 프레스 등의 축력을 전달하는 운동용 나사로 사용된다.

③ 톱니 나사(Buttress screw thread)

용도는 한쪽 방향으로 집중하중이 작용하여 압착기·바이스·나사 잭 등과 같이 압력의 방향이 항상 일정할 때 사용하는 것으로 압력 쪽은 사각나사, 반대쪽은 삼각나사로 되어 있다. 나사 각은 30°와 45°가 있고 하중을 받지 않는 면에는 0.2mm의 틈새를 준다. 제작을 간단히 하기 위하여 압력을 받는 면이 30°인 경우는 3° 경사가 45°인 경우에는 5°의 경사를 붙인다.

④ 둥근나사(너클나사 : Round thread)

원형·너클나사라고도 하고 나사산의 각은 30°로 나사산의 산마루와 골의 모양은 둥글게 되어 있다. 용도는 급격한 충격을 받는 부분, 전구, 먼지와 모래 등이 많이 끼는 경우와 오염된 액체의 밸브 또는 호스 이음 나사 등에 사용된다. 나사의 크기는 1inch 내에 있는 나사산의 수를 기준으로 정한다.

⑤ 볼나사(Ball screw)

수나사와 암나사의 산 대신에 골에 볼을 넣어서 마찰저항을 감소시키고 회전을 쉽게 한 나사로서 금속과 금속의 마찰에 구름 접촉을 채택하는 것은 초기 운동을 시작할 때의 마찰을 최소화하고 또 낮은 온도에서 부드럽게 운동해야 할 때 고착 상태가 일어나는 영향을 막을 수 있기 때문이다.

㉠ 백래시 제거 방법 : 너트를 2개(이중너트) 사이에 중간 조임쇠를 넣고 너트를 죔으로써 한쪽 너트는 반대 방향의 너트에 대항하여 예비부하를 받게 되는 방법을 사용한다.

㉡ 장점
- 나사의 효율이 높다(약 90% 이상).
- 백래시를 작게 할 수 있다.
- 윤활에 그다지 주의하지 않아도 좋다.
- 먼지에 의한 마모가 적다.

TIP

사다리꼴나사
나사의 효율면에서 사각나사가 이상적이나 가공의 어려움이 있어 사다리꼴나사로 대체하여 사용한다.

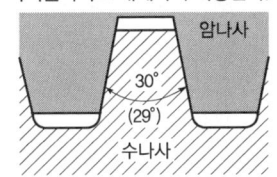

톱니 나사
- 축선의 한쪽에 힘을 받는 곳에 사용됨(잭, 프레스, 바이스)
- 힘을 받는 면은 축에 직각이고, 받지 않는 면은 30°의 각도로 경사져 있다.

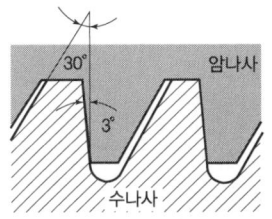

둥근나사

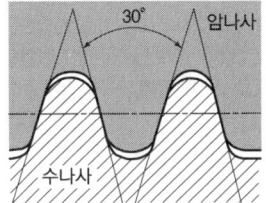

볼나사
- 나사 축을 회전시키기 위해 필요한 힘이 각 나사에 비해 약 1/3 이하로 좋다.
- 구름접촉이므로 미끄럼접촉에 비해 마모가 적어 로봇, 공작기계 등 정밀한 위치결정이 필요한 경우 사용된다.

- 높은 정밀도를 오래 유지할 수 있다.
ⓒ 단점
- 자동체결이 곤란하다.
- 가격이 비싸다.
- 피치를 그다지 작게 할 수 없다.
- 너트의 크기가 크게 된다.
- 고속으로 회전하면 소음이 발생한다.
ⓔ 실용 범례 : 자동차의 스티어링부, 공작기계의 이송나사, 항공기의 이송나사

⑥ 롤러 나사

볼나사와 같은 효율을 얻을 수 있는 것으로 이송나사의 마찰손실을 감소시키고 나사축과 너트를 보다 가볍게 작동시키는 방법으로 구름마찰을 이용한 방법이다. 용도는 연삭기, 밀링, 호빙 등 대형 공작기계의 이송 부분, 나사 잭의 구동 부분, 유압모터의 흡입밸브 장치, 원자력 발전 장치, 전차의 대포, 미사일의 조준 장치에 사용된다.

2. 키(Key)

축에 기어, 풀리, 플라이휠, 커플링 등의 회전체를 고정하고, 축과 회전체를 일체로 하여 회전을 전달시키는 기계요소이다.

1) 키의 종류

① 성크 키(Sunk Key) : 묻힘 키라고도 하며 축과 보스 양쪽에 모두 키 홈을 파서 비틀림 모멘트를 전달하는 키로 가장 많이 사용하는 형태이다.
 ㉠ 성크 키의 종류는 단면 형상에 따라 정사각형 키는 축 지름이 작을 때 사용하고 직사각형은 축 지름이 클 때 사용한다.
 ㉡ 키를 축에 붙이는 방법에 따라 묻힘 키와 드라이빙 키로 나눈다.
 ㉢ 평행 키, 경사 키, 기브헤드 경사키의 종류가 있고 경사 키는 1/100의 기울기를 붙인다.
 ㉣ 축과 보스를 맞추고 키이를 때려 박는 드라이빙 키, 키를 축의 키 홈에 묻는 다음 보스를 때려 맞추는 세트 키, 보스와 축을 분해할 때 편리한 머리가 달린 비녀 키(Gibheaded Key)가 있다.

> **TIP**
>
> 키
> 기어나 풀리, 커플링, 클러치 등을 축에 고정하여 회전력을 전달하는 장치이다. 강 또는 특수강으로 만들며 주로 전단력에 의해 파괴가 된다.

② 반달 키(Woddruff Key) : 반월상의 키로서 축의 홈이 깊게 되어 축의 강도가 약하게 되기는 하나 축과 키 홈의 가공이 쉽고, 키가 자동으로 축과 보스 사이에 자리를 잡을 수 있어 자동차, 공작기계 등의 60mm 이하의 작은 축이나 테이퍼 축에 사용한다.

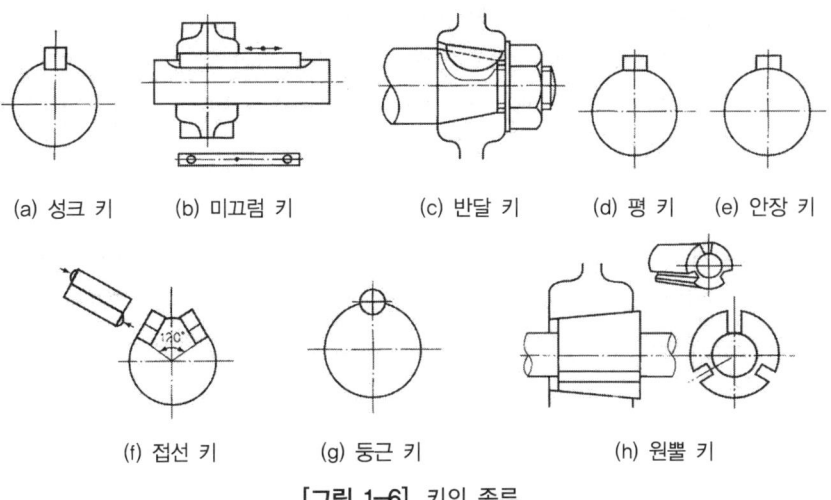

(a) 성크 키 (b) 미끄럼 키 (c) 반달 키 (d) 평 키 (e) 안장 키

(f) 접선 키 (g) 둥근 키 (h) 원뿔 키

[그림 1-6] 키의 종류

③ 접선 키(Tangential Key) : 접선 방향에 설치하는 키로서 1/100의 기울기를 가진 2개의 키를 한 쌍으로 하여 사용된다. 회전 방향이 양방향(역회전)일 경우 중심각이 120° 되는 위치에 2조 설치한다. 아주 큰 회전력의 경우에 사용된다. 케네디 키는 단면이 정사각형이고 90°로 배치된 키이다.

④ 원뿔 키(Cone Key) : 축과 보스에 키를 파지 않고 보스 구멍을 테이퍼 구멍으로 하여 속이 빈 원뿔을 끼워 마찰력만으로 밀착시키는 키로서 바퀴가 편심되지 않고 축의 어느 위치에나 설치할 수 있다.

⑤ 미끄럼 키(Sliding Key) : 안내키, 페더키(Father Key)라고도 하며 보스와 축이 상대적으로 축 방향으로만 이동이 가능한 키이다.

⑥ 스플라인 키(Spline Key)

  ㉠ 스플라인 축의 특성 : 축의 원주에 수많은 키를 깎은 것으로 큰 토크를 전달시키고, 내구력이 크며 축과 보스의 중심축을 정확하게 맞출 수 있고 축 방향으로 이동도 가능하다.

  ㉡ 스플라인의 종류
  • 각형 스플라인 : 보통 스플라인으로 4, 6, 8, 10, 16, 20의 짝수개의 잇수로 만든다.

 TIP

스플라인 축(Spline shaft)
축 주위에 피치가 같은 평행한 키 홈을 4~20개 만든 형태를 말한다. 보스를 축 방향으로 움직일 수 있으며, 큰 회전력 전달이 가능하다.

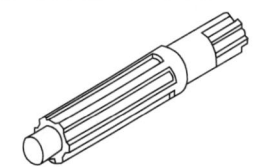

TIP

세레이션(Serration)
축에 작은 삼각형 키 홈을 만들어 축과 보스를 고정시킨 것이다. 같은 지름의 스플라인에 보다 많은 돌기가 있어 동력전달이 크며 자동차의 핸들이나 전동기, 발전기의 축 등에 사용된다.

▲ 내경(구멍) 세레이션

▲ 외경(축) 세레이션

- 인벌류트 스플라인 : 인벌류트 치형을 가진 스플라인으로 정밀도가 평행치의 스플라인보다 높고, 강도가 좋다.
- 중심 맞추기 : 바깥지름 · 안지름 · 플랭크 중심 맞추기
- 용도 : 자동차, 일반기계에서 동력을 전달하는 축과 구멍을 결합하는 데 주로 사용된다.

⑦ **세레이션(Serration)** : 축과 보스의 상대각 위치를 되도록 가늘게 조절해서 고정하려 할 때 사용한다. 이의 높이가 낮고 잇수가 많으므로, 축의 강도가 높다. 삼각치형, 인벌류트 치형, 삼각치형의 맞대기 세레이션이 있다.

⑧ **소 회전력의 키**
  ㉠ **안장 키(Saddle Key)** : 축에는 홈을 파지 않고 축과 키 사이의 마찰력으로 회전력을 전달한다. 축의 강도를 감소시키지 않고 고정할 수 있으나, 큰 동력을 전달시킬 수 없으므로 경하중 소 직경에 사용된다.

  보스의 기울기 : 1/100

  ㉡ **평 키(Flat Key)** : 축을 키의 폭만큼 납작하게 깎아서 보스의 키 홈과의 사이에 밀어 넣는다. 1/100의 기울기를 붙이기도 하고 새들 키보다 약간 큰 힘을 전달시킬 수 있다.

  ㉢ **둥근 키(Round Key)** : 핀 키라고도 하며, 핸들과 같이 작은 것의 고정에 사용되고 단면은 원형이고 하중이 작을 때만 사용된다.

2) 키의 설계

(1) 보통 키의 강도

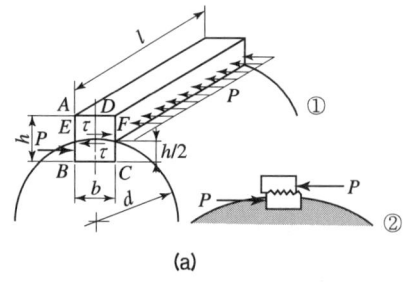

T : 키가 전달시키는 비틀림 모멘트(N/mm)
b : 키의 폭(mm)
h : 키의 높이(mm)
σ_c : 키에 생기는 허용압축응력(N/mm^2)
d : 축 지름(mm)
τ : 키에 생기는 허용 전단응력(N/mm^2)
l : 키의 유효길이(mm)
t : 축에 묻히는 키의 깊이

[그림 1-7] 전단응력과 압축응력

키에 발생하는 전단응력을 살펴보면

$$T = \frac{d}{2}P, \quad \tau = \frac{P}{bl} \Rightarrow P = \tau l b$$

$$\therefore T = \frac{\tau l b d}{2} \quad \therefore \tau = \frac{2T}{lbd}$$

압축응력에 대하여 살펴보면

$$\sigma_c = \frac{P}{tl} = \frac{2T}{dtl}$$

여기서 $t = \frac{h}{2}$라 하면

$$\sigma_c = \frac{4T}{hld}$$

가 된다. 지금 키는 전단력과 압축력이 같아야 하므로

$$\tau l b = \sigma_c l \frac{h}{2} \quad \therefore \frac{b}{h} = \frac{\sigma_c}{2\tau}, \quad h = b\frac{2\tau}{\sigma_c}$$

여기서 $\sigma_c = 2\tau$라고 하면 $b = h$가 되어 단면이 정사각형이 된다. 키의 전단저항은 회전력에 의해 축에 작용하는 응력과 같아야 하므로 τ_d를 축의 비틀림 응력이라 하면

$$T = \frac{\tau l b d}{2} = \frac{\pi d^3}{16}\tau_d$$

축과 키를 같은 재료라 하여 $\tau = \tau_d$로 하면 $lb\frac{d}{2} = \frac{\pi d^3}{16}$가 된다. 길이 l은 키를 축에 끼워 맞추려면 경험에 의하여 $l \geq 1.5d$라 하므로 이를 $l = 1.5d$에 대입하면 $b = \frac{\pi}{12}d ≒ \frac{d}{4}$가 된다. 또 압축저항에 의한 회전력이 축에 작용하는 회전력과 같게 하면

$$p\frac{d}{2} = \frac{d}{2}tl\sigma_c = \frac{\pi}{16}d^3\tau_d$$

$$\therefore \sigma_c = \frac{\pi d^2 \tau_d}{8tl}$$

3. 핀(Pin)

고정물체의 탈락 방지 및 위치결정, 너트의 풀림 방지에 사용되며, 축 방향에 직각으로 끼워서 사용한다. 핀은 풀리, 기어 등에 작용하는 하중이 작을 때, 설치방법이 간단하기 때문에 키 대용으로 널리 사용한다.

1) 핀의 종류

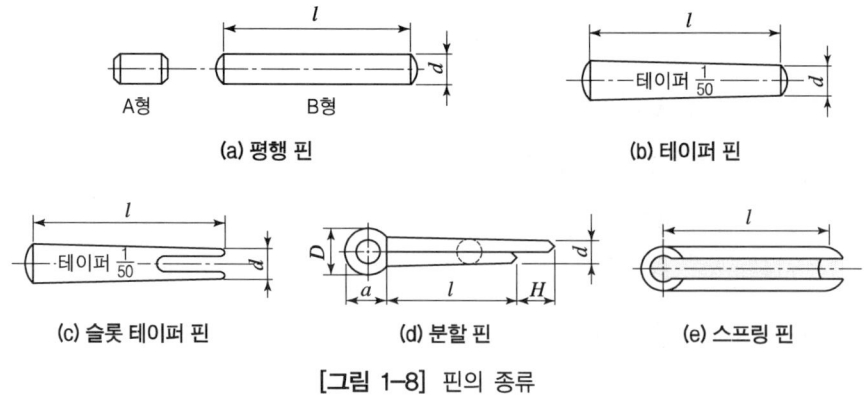

[그림 1-8] 핀의 종류

> **TIP**
>
> **평행 핀(dowel pin)**
> 너클 핀이라고도 하며 부품의 관계 위치를 항상 일정하게 유지할 때 사용한다.
>
> **테이퍼 핀(taper pin)**
> 축에 보스를 고정시킬 때 사용하며 호칭지름은 작은 쪽 지름으로 한다.

① **평행 핀(dowel pin)** : 기계부품을 조립할 경우나 안내 위치를 결정할 때 사용된다. 호칭법은 규격번호 또는 명칭, 종류, 형식, 호칭지름×길이, 재료이다.

② **테이퍼 핀(taper pin)** : $T = \dfrac{1}{50}$, 호칭지름은 작은 축 지름으로 주축을 보스에 고정할 때 사용된다. 호칭법은 명칭, 등급, $d \times l$, 재료이다.

③ **분할 핀(split pin)** : 너트의 풀림 방지나 바퀴가 축에서 빠지는 것을 방지하기 위하여 사용한다. 호칭법은 규격번호 또는 명칭, 호칭지름×길이, 재료이다.

④ **스프링 핀** : 탄성을 이용하여 물체를 고정하는 데 사용되며, 해머로 때려 박을 수 있는 핀이다.

2) 너클 핀 이음(Knuckle Pin Joint)

2개 막대의 둥근 구멍에 1개의 이음 핀을 넣어 2개의 막대가 상대적으로 각 운동을 할 수 있도록 연결한 것이다. 구조물의 인장 막대 및 자동차의 동력전달기구 등에 널리 쓰인다.

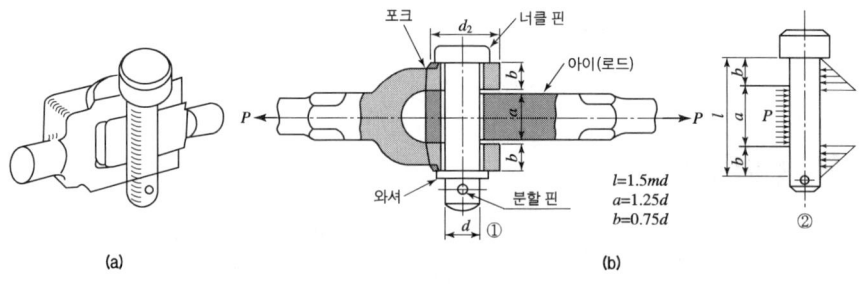

[그림 1-9] 핀 이음에 작용하는 힘

① 핀의 접촉 면압 : 핀 이음용 핀의 지름 d는 다음과 같이 구한다.

$$m = \frac{b}{d}, \quad d = \sqrt{\frac{W}{mp}}$$

여기서, W : 하중(N)
b : 핀의 링크와의 접촉 길이(mm)
b' : 두 갈래(fork)의 두께

② 전단강도 $\quad W = 2 \times \frac{\pi}{4} d^2 \tau$

③ 굽힘 모멘트 $\quad M = \frac{Wl}{8} = \frac{\pi}{32} d^3 \sigma_b \quad (l = 1.5md)$

④ 하중 $\quad W = 0.52 d^2 \frac{\sigma_b}{m}$

4. 리벳

강판 또는 형강을 영구적으로 접합하는 데 사용하는 체결 기계요소이다.

1) 리벳이음의 특징

① 용접이음과는 달리 초기 응력에 의한 잔류 변형이 생기지 않으므로, 취약 파괴가 일어나지 않는다.
② 구조물 등에서 현장 조립할 때는 용접이음보다 쉽다.
③ 경합금과 같이 용접이 곤란한 재료에는 신뢰성이 있다.

2) 리벳의 종류

(1) 제조 방법에 따른 분류

① 냉간 성형 리벳 : 제작 시 상온(냉간)에서 성형되는 리벳(지름 1~13mm)으로 둥근 머리, 작은 둥근 머리, 접시 머리, 얇은 납작 머리, 냄비 머리 리벳 등이 있다.
② 열간 성형 리벳 : 소재의 변태점 이상의 온도에서 머리 부분을 성형한 리벳으로 종류는 일반용, 보일러용, 선박용의 구분에 따라 7종류(둥근 머리, 접시 머리, 납작 머리, 둥근 접시 머리, 선박용 둥근 접시 머리, 리벳 등)가 있다.

(2) 사용 목적에 의한 분류

① 보일러용 리벳 : 강도와 기밀을 필요로 하는 리벳이음으로, 보일러, 고압 탱크 등에 사용한다.

② 저압용(용기용 · 기밀용) 리벳 : 강도보다는 수밀을 필요로 하는 리벳으로 저압 탱크 등에 사용한다.
③ 구조용 리벳 : 주로 강도를 목적으로 하는 리벳이음. 차량, 철교, 구조물 등에 사용한다.

(3) 장소에 따른 분류
① 공장 리벳 : 공장에서 리베팅을 완료하는 리벳
② 현장 리벳 : 큰 구조물은 운반 상 현장에서 조립하는 리벳

(4) 리벳 용어
① 피치(pitch) : 중심선상에 인접한 리벳과 리벳 사이의 중심거리
② 뒷피치(back pitch) : 인접하고 있는 리벳 열과 리벳 열의 중심 간의 거리
③ 마진(margin) : 판 끝과 바깥쪽 리벳 열의 중심 간의 거리

(5) 리벳의 크기
① 리벳의 크기는 지름×길이로 나타낸다.
② 호칭지름은 자리 면에서부터 $1/4 \times d$인 지점에서 측정한다.
③ 호칭길이는 머릿밑에서 리벳의 몸통 끝까지로 하고 접시 머리만은 포함한 길이로 한다.

3) 리벳이음의 종류

(1) 이음 방향에 따라
① 길이 방향 이음(새로 이음) : 용기 원통의 가로 방향으로 이음한 것
② 원주 방향 이음(가로 이음) : 용기의 원통의 둘레 방향으로 이음한 것

(2) 형식에 따라
① 겹치기 리벳이음(lap jo int) : 결합하려는 두 판재를 직접 겹쳐 죄는 이음으로, 힘의 전달이 동일 평면이 아닌 편심하중으로 된다. 가스와 액체 용기의 리벳이음 또는 보일러의 원둘레 이음에 사용된다.
② 맞대기 리벳이음(butt jo int) : 결합한 두 판재의 양 끝을 맞대어 덮개판을 한쪽 또는 양쪽에 대고 리베팅하는 방법으로 동일 평면 안에서 결합하며 양쪽 덮개판의 경우에는 마찰저항을 받는 면이 2배로 증가한다. 보일러의 세로 방향 이음 구조물의 리베팅에 사용된다.

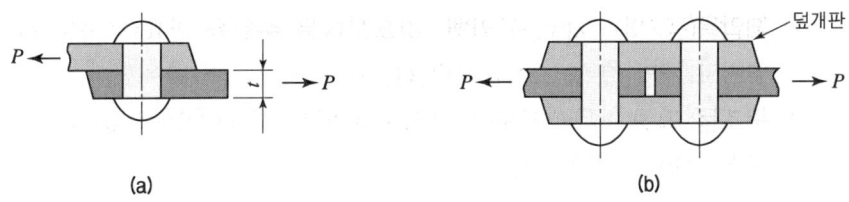

[그림 1-10] 리벳이음의 종류

㉠ 배열에 따라 : 평행 형과 지그재그형
㉡ 줄 수에 따라 : 1열, 2열, 3열
㉢ 전단면 수에 따라 : 단 전단면 이음, 복 전단면 이음

(3) 리베팅(riveting)

① 리벳 구멍은 리벳의 지름보다 1~1.5mm 크게 뚫는다. 20mm까지는 펀칭으로 구멍을 뚫지만, 중요한 이음과 연성이 없는 강판에는 알맞지 않으므로 드릴링 또는 리밍 한다.
② 25mm 이하는 수작업, 그 이상은 압축공기 또는 수압 등의 기계력을 이용한 리베팅 머신을 사용한다.
③ 8mm 이하는 냉간작업, 10mm 이상은 열간 작업을 한다.
④ 리베팅이 끝난 후에도 냉각될 때까지 계속 눌러 놓아야 한다.

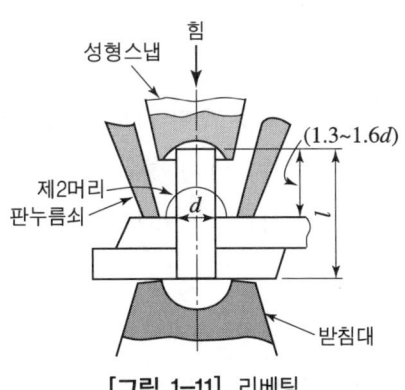

[그림 1-11] 리베팅

(4) 코킹(caulking)과 풀러링(fullering)

① 코킹 : 고압 탱크, 보일러와 같이 기밀을 필요로 할 때는 리베팅이 끝난 후 리벳 머리의 주위와 강판의 가장자리를 정(chisel)으로 때려 그 부분을 밀착시켜서 틈을 없애는 작업이다. 강판의 가장자리는 75~85° 기울어지게 절단한다. 강판의 두께 5mm 이하는 효과가 없으므로 얇은 강판에는 그사이에 안료를 묻힌 베, 기름종이 등의 패킹재료를 끼워 리베팅하고 고온에는 석면을 사용한다.

② 풀러링 : 코킹과 같은 목적의 작업으로 판재의 끝 부를 때리는 작업이다. 아래쪽의 강판에 때린 자국이 나지 않도록 주의한다. 기밀을 완전하게 하도록 강판과 같은 너비의 끌과 같은 풀러링 공구로 때려 붙이는 작업이다.

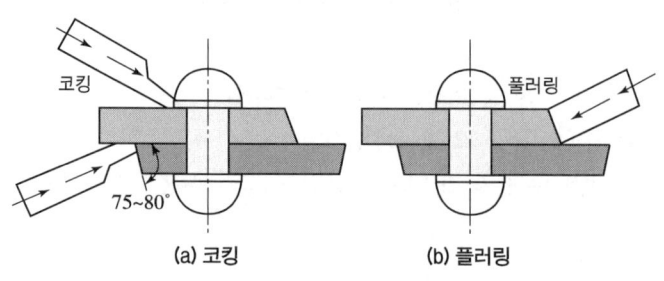

[그림 1-12] 코킹과 풀러링

4) 리벳이음의 강도 및 효율

(1) 리벳이음의 전단강도

마찰력 $F = \mu Q = \mu Q_t A$

여기서, σ_t : 리벳의 인장응력
A : 리벳의 단면적
μ : 마찰계수

여기서 μ의 값은 정지시험으로 행한 값보다 리벳으로 조이고 행한 시험 결과가 크며, 코킹을 하면 더욱 커진다.

바하(Bach)의 연구에 의하면 미끄럼이 생기지 않으려면 $\mu\sigma < 600 \sim 700(\text{N/cm}^2)$이라야 된다.

(2) 리벳이음의 강도 계산

① 리벳이 전단으로써 파괴되는 경우 : $P = \dfrac{\pi}{4}d^2\tau$

② 리벳 구멍 사이의 강판이 찢어지는 경우 : $P = (p-d)t\sigma_t$

③ 리벳 또는 리벳 구멍이 압궤(눌러 부숨)되는 경우 : $P = dt\sigma_c$

④ 강판 가장자리가 절단되는 경우 : $P = 2et\tau_p$, $P = 2\left(e - \dfrac{d}{2}\right)^2 t$

⑤ 강판이 절개되는 경우 : $M = \dfrac{1}{8}Pd$, $Z = \dfrac{1}{6}\left(e - \dfrac{d}{2}\right)^2 t$, $M = \sigma_b Z$

에서 $P = \dfrac{1}{3d}(2e-d)^2 t\sigma_b$

여기서, P : 인장하중(N)
p : 리벳의 피치(cm)
e : 리벳의 중심에서 강판의 가장자리까지의 거리
t : 강판의 두께(mm)
d : 리베팅 후의 리벳 지름 또는 구멍의 지름(mm)
τ : 리벳의 전단응력(N/cm^2)
τ_p : 강판의 전단응력(N/cm^2)
σ_b : 강판의 굽힘응력(N/cm^2)
σ_t : 강판의 인장응력(N/cm^2)
σ_c : 리벳 또는 강판의 압축응력(N/cm^2)

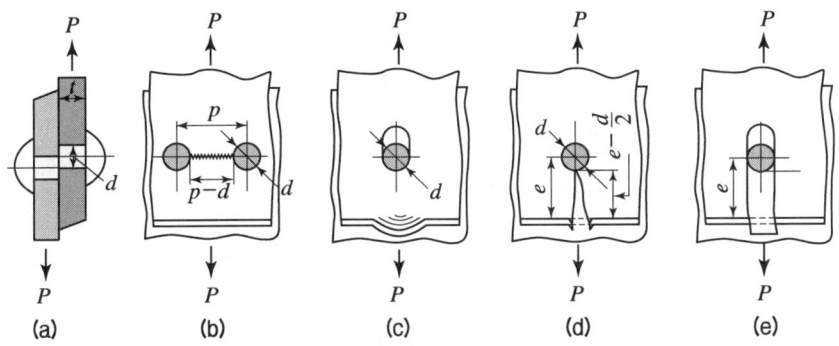

[그림 1-13] 리벳이음의 파괴 상태

이상의 각 저항력이 모두 같은 값을 가지도록 각부의 치수를 결정·설계하는 것이 가장 좋으나, 모두 만족시킬 수 없으므로 실제적인 경험치를 기초로 하여 결정한 값에 대하여 윗식을 적용시켜 그 한계 이내에 있도록 설계한다.

한줄 맞대기 리벳이음 이외일 때에는 단위 깊이 내에 있는 리벳이 전단을 받는 곳의 수를 n이라 하면 다음과 같다.

$$p = d + \frac{\pi d^2 n \tau}{4 t \sigma_t}$$

(3) 리벳의 효율

리벳이음의 강도에 대한 구멍이 없는 판의 강도의 비

① 판의 효율 : 리벳 구멍이 있는 판과 없는 판의 강도의 비

$$\eta_1 = \frac{(p-d)t\sigma_t}{pt\sigma_t} = \frac{p-d}{p} = 1 - \frac{d}{p}$$

② 리벳의 효율 : 리벳의 전단강도에 대한 구멍이 없는 판의 강도의 비

㉠ 1면 전단의 경우 : $\eta_2 = \dfrac{\dfrac{\pi}{4}d^2\tau}{pt\sigma_t}$

㉡ 2면 전단의 경우 : $\eta_2 = \dfrac{1.8 \times \dfrac{\pi}{4}d^2\tau}{pt\sigma_t}$

이들 효율 중 작은 것을 리벳이음의 효율이라 하며 리벳이음의 강도를 결정한다.

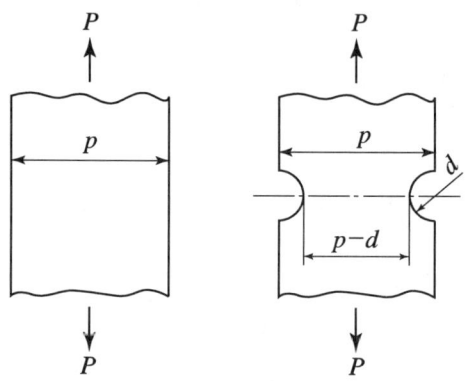

[그림 1-14] 리벳이음의 효율

(4) 보일러용 리벳이음
① 강판의 두께

㉠ 용기의 원주 방향(길이 방향의 파단면)에 생기는 인장응력은

$$\sigma_{t1} = \dfrac{p_o D l}{2 t l} = \dfrac{p_o D}{2t}$$

㉡ 용기의 축 방향(둘레 방향의 파단면)에 생기는 인장응력은

$$\sigma_{t2} = \dfrac{\dfrac{\pi}{4}D^2 p_o}{Dt} = \dfrac{p_o D}{4t}$$

이므로 $\sigma_{t1} = 2\sigma_{t2}$가 된다. 따라서 길이 방향의 이음에 대하여 두께를 계산하게 된다.

㉢ $t = \dfrac{p_o D}{2\sigma_{t1}}$ 로 결정되고 여기에 실제로 이음의 효율, 판의 부식 등을 고려하면 $t = \dfrac{p_o D S}{2\sigma_{t1}\eta} + C$ 로 구한다.

여기서, t : 강판의 두께
σ_t : 강판의 인장강도
p_o : 내압(보일러의 게이지압력)(N/cm^2)
D : 보일러 동체의 안지름
S : 안전계수
η : 리벳이음의 효율
C : 부식 여유(육용 보일러는 1mm, 선박용 보일러에서는 1.5mm)

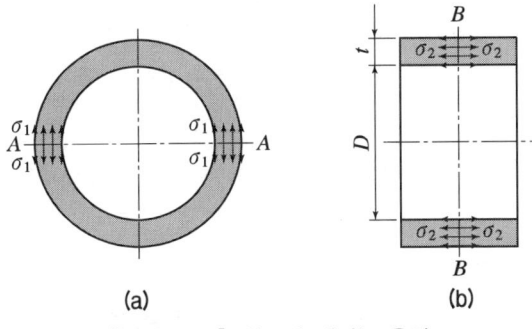

[그림 1-15] 원통에 생기는 응력

② 리벳의 지름

바하(Bach)에 의한 경험 식에 의해 리벳의 지름은 다음과 같다.

㉠ 겹치기 리벳이음 : $d = \sqrt{50t} - 4(\mathrm{mm})$

㉡ 양쪽 덮개판 리벳이음
- 1열일 때 : $d = \sqrt{50t} - 5(\mathrm{mm})$
- 2열일 때 : $d = \sqrt{50t} - 6(\mathrm{mm})$
- 3열일 때 : $d = \sqrt{50t} - 7(\mathrm{mm})$

③ 구조용 리벳이음

강도만을 고려하여 리벳의 수, 배열 등을 정한다.

$$d = \sqrt{50t} - 2(\mathrm{mm}),\ p = (3 \sim 3.5)d,\ e = (2 \sim 2.5)d$$

강판 또는 형강을 영구적으로 접합하는 데 사용하는 체결 기계요소이다.

5. 용접

1) 용접의 정의

용접은 2개 이상의 금속을 그 용융온도 이상으로 가열하여 접합하는 금속적 결합법이다. 주조, 단조, 리벳이음 등을 대신하는 영구이음방법으로 사용된다.

① 용접이음의 장점
  ㉠ 사용재료의 두께 제한이 없고, 기계결합 요소가 필요 없다.
  ㉡ 기밀 유지에 용이하고, 이음 효율이 100%까지 할 수 있다.
  ㉢ 사용재료의 선택 폭이 넓고, 다른 이음방법보다 제작물의 무게를 경감시킨다.
  ㉣ 사용 기계가 간단하고, 작업 공정 수가 적어 생산성이 높다.
  ㉤ 작업 소음이 작다.

② 용접이음의 단점
  ㉠ 단시간의 가열, 냉각으로 용접부의 금속조직이 취성 파손 및 강도 저하를 가져온다.
  ㉡ 용접 후 재료에 잔류응력이 존재하여 변형 위험과 부재의 재질에 제한이 있다(주철, 경금속 등은 용접이 곤란).
  ㉢ 진동을 감쇠시키기 어렵고 비파괴 검사가 어렵다.

2) 용접이음의 강도

(1) 맞대기 용접이음의 강도 계산

① 인장강도(=전단응력 τ) : $\sigma_t = \dfrac{P}{tl} = \dfrac{P}{hl}$

② 굽힘응력 : $M = \dfrac{1}{6}tl^2\sigma_b$, $\sigma_b = \dfrac{M}{Z} = \dfrac{M}{\dfrac{la^2}{6}} = \dfrac{6M}{la^2} = \dfrac{6M}{lh^2}$

여기서, P : 하중(N)
h : 모재의 두께(mm)
t : 목 두께(mm)
l : 용접의 유효길이(mm)
σ_t : 허용인장응력(N/mm^2)
M : 굽힘 모멘트(N·mm)

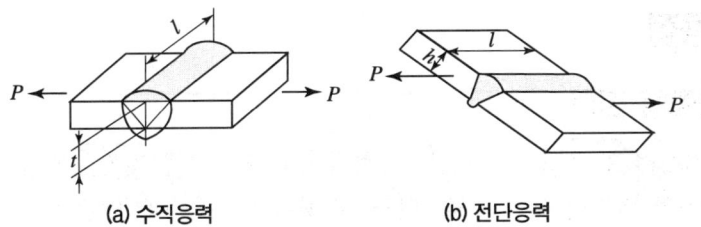

(a) 수직응력 (b) 전단응력

[그림 1-16] 맞대기 용접이음

(2) 겹치기 용접이음의 강도 계산

① 측면 필렛 이음

$t = f \cdot \cos 45° = 0.707f$

$\tau = \dfrac{P}{A} = \dfrac{P}{2tl} = \dfrac{P}{2 \times f \cdot \cos 45 \times l} = \dfrac{0.707P}{f \cdot l} = \dfrac{0.707P}{h \cdot l}$

② 전면 필렛 이음

$\tau = \dfrac{P}{tl} = \dfrac{P}{f \cdot \cos 45 \times l} = \dfrac{1.414P}{f \cdot l} = \dfrac{1.414P}{h \cdot l}$

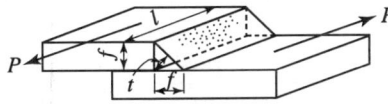 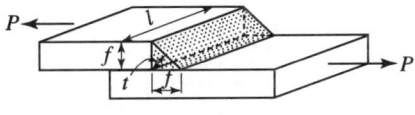

(a) 측면 필렛 이음 (b) 전면 필렛 이음

[그림 1-17] 겹치기 필렛 용접이음

◯ 여러 가지 용접이음의 강도계산식

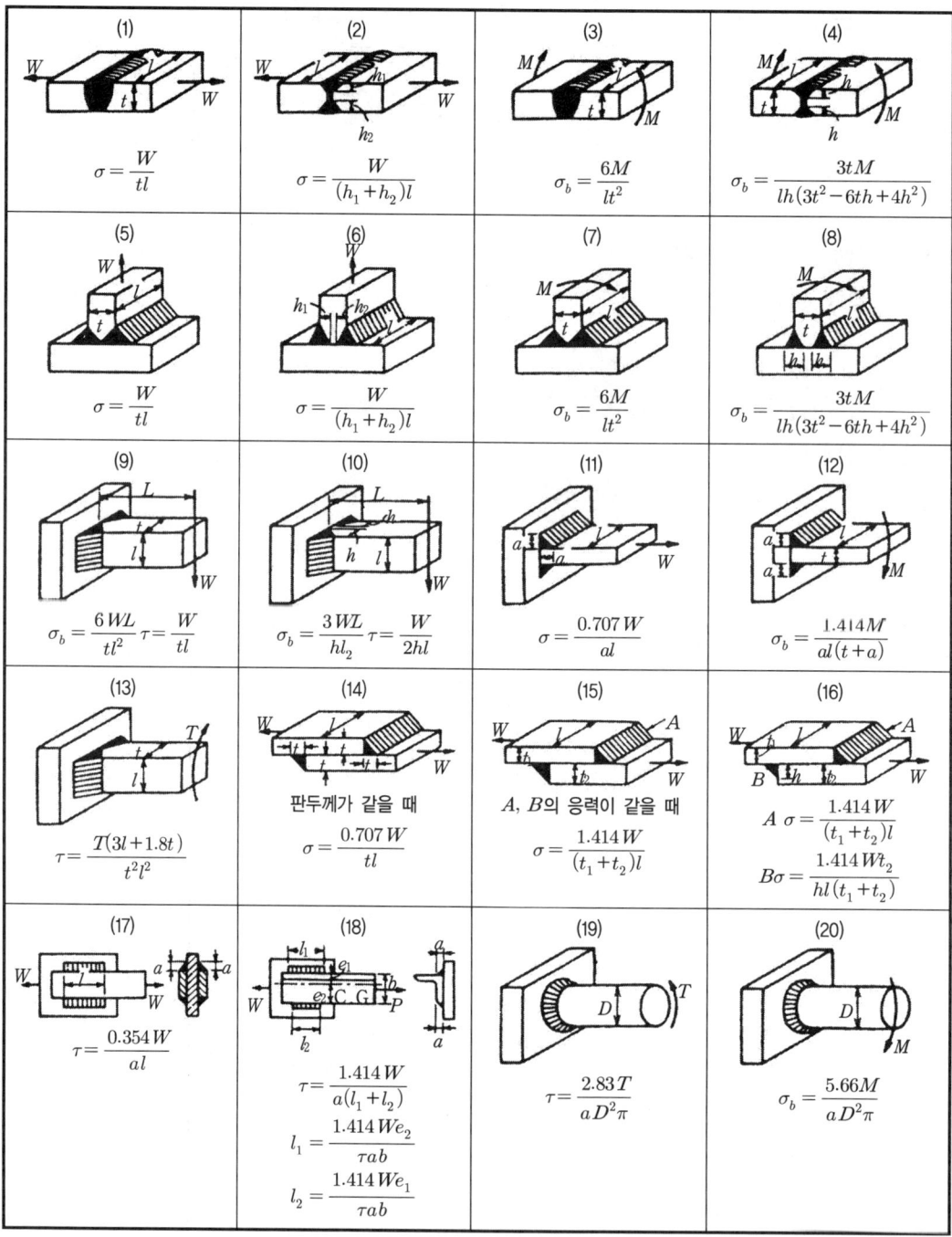

6. 볼트와 너트

볼트와 너트는 다듬질 정도에 따라 상, 중, 흑피로 나누어지고 나사는 정밀도에 따라 1급, 2급, 3급으로 나뉜다.

1) 일반 볼트

볼트의 머리와 너트가 육각형으로 된 것으로 KS B 1002에 규격화되어 있고 주로 체결용으로 사용된다.

① 관통볼트 : 체결하려는 2개의 부분에 구멍을 뚫고, 여기에 볼트를 관통시킨 다음 너트를 죈다.

② 탭 볼트 : 체결하려는 부분이 두꺼워서 관통 구멍을 뚫을 수 없을 때, 또 긴 구멍을 뚫었더라도 구멍이 너무 길어 관통볼트의 머리가 숨겨져서 죄기 곤란할 때 너트를 사용하지 않고, 체결하는 상대 쪽에 암나사를 내고 머리붙이 볼트를 나사 박음 하여 체결하는 볼트로 한 부분에 구멍을 뚫고 다른 한 부분은 중간까지 나사를 죄어 이것에 머리 달린 나사를 박는다.

③ 스터드 볼트 : 막대의 양끝에 나사를 깎은 머리 없는 볼트로서 한 끝을 본체에 튼튼하게 박고 다른 끝에는 너트를 끼워서 죈다. 자주 분해·결합하는 경우 사용하며 양쪽에 나사를 만든다.

④ 양 너트 볼트 : 머리 부분이 길어서 사용할 수 없을 때, 양 끝 모두 바깥에서 너트로 죄는 볼트이다.

⑤ 리머 볼트 : 다듬질한 구멍에 꼭 끼워 미끄럼을 방지하며 전단력이 발생하는 부분에 링을 끼워 링이 전단력을 받도록 하거나 볼트의 축 부분을 테이퍼 지게 하여 움직이지 않도록 고정한다.

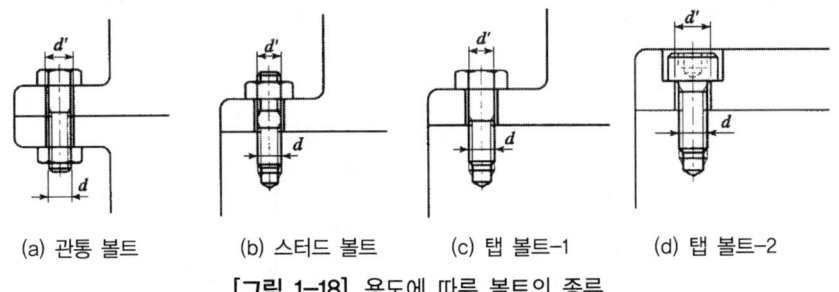

(a) 관통 볼트   (b) 스터드 볼트   (c) 탭 볼트-1   (d) 탭 볼트-2

[그림 1-18] 용도에 따른 볼트의 종류

2) 특수 볼트

① **기초 볼트** : 기계, 구조물 등을 콘크리트 바닥에 설치하는 데 쓰이는 볼트로 한쪽 끝은 수나사로 파여 있어 기계를 고정하는 데 사용하고, 다른 쪽 끝은 콘크리트에서 고정되었을 때 움직이지 않게 되어 있다.

② **스테이 볼트** : 부품을 일정한 간격으로 유지하고, 구조 자체를 보강하는 데 사용한다.

③ **T홈 볼트** : 공작기계의 테이블 T홈에 볼트의 머리 부분을 끼워서 적당한 위치에 공작물과 기계 바이스를 고정할 때 사용한다. 나사의 머리를 사각형으로 만들어 T자형 홈에 끼우면 너트를 조일 때 나사 머리가 회전하지 않게 된다.

④ **아이 볼트** : 무거운 기계와 전동기 등을 들어 올릴 때 로프, 체인 또는 훅을 거는 데 사용한다. 리프트 아이 볼트(Eye bolt)는 물건을 매달 때 사용된다.

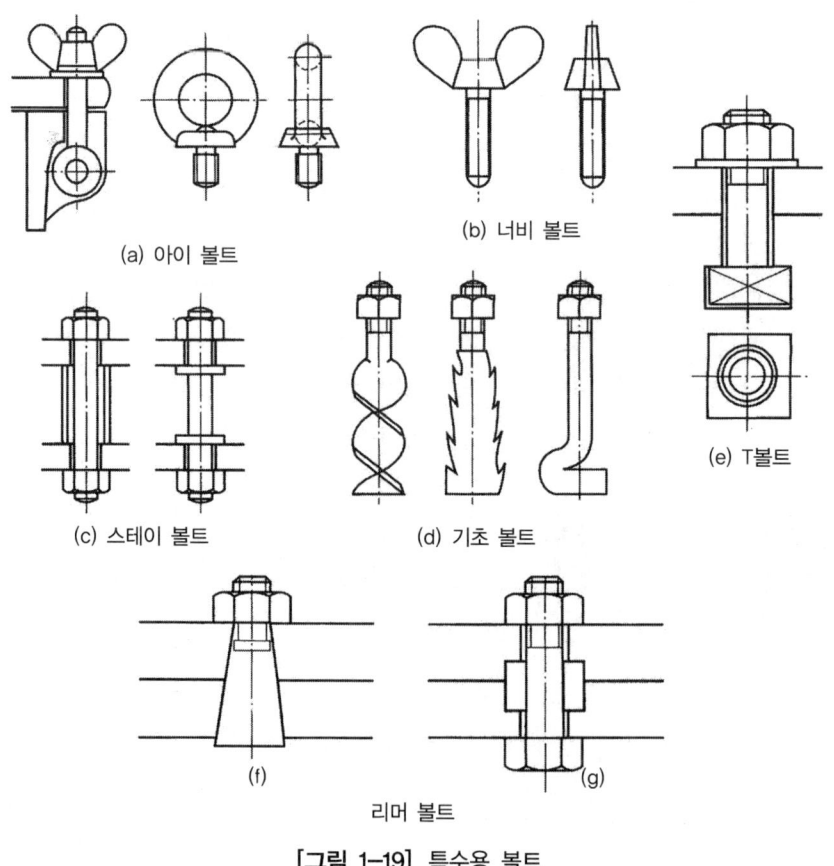

[그림 1-19] 특수용 볼트

⑤ 둥근 머리 사각 목 볼트 : 머리 부분의 사각 부분을 사각 구멍에 끼워 죌 때 헛돌지 않도록 하는 것으로 목재 구조물 등에 쓰인다.
⑥ 리머 볼트 : 리머로 다듬질한 구멍에 꼭 끼워 미끄럼을 방지하는 볼트이다.
⑦ 충격 볼트 : 섕크 부분이 단면적을 작게 하여 늘어나기 쉽게 한 볼트로 충격적인 인장력이 작용할 때 사용한다.
⑧ 너비 볼트 : 나사의 머리모양을 너비모양으로 만들어 스패너 없이 손으로 조일 수 있도록 한다.

3) 여러 가지 나사

① 작은 나사 : 지름이 8mm 이하의 작은 나사로 힘을 많이 받지 않는 작은 부품과 얇은 판자 등을 붙이는 데 사용한다.
② 멈춤 나사 : 보스와 축을 고정하고 축에 끼워 맞춰진 기어와 풀리의 설치 위치의 조정 및 키의 대용으로 사용된다.
③ 나사못과 태핑 나사
　㉠ 나사못 : 목재에 나사를 돌려받는 데 적합한 나사산으로 되어 있으며, 나사의 끝이 드릴과 탭의 역할을 한다.
　㉡ 태핑 나사 : 끝을 침탄 담금질하여 단단하게 한 작은 나사의 일종으로서 얇은 판이나 무른 재료에 암나사를 내면서 체결하는 데 사용한다.

4) 너트의 종류

① 사각너트 : 겉모양이 사각인 너트로서 주로 목재에 쓰이며, 기계에도 가끔 쓰인다.
② 둥근(원형)너트 : 자리가 좁아 보통의 육각너트를 쓸 수 없을 경우 또는 너트의 높이를 작게 할 경우에 사용한다. 너트를 외부에 노출시키지 않을 때 흔히 사용된다.
③ 플랜지 너트 : 육각의 대각선 거리보다 큰 지름의 플랜지가 달린 너트로 접촉면이 거칠거나, 큰 면압을 피하려 할 때 사용한다.
④ 홈붙이 둥근너트 : 위쪽에 분할 핀을 끼울 수 있는 홈이 있는 너트로 너트의 두께가 얇고 균형이 잘 잡혀 있다. 구름 베어링의 부속품으로 사용된다.
⑤ 캡 너트 : 나사 구멍이 뚫려 있지 않은 너트로 유체의 흐름 방지 및 부식 방지의 목적으로 사용한다. 너트의 한쪽은 관통되지 않도록 만든 것이다.

⑥ 아이 너트 : 머리에 링이 달린 너트로 아이 볼트와 같은 목적으로 사용된다.
⑦ 너비 너트 : 손으로 돌려서 죌 수 있는 모양으로 된 것이다.
⑧ T너트 : T자 모양의 것으로 공작기계의 테이블 T홈에 끼워서 공작물을 설치하는 데 사용한다.
⑨ 슬리브 너트 : 머리 밑에 슬리브가 있는 너트로 수나사 중심선의 편심을 방지하는 데 사용한다.
⑩ 플레이트 너트 : 암나사를 깎을 수 없는 얇은 판에 리벳으로 설치하여 사용하는 너트이다.
⑪ 턴버클 : 양 끝에 오른나사 및 왼나사가 깎여 있어서, 이를 오른쪽으로 돌리면 양 끝의 수나사가 안으로 끌리므로, 막대와 로프 등을 죄는 데 사용한다.
⑫ SPAC 너트 : 너트를 판에 때려 박아 사용한다.
⑬ 와셔붙이 너트 : 너트의 밑면에 너트를 끼운 모양으로 만든 너트를 말한다. 접촉하는 재료와의 접촉 면적을 크게 함으로써 접촉 압력을 줄인다.
⑭ 스프링판 너트 : 스프링판을 굽혀서 만들며 사용이 간단한 특징이 있다.

7. 와셔

1) 와셔의 종류

와셔는 볼트 머리 밑면에 끼우는 것으로서 일반적인 볼트 머리 부분의 압력을 넓게 분산시키는 역할을 한다. 스프링 와셔 또는 접시 와셔는 진동에 의한 풀림을 줄인다.
① 기계용 : 둥근형 와셔
② 너트 풀림 방지용 : 스프링 와셔, 이붙이 와셔, 혀붙이 와셔, 클로오 와셔 등

2) 와셔의 용도

① 볼트의 구멍이 볼트의 지름보다 너무 클 때
② 표면이 거칠 때
③ 접촉면이 기울어져 있을 때
④ 목재나 고무와 같이 압축에 약하여 너트가 내려앉는 것을 막을 필요가 있을 때

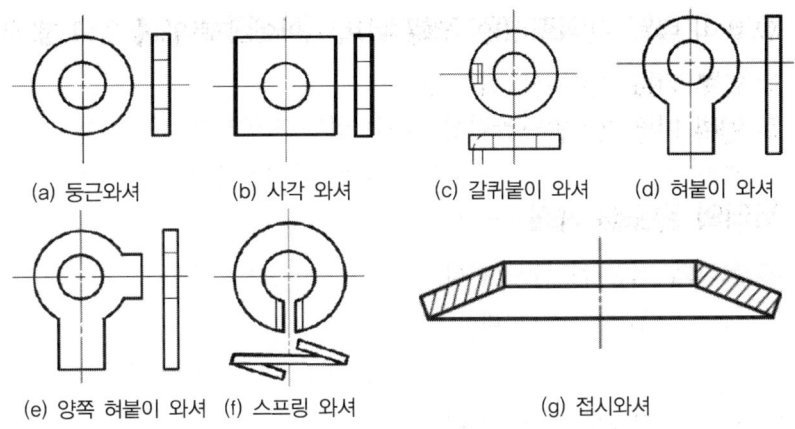

[그림 1-20] 와셔의 종류

8. 코터

한쪽 또는 양쪽 기울기가 있는 평판 모양의 쐐기로서 2개의 축을 축 방향으로 연결하는 데 사용되는 일시적인 결합 요소이다. 축 방향의 인장력, 압축력을 전달하는 데 주로 사용한다. 코터의 재료는 축보다 경도가 높은 재료를 사용하고 응력 집중을 막기 위해 모서리를 둥글게 한다.

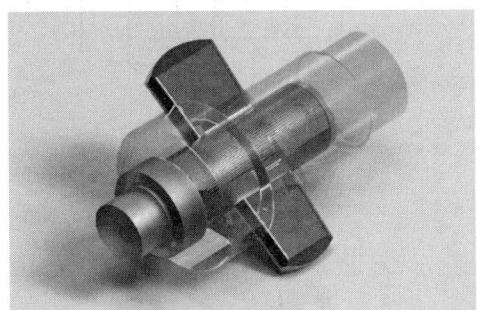

[그림 1-21] 코터의 구성요소

1) 코터의 구성요소

코터는 로드(Rod), 소켓(Socket), 코터(Cotter)로 구성된다.

2) 코터의 기울기

① 반영구적인 곳 : 1/50~1/100
② 자주 분해할 때 : 1/15~1/10(핀 사용), 1/10~1/5(너트 사용)
③ 보통 분해시 : 1/20

3) 코터 이음의 자립조건은 마찰각 ρ, 구배(경사각)를 α라 할 때

① 한쪽 기울기인 경우 : $\alpha \leq 2\rho$
② 양쪽 기울기인 경우 : $\alpha \leq \rho$

4) 코터의 강도를 계산

① 코터의 전단강도를 구한다.

$$\tau = \frac{P}{2bh}$$

② 핀의 굽힘강도를 계산한다.

$$M = \frac{PD}{8} = \sigma_b \frac{bh^2}{6}$$

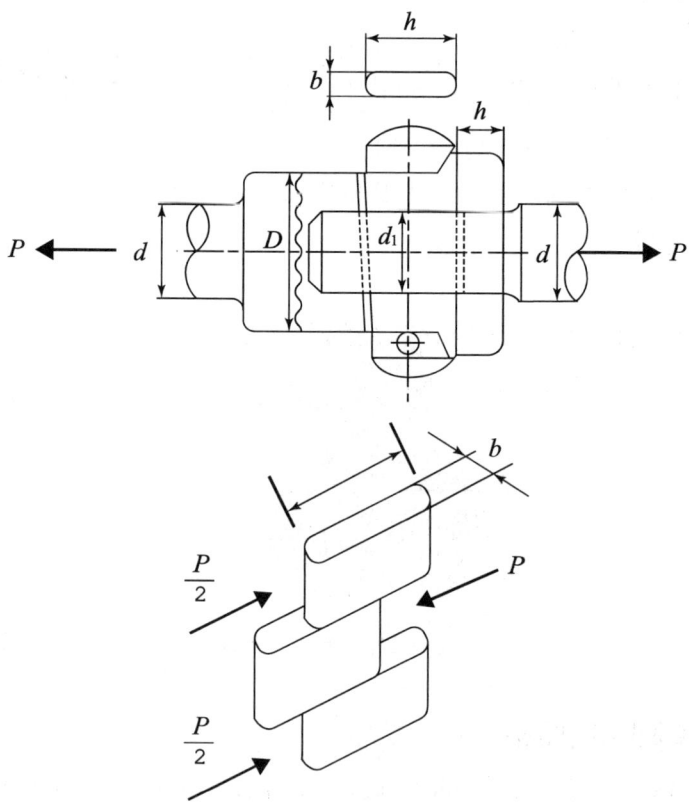

[그림 1-22] 코터의 강도 계산을 위1개념도

01 나사

01. 다음 중 체결용 기계요소로 거리가 먼 것은?

① 볼트, 너트 ② 키, 핀, 코터
③ 클러치 ④ 리벳

해설 기계요소의 종류
① 체결용 기계요소 : 나사, 키, 핀, 코터, 리벳, 용접 수축확대 및 테이퍼이음
② 축계 기계요소 : 축, 축이음 및 베어링
③ 완충 및 제동용 기계요소 : 브레이크, 스프링 및 플라이휠 등
④ 전동용 기계요소 : 벨트, 로프, 체인, 링크 마찰차 및 캠 기어, 클러치 등
⑤ 관용 기계요소 : 압력용기, 파이프, 파이프이음, 밸브와 콕 등

02. 나사 곡선을 따라 축의 둘레를 한 바퀴 회전하였을 때 축 방향으로 이동하는 거리를 무엇이라 하는가?

① 나사산 ② 피치
③ 리드 ④ 나사홈

03. 유효지름이 모두 동일한 미터 보통 나사에서 리드각이 가장 큰 것은?

① 피치 5mm인 1줄 나사
② 피치 3.5mm인 2줄 나사
③ 피치 2mm인 3줄 나사
④ 피치 6mm인 1줄 나사

해설 ① 피치 5mm×1=5mm
② 피치 3.5mm×2=7mm
③ 피치 2mm×3=6mm
④ 피치 6mm×1=6mm

04. 지름 20mm, 피치 2mm인 3줄 나사를 1/2 회전하였을 때 이 나사의 진행거리는 몇 mm인가?

① 1 ② 3
③ 4 ④ 6

해설 $L = l \times 회전 = 3 \times 2 \times \frac{1}{2} = 3mm$

05. 피치가 2mm인 3줄 나사에서 90° 회전시키면 나사가 움직인 거리는 몇 mm인가?

① 0.5 ② 1
③ 1.5 ④ 2

해설 $L = np = 3 \times 2 \times \frac{90}{360} = 1.5mm$

06. 2줄 나사의 리드(lead)가 3mm인 경우 피치는 몇 mm인가?

① 1.5 ② 3
③ 6 ④ 12

해설 $l = n \cdot p \Rightarrow \therefore p = \frac{l}{n} = \frac{3}{2} = 1.5mm$

07. 바깥지름이 30mm인 사각나사에서 피치가 6mm, 나사산의 높이가 피치의 $\frac{1}{2}$일 때 나사의 유효지름은 몇 mm인가?

① 27 ② 32
③ 34 ④ 36

해설 $h = \frac{p}{2} = \frac{6}{2} = 3$
$d_e = d_2 - h = 30 - 3 = 27mm$

정답 01 ③ 02 ③ 03 ② 04 ② 05 ③ 06 ① 07 ①

Part 2. 기계요소 설계

08. 다음 중 주로 운동용으로 사용되는 나사에 속하지 않는 것은?

① 사각나사　　② 미터나사
③ 톱니 나사　　④ 사다리꼴나사

해설　미터나사 : 체결용 나사

09. 미터나사의 용도로 틀린 것은?

① 보통 나사보다 강도를 필요로 하는 곳
② 살이 얇은 원통 부
③ 정밀기계, 공작기계의 이완 방지용
④ 공작기계의 이송나사에 사용

해설　미터나사의 용도
- 자동차, 비행기 등의 롤링 베어링 부품
- 진동에 의해 나사의 이완이 있는 부분
- 수밀이나 기밀을 필요로 하는 부분

10. 다음 나사산의 각도 중 틀린 것은?

① 미터 보통 나사 60°
② 관용 평행 나사 55°
③ 유니파이 보통 나사 60°
④ 미터 사다리꼴 나사 35°

해설　사다리꼴나사(Trapezoidal screw thread)
애크미 나사라고도 하고, 나사산의 각도는 미터계(TM)에서는 30°, 인치계(TW)에서는 29°이다. 용도는 스러스트(thrust)를 전달시키는 운동용 나사이다.

11. 프레스 등의 동력전달용으로 사용되며 축 방향의 큰 하중을 받는 곳에 주로 쓰이는 나사는?

① 미터나사　　② 관용 평행 나사
③ 사각나사　　④ 둥근나사

12. 나사의 종류 중 먼지, 모래 등이 나사산 사이에 들어가도 나사의 작동에 별로 영향을 주지 않으므로 전구와 소켓의 결합부 또는 호스의 이음부에 주로 사용되는 나사는?

① 사다리꼴나사
② 톱니 나사
③ 유니파이 보통 나사
④ 둥근나사

13. 다음 중 스러스트(推力)를 받아서 정확한 운동전달을 시키는 공작기계의 이송나사로 가장 적당한 것은?

① 톱니 나사(buttress thread)
② 둥근나사(knuckle screw thread)
③ 사다리꼴나사(acme thread)
④ 볼나사(ball thread)

14. 볼나사(ball screw)의 장점에 해당되지 않는 것은?

① 미끄럼이 나사보다 내충격성 및 감쇠성이 우수하다.
② 예압에 의하여 치면놀이(backlash)를 작게 할 수 있다.
③ 마찰이 매우 적고, 기계효율이 높다.
④ 시동 토크 또는 작동 토크의 변동이 적다.

해설　볼나사(ball screw)의 장점
① 미끄럼이 나사보다 효율이 우수하다.
② 예압에 의하여 치면놀이(backlash)를 작게 할 수 있다.
③ 마찰이 매우 적고, 기계효율이 높다.
④ 시동 토크 또는 작동 토크의 변동이 적다.

정답　08 ②　09 ④　10 ④　11 ③　12 ④　13 ③　14 ①

15. 효율이 우수하여 이송나사의 마찰손실을 감소시키고 나사축과 너트를 보다 가볍게 작동시키는 방법으로 구름마찰을 이용한 나사는?

① 톱니 나사 ② 둥근나사
③ 사다리꼴나사 ④ 롤러 나사

해설 롤러 나사 : 볼나사와 같은 효율을 얻을 수 있는 것으로 이송나사의 마찰손실을 감소시키고 나사축과 너트를 보다 가볍게 작동시키는 방법으로 구름마찰을 이용한 방법이다. 용도는 연삭기, 밀링, 호빙 등 대형 공작기계의 이송 부분, 나사 잭의 구동 부분, 유압모터의 흡입 밸브 장치, 원자력 발전 장치, 전차의 대포, 미사일의 조준 장치에 사용된다.

02 키

01. 축에 풀리, 기어, 플라이휠, 커플링 등의 회전체를 고정시켜서 원주 방향의 상대적인 운동을 방지하면서 회전력을 전달시키는 기계요소는?

① 볼트 ② 코터
③ 리벳 ④ 키

02. 다음 성크(sunk) 키에 관한 설명으로 틀린 것은?

① 기울기가 없는 평행 생크 키도 있다.
② 머리 달린 경사키도 성크 키의 일종이다.
③ 축과 보스의 양쪽에 모두 키 홈을 파서 토크를 전달시킨다.
④ 일반적으로 윗면에 1/5 정도의 기울기를 가지고 있는 수가 많다.

해설 성크 키는 일반적으로 1/100이 기울기를 가지고 있다.

03. 다음 중 축에는 가공을 하지 않고 보스 쪽에만 홈을 가공하여 조립하는 키는?

① 안장 키(saddle key)
② 납작 키(flat key)
③ 묻힘 키(sunk key)
④ 둥근 키(round key)

해설 ① 안장 키(saddle key) : 축에는 홈을 파지 않고 축과 키 사이의 마찰력으로 회전력을 전달하며 경하중 소직경에 사용한다.
② 납작 키(flat key) : 을 키의 폭만큼 납작하게 깎아서 보스의 키 홈과의 사이에 밀어 넣는다. 1/100의 기울기를 붙이기도 하고 새들키보다 약간 큰 힘을 전달시킬 수 있다.
③ 묻힘 키(sunk key) : 축과 보스 양쪽에 모두 키 홈을 파서 비틀림 모멘트를 전달하는 키로서 가장 많이 사용된다.
④ 둥근 키(round key) : 핸들과 같이 작은 것의 고정에 사용되고 단면은 원형이고 하중이 작을 때만 사용된다.

04. 축의 원주에 여러 개의 키를 가공한 것으로 큰 토크를 전달할 수 있고 내구력이 크며 축과 보스와의 중심축을 정확하게 맞출 수 있는 것은?

① 스플라인 ② 미끄럼 키
③ 묻힘 키 ④ 반달 키

해설 • 미끄럼 키 : 안내키, 페더키(Feather Key)라고도 하며 보스와 축이 상대적으로 축 방향으로만 이동이 가능하다.
• 묻힘 키(Sunk Key) : 축과 보스 양쪽에 모두 키 홈을 파서 비틀림 모멘트를 전달한다.
• 반달 키 : 반월상의 키로서 축의 홈이 깊게 되어 축의 강도가 약하게 되기는 하나 축과 키 홈의 가공이 쉽고, 키가 자동적으로 축과 보스 사이에 자리를 잡을 수 있고 60mm 이하의 작은 축이나 테이퍼 축에 사용한다.

정답 15 ④ / 01 ④ 02 ④ 03 ① 04 ①

Part 2. 기계요소 설계

05. 축 방향으로 보스를 미끄럼 운동시킬 필요가 있을 때 사용하는 키는?

① 페더(feather) 키
② 반달(woodruff) 키
③ 성크(sunk) 키
④ 안장(saddle) 키

[해설]
- 반달(woodruff) 키 : 축과 키 홈의 가공이 쉽고, 키가 자동적으로 축과 보스 사이에 자리를 잡을 수 있어 자동차, 공작기계 등의 60mm 이하의 작은 축이나 테이퍼 축에 사용
- 성크(sunk) 키 : 축과 보스 양쪽에 모두 키 홈을 파서 비틀림 모멘트를 전달하는 키
- 안장(saddle) 키 : 축에는 홈을 파지 않고 축과 키 사이의 마찰력으로 회전력을 전달. 축의 강도를 감소시키지 않고 고정할 수 있으나, 큰 동력을 전달시킬 수 없으므로 경하중소직경에 사용

06. 축의 홈 속에서 자유로이 기울어 질 수 있어 키가 자동적으로 축과 보스에 조정되는 장점이 있지만, 키 홈의 깊이가 커서 축의 강도가 약해지는 단점이 있는 키는?

① 반달 키
② 원뿔 키
③ 묻힘 키
④ 평행 키

[해설]
- 원뿔 키 : 축과 보스에 키를 파지 않고 보스 구멍을 테이퍼 구멍으로 하여 속이 빈 원뿔을 끼워 마찰력만으로 밀착시키는 키로서 바퀴가 편심 되지 않고 축의 어느 위치에나 설치가 가능하다.
- 묻힘 키 : 축과 보스 양쪽에 모두 키 홈을 파서 비틀림 모멘트를 전달하는 키
- 평행 키 : 상하의 면이 평행인 묻힘 키

07. 자동차의 핸들, 전동기의 축 등에 사용되며 축에 작은 삼각형 키 홈을 만들어 축과 보스를 고정시키는 것은?

① 스플라인 축
② 페더키이
③ 세레이션
④ 접선키이

[해설] 세레이션(Serration) : 축과 보스의 상대각 위치를 되도록 가늘게 조절해서 고정하려 할 때 사용한다. 이의 높이가 낮고 잇수가 많으므로, 축의 강도가 높다. 삼각치형, 인벌류트 치형, 삼각치형의 맞대기 세레이션이 있다.

08. 다음 중 가장 큰 회전력을 전달할 수 있는 키는?

① 평 키
② 묻힘 키
③ 페더 키
④ 스플라인

[해설] 토크(torque) 크기 순서
세레이션 > 스플라인 > 접선 키 > 성크 키 > 평 키 > 새들 키

09. 키 홈이나 축의 지름이 급격히 변화하는 부분에서 응력 분포가 불규칙하고 주위의 평균 응력보다 훨씬 큰 응력이 발생하는 것을 무엇이라고 하는가?

① 피로 파괴
② 응력 집중
③ 가공 경화
④ 크리프

[해설] 응력 집중 : 키 홈이나 축의 지름이 급격히 변화하는 부분에서 응력 분포가 불규칙하고 주위의 평균 응력보다 훨씬 큰 응력이 발생하는 것을 말한다.

10. 묻힘 키에서 키에 생기는 전단응력을 τ, 압축응력을 σ_c라 할 때, $\tau/\sigma_c = 1/4$이면, 키의 폭 b와 높이 h와의 관계식은? (단, 키 홈의 높이는 키 높이의 1/2라고 한다.)

① $b = h$
② $b = 2h$
③ $b = \dfrac{h}{2}$
④ $b = \dfrac{h}{4}$

정답 05 ① 06 ① 07 ③ 08 ④ 09 ② 10 ②

11. 묻힘 키(sunk key)에 생기는 전단응력을 τ, 압축응력을 σ_c라고 할 때, $\dfrac{\tau}{\sigma_c} = \dfrac{1}{2}$이면 키 폭 b와 높이 h의 관계식으로 옳은 것은? (단, 키 홈의 높이는 키 높이의 1/2이다.)

① $b = h$ ② $h = \dfrac{b}{4}$
③ $b = \dfrac{h}{2}$ ④ $b = 2h$

해설 키는 전단력과 압축력이 같아야 하므로
$\tau l b = \sigma_c l \dfrac{h}{2}$ ∴ $\dfrac{b}{h} = \dfrac{\sigma_c}{2\tau}$, $h = b \dfrac{2\tau}{\sigma_c}$
여기서 $\sigma_c = 2\tau$라고 하면 $b = h$가 되어 단면이 정사각형이 된다.

12. 폭(b)×높이(h) = 10mm×8mm인 묻힘 키가 전동축에 고정되어 0.25kN·m의 토크를 전달할 때, 축 지름은 약 몇 mm 이상이어야 하는가? (단, 키의 허용전단응력은 36MPa이며, 키의 길이는 47mm이다.)

① 29.6 ② 35.3
③ 47.7 ④ 50.2

해설 묻힘 키의 전단을 고려한 전달 토크
$T = b l \tau_k \cdot \dfrac{d}{2}$이므로
축 지름 $d = \dfrac{2T}{b l \tau_t} = \dfrac{2 \times 250,000}{10 \times 36 \times 47} = 29.6$

13. 260kN·mm의 토크를 받는 직경 60mm의 회전축에 사용하는 묻힘 키의 폭×높이×길이는 18mm×12mm×100mm이다. 이때 키에 생기는 전단응력은?

① 6.1N/mm^2 ② 5.7N/mm^2
③ 4.8N/mm^2 ④ 3.2N/mm^2

해설 $\tau = \dfrac{2T}{b l d} = \dfrac{2 \times 260,000}{18 \times 100 \times 60} = 4.8\text{N/mm}^2$

14. 950N·m의 토크를 전달하는 지름 50mm인 축에 안전하게 사용할 키의 최소 길이는 약 몇 mm인가? (단, 묻힘 키의 폭과 높이는 모두 8mm이고, 키의 허용전단응력은 80N/mm²이다.)

① 45 ② 50
③ 65 ④ 60

해설 $l = \dfrac{2T}{bd\tau} = \dfrac{2 \times 950,000}{8 \times 50 \times 80} = 59.4 ≒ 60$

15. 96,000N·cm의 토크를 전달하는 지름이 50mm인 축에 풀리를 연결하기 위해 묻힘 키(폭×높이 = 12mm×8mm)를 적용하려고 할 때, 묻힘 키의 길이는 약 몇 mm 이상이어야 하는가? (단, 키의 전단 강도만으로 계산하고, 키의 허용전단응력은 800N/cm²이다.)

① 40 ② 50
③ 60 ④ 70

해설 $W = \dfrac{2T}{d} = \dfrac{2 \times 96,000}{5} = 38,400$
$l = \dfrac{W}{h\sigma} = \dfrac{38,400}{0.8 \times 800} = 60\text{mm}$

16. 묻힘 키(sunk key)에서 키의 폭 10mm, 키의 유효길이 54mm, 키의 높이 8mm, 축의 지름 45mm일 때 최대 전달 토크는 약 몇 N·m인가? [단, 키(key)의 허용전단응력 35N/mm²이다.]

① 425 ② 643
③ 846 ④ 1,024

정답 11 ① 12 ① 13 ③ 14 ④ 15 ③ 16 ①

해설
$$T = \frac{WD}{2}$$
$$WW = bl\tau = 10 \times 54 \times 35 = 18,900$$
$$\frac{18,900 \times 45}{2} = 425,250 \text{N/mm} = 425 \text{N/m}$$

17. 키 재료의 허용전단응력 60N/mm², 키의 폭×높이가 16mm×10mm인 성크 키를 지름이 50mm인 축에 사용하여 250rpm으로 40kW를 전달시킬 때, 성크 키의 길이는 몇 mm 이상이어야 하는가?

① 51 ② 64
③ 78 ④ 93

해설
$$T = 9.55 \times 10^6 \times \frac{H}{n} = \frac{9.55 \times 10^6 \times 40}{250}$$
$$= 1,528,000 \text{ N} \cdot \text{mm}$$
$$l = \frac{2T}{b\tau d} = \frac{2 \times 1,528,000}{16 \times 60 \times 50} = 63.67$$

18. 지름 50mm의 연강축을 사용하여 350rpm으로 40kW를 전달할 수 있는 묻힘 키의 길이는 몇 mm 이상인가? (단, 키의 허용전단응력은 49.05MPa, 키의 폭과 높이는 b×h=15mm×10mm이며, 전단저항만 고려한다.)

① 38 ② 46
③ 60 ④ 78

해설
$$T = 9.55 \times 10^6 \times \frac{H}{n} = \frac{9.55 \times 10^6 \times 40}{350}$$
$$= 1,091,429 \text{ N} \cdot \text{mm}$$
$$l = \frac{2T}{b\tau d} = \frac{2 \times 1,091,429}{15 \times 49.05 \times 50} = 59.34$$

19. 평벨트 풀리의 지름이 600mm, 축의 지름이 50mm라 하고, 풀리를 폭(b)×높이(h)=8mm×7mm의 묻힘키로 축에 고정하고 벨트 장력에 의해 풀리의 외주에 2kN의 힘이 작용하였다면, 키의 길이는 몇 mm 이상이어야 하는가? (단, 키의 허용전단응력은 50MPa로 하고, 전단응력만을 고려하여 계산한다.)

① 50 ② 60
③ 70 ④ 80

해설
$$P = 2,000 \text{N} \times \frac{600}{50} = 24,000 \text{N}$$
$$l = \frac{P}{b\tau} = \frac{24,000}{8 \times 50} = 60 \text{mm}$$

20. 2,405N·m의 토크를 전달시키는 지름 85mm의 전동축이 있다. 이축에 사용되는 묻힘키(sunkkey)의 길이는 전단과 압축을 고려하여 최소 몇 mm 이상이어야 하는가? (단, 키의 폭은 24mm, 높이는 16mm이고, 키재료의 허용전단응력은 68.7MPa, 허용압축응력은 147.2MPa이며, 키 홈의 깊이는 키 높이의 1/2로 한다.)

① 12.4 ② 20.1
③ 28.1 ④ 48.1

해설
$$P = \frac{2T}{d} = \frac{2 \times 2,405,000}{85} = 56,588$$
전단 $l = \frac{P}{b\tau} = \frac{56,588}{24 \times 68.7} = 34.3$
압축 $l = \frac{2P}{h\sigma} = \frac{2 \times 56,588}{16 \times 147.2} = 48.05$
따라서 정답은 큰값으로 48.1mm이다.

21. 회전수 155rpm, 축의 직경 110mm인 묻힘키를 설계하려고 한다. 폭이 28mm, 높이가 18mm, 길이가 300mm일 때 묻힘키가 전달할 수 있는 최대 동력(kW)은? (단, 키의 허용전단응력 T_a = 40MPa이며, 키의 허용전단응력만을 고려한다.)

① 933　　② 1,265
③ 2,903　　④ 3,759

해설
$T = \dfrac{\pi d^3}{16} \tau_a$
$H = F \cdot v = T \cdot w$
$w = \dfrac{2\pi N}{60}$
$v = \dfrac{\pi dN}{60 \times 1,000} = \dfrac{\pi \times 110 \times 1,500}{60,000} = 8.64$
$F = 40 \times 300 \times 28 = 336,000$
$H = Fv = 336,000 \times 8.64 = 2,903,040 \div 1,000 = 2,903$

22. 재료의 전단응력이 35N/mm²이고, 키의 길이가 40mm, 접선력은 3,000N이면 너비는?

① 1.6mm　　② 1.8mm
③ 2.2mm　　④ 2.8mm

해설 $b = \dfrac{p}{\tau \times l} = \dfrac{3,000}{35 \times 40} = 2.14$

23. 키의 압축응력을 구하는 식은? (단, h : 키 높이, l : 길이, W : 축의 바깥둘레에 작용하는 힘)

① $\dfrac{W}{hl}$　　② $\dfrac{2W}{hl}$
③ $\dfrac{4W}{hl}$　　④ $\dfrac{hl}{W}$

03 핀

01. 핀에 관한 설명이다. 틀린 것은?

① 핀의 종류로는 분할 핀, 평행 핀, 테이퍼 핀 등이 있다.
② 분할 핀은 나사 이완 방지에도 쓰인다.
③ 핀은 주로 인장력을 받아 파괴된다.
④ 기계부품을 서로 연결 또는 고정시킬 때 하중이 가볍게 걸리는 곳에 사용한다.

해설 핀(Pin)
고정물체의 탈락 방지 및 위치결정, 너트의 풀림 방지에 사용되며, 축 방향에 직각으로 끼워서 사용한다. 핀은 풀리, 기어 등에 작용하는 하중이 작을 때, 설치방법이 간단하기 때문에 키대용으로 널리 사용한다.

02. 평행 핀의 호칭이 바른 것은?

① 명칭, 종류, 형식, $d \times l$, 재료
② 명칭, 형식, 종류, $d \times l$, 재료
③ 명칭, $d \times l$, 재료, 지정사항
④ 명칭, 재료, $d \times l$, 지정사항

03. 다음 중 분할 핀에 관한 설명으로 틀린 것은?

① 핀 전체가 두 갈래로 되어 있다.
② 너트의 풀림 방지에 사용된다.
③ 핀이 빠져나오지 않게 하는 데 사용된다.
④ 테이퍼 핀의 일종이다.

해설 분할 핀(split pin)
너트의 풀림 방지나 바퀴가 축에서 빠지는 것을 방지하기 위하여 사용한다. 호칭법은 규격 번호 또는 명칭, 호칭지름×길이, 재료이다.

Part 2. 기계요소 설계

04. 세로 방향으로 쪼개져 있으므로 구멍의 크기가 정확하지 않더라도 해머로 때려 박을 수가 있어 편리한 핀은?

① 평행 핀
② 테이퍼 핀
③ 스프링 핀
④ 분할 핀

해설 스프링 핀
탄성을 이용하여 물체를 고정하는 데 사용되며, 해머로 때려 박을 수 있는 핀이다.

05. 테이퍼 핀(taper pin)의 호칭 직경으로 바른 것은?

① 핀의 굵은 쪽 직경
② 핀의 가는 쪽 직경
③ 핀의 중간 직경
④ 핀 길이 1/2시점의 직경

해설 테이퍼 핀(taper pin) : $T = \dfrac{1}{50}$
- 호칭지름은 작은 쪽 지름으로 주축을 보스에 고정할 때 사용된다.
- 호칭법은 명칭, 등급, $d \times l$, 재료이다.

06. 테이퍼 핀(taper pin)의 테이퍼는?

① 1/10
② 1/20
③ 1/50
④ 1/100

07. 다음 그림과 같은 분할 핀의 도시 중 길이(l)는 어느 곳을 말하는가?

① A
② B
③ C
④ D

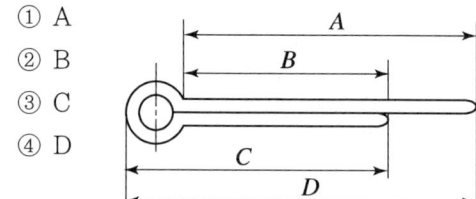

08. 너클 핀 이음에서 인장력이 50kN인 핀의 허용전단응력을 50MPa이라고 할 때, 핀의 지름 d는 몇 mm인가? (단, m=1.5로 한다.)

① 22.8
② 25.8
③ 28.2
④ 35.7

해설 $d = \sqrt{\dfrac{W}{mp}} = \sqrt{\dfrac{50,000}{50 \times 1.5}} = 25.8\text{mm}$

04 리벳

01. 리벳이음의 특징에 대한 설명으로 옳은 것은?

① 용접이음에 비해서 응력에 의한 잔류 변형이 많이 생긴다.
② 리벳 길이 방향으로의 인장하중을 지지하는데 유리하다.
③ 경합금에서는 용접이음보다 신뢰성이 높다.
④ 철골 구조물, 항공기 동체 등에는 적용하기 어렵다.

해설 리벳이음의 특징
- 용접이음과는 달리 초기 응력에 의한 잔류 변형이 생기지 않으므로, 취약 파괴가 일어나지 않는다.
- 구조물 등에서 현장 조립할 때는 용접이음보다 쉽다.
- 경합금과 같이 용접이 곤란한 재료에는 신뢰성이 있다.

02. 볼트 이음이나 리벳이음 등과 비교하여 용접이음의 일반적인 장점으로 틀린 것은?

① 잔류응력이 거의 발생하지 않는다.
② 기밀 및 수밀성이 양호하다.

③ 공정수를 줄일 수 있고, 제작비가 싼 편이다.
④ 전체적인 제품 종량을 적게 할 수 있다.

해설 용접이음의 단점은 잔류응력이 발생한다.

03. 리벳이음의 장점에 해당하지 않는 것은?
① 열응력에 의한 잔류응력이 생기지 않는다.
② 경합금과 같이 용접이 곤란한 재료의 결합에 적합하다.
③ 리벳이음한 구조물에 대해서 분해 조립이 간편하다.
④ 구조물 등에 사용할 때 현장조립의 경우 용접작업보다 용이하다.

해설 리벳이음의 단점으로 영구적인 이음이 되므로 분해할 때는 파괴하여야 한다.

04. 정(Chisel) 등의 공구를 사용하여 리벳머리의 주위와 강판의 가장자리를 두드리는 작업을 코킹(caulking)이라 하는데, 이러한 작업을 실시하는 목적으로 적절한 것은?
① 리벳팅 작업에 있어서 강판의 강도를 크게 하기 위하여
② 리벳팅 작업에 있어서 기밀을 유지하기 위하여
③ 리벳팅 작업 중 파손된 부분을 수정하기 위하여
④ 리벳이 들어갈 구멍을 뚫기 위하여

해설 코킹
고압탱크, 보일러와 같이 기밀을 필요로 할 때는 리베팅이 끝난 후 리벳머리의 주위와 강판의 가장자리를 정(chisel)으로 때려 그 부분을 밀착시켜서 틈을 없애는 작업. 강판의 가장자리는 75~85° 기울어지게 절단한다.

05. 리베팅 후 코킹과 풀러링을 하는 이유는 무엇인가?
① 기밀을 좋게 하기 위해
② 강도를 높이기 위해
③ 작업을 편리하게 하기 위해
④ 재료를 절약하기 위해

해설 코킹(caulking)과 풀러링(fullering) : 기밀을 좋게 하기 위해

06. 다음과 같은 리벳에 작용하는 강도 중 가장 중요하게 고려해야 할 강도는? (단, 판이 아닌 리벳만을 고려한다.)
① 압축강도   ② 전단강도
③ 비틀림강도 ④ 굽힘강도

해설 전단강도 : 리벳에 작용하는 강도 중 가장 중요하다.

07. 맞대기 용접이음에서 압축하중을 W, 용접부의 길이를 ℓ, 판 두께를 t라 할 때 용접부의 압축응력을 계산하는 식으로 옳은 것은?
① $\sigma = \dfrac{W\ell}{t}$ ② $\sigma = \dfrac{W}{t\ell}$
③ $\sigma = Wt\ell$ ④ $\sigma = \dfrac{t\ell}{W}$

해설 용접부의 압축응력
$\sigma = \dfrac{W}{t\ell}$

정답 03 ③ 04 ② 05 ① 06 ② 07 ②

08.
1줄 리벳 겹치기 이음에서 강판의 효율(η_1)을 나타내는 식은? (단, p : 리벳의 피치, d : 리벳구멍의 지름, t : 강판의 두께, σ_t : 강판의 인장응력이다.)

① $\dfrac{d-p}{d}$ ② $\dfrac{p-d}{p}$

③ $pt\sigma_t$ ④ $(p-d)t\sigma_t$

해설 판의 효율 : 리벳구멍이 있는 판과 없는 판의 강도의 비

$$\eta_1 = \frac{(p-d)t\sigma_t}{pt\sigma_t} = \frac{p-d}{p} = 1 - \frac{d}{p}$$

09.
판의 두께 15mm, 리벳의 지름 20mm, 피치 60mm인 1줄 겹치기 리벳이음을 하고자 할 때, 강판의 인장응력과 리벳이음 판의 효율은 각각 얼마인가? (단, 12.26kN의 인장하중이 작용한다.)

① 20.43MPa, 66%
② 20.43MPa, 76%
③ 32.96MPa, 66%
④ 32.96MPa, 76%

해설 ① 강판의 인장응력
$$\sigma_t = \frac{W}{t(p-d)} = \frac{12,260}{15 \times (60-20)} = 20.43\,\text{MPa}$$
② 강판의 이음 효율
$$\eta = 1 - \frac{d}{p} = 1 - \frac{20}{60} = 0.66 = 66.0\%$$

10.
1줄 겹치기 리벳이음에서 리벳 구멍의 지름은 12mm이고, 리벳의 피치는 45mm일 때 판의 효율은 약 몇 %인가?

① 80   ② 73
③ 55   ④ 42

해설 $\eta = \dfrac{p-d}{p} = 1 - \dfrac{d}{p} = 1 - \dfrac{12}{45} = 0.73 = 73\%$

11.
강판의 두께는 14mm, 리벳지름은 17mm, 리벳의 피치는 48mm인 1줄 겹치기 리벳이음에서 1피치마다 10kN의 하중이 작용할 때 강판의 효율은? (단, 리벳 구멍의 지름은 리벳의 지름과 같다고 가정한다.)

① 51.76%   ② 55.12%
③ 60.34%   ④ 64.58%

해설 $\eta = 1 - \dfrac{d}{p} = 1 - \dfrac{17}{48} = 0.6458 = 64.58\%$

12.
1줄 겹치기 리벳이음에서 피치는 리벳 지름의 3배이고, 리벳의 전단력과 강판의 인장력이 같을 때, 강판 두께(t)와 리벳 지름(d)과의 관계는? (단, 강판에서 발생하는 인장응력은 리벳에서 발생하는 전단응력의 2배이다.)

① $t = \dfrac{\pi d}{16}$ ② $t = \dfrac{\pi d}{4}$

③ $t = \dfrac{\pi d}{8}$ ④ $t = \dfrac{\pi d}{2}$

해설 위의 내용에서 강판 두께(t)와 리벳 지름(d)과의 관계 $t = \dfrac{\pi d}{16}$ 이다.

13.
허용전단응력 60N/mm²의 리벳이 있다. 이 리벳에 15kN의 전단하중을 작용시킬 때 리벳의 지름은 약 몇 mm 이상이어야 안전한가?

① 17.84   ② 20.50
③ 25.25   ④ 30.85

해설 $\sqrt{\dfrac{4W}{\pi\tau}} = \sqrt{\dfrac{4 \times 15,000}{\pi \times 60}} = 17.84$

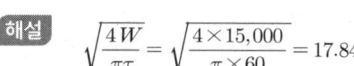

14. 1줄 겹치기 리벳이음에서 리벳의 수는 3개, 리벳 지름은 18mm, 작용하중은 10kN일 때 리벳 하나에 작용하는 전단응력은 약 몇 MPa인가?

① 6.8 ② 13.1
③ 24.6 ④ 32.5

해설 $\tau = \dfrac{4P}{\pi d^2} = \dfrac{4 \times 10,000}{\pi \times 18^2 \times 3} = 13.1$

15. 지름 50mm인 축에 보스의 길이 50mm인 기어를 붙이려고 할 때 250N·m의 토크가 작용한다. 키에 발생하는 압축응력은 약 몇 MPa인가? (단, 키의 높이는 키 홈 높이의 2배이며, 묻힘 키의 폭과 높이는 $b \times h = 15\text{mm} \times 10\text{mm}$이다.)

① 30 ② 40
③ 50 ④ 60

해설 $\sigma = \dfrac{4T}{hld} = \dfrac{4 \times 250,000}{10 \times 50 \times 50} = 40\text{MPa}$

16. 두께 10mm 강판을 지름 20mm 리벳으로 한줄 겹치기 리벳이음을 할 때 리벳에 발생하는 전단력과 판에 작용하는 인장력이 같도록 할 수 있는 피치는 약 몇 mm인가? (단, 리벳에 작용하는 전단응력과 판에 작용하는 인장응력은 동일하다고 본다.)

① 51.4 ② 73.6
③ 163.6 ④ 205.6

해설 $\dfrac{\pi}{4}d^2\tau = (p-d)t\sigma_t$
$p = d + \dfrac{\pi d^2 \tau}{4t\sigma_t} = 20 + \dfrac{\pi \times 20^2}{4 \times 10} = 51.4\text{mm}$

17. 두께 10mm의 강판에 지름 24mm의 리벳을 사용하여 1줄 겹치기 이음할 때 피치는 약 몇 mm인가? (단, 리벳에서 발생하는 전단응력은 35.3MPa이고, 강판에 발생하는 인장응력은 42.2MPa이다.)

① 43 ② 62
③ 55 ④ 74

해설 $4 \times \dfrac{\pi}{4}d^2\tau = (p-d)t\sigma$
$p = d + \dfrac{\pi d^2 \tau}{4t\sigma_t} = 24 + \dfrac{\pi \times 24^2 \times 35.3}{4 \times 10 \times 42.2} = 61.8\text{mm}$

18. 147kN의 인장하중을 받는 강판이 양쪽 덮개판 리벳이음으로 연결되어 있다. 리벳의 지름이 13mm라면 리벳의 수는 몇 개 이상을 사용하면 좋은가? (단, 리벳의 허용전단응력은 50MPa이고, 양쪽 덮개판 이음에 따른 전단면계수는 1.8로 한다.)

① 13개 ② 11개
③ 9개 ④ 7개

해설 $P = 1.8\tau \dfrac{\pi d^2}{4} n$
$n = \dfrac{4P}{1.8\pi d^2} = \dfrac{4 \times 147,000}{1.8 \times 50 \times \pi \times 13^2} = 12.3 = 13개$

19. 10kN의 인장하중을 받는 1줄 겹치기 이음이 있다. 리벳의 지름이 16mm라고 하면 몇 개 이상의 리벳을 사용해야 되는가? (단, 리벳의 허용전단응력은 6.5MPa이다.)

① 5 ② 6
③ 7 ④ 8

해설 $P = \tau \dfrac{\pi d^2}{4} n$
$n = \dfrac{4P}{\tau \pi d^2} = \dfrac{4 \times 10,000}{6.5 \times \pi \times 16^2} = 7.6 = 8$

정답 14 ② 15 ② 16 ① 17 ② 18 ① 19 ④

20. 다음 그림과 같은 겹치기 리벳이음에서 인장하중 $W=800$kg이 작용하고, 리벳 구멍 지름은 10mm이고 리벳의 중심에서 판자의 가장 자리까지의 거리 $e=20$mm일 때, 강판의 두께는 몇 mm인가? (단, 강판의 허용전단응력은 5kgf/mm²이고, 리벳과 강판 끝 사이에서 강판이 전단되는 경우다.)

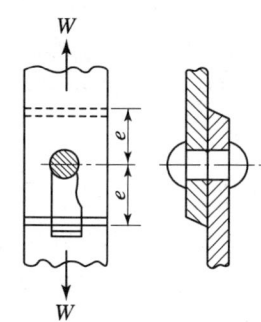

① 8mm ② 6mm
③ 4mm ④ 2mm

해설 $t = \dfrac{P}{2 \cdot e \cdot \tau_p} = \dfrac{800}{2 \times 20 \times 5} = 4\,\text{mm}$

21. 폭 45mm, 두께 5mm인 강판을 그림과 같이 한쪽 덮게판 1줄 리벳맞대기 이음으로 연결하였을 때 리벳구멍지름은 얼마로 하면 되는가? (단, 하중 $W=1,500$kgf, 판의 허용인장응력 = 1,000kgf/cm², 리벳의 허용전단응력 = 800kgf/cm²이다.)

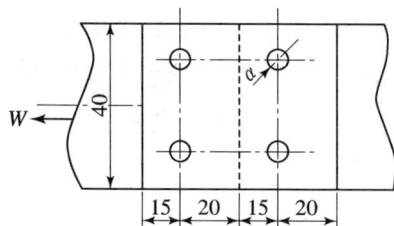

① 6.5mm ② 7mm
③ 7.5mm ④ 8mm

해설 $d = 1.27 \times t \times \dfrac{\sigma}{\tau} = 1.27 \times 5 \times \dfrac{10}{8} = 7.9\,\text{mm}$

22. 다음 그림과 같은 리벳이음에서 강판의 허용인장응력이 500N/cm²일 때 강판은 몇 N의 하중까지 견딜 수 있는가?

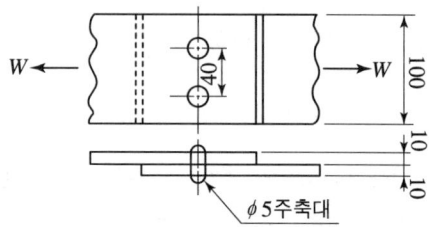

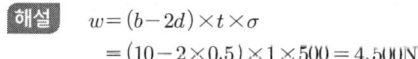

① 1,500 ② 3,500
③ 4,500 ④ 5,300

해설 $w = (b - 2d) \times t \times \sigma$
$= (10 - 2 \times 0.5) \times 1 \times 500 = 4,500\,\text{N}$

05 용접

01. 다음 중 용접이음의 장점으로 틀린 것은?

① 사용재료의 두께에 제한이 없다.
② 용접이음은 기밀유지가 불가능하다.
③ 이음 효율을 100%까지 할 수 있다.
④ 리벳, 볼트 등의 기계결합 요소가 필요 없다.

해설 용접이음의 장점
① 사용재료의 두께 제한이 없고, 기계결합요소가 필요 없다.
② 기밀유지에 용이하고, 이음 효율이 100%까지 할 수 있다.
③ 사용재료의 선택 폭이 넓고, 다른 이음방법보다 제작물의 무게를 경감시킨다.
④ 사용기계가 간단하고, 작업 공정수가 적어 생산성이 높다.
⑤ 작업소음이 적다.

형성평가

02. 다음 중 용접이음의 단점에 속하지 않는 것은?
① 내부 결함이 생기기 쉽고 정확한 검사가 어렵다.
② 용접공의 기능에 따라 용접부의 강도가 좌우된다.
③ 다른 이음작업과 비교하여 작업 공정이 많은 편이다.
④ 잔류응력이 발생하기 쉬워서 이를 제거해야 하는 작업이 필요하다.

해설 용접이음의 단점
① 단시간의 가열, 냉각으로 용접부의 금속조직이 취성파손 및 강도저하를 가져온다.
② 용접 후 재료에 잔류응력이 존재하여 변형위험과 부재의 재질에 제한이 있다(주철, 경금속 등은 용접이 곤란).
③ 진동을 감시시키기 어렵고 비파괴 검사가 어렵다.

03. 다음 중 볼트 이음 또는 리벳이음과 비교한 용접이음의 장점으로 가장 적절하지 않은 것은?
① 기밀 및 수밀성이 우수하다.
② 잔류응력이 발생하지 않는다.
③ 전체적인 제품 중량을 적게 할 수 있다.
④ 공정수를 줄일 수 있고, 제작비가 저렴하다.

해설 용접이음은 잔류응력이 발생한다.

04. 접합할 모재의 한쪽에 구멍을 뚫고, 판재의 표면까지 용접하여 다른 쪽 모재와 접합하는 용접방법은?
① 그루브 용접 ② 필렛 용접
③ 비드 용접 ④ 플러그 용접

해설
- 그루브 용접 : 접합하는 두 모재(母材)의 접합면에 가공된 그루브(홈)에 용착 금속을 채워 접합하는 용접을 말한다.
- 필렛 용접 : 2장의 판을 T자 형으로 맞붙이기도 하고, 겹쳐 붙이기도 할 때 생기는 코너 부분을 용접하는 것이다.
- 비드 용접 : 평판 위에 용접 비드를 용착시키는 것이다.

05. 맞대기 용접이음에서 압축하중을 W, 용접부의 길이를 ℓ, 판 두께를 t라 할 때 용접부의 압축응력을 계산하는 식으로 옳은 것은?

① $\sigma = \dfrac{W\ell}{t}$ ② $\sigma = \dfrac{W}{t\ell}$

③ $\sigma = Wt\ell$ ④ $\sigma = \dfrac{t\ell}{W}$

해설 용접부의 압축응력
$\sigma = \dfrac{W}{t\ell}$

06. 그림과 같은 맞대기 용접이음에서 인장하중 W[N], 강판의 두께 h[mm]라 할 때 용접길이 ℓ[mm]를 구하는 식으로 가장 옳은 것은? (단, 상하의 용접부 목두께가 각각 t_1[mm], t_2[mm]이고, 용접부에서 발생하는 인장응력 σ_t[N/mm²]이다.)

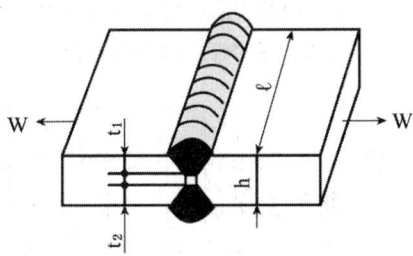

① $\ell = \dfrac{0.707W}{h\sigma_t}$ ② $\ell = \dfrac{0.707W}{(t_1+t_2)\sigma_t}$

③ $\ell = \dfrac{W}{h\sigma_t}$ ④ $\ell = \dfrac{W}{(t_1+t_2)\sigma_t}$

07. 그림과 같이 용접이음에서 인장응력을 구하면 얼마인가?

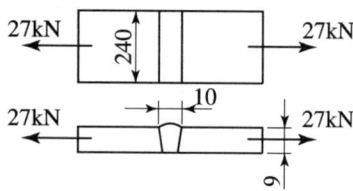

① 7.5N/mm^2 ② 12.5N/mm^2
③ 15N/mm^2 ④ 200N/mm^2

해설 $\sigma_t = \dfrac{W}{tl} = \dfrac{27,000}{9\times 240} = 12.5\,\text{N/mm}^2$

08. 그림과 같은 T형 용접이음에서 허용전단응력이 8N/mm^2일 때, 용접길이 L은 얼마인가?

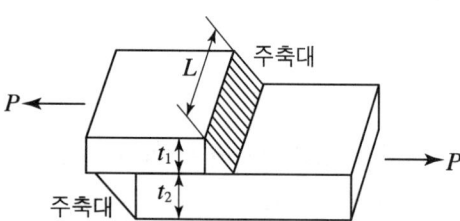

① $L=50\text{mm}$ ② $L=60\text{mm}$
③ $L=180\text{mm}$ ④ $L=190\text{mm}$

해설 $\tau_a = \dfrac{W}{tL}$

$\therefore L = \dfrac{W}{t\tau_a} = \dfrac{4000}{10\times 8} = 50\,\text{mm}$

09. $L=150\text{mm}$, $t=20\text{mm}$, $l=60\text{mm}$, 굽힘응력 350N/mm^2인 용접이음에서 견딜 수 있는 하중(W)과 이때의 최대 전단응력($\tau_{\max}$)으로서 다음 중 제일 적합한 것은?

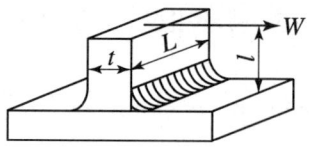

① $W \fallingdotseq 583\text{N}$, $\tau_{\max} \fallingdotseq 0.195\text{N/mm}^2$
② $W \fallingdotseq 483\text{N}$, $\tau_{\max} \fallingdotseq 0.195\text{N/mm}^2$
③ $W \fallingdotseq 583\text{N}$, $\tau_{\max} \fallingdotseq 2.195\text{N/mm}^2$
④ $W \fallingdotseq 483\text{N}$, $\tau_{\max} \fallingdotseq 2.195\text{N/mm}^2$

해설 $\sigma_b = \dfrac{6\cdot w\cdot l}{t^2\cdot L}$

$w = \dfrac{\sigma_b t^2 L}{6\cdot l} = \dfrac{3.5\times(20)^2\times 150}{6\times 60} = 583.3$

$\tau_{\max} = \dfrac{w}{t\cdot L} = \dfrac{583}{20\times 150} = 0.1943\,\text{N/mm}^2$

10. 맞대기 용접이음에서 허용인장응력 80MPa, 두께 12mm의 강판을 용접 길이 120mm, 용접이음 효율 80%로 맞대기 용접이음을 할 때, 용접부가 견딜 수 있는 허용하중과 목두께는 얼마인가? (단, 용접부의 허용인장응력은 70MPa로 한다.)

① 하중=92, 목두께=11
② 하중=92, 목두께=22
③ 하중=82, 목두께=11
④ 하중=82, 목두께=22

해설 용접 길이의 강판이 지탱할 수 있는 하중은
$\sigma_t tl = 80\times 12\times 120 = 115,200\text{N}$

용접부가 견딜 수 있는 허용하중은
$P = 0.8\times 115,200 = 92,160\text{N} = 92.16\text{kN}$

목두께 t는 $t = \dfrac{P}{\sigma_t l} = \dfrac{92,160}{70\times 120} = 11\,\text{mm}$

06 볼트와 너트

01. 다음 중 전단력이 작용하는 곳에 가장 적합한 볼트는?

① 스터드 볼트　② 탭 볼트
③ 리머 볼트　④ 스테이 볼트

해설
- 관통볼트 : 체결하려는 2개의 부분에 구멍을 뚫고, 여기에 볼트를 관통시킨 다음 너트를 죈다.
- 탭 볼트 : 체결하는 상대 쪽에 암나사를 내고 머리붙이 볼트를 나사 박음하여 체결하는 볼트로 한 부분에 구멍을 뚫고 다른 한 부분은 중간까지 나사를 죄어 이것에 머리 달린 나사를 박는다.
- 스터드 볼트 : 막대의 양끝에 나사를 깎은 머리 없는 볼트로서 한끝을 본체에 튼튼하게 박고 다른 끝에는 너트를 끼워서 죈다. 자주 분해·결합하는 경우 사용하며 양쪽에 나사를 만든다.
- 양 너트 볼트 : 머리 부분이 길어서 사용할 수 없을 때, 양 끝 모두 바깥에서 너트로 죄는 볼트
- 리머 볼트 : 다듬질한 구멍에 꼭 끼워 미끄럼을 방지하며 전단력이 발생하는 부분에 링을 끼워 링이 전단력을 받도록 하거나 볼트의 축 부분을 테이퍼 지게 하여 움직이지 않도록 고정한다.

02. 판재의 간격을 유지하기 위하여 사용하는 볼트는 어느 것인가?

① 탭 볼트　② 기초 볼트
③ 스터드 볼트　④ 스테이 볼트

해설
볼트의 종류
- 기초 볼트 : 기계 구조물을 콘크리트 기초 위에 고정하고자 할 때 사용한다.
- 탭 볼트 : 죄려고 하는 곳이 두꺼울 때 너트가 필요 없이 볼트만으로 연결한다.
- 스터드 볼트 : 양끝에 나사를 깎은 머리 없는 볼트로 한쪽 끝을 본체에 박고, 다른 끝은 너트로 조인다.
- 스테이 볼트 : 2개의 부품 사이에 일정한 간격을 유지한다.
- 아이 볼트 : 나사의 머리부를 고리(ring) 모양으로 만들어 무거운 물건을 들어 올릴 때 사용한다.

03. 생크 부분의 단면적을 작게 하여 늘어나기 쉽게 한 볼트로서 충격적인 인장력이 작용하는 경우에 사용되는 것은?

① 스테이 볼트　② 탭 볼트
③ 충격 볼트　④ 기초 볼

04. 다음 볼트 중 특수 볼트에 속하는 것은?

① 관통볼트　② 탭 볼트
③ 스터드 볼트　④ 스테이 볼트

해설
특수용 볼트는 기초 볼트, 아이 볼트, 스테이 볼트, T볼트, 리머볼트 등이다.

05. 자리가 좁거나 너트의 높이가 낮아야 하는 경우 사용하며 보통 훅 스패너를 사용하는 너트는?

① 둥근 너트　② 플랜지 너트
③ 홈붙이 너트　④ 캡 너트

해설
- 플랜지 너트 : 볼트의 지름보다 볼트 구멍이 클 때 사용
- 홈붙이 너트 : 너트의 위쪽이 갈라져 있어 너트의 풀림에 사용
- 캡 너트 : 유체의 누설을 방지

06. 유체가 나사의 접촉면 사이의 틈새나 볼트의 구멍으로 흘러나오는 것을 방지할 필요가 있을 때 사용하는 너트는?

① 캡 너트　② 홈붙이 너트
③ 플랜지 너트　④ 슬리브 너트

정답　01 ③　02 ④　03 ③　04 ④　05 ①　06 ①

Part 2. 기계요소 설계

07. 양 끝에 오른나사와 왼나사가 깎여 있고 막대와 로우프 등을 죄는데 사용되는 것은?
① 슬리이브 ② 플레이트
③ 플래시 ④ 턴버클

해설 턴버클은 와이어로우프 등을 죄는데 사용된다.

08. 나사의 풀림을 방지하는 방법 중 너트의 죄어짐에서 위치에 제한을 받고 볼트를 약하게 하는 결점이 있는 방법이다. 해당 없는 것은?
① 핀을 사용하는 방법
② 작은 나사를 사용하는 방법
③ 자동 죔 너트를 사용하는 방법
④ 세트 스크루를 사용하는 방법

09. 나사의 풀림 방지법으로 적절하지 않은 것은?
① 로트너트(lock nut)에 의한 방법
② 핀 또는 작은 나사를 이용하는 법
③ 와셔를 사용하는 방법
④ 접착제에 의한 방법

해설 나사의 풀림 방지법
• 와셔를 사용하는 방법
• 로크너트를 사용하는 방법
• 자동죔너트에 의한 방법
• 핀, 작은나사, 멈춤나사에 의한 방법

07 와셔

01. 와셔의 용도가 아닌 것은?
① 볼트의 구멍이 볼트의 지름보다 너무 작을 때
② 표면이 거칠 때
③ 접촉면이 기울어져 있을 때
④ 목재나 고무와 같이 압축에 약하여 너트가 내려앉는 것을 막을 필요가 있을 때

해설 볼트의 구멍이 볼트의 지름보다 너무 클 때

02. 다음 그림과 같은 와셔의 명칭은? (단, d는 볼트의 지름이다.)
① 혀붙이 와셔
② 클로오 와셔
③ 스프링 와셔
④ 둥근평 와셔

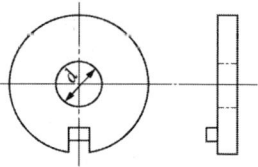

해설 구름 베어링용 와셔라고도 한다.

03. 와셔를 기계용과 너트 풀림 방지용으로 분류할 때, 기계용으로 사용되는 것은?
① 혀붙이 와셔 ② 클로오 와셔
③ 둥근평 와셔 ④ 스프링 와셔

04. 너트 풀림 방지용 와셔가 아닌 것은?
① 혀붙이 와셔 ② 클로오 와셔
③ 둥근평 와셔 ④ 스프링 와셔

해설 • 기계용 : 둥근형 와셔
• 너트 풀림 방지용 : 스프링 와셔, 이붙이 와셔, 혀붙이와셔, 클로오 와셔 등

08 코터

01. 보기와 같이 축 방향으로 인장력이나 압축력이 작용하는 두 축을 연결하거나 풀 필요가 있을 때 사용하는 기계요소는 무엇인가?

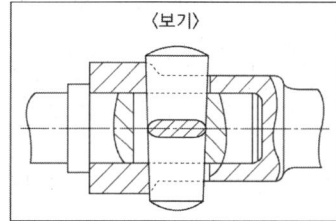

① 핀 ② 키
③ 코터 ④ 플랜지

02. 소켓에 코터를 끼울 때 균열을 방지하기 위해서 사용하는 것은?

① 소켓 ② 로드
③ 지브 ④ 컬러

03. 코터는 일반적으로 한쪽 기울기의 것이 많이 쓰이며, 빠짐 방지를 위하여 핀을 사용하는 코터의 기울기는?

① $\dfrac{1}{100} \sim \dfrac{1}{50}$ ② $\dfrac{1}{40} \sim \dfrac{1}{20}$
③ $\dfrac{1}{15} \sim \dfrac{1}{10}$ ④ $\dfrac{1}{10} \sim \dfrac{1}{5}$

[해설]
- 자주 분해할 경우 코터의 기울기
  $\dfrac{1}{15} \sim \dfrac{1}{10}$(핀 사용), $\dfrac{1}{10} \sim \dfrac{1}{5}$(너트 사용)
- 반영구적인 경우 코터의 기울기
  $\dfrac{1}{50} \sim \dfrac{1}{100}$
- 보통의 경우 코터의 기울기
  $\dfrac{1}{20}$

04. 양쪽 기울기를 가진 코터에서 저절로 빠지지 않기 위한 자립조건으로 옳은 것은? (단, α는 코터 중심에 대한 기울기 각도이고, ρ는 코터와 로드엔드와의 접촉부 마찰계수에 대응하는 마찰각이다.)

① $\alpha \leq \rho$ ② $\alpha \geq \rho$
③ $\alpha \leq 2\rho$ ④ $\alpha \geq 2\rho$

[해설] 코터 이음의 자립조건은 마찰각 ρ, 구배(경사각)를 α라 할 때
① 한쪽 기울기인 경우 $\alpha \leq 2\rho$
② 양쪽 기울기인 경우 $\alpha \leq \rho$

05. 압축력이 12760N, 코터의 두께 10mm, 코터의 폭이 20mm일 때 코터의 전단응력은 약 몇 MPa인가?

① 31.9 ② 319
③ 63.8 ④ 638

[해설] $\tau = \dfrac{W}{2bh} = \dfrac{12760}{2 \times 20 \times 10} = 31.9$MPa

06. 2400N의 인장하중을 받는 코터의 전단응력이 3N/mm²일 때 코터의 두께 b를 구한 값으로 옳은 것은? [단, 코터중앙 단면의 높이 h(mm) = 너비 b(mm)×4배로 한다.]

① 10mm ② 20mm
③ 30mm ④ 40mm

[해설] 전단응력 $Z = \dfrac{P}{2bh}$
두께 $b = \dfrac{P}{2hz} = \dfrac{2400}{2 \times 4 \times 3} = 100$
$h = b \times 100$이므로 너비×4배에서 b^2으로 나타내면 10이 된다.

정답 01 ③ 02 ③ 03 ① 04 ① 05 ① 06 ①

2 체결요소 설계

1. 자립조건

1) 나사의 마찰과 자립 상태

(1) 사각나사의 경우

자립조건은 체결한 뒤에 힘을 제거해도 풀리지 않는 조건이다.

① 나사를 죌 때

[P : 너트를 돌리는데 필요한 힘, Q : 축 방향의 저항력]

수직력 : $Q\cos\lambda + P\sin\lambda$, 수평력 : $P\cos\lambda - Q\sin\lambda$

수직력에 의하여 평행 방향에 마찰력이 작용하고 이것과 평행력이 균형 상태를 유지한다고 생각하면 다음과 같다.

$$P\cos\lambda - Q\sin\lambda = \mu(Q\cos\lambda + P\sin\lambda)$$
$$P(\cos\lambda - \mu\sin\lambda) = Q(\mu\cos\lambda + \sin\lambda)$$

여기서, μ : 나사면의 마찰계수
ρ : 마찰각

$$\mu = \tan\rho \quad \therefore \quad P = Q\frac{\tan\rho + \tan\lambda}{1 - \tan\rho\tan\lambda} = Q\tan(\rho + \lambda)$$

$\tan\lambda = \dfrac{p}{\pi d_2}$ 이므로 $\therefore\ P = Q\dfrac{p + \mu\pi d_2}{\pi d_2 - \mu p}$

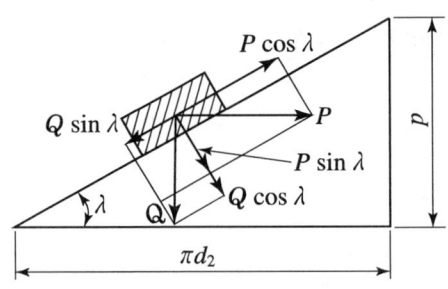

[그림 1-23] 나사를 죌 때

② 나사를 풀 때

수평력 P로서 너트를 풀 때는 P의 방향이 올릴 때와는 반대이다.

∴ $P = Q\tan(\rho - \lambda)$

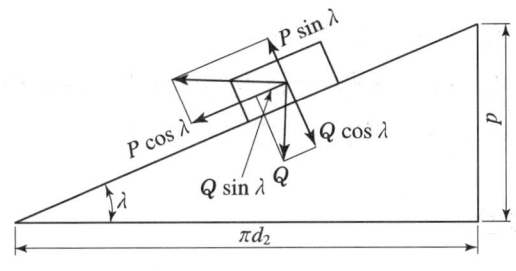

[그림 1-24] 나사를 풀 때

③ 사각나사의 자립조건

　㉠ $\rho > \lambda$면, P는 +가 되고 나사를 풀어 내리는 데에 힘이 든다.
　㉡ $\rho = \lambda$면 $P = 0$으로 되며 하중 Q를 받아서 임의의 위치에 정지시킬 수 있다. 이것을 자동체결(self-locking)이라고 한다.
　㉢ $\rho < \lambda$면 $P < 0$으로 되어 너트는 힘을 가하지 않아도 자연히 풀려져 너트는 내려온다. 따라서 자립상태를 유지하려면 $\rho \geq \lambda$라야 한다. 즉 마찰각이 나사의 경사각보다 크거나 같아야 된다. 이를 자립조건이라고 한다.

(2) 삼각나사의 경우

나사면에 수직하게 작용하는 힘 N은 나사산의 각도를 α라 하면 $\dfrac{N}{\cos\dfrac{\alpha}{2}}$의 크기로서 나사면에 수직하게 작용하는 것이 되므로 마찰계수 μ 역시 실질적으로는 $\mu' = \dfrac{\mu}{\cos\dfrac{\alpha}{2}}$가 된다.

즉, 사각나사에 비하여 같은 경사각 λ를 가진 경우에도 삼각나사의 편이 이완되기 어렵다. 삼각나사는 체결용으로 적합하고, 사각나사는 이동용에 적합하다.

2) 나사의 비틀림 모멘트

나사를 죄는데 필요한 회전 토크 T는 다음과 같다.

$$T = P\dfrac{d_2}{2} = Q\dfrac{d_2}{2}\tan(\lambda + \rho)$$

사각나사에는 ρ, 삼각나사에는 ρ'를 적용한다.

TIP

나사의 자립조건
- 이 조건은 ≥이 되어 각도의 관계로 표시하면 ≥, 즉 마찰각이 나사의 리드각보다 커야 한다.
- 사각나사는 주로 운동용에 사용하므로 자립조건은 의미가 없고 삼각나사인 경우 필요하다.

여기에 너트 또는 와셔의 마찰을 추가로 고려하면 다음과 같다.

$$T = \frac{Q}{2}[d_2 \tan(\lambda + \rho) + \mu_n d_n]$$

여기서, d_2 : 나사의 유효지름
d_n : 너트 좌면의 평균 지름(마찰이 이곳에 집중한다고 본다.)
μ_n : 너트 좌면의 마찰계수

3) 나사의 효율

$$\eta = \frac{Qp}{2\pi T} = \frac{\tan\lambda}{\tan(\lambda + \rho)} = \frac{\tan\lambda(1 - \tan\lambda\tan\rho)}{\tan\lambda + \tan\rho}$$

위 식에서 나사의 자립상태 $\rho \geq \lambda$ 에서 $\rho = \lambda$ 이면 $\eta = \frac{1}{2} - \frac{1}{2}\tan^2\rho$ 가 된다. 즉 효율은 반드시 50% 미만이 된다.

4) 볼트의 설계

(1) 축 방향에 정하중을 받는 경우(아이 볼트, 훅 볼트, 턴버클)

$$\sigma_t = \frac{W}{A} \quad \therefore \ W = \sigma_t \times A = \sigma_t \times \frac{\pi}{4}d_1^2$$

일반적으로 지름 3mm 이상의 나사에서는 보통 $d_1 > 0.8d$ 이므로 $d_1 ≒ 0.8d$로 하면 안전하다. 따라서 위 식은 다음과 같이 쓸 수 있다.

$$\therefore \ W = \sigma_t \times \frac{\pi}{4}(0.8d_1)^2 ≒ \frac{1}{2}\sigma_t d^2 = \frac{1}{2}\sigma_a d^2$$

$$\therefore \ d = \sqrt{\frac{2W}{\sigma_a}}$$

(2) 축 방향에 하중을 받고 동시에 비틀림을 받는 경우(죔용 나사, 마찰 프레스)

마찰프레스의 나사 막대는 축 방향에 일정한 하중을 받으면서 비틀어진다. 이때 하중은 인장 또는 압축의 $\left(1 + \frac{1}{3}\right)$배의 하중이 축 방향에 작용하는 것으로 보고, 바깥지름을 구한다.

$$d = \sqrt{\frac{2 \times \left(1 + \frac{1}{3}\right)W}{\sigma_a}} = \sqrt{\frac{8W}{3\sigma_a}}$$

보통의 죔용 나사와 이동용 나사의 바깥지름을 구할 때 사용한다.

(3) 축에 직각으로 전단하중을 받는 경우

$$\tau = \frac{W}{A} \qquad \therefore d = \sqrt{\frac{4W}{\pi\tau}}$$

볼트의 파괴 방지를 위하여 다음과 같은 방법을 사용한다.
① 리머볼트를 사용한다.
② 볼트의 구멍에 1/10~1/20의 테이퍼를 준다.
③ 볼트의 바깥쪽에 링을 끼운다.
④ 접합면에 핀 또는 평철을 넣는다.

(4) 다음 식을 사용하여 인장응력과 전단응력을 구하고 파괴 이론에 적용받는 경우 주응력설에 의한 최대(상당)축 주응력은 다음과 같다.

$$\sigma_{\max} = \sigma_e = \frac{1}{2}\sigma_t + \frac{1}{2}\sqrt{\sigma_t^2 + 4\tau^2}$$
$$= \frac{\sigma}{2} + \sqrt{\left(\frac{\sigma}{2}\right)^2 + \tau^2}$$

최대 전단응력설을 적용하면 최대(상당)전단응력은 다음과 같다.

$$\tau_{\max} = \tau_e = \frac{1}{2}\sqrt{\sigma_t^2 + 4\tau^2}$$
$$= \sqrt{\left(\frac{\sigma}{2}\right)^2 + \tau^2}$$

① 위의 두 식에서 최대 주응력 또는 최대 전단응력을 구한 후, 재료의 허용전단응력 또는 허용인장응력을 비교하여 수나사의 골지름을 구한다.
② 골지름으로부터 수나사의 바깥지름을 구하기 위하여 KS 규격을 이용한다.
③ 일반적으로 볼트는 취성재료를 사용하지 않으므로 최대 전단응력설을 적용한다. 한편, 대개의 경우 비틀림 모멘트의 영향은 축방향 하중의 1/3 정도로 보기 때문에 실제 계산에서는 비틀림을 고려하여 축 방향 하중을 4/3배로 한 상당값을 적용하고 축 방향 하중만의 경우와 같은 것으로 취급하여 다음과 같이 간단히 계산하기도 한다.

$$d = \sqrt{\frac{2W}{\sigma_a}} = \sqrt{\frac{2 \times \frac{4W}{3}}{\sigma_a}} = \sqrt{\frac{8W}{3\sigma_a}}$$

TIP

나사잭에서 30° 사다리꼴 (수)나사 규격표에서 나사의 호칭을 선정한다. (단, 하중은 50,000, 압축응력은 50MPa이다.)

$$d = \sqrt{\frac{4W}{\pi\sigma}}$$

$$d = \sqrt{\frac{4 \times 50,000}{\pi \times 50}} = 36\text{mm}$$

안지름은 약 36mm이며 무조건 올림으로 계산해야 하므로 주어진 30° 사다리꼴 (수)나사 규격표에서 나사 호칭은 TM45이다.

(5) 베어링 응력 계산

직접 압축응력/베어링 응력은 나사산 표면과 접촉되는 너트 표면 사이의 응력을 말한다.

$$\sigma_b = \frac{P}{\pi d_m h n_e} = \frac{P b}{\pi d_m h L_n}$$

여기서, P = 하중
n_e = 나사산의 수 $\left(\dfrac{L_n}{p}\right)$
d_m = 유효지름
L_n = 너트의 물림 길이
h = 나사산의 높이
p = 피치

5) 너트의 설계

나사산은 굽 휨이나 전단으로 파괴되는데 삼각나사는 굽 휨으로 사각나사와 사다리꼴나사는 전단력으로 파괴된다. 굽힘과 전단을 받는 나사를 안전하게 사용하려면 나사산에 생기는 응력이 모두 허용응력 이하가 되어야 한다.

$$H = p \cdot Z$$

$$\therefore H = \frac{Wp}{\frac{\pi}{4}(d_2^2 - d_1^2)q} = \frac{Wp}{\pi d_e h q}$$

$$q = \frac{W}{A} = \frac{W}{\frac{\pi}{4}(d_2^2 - d_1^2)Z}$$

$$Z = \frac{W}{\frac{\pi}{4}(d_2^2 - d_1^2)q} = \frac{W}{\pi d_e h q}$$

2. 체결요소 풀림 방지

나사는 진동과 순간적인 충격을 받으면 접촉압력이 감소하여 마찰력이 거의 없어지는 수가 있다.

1) 와셔를 사용하는 방법

스프링 와셔, 고무와셔, 이붙이 와셔 등의 특수 와셔를 사용하여 너트가 잘 풀리지 않게 한다.

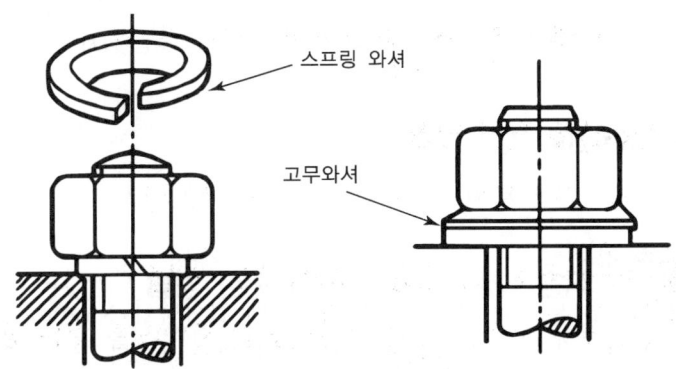

[그림 1-25] 와셔를 사용하는 방법

2) 록너트를 사용하는 방법

2개의 너트를 사용하여 너트 사이를 서로 미는 상태로 항상 하중이 작용하고 있는 상태를 유지하는 것이다. 보통 하중을 위쪽의 너트가 받으므로 아래의 너트는 보통보다 낮게 만들어 사용한다.

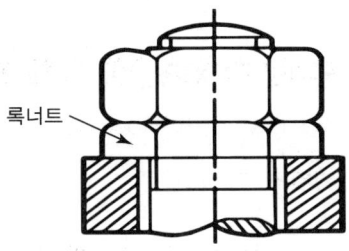

[그림 1-26] 록 너트에 의한 풀림 방지

3) 절입 너트에 의한 방법

너트의 일부를 안쪽으로 변형시켰다가 볼트에 나사를 결합시킬 때 나사부가 강하게 압착되도록 한다.

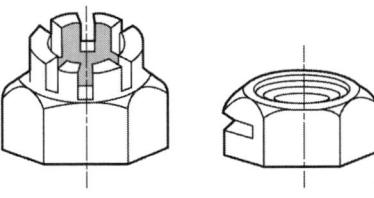

[그림 1-27] 절입 너트

4) 특수 와셔에 의한 방법

혀붙이 와셔 또는 톱니붙이 와셔를 사용하여 고정한다.

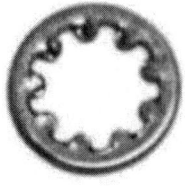  

내치와셔 　　　　　　 외치와셔 　　　　　　 내-외치와셔

[그림 1-28] 혀붙이/톱니붙이 와셔에 의한 풀림 방지

5) 자동죔너트에 의한 방법

되돌아가는 것을 방지하는 특수한 모양의 너트이다.

6) 분할 핀, 작은 나사, 멈춤 나사에 의한 방법

너트와 볼트에 핀이나 나사를 박아 풀어지지 않도록 하는 방법으로 나사를 박을 경우에 재사용이 어렵다.

7) 철사에 의한 방법

핀 대신에 철사를 감아서 풀어지지 않도록 하는 방법이다.

8) 플라스틱 플러그에 의한 방법

나사면에 플라스틱이 들어간 너트를 사용하면 마찰계수가 크게 되어 풀림이 방지된다.

9) 락와이어를 이용한 방법

볼트 머리에 구멍을 내서 볼트가 풀리는 방향을 회전하지 못하게 와이어를 감는다.

3. 체결요소의 강도, 강성, 피로 부식방지

1) 강도와 강성

(1) 강도(strength)

외력이 가해졌을때 파괴되는 힘을 말한다. 즉, 단위면적당 힘으로 표기하는데 응력(Stress)이라고 한다. 인장력, 압축력, 전단력이 있으며 이에 대해 견디는 재료의 인장강도, 압축강도, 전단강도 등이 있다. 축을 눌렀을때 가해지는 굽힘모멘트(Bending Moment)에 저항하는 굽힘강도도 있고 비틀었을때(Torsion) 저항하는 비틀림강도도 있다.

(2) 강성(Stiffness, Rigidity)

재료가 변형에 견디는 힘을 말한다. 어떤 재료가 외력을 받았을 때 강성이 약하면 크게 변형되며 크면 작게 변형이 발생한다. 엔지니어들이 설계를 할 때는 항상 강도와 강성을 동시에 생각한다. 강도가 충분히 제품의 성능보장을 할 수 있도록 설계해도 강성이 작으면 제 역할을 할 수 없다.

2) 응력(Stress)

물체에 하중 작용 시 내부에서 하중에 대응하여 나타나는 저항력, 단위 단면적에 대한 힘의 크기로 나타낸다. 단위는 N/mm^2, MN/m^2, MPa 또는 N/cm^2이다.

(1) 수직응력

물체에 인장하중이나 압축하중 작용 시 그 하중 방향에 대해 직각인 단면에 수직으로 발생하는 응력(P : 하중, A : 하중을 받는 단면적)이다.

① 인장응력(σ_t) : $\sigma_t = \dfrac{P}{A} (N/cm^2,\ N/mm^2)$

② 압축응력(σ_c) : $\sigma_c = \dfrac{P}{A} (N/cm^2,\ N/mm^2)$

(2) 전단응력(Shearing Stress)

가위로 물체를 자르거나, 전단기로 철판을 절단할 때와 같이 재료에 전단하중을 작용시켰을 때 생기는 응력이다.

$$\text{전단응력}(\tau) : \tau = \dfrac{P}{A} (N/cm^2,\ N/mm^2)$$

3) 변형률(Strain)

재료에 하중이 작용하면 내적으로는 응력이 발생하고, 외적으로는 변형이 일어나는데, 이때 변형량과 원래 치수와의 비이다.

(1) 세로변형률

축 방향의 인장하중이나 압축하중이 작용할 때 축 방향의 변형량을 재료의 처음 길이로 나눈 것으로

$$\varepsilon = \frac{l' - l}{l} = \frac{\lambda}{l}$$

여기서, l : 처음길이(mm)
l' : 나중 길이(mm)
λ : 길이 변형량

위 식에서 $\lambda > 0$ 이면 인장 변형률, $\lambda < 0$ 이면 압축 변형률이다.

(2) 가로변형률

재료의 직경의 변형량을 재료의 처음 직경으로 나눈 것으로 다음과 같다.

$$\varepsilon' = \frac{d' - d}{d} = \frac{\delta}{d}$$

여기서, d : 처음직경(mm)
d' : 나중직경(mm)
δ : 지름의 변형량

(3) 전단변형률

거리 l 만큼 떨어진 두 평행면이 전단하중을 받아서 λ_s 만큼 변형하였을 때 전단 변형률 γ 는 $\gamma = \frac{\lambda_s}{l} = \tan\psi \approx \psi$ [rad]이다.

4) 재료의 기준 강도 및 강도설계

재료의 기계적 성질은 응력과 변형률과의 관계를 선도에 나타낸 응력-변형률선도(Stress-Strain Diagram)를 통하여 알 수 있다. 응력에는 단면 수축에 의한 실제 단면적을 사용하는 진응력(True Stress)과 재료에 작용하는 하중을 최소단면적으로 나눈 공칭응력(Nominal Stress)이 있다. [그림 1-29]는 기계재료에 작용하는 응력과 변형률과의 관계를 선도에 나타낸 응력-변형률선도(Stress-Strain Diagram)이다.

(1) 공칭응력(Nominal stress)

저탄소강의 인장시험에 있어서 A-B-B′-C-D-E의 그래프를 나타낸 것으로 하중을 최초 단면적으로 나눈 것이다.

(2) 진응력(True stress)

저탄소강의 인장시험에 있어서 A-B-B′-C-E′의 그래프를 나타낸 것으로 하중을 매 순간의 축소 단면적으로 나눈 것이다.

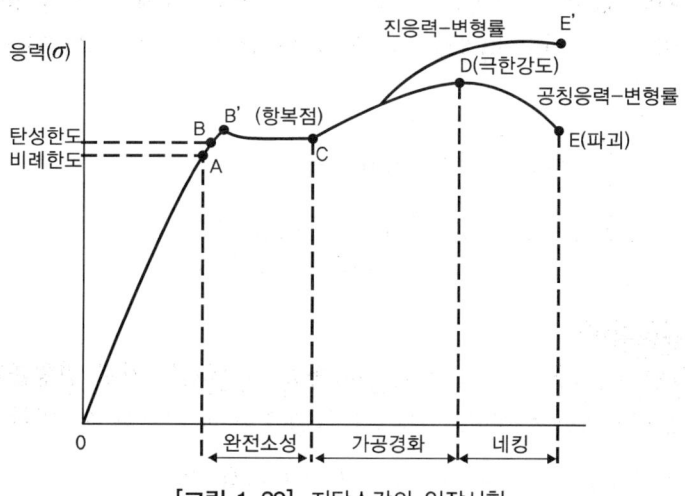

[그림 1-29] 저탄소강의 인장시험

(3) 비례한도(Proportional limit)

응력-변형률선도에서 점 A까지는 응력과 변형률이 비례관계에 있다. 따라서 점 A를 비례한도(Proportional limit)라 한다.

(4) 후크의 법칙(Hooke's law)

재료의 비례한도 내에서 응력과 변형률은 비례한다. 여기서 E는 종탄성계수를 나타낸다.

즉, 탄성한도 내에서 신장량 σ는 힘 W와 길이에 비례하고, 단면적 A에 반비례한다.

$$\sigma = E\varepsilon = \frac{W}{A} = E\frac{\lambda}{l} \qquad \therefore \lambda = \frac{Wl}{AE}(\text{cm})$$

여기서, E : 세로 탄성계수(영률) (강철 : $2.1 \times 10^6 [\text{N/cm}^2]$)
G : 가로 탄성계수(전단 탄성률)

$\tau = G \cdot \gamma$ 즉, 탄성한도 내에서 신장량 σ는 힘 W와 길이에 비례하고, 단면적 A에 반비례한다.

① **세로 탄성률** : 인장 또는 압축하중을 받는 경우 수직 응력 σ와 그 방향의 세로 변형률 ε와의 비, 영률(Young's Modulus)이라고도 하며 E로 표시한다.

$$E = \frac{\sigma}{\varepsilon} \text{[N/cm}^2\text{]} \text{ 또는 } \sigma = E\varepsilon \text{ 강의 영률}(E)\text{는 } 2.1\times 10^6 \text{N/cm}^2 \text{이다.}$$

$$\sigma = \frac{P}{A}, \ \varepsilon = \frac{\lambda}{l} \text{이므로 } E = \frac{\sigma}{\varepsilon} = \frac{Pl}{A\lambda} \text{(N/cm}^2\text{)}$$

② **가로 탄성률** : 비례한도 내에서는 전단응력 τ와 전단 변형률 γ의 비가 일정하고 비례상수 G를 가로 탄성률 또는 전단 탄성률이라 한다.

$$\tau = \frac{P}{A}, \ \gamma = \frac{\lambda_s}{l} = \psi \text{ 이므로}$$

$$G = \frac{\tau}{\gamma} = \frac{Pl}{A\lambda_s} = \frac{P}{A\psi}, \ \lambda_s = \frac{Pl}{AG} = \frac{\tau l}{G}$$

(5) 푸아송의 비

재료에 압축하중과 인장하중이 작용할 때 생기는 가로 변형률과 세로 변형률의 비는 탄성한도 내에서 일정한 값을 갖는데 이 비를 푸아송의 비(Poisson's ratio)라 하며 $\frac{1}{m}$로 나타낸다.

$$\frac{1}{m} = \frac{\text{가로 변형률}}{\text{세로 변형률}} = \frac{\varepsilon'}{\varepsilon} = \frac{\delta l}{\lambda d}$$

여기서 $\frac{1}{m}$의 역수 m은 푸아송의 수(Poisson's number)라 한다.

(6) 탄성한도(Elastic limit)

E는 종탄성계수를 나타내고 점 B에서는 재료에 응력을 제거하면 변형이 나타나지 않는 한계점으로 이 점 B를 탄성한도(Elastic limit)라 한다. 점 B를 지나는 응력을 재료에 가하면 재료에는 영구변형(Permanent strain)이 남게 된다.

(7) 항복점(Yield point)

점 B'에서는 응력의 증감에 상관없이 변형률만 증가하는 것을 볼 수 있다. 이러한 점 B'를 항복점(Yield point)이라고 한다.

(8) 완전소성상태(Perfect Plasticity)

비례한도 이후 점 C까지를 완전소성상태(Perfect Plasticity)라고 한다. 점 B'를 지나면 재료의 단면이 점점 작아져 국부 수축 현상(Local contraction)이 일어나게 되므로 공칭응력과 진응력과의 차는 벌어지게 되고, 응력이 절정에 이르는 점 D에 도달하면 재료의 단면이 급격히 작아져 응력이 떨어진다.

(9) 극한강도(Ultimate strength)

재료가 더이상 견딜 수 없는 최대응력 값이 되어 결국에는 작아진 단면 부위가 파괴된다. 이때의 점 D를 극한강도(Ultimate strength)라고 한다. 기계재료는 영구변형이 생기면 문제가 되므로 재료의 한계응력은 비례 한도 또는 탄성한도를 넘지 않는 것이 좋으나 비례한도와 탄성한도는 정확하지 않기 때문에 일반적으로 항복점(또는 항복강도)을 한계응력으로 간주한다.

(10) 영구변형(Permanent strain), 항복점(Yield point), 완전소성상태 (Perfect Plasticity)

점 B에서는 재료에 응력을 제거하면 변형이 나타나지 않는 한계점으로 이 점 B를 탄성한도(Elastic limit)라고 부른다. 점 B를 지나는 응력을 재료에 가하면 재료에는 영구변형(Permanent strain)이 남게 된다. 또한 점 B'에서는 응력의 증감에 상관없이 변형률만 증가하는 것을 볼 수 있다. 이러한 점 B'를 항복점(Yield point)이라고 한다. 그리고 비례한도 이후 점 C까지를 완전소성상태(Perfect Plasticity)라고 한다.

(11) 한계응력

기계재료는 영구변형이 생기면 문제가 되므로 재료의 한계응력은 비례한도 또는 탄성한도를 넘지 않는 것이 좋으나 비례한도와 탄성한도는 정확하지 않기 때문에 일반적으로 항복점(또는 항복강도)을 한계응력으로 간주한다.

5) 하중

물체의 상태나 모양의 변화를 일으키는 외부에서 가해진 힘이다.

(1) 힘의 작용 상태에 따른 하중

① 인장하중(Tensile Load) : 재료를 잡아당겨 늘어나게 하려는 하중이다.
② 압축하중(Compressive Load) : 재료를 누르는 하중이다.
③ 전단하중(Shearing Load) : 재료를 자르려는 것과 같은 하중이다.
④ 휨(굽힘) 하중(Bending Load) : 재료를 구부려서 휘게 하려는 형태의 하중이다.

⑤ **비틀림하중(Torsional Load)** : 재료를 비틀어지도록 하는 형태의 하중이다.

⑥ **좌굴하중(Buckling Load)** : 재료가 좌굴을 일으키기 시작한 한계의 하중이다.

6) 정하중과 동하중

재료에 가해지는 하중은 시간변화에도 하중에 변동이 없는 정하중(Static load)과 시간의 변화에 따라 하중이 변하는 동하중(변동하중, 반복하중, 충격하중, 이동하중)이 있다. 앞서 기술한 내용은 정하중이 가해진 경우이나 실제 상황에서는 대부분 동하중이 작용하므로 정하중에 의한 파괴는 거의 없다. 그러나 응력-변형률 선도는 재료의 강도를 측정하기 위한 기초적인 방법으로 사용된다.

(1) 정하중

일정한 크기의 힘이 가해진 상태에서 정지하고 있는 하중 또는 일정한 속도로 매우 느리게 가해지는 하중이다.

(2) 동하중

하중이 가해지는 속도가 빠르고 시간에 따라 크기와 방향이 바뀌거나 작용하는 점이 변하는 하중. 반복하중, 교번하중, 충격하중, 이동하중 등을 말한다.

① **반복하중** : 방향이 변하지 않고 계속하여 반복 작용하는 하중으로 진폭은 일정, 주기는 규칙적인 하중으로 차축을 지지하는 압축 스프링에 작용하는 것과 같은 하중

② **교번하중** : 하중의 크기와 방향이 충격 없이 주기적으로 변화하는 하중으로, 피스톤 로드와 같이 인장과 압축을 교대로 반복하는 하중

③ **충격하중** : 비교적 단시간에 충격적으로 작용하는 하중으로, 못을 박을 때와 같이 순간적으로 작용하는 하중

④ **이동하중** : 물체 위를 이동하며 작용하는 하중

7) 사용응력과 허용응력, 탄성한도, 항복강도

(1) 크리프(Creep)

재료 내의 응력은 일정함에도 불구하고 변형률이 시간의 경과와 더불어 증대해 가는 현상을 크리프(Creep)라고 한다.

(2) 피로파괴(Fatigue fracture)
응력이 시간에 따라 변하는 동하중에서 재료가 파괴되는 것을 피로파괴(Fatigue fracture)라고 한다.

(3) 피로하중의 종류
일반반복하중, 편진하중, 양진하중이 있다.

(4) S-N선도(Wohler curve)
[그림 1-30]과 같이 응력(S)과 파괴될 때까지의 반복 횟수(N)와의 관계를 나타낸 것을 S-N선도(Wohler curve)라고 한다.

(5) 피로한도(Fatigue limit)
S-N 선도의 수평부분은 응력이 무한 반복을 가해도 재료가 파괴되지 않는 최대응력으로 이 부분을 피로한도(Fatigue limit)라고 한다.

(6) 재료의 피로한도에 영향을 미치는 요소
단면의 현상이 급격히 변화하는 부분에 응력 집중이 일어나므로 피로한도도 떨어지는 노치효과(Notch effect)와 동일한 재료일지라도 부재의 치수가 크게 되어 피로한도가 낮아지는 치수효과(Size effect) 그리고 축에 허브 또는 베어링의 내륜 등을 힘박음 또는 열박음하여 피로한도를 약 절반으로 떨어뜨리는 힘박음(Force fit)효과가 있다.

(7) 다듬질면의 조도가 심할 경우 엄밀히 생각하면 노치효과와 동일한 현상이 일어나 피로한도를 낮추는 표면 거칠기 효과가 있다.

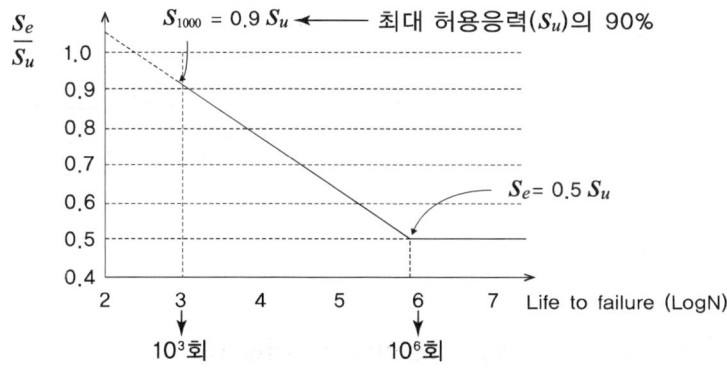

[그림 1-30] S-N선도 예시

(8) 설계응력

부재가 파손이나 파괴되지 않기 위해서는 그 부재의 허용응력 이하로 제한해야 한다.

설계방법에 의하여 요소에 작용하는 응력을 인장이나 전단의 경우로 환산한 유효응력 또는 최대 전단응력이다.

$$\text{설계응력}(\sigma_d) \leq \text{허용응력}(\sigma_a) = \frac{\text{기준강도}(\sigma)}{\text{안전율}(S)}$$

(9) 사용응력과 허용응력

① 사용응력(Working Stress, σ_w) : 기계나 구조물에 일상적으로 가해지는 하중에 의하여 생기는 응력

② 허용응력(Allowable Stress, σ_a) : 사용응력에 대하여 안전성을 생각하여 재료에 허용되는 최대 응력

$$\text{사용응력}(\sigma_w) \leq \text{허용응력}(\sigma_a)$$

(10) 안전율(Safety Factor)

재료의 허용응력은 탄성한도를 기준으로 정하지만, 탄성한도의 범위를 쉽게 구하기가 어려우므로, 쉽게 구할 수 있는 극한강도를 기준으로 하여 결정한다. 극한강도를 허용응력으로 나눈 값을 안전율이라 한다. 안전율은 1.5~15 정도의 값을 선택한다.

$$\text{안전율} = \frac{\text{극한강도}}{\text{허용응력}} = \frac{\text{인장 또는 기준강도}}{\text{허용응력}} = \frac{\text{파괴강도}}{\text{허용응력}}$$

> **TIP**
> 극한강도(σ_u) > 허용응력(σ_a) ≥ 사용응력(σ_w)의 순서가 되고 S는 항상 1보다 큰 값이 된다.

8) 파손 이론

기계 부재에 단순 응력이 작용할 때는 응력-변형률 선도로부터 탄성한도, 항복점, 인장강도 등을 쉽게 알 수가 있다. 그러나 실제로 기계 부재에 작용하는 응력은 조합응력 상태인 경우가 많으며 이때의 파손조건을 제시하는 것이 파손법칙이다.

(1) 최대 주응력설

재료의 조합하중이 작용할 때 최대 주응력이 단순 인장 또는 단순 압축하중에 대한 항복강도 또는 인장강도가 압축강도에 도달하였을 때 재료의 파손이 일어난다는 이론이다. 주철과 같이 취성재료에 잘 일치하는 이론이다.

(2) 최대 주변형률설
연성재료에 발생하는 최대 주변형률이 단순 인장하중에 대한 항복점의 변형률과 같아질 때 재료의 파손이 일어난다는 이론이다.

(3) 최대 전단응력설
조합하중에 작용하는 재료 내의 최대 전단응력이 그 재료의 항복 전단응력에 도달하면 파손이 일어난다는 이론이다.

(4) 전단 변형률 에너지설
재료 내의 체적변화에 의한 변형에너지와 전단 변형에 의한 전단 변형에너지의 합인 변형에너지가 단순 인장의 항복강도에 대한 전단 변형에너지에 도달하였을 때 파손이 일어난다는 이론이다.

(5) 변형률 에너지설
재료 내의 단위체적에 대한 변형률 에너지가 단순 인장일 때 항복점의 단위체적에 대한 변형률 에너지와 같아지면 재료의 파손이 일어난다는 이론이다.

9) 안전성과 경제성을 고려한 최적 설계를 위한 설계기준

(1) 안전설계
기계설계에서 재료가 영구변형이 되거나 파괴되지 않는 범위로 허용할 수 있는 응력을 사용응력(Working stress(σ_w)과 허용응력(Allowable stress(σ_a)이라고 하며 응력의 크기는 다음 식과 같다.

$$극한강도 > 항복점 > 탄성한도 > \sigma_a > \sigma_w$$

(2) 안전율(Safety Factor)
① 취성재료에는 기초강도(σ_s)에 주로 사용응력(σ_w)을 적용하고, 연성재료에는 기초강도에 주로 허용응력(σ_a)을 적용한다. 사용응력과 허용응력의 비를 안전율(Safety factor)이라 하고 안전율(S_f)은 아래 식과 같다.

$$S_f = \frac{\sigma_s}{\sigma_a}(\sigma_s = 기초강도)$$

안전율은 여러 가지 사항을 참조하여 경우에 따라서 결정되는 문제이므로 수량적으로 사용되는 값을 결정한다는 것은 매우 어려운 일이다. 따라서 실제적으로는 오래전부터 얻어진 경험에서 안전율을 결정하는 수가 많다.

② 재료의 허용응력은 탄성한도를 기준으로 정하지만 탄성한도의 범위를 쉽게 구하기가 어려우므로, 쉽게 구할 수 있는 극한강도를 기준으로 하여 결정한다. 극한강도를 허용응력으로 나눈 값을 안전율이라 한다. 안전율은 1.5~15 정도의 값을 선택한다.

$$안전율 = \frac{극한강도}{허용응력} = \frac{인장\ 또는\ 기준강도}{허용응력} = \frac{파괴강도}{허용응력}$$

극한강도(σ_u) > 허용응력(σ_a) ≧ 사용응력(σ_w)의 순서가 되고 S는 항상 1보다 큰 값이 된다.

10) 체결 요소의 피로

기계구조용 재료가 일정기간 동안 변동 하중이나 반복 하중을 계속적으로 받게 되면, 그 재료의 허용응력 범위(하중과 변형률) 이내에 충분히 안전할지라도 재료의 성질이 서서히 변화하여 그 재료에 최대응력이 작용하고 있는 주변에서 미세한 균열이 발생되고 이는 점차로 확대되어 결국 재료가 파단하게 된다. 이러한 영상을 재료의 피로라고 한다. 재료의 피로에 영향을 주는 요인에는 노치 상태, 표면 거칠기, 압입상태, 치수 효과 및 온도변화 등이 있다.

11) 부식방지

(1) 알루미늄 부식방지법

① 아노다이징 : 양극산화처리라고도 말한다. 알미늄이나 마그네슘 합금을 양극으로 하여 황산이나 크롬산과 같은 전해액에 담궈 양극으로부터 발생하는 산소에 의해 표면에 산화피막이 생성된다. 부식성과 내마모성이 향상된다.

② 알로다인 : 알루미늄이나 알루미늄합금의 표면을 화학적으로 처리하기 위해 알로다인용액을 표면에 발라서 산화피막을 형성한다.

③ 알클래드 : 알루미늄합금 위에 5.5% 두께로 순수알루미늄을 hot rolling(압착)시켜서 내식성을 개선시켜준다.

(2) 철금속 부식방지법

① 도금 : 니켈크롬카드뮴 도금으로 내식성 금속도금을 표면에 입히는 방법

② 벤더라이징 : 철강재료 표면에 구리를 석출시켜서 부식을 방지하는 방법

③ 파커라이징 : 인산염 피막을 표면에 형성하여 부식을 방지하는 방법

01 자립조건

01. 리드각이 α, 마찰계수 $\mu(=\tan\rho)$인 나사의 자립조건으로 옳은 것은? (단, ρ는 마찰각이다.)

① $2\alpha < \rho$ ② $\alpha < \rho$
③ $\alpha < 2\rho$ ④ $\alpha > \rho$

해설 나사의 자립조건
나사가 풀리지 않고 있는 상태 즉 $\alpha < \rho$, 마찰각이 나사 리드각보다 커야 한다.

02. 사각나사의 유효지름이 63mm, 피치가 3mm인 나사잭으로 5t의 하중을 들어올리려면 레버의 유효길이는 약 몇 mm 이상이어야 하는가? (단, 레버의 끝에 작용시키는 힘은 200N이며 나사 접촉부 마찰계수는 0.1이다.)

① 891 ② 958
③ 1,024 ④ 1,168

해설
$T = FL = W \times \dfrac{p + \mu\pi d_2}{\pi d_2 - \mu p} \times \dfrac{d_2}{2}$
$200 \times L = 5,000 \times 9.81 \times \left(\dfrac{3 + 0.1 \times \pi \times 63}{\pi \times 63 - 0.1 \times 3}\right) \times \dfrac{63}{2}$
$\therefore L = 891$

03. 바깥지름이 24mm인 1줄 사각나사에서 피치는 4mm, 유효지름은 22.051mm이고, 나사 접촉부 마찰계수는 0.1일 때 나사의 효율은?

① 36.4% ② 38.4%
③ 40.4% ④ 42.4%

해설
$\tan a = \dfrac{P}{\pi d_2} = \dfrac{4}{\pi \times 22.051} = 0.0577$
$\therefore a \fallingdotseq 3.30$
$\tan\rho = \mu = 0.1$
$\therefore \rho \fallingdotseq 5.71$
$\eta = \dfrac{\tan a}{\tan(a+\rho)} = \dfrac{\tan 3.30}{\tan(3.30 + 5.71)}$
$= 0.364 = 36.4\%$

04. 30° 미터 사다리꼴나사(1줄 나사)의 유효지름이 18mm이고, 피치는 4mm이며 나사 접촉부 마찰계수는 0.15일 때 이 나사의 효율은 약 몇 %인가?

① 24% ② 27%
③ 31% ④ 35%

해설
$\tan\lambda = \tan^{-1}\dfrac{p}{\pi d_2} = \tan^{-1}\dfrac{4}{\pi \times 18} = 4.05$
$\rho = \tan^{-1}\dfrac{\mu}{\cos 15} = \tan^{-1}\dfrac{0.15}{\cos 15} = 8.83$
$\eta = \dfrac{\tan\lambda}{\tan(\lambda+\rho)} = \dfrac{\tan 4.05}{\tan(4.05+8.83)} = 0.31 = 31\%$

05. 다음 중 나사의 효율에 관한 식으로 맞는 것은?

① 나사의 효율 = $\dfrac{\text{마찰이 없는 경우 회전력}}{\text{마찰이 있는 경우 회전력}}$

② 나사의 효율 = $\dfrac{\text{마찰이 있는 경우 회전력}}{\text{마찰이 없는 경우 회전력}}$

③ 나사의 효율 = $\dfrac{\text{나사의 1피치}}{\text{나사의 1리드}}$

④ 나사의 효율 = $\dfrac{\text{나사의 1리드}}{\text{나사의 1피치}}$

정답 01 ② 02 ① 03 ① 04 ③ 05 ①

해설 나사의 효율
$$\eta = \frac{Qp}{2\pi T} = \frac{\tan\lambda}{\tan(\lambda+\rho)} = \frac{\tan\lambda(1-\tan\lambda\tan\rho)}{\tan\lambda+\tan\rho}$$
$$= \frac{\text{마찰이 없는 경우 회전력}}{\text{마찰이 있는 경우 회전력}}$$

위 식에서 나사의 자립상태 $\rho \geq \lambda$에서 $\rho = \lambda$이면 $\eta = \frac{1}{2} - \frac{1}{2}\tan^2\rho$가 된다.

즉 효율은 반드시 50% 미만이 된다.

06. 0.45t의 물체를 지지하는 아이 볼트에서 볼트의 허용인장응력이 48MPa라 할 때, 다음 미터나사 중 가장 적합한 것은? (단, 나사 바깥지름은 골지름의 1.25배로 가정하고, 적합한 사양 중 가장 작은 크기를 선정한다.)

① M14 ② M16
③ M18 ④ M20

해설 골지름 d_1를 외경 d의 1.25배로 하여 $d_1 = 1.25d$로 하면
$$W = \frac{\pi}{4} \times 1.25^2 = 19.63$$
$$d = \sqrt{\frac{19.63W}{\sigma}} = \sqrt{\frac{19.63 \times 450}{48}} = 13.56 = M14$$

07. M22볼트(골지름 19.294mm)가 그림과 같이 2장의 강판을 고정하고 있다. 체결 볼트의 허용전단응력이 36.15MPa라 하면 최대 몇 kN까지의 하중(P)을 견딜 수 있는가?

① 3.21 ② 7.54
③ 10.52 ④ 11.48

해설 $\sigma = \frac{Q}{A}$
$$Q = \frac{A}{\sigma} = \frac{\frac{\pi \times 22^2}{4}}{36.15} = 10.52$$

08. 10kN의 물체를 수직방향으로 들어올리기 위해서 아이 볼트를 사용하려 할 때, 아이 볼트 나사부의 최소 골지름은 약 몇 mm인가? (단, 볼트의 허용인장응력은 50MPa이다.)

① 14 ② 16
③ 20 ④ 22

해설 $d = \sqrt{\frac{4W}{\pi\sigma_t}} = \sqrt{\frac{4 \times 10,000}{\pi \times 50}} = 16\text{mm}$

09. 연강제 볼트가 축 방향으로 8kN의 인장 하중을 받고 있을 때, 이 볼트의 골지름은 약 몇 mm 이상이어야 하는가? (단, 볼트의 허용인장응력은 100MPa이다.)

① 7.4 ② 8.3
③ 9.2 ④ 10.1

해설 $d = \sqrt{\frac{4W}{\pi\sigma}} = \sqrt{\frac{4 \times 8,000}{\pi \times 100}} = 10.1$

10. 나사 프레스에서 나사는 압축강도가 500N/mm²인 재료로 만들었으며, 여기에 최대 3kN의 압축하중이 작용한다. 안전계수를 9 이상으로 할 때 나사 골지름은 약 몇 mm 이상이어야 하는가?

① 8.3 ② 10.4
③ 12.8 ④ 14.5

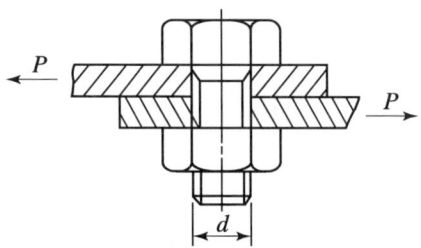

해설 $3,000\text{N} \times 9 = 27,000\text{N}$
$d = \sqrt{\dfrac{4W}{\pi \cdot \tau}} = \sqrt{\dfrac{4 \times 27,000}{\pi \times 500}} = 8.3\text{mm}$

11. 너클 핀이음에서 인장하중(P) 20kN을 지지하기 위한 핀의 지름(d_1)은 약 몇 mm 이상이어야 하는가? (단, 핀의 전단응력은 50N/mm²이며, 전단응력만 고려한다.)

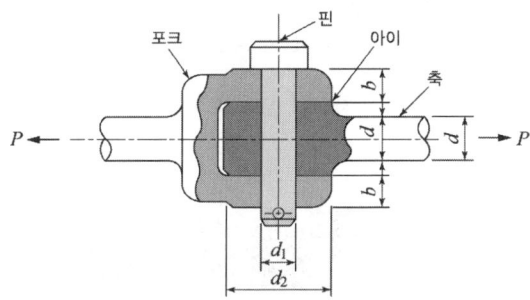

① 10 ② 16
③ 20 ④ 28

해설 $d = \sqrt{\dfrac{2W}{\pi \tau}} = \sqrt{\dfrac{2 \times 20,000}{\pi \times 50}} = 16$

12. 50kN의 축 방향 하중과 비틀림이 동시에 작용하고 있을 때 가장 적절한 최소 크기의 체결용 미터나사는? (단, 허용인장응력은 45N/mm²이고, 비틀림 전단응력은 수직응력의 1/3이다.)

① M36 ② M42
③ M48 ④ M56

해설 $d = \sqrt{\dfrac{8W}{3\sigma}} = \sqrt{\dfrac{8 \times 50,000}{3 \times 45}} = 54.4 = \text{M56}$

13. 10kN의 축하중이 작용하는 볼트에서 볼트 재료의 허용인장응력이 60MPa일 때 축하중을 견디기 위한 볼트의 최고 골지름은 약 몇 mm인가?

① 14.6 ② 18.4
③ 22.5 ④ 25.7

해설 $d = \sqrt{\dfrac{4W}{\pi\tau}} = \sqrt{\dfrac{4 \times 10,000}{\pi \times 60}} = 14.6$

14. 3,000N의 수직방향 하중이 작용하는 나사잭을 설계할 때, 나사잭 볼트의 바깥지름은 얼마인가? (단, 허용응력은 6MPa, 골지름은 바깥지름의 0.8배이다.)

① 12mm ② 32mm
③ 74mm ④ 126mm

해설 $d = \sqrt{\dfrac{2W}{\sigma_t}} = \sqrt{\dfrac{2 \times 3,000}{6}} ≒ 31.6\text{mm} ≒ 32\text{mm}$

15. 안지름 400mm, 내압 1N/mm²의 실린더 커버를 12개의 볼트로서 체결할 경우 체결 볼트의 골지름은 약 몇 mm 이상이어야 하는가? (단, 볼트 재료의 허용인장응력은 48MPa이고, 인장력만 작용한다고 가정한다.)

① 26.87mm ② 24.45mm
③ 20.18mm ④ 16.67mm

해설 $d = \sqrt{\dfrac{4W}{\pi \times \tau}} = \sqrt{\dfrac{4 \times 10,472}{\pi \times 48}} = 16.67$

여기서, $P = \dfrac{\pi \times (400)^2}{4} \times 1 = 125,663.7$

$W = \dfrac{P}{12} = \dfrac{125,663.7}{12} = 10,472$

정답 11 ② 12 ④ 13 ① 14 ② 15 ④

02 체결요소 풀림 방지

01. 2개의 너트를 사용하여 너트 사이를 서로 미는 상태로 항상 하중이 작용하고 있는 상태를 유지하는 방법은?

① 와셔를 사용하는 방법
② 록너트를 사용하는 방법
③ 절입 너트에 의한 방법
④ 특수 와셔에 의한 방법

[해설]
- 와셔를 사용하는 방법
  스프링 와셔, 고무와셔, 이붙이 와셔 등의 특수 와셔를 사용하여 너트가 잘 풀리지 않게 한다.
- 절입 너트에 의한 방법
  너트의 일부를 안쪽으로 변형시켰다가 볼트에 나사를 결합시킬 때 나사부가 강하게 압착되도록 한다.
- 특수 와셔에 의한 방법
  혀붙이 와셔 또는 톱니붙이 와셔를 사용하여 고정한다.

02. 아래 그림은 무슨 너트인가?

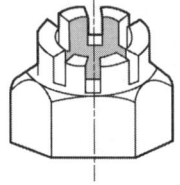
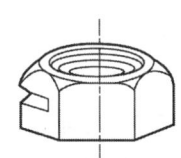
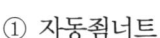

① 자동죔너트 ② 록너트
③ 절입 너트 ④ 특수 너트

03. 되돌아가는 것을 방지하는 특수한 모양의 너트는?

① 자동죔너트 ② 록너트
③ 절입 너트 ④ 특수 너트

04. 나사면에 마찰계수가 크게 되어 풀림을 방지하는 방법은?

① 특수 와셔에 의한 방법
② 철사에 의한 방법
③ 플라스틱 플러그에 의한 방법
④ 락와이어를 이용한 방법

[해설]
- 철사에 의한 방법
  핀 대신에 철사를 감아서 풀어지지 않도록 하는 방법
- 락와이어를 이용한 방법
  볼트 머리에 구멍을 내서 볼트가 풀리는 방향을 회전하지 못하게 와이어를 감는다.

03 체결요소의 강도, 강성, 피로 부식방지

01. 다음 중 동력의 단위에 해당되지 않는 것은?

① erg/s   ② N·m
③ PS   ④ J/s

[해설] N·m : 일 또는 모멘트 단위이다.

02. 응력의 단위를 올바르게 표시한 것은?

① kgf/mm^2 ② m/s^2
③ $kgf·mm$ ④ N/mm^2

[해설] SI에서 응력의 단위는 Pa 또는 N/mm^2의 어느 것으로 표시해도 좋으나 보통의 경우 응력 및 탄성계수는 각각 MPa 및 GPa로 표시하는 것이 바람직하다.

03. 각속도가 30rad/sec인 원운동을 rpm단위로 환산하면 얼마인가?

① 157.1rpm ② 186.5rpm
③ 257.1rpm ④ 286.5rpm

해설 $rpm = \dfrac{각속도 \times 60}{2\pi} = \dfrac{30 \times 60}{2 \times \pi} ≒ 286.5$

04. 다음 중 인장응력을 구하는 식으로 맞는 것은? (단, σ는 인장응력, A는 단면적, P는 인장하중이다.)

① $\sigma = \dfrac{P}{A}$ ② $\sigma = P \times A$
③ $\sigma = \dfrac{A}{P}$ ④ $\sigma = \dfrac{P}{A^2}$

05. 응력에 대한 설명으로 틀린 것은?

① 하중에 비례한다.
② 단면적에 비례한다.
③ 단위는 Pa도 사용한다.
④ 응력에는 전단응력, 인장응력, 압축응력 등이 있다.

해설
- 응력의 $\sigma = \dfrac{P}{A}$[N/m²]로 단위는 Pa도 사용한다.
- 재료에 압축, 인장, 굽힘, 비틀림 등의 하중 (외력)을 가했을 때, 그 크기에 대응하여 재료 내에 생기는 저항력을 응력이라 한다.
- 하중에 비례한다.
- 단면적에 반비례한다.

06. 지름이 4cm의 봉재에 인장하중이 1,000N이 작용할 때 발생하는 인장응력은 약 얼마인가?

① 127.3N/cm² ② 127.3N/mm²
③ 80N/cm²   ④ 80N/mm²

해설 인장하중 $W = \dfrac{\pi d^2}{4}\sigma_t$에서

인장응력 $\sigma_t = \dfrac{4W}{\pi d^2} = \dfrac{4 \times 1,000}{\pi \times 4^2} ≒ 80\,\text{N/cm}^2$

07. 지름이 10mm인 시험편에 600N의 인장력이 작용한다고 할 때 이 시험편에 발생하는 인장응력은 약 몇 MPa인가?

① 95.2   ② 76.4
③ 7.64   ④ 9.52

해설 $\sigma = \dfrac{W}{A} = \dfrac{600}{\dfrac{\pi \times 10^2}{4}} = 7.64$

08. 한 변이 50mm인 정사각형 단면의 봉에 3t 질량을 가진 물체에 의하여 중력 방향으로 인장하중이 작용할 때 발생하는 인장응력은 약 몇 N/cm²인가?

① 117.7 ② 141.4
③ 1,177 ④ 1,414

해설 $\sigma_t = \dfrac{P}{A} = \dfrac{3,000 \times 9.81}{5^2} = 1,177$

09. 정사각형 단면의 봉에 20kN의 압축하중이 작용할 때 생기는 응력을 5,000N/cm²가 되게 하려면 정사각형의 한 변의 길이를 약 몇 cm로 해야 하는가?

① 0.2   ② 0.4
③ 2   ④ 4

해설 $a = \sqrt{\dfrac{20,000}{5,000}} = 2\,\text{cm}$

정답 03 ④ 04 ① 05 ② 06 ③ 07 ③ 08 ③ 09 ③

10. 사각형 단면(100mm×60mm)의 기둥에 1N/mm² 압축응력이 발생할 때 압축하중은 약 얼마인가?

① 6,000N ② 600N
③ 60N ④ 60,000N

해설 $100 \times 60 = 6,000 \times 1 = 6,000\,\text{N}$

11. 안지름 300mm, 내압 100N/cm²이 작용하고 있는 실린더 커버를 12개의 볼트로 체결하려고 한다. 볼트 1개에 작용하는 하중 W은 약 몇 N인가?

① 3,257 ② 5,890
③ 8,976 ④ 11,245

해설 뚜껑에 작용하는 전 하중은
$$W = \frac{\pi \times D^2}{4} = \frac{\pi \times 300^2}{4} \times 1 = 70,686 \div 12$$
$$= 5,890\,\text{N}$$

12. 재료를 인장시험 할 때, 재료에 작용하는 하중을 변형 전의 원래 단면적으로 나눈 응력은?

① 인장응력 ② 압축응력
③ 공칭응력 ④ 전단응력

13. 다음 중 일반적으로 안전율을 가장 크게 잡는 하중은? (단, 동일 재질에서 극한강도 기준의 안전율을 대상으로 한다.)

① 충격하중 ② 편진 반복하중
③ 정하중 ④ 양진 반복하중

해설 일반적으로 안전율을 가장 크게 잡는 하중은 충격하중이다.

14. 인장하중과 압축하중이 교대로 반복하여 작용하는 하중으로 크기와 방향이 동시에 변화하는 하중은?

① 반복하중 ② 교번하중
③ 충격하중 ④ 전단하중

해설
- **반복하중** : 방향이 변하지 않고 계속하여 반복 작용하는 하중으로 진폭은 일정, 주기는 규칙적인 하중으로 차축을 지지하는 압축 스프링에 작용하는 것과 같은 하중
- **충격하중** : 비교적 단시간에 충격적으로 작용하는 하중으로, 못을 박을 때와 같이 순간적으로 작용하는 하중
- **전단하중(Shearing Load)** : 재료를 자르려는 것과 같은 하중

15. 일정한 주기 및 진폭으로 반복하여 계속 작용하는 하중으로 편진하중을 의미하는 것은?

① 변동하중(variable load)
② 반복하중(repeated load)
③ 교번하중(alternate load)
④ 충격하중(impact load)

해설
- **변동하중** : 하중의 크기 및 방향이 시간에 따라 불규칙하게 변화하는 하중이다.
- **교번하중** : 크기와 방향이 충격 없이 주기적으로 변화하는 하중이다.
- **충격하중** : 비교적 단시간에 충격적으로 작용하는 하중이다.

16. 재료와 안전성을 고려하여 안전할 것이라고 허용되는 최대의 응력을 무슨 응력이라 하는가?

① 허용응력 ② 주응력
③ 사용응력 ④ 수직응력

17. 응력-변형률 선도에서 재료가 저항할 수 있는 최대의 응력을 무엇이라 하는가? (단, 공칭응력을 기준으로 한다.)

① 비례한도(proportional limit)
② 탄성한도(elastic limit)
③ 항복점(yield point)
④ 극한강도(ultimate strength)

해설 재료의 허용응력은 탄성한도를 기준으로 정하지만 탄성한도의 범위를 쉽게 구하기가 어려우므로, 쉽게 구할 수 있는 극한강도를 기준으로 하여 결정한다.

18. 응력-변형률 선도에서 재료가 파괴되지 않고 견딜 수 있는 최대 응력은? (단, 공칭응력을 기준으로 한다.)

① 탄성한도
② 비례한도
③ 극한강도
④ 상항복점

해설
① 탄성한도 : 가해진 응력을 제거했을 때 물체가 원상태(원점)로 돌아오는 최대 한계점이다.
② 비례한도 : 물체를 하중을 가하면 비례한도까지 응력과 변형이 정비례한다. 물체에 가한 응력에 비례하여 물체가 변형되는 최대 한계점이다.
③ 극한강도 : 물체가 견딜 수 있는 최대의 응력이다. 인장강도라고도 하며 이 점을 지나면 넥킹(necking)이 일어나서 단면적이 급격히 줄어든다. 또한 변형률은 늘어나나 작용응력은 감소한다.
④ 상항복점 : 시험 속도와 시험편의 형상 등에 영향을 받는 점이다.

19. 그림은 인장코일 스프링에서 작용하중(W)과 변형량(δ)의 관계 그래프이다. 이 그래프에서 직선의 기울기와 삼각형($\triangle$OAB) 면적은 각각 무엇을 나타내는가?

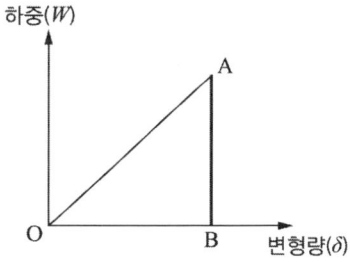

① 응력과 가로탄성계수
② 스프링 상수와 탄성 변형에너지
③ 응력과 탄성 변형에너지
④ 스프링 상수와 피로 한도량

해설 그림에서 직선의 기울기와 삼각형($\triangle$OAB) 면적은 스프링 상수와 탄성 변형에너지이다.

20. 항복응력을 σ_Y, 허용응력을 σ_a라 할 때, 안전율(safety factor) S_f를 옳게 나타낸 것은?

① $S_f = \dfrac{\sigma_Y}{\sigma_a} > 1$ ② $S_f = \dfrac{\sigma_Y}{\sigma_a} < 1$

③ $S_f = \dfrac{\sigma_a}{\sigma_Y} > 1$ ④ $S_f = \dfrac{\sigma_a}{\sigma_Y} < 1$

21. 다음 중 변형률(strain, ε)에 관한 식으로 옳은 것은? (단, ℓ : 재료의 원래길이, λ : 줄거나 늘어난 길이, A : 단면적, σ : 작용응력)

① $\varepsilon = \lambda \times \ell 2$ ② $\varepsilon = \sigma/\ell$
③ $\varepsilon = \lambda/A$ ④ $\varepsilon = \lambda/\ell$

정답 17 ④ 18 ③ 19 ② 20 ① 21 ④

Part 2. 기계요소 설계

해설
- 변형률(Strain) : 재료에 하중이 작용하면 내적으로는 응력이 발생하고, 외적으로는 변형이 일어나는데, 이때 변형량과 원래 치수와의 비
- 변형률(strain, ε)에 관한 식 : $\varepsilon = \lambda/\ell$

22. 축 방향으로 32MPa의 인장응력과 21MPa의 전단응력이 동시에 작용하는 볼트에서 발생하는 최대 전단응력은 약 몇 MPa 인가?

① 23.8 ② 26.4
③ 29.2 ④ 31.4

해설 최대 전단응력설에 의해 등가전단응력을 계산

$$\tau_{max} = \frac{1}{2}\sqrt{\sigma^2 + 4\tau^2}$$
$$= \frac{1}{2}\sqrt{((32^2 + (4 \times 21^2)))}$$
$$= 26.4$$

23. 재료의 조합하중이 작용할 때 최대 주응력이 단순 인장 또는 단순 압축하중에 대한 항복강도 또는 인장강도가 압축강도에 도달하였을 때 재료의 파손이 일어난다는 이론이다. 주철과 같이 취성재료에 잘 일치하는 이론은?

① 최대 주응력설
② 최대 주변형률설
③ 최대 전단응력설
④ 전단 변형률 에너지설

해설
- 최대 주변형률설 : 연성재료에 발생하는 최대 주변형률이 단순 인장하중에 대한 항복점의 변형률과 같아질 때 재료의 파손이 일어난다는 이론이다.
- 최대 전단응력설 : 조합하중에 작용하는 재료 내의 최대 전단응력이 그 재료의 항복 전단응력에 도달하면 파손이 일어난다는 이론이다.

24. 재료의 기준강도(인장강도)가 400N/mm이고 허용응력이 100N/mm²일 때, 안전율은?

① 0.25 ② 1.0
③ 4.0   ④ 16.0

해설
$$\text{안전율} = \frac{\text{극한강도}}{\text{허용응력}} = \frac{\text{인장 또는 기준강도}}{\text{허용응력}}$$
$$= \frac{400}{100} = 4$$

25. 연강봉이 인장하중 200N을 받아 인장응력이 4,200N/cm²가 발생하였다. 안전율 $S=6$으로 할 때 안전하게 사용하기 위해 지름을 몇 mm로 하면 되는가?

① 6   ② 8
③ 10 ④ 12

해설
$$S = \frac{\sigma_s}{\sigma_a} \rightarrow \sigma_a = \frac{\sigma_s}{S} = \frac{4,200}{6} = 700\,\text{N/cm}^2$$
$$\therefore \sigma_a = \frac{P}{\frac{\pi}{4}d^2} \rightarrow d = \sqrt{\frac{4P}{\pi\sigma_a}} = \sqrt{\frac{4\times 200}{\pi\times 700}}$$
$$= 0.6\,\text{cm} = 6\,\text{mm}$$

26. 알루미늄 부식방지법이 아닌 것은?

① 아노다이징 ② 알로다인
③ 알클래드   ④ 벤더라이징

해설 알루미늄 부식방지법
- 아노다이징 : 양극산화처리라고도 한다. 알미늄이나 마그네슘 합금을 양극으로 하여 황산이나 크롬산과 같은 전해액에 담궈 양극으로부터 발생하는 산소에 의해 표면에 산화피막이 생성된다. 부식성과 내마모성이 향상된다.
- 알로다인 : 알루미늄이나 알루미늄합금의 표면을 화학적으로 처리하기 위해 알로다인용액을 표면에 발라서 산화피막을 형성한다.
- 알클래드 : 알루미늄합금 위에 5.5% 두께로 순수알루미늄을 hot rolling(압착)시켜서 내식성을 개선시켜준다.

정답 22 ② 23 ① 24 ③ 25 ① 26 ④

27. 철금속 부식방지법이 아닌 것은?

① 도금
② 벤더라이징
③ 파커라이징
④ 알클래드

해설 철금속 부식방지법
- **도금** : 니켈크롬카드뮴 도금으로 내식성 금속 도금을 표면에 입히는 방법
- **벤더라이징** : 철강재료 표면에 구리를 석출시켜서 부식을 방지하는 방법
- **파커라이징** : 인산염 피막을 표면에 형성하여 부식을 방지하는 방법

Chapter 02 동력전달요소 설계

> **TIP**
>
> **기계요소의 분류**
> - 체결(결합)용 기계요소
>   2개 이상의 기계부품을 결합하거나 고정할 때 사용하는 기계요소로 나사, 핀 키 등이 있다.
> - 동력전달(전동)용 기계요소
>   동력이나 운동을 전달할 때 사용하는 기계요소로 마찰차, 기어, 벨트와 벨트풀리, 체인과 스프로킷 등이 있다.
> - 축용 기계요소
>   회전체의 중심을 고정하거나 축을 받쳐 줄 때 사용하는 기계요소로 축, 베어링, 클러치 등이 있다.
> - 제어용 기계요소
>   기계의 제동 또는 진동의 완충에 사용하는 기계요소로 브레이크, 스프링 등이 있다.
> - 관용 기계요소
>   기체나 액체를 수송할 때 사용하는 기계요소로 관, 밸브 등이 있다.

1 요구기능 파악 및 선정

1. 축(Shaft)

1) 축의 분류

회전운동으로 동력이나 운동을 전달하는 기계요소로 기어, 풀리, 플라이휠 등이 설치된다. 축의 단면은 원형이며 굽힘, 인장, 압축, 비틀림 하중 등이 단독 또는 복합적으로 작용하기 때문에 설계 시 여러 가지 강도를 고려해야 한다. 축은 주로 베어링에 의해 지지되며, 회전, 왕복 또는 요동 운동을 한다.

(1) 작용하중에 따른 분류

① 전동축(동력축) : 비틀림과 휨을 동시에 받으며, 동력전달이 주목적으로 주로 공장의 동력전달 축으로 사용되며 주축, 선축, 중간축으로 구성된다.
  ㉠ 주축 : 원동기에서 직접 동력을 받는 축
  ㉡ 선축 : 주축에서 동력을 받아 각 공장에 분배하는 축
  ㉢ 중간축 : 선축에서 동력을 받아 각각의 기계에 동력을 전달
② 차축(Axel) : 하중을 받치는 축으로 굽힘 모멘트를 받으며 철도차량, 자동차 등의 바퀴가 연결된 축이 차축이다. 토크를 전달하지 않는 정지 차축과 토크를 전달하는 회전 차축이 있다.
③ 스핀들(Spindle) : 지름에 비하여 비교적 짧은 축으로 비틀림과 휨이 동시에 작용하나 주로 비틀림을 받는 축으로 치수가 정밀하며 변형량이 적고 길이가 짧은 회전축으로 공작기계의 주축으로 사용된다.

(2) 외형에 따른 분류

① 직선 축(Straight shaft) : 일직선으로 곧은 원통형의 축이며, 일반적인 동력전달용으로 사용된다.
② 테이퍼 축(Taper shaft) : 원뿔형의 축으로 연삭기, 밀링머신, 드릴링 머신 등의 주축에 사용된다.

③ 크랭크축(Crank shaft) : 몇 개 축의 중심을 서로 어긋나게 한 것으로, 왕복운동기관 등의 직선운동과 회전운동을 서로 변환시키는 데 사용하며 곡선 축이라고도 하며 내연기관에 많이 사용된다. 일체식과 조립식이 있다(내연기관, 압축기에 사용).

④ 플렉시블 축(Flexible shaft) : 강선을 2중, 3중으로 감은 나사 모양의 축으로 축 방향이 수시로 변하는 작은 동력전달 축으로 공간상의 제한으로 일직선 형태의 축을 사용할 수 없을 때 사용된다. 비틀림 강도는 크나 굽힘 강도는 작다.

(3) 단면 모양에 따른 분류

① 원형 축(Round shaft) : 단면 모양이 원형으로 속이 찬 축과 속이 빈축이 있다. 일반적으로 속이 찬 축이 많이 사용된다.

② 각축(Square shaft, hexagonal shaft) : 특수한 목적에 사용하기 위하여 축의 단면 모양을 사각형 또는 육각형으로 만든 축으로 믹서나 진동체 축 등에 많이 사용된다.

2) 축의 재료

① 보통 축 : 탄소 0.1~0.4%인 탄소강
② 고속회전축 : 니켈강, 니켈크롬강
③ 크랭크축 : 니켈크롬몰리브덴강, 크롬몰리브덴강, 단조강, 미하나이트 주철

3) 축의 강도

(1) 축 설계상 고려사항

① 강도(Strength) : 정하중, 충격, 반복 등을 동시에 수반할 경우가 많아 피로파괴의 위험과 축 지름의 변화와 키의 홈, 원주 홈 등의 노치에서 발생하는 응력집중을 고려한다.

② 응력집중(Stress concentration) : 축에 키 홈이나 코터 구멍, 노치, 단 붙임 등이 있는 부분은 단면적이 감소하고 또한 변화가 급격하므로 응력이 집중하여 축의 강도는 감소한다. 이러한 부분은 보강을 통하여 응력집중을 피하여야 한다.

③ 강성도(Stiffness) : 처짐이나 비틀림에 대해 저항하는 세기, 긴 전동축에서는 강도 이외에 굽힘 강성과 비틀림 강성을 고려해야 한다.

④ 변형
㉠ 비틀림각 변형 : 주기적 또는 확실한 전동을 요구하는 축은 비

틀림각에 제한받게 된다. 예를 들면 긴 축의 양단이 동시에 회전하는 천장 주행 기중기의 회전축, 운전기의 롤러 축 등에서 축의 비틀림각이 크면 기계적 불균형이 생긴다.

ⓒ 처짐(휨) 변형 : 굽힘 하중을 받는 축의 힘이 주어진 범위를 넘으면 베어링 압력의 불균형, 베어링 틈새의 불균일, 기어의 물림 상태가 불량하게 된다. 또 공작기계의 스핀들에도 굽힘이 생기면 가공 불량이 된다. 따라서 축의 종류에 따라 처짐량이 어느 한도 이내가 되도록 처짐을 제한하여 설계하여야 한다.

⑤ **진동(Vibration)** : 축은 회전 시 굽힘 진동 또는 비틀림 진동 때문에 공진(resonance) 현상이 생겨 축이 파괴되는데, 이때의 회전속도를 위험속도(critical speed)라 한다. 이를 방지하기 위해서는 회전속도를 위험속도에 가까이하면 안 된다. 또 운전의 안정을 잃는 경우가 가끔 일어나므로 고속회전을 하는 축에서는 진동의 요인에 의하여 주의하여야 한다.

⑥ **부식(Corrosion)** : 선박의 프로펠러축, 수차축, 펌프 축과 같이 항상 액체 속에 있는 축은 전기적, 화학적 작용으로 부식되는 경우가 많으므로 내식재 선택에 주의하고 부식 여유를 고려해야 한다.

⑦ **열응력(Thermal stress)** : 제트 엔진, 증기 터빈의 회전축과 같이 고온 상태에서 사용되는 축에 있어서는 열응력, 열팽창 등에 주의하여 설계하여야 한다. 축의 길이가 변화해도 그 변화가 구속되어 있으면 축에 열응력과 베어링 하중이 증가하고, 축의 길이가 변화하면 기어 같은 경우에는 그 물림 상태가 나쁘게 된다.

⑧ **열팽창(Thermal expansion)** : 고온 상태에서 운전되는 가스 터빈, 증기 터빈 등의 축은 온도상승으로 인하여 축의 길이가 변화하고 베어링 하중이 증가하므로 축의 설계에 있어서는 열팽창에 따른 열응력을 충분히 고려하여야 한다.

(2) 강도에 의한 축의 설계

① 차축과 같이 굽힘 모멘트[M]만을 받는 축

㉠ 실제 축(중실 축)의 경우

$$M = \sigma_b \times Z = \sigma_b \times \frac{\pi d^3}{32}$$

$$\therefore d = \sqrt[3]{\frac{32M}{\pi \sigma_b}} = \sqrt[3]{\frac{10.2M}{\sigma_b}}$$

ⓒ 중공 축의 경우

$$M = \sigma_b \times Z = \sigma_b \times \frac{\pi}{32}\left(\frac{d_2^4 - d_1^4}{d_2}\right) = \sigma_b \times \frac{d_2^3}{10.2}(1-x^4)$$

$$\therefore d_2 = \sqrt[3]{\frac{10.2M}{(1-x^4)\sigma_b}} \quad (단, \ x = \frac{d_1}{d_2} = 내외경비)$$

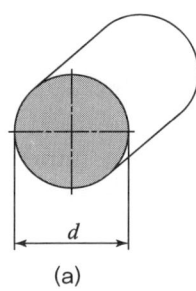
(a)

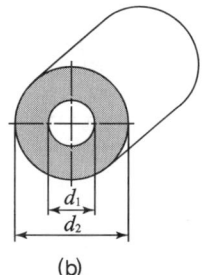
(b)

[그림 2-1] 속이 찬 축과 속이 빈축 단면

② 비틀림 모멘트[T]만을 받을 때
  ㉠ 실제 축(중실 축)의 경우

$$T = \tau_a \times Z_P = \tau_a \times \frac{\pi d^3}{16}$$

$$\therefore d = \sqrt[3]{\frac{16T}{\pi \tau_a}} = \sqrt[3]{\frac{5.1T}{\tau_a}}$$

  ㉡ 중공 축의 경우

$$T = \tau_a \times Z_P = \tau_a \times \frac{\pi}{16}\left(\frac{d_2^4 - d_1^4}{d_2}\right) = \tau_a \times \frac{d_2^3}{5.1}(1-x^4)$$

$$\therefore d_2 = \sqrt[3]{\frac{5.1T}{(1-x^4)\tau_a}}$$

  ㉢ 중실 축과 중공 축의 비교
  - 중공 축과 중실 축의 비 $\dfrac{d_2}{d} = \sqrt[3]{\dfrac{1}{1-x^4}}$
  - 중공 축과 중실 축 지름의 비 $\dfrac{d_2}{d} = \sqrt[3]{\dfrac{1}{0.9375}} \fallingdotseq 1.022$
  - 중량비 $= \dfrac{d_2^2(1-x^2)}{d^2}$

  ㉣ 축에 작용하는 전달 토크를 구할 경우

$$T = 7024 \times 10^3 \frac{H}{N} [\text{N} \cdot \text{mm}][\text{PS}]$$

$$T = 9549 \times 10^3 \frac{H}{N} [\text{N} \cdot \text{mm}][\text{kW}]$$

> **TIP**
>
> SI 단위 변환
> - $T = \dfrac{H(\text{kW})}{\omega(각속도)}$
> $= \dfrac{100 \times 10^3}{(\frac{2\pi N}{60})} [\text{N} \cdot \text{m}]$
> - $H(\text{kW}) = T\omega$
> $= T \times \dfrac{2\pi N}{60} [\text{N} \cdot \text{m/s}]$

⓪ 중실 축 지름을 구할 경우

  $$d = 329.5 \sqrt[3]{\frac{H[\text{PS}]}{\tau_a[\text{N/mm}^2]\,N[\text{rpm}]}}\,[\text{mm}]$$

  $$d = 365 \sqrt[3]{\frac{H[\text{PS}]}{\tau_a[\text{N/mm}^2]\,N[\text{rpm}]}}\,[\text{mm}]$$

  ⓑ 중공 축에 지름을 구할 경우

  $$d = 329.5 \sqrt[3]{\frac{H[\text{PS}]}{(1-x^4)\tau_a[\text{N/mm}^2]\,N[\text{rpm}]}}\,[\text{mm}]$$

  $$d = 365 \sqrt[3]{\frac{H[\text{PS}]}{(1-x^4)\tau_a[\text{N/mm}^2]\,N[\text{rpm}]}}\,[\text{mm}]$$

③ 굽힘 모멘트와 비틀림 모멘트를 동시에 받는 축

㉠ 연성재료의 경우

- 실제 축 $d = \sqrt[3]{\dfrac{16\,T_e}{\pi\tau_a}}$ $\therefore d = \sqrt[3]{\dfrac{5.1\,T_e}{\tau_a}}$
- 중공 축 $d_2 = \sqrt[3]{\dfrac{16\,T_e}{\pi(1-x^4)\tau_a}}$
- 상당 비틀림 모멘트 $T_e = \sqrt{M^2 + T^2}$

㉡ 취성재료의 경우

- 실제 축 $d = \sqrt[3]{\dfrac{32\,M_e}{\pi\sigma_a}}$ $\therefore d = \sqrt[3]{\dfrac{10.2\,M_e}{\sigma_b}}$
- 중공 축 $d_2 = \sqrt[3]{\dfrac{32\,M_e}{\pi(1-x^4)\sigma_a}}$
- 상당 굽힘 모멘트 $T_e = \dfrac{1}{2}\bigl(M + \sqrt{M^2 + T^2}\bigr)$

2. 축이음(Shaft Joint)

1) 축이음의 분류

(1) 커플링의 종류

① 고정 커플링 : 일직선상에 있는 두 축을 연결한 것으로, 볼트 또는 키를 사용하여 접합하고 양축 사이의 상호이동이 전혀 허용되지 않는 구조이다. 원통 커플링과 플랜지 커플링이 있다.

㉠ 원통 커플링 : 머프 커플링, 마찰 원통 커플링, 셀러 커플링, 클램프 커플링

TIP

커플링
축이음(coupling)은 원동축(driving shaft)과 종동축(driven shaft)을 연결하여 동력을 전달시키는 기계요소를 말한다. 반영구적으로 고정하는 축이음과 운전 중 결합을 제어할 수 있는 클러치(clutch)로 나누어진다.

통형(원통) 커플링의 종류
- 클램프 커플링
- 분할 원통 커플링
- 마찰 클립 커플링
- 머프 커플링
- 반중첩 커플링
- 셀러 커플링

ⓒ **플랜지 커플링** : 단조 플랜지 커플링, 조립식 플랜지 커플링, 세레이션 커플링

② **플랙시블 커플링** : 원칙적으로 동일선상에 있는 두 축의 연결에 사용하나, 양 축간 약간의 상호 이동을 허용한다. 온도의 변화에 따른 축의 신축 또는 탄성 변형 등에 의한 축 심의 불일치를 완화하여 원활히 운전할 수 있는 커플링이다. 기어형 축이음, 체인 축이음, 그리드형 축이음, 고무 축이음 등이 있다.

③ **올덤 커플링** : 두 축이 평행하고 축의 중심선이 약간 어긋났을 때 각 속도의 변동 없이 토크를 전달하는 데 사용하는 축이음이다.

④ **유니버설 커플링(자재 이음)** : 두 축의 축선이 어느 각도로 교차하고, 그 사이의 각도가 운전 중 다소 변하여도 자유로이 운동을 전달할 수 있도록 구조가 되어 있는 커플링이다.

⑤ **커플링의 분류**
  ㉠ 두 축이 동일선상에 있는 경우 : 고정 커플링(fixed coupling)
  ㉡ 두 축이 정확한 일직선상에 있지 않을 때 : 플렉시블 커플링(flexible coupling)
  ㉢ 두 축이 평행하는 경우 : 올덤 커플링(oldham's coupling)
  ㉣ 두 축이 교차하는 경우 : 유니버설 조인트(universal joint)

(2) 클러치

운전 중 또는 정지 중에 간단한 조작으로 동력을 전달할 수 있는 형식이다. 두 축은 일직선상에 있는 경우가 많다.

① **맞물림 클러치** : 클러치 중 가장 간단한 구조로 플랜지에 서로 물릴 수 있는 돌기 모양의 턱이 있어 서로 맞물려 동력을 단속한다.

② **마찰 클러치** : 각축에 붙어 있는 부분의 면을 밀어붙여 접촉시키며, 그사이의 마찰을 이용하여 연결하는 클러치로 원판 마찰 클러치와 원추 마찰 클러치가 있다.

③ **일방향 클러치** : 구동축이 종동축보다 속도가 늦어졌을 때 종동축이 자유로 공전할 수 있도록 한 것으로 일방향에만 동력을 전달시키고, 역방향에는 전달시키지 못하는 클러치이다.

④ **원심 클러치** : 입력축의 회전에 의한 원심력에 의하여 클러치의 결합이 이루어지는 것으로 원동축이 시동이 되어 점차 회전속도가 상승하면 클러치가 연결된다.

⑤ **전자 클러치** : 전자력을 이용하여 마찰력을 발생시키는 클러치이다.

⑥ 유체 클러치 : 펌프 축을 원동기에 결합하고 터빈 축은 부하를 받는 쪽에 결합하여 동력을 전달하는 클러치이다.

2) 커플링

(1) 고정 커플링

① 원통 커플링 : 가장 간단한 구조로 원통 속에 두 축을 끼워 넣고 일직선이 될 수 있도록 키, 볼트로 결합해 키의 전단력이나 마찰력으로 전동하는 이음이다.

㉠ 머프 커플링 : 주철제의 원통 속에서 두 축을 맞대어 맞추고 키로 고정한 것으로, 축 지름과 하중이 아주 작을 때 사용한다. 인장력이 작용하는 축이음에는 부적합하다. 작업상 안전을 위하여 안전 커버를 씌워 사용한다.

㉡ 마찰 원통 커플링 : 바깥 둘레가 원뿔형으로 된 주철제 분할 통으로 두 축의 연결 단에 덮어씌우고, 이것을 연강제의 링으로 양 끝에서 끼워 맞춰 체결한다. 분할 통은 중앙에서 양 끝으로 1/20~1/30의 테이퍼이고, 큰 토크 전달에는 적당하지 않으나, 설치 및 분해가 쉽고 긴 전동축의 연결에 편리하다. 150mm 이하의 축과 진동이 없는 경우에 사용한다.

㉢ 반중 첩 커플링 : 주철제 원통 속에 전달축보다 약간 크게 한 축 단면에 기울기를 주어 중첩시킨 후 공통의 키로서 고정한 커플링이며, 축 방향으로 인장력이 작용하는 기계의 축이음에 사용된다.

㉣ 분할 원통 커플링(클램프 커플링) : 2개의 반원 통, 즉 클램프를 보통 6개의 볼트로 두 줄로 나누어 체결하고(소형 축의 경우 4개, 대형 축의 경우 6~8개) 테이퍼가 없는 키를 박은 것으로 축 지름 200mm까지 사용한다.

㉤ 셀러 커플링 : 머프 커플링을 셀러가 개량한 것으로 주철제 원통은 내면이 원추면으로 되어 있다. 여기에 두 축을 끼우고, 바깥면이 원추면으로 되어 있는 원추 통을 양쪽에서 끼워 넣은 다음 3개의 볼트로 죄어 축을 고정하는 커플링이다. 이것은 연결할 두 축의 지름이 다소 달라도 두 축이 자연히 동일선상에 있게 된다.

② 플랜지 커플링 : 주철 또는 주강제의 플랜지를 축에 억지 끼워맞춤을 하거나 키로 결합한 후 두 플랜지를 볼트로 체결한 것이다. 플랜지의 중앙부는 요철을 만들어 두 축의 중심을 일치시키고, 큰 축과

고속도인 정밀 회전축에 적당하고, 공장 전동축 또는 일반기계의 커플링으로 가장 널리 사용된다. 전단에 대한 사항만을 고려하면 $T_2 = Z \times \dfrac{\pi}{4} d^2 \tau_b \times \dfrac{D_b}{2} = \dfrac{\pi d^2 \tau_b Z D_b}{8}$ 가 된다.

(2) 플렉시블 커플링

두 축의 중심선을 완전히 일치시키기 어려운 때, 또 내연기관과 같이 전달 토크의 변동이 많은 원동기에서 다른 기계로 동력을 전달하는 경우 및 고속회전으로 진동을 일으킬 때 사용된다.

① 기어형 : 두 축의 양 끝에 한 쌍의 외접기어를 각각 키 박음하여 결합한다. 외치와 내치 사이의 틈새가 축의 편심을 어느 정도 흡수할 수 있으며, 고속 및 큰 토크에도 견딜 수 있다. 원심펌프, 컨베이어, 교반기, 발전기, 송풍기, 믹서, 유압 펌프, 압축기, 크레인, 기중기 등이 있다.

② 체인 : 두 축의 끝에 스프로킷 휠을 키 박음하여 장착하고, 2줄 체인을 사용하여 두 축에 끼워져 있는 스프로킷 휠을 이은 것이다. 회전속도가 중간속도이고 일정한 하중이 작용하는 기계에 장착된다. 주로 교반기 컨베이어, 펌프, 기중기 등에 사용된다.

③ 그리드 형 : 두 축의 끝부분에 축 방향으로 홈이 파여 있는 한 쌍의 원통(허브)을 키 박음 하여 각각 고정한다. 양 축의 축 방향 홈이 일직선이 되도록 조정한 후 S자 모양의 금속격자(그리드)를 홈 속으로 집어넣어 연결한다.

(3) 올덤 커플링

두 축이 평행하며, 그 거리가 비교적 짧고 축선의 위치가 어긋나 있으나 각속도의 변화 없이 회전력을 전달시키려 할 때 사용하고, 밸런스와 마찰의 난점이 있고 편심량이 큰 회전 전달이나 고속의 경우에는 적합하지 않다.

(4) 유니버설 조인트(훅 조인트)

① 두 축이 동일 평면 내에 있고 그 중심선이 α각도($\alpha \leq 30°$)로 교차하는 경우의 전동장치이다.
② 교각 α는 30도 이하에서 사용하고, 특히 5도 이하가 바람직하며, 45도 이상은 사용이 불가능하다.
③ 두 축 단의 요크 사이에 십자형 핀을 넣어서 연결한다.
④ 자동차, 공작기계, 압연 롤러, 전달 기구 등에 많이 사용한다.

⑤ 요크와 십자형 핀 사이에는 니들 베어링 또는 부시를 넣어서 그리스로 윤활하는 것이 보통이다.

⑥ 각속비는 $\tan\phi = \tan\theta\cos\alpha$ 이다.

$$\therefore \frac{\omega_2}{\omega_1} = \left(\frac{\cos\alpha}{1-\sin^2\theta\sin^2\alpha}\right)$$

3) 클러치

원동축에서 종동축에 토크를 전달시킬 때, 간단히 두 축을 연결하거나 분리시키기 위해서 사용되는 축이음으로 맞물림 클러치, 마찰 클러치, 유체 클러치, 마그네틱 클러치 등이 있다.

(1) 클러치의 종류

① 맞물림 클러치(Claw Clutch) : 가장 널리 사용되는 것으로 서로 맞물려 토크를 전달한다.
  ㉠ 기어 클러치 : 삼각형의 턱을 아주 작게 많이 가지고 있다.
  ㉡ 마그네틱 클러치 : 온도상승을 꺼리는 NC 공작기계에 사용한다.

② 마찰 클러치 : 원동축의 회전을 정지시키지 않고 충격 없이 종동축을 연결할 수 있고, 일정량 이상의 과하중이 종동축에 작용하면 접촉면은 미끄러져 일정량 이상의 하중이 원동축에 걸리지 않는 축이음이다.
  ㉠ 축 방향 클러치 : 마찰 면이 축 방향으로 이동하여 전동력이 작고 경부하 고속용에 쓰인다.
    ⓐ 원판 클러치(Disc Clutch) : 원동축과 종동축 사이에 마찰판을 1장 또는 여러 장을 설치하여 접촉시켜 그사이의 마찰로 전동하는 장치이고, 마찰력을 효과적으로 작용시키기 위하여 바깥둘레 부분만을 접촉시키고 중앙부를 떼어놓고 있다.
    ⓑ 원뿔 클러치(Cone Clutch) : 마찰 면이 원추형으로 되어 있으며 축 방향의 누르는 힘이 원판 클러치보다 작은 데 비해 큰 전달 동력을 얻을 수 있는 장점이 있다.
  ㉡ 원주 클러치 : 마찰 면은 축 심을 향하여 움직이며 전달 동력은 비교적 크고 저속 중하중용에 적합하다. 종류로는 블록 클러치, 스플릿링 클러치, 밴드 클러치가 있다.
  ㉢ 전자 클러치 : 자동화, 고속화 등 수치제어 공작기계, 서보모터 전기기계에 많이 사용된다.

③ 원심력 클러치
　㉠ 원심 클러치 : 원동축 블록이 드럼 속에 코일 스프링으로 연결되어 있어 마찰력으로 토크를 전달한다.
　㉡ 유체 클러치 : 직선 방사상의 날개를 갖는 2개의 임펠러를 마주보도록 하고 여기에 기름을 채운 것으로 원동기를 펌프 축에 터빈 축을 부하에 결합하여 동력을 전달한다. 자동차, 건설기계, 산업기계, 선박, 철도, 차륜 등에 사용된다.

　유체 클러치의 특징은 다음과 같다.
- 원동기의 시동이 쉽다.
- 과부하의 상태가 발생하더라도 원동기를 보호하고, 비틀림 진동과 충격을 완화한다.
- 역회전도 쉽게 할 수 있고, 몇 개의 원동기로 1개의 부하를 쉽게 운전할 수 있다.
- 변속의 자동화가 용이하다.

(2) 마찰 클러치의 전달 토크 및 마력

① 전달 토크

$$T = \mu p \pi b D_m \frac{(D_1 + D_2)}{4}$$

② 전달마력

$$T = 7,023.5 \frac{H[\text{PS}]}{N} = 9,549 \frac{H[\text{kW}]}{N}$$

$$H[\text{PS}] = \frac{\mu P D_m N}{2 \times 7,023.5 \times 1,000} = \frac{\mu \pi b p D_m^3 N}{2 \times 7,023.5 \times 1,000}$$

$$H[\text{kW}] = \frac{\mu P D_m N}{2 \times 9,549 \times 1,000} = \frac{\mu \pi b p D_m^3 N}{2 \times 9,549 \times 1,000}$$

3. 베어링(Bearing)

1) 베어링의 개요

회전축을 지지하고 회전을 원활하게 하는 기계요소로 미끄럼 베어링과 구름 베어링이 있다. 베어링을 설계할 때는 작용하중에 의한 변형을 작게 하려고 충분한 강도와 강성을 갖도록 해야 하며, 마찰과 윤활, 베어링의 압력을 고려해야 한다.

(1) 베어링의 종류

① 축과 베어링의 접촉 방법에 따른 분류

㉠ 미끄럼 베어링(Sliding Bearing) : 저널과 베어링 면이 윤활유를 중개물로 하여 직접 대면하여 미끄럼 접촉을 하는 베어링으로 평면 베어링이라 부른다.

㉡ 구름 베어링(Rolling Bearing) : 축과 베어링 사이에 볼 또는 롤러, 바늘형 롤러를 넣고 구름 접촉을 하는 것으로 마찰이 미끄럼 베어링보다 훨씬 적게 한 베어링이다.

② 작용하중의 방향에 따른 분류

㉠ 레이디얼 베어링(Radial Bearing) : 레이디얼 하중, 즉 축에 직각 방향의 하중을 지지할 때 사용하며, 미끄럼 베어링에선 저널베어링이라고도 한다.

㉡ 스러스트 베어링(Thrust Bearing) : 스러스트 하중, 즉 축 단이나 축의 중간에 단을 만들어 축 방향의 하중을 받을 때 사용하며, 피벗 베어링, 칼라 스러스트 베어링이다.

㉢ 테이퍼 베어링(Taper Bearing) : 레이디얼 하중과 스러스트 하중이 동시에 작용하는 하중을 지지한다.

(2) 미끄럼 베어링과 구름 베어링의 비교

종류 항목	미끄럼 베어링	구름 베어링
크기	지름은 작으나 폭이 크게 된다.	폭은 작으나 지름이 크게 된다.
구조	일반적으로 간단하다.	전 동체가 있어서 복잡하다.
충격 흡수	유막에 의한 감쇠력이 우수하다.	감쇠력이 작아 충격 흡수력이 작다.
고속회전	저항은 일반적으로 크게 되나 고속회전에 유리하다.	윤활유가 비산하고, 전동체가 있어 고속회전에 불리하다.
저속 회전	유막 구성력이 낮아 불리하다.	유막의 구성력이 불충분하더라도 유리하다.
소음	특별한 고속 이외는 정숙하다.	일반적으로 소음이 크다.
하중	추력 하중은 받기 힘들다. 비교적 작은 하중을 받는다.	추력 하중을 용이하게 받는다. 큰 하중을 받는다.
기동토크	유막 형성이 늦었을 때 크다.	작다.
베어링 강성	정압 베어링에서는 축 심의 변동 가능성이 있다.	축 심의 변동은 적다.
규격화	자체 제작하는 경우가 많다.	표준형 양산품으로 호환성이 높다.
마찰	마찰계수가 크다(유체마찰).	마찰계수가 작다(구름마찰).
경제성	호환성이 없고 동압 미끄럼 베어링은 싸고 정압 미끄럼 베어링은 부대시설이 비싸다.	양산 및 규격화로 비교적 싸다.

2) 미끄럼 베어링(Sliding bearing)

(1) 미끄럼 베어링의 구조

일반적인 구조는 베어링 메탈, 윤활부, 베어링 하우징으로 구성하고 베어링 메탈은 접촉면의 마찰을 감소시키고 저널의 마멸을 방지하며 윤활부는 윤활제를 베어링의 접촉면에 공급하여 마멸을 감소시키고 마찰열을 흡수하여 방산시키는 기구와 기능을 갖는다. 베어링 하우징은 베어링 메탈을 지지하면서 작용하는 힘을 프레임에 전달한다.

(2) 미끄럼 베어링의 종류

① 레이디얼 미끄럼 베어링

　㉠ 단일체 베어링(solid bearing) : 구조가 간단하여 경(經)하중의 저속용에 쓰이며, 베어링 하우징에 끼워 고정된 축을 지지하는 데 주로 사용한다. 하우징 상부에는 급유구가 붙어 있다.

　㉡ 분할 베어링(split bearing) : 본체와 캡으로 분할된 베어링으로 중하중의 고속용에 사용한다. 베어링의 유격 조정은 분할 면에 심(shim)을 넣어 적절히 유지하며, 내면에는 원활한 윤활을 위하여 오일 홈(groove)을 만든다.

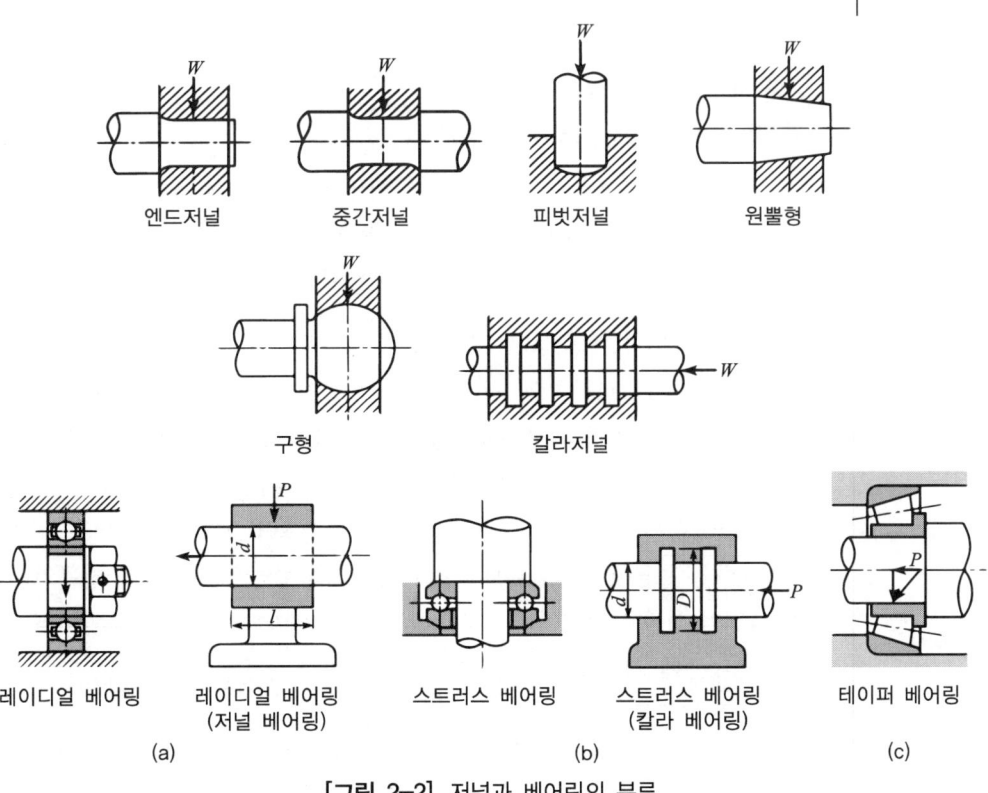

[그림 2-2] 저널과 베어링의 분류

② 스러스트 미끄럼 베어링
  ㉠ 피벗 베어링(Pivot bearing) : 피벗 베어링은 절구 베어링이라고도 하며 세워져 있는 축에 의하여 스러스트 하중을 받을 때 사용한다.
  ㉡ 칼라 베어링(collar bearing) : 칼라 베어링은 수평으로 된 축이 스러스트 하중을 받을 때 사용하는 베어링으로 여러 단의 칼라가 배열되어 있어 베어링의 길이가 비교적 길어진다.

(3) 미끄럼 베어링 재료의 특성
  ① 베어링 메탈
    축이 운전 중 저널과 베어링 메탈과의 사이의 유막이 불완전 유막 윤활 상태가 되면 저널과 베어링 메탈이 접촉하게 되어 마모가 일어나게 되고, 마찰열에 의한 열 붙음 현상이 생기게 되므로 미끄럼 베어링에서의 베어링 메탈은 상당이 중요하며 다음과 같은 성질을 갖추어야 한다.
      ㉠ 마찰열을 잘 분산시키기 위하여 열전도율이 높아야 한다.
      ㉡ 저널과의 접촉성이 좋아야 한다.
      ㉢ 면압강도, 강성, 피로강도가 좋아야 한다.
      ㉣ 내식성이 커야 한다.
      ㉤ 마찰계수가 작아야 한다.

  ② 베어링 메탈 재료
    가) 화이트 메탈(white metal)
      Sn, Pb, Zn 등을 주성분으로 하여 Cu와 Sb를 포함하는 합금으로 연하고 가공하기 쉬우며 축과의 접촉성이 좋고 윤활유의 흡착력도 높으며 수리도 용이하여 널리 이용된다.

    나) 동(구리)합금(copper alloy)
      베어링 메탈로서 가장 널리 사용되며 열전도가 좋으며 내마모성, 내충격성이 좋고 축과의 접촉성도 좋다. 베어링 메탈보다 경도나 강도가 크다. 그러나 고속에서는 열 붙음이 일어나기 쉬우므로 부적당하다. 황동(brass)은 피로강도가 비교적 높고, 중저속의 고압용 베어링으로 사용된다. 포금(gun metal)은 Cu-Sn-Zn의 합금으로 황동과 청동의 중간적인 성질을 갖고 있다. 청동(bronze)은 내마모성이 커서 내압이 요구되는 곳에 사용되며 중속 고 하중용으로 사용된다.

TIP

화이트 메탈 분류(주성분 기반)
- Sn(base) 화이트 메탈
- Pb 화이트 메탈
- Zn 화이트 메탈

TIP

청동의 분류(성분의 첨가 정도)
- 인(phosphorus)청동
- 베릴륨(beryllium)청동
- 켈밋(kelmet)청동

다) 주철(cast iron)

회주철은 펄라이트(pearlite) 또는 페라이트(ferrite)의 matrix(기지)에 편상 흑연이 석출된 조직으로 matrix는 강해서 내마모성, 내충격성이 좋으며, 흑연은 고체윤활의 성질이 있고 값이 싸기 때문에 베어링 메탈로서 많이 이용되어 왔다. 그러나 축 재료와의 동일한 성질로 인해 고속에서는 열 붙음이 일어나기 쉬운 단점이 있어서 고속에서는 사용하기 곤란하다.

라) 카드뮴 합금(cadmium alloy)

Cd(cadmium) matrix에 Cu, Ag, Ni, Mg 등을 첨가한 것으로 화이트 메탈보다 강도가 크며 고온 강도가 높아 고부하의 내연기관, 압연기, 펌프 등에 사용된다. 그러나 열팽창계수가 약간 높고, 산성의 윤활유에 약한 단점도 있다.

마) 알루미늄 합금(aluminum alloy)

일반적으로 다른 베어링 메탈에 비해 가볍고, 친화성과 내마모성이 좋아 고속·고 하중의 베어링으로 사용된다. 마찰이 생성되는 산화 피막 때문에 축을 손상하는 단점도 있다.

바) 오일리스 베어링

분말야금에 의하여 성형 소결한 베어링으로 기공(氣孔) 부에 기름을 함유할 수가 있고, 운전 중에는 온도상승 때문에 기름이 스며 나오고 운전을 정지하면 다시 기공 부로 흡수하므로 별도로 기름을 급유할 필요가 없으므로 오일리스 베어링(oil less bearing)이라 부른다. 이것은 대하중 용으로는 부적당하며 급유가 곤란한 곳에 적합하여 소형 전동기, 가정용 기계 등에 사용된다.

사) 비금속재료

목재, 경질고무, 플라스틱 재료 등이 이용된다. 가공이 쉽고 내식성이 커서 사용 목적에 따라 편리한 점도 있으나 열에 약하고 열팽창이 큰 단점도 있다. 그 외에 시계나 정밀기기의 베어링으로 사용되기도 한다.

(4) 미끄럼(슬라이딩) 베어링의 설계

① 베어링 압력

㉠ 레이디얼 저널(radial journal)의 압력 : $P = \dfrac{W}{dl} [\text{N}/\text{mm}^2]$

여기서, P : 베어링 압력
W : 베어링 하중
d : 저널의 지름
l : 저널의 길이

ⓒ 스러스트 저널(thrust journal)의 압력 : $P[\text{N}/\text{mm}^2]$

ⓐ 피벗 저널(pivot journal)

- 실제 축의 경우 : $P = \dfrac{W}{\dfrac{\pi d^2}{4}}$, $d = \sqrt{\dfrac{4W}{\pi P}}$

- 중공원 축의 경우 : $P = \dfrac{W}{\dfrac{\pi}{4}(d_2^2 - d_1^2)}$

ⓑ 칼라 스러스트 저널(collar thrust journal)

$$P = \dfrac{W}{\dfrac{\pi}{4}(d_2^2 - d^2)Z} \qquad W = d_m bZP$$

여기서, Z : 칼라 수
d_m : 수압면의 평균 지름
b : 수압면의 너비

② 레이디얼 저널의 설계

㉠ 끝 저널의 설계

$$M = \dfrac{Pl}{2} = \sigma_b Z = \sigma_b \dfrac{\pi d^3}{32} \text{이므로}$$

$$\therefore d = \sqrt[3]{\dfrac{16Pl}{\pi \sigma_b}} = \sqrt[3]{\dfrac{5.1Pl}{\sigma_b}}$$

여기서, M : 최대 굽힘 모멘트
Z : 단면계수
σ_b : 허용굽힘응력

위 식에 $P = p_a dl$을 대입하면

$$M = \dfrac{Pl}{2} = \dfrac{p_a dl^2}{2} = \sigma_b \dfrac{\pi d^3}{32}$$

$$\therefore \dfrac{l}{d} = \sqrt{\dfrac{\sigma_b}{5.1 p_a}}$$

식에서 $\dfrac{l}{d}$를 폭지름 비(폭경비)라 한다.

ⓒ 중간 저널의 설계

$$M = \frac{PL}{8} = \sigma_b Z = \sigma_b \frac{\pi d^3}{32}$$

$$\therefore d = \sqrt[3]{\frac{4PL}{\pi \sigma_b}} = \sqrt[3]{\frac{1.25PL}{\sigma_b}}$$

여기서, $L = l + 2l_1 = el$, $e = 1.0 \sim 2.0$이나 보통 1.5를 잡는다.

ⓒ 폭경비 : $\frac{l}{d}$

ⓐ 엔드 저널의 경우 $\frac{l}{d} = \sqrt{\frac{\sigma_b}{5.1p}}$

ⓑ 중간 저널의 경우 $e = 1.5$로 잡으면 $\frac{l}{d} = \sqrt{\frac{\sigma_b}{1.91p}}$

ⓒ 실제의 설계에 있어서 $\frac{l}{d}$이 커지면 축이 굽을 때 베어링 끝에 압력이 집중하여 유막이 파괴될 우려가 있고, $\frac{l}{d}$이 작아지면 기름의 누설이 현저하여 유막 압력이 저하하고 부하능력이 감소한다.

ⓓ 경험적으로 $\frac{l}{d} = 0.6 \sim 0.3$이 상용되며 보통 하중의 경우 $\frac{l}{d} = 1.0 \sim 1.5$가 많이 사용된다.

② 마찰열을 고려한 저널설계

$f = \mu W [\text{N}]$

$A_f = \mu W v [\text{N} \cdot \text{m/sec}]$

$a_f = \frac{A_f}{A} = \frac{\mu W v}{dl} = \mu p v$

여기서,
- f : 마찰력(N)
- μ : 마찰계수
- W : 저널의 하중(N)
- A_f : 단위시간당 마찰일량(N · m/sec)
- a_f : 비마찰 작업일량
- pv : 발열계수(압력속도계수)

ⓐ 발열계수 : pv

- 레이디얼 저널(radial journal)

$$pv = \frac{W}{dl} \times \frac{\pi dN}{60 \times 1,000} [\text{N/mm}^2 \cdot \text{m/sec}]$$

$$pv = \frac{\pi WN}{60,000 l}$$

$$\therefore l = \frac{\pi WN}{60,000 pv}$$

- 스러스트 저널(thrust journal)

  - 실제원 축 : $pv = \dfrac{W}{\dfrac{\pi d^2}{4}} \times \dfrac{\pi \left(\dfrac{d}{2}\right) N}{60 \times 1,000}$ $pv = \dfrac{WN}{30,000 d}$

  $$\therefore d = \frac{WN}{30,000 pv} = \frac{\mu WN}{30,000 a_f}$$

  - 중공원 축 : $pv = \dfrac{W}{\dfrac{\pi}{4}(d_2^2 - d_1^2)} \times \dfrac{\pi \times d_m \times N}{60 \times 1,000}$

  $$d_m = \frac{d_2 + d_1}{2}(d_2^2 - d_1^2) = (d_2 + d_1)(d_2 - d_1)$$

  정리하면 $\therefore (d_2 - d_1) = \dfrac{WN}{30,000 pv}$

  또한, 칼라 저널의 경우 $\therefore (d_2 - d_1)Z = \dfrac{WN}{30,000 pv}$

ⓑ 베어링의 마찰손실동력

$$H = \frac{\mu W v}{75 \times 9.81}[\text{PS}], \quad H' = \frac{\mu W v}{102 \times 9.81}[\text{kW}]$$

3) 구름 베어링(rolling bearing)

구름 베어링은 구름 접촉을 하기 때문에 미끄럼 베어링에 비해 마찰이 작아 마찰손실이 적고, 기동저항과 발열도 작아 고속회전을 할 수 있다. 그러나 전동체와 궤도륜이 점 접촉이나 선 접촉을 해서 충격에 약하고, 소음이 생기기 쉬운 결점이 있다.

(1) 구름 베어링의 구조

궤도륜(외륜과 내륜) 사이에 전동체가 들어 있고 전동체는 리테이너에 의하여 일정한 간격을 유지하게 되어 있어 마멸과 소음을 방지하게 된다. 보통 내륜은 축과 결합하고 외륜은 하우징과 결합한다.
전동체의 형상에 따라 볼 베어링과 롤러 베어링으로 구분한다. 롤러 베어링은 모양에 따라 원통 롤러, 테이퍼 롤러, 자동조심 롤러, 니들 롤러로 구분한다. 볼 베어링은 전동체가 점접촉을 하므로 마찰저항이 적어 고속 및 고정밀 회전축에 적합하다. 롤러 베어링은 전동체가 선 접촉을 하므로 중하중용으로 적합하다.

(2) 구름 베어링의 종류

① 레이디얼 볼 베어링

㉠ **깊은 홈 볼 베어링** : 구름 베어링 중에서 가장 널리 사용된다. 궤도는 내·외륜 모두 원호 모양의 깊은 홈이 있다(내·외륜 분리 불가). 구조가 간단하고 정밀도가 높아 고속회전용으로 가장 적합하다.

㉡ **마그네토 볼 베어링** : 외륜 궤도면의 한쪽 궤도 홈 턱을 제거하여 베어링 요소의 분리 조립을 쉽게 하도록 한 베어링으로 접촉각이 작아 깊은 홈 볼 베어링보다 부하하중을 작게 받는다. 스러스트 하중에 대해서도 한쪽 방향으로만 부하능력을 가지고 고속, 소형 정밀기기에 사용한다.

㉢ **앵귤러 볼 베어링** : 볼과 내·외륜과의 접촉점을 잇는 직선이 레이디얼 방향에 대해서 어느 각도를 이루고 있으며 이 각도를 접촉각이라 한다. 구조상 레이디얼 하중 외에 한 방향의 스러스트 하중을 받는 경우에 적합하고 접촉각이 클수록 스러스트 부하능력이 증가한다.

㉣ **자동조심 볼 베어링** : 외륜의 궤도면이 구면이어서 그 중심이 베어링 중심과 일치하고 있기 때문에 자동적으로 중심을 맞출 수 있다. 축이나 베어링 하우징의 공작이나 설치 시에 발생하는 축심의 어긋남을 조절할 수 있어 무리한 힘이 생기지 않는다. 스러스트 하중을 받는 능력은 그다지 크지 않은 편이다. 안지름이 테이퍼 진 경우에는 베어링 번호 뒤에 K가 붙으며 표준 테이퍼는 1/12이다.

② 레이디얼 롤러 베어링

㉠ **원통 롤러 베어링** : 전동체로 원통 롤러를 사용하는 베어링으로 선접촉을 하므로 레이디얼 방향의 부하용량이 크다. 따라서 중하중, 고속회전에 적합하다.

㉡ **테이퍼 롤러 베어링** : 전동체로 테이퍼 롤러를 사용한 베어링으로 내륜, 외륜 및 롤러 원추의 정점이 축선상의 한 점에 집중되며 롤러는 내륜의 턱에 의하여 안내된다. 레이디얼 하중과 스러스트 하중의 합성 하중에 대한 부하능력이 크다.

㉢ **자동조심 롤러 베어링** : 표면이 구면으로 되어 있는 롤러를 전동체로 사용한 것으로 자동조심작용이 있어 축심의 어긋남을 자동적으로 조절. 레이디얼 부하용량이 크고 구면을 이용하여 양방향의 스러스트 하중에도 견딜 수 있으므로 중하중 및 충격하중에 적합하다.

② 니들 롤러 베어링 : 지름 5mm 이하 바늘 모양의 롤러를 사용한 것으로 리테이너는 없으며 내·외륜이 있는 것과 내륜이 없고 축에 직접 접촉하는 구조가 있다. 축지름에 비하여 바깥지름이 작고, 부하용량이 크므로 다른 롤러 베어링을 사용할 수 없는 좁은 장소나 충격하중이 있는 곳에 사용한다.

③ 스러스트 볼 베어링
㉠ 스러스트 하중만을 받으므로 고속회전에 부적합하고 단식은 스러스트 하중의 한 방향일 경우, 복식은 양 방향일 경우 사용한다.
㉡ 단식에서는 회전륜과 고정륜 사이에 볼을 넣어 사용하고, 고속회전에는 부적합하다. 복식에서는 상하의 고정륜 중간에 회전륜이 있으며 고정륜과 회전륜 사이에는 볼이 있고, 축은 회전륜에 부착한다.

④ 스러스트 자동조심 롤러 베어링
㉠ 축 방향 하중을 크게 받을 수 있으나 고속회전에는 부적합하다.
㉡ 스러스트 하중이 작용할 때 어느 정도의 레이디얼 하중을 받을 수도 있다. 궤도면은 구면으로 자동조심작용을 하여 설치 오차 및 축의 휨을 받아준다.

(3) 구름 베어링 규격

① 구름 베어링의 호칭 번호
㉠ 호칭 번호를 붙이는 목적은 제조나 사용 시 혼란을 방지, 정리의 편의를 도모하기 위함이다.
㉡ 호칭 번호로 주요 치수를 손쉽게 알 수 있고, 호칭 번호 앞뒤에 붙이는 기호로 그 베어링의 특수한 형태를 알 수 있다.
㉢ 아래 표와 같이 기본 기호와 보조 기호로 이루어져 있고 베어링의 치수는 안지름을 기준으로 하여 규격화되어 있다.

기본 기호			보조 기호					
베어링 계열기호	안지름 번호	접촉각 기호	내부변경 기호	실·실드기호	궤도륜 형상기호	조합 기호	내부틈새 기호	등급 기호

• 기본 기호

| 형식 기호 | 치수 계열 기호(폭과 지름 기호) | 안지름 번호 | 접촉각 기호 |

• 형식기호 : 베어링의 형식에 따라 정해진 번호 또는 기호. 베어링 호칭시 제일 먼저 나오는 기호
형식기호 1, 2, 3, 4인 경우 복렬, 6, 7인 경우 단열, N인 경우 원통 롤러 베어링이다.
• 치수계열 기호 : 베어링의 치수는 안지름, 바깥지름, 폭(또는 높이)이 기본. 베어링 치수규격은 안지름을 기준으로 각각의 안지름에 대하여 여러 가지 크기의 폭과 바깥지름을 조합한 것으로 구성

치수계열 기호는 두 자리수로 나타내는데 첫 번째 숫자는 폭계열(또는 높이 계열)수이며, 두 번째 숫자는 지름계열수로 나타낸다.

- 안지름 번호 : 아래 표와 같이 베어링 내륜의 안지름 표시

안지름 범위(mm)	안지름 치수	안지름 기호	예
10mm 미만	정수인 경우 정수 아닌 경우	안지름 /안지름	2mm이면 2 2.5mm이면 /2.5
10mm 이상 20mm 미만	10mm 12mm 15mm 17mm	00 01 02 03	
20mm 이상 500mm 미만	5의 배수인 경우	안지름을 5로 나눈 수	40mm이면 08
	5의 배수 아닌 경우	/안지름	28mm이면 /28
500mm 이상		/안지름	560mm이면 /560

- 접촉각 기호 : 볼 또는 롤러 베어링에서 하중이 가해지는 작용선이 반지름방향과 이루는 각을 접촉각이라 한다.
- 구름 베어링의 호칭 번호는 형식 기호, 치수 기호(폭 기호는 생략하는 수가 있다), 안지름 번호를 순서대로 조합하여 4자리 또는 5자리의 숫자(또는 기호)로 표시한다.
- 이 밖에 필요에 따라 실 또는 실드 기호, 틈새 기호, 등급 기호 등의 보조기호를 병기하여 사용한다.

(4) 구름 베어링의 기본 설계

① 구름 베어링의 마찰

㉠ 전동체는 부하하중에 의해 궤도면을 파고 들어가 전동체의 전후가 볼록하게 올라오며 전동체가 통과한 후에는 다시 원상태로 되돌아간다.

㉡ 내·외륜에 궤도면의 곡률 반지름과 볼의 반지름을 같게 하면 하중이 가해질 때 양쪽의 접촉 면적이 증가하므로 마찰저항이 크게 된다. 이 때문에 궤도면의 반지름을 볼의 반지름보다 약간 크게 한다.

② 구름 베어링의 수명과 정격수명

㉠ 베어링 수명 : 소음과 진동의 증가, 마멸에 의한 정밀도의 저하, 구름면의 피로 박리 등으로 인하여 베어링을 사용할 수 없을 때까지의 한계 회전수나 시간

㉡ 베어링 피로 수명 : 최초의 플레이킹이 생길 때까지의 총회전수

㉢ 정격수명 : 동일 규격의 베어링을 같은 조건으로 여러 개 사용하였을 때 이 중 90% 이상의 베어링이 피로에 의한 손상이 생기지 않을 때까지의 총 회전수나 시간

$$L_h = \frac{L(10^6 회전)}{60 \times n}$$

TIP

플레이킹(flaking)
베어링의 내·외륜 및 전동체가 반복되는 압축력과 재료 내부 표면에 평행하게 생기는 전단응력에 의해 균열이 발생하고 균열이 성장하여 재료의 표면이 떨어져 나가게 되는 현상

⟨표 2-1⟩ 구름 베어링의 수명계수 및 속도계수

베어링 형식	볼 베어링	롤러 베어링
수명시간	$L_h = 500 f_h^3$	$L_h = 500 f_h^{\frac{10}{3}}$
수명계수	$f_h = f_n \left(\dfrac{C}{P} \right)$	$f_h = f_n \left(\dfrac{C}{P} \right)$
속도계수	$f_n = \left(\dfrac{33.3}{n} \right)^{\frac{1}{3}}$	$f_n = \left(\dfrac{33.3}{n} \right)^{\frac{3}{10}}$

③ 구름 베어링의 정격하중

구름 베어링이 견딜 수 있는 최대 하중을 정격하중 또는 부하용량이라 하며 정 정격하중과 동 정격하중으로 분류한다.

㉠ **기본 정 정격하중** : 구름 베어링이 정지하고 있는 상태에서 견딜 수 있는 최대 하중을 정 정격하중이라 한다. 즉 베어링 내의 최대 응력을 받고 있는 접촉부에서 전동체와 궤도륜과의 영구 변형량의 합이 전동체 지름의 1/10,000 이내가 되도록 한 정지하중을 말하고 C_0로 표기한다.

㉡ **기본 동 정격하중** : 구름 베이링이 회전 중에 견딜 수 있는 최대 하중을 동 정격하중이라 하고 베어링의 정격 회전 수명이 100만 회전이 되도록 방향과 크기가 일정한 하중을 기본 동 정격하중이라 하며 C로 표기한다. 즉 33.3rpm으로 500시간에 견딜 수 있는 최대 하중이라 할 수 있다.

④ 구름 베어링의 정격수명 계산

$$L = \left(\frac{C}{P} \right)^r$$

여기서, L : 베어링 수명
P : 베어링 부하하중
C : 기본 동 정격하중
r : 지수-볼 베어링 3, 롤러 베어링 10/3

$$L_h = \frac{10^6 \text{회전}}{60 \times n} \left(\frac{C}{P} \right)^r$$

정격 시간 수명 L_h는 500시간에 견디는 경우고 수명은 하중의 r 승에 반비례하므로 다음과 같이 정리할 수 있다.

$$L_h = \frac{10^6 \text{회전}}{60 \times n}\left(\frac{C}{P}\right)^r = 500 \times \frac{33.3}{n}\left(\frac{C}{P}\right)^r = 500 f_n^r \left(\frac{C}{P}\right)^r = 500 f_h^r$$

여기서, f_h : 수명계수 $\sqrt[r]{\frac{33.3}{n}}\left(\frac{C}{P}\right) = f_n\left(\frac{C}{P}\right)$

f_n : 속도계수 $\left(\frac{33.3}{n}\right)^{\frac{1}{r}}$

⑤ 베어링 하중의 평가

하중 보정계수 : $C = P^r\sqrt{L_n}$ 에서

㉠ 일반 기계의 실제하중 : $P = f_w \cdot P_{th}$
㉡ 기어가 설치된 축에 작용하는 실제하중 : $P = f_w \cdot f_g \cdot P_g$
㉢ 벨트 풀리축에 작용하는 실제하중 : $P = f_w \cdot f_b \cdot P_b$

여기서, P : 실제하중 ($P = P_{th} \times f_w$)

P_{th} : 이론하중

f_w : 하중계수

f_g : 기어계수

f_b : 벨트계수

P_g : 기어 축에 작용하는 이론하중

P_b : 벨트의 유효 전달력

TIP

기본 부하용량
33.3rpm으로 500hr의 수명을 견딜 수 있는 하중

기본 회전수
33.3회전/min×500×60min
=10⁶회전

4. 마찰차

구름 접촉을 하는 원동차와 종동차의 접점에 생기는 마찰력에 의하여 동력을 전달하는 것을 마찰 전동이라 하고, 마찰 전동에 사용되는 바퀴를 마찰차라 한다.

1) 마찰차의 적용 범위

① 전달하여야 할 힘이 크지 않고 속도비를 중요시되지 않을 때
② 회전속도가 커서 보통의 기어를 사용할 수 없는 경우
③ 양축 사이를 빈번히 단속할 필요가 있을 때
④ 무단변속을 시키는 경우와 안전장치의 역할이 필요한 경우

2) 마찰차의 특성

① 접촉하고 있는 표면은 구름 접촉이므로 접촉선상의 한 점에 있어서 양쪽의 표면속도는 항상 같다.

② 약간의 미끄럼이 생기므로 확실한 전동과 강력한 동력의 전달은 곤란하다.
③ 전동의 단속이 무리 없이 행해진다.
④ 무단 변속하기 쉬운 구조로 할 수 있다.
⑤ 운전이 정숙하며, 효율은 그다지 높지 못하다.
⑥ 과부하의 경우 미끄럼에 의한 다른 부분의 손상을 막을 수 있다.
⑦ 두 축에 바퀴를 만들어 구름 접촉을 통해 순수한 마찰력만으로 동력을 전달한다.
⑧ 동력을 전달하면서 마찰차를 이동시킬 수 있는 변속 장치나 자동차의 클러치, 작은 힘을 전달하거나 정확한 회전운동을 하지 않는 곳에 주로 사용된다.
⑨ 전동 중 접촉 부분을 떼지 않고 마찰차를 이동시키거나 접촉 부분을 자유롭게 붙였다 뗄 수 있다.

3) 마찰차의 실용적인 면에서 구별

① 원통 마찰차 : 두 축이 평행하고 바퀴는 원통형이다.
② 홈 마찰차 : 두 축이 평행하다. V홈이 있다.
③ 원추 마찰차 : 두 축이 어느 각도에서 서로 만나고 있으며 바퀴는 원뿔형이다.
④ 무단변속 마찰차
  ㉠ 원판 마찰차식 무단변속기구 : 직교하는 두 축 사이로 롤러와 원판이 접촉하여 동력을 전달하는 마찰차이다.
  ㉡ 원추 마찰차식 무단변속기구 : 두 축이 어느 각도로서 서로 만나고 있으며 바퀴는 원뿔형이다.
  ㉢ 구면 마찰차식 무단변속기구 : 직선 또는 직각으로 만나는 두 축에 플렌지나 롤러를 고정하고 그 사이에 구면 형상의 중간차를 넣어 동력을 전달하는 마찰차이다.

4) 마찰차의 종류

① 원통 마찰차 : 두 축이 평행하고 바퀴는 원통형으로 평마찰차와 V홈 마찰차가 있다.
② 원추 마찰차 : 두 축이 서로 교차하고 바퀴는 원추형으로 속도비가 일정하다.
③ 구 마찰차 : 두 축이 평행 또는 교차하며 속도비가 일정하다.

> **TIP**
>
> **회전운동을 회전운동으로 전달하는 기계요소**
> 마찰차, 기어, 벨트와 벨트풀리, 체인과 스프로킷 등이 있다.

④ 변속 마찰차 : 속도비가 일정한 범위 내에서는 자유롭게 연속적으로 변화시킬 수 있다.

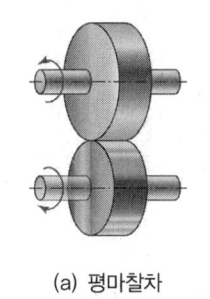

(a) 평마찰차

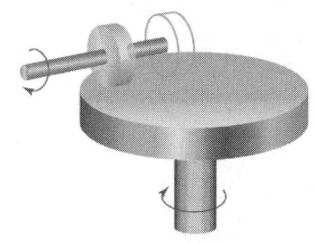

(b) 원판 마찰차

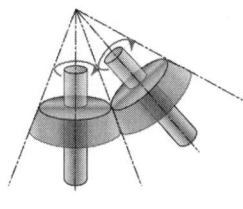

(c) 원추 마찰차

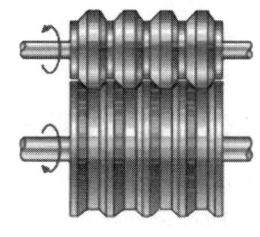

(d) V홈 마찰차

[그림 2-3] 마찰차의 종류

(1) 원통 마찰차

평행한 두 축 사이에서 외접하거나 내접하는 2개의 원통형 바퀴에 의하여 동력을 전달하는 것을 평마찰차 또는 원통 마찰차라 한다.

① 마찰차의 속도와 속도비

㉠ 회전비(속도비 i) : $i = \dfrac{N_B}{N_A} = \dfrac{D_A}{D_B} = \dfrac{\omega_B}{\omega_A}$

㉡ 중심거리 C

외접 : $C = \dfrac{D_B + D_A}{2}$, 내접 : $C = \dfrac{D_B - D_A}{2}$

㉢ 원주속도 : $v = \dfrac{\pi D_A N_A}{60 \times 1,000} = \dfrac{\pi D_B N_B}{60 \times 1,000} [\text{m/sec}]$

② 마찰차에 의한 전달동력

㉠ 전달토크 : $T = \mu P \dfrac{D_B}{2} [\text{N} \cdot \text{mm}]$

㉡ 전달동력 : $H = \dfrac{\mu P v}{75 \times 9.81} = \dfrac{\mu P \pi D_A N_A}{75 \times 9.81 \times 60 \times 1,000} [\text{PS}]$

$H' = \dfrac{\mu P v}{102 \times 9.81} = \dfrac{\mu P \pi D_A N_A}{102 \times 9.81 \times 60 \times 1,000} [\text{kW}]$

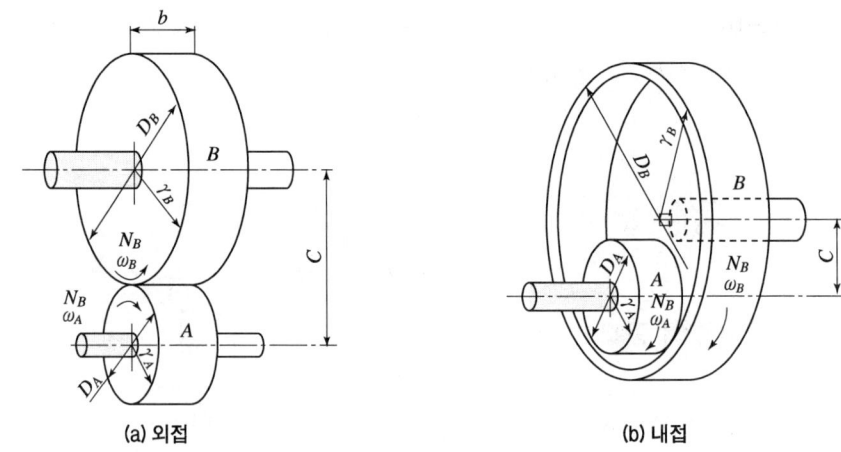

[그림 2-4] 원통 마찰차의 회전비

③ 접촉선상의 허용면압력과 마찰차의 폭

$P = qb [\text{N/mm}]$

$b = \dfrac{P}{q} [\text{mm}]$

(2) V홈 마찰차

마찰차에서 큰 동력전달을 위한 밀어붙이는 힘의 증가는 베어링 하중으로 되고 이로 인하여 큰 마찰손실이 생기는데 이것을 개량한 것이 V홈 마찰차이다.

① 유효 마찰계수(μ')

　㉠ 수정마찰계수, 등가마찰계수, 외관마찰계수 $\mu' = \dfrac{\mu}{\sin\alpha + \mu\cos\alpha}$ 이다.

　㉡ V홈 마찰차의 경우 μ'는 평마찰차의 마찰계수 μ의 $\dfrac{1}{\sin\alpha + \mu\cos\alpha}$ 배로 증가한다.

② 홈의 깊이

$h = 0.94\sqrt{\mu' P}\,[\text{mm}]$

(3) 원추 마찰차

동일 평면 내의 서로 어긋나는 두 축 사이에서 외접하여 동력을 전달하는 원뿔형 바퀴를 말하며, 주로 무단변속장치의 변속기구로 쓰인다.

① 속도비

$$i = \frac{N_B}{N_A} = \frac{D_A}{D_B} = \frac{2\overline{OC}\sin\alpha}{2\overline{OC}\sin\beta} = \frac{\sin\alpha}{\sin\beta} = \frac{\sin\alpha}{\sin(\theta-\alpha)}$$

$$= \frac{\sin\alpha}{\sin\theta\cos\alpha - \cos\theta\sin\alpha}$$

$\cos\alpha$로 나누어 정리하면 $i = \dfrac{\tan\alpha}{\sin\theta - \cos\theta\tan\alpha}$

㉠ α와 i의 관계 : $\tan\alpha = \dfrac{\sin\theta}{\dfrac{1}{i} + \cos\theta} = \dfrac{\sin\theta}{\dfrac{N_A}{N_B} + \cos\theta}$

㉡ β와 i의 관계 : $\tan\beta = \dfrac{\sin\theta}{i + \cos\theta} = \dfrac{\sin\theta}{\dfrac{N_B}{N_A} + \cos\theta}$

② 전달동력

$$P = \frac{Q_A}{\sin\alpha} = \frac{Q_B}{\sin\beta}$$

㉠ $H = \dfrac{\mu P v}{75 \times 9.81} = \dfrac{\mu Q_A v}{75 \times 9.81 \sin\alpha} = \dfrac{\mu Q_B v}{75 \times 9.81 \sin\beta}[\text{PS}]$

㉡ $H' = \dfrac{\mu P v}{102 \times 9.81} = \dfrac{\mu Q_A v}{102 \times 9.81 \sin\alpha} = \dfrac{\mu Q_B v}{102 \times 9.81 \sin\beta}[\text{kW}]$

③ 베어링 하중

$$R = \sqrt{R_A^2 + (\mu P)^2} \text{ 또는 } R = \sqrt{R_B^2 + (\mu P)^2}$$

여기서, R : 베어링에 작용하는 합성가로 하중(N)

④ 원뿔 마찰차의 너비

$$b = \frac{P}{f} \quad \therefore \quad b = \frac{Q_A}{f\sin\alpha} = \frac{Q_B}{f\sin\beta}$$

여기서, f : 접촉선에 작용하는 힘(N)

(4) 마찰차에 의한 무단변속

접촉점의 자리를 바꾸면 속도비를 무단계(연속적)로 변동시킬 수 있다.

① 원판 마찰차에 의한 변속

$$N_B = \frac{N_A}{R_B}x, \quad N_C = \left(\frac{S}{x} - 1\right)N_A$$

여기서, S : 축간거리

② 원뿔 마찰차에 의한 변속(에반스)

$$\frac{N_B}{N_A} = \frac{d + 2x\tan\alpha}{D - 2x\tan\alpha} \qquad \therefore N_B = \frac{d + 2x\tan\alpha}{D - 2x\tan\alpha} N_A$$

③ 구면 마찰차에 의한 변속

$$N_B = \frac{R_A}{R_B} \cdot \frac{x_B}{x_A} \cdot N_A \quad \text{또는} \quad N_B = \frac{D_A \sin\theta_B}{D_B \sin\theta_A}$$

5. 기어

1) 기어의 개요

동력을 전달시키는 데 마찰차의 접촉면에 차례로 물리는 이에 의하여 운동을 전달시키는 기계요소를 기어(치차)라 하고 잇수가 적은 것을 피니언이라 한다.

2) 기어의 종류

서로 물리는 한 쌍의 기어 중 잇수가 많은 쪽(큰 쪽)을 기어, 잇수가 적은 것(작은 쪽)을 피니언이라 하고, 기어의 지름이 무한대로 된 것을 랙이라 한다.

> **TIP**
>
> **기어의 특징**
> ① 전동이 확실하고, 큰 동력을 일정한 속도비로 전달할 수 있다.
> ② 축압력이 작으며, 사용 범위가 넓다.
> ③ 회전비가 정확하고, 전동효율이 좋으며, 감속비가 크다.
> ④ 충격음을 흡수하는 성질이 약하고, 소음과 진동이 발생한다.
> ⑤ 한 쌍의 바퀴 둘레에 이를 만들고, 이 두 바퀴의 이가 서로 맞물려 회전하며 동력을 전달하는 장치이다.
> ⑥ 기어 전동은 동력전달이 확실하고 내구성도 좋아 각종 기계의 회전 속도와 힘의 크기를 정확히 변경하고자 할 때 사용한다.
> ⑦ 서로 맞물려 있는 한 쌍의 기어 잇수 비를 다르게 하면 전달하는 회전수의 조절이 가능하다.
> ⑧ 시계의 기어 상자나 자동차 변속기에 사용 예를 들 수 있다.

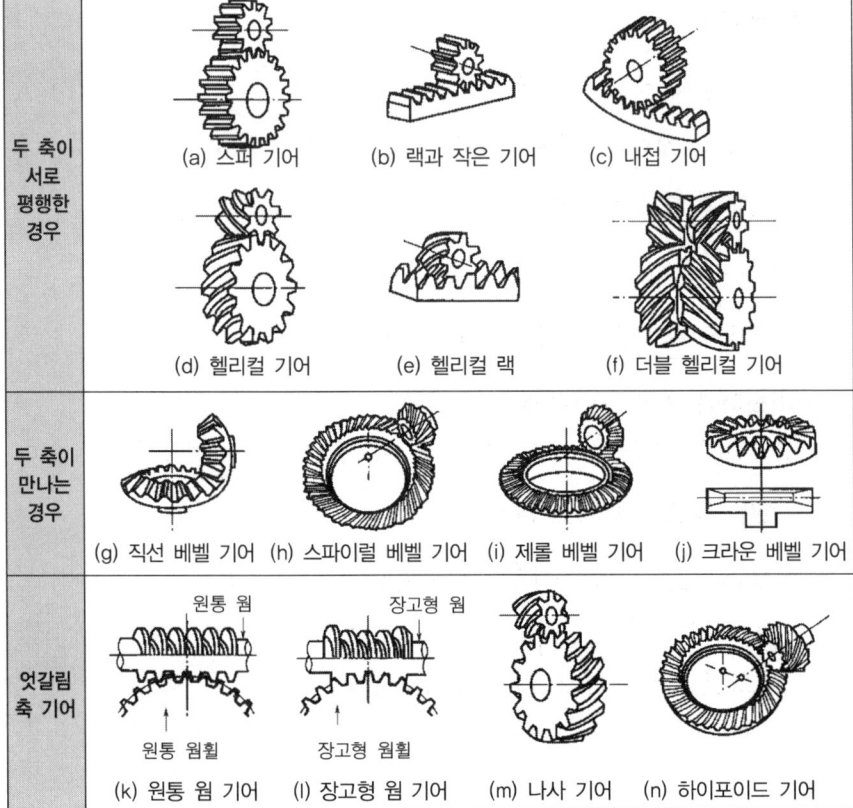

[그림 2-5] 기어의 종류

(1) 두 축이 서로 평행한 경우

① 스퍼 기어(spur gear) : 직선 치형을 가지며 잇줄이 축에 평행하며, 가장 일반적으로 사용된다. 시계, 선반, 내연기관 등에 사용된다.

② 랙(rack)과 피니언(pinon) : 두 축이 평행할 때 사용하며, 회전운동을 직선운동으로 바꾸는 데 사용되며 랙은 원통기어의 반지름이 무한대로 큰 경우의 일부분이라고 볼 수 있으며 피니언의 회전에 대하여 랙은 직선운동을 한다. 선반, 드릴링머신, 사진기 등의 이송기구에 사용된다.

③ 내접기어(internal gear) : 원통의 안쪽에 이가 있는 기어로 잇줄이 축에 대하여 평행하며, 맞물린 기어와 회전 방향이 같다. 유성기어장치 또는 기어형 축이음에 사용된다.

④ 헬리컬 기어(helical gear) : 이를 축에 경사시킨 것으로 이의 물림이 좋아 조용한 운전을 하나 축에 스러스트가 발생한다. 공작기계, 내연기관 등에 사용된다.

⑤ 헬리컬 랙(helical rack) : 헬리컬 기어와 맞물리고 잇줄이 축 방향과 일치하지 않는다. 피치원의 반지름이 무한대인 헬리컬 기어로 생각할 수 있다.

⑥ 더블 헬리컬 기어 : 방향이 반대인 헬리컬 기어를 같은 축에 고정시킨 것으로 축에 스러스트가 발생하지 않는다.

(2) 두 축이 만나는 경우

① 직선 베벨 기어(straight bevel gear) : 회전 방향을 직각으로 바꿀 때, 교차하는 두 축의 운동을 전달하기 위해 원뿔면에 이를 만든 것으로 이가 직선인 것을 직선 베벨 기어라 한다. 전동용으로 가장 널리 쓰인다. 드릴, 자동차의 구동장치 등에 사용된다.

② 스파이럴 베벨 기어(spiral bevel gear) : 잇줄이 곡선이고 모직선에 대하여 비틀려 있는 기어로서 이의 물림이 좋고 조용한 회전을 하나 제작이 어렵다.

③ 마이터 기어(miter gear) : 두 축의 교각이 90도이고 잇수비가 1 : 1인 기어이다.

④ 제롤 베벨 기어(zerol bevel gear) : 스파이럴 베벨 기어 중에서 이 너비의 중앙에서 비틀림각이 영(zero)인 베벨 기어이다.

⑤ 크라운 기어(crown gear) : 피치면이 평면으로 된 베벨 기어로 축 방향에 스러스트가 발생하고 스퍼어 기어에서 랙에 해당한다.

TIP

스퍼 기어

랙과 피니언
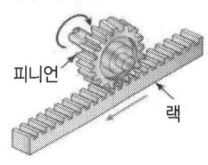

헬리컬 기어

스파이럴 베벨 기어
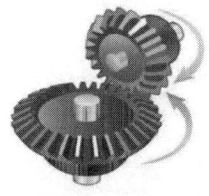

- 톱니 줄기가 나선 모양으로 된 베벨 기어를 말한다.
- 직선 베벨 기어에 비해 물림 길이가 커서 부드럽게 움직인다.

제롤 베벨 기어

- 회전 방향이 변해도 추력 방향이 바뀌지 않는다.

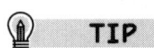

TIP

웜과 웜 기어

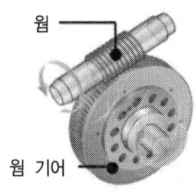

하이포이드 기어
- 베벨 기어와 같은 형상을 하고 있지만 물림 위치가 베벨 기어와는 다소 다르다.
- 평행도 아니고 교차도 없는 기어를 말한다.
- 이의 단면적이 크며 전동이 용이하고 축간 거리를 일정 범위 내에서 임의로 정할 수 있다.
- 자동차 감속비(뒤 차축의 최종단의 감속기) 또는 감속비가 별로 크지 않을 때에는 웜기어 대신 많이 사용한다.

⑥ 스크류 베벨 기어(skew bevel gear) : 이가 원추면의 모선과 경사진 기어이다.

(3) 두 축이 평행하지도 만나지도 않는 경우(엇갈림 축 기어)

① 웜 기어(worm gear) : 웜과 웜 기어를 한 쌍으로 사용하고, 큰 감속비를 얻을 수 있으며, 원동차를 보통 웜으로 한다.

② 하이포이드 기어(hypoid gear) : 스파이럴 베벨 기어와 같은 형상이고 축만 엇갈린 기어이며, 자동차의 차동장치에 쓰인다.

③ 나사 기어(screw gear) : 서로 교차하지도 않고 평행하지도 않는 두 축 사이의 운동을 전달하는 기어이다.

④ 스큐 기어(skew gear) : 교차하지도 또 평행하지도 않는 두 축(스큐축) 간에 운동을 전달하는 기어를 총칭하여 스큐 기어라 한다.

3) 스퍼 기어

(1) 기어의 각부 명칭

① 피치원(P.C ; pitch circle) : 기본적인 원으로 축에 수직인 평면과 피치원이 만나는 원

② 원주 피치(p ; circular pitch) : 피치원상의 이에서 이웃한 이까지의 원호 길이

③ 지름 피치(diametral pitch) : 잇수를 inch로 표시한 기준 피치원지름으로 나눈 값(DP)

④ 이끝원(addenum circle) : 이 끝을 연결하는 원

⑤ 이끝 높이(addendum) : 피치원에서 이끝원까지의 거리(a)

⑥ 이뿌리원(root circle) : 이뿌리를 연결하는 원

⑦ 이뿌리 높이(dedendum) : 피치원에서 이뿌리원까지의 거리(d)

⑧ 이높이(whole depth) : 이의 총높이($h = a + d$)

⑨ 클리어런스(clearance) : 기어의 이끝원부터 그것과 물리는 기어의 이뿌리원까지의 거리를 클리어런스 또는 이끝틈새라 한다.

⑩ 유효 이높이(working depth) : 한 쌍의 기어에서 이끝높이의 거리(h)

⑪ 원주 이두께(circular tooth thickness) : 피치원에 따라 측정한 원호 이두께

⑫ 이너비(face width) : 축선 방향으로 측정한 이의 길이

⑬ 뒷틈(back lash) : 한 쌍의 기어를 물리게 했을 때의 이 사이 간극

⑭ 잇면(tooth surface) : 기어의 이가 물려서 닿는 면
⑮ 압력각(pressure angle) : 잇면의 한 점에 반지름과 치형의 접선과 이루는 각(α)
⑯ 법선피치(normal pitch) : 인벌류트 기어에 있어서 특정단면의 서로 접하는 치형간의 공통법선에 따라서 잰 피치를 법선피치라 한다.

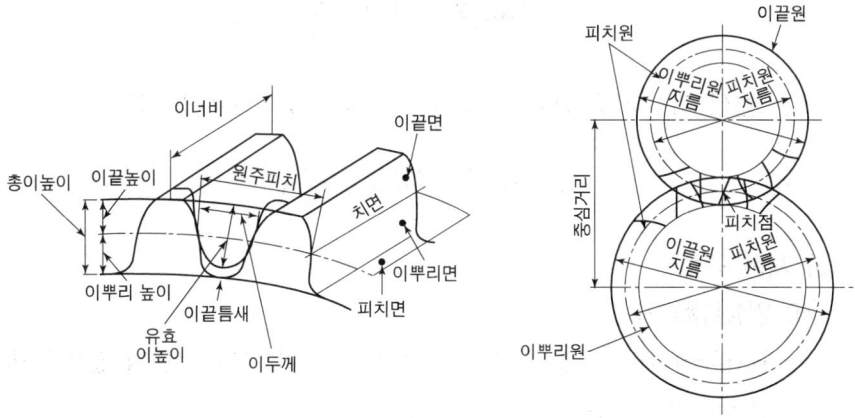

[그림 2-6] 기어 이의 각부 명칭

(2) 이의 크기

기어 이의 크기를 표시하는 방법으로는 다음과 같이 3가지가 있다.

① **원주피치(p)** : 피치원주를 잇수로 나눈 수치이다.

$$p = \frac{\pi D}{Z} = \pi m$$

② **모듈(m)** : 미터방식으로 나타낸 이의 크기, 모듈 값이 클수록 이의 크기는 커진다.

$$m = \frac{p}{\pi} = \frac{D}{Z}$$

③ **지름 피치(P_d 또는 $D \cdot P$)** : 인치 방식으로 이의 크기를 나타내는 방법으로서 잇수를 인치단위의 지름으로 나눈 값. P_d의 값이 작을수록 이는 커진다.

$$P_d = \frac{\pi}{P} = \frac{Z}{D} = \frac{1}{m}\,[\text{inch}], \quad P_d = \frac{25.4}{m}\,[\text{mm}]$$

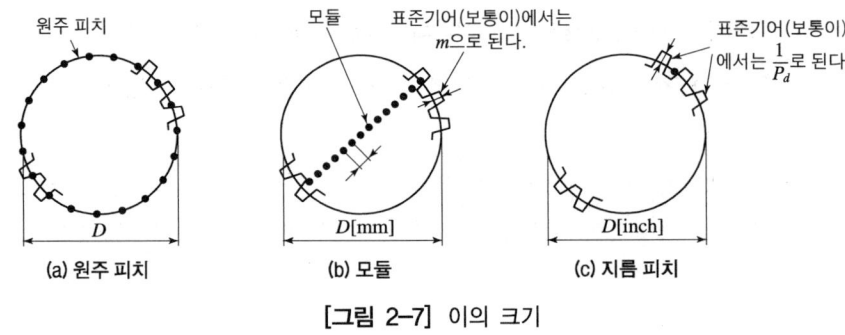

[그림 2-7] 이의 크기

④ 법선 피치(기초피치) : 기초원의 둘레를 잇수로 나눈 값

$$P_n = \frac{\pi D \cos \alpha}{z} = p \cos \alpha$$

(3) 치형 곡선

① 인벌류트 곡선

원기둥에 감은 실을 풀 때, 실위의 한 점이 그리는 원의 일부를 곡선으로 한 것이다.

일반 동력전달 기계의 기어에 사용되며 장점은 다음과 같다.
㉠ 호환성이 우수하다(원주피치 또는 모듈, 압력각이 같아야 한다).
㉡ 치형의 제작가공이 용이하다.
㉢ 이뿌리 부분이 튼튼하여 전동용으로 사용된다.
㉣ 물림에 있어 축간거리가 다소 변해도 속도비에 영향이 없어 널리 사용되고 있다.

한쪽 실패에서 다른 쪽 실패로 실이 감겨지는 경우는 다음과 같다.
㉠ 2개의 실패를 연결하는 실의 한 점에서 실을 끊어 다시 실패에 감는다면 실의 끝점이 그리는 궤적도 인벌류트 곡선이다.
㉡ 한 쪽 실패에서 다른 쪽 실패로 실을 옮겨 감을 때 실의 한 점이 그리는 선은 직선이며, 이의 접촉점에 세운 공통법선이 된다.
㉢ 공통법선은 피치점을 지나게 되므로 카뮈의 정리를 만족한다.

② 사이클로이드 곡선

피치원을 기초원으로 하여 그 위를 작은 원인 구름원이 미끄럼 없이 굴러갈 때 이 구름원 위의 한 점이 그리는 궤적을 치형 곡선으로 한 것으로 공작하기가 어려워 거의 사용되지 않고, 시계용 기어 등과 같은 정밀기기의 소형 기어에 사용되며 특징은 다음과 같다.

㉠ 접촉점에서 미끄럼이 적으므로 마모가 적고 소음이 적으며 효율이 높다.
㉡ 공작이 어렵고 호환성이 적다.
㉢ 정밀 측정기구 시계, 계기류에 사용되고 속도비가 정확하다.
㉣ 피치점이 완전히 일치하지 않으면 물림이 잘되지 않는다.
㉤ 접촉점에서 미끄럼이 적어 마모가 적고 소음이 적다.

(4) 표준기어와 전위기어

① 표준기어

기준 랙 모양의 랙 공구의 기준 피치선과 기어의 기준 피치원을 피치점에서 서로 구름운동을 하도록 하면, 이두께가 원주 피치의 1/2인 기어가 만들어지는데 이 기어를 표준기어라 한다.

② 표준 스퍼 기어의 계산식

㉠ 회전비 : $i = \dfrac{N_B}{N_A} = \dfrac{D_A}{D_B} = \dfrac{Z_A}{Z_B}$

㉡ 기초원 지름 : $D_g = Zm\cos\alpha = D\cos\alpha$

㉢ 바깥지름 : $D_0 = m(Z+2)$

㉣ 중심거리 : $C = \dfrac{D_A \pm D_B}{2} = \dfrac{m(Z_A \pm Z_B)}{2}$

여기서, N_A, N_B : 각 기어의 회전수
α : 압력각
D_A, D_B : 각 기어의 피치원지름

(5) 스퍼 기어 열의 이해

① 기어 열

기어 열 회전을 전달하기 위하여 몇 개의 기어를 차례로 조합하여 속도비나 회전 방향을 얻는 장치이다.

② 속도비(Speed ratio)

$$\dfrac{n_5}{n_1} = \left(-\dfrac{N_1}{N_2}\right)\left(-\dfrac{N_3}{N_4}\right)\left(-\dfrac{N_4}{N_5}\right)$$

> **TIP**
>
> **랙**
> 인벌류트 기어의 피치원지름을 무한대로 한 치형이 직선인 막대 모양의 기어
>
> **기준 치형**
> 피치원에 따라서 측정한 이두께가 원주 피치의 1/2과 같은 치형
>
> **기준 랙**
> 기준 치형에서 피치원지름을 무한대로 한 랙

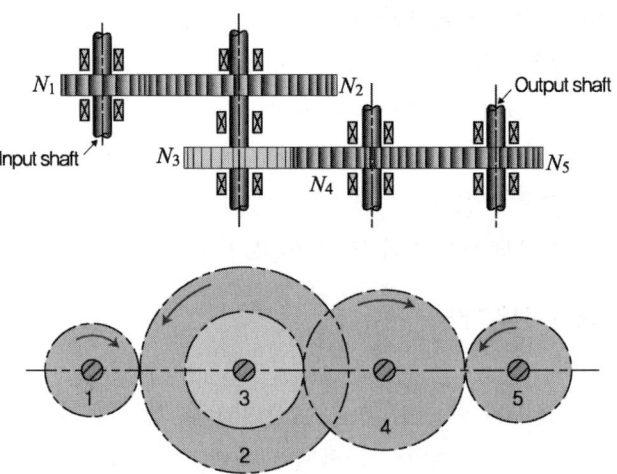

[그림 2-8] 기어 속도비 계산을 위한 구성도

③ 아이들러 기어((Idler gear)
　㉠ 2개의 메인 기어 사이에 설치되어 그 위치를 조정하거나 회전 방향을 변환시킬 목적으로 사용되는 기어이다.
　㉡ 이 기어로는 동력을 변화시킬 수 없다.
　㉢ 대표적인 사용 예로 변속기에서 차량을 후진할 때 쓰이는 후진기어이다.

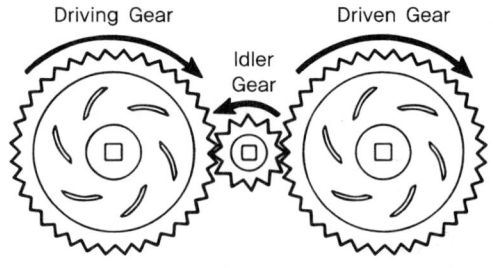

[그림 2-9] 아이들러 기어 구성도

④ 전위기어
　기어에 있어서 실용적인 잇수 이하의 기어를 절삭할 때 발생하는 언더컷을 방지하기 위하여 기준 랙 공구로 표준 절삭량보다 낮게 절삭하여 기준 피치선의 피치원보다 다소 바깥쪽으로 절삭한 기어이다.

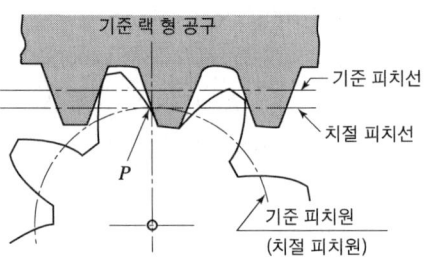

[그림 2-10] 전위기어

㉠ 전위기어의 사용 목적
  ⓐ 중심거리를 자유로 변화시키려고 할 때
  ⓑ 언더컷을 방지하고 싶을 때
  ⓒ 이의 강도를 증대하려고 할 때
㉡ 전위기어의 장점
  ⓐ 모듈에 비하여 강한 이가 얻어진다.
  ⓑ 최소 잇수를 극히 적게 할 수 있다.
  ⓒ 물림률을 증대시킨다.
  ⓓ 주어진 중심거리의 기어의 설계가 용이하다.
  ⓔ 공구의 종류가 적어도 되고, 각종 기어에 응용된다.
㉢ 전위기어의 단점
  ⓐ 계산이 복잡하게 된다.
  ⓑ 교환성이 없게 된다.
  ⓒ 베어링 압력을 증대시킨다.

⑤ 언더컷 방지의 전위계수 x

$$x = 1 - \frac{Z}{2}\sin^2\alpha$$

참고
언더컷 한계전위계수

α	20°	15°	14.5°
이론적	1−Z/17	1−Z/30	1−Z/32
실용적	(14−Z)/17	(25−Z)/30	(26−Z)/32

⑥ 치형의 간섭 및 언더컷
  ㉠ 이의 간섭 : 서로 맞물린 랙과 피니언에서 큰 기어의 이끝이 피니언의 이뿌리에 닿아서 회전할 수 없게 되는 현상
  ㉡ 이의 언더컷 : 치의 절하라고도 하며 잇수가 적은 기어를 랙 공구나 피니언 공구로 절삭하면 이뿌리가 파이게 되는 현상
   • 언더컷이 일어나지 않는 잇수 : $Z \geq \dfrac{2}{\sin^2\alpha}$

⑦ 백래시
잇면의 놀음 또는 백래시를 주지 않으면 원활한 전동을 할 수 없다. 백래시를 주는 이유는 다음과 같다.
  ㉠ 치형오차, 피치오차, 편심가공오차

ⓛ 중하중 고속회전으로 발열되어 팽창

ⓒ 윤활을 위한 잇면 사이의 유막 두께

⑧ 기어 트레인(치차열)

원동축의 회전수로부터 필요한 회전수를 얻으려면 몇 개의 기어를 적당히 조합하여 기어 트레인을 만든다.

- 속도비 $i = \dfrac{N_3}{N_1} = \dfrac{Z_1 \times Z_3}{Z_2 \times Z_4} = \dfrac{\text{원동축 쪽 잇수의 곱}}{\text{종동축 쪽 잇수의 곱}}$

⑨ 스퍼 기어의 전달 동력

$v = \dfrac{\pi DN}{60 \times 1,000} [\text{m/sec}]$

$H = \dfrac{Fv}{75 \times 9.81} [\text{PS}]$

$H' = \dfrac{Fv}{102 \times 9.81} [\text{kW}] = \dfrac{\pi m ZN}{60 \times 1,000} [\text{m/sec}]$

$F = F_n \cos \alpha$

여기서, F : 기어를 돌리는 힘
F_n : 이면에 수지으로 작용하는 힘
v : 피치원 위의 원주속도

⑩ 굽힘강도에 의한 설계(루이스(Lewis)의 공식)

$F = \sigma_b p b y = \sigma_b \pi m b y = \sigma_b \pi \dfrac{25.4}{DP} b y$

$\sigma_b = \sigma_a \cdot f_v \cdot f_w \cdot f_n$

여기서, σ_a : 허용하중
σ_b : 기어의 굽힘응력
f_v : 속도계수
f_w : 하중계수
f_n : 물림계수

㉠ 보통 기어 저속용($v = 0.5 \sim 10 \text{ m/s}$) : $f_v = \dfrac{3.05}{3.05 + v}$

㉡ 정밀 기어 중속용($v = 6 \sim 20 \text{ m/s}$) : $f_v = \dfrac{6.1}{6.1 + v}$

㉢ 고정밀 기어 고속용($v = 20 \sim 50 \text{ m/s}$) : $f_v = \dfrac{5.55}{5.55 + \sqrt{v}}$

㉣ 비금속 기어 : $f_v = \dfrac{0.75}{1 + v} + 0.25$

⑪ 면압강도에 의한 설계[헤르츠(Hertz)의 공식]
　㉠ 최대 접촉 압축응력

$$\sigma_c = \frac{0.35 F_n \left(\dfrac{1}{\rho_1} + \dfrac{1}{\rho_2}\right)}{b\left(\dfrac{1}{E_1} + \dfrac{1}{E_2}\right)}$$

$$F_n = \frac{\sigma_c^2 \sin 2\alpha}{1.4} \left(\frac{1}{E_1} + \frac{1}{E_2}\right) bm \frac{Z_1 Z_2}{Z_1 + Z_2}$$

　㉡ 기어의 회전력

$$F = f_v \cdot K \cdot b \cdot m \cdot \frac{2 Z_1 Z_2}{Z_1 + Z_2} = K f_v b \frac{2 D_1 Z_2}{Z_1 + Z_2}$$

$$K = \frac{\sigma_c^2 \sin 2\alpha}{2.8\left(\dfrac{1}{E_1} + \dfrac{1}{E_1}\right)}$$

　　여기서, K : 접촉면 응력계수
　　　　　　$F : F_n \cos\alpha$

⑫ 스퍼 기어의 각부 설계
　㉠ 림 : 림의 두께 $(0.5 \sim 0.7)\ P\,\mathrm{mm}$
　㉡ 암의 수 : $n = \dfrac{1}{3}\dfrac{\sqrt{D \sim 1}}{6}\sqrt{D}$
　㉢ 보스 : $\delta = 0.5d$ 중(重)하중일 때, $\delta = 0.44d$ 중(中)하중일 때,
　　　　$\delta = 0.4d$ 경(輕)하중일 때

$$l = (1.2 \sim 2.2)d\,[\mathrm{mm}], \quad l = b + \frac{D}{40}\,[\mathrm{mm}]$$

　　여기서, δ : 보스의 두께에서 키 홈의 두께를 빼낸 두께(mm)

4) 유성기어(Planet gear)

고정중심을 갖는 기어 1을 태양기어(Sun gear)라 하며, 기어가 회전하면 3기어는 자전하는 동시에 0과 1을 중심으로 공전도 같이 하게 되는 기어이다.

기구에서 기어 1을 고정하고 Arm 2를 기어 3과 1의 둘레로 회전시켰을 때 기어 3의 회전수는 다음과 같다.

(1) Arm 2가 1회전 하는 동안 기어 3

① 전체를 고정한 상태에서 시계(+)방향으로 1회전 하면 1, 3, 2는 각각 시계방향으로 1회전 한다.

② 다음에 Arm 2를 고정한 상태로 기어 1을 반시계(-)방향으로 1회 전시키면 기어 3은 시계(+)방향으로 N_1/N_2 회전한다.

$$\frac{n_3}{n_1} = \frac{N_1}{N_2} \text{에서} \quad n_3 = n_1 \times \frac{N_1}{N_3}, \; n_1 = 1$$

③ 위의 두 조작을 합치면 1의 회전은 0이 되고 2는 1회전 한 것이 되며, 3의 합계(정미 회전수)는 다음과 같다.

$$1 + \frac{N_3}{N_1}$$

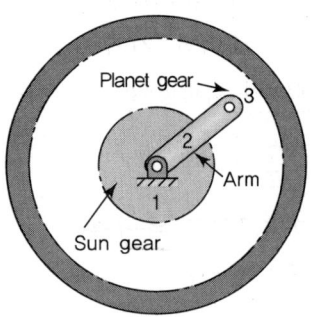

[그림 2-11] 유성기어 구성도

〈표 2-2〉 Arm 2가 1회전 하는 동안 기어 3

구분	3	1	2
전체고정	+1	+1	+1
Arm 고정	$+\frac{N_3}{N_1}$	-1	0
합계 (정미 회전수)	$+1+\frac{N_3}{N_1}$	0	+1

- Arm 2가 n_2로 회전할 때 기어 3의 회전수 n_3
- $\dfrac{n_3}{n_2} = 1 + \dfrac{N_3}{N_1}, \; n_3 = n_2\left(1 + \dfrac{N_3}{N_1}\right)$

5) 헬리컬 기어

(1) 헬리컬 기어의 특징

① 운전이 원활하고 정연하여 진동 소음이 적고 고속 운전, 대 동력에 적합하다.
② 평기어보다 물림 길이가 길고 물림상태가 좋아 치의 강도 면에서 유리하다.

③ 큰 회전비가 얻어지고 1/10~1/15 또는 그 이상의 것도 얻어진다.
④ 전동 효율이 좋아 98~99%까지 얻을 수 있고 아주 큰 동력, 고속 전동에는 추력이 없는 더블 헬리컬 기어를 사용한다.
⑤ 축 방향으로 스러스트가 생기고 가공, 조립상의 오차로 잇면의 접촉이 나쁘다.

(2) 헬리컬 기어의 치형

① 축직각 방식 : 기어 축에 직각인 단면의 치형을 기준 랙의 치형으로 표시하는 방법이다.

② 이 직각 방식 : 잇줄에 직각인 단면의 치형을 기준 랙의 치형으로 표시한 방식이다. 호빙머신, 기어형 삭기 등으로 기어를 절삭할 때나 설계할 때에는 이 직각방식을 적용한다.

③ 축직각 모듈 m_s 와 이 직각 모듈 m_n 관계식

$$P_n = P_s \cos\beta, \quad m_n = \frac{P_n}{\pi} = \frac{P_s}{\pi}\cos\beta = m_s\cos\beta$$

여기서, β : 비틀림각(°)
m_s, m_n : 축 또는 이의 직각 기준 모듈
α_s, α_n : 축 또는 이의 직각 기준 기어 압력각(°)
p_s, p_n : 축 또는 이의 직각 기준 원주 피치

(3) 헬리컬 기어의 설계

치직각 치형에 비하여 축직각 치형은 치의 높이 방향의 치수와 같으나 가로의 너비방향, 즉 피치방향의 치수는 $\frac{1}{\cos\beta}$ 배로 된다.

① 모듈 : $m_s = \frac{m}{\cos\beta}$ 여기서, 이 직각 모듈 $m_n = m$ 으로 한다.

② 압력각 : $\tan\alpha_s = \frac{\tan\alpha}{\cos\beta}$

③ 피치원지름 : $D_s = Zm_s = Z\frac{m}{\cos\beta} = \frac{Zm}{\cos\beta} = \frac{D}{\cos\beta}$

④ 바깥지름(D_0) : $D_0 = D_s + 2m = Zm_s + 2m = \left(\frac{Z}{\cos\beta} + 2\right)m$

⑤ 중심거리 : $C = \frac{D_{s1} + D_{s2}}{2} = \frac{Z_1 m_s + Z_2 m_s}{2} = \frac{(Z_1 + Z_2)m}{2\cos\beta}$

(4) 헬리컬 기어의 강도계산

① 헬리컬 기어의 상당 평기어

$$Z_e = \frac{D_e}{m} = \frac{D}{m\cos^2\beta} = \frac{Z}{\cos^3\beta}$$

여기서, D_e : 상당 평기어의 피치원 $\left(D_e = 2R = \dfrac{D}{\cos^2\beta}\right)$

② 원주속도

$$v = \frac{\pi D_{s1} N_1}{60 \times 1,000} = \frac{\pi D_{s2} N_2}{60 \times 1,000} [\text{m/sec}]$$

여기서, D_s : 축직각의 피치원지름

③ 스러스트 하중

$$W_t = F\tan\beta$$

④ 전달동력 및 회전력

㉠ 전달동력 : $H = \dfrac{Fv}{75 \times 9.81}[\text{PS}]$, $H' = \dfrac{Fv}{102 \times 9.81}[\text{kW}]$

㉡ 회전력 : $F = \dfrac{75 \times 9.81 H}{v} = \dfrac{102 \times 9.81 H'}{v}[\text{N}]$

⑤ 헬리컬 기어에 작용하는 힘

㉠ 굽힘 강도(루이스의 식) : $F = \sigma_b Pby = f_v \sigma_a Pby = f_v \sigma_a \pi mby$

㉡ 면압강도(헤르츠의 식) : $F = f_v \cdot \dfrac{C_w}{\cos^2\beta} \cdot kbm_s \dfrac{2Z_{s1} \cdot Z_{s2}}{Z_{s1} + Z_{s2}}$

여기서, C_w : 면압계수(≒0.75보통)
β : 비틀림각(만약 β가 30°일 때 $\dfrac{C_w}{\cos^2\beta} = 1$)

6) 베벨 기어

(1) 베벨 기어의 종류

① 곡선 베벨 기어(Spiral bevel gear)
  ㉠ 톱니 줄기가 나선 모양으로 된 베벨 기어를 말한다.
  ㉡ 직선 베벨 기어에 비해 물림 길이가 커서 부드럽게 움직인다.

② 제롤 베벨 기어(Zerol bevel gear)
  ㉠ 곡선 베벨 기어 가운데 톱니 줄기의 비틀림각도가 0°인 기어를 말한다.
  ㉡ 회전 방향이 변해도 추력 방향이 바뀌지 않는다.

③ 하이포이드 기어(Hypoid gear)
  ㉠ 베벨 기어와 같은 형상을 하고 있지만 물림 위치가 베벨 기어와는 다소 다르다.
  ㉡ 평행도 아니고 교차도 없는 기어를 말한다.
  ㉢ 이의 단면적이 크며 전동이 용이하고 축간거리를 일정 범위 내에서 임의로 정할 수 있다.
  ㉣ 자동차 감속비(뒷차축의 최종단 감속기) 또는 감속비가 별로 크지 않을 때에는 웜기어 대신 많이 사용한다.

(2) 베벨 기어의 명칭

① 베벨 기어의 각부 명칭과 치수

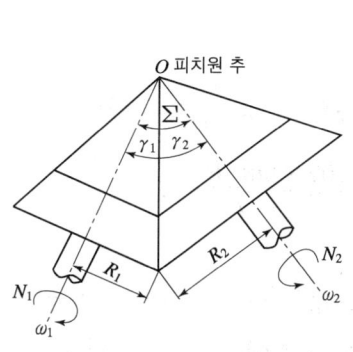

[그림 2-12] 베벨 기어의 피치 원추그림

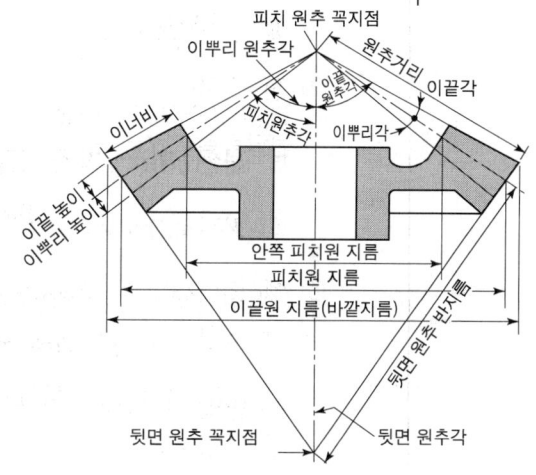

[그림 2-13] 베벨 기어의 명칭

㉠ 속도비 : 속도비는 마찰차의 경우와 같다.

$$i = \frac{N_2}{N_1} = \frac{D_1}{D_2} = \frac{Z_1}{Z_2} = \frac{\omega_2}{\omega_1} = \frac{\sin\gamma_1}{\sin\gamma_2}$$

㉡ 피치 원추각 : 피치 원추에서 꼭지각의 1/2을 피치 원추각이라 한다.

$$\tan\gamma_1 = \frac{\sin\Sigma}{\dfrac{Z_2}{Z_1} + \cos\Sigma} = \frac{\sin\Sigma}{\dfrac{1}{i} + \cos\Sigma}$$

$$\tan\gamma_2 = \frac{\sin\Sigma}{\dfrac{Z_1}{Z_2} + \cos\Sigma} = \frac{\sin\Sigma}{i + \cos\Sigma}$$

축각 $\Sigma = \gamma_1 + \gamma_2 = 90°$ 이면 $\tan\gamma_1 = i = \dfrac{Z_1}{Z_2}$, $\tan\gamma_2 = \dfrac{1}{i} = \dfrac{Z_2}{Z_1}$

② 베벨 기어의 상당 스퍼 기어

$$\cos\gamma = \frac{\frac{D}{2}}{R_e} \qquad \therefore R_e = \frac{D}{2\cos\gamma}$$

$$\sin\gamma = \frac{\frac{D}{2}}{L} \qquad \therefore L = \frac{D}{2\sin\gamma}$$

여기서, R_e : 백 콘 반지름
L : 외단 원뿔거리(모선 길이)
D : 피치원의 지름

③ 상당 스퍼 기어의 잇수

$$Z_e = \frac{2\pi R_e}{P} = \frac{Z}{\cos\gamma}$$

④ 베벨 기어의 강도계산
　㉠ 절손(折損)에 의한 굽힘 강도

$$F = \sigma_b b p y_e \lambda = \sigma_b b \pi m y_e \lambda, \quad \lambda = \frac{L-b}{L}$$

여기서, λ : 베벨 기어 계수
b : 베벨 기어 치형의 폭
y_e : 상당 평기어의 치형계수

　㉡ 면압강도

$$F = 1.67b\sqrt{D_1 f_m \cdot f_s}$$

7) 웜과 웜 기어

1개 또는 그 이상의 잇수를 가진 나사 모양의 기어를 웜이라 하며, 웜과 맞물리는 작은 기어가 웜 기어이고, 큰 기어가 웜휠이라 하며 웜과 웜휠의 개요는 다음과 같다.

① 웜휠(Worm Wheel)은 웜과 맞물리는 기어로, 웜기어에서 두 축이 이루는 각은 대개 90°이다.
② 일반적으로 웜이 웜휠을 회전시키며 동력을 전달한다.
③ 특수한 경우에는 웜휠이 웜을 회전시키기도 한다.
④ 웜과 웜기어를 합하여 웜기어 장치라고 한다.
⑤ 작은 공간에서 큰 감속비(1/10~1/100)를 얻을 수 있다.
⑥ 주로 웜이 구동기어가 되고 웜휠은 피동기어가 되며 감속된다.
⑦ 반대 구동은 가속되는 경우이다.

⑧ 다른 기어에 비하여 효율이 낮다(40~50%).
⑨ 웜에 축 방향 하중이 생기고 미끄럼마찰에 의한 동력손실이 크기 때문이다.
⑩ 웜과 웜휠이 맞물리려면 웜휠의 비틀림각의 크기와 웜의 리드각과 같아야 하며 비틀림 방향이 일치하여야 한다.
⑪ 웜휠의 축직각 피치는 웜의 축 방향 피치와 같아야 맞물리는 이의 크기가 같다.
⑫ 웜은 웜휠보다 미끄럼마찰을 더 받기 때문에 마모에 강한 재질을 사용해야 한다.

(1) 웜 기어 장치의 특징

① 작은 용량으로 큰 감속비를 얻을 수 있다(1/10~1/100).
② 부하용량이 크다.
③ 소음이 작아 정숙한 운전을 할 수 있고 역전 방지가 가능하다.
④ 인벌류트 원통 기어와 같이 교환성이 없고 조정이 필요하다.
⑤ 치면에서의 미끄럼이 커서 전동효율이 낮다(40~50%).
⑥ 웜휠의 스러스트 하중이 생긴다.
⑦ 웜휠의 공작에는 특수공구가 필요하고 연삭 가공이 어렵다.
⑧ 웜휠은 정도 측정이 곤란하며 가격이 비싸다.
⑨ 중심거리의 오차가 있을 때는 마멸이 심하다.

(2) 웜과 웜휠의 기하학적 관계

① Lead(L)
  ㉠ 웜이 1회전 하는 동안 축 방향으로 전진한 길이이다.
  ㉡ 웜휠의 피치원주 상에서 회전한 길이와 같다.

$$L = p_w N_w$$

② Lead angle(λ)
  ㉠ 웜에서 축직각 방향과 잇줄 방향이 이루는 각이다.
  ㉡ 축선 방향과 치직각 방향이 이루는 각과 같다.
  ㉢ 웜의 피치원 둘레에 대한 웜의 리드 길이의 비를 각도로 나타낸 경우이다.

$$\tan \lambda = \frac{L}{\pi d_w} = \frac{p_w N_w}{\pi d_w}$$

> **TIP**
>
> Axial pitch(p_w)
> 웜의 축 방향 피치로서, 웜휠의 축직각 피치와 크기가 같다.

ⓔ 비틀림각은 나선각이라고도 하며 축선 방향과 잇줄 방향이 이루는 각으로서 리드각과의 관계는 다음과 같다.

$$\beta + \lambda = 90°$$

(3) 속도비와 작용하는 힘

① 속도비

$$i = \frac{Z_1}{Z_2} = \frac{N_2}{N_1} = \frac{l}{\pi \cdot D_2}$$

여기서, Z_2 : 웜 기어 잇수 $= \frac{\pi D_2}{P}$

Z_1 : 웜 줄 수(물린 산수) $= \frac{l}{p}$

D_2 : 웜 기어의 피치원지름

l : 웜 리드

② 웜과 웜 기어의 설계

㉠ 웜 기어의 굽힘 강도 : $F_1 = \sigma_b p b y = \sigma_b p_s b y \cos\beta$

여기서, σ_b : 허용굽힘응력

b : 이뿌리의 폭(mm)

y : 치형계수

p_s : 웜의 축 방향 피치(mm)

p : 웜의 치직각 피치(mm)

β : 웜의 리드각(°)

㉡ 마멸에 의한 강도 : $F_2 = \phi D_2 B_e K$

여기서, ϕ : 진입각의 보정계수

D_2 : 웜 기어의 피치원지름(mm)

B_e : 유효 이두께 $= \sqrt{D_{0w}^2 - D_w^2}$ [mm]

K : 마멸에 대한 내마멸계수

D_w : 피치원지름

D_{0w} : 바깥지름

6. 캠

회전운동을 직선운동이나 왕복운동으로 전달하는 기계요소는 캠, 링크 등이 있다.

1) 캠

① 캠은 특정한 모양이나 홈을 가진 것으로 동력장치의 회전운동을 직선이나 왕복운동으로 바꾸는 기계요소이다.
② 구조가 간단하지만 복잡한 운동을 쉽게 만들어 낼 수 있다.
③ 움직이는 장난감, 재봉틀, 내연기관의 밸브 장치 등에 사용한다.

2) 캠의 특징

캠이 회전하면 여기에 접촉된 종동절이 캠의 바깥 둘레나 홈을 따라 이동하면서 왕복운동을 하며 규칙적으로 반복되는 운동이 필요한 곳에 사용된다.

3) 캠의 종류

(1) 평면 캠

- 판 캠 : 회전 중심에서 접촉면까지의 거리가 일정하게 달라지는 모양을 가진 캠이 회전하면 접촉면의 굴곡을 따라 종동절이 상하 왕복운동을 한다.

(2) 입체 캠

① 원통 캠 : 표면에 물결 모양의 홈이 파인 원통 형태의 캠이 회전하면 표면의 홈을 따라 종동절이 왕복운동한다.
② 구면 캠 : 구의 표면에 홈이 나 있어 이것이 축의 둘레를 회전하면, 종동절은 그 축과 직각 방향을 축으로 하여 어떤 각도 내에서 왕복 회전운동을 한다.

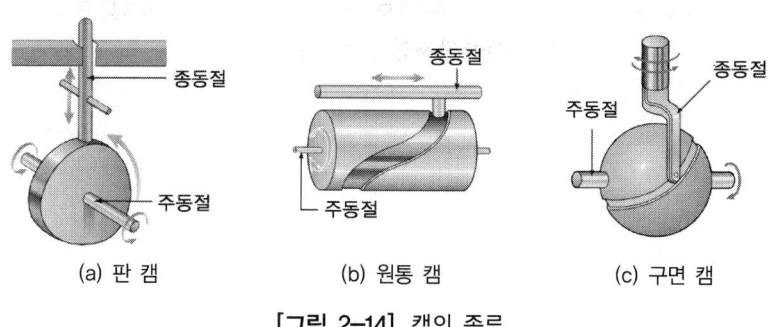

(a) 판 캠   (b) 원통 캠   (c) 구면 캠

[그림 2-14] 캠의 종류

4) 링크

① 링크는 길이가 서로 다른 몇 개의 막대를 핀으로 연결한 것으로 주동절의 운동에 따라 종동절이 회전운동이나 왕복운동 등 일정한 운동을 하는 기계요소이다.
② 링크 장치는 열 가지 운동을 하게 할 수 있어 기계의 각 부분에서 동력이나 운동을 전달하는 데 널리 쓰인다.
③ 움직이는 장난감, 재봉틀, 내연기관의 밸브 장치 등에 사용한다.

5) 링크의 특징

링크 장치는 열 가지 운동을 하게 할 수 있어 기계의 각 부분에서 동력이나 운동을 전달하는 데 널리 쓰인다.

6) 링크의 종류

(1) 3절 링크(고정링크)

연결된 막대가 고정되어 움직이지 않는다. 지붕틀, 송전 철탑 등에 이용한다.

(2) 4절 링크(구속링크)

1개의 링크를 고정하면 다른 링크가 일정한 운동을 한다. 기계장치에서는 4절 링크 장치를 많이 사용한다.

(3) 5절 링크(불구속링크)

1개의 링크를 고정해도 다른 링크가 자유롭게 움직인다.

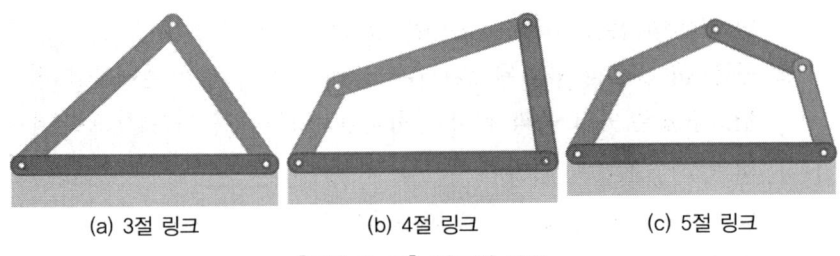

(a) 3절 링크　　(b) 4절 링크　　(c) 5절 링크

[그림 2-15] 링크의 종류

7. 벨트

1) 벨트 전동
양축에 고정한 벨트풀리에 벨트를 걸어서 마찰력에 의하여 동력과 운동을 전달하는 장치이며, 축간거리가 10m 이하이고 속도비는 1 : 10 정도, 속도는 10~30m/s이다. 벨트의 전동효율은 96~98%이며, 충격 하중에 대한 안전장치의 역할을 하므로 원활한 전동이 가능하다.

2) 벨트와 벨트풀리
① 벨트와 벨트풀리 사이의 마찰력을 이용하여 평행한 두 축 사이에 회전 동력을 전달하는 장치이다.
② 벨트풀리와 벨트 면 사이에서 미끄럼이 발생할 수 있으므로 정확한 회전비를 필요로 하는 동력이나 큰 동력의 전달에는 적합하지 않다.
③ 두 축 사이의 거리가 비교적 멀거나 마찰차, 기어 전동과 같이 직접 동력을 전달할 수 없을 때 사용한다.
④ 놀이 기구와 같이 큰 동력전달이 가능하다.

3) 평벨트의 특징
① 양축 간의 거리가 비교적 길 때 사용한다.
② 부하가 커지면 미끄러져서 기계에 무리를 일으키는 경우도 적고, 비교적 정숙한 운전을 시킬 수 있다.
③ 단차를 이용하여 자유로운 변속이 가능하다.
④ 전동효율이 높다(95%까지).
⑤ 장치가 간단하며 가격이 저렴하여 널리 이용되나, 약간의 미끄럼을 수반하며 회전이 부정확하다.
⑥ 회전비가 완전히 일정한 경우 강력한 고속도의 운전에는 곤란하고 진동도 일으키기 쉽다.
⑦ 일반적으로 회전비는 1 : 6 이하, 주 속도는 10~30m/s이며, 최고 속도는 50m/s에서 사용한다.

4) 평벨트 종류
가죽, 직물, 강판 등으로 만든 띠 모양의 벨트를 두 축에 각각 부착한 벨트풀리에 감아 걸어 그 접촉면의 마찰력에 의하여 동력을 전달하는 것으로 마찰력을 이용하고 있으므로 어느 정도의 미끄럼은 피할 수 없다. 따라서 기어 전동과 같이 정확한 회전비는 얻을 수 없다.

(1) 가죽벨트 : 소가죽을 탄닝, 크롬 처리하여 탄성을 준 것으로 마찰계수가 크며, 방열성도 좋다.

(2) 섬유벨트 : 무명, 삼, 합성섬유의 직물로 만들며 길이와 너비에 제한이 없다. 습기에 약하지만 가죽보다 가격이 저렴하여 많이 사용하고 있다.

(3) 고무벨트 : 직물 벨트에 고무를 입혀서 만든 것으로 유연하고 풀리에 잘 밀착하므로 미끄럼이 적고 비교적 수명이 길다. 습기에는 강하나 열, 기름 등에는 약하다. 인장강도가 크다.

(4) 강철벨트 : 강도가 제일 크나 벨트풀리의 외주의 모양과 두 축의 평행도가 일치해야 한다. 수명이 길고 신장률이 작으므로 고정밀도의 회전각 전달용 등으로 사용된다.

(5) 풀리벨트 : 나일론 시트의 양쪽 면에 나일론 천을 붙이고, 그 위에 특수 합성고무를 첨부한 것이다.

(6) 타이밍벨트 : 미끄럼 방지를 위하여 접촉면에 치형을 붙여 맞물림에 의하여 전동하도록 조합한 새로운 치붙임 동기벨트이다. 특징은 슬립과 크리프가 거의 없고, 속도 변화가 아주 적다. 그리고 굽힘저항이 작으므로 작은 지름을 사용할 수 있고 저속 및 고속에서 원활한 운전이 가능하다. 타이밍벨트로서의 특징은 다음과 같다.
① 정확한 회전비를 얻을 수 있고 미끄럼과 크리프가 거의 없다.
② 초기 장력이 필요 없고, 베어링에 걸리는 하중이 작다.
③ 금속끼리의 접촉이 없으므로 윤활이 필요 없고, 소음이 매우 적다.
④ 항장력이 크고, 넓은 속도범위(고속 및 저속)에서 사용이 가능하다.
⑤ 유연성이 좋으므로 작은 풀리에도 사용할 수 있다.
⑥ 축 사이의 거리가 짧은 협소한 장소에서도 사용이 가능하다.
⑦ 내열성이 있는 벨트를 이용하면 자동차엔진 등의 가혹한 환경에서도 사용할 수 있다.

(7) 원형 벨트(Round belt)
① 단면이 원형으로 동력을 전달하는 용도로 사용된다.
② 필요한 만큼 잘라서 사용하며 다축 구동이 가능하다.

5) 벨트 거는 법

① 벨트를 풀리에 거는 방법에는 바로걸기 방법(평행형 걸기 : open belting)과 엇걸기 방법(십자형 걸기 : cross belting)이 있다.
② 바로걸기 방법에서는 원동차와 종동차의 회전방향이 같으며, 엇걸기 방법에서는 회전방향이 반대이다.
③ 벨트가 원동차에 들어가는 쪽을 긴장측이라 하고, 원동차로부터 풀려 나오는 쪽을 이완측이라 한다.

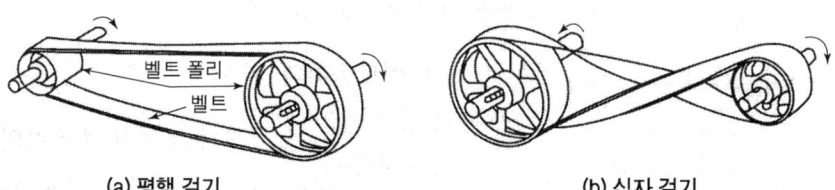

(a) 평행 걸기   (b) 십자 걸기

[그림 2-16] 평벨트 거는 방법

6) 벨트에 장력을 가하는 방법

양 벨트 풀리의 지름 차이가 아주 크거나 축간거리가 짧을 때는 접촉각이 작으므로 미끄럼이 증대한다. 만일 축간거리가 아주 길고, 고속회전일 때는 플래핑(flapping) 현상이 생긴다. 이러한 현상을 없애고, 일정한 장력을 유지시켜 주기 위한 방법은 다음과 같다.

① 자중에 의한 방법
② 탄성 변형에 의한 방법
③ 스냅 풀리로서 벨트를 잡아당기는 방법
④ 보조 풀리로서 벨트를 밀어붙이는 방법
⑤ 가요(可搖) 전동기계 이용하는 방법
⑥ 유성(遊星) 기어 이용하는 방법

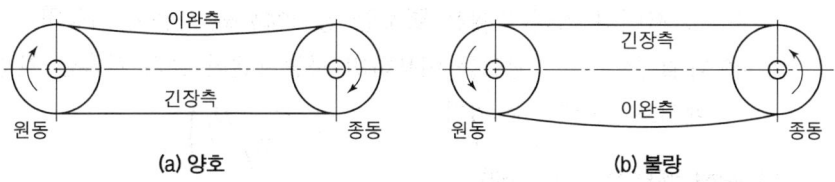

(a) 양호   (b) 불량

[그림 2-17] 벨트의 긴장측과 이완측

7) 평벨트의 속도비와 원주속도 및 벨트길이

(1) 속도비(i, 회전비)

벨트의 신축성이 없고, 벨트와 풀리 사이에 미끄럼이 없으며, 벨트의 무게를 무시한다면 $i = \dfrac{N_2}{N_1} = \dfrac{D_1}{D_2}$가 되어 속도비는 풀리의 지름에 반비례한다.

(2) 원주속도

$$v = \frac{\pi D_1 N_1}{60 \times 1,000} = \frac{\pi D_2 N_2}{60 \times 1,000} [\text{m/sec}]$$

(3) 벨트의 접촉 중심각

벨트가 풀리에 감겨 접촉된 중심각 θ_1, θ_2를 각각 원동차와 종동차의 벨트 접촉각이라 하고 미끄럼을 적게 하려면 벨트 접촉각을 크게 하면 된다. 즉 인장풀리를 사용한다.

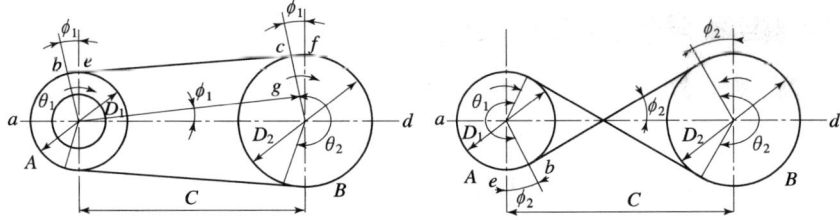

D_1, D_2 : 원동차와 종동차의 지름[mm], C : 축의 중심거리[mm], ϕ : 사잇각

[그림 2-18] 평벨트의 길이와 접촉각

① 바로걸기의 경우 : $\sin\phi = \dfrac{D_2 - D_1}{2C}$ 이 된다.

$$\theta_1 = 180° - 2\phi = 180° - 2\sin^{-1}\left(\frac{D_2 - D_1}{2C}\right)$$

$$\theta_2 = 180° + 2\phi = 180° + 2\sin^{-1}\left(\frac{D_2 - D_1}{2C}\right)$$

② 엇걸기의 경우

$$\theta_1 = \theta_2 = 180° + 2\phi = 180° + 2\sin^{-1}\left(\frac{D_2 + D_1}{2C}\right)$$

(4) 벨트의 길이

평벨트의 사용한도는 115m, 회전비는 1 : 10, 벨트 속도는 30m/s 정도이다.

① 바로걸기의 경우

$$L = 2C + \frac{\pi}{2}(D_1 + D_2) + \frac{(D_2 - D_1)^2}{4C}$$

② 엇걸기의 경우

$$L = 2C + \frac{\pi}{2}(D_1 + D_2) + \frac{(D_2 + D_1)^2}{4C}$$

8) 벨트의 전달동력

(1) 벨트의 장력

① 초기 장력(T_0) : 동력전달에 필요한 마찰력을 주기 위하여 멈추고 있을 때 작용되는 장력이다.

$$T_0 = \frac{T_t + T_s}{2}$$

② 유효 장력(T_e) : 회전하기 시작하여 동력을 전달하게 되면, 긴장쪽의 장력은 커지고 이완쪽의 장력은 작아지는데, 이 장력의 차를 유효 장력이라고 한다.

$$T_e = T_t - T_s = \left(T_t - \frac{w}{g}v^2\right) \times \frac{e^{\mu\theta} - 1}{e^{\mu\theta}}$$

③ 장력비

$$e^{\mu\theta} = \frac{T_t}{T_s}$$

④ 긴장측 장력

$$T_t = T_e \times \frac{e^{\mu\theta}}{e^{\mu\theta} - 1}$$

⑤ 이완측 장력

$$T_s = T_e \times \frac{1}{e^{\mu\theta} - 1}$$

(2) 전달동력

① 원심력을 고려하는 경우

$$H[\text{kW}] = \frac{T_e v}{102 \times 9.81} = \left(T_t - \frac{w}{g}v^2\right) \times \frac{e^{\mu\theta} - 1}{e^{\mu\theta}} \times \frac{v}{102 \times 9.81}$$

$$H'[\text{PS}] = \frac{T_e v}{75 \times 9.81} = \left(T_t - \frac{w}{g}v^2\right) \times \frac{e^{\mu\theta} - 1}{e^{\mu\theta}} \times \frac{v}{75 \times 9.81}$$

② 원심력을 무시한 경우 : $\frac{w}{g}v^2 = 0$

$$H[\text{kW}] = \frac{T_t v}{102 \times 9.81} \times \frac{e^{\mu\theta} - 1}{e^{\mu\theta}}$$

$$H'[\text{PS}] = \frac{T_t v}{75 \times 9.81} \times \frac{e^{\mu\theta} - 1}{e^{\mu\theta}}$$

TIP

벨트 풀리 암의 수
$Z = \left(\dfrac{1}{3} \sim \dfrac{1}{6}\right)\sqrt{D} = \dfrac{D}{300} + 2$

TIP

V벨트 전동
- 속도비 1 : 7 정도가 보통이나 1 : 10 정도도 가능하다.
- 속도는 10 ~ 15m/s가 일반적이며 25m/s의 속도도 가능하며 단면이 V형으로 이음매가 없다.

풀리 홈의 각도
40°보다 작게 한다.(34°, 36°, 38° 외 3종류)

(3) 벨트의 강도

벨트는 인장 쪽의 장력을 받음과 동시에 벨트 풀리의 림 면에 따라 감아 돌리므로 휨 작용도 받는다.

$$\sigma_{\max} = \sigma_t + \sigma_b = \dfrac{T_t}{bt} + \dfrac{tE}{D}$$

여기서 $\dfrac{t}{D}$가 아주 작으면, 즉 벨트의 두께에 대하여 풀리의 지름을 아주 크게 하면 σ_b를 무시할 수 있으므로 $\sigma_{\max} = \dfrac{T_t}{bt\eta}$이다.

9) V벨트 전동

단면이 사다리꼴인 고무벨트, 즉 V벨트를 벨트풀리의 V형 홈에 끼워서 쐐기 작용에 의한 큰 마찰력으로 회전을 전달하는 장치로서 벨트 풀리와의 마찰이 크므로 접촉각이 작더라도 미끄럼이 생기기 어려워 축간거리가 짧고 속도비가 큰 경우에 좋다.

V벨트의 특징은 다음과 같다.
① 고속 운전이 가능하며 속도비가 크다($i = 7 \sim 10$).
② 짧은 거리의 운전이 가능, 2~5m까지 전동 가능하다.
③ 미끄럼이 적고 능률이 높다(효율은 보통 90~95% 정도).
④ 운전이 원활하고 정숙하며, 충격이 아주 작다.
⑤ 이음이 없어 전체가 균일한 강도를 갖으나 끊어졌을 때 접합이 불가능하다.
⑥ V벨트 단면의 형상은 M, A, B, C, D, E형의 6종류가 있으며 M에서 E쪽으로 가면 단면이 커진다.
⑦ V벨트의 길이는 사다리꼴 단면의 중앙을 통과하는 원둘레의 길이를 유효길이라 부른다.

$$\text{호칭번호} = \dfrac{\text{벨트의 유효둘레}}{25.4}$$

예) A30 : 단면은 A형이고 유효둘레는 30인치이다.

(1) V벨트의 전달동력

① 마찰계수

$$\mu' = \dfrac{\mu}{\sin\alpha + \mu\cos\alpha}$$

여기서, μ : 마찰계수
μ' : 유효마찰계수(수정, 등가마찰계수)

즉, V벨트 전동장치에서는 전달마력이 평벨트의 경우보다 증가한다.

② 전달마력

$$H_{kw} = \frac{T_e v}{102 \times 9.81} = \left(T_t - \frac{w}{g}v^2\right) \times \frac{e^{\mu\theta}-1}{e^{\mu\theta}} \times \frac{v}{102 \times 9.81}$$

$$H_{ps} = \frac{T_e v}{75 \times 9.81} = \left(T_t - \frac{w}{g}v^2\right) \times \frac{e^{\mu\theta}-1}{e^{\mu\theta}} \times \frac{v}{75 \times 9.81}$$

③ V벨트의 가닥 수를 Z라 할 때

$$H_{kw} = Z\left(T_t - \frac{w}{g}v^2\right) \times \frac{e^{\mu\theta}-1}{e^{\mu\theta}} \times \frac{v}{102} = \frac{ZT_e v}{102}$$

8. 로프 전동

목면, 삼, 강선 등으로 만든 로프를 홈이 있는 바퀴에 감아 걸어서 회전을 전달하는 것이며, 이 바퀴를 로프 풀리 또는 시브라고 한다.

1) 장점

① 대동력 전동에는 평벨트 및 V벨트보다 유리하고 속도비는 보통 1:1~1:2이고, 큰 경우는 1:5 정도이다.
② 장거리 전동이 가능하다(와이어로프 50~100m, 섬유질 10~30m).
③ 1개의 원동 풀리에서 여러 종동 풀리에 분배하여 전동을 할 수 있다.
④ 벨트에 비해 미끄럼이 적으며, 고속 운전이 가능하다.
⑤ 전동 경로가 직선이 아니어도 사용이 가능하다.

2) 단점

① 장치가 복잡하고 착탈이 어렵다.
② 조정이 곤란하고 절단되었을 경우 수리가 곤란하다.
③ 미끄럼이 적으나 전동이 불확실하다.

3) 로프의 종류

(1) 섬유로프(면, 삼 로프)

면 로프는 매우 유연하여 잘 굽어지므로 작은 로프 풀리에 걸어서 사용할 수 있으나, 습기의 영향을 받기 쉽고 옥외에서 사용하는 경우에는 수명이 짧고 삼 로프는 비바람에 강하기 때문에 옥외 사용에 적합하다.

(2) 와이어 로프

① 먼저 강선을 열처리하여 여러 번 다이(die)를 통과시켜서 소요의 크기로 한 다음 아연 도금하여 소선(wire)으로 만든다.
② 소선을 여러 개 꼬아서 스트랜드(strand)를 만들고, 중심에 심(core : 마사를 꼬아서 윤활유를 포함시킨 것)을 넣고 스트랜드를 여러 개 꼬아서 로프로 만든다.
③ 심은 로프의 형성을 용이하게 하며 포함된 윤활유에 의하여 마찰을 감소시킨다. 또한 스트랜드 속에 넣는 수도 있다.
④ 같은 굵기의 로프라도 되도록 가는 강선을 여러 개 사용한 것이 유연성이 풍부하다.
⑤ 와이어 로프의 꼬는 방법에도 왼쪽 꼬임, 오른쪽 꼬임의 구별이 있다.
⑥ 스트랜드와 와이어 로프의 꼬임이 반대방향인 것을 보통꼬임(common lay, regular lay), 같은 방향인 것을 랭 꼬임(Lang's lay)이라고 한다.
⑦ KS에서는 로프의 왼쪽, 오른쪽 꼬임만으로는 틀리기 쉬우므로 Z꼬임, S꼬임이라고 구별하고 있다.

4) 로프의 꼬는 방법

(1) 보통꼬임

① 랭 꼬임에 비하여 소선(wire)의 꼬임의 경사가 급격하기 때문에 접촉 면적이 적고, 소선의 마멸이 빠르지만, 엉키어 풀리지 않으므로 취급이 쉽다.
② 방향이 반대되게 소선을 꼬는 것으로 랭 꼬임에 비하여 소선의 경사가 급하고 마모로 인하여 잘 끊어지고 내구성이 떨어진다. 하지만 엉킴이 생기지 않고 취급하기 쉬워서 일반적으로 많이 사용한다.

(2) 랭 꼬임

① 꼬임의 경사가 완만하므로 접촉 면적이 크고 마멸에 의한 손상이 적기 때문에 내구성이 높고, 또한 유연성도 보통꼬임보다 좋다.
② 같은 방향으로 소선을 꼬는 것으로 내구성이 우수하고 마모가 한 곳에 집중되지 않으므로 마모가 중요시되는 곳에 사용되나 엉키어 풀리기 쉬우므로 취급에 주의를 요한다.

(3) Z꼬임

스트랜드(strand)의 꼬는 방법이 오른나사와 같은 방법으로 되어 있는 꼬임으로 S꼬임에 비해 일반적으로 많이 사용된다.

(4) S꼬임
왼나사와 같은 방향으로 되어 있는 꼬임이다.

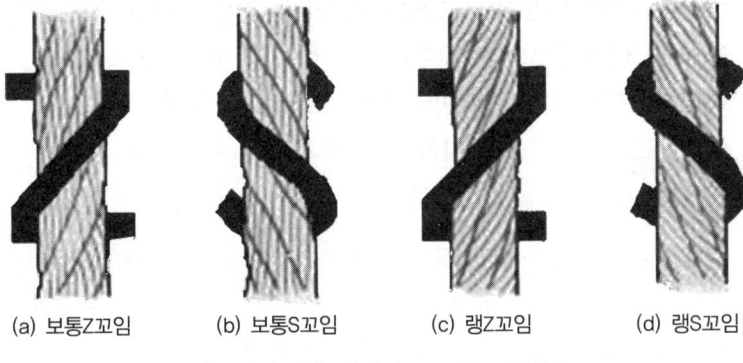

(a) 보통Z꼬임   (b) 보통S꼬임   (c) 랭Z꼬임   (d) 랭S꼬임

[그림 2-19] 와이어 로프의 꼬임형태

9. 체인

1) 체인과 스프로킷
① 체인을 스프로킷의 이에 하나씩 물리게 하여 회전 동력을 전달한다.
② 동력을 전달하는 두 축 사이의 거리가 비교적 멀어 기어 전동이 불가능한 곳에 사용한다.
③ 정확하게 동력을 전달할 수 있으나 소음과 진동을 일으키기 쉬워 고속회전이나 정숙한 운전이 필요한 곳에는 적합하지 않다.

2) 체인 전동의 특징 및 종류
체인 전동(chain drive)은 보통 축간거리 4m 이하에 사용하며 체인 휠(chain wheel)에 체인이 물려서 동력을 전달한다. 주로 축간거리가 짧고 기어 전동이 불가능한 경우에 사용된다.

(1) 체인 전동의 특징
① 전동이 확실하고 속도비가 일정하다.
② 초기 장력이 필요치 않으며 베어링의 마멸이 적다.
③ 온도, 습도, 기름 등의 영향이 적고 수명이 길다.
④ 길이를 임의로 조정할 수 있다, 다축 전동이 용이하다.
⑤ 작은 장치로 큰 동력을 전달할 수 있으며 효율도 90~95%이다.
⑥ 접촉각은 90° 이상이면 되고 축간거리도 비교적 짧게 잡을 수 있다.

⑦ 어느 정도 충격을 흡수할 수 있으며 유지 및 수리가 용이하다.
⑧ 진동과 소음이 발생하며 축간거리가 40m 이상의 전동이나 고속회전에는 부적당하다.
⑨ 회전각은 90° 이상이면 좋으나 회전각의 전달 정확도가 나쁘며 윤활이 필요하다.
⑩ 체인의 탄성으로 어느 정도 충격하중을 흡수한다.

(2) 체인의 종류

① **롤러 체인(roller chain)** : 일반적으로 널리 사용되고 있고 저속에서 고속회전까지 넓은 범위에서 사용된다. 링크 수가 짝수일 때는 이음 링크를, 홀수일 때에는 오프셋 링크를 사용하며, 짝수이어야 사용하기 편리하다. 핀, 부시 롤러 등으로 조합되어 있다.
  ㉠ 롤러가 있는 롤러 링크를 사용한 체인으로서, 롤러 링크와 핀 링크 사이에 롤러를 끼워서 핀으로 연결한 구조이다.
  ㉡ 오래 사용하면 피치가 늘어나 물림 상태가 나빠지고 소음이 발생한다.
  ㉢ 일반적으로 가장 많이 사용되는 체인이다.
  ㉣ 링크수가 홀수일 때는 이음매의 한쪽은 롤러 링크, 다른 한쪽은 핀 링크에 이어서 이음 링크를 사용할 수 없으므로 오프셋 링크를 사용한다.
  ㉤ 축간거리는 피치의 40~50배가 가장 적당하다.

② **부시 체인(bush chain)** : 롤러 체인에서 롤러를 없애고, 구조를 간단하게 하여 경하중용에 쓰인다.

③ **더블피치 롤러 체인(double pitch roller chain)** : 롤러 체인의 피치를 2배로 하여 부하가 적게 걸리는 반송용 체인으로 사용된다.

④ **오프셋 체인(offset chain)** : 링크 판이 오프셋 모양으로 구부러진 형태를 하고 있으며, 오프셋은 전동 중 충격을 흡수하므로 중하중, 저속 전동에 적합하다.

⑤ **핀틀 체인(pintle chain)** : 오프셋 링크에서 링크판과 부시를 일체화시킨 것으로, 저속 중용량의 컨베이어, 엘리베이터용으로 사용된다.

⑥ **사일런트 체인(silent chain)** : 주로 고속용으로, 조용하고 원활한 운전이 필요할 때 사용된다. 사일런트 체인은 스프로킷 휠의 치와의 접촉 면적이 크므로 운전은 원활하고, 전동효율도 98% 이상까지

도달한다. 가격이 고가이며 규격이 없으므로 보통 ASA규격에 따라 치수를 정하고 있다.
  ㉠ 링크가 스프로킷에 비스듬히 미끄러져 들어가 맞물려있어 롤러 체인보다 소음이 적다.
  ㉡ 고속회전이 필요할 때, 조용하고 원활한 운전이 필요할 때 사용된다.
  ㉢ 스프로킷 휠의 치와의 접촉 면적이 크므로 운전은 원활하다.
  ㉣ 약 98% 이상으로 전동효율이 높다.
  ㉤ 가격이 고가이며 제작이 어렵다.
⑦ 리프 체인(leaf chain) : 몇 개의 링크판과 핀으로 구성되어 있고 달아 내림용, 평행용, 운반전달용이 있으며 주로 저속용으로 사용하고 있다.
⑧ 블록체인(block chain) : 플레이트(plate)의 링크를 핀(pin)으로 연결한 체인으로 모두 강철로 만들고, 핀은 플레이트 링크(plate link)에 고정되어 있으며, 4~4.5m/sec 이하의 저속도의 전달에 적당하며, 비교적 값이 싸나 마찰 부분이 많고 경하중에는 적합하고 잇수 15개 이상이 사용된다. 주로 수송용, 견인용 체인블록, 하역기계가 이용된다.
⑨ 디태쳐블 체인(detachable chain) : 핀들 체인을 간단하게 한 것으로 부착이 간편하며, 강도, 정밀도가 낮고 저속 및 소하중 동력전동용(운반용)으로 쓰인다.
⑩ 쇼트 링크 체인(short link chain) : 둥근링을 용접 또는 단접하여 만든 것으로 중량물의 하역에 쓰인다.
⑪ 엇걸이 체인(Detachable chain)
  ㉠ 가단주철의 링크 체인을 간단하게 한 것이다.
  ㉡ 주로 저속 및 소하중 동력 전동용으로 사용한다.

(3) 스프로킷 휠

스프로킷은 강 또는 주강으로 만들며, 잇수가 많은 것은 주강제가 사용된다. 롤러 체인용 스프로킷의 치형은 KS B 1408에서 ASA치형 및 BS치형의 2종류를 규정하고 있다.

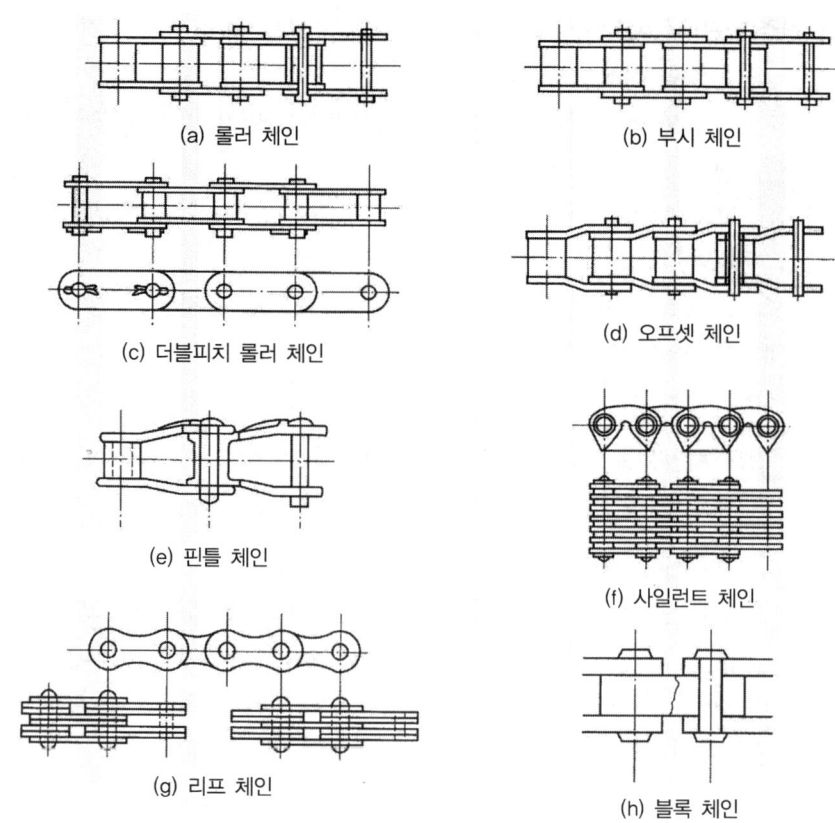

[그림 2-20] 체인의 종류

3) 체인의 설계

(1) 체인의 길이(L)

$$L = 2C + \frac{\pi}{2}(D_1 + D_2) + \frac{(D_2 - D_1)^2}{4C} = L_n \times P$$

$$L_n = \frac{2C}{p} + \frac{1}{2}(Z_1 + Z_2) + \frac{0.0257p(Z_2 - Z_1)^2}{C}$$

여기서, L_n : 링크의 수
P : 원주 피치
D_1, D_2 : 피치원지름($\pi D = PZ$이므로, $D = \frac{PZ}{\pi}$이다.)

(2) 속도비

$$i = \frac{N_2}{N_1} = \frac{Z_1}{Z_2}$$

(3) 원주속도(m/sec)

$$v = \frac{N_1 P Z_1}{60 \times 1,000} = \frac{N_2 P Z_2}{60 \times 1,000} = 0.000524 D_1 N_1 = 0.000524 D_2 N_2$$

(4) 전달동력

① $H[\text{PS}] = \dfrac{Fv}{75 \times 9.81} = \dfrac{F_B v}{75 \times 9.81 kS}$

② $H'[\text{kW}] = \dfrac{Fv}{102 \times 9.81} = \dfrac{F_B v}{102 \times 9.81 kS}$

여기서, S : 안전율 $= \dfrac{F_B(\text{파단하중})}{F(\text{허용장력})}$

k : 사용계수 $(k \geq 1)$

4) 스프로킷 휠의 설계

(1) 피치원지름(D)

$$\sin\frac{180°}{Z} = \frac{\dfrac{P}{2}}{\dfrac{D}{2}} = \frac{P}{D}$$

$$\therefore D = \frac{P}{\sin\dfrac{180°}{Z}} = P\cosec\frac{\pi}{Z}$$

(2) 바깥지름(D_0)

$$\frac{D_0}{2} = \overline{OM} + h, \ \tan\frac{180°}{Z} = \frac{\dfrac{P}{2}}{\overline{OM}}, \ \overline{OM} = \frac{\dfrac{P}{2}}{\tan\dfrac{180°}{Z}} = \frac{P}{2}\cot\frac{180°}{Z}$$

$$\frac{D_0}{2} = \frac{P}{2}\cot\frac{180°}{Z} + 0.3P, \ D_0 = P\cot\frac{180°}{Z} + 0.6P$$

$$\therefore D_0 = P\left(0.6 + \cot\frac{180°}{Z}\right)$$

10. 브레이크

1) 브레이크의 기능과 구조

(1) 브레이크의 기능
기계 부분의 에너지를 흡수하여 그 운동을 중대시키든지 또는 운동속도를 조절하여 위험을 방지하는 기계요소이다.

(2) 브레이크 구조
① 작동부 : 브레이크 블록, 브레이크 드럼, 브레이크 막대
② 조작부 : 인력, 공기압, 유압, 전자석 등으로 브레이크 힘을 조작

(3) 조작력
손으로 누르는 힘은 100~150N가 보통이며 최대의 경우라도 200N을 넘지 않는다.

2) 브레이크의 분류

(1) 작동 부분의 구조에 따라
블록 브레이크, 밴드 브레이크, 디스크(원판) 브레이크, 축압 브레이크, 자동 브레이크

(2) 작동력의 전달 방법에 따라
공기 브레이크, 유압 브레이크, 전자 브레이크, 기계 브레이크

(3) 제동목적에 따라
유체 브레이크, 전기 브레이크

3) 브레이크의 종류와 제동력

(1) 브레이크 종류
① 마찰 브레이크
  ㉠ 원주 브레이크 : 블록 브레이크(단식·복식), 밴드 브레이크(차동, 합동, 단동), 내확 브레이크
  ㉡ 축 방향 브레이크 : 원판 브레이크, 원추 브레이크
② 자동 하중 브레이크
  웜, 나사, 캠, 체인, 원심력, 코일, 로프, 전자기 브레이크 등이 있다.

(2) 브레이크의 제동력

① 블록 브레이크

차량, 기중기 등에 많이 사용되는 장치로 브레이크 드럼의 원주상에 1개 또는 2개의 브레이크 블록을 브레이크 레버로 밀어붙여 마찰에 의해 제동작동을 하는 것이다.

TIP

블록 블레이크에서 브레이크 용량을 결정하는 요소
① 접촉부 마찰계수
② 브레이크 압력
③ 드럼의 원주속도

제1형식 내작용선

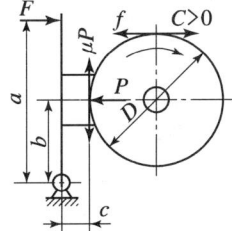

우회전 : $F = f(b+\mu c)/\mu a$
좌회전 : $F = f(b-\mu c)/\mu a$

제2형식 외작용선

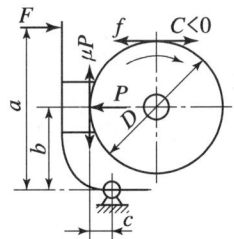

$F = f(b-\mu c)/\mu a$
$F = f(b+\mu c)/\mu a$

제3형식 중작용선

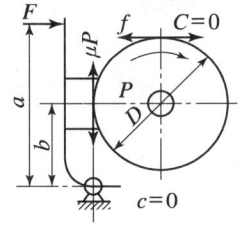

$F = fb/\mu a$

[그림 2-21] 단식 블록 브레이크

㉠ 블록 브레이크의 회전력(Torque) : T
- 제동력 : $f = \mu P$ [N]

$$\therefore T = \frac{\mu P D}{2} = \frac{fD}{2} [\text{N} \cdot \text{mm}]$$

㉡ 브레이크의 조작력 : F

ⓐ 내작용 선형($C > 0$)

- 우회전 : $Fa - Pb - \mu Pc = 0$, $F = \frac{P}{a}(b + \mu c)$

$$\therefore F = \frac{f(b+\mu c)}{\mu a}$$

- 좌회전 : $Fa - Pb + \mu Pc = 0$, $F = \frac{P}{a}(b - \mu c)$

$$\therefore F = \frac{f(b-\mu c)}{\mu a}$$

ⓑ 외작용 선형($C < 0$)

- 우회전 : $Fa - Pb + \mu Pc = 0$, $F = \frac{P}{a}(b - \mu c)$

$$\therefore F = \frac{f(b-\mu c)}{\mu a}$$

- 좌회전 : $Fa - Pb - \mu Pc = 0$, $F = \frac{P}{a}(b + \mu c)$

$$\therefore F = \frac{f(b+\mu c)}{\mu a}$$

ⓒ 중작용 선형($C=0$)

$$Fa - Pb = 0$$

$$\therefore F = \frac{Pb}{a} = \frac{fb}{\mu a}$$

ⓒ 복식블록 브레이크의 조작력(F) 및 회전력(Torque : T)

$$Fa - Pb \qquad \therefore F = \frac{Pb}{a}$$

$$\therefore T = 2\mu P \frac{D}{2}$$

㉣ 블록 브레이크 용량

ⓐ 블록 브레이크 접촉면 압력 : $q[\text{N}/\text{mm}^2]$

$$q = \frac{Q}{A} = \frac{Q}{bt}$$

여기서, b : 브레이크 블록의 폭
t : 브레이크 블록의 길이
A : 브레이크 블록의 마찰면적

ⓑ 브레이크 용량(brake capacity) : Q

$$Q = \mu q v = \mu \frac{W}{A} v [\text{N}/\text{mm}^2 \cdot \text{m}/\text{sec}]$$

— 제동마력 : $H = \dfrac{fv}{75} = \dfrac{\mu Wv}{75} [\text{PS}]$

$$H' = \frac{fv}{102} = \frac{\mu Wv}{102} [\text{kW}]$$

$$\mu Wv = 75H = 102H'$$

$$\therefore \mu q v = \mu \frac{W}{A} v = \frac{75H}{A} = \frac{102H'}{A}$$

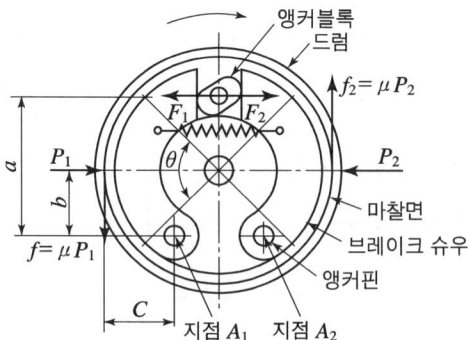

[그림 2-22] 내확 브레이크의 단면도

② 드럼(내부 확장식) 브레이크
  ㉠ 특성
    ⓐ 마찰면이 안쪽에 있어 먼지와 기름 등이 마찰면에 부착되지 않는다.
    ⓑ 브레이크륜의 바깥 면에서 열을 발산시키는 데 편리하다.
    ⓒ 브레이크 슈우를 밀어붙이는데 캠 또는 유압장치를 사용하며 유압장치를 사용하는 것은 자동차용으로 널리 쓰인다.
  ㉡ 조작력
    ⓐ 우회전 : $F_1 = \dfrac{P_1}{a}(b-\mu c)$, $F_2 = \dfrac{P_2}{a}(b+\mu c)$
    ⓑ 좌회전 : $F_1 = \dfrac{P_1}{a}(b+\mu c)$, $F_2 = \dfrac{P_2}{a}(b-\mu c)$
  ㉢ 접촉면 각도 θ는 $\mu < 0.4$에서 $\theta < 90°$, $\mu < 0.2$에서 $\theta < 120°$로 한다. 또한 브레이크 회전력(f)는 $\mu P_1 + \mu P_2$이다.

③ 축압 브레이크
  ㉠ 원판 브레이크(disc brake)
    ⓐ 캘리퍼형 원판 브레이크 : 자동차 바퀴 등의 제동에 쓰인다.
    ⓑ 클러치형 원판 브레이크
      – 단판 브레이크 : $f = \mu P$, $T = fR = \mu PR = \dfrac{\mu PD}{2}$
      – 다판 브레이크 : 마찰면의 수를 Z라 하면
        $$f = Z\mu P, \quad T = fR = Z\mu PR = \dfrac{Z\mu PD}{2}$$
        여기서, P : 축 방향에 가해지는 힘(N)
                R : 평균 반지름(mm)
                f : 평균 지름에 있어서의 브레이크 제동력

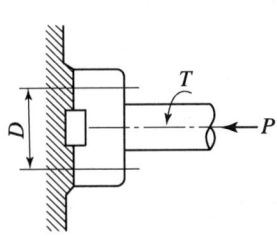

[그림 2-23] 단판 브레이크

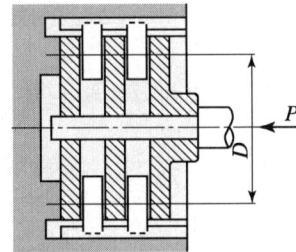

[그림 2-24] 다판 브레이크

ⓒ 원추 브레이크(cone brake) : 마찰면을 원추로 한 브레이크

$$P = 2\pi Rbq\sin\alpha, \quad Q = \mu P = 2\pi Rbq\mu = \frac{\mu P}{\sin\alpha}$$

여기서, b : 마찰면의 폭(mm)
q : 접촉면 압력
α : 마찰면과 브레이크 축과의 원뿔각

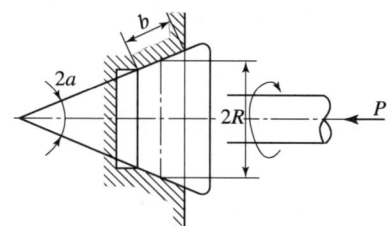

[그림 2-25] 원추 브레이크

④ 밴드 브레이크(band brake)

브레이크륜의 외주에 강철 밴드를 감고 밴드에 장력을 주어 밴드와 브레이크륜 사이의 마찰에 의하여 제동 작용을 하는 것으로 마찰계수 μ를 크게 하기 위하여 밴드의 안쪽에 나무조각, 가죽, 석면식물 등을 라이닝 한다.

㉠ 밴드 브레이크의 종류 : 단동식, 차동식, 합동식으로 분류

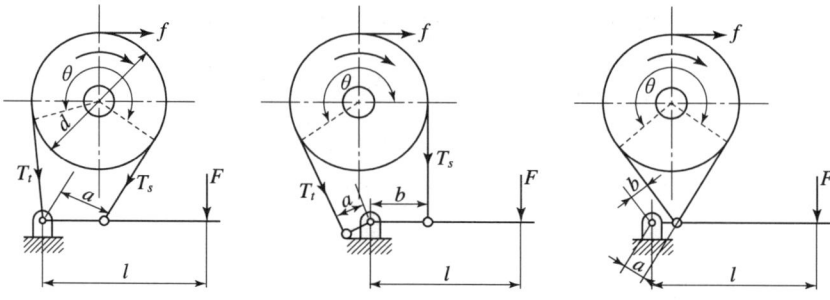

[그림 2-26] 밴드 브레이크의 종류

ⓒ 밴드 브레이크의 장력 및 제동마력

$$e^{\mu\theta} = \frac{T_t}{T_s} > 1$$

여기서, T_t : 긴장측 장력(회전방향의 반대측)
$e^{\mu\theta}$: 장력비
T_s : 이완측(회전 방향측)
θ : 접촉 중심각
f : 제동력

ⓐ 장력

$$T_t = e^{\mu\theta}T_s, \ f=(T_t-T_s), \ f=T_s e^{\mu\theta}-T_s=T_s(e^{\mu\theta}-1)$$

$$T_s=\frac{f}{(e^{\mu\theta}-1)}, \ T_t=T_s e^{\mu\theta}=\frac{fe^{\mu\theta}}{(e^{\mu\theta}-1)}$$

ⓑ 제동 토크 : $T=f\cdot\dfrac{D}{2}=(T_t-T_s)\dfrac{D}{2}$

ⓒ 제동 마력 : $H=\dfrac{fv}{75}=\dfrac{NT}{716.2}[\text{PS}]$

여기서, T : 회전력(N·m)
N : 회전수(rpm)

ⓒ 밴드 브레이크의 조직력

ⓐ 단동식 밴드 브레이크

- 우회전의 경우 : $F=f\dfrac{a}{l}\dfrac{1}{(e^{\mu\theta}-1)}$

- 좌회전의 경우 : $F=f\dfrac{a}{l}\dfrac{e^{\mu\theta}}{(e^{\mu\theta}-1)}$

ⓑ 차동식 밴드 브레이크

- 우회전의 경우 : $F=\dfrac{f(b-ae^{\mu\theta})}{l(e^{\mu\theta}-1)}$

- 좌회전의 경우 : $F=\dfrac{f(be^{\mu\theta}-a)}{l(e^{\mu\theta}-1)}$

ⓒ 합동식 밴드 브레이크 : $F=f\dfrac{a}{l}\dfrac{(e^{\mu\theta}+1)}{(e^{\mu\theta}-1)}$

ⓓ 밴드 브레이크의 강도 : $\sigma_a=\dfrac{T_t}{A}=\dfrac{T_t}{bh\eta}[\text{N/mm}^2]$

여기서, σ_a : 허용인장응력
η : 효율

ⓔ 밴드 브레이크의 용량

$$Q=\mu qv=\frac{75H}{A}=\frac{102H'}{A}=\frac{102H'}{r\theta b}$$

여기서, A : 접촉면적($A=r\theta b$)

⑤ 자동 하중 브레이크

원치(winch), 크레인(crane) 등으로 하물을 올릴 때는 제동 작용은 하지 않고 클러치 작용을 하며, 하물을 아래로 내릴 때는 하물 자중에 의한 제동 작용으로 하물의 속도를 조절하거나 정지시킨다.

㉠ 웜 브레이크 : 웜휠의 역전에 의하여 웜 축에 생기는 추력을 이용하여 원판 브레이크를 작용시킨다.

ⓒ **나사 브레이크** : 기어의 축의 구멍에 깎여진 암나사의 역전에 의하여 이것과 끼워 맞춰져 있는 수나사와 일체의 축에 주는 추력으로서 원판 브레이크에 작용한다. 웜 대신에 나사를 이용한 것이다.
ⓒ **원심 브레이크** : 정지시키기 위한 제동은 없고, 오로지 물체를 올릴 때 속도를 일정하게 유지시키기 위한 것이다.
ⓔ **전자 브레이크** : 2장의 마찰 원판을 사용하여 두 원판의 탈착조작이 전자력에 의해 이루어져 브레이크 작용을 하는 것이다. 회전축 방향에 힘을 가하여 회전을 제동하며 하역 운반 기계, 공작기계, 승강기 등에 사용된다.

4) 래칫 휠과 플라이 휠

(1) 래칫 휠
래칫 휠은 기계의 역전방지, 한 방향의 가동 클러치, 분할작업 등에 쓰인다.

① 외측 래칫 휠의 설계

$$M = Fh = \frac{he^2}{6}\sigma_a, \quad P = 3.75^3\sqrt{\frac{T}{\phi Z \sigma_a}}$$

여기서, F : 폴에 작용하는 힘
M : 이뿌리의 굽힘모멘트(N·mm)
h : 이높이
Z : 래칫의 잇수
e : 이뿌리 두께(mm)
T : 래칫에 작용하는 회전 토크
P : 래칫의 이의 피치(mm)
ϕ : 이너비계수로서 너비는 (피치×이너비 계수)이다.

$b = 0.5p$, 즉 $\phi = 0.5$ 라 하면 ∴ $P = 4.75^3\sqrt{\dfrac{T}{Z\sigma_a}}$

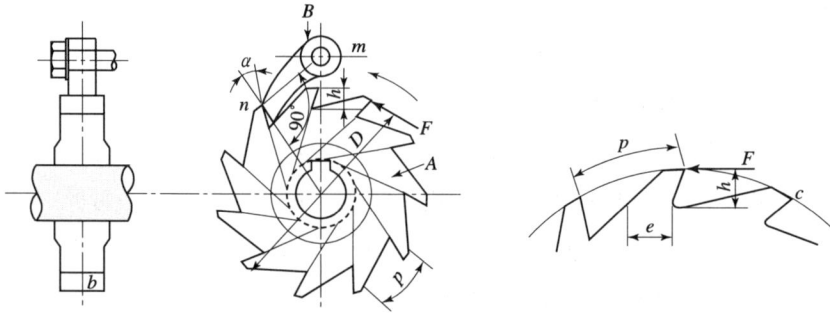

[그림 2-27] 외측 래칫 휠

② 래칫 휠의 면압강도(q)

$$q = \frac{F}{bh}$$

$q = 0.5 \sim 1(\text{N/mm}^2)$ 주철, $q = 1.5 \sim 3(\text{N/mm}^2)$: 주강, 단강

③ 내측 래칫 휠의 설계

일반적으로 잇수는 $z = 16 \sim 30$, 이높이는 $15 \sim 30\text{mm}$로 한다. 내측 휠의 경우에는 이끝의 두께 $e = p$로 하여 계산하면 $P = 2.37\sqrt[3]{\dfrac{T}{\phi Z \sigma_a}}$ 이다.

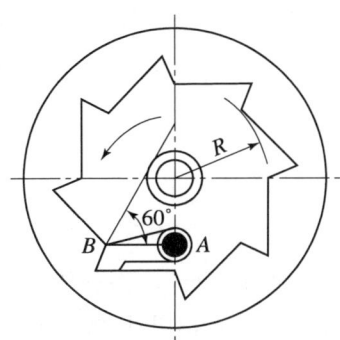

[그림 2-28] 내측 래칫 휠

(2) 플라이 휠(fly wheel)

축에 토크 변동이 심할 경우 휠(wheel)을 부착하여 규칙적인 회전을 유지시킨다.

① 각속도 변동률(δ)

$$\delta = \frac{\Delta \omega}{\omega} = \frac{\omega_1 - \omega_2}{\omega}$$

여기서, ω : 평균 각속도(rad/sec)
ω_1 : 최대 각속도(rad/sec)
ω_2 : 최소 각속도(rad/sec)

② 1사이클 중에 얻어지는 에너지(E)

$E = 4\pi T_m$, $\Delta E = I\omega^2 \delta [\text{N} \cdot \text{m/sec}^2 \cdot \text{m}]$

$\dfrac{\Delta E}{E} = \varepsilon$(에너지 변동계수)

11. 스프링(Spring)

1) 스프링의 개요

(1) 스프링의 용도

① 완충용(충격 에너지 흡수, 방진, 진동 및 충격완화) : 차량용 현가장치, 승강기 완충 스프링, 방진 스프링

② 에너지 축적 이용 : 계기용 스프링, 시계의 태엽, 완구용 스프링, 축음기, 총포의 격심용 스프링

③ 측정 및 조정용 : 저울, 안전밸브(힘의 변형원리를 이용하여 압축력(또는 인장력)에 의한 변형 길이로 힘을 측정한다.)

④ 복원력의 이용 : 밸브 스프링, 조속기, 스프링 와셔

(2) 스프링의 종류

① 모양에 따른 스프링의 종류

㉠ 코일 스프링(coil spring) : 인장용과 압축용이 있고, 제작비가 저렴하며 기능이 확실 유효하여 경량소형으로 제조할 수 있다.

㉡ 겹판 스프링(leaf spring) : 너비가 좁고 얇은 긴 보로서 하중을 지지한다. 여러 장 겹쳐서 사용하는 것을 겹판 스프링이라 한다. 자동차의 현가장치로 널리 사용한다.

㉢ 태엽 스프링(spiral spring) : 시계나 계기류 등의 변형에너지를 저장하여 동력용으로 사용한다.

㉣ 토션 바 스프링 : 원형봉에 비틀림 모멘트를 가하면 비틀림 변형이 생기는 원리로 소형 승용차의 현가용에 사용된다.

㉤ 벌류트 스프링 : 태엽 스프링을 축 방향으로 감아올려 사용하는 것으로 압축용으로 사용한다. 오토바이 차체 완충용으로 사용된다.

㉥ 접시 스프링(disk spring) : 원판 스프링이라고도 한다. 중앙에 구멍이 있고 원추형이다. 프레스의 완충장치, 공작기계에 사용한다.

㉦ 와이어 스프링 : 탄성의 강한 선형 재료로 여러 가지 모양으로 만들어 탄성에 의한 복원력을 이용한 스프링이다.

㉧ 와셔 스프링 : 볼트, 너트의 중간재 사이에 사용하여 충격을 흡수하는 역할을 한다.

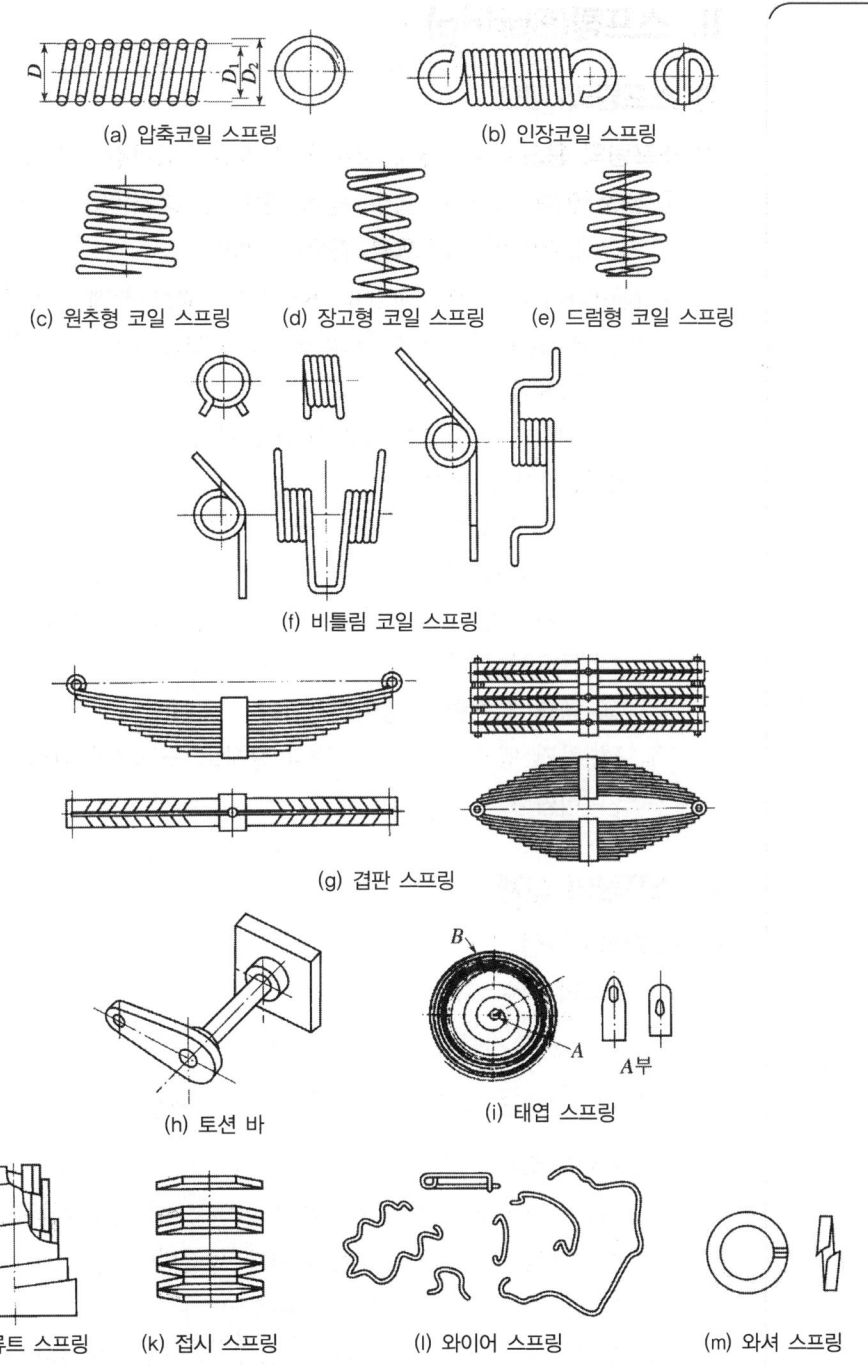

[그림 2-29] 모양에 따른 스프링의 종류

② **재료에 의한 분류**

금속 스프링(강철, 인청동, 황동 등), 비금속 스프링(고무, 나무, 합성수지 등), 유체 스프링(공기, 물, 기름 등)이 있다.

㉠ 고무 스프링의 특징
  ⓐ 1개의 고무로 2축, 3축 방향으로 하중의 동시 작용이 가능하다.
  ⓑ 형상을 자유롭게 선택할 수 있고, 다양한 용도로 적용할 수 있다.
  ⓒ 방진 및 방음 효과가 우수하다.
  ⓓ 고무는 -10℃ 이하의 저온에서는 탄성이 매우 작아지므로 스프링의 기능을 발휘할 수 없기 때문에 0~70℃의 범위에서 사용한다.
  ⓔ 인장에 약하므로 인장하중은 피한다.
㉡ 공기 스프링 특징
  ⓐ 하중과 변형의 관계가 비선형적이다.
  ⓑ 공기량에 따라 스프링 상수의 조절이 가능하다.
  ⓒ 공기의 압축성에 의해 감쇄 특성이 크므로 미소 진동의 흡수도 가능하다.
  ⓓ 측면에 대한 강성이 없다.
  ⓔ 공기 탱크 및 압축기 등의 설치로 구조가 복잡하고 제작비가 비싸다.

2) 스프링의 설계

(1) 스프링의 특성

① 스프링의 지수(C)

코일의 평균 지름과 소선지름과의 비 $C = \dfrac{D}{d}$

여기서, D : 코일의 평균 지름, d : 소선지름

② 스프링의 상수

스프링의 변형 δ은 탄성한도 내에서 하중 W에 비례하고 인장바축 선형 스프링에는 $W = K\delta$의 관계가 성립된다.

$$K = \dfrac{W}{\delta} [\text{N/mm}]$$

여기서, K : 비례정수 또는 스프링 상수

③ 탄성 저장에너지

$$U = \dfrac{1}{2}W\delta = \dfrac{1}{2}K\delta^2$$

④ 자유높이

코일의 평균 지름 D와 자유높이 H와의 비를 스프링의 종횡비 r라 하면 $r = \dfrac{H}{D}$이다.

(2) 스프링의 조합

① 병렬연결 : $K = K_1 + K_2 + \cdots$

② 직렬연결 : $\dfrac{1}{K} = \dfrac{1}{K_1} + \dfrac{1}{K_2} + \cdots$

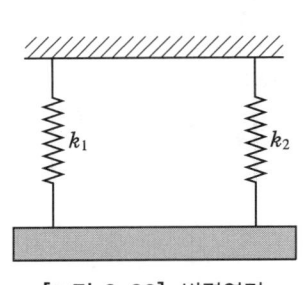

[그림 2-30] 병렬연결

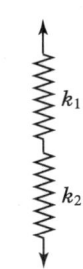

[그림 2-31] 직렬연결

(3) 코일 스프링

① 코일 스프링의 구조

스프링 제작이 용이하고 효율이 높고 가격이 저렴하기 때문에 차량용 현가, 내연기관의 밸브, 안전밸브 등의 스프링으로 사용되고 있다.

② 스프링 지수(C)

$$C = \dfrac{D}{d} = \dfrac{R}{r}$$

③ 스프링에 발생되는 전단응력

$$\tau_{\max} = \dfrac{8KDW}{\pi d^3}$$

K : 왈(kwale)의 응력 수정계수 : $K = \dfrac{4c-1}{4c-4} + \dfrac{0.615}{c}$

④ 스프링의 처짐

$$\delta = \dfrac{8nD^3 W}{Gd^4}$$

⑤ 스프링 상수

$$k = \dfrac{W}{\delta} = \dfrac{Gd^4}{8nD^3}$$

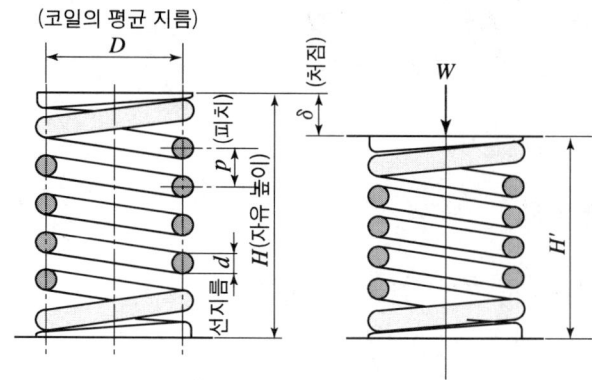

- H : 자유높이 $[H = \delta + d(n+2)]$
- D : 코일의 평균 지름(mm)
- n : 유효권수(감긴 수)
- W : 하중(N)
- p : 피치 $\left[p = \dfrac{(H-2d)}{n}\right]$
- d : 소선의 지름(mm)
- δ : 변위량(mm)
- λ : 스프링의 종횡비 $\left(\lambda = \dfrac{H}{D}\right)$

[그림 2-32] 코일 스프링의 각부 명칭

⑥ 초기 장력

$$\tau_0 = \frac{8DW_0}{\pi d^3} \qquad \therefore \ W_0 = \frac{\pi d^3 \tau_0}{8D}[\text{N}]$$

⑦ 스프링의 길이

$$l = \pi DN = \pi 2RN$$

⑧ 서징(surging)

스프링에 작용하는 진동수가 스프링의 고유 진동수와 같거나 또는 공진을 하여 국부적으로 큰 응력이 생기는 현상

01 축

01. 스핀들에 대한 설명 중 맞는 것은?
① 굽힘을 주로 받는 긴 회전축이다.
② 비틀림을 받는 짧고 정밀한 회전축이다.
③ 휨을 받는 회전축이다.
④ 굽힘과 비틀림을 동시에 받는 회전축이다.

해설 축은 작용하중에 따라 다음과 같이 분류한다.
- 차축(axle) : 주로 굽힘 모멘트를 받는 축(정지 차축과 회전 차축)
- 스핀들(spindle) : 주로 비틀림 모멘트를 받는 축(정밀하고 짧은 회전축)
- 전동축(transmission shaft) : 주로 비틀림과 굽힘을 동시에 받는 축(일반 공장 회전축)
※ 전동축의 동력전달 순서
주축(main shaft) → 선축(line shaft) → 중간축(counter shaft) → 기계

02. 축을 형상에 따라 분류할 경우 이에 해당되지 않는 것은?
① 크랭크축 ② 차축
③ 직선 축 ④ 유연성 축

해설 축을 형상에 따라 분류
- 직선 축(Straight shaft) : 일직선으로 곧은 원통형의 축이며, 일반적인 동력전달용으로 사용된다.
- 테이퍼 축(Taper shaft) : 원뿔형의 축으로 연삭기, 밀링머신, 드릴링 머신 등의 주축에 사용된다.
- 크랭크축(Crank shaft) : 몇 개 축의 중심을 서로 어긋나게 한 것으로, 왕복운동기관 등의 직선운동과 회전운동을 서로 변환시키는데 사용하며 곡선축이라고도 하며 내연기관에 많이 사용된다. 일체식과 조립식이 있다(내연기관, 압축기에 사용).
- 유연성 축(Flexible shaft) : 강선을 2중, 3중으로 감은 나사 모양의 축으로 축 방향이 수시로 변하는 작은 동력전달 축으로 공간상의 제한으로 일직선 형태의 축을 사용할 수 없을 때 사용된다. 비틀림 강도는 크나 굽힘 강도는 작다.

03. 축을 설계할 때 고려해야 할 사항이 아닌 것은?
① 강도 및 변형 ② 진동
③ 회전방향 ④ 열응력

해설 축설계 시 고려사항
강도, 변형, 응력집중, 진동, 부식, 열응력 등

04. 어떤 축이 굽힘 모멘트 M과 비틀림 모멘트 T를 동시에 받고 있을 때, 최대 주응력설에 의한 상당 굽힘 모멘트 M_e는?

① $M_e = \dfrac{1}{2}(M + \sqrt{M^2 + T^2})$

② $M_e = \dfrac{1}{2}(M^2 + \sqrt{M + T})$

③ $M_e = \dfrac{1}{2}(M^2 + \sqrt{M^2 + T^2})$

④ $M_e = \dfrac{1}{2}(M + \sqrt{M + T})$

해설
- 상당 굽힘 모멘트
$M_e = \dfrac{1}{2}(M + \sqrt{M^2 + T^2})$
- 상당 비틀림 모멘트
$T_e = \sqrt{(M^2 + T^2)}$

정답 01 ② 02 ② 03 ③ 04 ①

05. 지름 7cm의 중실축과 비틀림 강도(强度)가 같고, 내·외경비가 0.8인 중공축의 바깥지름은 몇 mm인가?

① 77.3 ② 83.4
③ 89.5 ④ 95.1

해설
$$\frac{d_2}{d} = \sqrt[3]{\frac{1}{1-x^4}} = \sqrt[3]{\frac{1}{1-0.8^4}} = 1.192$$
$$d_2 = 1.149 \times 70 = 83.4$$

06. 굽힘 모멘트만을 받는 중공축의 허용굽힘 응력 σ_b, 중공축의 바깥지름 D, 여기에 작용하는 굽힘모멘트 M일 때, 중공축의 안지름 d를 구하는 식으로 옳은 것은?

① $d = \sqrt[4]{\dfrac{D(\pi\sigma_b D^3 - 16M)}{\pi\sigma_b}}$

② $d = \sqrt[4]{\dfrac{D(\pi\sigma_b D^3 - 32M)}{\pi\sigma_b}}$

③ $d = \sqrt[3]{\dfrac{D(\pi\sigma_b D^3 - 16M)}{\pi\sigma_b}}$

④ $d = \sqrt[3]{\dfrac{D(\pi\sigma_b D^3 - 32M)}{\pi\sigma_b}}$

해설
- 굽힘 모멘트만을 받는 중공축
$$M = \frac{\pi}{32}\left(\frac{d_2^4 - d^4}{d_2}\right)\sigma_b = \frac{\sigma_b(d_2^4 - d^4)}{10.2 d_2}$$
$$= \frac{\sigma_b d_2^3(1-x^4)}{10.2}$$

- 바깥지름
$$d_2 = \sqrt[3]{\frac{10.2M}{\sigma_b(1-x^4)}}$$

- 안지름
$$d = \sqrt[4]{\frac{D(\pi\sigma_b D^3 - 32M)}{\pi\sigma_b}}$$

07. 6,000N·m의 비틀림 모멘트만을 받는 연강제 중실축의 지름은 몇 mm 이상이어야 하는가? (단, 축의 허용전단응력은 30N/mm²로 한다.)

① 81 ② 91
③ 101 ④ 111

해설
$$d = \sqrt[3]{\frac{5.1T}{\tau}} = \sqrt[3]{\frac{5.1 \times 6,000,000}{30}} = 100.66$$

08. 350rpm으로 15kW의 동력을 전달시키는 축의 지름은 약 몇 mm 이상이어야 하는가? (단, 축의 허용전단응력은 25MPa이다.)

① 35 ② 40
③ 44 ④ 52

해설
$$T = 9,740,000 \times \frac{15}{350} = 417,429$$
$$d = \sqrt[3]{\frac{5.1T}{\tau}} = \sqrt[3]{\frac{5.1 \times 417,429}{25}} = 44$$

09. 4kN·m의 비틀림 모멘트를 받는 전동축의 지름은 약 몇 mm인가? (단, 축에 작용하는 전단응력은 60MPa이다.)

① 70 ② 80
③ 90 ④ 100

해설
$$T = \tau_a \frac{\pi d^3}{16} \text{에서}$$
$$d = \sqrt[3]{\frac{16T}{\pi\tau_a}} = \sqrt[3]{\frac{16 \times 4,000,000}{\pi \times 60}} = 70\,\text{mm}$$

정답 05 ② 06 ② 07 ③ 08 ③ 09 ①

형성평가

10. 지름 5cm의 축이 300rpm으로 회전할 때, 최대로 전달할 수 있는 동력은 약 몇 kW인가? (단, 축의 허용비틀림응력은 39.2MPa이다.)

① 8.59   ② 16.84
③ 30.23 ④ 181.38

해설
$$\frac{\pi d^3}{16}\tau = 9{,}549 \times 10^3 \times \frac{H}{N}$$
$$H = \frac{\pi d^3 \tau \cdot n}{9{,}549 \times 10^3 \times 16}$$
$$= \frac{\pi (50)^3 \times 39.2 \times 300}{9{,}549 \times 10^3 \times 16} = 30.23\,\text{kW}$$

11. 300rpm으로 2.5kW의 동력을 전달시키는 축에 발생하는 비틀림 모멘트는 약 몇 N·m인가?

① 80   ② 60
③ 45   ④ 35

해설 축의 비틀림 모멘트
$$T = 9{,}549 \times 10^3 \frac{H}{n} = 9{,}549 \times 10^3 \left(\frac{2.5}{300}\right)$$
$$= 79{,}575\,\text{N/mm} = 약\ 80\,\text{N/m}$$

12. 300rpm으로 3.1kW의 동력을 전달하고, 축 재료의 허용전단응력은 20.6MPa인 중실축의 지름은 약 몇 mm 이상이어야 하는가?

① 20   ② 29
③ 36   ④ 45

해설
$$T = 9{,}549 \times 10^3 \frac{H}{N} = 9{,}549 \times 10^3 \times \frac{3.1}{300}$$
$$= 98{,}673\,\text{N}\cdot\text{mm}$$
$$d = \sqrt[3]{\frac{5.1T}{\tau_a}} = \sqrt[3]{\frac{5.1 \times 78{,}673}{20.6}} = 29\,\text{mm}$$

13. 400rpm으로 4kW의 동력을 전달하는 중실축의 최소 지름은 약 몇 mm인가? (단, 축의 허용전단응력은 20.60MPa이다.)

① 22   ② 13
③ 29   ④ 36

해설
$$T = 9{,}549 \times 10^3 \frac{H}{N} = 9{,}549 \times 10^3 \times \frac{4}{400} = 95{,}490$$
$$d = \sqrt[3]{\frac{16T}{\pi \tau_a}} = \sqrt[3]{\frac{5.1T}{\tau_a}} = \sqrt[3]{\frac{5.1 \times 95{,}490}{20.60}}$$
$$= 28.7 = 29\,\text{mm}$$

14. 지름 75mm의 축을 사용하여 250rpm으로 66kW의 동력을 전달시키는 축에 발생하는 전단응력은 약 몇 MPa인가?

① 30.43 ② 48.85
③ 61.46 ④ 82.22

해설
$$T = 9{,}549 \times 10^3 \frac{H}{N}\ [\text{N}\cdot\text{mm}]\ [\text{kW}]$$
$$T = \frac{\pi}{16}d^3\tau$$
$$T = 9{,}549 \times 10^3 \times \frac{66}{250} = 2{,}520{,}936$$
$$\tau = \frac{16 \times 2{,}520{,}936}{\pi \times 75^3} = 30.43\,\text{MPa}$$

15. 지름이 20mm인 축이 114rpm으로 회전할 때 최대 약 몇 kW의 동력을 전달할 수 있는가? (단, 축 재료의 허용전단응력은 39.2MPa이다.)

① 0.74 ② 1.43
③ 1.98 ④ 2.35

해설
$$d = 365\sqrt[3]{\frac{H'(\text{kW})}{\tau_a(\text{N/mm}^2)N(\text{rpm})}}\ (\text{mm})$$
$$T = 9{,}549 \times 10^3 \frac{H'(\text{kW})}{N(\text{rpm})}\ (\text{N}\cdot\text{mm})$$
$$H = \frac{Tn}{9{,}549 \times 10^3} = \frac{61{,}575 \times 114}{9{,}549 \times 10^3} = 0.74$$
$$T = \frac{\pi}{16}d^3\tau = \frac{\pi \times 20^3 \times 39.2}{16} = 61{,}575$$

정답 10 ③ 11 ① 12 ② 13 ③ 14 ① 15 ①

Part 2. 기계요소 설계

16. 전달동력 2.4kW, 회전수 1,800rpm을 전달하는 축의 지름은 약 몇 mm 이상으로 해야 하는가? (단, 축의 허용전단응력은 20MPa이다.)

① 20 ② 12
③ 15 ④ 17

해설
$$T = 9,549 \times 10^3 \times \frac{2.4}{1,800} = 12,732$$
$$d = \sqrt[3]{\frac{5.1T}{\tau}} = \sqrt[3]{\frac{5.1 \times 12,732}{20}} = 14.8 = 15\,\text{mm}$$

17. 지름 45mm의 축이 200rpm으로 회전하고 있다. 이 축은 길이 1m에 대하여 1/4°의 비틀림각이 발생한다고 할 때 약 몇 kW의 동력을 전달하고 있는가? (단, 축 재료의 가로탄성계수는 84GPa이다.)

① 2.1 ② 2.6
③ 3.1 ④ 3.6

해설
$$\theta = \frac{180}{\pi} \times \frac{Tl}{GI_p}$$
$$T = \frac{\pi GI_p \theta}{180l} = \frac{\pi \times 84,000(\text{MPa}) \times \frac{\pi \times 45^4}{32} \times \frac{1}{4}}{180 \times 1,000}$$
$$= 147,553\,\text{N} \cdot \text{mm} = 0.15\,\text{kN} \cdot \text{m}$$
$$H' = T\omega = 0.15 \times \frac{2\pi \times 200}{60} = 3.1\,\text{kW}$$

18. 외경 10cm, 내경 5cm의 속빈 원통이 축 방향으로 100kN의 인장하중을 받고 있다. 이때 축 방향 변형률은? (단, 이 원통의 세로탄성계수는 120GPa이다.)

① 1.415×10^{-4} ② 2.415×10^{-4}
③ 1.415×10^{-3} ④ 2.415×10^{-3}

해설
$$\sigma = E\varepsilon = \frac{100,000}{A} = \frac{100,000}{\frac{100^2 - 50^2 \times \pi}{4}}$$
$$= 16.98 \div 120 \times 10^3 = 1.415 \times 10^{-4}$$

02 축이음

01. 공작기계의 주축 등에 사용하며 주로 비틀림을 받는 축으로 형상과 치수가 정밀하고 변형이 적으며 축의 지름에 비해 길이가 짧은 축을 의미하는 것은?

① 스핀들 ② 유니버설 조인트
③ 전동축 ④ 플렉시블 축

해설 스핀들(Spindle)
지름에 비하여 비교적 짧은 축으로 비틀림과 휨이 동시에 작용하나 주로 비틀림을 받는 축으로 치수가 정밀하며 변형량이 적고 길이가 짧은 회전축으로 공작기계의 주축으로 사용된다.

02. 축선에서의 약간의 어긋남을 허용하면서 충격과 진동을 감소시키는 축이음은?

① 유니버설 조인트 ② 플렉시블 커플링
③ 클램프 커플링 ④ 올덤 커플링

해설
- 유니버설 조인트 : 두 축의 축선이 어느 각도로 교차되고, 그 사이의 각도가 운전 중 다소 변하여도 자유로이 운동을 전달할 수 있도록 구조가 되어 있는 커플링이다.
- 클램프 커플링 : 일직선상에 있는 두 축을 연결한 것으로, 볼트 또는 키를 사용하여 접합하고 양축사이의 상호이동이 전혀 허용되지 않는 구조. 원통 커플링과 플랜지 커플링이 있다.
- 올덤 커플링 : 두 축이 평행하고 축의 중심선이 약간 어긋났을 때 각속도의 변동없이 토크를 전달하는데 사용하는 축이음이다.

형성평가

03. 다음 커플링의 종류 중 원통 커플링에 속하지 않는 것은?
① 머프 커플링   ② 올덤 커플링
③ 클램프 커플링   ④ 셀러 커플링

해설 원통 커플링
- 머프 커플링
- 마찰클립 커플링
- 클램프 커플링
- 셀러 커플링
- 반중첩 커플링

04. 두 축을 주철 또는 주강제로 이루어진 2개의 반원통에 넣고 두 반원통의 양쪽을 볼트로 체결하며 조립이 용이한 커플링은?
① 클램프 커플링   ② 셀러 커플링
③ 머프 커플링   ④ 플랜지 커플링

해설
- **셀러 커플링** : 머프 커플링을 셀러가 개량한 것으로 주철제 원통은 내면이 원추면으로 되어 있다. 여기에 두 축을 끼우고, 바깥면이 원추면으로 되어 있는 원추 통을 양쪽에서 끼워 넣은 다음 3개의 볼트로 죄어 축을 고정시키는 커플링이다.
- **머프 커플링** : 주철제의 원통 속에서 두 축을 맞대어 맞추고 키로 고정한 것으로 축지름과 하중이 아주 작을 경우에 사용한다. 인장력이 작용하는 축이음에는 부적합하다.
- **플랜지 커플링** : 주철 또는 주강제의 플랜지를 축에 억지끼워맞춤을 하거나 키로 결합시킨 후 두 플랜지를 볼트로 체결한 것이다. 플랜지의 중앙부는 요철을 만들어 두 축의 중심을 일치시키고, 큰 축과 고속도인 정밀 회전축에 적당하고, 공장 전동축 또는 일반 기계의 커플링으로 가장 널리 사용된다.

05. 두 축이 평행하여 이 두 축이 끼어 있는 플랜지 사이에 90°의 키 모양의 돌출부를 양면에 가진 중간원판이 있는 축이음은?
① 셀러 커플링   ② 올덤 커플링
③ 플랜지 커플링   ④ 머프 커플링

06. 다음 중 유연성 커플링(flexible coupling)이 아닌 것은?
① 기어 커플링
② 셀러 커플링
③ 롤러 체인 커플링
④ 벨로즈 커플링

해설 셀러 커플링은 고정 커플링이다.

07. 2개의 축이 평행하고, 그 축의 중심선의 위치가 약간 어긋났을 경우, 각속도의 변화 없이 회전 동력을 전달시키려고 할 때 사용되는 가장 적합한 커플링은?
① 플랜지 커플링(flange coupling)
② 올덤 커플링(oldham's coupling)
③ 플렉시블 커플링(flexible coupling)
④ 유니버설 커플링(universal coupling)

해설
- 두 축이 동일선상에 있는 경우
  고정 커플링(fixed coupling)
- 두 축이 정확한 일직선상에 있지 않은 경우
  플렉시블 커플링(flexible coupling)
- 두 축이 평행한 경우
  올덤 커플링(oldham's coupling)
- 두 축이 교차한 경우
  유니버설 조인트(universal joint)

08. 커플링의 설명으로 옳은 것은?
① 플랜지 커플링은 축심이 어긋나서 진동하기 쉬운 데 사용한다.
② 플렉시블 커플링은 양축의 중심선이 일치하는 경우에만 사용한다.
③ 올덤 커플링은 두 축이 평행으로 있으면서 축심이 어긋났을 때 사용한다.
④ 원통 커플링의 지름은 축 중심선이 임의의 각도로 교차되었을 때 사용한다.

정답 03 ② 04 ① 05 ③ 06 ② 07 ② 08 ③

해설
- 플랜지 커플링 및 원통 커플링은 축심이 일직선상에 있는 두 축을 연결한 것이다.
- 플렉시블 커플링은 양축의 정확한 중심선이 일치하지 않은 경우에도 사용이 가능하다.
- 올덤 커플링은 두 축이 평행으로 있으면서 축심이 어긋났을 때 사용한다.
- 유니버설 커플링의 지름은 축 중심선이 임의의 각도로 교차되었을 때 사용한다.

09. 전동축에 큰 휨(deflection)을 주어서 축의 방향을 자유롭게 바꾸거나 충격을 완화시키기 위해 사용하는 축은?
① 직선 축
② 크랭크축
③ 플렉시블 축
④ 중공 축

해설
- **직선 축** : 일직선으로 곧은 원통형의 축이며, 일반적인 동력전달용으로 사용된다.
- **크랭크축** : 몇 개 축의 중심을 서로 어긋나게 한 것으로, 왕복운동기관 등의 직선운동과 회전운동을 서로 변환시키는 데 사용하며 곡선축이라고도 한다.
- **중공 축** : 축의 자중(自重)을 가볍게 하기 위해 단면의 중심부에 구멍이 뚫려 있는 중공(中空) 축으로 속을 비워도 중심축에 비해 강도는 그만큼 감소하지 않는다.

10. 두 축의 중심선이 어느 각도로 교차되고 그 사이의 각도가 운전 중 다소 변하여도 자유로이 운동을 전달할 수 있는 축이음은?
① 플랜지 이음
② 셀러 이음
③ 올덤 이음
④ 유니버설 이음

11. 원동축에서 종동축에 동력을 연결하거나 혹은 동력전달 중에 동력을 끊을 필요가 있을 때 사용되는 기계요소에 속하는 것은?
① 원심 클러치
② 플렉시블 커플링
③ 셀러 커플링
④ 유니버설 조인트

12. 다음 중 가장 큰 하중을 단속할 수 있는 클러치는 어느 것인가?
① 맞물림 클러치
② 마찰 클러치
③ 일방향 클러치
④ 원심 클러치

13. 맞물림 클러치의 턱 모양이 아닌 것은?
① 직사각형
② 톱날형
③ 사다리꼴형
④ 반달형

03 베어링

01. 베어링을 설계할 때 주의사항으로 틀린 것은?
① 마모가 적을 것
② 강도를 충분히 유지할 것
③ 마찰저항이 크고 손실동력이 감소할 것
④ 구조가 간단하여 유지보수가 쉬울 것

해설 마찰저항이 적고 손실동력이 감소할 것

02. 길이에 비해 지름이 아주 작은(보통 5mm 이하) 긴 원통형 모양의 롤러를 사용하는 베어링으로 일반적으로 리테이너는 없지만, 롤러의 굽힘을 방지하기 위해 일부 리테이너가 장착되기도 하는 베어링은?
① 테이퍼 롤러 베어링
② 구면 롤러 베어링
③ 니들 롤러 베어링
④ 자동조심 롤러 베어링

03. 작용하중의 방향에 따른 베어링 분류 중에서 축선에 직각으로 작용하는 하중과 축선 방향으로 작용하는 하중이 동시에 작용하는데 사용하는 베어링은?

① 레이디얼 베어링(radial bearing)
② 스러스트 베어링(thrust bearing)
③ 테이퍼 베어링(taper bearing)
④ 칼라 베어링(collar bearing)

04. 미끄럼 베어링 재료에 요구되는 성질로 거리가 먼 것은?

① 하루 중 피로에 대한 충분한 강도를 가질 것
② 내부식성이 강할 것
③ 유막의 형성이 용이할 것
④ 열전도율이 작을 것

해설 열전도율이 커야 한다.

05. 미끄럼 베어링의 재질로서 구비해야 할 성질이 아닌 것은?

① 눌러 붙지 않아야 한다.
② 마찰에 의한 마멸이 적어야 한다.
③ 마찰계수가 커야 한다.
④ 내식성이 커야 한다.

해설 미끄럼 베어링은 마찰계수가 작아야 한다.

06. 다음 중 축 중심선에 직각 방향과 축 방향의 힘을 동시에 받는 데 쓰이는 베어링으로 가장 적합한 것은?

① 앵귤러 볼 베어링
② 원통 롤러 베어링
③ 스러스트 볼 베어링
④ 레이디얼 볼 베어링

해설 앵귤러 볼 베어링
축 중심선에 직각 방향과 축 방향의 힘을 동시에 받는 데 쓰이는 베어링이다.

07. 베어링 설치 시 고려해야 하는 예압에 관한 설명으로 옳지 않은 것은?

① 예압은 축의 흔들림을 적게 하고, 회전 정밀도를 향상시킨다.
② 베어링 내부 틈새를 줄이는 효과가 있다.
③ 예압량이 높을수록 예압 효과가 커지고, 베어링 수명에 유리하다.
④ 적절한 예압을 적용할 경우 베어링의 강성을 높일 수 있다.

해설 예압량이 높을수록 예압 효과가 떨어지고, 베어링 수명이 단축되고, 마모량과 온도를 상승시킨다.

08. 구름 베어링에서 실링(sealing)의 주목적으로 가장 적합한 것은?

① 구름 베어링에 주유를 주입하는 것을 돕는다.
② 구름 베어링의 발열을 방지한다.
③ 윤활유의 유출 방지와 유해물의 침입을 방지한다.
④ 축에 구름 베어링을 끼울 때 삽입을 돕는다.

해설 실링(sealing)의 주목적은 윤활유의 유출과 유해물질의 침입을 방지하기 위해 사용한다.

정답 03 ③ 04 ④ 05 ③ 06 ① 07 ③ 08 ③

Part 2. 기계요소 설계

09. 축이 베어링과 접촉하여 받쳐지고 있는 축 부분을 무엇이라 하는가?
① 하우징　　② 저널
③ 리테이너　　④ 내륜

해설　베어링의 수명 계산 $L_n = \left(\dfrac{C}{P}\right)^r \times 10^6$ 에서 베어링 하중을 2배로 하면
$L_h = \left(\dfrac{C}{2P}\right)^3 \times 10^6 = \left(\dfrac{1}{2}\right)^3 \cdot \left(\dfrac{C}{P}\right)^3 \times 10^6$ 이 되므로, 따라서 수명은 1/8배가 된다.

10. 구름 베어링에서 전동체의 원둘레에 고르게 배치하여 전동체가 몰리지 않고 일정한 간격을 유지할 수 있게 하여 전동체의 접촉에 의한 마찰을 방지하는 역할을 하는 것은?
① 리테이너
② 내륜
③ 저널
④ 실드 플레이트

13. 볼 베어링의 수명 회전수를 L_n, 베어링 하중을 P, 기본 부하용량을 C라 할 경우 다음 중 옳은 것은?
① $L_n = \left(\dfrac{C}{P}\right)^3 \times 10^6 [\text{rev}]$
② $L_n = \left(\dfrac{P}{C}\right)^3 \times 10^6 [\text{rev}]$
③ $L_n = \left(\dfrac{C}{P}\right)^{\frac{10}{3}} \times 10^6 [\text{rev}]$
④ $L_n = \left(\dfrac{P}{C}\right)^{\frac{10}{3}} \times 10^6 [\text{rev}]$

해설　구름 베어링의 수명 회전수
$L_n = \left(\dfrac{C}{P}\right)^r \times 10^6 [\text{rev}]$
· 볼 베어링(ball bearing) : $r = 3$
· 롤러 베어링(roller bearing) : $r = \dfrac{10}{3}$

11. 볼 베어링에서 수명에 대한 설명 중 맞는 것은?
① 베어링에 작용하는 하중의 3승에 비례한다.
② 베어링에 작용하는 하중의 3승에 반비례한다.
③ 베어링에 작용하는 하중의 10/3승에 비례한다.
④ 베어링에 작용하는 하중의 10/3승에 반비례한다.

해설　볼 베어링 수명
베어링에 작용하는 하중의 3승에 반비례한다.

14. 45kN의 하중을 받는 엔드 저널의 지름은 약 몇 mm인가? (단, 저널의 지름과 길이의 비 $\dfrac{길이}{지름}=1.5$이고, 저널이 받는 평균 압력은 5MPa이다.)
① 70.9　　② 74.6
③ 77.5　　④ 82.4

해설　$d = \sqrt{\dfrac{W}{1.5q}} = \sqrt{\dfrac{45,000}{1.5 \times 5}} = 77.5$

12. 볼 베어링에서 베어링 하중을 2배로 하면 수명은 몇 배로 되는가?
① 2배　　② 1/2배
③ 8배　　④ 1/8배

정답　09 ②　10 ①　11 ②　12 ④　13 ①　14 ③

15. 지름이 25mm이고 길이가 50mm인 저널 베어링에서 5.9kN의 하중을 지지하고 있을 때 저널면에 작용하는 압력은 약 몇 MPa인가?

① 3.59　　② 4.18
③ 4.72　　④ 4.90

해설 $q = \dfrac{W}{dl} = \dfrac{5,900}{25 \times 50} = 4.72$

16. 420mm로 16.20kN의 하중을 받고 있는 엔드 저널의 지름(d)과 길이(ℓ)는? (단, 베어링 작용압력은 1N/mm², 폭 지름비 $\ell/d = 2$이다.)

① d=90mm, ℓ=180mm
② d=85mm, ℓ=170mm
③ d=80mm, ℓ=160mm
④ d=75mm, ℓ=150mm

해설 $d = \sqrt{\dfrac{16,200}{2 \times 1}} = 90\,mm$
$l = 2d = 2 \times 90\,mm = 180\,mm$

17. 지름이 50mm이고 길이가 100mm인 저널 베어링에서 5.9kN의 하중을 지탱하고 있을 때 저널면에 작용하는 압력은 약 몇 MPa인가?

① 0.21　　② 0.59
③ 1.18　　④ 1.65

해설 저널 베어링의 하중 $W = pdl$에서
저널 베어링의 압력
$p = \dfrac{W}{dl} = \dfrac{5,900}{50 \times 100} = 1.18\,MPa$

18. 400rpm으로 전동축을 지지하고 있는 미끄럼 베어링에서 저널의 지름은 6cm, 저널의 길이는 10cm이고, 4.2kN의 레이디얼 하중이 작용할 때, 베어링 압력은 약 몇 MPa인가?

① 0.5　　② 0.6
③ 0.7　　④ 0.8

해설 $p = \dfrac{W}{dl} = \dfrac{4,200}{60 \times 100} = 0.7$

19. 베어링 하중 3,500N를 지지하고 있는 강제(鋼製)엔드 저널의 허용 베어링 압력이 100N/cm²이라면 저널의 지름 d와 길이 I는 각각 얼마 정도인가? (단, $I = 2d$이다.)

① d=41.8mm, I=83.6mm
② d=46.1mm, I=92.2mm
③ d=51.2mm, I=102.4mm
④ d=56.3mm, I=112.6mm

해설 $p = \dfrac{W}{dl} = \dfrac{W}{2d^2}$에서
$d = \sqrt{\dfrac{W}{2p}} = \sqrt{\dfrac{3,500}{2 \times 100}} = 4.18\,cm = 41.8$
$I = 41.8 \times 2 = 83.6$

20. 레이디얼 볼 베어링 '6304'에서 한계속도 계수(dN, mm·rpm)값을 10,000이라 하면, 이 베어링의 최고 사용 회전수는 약 몇 rpm인가?

① 4,500　　② 6,000
③ 6,500　　④ 8,000

해설 베어링이 6304이므로 내경이 20mm
$N = \dfrac{N}{d} = \dfrac{120,000}{20} = 6,000$

정답　15 ③　16 ①　17 ③　18 ③　19 ①　20 ②

Part 2. 기계요소 설계

21. 미끄럼 저널베어링에서 허용압력 속도계수를 $p_v = 20\dfrac{\text{N}}{\text{cm}^2}[\text{m}/\sec]$로 줄 때 저널이 5,000N의 하중을 받고 250rpm으로 회전한다면 저널의 길이는?

① 28.37cm   ② 32.72cm
③ 34.76cm   ④ 39.35cm

해설 저널의 길이

$$l = \frac{\pi WN}{60,000\,p_v} = \frac{\pi \times 5,000 \times 250}{60,000 \times 20} = 32.72\text{cm}$$

22. 반경 방향 하중 6.5kN, 축 방향 하중 3.5kN을 받고, 회전수 600rpm으로 지지하는 볼 베어링이 있다. 이 베어링에 30,000시간의 수명을 주기 위한 기본 동 정격하중으로 가장 적합한 것은? (단, 반경 방향 동하중계수(X)는 0.35, 축 방향 동하중계수(Y)는 1.8로 한다.)

① 43.3kN   ② 54.6kN
③ 65.7kN   ④ 88.0kN

해설 $P = XF_r + YF_a = 0.35 \times 6,500 + 1.8 \times 3,500$
$= 8,575\text{N}$

$$L_n = \frac{60NL_h}{10^6} = \frac{60 \times 600 \times 30,000}{10^6} = 1,080(10^6\text{회전})$$

$$C = P\sqrt[3]{L_n} = 8,575\sqrt[3]{1,080} = 87,978\text{N} = 88\text{kN}$$

23. 보통운전으로 회전수 300rpm, 베어링하중 110N을 받는 단열레디얼 볼 베어링의 기본 동 정격하중은? (단, 수명은 6만 시간이고, 하중계수는 1.5이다.)

① 1,694N   ② 169.3N
③ 1,650N   ④ 165.0N

해설
- 실제 베어링 하중
  $P = f_w \times P_{th} = 1.5 \times 110 = 165\text{N}$
- 수명계수
  $f_w = \sqrt[3]{\dfrac{L_h}{500}} = \sqrt[3]{\dfrac{60,000}{500}} = 4.93$
- 속도계수
  $f_n = \sqrt[3]{\dfrac{33.3}{N}} = \sqrt[3]{\dfrac{33.3}{300}} = 0.48$
- 기본 동 정격하중
  $C = \dfrac{f_h}{f_n} \times P = \dfrac{4.93}{0.48} \times 165 = 1,694\text{N}$

24. 원통롤러 베어링 N206(기본 동 정격하중 14.2kN)이 600rpm으로 1.96kN의 베어링 하중을 받치고 있다. 이 베어링의 수명은 약 몇 시간인가? [단, 베어링 하중계수(f_w)는 1.5를 적용한다.]

① 4,200   ② 4,800
③ 5,300   ④ 5,900

해설 $P = 1.5 \times 1.96\text{kN} = 2,940\text{N}$

$$L_n = \left(\frac{14,200}{2,940}\right)^{\frac{10}{3}} = 190(10^6)$$

$$L_h = \frac{190 \times 10^6}{60 \times 600} = \text{약 } 5,300\text{시간}$$

25. 4,000rpm으로 회전하고 기본 동 정격하중이 32kN인 볼 베어링에서 2kN의 레이디얼 하중이 작용할 때 이 베어링의 수명은 약 몇 시간인가?

① 9,048   ② 17,066
③ 34,652   ④ 54,828

해설 $L = \left(\dfrac{L}{P}\right)^3 \times 10^6 = \left(\dfrac{32,000}{2,000}\right)^3 \times 10^6 = 4,096 \times 10^6$

$$\therefore L_h = \frac{L \times 10^6}{60n} = \frac{4,096 \times 10^6}{60 \times 4,000} = 17,066\text{시간}$$

정답 21 ② 22 ④ 23 ① 24 ③ 25 ②

26. 원통 롤러 베어링 N206이 500rpm으로 1,800N의 베어링 하중을 받을 때 이 베어링의 수명은 약 몇 시간인가? (단, 이 베어링의 기본 동 정격하중은 14,500N 하중계수는 1.5로 한다.)

① 8,422 ② 9,041
③ 9,672 ④ 10,422

해설
$P = 1.5 \times 1,800 = 2,700$
$L_n = \left(\dfrac{14,500}{2,700}\right)^{\frac{10}{3}} = 271,236,081$
$T_h = \dfrac{271,236,081}{60 \times 500} = 9,041$

27. 볼 베어링에서 작용하중은 5kN, 회전수가 4,000rpm이며, 이 베어링의 기본 동 정격하중이 63kN이라면 수명은 약 몇 시간인가?

① 6,300시간 ② 8,326시간
③ 9,500시간 ④ 10,200시간

해설
$L_h = 500\left(\dfrac{C}{P}\right)^3 \dfrac{33.3}{N}$
$= 500 \times \left(\dfrac{63,000}{5,000}\right)^3 \times \dfrac{33.3}{4,000} = 8,326$시간

28. 원통롤러 베어링 N206(기본 동 정격하중 14.2kN)이 600rpm으로 1.96kN의 베어링 하중을 받치고 있다. 이 베어링의 수명은 약 몇 시간인가? [단, 베어링 하중계수(f_w)는 1.5를 적용한다.]

① 4,200 ② 4,800
③ 5,300 ④ 5,900

해설
$P = 1.5 \times 1.96\text{kN} = 2,940\text{N}$
$L_n = \left(\dfrac{14,200}{2,940}\right)^{\frac{10}{3}} = 190(10^6)$
$L_h = \dfrac{190 \times 10^6}{60 \times 600} =$ 약 5,300시간

04 마찰차

01. 동력전달에 사용되는 마찰차의 사용 용도로 가장 적합한 것은?
① 회전력이 대단히 큰 경우
② 동력전달에 정확성이 요구되는 경우
③ 무단으로 변속이 가능하지 않은 경우
④ 전달 회전력이 적고, 정확성이 요구되지 않은 경우

해설 마찰차의 사용 범위
• 전달 동력이 적고 속도비가 어느 정도 정확하지 않을 때
• 고속회전으로 정숙하게 회전시키고 싶을 때
• 원동축을 회전시킨 채로 시동, 변속, 정지하고 싶을 때
• 양축 사이를 빈번히 단속할 필요가 있을 때
• 무단변속을 시키는 경우와 안전장치의 역할이 필요한 경우
• 회전 속도가 커서 보통의 기어를 사용할 수 없는 경우

02. 다음 중 마찰차의 특성이 아닌 것은?
① 전동의 단속이 무리 없이 행하여진다.
② 효율이 떨어진다.
③ 일정 속도비를 얻을 수 없다.
④ 무단 변속하기 어렵다.

해설 마찰차의 특성
• 접촉하고 있는 표면은 구름접촉이므로 접촉선상의 한 점에 있어서 양쪽의 표면속도는 항상 같다.
• 약간의 미끄럼이 생기므로 확실한 전동과 강력한 동력의 전달은 곤란하다.
• 전동의 단속이 무리 없이 행해진다.
• 무단 변속하기 쉬운 구조로 할 수 있다.
• 운전이 정숙하며, 효율은 그다지 좋지 못하다.
• 과부하의 경우 미끄럼에 의한 다른 부분의 손상을 막을 수 있다.

정답 26 ② 27 ② 28 ③ / 01 ④ 02 ④

03. 다음 중 마찰차의 종류가 아닌 것은?
① 원통 마찰차　　② 원추 마찰차
③ 홈붙이 마찰차　④ 구형 마찰차

해설 마찰차의 종류
- **원통 마찰차** : 두 축이 평행하고 바퀴는 원통형으로 평마찰차와 V홈 마찰차가 있다.
- **원추 마찰차** : 두 축이 서로 교차하고 바퀴는 원추형으로 속도비가 일정하다.
- **구 마찰차** : 두 축이 평행 또는 교차하며 속도비가 일정하다.
- **변속 마찰차** : 속도비를 일정한 범위 내에서는 자유롭게 연속적으로 변화시킬 수 있다.

04. 직선 또는 직각으로 만나는 두 축에 플렌지나 롤러를 고정하고 그 사이에 구면 형상의 중간차를 넣어 동력을 전달하는 마찰차는?
① 원판 마찰차식 무단변속기구
② 원추 마찰차식 무단변속기구
③ 구면 마찰차식 무단변속기구
④ 원통 마찰차식 무단변속기구

해설 무단변속 마찰차
- **원판 마찰차식 무단변속기구** : 직교하는 두 축 사이로 롤러와 원판이 접촉하여 동력을 전달하는 마찰차이다.
- **원추 마찰차식 무단변속기구** : 두 축이 어느 각도로서 서로 만나고 있으며 바퀴는 원뿔형이다.
- **구면 마찰차식 무단변속기구** : 직선 또는 직각으로 만나는 두 축에 플렌지나 롤러를 고정하고 그사이에 구면 형상의 중간차를 넣어 동력을 전달하는 마찰차이다.

05. 에번즈(Evans) 마찰차에 대한 설명으로 맞는 것은?
① 원판 마찰차를 이용한 무단변속장치
② 원추형 마찰차와 벨트를 이용한 무단변속장치
③ 구형 마찰차를 이용한 무단변속장치
④ 원판차와 통차를 이용한 무단변속장치

06. 마찰차의 마찰계수가 가장 큰 것은?
① 주철과 가죽　　② 주철과 목재
③ 주철과 주철　　④ 주철과 종이

해설 마찰계수
① 주철과 가죽 : 0.15~0.3
② 주철과 목재 : 0.2~0.5
③ 주철과 주철 : 0.1~0.15
④ 주철과 종이 : 0.15~0.2

07. 마찰차에서 원동차에 비금속 마찰재료로서 라이닝하는 이유는?
① 원동차 풀리가 고르게 마모하게 하기 위해
② 종동차 풀리가 고르게 마모하게 하기 위해
③ 마찰계수를 크게 하고, 마모를 방지하기 위해
④ 베어링에 걸리는 하중을 적게 하기 위해

해설 원동마찰차에 비금속 마찰재료로서 라이닝하는 이유는 원동차 풀리가 고르게 마모하게 하기 위해서이다.

08. 마찰차에서 원동차 및 피동차의 지름을 d_1, d_2라 하고 회전수를 N_1, N_2라 할 때 속도비를 바르게 나타낸 것은?
① 속도비= $\dfrac{d_1}{N_1}$　　② 속도비= $\dfrac{d_1}{d_2}$
③ 속도비= $\dfrac{d_2}{N_2}$　　④ 속도비= $\dfrac{N_2}{d_1}$

해설 $i = \dfrac{N_2}{N_1} = \dfrac{d_1}{d_2}$

정답　03 ④　04 ③　05 ②　06 ②　07 ①　08 ②

09. 원통 마찰차의 지름이 300mm, 누르는 힘 $F=150$N일 때 너비는 몇 mm 이상으로 해야 하는가? (단, 허용압력은 3N/mm이다.)

① 25   ② 50
③ 75   ④ 100

해설 $f=\dfrac{F}{b}$에서 $b=\dfrac{F}{f}=\dfrac{150}{3}=50$mm

10. 마찰차의 전동시 원동차의 직경이 300mm, 회전수가 300rpm, 피동차의 직경이 400mm일 때 피동차의 회전수는?

① 100   ② 150
③ 210   ④ 225

해설 $300\times300=400\times x$
$x=\dfrac{300\times300}{400}=225$

11. 원주 외접 마찰차에서 두 마찰차 간의 마찰계수가 0.2, 두 마찰차를 밀어붙이는 힘이 500N이라면 마찰력은 약 몇 N인가?

① 100   ② 200
③ 300   ④ 400

해설 마찰력 $=500\times0.2=100$

12. 지름 100mm인 원동 마찰차의 회전수를 1/4로 감소시키는 데 사용할 종동 마찰차의 지름은 얼마인가?

① 400mm   ② 300mm
③ 250mm   ④ 25mm

해설 마찰차의 속비 $i=\dfrac{N_2}{N_1}=\dfrac{D_1}{D_2}$에서 $\dfrac{1}{4}=\dfrac{100}{D_2}$
∴ $D_2=400$mm

13. 지름 60mm인 구동 마찰차의 회전수를 1/3로 감소시키는 데 사용할 피동마찰차의 지름은 얼마인가?

① 20mm   ② 270mm
③ 180mm   ④ 160mm

해설 $i=\dfrac{D_1}{D_2}$, $\dfrac{1}{3}=\dfrac{60}{x}$, $x=180$mm

14. 원통차 지름 500mm, 회전수 750mm의 평마찰차를 300N의 힘으로 눌러 밀면 몇 마력을 전달할 수 있는가? (단, 표면 재료는 원동차가 목재, 종동차가 주철재이며 $\mu=0.15$로 한다.)

① 0.2PS   ② 3.62PS
③ 9.86PS   ④ 1.2PS

해설
- 원통차의 전달 토크
$T=7,024\times10^3\dfrac{H}{N}=\mu P\dfrac{d}{2}=\mu P\dfrac{D}{2}$에서
- 전달마력
$H=\dfrac{N}{7,024\times10^3}\times\dfrac{\mu PD}{2}$
$=\dfrac{750}{7,024\times10^3}\times\dfrac{0.15\times300\times500}{2}=1.2$

15. 300mm 떨어진 평행 두 축 사이에 외접의 마찰차로 회전을 전달해서 600rpm을 400rpm으로 하려면 원동마찰차의 직경은?

① 120   ② 240
③ 480   ④ 560

해설 직경은 회전수에 반비례하므로
$\dfrac{d_B}{d_A}=\dfrac{600}{400}=\dfrac{3}{2}$ $d_B=\dfrac{3}{2}d_A$
$\dfrac{d_A}{2}+\dfrac{d_B}{2}=300$ $d_A+d_B=600$
위의 관계를 대입하여 $\dfrac{5}{2}d_A=600$
∴ $d_A=240$mm

정답 09 ② 10 ④ 11 ① 12 ① 13 ③ 14 ④ 15 ②

16. 두 축의 교각이 120° 속도비를 2로 하는 원추각의 꼭지각은 각각 얼마인가?

① 60 ② 90
③ 45 ④ 30

[해설]
$$\tan\theta_A = \frac{\sin 120°}{\frac{1}{2}+\cos 120°} = \frac{\frac{\sqrt{3}}{2}}{\frac{1}{2}-\frac{1}{2}} \text{에서 } \theta_A = 90°$$

17. 원통 마찰차의 중심거리 $C=300$mm, 회전수 $N_A=200$rpm, $N_B=100$rpm인 평 마찰차를 150N의 힘으로 누르고, 마찰계수 $\mu=0.3$이다. 전달마력은 얼마인가?

① 0.66Ps ② 0.13Ps
③ 0.25Ps ④ 0.92Ps

[해설]
$$H = \frac{\mu P \pi D_A N_A}{75 \times 9.81 \times 60,000}$$
$$= \frac{0.3 \times 150 \times \pi \times 200 \times 200}{75 \times 9.81 \times 60,000} = 0.13\text{Ps}$$

여기서, $i = \frac{N_B}{N_A} = \frac{D_A}{D_B} = \frac{200}{400} \Rightarrow D_B = 2D_A$

$C = \frac{D_A + D_B}{2} = 300 \Rightarrow D_A = 200$, $D_B = 400$

18. 매분 250회전을 하는 지름 650mm의 평 마찰차를 230N으로 밀어붙이면 약 몇 PS를 전달시킬 수 있는가? (단, $\mu=0.35$이다.)

① 0.67 ② 0.88
③ 0.93 ④ 0.99

[해설]
$$H = \frac{\mu P v}{75} = \frac{\mu P \pi d n}{75 \times 9.81 \times 60,000}$$
$$\therefore H = \frac{0.35 \times 230 \times \pi \times 650 \times 250}{75 \times 9.81 \times 60,000} = 0.93\text{PS}$$

19. 750rpm의 주축에서 2PS를 외접원뿔 마찰차에 의하여 400rpm의 종동축에 전달시키는데 종동차의 평균 지름이 950mm일 때 양 바퀴를 접촉면에서 서로 밀어붙이는 힘 F는 몇 N인가? (단, 마찰계수 $\mu=0.4$이다.)

① 약 13.48 ② 약 15.76
③ 약 184.89 ④ 약 21.65

[해설]
$$HP = \frac{\mu \cdot P \cdot V}{75 \times 9.81}, \quad P = \frac{75 \times 9.81 \times HP}{\mu \cdot V}$$
$$P = \frac{75 \times 9.81 \times 2}{0.4 \times \frac{\pi \times 950 \times 400}{1,000 \times 60}} = 184.89\text{N}$$

20. 원동차의 지름 300mm, 종동차의 지름 450mm, 너비 75mm인 원통 마찰차에서 원동차가 300rpm으로 회전할 때의 전달동력은 얼마인가? (단, 허용압력 2N/mm, 마찰계수 0.2이다.)

① 0.128kW ② 0.141kW
③ 1.485kW ④ 1.585kW

[해설]
$$H = \frac{\mu \cdot F \cdot V}{102 \times 9.81}$$
$$= \frac{0.2 \times 75 \times 2 \times \frac{\pi \times 300 \times 300}{1,000 \times 60}}{102 \times 9.81} = 0.141\text{kW}$$

05 기어

01. 기어의 특징으로 틀린 것은?

① 전동이 확실하고, 큰 동력을 일정한 속도비로 전달할 수 있다.
② 축압력이 작으며, 사용 범위가 넓다.
③ 회전비가 정확하고, 전동효율이 좋고 감속비가 작다.
④ 충격음을 흡수하는 성질이 약하고, 소음과 진동이 발생한다.

해설 기어의 특징
- 한 쌍의 바퀴 둘레에 이를 만들고, 이 두 바퀴의 이가 서로 맞물려 회전하며 동력을 전달하는 장치이다.
- 기어 전동은 동력전달이 확실하고 내구성도 좋아 각종 기계의 회전 속도와 힘의 크기를 정확히 변경하고자 할 때 사용한다.
- 회전비가 정확하고, 전동 효율이 좋고 감속비가 크다.
- 서로 맞물려 있는 한 쌍의 기어 잇수 비를 다르게 하면 전달하는 회전수를 조절 가능하다.
- 시계의 기어상자나 자동차 변속기에 사용 예를 들 수 있다.

02. 다음 중 두 축이 서로 교차하면서 회전력을 전달하는 기어는?

① 스퍼 기어(spur gear)
② 헬리컬 기어(helical gear)
③ 랙과 피니언(rack and pinion)
④ 스파이럴 베벨 기어(spiral bevel gear)

해설
① 스퍼 기어(spur gear) : 직선 치형을 가지며 잇줄이 축에 평행하며, 가장 일반적으로 사용된다.
② 헬리컬 기어(helical gear) : 이를 축에 경사시킨 것으로 이의 물림이 좋아 조용한 운전을 하나 축에 스러스트 발생한다.
③ 랙과 피니언(rack and pinion) : 회전운동을 직선운동으로 바꾸는 데 사용되며 랙은 원통 기어의 반지름이 무한대로 큰 경우의 일부분이라고 볼 수 있으며 피니언의 회전에 대하여 랙은 직선운동을 한다.
④ 스파이럴 베벨 기어(spiral bevel gear) : 잇줄이 곡선이고 모직선에 대하여 비틀려 있는 기어로서 이의 물림이 좋고 조용한 회전을 하나 제작이 어렵다.

03. 평행한 두 축 사이에 회전을 전달하는 기어는 다음 중 어느 것인가?

① 헬리컬 기어
② 베벨 기어
③ 웜 기어
④ 하이포이드 기어

해설
- 두 축이 평행한 기어
  ① 스퍼 기어(평 치차)
  ② 헬리컬 기어, 더블헬리컬 기어
  ③ 내접 기어(인터널기어)
  ④ 랙과 피니언
- 두 축이 나란하지도 교차하지도 않는 기어
  ① 하이포이드 기어
  ② 스큐 기어
  ③ 웜과 웜기어

04. 기어의 종류 중 두 축의 상대위치가 평행하지 않은 기어는?

① 내접 기어
② 스퍼 기어
③ 스큐 기어
④ 더블 헬리컬 기어

해설 스큐 기어(skew gear)
교차하지도 또 평행하지도 않는 두 축(스큐축) 간에 운동을 전달하는 기어를 총칭하여 스큐 기어라 한다.

정답 01 ③ 02 ④ 03 ① 04 ③

05. 기어의 피치원지름이 무한대로 회전운동을 직선운동으로 바꿀 때 사용하는 기어는?

① 베벨 기어　② 헬리컬 기어
③ 랙과 피니언　④ 웜 기어

> **해설** 랙(rack)과 피니언(pinon)
> 회전운동을 직선운동으로 바꾸는 데 사용되며 랙은 원통 기어의 반지름이 무한대로 큰 경우의 일부분이라고 볼 수 있으며 피니언의 회전에 대하여 랙은 직선운동을 한다.

06. 잇수가 같은 한 쌍의 베벨 기어로서 두 축이 직각으로 만나는 기어는? (단, 속도비는 같다.)

① 앵귤러 베벨 기어　② 마이터 기어
③ 크라운 기어　④ 하이포이드 기어

> **해설** 마이터 기어(miter gear)
> 두 축의 교각이 90°이고 잇수비가 1 : 1인 기어이다.

07. 다음 중 두 축의 상대위치가 평행할 때 사용되는 기어는?

① 베벨 기어　② 나사 기어
③ 웜과 웜기어　④ 랙과 피니언

> **해설** 두 축의 상대위치가 평행할 때 사용되는 기어는 랙과 피니언이다.

08. 다음 중 두 축이 평행하거나 교차하지 않으며 자동차 차동기어장치의 감속 기어로 주로 사용되는 것은?

① 스퍼 기어
② 랙과 피니언
③ 스파이럴 베벨 기어
④ 하이포이드 기어

09. 기어의 압력각을 크게 할 때 일어나는 현상으로 옳은 것은?

① 이의 강도가 약화된다.
② 축간거리가 멀어진다.
③ 물림률이 감소한다.
④ 속도비가 크게 된다.

> **해설** 기어의 압력각을 증가시킬 때 나타나는 현상을 다음과 같다.
> ① 언더 컷을 일으키는 최소 잇수가 감소한다.
> ② 베어링에 걸리는 하중이 증가한다.
> ③ 물림률이 감소한다.
> ④ 동시에 풀리는 잇수가 감소한다.
> ⑤ 받을 수 있는 접촉면 압력이 증가한다.
> ⑥ 이의 강도가 커진다.
> ⑦ 치면의 곡률 반지름이 커진다.
> ⑧ 치면의 미끄럼률이 작아진다.

10. 기어 절삭에서 언더컷을 방지하기 위한 방법으로 옳은 것은?

① 기어의 이높이를 낮게, 압력각은 작게 한다.
② 기어의 이높이를 낮게, 압력각은 크게 한다.
③ 기어의 이높이를 높게, 압력각은 작게 한다.
④ 기어의 이높이를 높게, 압력각은 크게 한다.

> **해설** 기어 절삭에서 언더컷을 방지
> 기어의 이높이를 낮게, 압력각은 크게 한다.

11. 맞물린 한 쌍의 인벌류트 기어에서 피치원의 공통접선과 맞물리는 부위에 힘이 작용하는 작용선이 이루는 각도를 무엇이라고 하는가?

① 중심각　② 접선각
③ 전위각　④ 압력각

> **해설** 압력각
> 맞물린 한 쌍의 인벌류트 기어에서 피치원의 공통접선과 맞물리는 부위에 힘이 작용하는 작용선이 이루는 각

정답 05 ③　06 ②　07 ④　08 ④　09 ③　10 ②　11 ④

12. 기어 감속기에서 소음이 심하여 분해해보니 이뿌리 부분이 깎여 나가 있음을 발견하였다. 이것을 방지하기 위한 대책으로 틀린 것은?

① 압력각이 작은 기어로 교체한다.
② 깎이는 부분의 치형을 수정한다.
③ 이끝을 깎아 이의 높이를 줄인다.
④ 전위기어를 만들어 교체한다.

해설 압력각이 큰 기어로 교체한다.

13. 이끝원 지름이 104mm, 잇수는 50인 표준 스퍼 기어의 모듈은 얼마인가?

① 5 ② 4
③ 3 ④ 2

해설 $m = \dfrac{p}{\pi} = \dfrac{D}{Z} = \dfrac{104}{54} = 1.925 ≒ 2$

14. 잇수는 54, 바깥지름은 280mm인 표준 스퍼 기어에서 원주피치는 약 몇 mm인가?

① 15.7 ② 31.4
③ 62.8 ④ 125.6

해설 $m = \dfrac{p}{\pi} = \dfrac{D}{Z} = \dfrac{280}{54} = 5$,

$p = \dfrac{\pi D}{Z} = \pi m = \pi \times 5 = 15.7 \text{mm}$

15. 기어의 피치원의 지름을 D, 원주피치를 P라면 기어의 잇수(Z)를 구하는 공식은?

① $\dfrac{P}{\pi D}$ ② $\dfrac{\pi P}{D}$
③ $\dfrac{D}{\pi P}$ ④ $\dfrac{\pi D}{P}$

해설 $Z = \dfrac{\pi D}{P}$

16. 다음 중 기어에서 이의 크기를 나타내는 방법이 아닌 것은?

① 피치원지름
② 원주피치
③ 모듈
④ 지름 피치

해설 이의 크기
- 원주피치(p) : 피치원주를 잇수로 나눈 수치
  $p = \dfrac{\pi D}{Z} = \pi m$
- 모듈(m) : 미터방식으로 나타낸 이의 크기, 모듈 값이 클수록 이의 크기는 커진다.
  $m = \dfrac{p}{\pi} = \dfrac{D}{Z}$
- 지름 피치(P_d 또는 $D \cdot P$) : 인치 방식으로 이의 크기를 나타내는 방법으로서 잇수를 인치 단위의 지름으로 나눈 값. P_d의 값이 작을수록 이는 커진다.
  $P_d = \dfrac{\pi}{P} = \dfrac{Z}{D} = \dfrac{1}{m}$ [inch]
  $P_d = \dfrac{25.4}{m}$ [mm]

17. 기어 피치원의 지름이 150mm, 모듈이 5인 표준형 기어의 잇수는? (단, 비틀림각은 30°이다.)

① 15개 ② 30개
③ 45개 ④ 50개

해설 $D = M \cdot Z$
$Z = \dfrac{D}{M} = \dfrac{150}{5} = 30$

Part 2. 기계요소 설계

18. 속도비 3 : 1, 모듈 3, 피니언(작은 기어)의 잇수 30인 한 쌍의 표준 스퍼 기어의 축간거리는 몇 mm인가?

① 60　　② 100
③ 140　　④ 180

해설
$i = n_1 \cdot z_1 = n_2 \cdot z_2$
$\frac{1}{3} = \frac{30}{x} \Rightarrow x = 90$
$C = \frac{(Z_1 + Z_2)}{2} \times M = \frac{(90+30)}{2} \times 3 = 180$

19. 표준 스퍼 기어에서 모듈 4, 잇수 21개, 압력각이 20°라고 할 때, 법선피치(p_n)는 약 몇 mm인가?

① 11.8　　② 14.8
③ 15.6　　④ 18.2

해설 $p_n = \pi M \cos \alpha = \pi \times 4 \times \cos 20° = 11.8 \text{mm}$

20. 인벌류트 곡선의 장점으로 틀린 것은?

① 호환성이 우수하다.
② 공작이 어렵고 호환성이 적다.
③ 소음이 적으며 효율이 높다.
④ 물림에 있어 축간거리가 다소 변해도 속도비에 영향이 없어 널리 사용되고 있다.

해설 인벌류트 곡선 장점
- 호환성이 우수하다(원주피치 또는 모듈, 압력각이 같아야 한다).
- 치형의 제작가공이 용이하다.
- 이뿌리 부분이 튼튼하여 전동용으로 사용된다.
- 물림에 있어 축간거리가 다소 변해도 속도비에 영향이 없어 널리 사용되고 있다.

21. 인벌류트 곡선에서 한쪽 실패에서 다른 쪽 실패로 실이 감겨지는 경우가 아닌 것은?

① 2개의 실패를 연결하는 실의 한 점에서 실을 끊어 다시 실패에 감는다면 실의 끝점이 그리는 궤적도 인벌류트 곡선이다.
② 한쪽 실패에서 다른 쪽 실패로 실을 옮겨 감을 때 실의 한 점이 그리는 선은 직선이며, 이의 접촉점에 세운 공통법선이 된다.
③ 공통법선은 피치 점을 지나게 되므로 카뮈의 정리를 만족한다.
④ 피치점이 완전히 일치하지 않으면 물림이 잘되지 않는다.

22. 그림과 같이 외접하는 A, B, C, 3개의 기어에 잇수는 각각 20, 10, 40이다. 기어 A가 매분 10회전 하면, C는 매분 몇 회전 하는가?

① 2.5
② 5
③ 10
④ 12.5

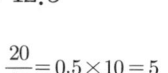

해설 $\frac{20}{40} = 0.5 \times 10 = 5$

23. 축간거리 55cm인 평행한 두 축 사이에 회전을 전달하는 한 쌍의 스퍼 기어에서 피니언이 124 회전할 때, 기어를 96 회전시키려면 피니언의 피치원지름은?

① 48cm　　② 62cm
③ 96cm　　④ 124cm

정답　18 ④　19 ①　20 ②　21 ④　22 ②　23 ①

해설
- 축간거리 $C = \dfrac{D_1 + D_2}{2}$
- 속도비 $i = \dfrac{n_2}{n_1} = \dfrac{D_1}{D_2}$ 에서 $550 = \dfrac{D_1 + D_2}{2}$

  $i = \dfrac{96}{124} = \dfrac{D_1}{D_2}$ 이므로 $D_1 = \dfrac{96}{124} \times D_2$ 를

  대입하면 $550 = \dfrac{\dfrac{96}{124} \times D_2 + D_2}{2}$ 이므로

  $1,100 = \dfrac{96}{124} \times D_2 + D_2$

  $\therefore D_2 = 620 \text{mm}$

  $\therefore D_1 = \dfrac{96}{124} \times D_2 = 480 \text{mm} = 48 \text{cm}$

24. 그림과 같은 기어열에서 각각의 잇수가 Z_A는 16, Z_B는 60, Z_C는 12, Z_D는 64인 경우 A기어가 있는 Ⅰ축이 1,500rpm으로 회전할 때, D기어가 있는 Ⅲ축의 회전수는 얼마인가?

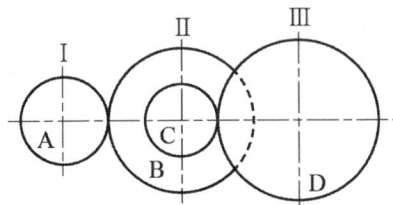

① 56rpm   ② 60rpm
③ 75rpm   ④ 85rpm

해설 $N_D = N_A \times \dfrac{Z_A \times Z_C}{Z_B \times Z_D} = 1,500 \times \dfrac{16 \times 12}{60 \times 64} = 75$

25. 아이들러 기어((Idler gear)에 대한 설명으로 틀린 것은?

① 2개의 메인 기어 사이에 설치되어 그 위치를 조정하거나 회전 방향을 변환시킬 목적으로 사용되는 기어이다.
② 이 기어로는 동력을 변화시킬 수 없다.

③ 대표적인 것은 변속기에서 차량을 후진할 때 쓰이는 후진기어이다.
④ 접촉점에서 미끄럼이 적으므로 마모가 적고 소음이 적으며 효율이 높다.

26. 입력축 기어(모듈은 4, 잇수는 18)는 4kW의 동력을 800rpm으로 전달한다. 이 스퍼 기어의 회전력은 약 몇 N인가?

① 1,330   ② 2,660
③ 4,320   ④ 5,630

해설 $v = \dfrac{\pi DN}{60,000} = \dfrac{\pi MZN}{60,000} = \dfrac{\pi \times 4 \times 18 \times 800}{60,000}$

$= 3.02 \text{m/s}$

$H[\text{kW}] = \dfrac{Fv}{102 \times 9.81} = 4\text{kW} = \dfrac{F \times 3.02}{102 \times 9.81}$

$F = \dfrac{102 \times 9.81 \times 4}{3.02} = 1,330 \text{N}$

27. 2.2kW의 동력을 1,800rpm으로 전달시키는 표준 스퍼 기어가 있다. 이 기어에 작용하는 회전력은 약 몇 N인가? (단, 스퍼 기어 모듈은 4이고, 잇수는 25이다.)

① 163   ② 195
③ 233   ④ 289

해설
- 피치원지름
  $D = Zm = 25 \times 4 = 100$
- 속도
  $v = \dfrac{\pi DN}{60 \times 1,000} = \dfrac{\pi \times 100 \times 1,800}{60 \times 1,000} = 9.42 \text{m/sec}$
- 회전력
  $F = \dfrac{102H}{v} = \dfrac{102 \times 2.2}{9.42} = 23.8 \times 9.81 = 233 \text{N}$

정답 24 ③ 25 ④ 26 ① 27 ③

Part 2. 기계요소 설계

28. 모듈 $M=4$, 압력각 $\alpha=20°$의 평치차에서 $Z=14$일 때 언더컷을 일으키지 않으려면 잇끝의 높이 a를 어느 정도로 하여야 하는가?

① $a \leq 3.2791$ ② $a \leq 4.3279$
③ $a \leq 5.4169$ ④ $a \leq 6.5091$

해설
$$Z = \frac{2a}{M\sin^2\alpha}$$
$$a = \frac{ZM\sin^2\alpha}{2} = \frac{14 \times 4 \times \sin^2 20°}{2} = 3.28\text{mm}$$

29. 1,200rpm으로 2kW를 전달시키려고 할 때 잇수 $Z=20$, 모듈 $m=4$인 평기어의 이에 걸리는 힘은 몇 N인가?

① 13 ② 22
③ 37 ④ 400

해설
$$H' = \frac{Fv}{102 \times 9.81}[\text{kW}] \text{에서}$$
$$F = \frac{102 \times 9.81 H'}{v} = \frac{102 \times 9.81 \times 2}{5} = 400\text{N}$$
여기서,
$$v = \frac{\pi m Z N}{60 \times 1,000} = \frac{\pi \times 4 \times 20 \times 1,200}{60 \times 1,000} = 5\text{m/s}$$

30. 표준 평기어를 측정하였더니 잇수 $Z=54$, 바깥지름 $D_o=280$mm이었다. 모듈 m, 원주 피치 p, 피치원지름 D는 각각 얼마인가?

① $m=5$, $p=15.7$mm, $D=270$mm
② $m=7$, $p=31.4$mm, $D=270$mm
③ $m=5$, $p=15.7$mm, $D=350$mm
④ $m=7$, $p=31.4$mm, $D=350$mm

해설
$$m = \frac{D_o}{Z} = \frac{280}{54} = 5.185 \fallingdotseq 5$$
$$p = m\pi = \frac{\pi D}{Z} = 5 \times \pi = 15.7$$
$$D = mZ = 5 \times 54 = 270$$

31. 랙 공구로 모듈 5, 압력각은 20°, 잇수는 15인 인벌류트 치형의 전위기어를 가공하려 한다. 이때 언더컷을 방지하기 위하여 필요한 이론 전위량은 약 몇 mm인가?

① 0.124 ② 0.252
③ 0.510 ④ 0.613

해설
$$x = \frac{Z}{2}\sin^2\alpha = 1 - \frac{Z}{2} \cdot \frac{1}{2}(1 - \sin^2\alpha)$$
$$= 1 - \frac{15}{2} \cdot \frac{1}{2}(1 - \sin^2 20°)$$
$$= 1 - 3.75(1 - 0.8968)$$
$$= 1 - 0.387 = 0.613$$

32. 그림에서 기어 A의 잇수 $Z_A=70$, 기어 B의 잇수 $Z_B=35$라 할 때, A를 고정하고 암 H를 시계방향(+)으로 2회전 시킬 때 B는 약 몇 회전하는가? (단, 시계방향을 +, 반시계방향을 −로 한다.)

① −2
② +2
③ −6
④ +6

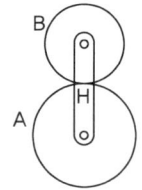

해설
$$1 + \frac{Z_A}{Z_B} = 1 + \frac{70}{35} = 3 \times 2 = +6$$

33. 헬리컬 기어의 특징으로 다른 것은?

① 운전이 원활하고 정연하여 진동 소음이 커 고속 운전과 대동력에 적합하지 않다.
② 평기어보다 물림 길이가 길고 물림 상태가 좋아 치의 강도 면에서 유리하다.
③ 큰 회전비를 얻어지고 1/10∼1/15 또는 그 이상의 것도 얻어진다.
④ 전동효율이 높아 98∼99%까지 얻을 수 있고 아주 큰 동력, 고속 전동에는 추력이 없는 더블 헬리컬 기어를 사용한다.

정답 28 ① 29 ④ 30 ① 31 ④ 32 ④ 33 ①

해설 헬리컬 기어의 특징
- 운전이 원활하고 정연하여 진동 소음이 적고 고속 운전과 대동력에 적합하다.
- 축 방향으로 스러스트가 생기고 가공, 조립상의 오차로 잇면의 접촉이 나쁘다.

34. 원주속도가 4m/s로 18.4kW의 동력을 전달하는 헬리컬기어에서 비틀림각이 30일 때 축 방향으로 작용하는 힘(추력)은 약 몇 kN인가?

① 1.8 ② 2.3
③ 2.7 ④ 4.0

해설
$$F = \frac{102H'}{v} = \frac{102 \times 9.81 \times 18.4}{4} = 4,603\,\text{N}$$
$$Ft = F \times \tan\beta = 4,603 \times \tan 30° = 2,657\,\text{N} = 2.7\,\text{kN}$$

35. 헬리컬 기어에서 잇수가 50, 비틀림각이 20°일 경우 상당평기어 잇수는 약 몇 개인가?

① 40 ② 50
③ 60 ④ 70

해설
$$Z_e = \frac{Z}{\cos^3\beta} = \frac{50}{\cos^3 20} = 60$$

36. 모듈 2, 잇수 27, 비틀림각 15°의 치직각 방식의 헬리컬 기어를 제작하고자 한다. 기어의 바깥지름은 약 몇 mm로 가공해야 되는가?

① 50 ② 55
③ 60 ④ 65

해설
$$Z = \frac{27}{\cos^3\beta} = \frac{27}{\cos^3 15} = 29.96$$
$$D = M \times Z = 29.96 \times 2 = 60$$

37. 하이포이드 기어(Hypoid gear) 특징으로 다른 것은?

① 베벨 기어와 같은 형상을 하고 있지만 물림 위치가 베벨 기어와는 다소 다르다.
② 평행하고 교차도 없는 기어를 말한다.
③ 이의 단면적이 크며 전동이 용이하고 축 간거리를 일정 범위 내에서 임의로 정할 수 있다.
④ 자동차 감속비(뒷차축의 최종단의 감속기) 또는 감속비가 별로 크지 않을 때에는 웜기어 대신 많이 사용한다.

해설 하이포이드 기어는 평행도 아니고 교차도 없는 기어를 말한다.

38. 웜을 구동축으로 할 때 웜의 줄 수를 3, 웜 휠의 잇수를 60이라고 하면 이 웜기어 장치의 감속비율은?

① 1/10 ② 1/20
③ 1/30 ④ 1/60

해설
$$i = \frac{Z_n}{Z} = \frac{3}{60} = \frac{1}{20}$$

39. 다른 기어장치와 비교하여 웜기어 장치의 특징에 대한 설명으로 옳지 않은 것은?

① 소음과 진동이 적다.
② 큰 감속비를 얻을 수 있다.
③ 미끄럼이 적고 효율이 높다.
④ 역회전을 방지할 수 있다.

해설 웜기어 장치의 특징
- 소음과 진동이 적다.
- 큰 감속비를 얻을 수 있다.
- 부하용량이 크다.
- 역회전을 방지할 수 있다.
- 미끄럼이 크고 효율이 낮다.

정답 34 ③ 35 ③ 36 ③ 37 ② 38 ② 39 ③

40. 웜 기어에서 웜의 피치원지름이 30mm, 웜휠의 피치원지름이 350mm, 웜의 리드각이 30°일 때 이 웜 기어의 감속비는 얼마인가?

① $\dfrac{1}{10}$ ② $\dfrac{1}{20}$
③ $\dfrac{1}{30}$ ④ $\dfrac{1}{40}$

해설
$i = \dfrac{N_g}{N_w} = \dfrac{Z_w}{Z_g} = \dfrac{D_w \tan\beta / m_s}{D_g / m_s} = \dfrac{D_w}{D_g}\tan\beta$
$= \dfrac{30}{350}\times \tan 30° = \dfrac{30\times 0.577}{350} ≒ \dfrac{1}{20}$

06 캠

01. 캠 기구에 대한 설명으로 틀린 것은?
① 특정한 모양이나 홈을 가진 것으로 동력장치의 회전운동을 직선이나 왕복운동으로 바꾸는 기계요소이다.
② 구조가 간단하지만 복잡한 운동을 쉽게 만들어 낼 수 있다.
③ 움직이는 장난감, 재봉틀, 내연기관의 밸브 장치 등에 사용한다.
④ 여러 가지 운동을 하게 할 수 있어 기계의 각 부분에서 동력이나 운동을 전달하는 데 널리 쓰인다.

02. 링크기구에 대한 설명으로 틀린 것은?
① 길이가 서로 다른 몇 개의 막대를 핀으로 연결한 것으로 주동절의 운동에 따라 종동절이 회전운동이나 왕복운동 등 일정한 운동을 하는 기계요소이다.
② 여러 가지 운동을 하게 할 수 있어 기계의 각 부분에서 동력이나 운동을 전달하는 데 널리 쓰인다.
③ 움직이는 장난감, 재봉틀, 내연기관의 밸브 장치 등에 사용한다.
④ 구조가 간단하지만 복잡한 운동을 쉽게 만들어 낼 수 있다.

03. 캠 기구 설계의 중요사항이 아닌 것은?
① 캠의 위치에 대한 종동링크의 변위의 반지름을 윤곽곡선을 최소 곡률 반지름보다 크게 한다.
② 캠 윤곽 곡선의 법선과 종동 링크의 축이 이루는 각인 압력 각을 작게 한다.
③ 종동 링크의 속도, 가속도를 구하여 최종적으로 캠을 설계한다.
④ 고속운동을 하는 경우 관성력에 의하여 종동링크에 충격을 주므로 변위선도를 8차 다항식 곡선으로 선택한다.

해설 캠 기구의 중요사항
• 캠의 위치에 대한 종동링크의 변위의 반지름을 윤곽곡선을 최소 곡률 반지름보다 작게 한다.
• 캠 윤곽 곡선의 법선과 종동 링크의 축이 이루는 각인 압력 각을 작게 한다.
• 종동 링크의 속도, 가속도를 구하여 최종적으로 캠을 설계한다.
• 고속운동을 하는 경우 관성력에 의하여 종동링크에 충격을 주므로 변위선도를 8차 다항식 곡선으로 선택한다.
• 기초원에 뾰족한 점이 없도록 조정하여 윤곽곡선을 결정한다.

04. 캠 설계시 압력 각을 작게 하는 방법이 아닌 것은?
① 종동절의 전양정(全揚程)을 크게 한다.
② 기초원의 지름을 크게 한다.
③ 주어진 종동절의 변위에 대한 캠의 회전각을 크게 한다.
④ 종동절의 편심량을 변화시킨다.

정답 40 ② / 01 ④ 02 ④ 03 ① 04 ①

해설 ▸ 캠 설계 시 압력 각을 작게 하는 방법
- 기초원의 지름을 크게 한다.
- 주어진 종동절의 변위에 대한 캠의 회전각을 크게 한다.
- 종동절의 편심량을 변화시킨다.
- 종동절의 운동형태 즉 등속도, 등가속도, 조화운동으로 바꾼다.

05. 캠의 종류에 해당하지 않는 것은 어느 것인가?

① 평면 캠   ② 입체 캠
③ 활동 캠   ④ 선 캠

해설 ▸ 캠의 종류
- 평면 캠 : 판 캠, 직동 캠, 정면 캠, 역 캠
- 입체 캠 : 원통 캠, 원추 캠, 구면 캠, 단면 캠, 경사판 캠
- 확동 캠 : 확동 캠, 소극 캠

06. 미끄럼 접촉을 하는 한 쌍의 기소 곡선윤곽을 갖는 원통체(구동체)를 캠(cam)이라 하며, 캠 모형의 설계에 따라 종동절의 다양한 운동을 하게 한다. 캠과 접촉하는 종동절의 접촉면에는 여러 접촉면이 있으나 윤곽면의 손상이 민감해서 실용에 부적합한 것은?

① 평면(flate-face)
② 나이프에지(knife-edge)
③ 로울러(rooler-face)
④ 구면(spherical-face)

07. 캠의 운동 형태를 해석하기 위한 가장 기본이 되는 운동선도로서 캠 운동의 1주기에 대응하는 종동절의 변위를 시간의 함수로써 나타내는 선도는?

① 등가속도선도   ② 가속도선도
③ 속도선도   ④ 변위선도

08. 회전 중심에서 접촉면까지의 거리가 일정하게 달라지는 모양을 가진 캠이 회전하면 접촉면의 굴곡을 따라 종동절이 상하 왕복운동하는 캠은?

① 판 캠   ② 원통 캠
③ 구면 캠   ④ 직동 캠

해설
- 원통 캠 : 표면에 물결 모양의 홈이 파인 원통 형태의 캠이 회전하면 표면의 홈을 따라 종동절이 왕복운동한다.
- 구면 캠 : 구의 표면에 홈이 나 있어 이것이 축의 둘레를 회전하면, 종동절은 그 축과 직각 방향을 축으로 하여 어떤 각도 내에서 왕복 회전운동을 한다.

09. 캠과 종동절이 모두 직선왕복운동을 하는 것은?

① 원판 캠   ② 원통 캠
③ 구면 캠   ④ 직동 캠

해설 ▸ 평면 캠
- 판 캠(plate cam) : 평면 캠 중에서도 가장 많이 이용되고 있는 판상의 캠으로 요소의 복잡한 운동을 얻기 위하여 이 캠의 주위의 선은 특수한 형상을 하고 있다. 캠의 형상에 따라 원동절의 캠이 등속회전하면 종동절이 등속도로 상하의 왕복운동을 한다.
- 정면 캠(face cam) : 평판으로 전술한 판캠의 윤곽곡선에 상당하는 홈을 파고 그 홈에 종동절의 선단을 넣은 것으로 종동절은 왕복운동을 한다.
- 역 캠(inverse cam) : 대다수의 캠은 원동절이 특수한 윤곽을 갖는 형상으로 되어 있어 종동절에 원하는 동작을 시키는 것이지만, 이 역 캠은 반대로 종동절 쪽이 캠으로 되어있어 원동절을 움직여 캠을 작동시키는 것이다.

정답 05 ④ 06 ② 07 ④ 08 ① 09 ④

Part 2. 기계요소 설계

10. 다음 중 입체 캠이 아닌 것은?
 ① 직동 캠 ② 원통 캠
 ③ 구면 캠 ④ 단면 캠

해설 입체 캠
- 원통 캠(cylindrical cam) : 원통의 주위에 곡선상의 안내 홈을 붙여 그 홈에 종동절의 돌기부를 넣은 것으로 원통캠을 회전시키면 종동절은 원통 캠에 의해 왕복직선운동을 한다.
- 원추 캠(conical cam) : 앞의 원통 대신에 원추형의 통을 이용한 것으로 통의 원주에 홈을 파서 그 홈에 종동절을 넣으면 원추면에 의해 왕복운동을 한다.
- 구면 캠(spherical cam) : 이 캠은 구면에 홈을 판 것으로 그 홈에 의해 종동절은 좌우로 요동운동을 한다.
- 단면 캠(end cam) : 낚시게임에 이용된 캠과 같은 종류로 원주의 단면에 특수한 형을 붙인 것으로 종동절은 상하운동을 한다.
- 경사판 캠(swash plate cam) : 평면원판을 회전축에 대하여 경사로 만든 것으로 종동절은 상하 운동을 한다.

11. 종동절이 상승할 때에는 캠에 의해 확실히 눌려 들어 올려지지만 내려갈 때는 종동절은 중력이나 스프링의 힘을 빌리지 않으면 남아 있게 되는 캠은?
 ① 소극 캠 ② 확동 캠
 ③ 평면 캠 ④ 정면 캠

해설 확동 캠(positive motion cam)
요크 캠과 같이 중력이나 스프링의 도움을 받지 않더라도 확실하게 종동절에 운동을 전하는 것이 가능한 캠을 말하며, 평면 캠의 정면 캠이나 역 캠, 입체 캠의 원동 캠, 원추 캠, 구면 캠도 이 확동 캠의 종류에 들어간다.

12. 시계의 진자, 블랑코 혹은 스프링에서 떠난 추의 움직임 등에서 볼 수 있는 운동은?
 ① 등속도운동
 ② 단진동
 ③ 등가속운동
 ④ 등진동

해설
- 등속도운동 : 시간에 정비례하여 거리도 변화하는 운동이다.
- 등가속도 운동 : 물체가 낙하할 때와 같은 운동을 할 때 일정한 비율로 속도가 증감하여 가는 운동이다. 횡축에 시간, 종축에 속도를 잡으면 속도선도로 나타낼 수 있다.

13. 판 캠의 압력각은 저속도의 경우에는 통상 몇 도 이하로 하는가?
 ① 30° ② 45°
 ③ 55° ④ 65°

해설 판 캠의 압력각
캠 장치에 있어서 종동절의 축선이 접하는 공통법선과 이루는 각을 압력각(pressure angle)이라 한다. 실제의 캠에서는 이 압력각이 상당히 커지면 마찰이 커져서 회전하지 않게 된다. 따라서 압력각은 저속도의 경우에는 45° 이하 통상은 30° 이하로 한다.

14. 캠 기구의 종동절에서 하는 운동이 아닌 것은?
 ① 등가속도 운동
 ② 포물선 운동
 ③ 단순조화 운동
 ④ 사이클로이드 운동

15. 평면 링크 장치에 해당되지 않는 것은?
 ① 평면 4절 기구
 ② 평면 캠과 종동절
 ③ 구면 캠과 종동절
 ④ 슬라이더 크랭크기구

16. 제작이 간단하고 편심량의 2배이며 편심량은 진폭으로 하는 단진동이 되며 간단한 소형의 플랜지 펌프 등을 움직이는데 널리 사용되는 캠은?

① 원판 캠　　② 접선 캠
③ 원호 캠　　④ 단면 캠

해설
- **원판 캠** : 캠은 원판이므로 제작이 간단하다. 편심량의 2배이며 편심량은 진폭으로 하는 단진동이 되며 간단한 소형의 플랜지펌프 등을 움직이는데 널리 사용된다. 종동절은 보통 평판 상으로 하며 캠이 회전하는 경우에 상하로 움직이면서 회전하도록 만들어 놓으면 캠과의 맞춤 면이 조금씩 어긋나기 때문에 1개소만 마모되고 전원 주에 걸쳐서 평균적으로 마모되기 때문에 기구의 상태가 좋아지게 된다.
- **접선 캠** : 자동차의 엔진 밸브의 개폐 등에 자주 사용하는 캠으로 자동차의 엔진 밸브의 개폐에 사용되는 캠은 일정기간 밸브를 열어 놓기 위하여 동심원 부분에 접하도록 만들고 있다. 일반적으로 접선 캠은 직선부분 혹은 종동절의 접촉부가 평면이나 봉상이면 큰 충격이 발생하므로 롤러를 사용하고 있다.
- **원호 캠** : 기초원과 선단원을 원호로 접속한 캠이다. 원호이기 때문에 종동절의 움직임은 매끄럽게 된다. 접촉 단은 봉의 형태나 평면도 좋다.

17. 연결된 막대가 고정되어 움직이지 않는다. 지붕틀, 송전 철탑 등에 이용하는 링크는?

① 3절 링크　　② 4절 링크
③ 5절 링크　　④ 6절 링크

해설　**링크의 종류**
- **3절 링크(고정 링크)** : 연결된 막대가 고정되어 움직이지 않는다. 지붕틀, 송전 철탑 등에 이용한다.
- **4절 링크(구속 링크)** : 1개의 링크를 고정하면 다른 링크가 일정한 운동을 한다. 기계장치에서는 4절 링크 장치를 많이 사용한다.
- **5절 링크(불구속 링크)** : 1개의 링크를 고정해도 다른 링크가 자유롭게 움직인다.

07 벨트

01. 벨트 전동에 대한 설명으로 틀린 것은?

① 축간거리가 10m 이하이다.
② 속도비는 1 : 10 정도이다.
③ 속도는 10~30m/s이다.
④ 벨트의 전동효율은 60~70%이다.

해설　벨트의 전동효율은 96~98%이다.

02. 평벨트의 특징이 아닌 것은?

① 양축 간의 거리가 비교적 길 때 사용한다.
② 비교적 정숙한 운전을 시킬 수 있다.
③ 단차를 이용하여 자유로운 변속이 가능하다.
④ 전동효율이 낮다.

해설　전동효율이 높다.

03. 벨트의 형상을 치형으로 하여 미끄럼이 거의 없고 정확한 회전비를 얻을 수 있는 벨트는?

① 직물 벨트
② 강 벨트
③ 가죽 벨트
④ 타이밍 벨트

해설　**타이밍 벨트**
미끄럼 방지를 위하여 접촉면에 치형을 붙여 맞물림에 의하여 전동하도록 조합한 새로운 치붙임 동기벨트이다. 특징은 슬립과 크리프가 거의 없고, 속도 변화가 아주 적다. 그리고 굽힘 저항이 작으므로 작은 지름을 사용할 수 있고 저속 및 고속에서 원활한 운전이 가능하다.

정답　16 ①　17 ④　/　01 ④　02 ④　03 ④

Part 2. 기계요소 설계

04. 평벨트 전동에서 유효 장력이란 무엇인가?

① 벨트 긴장측 장력과 이완측 장력과의 차를 말한다.
② 벨트 긴장측 장력과 이완측 장력과의 비를 말한다.
③ 벨트 긴장측 장력과 이완측 장력을 평균한 값이다.
④ 벨트 긴장측 장력과 이완측 장력의 합을 말한다.

해설 유효 장력(T_e) : 회전하기 시작하여 동력을 전달하게 되면, 긴장쪽의 장력은 커지고 이완쪽의 장력은 작아지는데, 이 장력의 차를 유효 장력이라고 한다.
$$T_e = T_t - T_s = \left(T_t - \frac{w}{g}v^2\right) \times \frac{e^{\mu\theta}-1}{e^{\mu\theta}}$$

05. 평벨트 전동장치와 비교하여 V벨트 전동장치에 대한 설명으로 옳지 않은 것은?

① 접촉 면적이 넓으므로 비교적 큰 동력을 전달한다.
② 장력이 커서 베어링에 걸리는 하중이 큰 편이다.
③ 미끄럼이 작고 속도비가 크다.
④ 바로걸기로만 사용이 가능하다.

해설 V벨트의 특징
• 고속운전이 가능하며 속도비가 크다($i=7\sim10$).
• 짧은 거리의 운전이 가능, 2~5m까지 전동 가능하다.
• 미끄럼이 적고 능률이 높다(효율은 보통 90~95% 정도).
• 운전이 원활하고 정숙하며, 충격이 아주 작다.
• 이음이 없어 전체가 균일한 강도를 갖으나 끊어졌을 때 접합이 불가능하다.
• V벨트 단면의 형상은 M, A, B, C, D, E형의 6종류가 있으며 M에서 E쪽으로 가면 단면이 커진다.

06. 벨트의 접촉각을 변화시키고 벨트의 장력을 증가시키는 역할을 하는 풀리는?

① 원동 풀리 ② 인장 풀리
③ 종동 풀리 ④ 원추 풀리

해설 인장 풀리 : 벨트의 접촉각을 변화시키고 벨트의 장력을 증가시키는 역할을 한다.

07. 다음의 V벨트에서 인장강도가 가장 큰 것은?

① M형 ② D형
③ C형 ④ E형

해설 V벨트에서 인장강도가 큰 순서는 M〈A〈B〈C〈D〈E형 순서이다.

08. V벨트의 사다리꼴 단면의 각도(θ)는 몇 도인가?

① 30°
② 35°
③ 40°
④ 45°

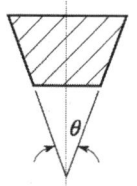

해설 V벨트의 단면의 각도(θ)는 40°이다.

09. 일반용 V 고무벨트(표준 V벨트)의 각도는?

① 30° ② 40°
③ 60° ④ 90°

해설 표준 V벨트의 각도 40°이다.

10. 두 축의 중심거리 $C=5,000$mm, 풀리의 지름이 원동 풀리 $D_1=400$mm, 종동 풀리 $D_2=800$mm라 할 때 바로걸기(오픈) 벨트로 감으면 길이는 몇 mm인가?

정답 04 ① 05 ② 06 ② 07 ④ 08 ③ 09 ② 10 ②

① 10,758　　② 11,892
③ 12,758　　④ 13,892

해설
$$L = 2C + \frac{\pi}{2}(D_1 + D_2) + \frac{(D_1+D_2)^2}{4C}$$
$$= 2 \times 5,000 + \frac{\pi}{2}(400 + 800) + \frac{(800+400)^2}{4 \times 5,000}$$
$$= 11,892\,mm$$

11. 벨트 전동에서 지름이 각각 300mm, 1,200mm의 풀리가 4,000mm 떨어진 두 축 사이에 설치되어 동력을 전달할 때 십자 걸기를 하면 접촉각은 몇 도인가?

① 121°35′　　② 141°27′
③ 201°37′　　④ 241°35′

해설
$$\theta_s = \theta_L = 180° + 2\sin^{-1}\left(\frac{(D_1+D_2)}{2C}\right)$$
$$= 180° + 2\sin^{-1}\left(\frac{1,200+300}{2 \times 4,000}\right)$$
$$= 201°37′$$

12. 주철제 V벨트 풀리의 홈 각도가 36°, 접촉부 마찰계수는 0.2라 할 때 유효마찰계수 μ'는?

① 0.887　　② 0.444
③ 0.188　　④ 0.401

해설
$$\mu' = \frac{\mu}{\sin\frac{\alpha}{2} + \mu\cos\frac{\alpha}{2}}$$
$$= \frac{0.2}{\sin\frac{36}{2} + 0.2 \times \cos\frac{36}{2}} = 0.401$$

13. 긴장측의 벨트 장력이 T_1=120N, 이완측의 장력이 T_2=70N일 때 유효 장력은?

① 5N　　② 50N
③ 250N　　④ 500N

해설　유효 장력(T_e)=긴장측 장력−이완측 장력
= 120 − 70 = 50

14. 긴장측의 장력이 3,800N, 이완측의 장력이 1,850N일 때 전달동력은 약 몇 kW인가? (단, 벨트의 속도는 3.4m/s이다.)

① 2.3　　② 4.2
③ 5.5　　④ 6.6

해설
$$H_{kW} = \frac{(T_1 - T_2)v}{102}$$
$$= \frac{(3,800-1,850) \times 3.4}{102 \times 9.81} = 6.6\,kW$$

15. 벨트 전동에서 긴장측의 장력 T_1과 이완측의 장력 T_2 사이의 관계식으로 옳은 것은? [단, 원심력은 무시하고 μ는 접촉부 마찰계수, θ는 벨트와 풀리의 접촉각(rad)이다.]

① $e^{\mu\theta} = \dfrac{T_2}{T_1}$　　② $e^{\mu\theta} = \dfrac{T_1}{T_2}$

③ $e^{\mu\theta} = \dfrac{T_2}{T_1 + T_2}$　　④ $e^{\mu\theta} = \dfrac{T_1}{T_1 + T_2}$

해설　벨트 전동에서 긴장측의 장력 T_1과 이완측의 장력 T_2 사이의 관계식 $e^{\mu\theta} = \dfrac{T_1}{T_2}$이다.

16. 8m/s의 속도로 15kW의 동력을 전달하는 평벨트의 이완측 장력(N)은? (단, 긴장측의 장력은 이완측 장력의 3배이고, 원심력은 무시한다.)

① 938　　② 1,471
③ 1,961　　④ 2,942

해설　이완측의 장력
$$F_2 = \frac{(102 \times H)}{2 \times V} = \frac{102 \times 15}{2 \times 8} = 95.6 \times 9.81 = 938$$

정답　11 ③　12 ④　13 ②　14 ④　15 ②　16 ①

Part 2. 기계요소 설계

17. 원주속도 5m/s로 2.2kW의 동력은 전달하는 평벨트 전동장치에서 긴장측 장력은 약 몇 N인가? [단, 벨트의 장력비($e^{\mu\theta}$)는 2이다.]

① 450　　② 660
③ 750　　④ 880

해설
$$T_e = \frac{102H}{v} = \frac{102 \times 2.2}{5} = 44.88$$
$$T_t = T_e \times \frac{e^{\mu\theta}}{e^{\mu\theta}-1} = 44.88 \times \frac{2}{2-1}$$
$$= 89.76 \times 9.81 = 880$$

18. 회전속도가 8m/s로 전동되는 평벨트 전동장치에서 가죽 벨트의 폭(b)×두께(t) = 116mm×8mm인 경우, 최대 전달동력은 약 몇 kW인가? [단, 벨트의 허용인장응력은 2.35MPa, 장력비($e^{\mu\theta}$)는 2.5이며, 원심력은 무시하고 벨트의 이음효율은 100%이다.]

① 7.45　　② 10.47
③ 12.08　　④ 14.46

해설
$$H_{kw} = \frac{T_t v}{102 \times 9.81} \times \frac{e^{u\theta}-1}{e^{u\theta}}$$
$$T_t = bh\sigma = 116 \times 8 \times 2.35 = 2,181$$
$$H_{kw} = \frac{2,181 \times 8}{102 \times 9.81} \times \frac{2.5-1}{2.5} = 10.47$$

19. 풀리의 지름이 250mm, 회전수가 1,400 rpm으로 5kW의 동력을 전달할 때 벨트의 유효 장력은 약 몇 N인가? (단, 원심력과 마찰은 무시한다.)

① 24　　② 93
③ 239　　④ 272

해설
$$H = Fv$$
$$v = \frac{\pi d n}{1,000} = \frac{\pi \times 250 \times 1,400}{1,000 \times 60} = 18.33 \, mm/s$$
$$5,000 = F \times 18.33$$
$$F = \frac{5,000}{18.33} = 272 \, N$$

20. 12m/s의 속도로 전달마력 48PS를 전달하는 평벨트의 이완측 장력으로 옳은 것은? (단, 긴장측의 장력은 이완측 장력의 3배이고, 원심력은 무시한다.)

① 100N　　② 1,472N
③ 200N　　④ 2,500N

해설
- 벨트의 전달마력
$$H = \frac{(F_1-F_2) \times V}{75 \times 9.81} = \frac{(3F_2-F_2) \times V}{75 \times 9.81} PS$$
- 이완측의 장력
$$F_2 = \frac{(75 \times 9.81 \times H)}{2 \times V} = \frac{75 \times 9.81 \times 48}{2 \times 12}$$
$$= 1,472 \, N$$

21. 원동차의 지름이 160mm 종동차의 반지름이 50mm인 경우 원동차의 회전수가 300rpm이라면 종동차의 회전수는 얼마인가?

① 93.75rpm　　② 480rpm
③ 800rpm　　④ 960rpm

해설
$$속도비 = \frac{D_2}{D_1} = \frac{N_1}{N_2} = \frac{100}{160} = \frac{300}{N_2} \text{에서 } N_2 = 480$$

22. 원동차의 직경이 100mm, 종동차의 직경이 140mm, 원동차의 회전수가 400rpm일 때 종동차의 회전수는?

① 300rpm　　② 200rpm
③ 560rpm　　④ 286rpm

정답 17 ④　18 ②　19 ④　20 ②　21 ②　22 ④

해설 속도비 $= \dfrac{N_2}{N_1} = \dfrac{D_1}{D_2} = \dfrac{N_2}{400} = \dfrac{100}{140} = N_2 = 286$

23. 어떤 벨트풀리에서 인장쪽의 장력이 60N, 이완쪽의 장력이 40N라면 이 벨트에 초기 장력은 얼마인가?

① 10N ② 50N
③ 100N ④ 20N

해설 초기 장력 $T_0 = \dfrac{T_t + T_s}{2} = \dfrac{60+40}{2} = 50\,\text{N}$

08 로프

01. 로프 전동장치의 장점이 아닌 것은?

① 장치가 간단하고 착탈이 쉽다.
② 장거리 전동이 가능하다.
③ 1개의 원동 풀리에서 여러 종동 풀리에 분배하여 전동을 할 수 있다.
④ 벨트에 비해 미끄럼이 적으며, 고속 운전이 가능하다.

해설 장치가 복잡하고 착탈이 어렵다.

02. 로프 전동장치의 단점이 아닌 것은?

① 장치가 복잡하고 착탈이 어렵다.
② 조정이 곤란하고 절단되었을 경우 수리가 곤란하다.
③ 미끄럼이 적으나 전동이 불확실하다.
④ 전동 경로가 직선이 아니면 사용이 어렵다.

해설 전동 경로가 직선이 아니어도 사용이 가능하다.

03. 와이어 로프에 대한 설명으로 틀린 것은?

① 강선을 열처리하여 여러 번 다이(die)를 통과시켜서 소요의 크기로 한 다음 아연 도금하여 소선(wire)으로 만든다.
② 여러 개 꼬아서 스트랜드(strand)를 만들고, 중심에 심(core : 마사를 꼬아서 윤활유를 포함시킨 것)을 넣고 스트랜드를 여러 개 꼬아서 로프로 만든다.
③ 심은 로프의 형성을 용이하게 하며 포함된 윤활유에 의하여 마찰을 감소시킨다.
④ 비바람에 강하기 때문에 옥외 사용에 적합하다.

해설 삼 로프는 비바람에 강하기 때문에 옥외 사용에 적합하다.

04. 그림에서 로프의 꼬는 방법은?

① 보통Z꼬임 ② 보통S꼬임
③ 랭Z꼬임 ④ 랭S꼬임

해설 로프의 꼬는 방법

보통Z꼬임	보통S꼬임	랭Z꼬임	랭S꼬임

정답 23 ② / 01 ① 02 ④ 03 ④ 04 ①

05. 스트랜드(strand)의 꼬는 방법이 오른나사와 같은 방법으로 되어 있는 꼬임으로 S꼬임에 비해 일반적으로 많이 사용하는 로프의 꼬는 방법은?

① 보통꼬임 ② 랭 꼬임
③ Z꼬임   ④ S꼬임

해설
① 보통꼬임 : 랭 꼬임에 비하여 소선(wire)의 꼬임의 경사가 급격하기 때문에 접촉 면적이 적고, 소선의 마멸이 빠르지만, 엉키어 풀리지 않으므로 취급이 쉽고 일반적으로 많이 사용한다.
② 랭 꼬임 : 꼬임의 경사가 완만하므로 접촉 면적이 크고 마멸에 의한 손상이 적기 때문에 내구성이 높고, 또한 유연성도 보통 꼬임보다 좋다.
③ Z꼬임 : 스트랜드(strand)의 꼬는 방법이 오른나사와 같은 방법으로 되어 있는 꼬임으로 S꼬임에 비해 일반적으로 많이 사용된다.
④ S꼬임 : 왼나사와 같은 방향으로 되어 있는 꼬임이다.

09 체인

01. 다음 중 체인전동장치의 일반적인 특징이 아닌 것은?

① 미끄럼이 없는 일정한 속도비를 얻을 수 있다.
② 진동과 소음이 없고 회전각의 전달정확도가 높다.
③ 초기 장력이 필요 없으므로 베어링 마멸이 적다.
④ 전동 효율이 대략 95% 이상으로 좋은 편이다.

해설
체인 전동의 특징
• 미끄럼 없이 일정한 속도비를 얻을 수 있다.
• 초장력이 필요 없으므로 베어링의 마찰손실이 작다.
• 접촉각이 90° 이상이면 전동가능하다.
• 내열, 내유, 내수성이 크며, 유지 및 수리가 쉽다.
• 큰동력 전달효율이 95% 이상이다.
• 체인의 탄성으로 어느 정도 충격하중을 흡수한다.
• 진동, 소음이 생기기 쉽다.

02. 일반적으로 널리 사용되고 있고 저속에서 고속회전까지 넓은 범위에서 사용되는 체인은?

① 사일런트 체인(silent chain)
② 코일 체인(coil chain)
③ 롤러 체인(roller chain)
④ 블록 체인(block chain)

해설
롤러 체인(roller chain)
• 롤러가 있는 롤러 링크를 사용한 체인으로서, 롤러 링크와 핀 링크 사이에 롤러를 끼워서 핀으로 연결한 구조이다.
• 오래 사용하면 피치가 늘어나 물림 상태가 나빠지고 소음이 발생한다.
• 일반적으로 가장 많이 사용되는 체인이다.
• 링크수가 홀수일 때는 이음매의 한쪽은 롤러 링크, 다른 한쪽은 핀 링크에 이어서 이음 링크를 사용할 수 없으므로 오프셋 링크를 사용한다.
• 축간거리는 피치의 40~50배가 가장 적당하다.

03. 다음 중 정숙하고 원활한 운전을 하고, 특히 고속회전이 필요할 때 적합한 체인은?

① 사일런트 체인(silent chain)
② 코일 체인(coil chain)
③ 롤러 체인(roller chain)
④ 블록 체인(block chain)

해설
사일런트 체인(silent chain)
• 링크가 스프로킷에 비스듬히 미끄러져 들어가 맞물려있어 롤러 체인보다 소음이 적다.

- 고속회전이 필요할 때, 조용하고 원활한 운전이 필요할 때 사용된다.
- 스프로킷 휠의 치와의 접촉면적이 크므로 운전은 원활하다.
- 약 98% 이상으로 전동효율이 높다.
- 가격이 고가이며 제작이 어렵다.

04. 체인 동력장치에서 스프로킷 휠의 피치가 15.875mm, 잇수가 30, 체인의 평균속도가 4.8m/s이라면, 스프로켓의 회전수는 약 몇 rpm인가?

① 300   ② 400
③ 500   ④ 604

해설
$$V = \frac{pNz}{60,000}$$
$$N = \frac{60,000 V}{pz} = \frac{60,000 \times 4.8}{15.875 \times 30} = 604 \text{ rpm}$$

05. 체인 피치가 15.875mm, 잇수 40, 회전수가 500rpm이면 체인의 평균속도는 약 몇 m/s인가?

① 4.3   ② 5.3
③ 6.3   ④ 7.3

해설
$$v = \frac{pZn}{60,000} = \frac{15.875 \times 40 \times 500}{60,000} = 5.3$$

06. 롤러 체인 전동에서 체인의 파단하중이 1.96kN이고, 체인의 회전속도가 3m/s이며, 안전율(safety factor)을 10으로 할 때 전달 동력은 약 몇 W인가?

① 467   ② 588
③ 712   ④ 843

해설
$$HP = \frac{PV}{102} \times \frac{1}{S} = \frac{1,960 \times 3}{102 \times 9.81} \times \frac{1}{10}$$
$$= 0.58 \text{ kW} = 587.6 \text{ W}$$

07. 잇수가 20개인 스프로킷 휠이 롤러 체인을 통해 8kW의 동력을 받고 있다. 이 스프로킷 휠의 회전수는 약 몇 rpm인가? (단, 파단하중은 22.1kN, 안전율은 15, 피치는 15.88mm이며, 부하보정계수는 고려하지 않는다.)

① 505   ② 1,039
③ 1,650   ④ 1,868

해설
$$H = \frac{Fv}{102} \text{에서}$$
$$V = \frac{102H}{F} = \frac{102 \times 8}{2,210/15} = 5.5 \text{ m/s}$$
$$v = \frac{pzN}{60 \times 1,000} \text{에서}$$
$$N = \frac{60,000 \times v}{pz} = \frac{60,000 \times 5.5}{15.88 \times 20} = 1,039 \text{ rpm}$$

08. 잇수 32, 피치 12.7mm, 회전수 500rpm의 스프로킷 휠에 50번 롤러 체인을 사용하였을 경우 전달동력은 약 몇 kW인가? (단, 50번 롤러 체인의 파단하중은 22.10kN, 안전율은 15이다.)

① 7.8   ② 6.4
③ 5.6   ④ 5.0

해설
허용하중 $F = \frac{2,210}{15} = 147.3$
$$v = \frac{NpZ}{60 \times 1,000} = \frac{500 \times 12.7 \times 32}{60 \times 1,000} = 3.39$$
$$H = \frac{Fv}{102} = \frac{147.3 \times 3.39}{102} = 4.9 = 5 \text{ kW}$$

정답 04 ④   05 ②   06 ②   07 ②   08 ④

10 브레이크

01. 기계의 운동 에너지를 마찰에 따른 열에너지 등으로 변환·흡수하여 속도를 감소시키는 장치는?

① 기어 ② 브레이크
③ 베어링 ④ V벨트

02. 블록 브레이크의 설명으로 틀린 것은?

① 큰 회전력의 전달에 알맞다.
② 마찰력을 이용한 제동장치이다.
③ 블록 수에 따라 단식과 복식으로 나뉜다.
④ 블록 브레이크는 회전 장치의 제동에 사용된다.

해설 큰 회전력의 전달에 부적합하다.

03. 다음 중 자동 하중 브레이크에 속하지 않는 것은?

① 나사 브레이크 ② 웜 브레이크
③ 폴 브레이크 ④ 원심 브레이크

해설 자동 하중 브레이크
① 웜 브레이크 : 웜휠의 역전에 의하여 웜 축에 생기는 추력을 이용하여 원판 브레이크를 작용시킨다.
② 나사 브레이크 : 기어의 축의 구멍에 깎여진 암나사의 역전에 의하여 이것과 끼워 맞춰져 있는 수나사와 일체의 축에 주는 추력으로서 원판 브레이크에 작용한다. 웜 대신에 나사를 이용한 것이다.
③ 원심 브레이크 : 원심 브레이크는 정지시키기 위한 제동은 없고, 오로지 물체를 올릴 때 속도를 일정하게 유지시키기 위한 것이다.
④ 전자 브레이크 : 2장의 마찰 원판을 사용하여 두 원판의 탈착조작이 전자력에 의해 이루어져 브레이크 작용을 하는 것이다.

04. 다음 중 마찰력을 이용하는 브레이크가 아닌 것은?

① 블록 브레이크
② 밴드 브레이크
③ 폴 브레이크
④ 내부확장식 브레이크

해설 폴 브레이크 : 파킹 브레이크력을 록크하기 위해 래칫 톱니에 맞물려서 되돌아가는 것을 방지하기 위한 쇠 조각을 말한다.

05. 지름 300mm인 브레이크 드럼을 가진 밴드 브레이크의 접촉길이가 706.5mm일 때, 밴드의 폭은 20mm일 때 제동동력 3.7kW라면 이 밴드 브레이크의 용량(brake capacity)은 약 몇 N/mm² · m/s인가?

① 26.50 ② 0.324
③ 0.262 ④ 32.40

해설 $\mu q v = \dfrac{102H}{st} = \dfrac{102 \times 3.7 \times 9.81}{20 \times 706.5} = 0.262$

06. 어느 브레이크에서 제동동력이 3kW이고, 브레이크 용량(brake capacity)을 0.8N/mm² · m/s라고 할 때 브레이크 마찰면적의 크기는 약 몇 mm²인가?

① 3,200 ② 2,250
③ 5,500 ④ 3,752

해설 $\mu q v = \dfrac{102H}{st}$

$st = \dfrac{102H}{\mu q v} = \dfrac{102 \times 3 \times 9.81}{0.8} = 3,752$

07. 다음 중 브레이크 용량을 표시하는 식으로 옳은 것은? (단, μ는 마찰계수, p는 브레이크 압력, v는 브레이크 륜의 주속이다.)

① $Q = \mu q v$ ② $Q = \mu p v^2$
③ $Q = \dfrac{\mu p}{v}$ ④ $Q = \dfrac{\mu}{pv}$

해설 브레이크 용량(Q, brake capacity)
$Q = \mu q v = \mu \dfrac{W}{A} v \,[\text{kgf/mm}^2 \cdot \text{m/sec}]$

08. 브레이크 용량(brake capacity)을 구하는 식으로 옳은 것은?

① 마찰계수 × 접촉면적 × 회전속도
② 마찰계수 × 접촉압력 × 접촉면적
③ 마찰계수 × 접촉압력 × 회전속도
④ 마찰계수 × 드럼반지름 × 회전속도

해설 브레이크 용량 = $\mu P v$
마찰계수 × 접촉압력 × 회전속도

09. 그림과 같은 블록 브레이크에서 막대 끝에 작용하는 조작력 F와 브레이크의 제동력 Q와의 관계식은? (단, 드럼은 반시계방향 회전을 하고 마찰계수는 μ이다.)

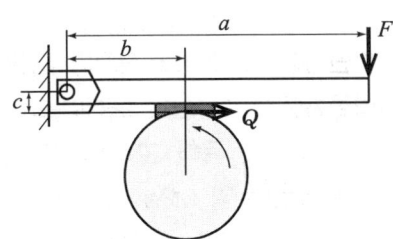

① $F = \dfrac{Q}{a}(b - \mu c)$
② $F = \dfrac{Q}{\mu a}(b - \mu c)$
③ $F = \dfrac{Q}{\mu a}(b + \mu c)$
④ $F = \dfrac{Q}{a}(b + \mu c)$

10. 브레이크 드럼축에 600N·m의 토크가 작용하고 있을 때, 이 축을 정지시키는 데 필요한 제동력은 약 몇 N인가? (단, 브레이크 드럼의 지름은 450mm이다.)

① 2,667 ② 4,545
③ 6,000 ④ 8,525

해설 $T = Q \dfrac{D}{2} [\text{N} \cdot \text{mm}]$
제동력 $Q = \dfrac{2T}{D} = \dfrac{2 \times 600}{450} = 2,667 \text{N} \cdot \text{m}$
$= 2,667 \text{N} \cdot \text{mm}$

11. 드럼의 지름 600mm인 브레이크 시스템에서 98.1N·m의 제동 토크를 발생시키고자 할 때 블록을 드럼에 밀어붙이는 힘은 약 몇 kN인가? (단, 접촉부 마찰계수는 0.30이다.)

① 0.54 ② 1.09
③ 1.51 ④ 1.96

해설 $T = \mu P \dfrac{D}{2}$ 에서
$P = \dfrac{2T}{\mu D} = \dfrac{2 \times 98.1 \times 10^3}{0.3 \times 600} = 1,090 \text{N} = 1.09 \text{kN}$

12. 드럼 지름이 300mm인 밴드 브레이크에서 1kN·m의 토크를 제동하려고 한다. 이때 필요한 제동력은 약 몇 N인가?

① 667 ② 5,500
③ 6,667 ④ 795

정답 07 ① 08 ③ 09 ② 10 ① 11 ② 12 ③

해설
- 브레이크의 제동 토크
$$T = Q\frac{D}{2}[\text{kgf} \cdot \text{mm}]$$
- 제동력
$$Q = \frac{2T}{D} = \frac{2 \times 100,000}{300} = 6,667\,\text{N}$$

13. 브레이크 드럼축에 754N·m의 토크가 작용하면 축을 정지하는데 필요한 제동력은 약 몇 N인가? (단, 브레이크 드럼의 지름은 400mm이다.)

① 1,920　　② 2,770
③ 3,310　　④ 3,770

해설 $Q = \dfrac{2T}{D} = \dfrac{2 \times 754,000}{400} = 3,770$

14. 밴드 브레이크의 긴장측 장력 7.99N, 밴드 두께 2mm, 허용인장응력 78.48MPa일 때 밴드의 폭은 약 몇 mm 이상이어야 하는가? (단, 이음 효율은 100%로 한다.)

① 43　　② 51
③ 60　　④ 71

해설 $w = \dfrac{T_1}{\sigma t} = \dfrac{7,990}{78.48 \times 2} = 50.9$

15. 그림과 같은 단식 블록 브레이크에서 드럼을 제동하기 위해 레버(lever) 끝에 가할 힘(F)을 비교하고자 한다. 드럼이 좌회전할 경우 필요한 힘을 F_1, 우회전할 경우 필요한 힘을 F_2라고 할 때 이 두 힘의 차이($F_1 - F_2$)는? (단, P는 블록과 드럼사이에서 블록의 접촉면에 수직방향으로 작용하는 힘이며, μ는 접촉부 마찰계수이다.)

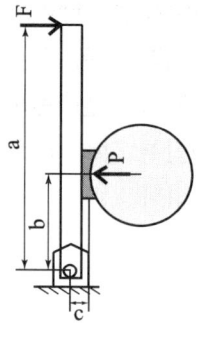

① $F_1 - F_2 = -\dfrac{\mu Pc}{a}$

② $F_1 - F_2 = \dfrac{\mu Pc}{a}$

③ $F_1 - F_2 = -\dfrac{2\mu Pc}{a}$

④ $F_1 - F_2 = \dfrac{2\mu Pc}{a}$

16. 윈치(winch)로 질량이 2.4t인 물체를 6m/min의 속도로 감아올릴 때 윈치 동력은 약 몇 kW가 필요한가? (단, 윈치의 효율은 80%라 한다.)

① 2.52　　② 2.94
③ 3.44　　④ 3.89

해설 $kW = \dfrac{2,400 \times 6}{102 \times 60 \times 0.8} = 2.94$

17. 어떤 블록 브레이크 장치가 5.5kW의 동력을 제동할 수 있다. 브레이크 블록의 길이가 80mm, 폭이 20mm라면 이 브레이크의 용량은 몇 MPa·m/s인가?

① 3.4　　② 4.2
③ 5.9　　④ 7.3

해설 $Q = \dfrac{H}{A} = \dfrac{5.5}{80 \times 20} \times 1,000 = 3.4$

정답　13 ④　14 ②　15 ③　16 ②　17 ①

18. 밴드 브레이크에서 밴드에 생기는 인장응력과 관련하여 다음 중 옳은 관계식은? (단, σ : 밴드에 생기는 인장응력, F_1 : 밴드의 인장측 장력, t : 밴드 두께, b : 밴드의 너비이다.)

① $\sigma = \dfrac{b}{F_1 \times t}$ ② $b = \dfrac{t \times \sigma}{F_1}$

③ $b = \dfrac{F_1}{t \times \sigma}$ ④ $\sigma = \dfrac{F_1 \times t}{b}$

해설 밴드에 생기는 인장응력
$b = \dfrac{F_1}{t \times \sigma}$

19. 자전거의 래칫 휠에 사용되는 클러치는?
① 맞물림 클러치 ② 마찰 클러치
③ 일방향 클러치 ④ 원심 클러치

해설 일방향 클러치
구동축이 종동축보다 속도가 늦어졌을 때 종동축이 자유로 공전할 수 있도록 한 것으로 일방향에만 동력을 전달시키고, 역방향에는 전달시키지 못하는 클러치이다.

20. 다음 중 제동용 기계요소에 해당하는 것은?
① 웜   ② 코터
③ 랫칫 휠   ④ 스플라인

해설
- 체결용 기계요소 : 나사, 키, 핀, 코터, 리벳, 용접 수축확대 및 테이퍼이음
- 축계 기계요소 : 축, 축이음 및 베어링
- 완충 및 제동용 기계요소 : 랫칫 휠, 브레이크, 스프링 및 플라이휠 등
- 전동용 기계요소 : 벨트, 로프, 체인, 링크 마찰차 및 캠 기어 등
- 관용 기계요소 : 압력용기, 파이프, 파이프이음, 밸브와 콕 등

21. 폴(pawl)과 결합하여 사용되며, 한쪽 방향으로는 간헐적인 회전운동을 주고 반대쪽으로는 회전을 방지하는 역할을 하는 장치는?
① 플라이 휠(fly wheel)
② 드럼 브레이크(drum brake)
③ 블록 브레이크(block brake)
④ 래칫 휠(rachet wheel)

22. 블록 브레이크의 드럼이 20m/s의 속도로 회전하는데 블록을 500N의 힘으로 가압할 경우 제동동력은 약 몇 kW인가? (단, 접촉부 마찰계수는 0.3이다.)
① 1.0   ② 1.7
③ 2.3   ④ 3.0

해설 제동마력
$H[\text{PS}] = \dfrac{\mu P v}{735.5}$

$H[\text{kW}] = \dfrac{\mu P v}{1,000} = \dfrac{0.3 \times 500 \times 20}{1,000} = 3.0 \text{kW}$

23. 드럼의 지름 500mm인 브레이크 드럼축에 98.1N·m의 토크가 작용하고 있는 블록 브레이크에서 블록을 브레이크 바퀴에 밀어 붙이는 힘은 약 몇 kN인가? (단, 접촉부 마찰계수는 0.2이다.)
① 0.54   ② 0.98
③ 1.51   ④ 1.96

해설 $Q = \dfrac{2T}{\mu D} = \dfrac{2 \times (98.1 \times 1,000)}{0.2 \times 500} = 1,962\text{N} = 1.96\text{kN}$

정답 18 ③ 19 ③ 20 ③ 21 ④ 22 ④ 23 ④

24. 3.68kW의 동력으로 회전하는 드럼을 블록 브레이크를 이용하여 제동하고자 할 때 브레이크의 용량(brake capacity)은 약 몇 MPa·m/s인가? (단, 브레이크 블록의 길이가 100mm, 너비 30mm이고, 접촉부 마찰계수는 0.2이다.)

① 0.12   ② 0.25
③ 0.64   ④ 1.23

해설 브레이크 용량(brake capacity)
$$Q = \mu q v = \mu \frac{W}{A} v \, [\text{kgf/mm}^2 \cdot \text{m/sec}]$$
$$\therefore \mu q v = \mu \frac{W}{A} v = \frac{102 H'}{A}$$
$$= \frac{102 \times 9.81 \times 3.68}{100 \times 30} = 1.227$$

25. 그림과 같은 블록 브레이크에서 드럼축이 우회전할 때의 F를 F_1, 좌회전할 때의 F를 F_2라고 할 때 F_1/F_2의 값은 얼마인가?

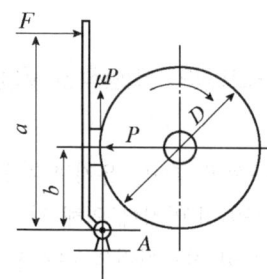

① 1   ② 1.5
③ 2   ④ 2.5

해설
• 우회전일 때
$$F_1 a - Pb + \mu pA = 0$$
$$\therefore F_1 = \frac{P}{a}(b - \mu A)$$
• 좌회전일 때
$$F_2 a - Pb - \mu pA = 0$$
$$\therefore F_2 = \frac{P}{a}(b + \mu A)$$

26. 유체 클러치의 일종인 유체 토크 컨버터(fluid torque converter)의 특징을 설명한 것 중 틀린 것은?

① 부하에 의한 원동기의 정지가 없다.
② 장치 내에 스테이터가 있을 경우 작동효율을 97% 수준까지 올릴 수 있다.
③ 무단 변속이 가능하다.
④ 진동 및 충격을 완충하기 때문에 기계에 무리가 없다.

해설 토크 컨버터의 장·단점
• 기계적 마모가 없다.
• 발진과정이 유연하다.
• 발진할 때 기관의 시동이 꺼지지 않도록 할 수 있다.
• 주행상태에 따라 회전토크는 자동적으로 그리고 무단(stepless)으로 변환된다.
• 전부하 상태로 발진할 때 최대토크가 발생된다.
• 기관의 토크충격과 회전진동은 동작유체에 의해 흡수, 감쇄된다.
• 조밀한(compact) 설계로 설치공간을 작게 할 수 있다.
• 작동소음이 거의 없다.
• 마찰 클러치에 비해 연료소비율이 더 높다.

11 스프링

01. 다음 중 스프링의 용도로 거리가 먼 것은?

① 하중과 변형을 이용하여 스프링 저울에 사용
② 에너지를 축적하고 이것을 동력으로 이용
③ 진동이나 충격을 완화하는데 사용
④ 운전 중인 회전축의 속도조절이나 정지에 이용

해설 스프링의 용도
① 완충용(충격 에너지 흡수, 방진) : 차량용 현가장치, 승강기 완충 스프링

② 에너지 축적 이용 : 계기용 스프링, 시계의 태엽, 완구용 스프링, 축음기, 총포의 격심용 스프링
③ 측정용 : 힘의 변형원리를 이용하여 압축력(또는 인장력)에 의한 변형 길이로 힘을 측정한다. 저울 등이 이에 해당한다.
④ 동력용 : 안전밸브, 조속기, 스프링 와셔

02. 판 스프링(leaf spring)의 특징에 관한 설명으로 거리가 먼 것은?

① 판 사이의 마찰에 의해 진동을 감쇠한다.
② 내구성이 좋고, 유지보수가 용이하다.
③ 트럭 및 철도차량의 현가장치로 주로 이용된다.
④ 판 사이의 마찰작용으로 인해 미소진동의 흡수에 유리하다.

해설 판 스프링은 흡수능력이 크므로 협소한 공간에서 큰 하중을 받을 때 사용된다.

03. 공기 스프링에 대한 설명으로 거리가 먼 것은?

① 공기량에 따라 스프링 계수의 크기를 조절할 수 있다.
② 감쇠특성이 크므로 작은 진동을 흡수할 수 있다.
③ 측면방향으로의 강성도 좋은 편이다.
④ 구조가 복잡하고 제작비가 싸다.

해설 공기 스프링의 특징
- 공기량에 따라 스프링 계수의 크기를 조절할 수 있다.
- 감쇠특성이 크므로 작은 진동을 흡수할 수 있다.
- 내구성, 절연성이 우수하고, 서징현상이 없다.
- 구조가 복잡하고 제작비가 싸다.

04. 스프링 종류 중 하나인 고무 스프링(rubber spring)의 일반적인 특징에 관한 설명으로 틀린 것은?

① 여러 방향으로 오는 하중에 대한 방진이나 감쇠가 하나의 고무로 가능하다.
② 형상을 자유롭게 선택할 수 있고, 다양한 용도로 적용할 수 있다.
③ 방진 및 방음 효과가 우수하다.
④ 저온에서의 방진 능력이 우수하여 -10℃ 이하의 저온저장고 방진장치에 주로 사용된다.

해설 고무 스프링
- 1개의 고무로 2축, 3축 방향으로 하중의 동시작용이 가능하다.
- 형상을 자유롭게 선택할 수 있고, 다양한 용도로 적용할 수 있다.
- 방진 및 방음 효과가 우수하다.
- 고무 스프링은 -10℃ 이하에서는 탄성이 떨어져 노화, 변질이 생기므로 0~70℃ 온도범위에서 사용해야 한다.
- 인장에 약하므로 인장하중은 피한다.

05. 겹판 스프링의 일반적인 특징으로 틀린 것은?

① 내구성이 좋고, 유지보수가 용이하다.
② 판 사이의 마찰에 의해 진동을 감쇠한다.
③ 트럭 및 철도차량의 현가장치로 잘 사용된다.
④ 마찰감쇠에 따라 미소진동의 흡수에 특히 유리하다.

해설
- 겹판 스프링의 일반적인 특징은 구조가 간단하고, 내구성이 커서 큰 하중을 감당할 수 있다.
- 강철판의 숫자를 변화시키거나 곡률을 다르게 함으로써 용수철의 효율성과 중량 수용력을 변화시킬 수도 있다.
- 작은 진동은 흡수하지 못하며 무겁고 소음이 많다.

06. 공기스프링에 대한 설명으로 틀린 것은?
① 감쇠성이 적다.
② 스프링 상수 조절이 가능하다.
③ 종류로 벨로즈식, 다이어프램식이 있다.
④ 주로 자동차 및 철도차량용의 서스펜션(suspension) 등에 사용된다.

해설 공기스프링 특징
- 하중과 변형의 관계가 비선형적이다.
- 공기량에 따라 스프링 상수의 조절이 가능하다.
- 공기의 압축성에 의해 감쇠특성이 크므로 미소진동의 흡수도 가능하다.
- 측면에 대한 강성이 없다.
- 공기탱크 및 압축기 등의 설치로 구조가 복잡하고 제작비가 비싸다.

07. 원형봉에 비틀림 모멘트를 가하면 비틀림 변형이 생기는 원리를 이용한 스프링은?
① 겹판 스프링
② 토션 바
③ 벌류트 스프링
④ 랫칫 휠

해설
- 겹판 스프링 : 여러 장 겹쳐서 사용하는 것을 겹판 스프링이라 한다. 자동차의 현가장치로 널리 사용한다.
- 벌류트 스프링 : 태엽 스프링을 축방향으로 감아올려 사용하는 것으로 압축용으로 사용한다. 오토바이 차체 완충용으로 사용된다.
- 랫칫 휠 : 래칫 휠은 기계의 역전방지, 한 방향의 가동 클러치, 분할작업 등에 쓰인다.

08. 인장 및 압축의 선형 스프링에서 스프링에 작용하는 힘을 P, 마찰계수를 μ, 비틀림각을 θ, 변위량을 δ라 할 때 스프링 상수 k를 구하는 식은?
① $k = \mu P \delta$
② $k = \dfrac{\delta}{P}$
③ $k = \dfrac{P}{\delta}$
④ $k = \mu \theta \delta$

해설 스프링 상수
- $P = k\delta$
- $k = \dfrac{P}{\delta}$

09. 스프링의 상수가 6N/mm인 코일 스프링에 300N의 인장하중을 발생시키면, 변형량은 약 몇 mm인가?
① 40mm
② 50mm
③ 60mm
④ 70mm

해설 $P = k\delta$
$\delta = \dfrac{P}{k} = \dfrac{300}{6} = 50\,\text{mm}$

10. 그림과 같은 스프링 장치에서 $W=200$N의 하중을 매달면 처짐은 몇 cm가 되는가? (단, 스프링 상수 $K_1=15$N/cm, $K_2=35$N/cm이다.)
① 1.25
② 2.50
③ 4.00
④ 4.50

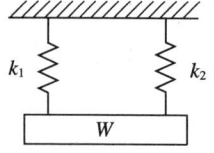

해설 스프링의 처짐
$\delta = \dfrac{\text{작용하중}}{\text{스프링 상수}} = \dfrac{200}{50} = 4\,\text{mm}$

11. 그림과 같은 스프링 장치에서 전체 스프링 상수 K는?
① $K = k_1 + k_2$
② $K = \dfrac{1}{k_1} + \dfrac{1}{k_2}$
③ $K = \dfrac{k_1 \times k_2}{k_1 + k_2}$
④ $K = k_1 \times k_2$

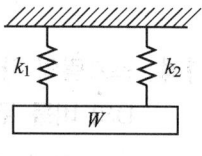

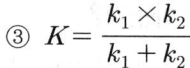
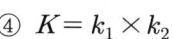

| 해설 | 스프링의 조합
- 병렬연결 : $K = K_1 + K_2$
- 직렬연결 : $\dfrac{1}{K} = \dfrac{1}{K_1} + \dfrac{1}{K_2}$

12. 그림과 같은 스프링장치에서 각 스프링 상수 $k_1 = 40\text{N/cm}$, $k_2 = 50\text{N/cm}$, $k_3 = 60\text{N/cm}$이다. 하중 방향의 처짐이 150mm일 때 작용하는 하중 P는 약 몇 N인가?

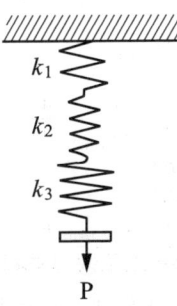

① 2,250 ② 964
③ 389   ④ 243

| 해설 | 스프링 작용하중
$$W = k \times \delta = \dfrac{1}{\dfrac{1}{40} + \dfrac{1}{50} + \dfrac{1}{60}} \times 15 = 243\,\text{N}$$

13. 코일 스프링에서 유효 감김수를 2배로 하면 같은 축하중에 대하여 처짐량은 몇 배가 되는가?

① 0.5 ② 2
③ 4   ④ 8

| 해설 | 코일 스프링에서 유효 감김수를 2배로 하면 같은 축하중에 대하여 처짐량도 2배가 된다.

14. 스프링의 자유높이 H와 코일의 평균 지름 D의 비를 무엇이라 하는가?

① 스프링 지수   ② 스프링 변위량
③ 스프링 상수   ④ 스프링 종횡비

| 해설 | 코일의 평균 지름 D와 자유높이 H와의 비를 스프링의 종횡비 r이라 하면 $r = \dfrac{H}{D}$이다.

15. 스프링에 150N의 하중을 가했을 때 발생하는 최대 전단응력이 400MPa이었다. 스프링 지수(C)는 10이라고 할 때 스프링 소선의 지름은 약 몇 mm인가? (단, 응력수정계수 $K = \dfrac{4C-1}{4C-4} + \dfrac{0.615}{C}$를 적용한다.)

① 3.3   ② 4.8
③ 7.5   ④ 12.6

| 해설 |
$$K = \dfrac{4 \times 10 - 1}{4 \times 10 - 4} + \dfrac{0.615}{10} = 1.145$$

$$\tau_{\max} = \dfrac{8PDK}{\pi d^3} = \dfrac{8KCP}{\pi d^2} \text{에서}$$

$$d = \sqrt{\dfrac{8KCP}{\pi \tau}} = \sqrt{\dfrac{8 \times 1.145 \times 10 \times 150}{\pi \times 400}} = 3.3\,\text{mm}$$

16. 압축 코일 스프링의 소선 지름이 5mm, 코일의 평균 지름이 25mm이고, 200N의 하중이 작용할 때 스프링에 발생하는 최대 전단응력은 약 몇 MPa인가?
[단, 스프링 소재의 가로탄성계수(G)는 80GPa이고, Wahl의 응력수정계수식
($K = \dfrac{4C-1}{4C-4} + \dfrac{0.615}{C}$, C는 스프링 지수)을 적용한다.]

① 82   ② 98
③ 113   ④ 152

| 해설 |
$$C = \dfrac{D}{d} = \dfrac{25}{5} = 12.5$$

$$K = \dfrac{4C-1}{4C-4} + \dfrac{0.615}{C} = \dfrac{4 \times 12.5 - 1}{4 \times 12.5 - 4} + \dfrac{0.615}{12.5} = 1.1144$$

$$\tau = \dfrac{K8WD}{\pi d^3} = \dfrac{1.114 \times 8 \times 200 \times 25}{\pi \times 5^3} = 113$$

정답 12 ④   13 ②   14 ④   15 ①   16 ③

17. 하중이 2.5kN 작용하였을 때 처짐이 100mm 발생하는 코일 스프링의 소선 지름은 10mm이다. 이 스프링의 유효 감김 수는 약 몇 권인가? [단, 스프링 지수(C)는 10이고, 스프링 선재의 전단탄성계수는 80GPa이다.]

① 3　　　　② 4
③ 5　　　　④ 6

해설
$$\delta = \frac{8nD^3P}{Gd^4}$$
$$D = Cd = 10 \times 10 = 100\,\text{mm}$$
$$n = \frac{\delta Gd^4}{8D^3P} = \frac{100 \times 80 \times 10^3 \times 10^4}{8 \times 100^3 \times 2{,}500} = 4$$

18. 하중이 4kN 작용하였을 때 처짐이 100mm 발생하는 코일스프링의 소선 지름은 20mm이다. 이 스프링의 유효감김수는 약 몇 권인가? [단, 스프링 지수(C)는 10이고, 스프링 선재의 전단탄성계수는 80GPa이다.]

① 3　　　　② 4
③ 5　　　　④ 6

해설
$$n = \frac{\delta Gd^4}{8D^3P} = \frac{100 \times 80 \times 20^4}{8 \times 200^3 \times 4} = 5$$
여기서, 코일의 평균 지름
D = 스프링 지수 × 소선의 지름 = $10 \times 20 = 200$

19. 코일 스프링에서 코일의 평균 지름은 32mm, 소선의 지름은 4mm이다. 스프링 소재의 허용전단응력이 340MPa일 때 지지할 수 있는 최대하중은 약 몇 N인가? [단, Wahl의 응력수정계수(K)는
$K = \dfrac{4C-1}{4C-4} + \dfrac{0.615}{C}$ (C, 스프링 지수)이다.]

① 174　　　　② 198
③ 225　　　　④ 246

해설
$$C = \frac{D}{d} = \frac{32}{4} = 8$$
$$K = \frac{4C-1}{4C-4} + \frac{0.615}{C} = \frac{4 \times 8 - 1}{4 \times 8 - 4} + \frac{0.615}{8} = 1.184$$
$$KC^3 = \frac{\pi D^2 \tau}{8P}$$
$$P = \frac{\pi \times D^2 \times \tau}{8 \times K \times C^3} = \frac{\pi \times 32^2 \times 340}{8 \times 1.184 \times 8^3} = 225$$

2 동력전달요소 설계

1. 동력전달요소 설계

1) 벨트의 감아 걸기 방법과 벨트의 길이

두 축의 회전 방향이 같은 벨트 걸기로 접촉각을 크게 하여 미끄럼을 줄여 정확한 전동이 되게 하려고 이완측을 위로 가게 한다. 벨트를 풀리에 감아 거는 방법에는 바로 걸기(open belting)와 엇걸기(crossed belting)의 2가지가 있다. 바로 걸기에서는 양 풀리의 회전 방향은 같고, 엇걸기는 반대이다.

벨트가 풀리에 접촉하고 있는 부분의 중심각을 접촉각(angle of contact)이라 하며, 풀리와 벨트의 마찰에 의하여 동력을 전달하는 벨트 전동장치에서는 이 접촉각이 커야만 마찰력이 커지고 따라서 큰 동력을 전달할 수가 있다. 걸기의 방법에 따른 벨트의 풀리에 대한 접촉각 및 벨트의 길이는 각각 다음과 같이 구할 수 있다.

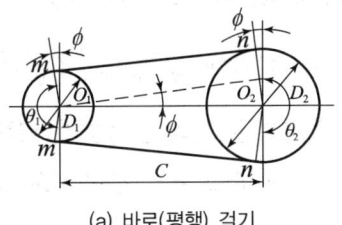
(a) 바로(평행) 걸기

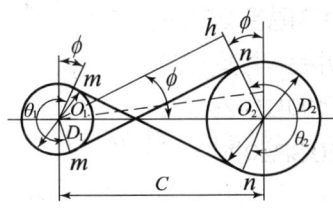
(b) 엇걸기

[그림 2-33] 벨트 걸기 방법

(1) 바로(평행) 걸기

- 접촉각

  - 작은 풀리 $\theta_1 = \pi - 2\phi\,[\text{rad}] = 180° - 2\sin^{-1}\left(\dfrac{D_2 - D_1}{2C}\right)°$

  - 큰 풀리 $\theta_2 = \pi + 2\phi\,[\text{rad}] = 180° + 2\sin^{-1}\left(\dfrac{D_2 - D_1}{2C}\right)°$

이 경우 θ_1, θ_2의 크기가 다르나, 벨트 계산에서는 안전상 작은 쪽의 θ_1을 사용하여야 한다.

(2) 벨트의 길이

$$L = 2C + \frac{\pi}{2}(D_1 + D_2) + \frac{(D_2 - D_1)^2}{4C} \text{ (바로 걸기)}$$

2) 전달동력 계산

(1) 벨트의 장력

벨트(Belt)가 회전하고 있지 않을 때의 벨트 장력을 계산한다. 벨트전동에서 벨트와 풀리 사이에 필요한 마찰을 얻으려면 벨트를 걸 때, 어느 정도 크기(T_0)의 장력을 벨트에 주어야 한다. 이

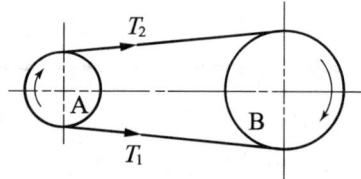

[그림 2-34] 벨트의 장력

장력 T_0를 초장력(initial tension)이라 한다.

[그림 2-34]에서 A를 구동 풀리, B를 피동 풀리라 하고, 그림과 같이 회전하고 있다고 하면, 벨트의 장력은 양측에서 다르며 $T_1 > T_0$, $T_2 < T_0$(즉 $T_1 > T_2$)가 된다. T_1측을 긴장측(tension side, tight side)이라 하고, T_2측을 이완측(loose side, slack side)이라 한다.

초장력 T_0는 간단히, $T_0 ≒ \frac{T_1 + T_2}{2}$로 하거나 $\sqrt{T_0} ≒ \frac{1}{2}(\sqrt{T_1} + \sqrt{T_2})$로 한다. 여기서 $T_1 - T_2 = P$의 장력은 풀리를 돌리기 위하여 풀리의 원주에 작용하는 유효전달력이며, 이 P를 유효 장력(effective tension)이라 한다.

(2) 아이텔바인식(Eytelwein equation)

벨트 설계 시 필수 설계식으로서 아이텔바인식을 이용하여 벨트를 설계한다.

F_1과 F_2는 벨트의 장력을 나타내며 구심력(F_c)은 벨트의 속도가 10m/s 이하에서는 고려대상이 아니다.

$$\frac{F_1 - F_c}{F_2 - F_c} = e^{f\phi}, \quad F = m\frac{V^2}{r} = \frac{w}{g}V^2$$

여기서, w : belt weight per unit length(N/m or lb/ft)
V : belt velocity(m/s or ft/s)
g : acceleration of gravity(9.81m/s² or 32.2ft/s²)

(3) 벨트의 전달동력

속도가 10m/s 이상일 경우에 원심을 고려한다.

① 원심을 고려하는 경우($v > $ 10m/s)

$$H'_{kW} = \frac{F_e\,[\text{kgf}]\,v\,[\text{m/s}]}{75} = \frac{v}{75}\left(F_1 - \frac{wv^2}{g}\right) \cdot \frac{e^{\mu\theta}-1}{e^{\mu\theta}}$$

$$= \frac{F_e\,[\text{N}]\,v\,[\text{m/s}]}{735.5} = \frac{v}{735.5}\left(F_1 - \rho A v^2\right) \cdot \frac{e^{\mu\theta}-1}{e^{\mu\theta}}$$

$$H'_{kW} = \frac{F_e\,[\text{kgf}]\,v\,[\text{m/s}]}{102} = \frac{v}{102}\left(F_1 - \frac{wv^2}{g}\right) \cdot \frac{e^{\mu\theta}-1}{e^{\mu\theta}}$$

$$= \frac{F_e\,[\text{N}]\,v\,[\text{m/s}]}{1,000} = \frac{v}{1,000}\left(F_1 - \rho A v^2\right) \cdot \frac{e^{\mu\theta}-1}{e^{\mu\theta}}$$

② 원심을 무시한 경우($v \leq$ 10m/s)

$$H_{ps} = \frac{F_e\,[\text{N}]\,v\,[\text{m/s}]}{735.5} = \frac{F_1 v}{735.5} \cdot \frac{e^{\mu\theta}-1}{e^{\mu\theta}}$$

$$H'_{kW} = \frac{F_e\,[\text{N}]\,v\,[\text{m/s}]}{1,000} = \frac{F_1 v}{1,000} \cdot \frac{e^{\mu\theta}-1}{e^{\mu\theta}}$$

위 식으로부터 알 수 있듯이, 벨트의 속도가 증가함에 따라 전달동력도 증가하게 되지만, 어느 속도 이상이 되면 원심력에 의한 부가장력을 무시할 수 없게 되기 때문에 도리어 감소한다.

(4) V-벨트(Belt)

일반적으로 벨트를 V형태로 만든다는 것은 V홈에서 마찰이 발생하게 된다. 벨트에 걸리는 마찰로 구동력을 얻을 수 있으며 V홈에서 발생하는 마찰로 큰 회전력을 얻을 수 있다.

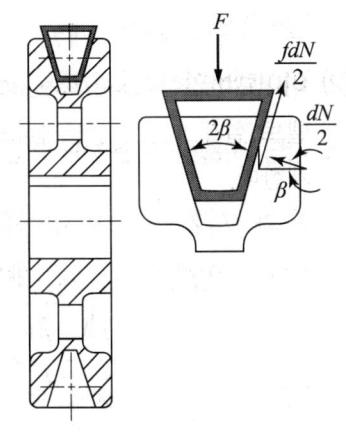

[그림 2-35] V홈 마찰

$$F = 2\left(\frac{dN}{2}\sin\beta + f\frac{dN}{2}\cos\beta\right)$$

$$2 \times \frac{fdN}{2} = \frac{f}{\sin\beta + f\cos\beta}F = f'F$$

$$f' = \frac{f}{\sin\beta + f\cos\beta}$$

$f' > f$이므로 큰 회전력을 얻을 수 있다.

여기서, F : 벨트의 장력에 의하여 V홈 1개당 반경 방향으로 누르는 힘

$\dfrac{N}{2}$: V홈의 한쪽 방향에 작용하는 반력

$\dfrac{fN}{2}$: 반경 방향 마찰력

(5) 회전체의 토크

회전수와 동력을 알면 토크를 알 수 있다.

① 1PS(마력)=75[kgf·m/s]=75×9.81[N·m/s]이므로 이를 고려할 때의 토크는 다음과 같다.

$$T = \dfrac{60 \times 75 \times 9.81\,\text{PS}}{2\pi n}\,[\text{N}\cdot\text{m}]$$
$$= 7{,}026\dfrac{1}{n}\,[\text{N}\cdot\text{m}] = 716.2\dfrac{1}{n}\text{PS}\,[\text{kgf}\cdot\text{m}]$$

② 1kW(동력)=102[kgf·m/s]=102×9.81[N·m/s]이므로 이를 고려할 때의 토크는 다음과 같다.

$$T = 9{,}555\dfrac{1}{n}\,\text{kW}\,[\text{N}\cdot\text{m}] = 974\dfrac{1}{n}\text{kW}\,[\text{kgf}\cdot\text{m}]$$

3) 상당 모멘트

대부분 회전축에서는 비틀림과 굽힘에 대한 스트레스를 동시에 받는다. 비틀림 모멘트 계산 시 굽힘 모멘트의 값이 필요하여 굽힘 모멘트 값 계산 시 역시 비틀림 모멘트의 값을 T_e로 하게 된다.

(1) 상당 비틀림 모멘트에 의한 축 설계

$$T_e = \sqrt{M^2 + T^2} = \tau_a \cdot Z_p = \tau_a \cdot \dfrac{\pi d^3}{16}$$

$$d = \sqrt[3]{\dfrac{16T}{\pi \tau_a}} = \sqrt[3]{\dfrac{5.1T}{\tau_a}}\,(\text{중실축}),\quad d_2 = \sqrt[3]{\dfrac{5.1T}{(1-x^4)\tau_a}}\,(\text{중공축})$$

(단, $x = \dfrac{d_1}{d_2}$ = 내외경비)

(2) 상당 굽힘 모멘트에 의한 축 설계

$$M_e = \dfrac{M + T_e}{2} = \dfrac{1}{2}(M + \sqrt{M^2 + T^2}) = \sigma_b \times Z = \sigma_b \times \dfrac{\pi d^3}{32}$$

$$d = \sqrt[3]{\frac{32M}{\pi\sigma_b}} = \sqrt[3]{\frac{10.2M}{\sigma_b}} \text{ (중실축)}, \quad d_2 = \sqrt[3]{\frac{10.2M}{(1-x^4)\sigma_b}} \text{ (중공축)}$$

(단, $x = \dfrac{d_1}{d_2}$ =내외경비)

4) 구름 베어링의 정격수명

(1) 베어링의 기본 정격수명(Basic rating life)

기본 동 정격하중의 크기에 해당하는 등가 하중이 작용하는 경우 90%의 신뢰도를 갖고 10^6 회전하는 것을 기준으로 하여 90%의 신뢰도를 나타내는 수명을 말한다.

(2) 기본 정격수명식

정격수명을 회전수 10^6 단위로 나타낸 식

$$L_n = \left(\frac{C}{P}\right)^r [10^6 \text{ 회전}]$$

여기서, C : 기본 부하용량(기본 동 정격하중)
 P : 베어링 하중
 r : 베어링 내/외륜과 전동체의 접촉상태에 따라 결정되는 지수로 볼 베어링은 3, 롤러 베어링은 10/3임

(3) 블록 브레이크의 작동력

〈표 2-3〉 블록 브레이크 작동력 방향에 따른 수식

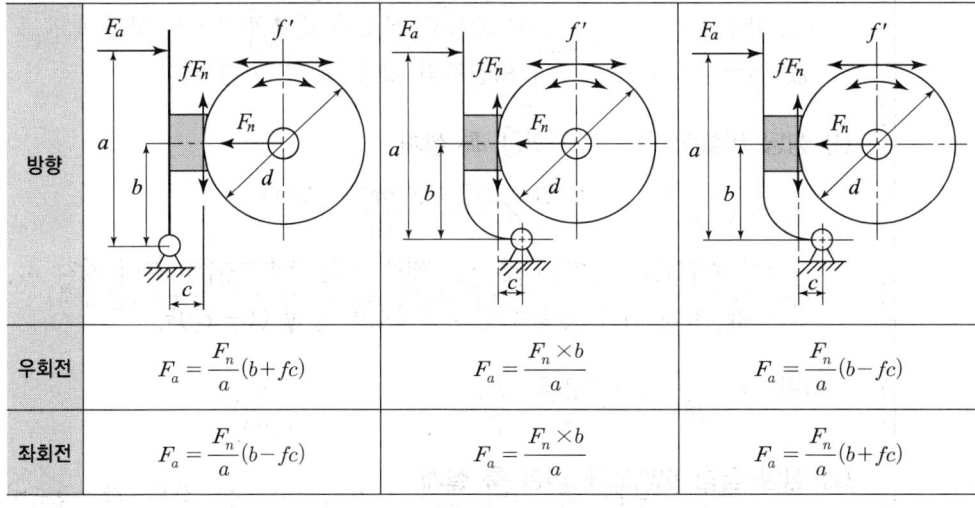

방향			
우회전	$F_a = \dfrac{F_n}{a}(b+fc)$	$F_a = \dfrac{F_n \times b}{a}$	$F_a = \dfrac{F_n}{a}(b-fc)$
좌회전	$F_a = \dfrac{F_n}{a}(b-fc)$	$F_a = \dfrac{F_n \times b}{a}$	$F_a = \dfrac{F_n}{a}(b+fc)$

5) 베벨 기어

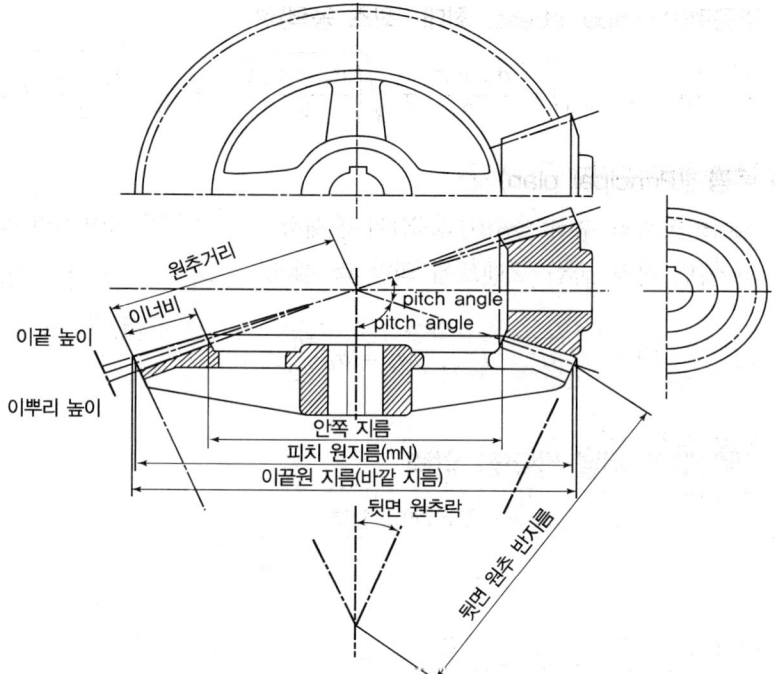

[그림 2-36] 베벨 기어의 용어 정의

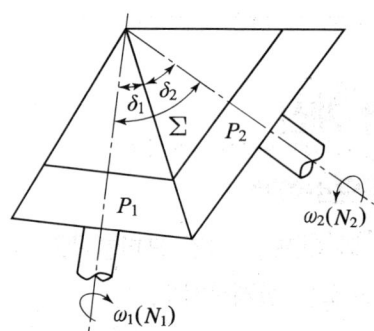

[그림 2-37] 베벨 기어의 속도비

[그림 2-37]과 같이 외접하는 원추 마찰차에서 원추 각이 각각 δ_1, δ_2 원동차에 대한 종동차의 회전속도비는 다음과 같다.

$$\text{속도비} : i = \frac{N_2}{N_1} = \frac{D_1}{D_2} = \frac{Z_1}{Z_2} = \frac{\omega_2}{\omega_1} = \frac{\sin\delta_1}{\sin\delta_2}$$

두 축이 이루는 축 각이 $\Sigma = \delta_1 + \delta_2 = 90°$인 경우 각 속도비 $i = \frac{N_2}{N_1} = \tan\delta_1 = \frac{1}{\tan\delta_2}$ 이다.

6) 조합응력

(1) 주응력(Principal stress, 최대·최소 응력)설

$$\sigma_{1,2}(\sigma_{\max}, \sigma_{\min}) = \frac{\sigma_x + \sigma_y}{2} \pm \sqrt{\left(\frac{\sigma_x - \sigma_y}{2}\right)^2 + \tau^2_{xy}} = \frac{\sigma_x + \sigma_y}{2} \pm \tau_{\max}$$

(2) 주평면(Principal plan)

최대·최소의 수직 응력(주응력)이 존재하고 전단응력(τ)이 0인 상태의 평면 상당 굽힘 모멘트에 의한 축 설계

$$M_e = \frac{1}{2}(M + \sqrt{M^2 + T^2}), \quad M_e = \sigma_b \frac{\pi d^3}{32}, \quad d = \sqrt[3]{\frac{32 M_e}{\sigma_b \pi}}$$

7) 레이디얼 저널 베어링 압력

〈표 2-4〉 레이디얼 저널(Radial journal)의 압력

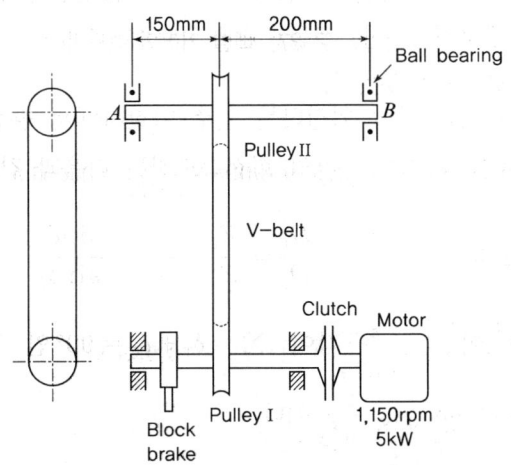

$$P = \frac{W}{dl}$$

여기서, P : 베어링 압력
d : 저널의 지름
W : 베어링 하중
l : 저널의 길이

투사면적

2. 동력 전달력 계산

1) 동력 전달장치 요소설계 I

1,150rpm의 속도와 5kW을 가진 모터를 동력원으로 하는 동력 전달장치에 따라 각 요소를 설계하시오.

(1) V-Belt 수

허용장력이 240N인 B형 V-Belt를 이용해서 5kW, 1,150rpm을 종동축에 그대로 전동시키려고 한다. 풀리 Ⅰ,Ⅱ의 피치원지름 125mm이고, 풀리 홈의 각도는 40°, 마찰계수 0.3이다. 벨트의 단위 길이 당 무게가 0.15MPa이고 운전상태는 충격이 없는 정숙 운전일 때 필요한 V-Belt 수를 구하여라. 단, 원심력은 고려하지 않는다.

접촉각 $\varnothing_1 = \varnothing_2 = \pi$

V-Belt 한 가닥의 전달마력은

$$H = \frac{H_1}{102 \times 9.8} v \times \frac{ef\varnothing - 1}{ef'\varnothing}$$

$$f' = \frac{f}{\sin\beta + f\cos\beta} = \frac{0.3}{\sin 20° + 0.3 \times \cos 20°} = 0.4808$$

$$= e^{0.4808 \times \pi} = 4.529$$

$$v = \frac{\pi D n}{60 \times 1,000} = \frac{\pi \times 125 \times 1,150}{60 \times 1,000} = 7.527 \, \text{m/sec}$$

$$H = \frac{240}{102 \times 9.8} \times 7.527 \times \frac{3.529}{4.529} = 1.408 \, \text{kW}$$

벨트 가닥 수 $= \frac{5}{1.877} = 3.5$이다.

f'은 V홈 벨트의 마찰을 나타내며 원심력을 고려하지 않는다는 말이 없다 하더라도 v가 10m/s 이하로 원심력을 고려하지 않는다. 이 동력으로 모터 동력인 5kW를 버티기 위해선 벨트 4개가 필요하다.

(2) 축의 지름

키 홈을 고려한 풀리 Ⅱ축의 허용굽힘응력 5MPa, 허용전단응력 4MPa일 때 축의 지름을 최대 응력설과 최대 전단응력설에 의하여 정수값으로 구하여라. 단, 전동효율은 100%이고 V-belt에서 원심력에 의한 영향을 받지 않는다.

$$T = 9,549 \times 10^3 \frac{kW}{n} = 9,549,000 \times \frac{5}{1,150} = 41,517.4 \, \text{N} \cdot \text{mm}$$

$$H = \frac{T_t}{75} v \times \frac{e^{f'} - 1}{e^{f'\varnothing}}$$

$$5 = \frac{T_t \times 7.527}{75} \times \frac{3.529}{4.529} \text{에서} \quad T_t = 63.938 \, \text{N}$$

$$T_s = \frac{T_t}{e^{f'\varnothing}} = \frac{63.938}{4.529} = 14.12 \, \text{N}$$

$$M_{\max} = \frac{(T_t + T_s \times 150 \times 200)}{350} = \frac{78.1 \times 150 \times 200}{350} = 6,694.3 \, \text{N} \cdot \text{mm}$$

$$M_e = \frac{1}{2}(M + T_e), \ T_e = \sqrt{M^2 + T^2} \text{ 에서}$$

$$T_e = \sqrt{6,694.3^2 + 41,517.4^2} = 42,053.6$$

$$M_e = \frac{1}{2}(6,694.3 + 41,517.4) = 24,105.85$$

$$T_e = \tau_a \pi \frac{d^3}{16}, \ d = \sqrt[3]{\frac{16 M_e}{\tau_a \times \pi}} = \sqrt[3]{\frac{16 \times 24,105.85}{4 \times \pi}} = 31.3 \, \text{mm}$$

$$M_e = \sigma_a \frac{\pi d^3}{32}, \ M_e = \sigma_a \frac{\pi d^3}{32}, \ \sqrt[3]{\frac{32 M_e}{\sigma_a \times \pi}} = \sqrt[3]{\frac{32 \times 24,105.85}{5 \times \pi}} = 36.6$$

이에 따라 축의 지름은 37mm 이상이 요구된다.

(3) 베어링 설계

풀리 Ⅱ축의 양단에 레이디얼 볼 베어링 #6204를 설치하였다. 베어링의 수명은 몇 회전되겠는가? 단, #6204의 정적 기본부하용량은 9,604N, 동적 기본부하용량은 4,420N이며, 벨트 계수는 $f_b = 2$, 하중 계수는 $f_w = 1.2$이다.

$$\text{지점에서의 하중} = \frac{(T_t + T_s) \times b}{l} = \frac{(63.938 + 14.12) \times 200}{350} = 44.6 \, \text{N}$$

$$\text{실제 하중치} = \text{지점에서의 하중} \times f_w \times f_b = 44.6 \times 1.2 \times 2 = 107.04$$

$$L_n = \left(\frac{c}{p}\right)^3 \times 10^6 = \left(\frac{9,604}{107.04}\right)^3 \times 10^6 = 722,301 \times 10^6 \, rev$$

(4) 블록 브레이크 설계

그림과 같은 블록 브레이크 팔에 196N의 힘을 가하여 제동시킬 때 마찰계수가 0.2, 접촉면적이 5,000mm²일 경우 브레이크 바퀴의 지름과 브레이크 용량을 구한다.

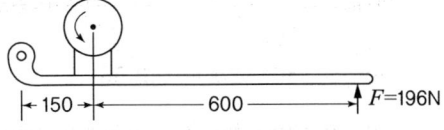

블록이 브레이크 드럼에 가하는 힘을 P라 하면,

$$196 \times (600 + 150) = P \times 150 \qquad \therefore P = 980 \, \text{N}$$

$$T = 0.2 \times 980 \times \frac{D}{2}$$

$$D = \frac{2 \times 3,114}{0.2 \times 980} = 31.78 \, \text{mm}$$

브레이크의 용량은

$$f \times \frac{P}{A} \times v(\frac{\pi D n}{60 \times 1,000}) = 0.2 \times \frac{980}{5,000} \times \frac{\pi \times 31.78 \times 1,150}{60 \times 1,000}$$
$$= 0.075 \, \text{N/mm}^2 \times \text{m/sec} \, \text{이다}.$$

2) 동력 전달장치 설계하기 Ⅱ

C형 V-Bet에서 $f=0.3$, 원동축 베벨 기어의 피치원지름이 80mm인 동력 전달장치에 따라 각 요소를 설계하시오.

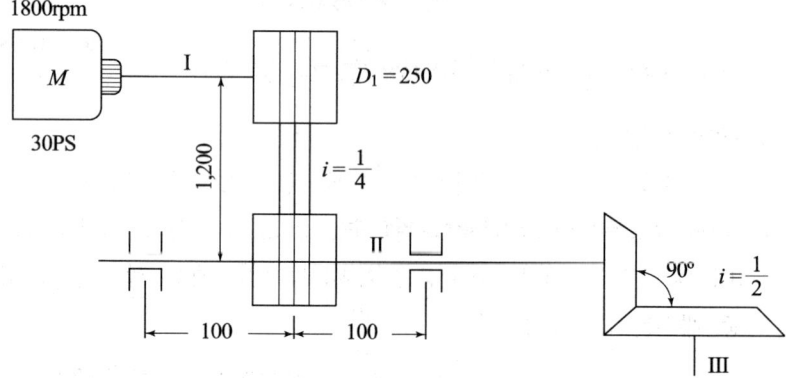

(1) V-belt의 길이와 양 풀리의 접촉각

$$L = 2C + \frac{\pi(D_1 + D_2)}{2} + \frac{\pi(D_2 - D_1)}{4C}$$
$$= 2 \times 1,200 + \frac{\pi}{2}(1,000 + 250) + \frac{(1,000 - 250)^2}{4 \times 1,200} = 4,480.68 \, \text{mm}$$

$$\sin\alpha = \frac{r_2 - r_1}{C} = \frac{500 - 125}{1,200} = 0.3125 \quad \therefore \, \alpha = 18.21°$$

$$\varnothing_1 = 180 - 2\alpha = 143.58°$$

$$\varnothing_2 = 180 + 2\alpha = 216.42°$$

$$\varnothing_1 = 143.58° \times \frac{\pi}{180} = 2.506 \, \text{rad}$$

$$\varnothing_2 = 216.42° \times \frac{\pi}{180} = 3.78 \, \text{rad}$$

(2) 베벨 기어의 피치 원추각과 피치 원추 거리

$$\tan\alpha_1 = \frac{\sin\theta}{\frac{1}{i} + \cos\theta}$$

$$\alpha_1 = \tan^{-1}\frac{\sin\theta}{\frac{1}{i} + \cos\theta} = \tan^{-1}i = \tan^{-1}0.5 = 26.57°$$

$$\sin\alpha_1 = \frac{D_1/2}{L}$$

$$L = \frac{D_1}{2\sin\alpha_1} = \frac{80}{2 \times \sin26.57°} = 89.43\,\text{mm}$$

(3) 베벨 기어의 전달 하중(전동효율 98%일 때)

$$F_t = \frac{T}{\frac{D}{2}} = \frac{2T}{D} = \frac{2}{D} \times 716,200\frac{PS}{n} = \frac{2}{80} \times 716,200 \times \frac{30 \times 0.98}{450}$$

$$= 1,169.8\,\text{kgf} \times 9.8 = 11,464\,\text{N}$$

(4) V-belt의 원주속도와 belt 가닥 수

(단, $e^{f'\varnothing} = 3.338$, $w = 0.282\,\dfrac{\text{kgf}}{\text{m}}$, $T_t = 50\,\text{kgf}$, 효율 98%이다.)

$$v = \frac{\pi Dn}{60 \times 1,000} = \frac{\pi \times 250 \times 1,800}{60 \times 1,000} = 23.56\,\text{m/s} > 10\,\text{m/s}$$

V-belt 1가닥의 동력

$$= \frac{v}{75}\left(T_1 - \frac{wv^2}{g}\right) \times \left(\frac{e^{f'\varnothing} - 1}{e^{f'\varnothing}}\right) \times \eta$$

$$= \frac{23.56}{75}\left(50 - \frac{0.282 \times 23.56^2}{9.81}\right) \times \left(\frac{2.338}{3.338}\right) \times 0.98 = 7.3\,\text{PS}$$

Belt 가닥 수 $= \dfrac{30}{7.3} = 4.11$ 이므로 5개가 필요하다.

(5) 최대 주응력설에 의거 Ⅱ축의 지름 설계(단, $\sigma_b = 4\,\dfrac{\text{kgf}}{\text{mm}^2}$)

$$T = 716,200\frac{ps}{n} \times \eta = 716,200 \times \frac{30}{450} \times 0.98 = 46,791.7\,\text{kgf}\cdot\text{mm} \times 9.8$$

$$= 458,558.66\,\text{N}$$

$$F_c = \frac{wv^2}{g} = \frac{0.282 \times 23.56^2}{9.81} = 15.97$$

$$\frac{T_t - F_c}{T_s - F_c} = e^{f'\varnothing} \text{ 에서 } \frac{T_t - F_c}{T_s - F_c} = 3.338$$

$$T_s = \frac{50 - 15.97}{3.338} + 15.97 = 26.16 \text{ 이며, 축 하중은 두 장력의 합이므로}$$

$$F_s = \sqrt{T_t^2 + T_s^2 + 2T_tT_s\cos 2\alpha}$$
$$= \sqrt{50^2 + 26.16^2 + 2 \times 50 \times 26.16 \times \cos 36.45} = 72.73$$

(6) Ⅱ축을 지지하는 베어링이 엔드 저널일 때 d와 l 구하면
(단, 허용굽힘응력 4MPa, 허용 면압력 0.1MPa이다.)

$$M_{\max} = 3,636.5 = \sigma_b \frac{\pi d^3}{32}$$

$$d = \sqrt[3]{\frac{32M}{\sigma_b \pi}} = \sqrt[3]{\frac{32 \times 3,636.5}{4 \times \pi}} = 21\,\text{mm}$$

$$q_a = \frac{F_s}{dl'}$$

$$l = \frac{F_s}{dq_a} = \frac{72.73}{21 \times 0.1} = 35\,\text{mm}$$

Chapter 03 치공구요소 설계

1 요구기능 파악

1. 나치공구의 기능과 특성

1) 치공구 개요

(1) 치공구의 필요성

치공구는 예로부터 대부분 공작기계의 절삭가공 보조장치로 만들어져 사용되어왔다. 그러나 최근에는 전 산업 분야에서 널리 보급 사용되고 있으며 특히 자동화 분야의 획기적인 발전으로 앞으로 광범위하게 사용되지 않으면 안 된다. 즉, 모든 작업에 치공구를 사용하여 적은 비용으로 쉽고, 신속하고, 정확하게 일을 할 수 있도록 개선해 나가야 한다.

(2) 치공구의 구분에 대한 기준

치공구는 지그(Jig)와 고정구(Fixture)로 분류되며 각종 공작물의 가공, 검사, 조립 등의 작업을 가장 경제적이며 고 정도(high accuracy)의 품질을 유지하기 위하여 사용되는 일련의 특수공구(special tool)를 말한다.

(3) 치공구 설계의 역량

모든 설계의 기본은 치공구로부터 시작된다. 사용자(user) 측과 제조자(maker) 측의 접점이 되는 치공구 부분으로 이것은 제품과 기계의 접점 부분이 되는 것이다. 설계의 어려움(error)이 가장 많은 부분이라고 말할 수 있으며, 치공구 설계의 중요성은 설계자의 아이디어(idea)에서부터 시작된다고 할 수 있다.

2) 치공구의 정의

치공구는 제품에 있어서 필요한 제조 수단으로 공작물(또는 조립물)의 위치결정과 공작물이 움직이지 않도록 고정하여 공작물을 허용공차 내에서 제조하는 데 사용되는 생산용 특수공구이다. 제품의 호환성(품질), 경제성(가격), 생산성(납기)을 향상하는 데 필요한 보조기구나 장치로서 지그(Jig)와 고정구(Fixture)로 분류된다.

3) 지그(Jig)와 고정구(Fixture)의 차이

(1) 지그
기계가공에서 공작물을 위치결정(locating), 고정(클램핑), 지지(supporting)하거나 또는 공작물을 잡거나(holding) 부착 사용하는 특수장치로서, 공구를 공작물에 안내하는 부시(bush)를 포함하면 지그라 한다.

(2) 고정구
공작물의 위치결정 및 고정에 대해서는 근본적으로 지그와 같이 공구를 공작물에 안내하는 부시 기능이 없으나, 세트 블록(set block)과 틈새 게이지(feeler gage)로 공구의 정확한 위치 안내장치를 포함하면 고정구라 칭한다.

(3) 지그와 고정구의 명확한 정의
제조 현장에서는 지그와 고정구를 구분하는 것은 큰 의미가 없으므로 일반적으로 치공구를 지그라 칭하기도 한다. 기구학적 기능이나 외형만으로 지그와 고정구를 명확하게 정의하기는 어려우며, 현장에서는 서로가 같은 것으로 간주하고 있다.

4) 치공구의 사용 목적
치공구의 사용 목적은 다음과 같다.

(1) 공작물 로딩·언로딩 시간 단축
공작물의 로딩·언로딩(loading & unloading) 시간을 단축하고, 정확하고 신속하게 공작물의 위치를 자세 유지할 수 있어 대량으로 생산되는 제품의 제조에 매우 경제적이다.

(2) 조립시간 단축
같은 치공구에서 가공된 제품들은 모두 균일한 치수로 호환성 있게 생산되므로 조립 과정에서도 크게 시간을 단축할 수 있다.

(3) 숙련시간 단축
숙련공을 필요로 하는 높은 정밀도의 기계가공에서도 치공구를 사용하면 비숙련공이라도 쉽게 작업할 수 있다.

(4) 안전사고 감소
작업이 단순해지므로 작업시간 및 작업자의 실수로 인한 사고를 감소시킬 수 있다.

(5) 기계 가동률 증가

보잘 것 없는 공작기계라 할지라도 적합한 치공구를 사용함으로써 고가의 정도 높은 기계가공의 효과를 얻을 수 있으므로 기계의 잠재력을 크게 배가시킬 수 있다.

(6) 공정검사 비용 감소

숙련공에 의존1개별 작업방식은 전수검사를 해야 하지만, 치공구를 사용할 경우는 샘플 검사만으로 일부 검사 공정의 생략에 따른 비용 절감 효과가 크다.

(7) 원가절감

치공구의 사용은 공정복합이나 공정개선을 위한 획기적인 도구이기 때문에 원가절감에 매우 유용한 도구로 활용되고 있다.

5) 치공구의 3요소

동일한 다수의 공작물을 가공하거나 조립하기 위해서는 어느 공작물이든 같은 위치에서 위치결정 및 고정되어, 가공이나 조립 중에 움직이지 않도록 해야 한다. 여기서 공작물이 같은 위치에 위치결정 되어 고정된다는 것은 그 각각의 공작물이 같은 위치결정면에서 공작물의 기준이 결정되고, 반대편에서 클램프로 고정한다는 것이다. 여기에 사용되는 클램프는 외력에 충분히 견딜 수 있어야 한다. 치공구의 3요소로는 다음과 같다.

(1) 위치결정면

공작물이 X, Y, Z축 방향으로 직선 또는 회전운동을 제한하기 위하여 위치결정을 설치하는 면을 위치결정면이라 한다. 일정한 위치에서 공작물의 기준면을 설정하는 것으로 일반적으로 밑면이 된다. 3차원 상태의 공작물에서 6개 방향 움직임을 제한하기 위해 x, y, z 방향 3개의 위치결정면이 필요하고, 나머지 6개 방향의 움직임은 고정력으로 제한한다.

(2) 위치결정구(locator)

공작물의 회전방지나 일정한 위치나 자세 유지를 위해 사용되며, 일반적으로 공작물의 측면이나 구멍에서 주로 위치결정 핀을 설치하는데 이를 위치결정구라 한다. 위치결정구는 제품의 품질과 직접 관련이 있으므로 설계나 제작 시에 신중히 고려해야만 한다.

(3) 클램프(clamp)

위치결정구 반대 방향에서 공작물의 움직임을 제한하고자 할 때 사용하는 공작물 고정장치가 클램프이다. 공작물의 휨이나 변형이 발생하지 않도록 해야 하며, 6개 방향의 움직임을 제한한다. 절삭력이나 공구력 등에 휨이나 뒤틀림이 생기지 않도록 주의해야 하며 얇은 공작물에 변형이나 기계가공 면에 상처(압흔)가 생기지 않도록 조심해야 한다. 클램프의 역할은 작업 시 공작물이 움직이지 않도록 고정하는 것이지만, 작업성과 밀접한 관계에 있으므로 클램프 설계 시 주의가 필요하다.

6) 치공구의 그룹화

(1) 다품종 소량 생산

치공구의 제작비를 고려할 때 불리한 경우가 많으므로 설계속성이나 제조속성별로 GT(Group Technology)와 하여야 한다. 이는 제품에 대하여 합리성 있는 조합이나 조정의 필요성을 의미하는 것이며, 이를 위해서 생산조건을 결정하는 여러 가지 요소로서 이를 5M이라고 한다.

(2) 5M

Material(재료), Machine(장비), Manpower(인력), Method(방법), Money(자본)이다. 5M을 관리하는 일은 중요하고 관리상의 혼란을 초래하지 말아야 한다.

(3) GT의 치공구

여기서 "GT의 치공구"라는 개념은 원활한 생산기능을 발휘해야 한다는 전제조건이 뒤따른다. 간단히 말하자면 "합리성 있는 조합 또는 조정"에서 대응시킬 수 있는 범위가 유사한 제품이 되는 것이다. 이러한 치공구는 기본적인 형상을 바꾸지 않고 일부 구성요소만 변경하는 것이 보통이며, 생산 설비를 혼란시키지 않으면서 생산의 변화에 유연하게 대처할 수 있다.

(4) 공정의 복합화

제품대상이 유사하지 않더라도 제조 속성과 설계 속성으로 분류하여 유사 군들에 대하여 공정들을 합침으로써 제조 비용을 절감하는 것이다. 과거 대량 생산방식에서 최근에는 소비자(user) 취향의 다양성이 중시되어 다품종 소량 생산방식으로 크게 변화되면서 제조 현장에서도 이에 적절히 대응하여 원가절감을 위한 다양한 제조 방법이 대두되고 있다.

7) 치공구의 이점

치공구는 기구 또는 부품의 가공, 조립, 검사 등의 작업을 정확하고 능률적으로 하기 위하여 사용한다. 따라서 다품종 소량의 제품을 생산할 때 지그나 고정구를 사용하면 가공 준비 시간이나 치공구의 제작비 등의 측면에서 불리한 때도 있다.

지그를 사용하는 목적은 균일하고 높은 정밀도의 가공물을 짧은 시간에 가공하는 것이며, 여기서 생산된 제품은 균일하고 서로 교환할 수 있는 호환성이 있어야 한다. 예컨대 부품을 교환하면 현장 맞춤이 필요 없어지는 등 작업 공정이 간단해지고 작업 능률도 향상되므로 제품의 제조원가를 경감시킬 수 있다. 한편, 지그나 고정구를 사용하면 부품 가격을 내릴 수도 있어 기업체의 경영적인 측면에서도 대단히 중요한 역할을 한다. 다음에서는 치공구를 사용할 경우의 장점을 제시한다.

(1) 가공상의 이점

① **기계 가동률 증가** : 공작기계와 생산 설비를 최대한 활용할 수 있다. 여러 가지 기구 및 기계를 통한 가공을 동시에 할 수 있다.

② **생산력 향상** : 부착 및 탈착 등의 준비 시간이 단축되므로 기계 가동률이 향상되고, 생산 능력이 향상한다.

③ **특수가공 감소** : 치공구가 있으므로 별도의 특수기계와 특수공구가 필요하지 않다.

(2) 생산 원가절감

① **정밀도 및 호환성 향상** : 가공정밀도 향상과 치수의 균일화가 가능하다. 그리고 불량품을 방지할 수 있다. 하나의 치공구를 이용하여 다른 가공물의 작업도 가능하다.

② **제품의 균일화** : 제품의 치수 균일화에 의하여 제품검사과정이 간소화될 수 있다.

③ **작업시간 감소** : 제품의 제조시간과 보수작업 과정이 감소하므로 양산화에 유리하다.

(3) 노무관리의 단순화

① **특수 작업 감소** : 특수 작업의 감소와 특별한 주의사항 및 검사 등이 불필요하다.

② **숙련도 감소** : 작업의 숙련도 요구가 감소하며 작업인력이 많이 감소한다.

③ **작업자의 피로 감소** : 작업 피로감 감소로 인해 작업의 안전성을 증가시킬 수 있다.

④ **재료비 감소** : 재료비 절약이 가능하고 다른 작업과의 관련이 원활하다.

⑤ **불량률 감소** : 불량품이 감소하고 부품의 호환성이 증대된다.

⑥ **공구수명 연장** : 바이트 등 공구의 파손 감소로 공구수명이 연장된다.

2. 공정별 가공 공정 이해

1) 치공구의 제작성 검토

치공구의 사용 여부는 제품의 생산 수량과 제조단가와 가장 밀접한 관계가 있다. 대량 생산방식에서는 치공구가 사용되면 그만큼 원가 절감이 되어 당연히 치공구를 사용해야 하지만, 소비자의 욕구가 다양해지고 제품의 수명(life cycle)이 짧아져서 최근의 생산방식은 다품종 소량 생산 추세이다. 따라서 JIT(Just in Time)나 GT기법의 활용이 급증하면서 치공구를 제작하기에 앞서, 치공구의 사용이 경제적으로 바람직한가에 대한 판단이 요구될 때 치공구의 제작비와 제작 수량에 따른 치공구의 생산성에 대한 손익분기점을 찾아서 치공구 사용 여부를 신중히 검토해야 한다. 생산이란 공정(process)과 작업(operation)의 2가지 기능에 의하여 원재료로부터 완성품을 만드는 것이라 정의할 수 있으며, 생산(production)이란 총괄적 표현이고, 제조(manufacturing)는 기술적 표현이며, 제작(making)은 기능에 기초를 둔 표현이라고 말할 수 있다.

▶ 제품 수량에 따른 생산의 종류

다음과 같이 구분할 수 있다.

① 소량 생산(job lot production) : 생산 수량이 2,500개 이하인 경우는 대부분 작업자의 숙련에 크게 의존하며 때에 따라 기존 장비로 생산이 곤란할 경우는 치공구의 도입이 필요하다.

② 중량 생산(moderate production) : 생산 수량이 2,500개~10만 개 이하로 치공구의 사용 여부에 따라 다르다.

③ 대량 생산(mass production) : 10만 개 이상으로 치공구 도입이 매우 필요한 상태이다.

2) 치공구 설계의 기본원칙

"어떠한 치공구 구조로 설계하면 가장 큰 효과를 올릴 수 있을까"에 대해서는 공작물의 제조계획 부문과 제조 부문에 밀접하게 협의하는 것이 원칙이며, 목적에 따라서 치공구를 제작하는 데는 치공구 설계 부문에서 제조계획의 단계에 있어서 그 공작물 개개의 기계제조 공정 과정을 충분히 검토하여 치공구를 설계함으로 그 목적을 달성할 수가 있다.

① 제품의 수량과 납기 등을 충분히 고려하여 제품생산에 가장 적합하고 단순하게 치공구를 결정할 것
② 표준(범용) 치공구를 이용하거나 사용하지 않는 치공구를 개조 또는 수리하여 재사용하는 것을 고려할 것
③ 치공구를 설계할 때는 중요 구성부품은 전문업체에서 생산되는 표준 규격품을 많이 사용할 것
④ 손으로 조작하는 치공구는 충분한 강도를 가지면서 취급하기 쉽도록 설계할 것
⑤ 고정력의 작용거리를 되도록 짧게 하고 단순하게 설계할 것
⑥ 치공구 본체에 가공을 위한 공구 위치 및 측정을 위한 세트 블록을 설치할 것
⑦ 치공구 본체는 칩과 절삭유가 잘 배출될 수 있도록 설계할 것
⑧ 가공 압력은 클램핑 요소에서 받지 않고, 위치결정면에 하중이 작용하도록 할 것
⑨ 단조품의 분하면(Parting line), 주형의 분할면, 탕구 및 삽탕구의 위치는 위치결정면이나 클램프 면으로 하지 말 것

⑩ 클램핑 요소에서는 되도록 스패너, 핀, 쐐기, 망치와 같이 수공구(hand working tool)를 사용하지 않도록 설계할 것
⑪ 치공구의 사용 유무는 치공구의 제작비와 손익분기점을 반드시 고려하여 결정할 것
⑫ 제품의 재질을 고려하여 이에 적합한 등급으로 할 것
⑬ 정밀도가 요구되지 않거나 조립이 되지 않는 불필요한 부분에 대해서 기계가공 등의 작업을 하지 않을 것
⑭ 기능을 요하는 부분에 대하여 지나치게 정밀한 공차를 주지 않도록 할 것. 치공구의 공차는 제품 공차에 대하여 20~50% 정도 적용하고, 금형이나 게이지는 10% 부여할 것
⑮ 치공구 도면의 주기 등을 잘 활용하여 최대한 치공구 구조를 단순화하도록 할 것
⑯ 표준(범용) 치공구를 이용하거나 사용하지 않는 치공구를 개조 또는 수리하여 재사용 하는 것을 고려할 것

3) 치공구의 손익계산

부품의 생산량은 치공구 규모에 대해서 빼놓을 수 없는 요소이며, 경제성 척도로서 중요한 항목이다. 치공구의 사용 유무는 자본회수연수와 투자해야 할 제작비와의 관계를 알아보는 식으로는 다음과 같다.

(1) 자본회수연수 계산식

$$n = \frac{C(1 + \frac{i \cdot n}{2})}{S} \qquad \therefore n = \frac{C}{S - \frac{C}{20}}$$

여기서, C : 투자자본(설비투자액)
i : 연간 이자율(8%면 0.8로 한다.)
S : 연간 이익액(절감액)
n : 자본회수 연수

설비투자 효과의 판단기준은 윗 식에 의한 투자자본의 회수연수에 따라 판단한다. 대량 생산의 경우는 치공구의 사용 시 치공구의 감가상각이라든가 가격에 관해서 크게 염려할 필요는 없지만, 현대 사회에서는 소비자의 다양한 요구에 의한 다품종 소량 생산이 많으므로 경제성에 대하여 신중히 고려할 필요가 있다. 치공구의 사용이 경제적으로 바람직한가에 관해서는 다음과 같은 치공구 제작비와 부품의 단가를 구하는 식이 주로 사용되고 있다.

(2) 치공구의 손익분기점 계산

치공구의 손익분기점은 치공구 제작비용을 생산비 절감으로 충당할 수 있는 최소부품 수량을 말하며, 손익분기점 값이 작을수록 이익을 빨리 실현할 수 있다. 치공구 사용 시 손익분기점의 계산식은 다음과 같다.

$$N = \frac{Y}{(H - HJ)y}$$

여기서, N : 치공구의 손익분기점
Y : 치공구 제작비용
H : 치공구를 사용하지 않을 때 1개당 가공 시간
HJ : 치공구를 사용할 때 1개당 가공 시간
y : 1시간당 가공비용

또한, 부품단가 기준 손익분기점 계산

$$N = \frac{Y}{C_{P1} - C_{P2}}$$

여기서, N : 치공구의 손익분기점
C_{P1} : 치공구 사용 시 부품단가
C_{P2} : 기존공구 사용 시 부품단가

(3) 부품단가의 계산

노임과 치공구 비용만으로는 경제성을 파악하는 데 한계가 있으므로 부품의 제작수량을 반드시 고려하여야 한다.

$$C_p = \frac{T_c + L}{L_s}$$

여기서, C_p : 부품단가
T_c : 공구비용
L : 노임
L_s : 제작 수량

4) 치공구의 설계 계획

치공구 설계는 제품 설계(product design)와 제품 생산(product manufacturing) 사이의 과정에서 이루어지며 제품의 품질 및 기타 중요도에 따라 지그의 품질을 결정하고 치공구 설계 도면을 완성하게 된다. 설계 계획의 결과는 치공구 설계의 성패를 좌우하므로 생산해야 할 제품의 정보와 규격을 평가·분석하여 가장 유효하고 경제적인

치공구 설계를 하여야 하며 이 단계에서 치공구 설계는 제품 도면과 제품 공정 요약 및 공정도에 대하여 많은 연구 분석을 하여야 한다. 공정(process)이란 단순히 원자재로부터 제품을 제조하는 과정, 원자재를 성형하여 유용한 제품의 형태로 만드는 방법이라고도 할 수 있다. 여기서 공정은 원자재 상태인 금속, 플라스틱, 고무 성형에도 적용되지만, 식료품, 섬유, 화학제품, 약품 제조 등의 산업까지 적용되는 것은 아니다.

(1) 부품도(part drawing) 분석
치공구 설계는 부품도를 분석할 때 치공구 설계 및 선정에 직접적인 영향을 주는 다음 사항 등을 고려한다.

① 부품의 전반적인 치수와 형상
치공구 설계자는 부품의 크기 및 형상에 따라 어떤 형태의 치공구로 설계할 것인가를 고려해야 한다.

② 부품 제작에 사용될 재료의 재질과 상태
가공제품의 재질과 상태는 치공구 제작에 직접적인 영향을 준다. 알루미늄, 동, 마그네슘 같은 연질의 제품은 경질의 재료보다 절삭력이 적게 발생하므로 빠르고 쉽게 절삭할 수 있다. 따라서 이러한 재료를 가공할 때 치공구의 무게와 강성을 작게 하여도 되며, 변형이 발생하지 않도록 치공구를 설계한다. 또한 제품재료의 상태는 공작물의 위치결정과 고정에 영향을 준다. 압연제품이나 사출제품은 주조제품과 비교해 치수가 균일하므로, 일반적으로 위치결정이 쉽다. 또한 주조품은 다른 재질보다 잘 깨지기 때문에 파손과 균열을 방지하기 위하여 고정력을 감소시켜야 한다.

③ 적합한 기계가공 작업의 종류
수행해야 할 기계가공 작업의 종류에 따라서 제작될 치공구의 형태가 결정된다. 일반적으로 단일 목적으로 쓰이는 치공구는 고속생산에 적합하다. 또한 필요에 따라서는 2가지 이상의 목적에 사용할 수 있도록 다목적용 치공구, 즉 지그와 고정구를 함께 사용할 수 있도록 설계될 수도 있다. 기계가공 작업은 치공구의 강도를 어느 정도로 할 것인가를 결정한다. 예를 들면, 밀링 고정구는 키 홈 가공용 고정구보다 견고하게 만들어져야 한다. 큰 구멍을 뚫기 위한 지그는 작은 구멍을 뚫기 위한 지그보다 더 견고하게 만들어져야 한다. 일반적으로 절삭력이 향상하면 치공구의 강도와 강성이 더욱 큰 것으로 요구된다.

④ 요구되는 정밀도 및 형상 공차

가공제품의 공차는 치공구의 공차에 영향을 미친다. 치공구 부품의 제작 공차는 제품 공차보다 더 정밀한 공차로 제작되어야 요구하는 제품 공차를 만족시킬 수 있다.

⑤ 생산할 부품의 수량

소량제품의 생산을 목적으로 하는 치공구는 가능한 단순하고 저렴하게 제작하여야 한다. 같은 제품이라도 대량제품 생산을 하고자 한다면, 구조가 복잡하더라도 생산성이 좋고 견고한 치공구로 제작되어야 한다. 일반적으로 생산량이 많은 경우에는 치공구는 더욱 고급화되고 제작비용이 커지므로 치공구의 수명이 길어지고 생산성이 좋아진다. 또한 치공구의 사용 시간이 길면 교체가 필요한 부품이 생기게 되므로, 이러한 점을 치공구 설계 때 고려해야 한다. 예를 들면 지그에서 부시는 마멸이 심하므로 고정부시보다 교환이 편리한 라이너부시와 고정나사로 사용된다. 또한 위치결정구와 클램프도 생산되어야 할 부품수량에 따라 결정되어야 한다.

⑥ 위치결정면과 클램핑 할 수 있는 면의 선정

치공구의 위치결정면은 공작물 품질과 치공구의 구조에도 중요한 영향을 미치는 부분이다. 따라서 도면에서 부품을 위치결정하고 조정시키는 작업에 주의해야 하며, 일반적으로 구멍 → 두 면이 직각으로 기계가공된 면 → 한 면은 기계가공되고 다른 면은 기계가공되지 않은 면 → 두 면이 모두 기계가공되지 않은 면의 우선순위에 따라 위치결정면을 선택한다. 위치결정면은 가공의 기준이 되므로, 공작물은 공차범위 내에서 같이 위치결정 되어야 한다. 그리고 고정면은 충분한 강성이 있어야 하고, 공작물에 휨이나 뒤틀림 등의 변형이 생기지 않도록 고정되어야 한다. 완성 가공된 표면을 고정면으로 작업할 때 클램프에 의해 제품에 손상이 가지 않도록 보호 캡이나 패드를 사용한다.

⑦ 각종 공작기계의 형식과 크기

치공구설계자는 생산 및 생산기획 부문과 협의를 통하여, 제품을 가공에 사용되는 공작기계의 종류와 크기 등을 사전에 파악하고, 이를 기준으로 사용할 공작기계에 맞추어 치공구의 크기 및 작업범위를 결정해야 한다.

⑧ 커터의 종류와 치수

일반적인 커터의 치수와 형상은 표준화되어 있으며, 이러한 설계

자료를 사용하면 시간을 절약할 수 있다. 이를 참조하여 가공에 사용할 공구의 종류와 형상을 정하고, 이에 알맞은 치공구가 설계되어야 한다.

⑨ 작업순서 등

1개의 부품에 대하여 1개 이상의 치공구를 설계해야 하는 경우는 작업순서에 맞추어 먼저 설계해야 할 것이 어느 공정인가를 결정해야 한다. 먼저 하는 공정은 다음 공정을 위해 만들 치공구를 위해 우수한 위치결정을 할 수 있게 한다.

(2) 가공 공정의 전개

공정작업표는 작업순서에 따라 번호를 부여하는데 10, 20, 30, … 등 10의 배수로 부여한다. 이것은 공정설계자가 공정설계를 끝낸 후에 새로 추가할 공정 또는 제품의 설계변경으로 인한 변경사항을 추가할 수 있게 하기 위한 것이다. 공정총괄표 또는 부품공정 요약에는 앞서 설명된 공정작업도에 포함되는 사항이 적용된다.

일반적으로 공정도는 제도용지나 자체 양식에 설계하지만 간단한 제품에 대해서는 공정도와 공정 총괄을 복합시킨다. 실도의 공정도에 대한 도해를 공정설계하며 대체로 다음과 같은 사항이 포함되어야 한다.

① 해당 작업에 필요한 공작물의 3도면(또는 2도면), 필요에 따라 공작물의 스케치도면, 단면도 등이 표시된다.
② 공정내용 및 공정번호
③ 척도(척도와 일치되지 않을 수도 있다)
④ 재료의 제거 또는 가공되는 표면
⑤ 공정에서 얻어지는 치수
⑥ 위치결정구, 클램프, 지지구의 위치
⑦ 기계 또는 장비명 및 번호
⑧ 생산 공장의 위치, 생산 부서(공장)명, 부서 번호 및 위치
⑨ 공정설계기사명 및 날짜
⑩ 제품명 및 부품 번호
⑪ 공구류 표시(게이지, 절삭공구, 특수공구 등 순서)

(3) 가공 공정도의 이점

① 공정 진행에 있어 기억보다는 시각적으로 도움을 준다.
② 제품 제조에 필요한 공정을 누락시킬 가능성을 감소시킨다.
③ 공정도는 제품도상의 모든 치수에 대하여 고려해야 할 사항이 확실하게 되어 있는지를 확인한다.

④ 안정성, 변형 및 재료의 치수 변화를 관리하기 위하여 공작물상에 위치결정점의 배치를 결정하는 데 도움을 준다.
⑤ 아직 가공되지 않은 표면에 위치결정구를 배치하는 것을 피한다.
⑥ 제품도 및 설계변경을 작성할 때 공정도는 공구류와 장비에 요구되는 변경사항을 결정하는 데 도움이 된다.
⑦ 공정설계자는 공정설계와 위치결정방법이 제대로 되었는가 확인할 때 공정도를 사용할 수 있다.
⑧ 공정설계자는 위치결정과 클램핑 위치를 관리할 수 있다.
⑨ 여러 공정에서 전체 위치결정방법을 조정하는 데 도움이 된다.
⑩ 위치결정점이 적절히 주어졌는지 결정하는 데 도움을 주며, 과잉의 위치결정구를 제거하는 데 도움이 된다.
⑪ 고정력의 방향과 위치를 결정하는 데 도움이 된다.
⑫ 공정의 복합이나 공정의 자동화에 도움이 된다.

5) 치공구의 분류

지그와 고정구는 가공물의 형상이나 모양, 가공조건, 방법, 작업내용 등에 따라 여러 가지가 만들어져 있으므로 그 분류 방법 및 종류 등이 다양하다.

(1) 작업용도 및 내용에 따른 분류

최근 자동화 생산 설비 및 공작기계의 진보는 괄목할 만하며 NC화는 물론, 복합화 등 새로운 타입의 기계가 증가하고 있다. 따라서 작업용도 및 내용에 따른 분류가 혼란스러워지므로 다음과 같이 분류해 보았다.

① **기계가공 치공구** : 드릴, 밀링, 선반, 연삭, MCT, CNC, 보링, 기어절삭, 브로치, 래핑, 평삭, 방전, 레이저 등
② **조립 치공구** : 나사 체결, 리벳, 접착, 기능조정, 프레스 압입, 조정검사, 센터구멍 등
③ **용접 치공구** : 위치결정용, 자세 유지, 구속용, 회전포지션, 안내, 비틀림 방지, 검사용 등
④ **검사 치공구** : 측정, 형상, 압력시험, 재료시험 등
⑤ **기타** : 자동차 생산라인의 엔진조립 지그, 자동차 용접지그, 자동차 도장 및 열처리 지그, 레이아웃 치공구 등 다양하게 나눌 수 있다.

(2) 모양상 분류

형상이나 형식으로부터 플레이트형, 앵글 플레이트형, 개방형, 박스형, 척형, 바이스형, 분할형, 연속형, 모방형, 교대형 등으로 나눌 수 있다. [그림 3-1]은 바이스에 사용되는 특수 조(jaw)의 일례를 나타낸다.

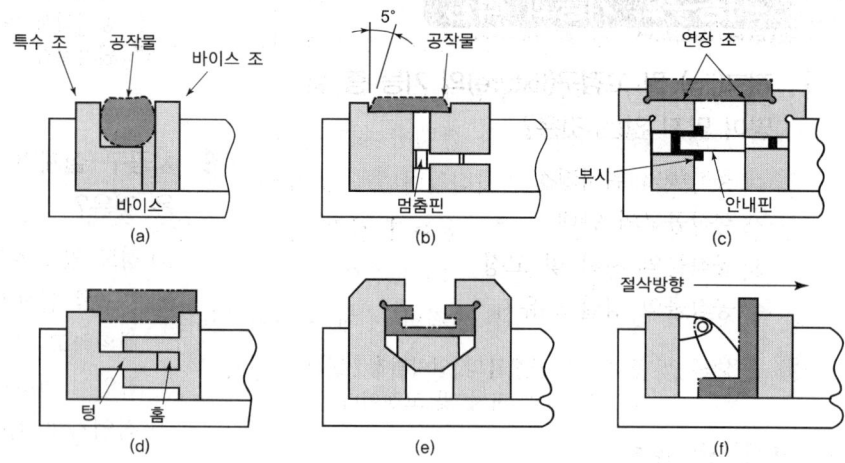

[그림 3-1] 바이스에 사용되는 특수 조(special vise jaw)

(3) 기구상 분류

고정구는 가공물의 위치를 결정한 후 이것을 고정하기 위해 조이는데 조임 기구에 따라서 다음과 같이 분류된다.

① 나사(슬라이드 스트랩 클램프)에 의한 것
② 캠에 의한 것
③ 편심 축에 의한 것
④ 래치에 의한 것
⑤ 웨지(쐐기)에 의한 것
⑥ 유압에 의한 것
⑦ 공압에 의한 것
⑧ 마그네틱에 의한 것

이상 고정구의 분류를 살펴보았는데 가공조건에 따라 여러 가지를 조합하여 사용한다.

01 치공구의 기능과 특성

01. 지그(jig) 및 고정구(fixture)의 기능 중 설명이 맞지 않는 것은?

① 공작물의 위치결정
② 절삭공구의 안내
③ 공작물의 지지 및 고정
④ 공작물의 정밀도 유지

해설) 치공구의 주기능은 공작물의 위치결정, 절삭공구의 안내, 공작물의 지지 및 고정이다.

02. 치공구의 사용상 중요기능이 아닌 것은?

① 절삭공구의 수명연장
② 적절한 위치결정
③ 제품의 확실한 고정
④ 도면 내의 치수 보증

해설) 치공구는 제품에 있어서 필요한 제조 수단으로 공작물(또는 조립물)의 위치결정과 공작물이 움직이지 않도록 고정하여 공작물을 허용 공차 내에서 제조하는 데 사용되는 생산용 특수공구이다.

03. 치공구의 치공구의 사용 목적으로 볼 수 없는 것은?

① 공작물 로딩·언로딩 시간 단축
② 공정검사 비용 감소
③ 기계 가동률 감소
④ 원가절감

해설) 치공구의 사용 목적
① 공작물 로딩·언로딩 시간 단축
② 조립시간 단축
③ 숙련시간 단축
④ 안전사고 감소
⑤ 기계 가동률 증가
⑥ 공정검사 비용 감소
⑦ 원가절감

04. 치공구 설계의 목적으로 가장 관계가 적은 것은?

① 정도 있고 호환성 있는 제품 생산을 위해
② 공구를 쉽게 만들 수 있는 설계의 요점을 계획하고 부적절한 사용의 방지를 위해
③ 작업이 변경될 경우 추가 시설을 위하여
④ 작업자의 최대 안전을 위해

05. 치공구의 3요소가 아닌 것은?

① 위치결정면
② 클램프
③ 위치결정구
④ 공작물

해설) 치공구의 3요소는 위치결정면, 클램프, 위치결정구이다.

06. 치공구의 사용상 이점이라고 볼 수 없는 것은?

① 작업시간이 단축된다.
② 제품의 균일화에 의하여 검사업무가 감소된다.
③ 생산능력이 감소한다.
④ 특수기계, 특수공구가 불필요하다.

해설) 생산능력이 증가한다.

정답 01 ④ 02 ① 03 ③ 04 ③ 05 ④ 06 ③

Part 2. 기계요소 설계

07. 치공구의 사용시 생산 원가절감에 해당되지 않는 것은?

① 정밀도 및 호환성 향상
② 제품의 균일화
③ 작업시간 감소
④ 숙련도 감소

해설 숙련도 감소는 노무관리 단순화에 해당된다.

08. 다음 중 지그에 대한 설명과 거리가 먼 것은?

① 드릴, 리머, 보링 작업에 주로 사용
② 고도의 숙련이 필요
③ 대량 생산에 적합
④ 불량품의 감소

해설 지그는 미숙련자가 작업이 용이해야 한다.

09. 기계가공에서 지그와 고정구를 구분하는데 있어 차이점은?

① 본체
② 위치결정구
③ 공구안내장치
④ 조임장치

해설 기계가공 치공구에서는 부시가 있으면 지그라 말한다.

10. 치공구를 사용하는 궁극적인 목적과 관계가 깊은 것은?

① 소량 생산 저정밀도
② 소량 생산 고정밀도
③ 대량 생산 저정밀도
④ 대량 생산 고정밀도

11. 치공구 설계 목적과 거리가 먼 것은?

① 제품의 수명 연장
② 동일 제품의 경제적인 생산
③ 제품의 정밀도 향상
④ 작업자의 안전

02 공정별 가공 공정 이해

01. 치공구설계의 기본원칙에 맞지 않는 것은?

① 충분한 강도를 가지기 무겁게 설계할 것
② 최대한 단순하게 설계할 것
③ 전문업체에서 생산되는 표준부품을 사용할 것
④ 치공구 본체는 칩과 절삭유가 배출할 수 있도록 설계할 것

해설 충분한 강도를 가지면서 가볍게 설계할 것

02. 일반적으로 지그 및 고정구에서 사용되는 공차와 제품 공차와의 관계는?

① 제품 공차의 5%
② 제품 공차의 10%
③ 제품 공차의 15%
④ 제품 공차의 20%

해설
• 기능을 필요한 부분에 대하여 지나치게 정밀한 공차를 주지 않도록 할 것
• 치공구의 공차는 제품 공차에 대하여 20~50% 정도 적용하고, 금형이나 게이지는 10% 부여할 것

03. 치공구 선정시 고려할 사항이 아닌 것은?

① 제품의 정밀도 ② 제품의 수량
③ 제품의 형상 ④ 제품의 가격

정답 07 ④ 08 ② 09 ③ 10 ④ 11 ① / 01 ① 02 ④ 03 ④

해설 치공구 설계 및 선정에 직접적인 영향을 주는 사항
① 부품의 전반적인 치수와 형상
② 부품 제작에 사용될 재료의 재질과 상태
③ 적합한 기계가공 작업의 종류
④ 요구되는 정밀도 및 형상 공차
⑤ 생산할 부품의 수량
⑥ 위치결정면과 클램핑 할 수 있는 면의 선정
⑦ 각종 공작기계의 형식과 크기
⑧ 커터의 종류와 치수
⑨ 작업순서 등

04. 아래와 같이 값을 줄 때 치공구 제작의 손익분기점은?

- 치공구를 사용하지 않고 가공할 때 걸린 시간 : 0.3시간
- 치공구를 사용하여 가공했을 때 걸린 시간 : 0.04시간
- 치공구 제작비용 : 1,000,000원
- 각 공정의 한 시간당 가공비(단가) : 2,000원

① 1,923　　② 2,923
③ 3,923　　④ 4,923

해설 $N = \dfrac{100,000}{(0.3-0.04) \times 2,000} = 1,923$개

05. 다음 부품의 단가 계산식에서 'L'은 무엇인가?

$$C_p = \dfrac{T_c + L}{L_s}$$

① 공구비용　　② 로트 수량
③ 노임　　　　④ 재료원가

해설
- C_p : 부품단가
- T_c : 공구비용
- L : 노임
- L_s : 로트 수량

06. 가공 공정도에 포함되지 않는 사항은?
① 특수공작기계
② 위치결정면
③ 공정 번호
④ 사용규격

해설 공정도에 포함되는 사항
① 공작물 도면
② 공정 내용 및 공정 번호
③ 척도
④ 재료의 제거 또는 가공되는 표면
⑤ 공정에서 얻어지는 치수
⑥ 위치결정구, 클램프 지지구의 위치
⑦ 기계 또는 장비명 및 그 번호
⑧ 생산부서, 번호, 위치
⑨ 공정설계기사 및 날짜
⑩ 공장명과 주소
⑪ 제품명 및 제품번호

07. 다음 공정작업도에 대한 설명 중 틀린 것은?
① 가공 부위를 명확히 나타내었다.
② 위치결정면과 클램핑 면을 지정한다.
③ 사용된 치공구를 명시한다.
④ 제품의 수량과 일일 작업량을 명시한다.

08. 다음 중 사용 공구의 규격을 알 수 있는 것은?
① 부품도　　　② 공정작업도
③ 공정 요약도　④ 조립도

09. 지그(Jig)와 고정구(Fixture)의 대분류에 속하지 않는 것은?
① 조립용　　② 용접용
③ 생산형　　④ 시험, 검사용

10. 가공 공정도가 제공하는 이점에 속하지 않는 것은?

① 공정 진행에 있어 기억보다는 시각적으로 도움을 준다.
② 고정력의 방향과 위치를 결정하는 데 도움이 된다.
③ 공정의 복합이나 공정의 자동화에 도움이 된다.
④ 가공된 제품 표면에 위치결정구를 배치하는 것을 피한다.

해설 공정도의 이점
① 제품도 및 설계변경을 작성할 때 공정도는 공구류와 장비에 요구되는 변경사항을 결정하는 데 도움이 된다.
② 제품 제조에 필요한 공정을 누락시킬 가능성을 감소시킨다.
③ 공정도는 제품도 상의 모든 치수에 대하여 고려해야 할 사항이 확실하게 되어 있는지를 확인한다.
④ 안정성, 변형 및 재료의 치수 변화를 관리하기 위하여 공작물 상에 위치결정점의 배치를 결정하는 데 도움을 준다.
⑤ 아직 가공되지 않는 표면에 위치결정구를 배치하는 것을 피한다.

11. Fixture를 사용 목적에 따라 분류한 것이다. 틀린 것은?

① 검사용 고정구
② 기어 절삭용 고정구
③ 조립용 고정구
④ 보조용 고정구

12. 생산현장에서 품질관리 목적으로 사용하는 고정구가 아닌 것은?

① 검사용
② 측정용
③ 용접용
④ 압력시험용

13. 다음 중 Jig라 볼 수 없는 것은?

① Tap Jig
② Drill Jig
③ Counter Bore Jig
④ Boring Jig

정답 10 ④ 11 ④ 12 ③ 13 ③

2 치공구요소 선정

1. 치공구의 종류

1) 지그(Jig)의 형태별 종류

지그는 형태별로 종류가 다양하나 다음과 같이 형태와 특징으로 나타낼 수 있다.

(1) 형판 지그(Template jig)

① 공작물의 수량이 적거나 정밀도가 요구되지 않는 경우에 활용하며, 가장 경제적이며 간단하고 단순하게 생산 속도를 증가시키기 위하여 제작할 수 있는 지그이다. 곡선 및 구멍위치에 대한 레이아웃(lay-out)안내로서 사용된다.

② 클램프 없이 공작물에 밀착하여 공작물의 형태에 따라 핀이나 네스트에 의하여 고정한다. 간단한 형태 및 단기간 사용되는 소량 생산에 저렴한 가격으로 광범위하게 사용된다.

③ 방오법이 되지 않으므로 작업자가 주의를 요구한다. 지그의 형태는 제품의 모양과 같거나 비슷한 경우가 많고, 일반적으로 부시(bush)를 사용하지 않으며, 지그판 전체를 경화처리 하는 것이 보통이다.

가) 레이아웃 템플레이트

소량의 공작물을 레이아웃하는 참조 지그로 사용되며 능률을 향상시킨다. 구멍이 있는 형상 및 공작물의 외측면을 위치결정 하는 데 사용된다. 결합하는 공작물을 레이아웃할 때는 상대편 공작물에는 템플레이트를 돌려서 사용할 수 있다. 한 번만 사용될 경우는 플라스틱이나 알루미늄판으로 사용될 수도 있으며, 장시간 사용될 경우는 SM45C, STC 90을 열처리하여 사용한다. 재료의 두께는 2~6mm의 범위에서 많이 사용된다.

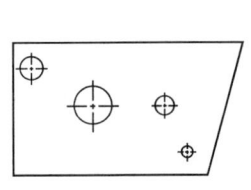 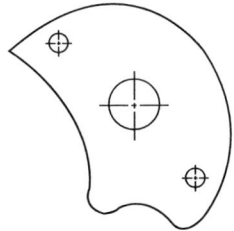

[그림 3-2] 레이아웃 템플레이트

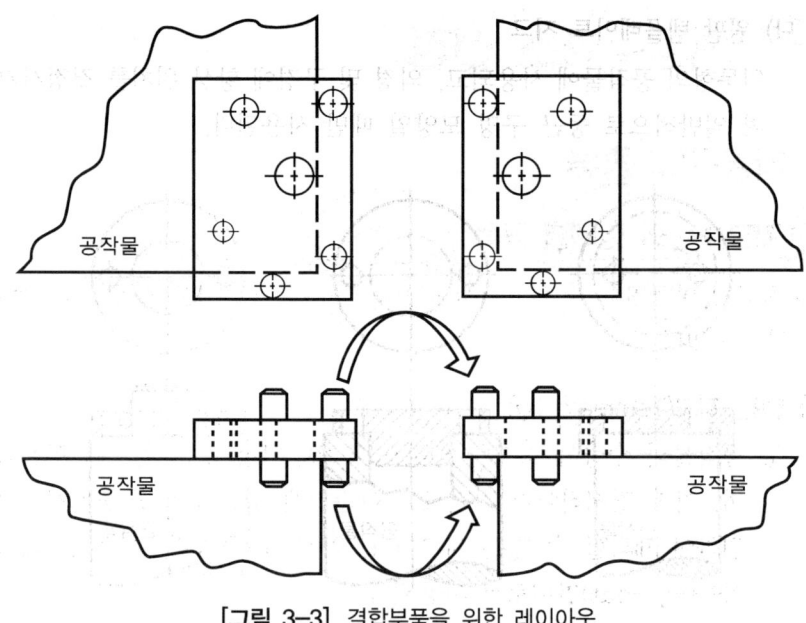

[그림 3-3] 결합부품을 위한 레이아웃

나) 평판 템플레이트 지그

평면을 위치결정 핀에 의하여 구멍을 위치시켜 사용된다. 플레이트의 두께는 구멍 또는 공구지름의 1~2배로 하면 된다.

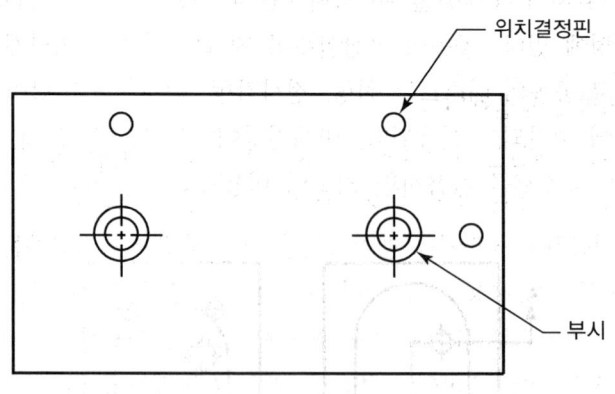

[그림 3-4] 평판 템플레이트 지그

다) 원판 템플레이트 지그

원통형의 공작물에 사용되고, 외경 및 구경에 항상 위치를 결정시키며 일반적으로 둥근 구멍 모양일 때만 사용된다.

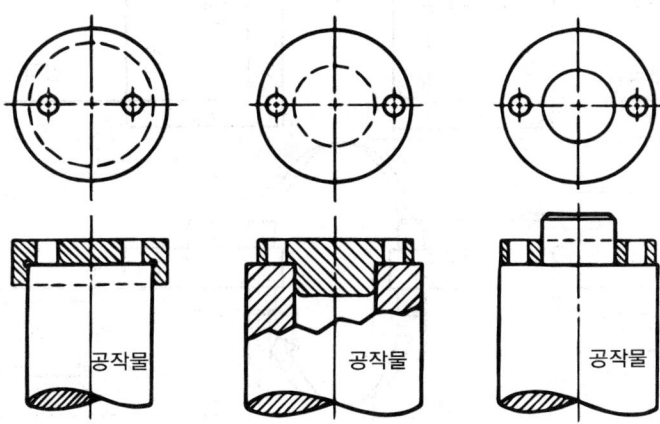

[그림 3-5] 원판 템플레이트 지그

라) 네스팅 템플레이트 지그

공작물을 위치결정하기 위하여 네스트의 공동으로서 또는 핀 네스트로써 사용된다. 이 템플레이트 지그는 공작물의 형상 또는 모양에 거의 일치시켜 사용할 수 있다. 단지 제한은 공동(空洞:Cavity)의 복잡성에 있다. 공동이 복잡할수록 지그의 가격은 비싸게 된다. 그러므로 공동의 네스트는 원형, 정사각형, 직사각형과 같이 대칭적인 형상에 제한되어 사용된다. 비대칭형에 대하여 네스트가 필요할 때는 핀 네스트를 사용하면 최소의 비용으로 제작할 수 있다.

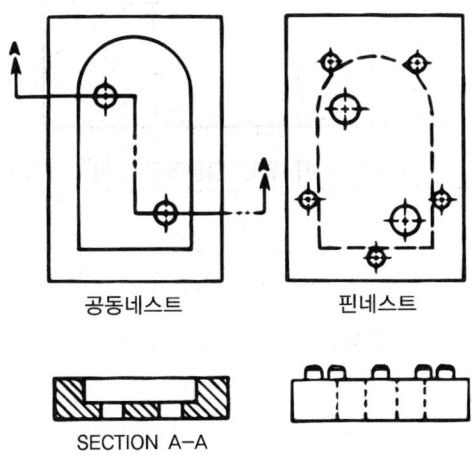

[그림 3-6] 네스팅 템플레이트 지그

(2) 플레이트 지그(Plate jig)

형판 지그와 유사하나 간단한 위치결정구와 밀착기구 및 클램핑 기구를 가지고 있으며, 제작될 공작물의 수량 여부에 따라 부시를 사용하지 않고 간단히 제작하여 사용한다.

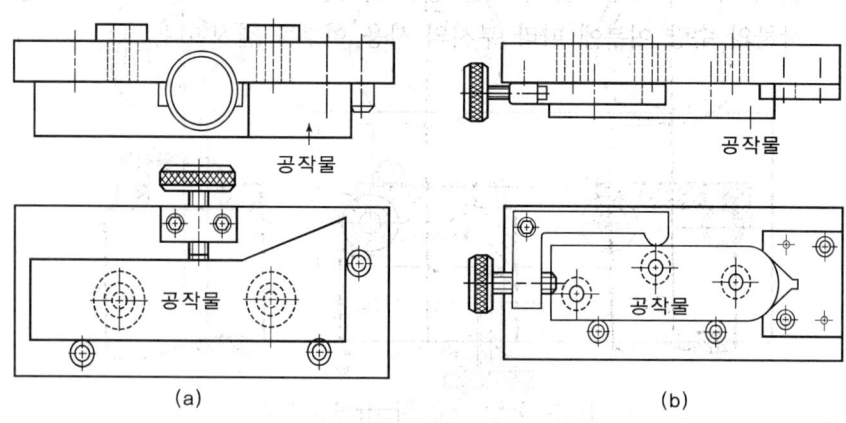

[그림 3-7] 플레이트 지그

(3) 테이블 또는 개방 지그(Table or Open jig)

플레이트 지그의 일종으로 리이프 또는 뚜껑이 없이 나사, 쐐기, 캠 등으로 공작물을 견고히 클램핑 한 후 작업한다. 공작물의 형태가 불규칙하나 넓은 가공면을 가지고 있는 비교적 대형 공작물에 적합하며, 공작물의 로딩·언로딩은 지그를 뒤집은 상태에서 이루어지며, 가공할 때는 다리에 의하여 수평이 유지되게 된다. 그러나 공작물에 따라 클램핑이 곤란하며 공작물의 한 번 장착으로 한 면밖에 가공할 수 없는 단점이 있다.

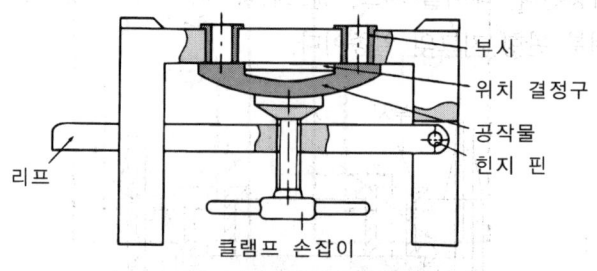

[그림 3-8] 테이블(개방) 지그

(4) 샌드위치 지그(Sandwich jig)

공작물을 위아래에서 보호한 상태로 가공되는 형태이며 공작물이 얇거나 연질의 재료일 때 가공 중 발생할 수 있는 변형을 방지하기 위하여 활용된다. 또는 공작물을 고정할 때 상하 플레이트에 위치결정 핀을 설치하여 고정되는 구조일 경우에 사용되는 지그이다. 제작될 공작물의 수량 여부에 따라 부시의 사용 여부를 결정한다.

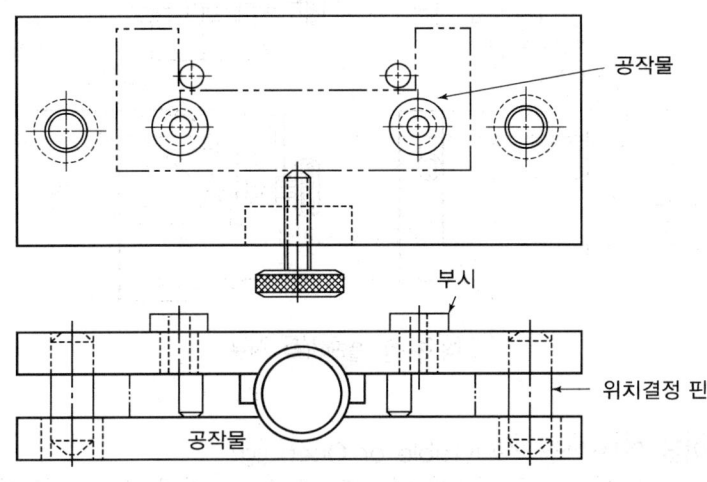

[그림 3-9] 샌드위치 지그

(5) 링 지그(Ring jig)

원판 템플레이트 지그를 수정·보완한 판형 지그의 일종으로 링형의 공작물을 가공할 때 주로 사용되는 지그로서, 지그의 형상도 링(ring)으로 구성되어 있다. 일반적으로 간단한 위치결정구와 집게기구가 사용되며 파이프 플랜지(pipe flange)와 유사한 형태의 공작물 가공에 주로 사용된다. 테이블 지그, 샌드위치 지그, 링 지그, 바깥지름 지그 등은 전부 판형 지그의 일종이다.

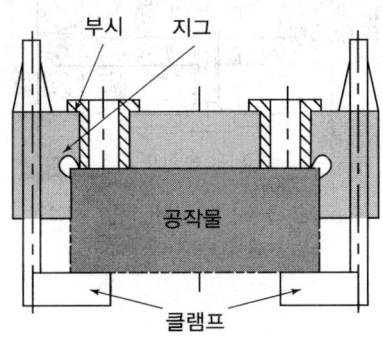

[그림 3-10] 링 지그

(6) 바깥지름 지그(Diameter jig)

판형 지그의 일종으로 축(shaft), 핀 모양과 원형 모양의 공작물 드릴 작업 때 주로 사용한다. V블록에 의한 위치결정과 토글 클램프에 의한 로딩·언로딩이 비교적 쉽다.

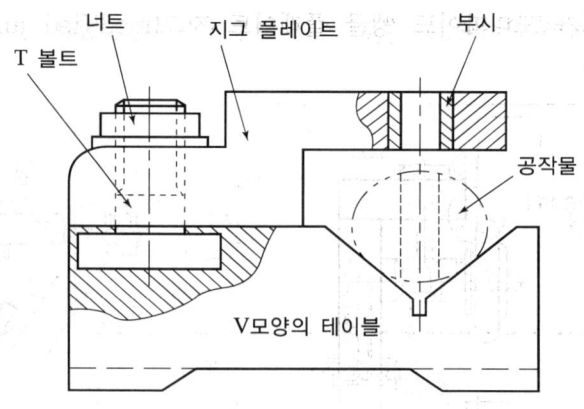

[그림 3-11] 바깥지름 지그

(7) 바이스 지그(Vise jig)

기존 기계 바이스를 개조한 형태로, 공작물에 따라 조(jaw)를 특수하게 제작하여 사용하며, 공작물의 형태가 바뀌어도 간단하게 조(jaw)를 개조할 수 있고, 신속한 클램핑(클램핑)과 튼튼한 구조로 되어 있는 장점이 있다. 한편 공작물의 위치결정이 어렵고 제품의 형태에 제한을 받으며, 클램핑 시 기술이 필요한 단점이 있다.

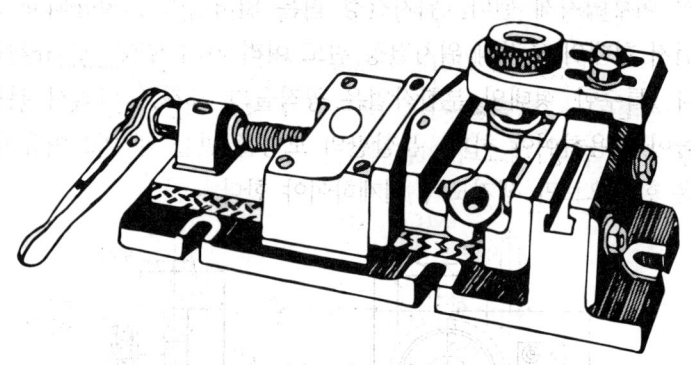

[그림 3-12] 바이스 지그

(8) 앵글 플레이트 또는 니 지그(Angle plate or Knee jig)

공작물의 가공이 일정한 각도로 이루어지거나, 공작물의 측면을 가공할 때 가공의 어려움을 해소하기 위하여 활용된다. 풀리(puller), 칼라(collar), 기어(gar) 등의 부품은 이 형식의 지그로 사용된다. 지그 본체는 보강대를 이용한 용접형으로 안전성을 주며, 90° 이외의 변형된 형태가 모디파이드 앵글 플레이트 지그(modified angle plate jig)이다.

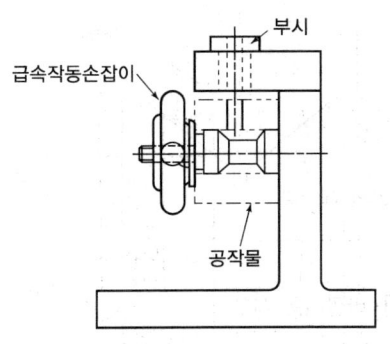 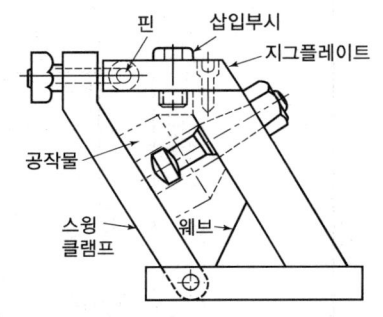

[그림 3-13] 앵글 플레이트 지그   [그림 3-14] 모다파이드 앵글 플레이트 지그

(9) 분할형 지그(Indexing jig)

앵글 플레이트 지그의 형태로 공작물을 일정한 거리와 각도로 분할하여 정확한 간격으로 구멍을 뚫거나 기계가공에서 기어와 같이 분할이 어려운 공작물 가공에 사용되는 지그로서, 지그의 일부에 설치된 분할의 기본이 되는 기준 봉이나 원판에 의하여 정확한 분할을 한 후 가공이 이루어지게 된다. 위치결정 핀은 열처리하여 사용되고 스프링 플런저 형태의 조립식 위치결정 핀도 여러 가지 모양으로 규격화되어 있다. 특수한 형태의 분할작업은 공작물의 조건에 따라서 분할판을 만들어 사용하여야 하며, 분할판의 모양을 만들 때 마모여유와 끄덕임은 한쪽으로만 생기도록 설계하여야 한다.

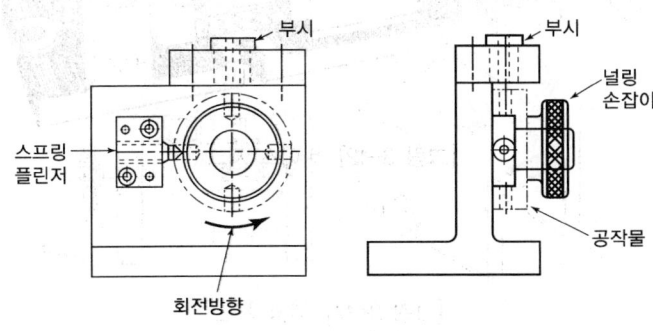

[그림 3-15] 분할형 지그

(10) 리프 지그(leaf jig)

힌지 핀(hinge pin)으로 연결된 리프를 열고 공작물을 로딩·언로딩하는 지그로서, 불규칙하고 복잡한 형태의 소형 공작물에 적합하며, 로딩·언로딩이 용이하고 한 번 장착으로 여러 면의 가공이 쉽다. 그러나 칩(chip)의 누적에 대한 대책이 요구되며 드릴 부시(drill bush)가 압입되어 있는 리프(leaf)가 힌지 핀의 작동에 의하여 움직이므로 이때 발생하는 오차로 인해 정밀도에 영향을 미칠 수 있다.

> **TIP**
> 박스형 지그와 유사한 소형 상자 지그라고 말할 수 있으며 박스 지그와 주된 차이점은 지그의 크기와 공작물의 위치결정이다.

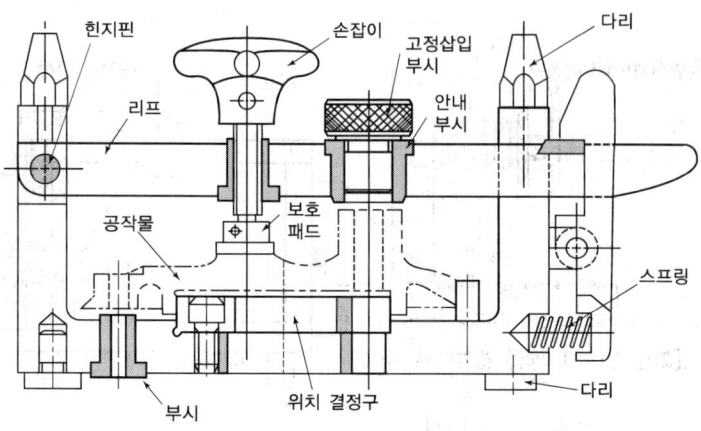

[그림 3-16] 리프 지그

(11) 채널 지그(Channel jig)

공작물의 두 면에 지그부시를 설치하여 제3표면을 단순히 가공할 때 사용된다. 이것은 박스지그의 일종으로 정밀한 가공보다 생산 속도를 증가시킬 목적으로 가장 단순하고도 기본적인 형태로 사용되며 지그 본체는 고정식과 조립식으로 제작할 수 있다. 때로는 지그 다리를 사용하여 3개의 면을 가공할 수 있다. 여러 방면으로 드릴 가공할 수 있는 것 이외에도 얇은 부품의 공작물에 대해서도 지지 및 안정도가 보장되며 쉽게 설치 및 클램핑이 가능하다.

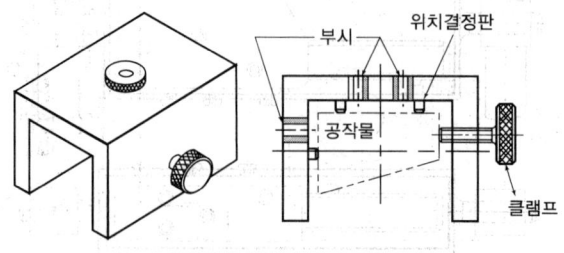

[그림 3-17] 채널 지그

(12) 박스 및 텀블 지그(Box or Tumble jig)

지그의 형태가 상자형으로 구성되었으며, 공작물이 한 번 장착되면 지그를 회전시켜가며 여러 면에서 가공할 수 있고, 공작물의 위치결정이 정밀하며, 견고하게 클램핑할 수 있는 장점이 있다. 그러나 지그를 제작하는 데 많은 시간과 제작비가 필요하고, 칩의 배출이 곤란하며, 지그 제작비가 비교적 비싸므로 최초 제품생산비(initial cost)가 비교적 높다. 지그 다리를 사용하는 것이 원칙이나 지그 본체 중앙에 홈을 파내고 양쪽 끝단을 이용하여 지그 다리로 사용하기도 한다.

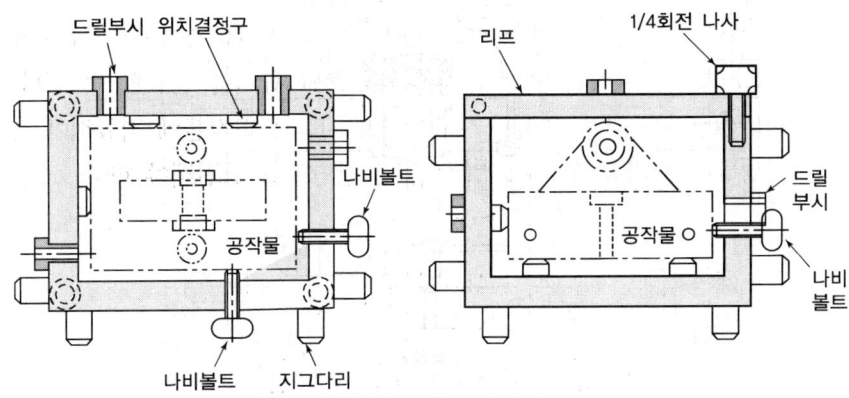

[그림 3-18] 박스 지그

(13) 트러니언 지그(Trunnion jig)

일종의 샌드위치 또는 상자의 지그를 트러니언에 올려서 공작물을 분할(각도)해가며 가공하게 되는 지그로서, 주로 대형의 공작물이나 불규칙한 형상에 사용되며 로터리 지그라고도 말한다. 공작물이 크고 무거울 때 적합하며 공작물의 크기에 비하여 쉽게 전면을 가공할 수 있다.

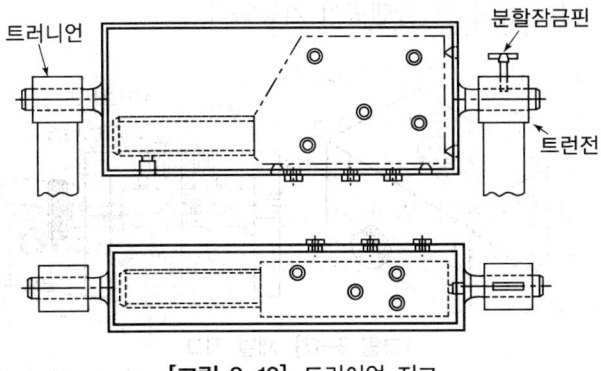

[그림 3-19] 트러니언 지그

(14) 멀티스테이션 지그(Multistation jig)

일반적으로 1개의 지그에서 한 종류의 작업이 이루어지나, 이 지그는 특수하게 설계된 드릴링 머신의 회전 테이블 위에 여러 종류의 작업을 할 수 있는 지그가 설치되어 연속적으로 가공이 이루어지게 되어 있으므로 생산능률을 향상할 수 있게 된다. 이 지그의 특징은 공작물을 지그에 위치결정시키는 방법으로 1개의 공작물은 드릴링, 다른 공작물은 리밍, 또 다른 공작물은 카운터 보링되며 최종적으로는 완성 가공된 공작물을 내리고 새로운 공작물을 장착할 수 있는 것이다.

이 지그는 단축 드릴머신에서도 사용되나, 특히 다축 드릴머신에서 사용하면 적합하고 부가적으로 이상의 지그들을 몇 개 복합해서 사용하기도 한다. 이러한 복합된 지그는 구조나 규격을 분류할 수 없다. 지그 선정과는 관계가 적은 사항이지만 지그는 공작물에 적합해야 하고 정밀하게 가공되어야 하며 작동이 간단하고 안전해야 한다.

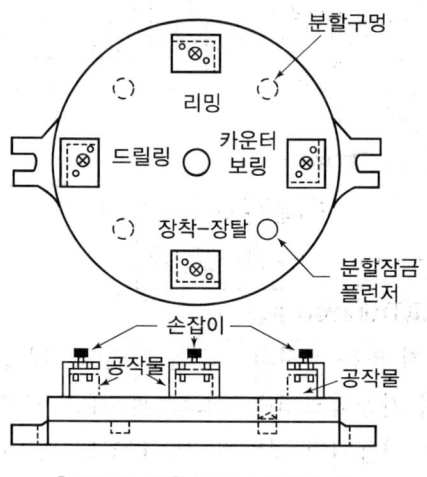

[그림 3-20] 멀티스테이션 지그

(15) 펌프 지그(Pump Jig)

이 지그는 사용자의 용도에 맞도록 상품화되어 있다. 레버로 작동되는 지그판은 로딩·언로딩을 쉽게 한다. 이 지그는 기성품으로 사용자의 용도에 따라 약간의 변형만으로도 사용할 수 있으므로 많은 시간을 절약할 수 있다.

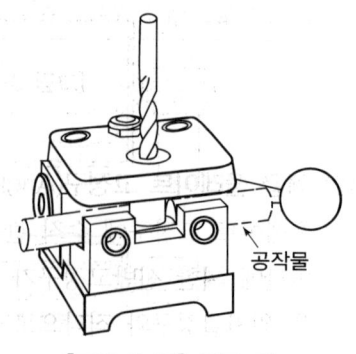

[그림 3-21] 펌프 지그

2) 고정구의 형태별 종류

공작물의 형태에 따라 고정구(Fixture)의 형태가 결정되며 주로 플레이트 형태와 앵글 플레이트 형태가 가장 많이 사용된다. 지그와 고정구는 위치결정구와 클램핑 장치에 관한 한 근본적으로 동일하다. 절삭력이 향상되기 때문에 같은 치공구 요소라 하더라도 지그보다는 더욱 견고하게 만들어져야 하며, 기준면에 의한 지지구도 고려하여야 한다.

(1) 플레이트 고정구(Plate Fixture)

고정구 중에서 가장 많이 사용되어 적용되며 가장 단순한 형태이다. 기본적인 고정구는 플레이트 또는 V블럭에 공작물을 기준설정과 위치결정 시키고 클램프 시킬 수 있도록 만들어진 형태이다. 이 고정구는 단순하게 만들어지며 공작기계, 용접, 검사 등에 가장 많이 활용되는 형태이다. 본체는 강력한 절삭력에 견디어야 하므로 무엇보다 견고성이 필요하다. 고정구의 사용 목적은 공작물의 위치결정과 강력한 고정에 있다.

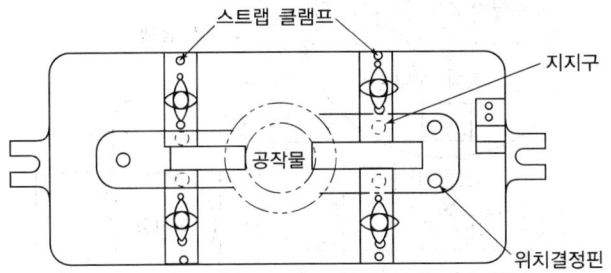

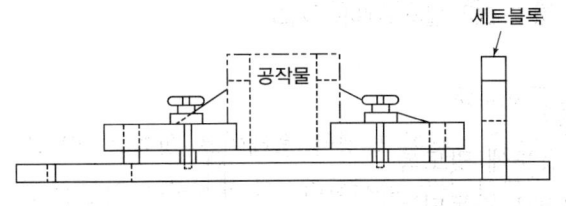 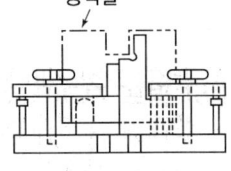

[그림 3-22] 플레이트 고정구

(2) 앵글 플레이트 고정구(Angle-Plate Fixture)

플레이트 고정구에 수직 판을 직각으로 설치한 것으로 밀링 고정구와 면판에 의한 선반고정구가 많이 사용되고 있다. 이 고정구는 공작물을 위치결정구와 직각으로 기계 가공되는 것으로 강력한 절삭력에는 본체가 구조상 약하므로 보강판을 설치하여야 한다.

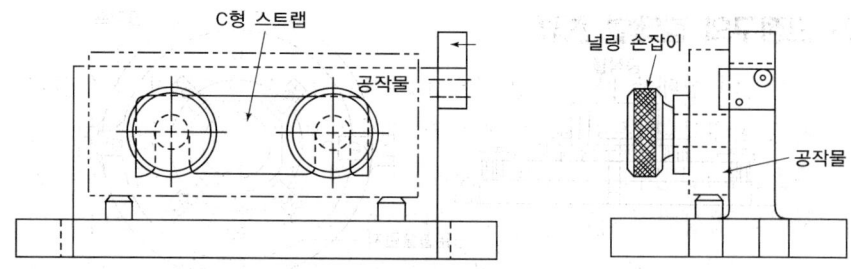

[그림 3-23] 앵글 플레이트 고정구

(3) 바이스-조 고정구(Vise-Jaw Fixture)

일반적으로 표준바이스를 약간 응용한 것으로 작은 공작물을 기계 가공하기 위해서 사용된다.

이 형태의 고정구는 표준바이스의 조 부분을 공작물의 형태에 맞도록 개조한 것으로 제작비가 염가이나 정밀도가 떨어지고 바이스 조의 이동량에 제한을 받게 되므로 소형 공작물을 가공하는 데 적합하다.

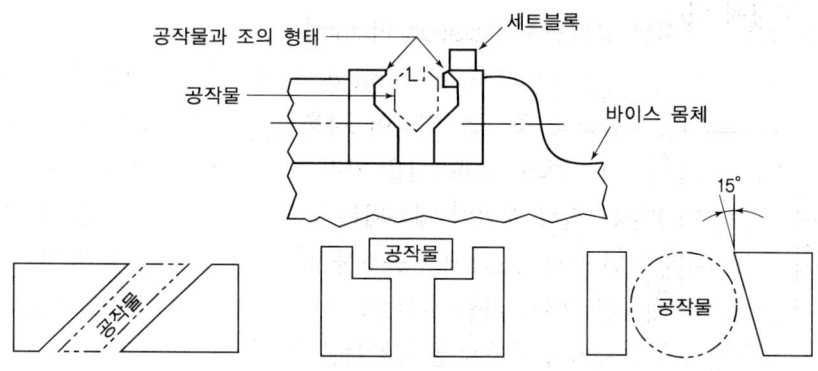

[그림 3-24] 바이스-조 고정구

(4) 분할 고정구(Indexing Fixture)

플레이트 형태는 분할 판의 형태이고 앵글 플레이트 형태는 인덱스 장치를 사용하며 분할 지그와 매우 유사하다. 이 고정구는 일정한 간격으로 기계 가공해야 할 공작물의 가공에 사용된다.

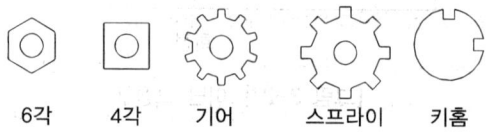

[그림 3-25] 분할 고정구를 사용하여 가공된 부품

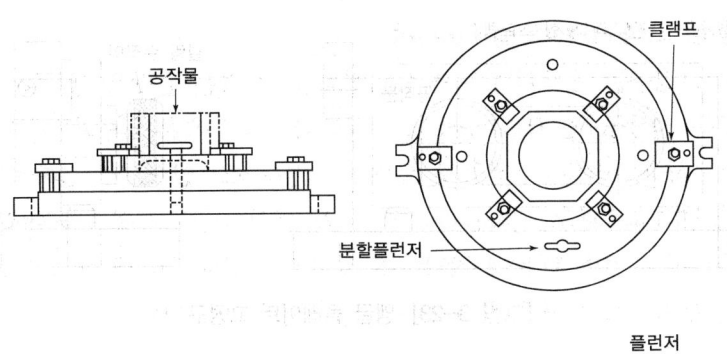

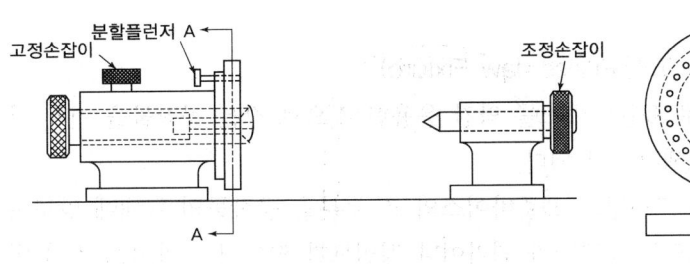

[그림 3-26] 분할 고정구

(5) 멀티스테이션 고정구(Multistation Fixture)

이 고정구는 가공 사이클(machining cycle)이 계속되어야 할 때 생산 속도와 생산량의 증가를 위하여 사용된다. 이단 고정구(duplex fixture)는 단지 2개의 스테이션을 가진 가장 간단한 다단 고정구이다. 이 고정구는 절삭 작업이 계속되는 동안에 로딩·언로딩을 할 수 있다. 예를 들면 스테이션 1에서 공작물이 가공 완료되면 고정구는 회전되고 스테이션 2에서 가공 사이클은 반복된다. 동시에 공작물을 스테이션 1에서 제거하고 새로운 공작물을 장착한다.

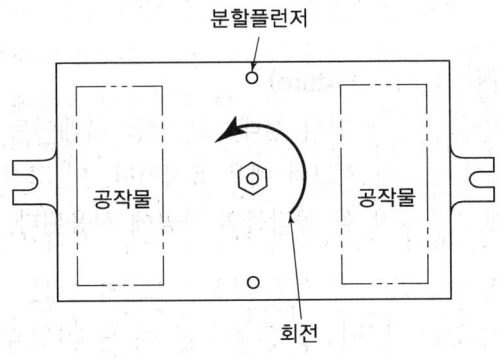

[그림 3-27] 이단 고정구

(6) 총형 고정구(Profiling Fixture)

이 고정구는 공작기계 자체로는 절삭할 수 없는 윤곽을 절삭할 수 있도록 절삭공구를 안내하는 데 사용된다. 이 윤곽은 내면과 외면 모두 가능하나 커터는 고정구와 계속해서 접촉되고 있으므로 공작물은 고정구의 윤곽대로 절삭된다. 고정구와 밀링커터에 끼워진 베어링과의 계속적인 접촉 때문에 정확하게 절삭되고 있다. 이 베어링은 공구의 한 부품으로서 매우 중요하며 항상 사용하여야 한다.

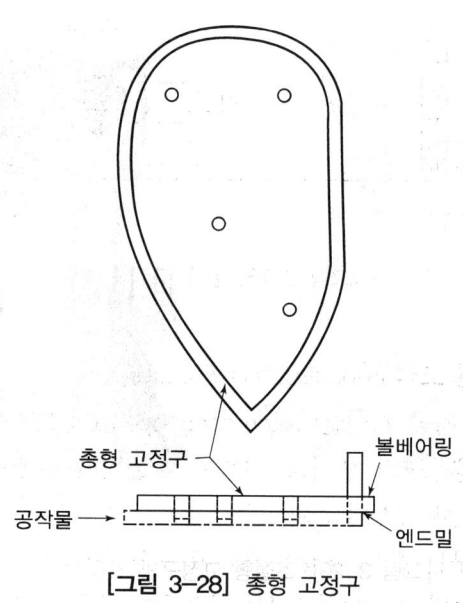

[그림 3-28] 총형 고정구

(7) 조절형 고정구(Modular 클램핑 System)

공작물의 품종이 다양하고 소량 생산에 적합하도록 고안된 고정구로서, 부품이 조립될 수 있도록 가공된 본체와 각종 치공구 부품, 볼트 등으로 구성되어 있다. 고정구는 부품의 조합에 의해서 완성되며 또한 쉽게 분해할 수 있으므로 다양한 공작물의 형태에 간단히 대처할 수 있다. 또한 고정밀도를 제공하고 규격화·표준화되어 있으므로 생산의 자동화 추진이 가능하다. 또한 CAD/CAM System에 의하여 공작물에 적합한 고정구의 형태와 부품의 종류 및 위치 등을 설정할 수 있는 등의 장점이 있다. 조절용 고정구의 활용범위는 자동화 생산용, 밀링 고정구, 선반 고정구, 보링 고정구, 검사(3차원 측정 등)용 지그 등에 사용되며 복합용 머시닝센터에서 가장 많이 사용된다고 볼 수가 있으며 기계가공에서 어떠한 형상도 가공할 수 있다.

① 유연성 있는 치공구 시스템

공작기계의 다양한 기능화와 높은 정밀화의 추세로 CNC 및 머시닝센터 등의 공작기계가 많은 업체에 보급되고 보편화되어, 다품종 소량 생산 및 단속생산의 주문 형태를 띠고 있는 실정에서 신제품의 개발 및 상품화 시간이 상대적으로 단축돼야 한다. 고 정밀도의 공작기계의 유휴가동시간을 줄이고, 장비능력을 최대로 활용하기 위해서는 이에 맞는 보다 효율적인 치공구가 검토돼야 한다.

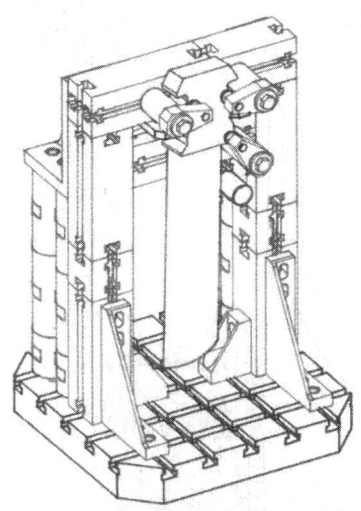 

[그림 3-29] 조절형 고정구의 조립 예

② 유연성 있는 치공구의 채택 특징
　㉠ 서로 다른 제품의 초기 생산, 다품종 소량 생산, 단속생산 등에 있어서 lead-time을 줄일 수 있어 납기, 개발 일정 등을 단축할 수 있다.
　㉡ 치공구의 조립, 분해가 쉽고 재사용함으로써 제품에 대한 치공구의 감가상각비를 줄일 수 있어 원가를 절감할 수 있다.
　㉢ 치공구의 조립과 분해가 쉬워 보관 장소를 줄일 수 있고 관리를 쉽게 할 수 있다.
　㉣ Pallet change 시스템과 쉽게 결합할 수 있어 FMS에 적합하다.
　㉤ Pallet change 시스템에서 Pallet별 치공구를 바르고 쉽게 조립할 수 있고, 기계의 정지 없이 계속된 가동이 가능하여 장비 가동률을 높일 수 있다.

③ 유연성 있는 치공구의 조립 방식
  ㉠ Tooling plate 방식 : 주로 vertical type의 밀링, 머시닝센터, CNC드릴링 등에 주로 사용된다.

[그림 3-30] Tooling plate 방식

  ㉡ Angle plate 방식 : 주로 Horizontal type의 밀링, 보링, CNC 밀링, 머시닝센터 등에 사용된다.

[그림 3-31] Angle plate 방식

  ㉢ Tooling block 방식 : 공작물을 2면에 장착할 수 있는 것과 4면에 장착할 수 있는 것이 있으나 이들은 수평형의 장비에 사용되며 특히 기계의 테이블이 회전할 수 있는 머시닝 센터, 보링, 밀링 등에 사용된다.

[그림 3-32] Tooling block 방식

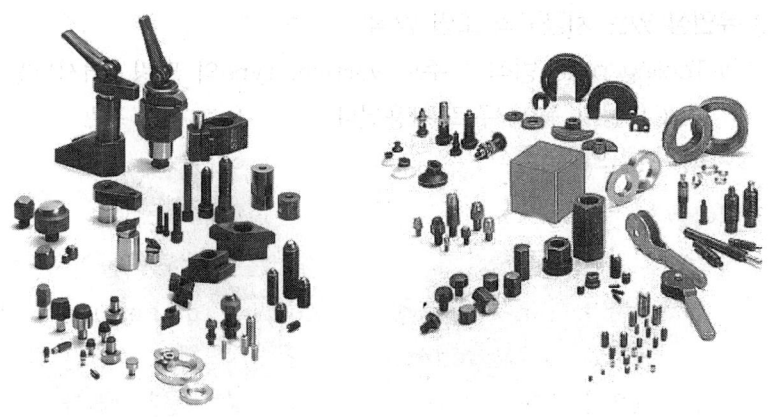

[그림 3-33] 모듈러 고정구의 표준부품

이상의 3가지 방식으로 대별되며 이들의 치공구는 설계 및 조립시간을 단축시키고 치공구의 관리를 효율화하기 위해 표준화하여 제작된 제품이 업체에 공급되고 있으며 이들은 설계 및 제작에 따른 시간의 절감을 극대화하고 있다.

2. 치공구 사용법

1) 공작물 관리의 목적

공작물 관리란 공작물의 가공 공정 중에 공작물의 변위량이 일정한 한계에서 관리되도록 공작물을 제어하는 것을 말하며, 공작물의 위치 결정면과 고정위치를 성립하는 데 필요하며, 공작물 관리의 목적은 다음과 같다.
① 모든 요인과 관계없이 공구와 공작물의 일정한 상대적 위치 유지
② 절삭력, 클램핑력 등의 모든 외부의 힘과 관계없이 공작물이 위치를 유지한다.
③ 공구 및 고정력 또는 공작물의 취성에 의해서 과도한 휨이 일어나지 않도록 공작물 변형을 방지한다.
④ 공작물의 위치는 작업자의 숙련도와 관계없이 유지한다.

2) 공작물 변위 발생요소

① 공작물의 고정력   ② 공작물의 절삭력(공구력)
③ 공작물의 위치 편차   ④ 재질의 치수 변화
⑤ 먼지 또는 칩(chip)   ⑥ 공구의 마모

⑦ 작업자의 숙련도　　　　⑧ 공작물의 중량
⑨ 온도, 습도 등

3) 공작물 관리의 이론

(1) 평형이론

공작물의 적절한 관리가 이루어지기 위해서는 우선 공작물의 평형 상태가 이루어져야 한다. 하나는 선형 평형(linear equilibrium)과 회전 평형(rotational equilibrium)을 들 수 있다. 평형은 주어진 물체가 작용하는 균형을 말하고 물체는 평형되었을 경우 정지상태가 된다.

① 선(직선)형 평형

한 방향으로 자유 상태의 물체에 힘이 가해지면 물체는 평형을 잃고 직선 방향으로 움직인다. 이 물체의 평형을 유지하기 위해서는 같은 크기의 힘을 반대 방향에서 가해주면 되며 이때 같은 방향의 힘을 반대 방향으로 작용하여 움직이지 못하게 하는 것이다. 따라서 직선 방향의 움직임이 없어지므로 직선 평형이 이루어진다.

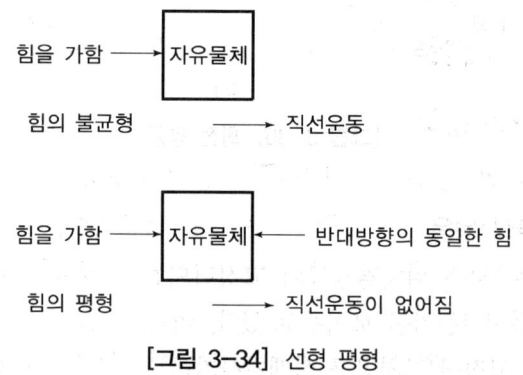

[그림 3-34] 선형 평형

② 회전 평형

자유 물체가 선형적으로 균형을 이룬다고 해도 회전운동을 하는 수가 있다. 자유 물체가 직선운동을 하기 위해서는 힘이 물체의 중심에 가해져야 한다. 그러나 작용하는 힘이 중심을 벗어나면 회전하려는 경향이 생기며, 이때 회전하려는 모멘트는 가해지는 힘과 회전축까지의 거리를 곱하면 구해진다. 평형을 유지하기 위해서는 같은 크기의 모멘트가 반대 방향으로 가해져야 한다. 크기가 같고 반대 방향인 모멘트가 서로 반작용하여 물체의 평형 상태를 유지하는 것을 회전 평형이라 한다. 선형 평형은 힘의 균형에서 이루어지고 회전 평형은 모멘트의 평형에서 이루어진다. 따라서 회전 평형 시에는 평형을 이루는 힘이 가해지는 힘과 크기가 같지 않아도 된다. 가해지는 힘이 작더라도 회전축의 길이가 길면 모멘트는 같을 수 있다.

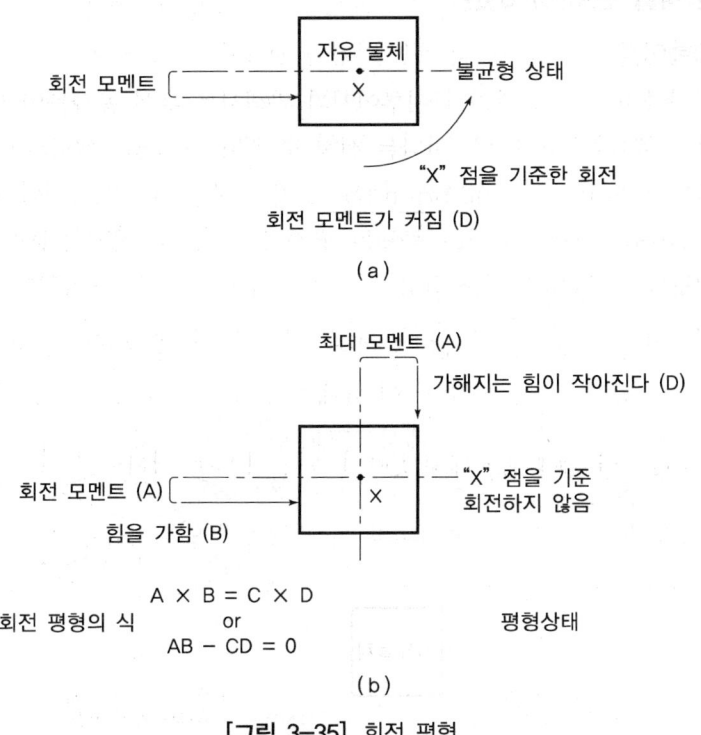

[그림 3-35] 회전 평형

③ 평형이론의 응용

공정설계기사는 위치결정구와 고정력의 적절한 배치 때문에 이러한 평형을 유지하는가를 보여주고 있다. 여기서 가해지는 힘을 고정력이라 하며, 고정력은 치공구 설계기사가 설계한 클램핑 기구에 의해 얻어진다. 크기가 같고 방향이 반대인 힘이나 모멘트 역시 고정된 위치결정구에 의해 얻어지며 치공구 설계기사가 설계하는 것이다.

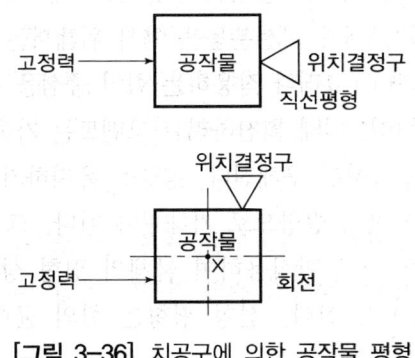

[그림 3-36] 치공구에 의한 공작물 평형

(2) 위치결정의 개념

공작물의 위치결정은 치공구에서 요구되는 일정 위치에 공작물을 정확히 위치시키는 것으로서 공작물 관리기법을 기본 이론으로 하는 정확한 위치결정이 필요하다. 정육면체가 공간에 있는 상태를 공작물과 비교하면 우리는 공작물의 운동 방향을 생각할 수 있다. X, Y, Z축 방향의 직선운동과 X, Y, Z축을 중심으로 하는 회전운동을 종합하면 12방향의 움직임이 나타날 수 있음을 알 수 있다. 이것을 공작물의 움직임으로 제한하여 평형 상태로 만드는 것이 위치결정의 기본 개념이다. 평형 상태로 만들기 위해서 하나의 위치결정구는 한 방향의 움직임만을 제한할 수 있으며, 위치결정 시에는 적어도 6방향의 움직임이 제한되어야 한다. 나머지 움직임은 클램프에 의해서 제한된다.

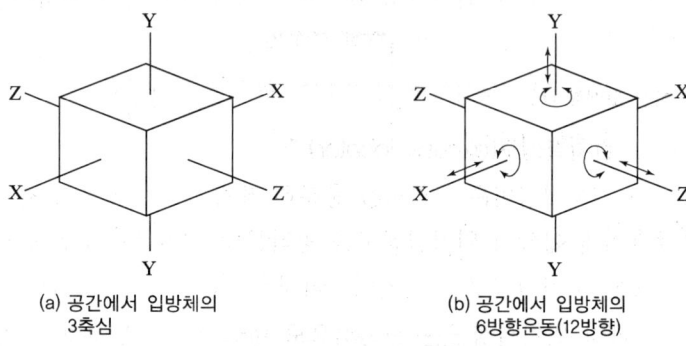

(a) 공간에서 입방체의 3축심
(b) 공간에서 입방체의 6방향운동(12방향)

[그림 3-37] 공간에서의 자유이동

① 3-2-1 위치결정법

공작물의 위치결정구를 배열하는 것을 위치결정법이라 하며, 육면체의 가장 이상적인 위치결정법은 3-2-1 위치결정(3-2-1 location system)방법이다. 이는 가장 넓은 표면에 3개의 위치결정구를 설치하고, 넓은 측면에 2개를 설치하여 좁은 측면에 1개의 위치결정구를 설치하는 것을 말한다. 이 기본배열을 취할 때 공작물 밑면에 배치되는 3개의 위치결정구는 기계가공 중에서는 안정도를 반드시 보증하지는 못한다. 또한 이 3개의 위치결정구로 이루어진 3각형 면적 밖에서 절삭력이 작용하면 공작물이 변위가 발생할 수 있다.

가) 3점 위치결정

위치결정면은 5가지의 자유도를 구속하는 조건을 가져야 한다. 3점지지는 공작물을 고정하기 위한 안전한 방법이다. 장·단점은 다음과 같다.

㉠ 공작물의 표면에 요철이 있어도 흔들리지 않는다.
㉡ 자리 면을 수평으로 하여도 칩의 처리가 쉽다.
㉢ 공작물의 기준면이 스텝 블록일 경우 매우 좋다.
㉣ 공작할 때는 수평 지지가 다소 어렵다.
㉤ 공작물을 바르게 클램프로 고정했지만, 변형을 확인할 수 없다. (위치결정구의 먼지나 칩이 붙어도 흔들림이 없으므로)
㉥ 지지구에서 떨어진 곳을 가공할 때 불안정 또는 전체가 강성 부족으로 된 3점 위치결정의 주의사항은 위치결정점은 될수록 띄우고 공작물의 표면에 요철이 있을 때는 지지구를 나사형태로 하여 높이를 조정할 수 있도록 하는 것이 좋다.

② 2-2-1 위치결정법

원통형의 공작물을 위치결정 할 경우, 가장 이상적인 위치결정법을 말하며, 이는 공작물의 원통부에 2개씩 2곳에 설치하고, 단면에 1개의 위치결정구를 설치하여 안정감을 유지하게 된다.

③ 4-2-1 위치결정구(excess locator)

3-2-1 위치결정법은 공작물을 충분히 제자리에 위치를 고정시킨다. 따라서 6개 이상의 위치결정구를 공작물의 위치결정면에 배치할 때 불필요한 위치결정구가 생기며, 이것은 위치결정구의 과잉 상태가 된다. 과잉 위치결정구는 이론적으로 바람직하지 못하다. 4개의 위치결정구를 동시에 접하게 한다는 것은 매우 어려운 일로 흔들림(rocking) 현상이 일어나기 때문이다. 그러나 장방형 공작물의 드릴 가공에서는 공작물 밑면에 4번째의 위치결정구가 추가됨으로써 지지가 된 면적은 4각형이 되어 요구되는 안정감을 얻게 된다. 특히 거친 공작물 표면에는 4개의 밑면 위치결정구 중 1개를 조절식으로 사용한다.

가) 4점 위치결정

먼지나 칩이 들어간 여부를 확인할 때는 4점 위치결정으로 한다. 그러나 이것은 위치결정점의 높이가 전부 고르게 되어 있고, 공작물의 기준면도 바르게 가공되어 있어야 하므로, 특별한 경우 외에는 그다지 사용되지 않지만, 반대로 이 모양을 이용하여 공작물의 안정도를 검토할 수 있어서 이러한 방식이 좋을 때도 있으므로 드릴 지그에서 다리의 위치결정은 4점을 사용하고 있다.

4) 형상관리(기하학적 관리 : Geometric control)

(1) 위치결정법

형상관리는 형상이 다양한 공작물이 치공구 내에서 안전 상태를 유지하기 위하여 관리하는 것을 말한다.

① 공작물의 불안정한 이유
  ㉠ 위치결정구가 너무 가깝게 배치되었을 경우
  ㉡ 공작물의 윗부분이 무거울 경우
  ㉢ 고정력이 잘못 배치되었을 경우
  ㉣ 위치결정구가 충분하지 못한 경우

② 양호한 형상관리는 다음과 같은 이점이 있다.
  ㉠ 작업자의 기술이나 노력과 관계없이 공작물은 자동으로 위치결정구에 올려 놓이게 한다.
  ㉡ 고정력에 의해 공작물이 위치결정구로부터 이탈되는 경향이 감소한다.
  ㉢ 위치결정구가 넓은 간격으로 배치되었을 경우 표면 불규칙으로 인한 공작물의 치수 변화가 작아진다.
  ㉣ 공구력에 의해 공작물이 위치결정구로부터 이탈되는 경향이 감소한다.
  ㉤ 위치결정구가 넓은 간격으로 배치되었을 경우 위치결정구의 마모에 의한 공작물 위치결정에 대한 영향이 작아진다.
  ㉥ 위치결정구가 넓은 간격으로 배치되었을 때 이물질(먼지, 칩)에 의한 공작물 위치결정에 있어서 영향이 작아진다. 위치결정구 마모와 간격의 관계를 좀 더 알기 쉽게 [그림 3-38]에 나타내었다. 위치결정구 간격이 좁은 경우 조금만 마모되어도 공작물의 오차는 커진다. 그러나 넓은 간격으로 배치되었을 때는 각도의 오차는 작아지나 휨(deflection)이 발생하기 쉽다.

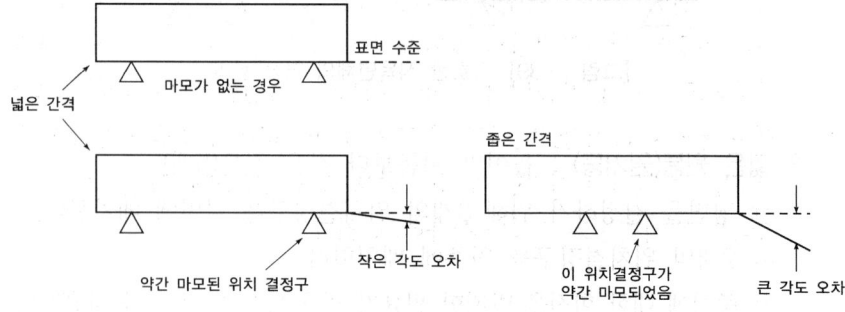

[그림 3-38] 마모와 위치결정구의 간격

(2) 형상(기하학적) 관리의 기본 법칙
① 직육면체 형상
직육면체 형상에서는 지켜야 할 규칙 3가지는 다음과 같다.
㉠ 공작물 위치결정 평면을 결정하기 위해서 가장 넓은 표면에 3개의 위치결정구를 배치한다.
㉡ 2개의 위치결정구는 두 번째로 넓은 표면에 배치한다(보통 옆면에 배치한다).
㉢ 하나의 위치결정구는 가장 좁은 표면에 배치한다(보통 끝 면에 배치한다).

직육면체 형상의 공작물에 대한 위치결정 방법은 가장 양호한 형상 관리를 얻기 위해서는 [그림 3-39]와 같이 3개의 위치결정구를 가장 큰 표면에 배치시켜야 한다. 이 3개의 위치결정구는 공작물의 윗면이나 아랫면에 넓은 간격으로 배치할 수 있다. 이 형상의 옆면과 끝면은 크기가 작으므로 3개의 위치결정구가 넓게 배치될 수 없다. 2개의 위치결정구를 옆면에 배치하며 옆면은 두 번째로 큰 면이다. 마지막 1개의 위치결정구를 끝면에 배치한다. 이 형상은 이제 양호한 기하학적 관리 상태에서 안정성을 얻었다. 무게 중심은 낮고 3개의 위치결정구에 가깝게 있다.

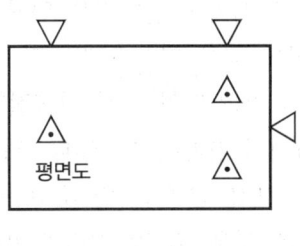

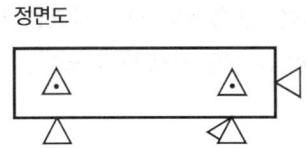
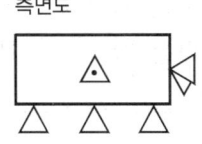

[그림 3-39] 양호한 직육면체의 형상 관리

② 짧은 원통(원기둥) : 높이가 지름보다 작은 경우(5개)
㉠ 평면을 결정하기 위해 3개의 위치결정구를 밑면에 배치한다.
㉡ 2개의 위치결정구를 원주에 배치한다.
㉢ 중심에 대한 회전을 방지할 필요가 있을 때는 마찰 구를 사용한다.

원기둥형의 위치결정은 새로운 형식이 요구되며, 지름과 높이가 우선 비교되어야 한다. 높이가 지름보다 아주 작은 경우는 [그림 3-40]과 같이 결정한다.

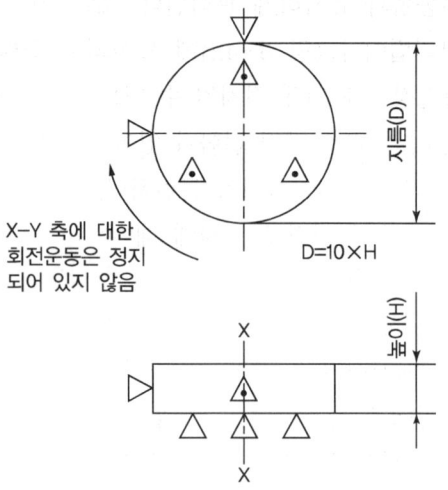

[그림 3-40] 짧은 원통의 형상 관리

③ 긴 원통(원기둥) : 높이가 지름보다 큰 경우(5개)
  ㉠ 원주 표면의 양쪽 끝부분에 직각이 되게 2개씩 가깝게 놓아 4개의 위치결정구를 배치한다.
  ㉡ 한쪽의 끝 면상에 하나의 위치결정구를 놓는다.
  ㉢ 중심선에 대한 회전을 방지하는 데 필요하면 마찰 구를 사용한다.

[그림 3-41]은 길이가 지름보다 큰 경우의 양호한 공작물 관리를 나타낸다.

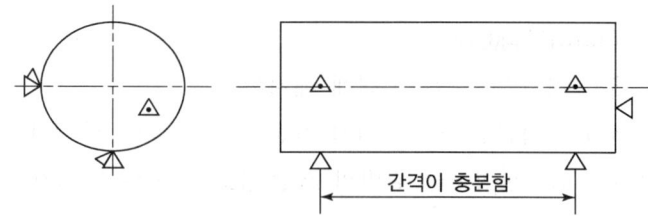

[그림 3-41] 긴 원주의 양호한 형상 관리

④ 짧은 원추(5개)
  ㉠ 밑면에 3개의 위치결정구를 배치한다.
  ㉡ 원주면 아래에 2개의 위치결정구를 사용한다.

⑤ 긴 원추(5개)
   ㉠ 원추면에 2쌍 위치결정구(4개)를 배치한다.
   ㉡ 밑면에 1개의 위치결정구를 배치한다.

원추형도 원통형과 유사하게 관리된다. 짧은 원추형과 긴 원추형에 적용되는 관리법이 [그림 3-42]에 도시되어 있다. 중심선에 관한 회전은 위치결정구에 의해 정지될 수 없으므로 마찰 구가 사용되며, 긴 원추형은 약간 원추 각의 변화가 있어도 중심선의 위치가 변화하므로 정확한 위치결정을 하기가 곤란하다. 주의할 것은 2개의 위치결정구를 표면 대신 밑면 모서리에 배치하는 것이다.

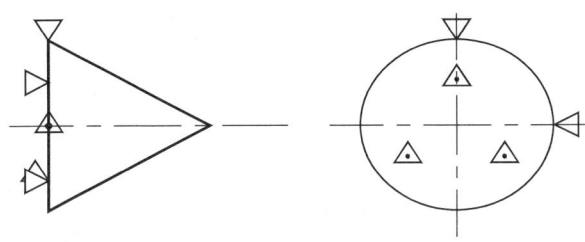

(a) 짧은 원추형

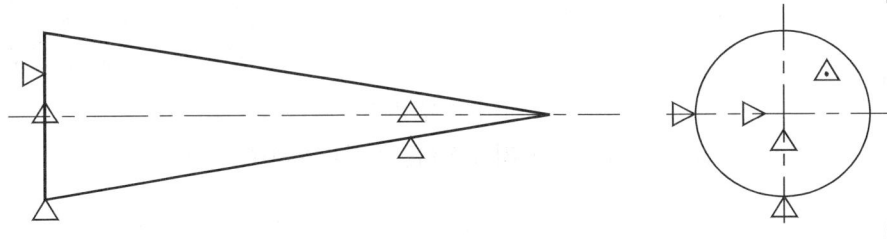

(b) 긴 원추형

[그림 3-42] 원추 형상의 위치결정

⑥ 짧은 피라미드형(6개)
   ㉠ 3개의 위치결정구를 밑면에 배치한다.
   ㉡ 2개의 위치결정구를 밑면의 가장 긴 모서리에 배치한다.
   ㉢ 1개의 위치결정구를 밑면의 가장 짧은 모서리에 배치한다.

⑦ 긴 피라미드형(정사각추, 직사각추, 6개)
   ㉠ 가장 긴 경사면에 3개의 위치결정구를 배치한다.
   ㉡ 가장 작은 경사면에 2개의 위치결정구를 배치한다.
   ㉢ 밑면에 1개의 위치결정구를 배치한다.

피라미드형의 공작물은 직사각형과 유사하게 관리된다. 길고 짧은 피라미드형의 관리가 [그림 3-43]에 나타나 있다. 긴 피라미드형의 경우에는 3개의 위치결정구가 각진 면에 자리한다. 이것은 직각 피라미드처럼 전면이 같은 경우이고 만일 직사각형의 피라미드인 경우, 가장 큰 면에 3개의 위치결정구가 놓인다. 2개의 위치결정구가 그다음 큰 면에 놓이고 하나의 위치결정구가 밑면에 놓인다.

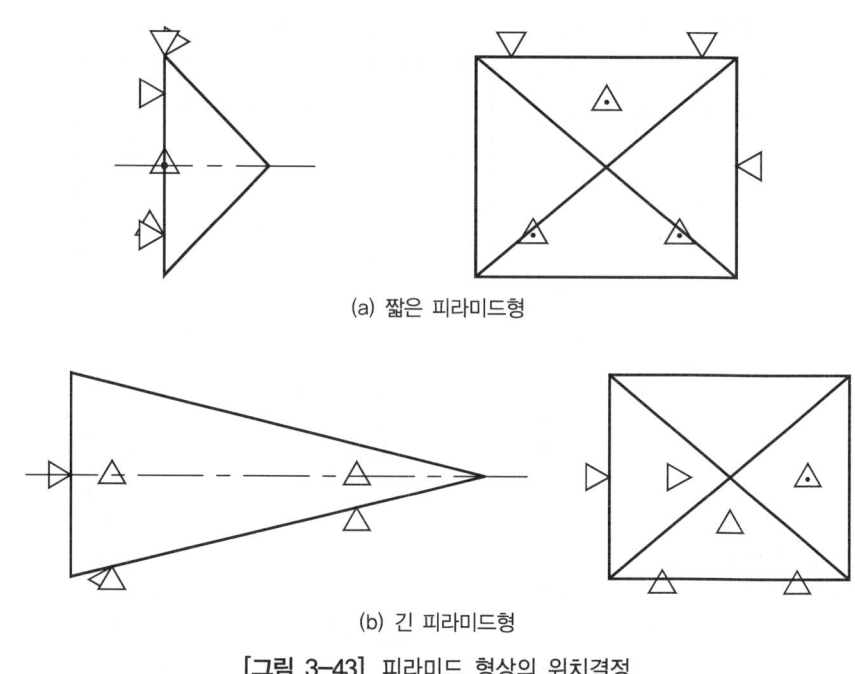

[그림 3-43] 피라미드 형상의 위치결정

⑧ 파이프 형상

파이프 형상의 내면을 위치결정 하는 데는 원통에 사용된 것과 같은 기본적인 방법을 그대로 사용할 수 있다. 공작물 안에 있는 구멍에 대해서도 원통과 같은 방법으로 위치결정 한다. 이러한 원통 내면에 대한 특수 적용의 예를 [그림 3-44]에 나타냈다.

원통의 지름과 높이가 같으면 긴 원통에 대한 위치결정 방법이나 짧은 원통에 대한 위치결정 방법 중 어느 것을 사용하여도 좋다.

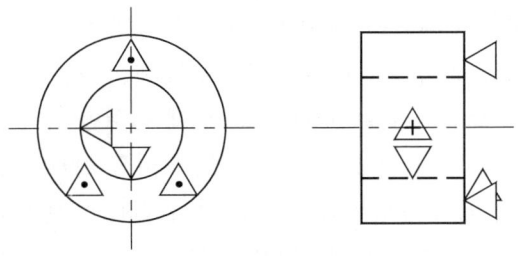

짧은 튜브 또는 링

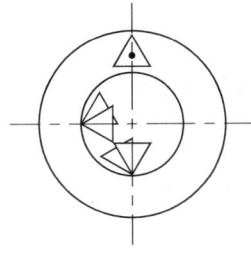
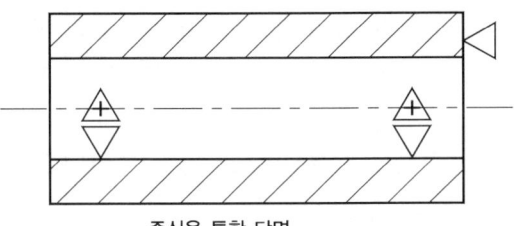

중심을 통한 단면

긴 튜브

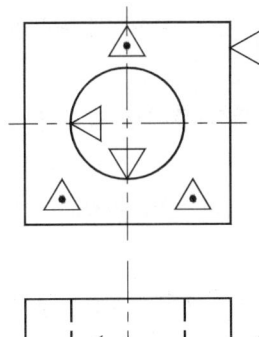
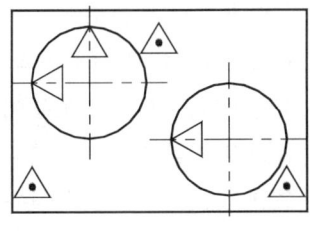

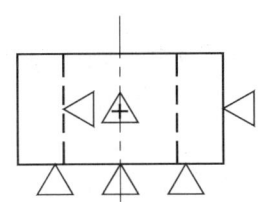
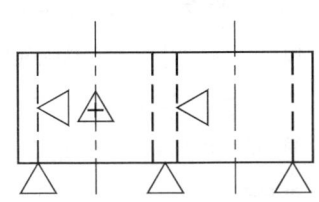

공작물 본체에 6개의 위치결정구가 구멍에 2개의 위치결정구가 위치결정됨으로 완전한 위치결정이 됨

공작물 본체에 6개의 위치결정구가 구멍에 3개의 위치결정구가 위치결정됨으로 완전한 위치결정이 됨

[그림 3-44] 파이프 형상의 위치결정

5) 치수관리(Dimensional Control)

공작물의 치수관리란 제품도에 요구하는 치수가 정확히 가공될 수 있도록 위치결정구의 위치를 선정하는 공작물의 관리를 말한다. 치수관리와 형상관리가 같은 조건일 때는 치수관리가 형상관리보다 우선으로 고려되어야 하며 허용공차 내에서 치수관리 및 형상관리가 불가능할 때는 제품도의 도면을 변경하거나 형상관리를 무시한다.

(1) 우수한(양호한) 치수관리
① 공정상 공차 누적이 생기지 않을 때
② 공작물의 치수 변화가 공차 안에 들어가는 치수를 얻는 데 지장을 주지 않을 때
③ 공작물의 불규칙으로 공차 안에 들어가는 치수를 얻는 데 지장을 주지 않을 때
④ 위치결정구 배치에 알맞은 표면의 선택
⑤ 선택된 표면상에 위치결정구를 정확하게 배치
⑥ 치수관리는 제품도에 나타나 있는 두 표면 중의 하나에 위치결정구가 배치되었을 때 가장 양호하다.
⑦ 치수관리는 제품도에 주어진 치수에 대한 중심선 양쪽에 위치결정구를 배치할 때 가장 좋다.
⑧ 수평 및 수직 중심선 치수관리는 원주상에 배치한 2개의 위치결정구로 관리할 수는 없다.
⑨ 평행도, 직각도, 동심도에 엄격한 공차가 요구될 때는 공차가 적용되는 면 중의 한 면에 1개 이상의 위치결정구를 배치해야 한다. 만일 치수관리를 하지 않으면 가공공차가 더욱 작아지므로 이는 비경제적이다.

6) 위치결정구의 간격

또 하나의 치수 변화는 둥근 표면상에 위치결정구를 배치하는 간격에 의해 발생된다. 위치결정구가 중심선 양쪽으로 배치되었다 할지라도 불안한 위치결정이 될 수 있다.

(1) 60°(120° Vee Block)
① 수평중심 : 최소변화
② 수직중심 : 불안정(기하학적 관리불량)
③ 클램핑력 : 크다.

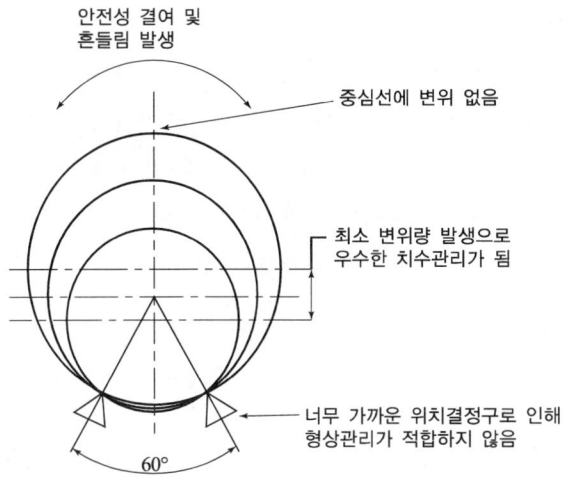

[그림 3-45] 60°(120° Vee Block) 위치결정구 간격의 영향

(2) 90°(90° Vee Block)
① 수평 및 수직중심 : 평균
② 클램핑력 : 평균
③ 일반적으로 많이 사용

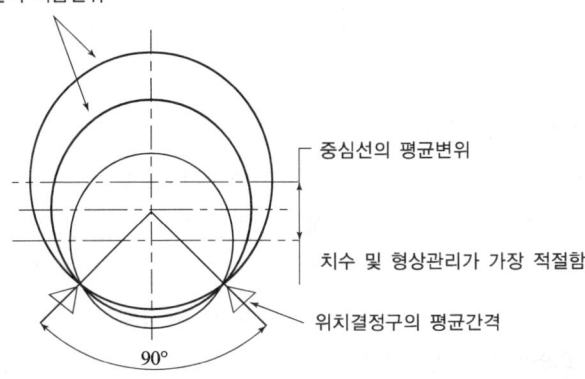

[그림 3-46] 90°(90° Vee Block) 위치결정구 간격의 영향

(3) 120°(60° Vee Block)
① 수평중심 : 최대변화
② 수직중심 : 안정(기하학적 관리 양호)
③ 클램핑력 : 작다.

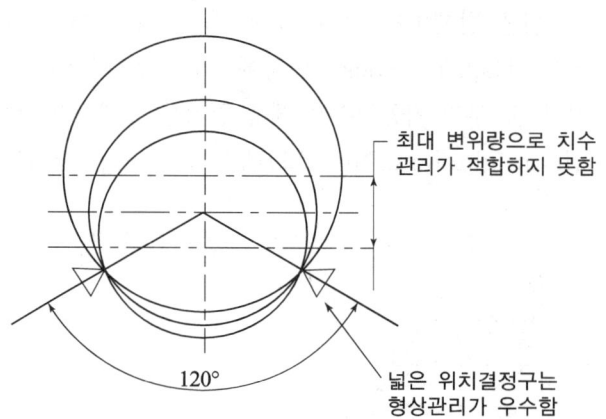

[그림 3-47] 120°(60° Vee Block) 위치결정구 간격의 영향

7) 기계적 관리

3-2-1 위치결정법은 형상관리와 치수관리를 동시에 실시하고자 할 때 적용한다. 공작물은 고정력, 절삭력, 자중 등에 의하여 휨이나 변형이 발생할 수 있다. 기계적 관리는 공작물을 가공할 때 발생되는 외력에 의하여 공작물의 변형 및 치수 변화가 없도록 관리하는 것을 말한다. 기계적 관리를 위하여 위치결정구의 배치는 치수관리 및 기하학적 관리를 우선으로 하며, 두 관리 조건을 만족한 후 기계적 관리를 고려한다.

(1) 기계적 관리를 위한 기본조건
① 절삭력으로 인해서 휨이 발생하지 않을 것
② 고정력으로 인한 공작물의 휨이 발생하지 않을 것
③ 자중으로 인한 공작물의 휨이 발생하지 않을 것
④ 고정력이 가해질 때 공작물이 모든 위치결정구에 닿도록 할 것
⑤ 고정력으로 인해 공작물의 영구 변형이나 휨이 발생하지 않도록 할 것
⑥ 절삭력으로 인해 공작물이 위치결정구로부터 이탈되지 않게 할 것

(2) 양호한 기계적 관리
① 고정력은 정확한 위치에 가한다.
② 지지구를 정확한 위치에 설치한다.
③ 위치결정구를 정확한 위치에 배치한다.

가) 공작물의 힘
공구의 절삭깊이, 이송, 절삭속도가 너무 크면 절삭 때 공구가

공작물에 휨을 발생하게 하여 절삭력을 제거할 때 노치(notch)부는 스프링 백(spring back) 현상에 의해 공작물인 원래 상태로 되돌아가나 홈 부의 가공치수가 제품 공차를 초과하게 된다. 따라서 교정작업(straightening)이나 스크래핑(scraping) 작업을 추가해야 한다.

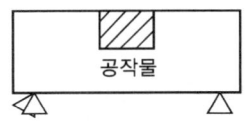
(a) 밀링 작업을 위한 공작물의 위치

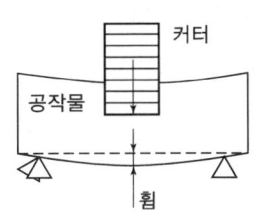
(b) 밀링작업 시 절삭력에 의한 변형

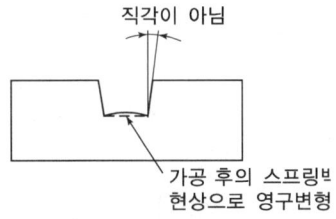
(c) 가공 후 스프링백의 노치현상에 의한 변형

[그림 3-48] 공작물의 휨

나) 절삭력(공구력)

공구에 의해 공작물에 바람직하지 못한 형상변화가 생기면 기계적 관리가 불량하게 된다. 따라서 기계적 관리는 절삭력에 의해 잘못된 형상으로 가공되는 것을 방지하는 것이다.
① 과도한 절삭력은 공구의 무딤, 공구 형상, 절삭속도, 이송 및 절삭깊이 등 여러 요인에 의해 발생한다.
② 과도한 절삭력은 공작물의 휨, 뒤틀림이 발생한다.
③ 기계적 관리의 첫 번째 문제이다.

다) 지지구(Support)

공작물의 휨, 뒤틀림을 제한하거나 정지시키는 장치로 기계적 관리를 좋게 하는 수단으로 사용된다. 위치결정구보다 다소 낮게 설치하거나 같게 설치한다. 지지구에는 3가지 형태가 있으며, 하나는 고정식(fixed) 지지구이고 또 하나는 조정식(adjustable) 지지구, 동시형(equalizing)이다. 지지구는 공작물의 형상관리를 보완하고 공작물의 위치를 정적으로 안정시키는 요소로서 일반적으로 수동으로 작동되는 나사와 플런저, 스프링과 쐐기 및 공유압 작동 플런저 등 기계적 관리를 위해 사용되고 있다.

① 고정식 지지구(fixed type support)
  ㉠ 지지구를 고정시킨 것으로 위치결정구보다 약간 아래에 위치시킨다.
  ㉡ 절삭력에 의한 공작물의 휨을 제한한다.
  ㉢ 제작비가 싸고 작업이 용이하나 공차가 커진다.
  ㉣ 품질보다 경제성을 우선시한다.
  ㉤ 기계가공 면에 한하여 사용한다.

② 조정식 지지구(adjustable type support)
  ㉠ 움직일 수 있고 조정이 가능하다.
  ㉡ 고정식 지지구보다 훨씬 낮게 위치시킨다.
  ㉢ 고정식보다 우수한 기계적 관리가 가능하다.
  ㉣ 가격이 비교적 비싸고 조정시간이 많이 소모되지만 공차가 작아진다.
  ㉤ 경제성보다 품질우선 시 사용한다.
  ㉥ 불규칙한 주조, 단조면에(기계가공하지 않은 면) 주로 사용한다.

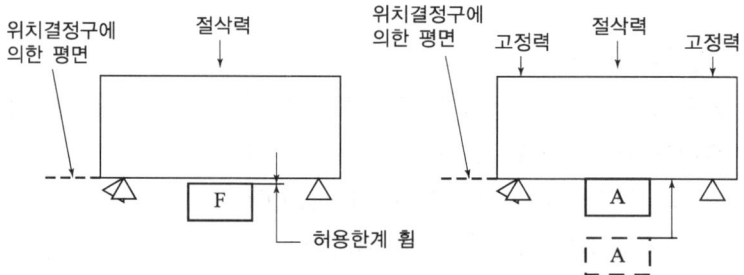

[그림 3-49] 고정식 지지구와 조정식 지지구

라) 공구의 회전 방향
공작물의 휨에 대한 두 번째 대책은 절삭력의 방향을 커터 회전으로 역회전시켜 바꿀 수 있다.

① 상향 절삭(up milling)
공구의 회전 방향과 공작물의 이송이 반대이다.
  ㉠ 절삭력이 위로 향하여 공작물의 휨이 생기지 않으며 지지구가 필요하지 않다.
  ㉡ 절삭력은 위치결정구로부터 공작물을 들어올리는 경향이 있어 바람직하지 못하다.
  ㉢ 클램핑 고정력이 커야 한다.

② 하향 절삭(down milling)
공구의 회전 방향과 공작물의 이송이 같은 방향이다.
㉠ 절삭력이 아래로 향할 때 절삭력은 위치결정구상에 공작물을 고정시키는 데 도움을 주므로 고정력은 작아도 된다.
㉡ 위치결정구상에 공작물을 고정시키는 힘이 작용하며 지지구를 받쳐주면 기계적 관리는 충분히 이루어진다. 결론으로 기계적 관리는 공작물 휨을 감소시키기 위한 커터 회전 방향을 관리하는 것만으로는 얻어질 수 없다.

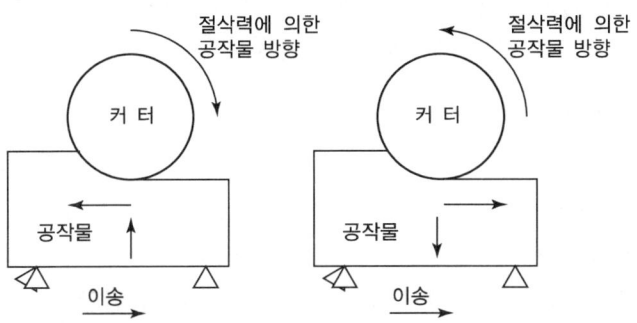

[그림 3-50] 커터의 회전 방향에 따른 절삭력의 방향 변화

마) 절삭력에 대한 기계적 관리 기준
공정설계기사 및 치공구설계기사는 절삭력에 대하여 다음의 기계적 관리규칙은 다음과 같다.
① 우선적으로 공작물의 휨을 관리하기 위하여 절삭력의 반대쪽에 위치결정구를 배치한다. 그러나 이것은 기하학적 관리와 치수관리가 함께 얻어질 때만 가능하다.
② 절삭력에 의해 휨이 발생하면 고정식 지지구를 사용하여야 제한한다.
③ 경제성보다 품질을 우선시할 때 조정식 지지구를 사용한다.
④ 절삭력은 고정력과 같은 방향으로 하여 공구력이 고정력을 보조하도록 적용한다.

바) 고정력(클램핑 force)
기계적 관리의 두 번째 사항은 클램프의 고정력 사용이다. 고정력은 형상관리와 치수관리가 되지 않은 상태에서 이루어져서는 안 되며, 단지 공작물의 기계적 관리를 위해 필요할 뿐이다. 따라서 공정설계기사와 공구설계기사는 절삭력의 크기와 위치결정구 배치결정과 클램핑 장치 및 위치결정구를 설계할 책임이 있다.

① 고정력의 사용 목적
  ㉠ 공작물에 균일한 힘을 가하기 위해 작업자의 기술에 상관없이 모든 위치결정구가 공작물에 동시에 접촉되도록 한다.
  ㉡ 절삭력에 상관없이 공작물이 모든 위치결정구에 접촉되어야 한다.
  ㉢ 공작물의 치수 변화에 상관없이 모든 위치결정구가 공작물과 접촉되어야 한다.

② 고정력 사용할 때 제한사항
  ㉠ 공작물에 휘거나 비틀림이 발생하지 않도록 할 것
  ㉡ 공작물이 지지구를 향해 휨이 직접 가해지지 않도록 할 것
  ㉢ 절삭력 반대편에 고정력을 배치하지 말 것

사) 기계적 관리의 원칙
다음은 기계적 관리를 위한 고정력의 몇 가지 적절한 관리방법은 다음과 같다.
① 고정력은 위치결정구 바로 반대편에 배치하여야 한다. 그러나 이것은 형상 및 치수관리를 얻을 수 있을 때 한한다.
② 고정력에 의해 휨이 발생하면 지지구를 사용하여야 한다.
③ 고정력은 마찰구를 사용하여 6번째의 위치결정구로 보완한다.
④ 비강성 공작물에는 하나의 큰 힘보다 여러 개의 작은 힘을 작용시키는 것이 필요하다.
⑤ 공작물에 생기는 자국은 중요하지 않은 표면에 고정력을 가함으로써 제한할 수 있다.
⑥ 합력에 의한 고정력은 인적인 요소의 영향을 감소시킬 수 있다.

3. 공작물 위치결정

1) 위치결정의 원리

지그와 고정구를 설계할 때 공작물에 대한 위치결정방법을 충분히 고려해야 한다. 공작물의 위치결정(기준면 결정)은 기하학적인 것으로 중량이나 클램프의 압력, 절삭력 등의 크기와 관계없이 힘이 작용하는 방향을 고려하여 공작물의 위치를 안정하게 하는 것이다.

2) 위치결정구의 설계

(1) 위치결정구의 일반적인 요구사항
① 위치결정구는 마모에 잘 견디어야 한다.
② 위치결정구는 교환할 수 있어야 한다.
③ 위치결정구는 공작물과의 접촉부위가 보일 수 있게 설계되어야 한다.
④ 위치결정구의 청소가 쉬워야 하며, 칩에 대한 보호를 고려해야 한다.

(2) 위치결정구에 대한 주의사항
① 위치결정구의 윗면은 칩이나 먼지에 대한 영향이 없도록 하기 위하여 공작물로 덮도록 한다.
② 주물 등의 흑피면을 위치결정 할 때는 조절이 가능한 위치결정구를 택하는 것이 좋다.
③ 위치결정구의 설치는 가능한 한 멀리 설치하고, 절삭력이나 클램핑력은 위치결정구의 위에 작용하도록 한다.
④ 위치결정구는 마모가 있을 수 있으므로 교환이 가능한 구조를 선택한다.
⑤ 위치결정구의 설치는 공작물의 변형(끝 휨, 부딪친 홈)에 대한 여유를 고려하여 설치한다.
⑥ 서로 교차하는 두 면으로 위치결정을 할 때 교선 부분에 칩 홈을 만든다.
⑦ 위치결정구의 윗면에 칩이나 먼지 등이 누적될 수 있는 경우(볼트 구멍, 맞춤핀 구멍)에는 위치결정구의 윗면에 빠짐 홈을 만들어 배출을 유도한다.

3) 고정위치결정구

(1) 고정위치결정면
고정위치결정구는 확고하게 고정이 되어 있는 위치결정구를 말하며, 내마모성이 요구되므로 열처리하여 연삭 또는 래핑(Lapping) 등에 의하여 높은 정밀도가 유지되어야 공작물의 정밀도를 높일 수 있으며, 일반적인 요구사항은 다음과 같다.
① 안정감이 있는 넓은 평면, 밑면과 가공 정도가 높은 측면을 기준면으로 정한다.
② 공작물의 구멍 또는 가공된 구멍, 홈 등을 이용하여 기준면으로 정한다.

> **TIP**
> 기준면은 다음과 같은 면을 잡는 것이 좋다.
> - 가공물의 밑면을 기준면으로 한다.
> - 가공물의 옆면을 기준면으로 한다.
> - 가공물의 구멍을 사용하여 지지함으로써 안정시킬 수 있는 경우에는 그 구멍의 면을 기준면으로 한다.
> - 넓은 평면 부분을 기준면으로 한다.
> - 가장 고정밀도를 필요로 하는 부분을 기준면으로 한다.

③ 적당한 기준면을 찾기 어렵거나 명확하지 않을 때 임시 가공용 버팀 보수(Machining Boss)를 용접으로 만들어 그 면을 기준면으로 사용한다.

(2) 고정위치결정면의 주의사항

① 자리면은 칩 등이 떨어지지 않게 되도록 가공물로 덮어버리도록 한다.
② 2개의 핀을 사용하여 위치결정을 할 때 한쪽에는 반드시 마름모형의 핀을 사용한다.
③ 주물 등의 흑피면을 지지하는 경우에는 조절위치결정기구로 고정하는 것이 좋다.
④ 지지점 사이의 거리는 크게 잡고, 되도록 지지점 위에 절삭력이나 체결력이 걸리게 한다.
⑤ 위치결정 핀은 마멸됐을 때 교환할 수 있는 구조로 한다.
⑥ 위치결정이 중복되지 않도록 주의한다. 이렇게 하도록 반드시 한쪽에 빠짐 홈을 두거나 조절할 수 있는 구조로 하여야 한다.
⑦ 가공물의 변형, 끝 휨, 부딪친 홈에 대한 여유 부분을 마련한다.

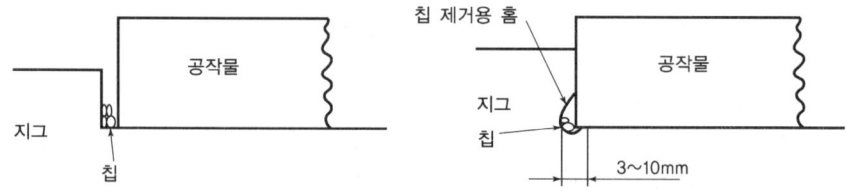

[그림 3-51] 두 면을 이용한 위치결정과 칩 홈

두 면의 위치가 동시에 결정될 때는 구석에 칩 홈(빠짐 홈)을 약 3~10mm 정도로 설치하여, 연삭 작업을 위한 공간 및 칩이나 공작물의 버(burr)로 인하여 발생되는 부정확한 위치결정을 막는다. 치공구의 본체를 주철로 할 경우 일반적인 회주철(GC150~GC250)을 많이 사용하고 있다.

〈표 3-1〉 기준면과 칩 홈의 치수

l	L	b	l	L	b
15~25	50~100	2.5	100~150	200~250	5.5
25~50	100~150	2.5	150~200	250~300	5.5
50~100	150~200	2.5	200~250	300~350	5.5

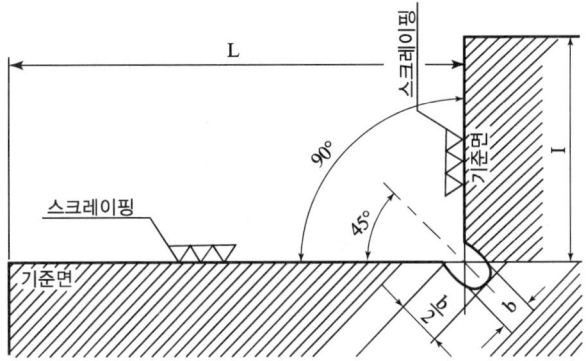

(3) 패드(Pad)에 의한 고정위치결정구

패드는 버튼과 비슷한 재료로 만들어지며 역시 버튼과 비슷한 경도(hardness)로 열처리 가공된다. 이것이 설치될 치공구의 면은 연삭가공이 되어 있어야 하며 패드의 모서리는 버(burr)를 제거하거나 촉감을 부드럽게 하려면 약간 폴리싱(polishing)이 되어 다듬질하여야 하지만 때에 따라서는 버튼 윗면의 모서리와 같이 모따기나 모서리의 라운딩(rounding) 가공은 하지 않는다.

(4) 핀(Pin)에 의한 고정위치결정구

핀은 주로 측면으로 위치결정 하며 가벼운 하중을 받는 공작물에 적용된다. 핀은 원통형 모양의 요소로서 공작물이 옆(측)면에 닿게 되어 있으므로 핀의 높이는 문제가 되지 않는다. 핀은 버튼과 마찬가지로 위치결정면에 억지 끼워맞춤으로 설치되며 라운드 핀(Round pin)은 곡면이나 기계가공이 된 공작물을 정확히 위치결정 시키기 위하여 핀이나 버튼의 옆면을 평면으로 만들어 이용되며 이와 같은 평면은 위치결정면에 설치한 후에 핀의 옆면을 연삭(Grinding)하여 만든다. 위치결정핀의 재질로는 내마모성이 높은 것이 요구되므로 주로 중탄소합금강이나 저급 공구강을 담금질 및 뜨임 열처리하여 사용하며 로크웰 경도 HRC 40~50 정도(쇼어 경도 Hs 70 정도), 재질은 STC 90(5종), 원통 면의 거칠기는 3-S 정도가 적당하다. 핀과 본체의 끼워맞춤은 억지 끼워맞춤이고 핀은 공차가 0.03~0.04mm 정도 크게 가공하고 위치결정부의 허용차는 g6 또는 h6으로 한다. 핀을 압입하는 구멍은 직각이나 평행부로 바르게 가공하여야 하며, 핀은 직각으로 압입하는 것이 바람직하다.

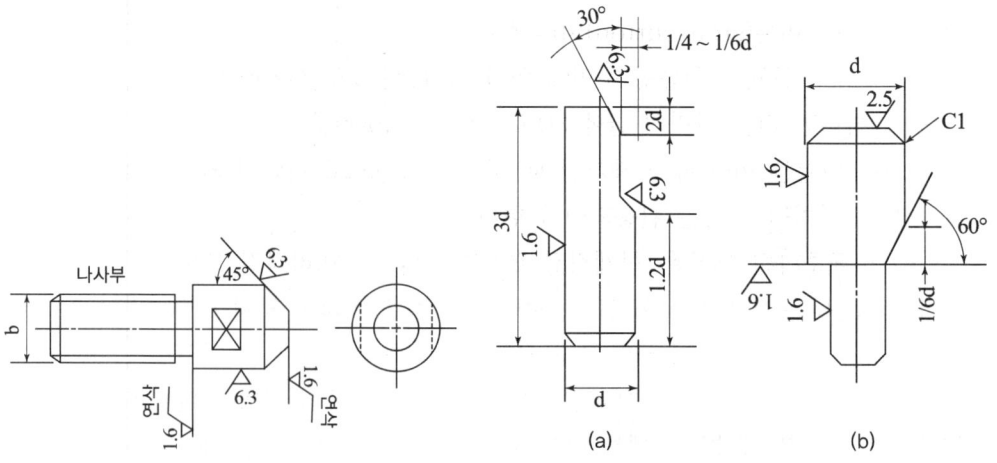

[그림 3-52] 위치결정 패드 핀　　[그림 3-53] 칩 홈이 있는 핀의 치수

핀(pin)에 의한 위치결정구의 종류에는 윗면이 평면, 구면, 원추형, 마름모형, 요철형 등이 있으며 주 용도는 다음과 같다.

① **평면** : 공작물의 위치결정부가 평면일 경우에 사용한다.
② **구면, 요철형** : 공작물의 위치결정부가 불확실하거나 경사면 또는 흑피면에 사용한다.
③ **원추형** : 위치결정과 동시에 중심내기로 활용될 경우에 사용한다.

(5) 버튼(Button)에 의한 위치결정구

공작물의 위치결정을 위한 지지구로 사용되는 가장 일반적인 형태는 버튼(button), 핀(pin) 그리고 패드(pad)이다. 수학적인 면에서 볼 때 지지점은 원추형의 점이 가장 이상적이나 이것은 공작물과의 접촉면적이 작고 마모에 대한 저항력이 없으므로 사용되지 않는다.

버튼은 평면(민머리)형 머리(flathead), 구(둥근)형 머리(crowned head)와 널링형 머리(knuckling head)가 있으며 부시(bush)를 압착 고정한 곳에 설치하여 사용될 수 있다. 버튼의 머리는 로크웰 경도 C스케일이 HRC 40~50 정도로 열처리된 중합금강이나 저급 공구강이 이용되며 사이즈가 큰 버튼에는 저탄소강을 로크웰 경도 C스케일이 HRC 53~57 정도로 침탄 처리나 표면경화 처리하여 사용한다.

평면(민머리)형 머리의 버튼은 정밀하게 평면 기계가공된 공작물에만 사용되나 구(민머리)형 머리의 버튼은 밑면이 기계가공 되지 않은 거친 공작물에도 사용될 수 있으나 공작과의 접촉면적을 충분히 제공하지 못한다. 버튼이 공작물 받침대로 이용될 때 레스트 버튼(rest button)

이라 하며 공작의 옆면이나 옆으로의 움직임을 막기 위한 것으로 사용될 때는 스톱 버튼(stop button)이라 한다.

버튼은 치공구 몸체의 원통형 구멍에 억지 끼워맞춤으로 설치하며 이를 쉽게 하려면 버튼 다리의 끝에 30°로 테이퍼(taper)를 만든다. 막힌 구멍은 버튼을 끼울 때나 제거할 때 공기의 압력으로 어렵게 되므로 버튼이 설치될 구멍은 관통되어야 한다.

그림에서 표준화된 버튼은 한계직경 B = 3~24mm, 머리직경 D = 5~40mm, 낮은 머리의 높이 H = 2~20mm, 높은 머리의 높이 H = 5~40mm, 낮은 머리 버튼의 전체 길이는 6~50mm, 높은 머리의 전체 길이는 9~70mm이다. 버튼을 끼우는 치공구 본체의 구멍은 관통구멍으로 하고 끼워 맞추기는 규격에 따른 치수로 한다. 표준화되어 있지 않은 크기의 버튼은 다음과 같은 공식을 이용하여 안정된 버튼을 설계할 수 있다. D가 주어지면 D의 정도에 따라 H를 선정한다. 이때 H가 너무 낮으면 칩이나 먼지가 H보다 높게 쌓여 지지구의 역할을 할 수 없으므로 H의 최소치 한계를 정한 것이고 안정성을 고려하여 H의 최대치 한계를 정한 것이다.

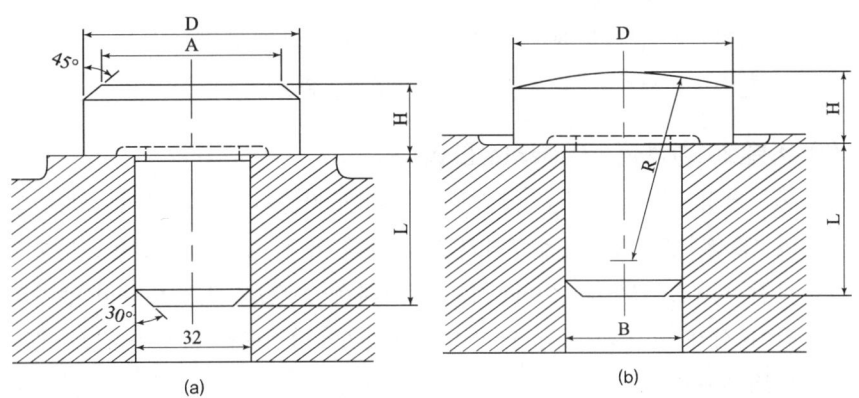

[그림 3-54] 평면(민머리)형 버튼

① 평면(민머리)형 머리의 버튼에서(미터단위) H는 1/3D(5mm 이상)~3/4D(25mm 이하)의 범위로 하고 B = 3/4(D-3), L = 1/2(D+H) 인치단위에서 다른 것은 모두 동일하나 B = 3/4(D-1/8)로 한다.
② 구(둥근 머리)형 머리의 버튼에서(미터단위, 인치단위 모두 적용) H는 1/3D~1D의 범위로 하며 R = 3/2D, B = 3/4, d1=3/4D으로 한다.

4) 조절위치결정구 및 지지구

(1) 조절위치결정구와 지지구와의 관계

조절식위치결정구(locator)를 설명하기에 앞서 위치결정기구(locators)와 지지구(supports)의 역할을 확실히 구분할 필요가 있다. 위치결정기구, 즉 로케이터는 공작물의 위치를 기하학적으로 한정하지만 클램프 또는 절삭가공할 때 공작물에 가하여지는 힘에 대해 안정한 지지는 고려하지 않는다. 지지구는 공작물에 가해지는 절삭력이나 클램프 힘에 의한 공작물의 탄성변형을 막기 위하여 부수적으로 설치되는 것이다. 그러나 대부분의 위치결정구는 공작물의 지지역할도 하기 때문에 지지구의 역할을 중요시하지 않는 경향이 있다. 만약 부수적인 지지구가 정적인 위치결정 시스템과 조화가 이루어지지 않으면 다음과 같은 3가지의 문제점이 발생한다.

① 지지구가 공작물과 접촉하지 않으면 지지구의 기능이 발휘되지 못하므로 불필요한 것이 된다.
② 지지구가 위치결정구보다 더 높아서 공작물을 위치결정구로부터 올리게 되면 이것이 위치결정구를 대신하게 되므로 부정확한 위치결정이 이루어진다.
③ 지지구가 공작물에 과다한 힘을 가하게 되면 공작물에 변형(휨, 비틀림)이 생기고 위치결정구에 무리한 힘을 가하게 된다.

(2) 조절위치결정구(Adjustable Locator)

위치결정구는 공작물을 클램핑하고 기계 가공할 때 작용하는 모든 힘에 대하여 견고한 기계적 지지를 충분히 할 수도 있고 또한 충분하지 못한 경우도 있는데 이때 충분한 기계적 안정을 얻기 위해서 추가되는 요소가 지지구(support)이다. 조절위치결정구는 다음과 같은 목적으로 사용된다.

① 기준공차 또는 이미 규정된 공차를 초과한 소재를 위치결정 할 때 사용된다.
② 마모나 부주의에 의한 고정구의 치수 변화를 위해 조절할 때 사용된다.
③ 하나의 고정구로써 하나의 크기가 아닌 여러 크기의 공작물을 위치결정할 때 사용된다.

(3) 지지구(Support)

지지구는 공작물의 형상관리를 보안하고 공작물의 위치를 정적으로 안정시키는 요소로서 일반적으로 수동으로 작동되는 나사와 플런저,

스프링과 쐐기, 공유압 작동 플런저 등 기계적 관리를 위해 사용되고 있다.

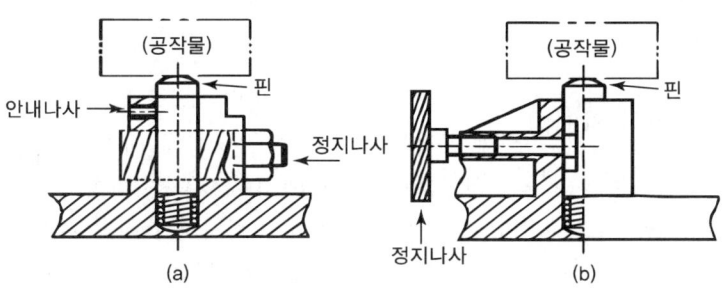

[그림 3-55] 간단한 플런저형 지지구

(4) 평형(Equalizer) 위치결정 지지구 및 고정구

평형 지지구 및 고정구(equalizer)는 일반적으로 하나의 작용력(하중)을 2 혹은 2 이상의 작용점에 분배시키는 목적에 사용된다. 이것은 작용력을 균등하게 분배시킨다는 의미를 내포하고 있으나, 하나의 작용력을 2개의(또는 2 이상) 지지점에 대하여 일정 비율로 힘이 분배되어 작용시키도록 설계된 기구로, 역시 평형 지지(혹은 고정)구라고 볼 수 있다.

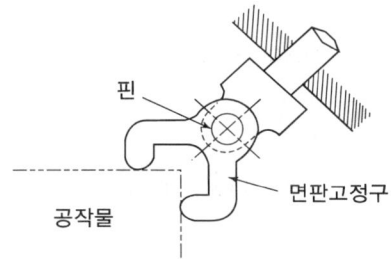

[그림 3-56] 수평, 수직 평형 고정구

(5) 평형 고정구의 용도

기본적으로 평형 고정구는 다음과 같은 용도(목적)에 사용된다.
① 과도하게 집중하는 클램핑(고정)압력을 가공부품의 표면에 균일하게 작용하도록 한다.
② 위치결정구에 클램핑 압력을 수직으로 작용시킨다.
③ 거친 표면을 가진 공작물을 클램핑 한다.
④ 높이가 다른 한 공작물의 표면을 고정하기 위하여 이용한다.
⑤ 수직, 수평 표면을 동시에 클램핑 할 때 이용한다.

⑥ 변형되기 쉬운 얇은 판, 탄성 공작물의 변형 방지를 위하여 체결력을 표면 전체에 확산시킬 목적으로 이용한다.
⑦ 가공부품의 중심을 잡아 고정하기 위해서다.
⑧ 여러 공작물을 동시에 클램핑 할 목적으로 이용된다.

5) 네스팅(Nesting)

한 공작물이 일직선상에서 적어도 2개의 반대 방향 운동이 억제되는 경우, 둘 또는 그 이상의 표면 사이에서 억제되어 위치결정되는 방법, 즉 어떤 홈을 파 놓고 그 안에 공작물을 집어넣는 것을 말한다. 네스트와 공작물 간의 최소 틈새는 공작물의 공차에 의해 결정되나 네스팅에 의한 위치결정은 항상 어느 정도의 변위가 따르게 된다. 그러므로 불규칙한 형상의 공작물은 윤곽이 정확하게 가공되어 있을 때 사용한다. 특히 주물이나 단조품은 네스팅이 불리하며 금형에 의해 일정하게 만들어지거나 엄격한 공차로 기계가공된 공작물에 적합하다.

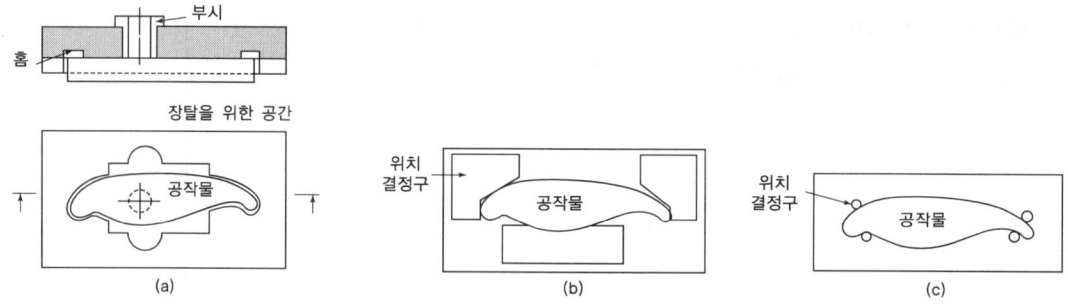

[그림 3-57] 공작물 윤곽에 따른 네스팅

6) 원형 위치결정구(Circular locator)

공작물의 구멍과 원통 부분을 위치결정 하기 위해 핀, 심봉(mandrel), 플러그(pulg), 중공 원통, 링, 홈 등의 형태로 위치결정을 하는 네스팅 원리이며 위치결정의 정밀도와 재밍(jamming)이 생긴다. 여기서 재밍이란 공작물 구멍에 원형 축을 끼울 때 턱에 걸려 들어가지 않는 현상을 말하는데 재밍은 항상 짧은 거리의 위치에서 발생하며(즉 L이 작을 때) 어느 정도 길게 끼워지면 재밍 현상은 발생하지 않는다. 재밍은 주로 마찰 때문에 발생하며 틈새, 끼워지는 맞물림 길이, 작업자의 손 흔들림도 원인이 된다.

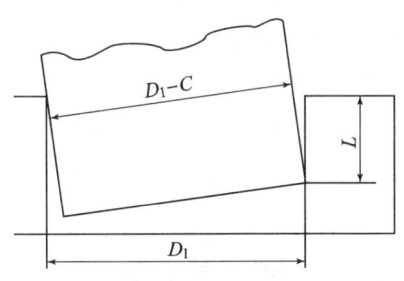

[그림 3-58] 재밍 현상

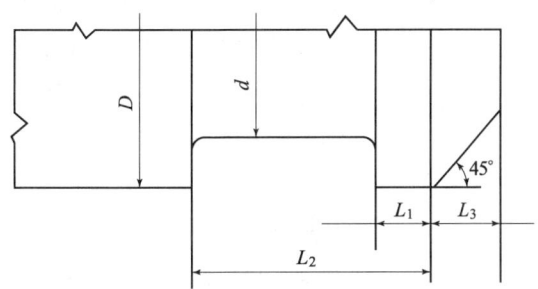

[그림 3-59] 재밍 억제를 위한 원형 위치결정구

원형 위치결정기구는 공작물을 위치결정하는, 즉 공작물의 네스트 (nest)를 위한 요소이다.

재밍은 [그림 3-58]과 같이 구멍에 물체를 끼워 넣을 때 약간 기울어지면서 구멍의 모서리에 걸려 끼워지지 않는 현상을 말한다. [그림 3-59]는 위치결정구의 지름이 D_1, 끼워질 공작물의 지름은 $D_1 - C$이고 틈새는 C가 되며 L만큼 끼워졌을 때 재밍이 발생한 것을 나타낸다. 이에 대한 치수는 다음과 같다.

$L_1 = 0.02D$

$L_2 = 0.12D$

$L_3 = 1.7\sqrt{D}$ (L_3와 D는 mm단위)

$L_4 = 1/3\sqrt{D}$ (L_3와 D는 inch단위)

$d = 0.97D$

> **TIP**
>
> **원형 위치결정구의 문제점**
> 재밍(jamming)현상과 정확한 위치결정을 위한 틈새(clearance)의 정도

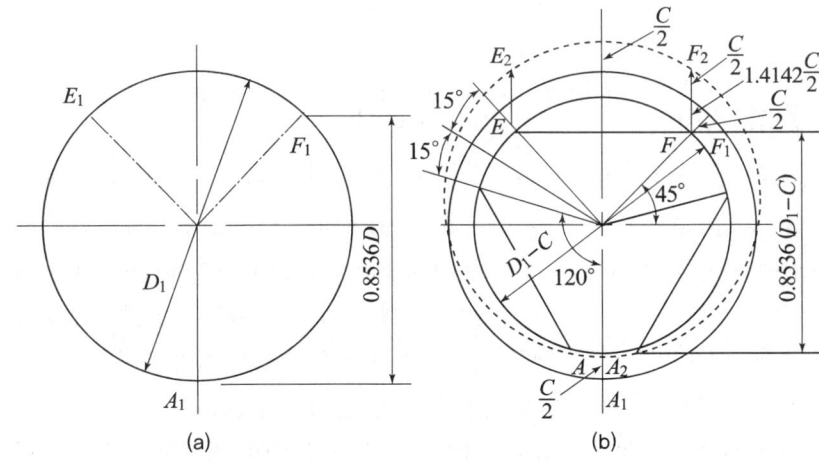

[그림 3-60] 재밍 감소를 위하여 수정된 원형 위치결정구

원형 위치결정기구를 수정한 완전히 다른 형태의 것을 [그림 3-60]에 나타내었다. 120° 간격으로 원통의 옆면을 평면으로 하고 충분한 접촉면적을 주기 위해 각 방향으로 30°씩 원통 면을 남겨 두었다. 그림의 (a)는 지름이 D_1인 구멍으로 3개의 평면을 가지며 지름이 $D_1 - C$인 원통이 끼워지게 된다. 그림의 (b)에서 C는 틈새를 말하며 각 방향으로 $C/2$만큼의 틈새가 생긴다. 공작물의 구멍을 삼각 단면의 원통에 끼워 위로 밀어붙이면 A_1점이 A_2점까지로 접촉하게 되어 위쪽의 틈새는 E, E_2 또는 F, F_2가 된다. 중심에 대하여 F의 방향이 45°이므로 F, F_2 즉 수직 방향으로의 틈새는 $C/2+1.4142\,C/2= 1.2071\,C$가 된다.

이때 공작물 구멍의 위치는 A_2, E_2, F_2의 원이 된다. 재밍의 발생위치를 알아내기 위하여 공작물을 A_2점의 수평축을 중심으로 기울여서 원형 위치결정구를 E, F점이 공작물의 구멍 E_2, F_2점에 닿도록 하면 바로 그 위치에서 재밍이 시작된다. 이 위치에서 본래의 지름 D_1은 $0.8536D_1$로 바뀌므로 재밍 발생구간 L_2는 $0.8536\mu D_1$이 된다. 원통을 삼각 단면의 원통으로 함으로써 재밍의 발생구간을 약 15% 정도($1-0.8536=0.1464$) 감소시킴과 동시에 약 20% 정도의 유효여유(effective clearance)를 증가시켜 위치결정에 대한 정밀도를 감소시킨다. 여러 가지 각기 다른 지름을 가진 구멍에 원형 위치결정구를 사용할 때는 하나의 지름만으로 충분하다.

7) 다이아몬드 핀

다이아몬드 핀(diamond pin)은 [그림 3-61]과 같이 단면이 마름모꼴이며 구멍에 헐거움 끼워맞춤(clearance fit)으로 설치되기 때문에 가공물의 착탈(loading and unloading)이 쉬운 장점이 있어 실제로 위치결정기구의 요소로 많이 쓰인다.

[그림 3-61]은 지름이 D인 구멍에 길이 A인 다이아몬드 핀이 틈새(clearance)가 C로 끼워진 것이며 $D = A + C$가 된다. 만약 다이아몬드 핀의 위 끝과 아래 끝이 예리하게 되어 있다면, 원호에 대한 공식에서 현의 높이는 $C/2$이고, 원호의 폭이 T일 때 $\left(\dfrac{T}{2}\right)^2 = \dfrac{C}{2}\left(D - \dfrac{C}{2}\right) = \dfrac{CD}{2} - \dfrac{C^2}{4} = \dfrac{CD}{2}$ 그러므로 $T = \sqrt{2CD}$가 된다.

그러나 실제로 핀의 위쪽과 아래쪽의 끝은 뾰족하게 되어 있지 않고 마모를 고려한 폭 W를 가진다. 그러므로 공차 없이 끼워질 수 있는 지름은 A가 되며 W를 고려하면 $W + T = \sqrt{2CD}$ 이다.

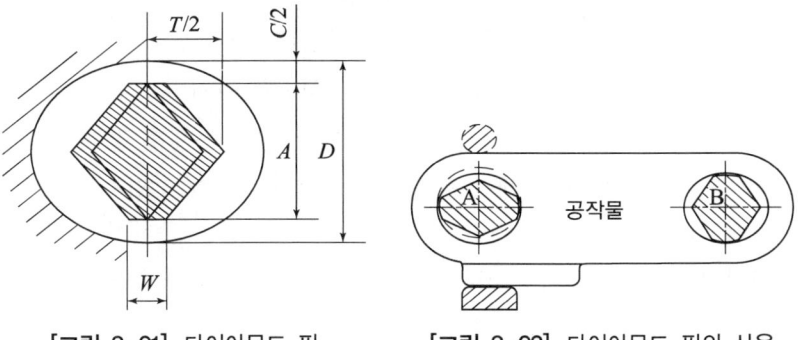

[그림 3-61] 다이아몬드 핀   [그림 3-62] 다이아몬드 핀의 사용

폭 W를 결정하는 적당한 값으로는 D값의 1/8로 하며 최댓값은 0.8 내지 0.4mm로 하였으나 근래에는 $W = 1/30 \times A$로서 표준화하여 보편적으로 사용하게 되었다.

[그림 3-62]는 치공구에 사용된 다이아몬드 핀의 사용 예로서 다이아몬드 핀은 2개를 수직하게 엇갈려 설치하여 사용하는 경우가 많다. 핀(A)는 가로방향으로의 움직임을 억제하면 핀(B)는 공작물의 상하로의 움직임을 막는다. 이러한 경우에 핀(A)에서 공작물이 상하로 움직이게 되므로 표시한 것과 같은 부수적인 위치결정기구가 필요하다. 다이아몬드 핀의 전형적인 사용방법을 [그림 3-63]에 나타내었다. 공작물은 치공구 위에 올려짐으로써 자중에 의해 상하로의 움직임은 막아지며 가로방향은 핀에 의해 이루어진다. 이와 같이 다이아몬드 핀은 한쪽 방향으로만 정확히 위치결정 할 수 있기 때문에 방향을 그려서 사용되어야 한다.

2개의 원통을 이용한 모든 위치결정에 적용되는 원칙은 원하는 위치로 쉽게 맞추어지도록 하는 것과 한번 위치로 쉽게 맞추어지도록 하는 것과 한번에 연속적으로 2개가 끼워지도록 하는 것이다.

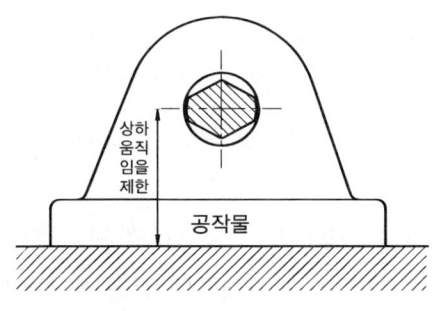

[그림 3-63] 다이아몬드 핀의 사용

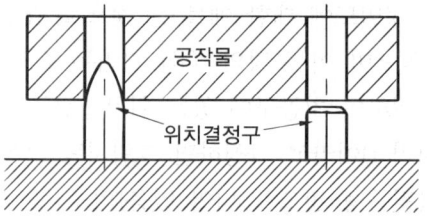

[그림 3-64] 이중 원통 위치결정구의 단계적 삽입 방법

이렇게 하려면 [그림 3-64]에서와 같이 하나의 핀에 라운드(round) 부분은 만들고 또 다른 핀에 윗면은 모서리 모따기를 하였고 연속적으로 끼워질 수 있도록 한쪽 핀을 길게 하여 이것에 먼저 끼워지면서 이것의 안내 역할로 짧은 핀에도 쉽게 끼울 수 있다. 만약 2개의 핀 길이를 같게 하면, 공작물은 동시에 2개의 핀에 맞추어야 하므로 작업이 어렵게 된다.

8) 2개의 원통에 의한 위치결정

평면상에 있는 2개의 원통형 위치결정구(locator)를 구멍에 맞추어 위치결정(locating) 하면 공작물의 6개 자유도를 모두 제거시킬 수 있으며 아주 좋은 기계적 안정성을 얻게 된다. 이러한 경우에 정밀도는 원통 핀이 끼워질 틈새와 2개의 구멍 중심 거리공차에 의해 정해진다. 가령 2개의 구멍 중심거리가 아주 정확하다고 하면 위치결정 정밀도는 구멍 틈새와 정도에 따라 정해진다.

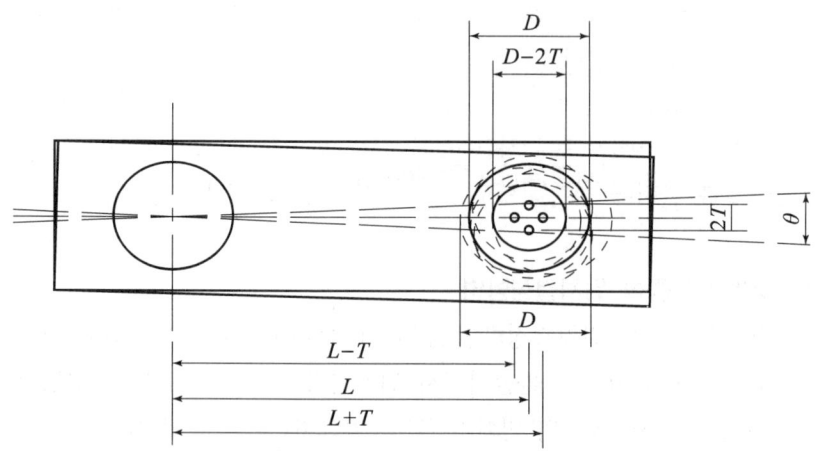

[그림 3-65] 이중 원통 위치결정구의 응용

[그림 3-65]는 정밀도에 대한 예를 든 것으로 공작물에 지름이 D인 2개의 구멍이 있으며 이 구멍의 중심 거리는 $L \pm T$이다. 문제를 간단히 설명하기 위하여 치공구에 있는 위치결정구의 거리 L과 구멍지름 D에는 공차가 0이라고 가정하면 그림처럼 오른쪽이 구멍에 끼워질 위치결정구(원통형 핀으로 되어 있음)의 지름 D는 $D-2T$로 축소시켜 만들어져 있다. 왜냐하면 공작물 구멍 간의 거리는 $L-T$에서 $L+T$로 분산되어 있으므로 모든 공작물에 적용하기 위해서 오른쪽 위치결정구 지름이 $D-2T$로 되어야 한다. 따라서 거리공차가 최대치인 가공 부품($L-T$ 또는 $L+T$)이 끼워지면 틈새(Clearance)는 $2T$가 된다. 이로 인하여 각도상의 오차 $Q = \dfrac{2T}{L}$[rad]만큼 발생한다. 이 오차를 없애기 위하여 옆으로 길게 된 구멍(장공)을 만들어 사용될 수 있으나 치공구에 끼워질 각각의 공작물에 그와 같은 구멍을 만든다는 것은 제작상 어려운 점이 있다. 좌우 움직임이 관계없고 상하로만 움직임을 억제하면 다이아몬드 핀 2개를 사용할 수 있다.

9) 중심 위치결정구(centralizer)

중심 위치결정법은 일반 위치결정법(locating)을 한 걸음 앞선 방법이다. 위치결정법은 치공구에 접촉되는 장소(부분)마다 한 부분에 1면이 필요한 데 대하여, 중심 위치결정법은 한 장소에서 2면이 필요하며, 가공하려는 부품 내의 1평면(거의 언제나 2 접촉면 사이의 중앙평면이 됨)을 위치결정 하는 방법이다.

① 단일 중심 위치결정(Single Centering) : 1개의 중심 평면을 위치결정
② 이중 중심 위치결정(Double Centering) : 2개의 평면(서로수직)을 위치결정
③ 완전 중심 위치결정(Full Centering) : 3개의 중심평면을 동시에 위치결정

(1) 일반적인 중심 위치결정방법

일반적인 중심 위치결정방법은 [그림 3-66]과 같으며, (a)의 경우는 지그 몸체의 일부를 돌출시켜서 위치결정구를 만든 간단한 방법이나 마모로 인하여 정도의 변화가 올 수 있으며, 교체가 어려운 단점이 있다. (b)의 경우는 지그 몸체의 홈에 위치결정 핀을 압입하여 고정한 형태로서, 마모할 때 교환은 가능하나 위치결정 핀의 제거는 용이하지 못하며, 칩에 대한 대책이 요구된다. (c)의 경우는 지그 몸체가

관통되어 위치결정 핀이 조립된 관계로, 마모로 인한 교체를 할 때 제거가 쉽다. 그러나 위치결정 핀의 높이가 필요 이상으로 높으면, 재밍(jamming) 현상으로 인하여 공작물을 로딩 · 언로딩 할 때 어려움이 발생하게 되므로 공작물의 가공 위치에 따라 차이는 있지만, 로딩 · 언로딩에 어려움이 없는 높이로 하는 것이 좋다. (d)와 (e)는 공작물의 위치결정 핀이 측면과 윗면 플랜지부에 접하게 되며, 위치결정 핀에는 플랜지가 부착된 관계로 공작물의 위치결정이 확실하고, 마모가 작으며, 교체가 쉬워 대량 생산용으로 적합한 장점은 있으나, 위치결정 핀의 높이를 결정하는 데 어려움이 있다.

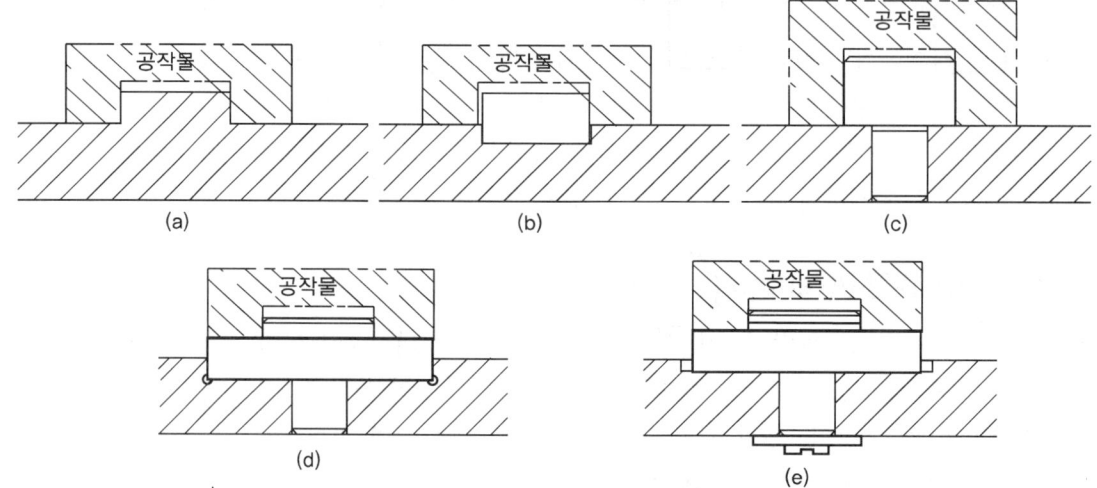

[그림 3-66] 일반적인 중심 위치결정방법

(2) 중심 결정구의 특징

기계가공 하려는 면이 거친 부품을 맨 처음 고정할 때, 기준선이나 펀치센터를 대신하여 대략 정하는 것이 치공구의 한 목적으로서 위치결정이 맡는 단순한 역할인 데 반하여, 중심결정이라고 하는 것은 중심결정구(혹은 장치)를 이용하여, 기준면이나 기준표시구멍의 정확한 위치를 정하는 것으로서 치공구의 기능을 발전시킨 것이다. 따라서 부품의 실제적인 중심평면이나 중심축, 중심의 위치가 치공구에 공차의 범위 내에서 정확하게 결정되는 것이다. 가공여유도 균등하게 되어 있어서, 절삭깊이가 모든 면에서 일정하며, 절삭저항의 과도현상도 일어나지 않게 된다. 또한 무게중심의 위치도 정확히 결정되어 있으며, 선삭 공정에서 부품의 회전상태도 균형을 잡게 된다. 즉, 기계 가공하지 않은 공작물의 표면이 부품 내의 기준선이나 평면에 대하여 더욱 정확하게 그 위치가 결정되는 것이다.

(3) 중심 결정구(Centralizers)와 위치결정구(locators)

중심 결정구는 단일 혹은 복합부품으로서 위치결정구의 역할이나 클램프 기구의 역할 또는 2가지의 역할을 다하기도 한다. 고정된 단일 부품의 중심 결정구는 바로 위치결정구가 되며, 여러 부품이 복합된 중심 결정구는 적어도 1개의 가동 부분을 가지고 있다. 이 부품들은 하나의 고정부품(위치결정구)과 하나 이상의 가동부품(클램프 기구)을 내포하고 있다. 이들 구성부품들이 모두 움직일 수 있으면, 클램프로서나 위치결정구로서 양면으로 취급할 수 있다.

TIP

위치결정구와 클램프 기구 사이에는 확실한 구별이 없다.

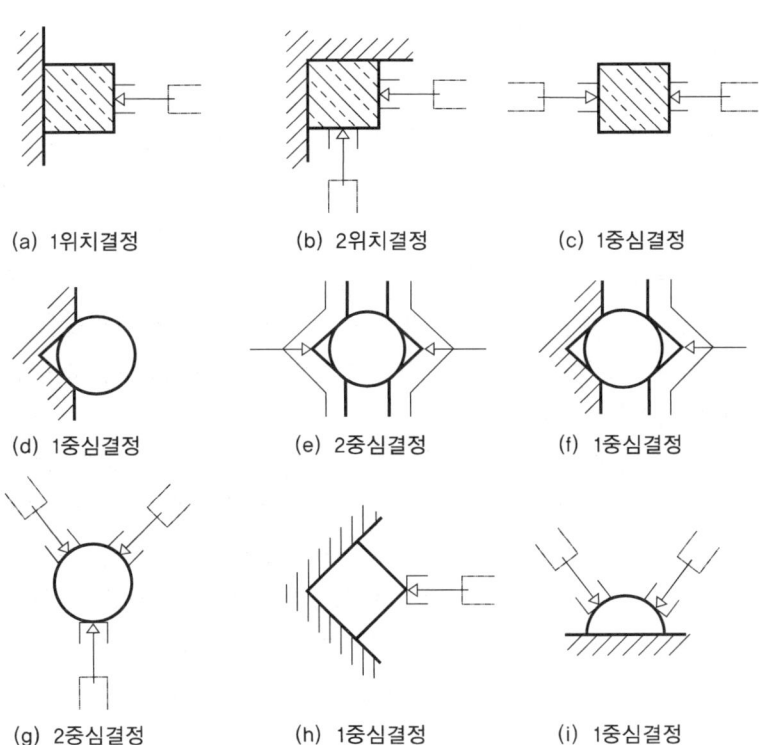

[그림 3-67] 대표적인 중심 결정구와 위치결정구의 원리

[그림 3-67]은 대표적인 위치결정구와 중심 결정구를 그림으로 나타낸 것이다. 2중심결정은 어떤 중심 결정구를 사용하거나, 축선 만 위치결정되기만 하면 이루어지는 것이며, 이러한 의미에서, 일반적으로 사용하는 3조(jaw) 척, 자동조심형 척(self-centering chuck), 콜릿 척은 모두 2중심 결정기구가 된다[그림 3-67(g) 참고].

[그림 3-67(e)]와 같은 소형 터릿 선반에 자주 사용되는 2조(jaw) 척이나 드릴 척도 역시 똑같이 2중심 결정기구의 하나라고 할 수 있다. 2개의 V홈을 가진 공작기계의 바이스는 1중심 결정기구가 된다[그림

3-67(f) 참고]. 중심 결정구는 오목한 형상을 가지면 안 되며(네스팅 요소가 아님), 틈새가 없이 접촉되어 체결하는 공작물이어야 한다. 따라서 중심 결정구를 사용하면, 특히, 면이 거친 공작물을 오목한 형상 (네스팅 방법)으로 위치결정 하는 것보다, 더욱더 확실하고 정확하게 공작물을 위치결정 할 수 있다.

(4) 중심 결정구의 분류
중심 결정구는 다음의 3가지로 분류할 수 있다.

① 각 형(角形)블럭
② 링크 구속형 복합 중심 결정구
③ 시판용 자동조심형 척

각형 블록은 볼록하거나 오목한 위치결정면을 가진 일반 형상의 블록형 위치결정구를 말한다. 이것은 V-블럭, 원추형 위치결정구, 구면형 위치결정구의 3가지 형태로 사용되는데, V-블럭이 가장 널리 사용된다. 원추형 위치결정구는 오목하거나 볼록한 원추 면을 이루고 있으며, 원추 면이 이루는 각은 위치결정기능에 대단히 중요한 역할을 한다. 구면형 위치결정의 표면은 구면상의 캡이나 링 모양으로, 오목하거나 볼록하게 되어 있다.

링크 구속형 복합 중심 결정구는 가동부분이 서로 링크기구로 되어 있어, 중앙 평면이나 축 중심에서 일정한 거리를 유지하도록 되어 있다. 일례로서 가위나 가위와 같은 링크기구(linkages)라는 뜻은 캠이나 쐐기, 신축(겹치는) 봉, 대칭형 스프링 등과 같이 작동하는 메카니즘(기구)을 모두 포함하는 넓은 의미를 내포하고 있다. 기계적인 용어로 이런 것들을 모두 운동연쇄(kinematic chain)라고 부른다.

(5) 중심 결정구와 평형 고정구(equalizers)
치공구의 세부설계에 있어, 혼동해서는 안 되는 2가지의 요소가 있는데 그것은 링크기구를 채용한 중심 결정구와 평행 고정구이다. 이들은 모두 링크기구를 사용하지만, 전혀 반대되는 다른 목적을 가지고 있다. 중심 결정구는 링크기구가 위치결정점과 클램핑 부위의 운동이나 위치를 구속하며, 이러한 부위에 의하여 정해진 위치에 부품을 억지로 밀어 넣는다. 반면, 평형 고정구는 역시 링크기구인데, 면이 고르지 않는 부품을 클램핑 힘이 균일하게 되도록 하는 목적으로 사용되는 일종의 클램프 기구인 것이다. 평형 고정기구는 부품을 일정한 위치에 오게 하는 것이 아니라, 반대로 부품이 평형 고정구를 밀어, 고정하는(클램핑) 힘을 일정하게 한다.

(6) V 블록을 이용한 중심 결정방법

시판용 고정구로서 V 블록은 원통형의 공작물을 위치결정 할 때 사용되며 사잇각이 거의 90°로 만들어지고, V 블록 자체는 사잇각이 90°±10′ 이하이며 진직도가 0.005mm/m(±0.002인치)의 오차범위 내에 있어야 한다.

90° V 블록은 원통 부품의 위쪽에서 고정하는 힘을 가할 때 힘의 방향이 수직선을 기준으로 ±22.5를 벗어나면 부품이 불안정하게 고정되어 흔들릴 염려가 있다. 힘의 작용 방향은 좌우 45°까지는 변경할 수 있으나, 그전에 안정성은 없어진다.

V 블록이 가지는 여러 가지의 이점은 단순·강력·견고하므로 지지면이 양호하며, 큰 부품만큼 긴 부품에도 적합하고, 고정구에 대하여 부가적인(2차적인) 안정성과 강도를 부여할 수 있으며, 이용하기 쉽고, 값이 싸다는 이점을 가지고 있다.

대표적인 V 블록 사잇각의 특징은 다음과 같다.

① 60° V 블록
  ㉠ 공작물의 수직 중심선의 위치가 쉽게 결정된다.
  ㉡ 공작물의 수평 중심선의 위치가 가장 크게 변한다.
  ㉢ 위치결정점 간격이 넓어 기하학적 관리가 가장 양호하다.
  ㉣ 위치결정구에 대해 공작물을 고정시키는 데 필요한 고정력(클램핑 force)이 적게 든다.

② 90° V 블록
  ㉠ 공작물의 수직 중심선이 위치결정 된다.
  ㉡ 공작물의 수평 중심선의 위치가 평균적으로 변한다.
  ㉢ 평균적인 공작물의 기하학적 관리이다.
  ㉣ 평균적인 고정력(클램핑 force)이 요구된다.

③ 120° V 블록
  ㉠ 공작물의 수직 중심선을 위치결정하기 약간 곤란하다.
  ㉡ 공작물의 수평 중심선의 위치가 최소로 변한다.
  ㉢ 위치결정점의 위치가 가까워 기하학적 관리가 좋지 못하다.
  ㉣ 가까운 위치결정구상에 공작물을 고정시키기 위해서 더 큰 고정력(클램핑 force)이 요구된다.

(7) V 블록의 한계성

[그림 3-68(a)]의 경우 V 블록이 중심 결정구로써 사용될 때, 직경차를 △라고 하면, 부품의 중심은 이등분 면상에서 위치오차 e가

TIP
120° V 블록은 원형 공작물의 수평 중심선 변화가 가장 적다.

생기는데, $e = 1/2\Delta = 0.707\Delta$ 가 된다.

[그림 3-68(b)]에서 기준 위치결정구나 측면 위치결정구로 사용할 경우는 더욱 안정되게 사용할 수 있다. 이 경우 중심의 오차 e는 수직, 수평 방향에 대하여 분명히 $e = 1/2\Delta$ 밖에 되지 않아, 모두 직경 차 Δ 보다 작게 되는 것이다.

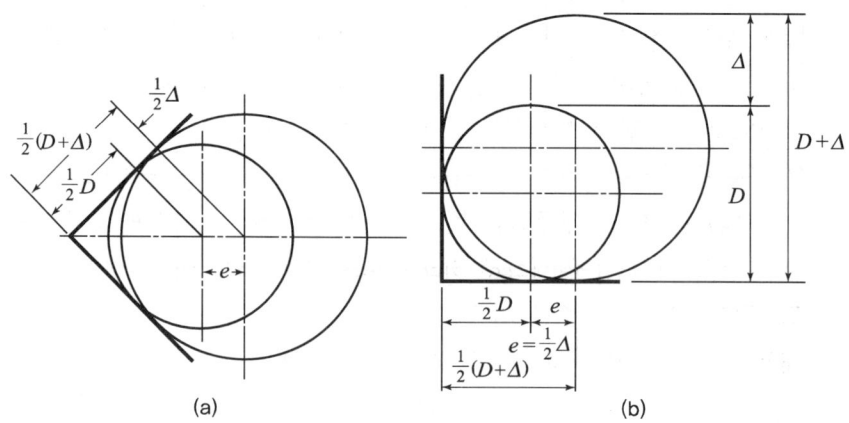

[그림 3-68] 위치오차(e)에 대한 지름 공차(Δ)의 영향

10) 장착(loading)과 장탈(unloading)

(1) 공작물의 장착과 위치결정

장착(loading)이란 공작물을 치공구에 위치결정 하고 클램핑(클램핑) 하는 것이며 장탈(unloading)이란 가공이 끝난 공작물을 치공구에서 클램프를 풀고 꺼내는 것이다. 즉 치공구는 공작물을 '장착'(청소과정 포함)과 기계가공한 후 '장탈' 하는 세 단계로 작업이 이루어진다. 장착은 공작물을 치공구에 넣고 위치결정 하며 클램프 하는 전 과정을 말한다.

(2) 방오법(Fool proofing)

공작물의 형태가 비대칭형인 경우 치공구에 공작물을 장착할 때 착오로 인하여 잘못 장착할 경우가 있다. 공작물의 장착 위치를 틀리지 않기 위해 사용되는 것이 방오법으로서, 공작물의 형태가 비대칭일 때 주로 발생하며, 이 경우 가공 부위가 바뀌게 된다.

방오법을 적용하는 방법으로는 공작물의 가공 홈, 구멍, 돌출부 등을 이용하여 치공구를 설계·제작하는 것이다. 방오법은 최소한 1개 이상의 비대칭면을 가진 공작물을 쉽게 장착하기 위해 치공구에 부착된 보조장치이다. 공작물이 완전한 대칭구조일 때는 문제가 되지 않으나 비대칭 형상일 때는 위치가 바뀌지 않도록 장착시켜야 하며 이때마다 위치를 확인하는 것은 작업능률을 저하하게 되므로 공작물이 올바른 위치일 때만이 치공구에 장착되도록 설계함으로써 작업시간의 단축과 위치의 잘못을 방지할 수 있다. [그림 3-69]는 간단한 방오법 구조를 나타낸 것으로 공작물의 돌출부(비대칭 부분)를 이용하였다.

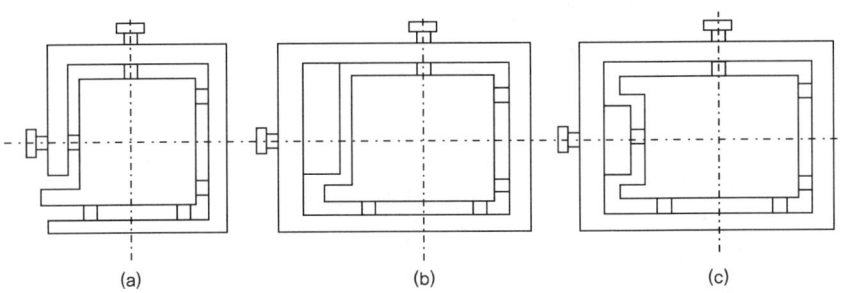

[그림 3-69] 간단한 방오법의 구조

(3) 분할법(indexing)

공작물을 일정한 간격으로 등분하고자 할 때 활용되며, 공작물의 형태에 따라 크게 직선 분할, 각도 분할 2가지가 있다. 직선 분할은 공작물의 평면 부를 이용하며, 특히 정밀도가 요구되는 곳에 사용한다. 각도 분할은 공작물의 원호상에 일정한 각도로 분할할 때 주로 이용한다. 분할에서의 주의사항은 다음과 같다.

① 분할 부분은 마찰 때문에 마모가 발생하면 보정이나 교환이 가능한 구조이어야 한다.
② 끄덕임은 한쪽으로만 있게 하고 흔들림은 항상 한 방향에서 발생하도록 한다.
③ 분할 부분은 칩이나 먼지 등에 의한 분할 오차가 발생하지 않도록 설계 보호되어야 한다.

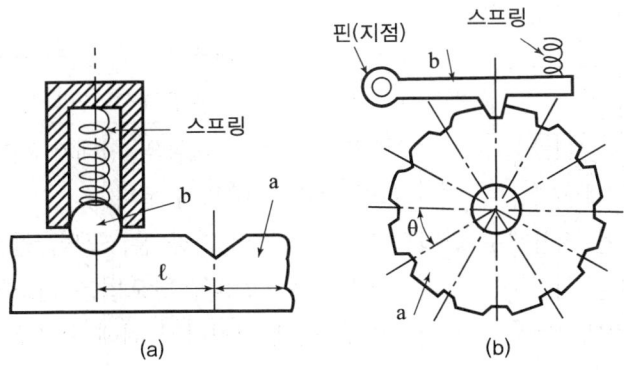

[그림 3-70] 분할 방법의 예

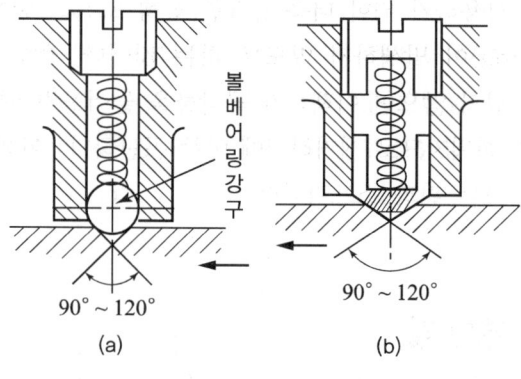

[그림 3-71] 외력에 의한 분할

> **TIP**
>
> 이젝터(ejector) 사용의 장점
> • 작업능률의 향상과 원가절감
> • 생산시간 단축
> • 치공구의 중량 감소
> • 안전사고 예방

(4) 공작물 장탈을 위한 이젝터(Ejector)

치공구의 사용 목적은 경제적으로 생산하는 데 있다고 할 수 있으며, 가장 경제적인 생산을 위해서는 공작물의 장착과 장탈이 짧은 시간에 이루어지는 것이 중요하다. 장착의 경우는 정해진 절차에 의하여 하나, 장탈의 경우는 절차보다는 짧은 시간에 쉽게 제거하는 것이 중요하다. 공작물 제거에 도움을 주기 위하여 활용되는 기구가 이젝터로서, 구성요소는 주로 핀(pin), 스프링(spring), 레버(lever), 유공압 등이 이용된다.

① 이젝터의 설계

이젝터는 공차가 작은 정밀한 기구가 아니므로 가격이 저렴하다. 공작물과 접촉하는 부분은 경화 공구강(handened tool steel)이나 표면 경화강(case hardening steel)으로 하며 공작물의 표면에 흠집을 방지하기 위하여 구리, 황동, 알루미늄 등 연한 재질로 하기도 한다.

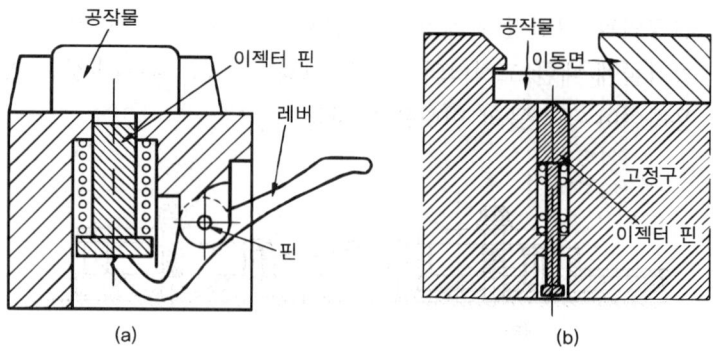

[그림 3-72] 간단한 형태의 이젝터

이젝터를 사용하기 위한 더욱 중요한 선행 조건은 위치결정구가 재밍(jamming)이 발생하지 않도록 하는 것이다. 이와 같은 조건이 만족되어 있지 않으면 이젝터가 공작물을 들어올릴 때 재밍 현상에 의하여 꽉 끼워지므로 제거하기에 아주 곤란하다. 이젝터의 가장 근본적인 구조는 핀과 스프링이다.

4. 공작물 클램핑

1) 클램핑 정의

치공구의 중요한 요소 중 하나로서, 공작물을 주어진 위치에서 고정(클램핑), 처킹(chucking), 홀딩(holding), 구속(gripping) 등을 하는 것을 말하며, 공작물은 치공구의 위치결정면에 장착된 후에 절삭가공 및 기타 작업이 이루어지게 된다. 그러나 공작물은 주어진 위치에 고정이 이루어지지 않게 되면 절삭력이나 진동 등의 외력에 의하여 이탈되어 절삭이 불가능할 것이다.

TIP

공작물은 절삭이 완료될 때까지 위치 변화가 발생해서는 안 되며, 공작물의 주어진 위치를 계속 유지하기 위하여 클램핑이 필요하게 된다.

2) 각종 클램핑 방법 및 기본원리

각종 치공구에서 공작물을 클램핑(클램핑) 하는 방법에는 여러 가지가 이용된다.

① 공작물의 클램핑 과정에서 공작물의 위치 및 변형이 발생되지 말아야 한다.
② 공작물의 가공 중 변위가 발생되지 않도록 확실한 클램핑이 이루어져야 한다.
③ 클램핑 기구는 조작이 간편하고 신속한 동작이 이루어져야 하는 일반적인 사항을 만족하여야 한다. [그림 3-73]은 공작물의 위치결정면과 고정력이 작용하는 위치와의 관계를 설명하고 있으며, 공작물에 대한 고정력의 작용은 그림에서처럼 위치결정면 위에 작용하여야 공작물의 변형을 방지할 수 있게 된다.

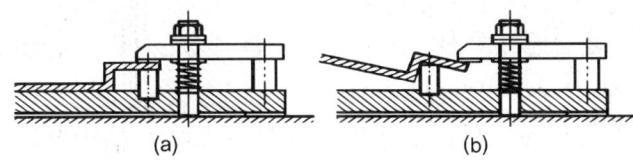

[그림 3-73] 위치결정면과 고정력이 작용하는 위치와의 관계

④ 절삭력은 클램프가 위치한 방향으로 작용하지 않도록 하고 절삭력의 반대편에 고정력을 배치하지 않도록 한다. 절삭력은 치공구에서 흡수토록 한다.
⑤ 절삭면은 가능한 테이블(table)에 가깝게 설치되도록 하여야 절삭 시 진동을 방지할 수 있다.

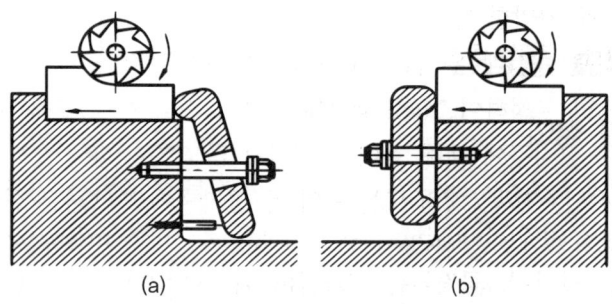

[그림 3-74] 클램프와 절삭력의 방향

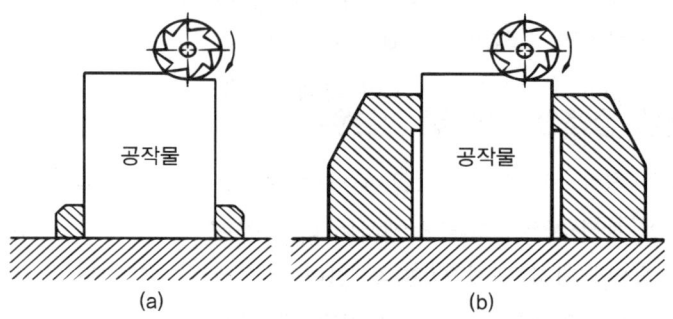

[그림 3-75] 클램핑과 절삭면

⑥ 클램핑 위치는 가공 시 절삭압력을 고려하여 가장 좋은 위치를 택한다.
⑦ 클램핑력(클램핑)은 공작물에 변형을 주지 않아야 하며, 공작물이 휨 또는 영구변형이 생기지 않도록 한다. 가능한 절삭력보다 너무 크지 않도록 최소화하는 것이 좋다.
⑧ 기계 가공면의 고정 시 가공 표면이 손상되지 않도록 주의하고 가공 중 또는 그 전후에 있어 작업자, 공작물, 치공구에 대한 위험이 없도록 클램프를 설치한다. 공작물의 손상 우려 시 클램프에 다음과 같이 처리하여 사용한다.
　㉠ 알루미늄, 구리 등 연질 재료의 보호대를 부착한다.
　㉡ 받침대를 부착하여 사용한다.
　㉢ 베클라이트 또는 단단한 플라스틱의 보호대를 사용한다.

⑨ 비강성의 공작물에 대한 손상·변형·뒤틀림을 방지하기 위하여 여러 개의 작은 힘으로 분산하여 클램핑 하며, 클램핑력이 균일하게 작용하도록 한다.
⑩ 클램핑 기구는 조작이 간단하고 급속 클램핑 형식을 택한다.
⑪ 공작물의 형상에 적합한 클램핑 기구를 택한다.
⑫ 클램프로 인해 휨이나 비틀림이 발생하지 않도록 공작물의 견고한 부위를 가압한다.
⑬ 클램프는 상대 위치결정구 또는 지지구에 직접 가하고 공작물을 견고히 고정하여 Tooling력에 충분히 견딜 수 있도록 하며, 공작물이 지지구에 대해 힘이 가해지지 않도록 한다.
⑭ 클램프는 진동, 떨림 또는 중압 등 공작물에 발생하는 힘에 충분히 견딜 수 있도록 한다.
⑮ 클램프는 공작물을 로딩·언로딩 시 이로 인한 간섭이 없도록 한다.
⑯ 클램프는 치공구 본체에 설치나 제거가 용이해야 한다.
⑰ 중요하지 않은 곳을 클램핑 함으로써 공작물이 손상되지 않게 한다.
⑱ 가능한 한 복잡한 구조의 클램프보다는 간단한 구조의 클램프를 사용한다.
⑲ 가능한 한 클램프는 앞쪽으로부터, 바깥쪽에서 안쪽으로, 위에서 아래로 작동되도록 설계하며 나사 클램프에서는 왼손 조작일 경우는 왼 나사를 사용하도록 한다.
⑳ 클램프의 심한 마모가 우려될 때 열처리된 보호대를 부착시켜 사용한다.

3) 클램핑의 원칙

클램핑 장치는 공작물 또는 치공구 종류와 관계없이 원하는 위치에 고정하고, 가공에 의한 마찰력이나 진동, 구심력에 견디고 충분히 공작할 수 있는 기능을 가져야 한다.

(1) 마찰 클램프과 충돌 클램프

공작물은 외력에 대하여 충분히 저항할 수 있게 고정되어야 한다. [그림 3-76]과 같이 마찰 클램프의 경우에는, 클램핑되는 방향에 직각으로 작용하는 가공 저항력 f는 체결력 F의 10~20%이다. 그러므로 절삭력의 5~10배 힘으로 고정되지 않으면 안 된다. [그림 3-77]은 충돌 클램프의 경우로서, 클램핑에 요하는 힘은 적어도 좋다. 여기서 절삭력은 고정력의 위치결정 고정면에 주는 것이 원칙이므로 되도록 마찰력을 주지 않는 것이 바람직하다.

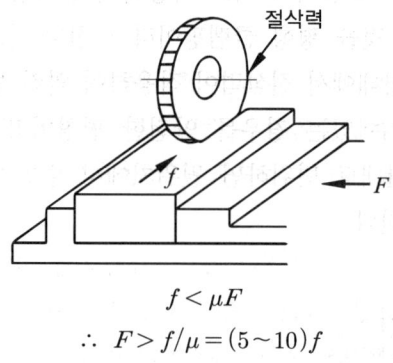

$f < \mu F$

$\therefore\ F > f/\mu = (5 \sim 10)f$

[그림 3-76] 마찰 클램프

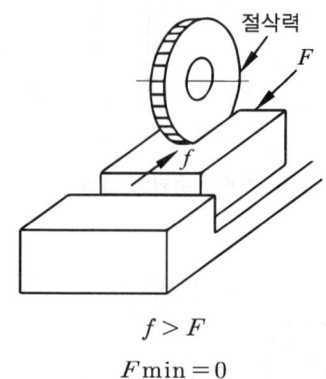

$f > F$

$F\min = 0$

[그림 3-77] 충돌 클램프

(2) 클램핑 부위의 강성 불평등의 원칙

[그림 3-78]과 같이 체결할 고정 면의 강성은 이동면보다 커야 한다. [그림 3-78(b)] 면의 그림은 클램핑 면의 탄성변형이 커서 나쁘다.

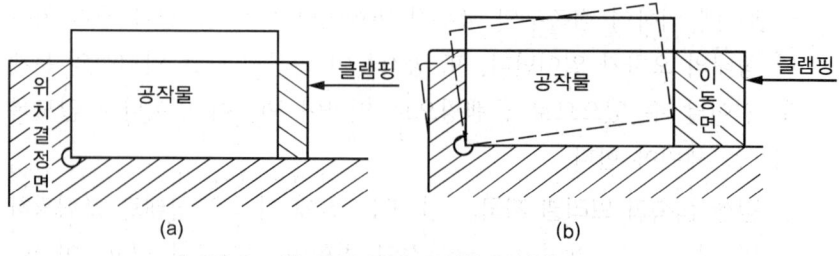

[그림 3-78] 충돌 클램프 이후의 강성

(3) 클램핑력의 안정 평행의 원칙

많은 클램핑력과 그 반력이 서로 작용하여 공작물의 변위가 없고, 안정 상태로 있는 것을 평행 클램핑이라고 한다. [그림 3-79](a)처럼 평형 클램핑한 상태에서 절삭력이 작용하여 약간 변형을 한 뒤, 원래 위치로 돌아갈 수 있는 경우를 안전한 평형이라고 한다. 또 [그림 3-79](b)처럼 반대로 변위하면 원위치에서 멀어지는 상태를 불안정한 평형이라고 한다.

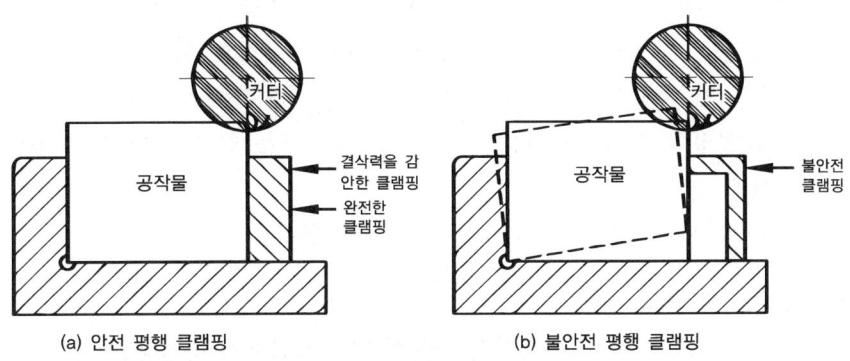

[그림 3-79] 클램핑 위치에 따른 안정

클램프 방법으로서 공작물이 안정한 평형 상태를 얻기 위해서는 다음과 같은 경우를 적용한다.

① **대향 클램프** : 클램핑력은 면과 직각으로 더구나 반력과 일직선상에 있어야 한다.
② **대상체결** : 두 군데 이상의 클램프에서는 가공에 지장이 없는 한 동일 조건이 되도록 대상의 위치로 체결한다.
③ **3점 접촉의 원칙** : 두 물체가 접촉할 때는 3점으로 접촉할 때가 더 한층 안정하다.

(4) 클램프로 인한 변형

클램프에 의하여 접촉부의 국부적 변형이나 비틀림, 휨이 생겨 치수나 형태의 오차가 일어난다. 또 공작물이 손상될 때는 안전성의 문제도 일어날 수 있으므로 클램핑으로 인하여 변형이 일어나지 않도록 대책을 세워야 한다.

① **강성 접촉과 브리넬 자국** : 선 또는 점에 가까운 상태로 클램핑하면 접촉 받는 압면에는 국부적인 변형이 일어나기 쉽고, 이것이 강성영역을 지나면 영구변형을 일으켜 클램프 자국이나 브리넬

(Brinell) 흔적이 남기 때문에 접촉부분, 압력을 받는 면은 되도록 넓게 하여야 한다.

② **강성변형** : 충돌 클램핑의 경우에는 약간의 변형이 반드시 일어나기 마련이다.

(5) 클램프 기구의 조건

① 대부분 인력(15~22kg 정도)에 의함으로 그 힘을 확대하여 클램핑력을 그 수배, 수백 배로 한다.
② 절삭력에 따라서 저항력을 자동적으로 높이는 것이 바람직하다.
③ 힘을 가할 때뿐만 아니라, 손을 뗐을 때도 충분한 힘으로 클램핑이 되도록 하여야 한다. 즉 손으로 잡지 말아야 한다.
④ 클램핑한 것을 풀 때는 체결할 때보다 작은 힘으로 행하는 것이 좋다.
⑤ 반복 사용하여도 역시 수명이 길어야 한다.

(6) 클램프 기구의 조작

① 일반적으로 동작을 경제적으로 하려면 작업자가 숙련공일 때는 두 손을 동시에 대항적으로 쓰는 것이 가장 좋은 방법이다. 그러나 미숙련공일 때에는 오른손을 주체로 생각하여야 한다. 클램핑 한 곳이 많을 때는 일부를 페달 등의 동작으로 바꾸든가 또는 클램프 위치의 작업영역을 되도록 작게 한다. 손을 길게 펴서 강한 클램핑을 하는 것은 위험하며, 또 피로가 쉽게 온다.
② 찾는다는 것은 무리한 동작이므로 되도록 클램프 기구는 일체로 한다. 부득이 하게 스패너 등 공구를 사용하면 클램핑력에 다소의 차이가 있어도 1개의 스패너로 고정할 수 있어야 한다.
③ 되도록 급속 클램프 기구를 사용한다.
④ 될 수 있는 한 공기압, 유압, 전기압 등을 활용한다.

(7) 칩의 대책

클램핑 장치에 칩이 붙을 때는 클램핑력이 불안전하게 되기 때문에 이러한 상태는 나쁘다. 그 대책으로서는 다음과 같다.
① 주조품, 단조품은 위치결정면 부분을 작게 한다. 그 밖의 경우에도 될 수 있는 한 작은 면적으로 한다.
② 클램핑 면은 수직면으로 하는 것이 바람직하다.
③ 클램핑 면이 넓을 경우는 칩 홈을 만든다.
④ 구석, 가동 부분은 칩이 들어가지 못하도록 커버를 달아 둔다.

⑤ 볼트, 스프링 록, 와셔 등을 이용하여 항상 밀착하게 한다.
⑥ 칩의 비산 방향에 클램프 부분을 만들지 않는다.

(8) 간섭

사용 기계와 관계 위치를 확인하지 않고 설치하면, 이송하는 기계의 레버 등에 의하여 착탈 시 간섭이 생긴다. 치공구 조작시 기계 몸통과의 간섭을 살필 때는 치공구의 조립도에 기계 관련 부위의 윤곽을 가상선으로 기입하고 검토한다.

4) 클램프의 종류 및 고정력

치공구에서 일반적으로 사용되고 있는 클램핑 방법은 다양하다. 치공구 설계자는 공작물의 크기와 모양과 수량, 치공구의 형태 및 수행될 작업 등에 의하여 클램프를 가장 단순하고 사용이 편리하도록 효율적으로 클램프를 선택하여 설계해야 한다. 또한 인력에 의한 방법보다는 공유압, 전자력 등의 동력에 의하여 클램핑이 되도록 하는 것이 작업자는 간편하고 편리할 것이다. 기타 특수한 형상의 경우에는 접착제를 이용하든지 공작물 자체의 중량이나 절삭력을 이용하는 방법, 스프링의 힘을 이용한 클램핑 방법 등 여러 가지가 있다.

(1) 스트랩 클램프(Strap 클램프)

가장 간단하면서 단순한 클램프로 기본 형식은 지렛대(lever)의 원리를 이용한 것으로서 클램프 바(bar)는 치공구의 밑면과 항상 평행하도록 지점을 위치시키는데 공작물 두께에 의한 약간의 차이 때문에 평행이 되지 않는다. 이와 같은 차이를 해소하기 위해서 구면 와셔와 너트를 사용하는데 그 기능은 클램핑 요소의 올바른 기준면을 부여하고 나사의 불필요한 응력을 감소시켜준다.

레버 및 나사를 이용한 클램핑에서 클램핑이 이루어지는 방식은 [그림 3-80]에서 3가지로 나눌 수 있다.

(a) 제1레버 방식으로서 작용점과 공작물 사이에 지점이 위치한다.
(b) 공작물 제2레버 작용 방식으로서 지점과 작용점 사이에 공작물이 위치한다.
(c) 제3레버 방식으로서 공작물과 지점 사이에 작용점이 위치한다. 스트랩 클램프의 고정력은 클램프를 잠그는 나사의 크기에 의해 결정된다.

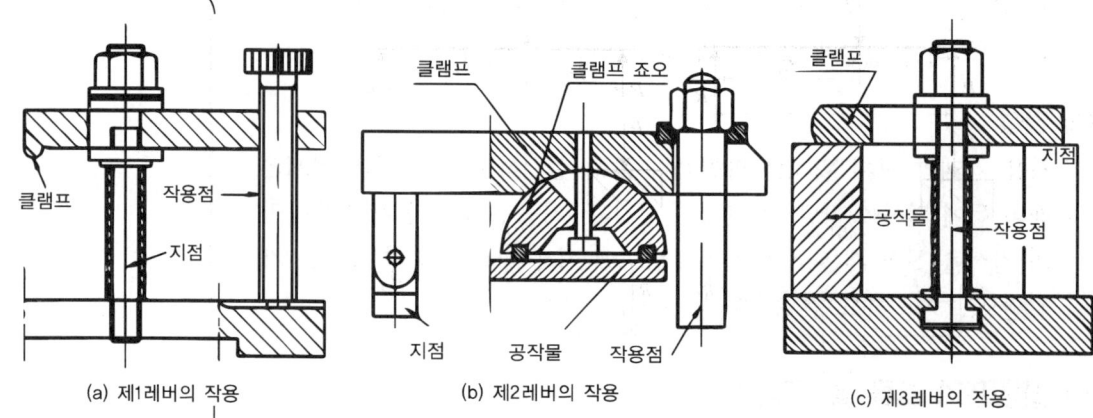

(a) 제1레버의 작용　　(b) 제2레버의 작용　　(c) 제3레버의 작용

[그림 3-80] 스트랩 클램프에 의한 클램핑 방식

[그림 3-81]은 스트랩 클램프의 일반적인 형태로 힌지 클램프, 미끄럼 클램프, 걸쇠 모양의 C형 클램프 등이 있다.

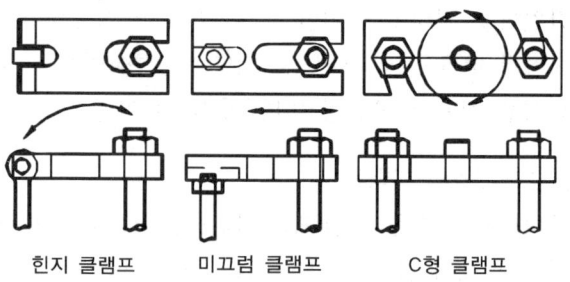

힌지 클램프　　미끄럼 클램프　　C형 클램프

[그림 3-81] 스트랩 클램프의 사용 예

① 스트랩 클램프의 클램핑력

스트랩은 일종의 보(Beam)로서 굽힘 하중(모멘트)을 받는다. 하중의 작용력 F와 지지점에서의 클램프력 P와 지지점의 반발력 R이라고 할 때, [그림 3-82]는 치공구 클램프 요소로 사용되고 있는 (a)에서 (e)까지의 직선형 스트랩 클램프와 (f)의 앵글 스트랩 클램프를 나타낸 것이다. 스트랩 클램프에서 설계와 응력 해석은 클램력 P를 알면 작용력 F와 최대 굽힘 모멘트 M을 계산할 수 있다. 최대 굽힘 모멘트는 항상 스트랩 중간 부분의 하중점에서 발생하며 F와 M의 계산식은 다음과 같다.

여기서 F, F_1, F_2=작용력, P=클램프 압력, R, R_1, R_2=지지점의 반력이다.

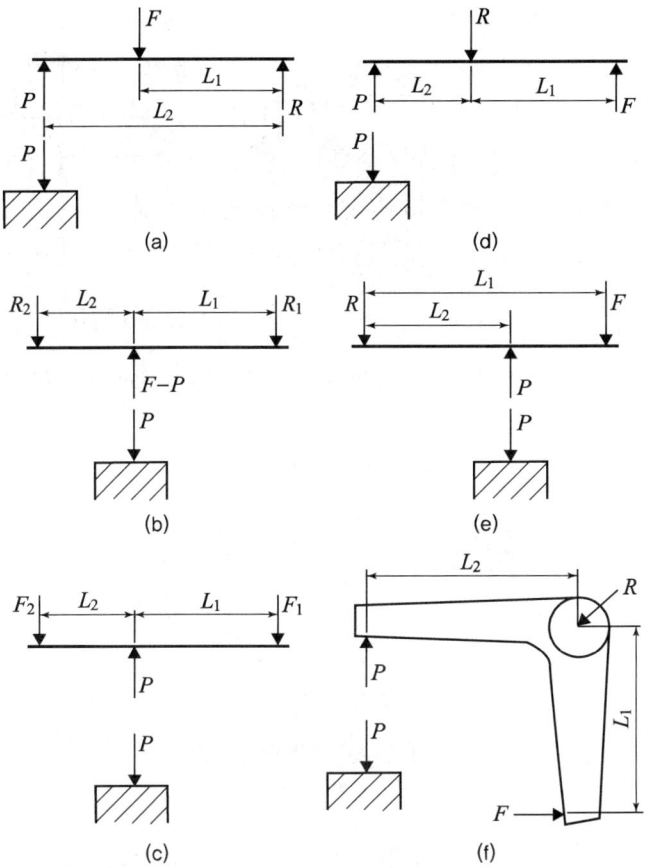

[그림 3-82] 보형 스트랩과 앵글 클램프 기구의 역학관계

(a)의 경우 $\dfrac{P}{F} = \dfrac{L_1}{L_2}$ $\therefore P = \dfrac{L_1}{L_2} \cdot F$

$$M = R \cdot L_1 = P \cdot (L_2 - L_1) = F \cdot \dfrac{L_1 \cdot (L_2 - L_1)}{L_2}$$

(b)의 경우 $\dfrac{P}{F} = 1$ $M = F \cdot \dfrac{L_1 \cdot L_2}{L_1 + L_2}$

(c)의 경우 $\dfrac{P}{F_1 + F_2} = 1$ $M = P \cdot \dfrac{L_1 \cdot L_2}{L_1 + L_2} = F_1 \cdot L_1 = P_2 \cdot L_2$

(d)의 경우 $\dfrac{P}{F} = \dfrac{L_1}{L_2}$ $M = F \cdot L_1 = P \cdot L_2$

(e)의 경우 $\dfrac{P}{F} = \dfrac{L_1}{L_2}$ $M = F(L_1 - L_2) = P(L_1 - L_2)\dfrac{L_2}{L_1}$

이와 같이 작용력에 의한 고정력과 토크가 결정되면 다음은 스트랩의 폭과 두께를 결정해야 할 것이다. 일반적으로 스트랩의 폭은 볼트에 사용되는 와셔의 지름과 거의 같은 크기의 스트랩 폭을 사용하며, 볼트가 들어가는 홈은 볼트의 지름보다 약 1.5mm 더 넓게 만들어진다. 그러므로 [그림 3-83]과 같은 스트랩을 사용할 경우 스트랩의 폭 $W = 2.3d + 1.5(\text{mm})$로 계산할 수 있다. 볼트의 지름 d에 의하여 스트랩 클램프의 두께 $t = \sqrt{0.85 dA \left(1 - \dfrac{A}{B}\right)}$로 표시된다.

단, A : 지지점과 볼트 사이의 거리, B : 지지점과 공작물 사이의 거리이다.

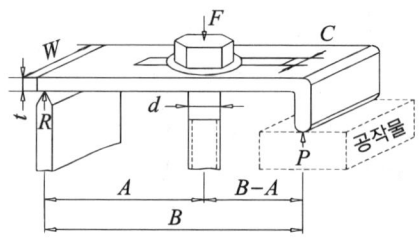

[그림 3-83] 스트랩 클램프

예제

[그림 3-83]과 같은 스트랩 클램프에서 140mm의 길이인 렌치로 볼트를 조일 때 렌치의 끝에는 5kg의 힘이 걸렸다. 다음을 계산하시오.(단, 볼트의 지름 d=12, A=150, B=250이다.)

해설 렌치의 길이 L=140, 렌치 끝의 하중 f=5kgf, 볼트의 지름 d=12, A=150, B=250이므로 스트랩 홈의 크기 C=12+1.5=13.5mm이다.

① 스트랩 클램프의 폭?
$W = 2.3 \times 12 + 1.5 = 29.1 \text{mm}$

② 스트랩 클램프의 두께?
$t = \sqrt{0.85 dA \left(1 - \dfrac{A}{b}\right)} = \sqrt{0.85 \times 12 \times 150 \times \left(1 - \dfrac{150}{250}\right)} = \sqrt{612} = 24.7 ≒ 25 \text{mm}$

③ 볼트에 걸리는 하중은 볼트의 토크와 볼트의 지름과의 함수이므로, $T = d \cdot F/5$
단, T : 토크(kgf·mm), F : 볼트에 걸리는 하중(kgf), d : 볼트의 지름(mm)으로 표시된다.
그러므로 $F = 5T/d$ 여기서 $T = 5\text{kgf} \times 140\text{mm}$
$F = 5 \times 5 \times 140/12 = 291.7(\text{kgf})$

⑤ 클램프의 허용응력은?
$\sigma_{\max} = \dfrac{M}{Z}$ 단면 계수 $Z = \dfrac{(W-C)t^2}{6}$
단, C는 스트랩 홈의 크기로서 보통 볼트의 지름보다 1.5mm 더 크게 한다.
$\therefore Z = \dfrac{(30-13.5) \times 25^2}{6} = 1718.8 \text{mm}^3$ $\therefore \sigma_{\max} = \dfrac{17,502}{1,718.8} = 10.2 \text{kgf/mm}^2$

⑥ 이 재료의 최대 응력(ultimate stress)이 45kg/mm²일 때 안전 계수?

$$FS = \frac{45}{10.2} = 4.4$$

⑦ 이 볼트에 작용될 수 있는 최대 수직 하중?

$$d = 1.35 \times \sqrt{\frac{F_{max}}{\sigma_{max}}} \text{ 에서 } F_{max} = \frac{d^2 \cdot \sigma_{max}}{1.35^2} = \frac{12^2 \times 10.2}{1.35^2} = 805.9 \, \text{kgf}$$

(2) 나사 클램프(Screw 클램프)

치공구에서 광범위하게 사용되고 있으며 설계가 간단하고 제작비가 싼 이점이 있으나 작업 속도가 느리다는 단점이 있다. 나사에 의한 클램핑 방법에는 나사가 직접 공작물에 압력을 가하는 방식과, 스트랩을 이용해 간접적으로 압력을 전달하는 방식이 있다. 또한 클램핑 기구로써 가장 널리 사용되고 있으며 설계 시 주의사항은 다음과 같다.

① 절삭력에 의하여 풀림이 잘되지 않도록 한다.
② 나사가 클램핑 했을 때 그 체결 길이는 나사 지름의 80%의 정도가 좋지만 치공구용 너트의 높이는 1.5배(작은 지름의 것)~3배(큰 지름의 것)로 한다.
③ 일반적으로 클램핑 볼트의 산형은 작은 지름(15mm 정도까지)은 삼각나사, 그 이상은 사각나사 또는 사다리꼴나사를 사용한다.
④ 나사의 선단을 직접 공작물에 접촉하면, 그 면에 상처를 내는 수가 있으므로, 보호대를 붙이는 것이 보통이다.
⑤ 나사에 의한 클램핑은 작은 나사 등을 넣어서 공작물에 간섭으로 부드럽게 움직이면서 클램핑 하는 방법이 좋다.
⑥ 급속 클램핑의 나사는 리이드각이 큰 나사를 사용하면 급속 클램핑이 되지만 풀리기가 쉽다. 부드럽게 움직이는 나사는 보통 나사로 끼워 맞추면 풀리기 전에 클램핑이 되는 수가 있다.

가) 급속 작동 손잡이(Quick-action Knob)

저렴한 공구의 제작에 많이 사용되며 이것은 고정력을 제거하고자 할 때 다음 [그림 3-84]와 같이 스터드(stud)에 대해서 경사지게 하여 뽑아낼 수 있도록 만들어져 있으며 손잡이는 공작물과 접촉할 때까지 스터드(stud)에 밀어 넣어서 나사산을 맞추고 조여질 때까지 회전한다.

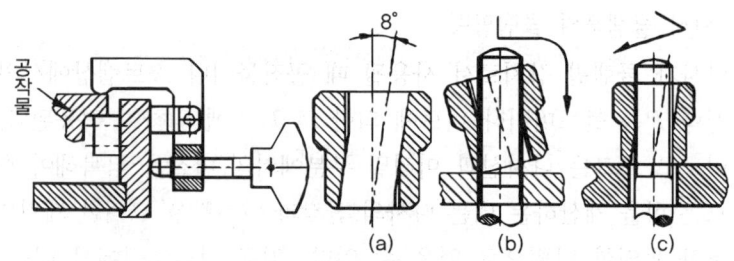

[그림 3-84] 나사에 의한 간접 클램핑 및 급속 작동 손잡이

나) 스윙 클램프(Swing 클램프)

설치된 스터드(stud)상에서 회전되는 스윙 암(arm)을 가진 나사 클램프의 조합으로 클램핑력은 나사에 의해 가해진다.

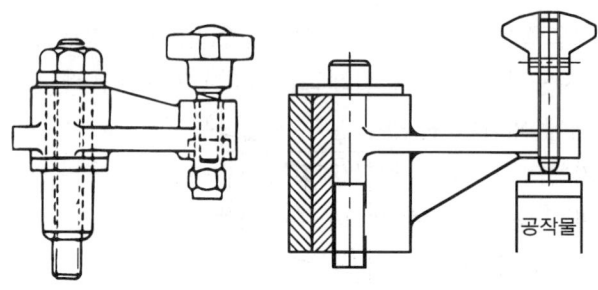

[그림 3-85] 스윙 클램프

다) 후크 클램프(Hook 클램프)

스윙 클램프와 유사하나 훨씬 더 작으며 좁은 장소에서 사용되며 하나의 큰 클램프보다는 오히려 작은 클램프를 사용해야 할 경우에 유효하다.

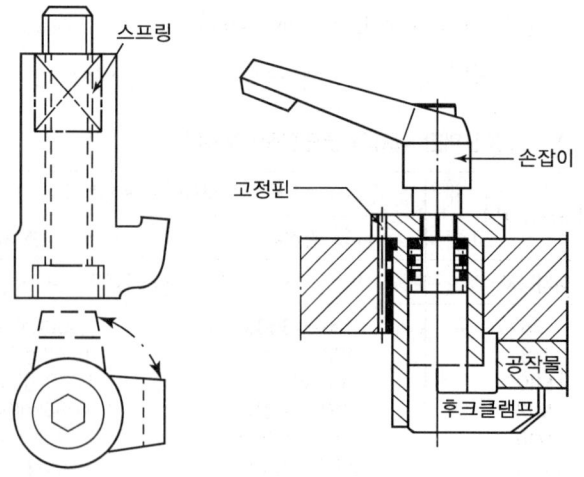

[그림 3-86] 후크 클램프

라) 나사 클램프의 클램핑력

나사가 클램핑 장치로서 사용될 때 공작물이나 스트랩상에서의 공정력 P는 볼트머리나 너트에 의한 토크 T에 의하여 적용된다. 그러므로 토크는 나사산과 머리밑 부분에서의 마찰을 극복해야 한다. 모든 힘을 계산하는 데는 나사의 산각과 나사각을 고려한 쐐기의 구조와 동일한 방법으로 얻을 수 있다. 평균 작업조건에서 대표적인 것은 마찰계수 $\mu=0.15$인 것으로서 토크 T와 클램핑력 P와의 관계식은 다음과 같다.

D : 나사의 호칭경 P : 클램핑력(고정력) T : 토크

$T=0.2D.P,\ \mu=0.15$

$T=0.164D.P,\ \mu=0.12$

$T=0.139D.P,\ \mu=0.10$

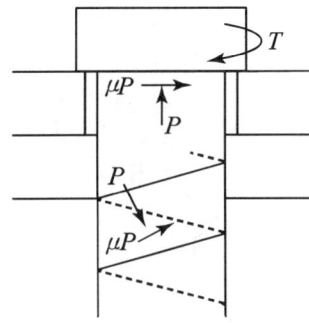

[그림 3-87] 나사산의 역학관계

이상의 관계식은 보통 나사에서 적용되는 것이며 정밀나사의 경우는 약 3~5% 더 작은 값을 가진다. 나사 클램핑 장치는 수동으로 작동되므로 일반작업자가 손으로 발휘할 수 있는 힘은 〈표 3-2〉와 같이 나타나 있다.

〈표 3-2〉 수동에 의한 나사의 클램핑력-경험치

나사산의 치수	나사의 회전방법	
	손잡이	렌 치
미터나사	클램핑력	
M6	136kg(300 lb)	1,000kg(2200 lb)
M8	180kg(400 lb)	1,134kg(2500 lb)
M10	318kg(700 lb)	1,360kg(3000 lb)
M12	410kg(900 lb)	3,080kg(6800 lb)
M16	590kg(1300 lb)	3,540kg(7800 lb)
M20	540kg(1200 lb)	3,400kg(7500 lb)

예제 고정력이 50kgf이고 M12 볼트를 사용할 때 볼트를 돌리기 위한 토크는 얼마인가? (단, 마찰계수는 $\mu=0.15$이다.)

해설 $T = 0.2D \times P = 0.2 \times 12 \times 50 = 120 \, \text{Kgf/mm}$

[그림 3-88(a)]에 나타낸 나사 클램핑 장치에 관해서 P는 나사에 걸리는 축 방향의 힘, d는 나사산의 유효지름, a는 나사의 비틀림(리드각), ρ는 마찰각으로 한다. 나사를 죄어 주고 풀어 주는 데 [그림 3-88(b)]에 나타난 것처럼 경사각 α의 사면에 따라서 P라는 하중을 밀어 올리거나 밀어 내린다.

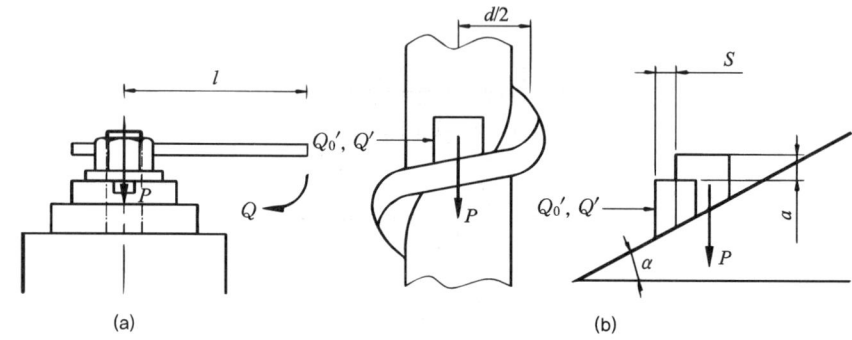

[그림 3-88] 나사 클램프

이에 마찰이 없는 경우 하중을 밀어 올리는 데 필요한 힘 Q_0', 마찰이 있을 경우 이것을 Q'라고 하면 마찰이 없는 경우의 Q_0'는

$$Q_0' S = P\alpha \quad \frac{\alpha}{S} = \tan\alpha \quad Q_0' = P \tan\alpha$$

마찰이 있는 경우의 Q'는 경사각 α에 마찰각 ρ가 첨가되므로,

$$Q' = P\tan(\alpha + \rho) \quad \text{단, } \tan\rho = \mu$$

여기에 나사를 클램핑 하는 모멘트를 T로 하면 (나사의 유효지름의 부분에서 고려함을 Q''로 한다)

$$T = Ql' = Q''\frac{d}{2}, \quad Q'' = \frac{Ql}{d/2} = \frac{2Ql}{d} (= Q_0' = Q')$$

따라서, 클램핑력 P는

$$Q_0' = \frac{2Ql}{d} = P\tan\alpha, \quad P = \frac{2Ql}{d\tan\alpha} \text{(마찰이 없는 경우)}$$

$$Q' = \frac{2Ql}{d} = P\tan(\alpha+\rho), \quad P = \frac{2Ql}{d\tan(\alpha+\rho)} \text{(마찰이 있는 경우)}$$

나사의 효율은 다음과 같다.

$$\eta = \frac{Q_0'}{Q'} = \frac{\tan\alpha}{\tan(\alpha+\rho)}$$

$\eta = 0.1$로 하면 $\rho \fallingdotseq 6°$가 된다. 또 나사가 저절로 풀리지 않기 위해서는 $\rho \geq \alpha$의 조건이 필요하다. (나사의 자립 조건) $\alpha = \rho$의 경우 효율은 0.5 이하가 된다.

예제 1 나사 클램핑 장치에서 볼트지름이 24mm인 사각나사에서 P=5mm, 유효지름(d_2)이 22mm, 마찰계수 μ=0.1로 하여 나사의 효율을 구하시오.

해설

$$\tan\alpha = \frac{P}{\pi d_2} = \frac{5}{\pi \times 22} = 0.0723 \quad \therefore \alpha \fallingdotseq 4.14$$

$$\tan\rho = \mu = 0.1 \quad \therefore \rho \fallingdotseq 5.71$$

$$\eta = \frac{\tan\alpha}{\tan(\alpha+\rho)} = \frac{\tan 4.14}{\tan(4.14+5.71)} = 41.7\%$$

예제 2 유효지금 20mm인 사각나사로 공작물에 300kg의 힘으로 고정시키려 한다. 클램프 레버에 가해야 할 외력 F는 얼마인가? 단, l=300mm, 나사의 마찰계수 μ=0.2, 나사의 피치 p=6mm이며 공작물과 볼트와의 마찰은 무시한다.

해설

$$T = F \cdot Rl = p \times \frac{d_2}{2} = Q\tan(\gamma+\rho)\frac{d_2}{2} \text{에서}$$

$$F = \frac{Q\tan(\alpha+\rho) \cdot \frac{d_2}{2}}{l} = \frac{Q\dfrac{\dfrac{P}{\pi d_2}+u}{1-\dfrac{P}{\pi d_2}\cdot\mu} \cdot \dfrac{d_2}{2}}{l}$$

$$= \frac{300 \cdot \dfrac{\dfrac{6}{\pi \cdot 20}+0.2}{1-\dfrac{6}{\pi \cdot 20}\cdot 0.2} \cdot \dfrac{20}{2}}{300} = 3.01\text{kg}$$

[그림 3-89]는 나사클램프의 나사의 봉 끝 모양에 따라 클램핑력은 다음과 같다.

(a) $P = \dfrac{M}{\dfrac{d_2}{2}\tan(\alpha+\rho)}$

(b) $P = \dfrac{M}{\dfrac{d_2}{2}\tan(\alpha+\rho)\dfrac{1}{3}\alpha\,\mu_0}$

(c) $P = \dfrac{M}{\dfrac{d_2}{2}\tan(\alpha+\rho)R\,\mu_0\cot\dfrac{\gamma}{2}}$

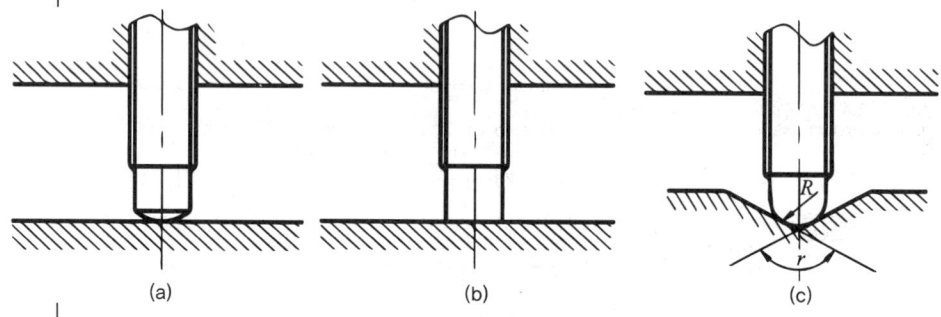

[그림 3-89] 나사 클램프의 체결력

마) 고정력의 계산

$$\text{절삭력} = \dfrac{\text{동력}}{\text{속도}}$$

즉, $\text{절삭력(kgf)} = \dfrac{\text{주축동력(HP)} \times \text{주축구동효율(\%)} \times 4,500(\text{상수})}{\text{절삭속도(m/min)}}$

또는 절삭력 = 절삭단면적 × 공작물의 피절삭저항치

여기서 외부의 다른 영향 없이 연속적으로 절삭력 작용 시 공작물이 움직이지 않도록 하는 데 필요한 고정력은 다음과 같다.

$$\text{고정력(kgf)} = \dfrac{\text{절삭력}}{\text{마찰계수}}$$

공작물의 휨이나 변형이 생기지 않는다고 가정하면 재료의 크기, 형태, 절삭 조건, 재료의 불균일 등을 감안하여 설계여유(안전율)를 고려하여 고정력을 1.5~2배로 한다.

예제 수직밀링에서 강으로 제작된 윤활 면의 치공구 상에 주물제품을 4개의 클램프로 고정하여 가공 시 주축 동력은 4HP, 주축전동효율은 60%, 절삭속도는 30mm/min이라 할 때, 클램프 1개당 고정력은 얼마인가? (단, 마찰계수는 $\mu=0.21$, 안전율은 2.0kgf으로 한다.)

해설

절삭력 $= \dfrac{4.0 \times 0.6 \times 60 \times 75}{30} = 360\,\mathrm{kgf}$

고정력 $= \dfrac{360}{0.21} = 1,714\,\mathrm{kgf}$

안전율 감안 $= 1,714 \times 2.0 = \dfrac{3,429}{4} = 857\,\mathrm{kgf}$

(3) 캠 클램프(Cam 클램프)

캠에 의한 클램핑 방법은 형태가 간단하고, 급속으로 강력한 클램핑이 이루어지는 장점과, 클램핑 범위가 좁고 진동에 의하여 풀릴 수 있는 단점이 있다. 캠에 의한 클램핑 방법에는 공작물과 캠에 직접 접하는 직접 고정식 캠 클램핑과 간접으로 클램핑 되는 간접 고정식 캠 클램핑이 있으며, 주로 사용되는 캠(cam)의 종류에는 편심 캠, 나사 캠, 원통 캠 등이 있다. 클램핑 하는 곳이 많은 다량 생산용 치공구에 많이 사용되며 절삭 조건이 좋거나 자동 클램핑 등의 조건을 가진 것이면 편리하다. 캠의 형상은 제작이 곤란하지만 공작물을 고정하는 데 있어서 신속하고 효율적이며 단순한 방법을 제공한다. 직접 가하는 캠 클램프는 5분 이상 절삭이 유지되거나 진동이 큰 경우에는 사용하지 못하며 그 원인은 클램프가 풀려 위험한 상태가 되기 때문이다. 간접 클램핑은 캠 작동의 모든 이점을 가지고 있으며 클램핑 시 공작물을 헐겁게 하거나 이동할 가능성을 감소시킨다.

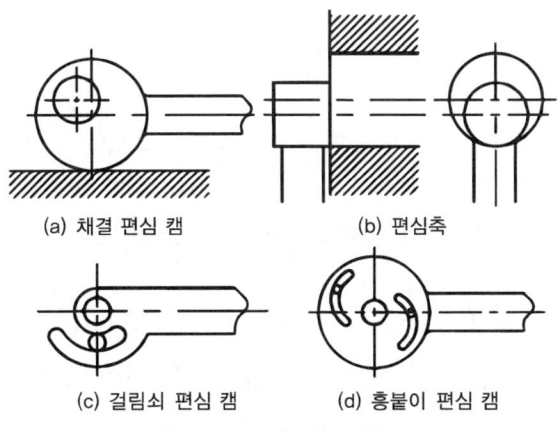

(a) 채결 편심 캠   (b) 편심축
(c) 걸림쇠 편심 캠   (d) 홈붙이 편심 캠

[그림 3-90] 캠의 종류

[그림 3-90]은 일반적으로 사용되는 캠(cam)의 종류로서 (a)는 주로 사용되는 편심 캠으로, 큰 직경이 공작물과 접하며, (b)는 작은 직경이 공작물과 접하게 된다. (c)는 핀을 당겨서 클램핑(클램핑) 하기 위한 목적으로 사용되며, (d)는 핀을 당기거나, 밀어서 클램핑 하는 경우에 사용된다.

(4) 쐐기형 클램프(Wedge 클램프)

쐐기에 의한 클램핑 방법은 간단한 클램핑 요소로 경사(구배)를 가지고 있는 클램프를 이용하여 공작물을 클램핑 하는 것으로서, 경사의 정도에 따라서 강력한 클램핑력(clamping force)이 발생될 수 있으며, 쐐기의 한 면은 공작물과 접촉하고, 한 면은 치공구에 접촉하여, 마찰에 의하여 정지상태가 유지되는 간단한 클램핑 방법 중 하나이다.

(5) 토글 클램프(Toggle 클램프)

주로 용접 지그나 조립 지그 등에 많이 사용되며 공유압을 이용한 자동화 지그의 기본이 된다. 경(輕) 작업은 주로 스프링에 의한 링크에 의해 작동되며 편심 클램프와 같은 원리에 기반을 두고 있으며 4가지 기본적인 클램핑작용으로 되어 있다. 즉, 하향 잠김형(hold Down), 압착형(squeeze), 당기기형(pull)과 직선 이동형(straight line)이다. 토글 클램프의 장점은 고정력이 작용력에 비해 매우 크다는 것이다. 작동은 레버(lever)와 3개의 피봇(pivot)에 의해 움직인다. [그림 3-91]은 시중에 생산되는 상품화된 제품을 보여주고 있다.
[그림 3-92]는 각 공작물에는 균일한 클램핑력(f)이 작용하여야 한다. 핀(pin) P_1, P_2, P_3에는 $2f$의 클램핑력이 작용하고, 핀 P_4에는 $4f$의 클램핑이 작용하며, 핀 P_5에 대한 좌우 모멘트(moment)는 다음과 같다.

$$l_x \times 2f = l \times 4f$$

$l_x = 2l$로 된다. 즉 l_x의 길이는 l의 길이의 2배로 하면 되며, P_5에는 $6f$의 클램핑력이 작용하며, 클램핑 핸들로 F의 힘으로 클램핑을 한다면, 반력의 모멘트와 클램핑 모멘트가 같으므로, $Lw \times 6f = L \times F$이다. $F = \dfrac{Lw \times 6f}{L}$의 힘으로 클램핑력을 가하면 된다.

> **TIP**
>
> **쐐기 설계 시 주의사항**
> ① 쐐기 각도는 5° 또는 1/10의 경사가 좋다(7°가 가장 좋음).
> ② 재질은 공구강(STC)으로서, 내마모성과 취성을 주기 위하여 경화처리한다.
> ③ 빼내는 방향에는 작용응력을 주지 않는다.
> ④ 박아 넣을 때는 공작물의 미끄럼 멈춤이 필요하다.

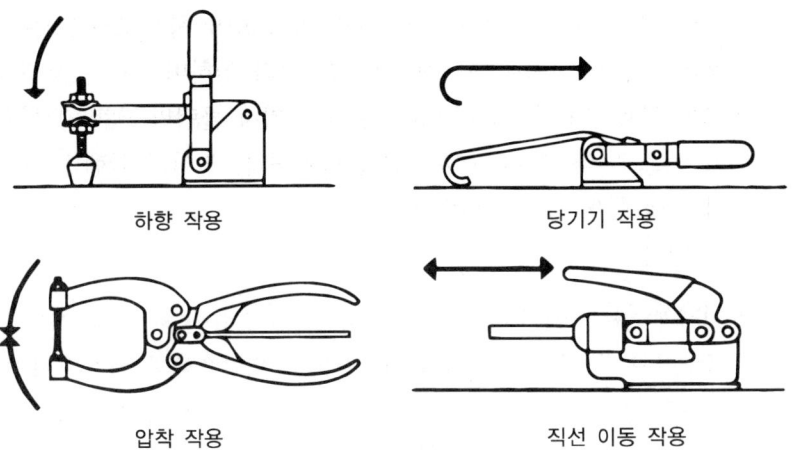

[그림 3-91] 상품화 된 토글 클램프

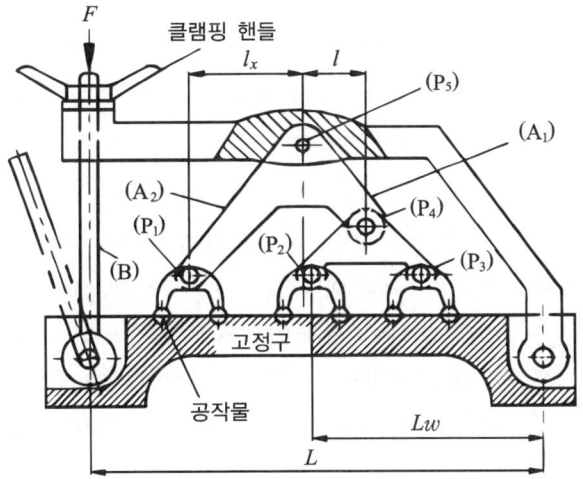

[그림 3-92] 동시에 여러 개의 공작물을 클램핑 하는 구조

(6) 동력에 의한 클램핑

① 공유압을 이용한 클램핑

동력에 의한 클램핑은 클램핑력을 유공압 등에 의하여 얻는 것을 말한다. 장점으로는 급속 클램핑으로 작업속도의 향상과 균일한 클램핑력의 유지 및 조절이 가능하다는 것과 조작이 쉬운 것 등이 있다. 반면에 동력원 발생장치로 인하여 치공구의 부피가 커지고, 제작비가 많이 드는 단점이 있다. 동력원으로는 공기압도 좋지만, 강력한 클램핑을 얻기 위해서는 유압이 좋다. 안전장치로 전자밸브를 설치하는 것이 좋으며, 복잡한 치공구는 캠과 쐐기 등을 병용하는 것이

바람직하다. NC선반 및 머시닝센터의 유공압 척 및 유공압 바이스 등은 시중에 상품화되어 있으며, 어느 것도 캠 또는 링 기구가 내장되어 안전하게 작업할 수 있도록 되어 있다. 동력 클램핑 방법의 구조는 나사, 캠, 토글 등에 의한 클램핑 방법과 거의 동일하며, 나사, 캠 토글 등이 설치되어야 할 곳에 실린더(cylinder)가 설치되게 되어 있다.

② 자력에 의한 클램핑

영구자석, 전자석의 두 종류가 있는데, 일반적으로 자석의 것이 강력하다. 오늘날 영구자석의 공구는 각, V블록, 둥근 모양 등 각종의 것이 시판되고 있다. 이것들을 조합한 것으로 여러 가지의 클램핑 장치를 얻게 되어 이용범위가 매우 넓다.

(7) 특수 클램핑

일반적으로 기계적 클램핑 방법으로는 고정할 수 없는 부정형물이나 아주 얇은 것을 세팅하기 위하여 저용융금속이나 에폭시 수지, 우레탄 고무, 접착제 등이 쓰이고 있다.

① 접착 방법

접착제로서는 접착강도의 높은 에폭시계, 아크릴계의 것을 베이스에 칠하여 사용한다. 조건으로서는 사용 후 접착제의 가용성, 냉각액 또는 절삭유에 의하여 접착제가 희석되는 문제가 있다. 어느 쪽에서도 경(輕) 절삭 작업용으로서, 작업범위는 한정되지만, 비자성 스테인리스, 세라믹 등의 얇은 판 가공용으로 편리하다.

② 저용융금속에 의한 방법

Bi계, Sn계, Zn계 등의 저용융금속이지만 창연(Bismuth)계의 50%의 Bi, 그 밖의 Pb, Sn, Cd, 안티몬(아티모니), 우드메탈 등은 72℃의 저용점에서 취급이 쉽다. [그림 3-93]과 같이 금속성의 틀을 가진 고정용 베이스 위에 공작물을 두고, 이것을 흘려 넣어 응고할 때에 팽창하는 성질이 있기 때문에 공작물을 상온에서도 정확한 클램핑을 할 수 있다. 가공 후 탕 속에서 용융하여, 공작물은 틀 안에서 간단하게 꺼낼 수 있다.

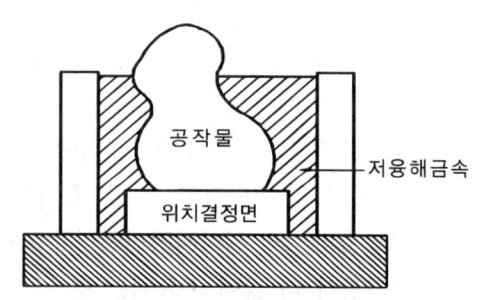

[그림 3-93] 저용융금속에 따른 공작물의 고정

③ 에폭시 수지

에폭시 수지는 특수한 바이스나 척 조(jaw)를 주조하는 데 사용되며 얇은 금속, 모래, 유리 등과 같은 주조 재료를 단독 또는 혼합하여 사용한다. 에폭시 수지는 표면에 컴파운드를 채워 공작물을 삽입함으로서 쉽게 성형된다. 에폭시가 경화됐을 때 공작물을 쉽게 제거할 수 있도록 이형제(Releasing agent)를 사용한다.

④ 우레탄 고무에 의한 방법

우레탄 고무는 금속에 잘 접착되지만, 이형제를 바른 부분에는 잘 붙지 않는다. 이 성질을 이용하여 바이스 조(jaw)에 공작물이 물리도록 성형하여 우레탄 고무를 접착한다. [그림 3-94]는 이 방법으로 위치결정면에 이형제를 발라 그 속에 형을 넣고 액체의 우레탄 고무(urethane rubber)를 흘러 넣으면 상온에서 1일 정도 후 접착된다. 하지만 70℃로 가열하면 빨리 굳는다. 이 방법은 저용융금속에서도 할 수 있고 스스로 굳기를 택할 수 있으며, 또 수축 팽창이 적은 우레탄 고무 쪽이 편리하다.

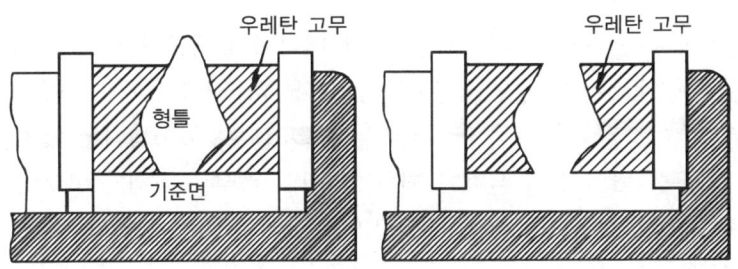

[그림 3-94] 우레탄 고무를 사용한 예

5. 치공구 작업안전

1) 치공구의 칩 대책

절삭가공으로 나타나는 칩은 연속하여 나와 바이트에 감기거나 잘고 조그만 조각으로 나타나 사방으로 흩어져 때로는 정밀기계의 속에까지 들어가 기계를 정지시키거나 가공정밀도를 저하시키는 등 여러 가지 문제를 일으킨다. 또한 칩 위에 놓인 공작물은 정확한 위치결정이 이루어지지 않으며 또한 가공 중 칩의 변형으로 공작물이 움직이는 경우도 있다. 또 위치결정면이나 기준면의 칩을 제거하는 시간이 작업 시간보다 더 많이 소요되는 경우도 있다. 따라서 치공구 설계 시에는 이러한 칩의 제거에 특히 유의하여야 한다.

> **TIP**
>
> **치공구 설계 시 칩 제거상의 주의할 점**
> ① 칩이 자동에 의하여 미끄러져 나가거나 원심력에 의하여 치공구에서 나가도록 설계한다.
> ② 위치결정면이나 유동하는 핀은 공작물의 바로 밑에 두거나 덮어서 칩이 떨어져 들어가지 않게 한다.
> ③ 절삭 중에 발생하는 칩은 가능한 한 치공구의 내부에 떨어져 들어가지 않게 한다.
> ④ 위치결정면을 열처리경화 한 것은 자화(磁化)되어 칩이 빠져 나오기 힘들므로 특히 치공구의 보이지 않는 모서리에 주의하여야 한다.
> ⑤ 칩 제거를 위한 통로를 만들어 준다.
> ⑥ 칩의 통로는 조금 불필요하다고 느낄 정도로 다듬질해 주는 것이 좋다.
> ⑦ 이 밖에도 자동연속작업을 하는 치공구에서는 특히 칩 제거에 유의하여야 하며 여러 개의 부품을 병렬 또는 직렬로 절삭하는 경우는 특별히 주의하여야 한다. 또한 클램프에 들어가는 스프링에 칩이 끼어 곤란한 경우가 발생되는 수도 있으며 칩이 너무 쌓여 기계를 중지시켜 제거하는 경우를 초래해서는 안 된다. 이러한 칩 제거 시 압축공기를 사용하는 경우도 있으나 작업이 너무 거칠다는 단점이 있다. 보통 절삭유 등을 호스 등을 통해 4~5m/sec로 흘려 유속으로 제거하는 수가 많다.

2) 칩의 형태

주철, 청동 기타 취성재료를 기계 가공할 때는 많은 먼지와 함께 부스러기 모양의 칩이 발생되며, 강이나 연성재료는 여러 가지 형태의 길다란 칩이 생성된다. 대부분의 1점 절삭공구는 고속절삭시 연속상의 칩이 나선상으로 말려 나오고, 엉키고 뭉쳐져서 절삭가공을 방해하는 경우가 생기므로 칩 브레이커(chip breaker)를 사용해야 한다. 트위스트 드릴가공도 플루트부분에 칩이 엉키고 플루트 공간을 막을 염려가 있으므로 드릴 치공구(지그)를 설계하는 담당자는 드릴 지그(부시)에 수직으로 빠져 나올 수 있도록, 드릴가공 시 생성되는 칩의 특성을 잘 이해하여 설계해야 할 것이다.

정면 밀링 공구는 일원 상에 여러 개의 1점 절삭공구가 고정된 복합형태로 되어 있어 가공물을 지나가는 커터 날의 통로길이보다 길지 않은 표준 칩의 형태로 칩의 길이가 일정한 한계 내에 있다. 대개의 밀링커터는 칩이 짧게 생성된다.

3) 버어(Burr)의 형성

연성재료를 기계 가공할 때는 항상 버어의 발생문제가 연상된다. 완전 취성재료는 버어가 생성되지 않으나 부스러지거나 모서리가 파괴된다. 이것은 치공구설계 자체에는 별로 큰 문제가 되지는 않지만 기계가공상 별개의 한 문제가 된다. 버어의 형성은 소재가 공구의 절삭력에 밀려 생성되며 버어는 절삭가공 표면의 거칠기(면의 조도)를 결정하는 요소가 된다.

드릴 가공 시에 치공구 내부에 형성되는 버어는 문제가 되며, 원만하게 형성되도록 적당한 공간을 두지 않으면 안 된다. 공작물 상측에는 드릴 부식과 부품의 윗면 사이에 버어가 형성되도록(여러 가지 다른 목적이 있지만) 간극을 두어야 한다. 또 치공구의 베이스 부분에는 버어가 형성되도록 필요한 공간을 두어야 한다.

4) 칩의 제거

치공구에 떨어지는 칩은 가공부품에 떨어지는 칩보다는 더 큰 문제는 없으며 쉽게 제거시킬 수 있다. 그러나 몇 가지 중요한 사항들이 치공구 설계 시 거론되고 있다. 펌프의 용량, 파이프나 노즐의 크기, 공작기계 테이블의 그루우브와 채널의 크기나 길이, 스트레이너, 시이브, 필터, 침전탱크 등을 포함한 부대설비의 여건들을 고려한 냉각유의 적절한 공급·회수방법과 냉각유의 충돌로 인한 분산방지장치, 작업자나 기계

> 💡 **TIP**
>
> **버어의 크기**
> 일정한 규칙이 없으나, 이송량이 클수록, 절삭속도가 낮을수록, 공구의 경사각이 작을수록, 재료의 연성이 클수록 더욱 큰 버어가 형성된다.

보호를 위한 방지칸막이의 설치 등을 고려해야 한다. 공기제트방식으로 칩을 제거하는 경우는 여러 가지의 장·단점이 같이 내재되어 있으나 차폐판, 방지 칸막이, 슈우트, 덕트 등을 기술적으로 사용하면 대부분의 단점들을 커버할 수 있다. 고정식 로케이트 플레이트로 구성된 기구식 치공구와 가동형 지그 판이 2개의 공기분사노즐과 함께 장치되어 있고, 에어밸브는 판상 지그가 개방된 상태에 있을 때 작동된다. 부품이 끼워지기 전에 공기가 분산되어 고정 로케이터 플레이트와 지그 판을 깨끗이 한다. 이 방식은 건식 연식가공에 일반화되어 있고, 또 주철, 알루미늄, 마그네슘 가공 시에도 사용할 수 있다. 또한 여러 종류의 플라스틱을 기계 가공할 때에도 널리 사용되고 있다. 치공구 내부에 칩이 다량 모여 있으면 배출시켜야 하는데, 그러기 위해서는 치공구의 벽면이 허용하는 1개구부(開口部)를 크게 만들어 두고, 손쉽게 제거할 수 있도록 가공부품이 끼워지는 주변에 충분한 간극을 두는 것이 좋다.

5) 칩의 도피와 유입방지

치공구 설계의 모든 단계에서 직면하는 가장 큰 문제는 필연적으로 나타나는 칩, 먼지, 녹, 페인트의 분말입자나 주물의 주물사 입자 같은 오물이나 칩의 파편에 의하여 기인된다. 이들이 구석 부나 빈틈에 모여, 부품과 로케이터 사이의 접촉 상태를 불량하게 하는 요인이 된다. 수직면은 자연적으로 먼지가 쌓이기 어렵고, 수평위치결정면은 비교적 용이하게 깨끗이 할 수 있기 때문에 위치결정면은 작게 만들고, 측면이나 단부(端部) 정지구는 오히려 수직면으로 설치하려는 것이다. 예리한 모서리를 가진 평탄 면이 다른 평탄 면에 미끄러질 때, 미끄러지는 평탄 면에 스크레이퍼 작용을 하는 것과 똑같이 로케이팅 패드의 모서리는 부품 접촉면의 먼지를 제거하여 깨끗하게 한다. 더욱이 로케이팅 패드에 그로우브를 내놓으면 이러한 효과가 더 크게 된다. 같은 원리로 부품의 모서리부분이 반대로 위치결정면의 먼지를 제거하여 깨끗이 하기도 한다. 이런 사실은 접촉면은 오물도피공간(relief space)으로 둘러싸이게 설계하는 오손방지설계의 일반원칙으로 되고 있다. 물론 오물도피 공간은 역시 기계가공에서 형성되는 버어의 도피공간이 되기도 한다. 이 공간은 많은 칩이 쌓이면 감당하지 못하지만, 부품의 모서리로 밀던가 하여 쉽게 오물이 빠져나갈 수 있는 공간은 충분히 되는 것이다. 로케이터용 핀이나 버튼은 [그림 3-95]의 (a)나 (b), (c)와 같이 모서리를 따내거나 주위를 둥글게 움푹 판 구멍에 설치할 수 있다. 또, (d)나 (e)처럼 핀이나 버튼을 평탄하게 깎아서 끼울 수도 있다. [그림 3-96]처럼 기다란 측면이나 단 부 로케이터는 모서리를 따내거나 반듯하게 안쪽을 따내어 만드는 것이 좋다.

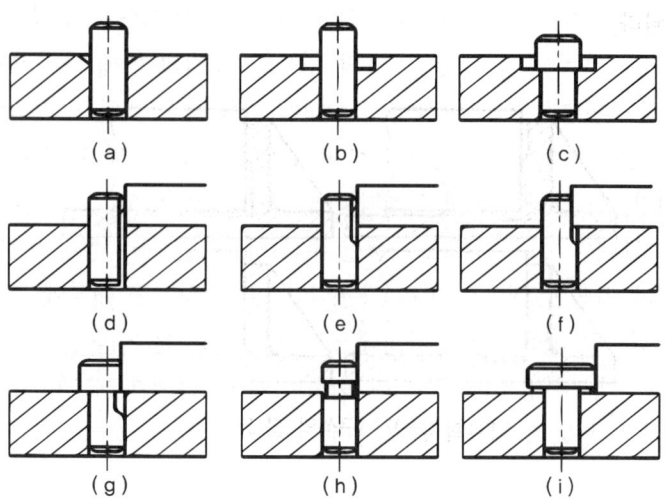

[그림 3-95] 칩이나 먼지의 공간을 위한 로케이터 형태

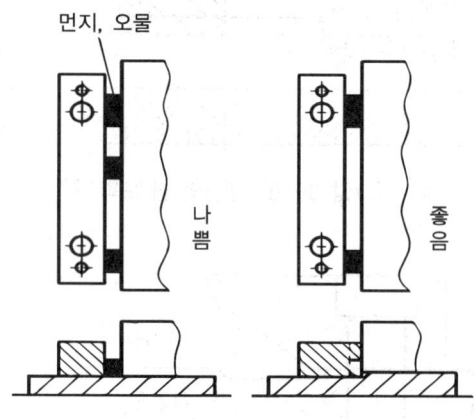

[그림 3-96] 측면 위치결정구

2개의 기준면이나 측면의 위치결정면이 수직으로 만날 경우는 구석 부에 도피 홈을 만들어 둔다. 도피 홈의 모양은 경우에 따라 여러 가지로 다르며 [그림 3-97]은 그 중 4가지의 예를 나타낸다. 원형 로케이터의 오물도피공간 설계도 이상에서 언급한 방법에 따라 실시하며 [그림 3-98]은 그 일례를 나타낸다. 이 경우에 핀이나 버튼에 대하여 도피공간의 홈 부는 실제적으로-오물도피공간, 버어 도피공간, 연삭 가공 시의 간극-3가지 기능을 다하게 된다. 어떤 경우는 [그림 3-99] 와 같이 측면이나 단 부의 정지부에 경사면을 만들어 2가지의 기능을

다 발휘하도록 할 수도 있다. 이 경우는 부품이 평탄하고 부품보다 로케이터가 높아야 되며 화살표방향의 클램핑 힘만으로 부품이 아래쪽에 밀려 붙는 효과가 나타난다. 경사각은 보통 7~10°의 범위 내에서 응용된다.

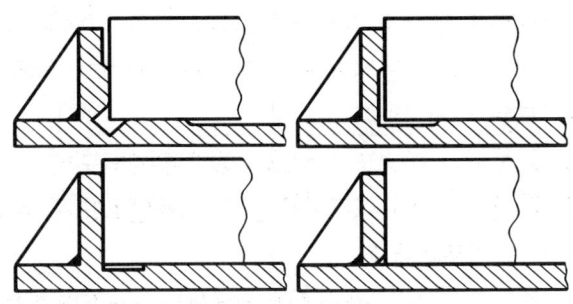

[그림 3-97] 구석의 칩 도피 홈

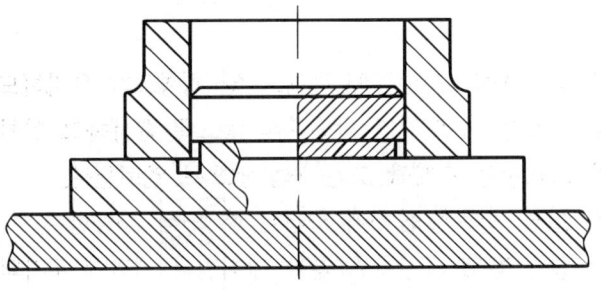

[그림 3-98] 원형의 칩 도피 홈

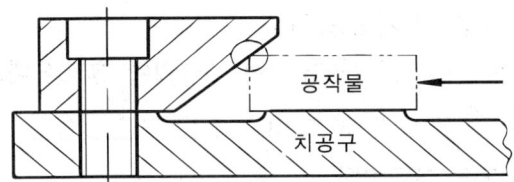

[그림 3-99] 경사 위치결정면을 가지는 로케이터

6) 치공구 제작의 중요작업

(1) 치공구 제작, 가공의 주의사항

① 위치결정 핀, 부시 등은 되도록 시중품을 사용하되 직접 제작할 때는 연삭여유를 두고 가공하여, 열처리 및 연삭가공 한다.

② 부시 및 위치결정구가 삽입되는 구멍은 수직으로 정밀 리머 가공되어야 하며 필요시 지그그라인딩 작업을 해야 한다.

③ 리머 작업 시에는 절삭유를 사용한다. 리머 작업 시 절삭유를 사용하지 않거나, 사용하여도 작업조건이 맞지 않으면 가공된 구멍이 리머의 직경보다 커지는 경우가 있으니 리머의 여유, 절삭조건, 이송을 참조해야 한다.
④ 위치결정 핀, 안내 핀, 부시 등이 조립되는 곳은 끼워맞춤 공차 KS B 0401에 준한다.
⑤ 부시의 내·외경의 동심도가 중요하므로 열처리 후에 연삭가공으로 동심도를 유지시킨다.
⑥ 치공구의 본체는 평면도, 직각도 등이 유지되도록 신중을 기하고 공작물이 위치결정이 이루어지는 곳은 표면조도가 유지되도록 연삭가공으로 마무리한다.
⑦ 클램핑 볼트의 머리는 치공구의 윗면보다 돌출되어서는 안 되므로 볼트 머리부가 길 경우는 머리를 가공하여 낮춘다.
⑧ 안내 핀의 끝은 둥글게 가공하여 윗판의 조립이 쉽게 이루어지도록 한다.
⑨ 치공구의 조립 시 본체의 직각도 및 평행도가 유지하도록 한다.
⑩ 치공구 조립 시 오차가 발생하지 않도록 유념하고 위치결정용 볼트의 조립부는 기계탭 또는 2번 탭으로 완료한다.
⑪ 커터 설정 블록은 몸체에 조립한 후 연삭 가공한다.
⑫ 텅의 설치 홈의 가공은 공작물 설치면과 직각이 유지되도록 가공한다.
⑬ 지그플레이트, 커터설정블록 등을 본체와 조립할 때는 볼트를 체결한 후 맞춤 핀 가공을 한다.
⑭ 제작된 치공구는 공작물을 시험 가공하여 결과를 내고, 문제점 및 보완점을 찾는다.

(2) 지그 위치구멍의 가공방법

정밀한 구멍을 가공하는 지그의 구멍위치는 도면 치수와 같이 정확한 것이 요구되며, 이는 일반 드릴링머신으로는 매우 힘들다.

지그 그라인딩은 보통 0.001mm까지의 이송눈금을 가진 특별히 정밀한 공작기계로서, 0.005mm 정도의 구멍위치 정밀도를 얻기 위해서는 이 기계를 사용하지 않고는 힘들다. 그러나 구멍의 위치정밀도가 그리 높지 않을 때는 금 긋기 작업을 한 후 일반 공작기계로서 구멍가공을 한다. 지그 그라인딩를 사용하지 않고 비교적 정밀한 지그를 가공하는 방법으로는 조립법, 버튼법, 수정법이 있다.

TIP
지그의 구멍은 지그 그라인딩으로 가공한다.

(3) 스크레이핑(Scraping)

일반 공작기계로 가공된 제품은 완전한 정밀도를 기대하기 어렵다. 이때 SM 55C, STC 85 등의 손잡이에 팁(tip) 등을 부착시킨 스크레이퍼(scraper)로 다듬질하는 작업을 스크레이핑이라 한다. 보통은 $5\sim10\mu$ 정도의 정밀도를 얻을 수 있으며, 초경팁을 사용할 경우 3μ 이하의 정밀도를 얻을 수 있다. 최근에는 블록 게이지가 링킹(밀착) 될 정도의 평면을 스크레이핑 작업으로 얻는 경우도 많다.

(4) 재료에 관계된 지그의 변형

재료에 관계된 다음에 설명하는 문제에서 변형이 생기는 것이 비교적 많으므로 주의를 요한다.

① 열처리에 의한 변형

열처리를 했기 때문에 변형된다고 생각하는 것은 상식이다. 열처리에 의한 변형은 변태응력에 의한 변형과 열 응력에 의한 변형과 열처리 취급이 잘못된 것에 의한 변형이 있지만, 또 재료중의 가공 응력이 원인이 되어 열처리 시에 나타나는 변형이 있다. 균일한 밀도의 재료에서도 절삭가공으로 큰 가공변형을 표면에 남게 하므로 정밀하게 가공하여 놓아도 나중에 열처리하면 변형을 발생시킨다. 열처리하지 않아도 시간이 흐름에 따라서 잔류응력이 없어져서 변형이 생긴다.

절삭가공 때 잔류응력을 작게 하기 위해서는 구성인선(built up edge)을 없게 한다. 절삭력을 작게 하고, 절삭속도를 높이며, 큰 전면경사각을 주고 또한 큰 측면 경사각을 준다. 가공경화는 바이트 절삭에서 0.3mm 절삭에서는 0.5mm 전후로 알려져 있다. 따라서 정밀부품에는 잔류응력을 발생시키지 않는 가공을 하여야 하고 잔류응력을 제거하여 안정된 조직을 한 재료를 사용하는 것이 중요하다. 열처리 후에 나타난 이들 변형은 연삭·절삭·기타로 수정할 수 있는 경우는 그다지 문제는 없지만, 비용이라든가 기타 이유로 수정할 수 없는 경우는 사용재료, 열처리 방법, 기타에 주의를 요한다.

② 가공 잔류응력과 변형

일반적으로 재료를 단조, 절삭, 연삭, 기타 여러 방법으로 가공할 때, 그 부품의 표면에 변질 층으로서 잔류응력층이 발생함과 더불어 표면 가까이의 결정조직은 현저하게 변화를 일으킨다. 가공 잔류응력층을 남긴 것은 정밀 가공해 두어도 뒤에 불규칙적인 변형이 생기기 쉽다.

가공 잔류응력층을 적게 하는 방법은, 선삭 가공으로는 절삭속도를 높인다든가, 구성인선을 없게 하든가, 무리한 절삭을 하지 않도록 하는 것이다.

더욱, 잔류응력은 거친 연삭작업 후 바르게 드레싱 한 고운 숫돌로서 다듬질 연삭하면 제거할 수 있다고도 한다. 잔류응력은 단조, 주조, 열처리 등으로 생기므로, 생산기술에 주의를 요한다.

③ 밀도가 고르지 못함과 변형

재료의 밀도가 불균형한 것은 정밀가공 하여 두어도 뒤에 열처리하면 비뚤어지는 현상이 생기는 일이 많다. 따라서 단조할 경우, 자주 클램핑 하는 부분과 그렇지 않은 부분이 있는 것(일반적으로 자유단조)은 정밀부품으로서 비교적 적당하지 않다.

가공 경화층과 밀도가 고르지 못한 것에 의한 변형을 피하기 위해서는 580~600℃로 담금질하여 응력의 존재를 제거한 후, 최후의 정밀가공을 하는 것이 좋다.

④ 경년 변형

정밀 가공한 것이 장기간 조금씩 변형하는 것으로, 게이지 등과 같은 특히 정밀을 요하는 것에도 나타나는 경우가 많다. 경년 변형을 피하기 위해서는 조직을 안정시켜 둘 것, 잔류응력을 제거해 두어야 한다. 게이지 기타의 것의 경년 변형을 막기 위해 서브제로처리라 하여, 예를 들면 −75~−90℃ 정도로 냉각하여 조직을 안정시키기도 한다.

⑤ 바우싱거 효과와 변형

바우싱거 효과라는 것은 어떤 응력을 가한 후, 이것에 반대방향의 응력을 가하면, 그 탄성한도가 현저히 저하하는 현상을 말하며, 예를 들면 [그림 3-100]에 나타낸 것과 같이, 외력 P를 가하여 강판을 구부려서 L상의 물품을 만든 경우, 이 L형 부품에 반대방향의 점선화살표 P'의 힘을 가하면, 그 탄성한도가 현저히 저하되므로 약한 힘 P'로 이미 굽어 변형되어 버린다.

바우싱거 효과는 뒤틀어짐, 선단에 있어서도 나타나기 때문에, 이와 같은 부품은 치공구 등의 일부품으로서 한번 보기에 치수가 크고 강하게 보이는 설계라도, 외력에 의하지 않고 변형이 나타나므로 주의를 요한다.

> **TIP**
>
> **바우싱거 효과**
> 금속의 원래경도와는 무관계로 저온풀림 하면 바우싱거 효과는 소실된다.

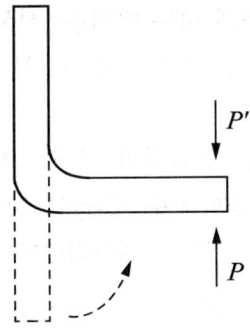

[그림 3-100] 바우싱거 효과

⑥ 외력에 의한 변형

주철제의 대형치공구 등의 설치방법이 나쁘고, 무리한 자세에 의해 뒤틀려서 장기간 방치해 두면, 정밀하게 만든 치공구가 변형되어 버린다. 보통 주철은 상온에서도 강한 힘이 장기간 일정방향으로 작용하면, 일종의 크리이프가 나타나므로 주의를 요한다. 따라서 주철제 치공구 중에서 응력이 일정방향으로 특히 큰 부분은 그 힘에 의해 장기간 외력 방향에 변형이 나타날 우려가 있으므로 응력은 어느 한도 이상이 되지 않도록 충분한 크기(허용응력은 상당히 작다)로 설계하여야 한다.

01 치공구의 종류

01. 형판 지그 설명 중 틀린 것은?

① 생산에 유리한 간단한 형태이다.
② 레이아웃을 보장하기 위해 사용한다.
③ 일반적으로 고정시켜서 사용한다.
④ 일반적으로 부시(bush)를 사용하지 않는다.

해설 형판 지그
① 공작물의 수량이 적거나 정밀도가 요구되지 않는 경우에 활용한다.
② 가장 경제적이고 간단하고 단순하게 생산속도를 증가시키기 위하여 제작할 수 있다.
③ 클램프 없이 공작물에 밀착하여 공작물의 형태에 따라 핀이나 네스트에 의하여 고정한다.
④ 방오법이 되지 않으므로 작업자의 주의를 요구한다.

02. 다음 예시에 표현한 JIG는 어떤 형태의 JIG를 의미하는가?

[예시] • 생산속도를 증가시키기 위한 지그이다.
• 공작물의 윗면이나 내면에 설치한다.
• 일반적으로 고정시키지 않는다.
• 최소 경비로 가장 단순하게 제작한다.

① 플레이트 지그   ② 템플레이트 지그
③ 채널 지그   ④ 리프 지그

03. 대형 소량 생산에 적합한 지그는?

① 박스 지그
② 리프 지그
③ 인덱싱 지그
④ 템플레이트 지그

04. 다음 그림과 같은 지그의 이름으로 가장 적합한 것은?

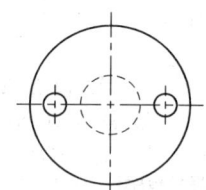
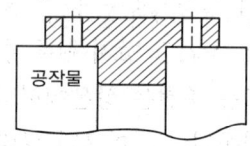

① 플레이트 지그
② 앵글 플레이트 지그
③ 채널 지그
④ 원판 템플레이트 지그

해설 원판 템플레이트 지그
원통형의 공작물에 사용되며 외경 및 구경에 항상 위치결정 시키며 일반적으로 둥근 구멍 모양일 때만 사용된다.

05. 플레이트 지그의 설명 중 틀린 것은?

① 수량 여부에 따라 부시를 사용하지 않고 간단히 제작하여 사용한다.
② 다리를 붙여 사용하기도 한다.
③ 클램프 장치가 필요 없다.
④ 대표적 오픈지그이다.

해설 플레이트 지그(Plate jig)
형판 지그와 유사하나 간단한 위치결정구와 밀착기구 및 클램핑 기구를 가지고 있으며, 제작될 공작물의 수량 여부에 따라 부시를 사용하지 않고 간단히 제작하여 사용한다. 클램프 장치가 필요 없는 것은 템플레이트 지그이다.

정답 01 ③ 02 ② 03 ④ 04 ④ 05 ③

형성평가

06. 다음 지그 중 개방형 지그(Open Jig)는 어느 것인가?

① 테이블 지그
② 리프 지그
③ 채널 지그
④ 박스 지그

해설 테이블 또는 개방형 지그(Table or Open jig)
- 플레이트 지그의 일종으로 리이프 또는 뚜껑이 없이 나사, 쐐기, 캠 등으로 공작물을 견고히 클램핑 한 후 작업한다.
- 공작물의 형태가 불규칙하나 넓은 가공면을 가지고 있는 비교적 대형 공작물에 적합하며, 공작물의 로딩·언로딩은 지그를 뒤집은 상태에서 이루어진다.
- 가공할 때는 다리에 의하여 수평이 유지되게 된다.
- 공작물에 따라 클램핑이 곤란하며 공작물의 한번 장착으로 한 면밖에 가공할 수 없는 단점이 있다.

07. 뒤 판(back plate)을 가진 플레이트 지그의 일종으로 다른 지그에서 쉽게 휘거나 비틀리기 쉬운 얇거나 연한 공작물 가공에 사용하는 지그는?

① 샌드위치 지그
② 템플레이트 지그
③ 박스 지그
④ 멀티스테이션 지그

해설 샌드위치 지그(Sandwich jig)
- 공작물을 고정할 때 상·하 플레이트에 위치결정 핀을 설치하여 고정되는 구조일 경우에 사용되는 지그이다.
- 제작될 공작물의 수량 여부에 따라 부시의 사용 여부를 결정한다.

08. 일반적으로 간단한 위치결정구와 집게기구가 사용되며 파이프 플랜지(pipe flange)와 유사한 형태의 공작물 가공에 주로 사용되는 지그는?

① 샌드위치 지그
② 링 지그
③ 박스 지그
④ 멀티스테이션 지그

해설 링 지그(Ring jig)
원판 템플레이트 지그를 수정 보완한 판형 지그의 일종으로 링형의 공작물을 가공할 때 주로 사용되는 지그이다. 테이블 지그, 샌드위치 지그, 링 지그, 바깥지름 지그 등은 전부 판형 지그의 일종이다.

09. 판형 지그의 일종으로 축(shaft), 핀 모양의 원형 모양의 공작물 드릴 작업 때 주로 사용되며 V블록에 의한 위치결정과 토글 클램프에 의한 장착과 장탈이 비교적 용이한 지그는?

① 샌드위치 지그
② 바깥지름 지그
③ 박스 지그
④ 멀티스테이션 지그

10. 아래의 공작물을 드릴가공 하고자 한다. 이때 사용해야 할 적절한 지그는?

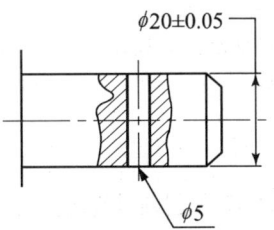

① 상자형 지그   ② 형 판 지그
③ 바깥지름 지그   ④ 채널 지그

정답 06 ① 07 ① 08 ② 09 ② 10 ③

Part 2. 기계요소 설계

11. 바이스 타입 고정구의 장점과 거리가 먼 것은?

① 신속한 장탈, 장착이 가능하다.
② 대형 공작물에 적합하다.
③ 클램핑이 확실하다.
④ 작동이 간편하다.

해설 바이스 형태는 소형에 적합하다.

12. 다음은 밀링 바이스의 용도로 맞지 않는 것은?

① 정밀한 제품 가공에 유리하다.
② 공작물 체결이 간편하다.
③ 대칭 공작물 체결이 용이하다.
④ 다품종 소량 생산에 경제적이다.

13. Vise Jig의 설명 중 다른 것은?

① 기계 바이스를 응용한다.
② 실린더 형상의 공작물 내경 작업에 적합하다.
③ 정확히 위치결정 시킬 수 있다.
④ 클램핑 시간이 다소 짧다.

해설 바이스 지그
- 공작물에 따라 조(jaw)를 특수하게 제작하여 사용한다.
- 공작물의 형태가 바뀌어도 간단하게 조(jaw)를 개조할 수 있다.
- 신속한 클램핑(클램핑)과 튼튼한 구조로 되어 있다.
- 공작물의 위치결정이 어렵고, 제품의 형태에 제한을 받으며, 클램핑 시 기술이 필요하다.

14. 풀리(puller), 칼라(collar), 기어(gar) 등의 부품가공에 사용되는 지그는?

① 트라이언 지그
② 플레이트 지그
③ 펌프 지그
④ 앵글 플레이트 지그

해설 앵글 플레이트 지그
공작물의 가공이 일정한 각도로 이루어지거나, 공작물의 측면을 가공할 때 가공의 어려움을 해소하기 위하여 활용된다.

15. 불규칙하고 복잡한 형태의 소형 공작물에 적합하며, 로딩·언로딩이 용이하고 한번 장착으로 여러 면의 가공이 용이한 지그는?

① 분할 지그
② 리프 지그
③ 바이스 지그
④ 플레이트 지그

해설 리프 지그(leaf jig)
힌지 핀(hinge pin)으로 연결된 리프를 열고 공작물을 로딩·언로딩하는 지그로서, 불규칙하고 복잡한 형태의 소형 공작물에 적합하며, 로딩·언로딩이 용이하고 한번 장착으로 여러 면의 가공이 쉽다.

16. 다음 리프 지그(Leaf jig)에 대한 설명 중 잘못된 것은?

① 불규칙한 형사의 공작물 가공에 적합하다.
② 칩(Chip) 배출이 용이하다.
③ 공작물을 끼우고 빼는 데 시간 소비가 적다.
④ 부싱(Bushing)이 리프 내에 있다면 힌지(Hinge)의 마모가 정밀 드릴 작업에 영향을 크게 미친다.

해설 리프 지그는 박스 지그의 일종으로 칩 배출이 어렵다.

정답 11 ② 12 ① 13 ② 14 ④ 15 ② 16 ②

17. 공작물의 두 면에 지그부시를 설치하여 제3표면을 단순히 가공할 때 사용되며 정밀한 가공보다 생산 속도를 증가시킬 목적으로 가장 단순하고도 기본적인 형태로 사용되며 지그 본체는 고정식과 조립식으로 제작할 수 있는 지그는?

① 리프 지그(Leaf Jig)
② 채널 지그(Channel Jig)
③ 형판 지그(Template Jig)
④ 개방 지그(Open Jig)

해설 채널 지그(Channel Jig)
지그 다리를 사용하여 3개의 면을 가공할 수 있으며 여러 방면으로 드릴 가공을 할 수 있는 것 이외에도 얇은 부품의 공작물에 대해서도 지지 및 안정도가 보장되어 쉽게 설치 및 클램핑이 가능하다.

18. 드릴 지그의 종류 중 텀블 지그는 어느 경우에 사용하나?

① 복잡한 원통 가공물에 사용한다.
② 직각으로 되어 있는 2개의 구멍을 하나의 지그로서 가공 시 사용한다.
③ 바이스 지그의 일종으로 목적도 같다.
④ 대형 공작물의 다수 구멍 가공에 사용한다.

해설 박스 및 텀블 지그(Box or Tumble jig)
• 공작물이 한 번 장착되면 지그를 회전시켜 가며 여러 면에서 가공할 수 있다.
• 공작물의 위치결정이 정밀하고, 견고하게 클램핑할 수 있는 장점이 있다.
• 지그를 제작하는 데 많은 시간과 제작비가 필요하다.
• 칩의 배출이 곤란하며 지그 제작비가 비교적 비싸다.

19. 다음 Box Jig에 대한 설명 중 잘못된 것은?

① 지그 내에서 공작물이 클램핑 된다.
② 가시성(Visibility)이 문제시된다.
③ 비싼 지그의 제작이 필요로 하지 않는 경우에 주로 사용한다.
④ 지그 다리가 필요하다.

해설 박스 지그는 설계 제작상에 어려움이 있으므로 특별한 경우에만 사용하는 것이 좋다.

20. 다음의 공작물의 드릴 가공하고자 한다. 적절한 지그는?

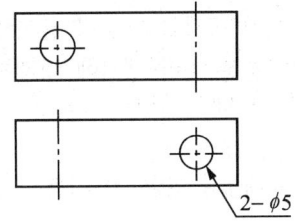

① Plate Jig
② Pump Jig
③ Tumble or Box Jig
④ Template Jig

21. 공작물이 주로 대형이거나 불규칙할 때 사용되며 공작물을 분할하여 가공하게 되는 지그로서, 로타리 지그라고도 하는 지그는?

① 펌프 지그   ② 트러니언 지그
③ 박스 지그   ④ 채널 지그

해설 트러니언 지그
주로 대형의 공작물이나 불규칙한 형상에 사용되며 로터리 지그라고도 말한다. 공작물이 크고 무거울 때 적합하며 공작물의 크기에 비하여 쉽게 전면을 가공할 수 있다.

Part 2. 기계요소 설계

22. 1회 위치결정으로 공작물을 드릴링, 리밍, 카운터 보링, 탭핑 등 순차적으로 이동 가공이 가능하며 주로 다축 공작기계에 사용하는 지그는?

① 분할 지그 ② 트러니언 지그
③ 멀티스테이션 지그 ④ 펌프 지그

해설 멀티스테이션 지그
공작물을 지그에 위치결정시키는 방법으로 1개의 공작물은 드릴링, 다른 공작물은 리밍, 또 다른 공작물은 카운터 보링되며 최종적으로는 완성 가공된 공작물을 내리고 새로운 공작물을 장착할 수 있다.

23. 장착, 장탈이 용이하고, 사용자의 용도에 따라 약간의 변형만으로 사용할 수 있는 기성화 되어 있는 지그는?

① 트라이언 지그
② 플레이트 지그
③ 펌프 지그
④ 템플레이트 지그

해설 펌프 지그
기성품으로 사용자의 용도에 따라 약간의 변형만으로도 사용할 수 있으므로 많은 시간을 절약할 수 있다.

24. 그림에서 고정구의 형태는?

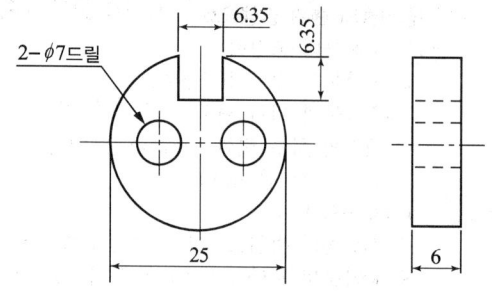

① 박스 고정구
② 플레이트 고정구
③ 바이스 조 고정구
④ 템플레이트 지그

해설 바이스-조 고정구(Vise-Jaw Fixture)
일반적으로 표준바이스를 약간 응용한 것으로 작은 공작물을 기계 가공하기 위해서 사용된다. 이 형태의 고정구는 표준바이스의 조부분을 공작물의 형태에 맞도록 개조한 것으로 제작비가 염가이나 정밀도가 떨어지고 바이스 조의 이동량에 제한을 받게 되므로 소형 공작물을 가공하는데 적합하다.

25. 고정구 중에서 가장 많이 사용되어 적용되며 가장 단순한 형태의 고정구는?

① 박스 고정구 ② 플레이트 고정구
③ 바이스 조 고정구 ④ 템플레이트 지그

해설 플레이트 고정구
- 기본적인 고정구는 플레이트 또는 V블럭에 공작물을 기준설정과 위치결정 시키고 클램프 시킬 수 있도록 만들어진 형태이다.
- 단순하게 만들어지며 공작기계, 용접, 검사 등에 가장 많이 활용되는 형태이다.
- 본체는 강력한 절삭력에 견디어야 하므로 무엇보다 견고성이 필요하다.

26. 공작물의 품종이 다양하고 소량 생산에 적합하도록 고안된 치공구로서 CNC공작기계에 많이 사용되는 고정구는 무엇인가?

① 모듈러 고정구 ② 총형 고정구
③ 분할 고정구 ④ 바이스조 고정구

해설 조절형 고정구(Modular 클램핑 System)
- 공작물의 품종이 다양하고 소량 생산에 적합하도록 고안된 고정구이다.
- 조립될 수 있도록 가공된 본체와 각종 치공구 부품, 볼트 등으로 구성되어 있다.
- 고정구는 부품의 조합에 의해서 완성되며 또한 쉽게 분해 할 수 있으므로 다양한 공작물의 형태에 간단히 대처할 수 있다.
- 고정밀도를 제공하고 규격화, 표준화되어 있으므로 생산의 자동화 추진이 가능하다.

27. Open Jig를 설명한 것으로 틀리는 것은?

① 한번 장착으로 여러 면을 가공할 수 있다.
② 나사, 캠, 쐐기 등으로 공작물을 클램핑(clamping) 한다.
③ chip 제거가 용이하다.
④ 표준화된 제품을 대향으로 생산하는 데 편리하다.

[해설] 오픈 지그는 플레이트 지그의 일종이다. 테이블 지그라고 한다.

28. 원통 주위에 여러 개의 구멍을 가공할 때 쓰이는 효율적인 지그는?

① 인덱스 지그
② 채널지그
③ 박스지그
④ 멀티스테이션지그

[해설] 분할형 지그(Indexing jig)
앵글 플레이트 지그의 형태로 공작물을 일정한 거리와 각도로 분할하여 정확한 간격으로 구멍을 뚫거나 기계가공에서 기어와 같이 분할이 어려운 공작물 가공에 사용되는 지그이다.

29. 다음 중 한번의 장착으로 다른 여러 면의 구멍을 가공할 수 있는 지그는?

① 리프지그(Leaf Jig)
② 텀블지그(Tumble Jig)
③ 형판지그(Template Jig)
④ 개방지그(Open Jig)

[해설] 박스지그와 리프지그의 주된 차이점은 지그의 크기와 부품의 위치결정이다.

02 치공구 사용법

01. 다음 공작물 관리를 수행하는 것 중 맞지 않는 것은?

① 공구와 공작물의 일정한 상대적 위치를 유지한다.
② 공구절삭력 또는 외력에 관계없이 일정한 위치를 유지한다.
③ 공구 및 고정력에 의해서 휨이 발생하지 않도록 유지한다.
④ 공작물의 요구되는 치수를 유지·관리한다.

[해설] 공작물 관리의 목적
• 모든 요인에 관계없이 공구와 공작물의 일정한 상대적 위치를 유지한다.
• 절삭력, 클램핑력 등의 모든 외부의 힘에 관계없이 공작물의 위치를 유지한다.
• 공구 및 고정력 또는 공작물의 취성에 의해서 과도한 힘이 일어나지 않도록 공작물 변형을 방지한다.
• 공작물의 위치는 작업자의 숙련도에 관계없이 유지한다.

02. 공작물 관리(w.p control)시 변위 발생요소를 나타낸 것이다. 틀린 것은?

① 먼지 또는 chip
② 측정의 영향
③ 공작물의 중량
④ 절삭력, 고정력

[해설] 공작물의 변위 발생요소
① 공작물의 고정력
② 공작물의 절삭력(공구력)
③ 공작물의 위치 편차
④ 재질의 치수 변화
⑤ 먼지 또는 칩(chip)
⑥ 공구의 마모
⑦ 작업자의 숙련도
⑧ 공작물의 중량
⑨ 온도, 습도

Part 2. 기계요소 설계

03. 선형평형의 유지 방법은?
① 반대 방향에 같은 힘을 가한다.
② 같은 방향으로 힘을 가한다.
③ 회전 방향에 같은 힘을 가한다.
④ 반대 방향에 적은 힘을 가한다.

[해설] 선(직선)형 평형
한 방향으로 자유 상태의 물체에 힘이 가해지면 물체는 평형을 잃고 직선 방향으로 움직인다. 이 물체의 평형을 유지하기 위해서는 같은 크기의 힘을 반대 방향에서 가해 주면 되며 이때 같은 방향의 힘을 반대 방향으로 작용하여 움직이지 못하게 하는 것이다.

04. 다음 그림은 무엇을 나타낸 것인가?

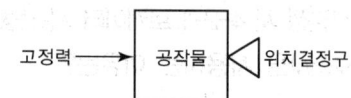

① 선형 평형
② 회전 평형
③ 직선 회전 평형
④ 수평 평형

05. 크기가 같고 반대 방향인 모멘트가 서로 반작용하여 물체의 평형 상태를 유지하는 것을 무슨 평형이라고 하는가?
① 선형 평형
② 직선 회전 평형
③ 회전 평형
④ 수평 평형

06. 공작물의 위치결정 기본 개념 중 공작물의 움직임을 제한하여 평형 상태를 유지하는 것이며, 이것은 직선운동과 회전운동을 종합하면 몇 개의 방향을 제한하는가?
① 6방향
② 12방향
③ 16방향
④ 18방향

[해설] 위치결정의 개념
X, Y, Z축 방향의 직선운동과 X, Y, Z축을 중심으로 하는 회전운동을 종합하면 12방향의 움직임이 나타날 수 있음을 알 수 있다.

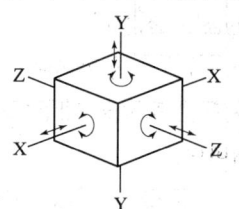

07. 3점 위치결정방법의 장·단점으로 잘못된 설명은?
① 공작물 표면에 요철이 있으면 흔들리게 된다.
② 공작물의 기준면이 계단형상일 경우 매우 좋다.
③ 기계 가공할 때는 수평 지지가 다소 어렵다.
④ 공작물을 바르게 고정하더라도 변형을 확인이 어렵다.

[해설] 3점 위치결정방법의 장·단점
• 공작물의 표면에 요철이 있어도 흔들리지 않는다.
• 자리 면을 수평으로 하여도 칩의 처리가 쉽다.
• 공작물의 기준면이 스텝 블록일 경우 매우 좋다.
• 공작할 때는 수평 지지가 다소 어렵다.
• 공작물을 바르게 클램프로 고정했지만, 변형을 확인할 수 없다.

08. 원통형의 공작물을 위치결정 할 때 가장 이상적인 위치결정방법은?
① 2-2-1
② 3-2-1
③ 4-2-1
④ 4-3-1

정답 03 ① 04 ① 05 ③ 06 ② 07 ① 08 ①

형성평가

09. 다음 3-2-1 위치결정 원리를 도시한 것 중 바른 것은?

①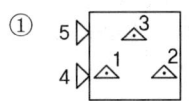
②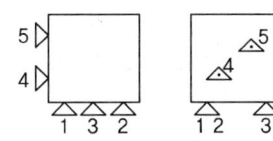
③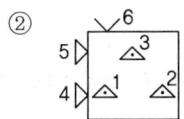
④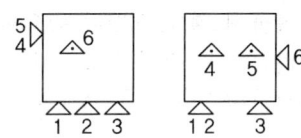

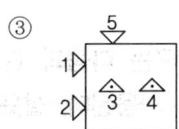
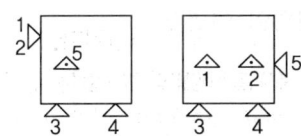
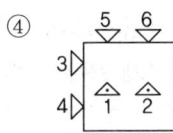
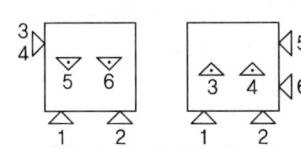

[해설] 육면체의 가장 이상적인 위치결정법은 3-2-1 위치결정(3-2-1 location system) 방법이다. 이는 가장 넓은 표면에 3개의 위치결정구를 설치하고, 넓은 측면에 2개를 설치하며, 좁은 측면에 1개의 위치결정구를 설치하는 것을 말한다.

10. 4-2-1 위치결정방법에 대한 설명 중 틀린 것은?
① 주조품과 같은 거친 제품에 사용될 수 있다.
② 4개의 로케이터 중 1개는 조절식으로 한다.
③ 칩이나 오물이 로케이터에 끼여 정도가 떨어질 수 있다.
④ 위치결정면이 기계가공된 표면일 때 주로 조절식 로케이터를 많이 사용한다.

[해설] 위치결정면이 기계가공된 표면일 때 주로 고정식 로케이터를 많이 사용한다.

11. 위치결정 시 4-2-1 로케이터 시스템(locating system)을 사용하는 이유는?
① 공작물의 안정성
② 공작물의 변형
③ 공작물의 형상 정도
④ 공작물의 절삭력

[해설] 4점 위치결정
먼지나 칩이 들어간 여부를 확인할 때는 4점 위치결정으로 한다. 공작물의 안정도를 검토할 수 있어서 이러한 방식이 좋을 때도 있으므로 드릴 지그에서 다리의 위치결정은 4점을 사용하고 있다.

12. 형상관리에서 원기둥 형상의 위치결정구는 몇 개인가?
① 4개   ② 5개
③ 6개   ④ 7개

[해설] 원기둥 형상 5개, 원추 형상 5개, 피라미드형 6개이다.

정답 09 ② 10 ④ 11 ① 12 ②

13. 공작물의 형상관리에 대한 설명으로 틀린 것은?

① 형상관리에 있어 지지점의 위치를 충분히 넓게 한다.
② 공작물의 무게중심은 아래쪽에 오게 한다.
③ 공작물의 지지점의 수를 최소한으로 줄이는 것이 좋다.
④ 형상관리를 옳게 하므로 공작물을 쉽게 위치결정 할 수 있다.

14. 형상관리에서 다음과 같은 요소를 방지해 주고 있다. 관계없는 것은?

① 너무 인접한 위치결정구
② 공작물의 상부가 무거울 때
③ 부적절한 위치에서 고정된 힘이 작용할 때
④ 공정상 공차 누적이 생길 때

> 해설 공작물의 불안정한 이유
> • 위치결정구가 너무 가깝게 배치되었을 경우
> • 공작물의 윗부분이 무거울 경우
> • 고정력이 잘못 배치되었을 경우
> • 위치결정구가 충분하지 못한 경우

15. 위치결정방법에서 불안정한 공작물이 발생하는 이유가 아닌 것은?

① 공작물의 아랫부분이 무거운 경우
② 고정력이 잘못 배치된 경우
③ 위치결정구가 충분하지 못한 경우
④ 위치결정구가 너무 가깝게 배치된 경우

> 해설 공작물의 윗부분이 무거울 경우

16. 기하학적 관리의 이점이 아닌 것은?

① 기하학적 관리가 복잡하므로 작업자의 숙련이 필요하다.
② 공작물의 이탈 경향을 최소화한다.
③ 공작물의 변위량을 감소한다.
④ 먼지, 칩 등에 의한 공작물의 오차를 감소한다.

> 해설 양호한 형상관리 이점
> • 작업자의 기술이나 노력과 관계없이 공작물은 자동으로 위치결정구에 올려 놓이게 한다.
> • 고정력에 의해 공작물이 위치결정구로부터 이탈되는 경향이 감소한다.
> • 위치결정구가 넓은 간격으로 배치되었을 경우 표면 불규칙으로 인한 공작물의 치수 변화가 작아진다.
> • 공구력에 의해 공작물이 위치결정구로부터 이탈되는 경향이 감소한다.
> • 위치결정구가 넓은 간격으로 배치되었을 경우 위치결정구의 마모에 의한 공작물 위치결정에 대한 영향이 적어진다.
> • 위치결정구가 넓은 간격으로 배치되었을 때 이물질(먼지, 칩)에 의한 공작물 위치결정에 있어서 영향이 적어진다.

17. 대체(교체) 위치결정구는 다음과 같이 특별한 결과를 얻는 데 사용된다. 잘못된 설명은?

① 중심선 관리가 개선된다.
② 고정력을 적용할 수 없는 경우 치수관리를 위해 사용된다.
③ 공작물의 장착 시 작업자의 숙련을 크게 요구하지 않을 때 사용한다.
④ 대체 위치결정구를 사용하면 치공구 제작비용이 감소한다.

> 해설 고정력을 적용할 수 없는 경우 기계적 관리를 위해 사용된다.

18. 우수한 치수관리를 하기 위한 사항이 아닌 것은?

① 공작물의 불균일이 주어진 허용오차에 지장을 주지 않은 경우

정답 13 ③ 14 ④ 15 ① 16 ① 17 ② 18 ④

② 공작물 변위량이 허용오차 안에 있는 경우
③ 공작물의 불규칙으로 공차 안에 들어가는 치수를 얻는 데 지장을 주지 않을 경우
④ 공정상 공차 누적이 생길 경우

해설 우수한(양호한) 치수관리
- 공정상에 공차 누적이 생기지 않을 때
- 공작물의 치수 변화가 공차 안에 들어가는 치수를 얻는 데 지장을 주지 않을 때
- 공작물의 불규칙으로 공차 안에 들어가는 치수를 얻는 데 지장을 주지 않을 때
- 위치결정구 배치에 알맞은 표면의 선택
- 선택된 표면상에 위치결정구를 정확하게 배치
- 치수관리는 제품도에 나타나 있는 두 표면 중의 하나에 위치결정구가 배치되었을 때 가장 양호하다.
- 치수관리는 제품도에 주어진 치수에 대한 중심선 양쪽에 위치결정구를 배치할 때 가장 좋다.
- 수평 및 수직 중심선 치수관리는 원주 상에 배치한 2개의 위치결정구로 관리할 수는 없다.
- 평행도, 직각도, 동심도에 엄격한 공차가 요구될 때는 공차가 적용되는 면 중의 한 면에 1개 이상의 위치결정구를 배치해야 한다.

19. 공작물 관리(workpiece control) 중 잘못 설명된 것은?

① 동일한 조건일 경우 치수관리는 형상관리보다 우선이다.
② 동일한 조건일 경우 형상관리는 기계적 관리보다 우선이다.
③ 적절한 기계적 관리는 형상관리가 확실히 이루어짐으로써 얻을 수 있다.
④ 동일한 조건일 경우 기계적 관리는 치수관리 및 형상관리보다 우선이다.

20. 그림과 같이 원통형의 공작물을 관리할 때 잘못된 설명은?

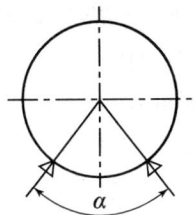

① α가 60°일 때 치수관리가 양호하다.
② α가 120°일 때 형상관리가 양호하다.
③ α가 60°일 때 클램핑력이 적다.
④ α가 120°일 때 치수관리가 적절하지 못하다.

해설
- 60°(120° Vee Block)일 때
  ① 수평 중심이 최소로 변하고, 치수관리가 우수하다.
  ② 수직 중심이 불안정하고, 형상관리가 불량하다.
  ③ 클램핑력이 크다.
- 120°(60° Vee Block)일 때
  ① 수평 중심이 최대로 변하고, 치수관리가 나쁘다.
  ② 수직 중심이 안정하고 형상관리가 양호하다.
  ③ 클램핑력이 작다.

21. 공작물의 수직 중심선을 쉽게 위치시킬 수 있고 수평중심선의 위치를 가장 크게 변화시킬 수 있는 V-블록은?

① 60° V-블록
② 90° V-블록
③ 120° V-블록
④ V-블록의 각도와 공작물의 중심선 관리는 관계가 없다.

정답 19 ④ 20 ③ 21 ①

Part 2. 기계요소 설계

22. 120° V-블록 위치결정구의 설명에 적합한 것은?

① 기하학적 형상관리는 좋으나 중심선 관리는 나쁘다.
② 기하학적 형상관리는 나쁘나 중심선 관리는 좋다.
③ 기하학적 형상관리는 좋으나 치수관리는 나쁘다.
④ 기하학적 형상관리는 나쁘나 치수관리는 좋다.

23. 공작물의 기계적 관리 중 만족하는 조건이 아닌 것은?

① 절삭력으로 인해 휨 발생이 없는 조건
② 절삭력으로 인한 휨 발생은 무관하다.
③ 고정력으로 인한 공작물의 휨 발생이 없을 조건
④ 자중으로 인한 공작물의 휨 발생이 없을 조건

[해설] 기계적 관리를 위한 기본조건
• 절삭력으로 인해서 휨이 발생하지 않을 것
• 고정력으로 인한 공작물의 휨이 발생하지 않을 것
• 자중으로 인한 공작물의 휨이 발생하지 않을 것
• 고정력이 가해질 때 공작물이 모든 위치결정구에 닿도록 할 것
• 고정력으로 인해 공작물의 영구 변형이나 휨이 발생하지 않도록 할 것
• 절삭력으로 인해 공작물이 위치결정구로부터 이탈되지 않게 할 것

24. 공작물의 기계적 관리 시 고려해야 할 사항으로 틀린 것은 무엇인가?

① 공작물의 휨 방지를 위해 되도록 위치결정구를 절삭력 쪽에 두는 것이 기계적 관리뿐 아니라 형상관리에도 유리하다.
② 고정력은 절삭력의 바로 맞은편에 오지 않도록 한다.
③ 주조품 가공 시 절삭력에 의한 휨 방지를 위해 조절식 지지구를 사용한다.
④ 절삭력은 공작물이 위치결정구에 고정되기 쉬운 방향으로 조정한다.

[해설] 위치결정구가 커터의 바로 아래 놓인다면 좀 더 좋은 기계적 관리가 될 것이다. 그러나 위치결정구의 분산은 감소하나 형상관리가 좋지 않다. 이에 대한 보다 나은 기계적 관리를 위한 장치로 지지구가 있다.

25. 그림과 같이 밀링작업 시 절삭력에 의한 휨이 발생한다. 그 이유로서 맞는 것은?

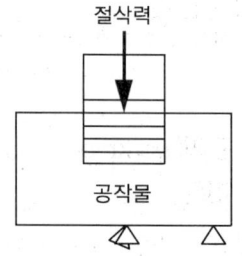

① 기하학적 관리는 양호하나 중심선 관리가 나쁘다.
② 기계적 관리는 양호하나 형상관리는 좋지 않다.
③ 치수관리는 양호하나 기하학적 관리가 나쁘다.
④ 기계적 관리는 나쁘나 치수 및 형상관리가 좋다.

26. 다음은 밀링커터로 상향 절삭을 하는 경우를 나타낸다. 이때 공작물의 기계적 관리가 가장 우수한 위치결정구의 선택은?

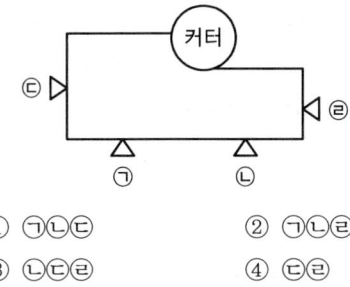

① ㉠㉡㉢ ② ㉠㉡㉣
③ ㉡㉢㉣ ④ ㉢㉣

27. 기계적 관리와 직접적인 관계가 있는 것은?

① 공차 누적
② 지지구
③ 이중위치결정구
④ 평형이론

28. 다음은 조절식 지지구(Adjustable support)에 대한 설명으로 틀린 것은?

① 고정식보다 낮게 위치시킨다.
② 조정이 언제나 가능하다.
③ 제작비가 비교적 싸고 작업이 용이하다.
④ 고정식보다 우수한 기계적 관리가 가능하다.

해설 조정식 지지구(adjustable type support)
• 움직일 수 있고 조정이 가능하다.
• 고정식 지지구보다 훨씬 낮게 위치시킨다.
• 고정식보다 우수한 기계적 관리가 가능하다.
• 가격이 비교적 비싸고 조정시간이 많이 소모되지만 공차가 작아진다.
• 경제성보다 품질우선 시 사용한다.
• 불규칙한 주조, 단조면에(기계 가공하지 않은 면) 주로 사용한다.

29. 고정식 지지구에 대한 설명 중 틀린 것은?

① 비교적 값이 저렴하고, 작업이 용이하다.
② 조절식보다 기계적 관리는 떨어진다.
③ 조정이 불가능하다.
④ 조절식보다 낮게 위치시킨다.

해설 고정식 지지구(fixed type support)
• 지지구를 고정한 것으로 위치결정구보다 약간 아래에 위치시킨다.
• 절삭력에 의한 공작물의 휨을 제한한다.
• 제작비가 싸고 작업이 용이하나 공차가 커진다.
• 품질보다 경제성 우선 시 사용한다.
• 기계 가공 면에 한하여 사용한다.

30. 기계적 관리에서 커터의 회전 방향에 대한 설명으로 틀린 것은?

① 상향 절삭은 절삭력이 위로 향하여 공작물의 휨이 생기지 않으며 지지구가 필요하지 않다.
② 상향 절삭은 클램핑 고정력이 커야 한다.
③ 상향 절삭은 기계적 관리는 충분히 이루어진다.
④ 하향 절삭은 고정력은 작아도 된다.

해설 하향 절삭에서 기계적 관리는 충분히 이루어진다.

31. 원형 공작물의 수평중심선 변화가 가장 적은 V-블록은?

① 45° V-블록
② 60° V-블록
③ 90° V-블록
④ 120° V-블록

정답 26 ① 27 ② 28 ③ 29 ④ 30 ③ 31 ④

03 공작물 위치결정

01. 다음 중 위치결정구의 요구 조건과 관계 없는 것은?

① 청소가 용이할 것
② 고온 경도가 우수할 것
③ 가시성이 우수할 것
④ 교환 가능한 구조일 것

해설 위치결정구는 마모에 잘 견디어야 한다.

02. 위치결정구 설계에 대한 주의사항으로 틀린 것은?

① 위치결정구의 윗면은 칩이나 먼지에 대한 영향이 없게 하려면 공작물로 덮도록 한다.
② 위치결정구의 설치는 가능한 가깝게 설치한다.
③ 위치결정구는 교환할 수 있도록 설계한다.
④ 서로 교차하는 두 면에는 칩 홈을 만든다.

해설 위치결정구에 대한 주의사항
- 위치결정구의 윗면은 칩이나 먼지에 대한 영향이 없게 하려면 공작물로 덮도록 한다.
- 주물 등의 흑피면을 위치결정 할 때는 조절이 가능한 위치결정구를 택하는 것이 좋다.
- 위치결정구의 설치는 가능한 한 멀리 설치하고, 절삭력이나 클램핑력은 위치결정구의 위에 작용하도록 한다.
- 위치결정구는 마모가 있을 수 있으므로 교환이 가능한 구조를 선택한다.
- 위치결정구의 설치는 공작물의 변형(끝 휨, 부딪친 홈)에 대한 여유를 고려하여 설치한다.
- 서로 교차하는 두 면으로 위치결정을 할 때 교선 부분에 칩 홈을 만든다.
- 위치결정구의 윗면에 칩이나 먼지 등이 누적될 수 있는 경우(볼트 구멍, 맞춤핀 구멍)에는 위치결정구의 윗면에 빠짐 홈을 만들어 배출을 유도한다.

03. 제품을 가공하기 위한 치공구에서 가장 우선적으로 고려해야 할 사항은?

① 공작물의 고정
② 위치결정
③ 변형 방지를 위한 지지
④ 작업의 신속성

해설 위치결정에 의해 치수공차 내에 합격 및 불합격이 결정된다.

04. 고정위치결정면 선정 시 가장 우선이 되는 것은?

① 안정감이 있는 넓은 평면
② 가공 정도가 높은 측면
③ 공작물의 구멍
④ 가공된 구멍, 홈

05. 고정위치결정면의 주의사항으로 틀린 것은?

① 자리면은 칩 등이 빠지도록 가공물을 보이게 위치결정 한다.
② 2개의 핀을 사용하여 위치결정을 할 때 한쪽에는 반드시 마름모형의 핀을 사용한다.
③ 주물 등의 흑피면을 지지하는 경우에는 조절위치결정기구로 고정하는 것이 좋다.
④ 지지점 사이의 거리는 크게 잡고, 되도록 지지점 위에 절삭력이나 체결력이 걸리게 한다.

해설 고정위치결정면의 주의사항
- 자리면은 칩 등이 떨어지지 않게 되도록 가공물로 덮어버리도록 한다.
- 위치결정 핀은 마멸됐을 때 교환할 수 있는 구조로 한다.
- 위치결정이 중복되지 않도록 주의한다. 이렇게 하도록 반드시 한쪽에 빠짐 홈을 두거나 조절할 수 있는 구조로 하여야 한다.

정답 01 ② 02 ② 03 ② 04 ① 05 ①

• 가공물의 변형, 끝 휨, 부딪친 홈에 대한 여유 부분을 마련한다.

해설 원통 면의 거칠기는 3-S로 하고, 위치결정부의 허용차는 g6 또는 h6로 한다.

06. 다음은 칩 홈(Recess)에 관한 설명으로 틀린 것은?

① 형상은 경강인 경우에는 45°, 연강인 경우에는 30° 정도의 홈으로 제작한다.
② 이는 가공 시 chip을 제거하기 위한 것이다.
③ 이 홈의 폭은 3mm 정도로 하며 chip의 크기에 따라 변화된다.
④ 이는 지그의 제작 공정은 늘어나나 직각면의 단점도 보완할 수 있다.

해설 형상은 재질에 관계없이 45°의 홈으로 제작한다.

07. 치공구에서 잔류오목(Recess)을 주는 이유 중 적합하지 못한 것은?

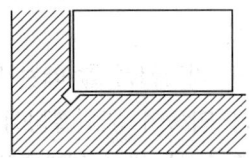

① 먼지나 칩을 위한 공간
② 버어를 위한 공간
③ 클램프를 위한 공간
④ 연삭 작업을 위한 공간

08. 치공구의 위치결정구에 대한 설명으로 틀린 것은?

① 재질은 STC 90을 또는 이와 동등 이상의 것으로 한다.
② 원통 면의 거칠기는 12-S로 한다.
③ 경도는 HRC 40~50 정도로 한다.
④ 핀과 본체는 억지 끼워맞춤으로 한다.

09. 위치결정핀의 열처리 경도로서 적합한 것은?

① 뜨임으로서 HRC 60±2
② 담금질로서 HRC 60±2
③ 뜨임으로서 HRC 40-45
④ 담금질로서 HRC 40-45

해설 탄소 합금강이나 저급공구강을 담금질 및 뜨임 열처리하여 사용하며 로크웰 경도 HRC 40~50 정도(쇼어 경도 Hs 70 정도)이다.

10. 위치결정용 버튼의 머리 높이 H는? (D : 머리부 지름)

① 1/3~1D
② 1~2D
③ 2~2.5D
④ 3~5D

해설
• 평면(민머리)형 머리의 버튼에서 H는 1/3D(5mm 이상)~3/4D(25mm 이하)의 범위로 하고 B=3/4(D-3), L=1/2(D+H)이다.
• 구(둥근 머리)형 머리의 버튼에서 H는 1/3D~1D의 범위로 하며 R=3/2D, B=3/4, dl=3/4D으로 한다.

11. 위치결정구에서 평면 형태의 버튼 높이는 일반적으로 얼마로 하는가?

① 5~25mm
② 10~35mm
③ 15~40mm
④ 20~50mm

정답 06 ① 07 ③ 08 ② 09 ③ 10 ① 11 ①

12. 위치결정 핀에 대한 설명 중 잘못된 것은?
① 지그나 고정구에 몸체에서 Press Fit 되도록 한다.
② 공작물과 위치결정 핀은 서로 Slip Fit 되도록 한다.
③ 2개의 위치결정 핀이 사용될 때 하나는 다이아몬드 핀으로 하며 다이아몬드 핀은 원형핀보다 2mm 정도 크게 한다.
④ 위치결정 핀은 탄소강으로 제작되며, 특별히 열처리할 필요가 있다.

해설 일반적으로 다이아몬드 핀은 원형 핀보다 2mm 정도 낮게 사용한다.

13. 다음 중 억지 끼워맞춤이 아닌 것은?
① 고정 부시와 지그 플레이트
② 본체와 지그 다리
③ 원형 위치결정 핀과 공작물 내경
④ 본체와 위치결정 핀

해설 공작물 내경의 위치결정기구는 재밍 현상 방지를 위한 틈새와 마모 여유를 고려해야 한다.

14. 칩 처리가 곤란한 위치결정을 연마할 때 곤란한 재질은?
① 주철   ② 회주철
③ 단조강 ④ 경강

15. 기계가공 중에 생기는 칩의 영향을 피하기 위한 위치결정법이 아닌 것은?
① 표면 위치결정 시에는 로케이터 표면에 잔류오목을 설치한다.
② 핀 로케이터는 측면에 여유 홈을 설치한다.
③ 공작물과 로케이터 사이의 잔류오목을 없애 칩이 들어가지 못하도록 한다.
④ 직교하는 위치결정 모서리에 핀 로케이터를 설치한다.

해설 공작물과 로케이터 사이의 잔류오목을 설치하여 칩이 들어가도록 한다.

16. 거친 공작물의 위치결정에 대한 설명 중 올바르지 못한 것은?
① 표면이 거칠 때는 평탄한 블록에 의한 위치결정보다는 버튼이 더 좋다.
② 가능하면 고정구 내에 위치결정 확인용 관측 구멍을 파놓고 위치결정이나 칩 제거에 도움이 되도록 윤관판을 마련한다.
③ 위치결정점은 가능한 한 넓게 띄워 배치한다.
④ 거친 표면상에는 3개의 위치결정점을 사용한다.

해설 거친 표면상에는 4개의 위치결정점을 사용한다.

17. 공작물을 위치결정 할 때는 면이나 선 또는 점에 의하여 위치결정이 이루어진다. 위치결정 핀에 대한 설명으로 틀린 것은?
① 재질은 주로 중탄소 합금강이나 저급공구강을 열처리하여 사용한다.
② 로크웰 경도는(HRC) 40~45 정도이며 쇼어 경도(Hs) 70 정도의 경도를 유지하는 것이 좋다.
③ 핀의 공차는 0.01~0.02mm 정도 크게 가공한다.
④ 핀과 본체의 끼워맞춤은 중간 끼워맞춤이 적당하다.

해설 핀과 본체의 끼워맞춤은 억지 끼워맞춤이 적당하다.

정답 12 ③ 13 ③ 14 ③ 15 ③ 16 ④ 17 ④

18. 기계 가공 중 생기는 칩의 영향을 피하기 위한 위치결정방법 중 거리가 먼 것은?

① 넓은 표면 위치결정 시 칩이나 이물질이 들어가지 않도록 공작물과 로케이터 간격을 없앤다.
② Pin locator와 직교하는 면 사이에 홈을 설치한다.
③ 직교하는 위치결정면 모서리에 칩 도피 홈을 만든다.
④ 위치결정구는 자경성이 적은 고탄소강이나 공구강을 사용한다.

해설 넓은 표면 위치결정 시 칩이나 이물질이 들어가도록 공작물과 로케이터 간격을 유지한다.

19. 지그에서 Nesting Recess를 이용해 위치결정 할 때 Nesting Recess 지름 공차는 어디가 더 정밀한가?

① Base plate
② Top plate
③ 양측 모두 같다.
④ 양측 모두 중요하지 않다.

20. 다음 레스트 버튼(Rest Button)에 대한 설명 중 다른 하나는?

① 공작물 개개의 치수가 상당히 다를 경우에 주로 사용한다.
② 주로 공구강을 사용한다.
③ 머리부는 특히 경계해야 하며, 자루부는 인성이 풍부해야 한다.
④ 이것을 사용하면 치공구 내의 기계 가공을 줄일 수 있고 칩으로 인한 부정확한 위치결정을 방지할 수 있다.

해설 공작물의 받침대로 사용되는 것을 레스트 버튼이라 하며 평형은 정밀하게 가공된 제품에 사용된다.

21. 부수적인 지지구가 정적인 위치결정 시스템과 조화가 이루어지지 않으면 발생하는 문제점이 아닌 것은?

① 공작물과 접촉이 되지 않아 지지구가 불필요하게 된다.
② 위치결정구 상에서 공작물이 들뜨게 되어 오히려 지지구가 위치결정구 역할을 하게 된다.
③ 공작물에 큰 힘이 작용할 때 공작물에 변위가 발생하여 위치결정구가 큰 힘을 받게 된다.
④ 공작물에 가하여지는 힘을 고려하여 지지구가 불필요하게 된다.

22. 조절위치결정구 사용 목적으로 틀린 것은?

① 기준공차 또는 이미 규정된 공차를 초과한 소재를 위치결정 할 때 사용된다.
② 마모나 부주의에 의한 고정구의 치수 변화를 위해 조절할 때 사용된다.
③ 하나의 고정구로써 하나의 크기가 아닌 여러 크기의 공작물을 위치결정 할 때 사용된다.
④ 기계가공된 면에 공작물을 위치결정 할 때 사용된다.

해설 기계가공된 면에 공작물을 위치결정 할 때는 고정위치결정구를 사용한다.

23. 평형 장치의 사용 목적이 아닌 것은?

① 거친 표면에도 사용할 수 있다.
② 다수의 공작물을 고정하는 데 사용된다.
③ 한 표면의 집중적 하중을 가한다.
④ 균일한 힘의 분배를 시켜준다.

정답 18 ① 19 ② 20 ① 21 ④ 22 ④ 23 ③

해설 평형 장치(Equalizer)의 사용 목적
- 과도하게 집중하는 클램핑(고정) 압력을 가공부품의 표면에 균일하게 작용하도록 한다.
- 위치결정구에 클램핑 압력을 수직으로 작용시킨다.
- 거친 표면을 가진 공작물을 클램핑 한다.
- 높이가 다른 한 공작물의 표면을 고정하기 위하여 이용한다.
- 수직, 수평 표면을 동시에 클램핑 할 때 이용한다.
- 변형되기 쉬운 얇은 판, 탄성 공작물의 변형 방지를 위하여 체결력을 표면 전체에 확산시킬 목적으로 이용한다.
- 가공부품의 중심을 잡아 고정하기 위해서다.
- 여러 공작물을 동시에 클램핑 할 목적으로 이용된다.

24. 한 공작물이 일직선상에서 적어도 2개의 반대 방향 운동이 억제되는 경우, 둘 또는 그 이상의 표면 사이에서 억제되어 위치결정 되는 방법은 무엇이라 하는가?
① 이젝터
② 재밍
③ 방오법
④ 네스팅

25. 네스팅 방법에 따라 위치결정 할 때 적합한 재료는?
① 엄격한 공차로 관리된 공작물
② 주물품
③ 주조품
④ 단조품

해설 네스팅에 의한 위치결정은 항상 어느 정도의 변위가 따르게 된다. 그러므로 불규칙한 형상의 공작물은 윤곽이 정확하게 가공되어 있을 때 사용한다. 특히 주물이나 단조품은 네스팅이 불리하며 금형에 의해 일정하게 만들어지거나 엄격한 공차로 기계가공된 공작물에 적합하다.

26. 핑거 클리어런스(finger clearance)란?
① 손가락과 칩의 간섭 방지를 위한 여유를 말한다.
② 판형의 공작물 장탈을 위한 공간
③ 칩 배출을 위한 공간
④ 절삭유를 위한 공간

27. 네스팅 시 공작물의 위치결정을 위해 파놓은 홈에 공작물이 꼭 끼어드는 현상은?
① 재밍(Jamming)
② 잼 프리 현상(jam free)
③ 퀜스트로 덕션
④ 데이텀

28. 재밍 현상에 관해 잘못된 것은?
① 틈새가 크면 재밍이 없다.
② 틈새가 작으면 재밍이 크다.
③ 구상 위치결정구를 사용하면 재밍을 방지할 수 있다.
④ 재밍은 틈새의 양에 의하므로 마찰과는 관계없다.

해설 재밍의 주요 원인은 마찰 때문에 발생하며 틈새, 끼워지는 맞물림 길이, 작업자의 손 흔들림도 원인이 된다.

29. 재밍(Jamming)의 원인이 아닌 것은?
① 틈새의 크기
② 맞물림 길이
③ 작업자의 손의 흔들림
④ 모따기

30. 재밍 현상의 설명으로 맞는 것은?

① 부품의 구성 속에 플러그를 삽입할 때 흔들리는 현상
② 부품의 구성 속에 플러그를 삽입할 때 회전하는 현상
③ 부품의 구성 속에 플러그를 삽입할 때 턱에 걸려 잘 들어가지 않는 현상
④ 부품의 구성 속에 플러그를 삽입할 때 미끄러지는 현상

31. 다이아몬드 핀의 사용 설명과 관계가 없는 것은?

① 다이아몬드 핀은 구멍에 헐거운 끼워맞춤으로 설치된다.
② 다이아몬드 핀의 2개를 수직으로 엇갈려 설치하여 사용하는 때도 있다.
③ 다이아몬드 핀은 양쪽 방향으로 정확히 위치결정 할 수 있다.
④ 원하는 위치에 쉽게 위치결정이 되도록 한쪽은 길게 하여 사용하는 경우가 많다.

해설 다이아몬드 핀은 한쪽 방향으로 정확히 위치결정을 할 수 있다.

32. 다음 그림은 재밍(Jamming)방지를 위한 원형 위치결정구(Circular locator)이다. L_1을 구하는 식은?

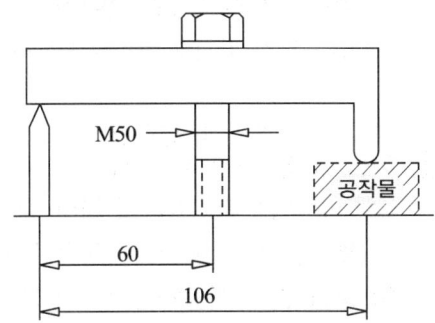

① $0.02D$
② $0.12D$
③ $1.7\sqrt{D}$
④ $0.97D$

해설
$L_1 = 0.02D$
$L_2 = 0.12D$
$L_3 = 1.7\sqrt{D}$ (L_3와 D는 mm 단위)
$L_4 = 1/3\sqrt{D}$ (L_3와 D는 inch 단위)
$d = 0.97D$

33. 2개의 구멍이 있는 공작물의 위치를 결정하고 V홈을 가공할 때 위치결정구로 알맞는 것은?

① V 패드와 다웰핀
② 다이아몬드 핀과 패드
③ 다이아몬드 핀과 다웰핀
④ 마멸용 패드와 다웰핀

34. 도면에서 홈 가공 시 위치결정구로 적당한 것은?

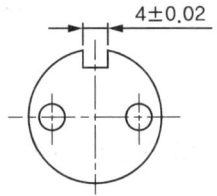

① V-BLOCK
② 다이아몬드와 원형핀
③ 조절위치결정구
④ 네스팅

35. 2개의 구멍이 뚫린 공작물을 2개의 핀으로 위치결정 하려 할 때 잘못된 것은?

① 핀 길이를 같게 하고, 하나는 둥글게 한다.
② 핀 길이를 다르게 한다.
③ 핀 중 하나는 다이아몬드형으로 한다.
④ 핀을 둘 다 다이아몬드형으로 해도 된다.

정답 30 ③ 31 ③ 32 ① 33 ③ 34 ② 35 ①

해설 핀의 윗면에 모서리 모따기를 하여 연속적으로 끼워질 수 있도록 한쪽 핀을 길게 하여 이것에 먼저 끼워지면서 이것의 안내 역할로 짧은 핀에도 쉽게 끼울 수 있다. 만약 2개의 핀 길이를 같게 하면, 공작물은 동시에 2개의 핀에 맞추어야 하므로 작업이 어렵게 된다.

36. 다이아몬드 핀 사용 설명과 관계가 없는 것은?

① X·Y·Z 방향의 치수 제한
② 공작물의 용이한 장착을 위해
③ 평행 핀보다 2~3mm 크게 함
④ 공구강의 재질 사용

37. 센트럴라이저(Centralizer)가 아닌 것은?

① v-Block   ② Collet
③ 위형 링크   ④ Cam

38. 중심 위치결정법이 아닌 것은?

① 맨드럴   ② 연동척
③ V블록   ④ 단동척

39. 그림에서 원호의 폭인 T를 구하는 식으로 맞는 것은?

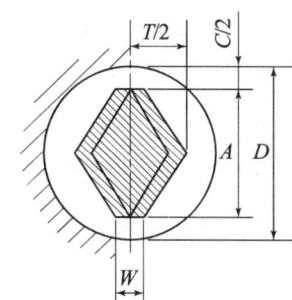

① $\sqrt{2CD}$ ② $\sqrt{3CD}$
③ $\sqrt{4CD}$ ④ $\sqrt{6CD}$

해설 $\left(\dfrac{T}{2}\right)^2 = \dfrac{C}{2}\left(D - \dfrac{C}{2}\right) = \dfrac{CD}{2} - \dfrac{C^2}{4} = \dfrac{CD}{2}$

∴ $T = \sqrt{2CD}$ 가 된다.

40. 공작물의 위치결정을 설명한 것으로 틀린 것은?

① 2개의 핀에 의한 공작물 locating 시 한쪽은 다이아몬드형상의 Pin으로 한다.
② 평면 locating은 평면보다 Button에 의한 방법이 좋다.
③ 주조품과 같이 형상이 균일하지 않은 공작물에는 조절 위치결정법을 이용하면 좋다.
④ 동일 평면상은 locator를 될 수 있는 대로 가까이 놓는 것이 바람직하다.

해설 동일 평면상은 locator를 될 수 있는 대로 멀리 놓는 것이 바람직하다.

41. 다음 그림에서 다이아몬드 핀을 사용한 이유는?

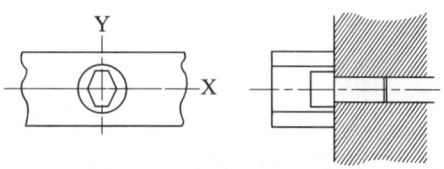

① X 방향의 치수 변화를 보완하기 위해
② Y 방향의 치수 변화를 보완하기 위해
③ 구멍 자체의 틈새를 줄여주기 위해
④ X, Y 방향의 치수 변화를 보완하기 위해

42. 이중 원통 위치결정구(Dual Cylinder Locating)는 거리공차에 따라 각도 오차가 변화한다. 각도 오차 "θ"는? (단, 구멍 중심 간 거리공차는 $L \pm T$이다.)

① $\theta = \dfrac{L}{2T}$ [rad]   ② $\theta = \dfrac{L}{2T}$ [°]

③ $\theta = \dfrac{2T}{L}$ [rad]   ④ $\theta = \dfrac{2T}{L}$ [°]

43. 이중중심 위치결정구(double centralzer)가 아닌 것은?
① 기계 바이스
② 스크루 척(scroll chuck)
③ 2-조(jaw) 척
④ 드릴 척

해설 이중중심 위치결정구는 3조(jaw) 척, 자동조심형 척, 콜릿 척, 2조(jaw) 척, 드릴 척 등이다. 바이스는 1중심결정기구다.

44. 중심 위치결정구(Centralizer)의 이점이 아닌 것은?
① 정확한 위치결정
② 공작물의 제조원가절감
③ 기계가공 여유 균등 분배
④ 절삭깊이 모든 면에 일정

45. 다음 중심선 관리방법 중 단일중심선 관리방법인 것은?

① 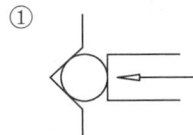   ②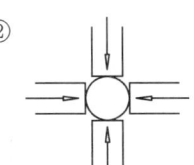

③ 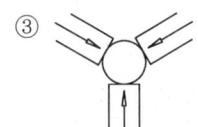   ④

46. 연동척, 콜릿척의 위치결정은?
① 1위치결정   ② 1중심 결정
③ 2위치결정   ④ 2중심 결정

47. 치공구를 이용하여 절삭 시 공작물 회전 방지를 위한 장치는?
① Equalizer 장치   ② Centerizer 장치
③ Blucking 장치   ④ Pump jig

48. 한 번에 두 표면을 적용하여 거의 항상 두 표면 사이 중심 평면을 1회에 위치결정 할 수 있는 위치결정구는?
① 풀푸루핑   ② 센트럴라이저
③ 이퀄라이저   ④ 이젝터

49. V블럭을 이용한 공작물의 중심 결정방법에 대한 설명 중 잘못된 것은?
① 60° V-Block은 공작물의 수직 중심선이 쉽게 위치결정이 된다.
② 사잇각은 90°±10′ 이하이고 직진도 오차는 ±0.05mm/m 이하이다.
③ 120° V-Block은 공작물을 고정시키는 힘이 적게 든다.
④ 120° V-Block은 공작물의 수직 중심선을 위치결정 하기가 약간 곤란하다.

해설
• 60° V블록
① 공작물의 수직 중심선이 쉽게 위치결정 된다.
② 공작물의 수평 중심선의 위치가 가장 크게 변한다.
③ 위치결정점 간격이 넓어 기하학적 관리가 가장 양호하다.
④ 위치결정구에 대해 공작물을 고정시키는 데 필요한 고정력이 적게 든다.

- 120° V블록
  ① 공작물의 수직 중심선을 위치결정 하기가 약간 곤란하다.
  ② 공작물의 수평 중심선의 위치가 최소로 변한다.
  ③ 위치결정점의 위치가 가까워 기하학적 관리가 좋지 못하다.
  ④ 가까운 위치결정구상에 공작물을 고정시키기 위해서 더 큰 고정력이 요구된다.

50. V블록에 공작물을 위치결정 할 때 중심선의 위치 오차는 얼마인가?
① 0.104   ② 0.208
③ 0.608   ④ 0.707

51. 90° V-block에 $\phi 50 \pm 0.2$mm의 봉재를 위치시킬 때 봉재의 중심선 변화량은?
① 0.10   ② 0.14
③ 0.17   ④ 0.28

해설 공차값 $0.4 \times 0.707 = 0.28$

52. V-block 가공 시 V홈 중앙에 원형 또는 반원형 리세스(Recess)를 주는 이유로 타당하지 못한 것은?
① 연삭 작업 용이성 위해
② 응력 집중을 방지하기 위해
③ 가공, 측정의 기준
④ 칩 도피를 위해

53. V-block의 호칭 치수는?
① block의 최대폭
② V홈의 각도
③ block의 최대 높이
④ 사용 가능한 원통의 최대치수

54. V-Block에 98N의 환봉을 얹어 놓을 때 V-Block 양 빗면에 몇 N의 힘을 받겠는가?

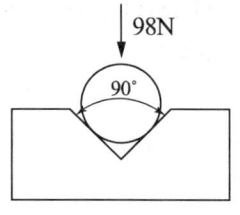

① 26   ② 43
③ 69   ④ 82

해설 $98 \times \cos 45 = 69.3$N

55. 다음 중 방오법에 대하여 틀리게 설명한 것은?
① 공작물 구멍에 원형 축을 끼울 때 턱에 걸려 들어가지 않는 현상을 말한다.
② 완전대칭인 부품에는 사용할 필요가 없다.
③ 적어도 하나 또는 그 이상의 불규칙 현상일 때 사용한다.
④ 비대칭 부품을 올바른 위치에 신속하게 장착할 때 사용한다.

56. Fool Proofing(방오법)에 대한 설명 중 잘못된 것은?
① 단순한 수단이므로 단가가 매우 적게 들도록 설계되어야 한다.
② 비대칭 부품의 장착 시 올바른 위치에 신속, 정확히 장착시킬 수 있도록 해주는 보조장치이다.
③ 부품의 방향성이 중요하므로 오목, 볼목 면을 가진 부품엔 부적당하다.
④ 완전 대칭인 부품은 Fool Proofing이 불필요하다.

해설 방오법은 요철(凹凸)을 만들어서 방오의 역할을 한다.

정답 50 ④ 51 ④ 52 ③ 53 ④ 54 ③ 55 ① 56 ③

57. Fool-Proofing(방오법)에 대한 설명이 맞지 않는 것은?

① 가공품의 취부 위치를 틀리지 않도록 하는 방법이다.
② 방오핀은 가공품을 위치결정 하는 역할과 함께 오차를 방지한다.
③ 방오법은 핀만을 사용한다.
④ 방오법은 공작물이 비대칭일 때 주로 사용한다.

58. 치공구설계에서 분할(indexing)에 대한 설명으로 틀린 것은?

① 분할 부분에 마찰로 마모가 발생하면 보정이나 교환이 가능한 구조이어야 한다.
② 끄덕임은 양쪽으로 있게 하고 흔들림은 항상 한 방향에서 발생하도록 한다.
③ 분할부는 칩이나 먼지 등에 의한 분할 오차가 발생하지 않도록 설계 보호되어야 한다.
④ 공작물을 일정한 간격으로 등분하고자 할 때 활용되며, 공작물의 형태에 따라 크게 직선 분할, 각도 분할 2가지가 있다.

해설 끄덕임은 한쪽으로만 있게 하고 흔들림은 항상 한 방향에서 발생하도록 한다.

59. 다음은 이젝터(Ejector)에 대한 설명으로 틀린 것은?

① 고정구로부터 쉽게 장탈하기 위한 장치이다.
② 핀과 스프링으로 구성되었다.
③ 무거운 공작물에 적합하다.
④ 캠이나 쐐기 형태로도 사용한다.

해설 이젝터(ejector)를 사용할 경우 작업능률의 향상과 원가절감, 생산시간 단축, 치공구의 중량 감소, 안전사고 예방 등의 이점이 있다.

60. 이젝터 사용 이점이 아닌 것은?

① 부품 제거 용이
② 시간 절약
③ 제작비 감소
④ 고정구 크기 축소

해설 이젝터를 사용하면 제작비가 증가된다.

61. 구멍간 치수가 $40^{+0.2}_{0}$의 경우 조립되는 핀 사이의 치수는? (단, 제품 공차의 20% 적용)

① $40^{+0.03}_{+0.01}$
② $40^{+0.1}_{+0.05}$
③ 40 ± 0.02
④ $40^{+0.12}_{+0.08}$

해설 $40^{+0.2}_{0} \Rightarrow 40.1 \pm 0.1$ (20% 적용하면)
$40.1 \pm 0.1 \times 0.2 = 40.1 \pm 0.02 = 40^{+0.12}_{+0.08}$

62. $\varnothing 12^{+0.05}_{-0}$ 구멍에 적합한 위치결정핀의 치수는?

① $\varnothing 12^{+0}_{-0.06}$
② $\varnothing 12^{+0}_{-0.005}$
③ $\varnothing 11.955^{+0}_{-0.007}$
④ $\varnothing 11.99^{+0}_{-0.015}$

해설 최소 치수 12를 기준으로 -0.01에서 -0.02를 적용한다.

정답 57 ③ 58 ② 59 ③ 60 ③ 61 ④ 62 ④

Part 2. 기계요소 설계

63. 구멍직경이 $\frac{50.02}{50.00}$ DIA일 때 Locating Pin DIA "X"는?

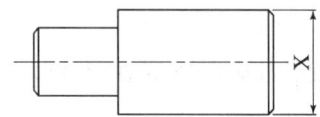

① $50.02^{+0.01}_{+0.02}$ ② $50.02^{-0.01}_{-0.02}$
③ $50.00^{+0.01}_{+0.02}$ ④ $5.00^{-0.01}_{-0.02}$

[해설] 최소 치수 50을 기준으로 -0.01에서 -0.02를 적용한다.

64. 그림과 같은 공작물에 구멍을 가공하고자 한다. 위치결정구로부터 중심선까지의 위치 공차는 얼마로 하는 것이 적당한가?

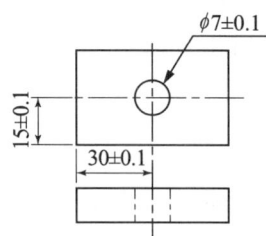

① ±0.005 ② ±0.01
③ ±0.02   ④ ±0.10

[해설] 공차 ±0.1×20% 적용하면 ±0.02이다.

65. 제품의 구멍 중심 거리가 $20^{+0.1}_{0}$일 때 로케이터 핀 간의 거리는?

① $20^{0}_{+0.1}$ ② $20^{0}_{+0.02}$
③ $20±0.01$ ④ $20^{+0.04}_{+0.06}$

[해설] 양측 공차로 변환
- 먼저 공차를 더한다. 0.1
- 공차를 2로 나눈다. 0.1/2=0.05
- 한 값에서 2로 나눈 공차를 더한다. 20+0.05=20.05
- 결과적으로 20.05±0.05 여기 공차에 20% 적용하면 $20^{+0.04}_{+0.06}$ 값이 된다.

66. 제품공차가 50±0.02인 경우 치공구의 공차는?

① 50±0.002 ② 50±0.002
③ 50±0.01   ④ 50±0.001

[해설] 치공구에서 공차는 제품공차에 20~50% 적용, 게이지에서는 10~20% 적용한다.

04 공작물 클램프

01. 클램프에 대한 설명 중 틀린 것은?
① 절삭력은 클램프가 위치한 방향으로 작용하도록 한다.
② 클램핑력에 의해 공작물 변형이 생기지 말아야 한다.
③ 공작물의 절삭 위치에 가급적 근접시킨다.
④ 절삭 추력을 흡수할수록 유리하다.

[해설] 클램핑력은 절삭력의 반대 방향에서 작용하도록 한다.

02. 다음은 치공구에 사용되는 클램프의 기본 요구 조건과 거리가 먼 것은?
① 절삭시 공작물을 견고히 고정해야 한다.
② 진동, 흔들림에 충분히 견딜 수 있어야 한다.
③ 가격이 저렴하고 내마모성이 큰 재료이여야만 한다.
④ 클램프는 공작물에 손상을 끼치지 말아야 한다.

[해설] 내마모성이 적어야 한다.

03. 클램핑 장치에 칩이 붙을 때는 클램핑력이 불안전하게 된다. 그 대책으로 잘못 설명된 것은?

① 위치결정면 부분을 넓은 면적으로 한다.
② 클램핑 면은 수직면으로 한다.
③ 볼트스프링, 록 와셔 등을 이용하여 항상 밀착하게 한다.
④ 칩의 비산 방향에 클램프를 설치하지 않는다.

[해설] 위치결정면 부분을 좁은 면적으로 한다.

04. 공작물 고정시 한 손으로 가할 수 있는 클램핑력은 대략 얼마인가?

① 5~10kg ② 15~22kg
③ 25~30kg ④ 30~50kg

[해설] 한 손으로 가할 수 있는 클램핑력
: 147N~216N

05. 절삭공구의 주 절삭력을 받는 데는 사용할 수 없고 단지 공작물의 변형이나 비틀림 등을 방지하기 위해 주로 사용되는 것은?

① 스톱버튼 ② 패드
③ 잭 핀 ④ 구면와셔

[해설] 스트랩 클램프의 보조 지지대로 조정할 수 있도록 사용하는 것이 잭핀이다.

06. 지그와 고정구에 쓰이는 자동 체결장치의 장점으로 적합하지 못한 것은?

① 조작이 간단하다.
② 체결압력이 일정하게 유지된다.
③ 기계, 기구와 조합하여 자동 사이클 조작이 가능하다.
④ 체결 완료 후 확인 장치가 필요치 않다.

07. 지그에서 공작물 클램핑 방법과 거리가 먼 것은?

① 링크에 의한 방법
② 쐐기에 의한 방법
③ 전자석에 의한 방법
④ 손에 의한 방법

08. 절삭력에 견딜 수 있도록 로딩·언로딩 작업을 간단히 할 수 있게 설계되어야 하는 것은?

① 체결기구(클램프) ② 고정구(Fixture)
③ 부시(Bush) ④ 핀(Pin)

09. 다음 중 나사를 사용하지 않는 클램프는?

① 슬라이딩 클램프 ② 스윙 클램프
③ 토글 클램프 ④ 힌지 클램프

10. 다음 도면에서 ③ Spring의 역할은?

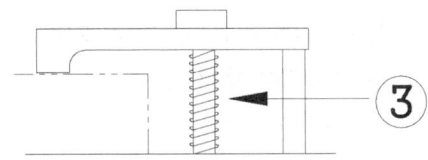

① Nut의 풀림방지
② 일감의 설치와 분리를 쉽게 하려고 사용
③ 공작물에 적절한 압력을 주기 위해 사용
④ 지지 나사에 압력을 주기 위해 사용

11. 클램프 중 마찰력을 이용하지 않는 클램프는?

① Screw ② Strap
③ Wedge ④ Cam

정답 03 ① 04 ② 05 ③ 06 ④ 07 ④ 08 ① 09 ③ 10 ② 11 ②

12. 클램프 면이 넓고 고정력이 작업력보다 큰 것은?
① 토글 클램프 ② strap
③ spring ④ wedge

13. 공작물의 수량이 적고 가장 값싸게 적용될 수 있는 고정구 요소로서 클램프 형식은?
① 나사식 ② 캠식
③ 토글식 ④ 공기압식

14. 나사 클램프(Screw 클램프)의 설명 중 틀린 것은?
① 일반적으로 가장 많이 사용한다.
② 적절한 체결력이 발생한다.
③ 진동에 의한 영향이 적다.
④ 체결 동작이 느리다.

> **해설** 나사 클램프는 진동에 약하므로 풀리지 않도록 가는 나사로 설계하는 것이 좋다.

15. 설계가 간단하고 제작비가 저렴하나 작업 속도가 느린 클램프는?
① 스트랩 클램프
② 나사 클램프
③ 캠 클램프
④ 쐐기 클램프

16. 나사 클램프의 약점인 작업 속도를 개선한 클램프는?
① Jack screw
② Plungers
③ Quick acting knob
④ Wedge

17. 클램프 요소 중 이물질에 의한 나사에 피해를 줄일 목적으로 사용되는 것은?
① 콘나사(Acorn Nut)
② 잭핀(Jack Pin)
③ 육각너트
④ 와셔(Washer)

18. 너비나사(thumb Screw)의 기능과 같은 것은?
① Jack screw
② Round screw
③ Quart-turn screw
④ Socket-head screw

19. 90° 회전으로 클램프 시킬 수 있는 장치는?
① Jack screw
② Round screw
③ Quart-turn screw
④ Socket-head screw

20. 다음 클램프 요소 중 클램프 시간이 가장 짧은 것은?
① 육각 홈 붙이 볼트
② 육각머리 볼트
③ C-와셔
④ 나사 잭

21. 고정력이 490N이고 M12 볼트를 사용할 때 볼트를 돌리기 위한 토크는 얼마인가? (단, 마찰계수 $\mu = 0.15$이다.)
① 1,179N/mm ② 2,179N/mm
③ 3,179N/mm ④ 4,179N/mm

정답 12 ② 13 ① 14 ③ 15 ② 16 ③ 17 ① 18 ③ 19 ③ 20 ③ 21 ①

해설 $T = 0.2D \times P = 0.2 \times 12 \times 490 = 1,179 \text{N/mm}$

22. 나사 클램핑 장치에서 볼트 지름이 24mm인 사각나사에서 $P=5\text{mm}$, 유효지름(d_2)이 22mm, 마찰계수 $\mu=0.1$로 하여 나사의 효율은 얼마인가?

① 32%   ② 42%
③ 52%   ④ 62%

해설 $\tan a = \dfrac{P}{\pi d_2} = \dfrac{5}{\pi \times 22} = 0.0723$

$a \fallingdotseq 4.14 \tan\rho = \mu = 0.1$

∴ $\rho \fallingdotseq 5.71$

$\eta = \dfrac{\tan a}{\tan(a+\rho)} = \dfrac{\tan 4.14}{\tan(4.14+5.71)} = 41.7\%$

23. 그림에서 나사클램프를 사용하여 클램프력 $P=98\text{N}$ 나사의 호칭 직경 $D=15\text{m/m}$라 할 때 회전력 T는 얼마인가? (단, $\mu=0.15$이다.)

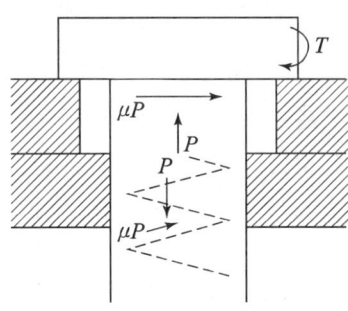

① 94N/mm
② 194N/mm
③ 294N/mm
④ 1,294N/mm

해설 $T = 0.2D \times P = 0.2 \times 15 \times 98 = 294\text{N/mm}$

24. 그림에서 스트랩 클램프 두께 t는 얼마인가?

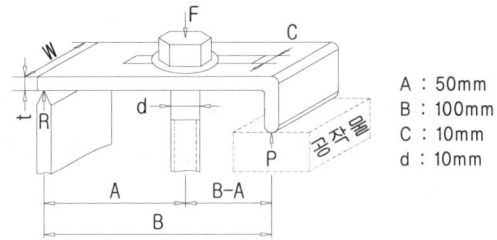

A : 50mm
B : 100mm
C : 10mm
d : 10mm

① 6.5mm   ② 12mm
③ 15mm   ④ 20mm

해설 $t = \sqrt{0.85dA\left(1-\dfrac{A}{B}\right)}$

$= \sqrt{0.85 \times 10 \times 10 \times \left(1-\dfrac{50}{100}\right)} = 6.5\text{mm}$

참고로 스트랩 클램프 폭을 구하는 공식은 $2.3d+1.5$이다.

25. 그림은 여러 개의 클램핑 장치이며, 각 공작물을 F의 등분 클램프력으로 고정시키는 것을 나타낸 것이다. 클램프 핸들(F)에 가하는 힘은 얼마인가?

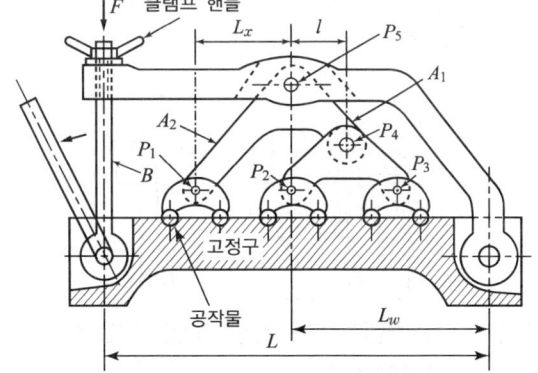

① $F = \dfrac{L_w \times 6f}{L}$ ② $F = \dfrac{L_w \times 6F}{L}$

③ $F = \dfrac{L_w \times 4f}{L}$ ④ $F = \dfrac{L_w \times 4F}{L}$

해설 $L_x \times 2f = L \times 4f, \ L_w \times 6f = L \times F$
$$F = \frac{L_w \times 6f}{L}$$

26. 그림에서 공작물은 힘 $F_1 = 69\text{N}$으로서 밀링머신 테이블 상에 고정될 때 클램핑 볼트에서 작용하는 힘 $F_2(\text{N})$는 얼마인가?

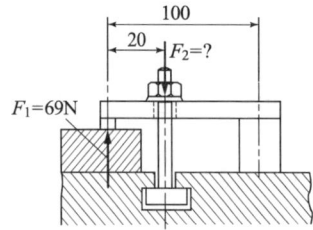

① 14N ② 17N
③ 46N ④ 86N

해설 $F_2 \times 80 = F_1 \times 100$
$$F_2 = \frac{100}{80} \times 69 = 86.3 \text{N}$$

27. 그림에서 클램핑 장치의 힘 P는 얼마인가? (단, $l_1 = 25\text{mm}, \ l_2 = 70\text{mm}, \ Q = 392\text{N}$)

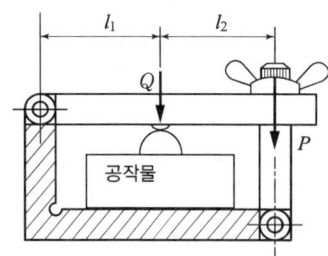

① 78N ② 83N
③ 98N ④ 103N

해설 $Q \times l_1 = P(l_1 + l_2)$
$$P = \frac{Q \times l_1}{l_1 + l_2} = \frac{392 \times 25}{25 + 70} = 103 \text{N}$$

28. 그림에서 클램핑력 $P = 196\text{N}$이고 $L_1 = 40\text{mm}, \ L_2 = 40\text{mm}$ 이때 발생하는 힘 Q는 얼마인가?

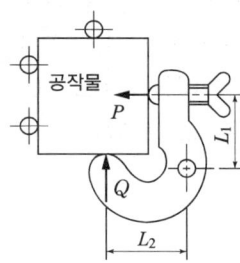

① 50N ② 100N
③ 150N ④ 196N

해설 $Q = \dfrac{L_2}{L_1} \times P = \dfrac{40}{40} \times 196 = 196 \text{N}$

29. 그림과 같이 클램프를 설계할 때 고정력 P는 얼마인가? (단, $F = 196\text{N}$)

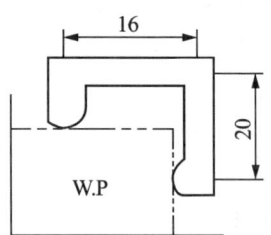

① 105N ② 205N
③ 245N ④ 355N

해설 $P = \dfrac{L_2}{L_1} \times F = \dfrac{20}{16} \times 196 = 245 \text{N}$

30. 평형 클램프(Equalizer)를 사용할 수 없는 경우는?

① 여러 개의 공작물을 고정시키고자 할 때
② 한곳에 클램핑 force를 집중시킬 때
③ 공작물 표면이 불규칙할 경우
④ 공작물 변형이 쉬울 때

31. 다음과 같은 조건이 주어졌을 때 Q_1점에 작용하는 힘은 얼마인가? (단, $P=1,373N$)

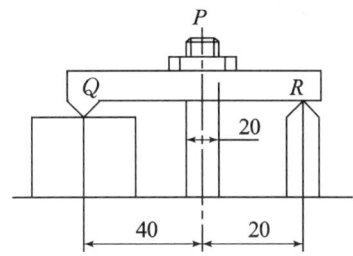

① 458N ② 566N
③ 666N ④ 766N

해설 $Q = \dfrac{20}{60} \times 1,373 = 458 N$

32. 다음 그림과 같은 스트랩 클램프에서 106 mm의 길이인 렌치로 볼트를 조일 때 렌치 끝에는 49N의 힘이 걸릴 때 볼트에 걸리는 하중은?

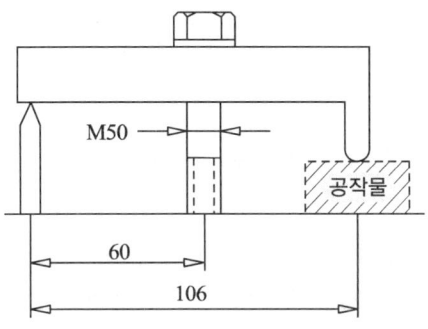

① 312N ② 420N
③ 519N ④ 620N

해설 $F = 5 \times \dfrac{T}{d}$

$T = 49 N \times 106 mm$

$F = 5 \times 49 \times \dfrac{106}{50} = 519.4 N$

33. 그림과 같은 스트랩 클램프에서 $F=491$ N/mm^2 하중을 작용할 때 모멘트 M은? (단, $F=392N$이다.)

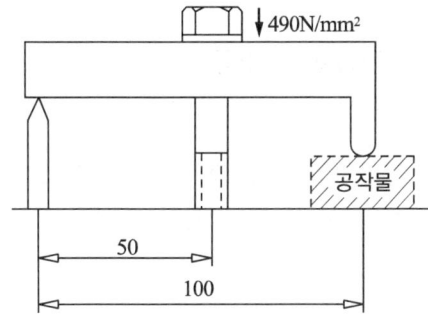

① $78,050 N/mm^2$ ② $89,500 N/mm^2$
③ $96,040 N/mm^2$ ④ $98,500 N/mm^2$

해설 $M = \dfrac{491 \times 392 \times (100-50)}{100} = 96,040 N//mm^2$

34. 다음 그림에서 Q_2를 구하는 공식은?

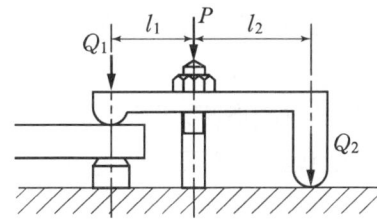

① $Q_2 = \dfrac{P l_2}{l_1 + l_2}$ ② $Q_2 = \dfrac{P l_1}{l_1 + l_2}$

③ $Q_2 = \dfrac{l_2 + l_1}{P l_1}$ ④ $Q_2 = \dfrac{l_1 + l_2}{P l_1}$

35. 주물, 단조품과 같은 불규칙한 형상을 갖는 제품의 고정에 가장 적합한 클램핑 방법은?

① Cam 클램프   ② Toggle 클램프
③ Equalizers   ④ Screw 클램프

정답 31 ① 32 ③ 33 ③ 34 ① 35 ③

Part 2. 기계요소 설계

36. 링크기구를 이용한 클램프는?

① Strap 클램프
② Slide 클램프
③ Hinge 클램프
④ Toggle 클램프

37. 편심축이나 원통형 표면의 홈 부에 캠을 끼워 신속하고 정확한 고정을 위한 클램프는?

① 편심 캠(Eccentric Cam)
② 스파이럴 캠(Spiral Cam)
③ 쐐기(Wedge)
④ 원통형 캠(Cylinderical Cam)

38. 구조가 간단하고 작은 5~20°의 작동으로 큰 고정력을 얻을 수 있으므로 자동화에 많이 이용되는 클램프 방식은?

① 나선형 캠 클램프
② 토글 클램프
③ 스트랩 클램프
④ 편심 판형 클램프

39. 용접공정구나 지그에 가장 많이 사용하는 클램프는?

① 스트랩 클램프
② 나사 클램프
③ 토글 클램프
④ 캠 클램프

40. 불규칙한 표면을 클램프 할 때 주로 사용하며 압력을 균일하게 분포시키기 위해 사용하는 와셔는?

① 평 와셔
② 이붙이 와셔
③ 접시스프링 와셔
④ 구면 와셔

41. 지그에 사용되는 클램프의 일반적인 재질은?

① SM 35C
② STC 3
③ SF 25 – 40
④ SM 9 CK

42. 쐐기(Wedge)에 의한 클램핑 시 일반적인 쐐기의 기울기는?

① 1/5
② 1/10
③ 1/20
④ 1/50

> **해설** 쐐기 각도는 5° 또는 1/10의 경사가 좋다(이론적으로 7°가 가장 좋다).

43. Toggle 클램프의 설명으로 틀린 것은?

① 고정력이 좋다.
② 로딩·언로딩이 용이하다.
③ 쐐기 작용을 이용한 클램프이다.
④ 대형 공작물에도 사용한다.

44. 쐐기 클램프(Wedge 클램프)에서 작용력 Q와 고정력 P와의 관계가 옳은 것은?

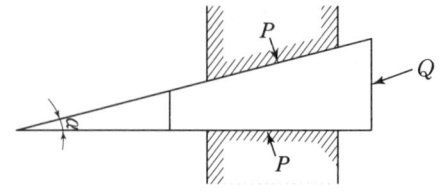

정답 36 ④ 37 ④ 38 ② 39 ③ 40 ④ 41 ① 42 ② 43 ③ 44 ①

① $Q = 2P[\sin(d/2) + \mu\cos(d/2)]$
② $Q = P[\sin(d/2) + \mu\cos(d/2)]$
③ $Q = 2P[-\sin(d/2) + \mu\cos(d/2)]$
④ $Q = P[-\sin(d/2) + \mu\cos(d/2)]$

45. 코일스프링(coil spring)에서 자유장 H를 구하시오. (단, $l = 40$, $P = 4$)

① 50mm ② 60mm
③ 70mm ④ 80mm

해설 $H = \dfrac{l}{P} + l = \dfrac{40}{4} + 40 = 50$

46. 쐐기에 의한 끼워맞춤력 $P = 294\text{N}$, 각도 $\alpha = 12°$일 때 클램핑력 Q는 얼마인가?

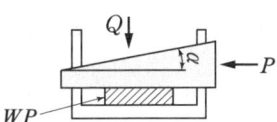

① 1,192N ② 1,293N
③ 1,383N ④ 1,440N

해설 $Q = \dfrac{P}{\tan\alpha} = \dfrac{294}{\tan 12°} = 1,383\text{N}$

47. 구조상 고정력이 가장 크고 "굴요성"과 관계있는 클램프는?

① 토글 ② 스트랩
③ 캠 ④ Wedge

48. 링크를 이용한 클램프는?

① 스트랩 ② 흰지
③ 토글 ④ 캠

49. 클램핑시 공작물 두께에 의한 약간의 차이 때문에 항상 평행이 되지 않는다. 이 같은 차이를 해소하기 위해 사용하고, 클램핑 요소의 올바른 기준면을 부여하며, 나사요소의 불필요한 응력을 감소시켜 주는 치공구 요소는?

① 이퀄라이져
② 로크 너트
③ 슬리브 너트
④ 구면 와셔, 너트

50. 평형 클램프가 필요한 작업은?

① 원통 지름 방향 구멍 뚫기
② 두께가 얇은 관계 구멍 뚫기
③ 직사각형 표면에 홈 밀링
④ 2개 이상의 부품을 동시에 고정

51. 주물, 단조품과 같은 불규칙한 형상을 맞는 제품에 고정하기에 가장 적합한 방법은?

① cam 클램프
② Toggle 클램프
③ Equalizers
④ Screw 클램프

52. 평형 클램프(Equalizer)를 사용할 수 없는 제품은?

① 균일하지 못한 표면
② 큰 클램핑력이 한 점에 작용해야 할 부품
③ 동시에 클램핑이 되어야 할 다수의 부피
④ 변형이 생기기 쉬운 재료

Part 2. 기계요소 설계

53. 편심 캠에서 60°의 회전각으로 4mm의 양정을 발생하는 편심캠의 편심량은 얼마인가?

① 6mm ② 7mm
③ 8mm ④ 9mm

[해설] $E = R/1 - \cos\alpha = 4/1 - \cos 60° = 8\,mm$

54. 나사클램프 설치시 토크가 1176N·mm이고 M14 볼트를 사용할 때 클램핑력은? (단, 마찰계수 0.15)

① 224N ② 420N
③ 520N ④ 620N

[해설] $P = \dfrac{T}{0.2D} = \dfrac{1176}{0.2 \times 14} = 420\,N$

55. 레버와 3개의 피봇(pivot)에 의한 작동으로 클램핑 하는 기구는?

① 토글 클램프
② 스트랩 클램프
③ 편심 캠 클램프
④ 스윙 클램프

56. 수직 밀링에서 강으로 제작된 윤활면의 치공구 상에 주물 제품을 4개의 클램프로 고정하여 가공 시 주축 동력은 4HP, 주축 전동효율은 60%, 절삭속도는 30mm/min 이라 할 때, 클램프 1개당 고정력은 얼마인가? (단, 마찰계수는 $\mu = 0.21$, 안전율은 19.6N으로 한다.)

① 64,390N ② 74,180N
③ 82,320N ④ 93,786N

[해설]
$HP = \dfrac{PV}{75 \times 60 \times 9.8 \times \eta}$

절삭력 $= \dfrac{4.0 \times 0.6 \times 75 \times 60 \times 9.8}{30} = 3,528\,N$

고정력 $= \dfrac{3,528}{0.21} = 16,800\,N$

안전율 감안 $= 16,800 \times 19.6 = 329,280 \div 4$
$= 82,320\,N$

57. 그림은 Toggle 클램프에서 클램핑력 $P[N]$는 얼마인가? (단, $L : 30°$, $l : 20mm$, $T : 196N$, $S : 20mm$)

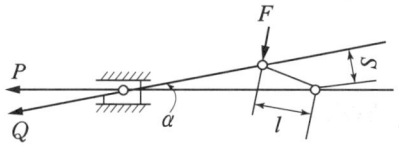

① 240N ② 120N
③ 170N ④ 360N

[해설] $P = \dfrac{F \cdot l \cdot \cos\alpha}{s} = \dfrac{196 \times 20 \times \cos 30°}{20} = 170\,N$

58. 토글 클램프의 특성이 아닌 것은?

① 작은 힘을 사용하여 커다란 힘으로 공작물을 조일 수 있다.
② 공작물의 공차가 작은 경우에 적합하다.
③ 공작물 장탈시 커다란 공간을 얻을 수 있다.
④ 자체의 강도가 약하므로 큰 힘으로 고정하는 데는 부적합하다.

59. 공작물의 고정력은 일반적으로 안전율을 고려하여 몇 배 정도로 하는가?

① 1~1.5 ② 1.5~2
③ 2~3 ④ 관계없다.

60. 그림에서 클램핑력을 구하는 식은 어느 것인가?

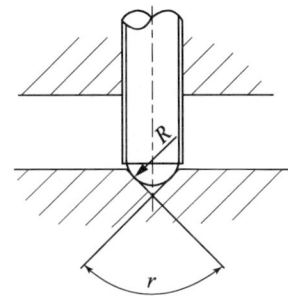

① $P = \dfrac{M}{d_2/2\tan(\alpha+\rho)}$

② $P = \dfrac{M}{d_2/2\tan(\alpha+\rho)+1/3}$

③ $P = \dfrac{M}{d_2/2\tan(\alpha+\rho)+R\mu \cdot \cot r/2}$

④ $P = \dfrac{M}{d_2/2\tan + R\mu \cdot \cot r/2}$

[해설]
① 나사의 봉끝 모양이 모따기인 경우
② 나사의 봉끝 모양이 모따기가 없는 경우
③ 나사의 봉끝 모양이 라운드인 경우

61. 공작물의 제어 공간의 크고 공차가 클 때 사용하지 않는 클램프는?
① Strap 클램프   ② Screw 클램프
③ wedge 클램프   ④ Toggle 클램프

62. 캠의 작용면을 구성하는 곡선은 무엇인가?
① 기초 곡선   ② 윤곽 곡선
③ 피치 곡선   ④ 기준 곡선

정답 60 ③ 61 ③ 62 ②

3 치공구요소 설계

1. 고정구(Fixture) 설계

1) 밀링 고정구의 개요

① 밀링머신은 공구를 회전시켜 테이블 위에 고정된 공작물을 이송시켜 가면서 커터에 의해 절삭되는 공작기계이다.
② 밀링 고정구를 설계할 때 주의할 사항은 밀링작업은 다른 공작기계를 이용해서 행하는 작업에 비하여 가공 중 떨림을 일으키기 쉽고, 고정구의 가공이 어렵게 되므로 공작물의 정확한 위치결정과 확실한 클램핑이 요구된다.
③ 공작물의 클램핑 기구는 밀링 고정구로서 중요한 기구이다.
④ 일반적인 공작물의 클램핑에는 바이스를 많이 사용하나, 이 밀링 바이스는 조작이 간단하고 응용 능력이 넓어 제일 적당하지만, 형상이 복잡하고 대형일 경우에는 클램핑 기구를 설계하지 않으면 안 된다.
⑤ 바이스의 가압 방식에는 수동 가압식, 공기압식, 기계유압식, 공기유압식 등이 있다.
⑥ 밀링작업에서는 공작물에 적합한 고정구를 사용함으로써 동시에 여러 개의 공작물을 가공할 수 있어 경제적인 생산이 가능하다.
⑦ 고정구의 설계에 있어서 사용하는 밀링머신의 내용에 대하여 충분한 지식(작업 면적, 테이블의 크기, T홈의 치수, 밀링머신의 종류, 가공 능력 등)을 갖도록 하여야 한다.
⑧ 공작물의 요구 정밀도, 가공 방법 등을 고려하고, 로딩·언로딩은 가능한 한 짧은 시간에 이루어질 수 있는 구조를 택하여야 한다.

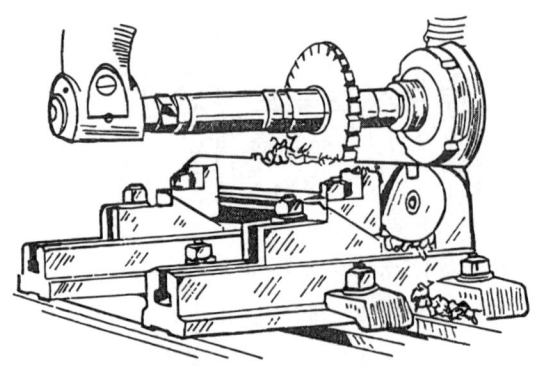

[그림 3-101] 밀링 고정구 사용 예

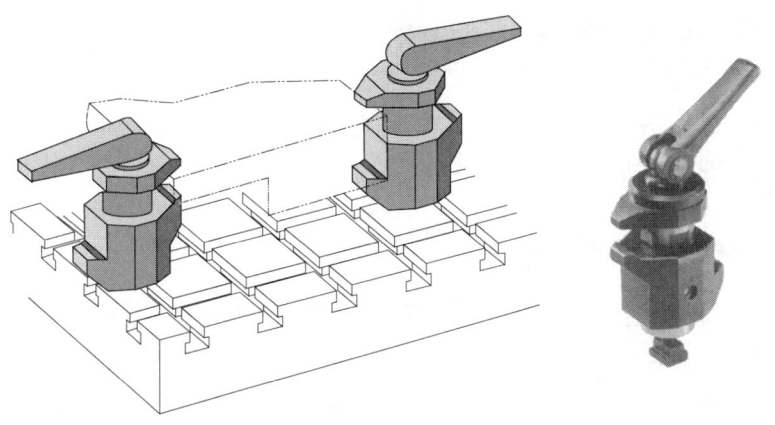

[그림 3-102] 밀링 고정구에서 공작물의 정확한 위치결정과 신속한 스윙 클램프

[그림 3-102]는 밀링 고정구에서 사용되고 있는 스윙 클램프로 바이스에서 고정할 수 없는 공작물을 쉽게 위치결정과 클램핑을 동시에 신속하게 할 수 있는 시중품으로 많이 이용되고 있다.

2) 밀링 고정구의 분류

밀링작업에 이용되는 고정구로서 가공조건별로 분류하면 다음과 같다.
① 범용 고정구 : 바이스, 회전 테이블, 분할대, 경사대 등
② 소형 공작물용 고정구
③ 분할 고정구
④ 교환 가공 고정구
⑤ 모방 밀링 고정구
⑥ 앵글 플레이트 고정구
⑦ 멀티 스테이션 고정구 등이 있다.

3) 밀링 고정구의 설계

밀링 고정구의 설계에 있어서 사용하는 밀링머신의 내용에 대하여 충분한 지식을 갖도록 해야 하며, 작업 면적, 테이블의 치수, T홈의 치수, 기계의 이동량, 전동기의 출력, 이송속도의 범위, 밀링머신의 종류 등을 잘 알아야 한다. 밀링작업을 계획하는 시점에서 다음 항목들을 검토하는 것이 중요하다.
① 공작물의 크기, 중량, 강성 및 가공기준
② 연삭 여유 및 공작물 재질의 피절삭성
③ 요구되는 표면 거칠기, 평면도, 직각도 등의 정밀도
④ 공작물 1개 가공 시 소요시간 및 허용 생산 원가

⑤ 가공 방법(엔드밀 가공, 조합 커터, 공정 분해 가공, 평면 밀링 가공 등)
⑥ 사용하는 밀링머신의 크기 및 능력
⑦ 재질의 변화에 따른 공구의 기준

4) 공작물의 배치방법

공작물을 밀링머신의 테이블 위에 배열하는 방법은 다음과 같다.
① 1개 부착은 공작물을 1개만 고정구에 부착하여 가공하는 것을 말하며, 고정구의 제작이 간단하고 중형 이상의 공작물 고정에 적합하며, 장착과 장탈의 시간이 짧다.
② 직렬 부착은 테이블의 길이 방향으로 2개 이상의 공작물을 일정 간격으로 1열로 배열하는 방법으로 공작물에 따라 가공 시간이 짧은 공작물은 간격을 좁게 고정하고, 시간을 많이 필요로 하는 공작물은 간격을 넓게 배열하여, 가공이 끝난 공작물을 차례대로 들어내고 새로운 공작물을 고정함으로써 기계의 가동률을 높인다.
③ 병렬 부착은 테이블에 2개 이상의 공작물을 나열하는 방식으로서 다량 생산에 적합한 방식이며 공구 제작의 어려움과 공작물의 오차, 그리고 장착과 장탈에 많은 시간이 소요되는 단점이 있다. 그러나 공정 단축과 밀링에서 응용이 가능한 특징이 있다.

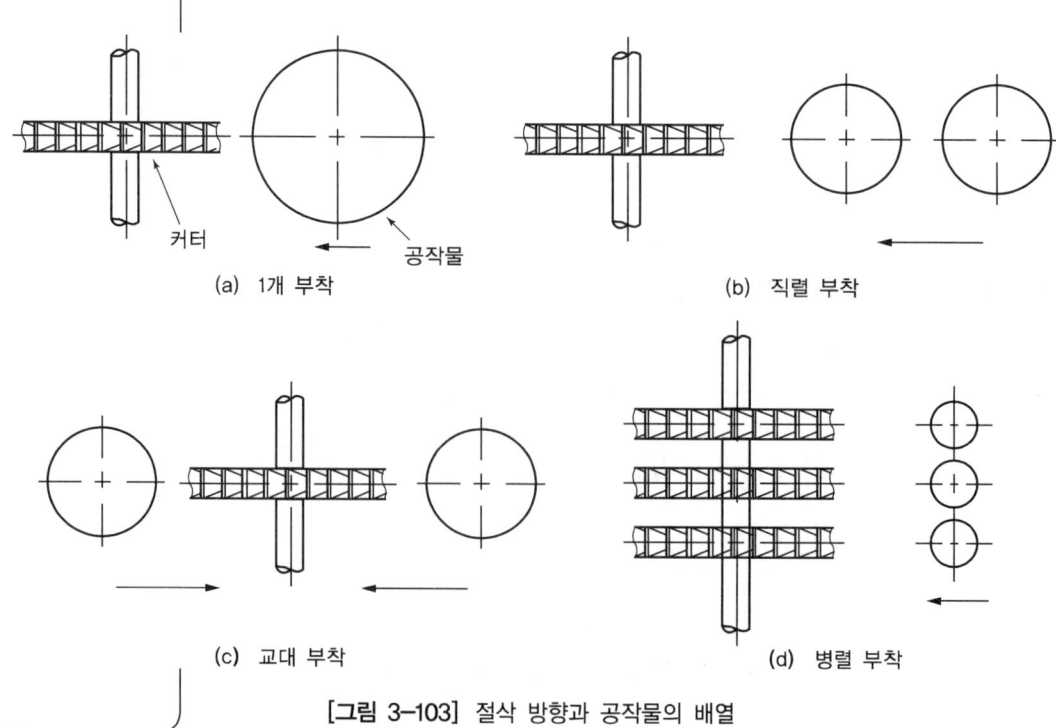

[그림 3-103] 절삭 방향과 공작물의 배열

④ 교대 부착은 테이블 좌우에 공작물을 배치하여, 한쪽의 공작물을 가공하는 도중에 다른 쪽의 공작물을 로딩·언로딩하기 때문에 기계의 가동률을 높일 수 있다. 가공 시간이 비교적 긴 공작물과 대형 공작물에 적합한 방법이며 아버 모양의 커터를 사용할 때 한쪽은 상향 절삭되는 것에 주의하여야 한다.

⑤ 연속 부착은 회전 테이블 또는 드럼에 공작물을 부착하는 방법이다. 가공과 장착, 장탈이 연속적으로 이루어지며, 기계의 정지가 없으므로 가동률이 매우 높다. 회전 테이블형 밀링머신, 드럼형 밀링머신이 이러한 가공을 전문적으로 하는 밀링머신이다.

5) 조합된 밀링커터 가공

[그림 3-104]는 A, B, C, D, E의 5개가 조합된 밀링커터에 의한 작업의 예로서, 한 번의 절삭으로 복잡한 형상의 가공을 완료할 수 있게 되며, 이 경우 커터 지름의 차이로 인하여 커터마다 각기 다른 절삭속도를 가지게 되므로 이를 고려하여야 하며 일반적으로 고정밀도의 가공에는 사용하지 않는다. 수평 밀링에서 측면 밀링커터, 총형 밀링커터, 평면 밀링커터 등을 여러 개 조합하여 사용하면 대량 생산에 유리하다. 또 많은 커터를 조합시킨 밀링작업은 기계의 큰 마력과 강성이 필요하므로 2~3회 나누어서 가공하는 것이 유리하다. [그림 3-105]는 지름에 차이가 큰 2개의 밀링커터를 조합하여 가공하는 것으로 절삭속도가 양쪽에 상당히 차이가 나므로 회전수, 이송을 양쪽 동시에 맞추기 어려워 가공에 주의를 필요로 한다.

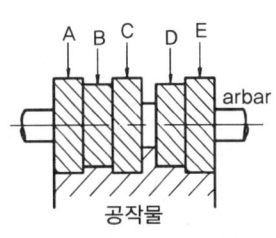

[그림 3-104] 조합된 밀링커터의 사용 예

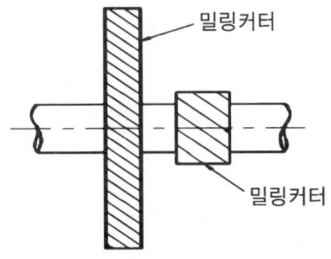

[그림 3-105] 지름이 다른 2개의 밀링커터

6) 절삭에 의한 추력

[그림 3-106]은 나선 방향이 서로 다른 2개의 나선형 평면 밀링커터를 조합하여 평면을 절삭하는 경우로서, 이때 절삭력의 축 방향 분력(추력)이 (a)그림과 같이 고정구의 몸체에 작용하는 것이 좋다. (b)그림과 같이 추력이 고정 장치에 작용할 때는 클램핑력을 감소시켜서 공작물이 이탈할 때도 있다. 클램프 죔쇠에 작용하는 것은 원칙적으로는 좋지 않다.

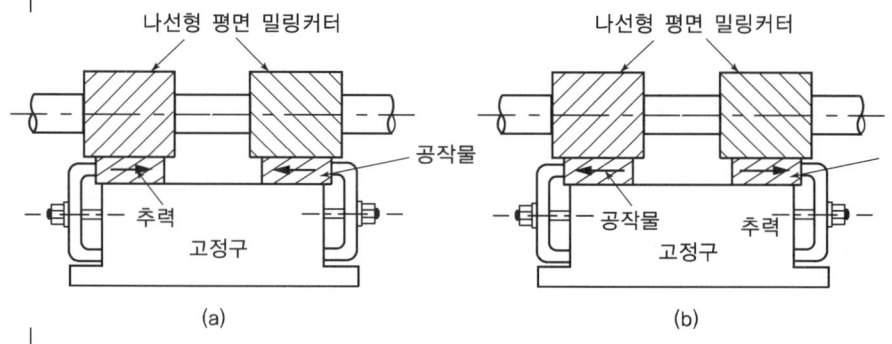

[그림 3-106] 절삭에 의한 추력

7) 공작물의 로딩(Loading) · 언로딩(Unloading)

공작물의 장 · 탈착(로딩 · 언로딩)은 급속 클램핑 방식을 택하여 시간을 절약하여야 하며, 기계적인 방법으로는 캠, 링크, 나사 등에 의한 신속한 클램핑 기구가 있지만, 유 · 공압, 전자력 등을 응용한 방법도 활용된다.

일반적으로 고정구에 있어서 로딩 · 언로딩의 시간은 정미 가공 시간이 단시간에 끝나는 정도가 문제가 되나, 되도록 빨리 로딩 · 언로딩하기 위해 기계적 방법으로서는 캠, 링크, 나사 등에 의산 신속한 클램핑 기구가 고려되지 있지만, 공기압, 유압, 전자력 등을 응용한 고급고정구도 제작된다. 반대로 정미 절삭시간이 장시간 소요되는 공작물에서는 로딩 · 언로딩 시에 필요로 하는 시간을 단축하기 위해 고정구를 복잡화하고 비싼 가격으로 하는 것보다 간단하게 해 주는 경우가 많으며, 주로 나사 클램프와 같이 클램핑의 확실성을 가질 수 있는 정도가 사용되는 경우가 비교적 많다.

교번가공이나 움직이고 있는 테이블 상에서 공작물의 연속 가공에 따라서 장착이 곤란한 경우는 별도로 매거진(magazine)을 제작해서, 별도의 장소에서 공작물의 높이나 방향을 맞추어서 매거진에 장착, 이 매거진을 테이블 상의 고정구에 재빨리 장착하도록 하는 것도 있다.

매거진은 장탈이 정확하게 행해지는 것으로, 직립도 고정구에 올려놓으면 저절로 맞도록 고려하여 제작한다.

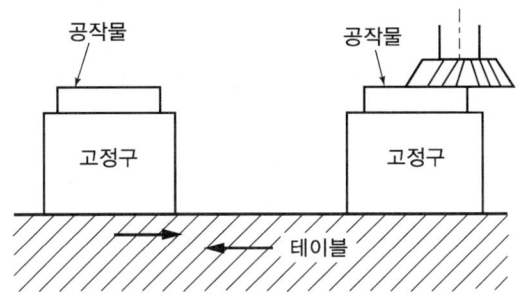

[그림 3-107] 교번 절삭작업

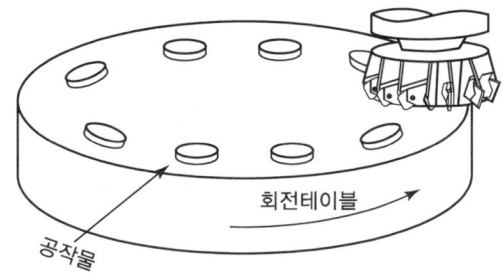

[그림 3-108] 밀링 연속 가공

8) 커터의 위치결정방법

새로운 공작물이 고정구에 설치되고 커터에 의하여 가공이 이루어질 경우, 일반 적을 공작물을 정확한 치수로 가공하기 위해서는 몇 차례의 시험가공으로 커터의 위치를 정립하게 된다. 이 경우 몇 개의 공작물을 손상하게 되며, 시간을 소비하는 등 비경제적이다.

[그림 3-109]는 커터 설치 블록의 사용 예로서 커터 설치 블록 (b)의 위치는 표준 게이지 (e)의 간격만큼 커터의 정위치에서 떨어져 설치되며 정확한 가공 면과 경도가 있어야 한다. 커터 설치 블록은 2개로 충분하며 게이지 (e)에 의하여 커터의 위치를 결정하게 된다.

[그림 3-110]의 (a)는 V홈을 가공하기 위하여 사용되는 커터 설치 블록의 예로서, 일정한 두께의 게이지를 사용하여 커터의 위치를 결정하게 된다. (b)의 경우는 라운딩 커터의 설치 블록의 사용 예로서, 게이지로는 핀을 사용하여 커터의 위치를 결정하게 된다.

[그림 3-111]는 커터 설치 블록의 사용과 측정기준 블록의 사용 예로서, 커터 설치 블록에 의하여 커터의 위치가 결정된 후 가공이 완료되면 가공

부위의 정밀도를 검사하기 위하여 측정기준 블록이 설치되어 있다. 측정기준 블록은 가공이 완료된 공작물을 검사하기 좋은 위치에 부착되어야 하며, 정밀한 가공 면과 경도가 있어야 하고 통과(go) 정지(not go) 게이지로서 검사한다. 고정구의 밑에 부착된 텅(tongue)은 고정구의 위치 및 가공 방향과 고정구의 평행을 유지하기 위하여 사용된다.

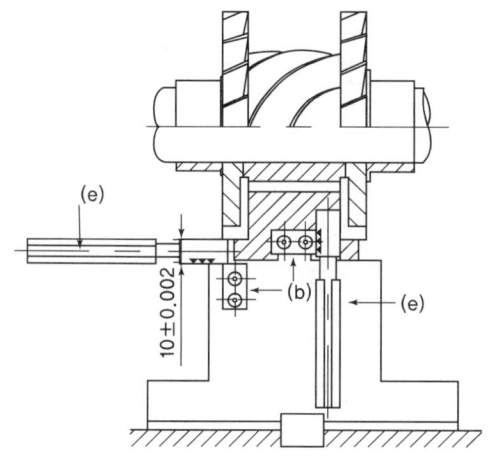

[그림 3-109] 커터 설치 블록의 사용

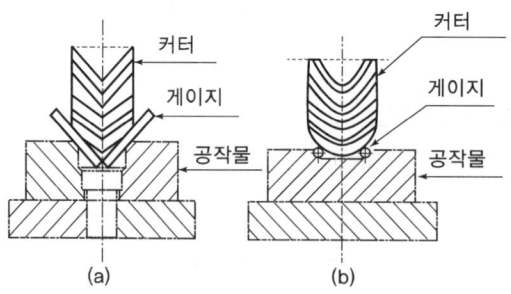

[그림 3-110] 커터의 위치결정

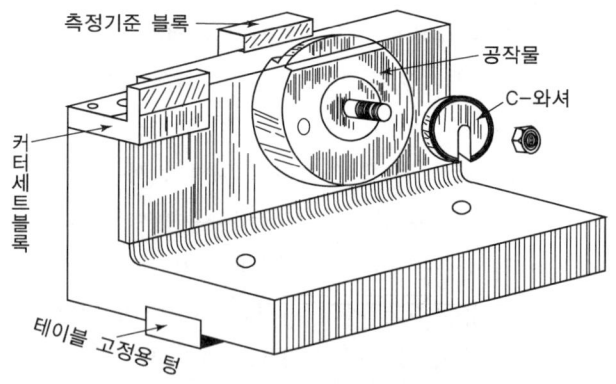

[그림 3-111] 커터 세트 블록과 측정기준 블록

9) 커터 세트 블록(Cutter Set Block)

고정구에 사용되는 커터 안내장치는 지그에서의 부시와는 다른 방법이 필요하게 된다. 일반적으로 커터의 안내장치로는 세팅 게이지(setting gage), 세트 블록(set block)과 셋업 게이지(set-up gage) 등이 있으며, 이들은 가공할 공작물의 정확한 위치에 절삭공구를 설치하기 위해서 사용되며 시험 절삭의 시도, 부품의 측정과 커터의 재설치 등이 따르며, 이렇게 함으로써 위치 변위량을 감소시킬 수가 있다. 세트 블록과 두께 게이지(feeler gage)는 밀링, 선삭, 연삭과 같은 공정에서 공작물과 절삭공구와의 관계 위치를 정확하게 설치하기 위해 사용된다. 세트 블록은 셋업 게이지(set-up-gage)로 알려져 있으며 통상 고정구에 직접 위치가 결정되어 있고 커터의 기준으로 사용되는 표면은 작업해야 할 가공 형상에 따라 결정된다.

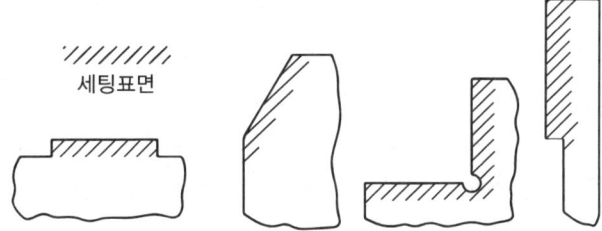

[그림 3-112] 세트 블록의 대표적인 사용 예

10) 두께 게이지(feeler gage)

커터를 설치할 때 세트 블록의 마멸 및 손상을 방지하기 위한 적절한 간격이면 된다. 세트 블록은 일반적으로 작은 판이나 윤곽 블록 또는 템플레이트로서 영구 체결 또는 반영구적으로 고정구에 고정해 사용된다.

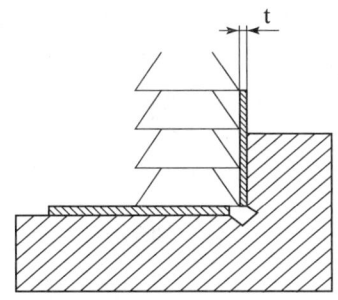

[그림 3-113] 세트 블록에 의한 커터의 위치선정

[그림 3-113]은 세트 블록을 설계할 때 고려해야 할 사항으로 두께 게이지의 치수허용차이다. 이 두께 게이지는 뒤틀림이나 휨을 방지할 수 있도록 1.5mm 또는 3mm 사이의 두께가 많이 사용되고 있다. 사용의 편리를 위해서 두께 게이지의 크기와 공구 부품 번호를 직접 두께 게이지 상에 적당히 각인한다. 커터 안내장치는 항상 내마모성 재료로 제작되며 통상 열처리된 공구강을 사용하나 때때로 텅스텐 카바이드를 쓰는 경우도 있다. 이 안내장치는 본체에 고정나사로 고정하고 움직이지 못하도록 다웰 핀에 의해 정확한 위치를 맞춘다. 커터 안내장치의 기준면은 절삭공구의 진행 방향에 공작물과의 거리를 두어 설치하며 세트 블록의 기준 면상에 두께 게이지나 블록 게이지를 위치시켜 사용한다. 이 방법은 공구의 날 부분을 정밀가공하고 공구 안내장치의 열처리 표면에 직접 접속하지 않는 방법으로 공구의 날 끝이나 안내장치의 면이 접촉됨으로써 발생하는 과다한 마모 현상 같은 돌발적인 사고나 위험을 방지할 수 있다. 이러한 표준간격의 실제 거리는 0.8mm 이내가 좋다. 표준으로 정하지 않은 경우는 필러 게이지로 측정할 수 있는 값이 가장 적합하다.

[그림 3-114]는 세트 블록과 필러 게이지에 의한 커터의 위치 관계 조립도로서 설계에서 정확하게 표현이 되어야 한다. 특히 세트 블록과 필러 게이지에 의한 커터의 위치 관계를 나타냄으로써 작업자가 사전에 확인할 수 있고, 실수를 방지할 수 있으며, CAD 상에서는 가상선으로 표현한다.

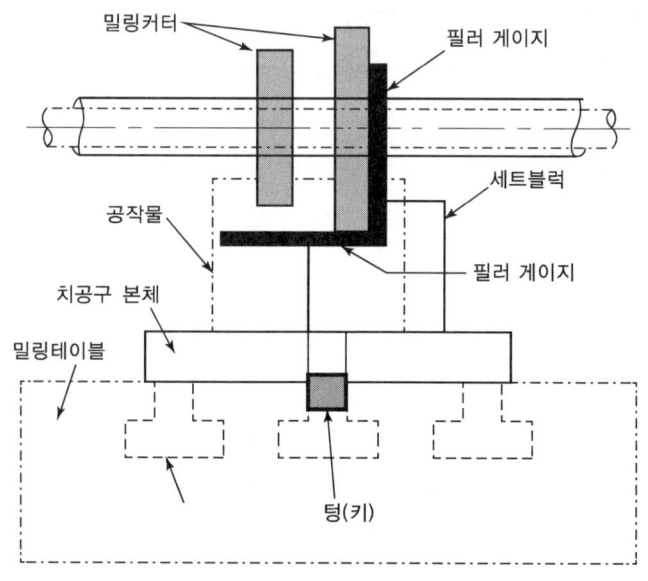

[그림 3-114] 세트 블록과 필러 게이지에 의한 커터의 위치 관계 조립도

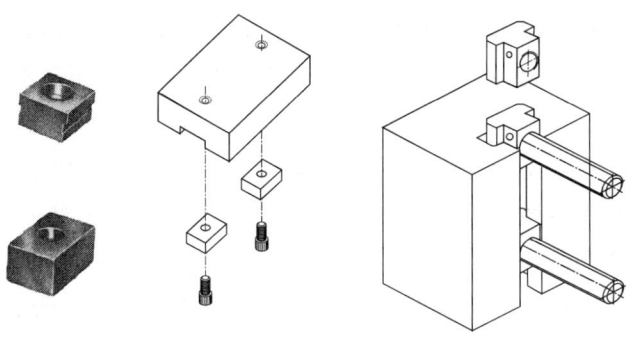

[그림 3-115] 텅과 고정구 조립 및 T홈과 텅 조립

[그림 3-115]는 텅과 밀링 고정구의 조립 관계 및 기계 테이블 T홈과 텅의 조립 관계를 나타낸 그림이다.

11) 밀링 테이블 고정방법

(1) 밀링 테이블 위치결정

공작기계의 치공구를 고정하는 데는 여러 가지의 방법이 쓰이고 있다. [그림 3-116]의 (a)는 치공구 본체의 베이스에 직접 홈을 만든 방식으로 제작이 어렵고 잘못된 방법이다. (b)는 볼트에 일반적으로 많이 사용되고 있으며 비교적 고정방법의 좋은 방식이다. (c), (d)의 그림은 상품화된 시중품을 활용하는 방식으로 최근에는 많이 활용되고 있다. 키 홈 및 고정구용 위치고정 키의 '키 홈 블록'을 사용하면 다음과 같은 장점이 있다.

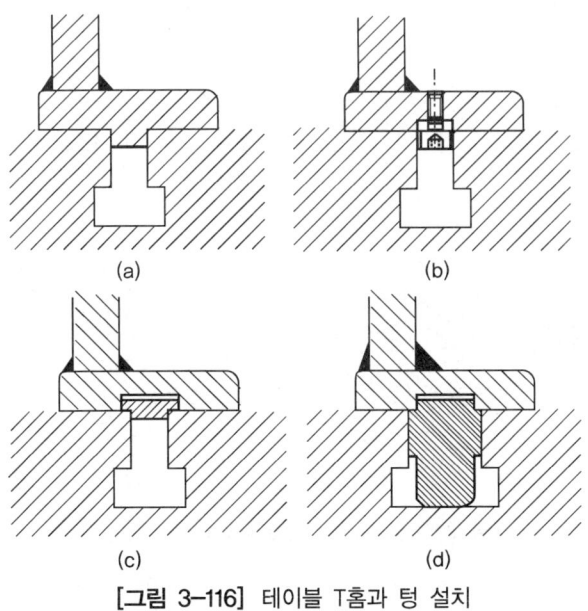

[그림 3-116] 테이블 T홈과 텅 설치

공작기계에 의하여 클램프 홈의 폭이 여러 가지로 변하여도 치공구를 사용할 수 있고, 공작기계에 맞는 2개의 위치결정 키를 준비하는 것만으로도 각종 기계에 치공구를 장착하는 데 사용이 편리하다.

볼트 고정식 위치결정키는 공작기계 테이블의 홈을 상하게 할 수도 있다. 치공구를 운반이나 보관할 때에 볼트 멈춤 위치결정 키의 돌출부가 부딪치면 비틀려져 치공구 고정에 지장을 준다. 상처를 크게 입은 키의 안내부를 무리하게 테이블 홈에 넣으면 밀링 테이블 T홈을 손상하기 때문이다. 따라서 (c), (d)처럼 볼트를 고정하지 않고 텅을 설치하는 것이 좋으며 텅의 제작 공차는 헐거운 끼워맞춤으로 하고 열처리 후 연삭 가공이 돼야 한다.

12) 밀링 고정구 기계 테이블 설치방법

밀링 고정구는 합리적이고 확실하게 기계 테이블에 설치 고정해야 한다. [그림 3-117]의 (a)와 같이 체결용 볼트로 구멍을 이용하여 소형의 밀링 고정구에 풀기 쉬울 때만 사용된다. 그 밖의 밀링 고정구 설치는 그림 (b)와 (c)에 나타낸 고정용 슬롯 홈을 만들어 체결용 T볼트로 고정한다. 특별한 이유로 고정용 슬롯 홈을 만들지 못할 때는 그림 (d) 또는 (e)에 나타낸 것처럼 밀링 고정구 본체에 직접 설치·고정할 수 있도록 설계에 반영하는 것이 합리적이고 효율적이다.

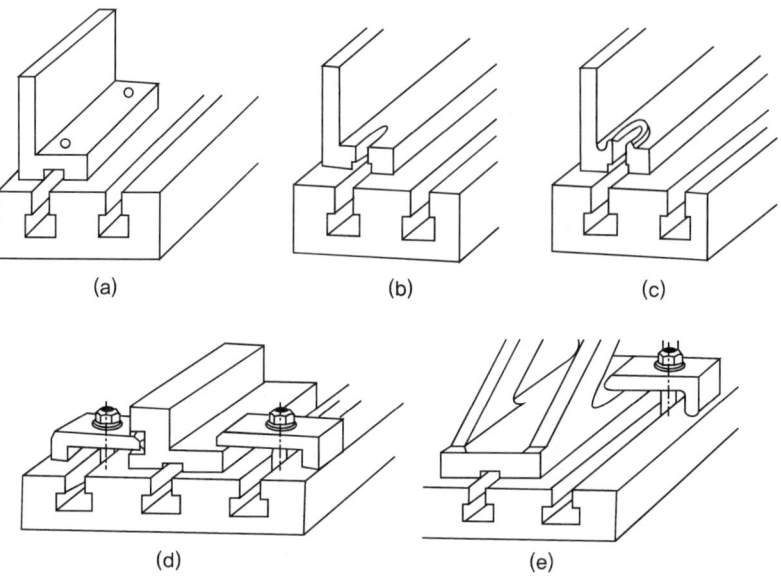

[그림 3-117] 기계 테이블에 밀링 고정구 설치

[그림 3-118]은 밀링 고정구를 기계 테이블에 설치방법을 나타낸 그림으로 텅은 기계 테이블에 2개가 설치되어야 하고 고정구를 기계 테이블에 고정할 때는 T볼트를 이용하여 4개가 일반적으로 설치된다. 너트는 평와셔와 함께 사용하여야 하되 반드시 열처리된 시중품을 활용한다. T홈과 T홈 간격, 치공구 본체와 기계 테이블 고정 치수, 고정구의 텅 치수를 비교·검토하고, 사용할 기계와 맞아야 한다. [그림 3-119]는 기계 테이블 고정에 사용되는 각종 시중품 볼트로 반드시 열처리된 시중품을 활용한다.

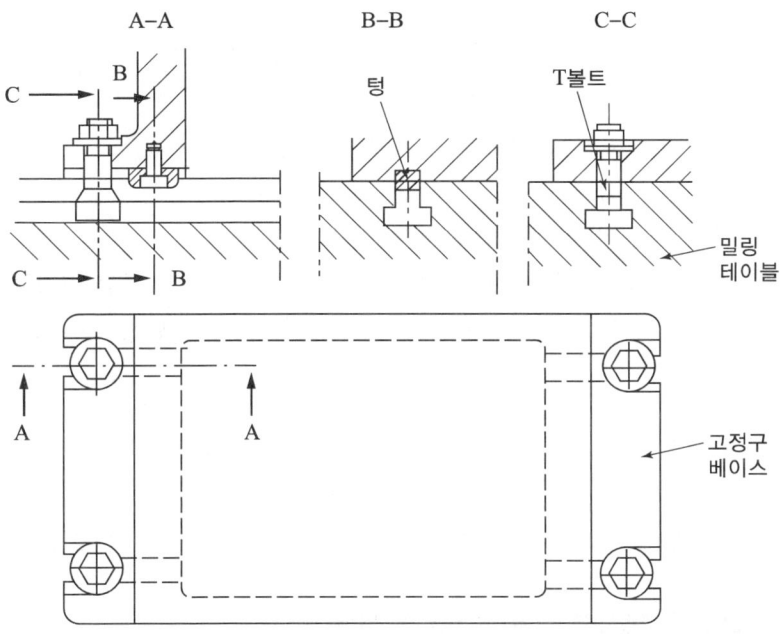

[그림 3-118] 밀링 고정구를 기계 테이블에 설치하는 방법

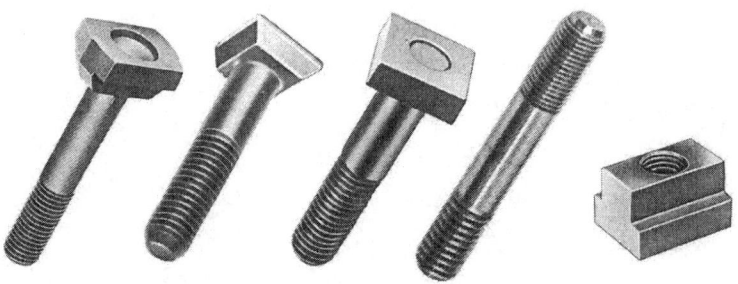

[그림 3-119] 기계 테이블 고정에 사용되는 시중품 볼트

13) 밀링 고정구의 설계절차

밀링 고정구의 설계 및 스케치의 전개 시에는 다음의 요소들을 차례대로 고려해야 한다.

(1) 고정구 설계의 전개

고정구의 설계 전개 과정은 지그설계 과정과 유사하나 다음과 같다.
① 작업자의 작업범위를 결정하기 위해서 부품도와 생산계획을 분석하고 생산량을 고려한다.
② 공작물은 기계 가공할 때 적당한 위치에서 눈에 잘 보이게 스케치한다.
③ 위치결정구와 지지구를 적절한 위치에 스케치한다.
④ 클램프 및 기타 체결장치를 스케치한다.
⑤ 절삭공구의 세팅 블록과 같은 특수장치를 스케치한다.
⑥ 고정구 부품을 수용할 본체를 스케치한다.
⑦ 고정구의 여러 부품의 크기를 대략 판단한다.
⑧ 절삭공구와 아버(arbor) 등에 고정구가 간섭이 생기는가를 점검한다.
⑨ 예비스케치가 끝나면 충분히 검토한 후 도면을 완성하고 재질을 명시한다.

밀링 고정구의 설계 전개에서 먼저 부품도와 생산계획의 분석으로 밀링 가공공정의 범위가 결정되면 공작물을 3면도에 스케치한다. 이 스케치는 밀링 가공에 알맞은 위치에 공작물이 보이도록 해야 한다.

14) 앵글 플레이트 밀링 고정구 설계 순서

(1) 치공구 설계에 필요한 사항(아래 부품도면 참조)

① 제품명 : 브래킷(Bracket)
② 재질 : SM20C
③ 열처리 : HRC 25~30
④ 가공 수량 : 30,000 EA/월
⑤ 가공 부위 : 7±0.05
⑥ 사용 장비 : 수평 밀링머신
⑦ 사용 공구 : ∅100×7×25.4 사이드커터
⑧ 밀링 테이블 사양 : T-slot 폭 16mm, T-slot 수 2개, T-slot 간 거리 60mm, 테이블 폭 280mm
⑨ 필러 게이지와 커터의 설치 개략도를 그릴 것
⑩ 경제성을 고려하여 치공구 제작비가 적게 들도록 할 것

⑪ 신속한 클램프의 선정과 제품의 로딩·언로딩을 고려한 설계를 할 것
⑫ 표준품, 시중품의 활용과 요소부품수리와 교환의 용이성을 고려할 것

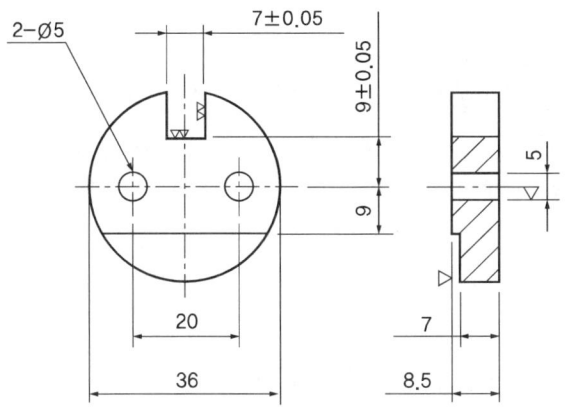

[그림 3-120] 부품도면

(2) 앵글 플레이트 밀링 고정구 형태 이해

① 치공구의 형상, 종류, 용도, 장·단점을 파악한다. 바이스에 고정할 수 없는 공작물은 간단한 앵글 플레이트 고정구(angle plate milling fixture)를 사용하면 정확한 위치결정과 신속한 클램핑을 할 수 있다. 앵글 플레이트 밀링 고정구는 기계 테이블에 접촉하는 밑면과 공작물이 접촉하는 면과의 관계가 서로 수직이거나 어떤 각을 이루는 면으로 되어 있다. 앵글 플레이트 고정구의 장·단점은 다음과 같다.

㉠ 다량의 공작물을 같은 위치에 정확한 위치결정이 되도록 설계할 수 있다.
㉡ 커터가 모든 공작물을 균일하게 가공되도록 설치할 수 있으며 측정과 검사시간을 줄일 수 있다.
㉢ 간단하고 빠른 위치결정과 클램핑을 할 수 있다.
㉣ 커터의 추력이 보통 앵글 플레이트의 수직 부분에 작용한다.
㉤ 앵글 플레이트 고정구의 단점은 사용할 수 있는 높이에 제한받으며 견고하게 제작되어야 한다.

(3) 공작물 도면 분석

공작물의 형태, 수량, 가공 정밀도, 재질, 치수의 기준, 가공 방법 등을 파악하고 공작물 형상 때문에 앵글 플레이트 고정구 형태를 택한다. 공작물을 3도면으로 배치하고 CAD 상에서 가는 2점 쇄선으로 도면을 작도한다.

(4) 공작물의 위치결정

① 공작물을 어떻게 위치결정 할 것인가를 고려하고 홈이 구멍과의 치수 관계를 가지기 때문에 두 구멍을 위치결정에 이용하며 여기에 맞는 2개의 위치결정 핀을 스케치에 추가한다.
② 공작물의 양면이 평행하다고 가정하여 커터의 절삭력을 받는 위치에 앵글 플레이트의 수직 판을 위치결정 핀과 조립되게 스케치한다.
③ 공작물의 가장 넓은 평면을 위치결정면으로 하고 위치결정면은 평면도 유지를 위하여 반드시 연삭 작업을 한다.
④ 2개의 구멍에 핀으로 위치결정을 하고 하나는 원형 핀으로 하고 또 다른 핀은 다이아몬드형으로 설치를 하되 방향에 주의하도록 한다. 2개의 다이아몬드형으로 설치하여도 무방하다.

(5) 클램핑 기구의 선정

① 클램핑 장치를 결정하는 단계로 스터드(stud)에 너트로 고정할 수 있는 미끄럼 클램프(sliding strap 클램프)로 선택한다.
② 스터드는 가능한 한 공작물 고정점에 가깝게 설치하고 공작물의 장탈이 쉽도록 클램프가 오른쪽으로 움직이는 거리를 고려한다.
③ 클램프의 접촉점은 둥글게 하고 고정압력이 공작물의 중심에 작용하게 되어 있다.
④ 밀링작업할 때 공작물과 커터와의 관계 위치가 유지되도록 공작물을 일정한 위치에 클램핑 시켜야 하며 밀링 고정구는 작업시간을 최소로 줄이기 위해 신속하게 장착하고 클램핑되도록 설계한다.

(6) 특수장치 적용

① 세트 블록을 수직 판에 추가시켜 커터가 필러 게이지에 의해 쉽게 세팅되도록 하며 위치결정 핀과 정확한 관계 치수가 될 수 있도록 수직 판에 조립한다.
② 기계 테이블의 T홈에 끼워 맞춰지는 텅은 공작물의 7mm 홈이 양면과 직각으로 밀링 가공되게 설치한다.

③ 커터의 절삭력에 충분히 견딜 수 있도록 본체의 수직 판에 보강판을 첨가한다.
④ 설계가 완성되면 필요한 치수를 결정하고 커터와 아버의 간격을 검토한 다음 밀링 고정구 도면을 제도하고 재료를 선택한다.
⑤ 필러 게이지의 두께는 1.5~3mm이며 길이는 120mm 이하로 설계한다.
⑥ 세트 블록은 공작물을 지지하여 주는 같은 평면상에 설치되도록 설계를 하되 2개의 볼트와 2개의 다웰 핀을 사용하여야 한다.
⑦ 커터를 세트 블록의 연삭된 표면에 위치시킬 때는 커터의 날 끝과 블록 사이에 두께 게이지(feeler gauge)를 넣어 접촉되어야 한다.
⑧ 될 수 있으면 두께 게이지를 사용하는 것이 편리하며 깊이와 수평방향의 두께를 같게 하는 것이 바람직하다.
⑨ 세트 블록으로 커터를 정위치에 설치하면 시험작업을 하기 위한 재료의 손실을 없앨 수 있으며 정확하게 설치되었나를 쉽게 점검할 수 있다.
⑩ 밀링 고정구는 커터의 추력을 고정구의 본체나 지지구가 받도록 해야 하며 클램프가 받도록 하면 안 된다.

(7) 본체 설계
① 고정구의 본체 설계는 위치결정구, 지지구, 클램프 및 특수장치 등을 수용할 수 있는 충분한 크기로 한다.
② 정확한 작업을 하기 위해 밀링 고정구는 기계 테이블과의 배열 관계가 정확해야 하며 이를 위해 고정구 바닥 면에 텅(tongue)을 2개 또는 길게 된 하나를 설치한다.
③ 텅은 기계 테이블의 홈에 끼워지며 T볼트에 의해 고정된다.
④ 본체의 사각 모서리 부분은 스트랩 클램프 등으로 기계 테이블에 고정할 수 있도록 계획되어야 하며 T볼트로 테이블에 고정하려면 볼트를 위한 홈이 본체에 그려져야 한다.

(8) 치수 결정
예비 설계가 끝나면 전체 크기가 결정되고 일부 중요 치수가 설계에 첨가된다. 정확한 치수는 최종 고정구 도면이 완성될 때 계산한다.

(9) 설계 검토
① 밀링머신 고정구의 부품이 아버(arbor)나 아버 지지구(arbor support)와 간섭이 생기지 않도록 확인을 해야 한다.

② 절삭공구의 진동을 방지하기 위하여 충분히 큰 지름의 아버에 절삭공구를 설치해야만 한다. 만약 클램프나 다른 부품이 너무 높아서 매우 큰 지름의 절삭공구를 사용하지 않고는 이 아버 밑으로 고정구가 통과할 수 없다면 이 설계는 일부 수정해야 할 것이다.

③ 설계 시 실수를 피하고자 절삭공구와 아버를 밀링 고정구 도면에 가상선으로 나타내면 이런 실수를 피할 수 있다.

(10) 재료선정

① 밀링 고정구 본체는 기계구조용 탄소강으로 한다.
② 스트랩 클램프는 탄소 공구강으로 한다.
③ 기타 부품은 표준품 또는 시중품을 활용한다.

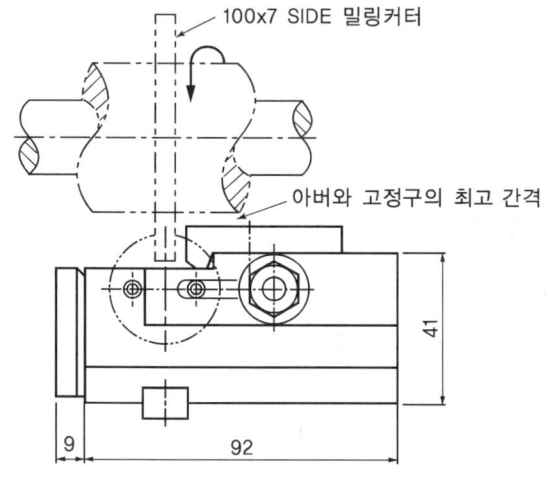

[그림 3-121] 아버 간격

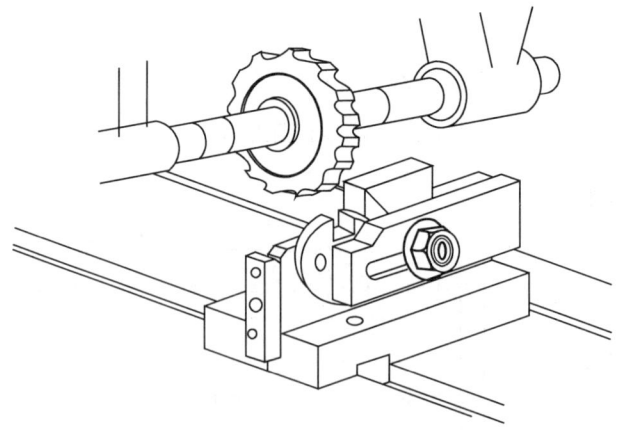

[그림 3-122] 밀링 테이블에 설치된 고정구

(11) 기계 가공

① 밀링 고정구 밑면과 공작물의 위치결정면은 직각이 유지되도록 신중히 처리한다.
② 공작물의 위치결정과 스트랩 클램프는 열처리 후 연삭 가공한다. 열처리가 생략되는 조립 부위는 표면 조도가 좋아야 한다.
③ 커터 설정 세트 블록은 몸체에 조립한 후 연삭 가공한다.
④ 부품이 조립되는 홈이나 맞춤 핀이 삽입되는 곳은 수직 가공이 되어야 한다.
⑤ 텅의 설치 홈의 가공은 공작물 설치 면과 직각이 유지되도록 가공한다.

(12) 시험가공 및 결과

제작이 완료된 밀링 고정구를 이용하여 공작물을 시험가공하고, 결과에 대하여 문제점 및 보완점을 찾아 도면 수정을 하도록 하고, 정확성과 경제성을 비교하고 분석한다.

(13) 스케치 설계 순서

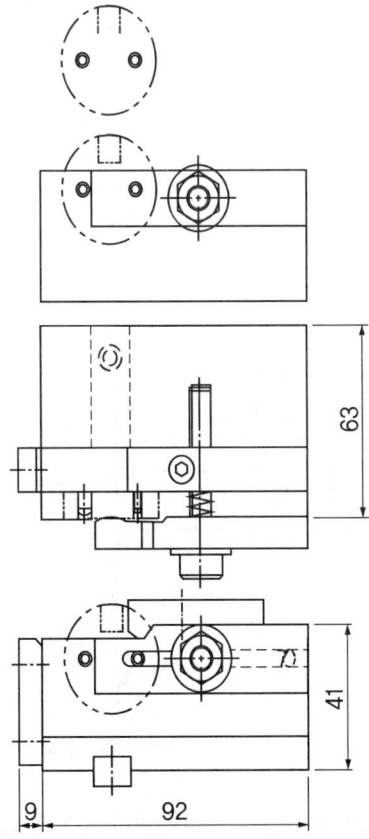

[그림 3-123] 앵글 플레이트 고정구 설계 순서

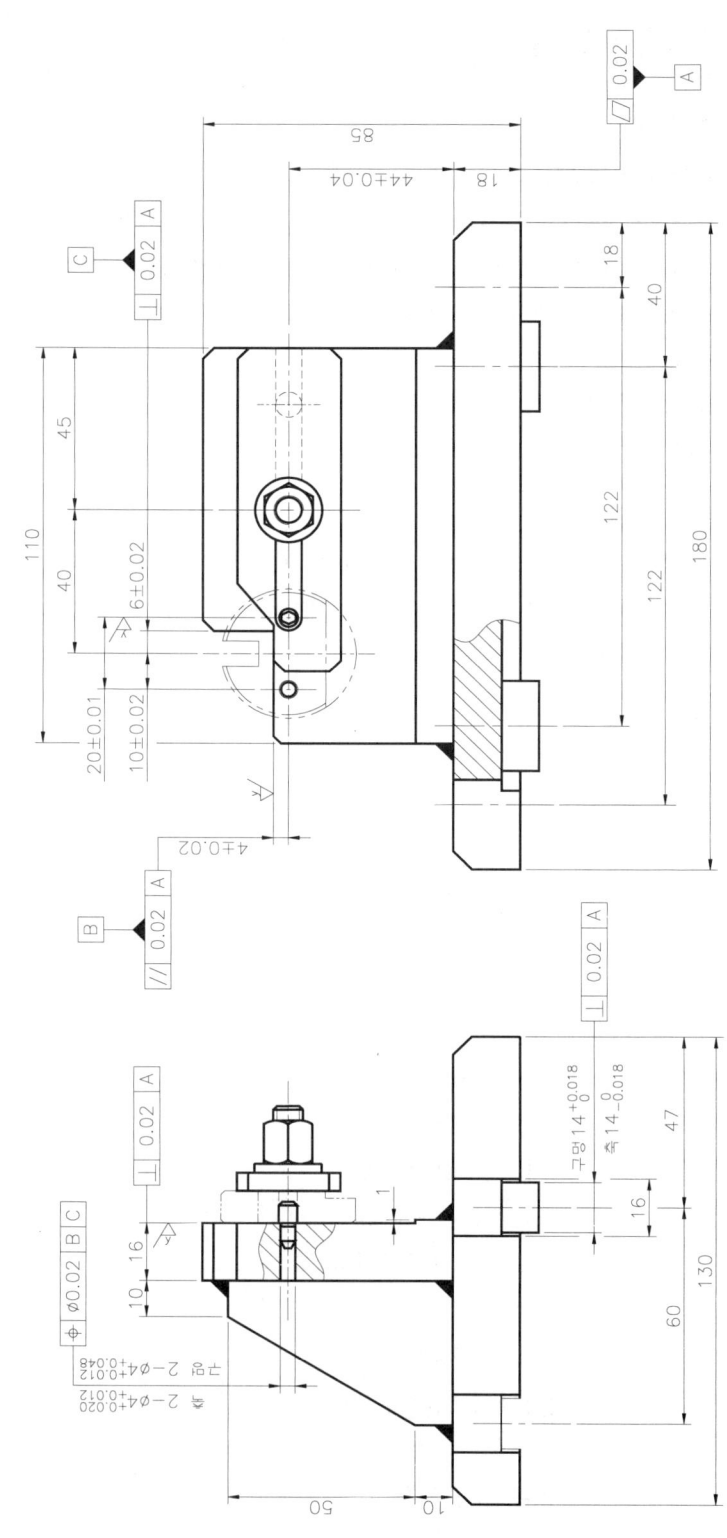

[그림 3-124] 완성된 밀링 고정구 조립도

2. 지그(Jig)설계

1) 드릴 지그

(1) 드릴 지그의 3요소

드릴 지그 구성의 3대 요소는 위치결정 장치, 클램프 장치, 공구 안내 장치이며 이들의 구성요소에 대하여 설계, 제작시 고려해야 할 각각의 요점을 기술하면 다음과 같다.

① 위치결정 장치

공작물의 위치결정은 절삭력이나, 고정력에 의해 위치의 변위가 없어야 하며 정확하고 안정되게 공작물을 유지해야 한다. 위치결정상의 주의할 점은 다음과 같다.

㉠ 공작물의 기준면은 치수나 가공의 기준이 되므로 위치결정면으로 한다.
㉡ 공작물의 밑면, 즉 안정된 면을 위치결정면으로 한다.
㉢ 절삭력이나 고정력에 의해 공작물의 변위가 생기지 않도록 위치결정 한다.
㉣ 위치결정은 3점 지지를 이용하여 3-2-1 지지법을 기본으로 한다.
㉤ 주조, 단조품 등의 위치결정은 조절될 수 있도록 한다.
㉥ 넓은 면이나, 면의 접촉부는 칩의 배출이 쉽도록 칩 홈을 설치한다.
㉦ 표준부품과 규격품을 사용하여 제작, 조립, 수리 등이 쉽게 한다.
㉧ 기준면은 오차의 누적을 피하고자 일괄 사용하나 부득이한 경우에는 제2, 제3의 기준면을 선정한다.

② 클램프(체결) 장치

고정력이 공작물에 따로 작용하여 변위가 발생하거나, 칩이나 먼지 등에 의해서 클램핑 상태가 나쁘면 공작물의 정도 및 작업능률에 큰 영향이 있으므로 다음 사항에 유의하여야 한다.

㉠ 클램프 장치는 구조를 간단하고 조작이 쉽게 한다.
㉡ 절삭력에 의해 변위 발생이 없도록 클램핑력이 충분하도록 한다.
㉢ 절삭 방향에 따라 위치결정면과 클램프 방법을 선택하도록 한다.
㉣ 다수 공작물을 클램프 하는 경우 클램핑력이 일정하게 작용하도록 한다.
㉤ 가능하면 표준부품을 사용한다.

③ 공구 안내 장치

드릴 지그의 공구를 안내하는 요소로는 부시가 있다. 부시는 드릴을 정확한 위치로 안내하고 정해진 구멍을 뚫을 때 필요하다. 부시는 본체와 억지 끼워맞춤이 되어야 하고 마모가 심하므로 열처리 강화하여 사용한다. 지그를 사용하여 구멍을 뚫을 때 오차의 발생원인은 다음과 같다.

㉠ 지그 자체 구멍의 오차와 중심거리의 오차
㉡ 부시의 편심에 의한 오차와 구멍의 기울기에 의한 오차
㉢ 고정부시와 삽입부시의 틈새 오차와 안팎지름의 편심 오차
㉣ 공작물 가공 면과 부시와의 거리에 의한 오차
㉤ 공작물 체결과 절삭력 등에 의한 변형으로 생기는 오차
㉥ 공작물의 내부결함과 칩, 먼지 등의 외부요인에 의한 오차

2) 드릴 지그 부시

드릴 지그로 공작물을 가공할 때 지그 본체에 부시를 사용하지 않고 공구를 안내하면 공구와 칩의 마찰로 인해 본체의 수명이 단축된다. 이러한 현상을 막기 위하여 내마모성이 강한 재료를 열처리 강화하여 부시로 사용하고 부시를 사용하므로 정확한 공구의 안내와 특수한 작업을 쉽게 할 수 있다. 부시의 종류로는 고정 부시, 삽입 부시, 특수 부시, 안내 부시로 나눌 수 있다.

(1) 부시의 종류와 사용법

부시(bush)는 드릴(drill), 리머(reamer), 카운터 보어(counter bore) 등의 절삭공구의 정확한 위치결정 및 안내를 하기 위하여 사용되는 것으로, 복잡한 작업을 쉽고 정밀하게 수행할 수 있으며, 드릴 지그에서는 중요한 임무를 수행하게 된다.

① 고정 부시(press fit bushing)

드릴 지그에서 일반적으로 많이 사용되는 부시(bush)는 고정 부시로서, 플랜지가 부착된 것과 없는 것이 있으며, 부시의 고정은 억지 끼워맞춤으로 삽입하여 사용한다.

② 삽입 부시(renewable bushing)

삽입된 고정 부시 위에 삽입되는 부시를 말하며, 같은 가공 위치에 여러 종류의 다른 작업이 수행될 경우나, 부시의 마모 시 교환이 쉽도록 하기 위하여 사용된다.

가) 회전형 삽입 부시(slip renewable bushing)

하나의 가공 위치에 여러 가지의 작업이 이루어질 경우, 내경의 크기가 서로 다른 부시를 교대로 삽입하여 작업을 하게 된다. 예를 들면 드릴링(drilling)이 이루어진 후 리밍(reaming), 태핑(tapping), 카운트 보링(counter boring) 등의 연속작업이 요구되는 경우에 적합하며, 부시의 머리부는 제거가 쉽도록 널링(knurling)이 되어 있고 고정을 위한 홈을 가지고 있다.

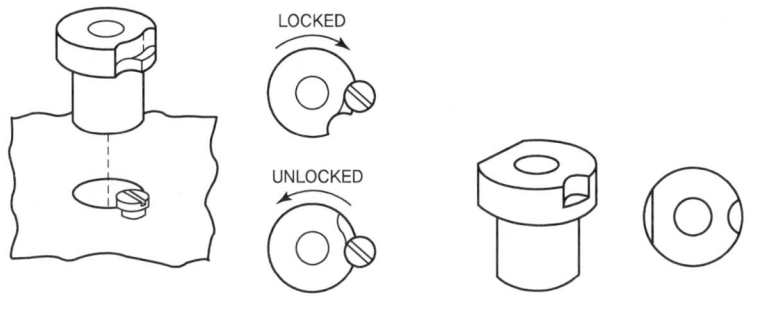

[그림 3-125] 회전형 삽입 부시   [그림 3-126] 너치(평)형 삽입 부시

나) 고정형 삽입 부시(fixed renewable bushing)

사용 목적상 고정 부시와 같이 지름이 같은 한 종류의 가공이 장시간 이루어지거나 또는 장시간 사용으로 인하여 부시의 교환이 요구될 때 교환이 쉽게 되어 있으며, 부시를 교환하면 다른 작업도 가능하게 된다. 부시의 머리부에는 고정을 위한 홈을 가지고 있으며, 홈에 조립이 되는 잠금 클램프에 의하여 고정이 이루어지게 된다.

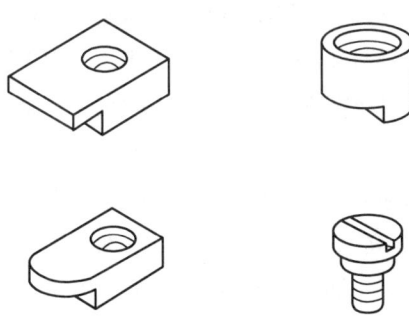

[그림 3-127] 고정형 클램프

다) 라이너 부시(liner bushing)

삽입 또는 고정 부시를 설치하기 위하여 지그 몸체에 삽입되어 고정되는 부시를 말하며, 삽입 부시로 인한 지그 몸체의 마모와 변위를 방지하기 위하여 지그 몸체보다 강도가 높은 라이너 부시를 조립하여 사용하게 된다.

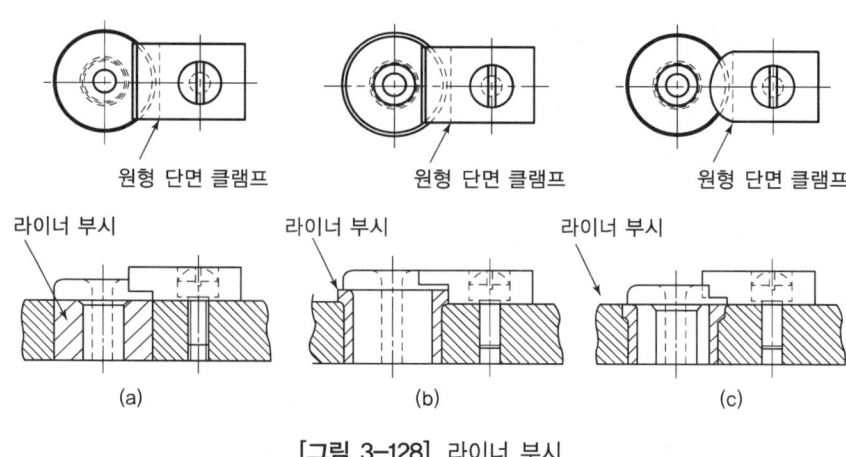

[그림 3-128] 라이너 부시

3) 부시의 재질 및 경도

① 부시(bush)는 경도가 높은 절삭공구와 마찰이 일어나므로 공구의 경도에 못지않은 경도가 요구된다. 그러므로 부시는 내마모성이 있어야 하므로 열처리하여 연삭 및 래핑(lapping) 등에 의하여 정밀하게 가공이 되어야 한다.

② 부시의 재질은 KS B 1030에 의하면 탄소 공구강 5종(STC 90)으로, 경도는 HV 679(HRC 60), 원통면의 거칠기는 3S로 규정하고 있다. 기타 부시용 재질로는 부시의 고품질화를 위해서는 고 크롬, 고 탄소강을 사용하며 이것은 보통의 부시보다 5~6배 정도 내구성이 크다.

③ 부시는 초경합금(WC, 부시의 교환 없이 장시간 사용할 경우)을 사용하는 때도 있으며, 이것은 6% Co와 94% WC인 코발트 급으로서 HRC 90의 경도를 나타내고 있다. 이 경우 부시 본체의 길이는 카바이드로 만들고 머리부는 강으로 만들어서 부시 윗부분에서 구리로 납땜하여 사용한다. 이 부시의 수명은 보통 부시보다 50배 정도 더 높다.

④ 경우에 따라 절삭공구를 안내하기 위한 부시를 주철로 제작하여 내부만 열처리하여 사용하고 있으며, 이때에는 반드시 절삭공구의 날이 부시와 접촉되지 않는 경우이다.

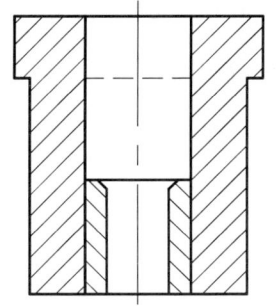

[그림 3-129] 내부만 열처리된 부시

4) 드릴 부시의 설치방법

드릴 부시는 본체와 수직으로 정확하게 설치가 되어야 정밀도를 높일 수 있다. 드릴 부시는 일반적으로 압입되며, 압입되는 과정에서 내경의 변화가 발생할 수 있으므로 정밀도가 떨어지고, 그로 인하여 공구가 파손되는 일도 있다.

부시의 올바른 설치방법은 부시의 외경과 본체의 내경 치수가 기준치수로 가공이 되어야 하며, 조립 시에는 수직이 유지되도록 프레스(press) 등에 의하여 정확한 압입이 이루어져야 한다. [그림 3-130]의 (c)는 볼트와 너트를 이용하여 제작된 부시 설치용 기구로서, 프레스에 의하여 설치가 어려울 경우는 간단하면서도 정확하게 설치할 수 있는 기구의 예이다.

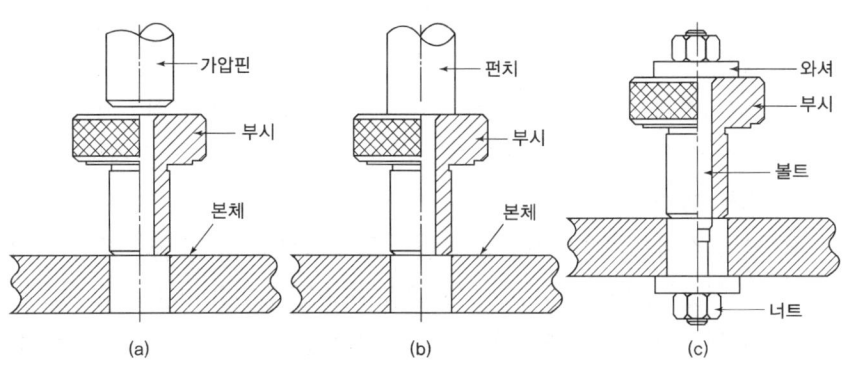

[그림 3-130] 드릴 부시 설치방법

5) 지그 판(JIG PLATE)

드릴 부시를 고정하고 위치를 결정해 주는 드릴 지그의 요소이다. 지그 판의 두께는 앞서 설명한 바와 같이 부시의 길이와 같고 절삭공구를 안내하는 데 충분한 길이로 하면 된다. 보통 드릴 지그의 판은 드릴 지름의 1~2배 사이의 두께이면 부정확성을 방지하는 데 충분하다.

부시의 지그 판 두께는 모든 절삭력을 쉽게 견딜 수 있어야 하며 공구의 정밀도를 유지해야 한다. 부시의 길이는 일반적으로 $1\frac{1}{4} \sim 2\frac{1}{2}$로 하는 것이 좋다.

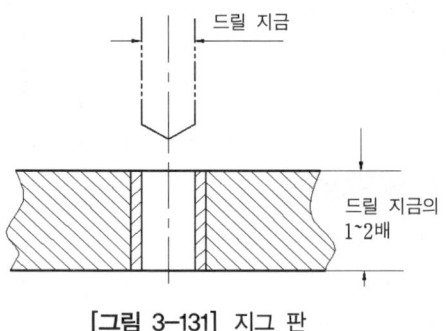

[그림 3-131] 지그 판

6) 공작물과 부시와의 간격

① 단단한 공작물의 칩은 [그림 3-132(a)]와 같이 드릴의 홈을 따라 배출시키면 부시의 내면이 쉽게 마모되어 정밀도가 빨리 떨어지므로, [그림 3-132(b)]와 같이 h정도의 간격을 주어 옆으로 배출시키는 것이 바람직하다.

② 높은 정밀도를 요구하는 구멍 가공에는 [그림 3-132(a)]와 같이 밀착시키는 일도 있지만, 보통 드릴에서는 칩 제거 및 냉각제의 급유 관계 등의 어려운 점이 많이 있다.

③ 보통 공작물과 부시의 간격 h는 주물의 칩과 같이 연속되지 않고 부서지기 쉬운 것은 드릴 지름의 1/2 정도, 즉 부시 안지름의 1/2 정도로 한다.

④ 구멍 깊이가 깊은 것은 칩이 많이 발생하므로, 간격 h는 조금 넓혀 줄 필요가 있다. 그러나 일반강의 유동형 칩이 연속적으로 나오는 경우는 최소 간격을 보통 드릴 지름과 같게 부시 안지름의 1배 정도로 한다.

⑤ 정밀도가 요구될 때나 다음 공정에서의 정밀도가 필요할 때 또는 경사진 표면이나 곡면에 구멍을 가공할 때 등은 예외이다. 이러면 요구되는 정밀도를 얻기 위해서 부시를 가능한 한 공작물과 접근시킨다. 적절한 부시의 간격은 전체의 지그 기능 면에서 중요한 사항이다. 만약 부시가 불필요하게 공작물에 접근되어 있다면 칩 때문에 부시가 쉽게 마모될 것이다. 또한 너무 멀리 떨어지면 정밀도가 저하된다.

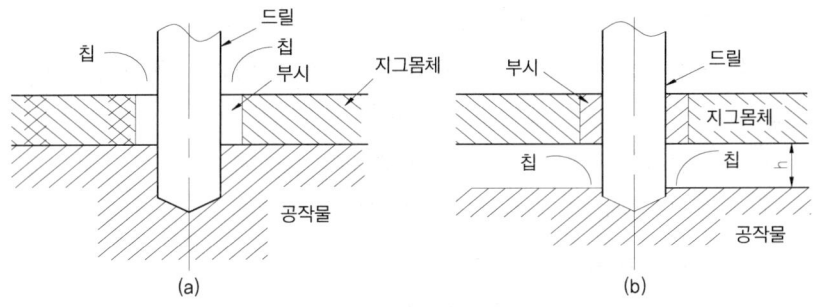

[그림 3-132] 공작물과 부시와의 간격

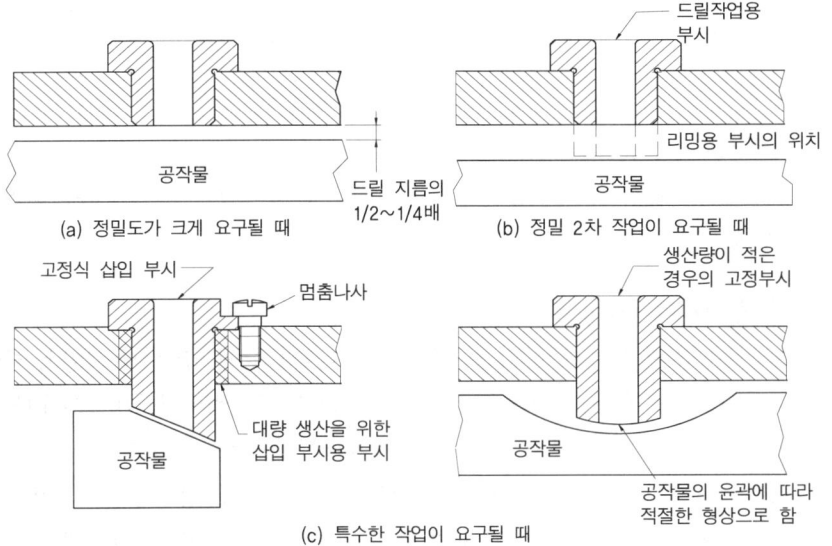

[그림 3-133] 특수한 경우의 공작물과 부시 간격

7) 드릴 부시의 설계방법

(1) 드릴 부시의 치수 결정방법

드릴 부시 설계시 제일 먼저 고려할 사항은 위치결정과 드릴의 지름을 선정하여 치수를 결정하여야 한다. 설계 순서는 다음과 같은 순서에 의한다.

① 드릴 지름 결정

공작물의 구멍 치수로 결정하되, 일반적으로 드릴 작업에서는 드릴의 크기보다 구멍이 크게 가공될 우려가 크므로 드릴 지름을 잘 결정해야 한다.

② 부시의 내경과 외경 결정

드릴 내경을 호칭으로 하여 공작물의 생산 수량과 가공공정에 따라 고정 부시만 사용할 것인가 아니면 고정부시와 함께 교환 부시도 사용할 것인가를 결정한다. 부시의 종류가 결정된 후에는 KSB 1030에 의한 부시의 안·바깥지름 치수를 선택한다.

③ 부시의 길이와 부시 고정판 두께 결정

부시의 길이와 지그 본체의 두께 결정이다. 부시의 길이는 부시 외경의 1~1.5배보다 작아서는 안 되며 공작물의 재질과 형상에 따라 드릴 공구를 공작물에 가깝게 접근시키기 위해 긴 부시가 요구될 수도 있고 드릴 공구지름이 4배가 넘을 때는 부시 구멍 상부에 카운터 보링한다.

④ 부시의 위치결정

공작물 가공 위치에 부시를 정확하게 위치결정 하여 부시를 설계한다.

(2) 드릴 부시의 표시방법

KS B 1030에서는 부시의 표시방법을 다음과 같이 규정하고 있다. 즉 적당한 곳에 종류별로 표시하는 기호(드릴용 D, 리머용 R), D×L(또는 D×d×L) 및 제조자명 또는 이에 대신하는 것을 표시한다고 되어 있다. 또한 부시의 호칭 방법으로서는 명칭, 종류, 용도, D×L(또는 D×d×L)로 되어 있다. 예를 들면 지그용 부시, 우회전 너치형 삽입 부시, 드릴용 15×22×20이다. 드릴 부시 표시방법은 〈표 3-3〉과 같다.

〈표 3-3〉 ISO 규격의 드릴 부시 표시방법

부시의 종류	항목별 표시방법		
	내경	외경	길이
S : 회전삽입 부시 F : 고정삽입 부시 L : 플랜지 없는 라이너 부시 HL : 플랜지 붙이 라이너 부시 P : 플랜지 없는 고정 부시 H : 플랜지 붙이 고정 부시	호칭 지름의 표시 문자나 소수, 분수	1/64의 배수	1/16의 배수

표시방법 : 내경 - 부시의 종류 - 외경 - 길이

예 0.250-P-48-16(내경 0.250″, 외경 3/4″, 길이 1″인 플랜지 없는 고정 부시

(3) 드릴 부시의 끼워맞춤 공차 및 흔들림 공차

ISO 및 ANSI 규격에서 보면 드릴 부시는 지그 플레이트와 끼워맞춤에서 항상 억지 끼워맞춤으로 삽입되며, 안내 부시와 회전삽입 부시는 중간 끼워맞춤으로 삽입되어야 한다.

① 지그와 안내 부시 : H7 - n6 또는 H7 - p6
② 안내 부시과 회전삽입 부시 : F7 - m6
③ 안내 부시과 고정삽입 부시 : F7 - h6

드릴 부시의 흔들림 공차는 KS B 1030에 의하면 부시 안지름을 기준으로 하여 바깥지름의 각 부분의 흔들림을 측정하되 그 허용차는 다음 〈표 3-4〉를 따른다.

〈표 3-4〉 부시의 흔들림 공차(KS B1030) (단위 : 0.001mm)

부시의 안지름 구분(mm)	18 이하	18 초과 50 이하	50 초과 80 이하
흔들림	5	8	10

8) 드릴 지그 다리(jig feet)

① 드릴 지그에서 다리가 없는 넓은 밑면은 어느 한 군데에만 칩이 들어가도 안정성이 나빠진다.
② 일반적인 지그는 볼트 머리나 핸들 등이 테이블에 닿기 때문에 그대로 놓을 수는 없다.
③ 지그는 일반적으로 다리를 설치하며 지그의 다리는 원칙적으로 4개로 한다. 이는 3개의 다리는 다리 밑에 칩이 들어가도 항상 안정되어 있으므로 경사진 그대로 작업이 되기 때문이다. 그러나 4개의 다리일 경우, 지그가 덜컹거리기 때문에 기울어진 것을 곧 알 수 있다.
④ 높이는 일반적으로 손가락이 들어갈 수 있을 정도의 15~20mm 정도로 하지만, 소형 지그에서는 3~5mm 정도로 만들어진다.
⑤ 공작물을 하측으로 내려가게 하든가, 리머 등이 밑으로 나오는 지그의 경우는 그것이 테이블에 닿지 않도록 다리를 길게 한다.
⑥ 구멍 가공이 6mm 이하는 반드시 지그 다리를 설치하여야 하며 그 이상은 직립 드릴, 레이디얼 드릴, 밀링머신에서 작업이 이루어지면 안전하고 능률적이나 밀링 고정구와 같이 고정 장치를 설계하여야 한다.

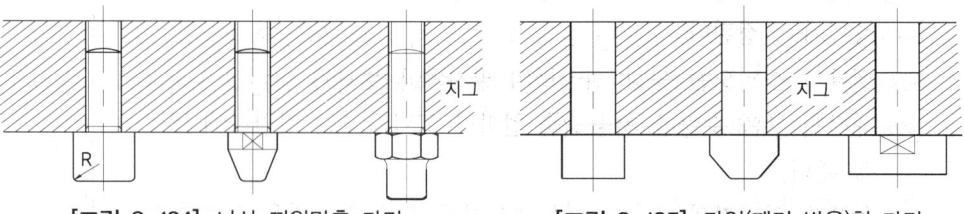

[그림 3-134] 나사 끼워맞춤 다리   [그림 3-135] 타입(때려 박음)형 다리

㉠ [그림 3-134]는 지그 다리에 나사를 가공하여 본체와 조립한다.
㉡ [그림 3-135]는 지그 다리를 억지 끼워맞춤 조립하여 나타낸다.
㉢ 다리 밑면이 뾰족한 것이나 둥글게 된 것은 마모가 빠르며, 테이블을 상하게 하므로 좋지 않다.
㉣ 선단 모서리에 라운드(R), 모따기(C)를 약간 해주는 것이 좋다.
㉤ 다리의 밑면에는 보통 센터 구멍을 남기지 않으며, 본체와 조립 후 밑면을 동시 연삭 가공하는 것이 중요하다.

9) 드릴 지그의 설계

치공구 설계자는 현장경험이 풍부하며, 표준부품의 사용과 전반적인 규격집을 확보하고, 공작물의 크기, 모양, 조건 등에 이르기까지 다양한 변화에 혼동 없이 설계를 할 수 있어야 한다. 치공구 설계에서 고려되어야 할 사항을 3단계로 나누어 보면

첫째, 부품도면과 생산계획을 연구하고 생산량을 고려하여야 한다.
둘째, 스케치로써 치공구에 대한 예비적인 계획을 세워야 한다.
셋째, 치공구를 제작할 수 있는 치공구 도면을 작성하여야 한다.

(1) 설계계획

① 사전설계의 분석

모든 치공구 설계의 구상은 설계자의 마음속에서부터 시작한다. 실제 금속가공 분야에서의 투울 링을 고찰한다는 것은 많은 계획과 연구 때문에 이루어진다. 치공구를 설계하는 첫 번째 단계는 모든 관련된 정보를 구체화하는 것이다. 부품도와 공정작업도를 분석하여 어떠한 공구가 필요한가를 찾아내는 것이다.

다음은 치공구 설계자가 부품도면에 대하여 사전에 분석해야 할 사항을 기술한 것이다.

㉠ 부품의 크기와 형상은 치공구의 부피와 무게에 영향을 준다.
㉡ 부품재료의 종류와 상태는 설계와 제작에 직접적인 영향을 준다.

ⓒ 수행해야 할 기계 가공 작업의 종류에 따라서 제작될 치공구의 종류가 결정된다.
ⓔ 설계상 정밀도는 통상 치공구의 공차에 반영된다.
ⓜ 제작될 부품 수량은 치공구를 얼마나 고급화시킬 것인가에 영향을 준다.
ⓗ 부품을 위치결정하고 고정하는데 가장 좋은 기준면을 선정한다.
ⓢ 각 작업에 해당하는 공작기계의 형상과 크기를 선정한다.
ⓞ 치공구의 형상과 치수를 정한다.
ⓩ 작업순서에 맞추어 먼저 설계해야 할 치공구를 결정한다.

② 스케치

치공구 요소들을 일정 순서에 의해 점차 도면에 나타내는 것을 말하는데 공구에 대한 예비계획은 스케치로 이루어진다. 스케치할 때는 3각법으로 하되 공구의 간격, 설치방법 및 테이블의 크기 등 모든 기계요소를 고려해야 한다. 부품의 3도면은 치공구를 계획하는 데 핵심이 되고 필요하면 공작물의 도면은 색연필 또는 공구 부품의 스케치에 사용된 선들과 쉽게 구별할 수 있는 선으로 스케치한다.

(2) 드릴 지그의 설계절차

드릴 지그의 설계를 계획하고 스케치할 때에는 다음의 순서가 고려되어야 한다.

① 부품(제품) 도면과 공작물과 관련된 기계 작업을 분석한다.
② 공작물의 재질에 따른 절삭공구와 관련되는 공작물의 위치를 선정한다.
③ 부시의 적정 모양과 위치를 결정한다.
④ 공작물에 적절한 위치결정구와 지지구를 선정한다.
⑤ 클램프 장치와 다른 체결 기구를 선별한다.
⑥ 기능별 장치의 주요 도면을 구별한다.
⑦ 지그 본체와 지지구조물의 재질, 형태를 정한다.
⑧ 기준면 설정과 중요 치수 결정 및 안전장치에 대해서 검토한다.

이상과 같은 사항을 고려하여 스케치하되 최종적으로 완성된 스케치 도면은 드릴 머신과의 간섭 여부를 재검토하고 수정하여 완성된 스케치 도면을 만든다.

10) 앵글 플레이트형 드릴 지그 설계 순서

(1) 치공구 설계에 필요한 사항 (아래 부품 도면 참조)

① 제품명 : 브래킷(Bracket)
② 재질 : GC210
③ 열 처리 : HRC 15~20
④ 가공 수량 : 20,000 EA/월
⑤ 가공 부위 : ∅10 드릴 가공
⑥ 사용 장비 : 탁상드릴머신
⑦ 사용 공구 : ∅10 표준 드릴
⑧ 가공 수량을 고려하여 삽입 부시를 사용하여 교환할 수 있도록 할 것
⑨ 경제성을 고려하여 치공구 제작비가 적게 들도록 할 것
⑩ 신속한 클램프의 선정과 제품의 로딩·언로딩을 고려한 설계를 할 것
⑪ 표준품, 시중품의 활용과 요소부품수리와 교환의 용이성을 고려할 것

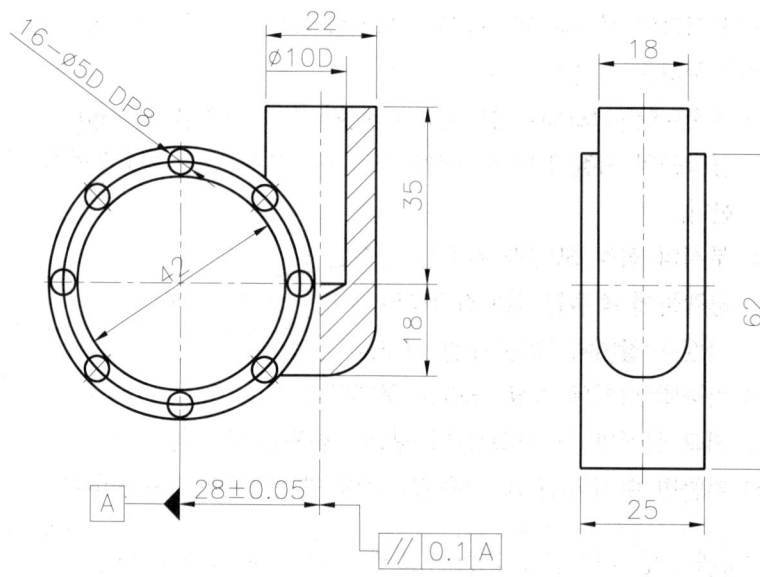

[그림 3-136] 부품도

(2) 앵글 플레이트형 드릴 지그 이해

앵글 플레이트(angle plate)형 지그의 형상, 종류, 용도, 장·단점 등을 파악한다.

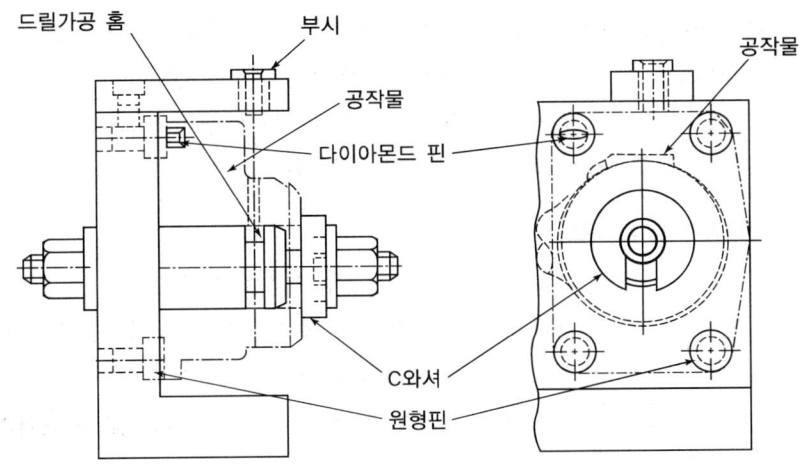

[그림 3-137] 간단한 앵글 플레이트 드릴 지그

(3) 부품도면 분석

① 부품의 형태, 수량, 가공 정밀도, 재질, 치수의 기준, 가공 방법 등을 파악한다.
② 내경과 구멍이 정확한 직각 가공을 위하여 앵글 플레이트 형태를 택한다.
③ 본체는 치공구 제작비를 고려하여 용접형(용접 후 응력을 고려

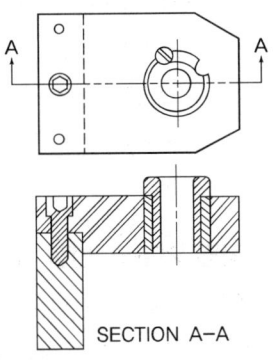

[그림 3-138] 지그 플레이트 조립

하여 반드시 풀림 처리 후 기계 가공을 한다)을 선택하되 지그 플레이트는 맞춤 핀(다웰핀, 노크핀) 한쌍을 사용한다. 또한 억지 끼워맞춤 방식을(H7p6) 택하고 머리 붙이 볼트를 사용한다.
④ 위치결정점과 클램프 점을 파악한 후 드릴 가공에서 설계가 편리한 방향으로 위치를 잡는다.
⑤ 방안지에 1 : 1로 빨간색을 이용하여 3각법으로 부품도를 설계할 수 있도록 배치한다. CAD상에서는 가상선(가는 2점 쇄선)으로 그림을 그린다.

(4) 먼저 부시를 설계한다.

① 수량을 고려하여 회전형 삽입 부시와 라이너 부시를 활용하여 교환할 수 있도록 설계한다.
② 드릴 지름 Ø10을 결정하고 부시의 내경과 외경을 결정한다.
③ 부시의 길이와 지그 판 두께를 결정한다. 일반적으로 탁상드릴은 16mm로 결정한다(드릴 지름의 1배에서 2배로 결정).
④ 부시를 위치결정 할 때 제품(공작물)과 부시 간격을 고려한다. 주철의 경우 드릴 지름의 1/2배로 결정한다.

(5) 공작물의 위치결정

① 공작물의 가장 넓은 평면을 위치결정면으로 한다.
② 치수의 기준이 공작물의 중심에 있으므로 공작물의 내경을 기준으로 하기 위하여 핀에 의한 위치결정방법을 사용한다.
  ㉠ 위치결정구의 치수는 제품도 치수가 $Ø42^{+0.050}_{0}$이므로 최소치수 Ø42를 기준으로 원활한 로딩·언로딩이 이루어지도록 $Ø42^{-0.01}_{-0.02}$의 정도로 택한다.
  ㉡ 위치결정구가 본체와 끼워맞춤은 억지 끼워맞춤으로 하는 것을 원칙으로 하되 별도의 볼트조립이 될 경우는 중간 끼워맞춤으로 한다.
  ㉢ 가공부 측면에 위치결정 및 회전방지용 고정위치결정구를 택한다.

(6) 클램핑 기구의 선정

공작물의 급속 클램핑을 위하여 C와셔를 이용하여 클램핑 한다. C와셔의 호칭 치수는 볼트 외경으로 하며 볼트 머리는 공작물 구멍보다 작게 한다.

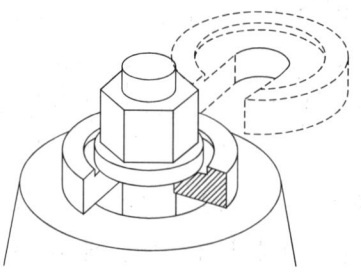

[그림 3-139] C와셔 사용 예

[그림 3-140] C와셔의 형상

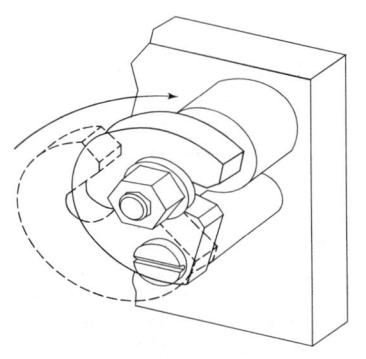

[그림 3-141] 고정용 C와셔 사용 예   [그림 3-142] 고정용 C와셔 형상

(7) 앵글 플레이트 지그의 설계

① 모눈종이를 이용하여 3각법과 3도면(2도면)으로 간단히 스케치한다.
② 중심선을 그리고 공작물은 가상선으로 하고 CAD로 설계제도를 한다.
③ 조립도의 주요 치수를 결정하고 조립도를 완성하고 조립도에 필요한 조립 치수, 데이텀, 기하공차를 부여한다.
  ㉠ 본체 플레이트 두께는 16mm 이상으로 하며 일반적으로 제작이 간단한 용접형으로 하고, 용접 후 응력을 제거하여 위치결정면에 대하여 기계 가공을 한다.
  ㉡ 지그 플레이트는 두께는 12mm 이상으로 한다. 탁상드릴에서 작업할 경우 손가락이 들어갈 수 있는 크기로 길이는 16mm 정도로 하고 4개를 설치한다.
  ㉢ 억지 끼워맞춤으로 하되 밑면을 동시 연삭하는 것이 좋다. 조립 도상에 중요 조립치수를 기재하고 형상 공차를 기재한다.
④ 조립도상에 주요 품번을 명기하고 표제란에 각 부품의 품번대로 품명, 재질, 수량, 비고란 등을 명기한다.
⑤ 부품도를 3각법으로 도면화 한다.
⑥ 표제란 위에 도면의 주기 사항(주기란, NOTE)을 명기한다.
⑦ 치공구설계작업에 필요한 Data book 및 카탈로그를 참고하여 KS 제도법에 따라 적용한다.

(8) 스케치 설계 순서

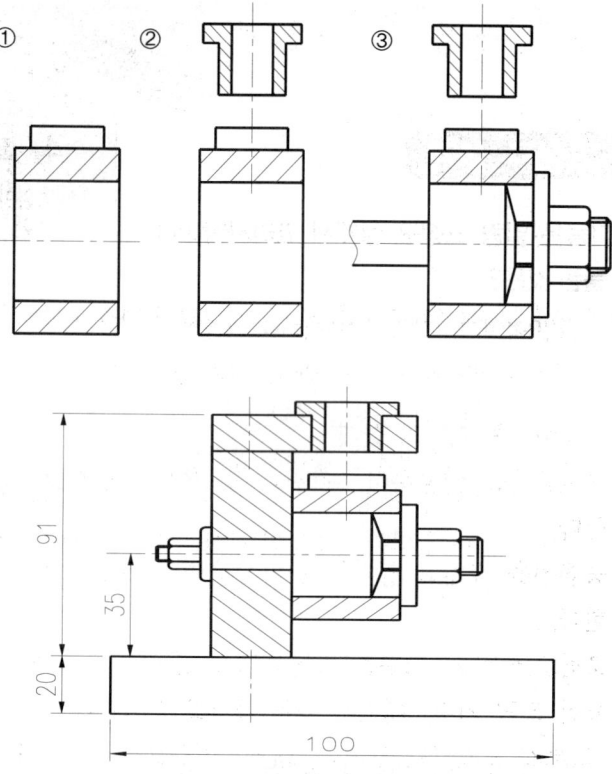

[그림 3-143] 앵글 플레이트 지그 설계 순서

01 고정구 설계

01. 다음은 밀링 고정구 설계시 고려사항이다. 틀린 것은?

① 효율적이고, 작동이 용이하도록 한다.
② 정밀한 공작물이 제작되도록 제품 공차에 10% 이상의 공차를 준다.
③ 고정구의 제작비용은 생산될 공작물 수량에 적절하게 한다.
④ 커터나 아버에 의한 고정구의 간섭을 고려해야 한다.

해설 밀링 고정구 설계 공차는 제품(공작물) 공차에 대하여 20~50% 공차를 준다.

02. 밀링 고정구 설계에서 사용되는 밀링머신의 내용에 대하여 충분한 지식을 갖도록 해야 한다. 주요 검토항목이 아닌 것은?

① 작업 면적 ② 테이블 치수
③ 작업자의 기능 정도 ④ 전동기의 출력

해설 밀링 고정구의 설계에 있어서 사용하는 밀링머신의 내용에 대하여 충분한 지식을 갖도록 해야 하며 작업 면적, 테이블의 치수, T홈의 치수, 기계의 이동량, 전동기의 출력, 이송속도의 범위, 밀링머신의 종류 등을 잘 알아야 한다.

03. 밀링 고정구에서 틈새 게이지(Feeler Gage) 두께는 대략 얼마로 하는가?

① 0.3~1.5mm ② 1.5~3mm
③ 1.5~2mm   ④ 6~8mm

해설 두께 게이지는 뒤틀림이나 휨을 방지할 수 있도록 1.5mm 또는 3mm 사이의 두께가 많이 사용되고 있다.

04. 밀링커터와 공작물과의 위치를 맞추기 위해 사용하는 게이지는?

① 필러 게이지
② 로케이션 게이지
③ 스냅 게이지
④ 플러쉬 핀 게이지

05. 밀링 고정구에서 공작물에 대한 절삭공구의 위치세팅방법은?

① 세트 블록과 필러 게이지 사용
② 블록 게이지 사용
③ 에어 마이크로미터와 인디케이터
④ 하이트 게이지와 다이얼 게이지

해설 고정구에 사용되는 커터 안내장치는 지그에서의 부시와는 다른 방법이 필요하게 된다. 일반적으로 커터의 안내장치로는 세팅 게이지(setting gage), 세트 블록(set block)과 셋업 게이지(set-up gage) 등이 있다.

06. 여러 개의 조합 커터(straddle mill cutter) 작업 시 두 커터와의 정확한 간격을 유지시키기 위한 요소는?

① Block Gage
② Feeler Gage
③ Set Block
④ Collar spacer

07. 공구의 깊이와 폭을 세팅할 때 쓰이는 것은?

① set block ② spacer
③ 아버   ④ V-BLOCK

정답 01 ② 02 ③ 03 ② 04 ① 05 ① 06 ④ 07 ①

08. 조합 커터의 올바른 조합현상은?

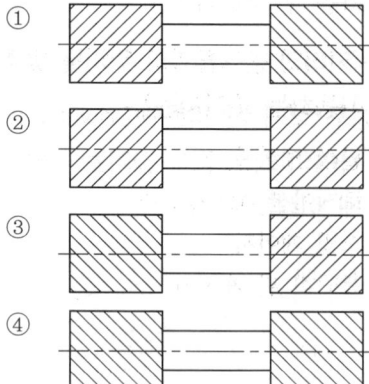

09. 밀링커터 직경이 Φ75mm일 때 절삭 날 수는?

① 7개 ② 9개
③ 14개 ④ 16개

해설 $2 \times D(인치) + 8$
$2 \times (75 \div 25.4) + 8 = 13.9$

10. 고속도강 밀링커터에서 (+)경사각을 주는 이유에 대한 설명 중 잘못된 것은?

① 표면 가공 정도가 양호
② 소요 동력 감소
③ 공구 수명의 감소
④ 칩 배출의 원활

11. 세트 블록과 관계없는 것은?

① 고정구
② 커터의 위치결정
③ 필러 게이지
④ 지그 부시

12. 밀링 고정구의 설계 순서를 열거한 것으로 순서가 맞은 것은?

㉠ 공작물의 분석   ㉡ 위치결정구의 설계
㉢ 클램프 설계   ㉣ 특수장치 설계
㉤ 몸체의 설계   ㉥ 완전한 도면작성

① ㉠㉡㉢㉣㉤㉥
② ㉠㉡㉢㉣㉥㉤
③ ㉠㉢㉡㉣㉤㉥
④ ㉠㉡㉢㉤㉣㉥

13. 앵글 플레이트 밀링 고정구의 장·단점에 대한 설명으로 틀린 것은?

① 다량의 공작물을 같은 위치에 정확한 위치결정이 되도록 설계할 수 있다.
② 커터가 모든 공작물을 균일하게 가공되도록 설치할 수 있으며 측정과 검사시간을 줄일 수 있다.
③ 간단하고 빠른 위치결정과 클램핑을 할 수 있다.
④ 커터의 추력이 보통 앵글 플레이트의 수평 부분에 작용한다.

해설 • 커터의 추력이 보통 앵글 플레이트의 수직 부분에 작용한다.
• 앵글 플레이트 고정구의 단점은 사용할 수 있는 높이에 제한받으며 견고하게 제작되어야 한다.

14. 치공구의 본체에 대한 설명으로 틀린 것은?

① 주조형 본체는 진동을 흡수하지 못한다.
② 용접형은 현재 가장 많이 사용된다.
③ 용접형은 설계 시 변형이 있을 때 수정이 가능하다.
④ 조립형은 설계가 용이하다.

해설 주조형은 무게를 가볍게 할 수 있고, 가공성이 양호하다. 또한 진동을 흡수할 수 있고 견고하고 변형이 적다.

15. 치공구 본체의 설계에서 용접형 본체와 비교한 조립형 본체의 장점으로 맞는 것은?

① 몸체의 형태 변경이 용이하고, 고강도이다.
② 제작시간이 단축되고 무게가 감소된다.
③ 수리가 용이하고 표준화 부품의 재사용이 가능하다.
④ 장시간 사용 시 변형이 적어 중·대형에 적합하다.

해설
- 용접형 본체의 특징
  ① 고강도(high strength), 고강도(rigidity)이다.
  ② 다양성과 설계 변경 용이하다.
  ③ 리드 타임이 짧다.
  ④ 열변형 제거로 인한 2차 가공을 한다.
  ⑤ 현재 가장 주로 사용한다.
- 조립형 본체의 특징
  ① 제작, 설계, 수리용이하다.
  ② 리드 타임이 용접형에 비해 길다.
  ③ 표준화된 부품을 사용한다.
  ④ 강도 면에서는 불리하다.
  ⑤ 체결 나사의 이완으로 인한 변형이다.
  ⑥ 소형이나 중형에 적합하다.

16. 주조형 지그 본체의 장점에 관한 설명 중 제일 거리가 먼 것은?

① 복잡한 모양의 공작물에 적합하다.
② 고강도의 구조물을 얻을 수 있다.
③ 다른 지그 본체에 비해 내마모성이 매우 크다.
④ 균일한 두께의 것을 얻을수 있다.

해설 주조형은 내마모성이 작다.

17. 다웰핀의 주기능으로 옳은 것은?

① 위치선정
② 부품 조립 시 체결력 보완

③ 부품 분해 시 용이
④ 가공 후 부품의 이젝팅

18. 고정구 설계 시 맞춤핀(Dowel Pin)과 구멍 사이의 최소 접촉 길이는 구멍 지름의 몇 배 이상으로 하는가?

① $1\frac{1}{2}$배 ② $2\frac{1}{2}$배
③ $3\frac{1}{2}$배 ④ $4\frac{1}{2}$배

해설 1.5~2배이다.

19. 테이퍼 핀을 설명한 것 중 맞는 것은?

① 가는 쪽을 호칭 치수로 한다.
② 축 방향으로 위치결정한다.
③ 반영구적인 곳에 주로 사용한다.
④ Taper는 1/20이다.

20. 위치결정 키 및 기계 테이블에서 사용되는 키(key)의 끼워맞춤이 알맞은 것은?

① H7g6 ② H7p6
③ H7h6 ④ H7f6

21. 맞춤핀 설명으로 틀린 것은?

① 세트블록 위치를 보증한다.
② 볼트의 체결력을 도와준다.
③ 통상 2개를 사용한다.
④ 필요한 임의의 위치에 설치한다.

정답 15 ③ 16 ③ 17 ① 18 ① 19 ① 20 ③ 21 ②

22. 맞춤핀 설명으로 틀린 것은?

① 부품의 정확한 위치가 흐트러지는 것을 방지하기 위해 사용한다.
② 두 부품의 맞춤핀 구성은 가능하면 조립 후 동시에 가공한다.
③ 맞춤핀 구멍의 위치는 가급적 대각선 비대칭으로 설치한다.
④ 맞춤핀 구멍의 위치는 선대칭으로 설치한다.

해설 맞춤핀은 가급적 선대칭보다는 대각선 비대칭으로 설치한다.

23. 다음은 다웰 핀의 용도이다. 맞지 않는 것은?

① Tooling 시에 많이 사용한다.
② 조립 시 1.5D~2D이다.
③ 경도는 HRC 52~54이다.
④ 고정구에서는 볼트지름보다 무조건 작다.

해설 치공구에서는 일반적으로 볼트지름보다 작지만 금형에서는 볼트지름과 같다.

24. 다웰 핀의 대용으로 많이 이용하는 핀은?

① 철사   ② 드릴 날 부
③ 스프링 핀   ④ 이붙이 와셔

25. 평행 핀에 대한 설명 중 잘못된 것은?

① 지름의 허용차에 따라 m6 및 h7의 두 종류로 한다.
② 핀의 형식은 끝 면의 모양에 따라 둥근 끝은 B형 평평한 끝은 A형이다.
③ 강 핀의 재질은 SM 20C 또는 SM 45C와 일반적으로 많이 사용된다.
④ 강 핀의 경도는 보통 HRC 55~HRC 60 정도이다.

해설 맞춤 핀의 표면 강도는 HRC 60~64이고, 중심부 경도는 HRC 50~54이다.

02 지그 설계

01. 드릴 지그에서 위치결정상의 주의할 점에 대한 설명으로 틀린 것은?

① 공작물의 기준면은 치수나 가공의 기준이 되므로 위치결정면으로 한다.
② 공작물의 밑면 즉 안정된 면을 위치결정면으로 한다.
③ 절삭력이나 고정력에 의해 공작물의 변위가 생기지 않도록 위치결정 한다.
④ 위치결정은 4점 지지를 이용하여 4-2-1 지지법을 기본으로 한다.

해설 위치결정은 3점 지지를 이용하여 3-2-1 지지법을 기본으로 한다.

02. 클램프(체결) 장치에 대한 설명으로 틀린 것은?

① 클램프 장치는 구조를 복잡하고 조작이 쉽게 한다.
② 절삭력에 의해 변위 발생이 없도록 클램핑력이 충분하도록 한다.
③ 절삭 방향에 따라 위치결정면과 클램프 방법을 선택하도록 한다.
④ 다수 공작물을 클램프 하는 경우 클램핑력이 일정하게 작용하도록 한다.

해설 클램프 장치는 구조를 간단하고 조작이 쉽게 한다.

형성평가

03. 드릴 지그에서 공작물의 중심거리에 대한 오차 발생 요인이라고 할 수 없는 것은?
① 부시와 드릴과의 틈새
② 교환 부시의 편심
③ 온도변화
④ 공작물의 재질

04. 드릴 지그에서 공작물 구멍의 위치 정도에 영향을 미치지 않는 것은?
① 라이너 부시의 전위치
② 라이너 부시와 교환 부시의 끼워맞춤 관계
③ 부시의 종류 및 재질
④ 부시의 흔들림 정도

05. 부시의 고정요소가 아닌 것은?
① 멈춤쇠
② 핀
③ 멈춤 나사
④ 6각 구멍붙이볼트

06. 드릴 부시의 역할로 올바르지 않은 것은?
① 위치결정   ② 공구 안내
③ 지지력   ④ 분할작업

07. 드릴 가공 후 리머 가공을 위한 드릴 지그를 설계할 때 틀린 사항은?
① 교환을 위해 회전형 삽입 부시를 안내 부시, 잠금 나사와 함께 사용한다.
② 지그 다리 밑에 칩이 끼어도 안정되게 작업할 수 있도록 지그 다리는 3개로 한다.
③ 가공구멍 깊이와 정밀도, 칩 배출량을 고려해 지그 플레이트와 부시와의 간격을 설정한다.
④ 위치결정을 위한 기준면은 오차의 누적을 피하고자 되도록 일괄 사용한다.

> **해설** 3개의 다리는 다리 밑에 칩이 들어가도 항상 안정되어 있으므로 경사진 채로 작업이 될 우려가 있다. 따라서 4개의 다리로써 칩이 끼면 지그가 흔들거리는 걸 바로 느끼고 기울어진 걸 알 수 있다.

08. 부시 설계 시 중요사항이 아닌 것은?
① 부시 안지름과 바깥지름과의 관계
② 피 절삭 재질과 부시 재질과의 관계
③ 부시 안지름과 지름과의 관계
④ 부시의 공차

09. Jig를 사용하여 공작물에 구멍을 뚫을 때 구멍위치의 정밀도에 영향을 미치는 것과 제일 거리가 먼 것은?
① 삽입 부시용 부시(Liner Bush)의 전위치
② 삽입 부시용 부시(Liner Bush)와 부시와의 틈새
③ 리머(Reamer)와 부시와의 틈새
④ 부시의 재질

10. 인치 계열 부시 표기법 1/2-HL-64-32에서 32란 무엇인가?
① 부시의 내경   ② 부시의 산수
③ 부시의 등급   ④ 부시의 길이

> **해설**
> • 1/2 : 내경
> • HL : 부시 종류
> • 64 : 외경
> • 32 : 길이

정답 03 ④ 04 ③ 05 ② 06 ④ 07 ② 08 ② 09 ④ 10 ④

Part 2. 기계요소 설계

11. 드릴 부시의 설계방법을 순서대로 나열한 것은?

> ㉠ 부시의 내·외경 결정
> ㉡ 드릴 직경 결정
> ㉢ 부시 길이와 지그 본체 두께 결정
> ㉣ 부시 위치결정

① ㉠, ㉡, ㉢, ㉣ ② ㉠, ㉢, ㉡, ㉣
③ ㉡, ㉠, ㉢, ㉣ ④ ㉡, ㉠, ㉣, ㉢

12. 다음 드릴 부시 설계 시 고려할 사항 중 거리가 먼 것은?

① 드릴 직경
② 부시의 내경
③ 부시의 외경
④ 재료 종류 및 피절삭제

13. KS 규격에 의한 지그용 부시 호칭 방법으로 옳은 것은?

① 명칭, 종류, 용도 D × L
② 명칭, 종류, 용도 D × L × D
③ 용도, 종류, 명칭 D × L × D
④ 용도, 종류 D × L - 명칭

[해설] 부시의 호칭 방법으로서는 명칭, 종류, 용도, D×L(또는 D×d×L)로 되어 있다.

14. 드릴 부시의 호칭 방법으로 맞는 것은?

① D × d × L
② d × D × L
③ L × d × D
④ R × D × L

15. 인치계 부시 250-H-48-16에서 H란?

① 회전삽입 부시
② 고정삽입 부시
③ 플랜지 붙이 고정 부시
④ 플랜지 붙이 라이너 부시

[해설] 부시의 종류
- S : 회전삽입 부시
- F : 고정삽입 부시
- L : 플랜지 없는 라이너 부시
- HL : 플랜지 붙이 라이너 부시
- P : 플랜지 없는 고정 부시
- H : 플랜지 붙이 고정 부시

16. 부시의 길이에 대한 다음 사항 중 잘못 설명된 것은?

① 부시의 길이가 짧으면 구멍의 위치(Location) 치수 불량이 발생한다.
② 부시의 길이가 짧으면 구멍이 크게 가공된다.
③ 부시의 길이가 길면 공구수명이 연장된다.
④ 부시의 효율적인 길이는 드릴 직경의 $1\frac{1}{4} \sim 2\frac{1}{2}$배이다.

[해설] 부시의 지그 판 두께는 모든 절삭력을 쉽게 견딜 수 있어야 하며 공구의 정밀도를 유지해야 한다. 부시의 길이는 일반적으로 $1\frac{1}{4} \sim 2\frac{1}{2}$로 하는 것이 좋다.

17. 드릴 부시 외경에 모따기를 주는 가장 큰 이유는?

① 드릴의 안내를 위해
② 절삭유 주입을 위해
③ 칩의 배출 용이성을 위해
④ 부시 삽입의 용이성을 위해

정답 11 ③ 12 ④ 13 ① 14 ① 15 ③ 16 ③ 17 ④

형성평가

18. 부시 내경에 라운드를 주는 가장 큰 이유는?

① 칩이 쉽게 빠져나오도록 하기 위해
② 절삭유의 주입이 잘 되도록 하기 위해
③ 드릴의 안내가 용이하도록 하기 위해
④ 부시 제작시 생기는 버어(Burr)의 제거를 위해

해설 드릴이 부시 내경에 쉽게 삽입되도록 하기 위해

19. 드릴링 작업만 요구되는 제품을 대량 생산할 경우 지그 부시는 어느 것이 가장 경제적인가?

① 회전삽입 부시(Slip Renewable Bushing)
② 고정삽입 부시(Fixed Renewable Bushing)
③ 라이너 부시(Liner Bushing)
④ 고정 부시(Press fit Bushing)

해설 고정형 삽입 부시는 사용 목적상 고정 부시와 같이 지름이 같은 한 종류의 가공이 장시간 이루어지거나 또는 장시간 사용으로 인하여 부시의 교환이 요구될 때 교환이 쉽게 되어 있다.

20. 다음 드릴 지그에서 드릴, 리머, 탭 작업을 위해 필요한 부시는?

① Slip Renewable
② Fixed Renewable
③ Headless Liner
④ Head Liner

해설 회전삽입부시는 하나의 가공 위치에 여러 가지의 작업이 이루어질 경우, 내경의 크기가 서로 다른 부시를 교대로 삽입하여 작업을 하게 된다. 예를 들면 드릴링(drilling)이 이루어진 후 리밍(reaming), 태핑(tapping), 카운트 보링(counter boring) 등의 연속작업이 요구되는 경우에 적합하다.

21. 삽입 부시의 설명으로 틀린 것은?

① 하나의 구멍 가공에 2가지 이상 작업 시 사용한다.
② 라이너 부시와 함께 사용한다.
③ 소량 생산시 사용에 적합하다.
④ 회전형과 고정형이 있다.

해설 삽입 부시(renewable bushing)
삽입된 고정 부시 위에 삽입되는 부시를 말하며, 같은 가공 위치에 여러 종류의 다른 작업이 수행될 경우나, 부시의 마모 시 교환이 쉽도록 하기 위하여 사용된다.

22. 고속 생산 시 부시의 교환 없이 장시간 사용하기 위해서 사용하는 부시는?

① 라이너 부시
② 회전삽입 부시
③ 고정 부시
④ 초경합금 부시

해설 초경합금(WC, 부시의 교환 없이 장시간 사용할 경우) 사용하는 때도 있으며, 이것은 6% Co와 94% WC인 코발트 급으로서 HRC 90의 경도를 나타내고 있다. 이 경우 부시 본체의 길이는 카바이드로 만들고 머리부는 강으로 만들어서 부시 윗부분에서 구리로 납땜하여 사용한다. 이 부시의 수명은 보통 부시보다 50배 정도 더 높다.

23. 드릴 지그에서 교환 부시와 함께 사용하는 부시는?

① Liner Bush
② Headless press Fit Bush
③ Head Press Fit Bush
④ Fixed Renewable Bush

해설 라이너 부시는 삽입 또는 고정 부시를 설치하기 위하여 지그 몸체에 삽입되어 고정되는 부시를 말하며, 삽입 부시로 인한 지그 몸체의 마모와 변위를 방지하기 위하여 지그 몸체보다 강도가 높은 라이너 부시를 조립하여 사용하게 된다.

정답 18 ③ 19 ② 20 ① 21 ③ 22 ④ 23 ①

24. 부시 중 주철을 사용할 수 있으며 정도가 가장 낮게 가공되는 것은?

① 라이너 부시 ② 돌출 부시
③ 나사 부시 ④ 교환 부시

25. 그림에서 부시의 이름으로 적당한 것은?

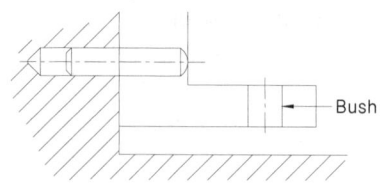

① Bracket Bush ② 편심 Bush
③ Angle Bush ④ 차입 Bush

26. 드릴 부시에 대한 설명으로 맞는 것은?

① 잔류오목을 해주는 까닭은 지그 판에 부시가 정확하게 끼워지게 하기 위함이다.
② 드릴의 지름보다 부시가 짧아야 한다.
③ 드릴의 지름과 부시가 같아야 한다.
④ 나사 부시는 정도가 요구되는 곳에 사용한다.

27. 다음 중 드릴 부시를 설명한 것 중 틀린 것은?

① 일반적으로 부시의 길이는 부시의 내경보다 길어야 한다.
② 공작물과 부시의 간격은 주물의 경우 드릴 지름의 $\frac{1}{2} \sim \frac{1}{4}$로 한다.
③ 유동형 칩이 발생하면 공작물 표면과의 거리는 부시 내경의 1배, 드릴 지름과 동일하게 한다.
④ 정도가 높은 표면을 가공할 때는 칩의 배출이 자유로워야 하므로 공작물 표면과의 거리를 멀게 하는 것이 좋다.

해설 정도가 높은 표면을 가공할 때는 칩의 배출이 자유로워야 하므로 공작물 표면과의 거리를 가깝게 하는 것이 좋다.

28. 드릴 부시의 형상 공차 적용 시 내경을 데이텀으로 하는 가장 큰 이유는?

① 내경만 부분 열처리하므로
② 외경 가공 후 내경 가공을 하기 때문
③ 드릴을 안내하는 기준이므로
④ 내외경 어느 쪽을 먼저 가공해도 상관없기 때문

29. 드릴 지그에서 일정 깊이 구멍 가공을 위해 사용되는 장치는?

① 소켓 ② 스톱 칼라
③ 세트 스크루 ④ 슬리이브

30. 지그 부시와 공작물과의 사이에 칩 간격을 둔다. 일반강의 유동형 칩이 연속적으로 나오는 경우는 최소 간격은 얼마인가?

① 드릴 지름의 $(\frac{1}{4} \sim \frac{1}{2})$배
② 드릴 지름의 $\frac{1}{4}$배
③ 드릴 지름의 1배
④ 드릴 지름의 $\frac{1}{2}$배

해설 구멍 깊이가 깊은 것은 칩이 많이 발생하므로, 간격은 조금 넓혀 줄 필요가 있다. 그러나 일반강의 유동형 칩이 연속적으로 나오는 경우는 최소 간격을 보통 드릴 지름과 같게 부시 안지름의 1배 정도로 한다.

정답 24 ③ 25 ① 26 ① 27 ④ 28 ③ 29 ② 30 ③

형성평가

31. KS B 1030에서 부시 재질에 관한 규정은?
① STC 90 또는 이와 동등 이상의 재질
② STS 5 또는 이와 동등 이상의 재질
③ STD 11 또는 이와 동등 이상의 재질
④ SM45C 또는 이와 동등 이상의 재질

해설 부시의 재질은 KS B 1030에 의하면 탄소 공구강 5종(STC 90)으로, 경도는 HV 679(HRC 60), 원통면의 거칠기는 3S로 규정하고 있다.

32. 드릴 부시의 재질이 아닌 것은?
① 고크롬강   ② 주철
③ 초경합금   ④ 알루미늄

33. 지그 플레이트 두께는 드릴 경의 몇 배 정도로 하는가?
① 0.5~1배   ② 1~2배
③ 1.5~2.5배 ④ 2~3배

해설 보통 드릴 지그의 판은 드릴 지름의 1~2배 사이의 두께이면 부정확성을 방지하는 데 충분하다.

34. 드릴 부시의 지그 플레이트에 설치하는 방법 중 거리가 먼 것은?
① 가압 아버법
② 인발 볼트 너트법
③ 해머와 펀치 방법
④ 훅(Hook)에 의한 법

35. 드릴 지그에서 정밀도가 크게 요구될 때 공작물과 부시의 간격은 얼마인가?
① 드릴 지름의 1/2~1/4
② 드릴 지름의 1/4~1/6
③ 드릴 지름의 1/6~1/8
④ 드릴 지름의 1/8~1/12

36. 다음 지그 다리 설계 시 잘못된 것은?
① 지그 다리는 4개 설치를 원칙으로 하며, 될 수 있으면 다리 간의 간격을 멀리한다.
② 절삭공구가 밑으로 많이 나올 때 다리를 기준보다 길게 한다.
③ 다리의 선단에는 보통 센터 구멍을 남겨도 된다.
④ 다리의 높이는 보통 15~20m/m 정도로 유지한다.

37. Jig Feet가 일반적으로 3개보다 4개를 하는 이유는?
① 다리 수가 많으면 마모가 적다.
② 모든 관례에 따라서 4개로 한다.
③ 칩이 꼈을 때 발견이 용이하다.
④ 4개가 3개보다 튼튼하기 때문이다.

해설 다리 높이는 손가락이 들어갈 여유를 준다.

38. 지그 다리(Jip Feet) 설명 중 옳은 것은?
① T홈에 꼭 끼워 사용한다.
② 높이는 60mm 이상으로 한다.
③ 몸체에 중간 끼워맞춤을 한다.
④ Ø6mm 이상 구멍 가공 시는 지그 다리를 설치하지 않아도 된다.

39. 드릴 지그는 일반적으로 4개의 다리를 설치하는데, 보통 드릴 지그의 다리 높이는 얼마인가?
① 3~4mm   ② 5~9mm
③ 10~14mm   ④ 15~20mm

정답 31 ① 32 ④ 33 ② 34 ④ 35 ① 36 ③ 37 ③ 38 ④ 39 ④

Part 2. 기계요소 설계

40. 박스 드릴 지그에서 다리 설치를 하는 이유 중 틀린 것은?

① 기계 테이블과 지그 사이에 칩 여유 제공
② 머리에 부시 설치 시 기계 테이블과의 간섭 제거
③ 지그를 기계 테이블에 정확히 고정하기 위해
④ 체결기구 설치 시 기계 테이블과의 간섭 제거

41. 테이블식 드릴 지그는 가공 직경의 얼마를 기준으로 정해지는가?

① Ø3mm 이상
② Ø6mm 이상
③ Ø9mm 이상
④ Ø10mm 이상

42. 라이너 부시와 회전삽입 부시의 끼워맞춤은?

① H7-m5
② G6-ha
③ H6-p6
④ F7-m6

43. 부시와 지그 플레이트의 끼워맞춤은?

① H7/p6
② H7/n6
③ F7/m6
④ F7/h6

44. 제품의 구멍 중심거리가 20±0.50일 때 부시 중심 간 거리는?

① 20±0.002
② 20±0.06
③ 20±0.15
④ 20±0.02

> [해설] 공차에 20%~50% 적용하면 0.5×0.3=0.15이다.

45. Ø24 구멍 가공을 위한 드릴 부시의 흔들림 공차는?

① 2mm 정도
② 5mm 정도
③ 8mm 정도
④ 10mm 정도

> [해설] 부시의 흔들림 공차
> - Ø18 이하 : 0.005
> - Ø18~Ø50 : 0.008
> - Ø50~Ø80 : 0.01

46. 지그 몸체와 다리(leg)와의 끼워맞춤(fit) 공차는?

① H7p6
② H7g6
③ H6js6
④ H7h6

47. 드릴 부시의 위치와 옆 방향의 움직임(End wise motion)을 방지하기 위해 사용하는 부품은?

① Jack Pin
② Dowel Pin
③ Jack screw
④ Spring pin

48. 다음 그림에서 위치결정구로부터 Bush 중심까지의 거리는?

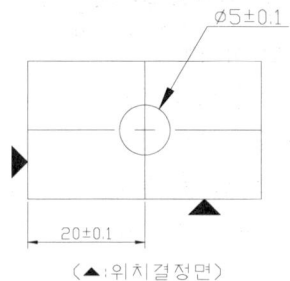

① 20±0.005
② 20±0.01
③ 20±0.04
④ 20±0.1

> [해설] 공차에 20% 적용하면 0.1×0.2=0.04이다.

49. 다음 그림은 부시를 지그 플레이트에 삽입할 때 사용하는 공구로서 공구지름 "D"는 부시의 내경보다 대략 어느 정도 작아야 하는가?

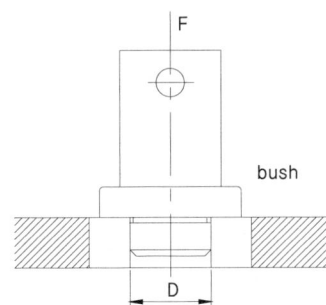

① 0.01~0.03m/m
② 0.03~0.05m/m
③ 0.03~0.08m/m
④ 0.04~0.10m/m

50. 드릴 지그의 설계 순서를 열거한 것으로 순서가 맞은 것은?

㉠ 공작물의 분석
㉡ 지그 부시의 설계
㉢ 위치결정구의 배치
㉣ 클램프의 설치
㉤ 몸체의 설계
㉥ 특수장치의 고려
㉦ 완전한 도면작성

① ㉠-㉡-㉢-㉣-㉤-㉥-㉦
② ㉠-㉡-㉣-㉢-㉥-㉤-㉦
③ ㉠-㉢-㉡-㉣-㉤-㉥-㉦
④ ㉠-㉡-㉢-㉤-㉣-㉥-㉦

51. 다음 지그의 설계 순서 중 가장 먼저 결정해야 할 사항은?

① 부시의 외경
② 부시의 길이와 지그 플레이트 두께
③ 부시의 내경
④ 본체

해설 드릴 지름을 결정하고 부시의 내경부터 결정한다.

52. 다음 내용은 드릴 지그의 설계절차이다. 순서가 바른 것은?

㉠ 제품도면과 공정도 분석
㉡ 부시의 선정
㉢ 위치결정구 선정
㉣ 중요 치수의 결정
㉤ 설계의 검토

① ㉠-㉢-㉡-㉣-㉤
② ㉠-㉡-㉢-㉤-㉣
③ ㉤-㉠-㉡-㉢-㉣
④ ㉠-㉡-㉢-㉣-㉤

정답 49 ① 50 ② 51 ③ 52 ④

Part 3 기계재료 및 측정

01 요소부품 재질선정
02 기본측정기 사용

Chapter 01 요소부품 재질선정

1 요소부품 재료 파악

1. 철강 재료

1) 금속의 공통적 성질
① 실온에서 고체이며, 결정체이다(단, Hg 제외).
② 가공이 용이하고, 연성과 전성이 풍부하고, 강도와 경도, 비중이 비교적 크다.
③ 불투명하고 고유의 색상이 있으며, 빛을 반사한다.
④ 전자, 중성자의 배열로 결정되는 내부구조이고 결정의 내부구조를 변경할 수 있다.
⑤ 비중이 크고, 경도 및 용융점이 높으며 순금속 융점은 그 금속 고유의 온도이다.
⑥ 열 및 전기의 양도체이다.
⑦ 생성된 결정핵이 성장하여 수지상 결정을 만든다.

2) 금속의 분류
비중 4.5를 기준으로 경금속과 중금속을 구분한다.
① 경금속 : Al(2.7), Mg(1.74), Na(0.97), Si(2.33), Li(0.53)
② 중금속 : Fe(7.87), Cu(8.96), Ni(8.85), Au(19.32), Ag(10.5), Sn(7.3), Pb(11.34), Ir(22.5)

3) 금속원자 결정
① 체심입방격자(BCC) : 융점이 높고 강도가 크다[소속 원자 수 : 2개, 배위수(인접 원자 수) : 8개].
 • Cr, W, Mo, V, Li, Na, Ta, K, α-Fe, δ-Fe
② 면심입방격자(FCC) : 전연성과 전기전도율이 크다. 가공성이 우수하다(소속 원자 수 : 4개, 배위수 : 12개).
 • Al, Ag, Au, Cu, Ni, Pb, Ca, Co, γ-Fe

③ 조밀육방격자(HCP) : 전연성과 접착성, 가공성이 불량하다(소속 원자 수 : 2개, 배위수 : 12개).
  • Mg, Zn, Cd, Ti, Be, Zr, Ce

4) 금속재료의 성질

(1) 기계적 성질
① 연성 : 길고 가늘게 늘어나는 성질이다.
  • 연성순서 : Au > Ag > Al > Cu > Pt
② 전성 : 얇은 판을 넓게 펼칠 수 있는 성질이다.
  • 전성순서 : Au > Ag > Pt > Al > Fe
③ 인성 : 외력(굽힘, 비틀림, 인장, 압축 등)에 저항하는 질긴 성질이다.
④ 취성(메짐) : 잘 깨지고 부서지는 성질로 인성의 반대이다.
⑤ 소성 : 외력을 가한 후 제거해도 변형이 그대로 유지되는 성질이다.
⑥ 탄성 : 외력을 제거해도 원래대로 돌아오는 성질이다.
⑦ 경도 : 재료의 단단한(무르고 굳은) 정도이다.
⑧ 강도 : 단위 면적당 작용하는 힘, 외력(굽힘, 비틀림, 인장, 압축 등)에 견디는 힘이다.
⑨ 피로 : 작은 힘의 반복 작용에 의해 재료가 파괴되는 현상이다.
⑩ 크리프(Creep) : 재료를 고온으로 가열했을 때 인장강도, 경도 등을 말한다.

(2) 물리적 성질
① 비열 : 어떤 물질 1g의 온도를 1℃만큼 올리는 데 필요한 열량이다.
② 용융점 : 금속을 가열하면 녹아서 액체로 되는데 액체로 되는 온도점을 말한다.
③ 비중 : 물(4℃)과 똑같은 부피를 갖는 물체와의 무게의 비를 말한다.
④ 선팽창 계수 : 어느 길이의 물체가 1℃ 상승할 때 그 길이의 증가와 늘어나기 전 길이와의 비를 말한다.
  ㉠ 선팽창 계수가 큰 것 : Pb, Mg, Sn
  ㉡ 선팽창 계수가 작은 것 : Ir, Mo, W
⑤ 열전도율 및 전기전도율 : Ag → Cu → Au → Pt → Al → Mg → Zn → Ni → Fe → Pb → Sb
⑥ 금속의 탈색
⑦ 자성

⑧ 성분, 조직, 전기저항
⑨ 융해 잠열

(3) 화학적 성질

① 부식 : 금속은 접하고 있는 주위환경의 화학적, 전기화학적인 작용에 의해 비금속성 화합물을 만들어 점차적으로 손실되어 가는데 이 현상을 부식이라 한다.
② 내식성 : 금속의 부식에 대한 저항력으로 견디는 성질이다. Cr, Ni 등이 우수하다.
③ 내산성 : 기타 산에 견디는 성질, 염기에 견디는 성질로 내염기성이라 한다.
④ 내열성 : 금속의 열에 대한 저항력으로 견디는 성질이다.

(4) 가공상(제작)의 성질

① 주조성 : 금속이나 합금을 녹여 기계부품인 주물을 만들 수 있는 성질이다.
② 소성 가공성 : 재료에 외력을 가하여 원하는 모양으로 만드는 작업이다.
③ 접합성 : 재료의 용융성을 이용하여 부품을 접합하는 성질이다.
④ 절삭성 : 절삭공구에 의해서 금속재료가 절삭되는 성질이다.

5) 금속의 변태

(1) 변태(Transformation)

고체 → 액체(액체 → 고체)로 결정격자의 변화가 생기는 것이다.

(2) 변태점 측정법

열분석법, 시차열분석법, 비열법, 전기저항법, 열팽창법, 자기분석법, X선 분석법이 있다.

(3) 동소체(Allotropy)

상이 같은 물질이지만 결정격자가 다른 것으로 α, γ, δ 고용체가 있다.

① 동소변태
  ㉠ 고체 내에서 원자 배열의 변화로 생긴 것이다(결정격자 모양이 바뀜).
  ㉡ 성질이 일정한 온도에서 급격히 비연속적으로 변화가 생긴 것이다.

ⓒ 동소변태 금속은 Fe(A_3 : 912℃, A_4 : 1,400℃), Co(480℃), Ti (883℃), Sn(18℃)이 있다.
ⓓ α - Fe(BCC) : 910℃ 이하에서 체심입방격자 γ - Fe(FCC)가 있다.
ⓔ 910~1,400℃에서 면심입방격자이다.
ⓕ δ - Fe(BCC) : 1400~1,538℃에서 체심입방격자이다.
ⓖ A_3 변태 : α - Fe ⇔ γ - Fe
ⓗ A_4 변태 : γ - Fe ⇔ δ - Fe

② 자기변태(curie point)
ⓐ 원자 배열에 변화가 생기지 않고 원자 내부에 어떤 변화를 일으킨 것이다.
ⓑ 점진적이고 연속적으로 변화가 생기며, 자기의 세기가 768℃(A_2점) 부근에서 급격히 변화한다.
ⓒ 자기변태를 일으키는 금속으로 Fe : 768℃, Ni : 360℃, Co : 1,120℃ 등이 있다.

6) 합금의 상태도

(1) 상율

계 중의 상이 평형을 유지하기 위한 자유도를 규정한 법칙이다.

① 상(相) : 어느 부분이나 균일하고, 불연속적이며, 명확히 경계된 부분으로 되어 있는 분자와 원자의 집합 상태를 말한다.
② 계(系) : 집합의 물체를 외계와 차단하여 그 물질 이외의 것은 물리적 교섭이 없는 상태로 있다고 생각할 때 계라고 한다.

$$F = n + 2 - P \quad (F : \text{자유도}, \ n : \text{성분 수}, \ P : \text{상의 수})$$

압력을 무시하면(응고 계상률) $F = n + 1 - P$이다.

③ 동소변태 금속 : Fe(A_3 : 912℃, A_4 : 1,400℃), Co(480℃), Ti(883℃), Sn(18℃)이 있다.
④ α - Fe(BCC) : 910℃ 이하에서 체심입방격자 γ - Fe(FCC)가 있다.
⑤ 910~1,400℃에서 면심입방격자이다.
⑥ δ - Fe(BCC) : 1400~1,538℃에서 체심입방격자이다.
⑦ A_3 변태 : α - Fe ⇔ γ - Fe
⑧ A_4 변태 : γ - Fe ⇔ δ - Fe

(2) 자기변태(curie point)
① 원자 배열에 변화가 생기지 않고 원자 내부에 어떤 변화를 일으킨 것이다.
② 점진적이고 연속적으로 변화가 생기며, 자기의 세기가 768℃(A_2 점) 부근에서 급격히 변화한다.
③ 자기변태를 일으키는 금속으로 Fe : 768℃, Ni : 360℃, Co : 1,120℃ 등이 있다.

(3) 공정(eutectic)
2개의 성분(成分) 금속이 용해된 상태에서는 균일한 용액으로 되나 응고 후에는 성분 금속이 각각 결정이 되어 분리되며 전연 고용체를 만들지 않고 기계적으로 혼합된 조직으로 되는 반응을 말하며, 이때의 결정을 공정(eutectic)이라 한다.

$$액체 \leftrightarrow 고체\ A + 고체\ B(기계적\ 혼합)$$

(4) 고용체
금속원자가 서로 녹아서 고체를 이룬 것으로서 용매금속의 결정 중에 용질금속의 원자나 분자가 녹아 들어가 응고된 것을 고용체라 한다.

$$고체\ A + 고체\ B \leftrightarrow 고체\ C(기계적\ 방법\ 구분\ 不可)$$

① 침입형 고용체 : Fe-C
② 치환형 고용체 : Ag-Cu, Cu-Zn
③ 규칙 격자형 : Ni_3-Fe, Cu_3-Au, Fe_3-Al

(5) 포정
하나의 고체에 다른 융체가 작용하여 다른 고체를 형성하는 반응을 말하며, 이때의 고체를 포정(peritectic)이라 한다.

$$고체\ A + 액체 \leftrightarrow 고체\ B$$

(6) 편정
일종의 융액에서 고상과 다른 종류의 융액을 동시에 생성하는 반응을 말하며, 이때의 결정을 편정(monotectic)이라 한다.

$$고체 + 액체 A \leftrightarrow 액체\ B$$

(7) 공석

하나의 고용체로부터 2종의 고체가 일정한 비율로 동시에 석출하는 반응이다.

$$\alpha(\text{페라이트}) + Fe_3C(\text{시멘타이트}) = \alpha + Fe_3C(\text{펄라이트})$$

(8) 금속간화합물

2종 이상의 금속원소가 간단한 원자 비로 결합하여 본래의 성분 금속과는 다른 새로운 성질을 가진 물질이 형성되며 그 원자도 규칙적으로 결정 격자점을 보유하는 화합물을 금속간화합물(예 Fe_3C, WC, $CuAl_2$)이라 한다.

 TIP

금속간화합물의 특징
① 각 성분의 특징이 없어진다.
② 보통 일반화합물에 비하여 결합력이 약하다.
③ 어느 성분의 금속보다도 단단해진다.
④ 일반적으로 전기저항이 큰 비금속성질이 강하다.
⑤ 성분 금속의 원자가 단위포 속 일정한 위치에 있다.
⑥ 결정격자는 복잡하고 취성이 커서 소성변형을 시킬 수 없다.
⑦ 경도가 높다.
⑧ 금속적 성질이 적고 비금속 성질에 가까운 것이 많다.
⑨ 비교적 융점이 높으나 융점보다 낮은 온도에서 분해하는 불안정한 것도 있다.

7) 철강 재료 특징

① 철강 재료는 강한 특성과 경제성이 우수하고 생산이 용이하여 기계 재료 중 가장 많이 사용되고 있다.
② 철강은 광석이나 제조 과정에서 적은 양의 C, Mn, Si, P, S 등이 함유되어 있으며, 이들 철강의 5원소 중에서 탄소의 양에 따라 철강의 성질이 가장 크게 좌우된다.
③ 철강을 탄소의 함량에 따라 철, 강(탄소강), 주철로 분류하며, 또한 탄소강에 합금원소를 첨가하여 기계적 성질을 개선한 합금강이 있다.
④ 탄소를 거의 함유하지 않는 순철은 너무 물러 기계재료로는 사용하지 않는다.
⑤ 탄소를 많이 함유한 주철은 구부러지거나 늘어나지 않고 쉽게 깨어지는 성질이 있어 소성가공은 어렵고, 고온에서 녹인 다음 주형에 부어 굳혀서 주물품을 만들어 사용한다.
⑥ 탄소강 및 합금강은 기계적 성질이 우수하고 가공성이 좋아 압연, 단조 등의 소성가공 또는 절삭가공을 하여 사용한다.

8) 철강의 분류

① 철강 재료는 일반적으로 순철, 강, 주철의 세 종류로 구분한다. 이 중에서 순철은 공업용으로 사용빈도가 낮으며, 탄소가 적당히 함유된 강과 주철이 주로 사용된다.
② 보통강과 주철은 탄소 함유량으로 구분하는데, 학술상 분류로의 강은 아공석강(0.025~0.77% C), 공석강(0.77% C), 과공석강(0.77~

2.11% C)으로 되어 있고, 주철은 아공정 주철(2.11~4.3% C), 공정 주철(4.3% C), 과공정 주철(4.3~6.68% C)로 되어 있다.

③ 강을 탄소강과 합금강으로 분류하는 때도 있는 데, 탄소강은 탄소(C) 이외에 규소(Si), 망간(망가니즈, Mn), 인(P), 황(S) 등의 5대 원소가 불순물의 성격으로 약간 포함한 것이고 합금강은 탄소강에 특수한 성질을 부여하기 위해 니켈(Ni), 크롬(크로뮴, Cr), 망간(망가니즈, Mn), 규소(Si), 몰리브덴(몰리브데넘, Mo), 텅스텐(W), 바나듐(V) 등의 합금원소를 한 가지 또는 그 이상 첨가한 것이다.

9) 철강 재료의 특징 및 용도

(1) 소성변형
금속에 외력을 가하였다가 외력을 제거하여도 원상태로 되돌아오지 않고 영구변형을 일으키는 것을 말한다.

(2) 가공경화
① 재료에 외력을 가하여 변형시키면 굳어지는 현상이다.
② 보통 냉간가공으로 경도가 크고 강해진 현상이다.

(3) 냉간(상온)가공 시 기계적 성질
① 냉간(상온)가공의 장점 : 제품의 치수가 정확하고, 가공 면이 아름답고, 기계적 성질이 개선되며, 강도 및 경도가 증가하고, 연신율이 감소한다.
② 냉간(상온)가공의 단점 : 가공 방향으로 섬유조직이 되어 방향에 따라 강도가 다르다.
③ 시효경화(Age hardening) : 냉간가공 시 시간 경과로 경화되는 현상으로 기계적 성질은 변화하나 나중에는 일정한 값을 나타내는 현상이다. 황동, 두랄루민, 강철 등이 잘 일어나며, 인공적으로 100~200℃ 높여 시효경화를 촉진하는 것을 인공시효라 한다(100~200℃ 높여준다).
④ 바 후 가수효과 : 동일 방향에서의 소성변형에 대하여 전에 받던 방향과 정반대의 변형을 부여하면 탄성한도가 낮아지는 현상을 말한다.
⑤ 회복 : 냉간(상온)가공에 의해서 내부응력을 일으킨 결정입자가 가열 때문에 그 모양은 바뀌지 않고 내부응력이 감소하는 현상이다.

⑥ **재결정** : 가공 경화된 재료를 가열할 때 결정핵이 성장하여 전체가 새로운 결정으로 변화한다. 가공도 작을수록 크고, 가열시간은 길수록 크고, 가열온도가 높을수록 크다.

(4) 강철 덩어리의 종류 및 특징

① **킬드강** : 페로실리콘(Fe-Si), 알루미늄(Al) 등의 강탈 산재를 사용하여 완전히 산소 제거한 강으로 헤어크랙이 생기기 쉬우며 강철 덩어리의 중앙 상부에 큰 수축관이 생긴다.

② **세미킬드강** : 킬드강과 림드강의 중간 정도로 탈산한 강으로 일반 구조용강, 두꺼운 판 등의 소재에 쓰인다.

③ **림드강** : 페로망간(Fe-Mn)을 첨가하여 탈산 및 기타 가스처리가 불충분한 상태의 강으로 주형의 외벽으로 림(rim)을 형성한다.

④ **캡트강** : 림드강을 변형시킨 강으로 비등을 억제해 림 부분을 얇게 한 강이며 탈산제로 Fe-Si, Al, Fe-Mn 등이 쓰인다.

(5) 강괴의 결함

① **비등작용** : 산소(O_2)와 탄소(C)가 반응한 코발트(Co)의 생성 가스가 대기 중으로 빠져나가는 현상으로 끓는 것처럼 보인다. 림드강에서 발생한다.

② **헤어크랙(Hair Crack)** : 수소(H_2)가스에 의해 머리칼 모양으로 미세하게 갈라지는 균열하는 것으로 킬드강에서 발생한다.

③ **백 점** : 수소의 압력이나 열응력, 변태응력 등에 의해 생긴 균열이 생긴다. 이 외에 수축관, 수축공, 거품, 편석 등이 있으며 킬드강에서 발생한다.

10) 순철의 변태

① 순철의 변태점에는 동소변태 A_2(768℃), A_3(910℃)이고, 자기변태 A_4(1,400℃) 점이 있다.

② 순철에는 α철, γ철, δ철의 3개 동소체가 있으며 910℃ 이하에서는 α철로 체심입방격자, 910~1,400℃에서는 γ철로 안정한 면심입방격자로 되며, 1,400℃ 이상에서는 δ철로 체심입방격자이다.

③ 강은 강자성체이나 가열하면 자성이 점점 약해져서 768℃ 부근에서는 급격히 상자성체가 되는데 이러한 변태를 자기변태(A_2)라 하고, 앞에서 말한 격자 변화를 동소변태(A_3, A_4)라 한다. 또한 변태가 일어나는 온도를 변태점이라 한다.

 TIP

재결정 온도
열간(고온)가공과 냉간(상온)가공이 구분되는 온도이다.
• Fe : 350~500℃
• W : 1,200℃
• Mo : 900℃
• Ni : 600℃
• Pt : 450℃
• Au, Ag, Cu : 200℃

④ 동소변태는 원자 배열의 변화가 생기므로 상당한 시간을 요한다.
⑤ 자기변태는 원자 배열의 변화가 없으므로 가열, 냉각할 때 온도변화가 없다.

(1) 순철(pure iron)의 성질
① 탄소 함유량이 0.025% 이하이다.
② 전연성이 크고, 강도, 경도가 작아 기계재료로는 부적합하다.
③ 항자력이 낮고 투자율이 높아 변압기, 발전기용 박판으로 사용한다.
④ 단접성, 용접성이 양호하나 유동성 및 열처리가 불량하다.
⑤ 상온에서 전연성이 풍부하며 항복점·인장강도는 낮고, 연신율·단면수축률·충격값·인성은 높다.
⑥ 순철의 물리적 성질은 비중(7.87), 용융점(1,538℃), 열전도율이 0.18, 인장강도 177~245MPa(18~25N/mm^2), 브리넬 경도 589~687MPa(60~70N/mm^2)이다.

11) Fe-C계 평형상태도

720℃에서 A_1변태, 768℃에서 A_2변태, 910℃에서 A_3변태, 1,400℃에서 A_4변태가 일어난다. A_2변태점 이하의 온도의 것을 α철, A_2변태점에서 A_3변태점까지의 온도의 것을 β철이라 한다. 또 A_3변태점 온도에서 A_4변태점 온도까지의 것을 γ철이라 하고 A_4로부터 용융점에 1,536.5℃까지의 것을 δ철이라 한다.

(1) 변태점
① A_0(210℃) : 시멘타이트의 자기변태점
② A_1(723℃) : 순철에는 없고 강에서만 일어나는 특유한 변태
③ A_2(768℃) : 자기변태(Fe, Ni, Co)
④ A_3(912℃) : 동소변태
⑤ A_4(1,400℃) : 동소변태

(2) 강의 표준조직(Normal Structure)
① α 고용체 : Ferrite(강자성체로 극히 연하고 전성과 연성이 크다. $H_B=90$)
② γ 고용체 : Austenite(A_1점에서 안정된 조직으로 상자성체이고 인성이 크다. $H_B=155$)
③ Fe_3C : Cementite(경도가 높고 취성이 크며 백색으로 상온에서 강자성체이다. $H_B=820$)

④ α+Fe₃C : Pearlite(오스테나이트가 페라이트와 시멘타이트의 층상으로 된) 조직이다. 강도는 크고 어느 정도 연성이 있다. H_B=225

⑤ γ+Fe₃C : Ledeburite[상온에서 불안정하고 Fe₃C는 흑연과 지철(地鐵)로 분해한다].

(3) 탄소 함량에 따른 분류

① 강
  ㉠ 공석강 : 0.77% C(펄라이트)
  ㉡ 아공석강 : 0.025~0.77% C(페라이트+펄라이트)
  ㉢ 과공석강 : 0.77~2.0% C(펄라이트+시멘타이트)

② 주철
  ㉠ 공정 주철 : 4.3% C(레데뷰라이트)
  ㉡ 아공정주철 : 2.0~4.3% C(오스테나이트+레데뷰라이트)
  ㉢ 과공정 주철 : 4.3~6.67% C(레데뷰라이트+시멘타이트)
    ⓐ 포정점 : 0.18% C, 1,492℃
    ⓑ 공석점 : 0.77% C, 723℃
    ⓒ 공정점 : 4.3% C, 1,147℃(상온 표준조직 : 펄라이트)

12) 탄소강의 표준조직

강을 단련하여 불림(normalizing)처리, 즉 표준화 처리한 것을 말하며 조직에는 다음과 같은 용어가 있다.

① **오스테나이트(austenite)** : γ철에 탄소가 1.7% 이하로 고용된 고용체로서 페라이트보다 굳고 인성이 크며 비자성체이다.

② **페라이트(ferrite)** : α(BCC)철에 극히 소량(상온에서 0.006%, 721℃에서 최대 0.03%)까지 탄소가 고용된 고용체이며, α고용체라고도 한다. 이것은 극히 연하고 연성이 크나 인장강도는 작고 상온에서 강자성체이다. 파면의 백색을 띠며 순철의 바탕조직이다.

③ **펄라이트(perlite)** : A₁변태점에서 오스테나이트의 분열 때문에 생기는 것으로 탄소 0.85% C의 함유하며 γ 고용체가 723℃에서 분열하여 생긴 페라이트와 시멘타이트의 공석정으로 페라이트와 시멘타이트가 층으로 나타나며 앞에서 설명한 페라이트보다 경도가 크고 강하며 자성이 있다.

④ **시멘타이트(cementite)** : 시멘타이트는 철(Fe)과 탄소(C)의 화합물인 탄화철(Fe₃C)로서 6.68%의 탄소를 함유한 탄화철로 경도와 취성이 커서 잘 부스러지는 성질, 즉 메짐성이 크며 백색이다.

> **TIP**
> 펄라이트는 탄소강의 기본조직이다.

TIP

조직의 경도 순서
시멘타이트 > 마텐자이트 > 트루스타이트 > 베이나이트 > 솔바이트 > 펄라이트 > 오스테나이트 > 페라이트

상온에서 강자성체이며, 담금질을 해도 경화되지 않고 화학식으로는 Fe_3C로 표시한다.

⑤ 레데부라이트(ledeburite) : γ고용체와 시멘타이트의 공정조직으로 주철에 나타난다.

13) 탄소강은 온도에 따라 여러 가지 취성

① 청열 취성 : 강은 온도가 높아지면 전연성이 커지나, 200~300℃에서는 강도는 크지만, 연신율은 대단히 낮아져서 결국 메짐성은 증가한다. 이때의 강은 청색의 산화피막을 형성하는데, 이것을 청열 취성(메짐성)이라고 한다.

② 적열 취성 : 강이 900℃ 이상에서 황이나 산소가 철과 화합하여 산화철이나 황화철을 만든다. 황(S)이 많은 강은 고온에 있어서 여린 성질을 나타내는데 이것을 적열 취성이라고 한다.

③ 상온 취성 : 인(P)은 강의 결정입자를 조대화시켜서 강을 여리게 만들며, 특히 상온 또는 그 이하의 저온에 있어서는 특별히 현저해진다. 인(P)은 상온 메짐성 또는 냉간 메짐성의 원인이 된다.

④ 고온 메짐성 : 강은 구리(Cu)의 함유량이 0.2% 이상(일반적으로 Cu 1.0% 이하)으로 되면 고온에 있어서 현저히 여리게 되며, 결국 고온 메짐성을 일으킨다.

⑤ 냉간(저온) 취성 : 강은 일반적으로 충격값은 100℃ 부근에서 최대이며, 상온 이하에 있어서는 현저히 여리게 된다. 이것을 냉간 메짐성이라고 한다.

14) 탄소강 중 타 원소의 영향

① 규소(Si) : 강의 경도, 탄성한계, 인장강도를 증가시키며, 연신율, 충격값, 전성, 가공성은 감소시키고 단접성을 해치고 주조성(유동성)을 좋게 하며 결정입자의 크기를 증대시켜 거칠어진다. 탄소 함량은 0.10~0.35%이다.

② 망간(망가니즈, Mn) : 황과 화합하여 적열 메짐성을 방지(MnS)하게 되어 황의 해를 제거하며, 고온 가공을 용이하게 한다. 강도, 경도, 인성을 증가시키며, 고온에 있어서는 결정입자의 성장을 방해한다. 소성을 증가시키고 주조성을 좋게 한다. 담금질 효과를 크게 하며 탈산제로도 사용되며, 강중의 탄소함량은 0.20~0.80%이다.

③ 인(P) : 경도와 강도를 증가시키고, 연신율이 감소하며 가공 시 편석

및 균열을 일으킨다. 상온 메짐성의 원인이 된다. 기포가 없는 주물을 만들 수 있고, 절삭성이 좋아진다.

④ 황(S) : 적열 상태에서는 메짐성이 커 적열취성의 원인이 되며, 인장강도, 연신율, 충격값을 감소시킨다. 강의 용접성을 나쁘게 하며, 강의 유동성을 해치고 기포를 발생시킨다. 망간과 화합하여 절삭성이 좋아진다.

⑤ 구리(Cu) : 인장강도, 탄성한도를 증가시키고 내식성을 증가시킨다. 압연 시 균열의 원인이 된다.

⑥ 가스(O_2, N_2, H_2) : 산소는 적열 메짐성의 원인이 되며, 질소는 경도와 강도를 증가시키고, 수소는 백점(flake)이나 헤어크랙(hair crack)의 원인이 된다.

15) 탄소강과 그 용도

① 0.15% C 이하의 저탄소강 : 탄소량이 적어 담금질 뜨임에 의한 개선이 어려워 냉간가공을 하여 강도를 높여 사용할 때가 많다. 대상강, 박강판, 강선 등에는 냉간 가공성이 좋으며 규소 함유량이 적은 저탄소강이 사용된다. 보일러용 강판이나 강관은 냉간 가공성, 용접성, 내식성이 좋아야 하므로 저탄소강이 가장 적당하다.

② 0.16~0.25% C 탄소강 : 강도에 대한 요구보다도 절삭가공성을 중요시하는 것으로 0.15% C 부근의 것은 침탄 요강 또는 냉간 가공용 강으로 널리 사용된다. 0.25% C 부근의 것은 볼트, 너트, 핀 등 용도는 극히 넓다. 엷은 탄소강 관재로는 0.15~0.25% C 정도가 많이 사용된다. 강 주물도 이 범위의 탄소량의 것이 주조가 가장 쉽다.

③ 0.25~0.35% C 탄소강 : 이 범위의 탄소강은 단조, 주조, 절삭가공, 용접 등 어떤 상황에서도 쉽다. 또한 조질에 의해서 재질을 개선할 수도 있다. 담금질, 뜨임을 실시하면 대단히 강인해지며 차축 기타 일반기계부품에서는 압연 또는 단조 후 풀림이나 불림을 행하므로 열간 가공에 의해서 조대화 또는 불균일하게 된 결정입자를 균일 미세화해서 그대로 절삭가공만을 하여 사용한다.

④ 0.35~0.60% C 탄소강 : 메짐성이 있고 담금질성은 크나 담금질 균열이 생기기 쉽다. 열 균열이 생기기 쉽고 인성도 불충분하므로 크랭크축, 기어 등에 사용할 때는 설계상 충분히 주의해야 하며, 이 범위의 탄소강은 비교적 용도가 작다.

⑤ 0.65% C 이상의 고탄소강 : 구조용 재료로서 0.6% C 이상의 고탄소강을 사용하는 일은 거의 없으나 공구강, 핀, 차륜, 레일(rail), 스프링 등과 같은 내마모성, 고항복점을 요구하는 물품에 사용된다.

16) 탄소 함량에 따른 분류

① 가공성만을 요구하는 경우 : 0.05~0.3% C
② 가공성과 강인성을 동시에 요구하는 경우 : 0.3~0.45% C
③ 가공성과 내마모성을 동시에 요구하는 경우 : 0.45~0.65% C
④ 내마모성과 경도를 동시에 요구하는 경우 : 0.65~1.2% C

17) 주강(SC)

주철은 주물을 만들기 쉽지만, 종래의 편상 흑연 주철로는 강도가 부족하고 취성이 있는 결점이 있어 더욱 강인한 주물이 필요한 때에 주강 주물이 사용된다.

(1) 주강의 성질

① 주강은 단조강보다 가공 공정을 줄일 수 있고 균일한 재질을 얻을 수 있다.
② 대량 생산에도 적합하지만 용융점이 높아 주조하기가 힘든 단점이 있다.
③ 수축률은 주철의 2배이며 주조 때 응력이 크고 기포가 발생하기 쉽다.
④ 주조할 때는 조직이 억세고 메짐(인성이 적음) 때문에 주조 후 반드시 열처리(완전 풀림)하여 조직을 미세화하고 주조응력을 제거하여야 한다.

(2) 주강의 종류

① 0.3% C 이하의 저탄소 주강
② 0.2~0.5% C의 중탄소 주강
③ 0.5% C이상의 고탄소 주강
④ C, Si, Mn의 %는 규정하지 않고 P, S만 규정하고 있다.
⑤ 강도, 내식, 내열, 내마모성 등이 요구되는 경우 Ni, Mn, Cu, Mo 등이 첨가된 특수 주강을 사용한다.

18) 탄소강(Carbon Steel)의 종류

(1) 일반 구조용 압연강재(SS재)

최저 인장강도에 따라 4종(SS330, 400, 490, 540)이 규정되어 있고, SS400이 가장 많이 사용된다. 특별한 기계적 성질이 필요하지 않은 구조물에 사용한다.

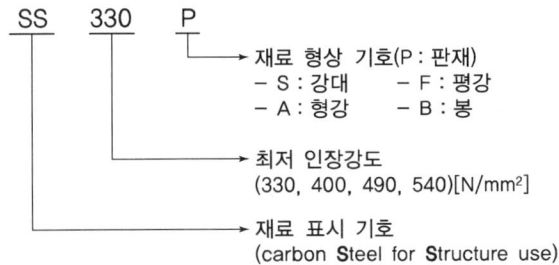

(2) 기계구조용 탄소강(SM재)

0.1~0.58% C의 탄소 함유량에 따라 SM 10C~SM 58C까지 있고, 침탄 표면경화용으로는 SM9 CK, 15CK, 20CK의 3종이 있다. 탄소 함유량이 증가함에 따라 항복강도와 인장강도, 경도가 증가하고, 담금질성이 좋아지며, 연신율은 감소한다.

각종 기계류의 부품용재 및 구조용재로 열처리하여 사용한다.

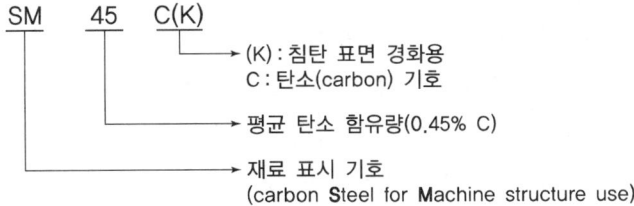

(3) 기계구조용 탄소강의 특징 및 용도

① SM 10C~SM 25C
  ㉠ 담금질 효과가 그다지 크지 않으므로 불림한 상태로 사용한다.
  ㉡ 큰 강도가 필요하지 않은 볼트, 너트, 핀 등에 사용한다.

② SM 28C~SM 35C
  ㉠ 단조, 주조, 절삭가공, 용접 등이 쉽고, 담금질-뜨임에 의해 기계적 성질을 개선한다.
  ㉡ 볼트, 너트, 핀, 차축이나 일반기계부품 각종 기계부품용 재료 등에 사용한다.

③ SM35C~SM45C
　㉠ 차축, 크랭크축 등의 강인성을 요구하는 부품에 적합하다.
　㉡ 탄소량이 많아 용접이 곤란하며, 각종 기어나 축, 차축, 크랭크축 등에 사용한다.

④ SM 48C~SM 58C
　㉠ 강도가 크고, 담금질성은 우수하나 담금질 균열이 생기기 쉽다.
　㉡ 기계부품에 제한적으로 사용된다.

(4) 탄소공구강(STC재)

0.6~1.5% C의 고탄소강으로 탄소 함유량에 따라 STC 60~STC 140이 있으며, 탄소량이 적은 공구강들은 인성이 필요한 공구에, 탄소량이 많은 공구강은 절삭 능력, 경도, 내마모성이 요구되는 절삭공구, 게이지(gauge), 수공구, 치공구, 금형 등에 사용한다.

(5) 단강(SF재)

탄소강 단조 제품을 만들기 위한 재료를 단강(forged steel)이라 하고, 인장강도에 따라 SF 340A~SF 590A가 있으며, 불림, 풀림 또는 담금질-뜨임 처리를 해서 사용한다.

19) 합금강(Alloy Steel)

탄소강에서 얻을 수 없는 특별한 성질을 얻기 위해서 양질의 강괴를 선정하여 여기에 탄소 이외의 Mn, Si, Ni, Cr, Mo, V 등의 합금원소를 첨가하면 목적하는 강도가 증가함에 따라 인성도 좋아져서 경량화에 유리한 특수재료를 얻을 수 있다. 이러한 강을 합금강 또는 특수강이라 한다. 합금강은 용도에 따라 구조용, 공구용, 특수용도용으로 구분한다.

(1) 합금강의 목적

① 강의 경화능 증가로 기계적 성질의 향상(강도, 경도, 인성, 내피로성)
② 고온 및 저온에서의 기계적 성질의 저하 방지
③ 높은 뜨임 온도에서 강도 및 연성 유지
④ 담금질성의 향상
⑤ 단접 및 용접의 용이
⑥ 전자기적 성질의 개선
⑦ 결정 입도의 성장 방지

TIP

STC 강재 합금 공구강이나 고속도 공구강 등 다른 공구강에 비하여 성능이 떨어지나 값이 싸므로 저급의 용도에 널리 사용되고 있다.

TIP

SF 440A 이하는 기계구조용 부품, 핀, 레버, 핸들 등에 사용하며, SF 490A, SF 540A는 축, 볼트, 너트, 키, 클램프 등에 사용된다.

(2) 일반적인 합금원소의 영향
① 탄소 : 주된 경화의 원소이다.
② 유황과 인 : 기계가공성이 향상된다.
③ 망간(망가니즈) : 경도의 증대, 내마멸성 증가, 황의 메짐 방지, 탈황제이다.
④ 니켈 : 강인성, 내식성, 내마멸성의 증대, 저온 충격 저항이 증가한다.
⑤ 크롬(크로뮴) : 내식성(15% 크롬보다 많은 경우), 경도 깊이(15% 크롬보다 낮은 경우), 내마모성이 증가한다.
⑥ 규소 : 전자기 특성, 내식성, 내열성이 우수하다.
⑦ 몰리브덴(몰리브데넘) : 경도 깊이 증가, 고온에서의 강도, 인성 증대, 뜨임메짐방지, 텅스텐 효과의 2배이다.
⑧ 바나듐, 티탄, 이리튬 : 입자 미세화, 결정입자의 조절, 경화성은 증가하나 단독 사용은 안 된다.
⑨ 텅스텐 : 경화능, 고온에 있어서 경도와 인장강도가 증가한다.
⑩ 실리콘 : 유동성, 탈산제이다.
⑪ 실리콘과 망간/붕소 : 작업 경화능력이 향상된다.
⑫ 알루미늄 : 탈산제이다.
⑬ 납 : 기계가공성이 향상된다.
⑭ 구리 : 공기 중 내산화성 증가한다.
⑮ 코발트 : 고온 경도 및 인장강도 증대, 단독 사용이 불가하다.
⑯ 티탄 : 입자 사이의 부식에 대한 저항을 증가시켜 탄화물을 만들기 쉽다.

(3) 합금원소의 공통된 특성
① P, Si, Mo, Ni, Cr, W, Mn : 페라이트 강화성이다.
② V, Mo, Mn, Cr, Ni, W, Cu, Si : 담금질 효과, 침투성이 향상된다.
③ Al, V, Ti, Zr, Mo, Cr, Si, Mn : 오스테나이트 결정입자의 성장을 방지한다.
④ V, Mo, W, Cr, Si, Mn, Ni : 뜨임 저항성이 향상된다.
⑤ Ti, V, Cr, Mo, W : 탄화물 생성성이 향상된다.

(4) 보통 특수강의 탄소 함유량은 0.25~0.55%가 많이 사용되며 다음과 같은 성질의 개선을 위하여 제조한다.
① 기계석 성질의 개선 및 고온에서 저하 방지

② 내식, 내마멸성의 증가
③ 담금질성의 향상과 단조 및 용접의 용이 등이다.

20) 구조용 합금강

(1) 강인강

탄소강으로 얻기 어려운 강인성을 가져야 하므로 탄소강에 Ni, Cr, Mo, W, V, Ti, Zr, Co, B, Si 등을 적당량 첨가한 것으로서 Ni-Cr강, Ni-Cr-Mo강, Ni-Mo강, Cr강, Cr-Mo강, Mn강(저망간강, 고망간강), 고장력강 등이 있다.

① Ni강(1.5~5% Ni 첨가)

표준상태에서 펄라이트 조직, 질량 효과가 작고 자경성, 강인성이 목적이다.

② Cr강(SCr : 1~2% Cr첨가)
  ㉠ 0.14~0.48% C의 탄소강에 Cr을 0.9~1.2% 첨가한 것으로 내마모성이 크다.
  ㉡ 베어링, 롤러, 인발, 다이스, 줄 등에 사용한다.
  ㉢ 상온에서 펄라이트 조직, 자경성, 내마모성이 목적이다.

③ Ni-Cr강(SNC)
  ㉠ 0.32~0.4% C의 탄소강에 1~3.5% Ni과 0.5~1% Cr을 첨가한 것으로 인장강도와 항복점이 높다.
  ㉡ 강도, 경도를 요구하는 중요한 요소부품이나 축류, 기어류 등에 사용한다.
  ㉢ 수지상 조직이 발생되기 쉽고 냉각 중 헤어크랙, 백점 등을 발생시키며 뜨임메짐이 있다.
  ㉣ 강인하고 점성이 크며 담금질성이 높다.
  ㉤ 850℃ 담금질, 550~680℃에서 뜨임하여 소르바이트 조직을 얻는다.
  ㉥ 가장 널리 쓰이는 구조용강이다.

④ Ni-Cr-Mo강(SNCM)
  ㉠ Ni-Cr강에 0.3% 이하의 Mo를 첨가하여, 강인성·경화능을 증가시키고 뜨임취성을 감소시킨 강이다.
  ㉡ 자동차 크랭크축, 기어, 강력볼트 등에 쓰인다.
  ㉢ Mo첨가로 뜨임취성을 방지한다.

⑤ Cr-Mo강(SCM)
  ㉠ Ni 대신 Mo을 첨가한 것으로 용접성이 우수하고 경화능이 크고 뜨임취성이 적다.
  ㉡ 얇은 강판이나 관의 제조, 요소부품, 축류, 캠, 기어 등에 사용한다.
  ㉢ 펄라이트 조직의 강으로 뜨임취성이 없고 용접성이 우수하다.
  ㉣ 인장강도 충격 저항이 증가하고 Ni-Cr강의 대용으로 사용한다.

⑥ Mn강
  ㉠ 저망간강(듀콜강) : 펄라이트 조직의 Mn 1~2% 함유한 강으로 건축, 토목, 교량재 등의 일반 구조용 등에 사용한다.
  ㉡ 고망간강(하드필드강) : 오스테나이트 조직의 Mn 10~14% 함유한 강으로 고온 취성이 생기므로 1000~1,100℃에서 수중 담금질(수인법)하여 인성을 부여하고 경도가 높다. 레일, 굴착기 등 내마모용 재료 등에 사용한다.

⑦ 고장력강
  인장강도 50kg/mm² 이상, 항복강도 32kg/mm² 이상의 강으로 인장강도 kg/mm² 이상의 것은 초고장력강이라 한다.

⑧ Cr-Mn-Si강
  구조용강으로 값이 싸고 기계적 성질이 좋아 차축 등에 널리 쓰인다. 대표적으로 크로만실이 있다.

(2) 표면경화강
  ① 침탄강
    보통 저탄소강(0.25% 이하)이 사용되나 보다 우수한 성능이 요구될 때는 Ni, Cr, Mo, W, V 등을 함유하는 특수강이 쓰인다.

  ② 질화강
    Al, Cr, Mo, Ti, V 등의 원소 중 2가지 이상의 원소를 함유한 것이 사용되고 있는데 최근에는 질화강 중에서 Al 1~2%, Cr 1.5~1.8%, Mo 0.3~0.5%를 함유하는 것이 널리 사용되고 있다.

  ③ 스프링강
    탄성한도, 항복점이 높은 Si-Mn강이 사용되며, 정밀고급품에는 Cr-V강을 사용한다.

21) 공구용 합금강

각종 공구재료로 이용되는 합금강은 고온에서 경도가 크고, 인성 및 마멸저항이 크며 열처리 및 가공이 용이하고 열처리 변형이 적은 특성을 갖추어야 한다. 또한 탄소공구강보다 강도, 인성, 내마모성이 우수해야 한다. 그러므로 공구용 합금강은 고탄소강에 Cr, W, V, Mn, Co, Mo 등이 하나 이상 첨가된다.

(1) 공구용 합금강의 특징 및 용도

① 합금 공구강(STS, STD, STF)
  ㉠ 탄소공구강에 특수 원소(Cr, W, V, Mo 등)를 첨가하여 성능을 개선한 강이다.
  ㉡ 바이트, 커터, 띠톱 등의 절삭공구와 펀치, 정 등 충격공구, 냉간금형, 열간금형에 사용한다.

② 고속도강(SKH)
  절삭공구강의 대표적인 특수강으로서 W, Cr, V 이외의 Co, Mo 등을 다량 함유하고 있는 고합금강으로 500~600℃까지 가열하여도 뜨임에 의해서 연화되지 않고 고온에서도 경도 감소가 적은 것이 특징이다. 대표적인 것으로는 W 18%, Cr 4%, V 1%를 함유한 18-4-1형이 있다.
  ㉠ 고속도강의 열처리 : 1,250~1,350℃에서 담금질하고 550~600℃에서 뜨임하여 2차 경화시킨다. 풀림은 820~860℃에서 행한다.
  ㉡ 고속도강의 종류
    ⓐ W계 고속도강 : 18-4-1이 대표적으로 SKH 1, 2종이 해당한다.
    ⓑ Mo계 고속도강 : W계에 비해 가격이 싸고, 인성이 높으며 담금질 온도가 낮아 열처리가 용이하다.
    ⓒ Co계 고속도강 : Co의 첨가는 고온 경도를 높이고 절삭의 내구성을 향상시킨다. 강력 절삭공구로써 SKH 13~5종이 해당한다.

③ 주조경질 합금
  주조한 강을 연마하여 사용하는 공구재료로서 충분한 강도를 가지고 있으므로 열처리가 필요 없고 단조가 불가능하다. 대표적인 것으로는 Co를 주성분으로 하는 Co-Cr-W-C계의 스텔라이트(stellite)가 있으며 절삭용 공구, 다이스(dies), 드릴(drill), 의료용 기구, 착암기의 비트(bit) 등에 사용된다.

 TIP

공구재료로서 구비해야 할 조건
- 상온 및 고온 경도가 높을 것
- 내마모성이 클 것
- 강인성이 있을 것
- 열처리 및 가공이 용이해야 할 것
- 제조 취급이 쉽고 가격이 저렴할 것

TIP

공구강의 경도 순서
탄소공구강 < 합금공구강 < 스텔라이트 < 고속도강 < 초경합금 < 세라믹 < 다이아몬드 < CBN

④ 초경합금

금속 탄화물(WC, TiC, TaC)에 Co 분말을 가압 성형 후 소결시켜 만든 합금 바이트, 엔드밀, 공구용 팁으로 사용한다. 고속도강보다 더욱 훌륭한 공구재료로서 Co, W, C 등의 분말형 탄화물을 프레스로 성형하여 소결시킨 것으로 소결경질합금이라고도 한다. 상품명으로는 독일의 비디아(Widia), 미국의 카아볼로아(Carboloy), 영국의 미디아(Midia), 일본의 탕갈로이(Tungaloy) 등이 있다. 초경합금은 사용목적, 용도에 따라 재질의 종류와 형상이 다양한데, 절삭 공구용 P, M, K종과 내마모성 공구용으로 D종 그리고 광산 공구용으로 E종이 있다.

⑤ 세라믹 공구(Ceramictool)

Al_2O_3 외 99% 이상의 분말을 산화물, 탄화물 등을 배합하여 1,600℃ 이상에서 소결한 공구로 1,000℃ 이상에서 경도를 유지할 수 있다. 하지만, 초경합금보다 취약하고 열충격에 약한 단점이 있다. Al_2O_3-Tic계 세라믹은 이 결점을 개선한 것이다.

22) 특수용도용 합금강

(1) 쾌삭강

탄소강에 S, Pb, 흑연을 첨가해 절삭성을 향상시킨 것을 말한다.
① S를 0.16% 정도 첨가한 것으로 황 쾌삭강
② 0.10~0.30% 정도의 Pb을 첨가한 납 쾌삭강
③ 탄화물을 흑연화시킨 흑연 쾌삭강

(2) 게이지(gauge)강

게이지 블록(gauge block), 와이어 게이지(wire gauge) 등 정밀 기계 기구 등에 사용된다. 조성은 W-Cr-Mn이고 수입 후 장시간 저온 뜨임 또는 영하 처리(심랭처리)한다. 게이지강은 다음과 같은 성질이 필요하다.
① 내마모성이 크고 경도가 높을 것
② 담금질에 의한 변형 및 담금질 균열이 적을 것
③ 오랜 시간 경과하여도 치수의 변화가 적을 것
④ 열팽창계수는 강과 유사하며 내식성이 좋을 것

(3) 스프링강(SPS)

높은 강도, 높은 내피로성 및 적당한 점성을 가지는 합금강으로 판 스프링, 코일 스프링에 사용한다. 보통 냉간 가공의 것과 열간 가공의 것이 있다.

철사, 스프링, 얇은 판스프링 등은 냉간 가공, 판스프링, 코일 스프링은 열간 가공용 스프링으로서 탄소함유량(C)은 0.5~1.0%이다. 탄소강 외에 Mn강, Si-Mn강, Si-Cr강, Cr-V강 등의 특수강이 사용된다.

(4) 스테인리스강(STS)

탄소강에 Cr, Ni 등을 다량 첨가하여, 내식성을 부여한 것으로, 강의 표면에 Cr의 산화피막이 생겨 산, 알칼리 등에 녹슬거나 부식하지 않는다. 주방기구, 화학공업, 기계부품용 다이스, 게이지 등의 내마모성을 요하는 기계부품에 사용한다.

Cr, Ni을 다량 첨가하여 내식성을 현저히 향상시킨 강으로서 녹이 슬지 않는다고 하여 불수강이라고도 한다. 일반적으로 Cr의 함량이 12% 이상인 강을 스테인리스강이라 하고, 그 이하의 강은 그대로 내식성 강이라 하며, 금속조직학상 마텐자이트 계와 페라이트계 및 오스테나이트 계로 분류되는데 그 대표적인 것은 18-8형 스테인리스강인 오스테나이트가 스테인리스강이다.

18-8 스테인리스강이란 그 성분이 18% Cr, 8% Ni인 것으로 그 특징은 다음과 같다.

① 내산 및 내식성이 13% Cr 스테인리스강보다 우수하다.
② 비자성체이다.
③ 인성이 좋으므로 가공이 용이하다.
④ 산과 알칼리에 강하다.
⑤ 용접하기 쉽다.
⑥ 탄화물(Cr_4C)이 결정립계에 석출하기 쉽다[결정 입계부식이 발생하는데 이를 강의 예민화(Sensitize)라고 한다].

(5) 내열강(STR)

고온에서 조직과 기계, 화학적 성질이 안정되고 열팽창 및 열에 의한 변형이 적다. 보일러, 내연기관의 밸브, 터빈, 제트기관, 로켓 등에 사용한다.

① 공업의 발달에 따라서 기계나 설비의 중요한 부분이 고온을 받아야 할 경우가 많다. 따라서 재료도 고온에 견딜 수 있는 것이 요구되는데 그 고온에 견딜 수 있는 내열재료의 구비조건은 다음과 같다.
    ㉠ 고온에서 화학적으로 안정해야 한다.
    ㉡ 고온에서 기계적 성질이 우수해야 한다(경도, 크리프 한도, 전연성).
    ㉢ 고온에서 조직이 변하지 않아야 한다.

💡 TIP

입계부식 방지법
① Cr 탄화물(Cr_4C)을 오스테나이트 조직 중에 용체화하여 급랭시킨다.
② 탄소량을 감소시켜 Cr_4C의 발생을 억제시킨다.
③ Ti, V, Nb 등을 첨가하여 Cr_4C의 발생을 억제시킨다.

ⓔ 열팽창 및 열변형이 적어야 한다.
　　ⓜ 소성가공, 절삭가공, 용접 등이 쉬워야 한다.
② 내열강의 종류에는 Fe-Cr계를 기본으로 하여 이것에 Cr을 비롯한 여러 원소를 첨가한 페라이트계 내열강, 이 중에는 특히 Cr량을 적게 하여 고온 취성을 피하고 Si를 첨가하여 내산성의 저하를 보충한 내열강(0.1% C, 6.5% Cr, 2.5% Si), 18-8계 스테인리스강을 주체로 하고 이것에 Ti, Mo, Ta, W 등을 첨가하여 만든 오스테나이트계 내열강, 초내열 합금(super heat resisting alloy) 등이 있다.

(6) 고탄소 크롬 베어링강(STB)

반복 하중을 받는 베어링에 적합한 높은 강도, 경도, 내구성, 피로한도를 갖고 있으며 볼베어링이나 롤러베어링의 볼, 롤러, 내륜 및 외륜에 사용한다. 0.95~1.10%의 고탄소 크롬강이 사용되는데 고급용은 V, Mo 등을 첨가해서 사용된다. 고탄소 크롬강은 내구성이 크고 담금질 후 140~160℃에서 반듯이 뜨임한다.

23) 전자기용 특수강

① 규소강(Si) : 저탄소(0.08% 이하)강에 0.5~4.5%의 Si를 첨가한 규소강(silicon steel)은 잔류 자속밀도가 적다. 따라서 히스테리시스 손실이 적으므로 발전기, 전동기, 변압기 등의 철심 재료에 적합하다.

② 자석강 : 강한 영구자석 재료로는 결정입자가 극히 미세하고 결정입계가 많은 것이 좋다. 잔류자기와 항자력이 크고, 온도, 진동 등에 의해 자기를 상실하지 않는 것으로 텅스텐, 코발트, 크롬(크로뮴)이 함유된 강이다.

③ 비자성강 : 변압기, 차단기, 반전기의 커버 및 배전판에 자성재를 사용하면 맴돌이 전류가 유도 발생되어 온도가 상승되므로 이것을 피하기 위하여 비자성재료를 사용하는데, Ni의 일부를 Mn으로 대치한 Ni-Mn강 또는 Ni-Cr-Mn강 등이 사용된다.

24) 불변강(invariable steel)

온도가 변화하더라도 어떤 특정의 성질(열팽창계수, 탄성계수 등)이 변화하지 않는 강을 말하며, 그 종류에는 다음과 같은 것들이 있다.

TIP

KS 자석강은 Fe-Co-Cr-W계 합금이다.

① 인바(invar) : Ni 36%를 함유하는 Fe-Ni 합금으로서 상온에서 열팽창계수가 매우 적고 내식성이 대단히 좋으므로 줄자, 시계의 진자, 바이메탈 등에 쓰인다.
② 초인바(super invar) : 인바아보다도 열팽창계수가 한층 더 작은 Fe-Ni-Co 합금이다.
③ 엘린바(elinvar) : 상온에 있어서 실용상 탄성계수가 거의 변화하지 않는 30% Ni-12% Cr 합금으로 고급 시계, 정밀 저울 등의 스프링 및 기타 정밀계기의 재료에 적합하다.
④ 플래티나이트(platinite) : Ni 40~50%, 나머지 Fe이고, 전구의 도입선과 같은 유리와 금속의 봉착용으로 쓰이는 Fe-Ni계 합금으로 페르니코(Fe 54%, Ni 28%, Co 18%), 코바르(Fe 54%, Ni 29%, Co 17%)라는 것도 있다.
⑤ 코엘린바(Coelinvar) : Cr 10~11%, Co 26~58%, Ni 10~16%를 함유하는 철합금으로 온도변화에 대한 탄성율의 변화가 극히 적고 공기 중이나 수중에서 부식되지 않고, 스프링, 태엽, 기상관측용 기구의 부품에 사용된다.
⑥ 퍼멀로이(permalloy) : Ni 75~80%, Co 0.5% 함유, 약한 자장으로 큰 투자율을 가지므로 해저전선의 장하코일용으로 사용되고 있다.

25) 주철(Cast iron)

철과 탄소 그리고 Si가 비교적 많이 함유된 합금으로 강에 비해 융점이 낮고, 유동성이 우수하여 복잡한 형상이라도 주조가 용이하다. 또한 압축강도가 매우 크며(인장강도의 3~4배), 조직 중에 흑연이 점재하기 때문에 절삭성이 좋고 진동 흡수능이 크다(강의 5~10배). 실용 주철은 탄소 함유량이 2.5~4.5% 정도이다.

(1) 주철의 장점
① 주조성이 우수하고 복잡한 부품의 성형이 가능하다.
② 가격이 저렴하다.
③ 잘 녹슬지 않고 칠(도색)이 좋다.
④ 마찰저항이 우수하고 절삭가공이 쉽다.
⑤ 압축강도가 인장강도에 비하여 3~4배 정도 좋다.
⑥ 내마모성이 우수하고, 알칼리나 물에 대한 내식성(부식)이 우수하다.
⑦ 용융점이 낮고 유동성이 좋다.

(2) 주철의 단점
① 인장강도, 휨 강도가 작고 충격에 대해 약하다.
② 충격값, 연신율이 작고 취성이 크다.
③ 소성가공(고온 가공)이 불가능하다.
④ 내열성은 400℃까지는 좋으나 이상온도에서는 나빠진다.
⑤ 산(질산, 염산)에 대한 내식성이 나쁘다.
⑥ 단조, 담금질, 뜨임이 불가능하다.

(3) 마우러의 조직도(Maurer's diagram)
탄소(C)량과 규소(Si)량에 의해 마우러가 주철의 조직도를 만든 것으로 냉각속도에 따른 조직의 변화를 표시한 것이다. 규소(Si)는 강력한 흑연화 촉진요소로 함유량이 많아질수록 회주철화 된다.

(4) 주철의 성질
① 주철의 주조성
  ㉠ 주철의 용해온도 : 주철은 보통 큐폴라 또는 전기로 등에서 용해하며 용융점은 대개 1,200℃ 정도이다. 용해온도는 약 1,400~1,500℃이다.
  ㉡ 유동성 : 주철에 Si량이 증가되면 수축이 적어지며 다량 첨가되면 팽창된다. 유동성이란 용융 금속이 주형 내로 흘러 들어가는 성질을 말하며 주조성을 이루는 중요한 요인이 된다.

② 주철의 성장
주철은 보통 Ar점(723℃) 상하의 고온으로 가열과 냉각을 반복하며 강도나 수명을 저하하는데 이것을 주철의 성장(growth of cast iron)이라 한다.

가) 주철의 성장 원인
  ① 펄라이트 조직 중의 Fe_3C 분해에 따른 흑연화에 의한 팽창이다.
  ② 페라이트 조직 중의 규소의 산화에 의한 팽창이다.
  ③ A_1 변태의 반복 과정에서 오는 체적변화에 따른 미세한 균열이 형성되어 생기는 팽창이다.
  ④ 흡수된 가스에 의한 팽창이다.
  ⑤ 불균일한 가열로 생기는 균열에 의한 팽창이다.
  ⑥ 시멘타이트의 흑연화에 의한 팽창이다.

나) 주철의 성장 방지법
  ① 흑연의 미세화로 조직을 치밀하게 한다.

② C, Si는 적게 하고 Ni을 첨가한다.
③ 편성 흑연을 구상화시킨다.
④ 탄화물 안정원소 망간(망가니즈), 크롬(크로뮴), 몰리브덴(몰리브데넘), 바나듐 등을 첨가하여 Fe_3C 분해를 방지한다.

다) 주철의 성장에 도움되는 원소

규소, 알루미늄, 니켈, 티탄이다. 이 중 티탄을 강탈산제이면서 흑연화를 촉진하나 오히려 많이 첨가하면 흑연화를 방해하는 요소가 된다.

라) 주철의 성장에 방해되는 원소

크롬(크로뮴), 망간(망가니즈), 황, 몰리브덴(몰리브데넘)이 있다.

③ 주철에 미치는 원소의 영향

㉠ C : 주철에 가장 큰 영향을 미치며, 탄소 함유량이 적으면 백선화된다. 반대로 증가하면 용융점이 저해되고 주조성이 좋아진다.

㉡ Si : 주철의 질을 연하게 하고 냉각시 수축을 적게 한다. 규소가 많으면 공정점이 저탄소강 쪽으로 이동하며, 흑연화를 촉진시킨다.

㉢ Mn : 적당한 양의 망간은 강인성과 내열성을 크게 한다.

㉣ P : 쇳물의 유동성을 좋게 하고, 주물의 수축을 적게 하나 너무 많으면 단단해지고 균열이 생기기 쉽다.

㉤ S : 쇳물의 유동성을 나쁘게 하며 기공이 생기기 쉽고 수축율이 증가한다.

(5) 시즈닝(자연시효)

주철을 급랭하면 서냉시키는 것보다 수축이 크고 수축 응력이 많이 생기므로 주물에 균열이 생긴다. 그러므로 정밀가공을 요하는 주물에는 응력을 제거하여야 하는데 응력을 제거하는 방법을 시즈닝이라 한다. 응력제거는 주조 후 1년 이상 장시간 자연 중에 방치하는 자연시효와 인공시효가 있다. 자연균열을 일으키는 주된 원인은 상온 취성이다.

(6) 주철 중에 함유되는 탄소량

① 탄소의 상태와 파단면의 색에 따른 분류

㉠ 회주철 : 유리탄소 또는 흑연이며, 다른 일부분은 기지(matrix)의 조직 중에 화합 상태로 펄라이트(pearlite) 또는 시멘타이트(cementite)로서 존재하는 화합탄소(combined carbon)로 되어 있다. 따라서 주철에 함유하는 탄소량은 보통 이 2가지를

합한 전 탄소(total carbon)로 나타낸다. 즉 흑연+화합탄소=전탄소이다. 주철은 같은 탄소량이라 하더라도 여러 조건(성분, 용해조건, 주입조건) 등에 의하여 흑연과 화합탄소(Fe_3C)의 비율이 뚜렷하게 달라지는데 흑연이 많을 때 그 파면이 흰색을 띠는 회주철(gray cast iron)로 된다.

  ⓒ 백주철 : 흑연의 양이 적고 대부분 탄소가 화합탄소로 존재할 때 그 파면이 흰색을 띠는 백주철(white cast iron)로 되는 것이다. 일반적으로 주철이라 함은 회주철을 말한다.

  ⓒ 반주철 : 회주철과 백주철의 혼합된 조직으로 되어 있을 경우에는 반주철(mottledcast iron)이라 한다.

 ② 탄소 함유량에 따른 분류

  ㉠ 아공정 주철 : 2.0~4.3% C이며 조직은 오스테나이트+레데부라이트이다.

  ⓒ 공정 주철 : 4.3% C이며 조직은 레데부라이트(오스테나이트+시멘타이트)이다.

  ⓒ 과공정 주철 : 4.3~6.68% C이며 조직은 레데부라이트+시멘타이트이다.

(7) 주철의 종류별 특징 및 용도

 ① 보통 주철

  ㉠ 회주철의 대표로 인장강도 100~200N/mm^2, 주조성이 우수하고 값이 저렴하다.

  ⓒ 일반기계부품, 특히 공작기계의 베드, 프레임이 있다.

 가) 조직

  편상 흑연과 페라이트(ferrite)로 되어 있으며, 다소의 펄라이트(pearlite)를 함유하는데 보통 회주철 중 1~3종을 말한다(보통 주철의 KS규격 : GC).

〈표 1-1〉 보통 주철의 조성(단위 : %)

C	Si	Mn	P	S
3.0~3.6	1.0~2.0	0.5~1.0	0.3~1.0	0.06~0.1

 ② 성질

  흑연의 모양, 분포 등에 따라 좌우되나 강인성이 적고 단조가 되지 않으며, 용융점이 낮아 유동성이 좋은 편이므로 기계구조 부분 등에 사용된다.

㉠ **기계적 성질** : 인장강도, 하중, 경도 등으로 표시한다. 회주철의 인장강도는 100~350MPa 이하의 회주철을 보통 주철이라 한다.
㉡ **내마모성** : Ni, Cr, Mo 등을 알맞게 가하여 기타의 조직을 베이나이트(bainite)로 한 특수주철은 내마모성이 우수, 특히 이를 애시큘러 주철(aciculer carst iron)이라 한다.
㉢ **피삭성** : 강에 비해 우수하다.
㉣ **내열성** : 주철의 성장 현상, 고온산화, 고온 강도 크리프(creep), 열충격 등에 대한 저항성을 정리하여 주철의 내열성이라 한다.
㉤ **내식성** : 주철은 대기 또는 물이나 바닷물에 대해서는 내식성이 우수하다. 그러나 알칼리(수류)에는 강하지만 산(묽은 황산, 질산, 염산)에는 약하다. 이 같은 현상을 에로젼(errosion)이라 한다. Ni를 다량으로 포함한 주철은 내연과 오스테나이트 조직으로 되고 이것은 내식성, 내열성, 무수하고 비자성체가 된다.

③ **고급 주철**

C 2.5~3.2%, Si 1~2%이고 현미경 조직은 펄라이트와 미세한 흑연으로 된 것으로 인장강도 $245N/mm^2$(245MPa) 이상, 내마모성, 내열성, 내식성이 우수하고 자동차 엔진의 실린더 블록, 실린더 라이너, 피스톤 링에 사용된다. 회주철 4~6종이 이에 속한다.

④ **합금주철**

내열성인 Al주철, 내식성인 Cr주철, 내마모성인 Ni주철과 내마모주철로서 침상주철, 애시큘러 주철(acicular cast iron)이 있다. 합금주철에서 가장 많이 사용되는 원소는 대개 7종(Al, Cr, Mo, Ni, Si, B, Cu)인데 그 영향을 보면 대략 다음과 같다.

㉠ **Al** : 강력한 흑연화 원소의 하나로 Al_2O_3을 만들어 고온산화 저항성을 향상시키고, 10% 이상되면 내열성을 증대시킨다.
㉡ **Cr** : 흑연화를 방지하고 탄화물을 안정시킨다. 탄화물을 안정화시키며, 내식성, 내열성을 증대시키고 내부식성이 좋아진다.
㉢ **Mo** : 강도, 경도, 내마모성을 증가시키며 0.25~1.25% 정도 첨가시킨다. 두꺼운 주물(鑄物)의 조직을 균일하게 한다.
㉣ **Ni** : 흑연화를 촉진하며, 내열, 내산화성이 증가한다. 내알칼리성을 갖게 하며, 내마모성도 좋아진다.
㉤ **Cu** : 보통 0.25~2.5% 첨가하면 경도가 증가하고 내마모성이 개선되며, 내식성이 좋아진다.

- ⓑ Si : 내열성이 좋아진다.
- ⓢ Ti : 강탈산제이고, 흑연을 미세화시켜 강도를 높인다.
- ⓞ V : 흑연을 방지하고 펄라이트를 미세화시킨다.

합금주철의 종류는 다음과 같다.

가) 고력합금주철

인장강도 440~640N/mm^{2}이고 강인성과 내마모성이 우수하고 자동차용 엔진의 크랭크축, 캠축에 사용한다.

나) 내열주철

고온 강도, 내성장성, 내산화성 등을 개선한 주철로 400℃ 이상 고온에서 사용하는 부품에 사용된다.

다) 내산주철

Si 13~14.5%의 규소주철이 내산주철로서 유명하며 진한 열황산, 황동액, 초산 등의 혼합액에도 사용된다.

⑤ 구상흑연주철

편상 흑연을 구상화하여 강인성과 연성을 얻은 주철로 인장강도 400~800N/mm^2, 풀림 열처리가 가능하며, 내마멸성과 내열성, 내식성이 우수하여 캠축, 크랭크축 등의 자동차용 주물이나 주조용 재료에 사용된다.

- ㉠ 주철은 보통 주방상태에서 흑연이 편상으로 된다. 그러나 특수한 처리(특수 원소 첨가, 열처리)를 하면 흑연이 구상으로 되는데 이것을 구상흑연주철이라 한다.
- ㉡ 인장강도는 주조상태가 370~800MPa, 풀림 상태가 230~480MPa 이다.
- ㉢ 구상흑연주철은 조직에 따라 페라이트형, 펄라이트형, 시멘타이트형으로 분류되다. 페라이트형은 그 모양이 마치 황소의 눈과 같다고 하여 소눈 조직(bull's eye structure)이라고 한다.
- ㉣ 주철을 구상화하기 위하여 Mg, Ca, Ce 등을 첨가하며, 구상화 촉진원소는 Cu > Al > Sn > Zr > B > Sb > Pb > Bi > Te 이다.
- ㉤ 소형 자동차의 크랭크축, 캠축, 브레이크 드럼 등 재료로 광범위하게 사용된다.

〈표 1-2〉 구상흑연주철의 분류와 성질

명 칭	발생원인	성 질
시멘타이트형 (시멘타이트가 석출)	• Mg의 첨가량이 많을 때 • C, Si 특히 Si가 적을 때 • 냉각속도가 빠를 때 • 접종이 부족할 때	• 경도가 HB220 이상 • 연성이 없다.
펄라이트형 (바탕조직이 펄라이트)	시멘타이트형과 페라이트형의 중간의 발생원인	• 강인하고 인장강도 400~800MPa • 연신율 2% 정도 • 경도 HB=150~240
페라이트형 (페라이트가 석출한 것)	• C, Si 특히 Si가 많을 때 • Mg의 양이 적당할 때 • 냉각속도가 느리고 풀림을 했을 때 • 접종이 양호한 경우	• 연신율 6~20% • 경도 HB=150~200 • Si가 3% 이상이 되면 여려진다.

⑥ 가단주철

가단주철이란 주철의 취약성을 개량하기 위해서 백주철을 열처리하여 제조하기 쉽고 강인성을 부여시킨 주철로서 다음과 같이 분류할 수 있다.

가) 백심 가단주철(WMC)

백주철을 풀림처리하고 Fe_3C를 탈탄시켜 가단성을 부여한 주철이다. 자동차 부품, 방직기 부품에 사용하며 백주철을 철광석 및 스케일(mill scale)과 같은 산화철과 함께 풀림상자 안에 넣고 약 950~1,000℃로 가열하여 표면에서 상당한 깊이까지 탈탄시킨 것이다. 이로써 표면은 탈탄하여 페라이트로 되어 연하며 내부로 들어갈수록 강인한 조직이 된다.

나) 흑심 가단주철(BMC)

백주철에 2단계의 풀림처리를 하고 유리시멘타이트와 펄라이트 중 시멘타이트를 흑연화한 것이다. 자동차 부품, 철도 차량이나 궤도용 부품, 관이음 부품 등에 사용된다.

저탄소, 저규소의 백주철을 풀림처리하여 Fe_3C를 분해시켜 흑연을 입상으로 석출시킨 것이다.

① **제1단계 흑연화** : 백주철을 700~950℃로 가열 풀림처리한다. 기지조직은 펄라이트 조직을 가지는데 이를 불스아이 조직이라 한다.

② **제2단계 흑연화** : 펄라이트 조직 중의 공석 Fe_3C의 분해로 뜨임탄소와 페라이트 조직이 된다.

다) 펄라이트 가단주철(PMC)

백주철에 1회의 풀림처리를 하고 유리시멘타이트를 흑연화한 것으로 자동차 엔진의 크랭크샤프트, 캠축, 펌프 부품, 치차(기어) 등에 사용된다.

흑심가단주철의 흑연화를 완전히 하지 않고 제2단의 흑연화를 막기 위하여 제1단의 흑연화가 끝난 후 약 800℃에서 일정한 시간 동안 유지하고 급랭하면 펄라이트가 남게 되는데 이와 같은 처리를 한 것을 말한다. 각 주철의 인장강도 순서는 구상흑연 > 펄라이트 가단 > 백심가단 > 흑심가단 > 미하나이트 > 칠드 주철이다.

⑦ 칠드 주철

금형 주형을 사용하여 용탕을 급랭시켜 접촉된 부분만 경화(백주철)되고 그 내부는 서냉되어 강인한 조직이 되는 주철로 압연용 롤, 기차 바퀴나 각종 롤러 등에 사용된다.

㉠ 적당한 성분의 주철을 금형이 붙어 있는 사형에 주입해서 응고할 때 필요한 부분만을 급랭시키면 급랭된 부분은 단단하게 되어 연화되고 강인한 성질을 갖게 되는데 이와 같은 조작을 칠(chill)이라고 하며, 칠층의 두께는 10~25mm 정도이다. 이와 같이 해서 만들어진 주물을 냉경주물(chill casting)이라 한다.

㉡ 칠드(chilled) 주철이란 표면은 백주철로 하고, 내부는 연한 회주철로 만든 것으로 압연용 칠드 롤러, 차륜 등과 같은 것에 사용된다.

2. 비철 금속재료

비철계 금속재료에는 Cu, Al, Mg, Ni, Ti, Zn, Pb, Sn 등과 그 합금이 있다. 주로 일반기계부품으로 많이 이용하는 구리와 알루미늄 합금에 관하여 기술한다.

1) 구리와 그 합금

(1) 구리(Cu)

① 구리는 비자성체로 전기전도율이 크다. 연하고 가공성이 좋아 판, 선, 봉으로 냉간 가공이 용이하다.

② 상온 가공할 때 가공도에 따라 인장강도가 증가하여 가공도 70~80% 부근에서 최댓값이 된다. 가공의 정도에 따라 연질, 1/4 경질, 1/2 경질, 경질 등이 있다.

③ 구리는 철과 같은 동소변태가 없고 재결정 온도는 약 200℃ 정도이다. 또 상온 중 크리프 현상이 일어난다.
④ 구리의 성질은 비중이 8.9 정도이며, 용융점이 1,083℃ 정도이다.
   ㉠ 전기 및 열전도성이 우수하다.
   ㉡ 전연성이 좋아 가공이 용이하다.
   ㉢ 내식성이 강해 부식이 안 된다.
   ㉣ 아름다운 광택과 귀금속적 성질이 우수하다.
   ㉤ Zn, Sn, Ni, Ag 등과 용이하게 합금을 만든다.

(2) 황동(Brass; Cu+Zn)

① Cu와 Zn 합금으로 가공성, 주조성, 내식성이 좋으며, 가장 많이 사용되는 합금은 30~40% Zn의 황동이다.
② 실용 황동으로 7-3황동(70% Cu-30% Zn)이 대표적인 가공용 황동으로 전연성이 크며, 냉간 가공성이 양호하다.
③ 냉간 가공하여 판, 봉, 관, 선, 자동차 방열기 부품, 계기 부품 등에 이용되고, 열간 가공에 적당한 6-4황동(60% Cu-40% Zn)과 주물용으로서 Zn의 함유량이 10~40%인 황동 주물이 있다.
④ 특수 황동에는 절삭성을 개선한 납 황동(쾌삭 황동), 내식성을 개선한 주석 황동과 강도, 내식성이 좋은 고강도 황동이 있다.
⑤ 황동의 성질은 다음과 같다.
   ㉠ 전기(열)전도도가 Zn 40%까지 감소 그 이상에서는 50%에서 최대이고, 연신율은 Zn 30% 최대이다.
   ㉡ 주조성, 가공성, 내식성, 기계적 성질이 좋다. 압연과 단조가 가능하다.
   ㉢ 인장강도는 Zn 45% 최대가 되며 그 이상에서는 급감한다. 따라서, Zn 50% 이상의 황동은 취약해진다.
   ㉣ 경년변화(시효경화) : 황동의 가공재를 상온에서 방치하거나 저온 풀림 경화시킨 스프링 재가 사용 도중 시간의 경과에 따라 경도 등 여러 가지 성질이 악화되는 현상으로 가공도가 낮을수록 심해진다.
   ㉤ 화학적 성질
      ⓐ 탈아연 부식(dezincification) : 불순한 물 및 부식성 물질이 녹아있는 수용액의 작용에 의해 황동의 표면에는 내부까지 탈아연 되는 현상으로 방지책은 Zn 30% 이하의 α황동 사용 또는 0.1~0.5%, As, Sb 1% 정도의 Sn을 첨가한다.

ⓑ 자연균열(Season Cracking) : 일종의 응력부식균열(stress corrosion cracking)로 잔류응력에 기인하는 현상으로 방지책은 도료 및 Zn 도금, 180~260℃에서 응력제거 풀림 등으로 잔류응력을 제거된다.

ⓒ 고온 탈아연(dezincing) : 고온에서 탈아연 되는 현상으로 표면이 깨끗할수록 심하다. 방지책은 표면에 산화물 피막이 형성된다.

2) 황동의 종류

(1) 단련 황동

① 톰백(tombac) : 5~20%의 저 아연합금으로 전연성이 좋고 색이 금에 가까우므로 모조 금대용으로 사용된다.

② 7-3황동(cartridage brass) : Cu 70%, Zn 40%의 $\alpha+\beta$황동이며 인장강도가 크며 고온 가공이 용이하다. 탈아연 부식이 일어나기 쉽다. 열교환기나, 열간 단조용으로 사용된다.

(2) 특수 황동

① 애드미럴티 황동(admiralty brass) : 7-3황동에 1% Sn첨가 관, 판으로 증발기, 열교환기에 사용된다.

② 네이벌 황동(naval brass) : 6-4황동에 0.75% Sn첨가 파이프, 용접봉, 선박기계부품으로 사용된다.

③ 델타 메탈(delta metal) : 6-4황동에 1~2% Fe함유 강도, 내식성 증가, 광산기계, 선박, 화학 기계용으로 사용된다.

④ 두라나 메탈(durana metal) : 7-3황동에 2% Fe, 그리고 소량의 Sn, Al을 첨가한다.

⑤ 양은, 양백(nickel silver 또는 Germen silver) : 7-3황동에 10~20% Ni을 첨가하여 전기저항이 높고, 내열·내식성이 우수하며, Ag대용으로 사용한다.

⑥ 1.5~2% Al을 첨가한 Al황동(알브렉 : Albrac), 1.5~3% Pb을 첨가하여 절삭성을 좋게 한 연황동, 그리고 고강도 황동으로는 6-4황동에 8% Mn을 첨가한 망간 황동이 있다.

3) 청동(Bronze; Cu+Sn)

① Cu와 Sn의 합금으로 주조성, 내부식성, 내마모성이 좋아 기계의 주물용, 동상 등에 사용한다.

② 단조성, 유연성, 내식, 내수압성이 우수하여 기계부품이나 선박 등에 널리 이용되는 포금(gun metal)과 내마멸성이 특히 커서 베어링, 차축 등의 마모가 많은 부분에 사용된다.

③ Pb을 5~10% 가한 것은 우수하여 철도 차량, 공작기계, 압연기 등의 고압용 베어링에 적당한 베어링 청동이 있다.

④ 보통 청동 주물보다 강인하고 내마멸성과 내식성이 우수하여 베어링, 피스톤링, 프로펠러 등과 같은 기계부품에 사용되는 인 청동 주물 등이 있다.

⑤ 넓은 의미에서 황동 이외의 구리합금을 모두 청동이라고 하지만 좁은 의미에선 Cu-Sn합금을 말한다.

⑥ Sn이 증가할수록 전기전도율과 비중이 감소하며 Sn 17~20%에서 최대 인장강도 값을 가지며 연율은 Sn 4%에서 최대치가 된다. 부식률은 실용금속 중 가장 낮다.

(1) 청동의 종류 및 용도

① **압연용 청동** : 3.5~7.0% Sn청동으로 단련 및 가공성이 용이하다. 화폐, 메달, 선, 봉 등에 사용된다.

② **포금(Gun metal)** : 8~12% Sn, 1% Zn첨가, 내해수성이 좋고 수압, 증기압에도 잘 견딘다. 선박용 재료로 사용된다.

③ **화폐용 청동(coining bronze)** : 3~10% Sn에 1% Zn첨가 이외에도 미술용 청동과 13~18% Sn을 첨가한 베어링 청동 등이 있다.

(2) 특수 청동

① **인 청동(phosphor bronze)** : 청동에 탈산제 P을 첨가한 합금으로 경도, 강도가 증가하며 내마모성 탄성이 개선된다. 고탄성을 요구하는 판, 선의 가공재로서 내식성, 내마모성이 요구되는 밸브, 베어링, 선박용품, 고급 스프링 재료로 사용된다.

② **연 청동(lead bronze)** : 인장강도가 200 MPa 이상으로 청동에 3.0~26% Pb을 첨가한 것으로, 그 조직 중에 Pb이 거의 고용되지 않고 임계에 흩어져 있어 윤활성이 좋아지므로 베어링, 패킹재료 등에 널리 쓰인다.

③ **Al 청동** : 인장강도가 450 MPa 이상으로 8~12%의 Al을 첨가하여 강도, 경도, 인성, 내마모성, 내식성, 내피로성이 황동, 청동보다 좋지만, 주조성, 가공성, 용접성이 나쁘다.

④ **규소 청동** : 인장강도가 150 MPa 이상으로 Cu에 탈탄을 목적으로 Si를 첨가한 청동으로 4.7% Si까지 Cu 중에 고용되어 인장강도를

증가시키고 내식성, 내열성을 좋게 한다.
⑤ 니켈 청동 : 1029 MPa의 높은 인장강도와 통신선, 전화선으로 사용되는 Cu – Ni – Si의 콜슨(Corso) 합금, 뜨임 경화성이 큰 쿠니알 청동, 열전대용 및 전기저항선에 사용되는 Cu – Ni 45%의 콘스탄탄이 있다.
⑥ 망간 청동 : 전기저항재료로 사용되는 Cu – Mn – Ni의 망가닌(Manganin) 등이 있다. Cu – Cd계 합금은 1%의 Cd 함유 합금으로 큰 인장강도와 우수한 전도도로 송전선, 안테나용으로 쓰인다.
⑦ 베릴륨 청동 : Cu에 2~3%의 Be를 첨가한 시효경화성 합금으로 구리 합금 중 강도가 약 835MPa로 높은 편이다.
⑧ 오일리스 베어링 : 구리, 주석, 흑연의 분말을 혼합시켜 성형한 후 가열하여 소결한 것으로 주유가 곤란한 곳에 사용된다. 큰 하중이나 고속회전에는 부적합하다.
⑨ 양은 : 니켈 15~20%, 아연 20~30%에 구리를 함유한 합금으로 주로 기계부품, 식기, 가구, 온도 조절용 바이메탈, 스프링 재료에 쓰인다.

4) 알루미늄과 그 합금

(1) 알루미늄의 특징

알루미늄합금은 비중이 2.7로 매우 가볍고, 전성과 연성이 좋고 주조가 쉬우며 표면에 산화막이 형성되어 내부식성이 우수하고, 열전도성, 전기전도성이 좋다.

(2) 알루미늄 합금의 성질

① 마그네슘, 베릴륨 다음으로 가벼운 금속으로 비중이 2.7, 용융점 660℃, 변태점이 없다.
② 열 및 전기의 양도체이다(구리 다음이다).
③ 대기 중에서 산소와 화학작용을 하여 산화알루미늄이라는 얇은 보호피막을 형성하여 내식성이 우수하고, 전연성이 풍부하며, 400~500℃에서 연신율이 최대이다.
④ 표면이 산화막이 형성되어 있어 내식성이 우수하다. 그러나 유동성이 불량하고, 수축율이 커서 순수 알루미늄은 주조할 수 없으므로 구리, 규소, 마그네슘, 아연 등을 합금하여 기계적 성질을 개선한다.
⑤ 알루미늄 합금의 열처리는 탄소강과는 달리 시효경화를 이용한다. 시효경화란 시간이 경과함에 따라 고용물질이 석출되면서 강도가

증가하는 현상을 말하며 인공적으로 시효경화를 일으키는 인공시효와 대기 중에서 진행하는 자연시효가 있다. 자연시효를 이용하면 열처리 과정을 생략할 수 있어 시간과 경비를 절감할 수 있다.

(3) 알루미늄 합금의 특성과 용도
① 알루미늄 합금은 용접 및 기계적인 조립을 할 수 있다.
② 주조용 합금과 가공용 합금이 있으므로 특성에 맞는 재료를 선택해야 하며, 알루미늄은 비철 공구재료로써 가장 광범위하게 사용되고 있다.
③ 가공성, 적응성이 좋고 무게가 가볍다.
④ 알루미늄은 광범위하게 각종 형상을 만들 수 있다.
⑤ 경도나 안정성을 증가시키기 위한 공정이나 열처리를 병행할 수 있다는 점이다.
⑥ 알루미늄은 보통 필요한 조건에 따라 주문하며 그 후의 처리는 불필요하다. 이는 시간과 경비를 절감하는 것이다.
⑦ 알루미늄은 용접도 할 수 있으며 기계적인 클램핑력에 의해 결합될 수 있다.

(4) 알루미늄의 열처리
Al 합금의 대부분은 시효경화성이 있으며 용체화 처리와 뜨임에 의해 경화한다.
① **고용체화 처리** : 완전한 고용체가 되는 온도까지 가열하였다가 급랭해 과포화 상태로 만든 방법
② **시효처리** : 과포화 고용체를 120~200℃로 가열 10~14일간 뜨임해 과포화 성분을 석출시켜 경화시키는 방법
③ **풀림** : 과포화 처리온도와 시효처리온도의 중간 정도로 가열, 잔류응력제거와 연화시키는 방법

(5) 알루미늄의 방식법
알루미늄 표면을 적당한 전해액 중에서 양극 산화처리하여 산화물계 피막을 형성시킨 방법이며 수산법, 황산법, 크롬산법 등이 있다.

(6) 주조용 Al 합금
일반용, 내열용, 내식용 등의 세 종류로 분류되며, 일반용은 Al-Cu계, Al-Si계, Al-Zn계 등이 있다. 내열용은 Al-Cu-Ni계, Al-Si-Ni계, 내식용은 주로 Al-Mg-Si계 등이 사용된다.

TIP

석출경화
급냉에 의해 과포화로 고용된 탄화물, 화합물이 그 뒤의 시효에 의해 석출되어 경화하는 현상을 말한다.

① Al-Cu계

Cu 4~12% 내연기관의 부품이다. 자동차 부품, 다이캐스팅용 합금으로 담금질과 시효경화에 의해 강도 증가, 내열성, 연율, 절삭성이 좋으나 고온 취성이 크며 수축균열이 있다. 실용합금으로는 4% Cu 합금인 알코아 195(Alcoa)가 있다.

② Al-Si계

대표 합금으로 실루민(silumin), 알펙스(Alpax) 등이 있다. Si가 11.6% 기계적 성질이 우수하여 주물용으로 사용된다. Al 합금 중 가장 용도가 많다. 이 합금의 주조조직의 Si는 육각판상의 거친 조직이므로 실용화 할 수 있도록 개량(개질) 처리한다.

③ Al-Mg계

대표 합금으로 하이드로날륨(hydronalium)이 있다. Mg이 10% 이하는 바닷물과 알카리성에 강하며 내식성 Al 합금의 대표로서 화학, 건축, 차량, 항공기 부품에 사용된다. 내식성이 크고 절삭성도 좋은 합금이지만 용해될 때 용탕 표면에 생기는 산화피막 때문에 주조가 곤란하고 내압 주물로서 부적당하다.

④ Al-Cu-Si계

Si에 의해 주조성이 개선된 주조용 Al 합금으로 Cu로 피삭성을 좋게 한 합금이다. 대표적인 합금으로 라우탈이 있다. 라우탈(lautal)은 Cu 3~8%, Si 3~8% 피스톤 및 기계부품에 사용된다.

(7) 가공용 Al 합금

내식성 Al 합금(Al-Mg계, Al-Mn계, Al-Mg-Si계)과 고강도 Al 합금(Al-Cu-Mg계, Al-Zn-Mg계)으로 분류된다.

① 내식성 Al 합금

시효 경화성은 없으며, Al의 내식성을 유지한 채 Mn, Mg, Si 등을 첨가하여 강도를 향상시킨 합금이다. 차량, 선반, 창, 송전선 등에 사용된다.

㉠ Al-Mn계 대표 합금은 알민(Almin)이 있으며 Mn 2% 미만 함유한 합금이다.

㉡ Al-Mg-Si계 대표 합금은 알드레이(Aldrey)가 있으며 시효경화처리가 가능하다.

㉢ Al-Mg계 대표 합금은 하이드로날륨(hydronalium)이 있으며 대표적인 내식성 합금, 비열처리형 합금이다.

TIP

개량 처리(개질 처리: modipication)
Si의 거친 육각판상 조직을 금속나트륨, 가성소다, 알칼리염 등을 접종시켜 조직을 미세화시키고 강도를 개선하기 위한 처리이다.

② 고강도 Al 합금

시효경화처리에 의해 강도를 향상시킨 열처리형 합금으로 항공기, 자동차, 리벳, 기계 등에 사용된다.

㉠ 두랄루민(duralumin)

시효경화 합금으로 A2017합금(Al-4% Cu-0.5% Mg-0.5% Mn)에 해당하며, 500~510℃에서 용체화 처리한 다음 물에 담금질하여 상온 시효시키면 인장강도 295~440N/mm^{2}정도가 된다. 가볍고 강도가 크므로 항공기 재료로 널리 이용된다.

㉡ 초두랄루민(super duralumin : SD)

Al-4.5% Cu-1.5% Mg-0.6% Mn 합금을 190℃ 전후의 시효처리에 의해 490N/mm^2 이상의 인장강도를 얻을 수 있다. A2024는 대표적인 재료로 항공기 재료로 이용된다.

㉢ 초강 두랄루민(extra super duralumin : ESD)

Al-5.5% Zn-2.5% Mg-1.5% Cu-0.23% Cr의 A7075합금은 시효처리에 의해 530N/mm^2 이상의 인장강도를 얻을 수 있다.

③ 내열용 Al 합금

내연기관의 피스톤, 실린더 헤드에 사용된다.

㉠ Al-Cu(-Ni-Mg)계

대표 합금으로 Y-합금이 있다. Al-Cu-Ni-Mg의 합금으로 대표적인 내열용 합금이다. $Al_5Cu_2Mg_2$가 석출 경화되며 시효처리한다. 인장강도는 186~245MPa(19~30kgf/mm^2)이다. Cu-4%, Ni-2%, Mg-1.5%로 내열성이 우수하고 고온으로 강도가 높다.

㉡ Al-Cu-Ni계

대표 합금은 코비탈륨(cobitalium)이 있으며 Y-합금의 일종으로 Ti과 Cu를 0.2% 정도씩 첨가한다.

㉢ Al-Ni-Si계

대표 합금은 로우엑스 합금(Lo-Ex)이 있으며 Al-Si계에 Cu, Mg, Ni을 첨가한 특수 실루민으로 Na으로 개질처리 한다.

5) **형상기억합금**

문자 그대로 어떠한 모양을 기억할 수 있는 합금을 말한다. 즉, 고온 상태에서 기억한 형상을 언제까지라도 기억하고 있는 것으로, 저온에서 작은 가열만으로도 다른 형상으로 변화시켜 곧 원래의 형상으로

> **TIP**
> Al의 내식성을 해치지 않고 강도를 개선하는 요소로는 Mn, Mg, Si 등이 있다.

되돌아가는 현상을 형상기억 효과라 하며, 이 효과를 나타내는 합금을 형상기억합금(shape memory alloy)이라고 한다.

현재 실용화된 대표적인 형상기억합금은 니켈-티탄(Ni-Ti)계, 구리-알루미늄-니켈, 구리-아연-알루미늄합금의 세 종류이며, 회복력은 $30kgf/cm^2$이고 반복 동작을 많이 하여도 회복 성능이 거의 저하되지 않는다.

(1) 니켈-티탄(Ni-Ti) 합금
내식성 및 내피로성이 우수하지만, 가격이 비싸고 소성가공이 어렵다. 센서와 액추에이터를 겸비한 기능재료로 기계, 전기 분야에 널리 사용된다.

(2) 구리계 합금
구리-알루미늄-니켈, 구리-아연-알루미늄 합금으로 니켈-티탄(Ni-Ti) 합금에 비하여 내식성 및 내피로성이 떨어지지만 가격이 싸고 소성가공이 용이하다. 반복 사용하지 않은 이음쇠 등에 이용된다. 특히 Cu-Zn-Al 합금은 결정입자의 미세화가 곤란하기 때문에 피로회복 특성이 좋지 않다.

(3) 형상기억합금의 응용분야
군사용으로 우주선의 안테나, 전투기의 파이프 이음쇠에 사용되며 일반용으로 기계장치 고정 핀, 냉난방 겸용 에어컨, 커피 메이커에 사용되며 의료용으로는 정형외과, 외과 치과 인플랜트 교정기, 여성의 브래지어 와이어, 안경테 프레임, 전기커넥터 등에 사용된다.

6) 클래드 재료
두 종류 이상의 금속 특성을 복합적으로 얻을 수 있는 재료로 얇은 특수한 금속을 두껍고 가격이 저렴한 모재에 야금학적으로 접합시킨 것이 많다.

(1) 종류
① 내식성 재료(Ni합금, 스테인리스강)와 저탄소강을 조합 : 화학공업 장치에 사용된다.
② 스테인리스강과 인바(invar)를 조합 : 가정용 전기기구 등의 온도 조절용 바이메탈(bimetal)에 사용된다.

(2) 제조법
폭발 압착법, 압연법, 확산 결합법, 단접법, 압출법 등이 있다.

7) 다공질 재료

다공질 금속으로는 소결체의 다공성을 이용한 베어링이나 다공질 금속 필터가 있다. 소결 다공성 금속제품으로는 방직기용 소결 링크, 열교환기, 전극 촉매, 발포성 금속 등이 있다.

8) 제진 재료

"두드려도 소리가 나지 않는 재료"라는 뜻으로, 기계장치나 차량 등에 접착되어 진동과 소음을 제어하기 위한 재료를 말한다. 제진 합금으로는 Mg-Zr, Mn-Cu, Cu-Al-Ni, Ti-Ni, Al-Zn, Fe-Cr-Al 등이 있으며, 내부 마찰이 크므로 고유진동 계수가 작게 되어 금속음이 발생되지 않는다. 고감쇠능 구조용 재료로서 제진 합금은 비감쇠능이 10% 이상, 인장강도 $30kgf/mm^2$ 이상의 것이 요구된다.

> **TIP**
> **비감쇠능**
> 재료에 타격을 가하면 큰 진동음을 내게 되는데 소리를 감쇠시키는 능력이 큰 것을 말한다.

9) 비정질 합금

금속은 상온에서 원자 배열이 규칙적이다. 이 금속을 가열하여 액체로 만든 후 고속으로 급랭하면 원자들이 불규칙한 배열을 보이게 되는데 이와 같이 원자 배열이 불규칙한 상태를 비정질이라 한다. 비정질 구조로 되어 있는 재료는 유리, 비결정합금, 리퀴드 메탈 등이 있다.

(1) 비정질 합금의 제조법
① 기체 급랭법 : 진공 증착법, 이온 도금법, 스패터링(spattering)법, 화학(CVD)증착법 등
② 액체 급랭법 : 단롤(single roll)법, 쌍롤(double roll)법, 원심법, 스프레이법, 분무법 등
③ 금속 이온법 : 전해 코팅법, 무전해 코팅법 등

(2) 비정질 합금의 성질
① 높은 경도와 강도 및 인성이 높다.
② 표면 전체가 균일하고 내식성이 우수하다.
③ 자기적 특성이 있어 자성재료로 사용된다.
④ 구성원자의 배열이 무질서한 구조로 되어 있다.
⑤ 결정립계도 없는 균질한 상태이다.

10) 초전도 재료

금속은 전기저항이 있기 때문에 전류를 흐르면 전류가 소모된다. 보통 금속은 온도가 내려갈수록 전기저항이 감소하지만, 절대온도

근방으로 냉각하여도 금속 고유의 전기저항은 남는다. 그러나 초전도 재료는 일정 온도에서 전기저항이 0이 되는 현상이 나타나는 재료를 말한다. 초전도를 나타내는 재료는 순금속계, 합금계, 세라믹스계로 나눠진다.

(1) 합금계 초전도 재료

① Nb-Zr 합금 : 가공성이 풍부하고 인발 가공으로 선재를 만든다.
② Nb-Ti 합금 : 일반적으로 많이 사용되고 있으며, 가격 저렴하고 가공성 및 기계적 성질이 좋고 취급이 용이하다.
③ Nb-Ti 심 둘레에 Cu-Ni 합금층 삽입 또는 Nb-Ti-Ta(3원 합금) : 강자성, 초전도 마그네트의 유망한 재료로 사용된다.

(2) 초전도 재료의 응용

초전도 재료의 응용 분야는 전기저항이 0으로 에너지 손실이 전혀 없으므로 전자석용 선재의 개발 및 초고속 스위칭 시간을 이용한 논리 회로 및 미세한 전자기장 변화도 감지할 수 있는 감지기 및 기억소자 등에 응용할 수 있다. 또한, 전력 시스템의 초전도화, 핵융합, MHD (magnetic hydrodynamic generator), 자기부상열차, 핵자기 공명 단층 영상장치, 컴퓨터 및 계측기 등 여러 분야에 응용할 수 있다.

11) 자성재료

자기적 성질을 가지는 재료를 말하며, 공업적으로 자기의 성질이 필요한 기계, 장치, 부품 등에 활용할 수 있는 재료를 말한다.

(1) 경질 자성재료(영구자석 재료)

① 주로 음향기기, 전동기, 통신 계측기기 등에 이용된다.
② 종류로는 알니코 자석, 페라이트 자석, 희토류계 자석, 네오디뮴 (Nd) 자석, Fe-Cr-Co계 반경질 자석 등이 있다.

(2) 연질 자성재료

① 보자력이 작고, 미세한 외부 자기장의 변화에도 크게 자화되는 특성을 가지는 이력 손실이 작은 고투자율 재료이다.
② 주로 전동기나 변압기의 자심, 자기 헤드 마이크로파(microwave) 재료 등에 이용된다.
③ 종류로는 규소(Si)강판, 퍼멀로이(permalloy), 센더스트(sendust) 및 알펌(alperm, Fe-Al), 퍼멘듈(permendur, Fe 49%-Co 2%-V), 수퍼멘듈 등이 있다.

 TIP

초전도체로 구비해야 하는 조건
- 초전도 전이온도가 가능한 높고 물리화학적으로 안전할 것
- 요구되는 전자기 특성을 만족할 것
- 자원이 많고 가공이 쉽고 경제성이 있을 것
- 독성이 없을 것

12) 수소 저장 합금

금속 수소화합물의 형태로 수소를 흡수 방출하는 합금이 수소 저장 합금이다. 종류로는 $LaNi_5$, $TiFe$, Mg_2Ni 등이 있다.

13) 금속 초미립자

초미립자의 크기는 미크론(μm) 이하 또는 100nm의 콜로이드(colloid) 입자의 크기와 같은 정도의 분체라 할 수 있다. 현재 초미립자는 자기테이프, 비디오테이프, 태양열 이용 장치의 적외선 흡수재료 및 새로운 합금재료, 로켓 연료의 연소 효율 향상을 위해 이용되고 있다.

14) 초소성 합금

초소성 재료는 수백 % 이상의 연신율을 나타내는 재료를 말한다. 초소성 현상은 소성가공이 어려운 내열 합금 또는 분산강화합금을 분말야금법으로 제조하여 소성가공 및 확산 접합할 때 응용할 수 있으며, 서멧과 세라믹에도 응용이 가능하다.

15) 반도체 재료

반도체는 도체와 절연체의 중간인 약 $10^5 [\Omega m]$에서 $10^7 [\Omega m]$ 범위의 저항률을 가지고 있다. 현재 반도체 중에서 Si 반도체가 가장 큰 비중을 차지하고 있다.

16) 요소부품 재료에 필요한 성질

요소부품이 주어진 조건과 환경에서 기능과 성능을 충분히 발휘할 수 있도록 하면서 신뢰성, 제작성 및 경제성 등을 갖출 수 있도록 요소부품의 재료가 선택되어야 한다. 따라서 적절한 재료를 선정하기 위해서는 먼저 재료의 성질과 특성에 대한 이해가 필요하다.

(1) 기계적 성질

① 강도(strength) : 재료에 가해지는 외력에 대하여 저항하는 최대 저항력이다. 최대 저항력 이상의 힘이 작용하면 변형 또는 파손된다. 작용하는 하중 방향에 따라서 인장강도, 전단강도, 굽힘강도, 비틀림강도 등이 있다. 대표적인 강도로 인장강도를 주로 사용한다.

② 경도(hardness) : 경도는 소재의 표면이 외부의 힘에 저항하는 성질이다. 표면의 딱딱함의 정도를 표시하며, 일반적으로 압입에 대한 저항으로 나타낸다.

③ 인성(toughness) : 재료에 충격이 작용하였을 때 파괴되지 않고 견디는 성질로 재료의 질긴 정도이다.

④ 취성(brittleness) : 재료에 충격이 작용하였을 때 깨지고 파괴되기 쉬운 여린(메짐) 성질이다.

⑤ 탄성(elasticity) : 외력을 가했을 때 변형이 되나 외력을 제거하면 원래의 상태로 돌아오는 성질이다.

⑥ 연성(ductility) : 당길 때 가늘고 길게 늘어나는 성질이다.

⑦ 내마모성(wear resistance) : 재료가 다른 물체와 접촉하여 마찰을 일으킬 때 마모로부터 견디는 능력을 말한다. 보통 경도가 높으면 내마모성은 증가한다.

⑧ 절삭성(machinability) : 재료가 기계가공으로 잘 깎아지는 성질을 말한다.

⑨ 가단성(machinability) : 압연, 인발, 단조 등으로 변형시킬 수 있는 성질을 말한다.

⑩ 피로(fatigue) : 재료는 강도보다 낮은 하중이 반복적으로 작용되면 파괴되는 성질을 말한다.

(2) 물리적 성질

① 밀도(density) : 단위 부피당 질량으로 표시한다. 비중은 물의 무게에 비하여 무게의 비율을 말한다.

② 비열(specific heat) : 1g의 물질을 1℃ 상승시키는 데 필요한 열량이다.

③ 열전도율(thermal conductivity) : 물체 내의 1cm 떨어진 두 점 사이의 온도차가 1℃인 상태에서 $1cm^2$ 단면적을 통하여 1초 동안 전달되는 열량이다.

④ 선팽창 계수(coefficient of liner expansion) : 단위 길이에 대하여 온도가 1℃ 상승했을 때 늘어난 길이의 비율이다.

⑤ 자성(magnetism) : 금속을 자기장에 두었을 때 자기를 띠어 자석이 되는 성질이다.

17) 일반적으로 사용하고 있는 기계요소 부품 재료

(1) 축의 재료

① 일반용 축 재료
㉠ 강도를 필요하지 않는 일반축 : SM40C~SM45C(열처리 없거나 노멀라이징)

ⓒ 다소 강도가 요구되는 소형축 : SM40C, SM45C(담금질 후 저온 공랭뜨임)

② 강력한 축 재료
  ㉠ 표면경도와 인성이 요구되는 소형축 : SM 9CK, SM 15CK(침탄담금질 후 150~200℃에서 저온 공랭뜨임)
  ㉡ 표면층 경도, 피로한도, 인성이 요구되는 중대형축 : SM 35C~SM 48C(고주파 담금질을 하고 150~200℃의 저온 뜨임)

③ Cr강 : 탄소강보다 담금질성과 인성이 좋고, 경화 균열이 적어 굵은 축에 사용된다.

④ Cr-Mo강 : 큰 인장강도와 충격값을 필요로 할 때 사용된다.

⑤ Ni-Cr강 : 고가이나 강인하고 담금질이 용이하여 SNC 236은 소형축에, SNC 631은 크랭크, 프로펠러축에 사용된다.

⑥ Ni-Cr-Mo강 : 구조용 합금강 중 강인성과 담금질성이 가장 좋다. SNCM 431은 크랭크축, SNCM 625는 대형축, SNCM 630은 강도와 정밀도가 요구되는 장축, SNCM 240, SNCM 439, SNCM 447은 중소형 축에 사용된다.

(2) 기어의 재료

열처리하여 내마모성을 높여 사용한다. 침탄 열처리에는 SCr415, SCr420, SCM 415, SCM 420, NCM 220, NCM 420 등이 사용되며 고주파 열처리에는 SM 40C, SM 45C, SM 53C, SCM 435, SCM 440 등이 사용된다.

(3) 베어링의 재료

① 구름 베어링 : 베어링의 궤도륜(race)과 볼, 롤러는 고탄소 크롬 베어링강이 사용되며 베어링볼, 롤러는 STB1, STB2, 대형 베어링에는 STB3 사용된다.

② 미끄럼 베어링
  ㉠ 주철, 황동, 청동 : 내마멸성이 높고, 충격에 강하다. 고속회전에서는 녹아 붙음을 일으키기 쉽다. 공작기계의 주베어링에 쓰이고, 단일체 베어링의 저중속 용에 주로 사용한다.
  ㉡ 화이트 메탈(white metal) : 주석(Sn), 아연(Zn), 납(Pb), 안티몬(Sb)의 합금이며, Sn계 화이트 메탈은 Sn을 주성분으로 Cu, Sb을 함유한 합금으로 배빗 메탈(babbit metal)이라고도 하며, 성능이 가장 우수하여 내연기관을 비롯한 각종 기계의 베어링으로

사용된다. 단점으로는 피로강도, 면압강도가 부족하다.
ⓒ 켈밋(kelmet) : Cu와 Pb의 합금이며, 피로강도와 내열성이 높으므로 고속 중하중(重荷重)의 내연기관용 베어링으로 널리 사용한다.
ⓔ 카드뮴(Cd) 합금 : 화이트 메탈에 비하여 피로강도와 내열성이 높으므로 중하중(重荷重) 내연기관에 널리 사용된다.
ⓜ 알루미늄 합금 : 내마멸성이 높아 고속 중하중(重荷重)베어링에 주로 사용되나, 마찰에 의해 생기는 산화피막 때문에 축이 손상되기 쉽다.
ⓗ 오일리스 베어링 : 구리계와 철계가 있으며 구리계는 고속 저압용에 사용하고, 철계는 저속, 저압용에 사용한다.

(4) 키의 재료
축의 재료보다 단단한 강으로 기계구조용 탄소강재 SM45C(KS D 3752)나 마봉강 SGD41-D(KS D 3561) 및 탄소강 단강품 5종 SF55(KS D 3710)를 많이 사용한다.

(5) 스프링의 재료
열간 가공한 스프링강은 KS D3701(스프링강)을 사용하고, 열간 압연 또는 열간 단조에 의하여 형상을 만든 후 담금질, 뜨임처리 후 탄성한계를 훨씬 초과한 하중을 작용시켜 탄성한계를 높인다. 열간 가공한 것에 스프링강, 피아노 선재, 경강선재, 고속도강, 합금 공구강, 스테인리스강 등의 제품이 있다.
냉간 가공 스프링강은 열간 가공 스프링강을 소재로 하여 주로 강도의 신선 가공 또는 냉간 압연 때문에 치수가 정확한 형상으로 만드는 동시에 스프링강으로서의 높은 기계적 성질을 준다. 대표적인 제품으로는 피아노선, 오일 템퍼선, 스테인리스 강선이 있다.

18) 치공구재료

(1) 철 금속재료
① 주철 : 주로 치공구 본체로 사용되며 상품화된 일부 치공구 부품으로도 사용된다.
② 탄소강 : STC 105, STC 85 재료로 가공이 쉽고 비용이 적게 들며, 융통성이 있으므로 치공구의 주된 재료로써 널리 쓰인다.
③ 합금강 : 일반 탄소강에 비해 강성과 내마모성이 크고 열처리 변형 등이 작으므로 바이트, 다이스, 탭, 드릴 등에 많이 사용된다.

④ 공구강 : 경도, 내마모성, 강인성이 큰 강으로 치공구에서 특히 큰 하중을 받거나 높은 내마모성이 요구되는 부품에 사용된다. 공구강은 열처리하여 사용하는 공구재료로 탄소공구강, 합금 공구강 및 고속도강이 있다.

(2) 비철금속 및 기타 재료

① **알루미늄** : 기계가공성이 좋고 가볍기 때문에 치구 제작에서 널리 사용되고 있다. 주로 치공구 본체와 압출품으로 이용되며, 정밀도 ±0.13mm/2500mm의 본체 제작도 가능하다. 압출품도 일정 치수에 대해서 ±0.05mm 이내로 제작·공급된다.

② **마그네슘** : 치공구에서 널리 사용되는 비철 금속으로 경량화를 목적으로 하는 구조물에 적합하다.

③ **비스무트(Bismuth, Bi, 융점 271.3℃) 합금** : 치공구에서 네스트(nest)와 바이스 조 같은 특수 고정장치에 널리 사용된다. 사용되는 원소는 납(Pb), 안티몬(Sb), 카드뮴(Cd), 주석(Sn) 등의 합금인 비스무트 합금은 단단하고 정확한 주형으로 성형할 수 있기 때문에 복잡한 형태의 네스트와 특수한 공작물 홀더 제작에 유용하다.

④ **기타** : 우레탄은 공작물 보호용이나 2차 클램핑으로 사용되며 이 재료의 주요 장점은 탄성변형을 이용하여 공작물의 손상 방지와 팽창하는 힘에 의해 공작물의 2차 클램핑 역할을 할 수 있다는 것이다. 에폭시 및 플라스틱 수지는 지그와 고정구에서 특수 공작물 홀더로 사용되며 이것으로 만든 네스트나 척 조는 강하고 값이 싸며 이용도가 좋다.

(3) 치공구 부품과 재료

치공구는 본체와 각 요소를 이루는 부품들로 구성되어 있으며 이들은 사용목적에 따라 위치결정, 고정, 공구의 안내 등의 역할을 담당한다. 공작물의 정밀도에 대응해서 치공구의 정밀도가 결정되며, 변형이나 흔들림 등이 생기지 않고 기능을 발휘할 충분한 기계 강성, 공작물의 착탈에 의한 마모 등도 고려하여 재료를 선택해야 한다.

① **본체**
㉠ 주조형 본체는 주로 GC200, GC250 등을 사용하며, 구조가 복잡한 대형 치공구 본체에 적합하다. 강성은 강재에 비하여 다소 떨어지지만 방진 성능이 양호하다. 또한 내마모성이나 내압축성이 우수하며 가격이 싸기 때문에 경제적인 면에서 유리하다.

ⓒ 용접형 본체는 주로 SS400 등을 사용하며 필요에 따라서 SM35C 이상의 재료를 사용하기도 한다. 생산적인 측면에서 강판 또는 용접구조물을 본체로 이용하는 경우가 있다.
　　ⓒ 강판 구조물은 주조품에 비하여 가벼우며 강성이 뒤지지 않는다는 점과 제작시간이 단축된다는 장점이 있다.
② 다리 : 주조를 할 경우는 본체와 같은 재질로 하는 것이 보통이고 나사 및 끼워맞춤에는 주로 SM35C를 사용한다.
③ 부시(bush) : 지그용 부시는 드릴이나 리머 등의 날과 직접 닿게 되고 칩 등에 의해 마모가 심해지므로 원칙적으로 탄소공구강이나 탄소강을 열처리하여 경도를 HRC55 이상으로 만들어 사용한다. 부시 재질은 STC105, STC85를 추천하며 긴수명을 요할 때는 SKD11, HSS, 초경합금을 사용한다. 열처리 경도는 STC105의 경우 HRC62~64로 한다.
④ 위치결정 핀(locating pin) : 마모를 고려하여 SM45C 또는 STC85를 담금질하여 사용한다. 경도는 HRC55~60으로 한다.
⑤ 클램프 : 평형, U형, 특수형 등이 있고 재질은 보통 SM35C를 사용한다. 클램프판은 보통주철, SM45C를 사용하며, 클램프캠은 마모가 심하므로 이를 고려하여 SM45C 또는 STC65를 열처리하여 사용한다.
⑥ 기둥 및 플레이트 : 사용목적에 따라 SS400이나 SM45C 또는 STC65를 사용한다.
⑦ 힌지(hinge) : 보통 리프판과 힌지 핀으로 구성되어 있으며 핀과 베어링 부분의 마모로 인한 흔들림이 생기는 경우가 많다. 특히 리프판이 지그판인 경우 위치결정 정도가 제품에 미치는 영향은 매우 크다. 핀의 경우 SM45C를 열처리하여 연마한 것을 사용한다.
⑧ 쐐기(wedge) : SM45C 또는 STC85을 담금질, 뜨임 등의 열처리를 하여 사용한다.
⑨ 스프링 핀 : 보통 SM45C를 담금질 처리하여 사용한다.
⑩ 조(jaw) : 일반적으로 STC105를 열처리 강화하여 사용한다.
⑪ 볼트 너트 : 일반적으로 SM35C 또는 SS400 등을 사용하고 압입 볼트는 SM35C를 담금질하여 경도가 HRC50 이상이 되게 만들어 사용한다. 지그용 너트로는 SS400 정도를 사용한다.
⑫ 와셔(washer) : 지그용 스프링 와셔에는 SS400을 사용하고 지그용 구면 와셔에는 STC65를 사용한다.

(4) 기계요소 부품별 재료의 종류

부품의 명칭	기호	재료의 종류	비고
본체(몸체)	GC200 GC250 GC300	회주철	주조성 양호, 절삭성 우수, 복잡한 본체나 하우징, 공작기계 베드, 내연기관 실린더, 피스톤 등
	SC480	주강	강도를 필요로 하는 대형 부품, 대형 기어
축	SM45C	기계구조용 탄소강	고주파 열처리 표면경도 HRC50
	SM15CK	기계구조용 탄소강	침탄용으로 사용
	SCM415 SCM435 SCM440	크롬몰리브덴강	• SCM415~SCM822(10종) • 전체 열처리 HRC50±2
V벨트 풀리	GC200 GC250	회주철	• 고무벨트를 사용하는 주철제 • V-벨트 풀리
스프로킷	SCM440 SM45C	크롬몰리브덴강 기계구조용 탄소강	용접형은 보스(허브)부 일반구조용 압연강재, 치형부 기계구조용 탄소강재, 치부 HRC50±2
스퍼 기어	SNC415	니켈크롬강	기어치부 열처리 HRC50±2
	SCM435	크롬몰리브덴강	전체 열처리 HRC50±2
	SC480	주강	• 대형 기어 제작, 기어 치부 열처리 • HRC50±2
	SM45C	기계구조용 탄소강	• 압력각 20°, 모듈 0.5~3.0 • 기어치부 고주파 열처리 HRC50~55압력각 20°, 모듈 0.5~3.0 • 기어치부 고주파 열처리 HRC50~55
랙	SNC415 SCM435	니켈크롬강 크롬몰리브덴강	전체 열처리 HRC50±2
피니언	SNC415	니켈크롬강	
웜 샤프트	SCM435	크롬몰리브덴강	전체 열처리 HRC50±2
스프링	PW1	피아노선	
베어링 부시	CAC502A	인청동 주물	
LM가이드 본체, 레일	STS304	스테인리스강	열처리 HRC 56 이상
래칫(RATCH)	SM15CK	기계구조용 탄소강	침탄열처리
전조볼스크류	SM55C	기계구조용 탄소강	인산염피막처리, 고주파열처리 HRC58~62

(5) 치공구 부품별 재료의 종류

부품의 명칭	기호	재료 기호 및 용도	비고
지그용 부시 (BUSHING)	STC90 STC105	탄소 공구강 5종(C0.80~0.90) 탄소 공구강 3종(C1.00~1.10)	HRC60 이상(Hv 697)
C-WASHER (C와셔)	SS400	일반구조용 압연강재 2종	
SWINGWASHER 스윙와셔	SS400	일반구조용 압연강재 2종 인장강도 41~50kg/mm	
위치결정 핀 (Locating Pin)	STC90	탄소 공구강 5종	HRC55~60 (Hv595~697)
지그용 구면 와셔	STC90	탄소 공구강 5종(0.31~0.38)	HRC30~40
지그용 육각너트, 볼트	SM45C, SS400	플렌지붙이 BOLT SM35C 담금질 HRC50 이상	지그용 육각너트 SM45C HRC25~30
치공구본체	SS400, SM35C GC200, 250	SS340는 일반 구조용 압연강재 1종 인장강도 34~41 kg/mm	C(탄소)가 많을수록 용접은 힘들다.
슬라이더	SCM430	크롬몰리브덴강	HRC50±2
핸들	SM35C	기계구조용 탄소강(C 0.31~0.38)	큰 힘 필요 시 SF 40 사용
클램프, 축 볼트, 너트, 키, 받침	SM50C, SF540A, SM45C, SS400	SF(Steel Foring) 탄소강 단강품	고급재료가 아닌 일반적인 철사용
CAM 캠	SM45C SM15CK STC90, STC80	SM20CK, 15CK, 20CK는 표면경화 처리	특히 마모 고려 시 선단부는 HRC40~47
잠금핀 (Locating Pin)	STC105	치공구에 공작물을 Locating 시키는데 사용	HRC40~50
텅(TONGE)	STC105 SM45C	T홈에 공구의 밑변을 정확히 위치 결정 시 사용	
V-BLOCK	SM45C, STC105 GC200~250	GC200은 회주철(품 3종), 인장강도 20kg/mm, 래핑 사상 고정도 요구하는 경우 STC105	주철은 스크레이핑 STC3은 HRC58 이상
쐐기(Wedge)	STC90 SM45C		담금질 해서 사용
세트블록	STC90 SM45C		HRC58~62
필러 게이지	STC105	1.5~3mm	HRC58~62

3. 비금속재료

1) 비스무스 합금(bismuth alloys)

비스무스 합금은 저용융 합금으로 기계제작에 이용한다. 이 합금은 재질이 연하기 때문에 공작물에 상처가 나지 않도록 고정하는 바이스 조(jaw)나 네스트(nest) 등과 같은 특수 고정장치에 많이 사용한다. 주로 비스무트 합금원소로 사용하고 있는 원소는 납, 안티몬, 리듐, 카드뮴 및 주석 등이다. 이들 합금원소는 재질을 강하게 하거나 정확한 주조형으로 성형할 수 있게 한다.

2) 우레탄

우레탄은 우리가 흔히 볼 수 있는 고무의 한 종류이다. 고무나무에서 채취한 액체인 라텍스를 응고시켜 만든 생고무에 황을 15% 이하로 첨가하면 연질 고무가 되고, 30% 이상을 첨가하여 오래 가열하면 경질 고무 즉 에보나이트가 된다. 이러한 천연고무는 시일이 경과하면 노화 현상이 일어나서 탄력이 줄어들고 표면이 갈라지는 등 문제점이 있다. 이런 결점을 개선시키기 위해 합성고무를 만들어 사용하는데, 이 중에서 우레탄 고무는 내마모성과 경도가 아주 좋다.

3) 합성수지

(1) 합성수지의 개요 및 분류

합성수지는 어떤 온도에서 가소성을 가진 성질이란 의미를 나타내는 플라스틱(plastics)이다. 천연수지의 대용품으로서 개발된 것으로 석유, 석탄 등에서 얻어지면 특히 원유를 정제할 때의 부산물로 제조한다. 인조수지로서 다음과 같은 공통적인 성질을 나타낸다.

① 가볍고 강하다. 유리섬유 강화 플라스틱, 폴리아세탈, 나일론, 폴리카보네이트 등은 중량당 강도가 강철과 비슷하고, FRP는 강철보다 강력하다.
② 가공성이 크고 성형이 간단하다. 또 철분을 혼합하면 전도성(電導性)이 좋은 플라스틱을 제조할 수 있고, 표면에 쉽게 도금(鍍金)이 될 수 있으므로 내열성과 강도 등을 크게 개선할 수 있다.
③ 전기절연성이 좋다.
④ 산, 알카리, 유류, 약품 등에 강하다.

 TIP

가소성
유동체와 탄성체도 아닌 물질로서 인장, 굽힘, 압축 등의 외력을 가하면 어느 정도의 저항력으로 그 형태를 유지하는 성질을 말한다.

⑤ 단단하나 열에는 약하다. 가열하면 연소되어 사용할 수 없고, 열전도율(熱傳導率)이 낮아 부분적으로 과열(過熱)되기 쉬우므로 주의해야 한다.
⑥ 투명한 것이 많으며 착색이 자유롭다.
⑦ 비강도는 비교적 높고, 표면의 강도가 약하다. 표면경도가 강한 것으로서 멜라민 수지가 있으나, 그 경도는 금속재료에 미치지 못하며 폴리스티렌, 폴리에틸렌 등 일반용 수지는 표면경도가 크게 낮고 흠이 나기 쉬우므로 주의해야 한다.
⑧ 가격이 저렴하다. 일반적으로 제품의 제조원가는 금속보다 높은 경우도 있으나, 비중(比重)이 낮고 대량 생산이 가능하므로 가격이 저렴하다.

(2) 합성수지의 일반적 특성

① 물리적 성질
  ㉠ 비중 : 0.91(PP)~2.3으로 가볍다.
  ㉡ 투명성 : 투명 내지는 유백계 반투명이 많다. 아크릴수지는 광투과율 90~92%이다.
  ㉢ 마모계수 : 일반적으로 작고 미끄러지기 쉽다.

② 기계적 성질
  ㉠ 인장강도 : 일반적으로 $10kg/mm^2$ 이하로 작다(FRP라도 $15~35kg/mm^2$이다).
  ㉡ 강성 : 금속에 비하여 훨씬 작다.
  ㉢ 표면경도 : 일반적으로 작아 흠집이 나기 쉽다.

③ 열적 성질
  ㉠ 열전도성 : 금속의 수 100분의 1로 낮으며 비열은 0.2~0.6이다.
  ㉡ 열안정성 : 연속 내열 온도 300℃ 이하로서 열팽창은 일반적으로 금속보다 크다. 열분해 온도가 낮아 타기 쉽다(연기·가스를 발생시키는 것도 있다).

④ 전기적 성질
  ㉠ 절연성 : 초고 전압 이외의 절연재료를 독점할 정도로 우수한 것이 많다.
  ㉡ 대전성 : 정전기의 대전성이 높고 먼지가 흡착하면 장애가 크다.

⑤ 화학적 성질
  ㉠ 내수성 : 내수성이 높다.
  ㉡ 흡수성 : 염화비닐, 나일론 등은 크다.
  ㉢ 내약성 : 일반적으로는 강하나 수지에 따라 차이가 크다.
⑥ 내구성
  내후성, 내광성, 내마모성, 내피로성 등 일반적으로 약하나 수지의 종류, 그레이드 등에 따라 차이가 크다.

(3) 합성수지의 종류 및 특징

합성수지는 가열하면서 가압 및 성형하여 굳어지면 다시 가열해도 연화하거나 용융되지 않고 연소하는 열경화성 수지와 성형 후에도 가열하면 연화 및 용융되었다가 냉각하면 다시 굳어지는 성질을 가진 열가소성 수지로 분류된다. 열경화성 수지에는 페놀계 수지, 요소 수지, 멜라민 수지, 실리콘 수지, 푸란 수지, 폴리에스테르 수지 및 에폭시 수지 등이 있고 열가소성 수지에는 스티렌 수지, 염화비닐 수지, 폴리에틸렌 수지, 초산비닐 수지, 아크릴 수지, 폴리아미드 수지, 불소 수지 및 쿠마론인덴 수지 등이 있다.

열경화성(熱硬化性) 수지는 기계적 강도가 크고, 내열성(耐熱性)이 좋아서 기계재료 및 기어, 베어링 케이스, 핸들, 소형기구의 프레임 등에 쓰인다.

〈표 1-3〉 합성수지의 특징 및 용도

구 분	종 류	특 징	용 도
열경화성 수지	페놀 수지	경질, 내열성	전기기구, 식기, 판재, 무음기어
	요소 수지	착색 자유, 광택이 있음	건축재료, 문방구 일반, 성형품
	멜라민 수지	내수성, 내열성	테이블판 가공
	규소 수지	전기절연성, 내열성, 내한성	전기 절연재료, 도표, 그리스
열가소성 수지	스티렌수지(폴리스티렌)	성형이 용이함, 투명도가 큼	고주파 절연재료, 잡화
	염화 비닐	가공이 용이함	관, 판재, 마루, 건축재료
	폴리 에틸렌	유연성 있음	판, 피름
	초산 비닐	접착성이 좋음	접착제, 껌
	아크릴 수지	강도가 큼, 투명도가 특히 좋음	방풍, 광학렌즈

① 에폭시(Epoxy resin : EP) 및 플라스틱
  수지의 특성은 가볍고 가공이 쉬우며 내식성이 우수한 장점을 갖고 있으나 열에 매우 약하며 강도가 부족한 것이 일반적인 단점이다.

그러나 최근에는 탄소계 수지 등 재질에 따라, 강도, 인성, 내열성 등이 충분한 것도 많이 개발되었다. 특히 플라스틱은 고분자재료로서 가볍고 내식성, 내마멸성, 내충격성이 좋지만 내열성이 나쁘고 무른 것이 흠이다. 이러한 단점을 보완한 강화 플라스틱이 기계 재료로 쓰이는데, F. R. P.(glass fiber reinforced plastics)로서 강도가 높아 이용가치가 크다.

TIP

섬유강화플라스틱
(fiber reinforced plastics)
섬유 같은 강화 재로 복합시켜, 기계적 강도와 내열성을 좋게 한 플라스틱이다.

② 페놀 수지(Phenol Formaldehyde : PF)

페놀, 크레졸 등과 포르말린을 반응시켜 제조한 것으로서 베이클라이트라는 상품명으로 널리 사용된다. 수지에 나무조각, 솜, 석면 등을 혼합하여 전기기구, 가정용품 등으로 제조하여 활용한다. 액체 상태로는 페인트, 접착제로도 쓰이며 기계적 성질이 우수하고 가격이 싸며 전기절연성, 내후성도 좋다. 0℃ 이하에서는 파괴되고 60℃ 이상에서는 강도가 저하하면 갈색이므로 착색성은 보통이고 성형 가공성도 일반적이다. 주요 용도는 전기절연체, 전화기, 핸들, 가재도구, 기어, 프로펠러, 선체 부품, 장식품대, 라디오 상자, 광고 간판 등에 사용되면 접착제, 포장재, 단연재료도 쓰인다.

③ 요소(우레아) 수지(Urea Formaldehyde : UF)

요소와 포름알데히드와의 축합으로 얻어지는 플라스틱으로 원래는 무색투명하다. 강도, 내수, 내열성 및 전기절연성은 다소 떨어지나 가공성 및 아름답게 착색할 수 있으므로 착색성형품이 많다. 우레아 수지도 전기관계에 사용되지만, 그 외에 철기 손잡이 등 일용 잡화품에도 많이 사용되고 있다.

무색이므로 착색이 자유로우나 열탕에 접하면 광택이 감소하고 균열이 생기기 쉬우면 100℃ 이하에서는 연속 사용도 가능하다.

④ 멜라민 수지(Melamine Formaldehyde : MF)

무색의 가벼운 침상 결정체로서 요소 수지보다 강도, 내수성, 내열성이 우수하다. 딱딱하고 물, 기름, 약품에 강하고, 열에도 강하다. 위생적이고 착색 광택도 좋아서 고급 식기류로 사용하고 있다. 포르말린, 석탄산, 요소 등과 합성하여 각종 성형품(일용품, 식기, 전기기기부품, 라디오 상자, 천장재료, 실내장식용), 접착제, 페인트, 섬유제조 등에 사용된다. 150℃에도 잘 견딘다. 결점으로는 약간 가격이 비싸다는 것이다.

⑤ 실리콘 수지(Silicone Formaldehyde : SF)

수지상, 고무상, 유상, 그리스상 등이 있으며 내열, 내수성이 우수하고 전기절연성도 좋다. 150~177℃에서 장시간 사용 가능하고 그 이상의 온도에서도 쓰이며 기계가공성도 우수하다. 농기구, 가구, 전기절연체, 섬유물 등이 방수제로 쓰이며 내열 및 방청도료, 접착제, 전기절연체, 탄성체 등의 제품으로 생산된다. 실리콘 오일계는 절연유, 윤활유 등으로 사용되고 있다.

⑥ 푸란 수지(Furan Formaldehyde : FF)

130~170℃에 견디고 내약품, 내알칼리성, 접착성 등이 우수하여 저장탱크, 화학장치, 화학약품, 부식성 가스 등에 접하는 부분의 보호 및 도장에 쓰인다. 석재, 목재, 콘크리트 등에 침투시켜 기계적 강도, 내식성을 증가시키기도 한다.

⑦ 아크릴[Acrylic : Poly(Metly) Methacrylate : PMMA]

아크릴(Acrylic)수지는 투명성이 우수하고, 탄성이 크면 햇볕에 변색하지 않으므로 안전유리의 중간층 재료, 케이블의 피복재료, 도료 등에 쓰인다. 벤젠, 아세톤, 유기산 등에는 녹이나 알코올, 물, 시연화 탄소, 식물유에는 녹지 않는다.

광학 특성이 우수하여 렌즈 제조에도 사용되며 각종 장식품, 식기류, 밸브, 테이블 항공기, 방풍유리, 치과재료, 시계 부속품, 도료 등에 생산된다. 주로 판재, 조명기구, 렌즈(Lens) 등 고급부품에 사용된다. 아크릴수지는 흡습성이 있으므로 성형할 때는 수분을 충분히 건조하는데, 일반적으로 80~100℃의 열풍(熱風)으로 2~3시간 정도 하면 된다.

⑧ 폴리에스테르 수지(Polyethylene resins)

유리섬유를 넣어 섬유보강 플라스틱으로 제조하여 가볍고 큰 강도를 요구하는 항공기, 선박, 차량 등의 구조재로 쓰이면 100~150℃에서 사용한계이고 −90℃에서도 견딘다. 알칼리나 산에 침식되나 내후성이 우수하여 건축내장재나 벽 재료로 쓰이고 액상 수지는 도료로도 사용된다.

⑨ 폴리염화비닐 수지(Polyvinyl chioride resins : PVC)

석회석, 석탄, 소금 등을 원료로 하므로 원자재가 풍부하며 내산, 내알카리성이 우수하다. 황산, 염산, 수산화나트륨 등의 약품이나 바닷물에 용해하거나 부식되지 않으며 기름, 흙 속에 묻혀도 침식되지 않는다. 전기, 열의 불량도체이므로 전선관이나 수도관 제조에 적합하고 제품의 내·외면이 매끄러우므로 마찰계수가 적다. 비중 1.4로서 가벼우며 부서지지 않고 가공이 쉬우나 열에 약하다. -20℃ 이하에서는 취약하고 80℃에서 연화된다. 연질 제품은 커튼, 포장재, 모사, 전기 피복, 가스관 등으로 제조하며 경질 제품은 판재, 상하 수도관, 전선배선과 레코드판 등에 사용된다.

⑩ 폴리에틸렌 수지(Polyethylene resins)
무색투명하고 내수성, 전기절연서, 내산, 내알칼리성이 우수하다. 120~180℃에서 사출성형이 용이하고 염화비닐보다 가볍고 -60℃에서 경화되지 않는다. 충격에도 잘 견디며 내화성도 우수하여 석유 상자, 브러쉬, 장난감, 농공용 배관, 수도관, 전선 피복재, 필름(비닐하우스용) 등으로 제조 사용한다.

⑪ 초산비닐 수지(Polyvinyl acetate resins)
상온에서 고무와 비슷한 탄성을 나타내며 무취, 무색, 무미, 무독하고 접착성, 투명성이 있어 접착제, 도료, 성형재, 껌원료 등에 쓰인다. 생산품은 레코드판, 레인코트, 에어프론, 밴드, 전기기구, 타일, 필름, 식탁용 커버, 합성섬유 원료 등이 있다.

01 철강재료

01. 금속의 일반적인 특성이 아닌 것은?

① 연성 및 전성이 좋다.
② 열과 전기의 부도체이다.
③ 금속적 광택을 가지고 있다.
④ 고체 상태에서 결정구조를 갖는다.

해설 금속은 열과 전기의 양도체이다.

02. 다음 금속원소 중 경금속 원소는?

① Fe   ② Cu
③ Pb   ④ Al

해설 비중 4.5를 기준으로 경금속과 중금속을 구분한다.
① Fe : 7.87
② Cu : 8.9
③ Pb : 11.34
④ Al : 2.7

03. 입방체의 각 모서리에 1개씩의 원자와 입방체의 중심에 1개의 원자가 존재하는 매우 간단한 결정격자로서 Cr, Mo 등이 속하는 결정격자는?

① 면심입방격자   ② 체심입방격자
③ 조밀육방격자   ④ 자기입방격자

해설
① 체심입방격자(BCC) : 융점 높고 강도 크다[소속 원자수 : 2개, 배위수(인접 원자수) : 8개].
• Cr, W, Mo, V, Li, Na, Ta, K, α-Fe, δ-Fe
② 면심입방격자(FCC) : 전연성, 전기전도율 크다. 가공성 우수(소속 원자수 : 4개, 배위수 : 12개)
• Al, Ag, Au, Cu, Ni, Pb, Ca, Co, γ-Fe
③ 조밀육방격자(HCP) : 전연성, 접착성, 가공성 불량(소속 원자수 : 2개, 배위수 : 12개)
• Mg, Zn, Cd, Ti, Be, Zr, Ce

04. 선팽창 계수가 큰 순서로 올바르게 나열된 것은?

① 알루미늄 > 구리 > 철 > 크롬(크로뮴)
② 철 > 크롬(크로뮴) > 구리 > 알루미늄
③ 크롬(크로뮴) > 알루미늄 > 철 > 구리
④ 구리 > 철 > 알루미늄 > 크롬(크로뮴)

해설 선팽창 계수 : 어느 길이의 물체가 1℃ 상승할 때 그 길이의 증가와 늘어나기 전 길이와의 비를 말한다.
• 선팽창 계수가 큰 것 : Pb, Mg, Sn
• 선팽창 계수가 작은 것 : Ir, Mo, W

05. 다음 순금속 중 열전도율이 가장 높은 것은? (단, 20℃에서의 열전도율이다.)

① Ag   ② Au
③ Mg   ④ Zn

해설 열전도율 및 전기전도율
Ag - Cu - Au - Pt - Al - Mg - Zn - Ni - Fe - Pb - Sb

06. 연성이 큰 것으로부터 순서대로 되어 있는 것은?

① Al → Cu → Ag → Zn → Ni
② Fe → Pb → Cu → Ag → Pt
③ Au → Cu → Pb → Zn → Fe
④ Al → Fe → Ni → Cu → Zn

해설 연성이 큰 것으로부터 순서
Au → Cu → Pb → Zn → Fe

정답 01 ② 02 ④ 03 ② 04 ① 05 ① 06 ③

형성평가

07. 다음 금속재료 중 용융점이 가장 높은 것은?
① W   ② Pb
③ Bi ④ Sn

해설 용융점
- 텅스텐 : 3422℃
- 납 : 327℃
- 비스무트 : 271.5℃
- 주석 : 231.93℃

08. 다음 중 비중이 가장 가벼운 금속은?
① 구리(Cu)   ② 마그네슘(Mg)
③ 알루미늄(Al) ④ 크롬(Cr)

해설
- 구리 : 8.96
- 마그네슘 : 1.74
- 알루미늄 : 2.69
- 크롬 : 7.19
- 니켈 : 8.92
- 납 : 11.36
- 은 : 10.49
- 금 : 19.32
- 철 : 7.87
- 망간 : 7.43

09. 철의 동소체로서 A_3변태와 A_4변태 사이에 있는 철의 조직은?
① $\alpha - Fe$ ② $\beta - Fe$
③ $\gamma - Fe$ ④ $\delta - Fe$

해설
- $\alpha - Fe$(BCC) : 910℃ 이하에서 체심입방격자
- $\gamma - Fe$(FCC) : 910~1400℃에서 면심입방격자
- $\delta - Fe$(BCC) : 1400~1538℃에서 체심입방격자

10. α-Fe, γ-Fe과 같은 상(相)이 온도 그 밖의 외적 조건에 의해 결정 격자형이 변하는 것을 무엇이라 하는가?
① 열 변태   ② 자기변태
③ 동소변태   ④ 무확산변태

해설 동소변태 : α-Fe, γ-Fe과 같은 상(相)이 온도 그 밖의 외적 조건에 의해 결정격자형이 변하는 것이다.

11. 철에 탄소가 고용되어 α철로 될 때의 고용체의 형태는?
① 침입형 고용체   ② 치환형 고용체
③ 고정형 고용체   ④ 편석 고용체

해설
① 침입형 고용체 : Fe-C
② 치환형 고용체 : Ag-Cu, Cu-Zn
③ 규칙격자형 : Ni_3-Fe, Cu_3-Au, Fe_3-Al

12. 금속간화합물에 관하여 설명한 것 중 틀린 것은?
① 경하고 취약하다.
② Fe_3C는 금속간화합물이다.
③ 일반적으로 복잡한 결정구조를 갖는다.
④ 전기저항이 적으며, 금속적 성질이 강하다.

해설 금속간화합물의 특징
- 성분 금속의 원자가 단위포 속 일정한 위치에 있다.
- 결정격자는 복잡하고 취성이 커서 소성변형을 시킬 수 없다.
- 경도가 높다.
- 금속적 성질이 적고 비금속 성질에 가까운 것이 많다.
- 비교적 융점이 높으나 융점보다 낮은 온도에서 분해하는 불안정한 것도 있다.

13. 금속의 이온화 경향이 큰 금속부터 나열한 것은?
① Al > Mg > Na > K > Ca
② Al > K > Ca > Mg > Na
③ K > Ca > Na > Mg > Al
④ K > Na > Al > Mg > Ca

해설 이온화 경향은 산화되기 쉬운 정도를 나타내는데 이온화 경향이 클수록 쉽게 산화되고 이온화 경향이 낮을수록 산화가 일어나지 않는다. 원소의 이온화 경향은 K > Ca > Na > Mg > Al > Zn > Fe > Co > Pb > (H) > Cu > Hg > Ag > Au의 순으로 나타난다.

정답 07 ① 08 ② 09 ③ 10 ③ 11 ① 12 ④ 13 ③

14. 결정성 수지의 특성에 대한 설명으로 틀린 것은?

① 배향 특성이 작다.
② 금형 냉각 시간이 길다.
③ 수지가 일반적으로 불투명하다.
④ 특별한 용융온도나 고화 온도를 갖는다.

해설 결정성 수지 : 결정화된 부분의 밀도가 높고 또한 강하기 때문에 불투명하고 내약품성과 내열성이 우수하며, 성형시의 유동성이 좋아 슈퍼 엔지니어링 플라스틱의 경우 유리섬유 등으로 강화하여 사용하며 높은 내열성을 요구하는 곳에 사용하는 경우가 많다.
① 분자가 규칙적이고 밀도가 높은 배열로 배향 특성이 크다.
② 수지가 일반적으로 불투명하다.
③ 특별한 용융온도나 고화 온도를 갖는다.

15. Gibb's의 상율금속의 응고계에 적용하는 것은?

① $F = C + 1 - P$
② $F = C + 2 - P$
③ $F = C - 1 + P$
④ $F = C - 2 + P$

해설 상율
① 일반 물질계에서의 상율 : $F = C - 2 + P$
② 압력 무시 때의 상율 : $F = C + 1 - P$

16. 원자 배열에 변화가 생기지 않고 원자 내부에 어떤 변화를 일으킨 것으로 점진적이고 연속적으로 변화가 생기며, 자기의 세기가 768℃(A_2점) 부근에서 급격히 변화하는 변태는?

① 열 변태
② 자기변태
③ 동소변태
④ 무확산변태

해설 자기변태를 일으키는 금속으로 Fe : 768℃, Ni : 360℃, Co : 1,120℃ 등이 있다.

17. 철강 재료에 대한 설명으로 틀린 것은?

① 철강 재료는 강한 특성과 경제성이 우수하고 생산이 용이하여 기계재료 중 가장 많이 사용되고 있다.
② 철강을 탄소의 함량에 따라 철, 강(탄소강), 주철로 분류하며, 또한 탄소강에 합금원소를 첨가하여 기계적 성질을 개선한 합금강이 있다.
③ 탄소를 거의 함유하지 않는 순철은 기계재료에 많이 사용한다.
④ 탄소를 많이 함유한 주철은 구부러지거나 늘어나지 않고 쉽게 깨어지는 성질이 있어 소성가공은 어렵고, 고온에서 녹인 다음 주형에 부어 굳혀서 주물품을 만들어 사용한다.

해설 탄소를 거의 함유하지 않는 순철은 너무 물러 기계재료로는 사용하지 않는다.

18. 다음 중 강의 5대 원소에 속하지 않는 것은?

① C
② Mn
③ Cr
④ Si

해설 철강 재료의 5대 원소
- C(강에 가장 큰 영향)
- S < 0.05%
- P < 0.04%
- Si < 0.1~0.4%
- Mn < 0.2~0.8%

19. 니켈에 대한 설명으로 틀린 것은?

① 면심입방격자이다.
② 상온에서 강자성체이다.
③ 냉간가공 및 열간 가공이 불가능하다.
④ 내식성이 좋아 대기 중에서 부식이 잘 일어나지 않는다.

해설 니켈 : 녹는 점 1,455℃, 비중 8.845(25℃)로 냉간가공 및 열간 가공이 가능하다.

20. 탄소 함유량이 약 0.85~2.0% C에 해당되는 강은?
① 공석강
② 아공석강
③ 과공석강
④ 공정주철

21. 탄소공구강(STC105)의 금속조직학적 분류로 옳은 것은?
① 공석강
② 아공석강
③ 과공석강
④ 공정주철

해설 탄소공구강(STC105)의 금속조직학적 분류로 볼 때 과공석강이다. 과공석강은 펄라이트와 시멘타이트의 혼합 조직으로 탄소량이 0.86%인 강이다.
① 아공석강 : 탄소 함유량이 0.85% 이하 (0.77% 이하)
② 공석강 : 탄소 함유량은 0.77~0.85% (0.77%)
③ 과공석강 : 탄소 함유량이 0.85~2.0% C 이상 (0.77~2.11% C)

22. 아공석강에서 탄소 함량이 증가함에 따른 기계적 성질 변화에 대한 설명으로 틀린 것은?
① 인장강도가 증가한다.
② 경도가 증가한다.
③ 항복강도가 증가한다.
④ 연신율이 증가한다.

해설 연신율이 감소한다.

23. 탄소강에서 공석강의 현미경 조직은?
① 초석페라이트와 레데뷰라이트
② 초석시멘타이트와 레데뷰라이트
③ 레데뷰라이트와 주철의 혼합조직
④ 페라이트와 시멘타이트의 혼합조직

해설 탄소강에서 공석강의 현미경 조직은 페라이트와 시멘타이트의 혼합조직이다.

24. 탄소강에 대한 설명 중 틀린 것은?
① 인은 상온 취성의 원인이 된다.
② 탄소의 함유량이 증가함에 따라 연신율은 감소한다.
③ 황은 적열 취성의 원인이 된다.
④ 산소는 백점이나 헤어크랙의 원인이 된다.

해설 산소는 적열 메짐성의 원인이 되며, 질소는 경도와 강도를 증가시키고, 수소는 백점(flake)이나 헤어크랙(hair crack)의 원인이 된다.

25. 냉간 가공과 열간 가공을 구별할 수 있는 온도를 무슨 온도라고 하는가?
① 포정 온도
② 공석 온도
③ 공정 온도
④ 재결정 온도

해설 재결정 온도 : 열간(고온) 가공과 냉간(상온) 가공이 구분되는 온도를 말한다.
• Fe : 350~500℃
• W : 1,200℃
• Mo : 900℃
• Ni : 600℃
• Pt : 450℃
• Au, Ag, Cu : 200℃

26. 다음 중 냉간가공의 장점이 아닌 것은?
① 표면이 매끄럽다.
② 연신율이 감소한다.
③ 거친 절삭가공이 용이하다.
④ 가공 후 변형이 생기지 않는다.

정답 20 ③ 21 ③ 22 ④ 23 ④ 24 ④ 25 ④ 26 ③

Part 3. 기계재료 및 측정

해설 냉간(상온)가공의 장점
- 정밀한 치수 가공이나 성질의 균일성을 요할 때 사용한다.
- 결정 입자가 미세하고 표면이 매끈하다.
- 제품의 치수가 정확하고 기계적 성질이 양호하다.
- 인장강도와 경도가 증가하고 연신율 감소한다.

27. 노 내에서 Fe-Si, Al 등의 강력한 탈산제를 첨가하여 완전히 탈산시킨 강은?

① 킬드강(killed steel)
② 림드강(rimmed steel)
③ 세미킬드강(semi-killed steel)
④ 세미림드강(semi-rimmed steel)

해설
- 세미킬드강 : 킬드강과 림드강의 중간 정도로 탈산한 강으로 일반 구조용강, 두꺼운 판 등의 소재에 쓰인다.
- 림드강 : 페로망간(Fe-Mn)을 첨가하여 탈산 및 기타 가스처리가 불충분한 상태의 강으로 주형의 외벽으로 림(rim)을 형성한다.
- 캡트강 : 림드강을 변형시킨 강으로 비등을 억제해 림 부분을 얇게 한 강이며 탈산제로 Fe-Si, Al, Fe-Mn 등이 쓰인다.

28. 순철(pure iron)에 대한 설명으로 틀린 것은?

① 탄소 함유량이 0.025% 이하이다.
② 전연성이 크므로 기계재료로는 적합하다.
③ 항자력이 낮고 투자율이 높아 변압기, 발전기용 박판으로 사용한다.
④ 단접성, 용접성 양호하나 유동성 및 열처리성 불량하다.

해설
- 상온에서 전연성 풍부하며 항복점·인장강도 낮고, 연신율·단면수축률·충격값·인성은 높다.
- 전연성이 크고, 강도, 경도가 작아 기계 재료로는 부적합하다.
- 순철의 물리적 성질은 비중(7.87), 용융점(1,538℃),

열전도율이 0.18, 인장강도 177~245MPa(18~25N/mm^2), 브리넬경도 589~687MPa(60~70N/mm^2)이다.

29. 상온에서 순철(α철)의 격자구조는?

① FCC   ② CPH
③ BCC   ④ HCP

해설 상온에서 순철(α철)의 격자구조는 BCC(체심입방격자)이다.

30. 순철의 변태에서 α-Fe이 γ-Fe로 변화하는 변태는?

① A$_1$ 변태   ② A$_2$ 변태
③ A$_3$ 변태   ④ A$_4$ 변태

해설
- 동소변태 금속 : Fe(A$_3$ 912℃, A$_4$ 1400℃), Co(480℃), Ti(883℃), Sn(18℃)
- α-Fe(BCC) : 910℃ 이하에서 체심입방격자
- γ-Fe(FCC) : 910~1400℃에서 면심입방격자
- δ-Fe(BCC) : 1400~1538℃에서 체심입방격자
- A$_3$ 변태 : α-Fe $\Leftrightarrow$ γ-Fe
- A$_4$ 변태 : γ-Fe $\Leftrightarrow$ δ-Fe

31. Fe-C계 상태도에서 3개소의 반응이 있다. 옳게 설명한 것은?

① 공정-포정-편정
② 포석-공정-공석
③ 포정-공정-공석
④ 공석-공정-편정

해설 Fe-C계 상태도에서 3개소의 반응은 포정-공정-공석이다.

32. Fe-Fe$_3$C 상태도에는 몇 개의 고상이 있는가?

① 3개   ② 4개
③ 5개   ④ 6개

해설 Fe-Fe₃C 상태도에는 4개의 고상이 있다. 고상선은 용액이 고체로서 변태완료 온도곡선이라 한다.

33. 철-탄소(Fe-C) 평형상태도에 대한 설명으로 틀린 것은?

① 강의 A_2 변태점은 약 768℃이다.
② 탄소량이 0.8% 이하의 경우 아공석강이라고 한다.
③ 탄소량이 0.8% 이상의 경우 시멘타이트양이 적어진다.
④ α-고용체와 시멘타이트의 혼합물을 펄라이트라고 한다.

해설 탄소량이 0.8% 이상의 경우 시멘타이트양이 많아진다.

34. α-Fe이 723℃에서 탄소를 고용하는 최대한도는 몇 %인가?

① 0.025　　② 0.1
③ 0.85　　　④ 4.3

해설 α-Fe이 723℃(공석점)에서 α고용체(페라이트)의 탄소 최대고용한도는 0.025%이다.

35. 탄소강이 공석 변태할 때 펄라이트 조직량이 최대가 되는 탄소함량(%)은?

① 0.2　　② 0.5
③ 0.8　　④ 1.2

해설 탄소강이 공석 변태할 때 펄라이트 조직량이 최대가 되는 탄소함량 0.8%이다.

36. Fe에 C가 고용되어 α-Fe가 될 때 고용체의 형태는?

① 침입형 고용체
② 치환형 고용체
③ 고정형 고용체
④ 편석 고용체

해설
• 침입형 고용체 : Fe-C
• 치환형 고용체 : Ag-Cu, Cu-Zn
• 규칙격자형 : Ni_3-Fe, Cu_3-Au, Fe_3-Al

37. 철강 소재에서 일어나는 다음 반응은 무엇인가?

$$\gamma 고용체 \rightarrow \alpha 고용체 + Fe_3C$$

① 공석 반응　　② 포석 반응
③ 공정 반응　　④ 포정 반응

해설 공석 반응
고체 상태에서 고용체가 어느 일정 온도에서 동시에 2개가 석출되는 상태를 말한다. 반응이 생기는 점을 공석점이라고 하며, 이때의 결정을 공석정이라고 한다.

38. 철-탄소 상태도에서 γ고용체 ↔ α고용체 + Fe_3C의 형태로 일어나는 반응은?

① 공석변태　　② 포석변태
③ 공정변태　　④ 포정변태

해설 공석변태
C 0.04~1.7%를 함유하는 탄소강의 γ고용체(오스테나이트)는 냉각 과정에서 721℃에 달하면 공석변태를 일으켜서 α고용체(페라이트)와 Fe_3C(시멘타이트)가 혼합한 펄라이트로 된다.

39. Fe-C 평형상태도에서 나타나지 않는 반응은?

① 공정 반응　　② 편정 반응
③ 포정 반응　　④ 공석 반응

정답　33 ③　34 ①　35 ③　36 ①　37 ①　38 ①　39 ②

40. 0.4% C의 탄소강을 950℃로 가열하여 일정시간 충분히 유지시킨 후 상온까지 서서히 냉각시켰을 때의 상온 조직은?

① 페라이트 + 펄라이트
② 페라이트 + 소르바이트
③ 시멘타이트 + 펄라이트
④ 시멘타이트 + 소르바이트

해설 페라이트 + 펄라이트
0.4% C의 탄소강을 950℃로 가열하여 일정시간 충분히 유지시킨 후 상온까지 서서히 냉각시켰을 때의 상온 조직이다.

41. $Fe - Fe_3C$ 평행상태도 중 공정 반응에서 나타나는 공정조직은?

① 펄라이트
② 시멘타이트
③ 페라이트
④ 레데뷰라이트

해설
① 펄라이트 : A_1변태점에서 오스테나이트의 분열에 의하여 생기는 것으로 탄소 0.85% C를 함유한다.
② 시멘타이트 : 시멘타이트는 철(Fe)과 탄소(C)의 화합물인 탄화철(Fe_3C)로서 탄소를 6.68%의 탄소를 함유한 탄화철로 경도와 취성이 크다.
③ 페라이트 : α(BCC)철에 극히 소량(상온에서 0.006%, 721℃에서 최대 0.03%)까지 탄소가 고용된 고용체이며, α고용체라고도 한다.
④ 레데뷰라이트 : γ고용체와 시멘타이트의 공정조직으로 주철에 나타난다.

42. 0.8% C 이하의 아공석강에서 탄소함유량 증가에 따라 감소하는 기계적 성질은?

① 경도
② 항복점
③ 인장강도
④ 연신율

해설 0.8% C 이하의 아공석강에서 탄소함유량 증가에 따라 연신율은 감소한다.

43. 탄소강의 상태도에서 공정점이 발생하는 조직은?

① Pearlite, Cementite
② Cementite, Austenite
③ Ferrite, Cementite
④ Austenite, Pearlite

해설 공정점(eutectic point) 1,132℃, Cementite, Austenite가 발생하는 조직으로 C량 4.3%이다.

44. 다음 철강조직 중 가장 경도가 높은 것은?

① 펄라이트 ② 소르바이트
③ 마텐자이트 ④ 트루스타이트

해설 조직의 경도순서
시멘타이트 > 마텐자이트 > 트루스타이트 > 베이나이트 > 솔바이트 > 펄라이트 > 오스테나이트 > 페라이트

45. 다음 중 강자성체 금속에 해당되지 않는 것은?

① Fe ② Ni
③ Sb ④ Co

해설 자성
• 강자성체 : Fe, Ni, Co
• 상자성체 : Al, Pt, Sn, Mn
• 반자성체 : Cu, Zn, Sb, Ag, Au

46. 다음 중 철강에 합금원소를 첨가하였을 때 일반적으로 나타나는 효과와 가장 거리가 먼 것은?

① 소성가공이 개선된다.
② 순금속에 비해 용융점이 높아진다.
③ 결정립의 미세화에 따른 강인성이 향상된다.

④ 합금원소에 의한 기지의 고용강화가 일어난다.

해설 순금속에 비해 용융점이 낮아진다.

47. 일반적으로 탄소강에서 탄소량이 증가할수록 증가하는 성질은?

① 비중
② 열팽창계수
③ 전기저항
④ 열전도도

해설 전기저항 : 전기의 흐름에 대한 저항으로 일반적으로 탄소강에서 탄소량이 증가할수록 전기저항은 증가한다.

48. 탄소강에 존재하는 원소 중에서 강도를 증가시키고 고온에서의 소성 가공성을 좋게 하며 주조성과 담금질 효과를 향상시키는 원소는?

① Cr
② Mn
③ P
④ S

해설 망간(망가니즈, Mn) : 황과 화합하여 적열취성방지(MnS)하게 되어 황의 해를 제거하며, 고온가공을 용이하게 한다. 강도, 경도, 인성을 증가시키며, 고온에 있어서는 결정입자의 성장을 방해한다. 소성을 증가시키고 주조성을 좋게 한다. 담금질 효과를 크게 하며 탈산제로도 사용되며, 강중의 탄소 함량은 0.20~0.80%이다.

49. 적열 상태에서는 메짐성이 커 적열 취성의 원인이 되는 것은?

① Cr
② Mn
③ P
④ S

해설 • 인(P) : 경도와 강도를 증가시키고, 연신율이 감소하며 가공 시 편석 및 균열을 일으킨다. 상온 메짐성의 원인이 된다. 기포가 없는 주물을 만들 수 있고, 절삭성이 좋아진다.

• 황(S) : 적열 상태에서는 메짐성이 커 적열취성의 원인이 되며, 인장강도, 연신율, 충격값을 감소시킨다. 강의 용접성을 나쁘게 하며, 강의 유동성을 해치고 기포를 발생시킨다. 망가니즈와 화합하여 절삭성이 좋아진다.

50. 다음 중 원소가 강재에 미치는 영향으로 틀린 것은?

① S : 절삭성을 향상시킨다.
② Mn : 황의 해를 막는다.
③ H_2 : 유동성을 좋게 한다.
④ P : 결정립을 조대화 시킨다.

해설 가스(O_2, N_2, H_2)
산소는 적열 메짐성의 원인이 되며, 질소는 경도와 강도를 증가시키고, 수소는 백점(flake)이나 헤어크랙(hair crack)의 원인이 된다.

51. 탄소강은 온도의 저하와 함께 강도가 증가하고 연신율, 단면수축율 등이 감소하지만 특히 충격치는 재질에 따른 어떤 한계온도에 도달하면 급격히 감속되어 −70℃ 부근에서 충격치가 0에 가깝게 되어 취성이 생기는데 이런 현상을 무엇이라 하는가?

① 청열 취성
② 적열 취성
③ 저온 취성
④ 고온 취성

해설 • 청열 취성 : 강은 온도가 높아지면 전연성이 커지나, 200~300℃에서는 강도는 크지만, 연신율은 대단히 작아져서 결국 메짐성을 증가한다. 이때의 강은 청색의 산화피막을 형성하는데, 이것을 청열 취성(메짐성)이라고 한다.

• 적열 취성 : 강이 900℃ 이상에서 황이나 산소가 철과 화합하여 산화철이나 황화철을 만든다. 황(S)이 많은 강은 고온에 있어서 여린 성질을 나타내는데 이것을 적열 취성이라고 한다.

정답 47 ③ 48 ② 49 ④ 50 ③ 51 ③

- **상온 취성** : 인(P)은 강의 결정입자를 조대화 시켜서 강을 여리게 만들며, 특히 상온 또는 그 이하의 저온에 있어서는 특별히 현저해 진다. 인(P)은 상온 메짐성 또는 냉간 메짐성의 원인이 된다.
- **고온 취성** : 강은 구리(Cu)의 함유량이 0.2% 이상(일반적으로 Cu 1.0% 이하)으로 되면 고온에 있어서 현저히 여리게 되며, 결국 고온 메짐성을 일으킨다.

52. 탄소강에서 적열 메짐을 방지하고, 주조성과 담금질 효과를 향상시키기 위하여 첨가하는 원소는?

① 황(S)   ② 인(P)
③ 규소(Si)   ④ 망간(Mn)

[해설] 탄소강 중의 타 원소의 영향
① 황(S) : 적열 상태에서는 메짐성이 커 적열취성의 원인이 되며, 인장강도, 연신율, 충격값을 감소시킨다. 강의 용접성을 나쁘게 하며, 강의 유동성을 해치고 기포를 발생시킨다. 망간과 화합하여 절삭성이 좋아진다.
② 인(P) : 경도와 강도를 증가시키고, 연신율이 감소하며 가공 시 편석 및 균열을 일으킨다. 상온메짐성의 원인이 된다. 기포가 없는 주물을 만들 수 있고, 절삭성이 좋아진다.
③ 규소(Si) : 강의 경도, 탄성한계, 인장강도를 증가시키며, 연신율, 충격값, 전성, 가공성은 감소시킨고 단접성을 해치고 주조성(유동성)을 좋게 하며 결정입자의 크기를 증대시켜 거칠어진다.
④ 망간(망가니즈, Mn) : 황과 화합하여 적열취성방지(MnS)하게 되어 황의 해를 제거하며, 고온 가공을 용이하게 한다. 강도, 경도, 인성을 증가시키며, 고온에 있어서는 결정입자의 성장을 방해한다. 소성을 증가시키고 주조성을 좋게 하며 담금질 효과를 크게 한다.

53. 주강품에 대한 설명으로 틀린 것은?

① 강도는 주철보다 작다.
② 수축률은 주철의 약 2배이다.
③ 조직이 억세고 메지다.
④ 기포가 발생하기 쉽다.

[해설] 주강의 성질
- 주강은 단조강보다 가공 공정을 줄일 수 있고 균일한 재질을 얻을 수 있다.
- 대량 생산에도 적합하다. 하지만 용융점이 높이 주조하기가 힘든 단점이 있다.
- 수출률은 주철의 2배이며 주조 때 응력이 크고 기포가 발생하기 쉽다.
- 주조할 때는 조직이 억세고 메짐(인성이 적음) 때문에 주조 후 반드시 열처리(완전 풀림)하여 조직을 미세화하고 주조응력을 제거하여야 한다.

54. 기계구조용 탄소강의 기호는?

① SM20C   ② SPS3
③ STC3   ④ SF340A

[해설]
① SM20C : 기계구조용 탄소강재
② SPS3 : 스프링 강재
③ STC3 : 탄소공구강재
④ SF340A : 단강품

55. 일반 구조용 압연강재 SS330P에서 330이 의미하는 것은?

① 재료 표시 기호
② 최저 인장강도
③ 재료 형상 기호
④ 탄소 함유량

[해설] 일반 구조용 압연강재

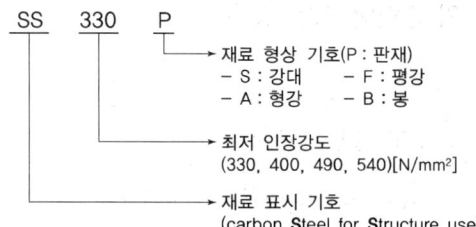

정답 52 ④ 53 ① 54 ① 55 ②

56. 기계구조용 탄소강 SM45C(K)에서 45이 의미하는 것은?

① 재료표시 기호
② 최저 인장강도
③ 재료 형상 기호
④ 탄소 함유량

해설 기계구조용 탄소강

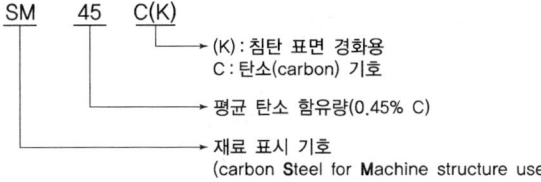

SM 45 C(K)
- (K) : 침탄 표면 경화용
- C : 탄소(carbon) 기호
- 평균 탄소 함유량(0.45% C)
- 재료 표시 기호 (carbon Steel for Machine structure use)

57. 다음 중 합금강을 제조하는 목적으로 적당하지 않은 것은?

① 내식성을 증대시키기 위하여
② 단접 및 용접성 향상을 위하여
③ 결정입자의 크기를 성장시키기 위하여
④ 고온에서의 기계적 성질 저하를 방지하기 위하여

해설 합금강의 목적
- 강의 경화능 증가로 기계적 성질의 향상(강도, 경도, 인성, 내피로성)
- 고온 및 저온에서의 기계적 성질의 저하 방지
- 높은 뜨임 온도에서 강도 및 연성 유지
- 담금질성의 향상 및 내식성 증대
- 단접 및 용접의 용이
- 전자기적 성질의 개선
- 결정 입도의 성장방지

58. 합금강의 경화능(hardenability)에 대하여 바르게 설명한 것은?

① 질량이 큰 재료일수록 담금질 효과가 증가한다.
② 강의 경화능은 합금원소, 오스테나이트 결정입도 및 오스테나이트 온도 등에 따라서 결정된다.
③ SAC법은 경화능이 높은 강에 적용된다.
④ 경화능은 압축시험으로 측정할 수 있다.

해설 합금강의 목적은 강의 경화능 증가로 기계적 성질의 향상(강도, 경도, 인성, 내피로성)시킨다. 경화능이란 경도와는 다른 개념으로 담금질을 경화하기 쉬운 정도, 즉 마르텐사이트 조직을 얻기 쉬운 정도를 의미한다. 경화능을 지배하는 인자에는 임계냉각속도, 질량효과, 냉각제의 냉각능과 탄소량, 오스테나이트 결정립의 크기가 있다. 경화의 깊이는 강의 C%뿐만 아니라 합금원소 및 오스테나이트 결정입도 및 온도에 의해서 변화한다.

59. 합금 공구강에 대한 설명으로 틀린 것은?

① 스텔라이트에 비해 절삭성이 우수하다.
② 저속 절삭용, 총형 절삭용으로 사용된다.
③ 탄소공구강에 Ni, Co 등의 원소를 첨가한 강이다.
④ 경화능을 개선하기 위해 탄소공구강에 소량의 합금원소를 첨가한 강이다.

해설 합금공구강(STS)
- 탄소(0.8~1.5%) 공구강에 W-Cr-V-Ni-Co 등 합금원소를 첨가하여 경화능을 개선한 것이다.
- 저속절삭 및 총형 공구용으로 450℃ 까지 사용이 가능하다.

60. 특수강에서 합금원소의 주요한 역할이 아닌 것은?

① 기계적, 물리적, 화학적 성질의 개선
② 황 등의 해로운 원소 제거
③ 소성 가공성의 감소
④ 오스테나이트 입자 조정

정답 56 ④ 57 ③ 58 ② 59 ① 60 ③

해설 특수강에서 합금원소의 주요한 역할
- 기계적, 물리적, 화학적 성질의 개선
- 황 등의 해로운 원소 제거
- 오스테나이트 입자 조정
- 담금질성의 향상
- 단접 및 용접의 용이

61. 특수강에 들어가는 합금원소 중 탄화물형성과 결정립을 미세화하는 것은?

① P ② Mn
③ Si ④ Ti

해설
① P : 기계가공성 향상
② Mn : 경도의 증대, 내마멸성 증가, 황의 메짐 방지, 탈황제
③ Si : 전자기 특성, 내식성, 내열성 우수
④ Ti : 입자 사이의 부식에 대한 저항을 증가시켜 탄화물형성과 결정립을 미세화한다.

62. 절삭공구재료가 갖추어야 할 조건으로 틀린 것은?

① 조형성이 좋아야 한다.
② 내마모성이 커야 한다.
③ 고온 경도가 높아야 한다.
④ 가공재료와 친화력이 커야 한다.

해설 공구재료의 구비조건
- 가공재료보다 경도가 클 것이다.
- 고온에서 경도가 감소되지 않아야 한다.
- 인성, 강도와 내마모성이 클 것이다.
- 마찰계수가 적을 것이다.
- 쉽게 원하는 모양으로 만들 수 있어야 한다.
- 취급이 편리하고 가격이 싸고 경제적이어야 한다.
- 내용착성, 내산화성, 내확산성 등 화학적으로 안전성이 커야 한다.

63. 공구강이 구비해야 할 성질 중 틀린 것은?

① 인성이 커서 충격에 견딜 것

② 내산화성 및 내식성이 좋을 것
③ 상온, 고온 경도가 높아 마모성이 클 것
④ 가공 및 열처리가 용이하고 열처리 변형이 적을 것

해설 상온, 고온 경도가 높고 마모성이 적을 것

64. 다음 중 고속도공구강(SKH2)의 표준조성으로 옳은 것은?

① 18%W - 4%Cr - 1%V
② 17%Cr - 9%W - 2%Mo
③ 18%Co - 4%Cr - 1%V
④ 18%W - 4%V - 1%Cr

해설 고속도강(SKH) : 절삭공구강의 대표적인 특수강으로서 W, Cr, V 이외의 Co, Mo 등을 다량 함유하고 있는 고합금강으로 500~600℃까지 가열하여도 뜨임에 의해서 연화되지 않고 고온에서도 경도 감소가 적은 것이 특징이다. 대표적인 것으로는 W 18%, Cr 4%, V 1%를 함유한 18-4-1형이 있다.

65. W, Cr, V, Co 등의 원소를 함유하는 합금강으로 600℃까지 고온 경도를 유지하는 공구재료는?

① 고속도강 ② 초경합금
③ 탄소공구강 ④ 합금공구강

해설 고속도 공구강(SKH)
- 재료는 W - Cr - V - Mo - Co 원소를 함유하는 합금강으로 600℃까지 고온 경도를 유지한다.
- 대표적인 것으로 W(18%) - Cr(4%) - V(1%)이 있다.
- 탄소공구강보다 높은 온도에서 절삭 능력이 뛰어나다.
- 내마모성이 크며 공구수명이 탄소공구강의 2배 이상이다.

정답 61 ④ 62 ④ 63 ③ 64 ① 65 ①

형성평가

66. 탄화텅스텐(WC)을 소결한 합금으로 내마모성이 우수하여 대량 생산을 위한 다이 제작용으로 사용되는 재료는?
① 주철　　　　② 초경합금
③ 합금 공구강　④ 다이스강

해설 초경합금 : 탄화텅스텐(WC)을 소결한 합금으로 내마모성이 우수하여 대량 생산을 위한 다이 제작용으로 사용된다.

67. 소결합금으로 된 공구강은?
① 초경합금　　② 스프링강
③ 탄소공구강　④ 기계구조용강

해설 소결 초경합금 : 고속도강보다 더욱 훌륭한 공구재료로서 Co, W, C 등의 분말형 탄화물을 프레스로 성형하여 소결시킨 것으로 소결경질 합금이라고도 한다.

68. 주조경질 합금 중에서 스텔라이트(stellite)의 주성분은?
① W, Cr, V　　　② W, C, Ti, Co
③ Co, W, Cr, Fe　④ W, Ti, Ta, Mo

해설 주조 경질 합금
- 대표적인 것으로 스텔라이트가 있으며 주조로 성형한 것을 연삭으로 다듬질하여 사용하며, 금속절삭에 널리 사용되지 않는다.
- 재료는 W-Cr-Co-C-Fe이다.
- 850℃까지 경도가 유지되나 취성이 있고 값이 비싸다.
- 단조나 열처리가 되지 않으므로 매우 단단하다.

69. 절삭공구재료 중 소결 초경합금에 대한 설명으로 옳은 것은?
① 진동과 충격에 강하며 내마모성이 크다.
② Co, W, Cr 등을 주조하여 만든 합금이다.
③ 충분한 경도를 얻기 위해 질화법을 사용한다.
④ W, Ti, Ta 등의 탄화물 분말을 Co를 결합제로 소결한 것이다.

해설 초경합금
- W-Ti-Ta 등의 탄화물 분말을 Co 또는 Ni를 결합하여 1400℃ 이상에서 소결시킨 것이다(주성분은 W, Ti, Co, C 등이다).
- 경도 및 고온 경도가 높다.
- 내마모성과 취성이 크다.
- 피복 초경합금은 내열성, 내마모성, 내용착성이 우수하며 일반 초경합금에 비해 2~5배의 공구수명이 증대되며, 고온, 고속절삭에서 우수한 성능을 갖는다.

70. 다음 중 절삭공구용 특수강은?
① Ni-Cr 강　② 불변강
③ 내열강　　　④ 고속도강

해설
① Ni-Cr 강 : 가장 널리 쓰이는 구조용강으로 Ni강에 Cr 1% 이하의 첨가로 경도 보충한 강으로 수지상 조직이 피기 쉽고 냉각 중 헤어크랙, 백점 등을 발생시키며 뜨임메짐이 있다.
② 불변강 : 온도가 변화하더라도 어떤 특정의 성질(열팽창계수, 탄성계수 등)이 변화하지 않는 강이다.
③ 내열강 : 고온에서 충분한 기계적 성질을 유지하고 산화 등 화학작용에 잘 견디는 강철로 적어도 600℃ 이상에서는 크롬-몰리브덴강, 13% 크롬강 또는 18-8 스테인리스강을 사용하다.
④ 고속도강 : 절삭공구강의 대표적인 특수강으로서 W, Cr, V 이외의 Co, Mo 등을 다량 함유하고 있고 대표적인 것으로는 W 18%, Cr 4%, V 1%를 함유한 18-4-1형이 있다.

정답　66 ②　67 ①　68 ③　69 ④　70 ④

Part 3. 기계재료 및 측정

71. TiC 입자를 Ni 혹은 Ni과 Mo를 결합제로 소결한 것으로 구성인선이 거의 발생하지 않아 공구수명이 긴 절삭공구재료는?

① 서멧 ② 고속도강
③ 초경합금 ④ 합금 공구강

해설 서멧 : TiC 입자를 Ni 혹은 Ni과 Mo를 결합제로 소결한 것으로 구성인선이 거의 발생하지 않아 공구수명이 긴 절삭공구재료이다.

72. 금속재료와 비교한 세라믹의 일반적인 특징으로 옳은 것은?

① 인성이 크다.
② 내충격성이 높다.
③ 내산화성이 양호하다.
④ 성형성 및 기계가공성이 좋다.

해설 금속재료와 비교한 세라믹의 일반적인 특징은 내산화성이 양호하다.

73. 초경합금 공구에 내마모성과 내열성을 향상시키기 위하여 피복하는 재질이 아닌 것은?

① TiC ② TiAl
③ TiN ④ TiCN

해설 초경합금
- TiC, TiN, TiCN가 있다.
- W-Ti-Ta 등의 탄화물 분말을 Co 또는 Ni를 결합하여 1400℃ 이상에서 소결시킨 것이다(주성분은 W, Ti, Co, C 등이다).

74. 다음 중 세라믹 공구의 특징과 가장 거리가 먼 것은?

① 충격에 강하다.
② 내마모성이 좋다.
③ 내식성이 우수하다.
④ 내열성이 우수하다.

해설 Al_2O_3와 99% 이상의 분말을 산화물, 탄화물 등을 배합하여 1600℃ 이상에서 소결한 공구로 1000℃ 이상에서 경도를 유지할 수 있다. 하지만, 초경합금보다 취약하고 열충격에 약한 단점이 있다. Al_2O_3-Tic계 세라믹은 이 결점을 개선한 것이다.

75. 다음 중 소결경질합금이 아닌 것은?

① 위디아(Widia)
② 탕갈로이(Tungaloy)
③ 카보로이(Carboloy)
④ 코비탈륨(Cobitalium)

해설 소결초경합금
고속도강보다 더욱 훌륭한 공구재료로서 Co, W, C 등의 분말형 탄화물을 프레스로 성형하여 소결시킨 것으로 소결경질합금이라고도 한다. 상품명으로는 독일의 위디아(Widia), 미국의 카보로이(Carboloy), 영국의 미디아(Midia), 일본의 탕갈로이(Tungaloy) 등이 있다. 초경합금은 사용목적, 용도에 따라 재질의 종류와 형상이 다양한데, 절삭공구용 P, M, K종이 있다.

76. 쾌삭강에서 피삭성을 좋게 만들기 위해 첨가하는 원소로 가장 적합한 것은?

① Mn ② Si
③ C ④ S

해설 쾌삭강
탄소강에 S, Pb, 흑연을 첨가시켜 절삭성을 향상시킨 것을 말하며, S을 0.16% 정도 첨가시킨 황 쾌삭강, 0.10~0.30% 정도의 Pb을 첨가시킨 납 쾌삭강, 탄화물을 흑연화시킨 흑연 쾌삭강이 있다.

정답 71 ① 72 ③ 73 ② 74 ① 75 ④ 76 ④

형성평가

77. Mn강 중 고온에서 취성이 생기므로 1000~1100℃에서 수중 담금질하는 수인법(water toughening)으로 인성을 부여한 오스테나이트 조직의 구조용강은?

① 붕소강
② 듀콜(ducol)강
③ 하드필드(hadfield)강
④ 크로만실(chromansil)강

78. 다음 중 니켈-크롬강(Ni-Cr)에서 뜨임취성을 방지하기 위하여 첨가하는 원소는?

① Mn
② Si
③ Mo
④ Cu

[해설] Mo : 니켈-크롬강(Ni-Cr)에서 뜨임취성을 방지하기 위하여 첨가하는 원소이다.

79. Ni-Cr강에 첨가하여 강인성을 증가시키고 담금질성을 향상시킬 뿐만 아니라 뜨임메짐성을 완화시키기 위하여 첨가하는 원소는?

① 망간(Mn)
② 니켈(Ni)
③ 마그네슘(Mg)
④ 몰리브덴(Mo)

[해설] 몰리브덴(몰리브데넘, Mo) : Ni-Cr강에 첨가하여 강인성을 증가시키고 담금질성을 향상시킬 뿐만 아니라 뜨임메짐성을 완화시키기 위하여 첨가하는 원소이다.

80. 스프링강이 갖추어야 할 특성으로 틀린 것은?

① 탄성한도가 커야 한다.
② 마텐자이트 조직으로 되어야 한다.
③ 충격 및 피로에 대한 저항력이 커야 한다.
④ 사용 도중 영구변형을 일으키지 않아야 한다.

[해설] 스프링 강은 소르바이트 조직으로 되어야 하며, 탄성한도, 항복점이 높은 Si-Mn강이 사용되며, 정밀고급품에는 Cr-V강을 사용하며, 자동차 스프링으로서 많이 쓰인다. 페라이트 조직으로 구성되어 있어야 한다.

81. 담금질한 후 치수의 변형 등이 없도록 심랭처리 해야 하는 강은?

① 실루민
② 문쯔메탈
③ 두랄루민
④ 게이지강

[해설] 게이지강 : 담금질한 후 치수의 변형 등이 없도록 심랭처리를 반드시 실시한다.

82. 내식성과 내산화성이 크고, 성형성이 다른 것에 비해 좋은 비자성의 스테인리스강은?

① 페라이트계
② 마텐자이트계
③ 오스테나이트계
④ 석출경화형

[해설]
① 페라이트계 : 내수성(耐銹性)은 크지만 질산 이외의 염산 등의 비산화성인 산에는 견디지 못하므로 내산강으로는 사용하지 않는다. 내산화온도가 높으므로 가열로 등의 부품에 사용된다.
② 마텐자이트계 : 페라이트계보다 다소 크로뮴이 적은 강종으로서 담금질 경화가 가능한 경화성(硬化性) 스테인리스강을 말하며 공구나 절삭날 등에 사용된다.
③ 오스테나이트계 : 18-8 스테인리스계로 대표되는 고Ni-고Cr강으로서 오스테나이트 조직에서 쓰이며 내식성과 내산화성이 크고, 성형성이 다른 것에 비해 좋은 비자성이다.
④ 석출경화형 : PH 스테인리스강(PH stainless steels)이라고도 하며, 스테인리스강의 뛰어난 내식성을 유지하고, 기지조직(martix)에 적당한 탄화물을 석출분산시켜서 재질을 강화하여 고온강도가 높고 가공성이나 용접성도 좋으며, 초음속 제트나 미사일의 기체재료로서 발전시킨 것이다.

정답 77 ③ 78 ③ 79 ④ 80 ② 81 ④ 82 ③

Part 3. 기계재료 및 측정

83. 스테인리스강의 기호로 옳은 것은?
① STC3　　② STD11
③ SM20C　　④ STS304

해설
① STC3 : 탄소공구강
② STD11 : 합금공구강
③ SM20C : 기계구조용 탄소강
④ STS304 : 스테인리스강

84. 18-8형 스테인리스강의 설명으로 틀린 것은?
① 담금질에 의하여 경화되지 않는다.
② 1,000~1,100℃로 가열하여 급랭하면 가공성 및 내식성이 증가된다.
③ 고온으로부터 급랭한 것을 500~850℃로 재가열하면 탄화크롬이 적출된다.
④ 상온에서는 자성을 갖는다.

해설
• 18-8스테인리스강은 오스테나이트계 스테인리스강으로 내식성이 가장 높고 비자성체이다.
• 화학적 조성은 Cr 16~26%, Ni 6~20%, 나머지는 Fe로 되어 있다.

85. 스테인리스강의 조직에 해당되지 않는 것은?
① 페라이트　　② 펄라이트
③ 마텐자이트　　④ 오스테나이트

해설
스테인리스강 : Cr, Ni을 다량 첨가하여 내식성을 현저히 향상시킨 강으로서 녹이 슬지 않는다하여 불수강이라고도 한다. 일반적으로 Cr의 함량이 12% 이상인 강을 스테인리스강이라 하고, 그 이하의 강은 그대로 내식성 강이라 하며, 마텐자이트계와 페라이트계 및 오스테나이트계로 분류되는데 그 대표적인 것은 18-8형 스테인리스강인 오스테나이트계 스테인리스강이다.

86. 18-8형 스테인리스강의 특징에 대한 설명으로 틀린 것은?
① 합금 성분은 Fe를 기반으로 Cr 18%, Ni 8%이다.
② 비자성체이다.
③ 오스테나이트계이다.
④ 탄소를 다량 첨가하면 피팅 부식을 방지할 수 있다.

해설
18-8형 스테인리스강
• 내산 및 내식성이 13% Cr 스테인리스강보다 우수하다.
• 비자성이다.
• 인성이 좋으므로 가공이 용이하다.
• 산과 알칼리에 강하다.
• 용접하기 쉽다.
• 탄화물(Cr_4C)이 결정립계에 석출하기 쉽다.

87. 18-8 스테인리스강(stainless steel)에서 용접 취약성을 일으키는 가장 큰 원인은?
① 입계탄화물의 석출　② 자경성 발생
③ 뜨임 매장성　　④ 균열의 생성

해설
입계탄화물의 석출
8-8 스테인리스강(stainless steel)에서 용접 취약성을 일으키는 가장 큰 원인이다.

88. 다음 중 발전기, 전동기, 변압기 등의 철심 재료에 가장 적합한 특수강은?
① 규소강　　② 베어링강
③ 스프링강　　④ 고속도공구강

해설
규소강(Si)
저탄소(0.08% 이하)강에 0.5~4.5%의 Si를 첨가한 규소강(silicon steel)은 잔류 자속밀도가 적다. 따라서 히스테리시스 손실이 적으므로 발전기, 전동기, 변압기 등의 철심 재료에 적합하다.

정답 83 ④　84 ④　85 ②　86 ④　87 ①　88 ①

89. 불변강의 종류가 아닌 것은?

① 인바　　　　② 엘린바
③ 코엘린바　　④ 스프링강

해설　불변강의 종류로는 인바, 초인바, 엘린바, 플래티나이트, 코엘린바, 퍼멀로이가 있다.

90. Ni-Fe계 실용 합금이 아닌 것은?

① 엘린바　　　② 인바
③ 미하나이트　④ 플라티나이트

해설　Ni-Fe합금은 주로 전자기 재료로 사용되며 다음과 같은 실용합금이 있다.
- 인바
- 슈퍼인바
- 엘린바
- 플라티나이트

91. 다음 중 발전기, 전동기, 변압기 등의 철심재료에 가장 적합한 특수강은?

① 규소강　　　② 베어링강
③ 스프링강　　④ 고속도공구강

해설　규소강(Si)
저탄소(0.08% 이하)강에 0.5~4.5%의 Si를 첨가한 규소강(silicon steel)은 잔류 자속밀도가 적다. 따라서 히스테리시스 손실이 적으므로 발전기, 전동기, 변압기 등의 철심 재료에 적합하다.

92. 주철에 대한 설명으로 틀린 것은?

① 시멘타이트+펄라이트의 회주철과 페라이트+펄라이트의 백주철이 있다.
② 백주철을 열처리하여 연성을 부여한 주철을 가단주철이라 한다.
③ 주철 중의 Si은 공정점을 저탄소강 영역으로 이동시키는 역할을 한다.
④ 용융점이 낮고 주조성이 좋다.

해설
- 회주철 : 유리 탄소 또는 흑연이며, 다른 일부분은 기지(matrix)의 조직 중에 화합상태로 펄라이트(pearlite) 또는 시멘타이트(cementite)로서 존재하는 화합탄소(combined carbon)로 되어 있다. 따라서 주철에 함유하는 탄소량은 보통이 2가지 합한 전 탄소(total carbon)로 나타낸다. 즉 흑연+화합탄소=전 탄소이다. 초정(初晶) 오스테나이트로부터 석출한 편상 흑연 및 공정 흑연에 펄라이트의 시멘타이트가 분해하여 생긴 흑연이다.
- 백주철 : 흑연의 양이 적고 대부분의 탄소가 화합탄소로 존재할 경우에는 그 파면이 흰색을 띠는 백주철(white cast iron)로 되는 것이다. 일반적으로 주철이라 함은 회주철을 말한다. 시멘타이트(Fe_3C) 입자와 펄라이트(pearlite) 기지조직이다.

93. 다음 중에서 주철에 대한 설명으로 틀린 것은?

① 주철은 액체일 때 유동성이 좋다.
② 공정주철의 탄소함유량은 약 4.3% C이다.
③ 비중은 C와 Si 등이 많을수록 작아진다.
④ 용융점은 C와 Si 등이 많을수록 높아진다.

해설　용융점은 C와 Si 등이 많을수록 작아진다.

94. 주철의 성장을 억제하기 위하여 사용되는 첨가원소로 가장 적합한 것은?

① Pb　　　② Sn
③ Cr　　　④ Cu

해설
- 주철의 성장에 도움되는 원소 : 규소, 알루미늄, 니켈, 티탄이다. 이 중 티탄은 강탈산제이면서 흑연화를 촉진하나 오히려 많이 첨가하면 흑연화를 방해하는 요소가 된다.
- 주철의 성장에 방해되는 원소 : 크롬, 망간, 황, 몰리브덴

정답　89 ④　90 ③　91 ①　92 ①　93 ④　94 ③

Part 3. 기계재료 및 측정

95. 진동에너지를 흡수하는 능력이 우수하여 공작기계의 베드 등에 가장 적합한 재료는?

① 회주철
② 저탄소강
③ 고속도공구강
④ 18-8스테인리스강

96. 주철의 결점을 없애기 위하여 흑연의 형상을 미세화, 균일화하여 연성과 인성의 강도를 크게 하고, 강인한 펄라이트 주철을 제조한 고급 주철은?

① 가단주철
② 칠드 주철
③ 미하나이트 주철
④ 구상흑연주철

해설
- **가단주철** : 백주철을 열처리하여 인성과 연성을 증가시킨 주철로 주강과 같은 정도의 강도를 가지며 주조성과 피삭성이 좋고, 대량 생산에 적합하다.
- **칠드 주철** : 용융상태에서 금형에 주입하여 접촉면을 백주철로 만든 것이다.
- **구상흑연주철** : 주철은 보통 주방상태에서 흑연이 편상으로 된다. 그러나 특수한 처리(특수 원소 첨가, 열처리)를 하면 흑연이 구상으로 되는데 이것을 구상흑연주철이라 하다.

97. 구상흑연주철에서 흑연을 구상화하는데 사용되는 것이 아닌 것은?

① Mg   ② Ca
③ Ce   ④ Zn

해설 구상흑연주철은 세륨(Ce), 마그네슘(Mg), 칼슘(Ca)을 첨가하여 편상흑연을 구상화 한 주철이다.

98. 주철의 접종(inoculation) 및 그 효과에 대한 설명으로 틀린 것은?

① Ca-Si 등을 첨가하여 접종을 한다.
② 핵생성을 용이하게 한다.
③ 흑연의 형상을 개량한다.
④ 칠(chill)화를 증가시킨다.

해설 접종
결정의 핵을 형성하기 위해서 합금 등을 첨가하여 조직이나 성질을 개선하는 것이다.

99. 주철 용해용 고주파 유도 용해로(전기로)의 크기 표시는?

① 매 시간당 용해톤(ton)수
② 1일 총 용해톤(ton)수
③ 1회 최대 용해톤(ton)수
④ 8시간 조업 용해톤(ton)수

해설 용해로(전기로)의 크기 표시는 1회 최대 용해톤(ton)수이다.

100. 백주철을 열처리로에 넣어 가열해서 탈탄 또는 흑연화 하는 방법으로 제조된 것은?

① 회주철
② 반주철
③ 칠드 주철
④ 가단주철

해설 가단주철
주철의 취약성을 개량하기 위해서 백주철을 열처리하여 제조하기 쉽고 강인성을 부여시킨 주철이다.

정답 95 ① 96 ③ 97 ④ 98 ④ 99 ③ 100 ④

101. 주철의 마우러 조직도를 바르게 설명한 것은?

① Si와 Mn량에 따른 주철의 조직 관계를 표시한 것이다.
② C와 Si량에 따른 주철의 조직 관계를 표시한 것이다.
③ 탄소와 흑연량에 따른 주철의 조직 관계를 표시한 것이다.
④ 탄소와 Fe_3C량에 따른 주철의 조직 관계를 표시한 것이다.

해설 주철의 마우러 조직도 : C와 Si량에 따른 주철의 조직 관계를 표시한 것이다.

102. 주철에서 탄소강과 같이 강인성이 우수한 조직을 만들 수 있는 흑연 모양은?

① 편상흑연   ② 괴상흑연
③ 구상흑연   ④ 공정상흑연

해설 구상흑연
주철에서 탄소강과 같이 강인성이 우수한 조직을 만들 수 있는 흑연 모양이다.

103. 주철을 신소재로 도약시킨 ADI 주철의 열처리 방법은?

① 마렌칭   ② 마템퍼링
③ 오스포밍 ④ 오스템퍼링

해설 오스템퍼링
• 주철을 신소재로 도약시킨 ADI 주철의 열처리 방법으로 사용되고 있다.
• 담금질균열, 변형을 없애고 고경도, 강인성, 절삭성을 부여하기 위해서 800~900℃로 가열하여 250~500℃의 항온열욕에 넣어 유지하면 상부 베이나이트(400℃ 이상), 하부 베이나이트(300℃ 이하)를 얻는다.

02 비철 금속재료

01. 다음 중 구리의 특성에 대한 설명으로 틀린 것은?

① 전기 및 열의 전도성이 우수하다.
② 전연성이 좋아 가공이 용이하다.
③ 화학적 저항력이 작아 부식이 잘 된다.
④ 아름다운 광택과 귀금속적 성질이 우수하다.

해설 구리의 특성
• 전기 및 열전도성이 우수하다.
• 전연성이 좋아 가공이 용이하다.
• 내식성이 강해 부식이 안 된다.
• 아름다운 광택과 귀금속적 성질이 우수하다.
• Zn, Sn, Ni, Ag 등과 용이하게 합금을 만든다.

02. 구리 및 구리합금에 관한 설명으로 틀린 것은?

① Cu의 용융점은 약 1083℃이다.
② 문쯔메탈은 60% Cu + 40% Sn 합금이다.
③ 유연하고 전연성이 좋으므로 가공이 용이하다.
④ 부식성 물질이 용존하는 수용액 내에 있는 황동은 탈아연 현상이 나타난다.

해설 문쯔메탈(muntz metal)
6-4황동으로 500~600℃로 가열하면 연성이 회복되어 열간 가공이 적합하며 인장강도도 최대이다. Zn 40% 내외의 것을 문쯔메탈이라 한다.

정답 101 ② 102 ③ 103 ④ / 01 ③ 02 ②

Part 3. 기계재료 및 측정

03. 구리합금 중 6:4 황동에 약 0.8% 정도의 주석을 첨가하며 내해수성에 강하기 때문에 선박용 부품에 사용하는 특수 황동은?

① 네이벌 황동
② 강력 황동
③ 납 황동
④ 애드미럴티 황동

해설
① 네이벌 황동 : 6-4황동에 0.8% Sn첨가 파이프, 용접봉, 선박기계부품으로 사용한다.
② 강력 황동 : 4-6황동에 Mn, Al, Fe, Ni, Sn 등을 첨가하여 한층 강력하게 한 황동이다.
③ 납 황동(연황동) : 3% 이하의 납을 6-4 황동에 첨가하여 절삭성을 향상시킨 쾌삭 황동이고 기계적 성질은 약간 떨어진다.
④ 애드미럴티 황동 : 7-3황동에 1% Sn첨가 관, 판으로 증발기, 열교환기에 사용한다.

04. 다음 중 구리합금이 아닌 것은?

① 양은   ② 켈밋
③ 실루민   ④ 문쯔메탈

해설 Al-Si계(실루민)
주조용 알루미늄 합금으로 주조조직의 Si는 육각판상의 거친 조직이므로 실용화 할 수 있도록 개량(개질) 처리한다. 대표합금으로 실루민(Silumin), 알펙스(Alpax) 등이 있다.

05. 구리에 아연이 5~20% 정도 첨가되어 전연성이 좋고 색깔이 아름다워 장식용 악기 등에 사용되는 것은?

① 톰백   ② 백동
③ 6-4 황동   ④ 7-3 황동

해설
① 톰백(tombac) : 5~20%의 저 아연합금으로 전연성이 좋고 색이 금에 가까우므로 모조 금박으로 금대용으로 사용한다.

② 백동 : Cu 70%, Zn 18%, Ni 12% 조성의 백색의 강인한 재질의 동 합금으로 화폐, 의료기기, 화학기기, 장식품 등에 사용한다.
③ 6-4 황동 : 500~600℃로 가열하면 연성이 회복되어 열간 가공이 적합하며 인장강도도 최대이다. Zn 40% 내외의 것을 문쯔메탈이라 한다.
④ 7-3 황동 : Cu 70%, Zn 40%의 $\alpha+\beta$황동이며 인장강도가 크며 고온가공이 용이하다. 탈아연 부식이 일어나기 쉽다. 열교환기나, 열간 단조용으로 사용된다.

06. 양은 또는 양백은 어떤 합금계인가?

① Fe-Ni-Mn계 합금
② Ni-Cu-Zn계 합금
③ Fe-Ni계 합금
④ Ni-Cr계 합금

해설 양은 또는 양백
Ni-Cu-Zn계 합금으로 기계적 성질 및 내식성이 우수하며 정밀 저항기 등에도 사용된다.

07. 땜납(solder)의 합금원소로 주로 사용되는 것은?

① Sn-Pb   ② Pt-Al
③ Fe-Pb   ④ Cd-Pb

해설 땜납(solder)의 합금원소는 Sn-Pb이다.

08. 텅스텐(W)은 우리나라의 부존자원 중 순도나 매장량의 면에서 매우 중요한 금속이다. 다음 중 텅스텐의 용도에 적합하지 않은 것은?

① 초경합금 공구
② 필라멘트
③ 연질 자성재료
④ 내열강 합금재료

정답 03 ① 04 ③ 05 ① 06 ② 07 ① 08 ③

해설 텅스텐의 용도
- 초경합금 공구
- 전구의 필라멘트
- 금형, 공구, 게이지 비트
- 내열강 합금재료

09. 공작기계 및 자동차 등에 사용되는 소결 마찰부품의 구비조건으로 맞지 않은 것은?

① 내마모성, 내열성이 낮을 것
② 마찰계수가 크고 안정될 것
③ 가격이 저렴할 것
④ 열전도성, 내유성이 좋을 것

해설 공작기계 및 자동차 등에 사용되는 소결 마찰부품의 구비조건으로 내마모성, 내열성이 높아야 한다.

10. 95% Cu - 5% Zn 합금으로 연하고 코이닝(coining) 하기 쉬우므로 동전, 메달 등에 사용되는 황동의 종류는?

① Naval brass
② Cartridge brass
③ Muntz metal
④ Gilding metal

해설 길딩 메탈(Gilding metal)
95% Cu - 5% Zn 합금으로 연하고 코이닝(coining) 하기 쉬우므로 동전, 메달 등에 사용되는 황동의 종류이다.

11. 애드미럴티(admiralty) 황동의 조성은?

① 7 : 3황동+Sn(1% 정도)
② 7 : 3황동+Pb(1% 정도)
③ 6 : 4황동+Sn(1% 정도)
④ 6 : 4황동+Pb(1% 정도)

해설 애드미럴티 황동(admiralty brass)
7 : 3황동에 1% Sn첨가 관, 판으로 증발기, 열교환기에 사용한다.

12. 인청동의 적당한 인(P) 함량(%)은?

① 0.05~0.5
② 6.0~10.0
③ 15.0~20.0
④ 20.5~25.5

해설 인청동
청동의 용해주조 시 탈산제로 사용하는 인(P)의 첨가량이 많아 합금 중에 0.05~0.5% 정도 남게 하면 용탕의 유동성이 좋아지고 합금의 경도, 강도가 증가하며 내마모성, 탄성이 개선된다.

13. 인청동에서 인(P)의 영향이 아닌 것은?

① 쇳물의 유통을 좋게 한다.
② 강도와 인성을 증가시킨다.
③ 탄성을 나쁘게 한다.
④ 내식성을 증가시킨다.

해설 인청동에서 인(P)의 영향
- 쇳물의 유통을 좋게 한다.
- 강도와 인성을 증가시킨다.
- 탄성, 용접성이 양호하다.
- 내식성을 증가시킨다.

14. Fe에 Ni이 42~48%가 합금화된 재료로 전등의 백금선에 대용되는 것은?

① 콘스탄탄
② 백동
③ 모넬메탈
④ 플래티나이트

해설
- 콘스탄탄 : 40~50% Ni 합금으로 전기저항이 크고 온도계수가 낮아 통신기, 전열선 열전쌍 등에 사용된다.
- 백동 : 20~25%, Ni 합금은 가공성이 좋아 가정용품 등에 널리 사용된다.
- 모넬메탈(monel metal) : 60~70% Ni 합금으로 강도와 내식성이 우수해서 화학공업용으로 사용되고 여기에 4% Si(S모넬), 3% Si(H모넬), 0.035% S(R모넬), 2.75% Al(K모넬) 등을 첨가한다.

정답 09 ① 10 ④ 11 ① 12 ① 13 ③ 14 ④

15. 일반적인 청동 합금의 주요 성분은?
① Cu - Sn
② Cu - Zn
③ Cu - Pb
④ Cu - Ni

해설 청동합금
넓은 의미에서 황동 이외의 구리합금을 모두 청동이라고 하지만 좁은 의미에서는 Cu - Sn 합금을 말한다.

16. 전연성이 좋고 색깔이 아름다우므로 장식용 악기 등에 사용되는 5~20% Zn이 첨가된 구리합금은?
① 톰백(tombac)
② 백동
③ 6 - 4 황동(muntz metal)
④ 7 - 3 황동(cartridge brass)

해설
① 톰백(tombac) : 5~20%의 저 아연합금으로 전연성이 좋고 색이 금에 가까우므로 모조금박으로 금대용으로 사용한다.
② 백동 : Cu 70%, Zn 18%, Ni 12% 조성의 백색의 강인한 재질의 동합금. 백동 화폐, 의료기기, 화학기기, 장식품 등에 사용한다.
③ 6 - 4 황동(muntz metal) : 60% Cu, 40% Zn인 6 - 4황동이다.
④ 7 - 3 황동(cartridge brass) : Cu 70%, Zn 40%의 α+β황동이며 인장강도가 크며 고온가공이 용이하다. 탈아연 부식이 일어나기 쉽다. 열교환기나, 열간 단조용으로 사용된다.

17. 전연성이 좋고 색깔도 아름답기 때문에 장식용 금속잡화, 악기 등에 사용되고, 특히 납(Pb)을 첨가한 것은 금색에 매우 가까우므로 박(foil)으로 압연하여 금박의 대용으로 사용되는 것은?
① 95% Cu - 5% Sn 합금
② 80% Cu - 20% Zn 합금
③ 60% Cu - 40% Sn 합금
④ 50% Cu - 50% Zn 합금

해설 80% Cu - 20% Zn 합금
전연성이 좋고 색깔도 아름답기 때문에 장식용 금속잡화, 악기 등에 사용되고, 특히 납(Pb)을 첨가한 것은 금색에 매우 가까우므로 박(foil)으로 압연하여 금박의 대용으로 사용한다.

18. 황동에 납(Pb)을 첨가하여 절삭성을 향상시킨 것은?
① 톰백
② 강력황동
③ 쾌삭황동
④ 문쯔메탈

해설 연황동(쾌삭황동)
• 황동에 납을 넣으면 경도와 연신율이 감소하나 절삭성은 좋게 된다.
• 납 1.5~3.0% 함유이다.
• 쾌삭황동이라 하며 대량 생산 부품에 사용한다.

19. 7 : 3황동에 Sn을 1% 첨가한 것으로 전연성이 우수하여 관 또는 판을 만들어 증발기와 열교환기 등에 사용되는 것은?
① 애드미럴티 황동
② 네이벌 황동
③ 알루미늄 황동
④ 망간 황동

해설
① 애드미럴티 황동 : 7-3황동에 1%의 Sn첨가로 관, 판으로 증발기, 열교환기에 사용한다.
② 네이벌 황동 : 6-4황동에 0.75%의 Sn첨가로 파이프, 용접봉, 선박기계부품으로 사용한다.
③ 알루미늄 황동 : 황동에 Al을 1.5~2.0% 첨가로 결정입자의 미세화, 내식선 증가한다.
④ 망간 황동 : 6-4황동에 8%의 망간 첨가로 내해수성 및 강도가 증가한다.

정답 15 ① 16 ① 17 ② 18 ③ 19 ①

20. 황동에서 잔류응력에 의해서 발생하는 현상은?

① 탈아연 부식
② 고온 탈아연
③ 저온 풀림경화
④ 자연균열

해설
① **탈아연 부식** : 불순한 물 및 부식성 물질이 녹아 있는 수용액의 작용에 의해 황동의 표면에는 내부까지 탈아연되는 현상으로 방지책은 Zn 30% 이하의 α황동 사용 또는 0.1~0.5%, As, Sb 1% 정도의 Sn 첨가한다.
② **고온 탈아연** : 고온에서 탈아연되는 현상으로 표면이 깨끗할수록 심하다. 방지책은 표면에 산화물 피막을 형성하는 것이다.
③ **저온 풀림** : 냉간 가공한 강재의 내부 변형(strain)만을 제거하기 위해 하는 열처리다. 열처리방법은 A_1 변태점 이하의 온도(600~650℃)로 가열해 냉각한다. 저온 풀림은 가공영향을 조직적으로 없앨 수는 없지만, 재결정 온도까지 가열되기 때문에 강은 부드러워지며 용접 부품, 단조 부품에 사용된다.
④ **자연균열** : 황동에서 잔류응력에 의해서 발생하는 현상으로 잔류응력에 기인하는 현상으로 방지책은 도료 및 Zn도금, 180~260℃에서 응력제 풀림 등으로 잔류응력을 제거된다.

21. 알루미늄의 성질로 틀린 것은?

① 비중이 약 7.8이다.
② 면심입방격자 구조이다.
③ 용융점은 약 660℃이다.
④ 대기 중에서는 내식성이 좋다.

해설 알루미늄의 성질
마그네슘, 베릴륨 다음으로 가벼운 금속으로 비중이 2.7, 용융점은 660℃, 변태점이 없다.

22. 알루미늄(Al) 합금의 특징을 잘못 설명한 것은?

① 가볍고 전연성이 좋아 성형가공이 용이하다.
② 우수한 전기 및 열의 양도체이다.
③ 용융점이 1,083℃로 고온가공성이 높다.
④ 대기 중에서는 일반적으로 내식성이 양호하다.

해설 알루미늄(Al) 합금
비중이 2.7, 용융점 660℃, 변태점이 없다.

23. 알루미늄 합금인 Al‑Mg‑Si의 강도를 증가시키기 위한 가장 좋은 방법은?

① 시효경화(age‑hardening) 처리한다.
② 냉간가공(cold work)을 실시한다.
③ 담금질(quenching) 처리한다.
④ 불림(normalizing) 처리한다.

해설 시효 경화(Age hardening)
냉간가공 시 시간 경과로 경화되는 현상으로 기계적 성질은 변화하나 나중에는 일정한 값을 나타내는 현상으로 황동, 두랄루민, 강철 등이 잘 일어나며, 인공적으로 100~200℃ 높여 시효경화를 촉진시키는 것을 인공시효라 한다(100~200℃ 높여준다).

24. 알루미늄 및 그 합금의 질별 기호 중 가공 경화한 것을 나타내는 것은?

① O
② W
③ F^a
④ H^b

해설 알루미늄 및 그 합금의 질별 기호
• O : 어닐링(풀림)에 의해 보다 가장 연한 상태로 만든 것
• T : 열처리에 의해 안정한 조질로 한 것
• F^a : 제조상태의 것
• H^b : 가공경화한 것

정답 20 ④ 21 ① 22 ③ 23 ① 24 ④

25. 다음 중 두랄루민 합금과 관계없는 것은?

① Al-Cu-Mg-Mn계 합금이다.
② 시효경화 처리하면 인장강도가 연강과 같은 정도가 된다.
③ 가볍고 강인하여 단조용으로 사용된다.
④ Y-합금이라고도 한다.

해설
- 두랄루민 : Al-Cu-Mg-Mn의 합금으로 시효경화처리한 대표적인 합금 이외에도 인장강도 186MPa 이상의 초두랄루민이 있다.
- Y-합금 : Al-Cu-Ni-Mg의 합금으로 대표적인 내열용 합금이다.

26. 항공기 재료에 많이 사용되는 두랄루민의 강화기구는?

① 용질경화   ② 시효경화
③ 가공경화   ④ 마텐자이트 변태

해설 시효경화
두랄루민을 500~510℃ 정도로 가열한 후 물속에서 급랭시켜 매우 연한 상태로 만들고, 이것을 상온에 방치하면 시간이 경과할수록 경화되는 현상을 말한다. 시효경화가 상온에서 일어나면 강도는 철재 정도가 된다. 비중이 2.7이어서 철강의 1/3밖에 되지 않으므로 중량당의 강도는 매우 우수하기 때문에 항공기의 재료로 많이 사용된다.

27. 다음 중 알루미늄 합금이 아닌 것은?

① 라우탈   ② 실루민
③ 두랄루민   ④ 화이트 메탈

해설 화이트 메탈
Pb-Sn-Sb계, Sn-Sb계 베어링합금으로 융점이 낮고 부드러우며 마찰이 적어서 구조용 재료에는 사용되지 않으나 베어링 합금, 활자 합금, 납 합금 및 다이케스트 합금에 많이 사용된다.

28. 일반적으로 알루미늄 합금의 강도를 향상시키는 주요 방법이 아닌 것은?

① 개량처리   ② 석출경화
③ 시효경화   ④ 스트레인 시효

해설
① **개량처리** : Al-Si 합금에 Na, Sr같은 제3원소를 극히 소량 첨가하여 침상조직을 구상화하여 미세 조직을 계량화하는 방법이다.
② **석출경화** : 적당한 온도에서 급랭한 합금이 포화 상태 이상으로 고용하고 있는 합금원소를 시간의 경과나 온도의 영향으로 서서히 석출해 단단하게 되는 현상. 두랄루민(duralumin)의 시효경화는 석출경화에 의한다.
③ **시효경화** : 냉간 가공 시 시간 경과로 경화되는 현상으로 기계적 성질은 변화하나 나중에는 일정한 값을 나타내는 현상으로 황동, 두랄루민, 강철 등이 잘 일어나며, 인공적으로 100~200℃ 높여 시효경화를 촉진시키는 것을 인공시효라 한다.
④ **스트레인 시효**(strain aging; 변형 시효) : 금속재료에 변형을 가하면 경도, 인장강도 등이 증대하는 현상으로서, 변형 시효(變形時效)라고도 부른다.

29. 다음 중 Cu+Zn계 합금이 아닌 것은?

① 톰백   ② 문쯔메탈
③ 길딩·메탈   ④ 하이드로날륨

해설 하이드로날륨 : 내식용 Al 합금이다.

30. Al 합금 중 라우탈(lautal)의 주요 조성으로 옳은 것은?

① Al-Mg-Si   ② Al-Cu-Si
③ Al-Cu-Ni   ④ Al-Mg-Ni

해설 Al-Cu-Si계
Si에 의해 주조성 개선 Cu로 피삭성을 좋게 한 합금으로 대표적인 합금으로 라우탈이 있다.

정답 25 ④ 26 ② 27 ④ 28 ④ 29 ④ 30 ②

형성평가

31. Al합금에 첨가하는 원소 중 내식성을 해치지 않고, 강도를 개선하는 원소가 아닌 것은?

① Cr ② Si
③ Mn ④ Mg

해설 Al의 내식성을 해치지 않고 강도를 개선하는 요소로는 Mn, Mg, Si 등이 있다.

32. 다음 중 비강도가 우수하여 Al 다이캐스팅 제품 대체용으로 자동차 부품 등에 많이 쓰이는 합금은?

① Mg 합금 ② Au 합금
③ Ag 합금 ④ Cr 합금

해설 Mg 합금
비강도가 우수하여 Al 다이캐스팅 제품 대체용으로 자동차 부품 등에 많이 쓰이는 합금이다.

33. 알루미늄합금의 특징에 대한 설명으로 틀린 것은?

① 전기 및 열의 양도체이다.
② 대기 중에서는 내식성이 양호하다.
③ 용융점이 1,083℃로 고온 가공성이 좋다.
④ 가볍고 전연성이 좋아 성형가공이 용이하다.

해설 알루미늄 합금
마그네슘, 베릴륨 다음으로 가벼운 금속으로 비중이 2.7, 용융점 660℃, 변태점이 없다.

34. 알루미늄 주조 합금으로 내열용으로 사용되는 합금이 아닌 것은?

① Y-합금 ② 토엑스
③ 코비탈륨 ④ 실루민

해설 내열용 알루미늄 주조 합금

Al-Cu-Ni계	Y-합금	• Al-Cu-Ni-Mg의 합금으로 대표적인 내열용 합금이다. • $Al_5Cu_2Mg_2$가 석출 경화되며 시효처리한다.
Al-Cu-Ni계	코비탈륨 (cobitalium)	• Y-합금의 일종으로 Ti와 Cu를 0.2% 정도씩 첨가한다.
Al-Ni-Si계	로우엑스 합금 (Lo-Ex)	• Al-Si계에 Cu, Mg, Ni을 첨가한 특수 실루민으로 Na으로 개질처리 한다.

35. 내열용 알루미늄 합금이 아닌 것은?

① Y-합금
② 로엑스(Lo-Ex)
③ 듀랄루민
④ 코비탈륨

해설 듀랄루민
고강도 Al 합금으로 Al-Cu-Mg-Mn의 합금이며 시효경화처리한 대표적인 합금, 시효경화시킨 상태에서 인장강도는 294~441MPa이다.

36. 4% Cu, 2% Ni, 1.5% Mg이 함유된 Al 합금으로서 내열성이 크고, 기계적 성질이 우수하여 실린더 헤드나 피스톤 등에 적합한 합금은?

① 실루민 ② Y-합금
③ 로엑스 ④ 두랄루민

해설 Y-합금
4% Cu, 2% Ni, 1.5% Mg이 함유된 Al 합금으로서 내열성이 크고, 기계적 성질이 우수하여 실린더 헤드나 피스톤 등에 적합한 합금이다.

37. 다음 중 경금속이 아닌 것은?

① 알루미늄 ② 마그네슘
③ 백금 ④ 티타늄

정답 31 ① 32 ① 33 ③ 34 ② 35 ③ 36 ② 37 ③

| 해설 | 금속의 분류 : 비중 4.5를 기준으로 경금속과 중금속을 구분한다.
- 경금속 : Al(2.7), Mg(1.74), Na(0.97), Si(2.33), Li(0.53), Ti(4.5)
- 중금속 : Fe(7.87), Cu(8.96), Ni(8.85), Au(19.32), Ag(10.5), Sn(7.3), Pb(11.34), Ir(22.5), Pt(21.4)

38. 마그네슘 및 마그네슘 합금이 구조재료로서 갖는 특징을 설명한 것 중 옳은 것은?

① 고온에서 매우 비활성이다.
② 비강도가 작아 반도체 재료에 적합하다.
③ Mg는 비중이 약 7.8로 가벼운 경(輕)금속이다.
④ 감쇠능이 주철보다 커서 소음방지 재료로 우수하다.

| 해설 | 마그네슘 합금의 성질 및 특징
- 마그네슘은 열전도율과 전기전도율이 구리나 알루미늄보다 훨씬 낮다.
- 기계적 성질도 뒤지는 편이나 실용금속 중에서 가장 가벼우며 비중에 대한 인장강도, 즉 비강도가 대단히 큰 금속이다. 비중 1.74, 용융점 650℃, 재결정 온도 150℃, 인장강도 147~343MPa(15~35kgf/mm^2)이다.
- 마그네슘 합금은 주물로 만들 때 인장강도, 연신율, 충격값 등이 알루미늄 합금과 비슷하다.
- 감쇠능이 주철보다 커서 소음방지 재료로 우수하다.

39. 형상기억합금의 내용과 관계가 먼 것은?

① 형상기억 효과를 나타내는 합금은 오스테나이트 변태를 한다.
② 어떠한 모양을 기억할 수 있는 합금이다.
③ 소성 변형된 것이 특정 온도 이상으로 가열하면 변형되기 이전의 원래 상태로 돌아가는 합금이다.
④ 형상기억합금의 대표적인 합금은 Ni-Ti합금이다.

| 해설 | 형상기억 효과의 메커니즘은 금속고상 상태에서의 상변태의 일종인 마텐사이트 결정변태와 동일한 현상이다. 열탄성 마텐사이트 변태를 나타내는 합금은 예외없이 형상기억 특성을 나타낸다는 것이 밝혀졌다. 실용화된 합금으로서는 니켈-티타늄 합금, 구리-아연-알루미늄 합금이 있으며 어떤 상(모상〈母相〉)에서 형성된 합금이 다른 상에 있을 때에 변형을 받더라도, 모상으로 되돌리면 형상도 원래로 되돌아가는 성질을 형상기억 효과라 한다.

40. 형상기억합금인 니티놀(nitinol)의 성분은?

① Cu-Zn
② Ti-Ni
③ Ni-Cr
④ Al-Cu

| 해설 | 현재 실용화된 대표적인 형상기억합금은 Ni-Ti 합금이며, 회복력은 30kgf/cm^{2}이고 반복 동작을 많이 하여도 회복 성능이 거의 저하되지 않는다. 이 합금은 주로 우주선의 안테나, 치열 교정기, 여성의 브래지어 와이어, 전투기의 파이프 이음 등에 사용된다.

41. 어떤 종류의 금속이나 합금을 절대영도 가까이 냉각하였을 때, 전기저항이 완전히 소멸되어 전류가 감소하지 않는 상태는?

① 초소성
② 초전도
③ 감수성
④ 고상 접합

| 해설 |
- **초전도** : 금속, 합금, 화합물 등의 전기저항이 어느 온도 이하에서 0이 되는 현상이다.
- **초소성** : 금속을 어떤 특정한 온도, 변형 조건하에서 인장변형하면, 국부적인 수축을 일으키지 않은 커다란 연성을 보인 현상이다.

형성평가

42. 일정한 온도 영역과 변형속도 영역에서 유리질처럼 늘어나며, 이때 강도가 낮고, 연성이 크므로 작은 힘으로 복잡한 형상의 성형이 가능한 기능성 재료는?

① 형상기억합금　② 초소성 합금
③ 초탄성 합금　④ 초인성 합금

해설　초소성 합금
일정한 온도 영역과 변형속도 영역에서 유리질처럼 늘어나며, 이때 강도가 낮고, 연성이 크므로 작은 힘으로 복잡한 형상의 성형이 가능한 기능성 재료이다.

43. 탄성한도를 넘어서 소성 변화를 시킨 경우에도 하중을 제거하면 원래 상태로 돌아가는 성질은?

① 신소재 효과　② 초탄성 효과
③ 초소성 효과　④ 시효경화 효과

해설
- 초탄성 효과 : 탄성한도를 넘어서 소성 변화를 시킨 경우에도 하중을 제거하면 원래 상태로 돌아가는 성질
- 초소성 현상 : 소성 가공이 어려운 내열 합금 또는 분산강화합금을 분말 야금법으로 제조하여 소성 가공 및 확산 접합할 때 응용할 수 있으며, 서멧과 세라믹에도 응용이 가능하다.

44. 초소성을 얻기 위한 조직의 조건으로 틀린 것은?

① 결정립은 미세화 되어야 한다.
② 결정립 모양은 등축이어야 한다.
③ 모상의 입계는 고경각인 것이 좋다.
④ 모상 입계의 인장 분리되기 쉬워야 한다.

해설　초소성을 얻기 위한 조직의 조건
- 결정립은 미세화되어야 한다.
- 결정립 모양은 등축이어야 한다.
- 모상의 입계는 고경각인 것이 좋다.

- 공석조성합금은 공석온도 직상에서 균일화 풀림한 후, 열간 상온에서 가공하고, 용체화 처리 후 급랭한 다음 풀림하여 2상으로 분해한다.
- 모상 입계의 인장 분리가 쉬워서는 안 된다.

45. Si, Ge의 원소 계열은?

① 비금속 원소　② 금속 원소
③ 준금속 원소　④ 비철금속 원소

해설　준금속(아금속) 원소 : 금속재료 성질과 비금속 재료의 성질에 다 속하며 대표적인 금속으로 Si, Ge 등의 전자공업용 재료가 있다.

46. 두 종류 이상의 금속 특성을 복합적으로 얻을 수 있는 재료를 말하며, 일반적으로 얇은 특수한 금속을 두껍고 가격이 저렴한 모재에 야금학적으로 접합시킨 금속 복합재료는?

① 섬유강화 금속 복합재료
② 일방향 응고 공정 합금
③ 다공질 재료
④ 클래드 재료

해설　클래드 재료 : 두 종류 이상의 금속 특성을 복합적으로 얻을 수 있는 재료를 말하며, 일반적으로 얇은 특수한 금속을 두껍고 가격이 저렴한 모재에 야금학적으로 접합시킨 금속 복합재료이다.

47. 반도체 재료에 사용되는 주요 성분 원소는?

① Co, Ni　② Ge, Si
③ W, Pb　④ Fe, Cu

해설　반도체 재료 : 실리콘(Si)이나 게르마늄(Ge)과 같이 잘 알려진 반도체 재료 외에도 안티몬화인듐(indium-antimonide : InSb)이나 비소화갈륨(gallium-arsenide : GaAs) 등도 그 결정구조가 다이아몬드격자에 합치되는 것들이다.

정답　42 ②　43 ②　44 ④　45 ③　46 ④　47 ②

48. 비정질 합금의 일반적인 특징이 아닌 것은?

① 전기저항이 크다.
② 결정이방성이 없다.
③ 가공경화를 일으키지 않는다.
④ 구조적으로 장거리 규칙성이 있다.

해설 비정질 합금의 특징
최초에는 팔라듐과 실리콘의 합금으로 만들었다. 철, 니켈, 코발트 등의 금속으로, 최근에는 지르코늄에 티타늄, 니켈, 구리 등을 섞어서 만든다. 결정구조가 흐트러져있어서 이제까지의 금속이 가지지 않았던 특성을 가지고 있으므로 구조적으로 장거리의 규칙성이 없다. 비정질합금은 내버려두면 천천히 스스로 본연의 결정구조를 찾아 결정화 되어버린다. 재질에 따라 다른데 짧으면 몇달 내에 결정화 되어버린다.

49. 켈밋(kelmet) 합금이 주로 쓰이는 곳은?

① 피스톤
② 베어링
③ 크랭크축
④ 전기저항용품

해설 구리계 베어링 합금은 켈밋(kelmet)라 하며 종류에는 포금, 인 청동, 연 청동, Al 청동 등이 있다. 켈밋(kelmet)은 베어링에 사용하는 대표적인 구리합금으로 구리 : 납(7 : 3)의 합금이다.

50. 오일리스 베어링(oilless bearing)의 특징을 설명한 것으로 틀린 것은?

① 단공질이므로 강인성이 높다.
② 무급유 베어링으로 사용한다.
③ 대부분 분말 야금법으로 제조한다.
④ 동계에는 Cu-Sn-C합금이 있다.

해설 오일리스 베어링(oilless bearing)
구리, 주석, 흑연의 분말을 혼합시켜 성형한 후 가열하여 소결한 것으로 주유가 곤란한 곳에 사용된다. 큰 하중이나 고속회전에는 부적합하다. 소결 금속(燒結金屬)은 다공질(多孔質)이므로 이것에 기름을 침투시켜 슬리브 베어링으로 사용하면 꽤 오랫동안 급유를 하지 않아도 베어링으로서 사용할 수 있다.

51. 분말 야금에 의하여 제조된 소결 베어링 합금으로 급유하기 어려운 경우에 사용되는 것은?

① Y-합금
② 켈밋(kelmet)
③ 화이트 메탈(white metal)
④ 오일리스 베어링(oilless bearing)

해설 오일리스 베어링(oilless bearing)
분말 야금에 의하여 제조된 소결 베어링 합금으로 급유하기 어려운 경우에 사용한다.

52. 다공질 재료에 윤활유를 흡수시켜 계속해서 급유하지 않아도 되는 베어링 합금은?

① 켈밋
② 루기메탈
③ 오일라이트
④ 하이드로날륨

해설 오일라이트
구리분 90%, 주석분 10%, 흑연 분말 1~4% 비율의 혼합물을 가압 성형하고, 용융한 청산칼리 속에서 가열 소결한 후, 고온에서 기계유에 침지하여 만든 일종의 베어링 메탈로, 그 속에 함유하는 오일의 양은 용적으로 15~20%에 이른다. 이 베어링은 약간의 윤활유에 의해서 충분히 장시간의 사용에 견딜 수 있으며, 윤활유가 소진된 것은 다시 기계유 속에서 끓여 재생할 수가 있다. 전기 시계, 가정용 냉동기, 자동차 등의 항시 급유가 곤란한 부위에 사용되는 소형 베어링에 응용된다.

정답 48 ④ 49 ② 50 ① 51 ④ 52 ③

03 비금속재료

01. 플라스틱의 일반적인 특성에 대한 설명으로 옳은 것은?

① 금속재료에 비해 강도가 높다.
② 전기절연성이 있다.
③ 내열성이 우수하다.
④ 비중이 크다.

해설 플라스틱의 일반적인 특성
- 가볍고 강하다.
- 가공성이 크고 성형이 간단하다.
- 전기절연성이 좋다.
- 산, 알카리, 유류, 약품 등에 강하다.
- 단단하나 열에는 약하다.
- 투명한 것이 많으며 착색이 자유롭다.
- 비강도는 비교적 높고, 표면의 강도가 약하다.
- 가격이 저렴하다. 일반적으로 제품의 제조원가는 금속보다 높은 경우도 있으나, 비중(比重)이 낮고 대량 생산이 가능하므로 가격이 저렴하다.

02. 다음 중 열가소성 수지로 나열된 것은?

① 페놀, 폴리에틸렌, 에폭시
② 알키드 수지, 아크릴, 페놀
③ 폴리에틸렌, 염화비닐, 폴리우레탄
④ 페놀, 에폭시, 멜라민

해설
- 열가소성 수지 : 폴리에틸렌, 염화비닐, 폴리우레탄, 초산비닐, 스티렌수지, 아크릴수지
- 열경화성 수지 : 페놀수지, 요소 수지, 멜라민 수지, 규소수지

03. 플라스틱 재료의 특성을 설명한 것 중 틀린 것은?

① 대부분 열에 약하다.
② 대부분 내구성이 높다.
③ 대부분 전기절연성이 우수하다.
④ 금속재료보다 체적당 가격이 저렴하다.

해설 플라스틱의 특성은 우수한 내식성(耐蝕性)과 양호한 가공성, 경량(輕量), 외관이 아름다워 도장할 필요성이 없다는 데 있지만, 반면에 일반적으로 내열성(耐熱性)이 부족하고, 강도가 작다는 결점을 가지고 있다. 인장강도는 대체로 금속의 1/10, 탄성계수는 1/100이다.

04. 플라스틱 재료의 일반적인 성질을 설명한 것 중 틀린 것은?

① 열에 약하다.
② 성형성이 좋다.
③ 표면경도가 높다.
④ 대부분 전기절연성이 좋다.

해설 플라스틱은 표면경도가 낮다.

05. 성형수축이 적고, 성형 가공성이 양호한 열가소성 수지는?

① 페놀 수지
② 멜라민 수지
③ 에폭시 수지
④ 폴리스티렌 수지

06. 수지 중 비결정성 수지에 해당하는 것은?

① ABS 수지
② 폴리에틸렌 수지
③ 나일론 수지
④ 폴리프로필렌 수지

해설

비결정성 수지	결정성 수지
PC 수지	폴리에틸렌 수지
ABS 수지	나일론 수지
PVC 수지	폴리프로필렌 수지

정답 01 ② 02 ③ 03 ② 04 ③ 05 ④ 06 ①

07. 열가소성 재료의 유동성을 측정하는 시험방법은?

① 로크웰 시험법
② 브리넬 시험법
③ 멜트 인덱스법
④ 샤르피 시험법

해설 멜트 인덱스법
열가소성 고분자의 용융 점성도를 나타내는 지수로 구하는 방법에는 2가지가 있다. 한 가지는 압출형 플라스토미터를 사용하여 유출속도를 측정하고, 폴리에틸렌 등의 멜트인덱스를 구할 수 있다. 다른 방법으로는 안지름 2.095±0.005mm, 길이 8.001±0.025mm인 올리피스로부터 압출되는 무게를 측정한다.

08. 섬유강화 금속(FRM)의 특성을 설명한 것 중 틀린 것은?

① 비강도 및 비강성이 높다.
② 섬유축 방향의 강도가 작다.
③ 2차 성형성, 접합성이 있다.
④ 고온의 역학적 특성 및 열적 안정성이 우수하다.

해설 섬유강화 금속
금속을 매트릭스로 하여 탄소섬유, 탄화규소섬유, 알루미나 섬유, 붕소섬유 또는 각종 호이스커로 강화한 복합재료의 총칭으로 약어는 FRM이다. 매트릭스의 주체는 알루미늄 합금이다. 소재의 우수한 내열성을 살려, 플라스틱계 복합재료에서는 사용이 어려운 고온에서의 경량구조 재료로서 주목받고 있다.

09. 다음 구조용 복합재료 중에서 섬유강화 금속은?

① SPF
② FRM
③ FRP
④ GFRP

해설
- FRS : 섬유강화 초합금
- FRM : 섬유강화 금속
- FRP : 섬유강화 플라스틱
- PSM : 입자분산강화금속

- GFRP : 플라스틱+유리섬유
- CFRP : 플라스틱+탄소섬유
- MFRP : 플라스틱+금속섬유
- FRC : 섬유강화 세라믹스

10. 다음 중 유리섬유강화 플라스틱은?

① CFRP
② MFRP
③ GFRP
④ FRTP

해설
- CFRP : 탄소섬유 강화 플라스틱
- MFRP : 금속섬유 강화 플라스틱
- GFRP : 유리섬유 강화 플라스틱
- FRTP : 열가소성 강화 플라스틱
- FRP : 열경화성 강화 플라스틱 (섬유강화 플라스틱)

11. 복합재료 중 FRP는 무엇인가?

① 섬유강화 목재
② 섬유강화 금속
③ 섬유강화 세라믹
④ 섬유강화 플라스틱

해설 복합재료의 모재 사용에 따라
- 금속을 사용하면 섬유강화 금속(FRM, fiber reinforced metals)
- 플라스틱을 사용하면 섬유강화 플라스틱(FRP, fiber reinforced plastics)
- 섬유와 고무를 복합한 것을 섬유강화 고무
- 섬유강화 세라믹스(FRC, Fiber Reinforced Ceramics)

12. 복합재료에 널리 사용되는 강화재가 아닌 것은?

① 유리섬유
② 붕소섬유
③ 구리섬유
④ 탄소섬유

해설 복합재료의 각종 섬유종류 : 유리섬유, 붕소섬유, 탄소섬유, 흑연섬유, 알루미늄섬유, 티타늄섬유, 베릴륨섬유, 강섬유 등이다.

정답 07 ③ 08 ② 09 ② 10 ③ 11 ④ 12 ③

2 최적 요소부품 재질선정

1. 재질의 파악

1) 재료 일반 특성

기계나 구조물의 요소에는 외부로부터 여러 종류의 힘을 받는다. 이와 같은 하중에 충분히 견딜 수 있는 강도를 가지고 있고, 결코 파손되어서는 안 되는 재료를 선택해야 한다.

〈표 1-4〉 철강 재료의 기계적 특성

기계적 특성	탄소강	합금강	스테인리스강	공구강
밀도(1,000kg/m^3)	7.85	7.85	7.75~8.1	7.72~8.0
탄성계수(GPa)	190~210	190~210	190~210	190~210
인장강도(MPa)	276~1,882	276~1,882	515~827	640~200
항복강도(MPa)	186~758	366~1,793	207~552	380~440
연신율(%)	10~32	4~31	12~40	5~25
브리넬 경도(3,000kg)	86~388	149~627	137~595	210~620

(1) 탄성계수(훅의 법칙; Hook's Law)

탄성한도 내에서 인장 또는 압축의 경우, 수직 응력 σ와 그 방향의 세로 변형률 ε과의 비를 탄성계수 또는 종탄성계수라 한다.

- 세로탄성률 : 인장 또는 압축하중을 받는 경우 수직 응력 σ와 그 방향의 세로 변형률 ε와의 비, 영률(Young's Modulus)이라고도 하며 E로 표시한다.

$E = \dfrac{\sigma}{\varepsilon}$ [N/cm^2] 또는 $\sigma = E\varepsilon$ 강의 영률(E)은 2.1×10^6N/cm^{2}이다.

$\sigma = \dfrac{P}{A}$, $\varepsilon = \dfrac{\lambda}{l}$ 이므로 $E = \dfrac{\sigma}{\varepsilon} = \dfrac{Pl}{A\lambda}$ (N/cm^2)이다.

(2) 전단 탄성계수

전단응력 τ와 전단 변형률 γ와의 비를 전단 탄성계수(modulus of rigidity) 또는 횡탄성계수라 하고 기호 G로 표시한다.

- 가로 탄성률 : 비례한도 내에서는 전단응력 τ와 전단 변형률 γ의 비가 일정하고 비례상수 G를 가로 탄성률 또는 전단 탄성률이라 한다.

$$\tau = \frac{P}{A}, \quad \gamma = \frac{\lambda_s}{l} = \psi \text{이므로}$$

$$G = \frac{\tau}{\gamma} = \frac{Pl}{A\lambda_s} = \frac{P}{A\psi}, \quad \lambda_s = \frac{Pl}{AG} = \frac{\tau l}{G} \text{이다.}$$

(3) Poisson의 비

탄성한도 이내에서 부재에 축 방향으로 하중을 가하면 축 방향 변형과 가로 방향 변형이 발생한다. 이때 가로 방향 변형률의 축 방향 변형률의 비를 푸아송비(Poisson's ratio)라 하며, 기호 ν로 표시하고 푸아송비의 역수 m을 푸아송수(Poisson's number)라 한다.

$$\nu = \frac{\text{가로변형률}}{\text{세로변형률}} = \frac{1}{m} = \frac{\varepsilon'}{\varepsilon} = \frac{\delta l}{\lambda d}$$

$$E = \frac{2G(m+1)}{m}, \quad G = \frac{mE}{2(m+1)}, \quad m = \frac{2G}{E-2G}$$

(4) 선팽창 계수

동일한 압력 아래서 단위 온도를 상승시킬 때 길이의 증가율을 선팽창 계수라 한다. 길이가 l인 막대의 온도를 t_1℃에서 t_2℃로 올렸을 때 늘어난 길이는 $l'-l$이 되고, $l'-l = l\alpha(t_2-t_1)$이다.

여기서, α : 선팽창 계수이다.

(5) 허용응력

실제로 기계나 구조물을 안전하게 오랜 시간 사용할 때 각 재료에 작용하고 있는 응력을 사용응력(working stress)이라 하며 안전성을 생각하여 제한한 탄성한도 이하의 응력, 즉 재료를 사용하는 데 있어서 허용할 수 있는 최대 응력을 허용응력(allowable stress)이라 한다.

2. 재질 적합성 검토

1) 요소부품의 기능, 사용환경 및 재작성에 고려하여야 할 사항

① 기능적 측면에서 고려하여야 할 사항을 파악한다.
② 환경적 측면에서 고려하여야 할 사항을 파악한다.
③ 가공 및 제작 측면에서 고려하여야 할 사항을 파악한다.

2) 요소부품 재료의 설계사양 검토

(1) 볼트의 안전성을 검토

① 검토 문제

나사부에서 인장하중만이 가해지는 불림 처리한 SM45C 재료로 단조해서 만든 HOOK의 사용 하중이 $P=50\text{KN}$(훅 중량포함)이며 이때 훅 나사부를 M42로 설계하려고 한다. 재질선정에 따른 훅의 안전성을 검토한다(단, 나사부의 허용 인장 응력 $\sigma_t = 60\text{N/mm}^2$, 허용접촉응력 $q_q = 40\text{N/mm}^2$이다).

- 나사의 외경 $d = 42\text{mm}$
- 나사의 골 지름 $d_1 = 37.1\text{mm}$
- 나사의 피치 $p = 4.5\text{mm}$
- 나사의 총 산수 $n = 10$
- 나사의 유효산수 $n_1 = 10 \times 80\% = 8$

② 강도 검토

가) 나사의 인장응력

$$\sigma_t = \frac{P \times 4}{\pi \times d_1^2} = \frac{50,000 \times 4}{\pi \times 37.1^2} = 46.25\,\text{N/mm}^2 < 60\,\text{N/mm}^2$$

나) 나사의 접촉응력

$$q_q = \frac{P \times 4}{\pi(d^2 - d_1^2)n_1} = \frac{50,000 \times 4}{\pi(42^2 - 37.1^2) \times 8} = 20.53\,\text{N/mm}^2 < 40\,\text{N/mm}^2$$

다) 결과

불림 처리한 SM45C재 후크는 사용상 안전하다.

③ 볼트 강도 설계

가) 전단 하중만 받을 때

$$d = \sqrt{\frac{4P}{\pi \tau_a}}$$

여기서, τ_a : 허용전단응력(N/mm^2)
  P : 인장하중(N)

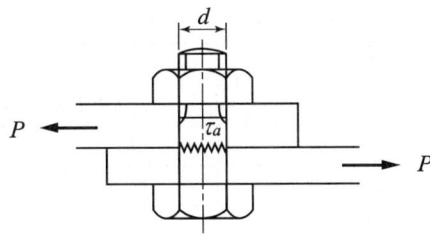

[그림 1-1] 전단하중을 받는 볼트

나) 축 하중만을 받을 때

인장하중(P)이 볼트의 축에 작용하면 나사의 골 지름(d_1)이 위험단면으로 된다.

$$d_1 = \sqrt{\frac{4P}{\pi \sigma_t}}$$

여기서, σ_t : 인장응력(N/mm²)
P : 인장하중(N)

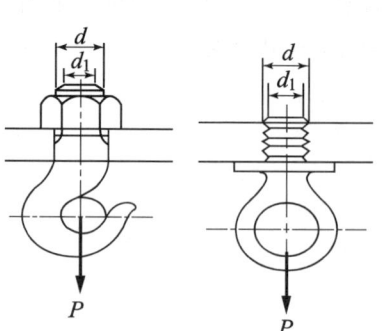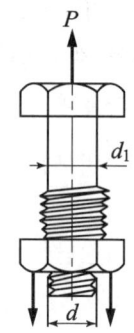

[그림 1-2] 축 하중만 받는 볼트

다) 축 하중과 비틀림을 동시에 받을 때

$$d = \sqrt{\frac{8P}{3\sigma_a}}$$

라) 나사산의 접촉응력

$$q_m = \frac{P}{n\pi d_2 h}, \quad d_2 = \frac{(d+d_1)}{2}, \quad d_2 = \frac{(d-d_1)}{2}$$

여기서, q_m : 나사산의 평균 접촉압력
h : 나사산의 높이
n : 나사의 산수
d_2 : 유효지름
d : 볼트의 바깥지름
d_1 : 나사의 골 지름

〈표 1-5〉 볼트의 허용접촉압력

재 료		허용접촉압력(q_m [N/mm²])	
볼트	너트	결합용	진동용
연강	연강 또는 청동	30	10
경강	경강 또는 청동	40	13
강	주철	15	5

(2) 기어의 안전성을 검토

① 검토 문제

2단 감속기 전달 동력 11kW, 입력회전수 600rpm, 감속비 $i = \dfrac{1}{12}$ ($i_1 = \dfrac{1}{3}$, $i_2 = \dfrac{1}{4}$), 피니언 기어의 허용굽힘응력 $\sigma_b = 300$MPa, 치폭 $b = 10 \times m$, 1축 및 2축의 피니언 기어 피치원 지름은 120mm, 압력이 20°, 접촉면 응력계수 $k = 1.049$일 때, A, B기어 모듈 4, 이 너비 40mm, C, D기어 모듈 8, 이 너비 80mm로 하여 양 기어의 재질을 결정한다.

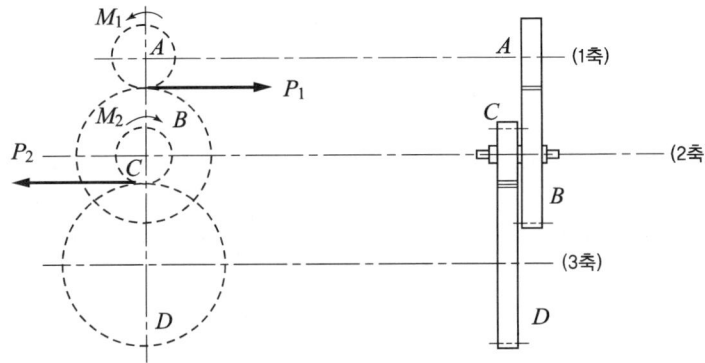

[그림 1-3] 기어 도면

② 강도 검토

가) 1단 기어

㉠ 원주속도 $v_1 = \dfrac{\pi \times D_1 \times n_1}{60 \times 1,000} = \dfrac{\pi \times 120 \times 600}{60 \times 1,000} = 3.77 \,\text{m/s}$

㉡ 속도계수 $f_{v_1} = \dfrac{3.05}{3.05 + v_1} = \dfrac{3.05}{3.05 + 3.77} = 0.4472$

$$P_1 = \dfrac{1,000 H_{KW}}{v_1} = \dfrac{1,000 \times 11}{3.77} = 2,917.8 \,\text{N}$$

$$P_1 = f v_1 k_1 m_1 b_1 \dfrac{2 \times Z_1 Z_2}{Z_1 + Z_2} = 2,917.8 \,\text{N}$$

$$D_1 = m_1 Z_1 = 120 \,\text{mm}, \ Z_1 = 30, \ Z_2 = 90$$

나) 1단 기어의 재료

B기어 잇수 90의 경우, 치형 계수 $y_2 = 0.450$, 속도계수 $f_{v_1} = 0.4472$, 허용굽힘응력 σ_{b2}

$$P_1 = f_{v1}\sigma_{b2}m_1 b_1 y_2 = 0.4472 \times \sigma_{b2} \times 4 \times 40 \times 0.450 = 2{,}917.8\,\text{N}$$

$$\sigma_{b2} = \frac{2917.8}{0.4472 \times 4 \times 40 \times 0.450} = 90.6\,\text{N/mm}^2 = 90.6\,\text{MPa}$$

㉠ A기어 재료 : SNC 236의 허용반복굽힘응력
$\sigma_b = 343 \sim 392\,\text{MPa} > \sigma_{b1} = 300\,\text{MPa}$

㉡ B기어 재료 : GC 250의 허용반복굽힘응력
$\sigma_b = 108 > \sigma_{b2} = 90.6\,\text{MPa}$

㉢ 접촉면 응력계수
$k = 1.362(\text{N/mm}^2) > k_1 = 1.049$

다) 2단 기어

㉠ 2단 축 회전수 $n_3 = n_2 = n_1 \xi_1 = 600 \times \dfrac{1}{3} = 200\,\text{rpm}$

㉡ 원주속도 $v_2 = \dfrac{\pi \times D_3 \times n_3}{60 \times 1{,}000} = \dfrac{\pi \times 120 \times 200}{60 \times 1{,}000} = 1.257\,\text{m/s}$

㉢ 속도계수 $f_{v_2} = \dfrac{3.05}{3.05 + v_2} = \dfrac{3.05}{3.05 + 1.257} = 0.7081$

$$P_2 = \frac{1{,}000 H_{KW}}{v_2} = \frac{1{,}000 \times 11}{1.257} = 8{,}751\,\text{N}$$

$$P_2 = f v_2 k_2 m_2 b_2 \frac{2 \times Z_1 Z_2}{Z_1 + Z_2} = 8{,}751\,\text{N}$$

$$Z_3 = \frac{120}{m_2} = \frac{120}{8} = 15$$

$$Z_4 = \frac{Z_3}{i_2} = Z_3 \times \frac{1}{i_2} = 15 \times 4 = 60$$

C, D 기어의 잇수 $Z_3 = 15$, $Z_4 = 60$

라) 2단 기어의 재료

D기어 잇수 60의 경우, 치형 계수 $y_4 = 0.433$, 허용굽힘응력 σ_{b4}

$$P_2 = f_{v3}\sigma_{b4}m_3 b_3 y_4 = 0.7081 \times \sigma_{b4} \times 8 \times 80 \times 0.433 = 8{,}751\,\text{N}$$

$$\sigma_{b4} = \frac{8751}{0.7081 \times 8 \times 80 \times 0.433} = 44.6\,\text{N/mm}^2 = 44.6\,\text{MPa}$$

㉠ C기어 재료 : SNC 236의 허용반복굽힘응력
$\sigma_b = 343 \sim 392\,\text{MPa} > \sigma_{b3} = 300\,\text{MPa}$

㉡ D기어 재료 : GC 250의 허용반복굽힘응력
$\sigma_b = 108 > \sigma_{b4} = 44.6\,\text{MPa}$

ⓒ 접촉면 응력계수
$$k = 1.362(\text{N/mm}^2) > k_1 = 1.049$$

3. 재료의 특성

1) 항장 특성에 필요한 성질

① 인장강도와 항복강도가 클 것
② 경도가 클 것(단, HBS 〈 500)
③ 경도와 인장강도보다 연신율이 작지 않을 것

2) 항장 특성에 영향을 주는 요인

(1) 재질과 경도

인장강도를 기본으로 하는 항장 특성은 강종에 따라 큰 차이가 있는 것처럼 생각되나 실질적으로 경도에 의하여 결정되고 경도만 같으면 강종에 의한 차이는 거의 없다.

- 인장강도$(\text{N/mm}^2) = 0.102 \text{kgf/mm}^2 ≒ 0.35$
- HBS(브리넬 경도)≒3.2 HRC(로크웰 경도)

단, 경도가 높게 되면(HBS < 500) 비례 관계가 성립되지 않고 경도가 크면 인장강도는 작게 된다. 이것은 담금질에 의한 잔류응력 때문으로 알려져 있다.

(2) 담금질의 완전성

담금질에 의한 경도는 탄소 함량에 의해 결정되며 다른 합금원소(5% 이하)에는 그다지 관련이 없다. 따라서 필요한 경도가 얻어지도록 C%를 미리 결정하는 것이 중요하다.

3) 내피로성에 필요한 성질

① 담금질-뜨임(조질)경도 HRC45(부식을 수반할 때는 HRC40)를 확보할 것
② 표면을 평활하게 하고, 잔류 압축응력을 존재시킬 것
③ 모서리를 둥글게 할 것

4) 내피로성에 영향을 주는 요인

(1) 인장강도와 경도

① 일반적으로 피로강도는 재질보다 인장강도와 밀접한 관계가 있으며 강도가 크게 되면 피로강도가 크며, 그 관계는 직선적이며 재질에는 거의 관계가 없다.

② 피로강도는 가공하지 않은 재료에서는 인장강도의 50%, 열처리 재는 약 45%로 인장강도와 경도는 비례 관계에 있다.

③ 로크웰 경도로 HRC45 정도까지는 경도가 높아질수록 피로강도는 크게 된다.

④ 일반 탄소강에서는 부품이 크게 되면 HRC45의 경도를 얻기가 쉽지 않으므로 이때는 부품의 질량효과를 고려(약 $\Phi 20mm$ 이상) 하여 합금강을 사용해야 한다.

⑤ HRC45 재료는 피로강도는 높으나 이는 표면이 평활한 재료의 경우이고 부식이 있는 경우나 흑색 표면처리의 경우에는 HRC 38 정도로 하는 것이 좋다.

(2) 잔류 압축응력

피로 파괴는 일반적으로 부품의 표면으로부터 발생하므로 표층부를 경하게 하고 압축응력이 잔류 되도록 처리하면 피로강도를 높이는 데 효과가 있다. 이 때문에 고주파 담금질, 화염 담금질, 침탄 담금질 또는 질화 등의 처리를 하며 쇼트피닝이나 롤러 가공 등이 사용되고 있다.

5) 내충격성에 필요한 성질

① 충격치가 높을 것, 힘과 동시에 연신율, 단면 수축률이 높을 것 등이다.

② 일반적으로 재료는 경도가 높으면 취성이 크고, 연질이면 연성이 크다.

③ 인성은 힘×변형 능력이므로 재료의 내부에너지를 나타낸다.

④ 내충격성이 요구되는 부품은 인성(toughness)이 커야 한다.

6) 내충격성에 영향을 주는 요인

(1) 경도와 담금질의 관계

동일한 재료에서 담금질 후 뜨임한 것이 충격치가 크며, 완전하게 담금질하여 100% 마텐자이트 조직이 형성된 재료가 뜨임했을 때의 충격치가 크다.

(2) 뜨임 온도

담금질한 강을 뜨임할 때는 그 온도에 따라 역으로 충격치는 저하한다. 이 현상을 뜨임취성이라 한다.

7) 내마모성에 영향을 주는 요인

(1) 경도

일반적으로 경도가 크면 내마모성이 좋지만, 내부응력이 남아 있으면 내마모성이 좋지 않다. 이 내부응력을 줄이기 위해서는 소입 후 저온 뜨임(180~200℃)을 하면 경도는 약간 저하하나 내마모성은 향상된다.

(2) 화학성분

담금질 경도는 0.6%C 이상 되면 거의 일정하나 내마모성은 C(%)가 많은 강일수록 크게 된다. 동일한 경도에서는 고탄소강의 내마모성이 크다. 내마모성을 요구할 때는 고탄소강을 사용하는 것이 유리하며, 고탄소강의 경우에는 과잉 시멘타이트를 구상화시키는 것이 좋다. W, Cr, V, Mo 등과 같은 원소를 첨가하면 특수한 경질 탄화물을 만들기 때문에 내마모성이 향상된다.

(3) 조직

금속현미경 조직과 내마모성을 비교하면 마텐자이트 > 트루스타이트 > 펄라이트 순으로 된다. 담금질 조직인 마텐자이트가 가장 내마모성이 크고, 풀림 조직인 펄라이트가 가장 작다. 동일한 펄라이트 조직에서도 층상의 간격에 따라 내마모성은 다른데, 층상의 간격이 클수록 내마모성은 작다.

8) 내식성에 영향을 주는 요인

(1) 화학성분

내후성(耐候性)의 경우는 Cu 및 P의 첨가가 유효하며 일반적인 내식의 경우는 Cr의 첨가가 필요하다. C의 함유량은 적을수록 내식성을 개선하는 경향을 보여준다.

(2) 조직

조직적으로 내식성을 비교하면 오스테나이트 > 페라이트 > 마텐자이트 > 펄라이트 > 소르바이트 > 트루스타이트 순서이다.

(3) 응력이 존재하면 녹(rust)이 슬기 쉽다.

9) 내식성이 좋은 재료

STS 304, STS 430, STS 403 계통의 것이 좋고 내마모와 내식용으로는 STS 420J2, STS 440이 적합하다. 또한 STS 304(오스테나이트계)에 질화 또는 침탄하면 내마모용 스테인리스 강재가 얻어진다.

10) 용접성에 필요한 성질

용접부 또는 용접부 부근의 모재부에 용접균열이 발생하지 않을 것, 용접부가 경화하지 않을 것, 천이(遷移)온도가 낮을 것 등이다.

11) 용접성에 영향을 주는 요인

C, P, S는 용접성을 현저하게 해치는 원소이며 V만이 용접성을 좋게 하는 원소이다. 일반적으로 자경성(自硬性)을 주는 원소(예를 들면 C, Cr, Mn, Mo)는 어느 것도 용접성을 나쁘게 한다. 또한, 림드 강은 천이온도가 높아 저온 취성을 나타내고 용접에는 좋지 못하다. 킬드 강은 천이온도가 낮아서 용접에 좋다.

12) 용접성이 좋은 재료

저탄소(C < 0.15%)의 킬드강이 용접성이 좋은 재료이다. 저탄소에서는 강도가 부족한 경우에 Mn, Ni, V을 첨가하여 용접성이 좋은 고장력으로 하는 것이 좋다.

13) 피절삭성에 필요한 성질

가공표면이 양호할 것, 칼날의 절삭수명이 길 것, 동력 소비가 적을 것 등이다.

14) 피절삭성에 영향을 끼치는 인자

(1) 화학성분

〈표 1-6〉 피절삭성에 미치는 영향(화학성분별)

원 소	피절삭성에 미치는 영향
탄소(C)	0.3%까지는 C가 많은 편이며 피절삭성이 향상된다.
망간(Mn)	Mn은 C와 유사하다. 1%까지는 강도, 경도, 취성을 증가시키므로 피절삭성은 좋아진다.
규소(Si)	일반적으로 피절삭성을 나쁘게 한다.
인(P)	P는 피절삭성을 향상시키고 0.1% 정도가 가장 좋다.
황(S)	S는 피절삭성을 좋게 한다. 0.3% 이하가 좋다.
납(Pb)	Pb는 강 중에 용입되지 않고 소립자(小粒子)로 되어 점 모양으로 존재하여 피절삭성이 좋게 된다. 보통 0.2% 정도 첨가하며 이를 Pb 쾌삭강이라 한다.

(2) 기계적 성질

성분, 조직에 따라서 동일한 경도에서도 피절삭성은 다르다. 그러나 HBS 187~229는 피절삭성이 양호하다. 인장강도는 적당히 강하고 취성이 있는 재료가 피절삭성이 양호하다.

(3) 조직

〈표 1-7〉 피절삭성에 미치는 영향(조직별)

조 직	피절삭성에 미치는 영향
페라이트	점성이 있어 연하므로 피절삭성은 나쁘다.
시멘타이트	지나치게 경(輕)해 피절삭성은 나빠지며 크기와 분포상태에 따라 달라진다.
층상 펄라이트	저탄소일 때는 층상 펄라이트는 피절삭성을 좋게 하나 고탄소일 때는 강도가 크게 되므로 나쁘게 된다.
구상 펄라이트	C > 0.5%로 되어 구상화하면 피절삭성은 좋게 된다.
마텐자이트	절삭은 거의 불가능하다.
소르바이트	강인하므로 피절삭성은 상당히 좋다.
오스테나이트	연질이고 점성이 있어 피절삭성은 나쁘다.
결정 입도	입자가 크고 굵은 것이 피절삭성이 좋다.

(4) 열처리

① 저탄소강(C < 0.1%) : A_3 변태점 이상에서 담금질하면 점성이 감소하므로 피절삭성은 좋아진다.

② 담금질 후 뜨임처리(QT처리) : 강인하게 되므로 일반적으로 피절삭성은 나빠진다.

③ 풀림 또는 불림 : 중탄소강(0.5% C)은 입자를 크게 하거나 페라이트의 입자를 조밀하게 하고, 시멘타이트를 층상으로 하면 피절삭성은 좋게 된다. HBS 200 정도, 인장강도 686MPa(70kgf/mm^2) 정도가 피절삭성에 가장 좋다. 0.5% C 이상의 경우에는 층상 펄라이트에서는 강하므로 HBS 200 정도로 하기 위해 일부 구상화하는 것이 좋다.

④ 특수강의 경우 : 풀림 열처리하면 인장강도를 낮추기 때문에 피절삭성은 향상되고, 고탄소 특수강이면 고탄소강과 마찬가지로 구상화하는 것이 피절삭성은 좋게 된다.

15) 피절삭성이 좋은 재료

피절삭성을 좋게 한 재료로는 쾌삭강이 있으며 이들에는 S 쾌삭강(0.08~0.33% S), Pb 쾌삭강(0.1~0.3% Pb)의 2종류가 있다.

16) 연삭성에 필요한 성질

연삭 능률이 높을 것, 연삭 면의 정밀도가 좋을 것, 연삭 변색이나 연삭 균열을 일으키지 않을 것 등이다.

17) 연삭성에 영향을 끼치는 인자

① 저탄소강은 연삭에 적당하고 C%가 증가할수록 연삭성은 나쁘다.
② 고합금강의 경우에는 W, Cr, V 등이 첨가되면 연삭하기 어렵다.
③ 경도가 클수록 연삭하기 어렵다. 특히 HRC60 이상에서는 1단위만 틀려도 연삭성은 훨씬 나빠진다.
④ 담금질 상태의 마텐자이트 > 잔류 오스테나이트 > 망상 시멘타이트 순으로 연삭성은 나쁘게 되며 연삭에 의한 변색이나 균열이 발생하기 쉽다. 따라서 담금질 후에는 반드시 저온 뜨임(100~180℃)하고 나서 연삭하는 것이 중요하다.

18) 연삭성에 좋은 재료

탄소강이나 구조용 합금강은 일반적으로 연삭성은 양호하나 Cr을 포함한 공구강, 특수공구강, 베어링강 등은 연삭성이 나쁜 편으로 공구강, 고속도공구강, 금형용강 등은 연삭성이 가장 나쁘다.

01 재질의 파악

01. 일반적으로 탄소강의 비중(밀도)은 얼마인가?
① 7.85　　② 7.75
③ 6.85　　④ 5.75

02. 응력 600MPa인 재료의 변형률이 0.2이다. 이때의 탄성계수 값은?
① $1,500\text{N/cm}^2$　　② $2,000\text{N/cm}^2$
③ $2,500\text{N/cm}^2$　　④ $3,000\text{N/cm}^2$

해설　$\sigma = E\varepsilon$
$E = \dfrac{\sigma}{\varepsilon} = \dfrac{600}{0.2} = 3,000\,\text{N/cm}^2$

03. 푸아송수가 3.3이면 푸아송비는 얼마인가?
① 0.270　　② 0.278
③ 0.303　　④ 0.333

해설　푸아송비 $= \dfrac{1}{m} = \dfrac{1}{3.3} = 0.303$
(여기에서 $m =$ 푸아송수)

04. 푸아송비(poisson's ratio)에 관한 설명으로 틀린 것은?
① 탄성한도 이내에서는 일정한 값을 가진다.
② 주철의 푸아송비가 납보다 크다.
③ 푸아송수와 역수 관계에 있다.
④ 가로 변형률과 세로 변형률과의 비이다.

05. 어떤 물체에 축 방향의 하중이 작용할 때 생기는 길이 변형량을 변형 전의 길이로 나눈 값을 무엇이라고 하는가?
① 압축변형률　　② 세로변형률
③ 전단변형률　　④ 인장변형률

06. 세로탄성계수 $E(\text{N/mm}^2)$와 응력 $\sigma(\text{N/mm}^2)$, 세로변형률 ε과의 관계식으로 맞는 것은?
① $E = \dfrac{\sigma}{\varepsilon}$　　② $E = \dfrac{\varepsilon}{\sigma}$
③ $E = \dfrac{2\varepsilon}{\sigma}$　　④ $E = \dfrac{\varepsilon}{2\sigma}$

해설　후크의 법칙 : 인장 또는 압축하중을 받는 경우 수직 응력 σ와 그 방향의 세로 변형률 ε와의 비, 영률(Young's Modulus)이라고도 하며 E로 표시한다.
$E = \dfrac{\sigma}{\varepsilon}\,[\text{N/mm}^2]$ 또는 $\sigma = E\varepsilon$
강의 영률 $E = 2.1 \times 10^6\,[\text{N/mm}^2]$이다.

07. 단면적이 2cm^2, 길이가 6m의 강선에 인장하중 2,000N을 작용시키면 얼마만큼 늘어나는가? (단, 세로탄성률 $E = 2.1 \times 10^6\,\text{N/cm}^2$이다.)
① 0.2857cm　　② 0.143cm
③ 0.386cm　　④ 0.472cm

해설　$\sigma = E \cdot \varepsilon$
$\lambda = \dfrac{W \times l}{A \times E} = \dfrac{2,000 \times 600}{2 \times 2.1 \times 10^6} = 0.2857\text{cm}$

정답　01 ①　02 ④　03 ③　04 ②　05 ②　06 ①　07 ①

Part 3. 기계재료 및 측정

08. 지름 15mm, 길이 300mm의 연강봉에 3,000N의 인장력이 걸렸을 때 재료는 얼마나 늘어나는가? (단, $E=2.1\times 10^6$ N/cm²이다.)

① 0.036cm   ② 0.024cm
③ 0.24cm   ④ 0.36cm

 $\lambda = \dfrac{W \times l}{A \times E} = \dfrac{3,000 \times 300}{\pi \times \dfrac{15^2}{4} \times 2.1 \times 10^6}$
$= 0.2425\text{mm} = 0.024\text{cm}$

09. 길이가 100mm인 봉의 압축응력을 받았을 때 변형률이 0.005인 변형 후의 길이는?

① 98.95mm   ② 98.995mm
③ 99.95mm   ④ 99.995mm

해설 $\varepsilon = \dfrac{l - l'}{l} \times 100 \Rightarrow \dfrac{100 - l}{100} \times 100 = 0.005$
$l' = 100 - 0.005 = 99.995\text{mm}$

10. 길이 1,000mm인 봉의 인장하중이 작용 시 0.23mm 늘어날 때, 변형률은 얼마인가?

① 2.3×10^{-4} ② 3.3×10^{-4}
③ 4.3×10^{-4} ④ 5.3×10^{-4}

해설 변형률 $\varepsilon = \dfrac{\delta}{l} = \dfrac{0.23}{1,000} = 0.00023 = 2.3 \times 10^{-4}$

11. 변형률 0.000023이고, 응력이 47.75MPa일 때 세로 탄성계수는 GPa인가?

① 186.5   ② 207.6
③ 312.7   ④ 385.8

 $E = \dfrac{\sigma}{\varepsilon} = \dfrac{47.75}{0.00023} = 207,608.7\text{N/mm}^2$
$= 207.6 \times 10^3 \text{MPa} = 207.6\text{GPa}$

12. 높이 50mm의 사각봉이 압축하중을 받아 0.004의 변형률이 생겼다고 하면 이 봉의 높이는 얼마로 되었는가?

① 49.8mm   ② 49.9mm
③ 49.98mm ④ 49.99mm

해설 $50 \times 0.004 = 0.2$
$50 - 0.2 = 49.8\text{mm}$

13. 탄성한도 내에서 인장하중을 받는 봉에 발생하는 응력이 3배가 되면 단위체적당 저장되는 탄성에너지는 몇 배가 되는가?

① 1/3배   ② 3배
③ 6배   ④ 9배

해설 $\mu = \dfrac{\sigma^2}{2E}$ 에 비례하므로 σ가 3배가 되면 $3^2 = 9$배가 된다.

14. 후크의 법칙이 성립되는 구간은?

① 비례한도
② 항복점
③ 탄성한도
④ 최대강도점

02 재질 적합성 검토

01. 굽힘 모멘트 5kN·m, 비틀림 모멘트 3kN·m, 축 재료의 굽힘 허용응력은 60MPa일 때 축 지름은 얼마인가?

① 67.3   ② 78.2
③ 84.1   ④ 97.2

정답 08 ② 09 ④ 10 ① 11 ② 12 ① 13 ④ 14 ① / 01 ④

해설 등가 굽힘 모멘트
$$M = \frac{1}{2}\{M + \sqrt{M^2 + T^2}\}$$
$$= \frac{1}{2}\{5 \times 10^6 + \sqrt{(5 \times 10^6)^2 + (3 \times 10^6)^2}\}$$
$$= 5,415,500 \text{N} \cdot \text{mm}$$
$$d = \sqrt[3]{\frac{32M}{\pi \sigma_t}} = \sqrt[3]{\frac{32 \times 5,415,500}{\pi \times 60}} = 97.2 \text{mm}$$

02. 굽힘 모멘트 5kN·m, 비틀림 모멘트 3kN·m, 축 재료의 전단 허용응력은 50MPa일 때 축 지름은 얼마인가?

① 67.3　　② 78.2
③ 84.1　　④ 97.2

해설 등가 비틀림 모멘트
$$T = \sqrt{M^2 + T^2}$$
$$= \sqrt{(5 \times 10^6)^2 + (3 \times 10^6)^2}$$
$$= 5,832,000 \text{N} \cdot \text{mm}$$
$$d = \sqrt[3]{\frac{16T}{\pi \tau}} = \sqrt[3]{\frac{16 \times 5,831,000}{\pi \times 50}} = 84.1 \text{mm}$$

03. 기어 A, B, C의 잇수가 각각 32, 15, 64이고, A의 회전속도가 1,600rpm이라 하면 C는 몇 rpm인가?

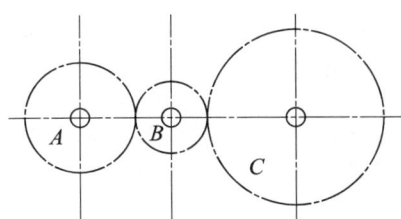

① 800　　② 1,200
③ 2,400　　④ 3,200

해설
$$\varepsilon_{AC} = \frac{Z_C}{Z_A} = \frac{32}{64} = \frac{1}{2}$$
$$N_C = \frac{1}{2} \times 1,600 = 800 \text{rpm}$$

04. 서로 맞물려 회전하는 한 쌍의 평기어 A, B가 있다. 모듈이 4이고, 잇수 Z_A 30, Z_B 45일 때 두 기어에 대한 축 사이의 거리는 얼마인가?

① 150　　② 180
③ 240　　④ 320

해설 축 사이의 거리
$$C = \frac{m(Z_A + Z_B)}{2} = \frac{4 \times 75}{2} = 150 \text{mm}$$

05. 서로 맞물려 회전하는 한 쌍의 평기어 A, B가 있다. 모듈이 4이고, 잇수 Z_A 30, Z_B 45일 때 두 기어에 대한 회전비는 얼마인가?

① $\frac{1}{2}$　　② $\frac{1}{3}$
③ $\frac{2}{3}$　　④ $\frac{2}{4}$

해설 회전비
$$\varepsilon = \frac{Z_A}{Z_B} = \frac{30}{45} = \frac{2}{3}$$

03 재료의 특성

01. 항장 특성에 필요한 성질이 아닌 것은?

① 인장강도가 클 것
② 경도가 클 것
③ 경도와 인장강도보다 연신율이 작지 않을 것
④ 항복강도가 작을 것

해설 인장강도와 항복강도가 클 것

02. 내피로성에 필요한 성질이 아닌 것은?

① 담금질, 뜨임 경도 HRC45를 확보할 것
② 표면을 평활하게 할 것
③ 모서리를 둥글게 할 것
④ 잔류 압축응력이 없도록 할 것

해설 잔류 압축응력을 존재시킬 것

03. 내피로성에 영향을 주는 요인으로 틀린 것은?

① 일반적으로 피로강도는 재질보다는 인장강도와 밀접한 관계가 있으며 강도가 크게 되면 피로강도가 작고, 그 관계는 직선적이며 재질에는 거의 관계가 없다.
② 피로강도는 가공하지 않은 재료에서는 인장강도의 50%, 열처리 재는 약 45%로 인장강도와 경도는 비례 관계에 있다.
③ 로크웰 경도로 HRC45 정도까지는 경도가 높아질수록 피로강도는 크게 된다.
④ 일반 탄소강에서는 부품이 크게 되면 HRC45의 경도를 얻기가 쉽지 않으므로 이때는 부품의 질량 효과를 고려(약 $\phi 20mm$ 이상)하여 합금강을 사용해야 한다.

해설 일반적으로 피로강도는 재질보다는 인장강도와 밀접한 관계가 있으며 강도가 크게 되면 피로강도가 크며, 그 관계는 직선적이며 재질에는 거의 관계가 없다.

04. 내충격성에 필요한 성질에 대한 설명으로 틀린 것은?

① 충격치가 높을 것, 힘과 동시에 연신율, 단면 수축률이 높을 것 등이다.
② 일반적으로 재료는 경도가 높으면 취성이 크고, 연질이면 연성이 크다.
③ 인성은 힘×변형 능력이므로 재료의 내부에너지를 나타낸다.
④ 내충격성이 요구되는 부품은 경도가 크고, 인성이 작아야 한다.

해설 내충격성이 요구되는 부품은 인성(toughness)이 커야 한다.

05. 내마모성에 영향을 주는 요인에 대한 설명으로 틀린 것은?

① 내부응력을 줄이기 위해서는 소입 후 저온 뜨임(180~200℃)을 하면 경도는 약간 저하되나 내마모성은 향상된다.
② W, Cr, V, Mo 등과 같은 원소를 첨가하면 특수한 경질 탄화물을 만들기 때문에 내마모성이 향상된다.
③ 담금질 조직인 시멘타이트가 가장 내마모성이 크고, 풀림 조직인 펄라이트가 가장 작다.
④ 내마모성을 요구할 때는 고탄소강을 사용하는 것이 유리하며, 고탄소강의 경우에는 과잉 시멘타이트를 구상화시키는 것이 좋다.

해설
• 담금질 조직인 마텐자이트가 가장 내마모성이 크고, 풀림 조직인 펄라이트가 가장 작다.
• 금속현미경 조직과 내마모성을 비교하면 마텐자이트 > 트루스타이트 > 펄라이트 순으로 된다.

06. 일반적으로 내식성에 영향을 주는 첨가원소는?

① Cr   ② Mo
③ Al   ④ Mg

정답 02 ④ 03 ① 04 ④ 05 ③ 06 ①

해설 내후성(耐候性)의 경우는 Cu 및 P의 첨가가 유효하며 일반적인 내식의 경우는 Cr의 첨가가 필요하다. C의 함유량은 적을수록 내식성을 개선하는 경향을 보여준다.

07. 일반적으로 용접성에 영향을 주는 첨가원소는?

① C
② P
③ S
④ V

해설 C, P, S는 용접성을 현저하게 해치는 원소이며 V만이 용접성을 좋게 하는 원소이다.

08. 피절삭성을 좋게 하는 첨가원소는?

① C
② P
③ S
④ V

해설 인(P)는 피절삭성을 향상시키고 0.1% 정도가 가장 좋다.

09. 지나치게 경(輕)해 피절삭성은 나빠지며 크기와 분포상태에 따라 달라지는 조직은?

① 페라이트
② 시멘타이트
③ 마텐자이트
④ 솔바이트

10. 강인하므로 피절삭성은 상당이 좋은 조직은?

① 페라이트
② 시멘타이트
③ 마텐자이트
④ 솔바이트

11. 연삭성에 영향을 끼치는 인자에 대한 설명으로 틀린 것은?

① 저탄소강은 연삭에 적당하고 C%가 증가할수록 연삭성은 나쁘다.
② 고합금강의 경우에는 W, Cr, V 등이 첨가되면 연삭하기 어렵다.
③ 경도가 클수록 연삭하기 어렵다. 특히 HRC60 이상에서는 1단위만 틀려도 연삭성은 훨씬 나빠진다.
④ 담금질 후에는 반드시 고온 뜨임을 하고 나서 연삭하는 것이 중요하다.

해설 담금질 상태의 마텐자이트 > 잔류 오스테나이트 > 망상 시멘타이트 순으로 연삭성은 나쁘게 되며 연삭에 의한 변색이나 균열이 발생하기 쉽다. 따라서 담금질 후에는 반드시 저온 뜨임(100~180℃)하고 나서 연삭하는 것이 중요하다.

3 요소부품 공정 검토

1. 공작기계의 종류 및 용도

1) 절삭가공의 종류

절삭가공에는 공구의 모양, 공구와 공작물과의 상대적인 운동에 따라 여러 종류로 분류할 수 있다.

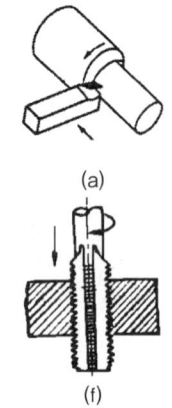
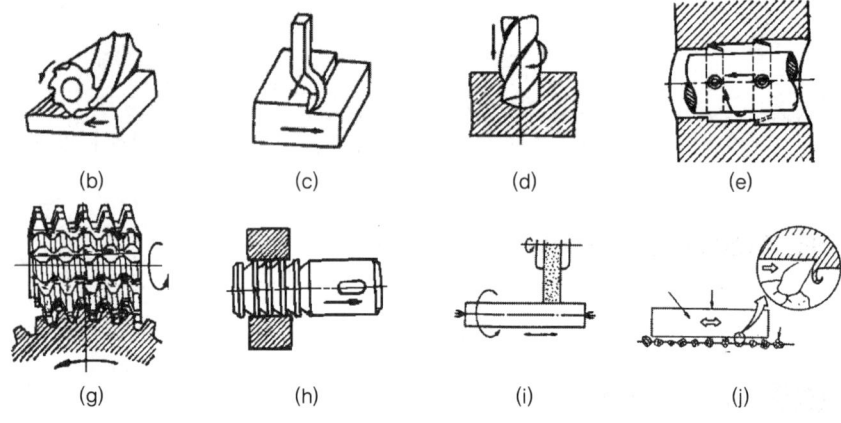

[그림 1-4] 절삭가공의 종류

(1) 선반 가공(turning)

[그림 1-4(a)]와 같이, 공작물의 회전운동과 바이트의 직선운동으로 원통형의 제품을 주로 가공하는 일이며, 이 공작기계를 선반(lathe)이라 한다.

(2) 밀링머신

[그림 1-4(b)]와 같이, 원주에 절삭 날이 있는 밀링커터(milling cutter)를 회전하여, 공작물을 수평 운동하여 평면이나 홈, 기어, 캠, 헬리컬 등을 가공하는 것으로 밀링머신에 쓰이는 공작기계를 밀링머신(milling machine)이라 한다.

(3) 평면가공

[그림 1-4(c)]와 같이, 바이트를 이용하여 직선 왕복 운동하여 작은 제품의 평면을 주로 가공하는 세이퍼(shaper)와 슬로터(slotter)가 있고, 또한, 큰 공작물인 경우 공작물이 왕복 운동하여 평면을 가공하는 플레이너(planer)가 있다.

(4) 드릴링 가공

[그림 1-4(d)]와 같이, 드릴을 회전운동과 직선운동으로 공작물의 구멍을 뚫는 것으로 드릴링머신(dilling machine)을 이용한다.

(5) 보링 가공

[그림 1-4(e)]와 같이, 드릴링 가공한 구멍 또는 주조에서 뚫린 구멍의 내면을 바이트를 고정한 보링 바(boring bar)를 회전하여 직선운동으로 가공하거나 다듬질하는 방법으로 이 가공에는 보링머신(boring machine)을 이용한다.

(6) 태핑

[그림 1-4(f)]와 같이, 드릴링 가공한 구멍에 탭(tap) 공구를 이용하여 암나사를 내는 작업으로 주로 수기가공으로 작업하나 공작기계를 이용할 경우 태핑 머신(tapping machine)이라 한다.

(7) 기어 가공

호빙머신(hobbing machine)을 사용하며, [그림 1-4(g)]와 같이, 호브(hob) 공구를 회전시켜 기어를 가공하는 방법으로 기어 소재와 호브를 서로 대응하여 회전 및 이송하여 치형을 가공하는 방법이다.

(8) 브로칭

브로칭 머신(broaching machine)에서 [그림 1-4(h)]와 같이, 브로칭 공구를 사용하여 한 번 통과시켜 구멍의 내면을 깎는 가공을 브로칭(broaching)이라 하며, 각형 구멍, 키 홈, 스플라인의 구멍 등을 다듬질하는 데 사용한다.

(9) 연삭

[그림 1-4(i)]와 같이, 입자로 만든 숫돌바퀴(grinding wheel)를 고속 회전하고 이송 운동을 주어 공작물의 표면을 조금씩 깎아내는 가공법을 연삭 가공이라 하며, 이에 사용하는 공작기계를 연삭기(grinding machine)라 한다.

연삭 방법에 따라 평면 연삭, 원통 연삭, 내면 연삭이 등이 있고, 숫돌 모양과 공작물의 이송 및 연삭 방식에 따라 호닝(honing), 슈퍼피니싱(superfinishing) 등 여러 가지 방법이 있다.

(10) 입자 가공

숫돌 입자(Al_2O_3, SiC, Cr_2O_3, Fe_2O_3 등)를 이용하여 공작물 표면에서 상대운동을 주어 매우 적은 양을 깎아 정밀한 다듬질을 하는 가공법이다. 가공법에는 래핑(lapping)과 액체호닝(liquid honing) 등이 있으며, 래핑 작업은 [그림 1-4(j)]와 같이, 랩이라는 공구와 공작물 사이에 래핑 유와 숫돌입사를 혼합한 입자를 넣고 상대운동을 하여 공작물의 표면을 정밀하게 다듬질하는 가공법이며, 액체호닝은 숫돌입사를 가공액에 혼합하여 공작물 표면에 내 뿜어서 매끈한 다듬질 면을 얻는 가공법이다.

2) 공작기계의 분류

(1) 일반(범용) 공작기계
절삭속도 및 이송의 범위가 넓고, 부속장치를 사용하여 다양한 종류의 가공을 할 수 있는 공작기계이며, 여러 가지 소량 생산에 적합하지만, 부품을 다량으로 양산하는 데 사용하며 이는 선반, 드릴링머신, 밀링머신, 연삭기 등의 공작기계가 있다.

(2) 단능 공작기계
간단한 공정이나 1종의 공정밖에 할 수 없는 공작기계이며, 다량 생산에 적합하나 다른 공정의 가공에 융통성이 없다. 이는 바이트 연삭기, 센터리스 연삭기, 타이어 보링머신 등의 공작기계가 있다.

(3) 전용 공작기계
특정한 모양, 치수의 제품을 양산하기에 적합하도록 만든 공작기계이며, 사용 범위에는 좁고, 소량 생산에는 적합하지 않은 공작기계로 전용 공작기계에는 모방 선반, 자동 선반, 생산밀링머신 등이 있으며 또한, 전용 공작기계를 여러 개 조합하여 자동화한 트랜스퍼머신(Transfer Machine) 등이 있어서 기계공작에 큰 역할을 한다.

(4) 만능공작기계
여러 가지 종류의 공작기계에서 할 수 있는 가공을 1대의 공작기계에서 가능하도록 제작한 공작기계이다.

3) 공작기계의 기본운동

(1) 절삭운동(cutting motion)
절삭할 때 칩이 길이방향으로 절삭공구가 길이방향으로 움직이는 운동으로 회전운동(선반, 드릴링, 밀링머신, 연삭기, 호빙머신)과 직선운동(플레이너, 세이퍼, 슬로터)이 있으며, 또한, 절삭공구는 일정 위치에 두고 공작물을 운동시키는 절삭운동(선반, 플레이너)과 공작물을 고정하고 공구를 운동시키는 절삭운동(세이퍼, 드릴링, 밀링머신)이 있다.

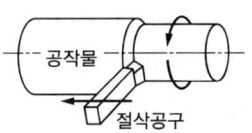
(a) 회전운동과 직선운동

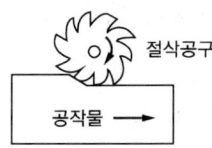
(b) 직선운동과 회전운동

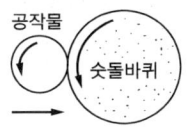
(c) 회전운동과 회전운동

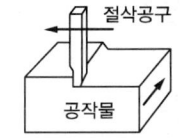
(d) 직선운동과 직선운동

[그림 1-5] 공작기계의 기본 절삭운동

(2) 이송운동(feed motion)

공작물과 절삭공구가 절삭방향으로 이송(feed)하는 운동으로서 절삭 위치를 알맞게 조절하기 위한 목적으로 진행되는 운동이다.

일반적으로 이송운동에는 다음과 같은 원칙이 있다.

① 1회의 이송(feed)량은 공구의 폭보다 적게 한다.
② 이송운동 방향은 절삭운동 방향과 직각이며, 공작물 면과 평행 또는 직각으로 한다.
③ 이송운동은 절삭운동과 일정한 관계가 있고 규칙적으로 진행한다.

(3) 위치조정운동(position motion)

공구와 공작물간의 절삭조건에 따른 절삭깊이 조정 및 일감, 공구의 설치 및 제거로 능률적인 작업 및 공작물을 가공하기 위해서는 절삭운동 이외에도 시간을 단축할 수 있도록 공구와 공작물 사이의 거리나 공구가 대기하고 있는 위치를 조정이 요구된다.

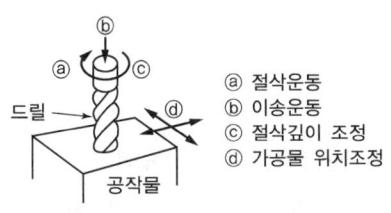
[그림 1-6] 드릴링 기본운동

ⓐ 절삭운동
ⓑ 이송운동
ⓒ 절삭깊이 조정
ⓓ 가공물 위치조정

① 기계의 운동중심과 공작물의 중심 또는 가공면의 상대 위치조정
② 공구와 공작물간의 거리조정
③ 절삭깊이와 이송 위치조정

일반적으로 절삭이 진행하고 있을 때에는 위치조정을 하지 않지만, 최근에는 기술의 발전으로 운전을 멈추지 않고도 자동으로 위치를 조정하고 있다.

4) 절삭저항의 요소

① 가공물의 재질 : 단단한 재질일수록 절삭저항은 증가한다.
② 공구 날 끝의 모양 및 공구각 : 경사각이(약 30°까지) 커질수록 감소한다.
③ 절삭면적(이송×깊이) : 절삭면적이 커질수록 절삭저항이 증가한다.
④ 절삭속도 : 절삭속도가 클수록 절삭저항은 감소한다.
⑤ 절삭제 : 절삭유를 사용하면 절삭저항은 감소한다.

5) 절삭저항의 3분력

절삭저항 = 주분력(P_1) 10 > 배분력(P_3) (2-4) > 이송 분력(P_2)(1-2)

① 주분력(P_1 : Principal Cutting Force) : 절삭 방향으로 작용하는 분력
② 이송 분력(P_2 : Feed Force) : 이송 방향(평행)으로 작용하는 분력
③ 배분력(P_3 : Radial Force) : 공구의 축 방향으로 작용하는 분력

6) 절삭동력

(1) 선반의 절삭동력(Ps, Kw)

$$Ps = \frac{P_1(N) \times V}{75 \times 9.81 \times 60 \times \eta}, \quad Kw = \frac{P_1(N) \times V}{1,000 \times 60 \times \eta}$$

여기서, V : 절삭속도
η : 효율
P_1 : 주분력($f \times t \times$ 비절삭저항(ks))

(2) 밀링머신의 절삭동력

$$\frac{btf}{1,000} \times k$$

여기서, b : 절삭 폭
t : 절삭깊이
f : 이송

(3) 드릴의 절삭동력

$$Ps = \frac{2\pi MN}{75 \times 60 \times 100} + \frac{PtNf}{75 \times 60 \times 1,000}$$

여기서, M : 회전 moment
N : 회전수(rpm)
Pt : 추력
f : 이송

7) 절삭조건

(1) 절삭속도(cutting speed)

공구와 가공물 관계의 운동 속도로서 가공물이 단위시간당 공구인선을 지나는 원주 거리를 말하며, 가공물의 표면 거칠기, 공구수명, 절삭능률 등에 영향을 주는 인자이다. 절삭속도가 빠르면 절삭량이 증가하고 능률은 향상되나 공구인선의 온도가 상승하고 공구인선의 마모가 촉진되어 공구수명의 감소로 연속 절삭작업이 안 된다. 선반의 예로 절삭속도 V의 관계식은 다음과 같다.

$$V = \frac{\pi DN}{1,000} \text{[m/min]}, \quad N = \frac{1,000\,V}{\pi D} \text{[rpm]}$$

여기서, V : 절삭속도(m/min)
D : 공작물의 지름(mm)
N : 공작물의 회전수(rpm)

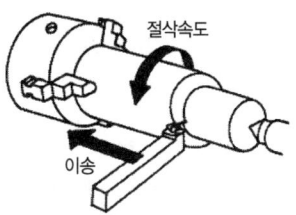

[그림 1-7] 선반작업 예

(2) 이송속도(feed speed)

이송량은 선반이나 드릴링 작업일 경우, 가공물 1회전당 공구가 축 방향으로 이동하는 거리(mm/rev)를 말하며, 밀링의 경우는 커터의 1날당 테이블의 이동하는 이동 거리(mm/tooth) 또는 분당 이동 거리(mm/min), 평삭이나 형삭은 절삭공구 또는 가공물의 1왕복에 대한 이동 거리(mm/stroke)를 말한다.

이송은 절삭 강도와 고온 경도 등의 한계 내에서 작업조건에 따라 유효 칩 두께를 결정, 즉 공구의 날끝 강도와 고온 경도 등 한계 내의 작업조건에 따라 유효 칩 두께를 선정하며, 이송에 절삭깊이를 곱하면 절삭면적이 된다.

같은 절삭면적으로 절삭할 때 절삭깊이를 크게 하고 이송을 작게 하는 편이 절삭온도에 영향이 적으며, 공구수명을 향상시킬 수 있다.

(3) 절삭깊이(depth of cut)

절삭깊이는 가공물의 표면에서 가공 깊이까지의 거리를 말하며, 선반에서 원형가공물일 경우는 절삭깊이의 2배로 직경이 작아진다.

일반적으로 절삭깊이가 증가하면 절삭면적이 커지므로 절삭저항도 증가한다.

(4) 공구인선과 이송이 표면 거칠기에 미치는 영향

표면 거칠기를 적게 하려면, 일반적으로 공구인선의 반지름을 크게 하고 이송을 적게 하는 것이 좋다. 반면, 인선의 반지름을 너무 크게 하면 절삭저항이 증가하여 바이트와 공작물 간에 떨림이 발생할 수 있다. [그림 1-8]에서 공구인선의 반지름을 r, 이송을 S라 하면 다듬질 면의 표면 거칠기 최대 높이 H는 다음과 같이 구할 수 있다.

$$\frac{BC}{CD} = \frac{CD}{CA} \ (\because \triangle BCL \sim \triangle DCA)$$

$$\frac{H}{\frac{S}{2}} = \frac{\frac{S}{2}}{2r-H}$$

실제로 H는 $2r$에 비하면 매우 작은 값이므로 근사적으로 $2r - H ≒ 2r$이다.

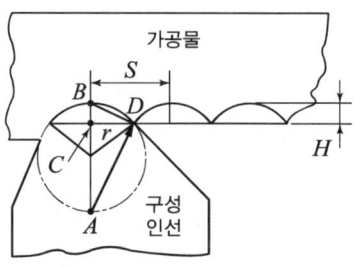

[그림 1-8] 다듬면 표면 거칠기

그러므로 $\dfrac{H}{\frac{S}{2}} = \dfrac{\frac{S}{2}}{2r}$에서 $H = \dfrac{S^2}{8r}$, $S = \sqrt{8rH}$ 이다.

8) 칩의 생성

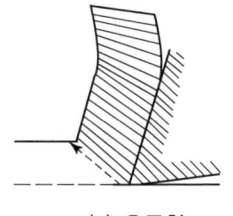

(a) 유동형

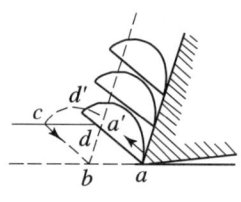

(b) 전단형

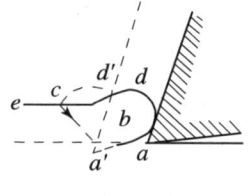

(c) 열단형

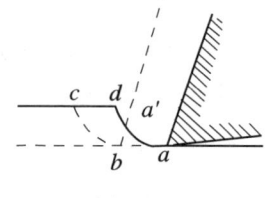

(d) 균열형

[그림 1-9] 칩의 기본형

(1) 유동형 칩(flow type chip)

[그림 1-9(a)]와 같이 재료 내의 소성변형이 연속적으로 일어나 균일한 두께의 절삭 칩이 연속적으로 흘러나오는 형식이다.

① 발생원인
  ㉠ 연신율이 크고 소성변형이 잘 되는 재료이다.
  ㉡ 바이트 상면경사각이 클 때 발생한다.

ⓒ 절삭속도가 큰 경우에 발생한다.
　　ⓔ 절삭깊이가 적을 때 발생한다.
　　ⓜ 윤활성이 좋은 절삭유를 사용하는 경우 발생한다.
② 영향
　　㉠ 절삭작업이 원활하다.
　　㉡ 절삭저항이 일정하고, 정밀작업이 좋다.

(2) 전단형 칩(shear type chip)

[그림 1-9(b)]와 같이 절삭공구에 의해서 밀려난 상방향의 재료가 어떠한 한 면에 대하여 전단을 일으켜 칩은 연결되어 나오지만, 세로방향으로 절삭 눈이 생기는 형식이다.

① 발생원인
　　㉠ 가공재료가 비교적 연하면서 취약한 재료이다.
　　㉡ 바이트 인선의 경사각이 적은 경우에 발생한다.
　　ⓒ 절삭속도를 적게 했을 때 발생한다.
　　ⓔ 절삭깊이가 크고, 절삭각이 클 때 발생한다.

② 영향
　　㉠ 절삭 칩이 불일정하다.
　　㉡ 절삭저항이 불일정하다.
　　ⓒ 진동이 일으킨다.
　　ⓔ 원활한 작업이 곤란하다.

(3) 열단형 칩(경작형, tear type chip)

[그림 1-9(c)]와 같으며, 잡아 뜯는 것 같이 가공되는 것으로 비교적 점성이 있는 재료의 절삭에 있어서 생겨 나오는 것으로 칩이 인선의 경사면에 쌓이는 형식이다.

① 발생원인
　　㉠ 바이트의 상면경사각이 작을 때 발생한다.
　　㉡ 점성이 큰 재료이다.
　　ⓒ 절삭깊이가 클 때 발생한다.

② 영향
　　㉠ 경작 흔적이 생기게 되며, 정밀작업이 부적합하다.
　　㉡ 잔류 내부응력이 크며, 변형이 생긴다.

(4) 균열형 칩(crack type chip)

[그림 1-9(d)]와 같이 순간적으로 균열이 일어나 칩이 단숨에 공작물에서 분리되는 형식이다.

① 발생원인
  ㉠ 메짐(취성)이 있는 재료이다.
  ㉡ 경사각이 현저하게 적은 경우 발생한다.
  ㉢ 절삭속도가 매우 느린 경우 발생한다.
  ㉣ 절삭깊이를 크게 할 때 발생한다.

② 영향 : 절삭면이 좋지 않다.

9) 구성인선(built-up edge)

(1) 구성인선

보통 연강, 스테인리스강 및 알루미늄과 같은 연한 재료를 절삭할 때 절삭공구의 날 끝에 공작물의 미분이 압착 또는 용착되어 날 끝을 싸 버려 날 끝의 일부와 같은 상태로 절삭을 하는 수가 있다. 날 끝에 쌓인 것을 구성인선이라 한다. 구성인선의 발생과정은 $\frac{1}{10} \sim \frac{1}{200}(\sec)$ 시간의 발생 → 성장 → 분열 → 탈락의 주기로 반복하여 작업이 진행된다.

(2) 구성인선의 발생

① 알루미늄, 황동, 스테인리스강, 연강 등의 연한 재료이다.
② 절삭공구의 날끝온도가 상승한다.
③ 절삭속도가 늦을 때(고속도강인 경우 10~25m/min) 발생한다.
④ 경사각을 적게 하였을 때 발생한다.
⑤ 절삭깊이가 깊을 때 발생한다.

(3) 방지책

① 절삭깊이를 적게 한다.
② 상면경사각을 크게 한다.
③ 절삭속도를 크게 한다(고속도강인 경우, 임계속도 120~150m/min).
④ 윤활성이 있는 절삭유를 사용한다.

10) 공구의 수명 판정방법

예리하게 연삭된 공구를 사용하여 동일한 가공물을 일정한 조건으로 절삭하기 시작해서부터 깎아지지 않을 때까지의 절삭시간이다.

① 표면에 광택 또는 반점이 있는 무늬가 생길 때
② 절삭공구인선의 마모가 일정량에 달했을 때
③ 가공된 완성치수의 변화가 일정량에 달하였을 때
④ 주분력에 비해 배분력 또는 이송분력이 급격히 증가할 때
⑤ 칩의 색깔 및 어떤 현상의 변화로 불꽃이 발생할 때

11) 공구의 수명식

테일러(Taylor)는 공구의 수명과 절삭속도의 관계를 다음과 같이 나타냈다.

$$VT^n = C$$

여기서, V : 절삭속도(m/min)
T : 공구수명(min)
C : 공구수명 상수
n : 공구와 가공물에 의한 지수

보통 $n = 1/10 \sim 1/5$(고속도강 $0.05 \sim 0.2$, 초경합금 $0.125 \sim 0.25$, 세라믹 $0.4 \sim 0.55$)이다.

상수 n은 수명선도의 기울기로서 $n = \tan\theta = \dfrac{\log V_1 - \log V_2}{\log T_2 - \log T_1}$ 이다.

12) 절삭조건과 공구수명과의 관계

① 절삭조건의 3요소 : 절삭속도, 이송, 절삭깊이
② 공구수명 : 절삭속도, 이송, 절삭깊이 순으로 영향을 받는다.
⇒ 경제적 절삭을 위해 절삭깊이를 크게 하는 것이 유리하다.

13) 공구인선의 파손

(1) 크레이터 마모(crater wear)

절삭공구의 경사면에 칩이 슬라이드(side)를 할 때 마찰력에 의하여 오목하게 파진 모양의 형태이다.

① 공구 날 위의 압력을 감소시킨다.
② 공구 상면의 칩의 흐름에 대한 저항을 감소시킨다.
③ 절삭속도 및 이송속도를 감소시킨다.

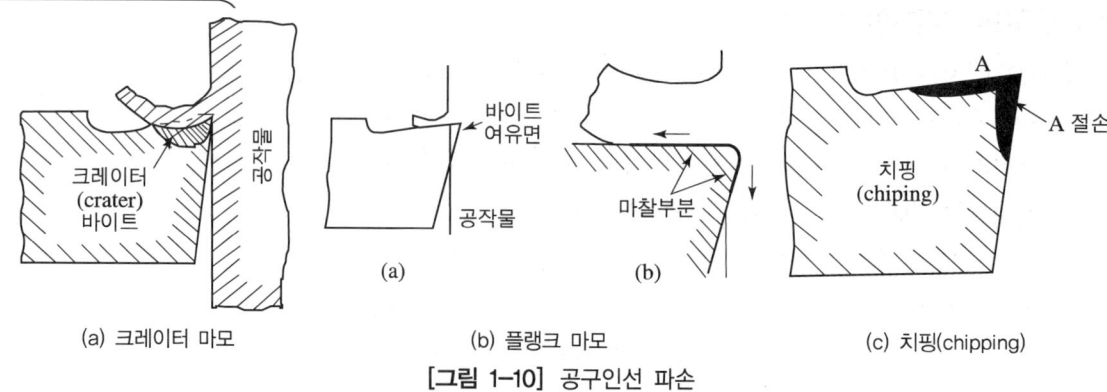

(a) 크레이터 마모   (b) 플랭크 마모   (c) 치핑(chipping)

[그림 1-10] 공구인선 파손

(2) 플랭크 마모(flank wear)

절삭공구의 여유면과 절삭면과의 마찰에 의해서 절삭면에 평행하게 마모되는 형태이며, 주철와 같이 분말상 칩이 생길 때 주로 발생한다.
① 절삭속도를 저속으로 하고 이송을 크게 한다.
② 절삭깊이를 작게 하고 여유각과 노즈 반경을 다소 크게 한다.
③ 날 끝을 센터에 맞추고 절삭유를 공급한다.
④ 공구의 팁 재료를 단단한 것으로 사용한다.

(3) 치핑(chipping)

공구인선의 일부가 파괴되어 탈락하는 것으로 단속절삭, 공작기계의 진동, 절삭 시 급랭 등으로 공구인선에 크랙이 생기고 선단의 일부가 결손되는 현상이다.
① 절삭 날의 각도가 큰 것을 사용한다.
② 노즈 반경이 큰 공구를 사용한다.
③ 윗면 경사각이 작은 칩 브레이크를 만든다.
④ 공구의 팁 재료를 인성이 큰 것으로 사용한다.
⑤ 절삭깊이를 작게 한다.

14) 절삭유

공작물의 가공면과 공구사이에는 절삭 및 전단 작용에 의해서 온도가 상승하여 나쁜 영향을 주게 된다.

(1) 절삭유의 작용

① 냉각작용 : 절삭공구와 공작물의 온도상승을 방지한다.
② 윤활작용 : 공구 날과 칩 사이의 마찰저항을 감소한다.
③ 방청 및 세척작용 : 공작물의 산화를 방지하고 미분 및 칩을 제거한다.

(2) 절삭유의 사용목적
① 절삭저항이 감소하고 공구의 수명을 연장한다.
② 다듬질 면의 마찰을 적게 하므로 다듬질 면을 좋게 한다.
③ 공작물의 열팽창 방지로 가공물의 치수 정밀도를 높게 한다.
④ 칩의 흐름이 좋아지기 때문에 절삭가공을 쉽게 한다.
⑤ 공구인선을 냉각시켜 온도상승에 따른 경도 저하를 막는다.

(3) 절삭유의 구비조건
① 냉각성, 방청성, 방식성이 우수하여야 한다.
② 감마성, 윤활성이 좋아야 한다.
③ 유동성이 좋고, 적하가 쉬워야 한다.
④ 인화점, 발화점이 높아야 한다.
⑤ 인체에 무해하며, 변질되지 말아야 한다.
⑥ 기계 도장에 영향이 없어야 한다.

(4) 절삭유의 분류
① 수용성 절삭유 : 점성이 낮고 비열이 높으며 냉각작용이 우수하다.
   ㉠ 에멀션형(유화유) : 광유에 비눗물을 첨가하여 사용한 것으로 냉각작용이 비교적 크고 윤활성이 좋으며 원액에 10~20배의 물을 희석해서 사용한다. 일반 절삭제로 널리 사용하며 값이 싸다.
   ㉡ 솔류블형 : 침투성, 냉각성이 우수하고 약 50배의 물에 희석하면 투명 또는 반투명 상태이다.
   ㉢ 솔류션형 : 방청력과 냉각성이 우수하고 연삭작업에 주로 사용되며 50~100배의 물에 희석한 투명한 액체이다.
② 불수용성 절삭유 : 물에 희석하지 않고 사용하며 냉각작용보다는 윤활작용을 목적으로 한다.
   ㉠ 광물성유 : 윤활은 좋으나 냉각은 나쁘고 점성이 낮으며 경절삭에 사용된다. 경유, 기계유, 스핀들 오일, 석유 등이 있으며 석유는 절삭속도가 높을 때 사용되고(황동, 경합금) 기계유는 저속절삭(탭가공, 브로우치) 등에 이용된다.
   ㉡ 동식물유 : 일반적으로 점성이 높으나 냉각작용이 나쁘고 변질되기 쉬우며 강력한 윤활작용, 완성가공, 저속 중절삭에 사용된다. 돈유, 올리브유, 종자유, 파자마유, 콩기름 등이 있다.
   ㉢ 광물유+동식물의 혼합유 : 강력 절삭에 사용된다.
   ㉣ 석유 : 5~20배의 석유와 황유를 혼합 사용한다. 고속절삭, 니켈, 스테인리스강, 단조강 절삭에 사용된다.

> **TIP**
> 주철 절삭시에는 절삭유를 사용하지 않고 황동, 청동 등엔 유화유를 사용한다.

> **TIP**
> 윤활제의 목적
> • 윤활
> • 냉각
> • 밀폐작용
> • 청정작용(부식 방지)

　　ⓒ 극압유 : 공구가 고온, 고압상태에서 마찰을 받을 때 사용하며 윤활작용이 주목적이다. 황, 염소, 납, 인 등의 화합물로 절삭공구의 고온, 고압상태에서 마찰을 받을 때 윤활 목적으로 첨가한다.

15) 윤활제

기계의 접촉부분에 적당량의 윤활제를 공급하여 마찰저항을 줄이고 슬라이딩을 원활하게 하여 기계적인 마모를 감소시키는 것을 윤활이라 한다. 윤활제는 윤활작용, 냉각작용, 밀폐작용, 청정작용을 목적으로 사용하며, 갖추어야 할 조건은 다음과 같다.
① 사용 상태에서 충분한 점도가 있어야 한다.
② 한계 윤활상태에서 견딜 수 있는 유성이 있어야 한다.
③ 산화나 열에 대하여 안정성이 높아야 한다.
④ 화학적으로 불활성이며, 균질하여야 한다.

(1) 윤활법의 종류

① 적하 급유법(Drop feed oiling) : 비교적 고속회전에 많이 사용된다. 기름통으로 저장되어 일정한 양만큼씩 떨어지도록 한 방식이다.

② 오일링(Oil ring) 급유법 : 고속 주축의 급유를 균등히 할 목적에 사용된다.

③ 분무 급유법(Oil mist) : 미세한 안개처럼 된 기름을 공기로 베어링에 보내는 것으로 집중급유법의 방식이다. 고속회전과 이물질 혼입을 방지할 수 있고 수명이 길다. 고속 내면 연삭기, 고속드릴, 초고속 베어링에 사용된다.

④ 튀김(비산) 급유법(Splash oil) : 베어링 등을 직접 기름 속에 담그지 않고 옆에 있는 기어나, 회전링에 의해 기름을 튀겨 날려서 윤활하는 방식(보통 선반)이다.

⑤ 유욕법(Oil bath method) : 저속 및 중속 축의 급유방식(오일 게이지로 확인)이다.

⑥ 강제 급유법 : 순환펌프를 이용하여 급유하는 방법으로 고속회전 시 베어링의 냉각효과에 효과적이다.

⑦ 담금 급유법 : 윤활유 속에서 마찰부 전체가 잠기도록 하는 방법이다.

16) 절삭공구재료의 구비조건

① 피절삭재보다는 경도와 인성이 클 것

② 고온에서 경도가 감소되지 않을 것
③ 내마모성이 클 것
④ 절삭저항을 받으므로 강도가 클 것
⑤ 형상을 만들기 용이하고 가격이 쌀 것

17) 공구재료의 종류

(1) 탄소공구강(STC)
① 탄소강 : 탄소량 0.6~1.5
  탄소공구강 : 탄소 함유량 0.9~1.3
② 200℃ 이상의 온도에서 뜨임효과 → 경도저하 → 고속절삭에 불리
③ 줄, 펀치, 정 등을 제작

(2) 합금공구강(STS)
① 재료 : 탄소(0.8~1.5%) 공구강에 W-Cr-V-Ni 등 합금원소를 첨가하여 경화능을 개선한 것
② 저속절삭 및 총형 공구용(450℃)까지 사용이 가능하다.

(3) 고속도 공구강(SKH or HSS)
① 재료 : W-Cr-V-Mo-Co
② 대표적인 것으로 W(18%)-Cr(4%)-V(1%)가 있다.
③ 탄소공구강보다 높은 온도에서 절삭 능력이 뛰어나다.
④ 내마모성이 크며 공구수명이 탄소공구강의 2배 이상이다.

(4) 주조 경질 합금
① 대표적인 것으로 스텔라이트가 있으며 주조로 성형한 것을 연삭으로 다듬질하여 사용하며, 금속절삭에 널리 사용되지 않는다.
② 재료 : W-Cr-Co-C
③ 초경합금과 고속도강의 중간 성능을 갖는다.
④ 단조나 열처리가 되지 않으므로 매우 단단하다.
⑤ 850℃까지 경도가 유지되나 취성이 있고 값이 비싸다.
⑥ 절삭날을 연강 자루에 전기용접이나 경납땜을 하여 사용한다.

(5) 초경합금
① W-Ti-Ta 등의 탄화물 분말을 Co 또는 Ni를 결합하여 1,400℃ 이상에서 소결시킨 것이다(주성분 : W, Ti, Co, C 등).
② 경도 및 고온 경도가 높다.
③ 내마모성과 취성이 크다.

TIP
- 저온 뜨임 : 100~200℃
- 고온 뜨임 : 400~650℃

④ 피복 초경합금은 내열성, 내마모성, 내용착성이 우수하며 일반 초경합금에 비해 2~5배의 공구수명이 증대되며, 고온, 고속절삭에서 우수한 성능을 갖는다.

(6) 세라믹 합금
① 산화알루미늄 가루(Al_2O_3) 분말에 규소 및 마그네슘 등의 산화물이나 다른 산화물의 첨가물을 넣고 소결한 것이다.
② 고속절삭, 고온에서 경도가 높고, 내마멸성이 좋다.
③ 경질합금보다 인성이 적고 취성이 있어 충격 및 진동에 약하다.
④ 고속절삭 시 구성인선이 생기지 않아 가공 면이 좋다.
⑤ 땜이 곤란하여 고정용 홀더나 접착제를 사용한다.
⑥ 절삭열에 의해 냉각제를 사용하지 않는다.
⑦ 칩 브레이커 제작이 곤란하다.

(7) 서멧 공구
① Al_2O_3 분말 70%에 탄질화 티탄 TiCN 분말을 30% 정도 혼합하여 수소 분위기에 소결하여 제작한다.
② 초경합금에 비해 고속절삭이 가능하고 마모가 적으며 공구수명이 길다.
③ 고속, 저속 등 절삭의 속도범위가 적다.
④ TiN은 내충격성이 우수하다.
⑤ TiC는 고온에서 강도 및 마찰저항이 우수하고, 열의 변화에 내성이 있어 강의 절삭에 매우 우수한 성능을 나타낸다.
⑥ 중절삭 시 인선의 소성변형과 치핑의 우려가 있다.

(8) 다이아몬드
① 가장 경도가 높고 1500m/min의 고속절삭이 가능하다.
② 비철금속의 정밀 완성가공 및 경절삭의 초정밀 연속절삭에 적합하다.
③ 취성이 크고 가격이 너무 고가이다.
④ 열팽창이 적고 열전도율이 크다(강의 2배).
⑤ 마찰계수가 대단히 적다.
⑥ 공구 사용시 인선의 강도 유지를 위해 경사각을 작게 한다.

(9) CBN 공구(Cubic Boron Nitride Tool)
① CBN(육방정 질화붕소)의 미소분말을 초고온, 고압(약 2000℃, 7만 기압)으로 소결한 공구이다.

② 초경합금보다 1.5~2배의 경도를 갖으며 열전도율이 높고 열팽창이 작다.
③ 담금질강, 고속도강, 내열강 등의 난삭제의 절삭, 연삭에 우수한 성능을 갖는다.
④ 철과의 반응성이 작다.

2. 선반 가공

주축에 고정한 공작물의 회전운동과 공구대에 설치된 바이트의 직선운동으로 공작물을 깎는 공작기계를 선반(lathe)이라 하고, 이런 작업을 선반가공 또는 선삭(turning)이라 한다.

선반에서 할 수 있는 주요한 작업은 다음과 같고, [그림 1-11]과 같다.

① 외경 절삭(turning)
② 내경 절삭(boring)
③ 테이퍼 절삭(taper turning)
④ 단면 절삭(facing)
⑤ 총형 절삭(formed cutting)
⑥ 구멍뚫기(drilling)
⑦ 모방 절삭(copying)
⑧ 절단(cutting)
⑨ 나사 (threading)
⑩ 리밍(reaming)
⑪ 널링 절삭(knurling)
⑫ 편심작업
⑬ 센터작업

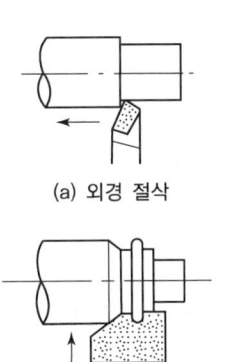
(a) 외경 절삭
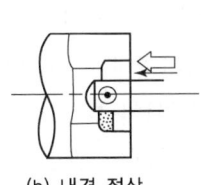
(b) 내경 절삭

(c) 테이퍼 절삭
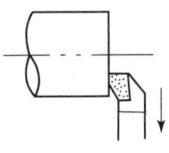
(d) 단면 절삭

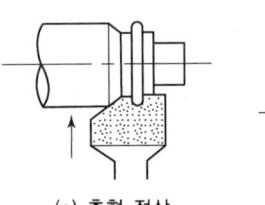
(e) 총형 절삭
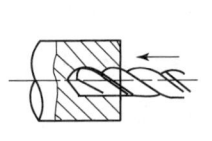
(f) 드릴링
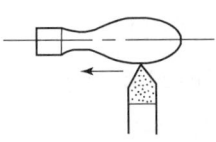
(g) 곡면 절삭
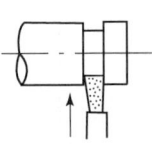
(h) 절단(홈) 절삭

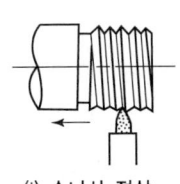
(i) 수나사 절삭
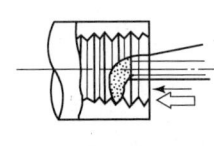
(j) 암나사 절삭
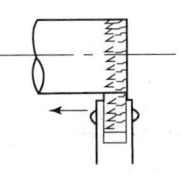
(k) 널링 절삭
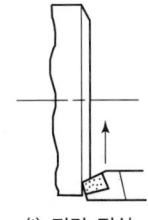
(l) 정면 절삭

[그림 1-11] 선반의 가공 분야

1) 선반의 크기 표시

선반의 크기는 베드 위에서 스윙(swing), 왕복대 상의 스윙, 양 센터 사이의 거리로 나타낸다.

2) 선반의 종류

① 탁상 선반 : 정밀 소형기계 및 시계부품 가공이다.

② 보통 선반 : 가장 많이 사용한다.

③ 정면 선반 : 직경이 크고 길이가 짧은 공작물 가공(대형 풀리, 플라이휠)이다.

④ 수직 선반 : 중량이 큰 대형 공작물, 직경이 크고, 폭이 좁으며 불균형한 공작물을 가공하며 공작물 고정이 쉽고 안정된 중절삭이 가능하고 비교적 정밀하다.

⑤ 터릿 선반 : 터릿으로 불리는 선회 공구대를 가진 것으로 너트, 와셔, 나사, 핀 등 모양이 간단한 제품의 대량 생산용이다. 램형, 새들형, 드럼형 등이 있다.

⑥ 공구 선반 : 릴리빙 장치(=Back off 장치)를 가진 것으로 절삭공구(호브, 커터, 탭 등)의 여유각을 가공한다.

⑦ 자동 선반 : 캠이나 유압기구를 사용하여 자동화한 것으로 핀, 볼트, 시계, 자동차 생산에 사용된다.

⑧ 모방 선반 : 형상이 복잡하거나 곡선형 외경만을 가진 일감을 많이 가공할 때 편리하며 트레이서를 접촉시켜 형판모양으로 공작물을 가공한다. 자동모방 장치이용, 테이퍼 및 곡면 등을 모방 절삭이다. 유압식, 전기식, 전기 유압식이 있다.

⑨ 차축 선반 : 철도차량용 차축 가공을 한다.

⑩ 크랭크축 선반 : 크랭크축의 베어링 저널과 크랭크 핀 가공을 한다.

⑪ 갭 선반 : 베드 상의 스윙을 크게 하기 위해서 주축대로부터 베드의 일부가 분해될 수 있는 선반이다.

⑫ 차륜 선반 : 철도차량의 차륜을 깎는 선반으로 정면 선반 2개가 서로 마주본다.

3) 선반의 구조

(1) 주축대(Head stock)

공작물을 지지하면서 회전을 주는 주축(spindle)과 이것을 지지하는 베어링(bearing) 및 주축에 회전을 주는 구동기구인 속도변환장치가 내장되어 있으며, Ni-Cr강, 침탄강, 질화강 등으로 제작되어 있다. 2점 또는 3점 지지방식을 사용한다. 주축은 중공축으로 되어 있는데 그 이유는 다음과 같다.
① 무게를 감소하여 주축 베어링에 작용하는 하중을 줄여준다.
② 중공은 실축보다 굽힘과 비틀림 응력에 강하여 강성을 유지한다.
③ 긴 공작물은 고정에 편리하다.
④ 고정된 센터를 쉽게 분리할 수 있으며, 콜릿 척을 사용할 수 있다.

 TIP

일반적인 단차식 주축대의 특징
- 벨트걸이로 구조가 간단하다.
- 주축 속도변환이 작으며 고속회전이 어렵다.
- 백 기어(저속 강력절삭 목적)가 설치되어 있다.
- 값이 싸나, 운전시 위험이 따른다.

(2) 심압대(Tail Stock)

심압대는 우측 베드 상에 있으며, 작업내용에 따라 좌우로 움직여 위치조정을 할 수 있도록 되어 있다. 심압대에서 할 수 있는 사항은 다음과 같다.
① 축에 정지센터를 끼워 긴 공작물을 고정하거나 센터 대신 드릴·리머 등을 고정할 수 있다.
② 조정 나사의 조정으로 심압대를 편위시켜 테이퍼를 절삭한다.
③ 심압축을 움직일 수 있다.
④ 심압축은 모스 테이퍼(morse taper)로 되어 있다.

 TIP

심압대의 구비조건
- 심압대는 베드의 어떠한 위치에도 적당히 고정할 수 있을 것이다.
- 센터를 고정하는 심압대의 스핀들은 축 방향으로 이동하여 적당한 위치에 고정할 수 있을 것이다.
- 축 중심을 편위시켜 테이퍼를 가공할 수 있을 것이다.

(3) 베드(Bed)

베드의 재질은 40~60%의 강철 파쇄를 넣어 만든 강인주철, 구상흑연주철, 미하나이트(meehanite)주철, 인장강도 $30kgf/mm^2$ 이상의 합금주철 등의 고급 주철을 사용하고, 주조로 인한 내부응력을 제거하기 위해 시즈닝(seasoning)처리하여 사용한다.
베드에는 절삭작용에 의해 비틀림 작용과 굽힘 작용을 받으므로 리브(rib)를 붙여서 튼튼하게 한다. 이 형식은 평행형, 지그재그형, 십자형, X형 등이 있다.

(4) 왕복대

왕복대의 베드 윗면에서 주축대와 심압대 사이를 슬라이드 운동하는 부분으로 에이프런(apron), 새들(saddle), 복식공구대(compound tool rest)로 구성되어 있다. 자동이송은 이송축과 에이프런(apron) 내부의 기어장치, 나사가공은 리드 스크루의 회전을 하프너트(half nut)로 왕복대에 전달해 이송한다.

4) 선반의 부속장치

(1) **센터** : 공작물을 지지하는 부속장치이다.

① 회전센터는 주축에서 사용한다(모스테이퍼 사용 약 1/20).
② 정지센터는 심압대에서 사용한다(모스테이퍼 사용 약 1/20).

(2) 센터의 선단의 각도
① 미국식 : 60° → 정밀가공 중 소형 공작물가공에 사용된다.
② 영국식 : 75° or 90° → 중량이 큰 대형 공작물가공에 사용된다.
③ 센터의 종류
  ㉠ 베어링 센터 : 고속회전 시 사용된다.
  ㉡ 하프 센터 : 단(끝)면 가공 시 사용된다.
  ㉢ 베벨 센터(파이프 센터) : 관류나 중량이 큰 공작물에 사용된다.

(3) 면판(face plate)
① 주축의 나사에 고정, 돌리개를 사용하여 공작물 가공에 사용된다.
② 대형 공작물이나 복잡한 형상의 공작물 가공에 사용된다.
  → 앵글 플레이트, 클램프 등의 고정구와 웨이트 밸런스를 위한 추를 사용한다.

(4) 돌림판과 돌리개 : 양 센터 작업 시 사용된다.
① 돌림판 : 주축 끝 나사부에 고정된다.
② 돌리개 : 돌림판과 공작물의 회전 전달에 쓰인다.

(5) 방진구 : 양 센터 가공 시 사용된다.
① 가늘고 긴 공작물 가공 시 자중과 절삭력으로 휨이 생겨 균일한 직경을 가진 진원 단면의 절삭가공이 곤란하기 때문에 방진구가 사용된다.
② 보통 직경의 12배 이상의 길이는 불안전한 절삭조건일 때 사용하고 직경의 20배 이상의 길이일 때 방진구를 사용한다.
③ 고정식 방진구 : 베드에 설치, 3개의 조로 구성되어 있다.
④ 이동식 방진구 : 왕복대의 새들에 설치, 2개의 조로 구성되어 있다.

(6) 심봉(mandrel)
구멍이 있는 공작물을 고정·가공 시 심봉 자체는 양 센터로 지지하거나 주축의 테이퍼 구멍에 끼워 사용하고, 구멍과 외경을 동심으로 가공 시에 사용된다.
① 단체 심봉(Solid) : 정밀한 중심내기용(가장 보통형) 1/100, 1/1000의 테이퍼로 비교적 간단하고 확실하게 공작물을 고정한다.
② 팽창식 맨드릴(Expanding) : 공작물 구멍이 심봉보다 클 때, 슬리

브(Sleeve)를 끼워 축 방향으로 이동시켜 지름을 조정한다.
③ 테이퍼 맨드릴(Taper) : 테이퍼 가공용으로 사용된다.
④ 너트(갱) 맨드릴(Gang) : 두께가 얇은 여러 개의 얇은 원판형 공작물을 심봉에 끼우고 너트로 고정하여 사용된다.
⑤ 조립(원추) 맨드릴(Cone) : 비교적 큰 지름(pipe)의 원통형을 가공 시 사용된다.
⑥ 나사 맨드릴(Thread) : 공작물에 나사 구멍이 있을 때 사용된다.

(7) **척** : 바깥지름으로 크기를 나타낸다.
① **연동척(만능척, 스크롤 척)** : 규칙적인 외경을 가진 재료를 가공. 단동척보다 고정력이 약하다. 3개의 조를 크라운 기어를 사용, 동시에 이동시킨다.
② **단동척** : 다소 불규칙한 외경의 공작물 가공과 중심을 편심시켜 가공할 수 있다. 4개의 조가 있다.
③ **마그네틱척** : 전자석 설치 사용된다. 얇은 공작물을 변형시키지 않고 가공된다.
④ **콜릿척** : 가는 지름의 환봉 재료를 고정시킨다. 탁상, 터릿 선반용으로 사용된다.
⑤ **벨척** : 4, 6, 8개의 볼트로 불규칙한 환봉 재료를 고정시킨다.
⑥ **공기척** : 공작물의 장탈을 신속 확실하게 하기 위해 압축공기나 유압으로 조를 동작, 다수 가공 시 사용되고, 자동화에 능률적이다.
⑦ **복동척(양용척)** : 조 4개, 단동척+연동척의 기능으로 먼저 단동척으로 중심을 맞추고 다음부터는 연동식으로 작업한다. 불규칙한 공작물의 다량 고정 시 유용하다. 렌치 장치에 의해 단동과 연동이 양용된다.

5) 선반작업

(1) 테이퍼 절삭방법
선반에서 테이퍼를 절삭하는 방법에는 다음과 같은 방법이 있다.
① 복식 공구대 회전 방법
② 심압대(tail stock)를 편위시키는 방법
③ 테이퍼 절삭장치를 이용하는 방법
④ 가로 이송과 세로 이송을 동시에 작업하는 방법
⑤ 총형 바이트에 의한 방법

TIP

복식 공구대를 경사시키는 방법
길이가 짧고 테이퍼 값이 클 때 사용된다.

심압대를 편위시키는 방법
비교적 길이가 길고 테이퍼 값이 작을 때 사용되며 외경 테이퍼 작업에만 적용할 수 있다.

(2) 복식 공구대를 이용하는 방법

선반 센터의 선단 또는 베벨 기어의 소재 등과 같이 테이퍼 각이 크고 비교적 길이가 짧은 공작물의 테이퍼 절삭에 이용되는 방법이며, 공구대의 경사(회전) 각도인 θ는 [그림 1-12]에서 다음과 같은 식으로 구할 수 있다.

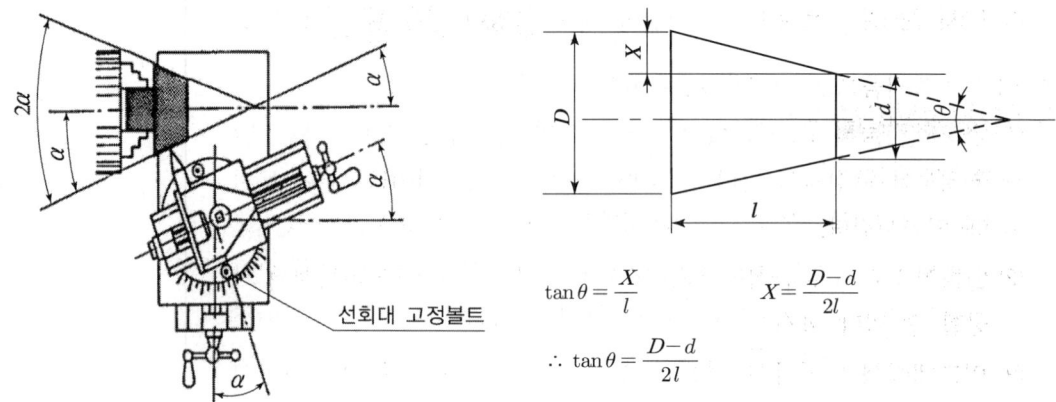

$$\tan\theta = \frac{X}{l} \qquad X = \frac{D-d}{2l}$$

$$\therefore \tan\theta = \frac{D-d}{2l}$$

[그림 1-12] 복식 공구대 회전 방법

(3) 심압대를 편위시키는 방법

[그림 1-13]과 같이 양 센터 사이에 공작물을 설치하여 절삭하는 방법으로 심압대를 편위시키는 방법이다. 비교적 길이가 길고 각도가 작은 공작물을 가공할 때 사용한다. 심압대의 편위량은 다음과 같이 2가지 방법으로 구할 수 있다.

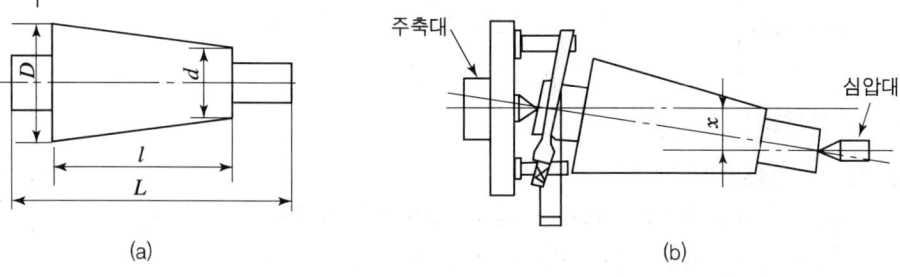

[그림 1-13] 심압대 편위량

① 전체 길이에 대한 심압대 편위량

$$x = \frac{(d-d)L}{2l} \text{ (mm)}$$

② 테이퍼 길이에 대한 편위량

$$x = \frac{d-d}{2} \text{(mm)}$$

여기서, D : 공작물의 큰지름
d : 공작물의 작은지름
l : 테이퍼의 길이
L : 공작물의 길이
x : 심압대의 편위량

6) 나사 절삭작업

(1) 나사 절삭원리

공작물을 1회전할 때 나사의 1피치만큼 바이트를 이송시키는 것으로 주축회전은 중간축을 거쳐 리드 스크류에 전해지며 리드 스크류 회전은 에이프런의 하프너트에 의하여 왕복대를 세로방향으로 이송시키면서 나사를 가공하게 된다.

(2) 변환 기어 계산

① 리드 스크류 피치(mm), 나사피치(mm)로 절삭할 때

예 $L(p) = 6\text{mm}$, 나사가공 $p = 2\text{mm}$ 절삭 시

$$\frac{2}{6} = \frac{20(주축)}{60(리드\ 스크류)}$$

② 리드 스크류 피치(inch), 나사피치(inch)로 절삭할 때

예 $L(p) = 1''$당 4산, 나사$(p) = 1''$당 13산으로 가공

$$\frac{4 \times 5}{13 \times 5} = \frac{20(주축기어\ 잇수)}{65(리드\ 스크류기어\ 잇수)}$$

③ 리드 스크류 피치(inch), 나사피치(mm)로 절삭할 때

예 $L(p) = 1''$당 4산, 나사$(p) = 2\text{mm}$로 가공

$$\frac{5 \times 4 \times 2}{127} = \frac{40}{127}$$

④ 리드 스크류 피치(mm), 나사피치(inch)로 절삭할 때

예 $L(p) = 8\text{mm}$, 나사$(p) = 1''$당 6산으로 가공

$$\frac{127}{5 \times 8 \times 6} = \frac{127}{240} = \frac{127 \times 1}{60 \times 4} = \frac{127 \times 20}{60 \times 80}$$

3. 밀링 가공

1) 밀링머신의 가공 분야

밀링머신은 많은 절삭 날이 원주 위에 달린 밀링커터(milling cutter)를 회전시켜 가공물이 고정된 테이블을 이송하면서 가공하는 공작기계이다. 일반적으로 테이블은 3방향으로 이동하는데, 좌우이송, 전후이송 및 상하이송이며, 테이블이 수평면상에서 선회하는 형식도 있다. 밀링머신의 작업은 평면은 물론 윤곽 및 불규칙하고 복잡한 면을 가공하는 데 적합하고 부속장치를 사용하여 드릴의 홈, 기어의 치형 등을 가공할 수 있다.

(a) 정면 가공　　(b) 단 가공　　(c) 홈 가공

(d) T홈 가공　　(e) 더브테일(dove tale) 가공　　(f) 곡면 가공

[그림 1-14] 수직 밀링머신 작업 종류

(a) 평면 가공　　(b) 홈 가공　　(c) 각 가공　　(d) 측면 가공

(e) 절단 가공　　(f) 내원형 가공　　(g) 기어 가공　　(h) 오목홈 가공

[그림 1-15] 수평 밀링머신 작업 종류

2) 밀링머신의 크기

밀링머신의 크기는 일반적으로 테이블의 크기(가로×세로)와 테이블의 이동 거리(좌우×전후×상하)를 호칭 번호로 표시하고(새들의 전후 이송거리 50mm 간격), 또한 수평 밀링머신은 스핀들 중심부터 테

이블 면까지의 최대거리, 수직 밀링머신은 스핀들 끝부터 테이블 윗면까지의 최대거리와 스핀들 헤드의 이동 거리로 표시할 때도 있다.

〈표 1-8〉 밀링머신의 크기

호칭 번호		No.0	No.1	No.2	No.3	No.4	No.5
테이블의 이동거리 (mm)	좌우(테이블)	450	550	700	850	1,050	1,250
	전후(새들)	150	200	250	300	350	400
	상하(니이)	300	400	450	540	450	500

3) 밀링 절삭조건

절삭속도, 이송, 절삭깊이는 가공능률과 생산성 향상에 영향이 있으므로 기계의 성능, 밀링커터와 공작물이 재질 및 가공면의 정밀도 등을 고려하여 결정되어야 한다.

(1) 절삭속도

밀링커터의 절삭속도는 커터의 바깥지름 속도를 의미하고, 공작물의 재질과 공구의 재질에 따라 다르다. 구하는 식은 다음과 같다.

$$V = \frac{\pi DN}{1,000} [\text{m/min}], \quad N = \frac{1,000\,V}{\pi D} [\text{rpm}]$$

여기서, V : 절삭속도(m/min)
D : 밀링커터의 직경(mm)
N : 커터의 회전수(rpm)

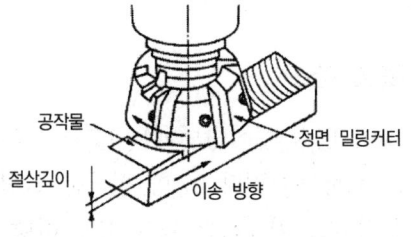

[그림 1-16] 정면 밀링커터의 절삭속도

절삭속도를 결정할 때는 다음과 같은 원칙을 고려한다.
① 공구의 수명을 연장하기 위해서는 절삭속도를 약간 낮게 한다.
② 공작물의 강도, 경도 등의 기계적 성질을 고려한다.
③ 황삭 가공할 때에는 저속으로 이송을 크게 하고, 다듬질 가공할 때에는 고속으로 이송을 느리게 한다.
④ 밀링커터의 마멸과 손상이 클 경우는 절삭속도를 느리게 한다.

(2) 이송속도

밀링 가공에서 테이블의 이송속도는 밀링커터의 날 1개마다의 이송을 기준으로 하여 다음과 같이 구할 수 있다.

$$F = f_z \times z \times n \, [\text{mm/min}]$$

여기서, F : 테이블의 이송속도(mm/min)
f_z : 커터의 날 1개마다 이송(mm/날)
z : 커터의 날수
n : 커터의 회전수(rpm)

(3) 절삭깊이

기계의 강성과 동력의 크기, 커터의 종류, 공작물의 재질 등에 따라 다르고 거친 절삭과 다듬질 절삭에 따라 다르지만, 일반적으로 5mm 이하로 하고, 그 이상일 때는 깊이를 나누어 절삭한다. 또한 다듬 절삭일 때에는 절삭깊이를 너무 작게 하면 날끝의 마멸이 커지므로 0.3~0.5mm 정도로 하는 것이 좋다.

절삭깊이가 커지면 절삭속도를 낮게 하고, 절삭깊이를 작게 하면 절삭속도를 높여 가공하는 것이 일반적이다.

(4) 칩의 양, 소요동력

절삭 폭 $b[\text{mm}]$, 절삭깊이 $t[\text{mm}]$, 매분당 이송 $f[\text{mm/min}]$이라고 하면 매분당 절삭되는 칩량 Q는 다음과 같다.

$$Q = \frac{b \times t \times f}{1,000} \, [\text{cm}^3/\text{min}]$$

4) 상향 절삭과 하향 절삭

[그림 1-17]과 같이 밀링 절삭방법에는 상향 절삭(up cutting)과 하향 절삭(down cutting)이 있다. 상향 절삭은 밀링커터의 회전방향과 반대 방향으로 공작물을 이송하는 경우이고, 하향 절삭은 밀링커터의 회전방향과 공작물의 이송방향이 같은 방향인 경우이다. 〈표 1-9〉는 상·하향 절삭의 특징을 비교하여 나타낸 것이다.

(a) 상향 절삭   (b) 하향 절삭

[그림 1-17] 밀링 절삭방법

〈표 1-9〉 상향 절삭과 하향 절삭의 비교

구 분	상향 절삭	하향 절삭
칩에 영향	절삭에 방해 없다.	절삭에 방해 있다.
백래시 제거	백래시 제거장치가 필요 없다.	백래시 제거장치가 필요하다.
공작물 고정	불안함으로 확실히 고정해야 한다.	안정된 고정이 된다.
공구수명	수명이 짧고 날 파손은 적으나 마멸이 심하다.	수명이 길고 날 파손은 생길 수 있으나 마모가 적다.
소비동력	소비가 크다.	소비가 적다.
가공면	거칠다.	깨끗하다.

5) 백래시(backlash) 제거장치

상향 절삭에는 절삭력을 받아도 이송 나사의 백래시가 절삭에 영향을 주지 않지만, [그림 1-18]과 같이 하향 절삭으로 공작물에 절삭력을 가하면 백래시 양만큼의 이동으로 이송량이 급격하게 크게 되어 절삭 상태를 불안정하게 만든다. 이런 현상을 제거하는 장치를 백래시 제거장치라 한다.

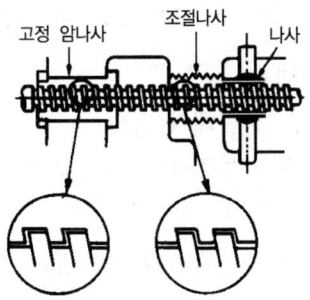

[그림 1-18] 백래시 제거장치

6) 분할 작업

분할대를 사용하여 원통의 공작물을 필요한 수로 등분하거나 4각, 6각 등으로 가공할 수 있고 기어가공, 드릴이나 리이머의 홈가공 등의 분할 제작에 이용하며, 원주를 등분하는 방법에는 직접 분할, 단식 분할, 차동분할방법이 있다.

(1) 분할대 종류
① 밀워키형(Milwaukee) 분할대(비율수 : 5/1)
   ㉠ 미국 제품으로서 구조는 신시내티형과 거의 같다.
   ㉡ 크랭크 핸들과 주축이 하이포이드 기어에 의하여 구성되었으며, 기어의 잇수는 100매이며 20장의 피니언에 의해 전달된다.

ⓒ 분할판은 2장(표면과 이면)으로 표준은 2~100까지 분할하며, 차동분할은 500까지 분할이 가능하다.

② 브라운 샤프형(Brown & sharp) 분할대(비율수 : 40/1)
  ㉠ 분할판 3매(No1, 2, 3)를 사용한다.
    ⓐ No1매 : 15, 16, 17, 18, 19, 20
    ⓑ No2매 : 21, 23, 27, 29, 31, 33
    ⓒ No3매 : 37, 39, 41, 43, 47, 49
  ㉡ 주축끝을 수평 이하 5°에서 수직을 넘어 100°까지 임의각도로 선회한다.
  ㉢ 주축의 직접 분할에 쓰이는 24등분된 핀 구멍이 있다.
  ㉣ 단순 분할, 차동분할 730까지 분할이 가능하다.

③ 신시내티형(Cincinnati) 분할대(비율수 : 40/1)
  ㉠ 구조는 밀워키형과 같다.
  ㉡ 분할판은 2장(표면과 이면)이다.
    ⓐ 표면 : 24, 25, 28, 30, 34, 37, 38, 39, 41, 41, 43
    ⓑ 이면 : 46, 47, 49, 51, 53, 54, 57, 58, 59, 62, 66

④ 트아스형 광학 분할대
  ㉠ 기계구조는 만능 분할대와 같다.
  ㉡ 선회대는 눈금판과 부척에 의해 5분까지 정밀도로 임의의 각도로 회전할 수 있다.
  ㉢ 주축에는 유리제의 눈금판과 자리잡기 현미경으로 구성되어 있어 15초까지 정확히 구할 수 있다.
  ㉣ 현미경 접안경은 수직축 중심으로 360° 회전할 수 있다.

(2) 분할대의 구조

신시내티형 분할대의 구조이며, 주축에 40개의 이를 가진 웜기어가 고정되어 있고, 웜 축에는 1줄의 웜이 있어 웜 축을 1회전 시키면 주축은 1/40회 회전한다. 즉 웜을 40회전 시키면 분할대 주축은 1회전 한다.

① **분할판** : 분할하기 위하여 판에 일정한 간격으로 구멍을 뚫어 놓은 판이다.
② **섹터** : 분할 간격을 표시하는 기구이다.
③ **선회대** : 주축을 수평에서 위로 110°, 아래로 10°로 경사시킬 수 있다.

(3) 직접 분할법(direct indexing method)

분할대 주축의 앞면에 있는 24구멍의 직접 분할구멍을 이용하여 2, 3, 4, 6, 8, 12, 24의 등분을 간단히 할 수 있는 방법이다.

직접 분할작업을 할 때에는 먼저 분할 크랭크의 측면에 있는 웜 핸들(worm handle)을 돌려 웜을 빼고 주축이 자유로이 회전할 수 있게 하고 소정의 구멍수만큼 돌린 다음, 고정 핀을 이 구멍에 꽂아 고정한다.

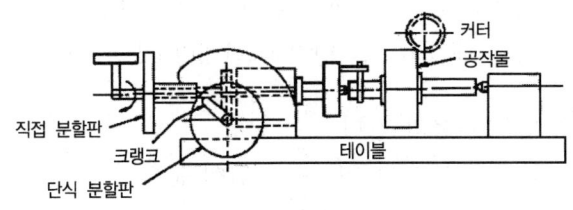

[그림 1-19] 직접 분할기구

(4) 단식 분할법(simple indexing method)

직접 분할방법으로 분할할 수 없는 수 또는 분할이 정확해야 할 때 이용하며, 분할 크랭크와 분할판을 사용하여 분할하는 방법이다.

[그림 1-20]에서 1줄 웜 나사로 인해서 분할 크랭크를 40회 회전시키면 주축은 1회전 하므로 주축을 $1/N$ 회전하려면 분할 크랭크는 $10/N$ 회전시키면 되므로 다음과 같은 원리가 된다.

$$n = \frac{40}{N}, \quad n = \frac{5}{N} \text{(밀워키형 분할대인 경우)}$$

여기서, N : 분할하려는 수
n : 분할 크랭크의 회전수

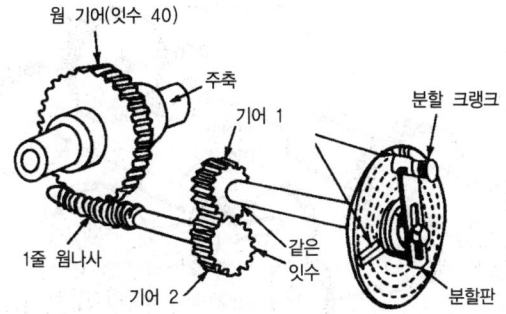

[그림 1-20] 단식 분할기구

(5) 차동분할법(differential indexing method)

직접 분할법이나 단식 분할법으로 분할할 수 없는 67, 97, 121 등의 소수나 특수한 수의 분할을 하는 방법이다.

이 원리는 분할 크랭크 핸들을 돌려서 주축을 회전시켜 주축 후방에 장치된 변환기어를 거쳐서 분할판이 미소의 각도만큼 분할 크랭크 핸들과 같은 방향이거나 역방향으로 미동 운동으로 회전하는 방법이다. 이때 변환기어의 중간 기어가 1개인 경우 슬리브와 붙어있는 분할판은 크랭크 핸들의 회전방향과 같은 방향으로 회전하고, 중간 기어가 2개이면 크랭크 핸들의 회전방향과 반대방향으로 회전한다.

차동분할방법은 다음과 같다.

① 분할하려는 수 N에 가까운 수로 단식 분할 수 있는 수 N'를 가정한다.

② 가정한 수 N'로 등분하는 것으로 분할 크랭크 핸들의 회전수를 구한다.

$$n = \frac{40}{N'}$$

③ 변환 기어의 차동비 i를 구한다.

$$i = 40 \times \frac{N' - N}{N'} = \frac{A \times C}{B \times D}$$

여기서, A : 주축 기어
B, C : 중간 기어
D : 크랭크축 기어

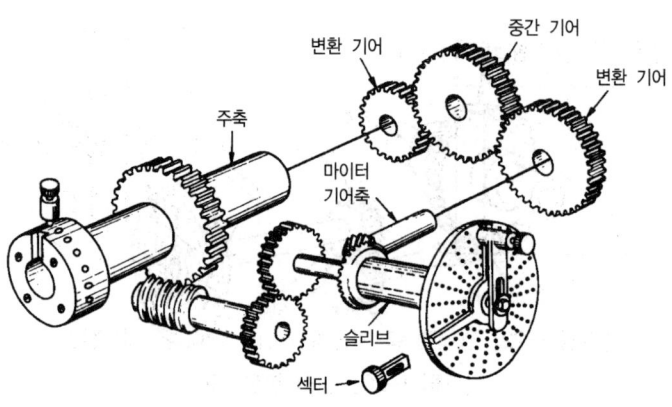

[그림 1-21] 차동 분할기구

이때 $(N' - N) = \pm n$인 경우 $+n$는 중간 기어 1개 고정, $-n$은 중간 기어 2개 고정한다.

변환 기어는 브라운 샤프형인 경우 24(2개), 28, 32, 40, 44, 48, 56, 64, 72, 86, 100 잇수로 총 12개 기어가 있고, 신시내티형인 경우는 17, 18, 19, 20, 21, 22, 24(2개), 27, 30, 33, 36, 39, 42, 45, 48, 51, 55, 60 잇수로 총 19개 기어가 있다.

(6) 각도 분할법

분할에 의해서 공작물의 원둘레를 어느 각도로 분할할 때는 단식 분할법과 마찬가지로 분할판과 크랭크 핸들에 의해서 분할한다.

분할대의 주축이 1회전 하면 360°가 되며, 크랭크 핸들이 회전과 분할대 주축과의 비는 40 : 1이므로 주축의 회전각도는 다음과 같다.

$$\frac{360°}{40} = 9°$$

$$n = \frac{D°}{9°}(\text{도}) = \frac{D'}{540}(\text{분}) = \frac{D}{3600 \times 9}(\text{초})$$

여기서, n : 구하고자 하는 분할 크랭크의 회전수
D : 분할 각도

7) 헬리컬 기어절삭

만능 밀링머신에서 드릴, 리머, 헬리컬 홈, 헬리컬 기어 등을 절삭할 때 공작물을 분할대에 고정하여 밀링머신의 테이블을 비틀림각 θ만큼 돌려놓고, 테이블을 길이 방향으로 이송하는 동시에 분할대에 고정한 공작물에 회전을 주면서 가공하면 헬리컬 홈이 절삭된다.

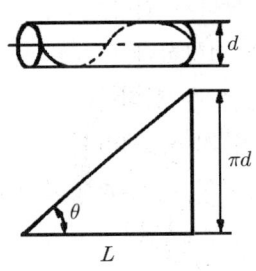
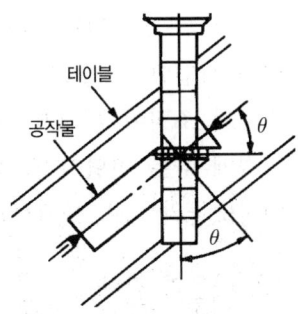

[그림 1-22] 헬리컬 홈 가공하기 위한 테이블 선회 방법

이때, 공작물의 리드 L[mm], 테이블 이송나사의 피치 P[mm]라 하면, 테이블의 이송 나사는 L/P회전시켜야 한다.

또한, 웜과 웜기어의 회전비가 40/1, 분할대에 고정할 변환 기어의 잇수 A, 테이블의 이송나사에 고정할 변환 기어의 잇수 B라고 하면, 변환 기어의 잇수비 i는 다음과 같다.

$$i = \frac{L}{P} \times \frac{1}{40} = \frac{A}{B}$$

그리고 [그림 1-22]에서 공작물의 지름 d[mm]라 하면 비틀림 각 θ는 다음과 같다.

$$\tan\theta = \frac{\pi d}{L}$$

4. 기타 절삭가공

1) 외경 연삭기

(1) 보통 외경 연삭기
공작물을 양 센터로 지지, 테이블 좌우이송, 숫돌대 전후이송 가공한다.

(2) 만능 연삭기
외경연삭 + 단면, 테이퍼 성형 등 각종 연삭 가공한다.

(3) 센터리스 연삭기
가공물은 센터로 지지하지 않는다. 센터리스 연삭기의 장점은 다음과 같다.
① 가늘고 긴 핀, 원통, 중공축 등을 연삭하기 쉽다.
② 연속 작업할 수 있으며, 대량 생산에 적합하다.
③ 기계의 조정이 끝나면 초보자도 작업할 수 있다.
④ 고정에 따른 변형이 없고 연삭 여유가 작아도 된다.
⑤ 연삭숫돌의 너비가 크므로 지름의 마멸이 적고 수명이 길다.

단점은 다음과 같다.
① 긴 홈이 있는 공작물은 연삭할 수 없다.
② 대형 중량물은 연삭할 수 없다.
③ 연삭숫돌의 너비보다 긴 공작물은 전후 이송법으로 연삭할 수 없다.

또한, 센터리스 연삭기의 연삭 방식에는 통과 이송법과 전후 이송방법이 있다.

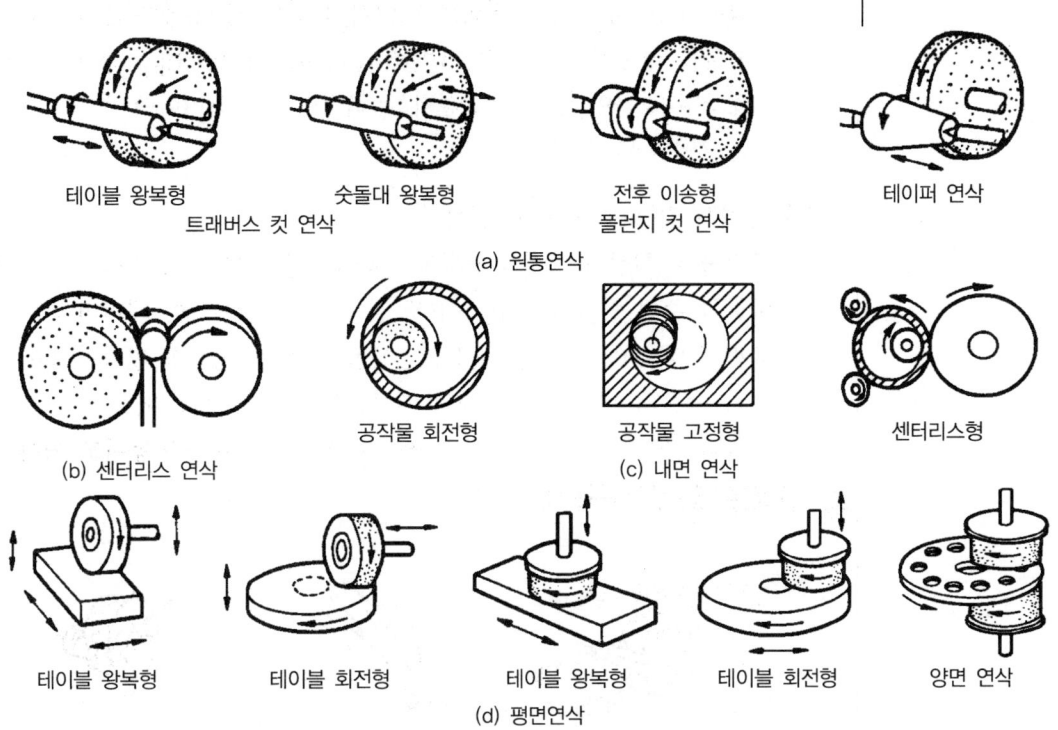

[그림 1-23] 연삭가공의 종류와 형식

2) 연삭작업 방식

(1) 트래버스 컷(traverse cut) 연삭

① 테이블 왕복형

공작물을 고정한 테이블을 왕복시키는 형식으로 소형 공작물의 연삭에 적합하다. 주요부는 베드, 주축대, 심압대, 숫돌대 및 테이블 이송기구 등으로 구성되어 있고 베드 위에 테이블과 숫돌대가 있으며, 테이블 위에 주축대와 심압대가 있다. 공작물은 주축대와 심압대를 이용하여 양 센터 사이에 고정하거나 주축대에 척을 이용하여 고정할 수 있다.

테이블은 베드 위를 왕복 운동하는데, 테이블을 이송하는 방법으로는 기어 구동과 유압 구동이 있으며, 테이블의 구조는 상하 이중으로 되어 있어 상부 테이블을 선회시켜 테이퍼를 가공할 수 있다. 숫돌대는 테이블 운동 방향과 수직 방향으로 설치되어 연삭 깊이를 주도록 되어 있다.

② 숫돌대 왕복형

숫돌대를 왕복 운동시키는 형식으로 대형 중량 공작물의 연삭에 적합하다. 대형 중량 공작물을 연삭하기 위해서는 공작물을 고정한 테이블을 구동하는 것보다 가벼운 숫돌대를 구동하는 것이 좋다. 또, 베드의 왕복이 없으므로 공작물 고정면적만 고려하여 베드의 크기를 결정하면 된다.

(2) 플런지 컷(plunge cut) 연삭

공작물은 회전만하고 숫돌대의 연삭숫돌을 테이블과 직각으로 전후 이송을 주어 연삭하는 형식이다. 원통면, 단 있는 면, 테이퍼형, 곡선 윤곽 등의 전체 길이를 동시에 연삭할 수 있는 생산형 연삭기이다. 따라서 숫돌의 너비는 공작물의 연삭길이보다 커야 한다.

숫돌과 공작물의 접촉이 길고 연삭저항도 크므로 구동동력도 커야 하고 연삭기도 튼튼해야 한다.

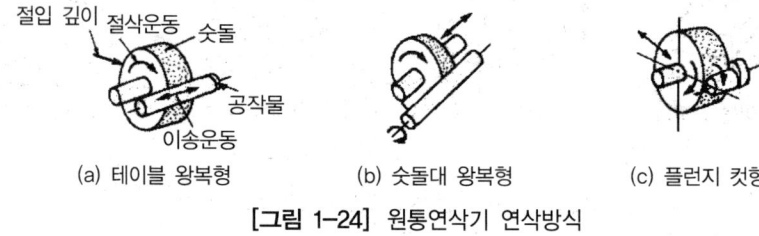

(a) 테이블 왕복형　　(b) 숫돌대 왕복형　　(c) 플런지 컷형

[그림 1-24] 원통연삭기 연삭방식

(3) 만능연삭기(universal grinding machine)

구조는 원통연삭기와 같으나 테이블, 숫돌대, 주축대를 각각 선회시킬 수 있으며, 주축대에는 척을 고정할 수 있고, 내면 연삭장치가 부착되어 있어 내면연삭도 할 수 있어 작업할 수 있는 범위가 넓다.

3) 내면연삭기(internal grinding machine)

내면을 주로 연삭하는 연삭기이며, 숫돌의 외경은 공작물 구멍의 내경보다 작아야 하고, 숫돌 축은 가는 축으로 되어 있으므로 연삭할 연삭속도(25~35m/sec)를 얻기 위해서는 회전수가 높아야 한다. 이는 원통연삭에 비해 숫돌의 소모가 크고, 가공면의 정밀도가 다소 떨어진다. 또한, 내면연삭은 가공 중에 안지름을 측정하기 어려우므로 공기 마이크로미터나 전기마이크로미터식의 자동치수 측정장치(automatic sizing mechanism)를 사용한다. 내면 연삭방식에는 공작물 회전형과 공작물 고정형, 센터리스형이 있다.

(1) 공작물 회전형

공작물에 회전 운동을 주어 연삭하는 방식으로 일반적으로 공작물이 작고 균형이 잡혀 있는 공작물 연삭에 적합하다.

(2) 공작물 고정형

공작물은 정지시키고 숫돌축이 회전 운동과 동시에 공전 운동을 하는 방식으로 플래니터리(planetary)형 또는 유성형이라고 한다. 내연기관의 실린더와 같이 대형이고 균형이 잡히지 않은 것에 적합하며, 원통 연삭도 가능하다.

(3) 센터리스형

특수한 연삭기를 사용하여 공작물을 고정하지 않은 상태에서 연삭하는 방식이다. 이 방법은 전용 연삭기에 의한 소형, 대량 생산에 이용된다.

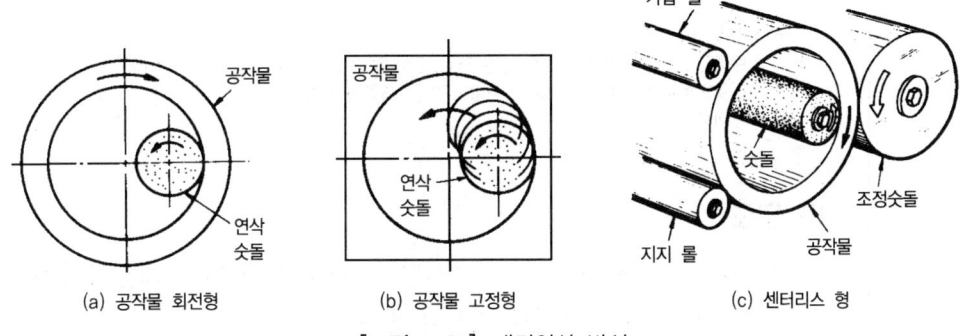

[그림 1-25] 내면연삭 방식

센터리스연삭은 공작물을 연속적으로 밀어 넣을 수 있고, 한번 조정하면 작업이 자동으로 이루어지므로 피스톤 핀, 베어링 레이스, 롤러와 같은 부품이나 테이퍼 핀 및 드릴 자루와 같이 테이퍼가 되어 있는 부품 등의 대량 생산에 적합하다.

4) 연삭숫돌

연삭숫돌의 3요소	연삭숫돌의 5인자
• 입자(절삭날) • 결합제(절삭날 지지) • 기공(칩의 저장, 배출)	• 입자의 종류 : 절삭날의 종류 • 조직 : 숫돌 입자율 • 입도 : 절삭날의 크기 • 결합제의 종류 : 결합제의 특성 • 결합도 : 절삭날 발생속도의 조정

5) 연삭숫돌의 입자

(1) 숫돌 입자의 용도(대책)

기호	KS	종류	상품명	용도
A	1A 2A	갈색 용융알루미나질 95%	• Alundum • Alexide	일반강재 보통탄소강
WA	3A 4A	백색 용융알루미나질 99.5%	• 38Alundum • AA Aloxide	담금질강, 내열강 고속도강, 합금강
C	1C 2C	암자색(회색) 탄화규소질 97%	• 37 Crystlon • Carborundum	주철, 석재, 유리, 비철, 비금속
GC	3C 4C	흑색(녹색) 탄화규소질 98%	• 39 crystlon • Carburundum	초경합금, 다이스 강, 특수강, 세라믹
D	–	–	• D(ND) : 천연산 • SD(MD) : 합성다아아몬드 • SDC : 금속 합성다아아몬드	보석절단 석재 및 콘크리트

- 기타
  • SDC : 금속 합성다이아몬드
  • CBN : 입방 정형 질화붕소(6방형 질화붕소) 상품명 – borazon
- 인조입자
  • 탄화규소(SiC) : 인장강도가 낮은 재료, 단단한 재료에 적합
  • 산화알루미늄(Al_2O_3) : 주로 인장강도가 큰 재료에 적합
  • 탄화붕소

6) 입도

숫돌 입자는 메시(mesh : 체인길이 1평방 인치 안의 체눈의 수)로써 선별하며 입자의 크기를 입도라 한다.

(1) 거친 입도
① 거친 연삭, 절삭깊이와 이송을 많이 줄 때
② 접촉 면적이 넓을(클) 때
③ 공작물이 연하고 연성, 점성, 질긴 성질일 때

(2) 가는 입도
① 다듬 연삭, 공구연삭
② 접촉 면적이 적을 때
③ 공작물이 단단(경도가 높고)하고 취성(메진)인 재료

7) 숫돌의 결합도(경도)

경도란 접착제의 세기, 즉 연삭입자를 고착시키는 접착력이다. 따라서 경도가 크다는 것은 접착력이 세다는 것이다.

> **TIP**
> 연삭숫돌과 가공물의 접촉면이 작을 때에는 미세한 입자를, 접촉면이 클 때에는 거친 입자를 사용한다.

<표 1-10> 결합도에 따른 숫돌의 선택기준

결합도가 높은 숫돌(굳은 숫돌)	결합도가 낮은 숫돌(연한 숫돌)
• 연한 재료의 연삭 • 숫돌차의 원주속도가 느릴 때 • 연삭 깊이가 얕을 때 • 접촉면이 작을 때 • 재료 표면이 거칠 때	• 단단한(경한) 재료의 연삭 • 숫돌차의 원주속도가 빠를 때 • 연삭 깊이가 깊을 때 • 접촉면이 클 때 • 재료표면이 치밀할 때

8) 연삭숫돌의 조직

연삭숫돌의 단위체적당의 입자수를 밀도라고 한다. 숫돌의 전체 용적 중 어느 정도의 비율로 입자가 들어있는가를 말한다. 입자가 차지하는 비율이 크면 조밀, 비율이 낮으면 조직이 치밀(거칠다)하다.

(1) 거친 숫돌 조직

① 연질, 점성이 높은 재료이다.
② 거친 연삭 및 접촉 면적이 크다.

(2) 치밀 조직 숫돌

① 경질(굳고)이고 메짐(취성)이 있는 재료이다.
② 다듬질, 총형 연삭 및 접촉면이 적다.

9) 결합제

결합제가 구비하여야 할 조건은 다음과 같다.
① 결합력의 조절 범위가 넓을 것
② 열이나 연삭액에 대해 안정할 것
③ 원심력, 충격에 대한 기계적 강도가 있을 것
④ 성형이 좋을 것

결합제	기호	원호	주성분	용도
무기질	V	Vitrified	점토, 장석 〈자기질〉	• 일반 연삭용(90% 사용) • 지름이 크거나 얇은 숫돌에 부적합(충격에 약함)
	S	Silicate	물, 유리 〈규산소오다〉	• 대형 숫돌에 사용(중연삭에 부적합) • (고속도강), 균열 발생 쉬운 재료
유기질	E	Shellai	천연수지 〈셀락〉	• 결합력 제일 약함, 거울면 연삭절단용 및 다듬질면의 정밀도가 높은 것에 사용
	R	Rubber	합성(천연)고무	• 매우 얇은 숫돌 사용 • 센터리스 조정 숫돌용
	B	Resinoid	베클라이트 〈Bakilite〉	• 절단 숫돌용에 적합 • 주물 덧쇠자르기에 사용
금속	PVA	Polyvingl	비닐결합제	• 비철금속 연삭용
	M	Metal	천연다이아몬드 +황동, 니켈, 은	• 초경합금 연삭용, 세라믹, 보석, 유리

TIP
일반적으로 조직이 조밀해지면 기공이 적고, 거칠면 기공이 많다.

> **참고**
>
> 연삭숫돌의 표시
>
> WA - 60 - K - 7 - V - 1 - A - 225 × 20 × 51 × rpm
> ↓ ↓ ↓ ↓ ↓ ↓ ↓ ↓ ↓ ↓
> 입자 입도 결합도 조직 결합제 형상 모서리 모양 외경 × 폭 × 내경
> (1~3호) (A~L)

10) 연삭숫돌의 수정

(1) 무딤(glazing)

숫돌의 입자가 탈락되지 않고 마모에 의해서 납작하게 둔화된 상태이다.

① 원인
  ㉠ 결합도가 높다.
  ㉡ 원주속도가 크다.
  ㉢ 숫돌재료가 공작물에 부적합하다.

② 결과
  ㉠ 연삭성 불량, 연삭열 발열한다.
  ㉡ 연삭 손실이 생긴다.

(2) 눈메움(Loading)

숫돌 입자의 표면이나 기공에 칩이 차 있는 상태이다.

① 원인
  ㉠ 숫돌 입자가 너무 가늘고 조직이 치밀하다.
  ㉡ 연삭 깊이가 깊고 원주속도가 느리다.

② 결과
  ㉠ 연삭성이 불량하고 다듬질 면이 거칠다.
  ㉡ 숫돌 입자가 마모되기 쉽다.
  ㉢ 공작물 표면에 상처가 생긴다.

(3) 드레싱(재생작업)

숫돌입자를 무딤이나 눈 메움으로 절삭성이 나빠진 숫돌 면에 날카로운 입자를 발생시켜주는 작업이다.

(4) 트루잉(성형, 모양 고치기)

연삭숫돌의 외형을 수정하여 규격에 맞는 제품을 만드는 과정이다.

(5) 입자탈락(spilling)
결합제의 힘이 약해서 작은 절삭력이나 충격에 쉽게 입자가 탈락하는 것이다.

11) 드릴링머신(drilling machine)
드릴링머신은 주축이 회전하며, 공구는 주로 드릴을 사용하여 구멍을 뚫는 공작기계로 단일작업이나 적당한 공구를 부착하여 리밍, 보링, 태핑, 카운터 보링, 카운터 싱킹 등의 여러 작업을 [그림 1-26]과 같이 할 수 있다.

① 드릴링(Drilling) : 공작물고정, 공구회전과 주축방향 이송, 리밍, 보링, 카운터 보링, 스폿페이싱, 카운터 싱킹, 태핑 등을 공구에 따라 할 수 있다.

② 리밍(Reaming) : 구멍의 정밀도를 높이기 위한 작업이다. 리머의 여유는 직경 10mm일 때 0.2mm 정도이며, 드릴작업 rpm의 2/3~3/4, 이송은 같거나 빠르게 한다.

③ 보링(Boring) : 뚫린 구멍을 다시 절삭, 구멍을 넓히고 다듬질하는 것. 보링바아에 바이트를 사용한다.

④ 카운터 싱킹(Counter Sinking) : 접시머리 나사의 머리가 묻히게 하기 위해 원뿔자리를 만드는 작업이다.

⑤ 카운터 보링(Counter Boring) : 작은 나사, 볼트의 머리부가 돌출되지 않도록 머리부가 들어갈 자리부분을 단이 있게 구멍 뚫는 작업이다.

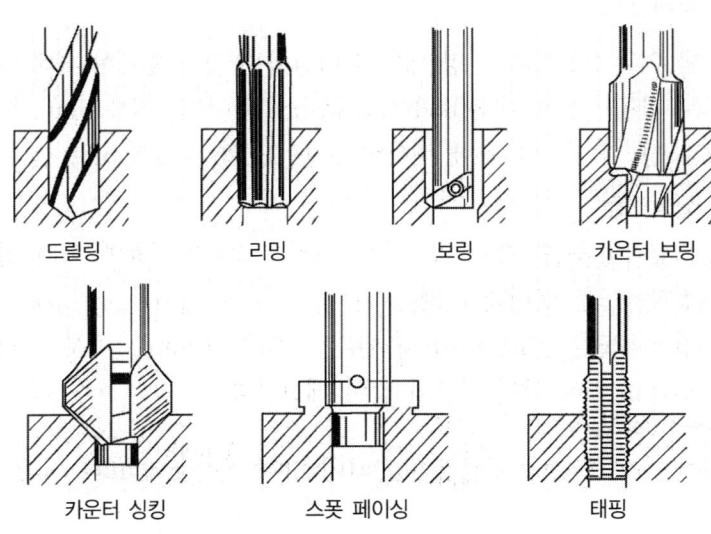

[그림 1-26] 드릴링의 종류

⑥ 스폿 페이싱(Spot Facing) : 볼트 또는 너트 등의 구멍과 직각이 되게 머리부가 접촉되는 부분을 깎아서 만드는 작업이다.
⑦ 태핑(Tapping) : 공작물 내부에 암나사 가공, 태핑을 위한 드릴가공은 나사의 외경 - 피치로 한다.

예 M12의 탭 작업 시 드릴 구멍은 12-1.75=10.25mm로 한다.

(1) 드릴링머신의 크기
① 스윙, 즉 스핀들 중심부터 기둥까지 거리의 2배 정도가 된다.
② 뚫을 수 있는 구멍의 최대지름으로 나타낸다.
③ 스핀들 끝부터 테이블 뒷면까지의 최대거리로 표시한다.

(2) 절삭공구와 절삭조건
① 드릴의 각도 : 트위스트 드릴의 인선각은 연강용에 대해 118°로 일반적으로 가공 재료가 단단할수록 인선각이 커진다.
(여유각 : 10~15°, 웨브각 : 135°, 나선각 : 20~32°)

② 디이닝(Thinning) : 무뎌진 웨브를 연삭하는 것으로 드릴의 섕크 쪽으로 갈수록 웨브의 두께가 증가하여 절삭성이 나빠진다. 이 웨브는 드릴가공이 이송을 줄 때 추력이 일어나는 원인이 되며, 드릴 연삭시 웨브의 두께를 처음 두께 상태로 얇게 연삭하는 것이다.

③ 웨브 : 드릴 끝의 홈과 홈 사이의 두께로 자루 쪽으로 갈수록 커진다.

④ 마진 : 드릴의 홈을 따라서 나타나는 좁은 면으로 드릴의 크기를 정하며 예비적 날의 역할과 날의 강도를 보강하며 드릴의 위치를 잡아준다.

⑤ 몸 여유 : 드릴과 구멍 내면이 마찰하는 것을 방지한다(백 테이퍼로 만듦). 몸체 여유(body clearance)는 드릴 지름 5mm 이상으로 날 길이 100mm에 대하여 보통 0.025~0.15mm로 한다.

⑥ 절삭조건
드릴작업을 할 때는 공작물의 재질, 드릴의 지름에 따라 알맞은 절삭속도를 선택해야 한다.
절삭속도를 v[m/min], 드릴의 지름을 d[mm], 매분 회전수를 n[rpm]이라 하면 다음과 같이 계산한다.

$$v = \frac{\pi dn}{1,000} \text{[m/min]}, \quad n = \frac{1,000v}{\pi d} \text{[mm]}$$

그리고, 이송은 드릴 1회전마다 드릴의 축 방향으로 이동한 거리이며, 이송과 가공시간과의 관계는 다음과 같다.

$$T = \frac{t+h}{nf} = \frac{\pi d(t+h)}{1,000vf} \text{ [min]}, \quad h = \frac{D}{3}, \quad h = \frac{D/2}{\tan\frac{\alpha}{2}}$$

여기서, f : 드릴 1회전 하는 동안에 길이 방향의 이송량(mm/rev)
 h : 드릴 끝의 원추높이(mm)
 t : 구멍의 깊이(mm)
 T : 구멍을 뚫는 데 소요되는 시간(min)

절삭속도는 절삭날의 마멸 상태에 의해 경제적인 것이 결정해 지며, 이송속도는 웨브의 마멸 상태에 의하여 결정한다. 특히 구멍의 깊이와 구멍지름의 비에 따라서 절삭속도와 이송이 달라지며, 구멍이 깊으면 칩의 배출과 윤활이 어려우므로 깊이가 지름의 2배 이상이 되면 절삭속도와 이송을 줄여야 한다.

12) 보링머신(boring machine)

보링머신은 기능이나 구조 등에 따라 수평 보링머신, 정밀 보링머신, 지그 보링머신 등이 있다. 보링머신의 크기는 다음과 같다.
① 주축지름 및 주축 이동거리
② 테이블의 크기
③ 주축거리의 상하 이동거리 및 테이블의 이동거리

(1) 수평식 보링머신(대표적인 보링머신)
① 테이블형 : 보링 및 기계가공 병행, 중형 이하 가공물
② 플레이너형 : 중량이 큰 일감의 정밀가공
③ 플로어형 : 테이블형에서 곤란한 대형 일감
④ 이동형 : 이동작업, 기계수리형

(2) 지그 보링머신

구멍을 대단히 정확한 좌표위치(구멍간의 거리공차 ±0.02~0.005 사이)에 정밀 가공하기 위한 것으로(보통 항온실 온도 20℃±1℃, 습도 55% 유지) 나사식 보정장치, 현미경을 이용한 광학적 장치 등을 가지고 있다.

(3) 정밀 보링머신
① 다이아몬드 공구, 초경질 공구를 사용, 고속 경절삭과 미세한 이동으로 정밀한 구멍가공이 가능하다.
② 실린더, 피스톤 핀, 베어링 부시, 라이너의 가공에 사용된다.

(4) 심공 보링머신
① 구멍의 깊이가 10~20배 이상의 것을 뚫을 때 사용된다.
② 특수 드릴을 사용하여 자동적으로 축 중심을 유지하면서 구멍 절삭이 된다.

(5) 보링공구와 부속장치
- 보링의 3대 부속장치 : 보링 바이트, 보링바, 보링 공구대

5. 기계가공 관련 안전수칙

1) 일반 공구류 작업의 안전수칙
① 공구는 작업 종류에 적합한 것을 사용하고, 용도 이외에 사용해서는 안 되며, 사용 전에 점검하여 불안전한 것은 절대로 사용해서는 안 된다.
② 불량 공구는 되도록 반납하고, 함부로 수리해서는 안 된다.
③ 공구나 손에 기름이 묻어 있을 때는 깨끗이 닦아낸 다음 사용하여야 한다.
④ 공구는 항상 일정한 장소에 비치하여 두고 질서 있게 보관되어야 한다.
⑤ 공구는 절대로 던지면 안 되며, 무리하게 조작해서는 안 된다.
⑥ 공구는 기계, 재료, 발판, 난간 등 떨어지기 쉬운 곳에 놓지 않도록 한다.
⑦ 작업이 완료되었을 때는 수량, 훼손, 여부 및 이상유무를 확인하여야 한다.

2) 해머 작업의 안전
① 손잡이가 금이 갔거나, 머리가 손상된 것, 쐐기가 없는 것, 모양이 찌그러진 것은 사용하지 않는다.
② 공동 작업을 할 때에는 호흡을 잘 맞추고 신호에 유의를 하고 주위를 잘 살펴야 한다.

③ 기름이 묻은 손이나 장갑을 끼고 작업하지 않으며, 처음부터 큰 힘을 주어 작업하지 않는다.
④ 녹이 슨 재료를 작업할 때는 보호안경을 착용하여야 하며, 열처리된 재료는 해머로 때리지 않도록 주의한다.
⑤ 좁은 곳이나 발판이 불안한 곳에서는 해머작업을 하지 않는다.

3) 공작기계의 안전

일반 공작기계의 기계 점검은 작업 전에 기계의 주요부분, 안전장치 또는 방호 장치를 확인·점검하며, 기계의 기능을 충분히 발휘할 수 있는지 확인하는 마음의 자세가 더욱 중요하다. 기계의 점검은 일반적으로 정지상태와 운전상태로 분류하여 점검토록 한다.

(1) 기계 정지상태의 점검
① 급유 상태
② 주행 기타의 섭동 부분
③ 전도기와 개폐기
④ 나사, 볼트 너트의 풀림상태
⑤ 안전장치와 동력 전달장치
⑥ 힘이 작용하는 부분의 손상 유무 및 기타

(2) 운전상태로 점검하는 부분
① 시동 정지 장치의 기능
② 기어의 결합 상태
③ 클러치의 상태
④ 베어링의 온도 상승 상태
⑤ 섭동부의 상태
⑥ 이상 음향의 유무 및 기타

4) 선반작업의 안전
① 회전중인 공작물의 가공 면에 손을 대지 말아야 하며, 치수를 측정할 때는 기계를 정지시키고 측정한다.
② 선반의 베드 위나 공구대 위에 직접 측정기나 공구를 올려놓지 말아야 하고, 심압대 스핀들이 지나치게 앞으로 나와서는 안 된다.
③ 작업복의 소매 자락이 회전 공작물에 말려들지 않도록 복장을 단정하게 한다.

④ 기어를 변속할 때, 바이트 및 기타 공구장치를 교환, 제거할 때에는 기계를 정지시킨 후 작업을 하여야 한다.
⑤ 칩(Chip)이 발산될 때는 보안경을 쓰고, 맨손으로 칩을 제거하지 않고, 갈고리를 사용하도록 한다.
⑥ 내경 작업 중 구멍 속에 손가락을 넣어 청소하거나 점검하려고 하면 안 된다.
⑦ 양 센터 작업에는 공작물의 크기에 알맞은 돌리개를 사용하고, 가늘고 긴 공작물을 가공할 때는 방진구를 사용한다.
⑧ 선반의 운전 중 이송 작동을 시켜놓고 자리를 이탈하지 않도록 한다.
⑨ 선반 가동 전에 척 핸들을 빼었는지 확인하고 기계의 윤활 부분을 점검한다.
⑩ 긴 공작물이 기계 밖으로 돌출되었을 때는 빨간 천을 부착하여 위험표시를 한다.
⑪ 작업 중 진동으로 인하여 공작물의 고정나사 및 조가 풀어질 우려가 있으므로 수시로 점검 확인한다.
⑫ 센터 작업 중에는 심압대 센터에 자주 윤활유를 주어 센터가 타지 않도록 하며, 센터가 일감에서 빠져 나오지 않도록 조심한다.
⑬ 사고가 있거나 부상을 입었을 경우에는 즉시 남의 도움을 청하고 관계 직원에게 보고한다.

5) 드릴 머신의 작업안전

① 회전하고 있는 주축이나 드릴에 옷자락이나 머리카락이 말려들지 않도록 주의한다.
② 드릴을 회전시킨 후 머신 테이블은 조정하지 않으며, 공작물은 완전하게 고정한다.
③ 드릴을 고정하거나 풀 때에는 주축이 완전히 정지된 후에 확인하여야 한다.
④ 시동 전 드릴이 바른 위치에 안전하게 고정되었는가를 확인하여야 한다.
⑤ 드릴이나 드릴 소켓 등을 뽑을 때에는 드릴 뽑기를 사용하며 해머 등으로 두들겨 뽑지 않는다.
⑥ 얇은 판의 구멍뚫기에는 보조판 나무를 사용하는 것이 좋다.
⑦ 구멍뚫기가 끝날 무렵은 이송을 천천히 하며 장갑을 끼고 작업을 하지 않는다.

6) 밀링작업의 안전

① 공작물과 공구는 정확히 장착하고, 공작물 및 공구제거시 시동레버의 주의를 요한다.
② 정면 커터 작업 시에는 칩이 튀어나오므로 칩 커버를 설치하고 커터 날 끝과 같은 높이에서 절삭 상태를 관찰해서는 안 된다.
③ 가공 중 기계에 얼굴을 가까이 대지 말고, 주축 회전 중 밀링커터 주위에 손을 대거나 브러시를 사용하여 칩을 제거해서는 안 된다.
④ 테이블 위에 측정기나 공구류를 올려놓지 않으며, 절삭공구나 공작물을 설치할 때 시동레버가 접촉되기 쉬우므로 전원을 끄고 작업한다.

7) 연삭작업의 안전

① 작업시작 전 숫돌은 1분 이상 공회전 하며, 연삭기의 외부를 점검하고 안전장치가 제자리에 있으며, 이상유무 관계를 확인한다.
② 숫돌은 각 연삭기 종류에 규정된 것을 사용하여야 하며, 갈아 끼울 때에는 나무망치 등으로 가볍게 두드려서 소리(청음 양호)를 들어보고 균열이 없는가를 확인하고, 숫돌의 균형을 맞춘 다음 사용토록 한다.
③ 플랜지의 지름은 숫돌 지름의 1/3~1/2의 것을 사용한다.
④ 숫돌의 설치가 안전한가를 확인하고 패킹이 없는 숫돌은 미리 플랜지와 숫돌 사이에 플랜지와 같은 지름의 패킹을 끼운다.
⑤ 숫돌의 설치가 끝나면 최소한 3분 이상은 공회전 시켜야 하며, 작업바는 숫돌의 회전 방향에서 몸을 비키도록 한다.
⑥ 플랜지의 조임 볼트는 정확하게 대각선 방향으로 렌치를 사용하여 조이고, 해머 등으로 볼트를 두드려서 조이지 않는다.
⑦ 공작물의 받침대가 설치된 연삭기는 공작물 받침대와 연삭숫돌 사이의 틈새가 3mm(1~5가 적당) 이내가 되도록 조정 작업을 한다.
⑧ 연삭작업은 반드시 시동 전에 보안경을 착용하도록 하고, 흡진장치가 되지 않은 연삭작업은 방진 마스크를 쓰고 작업한다.
⑨ 평형 숫돌은 측면에 작용하는 힘에 약하므로 가급적 측면은 사용하지 않도록 한다.
⑩ 연삭숫돌은 항상 드레싱 하여 사용하고 작업 시 진동이 심하며 작업을 곧 중지시킨다.
⑪ 공작물과 숫돌의 접촉은 조심성 있게 가볍게 하고 적당한 압력으로 연삭한다. 갑자기 힘을 주어서 밀어붙이지 않도록 한다.

⑫ 숫돌 커버가 규정에 맞고, 안전하게 설치되어 있는지 확인 점검하고, 작업 시 커버를 벗겨놓지 않는다.
⑬ 정지하고 있는 숫돌에 연삭액을 주지 않도록 한다.

8) 기계의 안전점검검사

기계의 안전사고가 발생하기 전에 적절한 예방책을 강구하기 위해서 모든 생산 작업장에서는 불안전한 작업방법 및 행동과 불안전한 물체 및 기계의 상태를 조사하여 위험성을 없애는 수단을 일반적으로 안전점검검사라 한다.

(1) 일상 안전점검검사

일상 점검은 주로 과거의 실적 데이터와 기술적 검토를 기초로 하여 작성된 일상 점검 기준서에 의해서 일상 운전 중에 실시한다. 이 점검 기준서는 기계장치의 종류에 따라서 점검개소, 점검기간, 점검방법 및 내용 등이 다르다.

(2) 정기 안전점검검사

정기 점검은 점검표(Check list)를 만들어서 이에 실행하는 것이 일반적이고 편리하다. 이 점검표는 생산 공정 및 작업 형태에 따라 알맞도록 작성하며 보통 정기점검을 할 때에는 설비의 노후화 속도가 크고 위험성이 현저한 것부터 중심적으로 다루어야 한다.

(3) 예방보전

산업재해의 가능성을 조기에 발견하기 위해서는 작업현장의 기계, 장치의 효율적인 관리를 위해서도 손상되기 쉬운 곳에 대해서는 지날 날의 실적으로 미루어 보아 그 부품에 대한 수명을 미리 예상하여서, 수명이 다 되었다고 생각되면 미리 교체하여야 한다.
이와 같이 고장을 일으키기 전에 합리적인 기계설비관리에 의해서 항상 정상적으로 유지할 수 있도록 정비하는 것을 예방보전이라 하며 매우 중요한 일이다. 기계 및 장치는 예방보전에 의해서 발생의 기회가 줄어지므로 안전성이 더욱 유지될 수 있게 된다.

01 공작기계의 종류 및 용도

01. 공작물의 회전운동과 바이트의 직선운동으로 원통형의 제품을 주로 가공하는 공작기계는?

① 선반 가공 ② 밀링머신
③ 평면가공 ④ 드릴링 가공

해설
- 밀링머신 : 원주에 절삭 날이 있는 밀링커터(milling cutter)를 회전하여, 공작물을 수평운동하여 평면이나 홈, 기어, 캠, 헬리컬 등을 가공하는 것으로 밀링머신에 쓰이는 공작기계를 밀링머신(milling machine)이라 한다.
- 평면가공 : 바이트를 이용하여 직선 왕복 운동하여 작은 제품의 평면을 주로 가공하는 세이퍼(shaper)와 슬로터(slotter)가 있고, 또한 큰 공작물인 경우 공작물이 왕복 운동하여 평면을 가공하는 플레이너(planer)가 있다.
- 드릴링 가공 : 드릴을 회전운동과 직선운동으로 공작물의 구멍을 뚫는 것으로 드릴링머신(dilling machine)을 이용한다.

02. 숫돌 입자(Al_2O_3, SiC, Cr_2O_3, Fe_2O_3 등)를 이용하여 공작물 표면에서 상대운동을 주어 매우 적은 양을 깎아 정밀한 다듬질을 하는 가공법은?

① 기어 가공 ② 브로칭
③ 연삭 ④ 입자 가공

해설
- 기어 가공 : 호브(hob) 공구를 회전시켜 기어를 가공하는 방법으로 기어 소재와 호브를 서로 대응하여 회전 및 이송하여 치형을 가공하는 방법이다.
- 브로칭 : 브로우치 공구를 사용하여 한 번 통과시켜 구멍의 내면을 깎는 가공을 브로칭(broaching)이라 하며, 각형 구멍, 키 홈, 스플라인의 구멍 등을 다듬질 하는데 사용한다.
- 연삭 : 입자로 만든 숫돌바퀴(grinding wheel)를 고속회전하고 이송 운동을 주어 공작물의 표면을 조금씩 깎아내는 가공법을 연삭 가공이라 하며, 이에 사용하는 공작기계를 연삭기(grinding machine)라 한다.

03. 가공능률에 따라 공작기계를 분류할 때 가공할 수 있는 기능이 다양하고, 절삭 및 이송속도의 범위도 크기 때문에 제품에 맞추어 절삭조건을 선정하여 가공할 수 있는 공작기계는?

① 단능 공작기계 ② 만능 공작기계
③ 범용 공작기계 ④ 전용 공작기계

해설
- 단능 공작기계 : 간단한 공정이나 1종의 공정밖에 할 수 없는 공작기계이며, 다량 생산에 적합하나 다른 공정의 가공에 융통성이 없다. 이는 바이트 연삭기, 센터리스 연삭기, 타이어 보링머신 등의 공작기계가 있다.
- 만능 공작기계 : 선반, 드릴링머신, 밀링머신, 형삭기 등의 공작기계의 구조를 적당히 조합하여 1대의 기계로 만든 것. 이 기계 1대로 선삭, 구멍뚫기, 밀링 절삭, 형삭 등의 작업을 할 수 있는 매우 편리한 기계이나 생산성은 좋지 않다.
- 전용 공작기계 : 특정한 모양, 치수의 제품을 양산하기에 적합하도록 만든 공작기계이며, 사용범위에는 좁고, 소량 생산에는 적합하지 않는 공작기계이다. 전용 공작기계에는 모방선반, 자동선반, 생산밀링머신 등이 있으며, 또한 전용공작기계를 여러 개 조합하여 자동화한 트랜스퍼머신(Transfer Machine) 등이 있어서 기계공작에 큰 역할을 한다.

04. 공작기계에서 절삭을 위한 3가지 기본운동에 속하지 않는 것은?

① 절삭 운동 ② 이송 운동
③ 회전운동 ④ 위치 조정운동

정답 01 ① 02 ④ 03 ③ 04 ③

|해설| 공작기계의 기본운동
- 절삭 운동 : 절삭할 때 칩이 길이 방향으로 절삭공구가 길이 방향으로 움직이는 운동
- 이송 운동 : 공작물과 절삭공구가 절삭 방향으로 이송하는 운동
- 위치 조정운동 : 공구와 공작물 간의 절삭 조건에 따른 절삭깊이 조정 및 일감, 공구의 설치 및 제거

05. 절삭공구로 공작물을 가공할 때 발생하는 절삭저항의 3분력에 해당되지 않는 것은?

① 배분력　　② 주분력
③ 칩분력　　④ 이송 분력

|해설| 절삭저항의 분력
절삭저항 = 주분력(P_1) 10 > 배분력(P_3)(2-4) > 이송 분력(P_2)(1-2)
- 주분력(P_1 : Principal Culting Force) : 절삭 방향으로 작용하는 분력
- 이송 분력(P_2 : Feed Force) : 이송 방향(평행)으로 작용하는 분력
- 배분력(P_3 : Radial Force) : 공구의 축 방향으로 작용하는 분력

06. 선반에서 원형 단면을 가진 일감의 지름 100mm인 탄소강을 매분 회전수 314r/min(=rpm)으로 가공할 때, 절삭저항력이 736N이었다. 이때 선반의 절삭효율을 80%라 하면 필요한 절삭동력은 약 몇 PS인가?

① 1.1　　② 2.1
③ 4.4　　④ 6.2

|해설|
$$Ps = \frac{P_1 V}{75 \times 60 \times 9.81 \times \eta}$$
$$= \frac{736 \times 98.6}{75 \times 60 \times 9.81 \times 0.8} = 2.055$$
$$V = \frac{\pi DN}{1,000} = \frac{\pi \times 100 \times 314}{1,000} = 98.6$$

07. 표면연삭기에서 숫돌의 원주속도 $V=$ 2,400m/min이고, 연삭력 $P=147.15N$이다. 이때 연삭기에 공급된 동력이 10PS라면 이 연삭기의 효율은 몇 %인가?

① 70%　　② 75%
③ 80%　　④ 125%

|해설|
$$HP = \frac{P \times V}{75 \times 60 \times 9.81 \times \eta}$$
$$\eta = \frac{147.15 \times 2,400}{75 \times 60 \times 9.81 \times 10} = 0.8 = 80\%$$

08. 선반 가공에서 지름 102mm인 환봉을 300rpm으로 가공할 때 절삭저항력이 981N이었다. 이때 선반의 절삭효율을 75%라 하면 절삭동력은 약 몇 kW인가?

① 1.4　　② 2.1
③ 3.6　　④ 5.4

|해설|
$$Kw = \frac{P_1 V}{102 \times 60 \times \eta} = \frac{981 \times 96}{102 \times 60 \times 0.75 \times 9.81} = 2.1$$
$$V = \frac{\pi DN}{1,000} = \frac{\pi \times 102 \times 300}{1,000} = 96 \, m/min$$

09. 절삭온도와 절삭조건에 관한 내용으로 틀린 것은?

① 절삭속도를 증대하면 절삭온도는 상승한다.
② 칩의 두께를 크게 하면 절삭온도가 상승한다.
③ 절삭온도는 열팽창 때문에 공작물 가공 치수에 영향을 준다.
④ 열전도율 및 비열 값이 작은 재료가 일반적으로 절삭이 용이하다.

정답　05 ③　06 ②　07 ③　08 ②　09 ④

해설 절삭온도가 높아지면 날끝 온도가 상승하여 공구는 빨리 마멸되고 공구수명이 짧아질 뿐만 아니라, 공작물도 온도 상승에 의한 열팽창으로 가공치수가 달라지는 나쁜 영향을 받게 된다.

10. 절삭조건에 대한 설명으로 틀린 것은?
① 칩의 두께가 두꺼워질수록 전단각이 작아진다.
② 구성인선을 방지하기 위해서는 절삭깊이를 적게 한다.
③ 절삭속도가 빠르고 경사각이 클 때 유동형 칩이 발생하기 쉽다.
④ 절삭비는 공작물을 절삭할 때 가공이 용이한 정도로 절삭비가 1에 가까울수록 절삭성이 나쁘다.

해설 절삭비는 공작물을 절삭할 때 가공이 용이한 정도로 절삭비가 1에 가까울수록 절삭성이 좋다.

11. 일반적인 밀링작업에서 절삭속도와 이송에 관한 설명으로 틀린 것은?
① 밀링커터의 수명을 연장하기 위해서는 절삭속도는 느리게 이송을 작게 한다.
② 날 끝이 비교적 약한 밀링커터에 대해서는 절삭속도는 느리게 이송을 작게 한다.
③ 거친 절삭에서는 절삭깊이를 얕게, 이송은 작게, 절삭속도를 빠르게 한다.
④ 일반적으로 너비와 지름이 작은 밀링커터에 대해서는 절삭속도를 빠르게 한다.

해설 거친 절삭에서는 절삭깊이를 크게, 이송은 빠르게, 절삭속도를 느리게 한다.

12. 다음 중 가공물을 절삭할 때 발생되는 칩의 형태에 미치는 영향이 가장 적은 것은?
① 절삭깊이
② 공작물의 재질
③ 절삭공구의 형상
④ 윤활유

해설 피작재(공작물)가 공구에 의해 절삭될 때는 날끝 부위의 재료가 소성변형을 일으키고 공구의 압력에 의해 미끄럼이 일어나 모재로부터 분리되어 칩(Chip)이 형성된다. 칩은 절삭공구의 형상, 공작물의 재질, 절삭속도, 절삭깊이, 이송 등에 따라 달라진다.

13. 선반 가공에 영향을 주는 절삭조건에 대한 설명으로 틀린 것은?
① 이송이 증가하면 가공 변질 층은 깊어진다.
② 절사각이 커지면 가공 변질 층은 깊어진다.
③ 절삭속도가 증가하면 가공 변질 층은 얕아진다.
④ 절삭온도가 상승하면 가공 변질 층은 깊어진다.

해설 절삭온도가 상승하면 가공 변질 층은 얕아진다.

14. 바이트의 끝 모양과 이송이 표면 거칠기에 미치는 영향 중 이론적인 표면 거칠기 값 ($H_{\max}$)을 구하는 식으로 옳은 것은? (단, r : 바이트 끝 반지름, S : 이송거리이다.)

① $H_{\max} = \dfrac{8r}{S}$ ② $H_{\max} = \dfrac{S^2}{8r}$

③ $H_{\max} = \dfrac{S}{8r}$ ④ $H_{\max} = \dfrac{8r}{S^2}$

정답 10 ④ 11 ③ 12 ④ 13 ④ 14 ②

해설 가공면의 거칠기 : $H = \dfrac{S^2}{8r}$

가공 면의 거칠기를 양호하게 하려면 노즈의 반지름을 크게, 이송을 적게 한다. 또 노즈의 반경은 보통 이송의 2 내지 3배가 양호하다.

15. 환봉을 황삭 가공하는데 이송을 0.1mm/rev로 하려고 한다. 바이트의 노즈 반경이 1.5mm라고 한다면 이론상의 최대 표면 거칠기는?

① 8.3×10^{-4} mm ② 8.3×10^{-3} mm
③ 8.3×10^{-5} mm ④ 8.3×10^{-2} mm

해설 $H = \dfrac{S^2}{8r} = \dfrac{0.1^2}{8 \times 1.5} = 0.00083 = 8.3 \times 10^{-4}$ mm
$= 0.83 \mu m$

16. 구성인선(built-up edge)의 방지대책에 관한 설명 중 틀린 것은?

① 경사각을 작게 한다.
② 절삭깊이를 적게 한다.
③ 절삭속도를 빠르게 한다.
④ 절삭공구의 인선을 예리하게 한다.

해설 구성인선의 방지(억제)법
① 공구의 윗면 경사각을 크게 한다.
② 절삭깊이를 작게 한다.
③ 절삭속도를 크게(구성인선의 임계속도 : 120m/min) 한다.
④ 이송을 작게 한다(저속 회전일 때 이송을 크게 한다).
⑤ 칩의 절삭저항을 작게 한다.

17. 구성인선에 대한 설명으로 틀린 것은?

① 치핑 현상을 막는다.
② 가공정밀도를 나쁘게 한다.
③ 가공 면의 표면 거칠기를 나쁘게 한다.
④ 절삭공구의 마모를 크게 한다.

해설 구성인선
절삭된 가공 면이 군데군데 흔적이 나타나고 진동을 일으켜 가공 면의 정밀도 및 표면 거칠기가 나쁘며, 절삭공구의 마모를 크게 한다.

18. 절삭공구에서 구성인선(built up edge)이 생기는 이유는?

① 공구 선단의 재질 불량으로 인하여 생긴다.
② 공구 선단의 마모열에 의해 생긴다.
③ 공구 선단에 절삭 재료가 부착되어 생긴다.
④ 공구 선단에 날끝이 마모되어 생긴다.

해설 구성인선의 발생
• 알루미늄, 황동, 스테인리스강, 연강 등의 연한 재료
• 절삭공구의 날끝온도가 상승
• 절삭속도가 늦을 때(고속도강인 경우 10~25m/min)
• 경사각을 적게 하였을 때
• 절삭깊이가 깊을 때

19. 절삭공구 수명을 판정하는 방법으로 틀린 것은?

① 공구인선의 마모가 일정량에 달했을 경우
② 완성가공된 치수의 변화가 일정량에 달했을 경우
③ 절삭저항의 주분력이 절삭을 시작했을 때와 비교하여 동일할 경우
④ 완성 가공면 또는 절삭가공 한 직후 가공표면에 광택이 있는 색조 또는 반점이 생길 경우

해설 공구의 수명 판정
• 표면에 광택 또는 반점이 있는 무늬가 생길 때
• 절삭공구인선의 마모가 일정량에 달했을 때
• 가공된 완성 치수의 변화가 일정량에 달했을 때

- 주분력에 비해 배분력 또는 이송 분력이 급격히 증가할 때
- 칩의 색깔 및 어떤 현상의 변화로 불꽃이 발생할 때

20. 다음 절삭조건 중 공구수명에 가장 큰 영향을 끼치는 순서로 나열된 것은?

① 이송 > 절삭깊이 > 절삭속도
② 절삭깊이 > 이송 > 절삭속도
③ 절삭속도 > 이송 > 절삭깊이
④ 이송 > 절삭속도 > 절삭깊이

해설) 공구의 수명에서 가장 큰 영향을 주는 것은 절삭속도이다.

21. 절삭공구 수명 T와 속도 V사이에 다음 관계식이 있다. 옳은 것은? (단, V : 절삭속도(m/min), T : 절삭공구의 수명(m/min), n : 지수, C : 상수)

① $\dfrac{VT}{n} = C$ ② $VT^n = C$
③ $CT^{\frac{1}{n}} = V$ ④ $TV^n = C$

22. 절삭공구에서 크레이터 마모(crater wer)의 크기가 증가할 때 나타나는 현상이 아닌 것은?

① 구성인선(built up edge)이 증가한다.
② 공구의 윗면 경사각이 증가한다.
③ 침의 곡률반지름이 감소한다.
④ 날끝이 파괴되기 쉽다.

해설) 크레이터 마모(crater wer)의 크기가 증가할 때 나타나는 현상
- 가공경화 된 칩이 공구 표면을 마찰하여 경사면이 깎인다.
- 공구의 윗면 경사각이 증가한다.
- 침의 곡률반지름이 감소한다.
- 날끝이 파괴되기 쉽다.

23. 절삭공구의 측면과 피삭재의 가공면과의 마찰에 의하여 절삭공구의 절삭면에 평행하게 마모되는 공구인선의 파손 현상은?

① 치핑 ② 크랙
③ 플랭크 마모 ④ 크레이터 마모

해설)
- **치핑** : 점성 강도가 적은 바이트를 사용하여 절삭할 경우 충격이나 진동에 의해 절삭저항의 변화가 커 공구인선 선단의 일부가 미세하게 파괴되어 탈락하는 현상으로 초경합금, 세라믹 공구와 같이 취성이 있는 공구 사용 시 발생한다.
- **크랙** : 바이트에 열을 높게 가하면 균열이 일어나는 현상이다.
- **크레이터 마모** : 칩에 의하여 공구의 경사면이 움푹 패이는 마모로서 초경합금과 고속도강에서 나타나고 전연성 재료의 유동형 칩을 만드는 경우에 공구 상면에 주로 발생한다.

24. 공작기계 작업에서 절삭제의 역할에 대한 설명으로 옳지 않은 것은?

① 절삭공구와 칩 사이의 마찰을 감소시킨다.
② 절삭 시 열을 감소시켜 공구수명을 연장시킨다.
③ 구성인선의 발생을 촉진시킨다.
④ 가공면의 표면 거칠기를 향상시킨다.

해설) 절삭유는 구성인선의 발생을 감소시킨다.

Part 3. 기계재료 및 측정

25. 절삭유의 사용목적이 아닌 것은?
① 공작물 냉각
② 구성인선 발생 방지
③ 절삭열에 의한 정밀도 저하
④ 절삭공구의 날 끝의 온도 상승 방지

해설 절삭유의 사용목적
① 공작물 및 공구냉각
② 구성인선 발생 방지
③ 윤활 작용, 세척 작용, 방청 작용
④ 절삭공구의 날 끝의 온도 상승 방지

26. 다음 중 수용성 절삭유에 속하는 것은?
① 유화유   ② 혼성유
③ 광유   ④ 동식물유

해설 수용성 절삭유 : 점성이 낮고 비열이 높으며 냉각 작용이 우수하다.
• 에멀션형(유화유) : 광유에 비눗물을 첨가하여 사용한 것으로 냉각 작용이 비교적 크고 윤활성이 좋으며 원액에 10~20배의 물을 희석해서 사용한다. 일반 절삭제로 널리 사용값이 싸다.

27. 절삭유를 사용함으로써 얻을 수 있는 효과가 아닌 것은?
① 공구수명 연장 효과
② 구성인선 억제 효과
③ 가공물 및 공구의 냉각효과
④ 가공물의 표면 거칠기 값 상승효과

해설 가공물의 표면 거칠기 값을 작게 하는 효과가 있다.

28. 절삭유제에 관한 설명으로 틀린 것은?
① 극압유는 절삭공구가 고온, 고압 상태에서 마찰을 받을 때 사용한다.

② 수용성 절삭유제는 점성이 낮으며, 윤활작용은 좋으나 냉각 작용이 좋지 못하다.
③ 절삭유제는 수용성과 불수용성, 그리고 고체윤활제로 분류한다.
④ 불수용성 절삭유제는 광물성인 등유, 경유, 스핀들유, 기계유 등이 있으며 그대로 또는 혼합하여 사용한다.

해설 수용성 절삭유 : 점성이 낮고 비열이 높으며 냉각 작용이 우수하다.

29. 광물성유를 화학적으로 처리하여 원액에 80% 정도의 물을 혼합하여 사용하며, 점성이 낮고 비열과 냉각효과가 큰 절삭유는?
① 지방질유
② 광유
③ 유화유
④ 수용성 절삭유

해설
• 광물유 : 경유, 머신유, 스핀들유, 석유 및 기타 광유 또는 혼합유로서 윤활작용은 좋으나 냉각작용은 비교적 약하다. 주로 경(輕)절삭에 사용한다.
• 에멀션형(유화유) : 광유에 비눗물을 첨가하여 사용한 것으로 냉각작용이 비교적 크고 윤활성이 좋으며 원액에 10~20배의 물을 희석해서 사용한다.

30. 윤활제의 구비조건으로 틀린 것은?
① 사용 상태에 따라 점도가 변할 것
② 산화나 열에 대하여 안정성이 높을 것
③ 화학적으로 불활성이며 깨끗하고 균질할 것
④ 한계 윤활 상태에서 견딜 수 있는 유성이 있을 것

해설 윤활제는 점도의 변화가 없어야 한다.

정답 25 ③ 26 ① 27 ④ 28 ② 29 ④ 30 ①

31. 윤활제의 윤활방법 중 슬라이딩 면이 유막에 의해 완전히 분리되어 균형을 이루게 되는 윤활 상태는?

① 고체윤활 ② 경계윤활
③ 극압윤활 ④ 유체윤활

해설 유체윤활 : 슬라이딩 면이 유막에 의해 완전히 분리되어 균형을 이루게 되는 윤활이다.

32. 밀링머신의 주축 베어링 윤활 방법으로 가장 적합하지 않은 것은?

① 그리스 윤활
② 오일 미스트 윤활
③ 강제식 윤활
④ 패드 윤활

해설
① 그리스 윤활 : 수동, 충전, 컵, 스핀들 급유법 등이 주로 사용한다. 그리스는 비산이나 유출되지 않으므로 급유 횟수가 적고, 사용 온도범위가 넓으며, 장시간 사용에 적합하다.
② 오일 미스트 윤활 : 고속 내면연삭기, 고속드릴 및 초고속 베어링의 윤활에 사용한다.
③ 강제식 윤활 : 순환펌프를 이용하여 강제로 급유하는 방법이며, 고속 베어링의 급유에 많이 이용한다.
④ 패드 윤활 : 패드의 모세관 작용을 이용하여 기름통의 기름을 축에 도포하는 윤활법으로 베어링 면을 끊임없이 청정하게 유지하는 이점이 있고, 차량축의 베어링 등에 이용되며 밀링머신의 주축베어링 윤활방법에 적합하지 않다.

33. 마찰면이 넓은 부분 또는 시동 횟수가 많을 때 사용하고 저속 및 중속 축의 급유에 사용되는 급유방법은?

① 담금 급유법 ② 패드 급유법
③ 적하 급유법 ④ 강제 급유법

해설
① 담금 급유법 : 마찰 부분 전체가 윤활유 속에 잠기도록 하여 급유하는 방법이다.
② 패드 급유법 : 무명이나 털 등을 섞어 만든 패드 일부를 오일 통에 담가저널의 아래면에 모세관 현상으로 급유하는 방법이다.
③ 적하 급유법 : 유리에 눈금이 새겨진 적하 급유법이 많이 이용하고, 저속 및 중속 축의 급유와 마찰 면이 넓고 시동횟수가 많은 곳에 주로 사용한다.
④ 강제 급유법 : 순환 펌프를 이용하여 급유하는 방법으로, 고속회전 할 때 베어링 냉각효과에 경제적인 방법이다.

34. 절삭공구재료의 구비조건으로 틀린 것은?

① 조형성이 좋아야 한다.
② 내마모성이 커야 한다.
③ 고온 경도가 높아야 한다.
④ 가공재료와 친화력이 커야 한다.

해설 공구재료의 구비조건
• 가공재료보다 경도가 클 것이다.
• 고온에서 경도가 감소되지 않아야 한다.
• 인성, 강도와 내마모성이 클 것이다.
• 마찰계수가 적을 것이다.
• 쉽게 원하는 모양으로 만들 수 있어야 한다.
• 취급이 편리하고 가격이 싸고 경제적이어야 한다.
• 내용착성, 내산화성, 내확산성 등 화학적으로 안전성이 커야 한다.

35. 합금 공구강에 대한 설명으로 틀린 것은?

① 탄소공구강에 비해 절삭성이 우수하다.
② 저속 절삭용, 총형 절삭용으로 사용된다.
③ 합금 공구강에는 Ag, Hg의 원소가 포함되어 있다.
④ 경화능을 개선하기 위해 탄소공구강에 소량의 합금원소를 첨가한 강이다.

해설 합금 공구강(STS) : 탄소(0.8~1.5%) 공구강에 W-Cr-V-Ni 등 합금원소를 첨가하여 경화능을 개선한 것이다.

정답 31 ④ 32 ④ 33 ③ 34 ④ 35 ③

36. W, Cr, V, Co 들의 원소를 함유하는 합금강으로 600°C까지 고온 경도를 유지하는 공구재료는?

① 고속도강 ② 초경합금
③ 탄소공구강 ④ 합금 공구강

해설 고속도 공구강(SKH)
- 재료 : W-Cr-V-Mo-Co 원소를 함유하는 합금강으로 600°C까지 고온 경도를 유지한다.
- 대표적인 것으로 W(18%)-Cr(4%)-V(1%)이 있다.
- 탄소공구강보다 높은 온도에서 절삭 능력이 뛰어나다.
- 내마모성이 크며 공구수명이 탄소공구강의 2배 이상이다.

37. 주조경질 합금 중에서 스텔라이트(stellite)의 주성분은?

① W, Cr, V
② W, C, Ti, Co
③ Co, W, Cr, Fe
④ W, Ti, Ta, Mo

해설 주조 경질 합금
- 대표적인 것으로 스텔라이트가 있으며 주조로 성형한 것을 연삭으로 다듬질하여 사용하며, 금속절삭에 널리 사용되지 않는다.
- 재료 : W-Cr-Co-C-Fe
- 850°C까지 경도가 유지되나 취성이 있고 값이 비싸다.
- 단조나 열처리가 되지 않으므로 매우 단단하다.

38. 초경합금 공구에 내마모성과 내열성을 향상시키기 위하여 피복하는 재질이 아닌 것은?

① TiC ② TiAl
③ TiN ④ TiCN

해설 초경합금 : TiC, TiN, TiCN
W-Ti-Ta 등의 탄화물 분말을 Co 또는 Ni을 결합하여 1400°C 이상에서 소결시킨 것이다.

39. 초경합금의 사용 선택기준을 표시하는 내용 중 ISO 규격에 해당되지 않는 공구는?

① M계열 ② N계열
③ K계열 ④ P계열

해설 초경합금 팁의 표시
① P(푸른색) : 일반강, 절삭 시
② M(노란색) : 스테인리스강, 주강 절삭 시
③ K(붉은색) : 비철금속, 주철 절삭 시
예 P10-01-3
P : 팁 품종, 10 : 인성, 01 : 형태, 3 : 크기
(P01-고속절삭, P10-나사절삭, P20, P30-황삭)

40. 서멧(Cermet) 공구를 제작하는 가장 적합한 방법은?

① WC(텅스텐 탄화물)을 Co로 소결
② Fe에 Co를 가한 소결초경 합금
③ 주성분이 W, Cr, Co, Fe로 된 주조 합금
④ Al_2O_3분말에 TiC분말을 혼합 소결

해설 서멧(Cermet) : Al_2O_3분말에 70%에 TiC 또는 TiN분말을 30% 정도 혼합하여 수소 분위기에서 소결하여 제작한다. 서멧은 고속 절삭부터 저속 절삭까지 속도범위가 넓고 크레이터 마모, 플랭크 마모가 적어 공구수명이 길다. 또한 구성인선이 거의 없고 높은 가공 정도를 유지하며 내충격성이 우수하다(TiN). 그러나 중절삭으로 인선의 소성변형이 쉬워 마찰에 의한 마모가 심하며, 치핑 결손이 생기기 쉬운 점이 있다.

41. 다음 중 산화알루미늄(Al_2O_3) 분말을 주성분으로 소결한 절삭공구재료는?

① 세라믹 ② 고속도강
③ 다이아몬드 ④ 주조경질합금

정답 36 ① 37 ③ 38 ② 39 ② 40 ④ 41 ①

해설 세라믹 합금
- 산화알루미늄(Al_2O_3) 분말에 규소 및 마그네슘 등의 산화물이나 다른 산화물의 첨가물을 넣고 소결한 것이다.
- 고속 절삭, 고온에서 경도가 높고, 내마멸성이 좋다.
- 경질 합금보다 인성이 적고 취성이 있어 충격 및 진동에 약하다.
- 고속절삭시 구성인선이 생기지 않아 가공면이 좋다.
- 땜이 곤란하여 고정용 홀더나 접착제를 사용한다.

42. 미소 분말을 초고온, 고압(약 2000℃, 7만 기압)으로 소결한 공구는?

① 세라믹 ② CBN 공구
③ 다이아몬드 ④ 서멧 공구

43. 특수공구재료인 다이아몬드의 일반적인 성질 중 가장 거리가 먼 것은?

① 강에 비해서 열팽창이 크다.
② 장시간 고속 절삭이 가능하다.
③ 금속에 대한 마찰계수 및 마모율이 적다.
④ 알려져 있는 물질 중에서 가장 경도가 크다.

해설 다이아몬드
- 가장 경도가 높고 1500m/min의 고속 절삭이 가능하다.
- 비철금속의 정밀 완성가공 및 경절삭의 초정밀 연속 절삭에 적합하다.
- 취성이 크고 가격이 너무 고가이다.
- 열팽창이 적고 열전도율이 크다(강의 2배).
- 마찰계수가 대단히 적다.
- 공구 사용시 인선의 강도 유지를 위해 경사각을 작게 한다.

44. 일반적으로 요구되는 절삭공구의 조건으로 적합하지 않은 것은?

① 고마찰성 ② 고온 경도
③ 내마모성 ④ 강인성

해설 절삭공구의 조건으로 저마찰성이 필요하다.

45. 절삭공구에서 칩 브레이커(chip breaker)의 설명으로 옳은 것은?

① 전단형이다.
② 칩의 한 종류이다.
③ 바이트 섕크의 종류이다.
④ 칩이 인위적으로 끊어지도록 바이트에 만든 것이다.

해설 칩 브레이커의 목적
① 공구, 공작물, 공작기계(척)가 서로 엉키는 것을 방지한다. 칩이 짧게 끊어지도록 바이트에 만든다.
  ㉠ 가공표면의 흠집 발생 방지
  ㉡ 공구 날 끝의 치핑 방지
  ㉢ 칩의 비산 등에 의한 작업자의 위험 요인을 줄임
② 절삭유제의 유동을 좋게 한다.
③ 칩의 제거 및 처리를 효율적으로 할 수 있다.
④ 유동형 칩이다.

46. 공작물을 절삭할 때 절삭온도의 측정방법으로 틀린 것은?

① 공구 현미경에 의한 측정
② 칩의 색깔에 의한 측정
③ 열량계에 의한 측정
④ 열전대에 의한 측정

해설 절삭온도 측정법
① 칩의 색깔에 의한 방법
② 칼로리미터(열량계)에 의한 방법
③ 공구에 열전대를 삽입하는 방법
④ 시온 도료를 사용하는 방법
⑤ 공구와 일감을 열전대로 사용하는 방법
⑥ 복사 고온계에 의한 방법

정답 42 ② 43 ① 44 ① 45 ④ 46 ①

02 선반 가공

01. 일반적으로 보통 선반에서 할 수 있는 가공이 아닌 것은?
① 기어 가공 ② 널링 가공
③ 편심 가공 ④ 테이퍼 가공

해설 기어 가공은 만능밀링머신에서 작업이 가능하며 일반적으로 호빙머신에서 작업한다.

02. 보통 선반의 심압대 대신 여러 개의 공구를 방사상으로 설치하여 공정 순서대로 공구를 차례로 사용하여 간단한 부품을 대량 생산할 때 사용되는 선반은?
① 공구 선반 ② 모방 선반
③ 차륜 선반 ④ 터릿 선반

해설
- **공구 선반** : 릴리빙 장치(=Back off 장치)를 가진 것으로 절삭공구(호브, 커터, 탭 등)의 여유각을 가공한다.
- **모방 선반** : 형상이 복잡하거나 곡선형 외경만을 가진 일감을 많이 가공할 때 편리하며 트레이서를 접촉시켜 형판모양으로 공작물을 가공한다.
- **차륜 선반** : 철도차량의 차륜을 깎는 선반으로 정면 선반 2개를 서로 마주본다.

03. 공작물의 단면절삭에 쓰이는 것으로 길이가 짧고 직경이 큰 공작물의 절삭에 사용되는 선반은?
① 모방 선반 ② 수직 선반
③ 정면 선반 ④ 터릿 선반

해설
- **모방 선반** : 형상이 복잡하거나 곡선형 외경만을 가진 일감을 많이 가공할 때 편리하며 트레이서를 접촉시켜 형판모양으로 공작물을 가공한다.
- **수직 선반** : 중량이 큰 대형공작물, 직경이 크고, 폭이 좁으며 불균형한 공작물을 가공하며 공작물 고정이 쉽고 안정된 중절삭이 가능하고 비교적 정밀하다.
- **터릿 선반** : 터릿으로 불리는 선회 공구대를 가진 것으로 너트, 와셔, 나사, 핀 등 모양이 간단한 제품의 대량 생산용으로 램형, 새들형, 드럼형 등이 있다.

04. 다음 중 선반의 규격을 가장 잘 나타낸 것은?
① 선반의 총 중량과 원동기의 마력
② 깎을 수 있는 일감의 최대지름
③ 선반의 높이와 베드의 길이
④ 주축대의 구조와 베드의 길이

해설 선반의 크기는 베드 위에서 스윙(swing), 왕복대 상의 스윙, 양 센터 사이의 거리로 나타낸다. 여기에서 스윙(Swing)이란 베드 및 왕복대 상에서 접촉하지 않고 가공할 수 있는 공작물의 최대지름을 의미한다.

05. 선반의 주축을 중공축으로 할 때의 특징으로 틀린 것은?
① 굽힘과 비틀림 응력에 강하다.
② 마찰열을 쉽게 발산시킨다.
③ 길이가 긴 가공물 고정이 편리하다.
④ 중량이 감소되어 베어링에 작용하는 하중을 줄여준다.

해설 일반적으로 주축(spindle)은 중공축을 쓴다. 그 이유는
① 긴 공작물을 가공한다.
② 베어링에 걸리는 하중을 감소시킨다.
③ 척, 면판 등을 끼고 빼는 데 편리하다.
④ 주축의 무게를 감소시킨다.
⑤ 실축보다 굽힘과 비틀림 응력에 강하다.

정답 01 ① 02 ④ 03 ③ 04 ② 05 ②

06. 선반에서 나사 가공을 위한 분할 너트 (half nut)는 어느 부분에 부착되어 사용하는가?

① 주축대　　② 심압대
③ 왕복대　　④ 베드

해설　왕복대 : 베드 안내면 상에 놓여져 있으며 공구를 부착시켜서 이송 운동에 의해 공작물을 절삭하는 부분이다. 나사 절삭시 이송용 너트는 half nut(split nut)이다.

07. 선반의 심압대가 갖추어야 할 구비조건으로 틀린 것은?

① 센터는 편위 시킬 수 있어야 한다.
② 베드의 안내면을 따라 이동할 수 있어야 한다.
③ 베드의 임의위치에서 고정할 수 있어야 한다.
④ 심압축은 중공으로 되어 있으며 끝부분은 내셔널 테이퍼로 되어 있어야 한다.

해설　심압대의 구비조건
- 베드의 어떠한 위치에도 적당히 고정할 수 있어야 한다.
- 터를 고정하는 심압대의 스핀들을 고정할 수 있다.
- 축에 정지센터를 끼워 긴 공작물을 고정하거나 센터 대신 드릴·리머 등을 고정할 수 있다.
- 조정 나사의 조정으로 심압대를 편위시켜 테이퍼를 절삭한다.
- 심압축을 움직일 수 있다.
- 심압축은 모스 테이퍼(morse taper)로 되어 있다.

08. 선반 가공에서 양 센터 작업에 사용되는 부속품이 아닌 것은?

① 돌림판　　② 돌리개
③ 맨드릴　　④ 브로치

해설　돌림판과 돌리개, 맨드릴 → 양 센터 작업 시 사용된다.
- 돌림판 : 주축 끝 나사부에 고정된다.
- 돌리개 : 돌림판과 공작물에 회전 전달에 쓰인다.
- 심봉(mandrel) : 구멍이 있는 공작물을 고정, 가공 시 심봉 자체는 양 센터로 지지한다.

09. 척을 선반에서 떼어내고 회전센터와 정지센터로 공작물을 양 센터에 고정하면 고정력이 약해서 가공이 어렵다. 이때 주축의 회전력을 공작물에 전달하기 위해 사용하는 부속품은?

① 면판
② 돌리개
③ 베어링 세트
④ 앵글 플레이트

해설
- 면판 : 대형 공작물이나 복잡한 형상의 공작물 가공에 사용된다.
- 베어링 센터 : 고속회전 시 사용 된다.
- 앵글 플레이트 : 면판과 함께 사용하며 클램프 등의 고정구와 웨이트 밸런스를 위한 추를 사용한다.

10. 선반가공에서 길이가 지름의 20배가 넘는 환봉을 절삭할 때 진동을 방지하기 위해 사용하는 부속장치는?

① 맨드릴　　② 돌리개
③ 방진구　　④ 돌림판

해설　방진구
보통 직경의 12배 이상의 길이는 불안전한 절삭조건일 때 사용하고 직경의 20배 이상의 길이일 때 방진구를 사용한다.

정답　06 ③　07 ④　08 ④　09 ②　10 ③

Part 3. 기계재료 및 측정

11. 선반에서 산형 베드가 평형 베드에 비해 좋은 점을 나열하였다. 틀린 것은?

① 정밀 절삭에 적합하다.
② 왕복대의 앞뒤 흔들림이 적다.
③ 베드의 마멸이 비교적 적다.
④ 칩에 의한 베드면 손상이 적다.

해설 베드의 형상
- 수평형(영국형)
  ① 강력 절삭 및 대형 절삭에 사용한다(단차식 선반용).
  ② 안내면 면적이 높고 마멸이 적으나 불안정, 슬라이딩이 나쁘고 정밀도가 떨어진다.
  ③ 공작이나 조립이 용이하다.
  ④ 안내를 하는 각각의 2면에 대해 절삭저항의 분력이 각기 동시에 작용하는 경우 안정된 안내를 할 수 있다.
- 산형(미국형)
  ① 베드면에 상처가 작고 정밀도가 양호하다(소형 선반용).
  ② 안내면 면적이 적고, 마멸이 많으며 진동이 적다.
  ③ 미끄럼 마모가 생겼을 경우 틈새가 생기지 않도록 미끄럼대의 중량으로 자동으로 조정이 되어 안내의 중심이 변하지 않는다.
  ④ 칩이 잘 쌓이지 않는 구조이다.

12. 선반에서 긴 가공물을 절삭할 경우 사용하는 방진구 중 이동식 방진구는 어느 부분에 설치하는가?

① 베드 ② 새들
③ 심압대 ④ 주축대

해설
- 고정식 방진구
  베드에 설치, 3개의 조로 구성
- 이동식 방진구
  왕복대의 새들에 설치, 2개의 조로 구성

13. 선반에서 맨드릴(mandrel)의 종류가 아닌 것은?

① 갱 맨드릴
② 나사 맨드릴
③ 이동식 맨드릴
④ 테이퍼 맨드릴

해설
- 단체 심봉(Solid) : 정밀한 중심내기용 (가장 보통형) 1/100, 1/1000의 테이퍼로 비교적 간단하고 확실하게 공작물을 고정한다.
- 팽창식 맨드릴(Expanding) : 공작물 구멍이 심봉보다 클 때, 슬리브(Sleeve)를 끼워 축 방향으로 이동시켜 지름을 조정한다.
- 테이퍼 맨드릴(Taper) : 테이퍼 가공용으로 사용된다.
- 너트(갱) 맨드릴(Gang) : 두께가 얇은 여러 개의 얇은 원판형 공작물을 심봉에 끼우고 너트로 고정하여 사용된다.
- 조립(원추) 맨드릴(Cone) : 비교적 큰 지름(pipe)의 원통형이 가공 시 사용된다.
- 나사 맨드럴(Thread) : 공작물에 나사 구멍이 있을 때 사용된다.

14. 선반에서 지름 50mm의 재료를 절삭속도 60m/min, 이송 0.2mm/rev, 길이 30mm로 1회 가공할 때 필요한 시간은?

① 약 10초 ② 약 18초
③ 약 23초 ④ 약 39초

해설 가공 $T = \dfrac{L}{Nf}i = \dfrac{30}{382 \times 0.2} \times 1 = 0.39$분 $= 23$초

$N =$ 회전수$\left(\dfrac{1,000\,V}{\pi D}\right) = \dfrac{1,000 \times 60}{\pi \times 50} = 382$

15. 선반의 척(chuck)에 해당되지 않는 것은?

① 헬리컬 척 ② 콜릿 척
③ 마그네틱 척 ④ 연동 척

해설 선반의 척(chuck)
- 연동척(만능척, 스크롤 척) : 규칙적인 외경을 가진 재료를 가공. 단동척보다 고정력이 약하다. 일반적으로 3개(4개도 있음)의 조를 크라운 기어를 사용, 동시에 이동시킨다.
- 단동척 : 다소 불규칙한 외경의 공작물 가공과 중심을 편심시켜 가공할 수 있다. 4개의 조가 있다.
- 마그네틱척 : 전자석 설치, 얇은 공작물을 변형시키지 않고 가공된다.
- 콜릿척 : 가는 지름의 환봉 재료 고정. 탁상, 터릿 선반용으로 사용된다.
- 벨척 : 4, 6, 8개의 볼트로 불규칙한 환봉 재료를 고정한다.
- 공기척 : 공작물의 장탈을 신속 확실하게 하려고 압축공기나 유압으로 조를 동작, 다수 가공 시 사용되고, 자동화에 능률적이다.
- 복동척 : 조 4개, 단동척+연동척의 기능으로 먼저 단동척으로 중심을 맞추고 다음부터는 연동식으로 작업한다. 불규칙한 공작물의 다량 고정 시 유용하다. 렌치 장치에 의해 단동과 연동이 양용된다.

16. 4개의 조가 90° 간격으로 구성배치되어 있으며, 보통선반에서 편심가공을 할 때 사용되는 척은?

① 단동척 ② 연동척
③ 유압척 ④ 콜릿척

해설
① 단동척 : 다소 불규칙한 외경의 공작물 가공에 사용되며 중심을 편심시켜 가공할 수 있다. 4개의 조가 있다.
② 연동척 : 규칙적인 외경을 가진 재료를 가공한다. 단동척보다 고정력이 약하다. 3개의 조를 크라운 기어를 사용, 동시에 이동시킨다.
③ 유압척 : 공작물의 장탈을 신속 확실하게 하기 위해 유압으로 조를 동작, 다수 가공 시 사용되고, 자동화에 능률적이다.
④ 콜릿척 : 가는 지름의 환봉 재료 고정. 탁상, 터릿 선반용으로 사용된다.

17. 일반적으로 센터드릴에서 사용되는 각도가 아닌 것은?

① 45° ② 60°
③ 75° ④ 90°

해설 센터의 선단의 각도
- 미국식 : 60° → 정밀가공 중 소형 공작물 가공에 사용된다.
- 영국식 : 75° or 90° → 중량이 큰 대형 공작물 가공에 사용된다.

18. 선반의 나사절삭 작업 시 나사의 각도를 정확히 맞추기 위하여 사용되는 것은?

① 플러그 게이지
② 나사 피치 게이지
③ 한계 게이지
④ 센터 게이지

해설 센터 게이지 : 선반에서 나사절삭 작업 시 나사의 각도를 정확히 맞추기 위하여 사용된다.

19. 바이트 중 날과 자루(shank)가 같은 재질로 만든 것은?

① 스로어웨이 바이트
② 클램프 바이트
③ 팁 바이트
④ 단체 바이트

해설 바이트의 구조에 따른 종류
- 단체 바이트 : 날 부분과 자루 부분이 같은 재질이다.
- 팁 바이트 : 날 부분만 초경합금 등의 공구재료로 용접한다.
- 클램프 바이트(인서트 바이트, 스로어웨이 바이트) : 팁을 나사이용 기계적으로 고정한다.

Part 3. 기계재료 및 측정

20. 선반작업에서 공구 절인의 선단에서 바이트 밑면에 평행한 수평면과 경사면이 형성하는 각도는?
① 여유각　　② 측면 절인각
③ 측면 여유각　④ 경사각

해설
- 경사각 : 선반작업에서 공구 절인의 선단에서 바이트 밑면에 평행한 수평면과 경사면이 형성하는 각도이다.
- 여유각 : 공구의 끝과 공작물의 마찰을 방지하기 위한 각도이다.

21. 리드 스크루가 1인치당 6산의 선반으로 1인치에 대하여 $5\frac{1}{2}$ 산의 나사를 깎으려고 할 때, 변환기의 값은? (단, A : 주동측 기어, C : 종동측 기어이다.)
① A : 127, C : 110
② A : 130, C : 110
③ A : 110, C : 127
④ A : 120, C : 110

해설 리드 스크류 피치(inch), 나사피치(inch)로 절삭할 때
$L(p)$=1"당 6산, 나사(p)=1"당 $5\frac{1}{2}$ 산으로 가공
$$\frac{6 \times 20}{5.5 \times 20} = \frac{120(주축기어 잇수)}{110(리드 스크류기어 잇수)}$$

22. 1인치에 4산의 리드스크루를 가진 선반으로 피치 4mm의 나사를 깎고자 할 때, 변환 기어 잇수를 구하면? (단, A : 주축기어의 잇수, B : 리드스크루의 잇수이다.)
① A : 80, B : 137
② A : 120, B : 127
③ A : 40, B : 127
④ A : 80, B : 127

해설 리드스크루 피치(inch), 나사피치(mm)로 절삭할 때
$L(p)$=1"당 4산, 나사(p)=4mm로 가공
$$\frac{A}{B} = \frac{5 \times 4 \times 4}{127} = \frac{80}{127}$$

23. 보통 선반에서 테이퍼 나사를 가공하고자 할 때 절삭 방법으로 틀린 것은?
① 바이트의 높이는 공작물의 중심선보다 높게 설치하는 것이 편리하다.
② 심압대를 편위시켜 절삭하면 편리하다.
③ 테이퍼 절삭장치를 사용하면 편리하다.
④ 바이트는 테이퍼부에 직각이 되도록 고정한다.

해설 바이트의 높이는 공작물의 중심선과 같은 높이로 설치한다.

24. 표준 맨드릴(mandrel)의 테이퍼 값으로 적합한 것은?
① $\frac{1}{10} \sim \frac{1}{20}$ 정도
② $\frac{1}{50} \sim \frac{1}{100}$ 정도
③ $\frac{1}{100} \sim \frac{1}{1,000}$ 정도
④ $\frac{1}{200} \sim \frac{1}{400}$ 정도

해설 표준 맨드릴(mandrel)의 테이퍼 값은 1/100, 1/1,000의 테이퍼로 비교적 간단하고 확실하게 공작물을 고정한다.

25. 심압대의 편위량을 구하는 식으로 옳은 것은? (단, X : 심압대 편위량이다.)

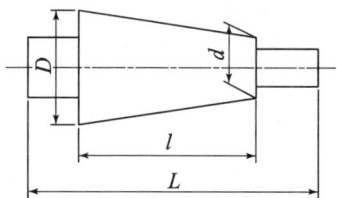

① $X = \frac{D-dL}{2l}$
② $X = \frac{L(D-d)}{2l}$
③ $X = \frac{l(D-d)}{2L}$
④ $X = \frac{2L}{(D-d)l}$

해설
- 심압대의 편위량
$$X = \frac{L(D-d)}{2l}$$
- 복식 공구대를 경사시키는 방법
$$\theta = \tan^{-1}\frac{D-d}{2\,l}$$

26. 다음과 같이 테이퍼 가공을 하고자 할 때, 복식 공구대의 회전각도는?

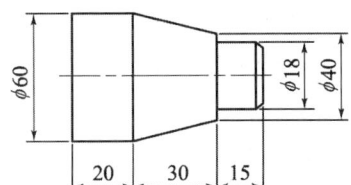

① 12.86°   ② 16.67°
③ 18.43°   ④ 21.80°

해설 $\theta = \tan^{-1}\dfrac{D-d}{2\,l} = \dfrac{60-40}{2\times 30} = 18.43°$

27. 그림과 같은 공작물을 양 센터 작업에서 심압대를 편위시켜 가공할 때 편위량은? (단, 그림의 치수는 mm이다.)

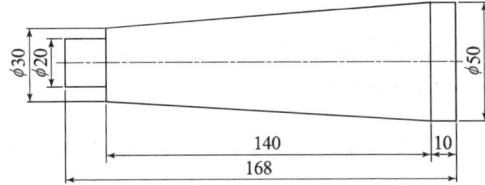

① 6mm   ② 8mm
③ 10mm ④ 12mm

해설 $x = \dfrac{(D-d)L}{2\,l} = \dfrac{(50-30)\times 168}{2\times 140} = 12\,\text{mm}$

28. 선반에서 테이퍼의 각이 크고 길이가 짧은 테이퍼를 가공하기에 가장 적합한 방법은?

① 백기어 사용방법
② 심압대의 편위 방법
③ 복식 공구대를 경사시키는 방법
④ 테이퍼 절삭장치를 이용하는 방법

29. 범용 선반작업에서 내경 테이퍼 절삭가공 방법이 아닌 것은?

① 테이퍼 리머에 의한 방법
② 복식공구대의 회전에 의한 방법
③ 테이퍼 절삭장치를 이용하는 방법
④ 심압대를 편위시켜 가공하는 방법

30. 일반적인 보통 선반 가공에 관한 설명으로 틀린 것은?

① 바이트 절입량의 2배로 공작물의 지름이 작아진다.
② 이송속도가 빠를수록 표면 거칠기는 좋아진다.
③ 절삭속도가 증가하면 바이트의 수명은 짧아진다.
④ 이송속도는 공작물의 1회전당 공구의 이동 거리이다.

해설 이송속도가 빠를수록 표면 거칠기는 나빠진다.

31. 미끄러짐을 방지하기 위한 손잡이나 외관을 좋게 하기 위하여 사용되는 다음 그림과 같은 선반 가공법은?

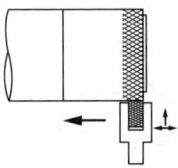

① 나사 가공   ② 널링 가공
③ 총형 가공   ④ 다듬질 가공

정답 26 ③ 27 ④ 28 ③ 29 ④ 30 ② 31 ②

03 밀링 가공

01. 공구가 회전하고 공작물은 고정되어 절삭하는 공작기계는?

① 선반(Lathe)
② 밀링머신(Milling)
③ 브로칭 머신(Broaching)
④ 형삭기(Shaping)

해설
- 선반(Lathe) : 공작물의 회전운동과 바이트의 직선운동으로 원통형의 제품을 주로 가공하는 일이며, 이 공작기계를 선반(lathe)이라 한다.
- 브로칭 머신(Broaching) : 공구와 공작물은 고정하고 브로칭 공구를 사용하여 한 번 통과시켜 구멍의 내면을 깎는 가공을 브로칭(broaching)이라 하며, 각형 구멍, 키 홈, 스플라인의 구멍 등을 다듬질하는 데 사용한다.
- 형삭기(Shaping) : 공작물은 고정하고 공구(바이트)를 이용하여 직선 왕복 운동하여 작은 제품의 평면을 주로 가공하는 세이퍼(shaper)와 슬로터(slotter)가 있다.

02. 밀링머신에 관한 설명으로 옳지 않은 것은?

① 테이블의 이송속도는 밀링커터 날 1개당 이송거리×커터의 날 수×커터의 회전수로 산출한다.
② 플레노형 밀링머신은 대형의 공작물 또는 중량물의 평면이나 홈 가공에 사용한다.
③ 하향 절삭은 커터의 날이 일감의 이송방향과 같으므로 일감의 고정이 간편하고 뒤틈 제거장치가 필요없다.
④ 수직밀링머신은 스핀들이 수직 방향으로 장치되며 엔드밀로 홈 깎기, 옆면 깎기 등을 가공하는 기계이다.

해설
하향 절삭은 떨림이 나타나 공작물과 커터를 손상시키며 백래시 제거장치가 없으면 작업을 할 수 없다.

03. 밀링머신의 종류에서 드릴의 비틀림 홈 가공에 가장 적합한 것은?

① 만능 밀링머신
② 수직형 밀링머신
③ 수평형 밀링머신
④ 플레이너형 밀링머신

해설
만능 밀링머신 : 드릴의 비틀림 홈 가공에 가장 적합하다.

04. 중량 가공물을 가공하기 위한 대형 밀링머신으로 플레이너와 유사한 구조로 되어 있는 것은?

① 수직 밀링머신
② 수평 밀링머신
③ 플래노 밀러
④ 회전 밀러

해설
플레이너형 밀링머신 : 플레노 밀러라고도 하며 중량물 및 대형가공물의 중절삭에 사용된다.

05. 수직 밀링머신에서 좌우 이송을 하는 부분의 명칭은?

① 니(knee)
② 새들(saddle)
③ 테이블(table)
④ 컬럼(column)

해설
테이블(table) : 공작물을 직접 고정하는 부분이며, 새들 상부의 안내면에 장치되어 수평면을 좌우로 이동한다.

06. 수평 밀링과 유사하나 복잡한 형상의 지그, 게이지, 다이 등을 가공하는 소형 밀링머신은?

① 공구 밀링머신

정답 01 ② 02 ③ 03 ① 04 ③ 05 ③ 06 ①

② 나사 밀링머신
③ 플레이너형 밀링머신
④ 모방 밀링머신

해설 공구 밀링머신 : 수평 밀링과 유사하나 복잡한 형상의 지그, 게이지, 다이 등을 가공하는 소형 밀링머신이다.

07. 수직밀링머신에서 가능한 작업이 아닌 것은?
① 홈 가공　　② 전조 가공
③ 평면 가공　④ 더브테일 가공

해설 전조 가공 : 담금질하여 단단하게 만든 다이스나 롤러를 재료에 강하게 누르면서 굴려, 재료의 표면을 변형시키는 비절삭가공법이다.

08. 밀링 가공에서 커터의 날 수 6개, 1날당의 이송 0.2mm, 커터의 외경 40mm, 절삭속도 30m/min일 때 테이블의 이송속도는 약 몇 mm/min인가?
① 274　　② 286
③ 298　　④ 312

해설 $f = f_z \times Z \times N = 0.2 \times 6 \times \dfrac{1,000 \times 30}{\pi \times 40} = 286.5$

09. 커터의 지름이 100mm이고, 커터의 날 수가 10개인 정면 밀링커터로 200mm인 공작물을 1회 절삭할 때 가공시간은 약 몇 초인가? (단, 절삭속도는 100m/min, 1날당 이송량은 0.1mm이다.)
① 48.4　　② 56.4
③ 64.4　　④ 75.4

해설
- 회전수 $N = \dfrac{1,000V}{\pi D} = \dfrac{1,000 \times 100}{\pi \times 100} = 318\text{rpm}$
- 테이블의 이송 $f = 0.1 \times 10 \times 318 = 318\text{m/min}$
- 테이블 이송거리 $L = 200 + 100 = 300\text{mm}$
- $\therefore$ 가공시간 $T = \dfrac{L}{f} = \dfrac{300}{318} = 0.94$분 $= 56$초

10. 지름 50mm, 날수 10개인 페이스 커터로 밀링 가공할 때 주축의 회전수가 300rpm, 이송속도가 매분당 1,500mm였다. 이때의 커터날 하나당 이송량(mm)은?
① 0.5　　② 1
③ 1.5　　④ 2

해설 $f = f_z \times z \times N = f_z = \dfrac{f}{z \times N} = \dfrac{1,500}{10 \times 300} = 0.5\text{mm}$

11. 밀링머신에서 절삭할 때 칩(chip)의 체적을 구하는 식으로 옳은 것은? [단, 절삭폭 b(mm), 절삭깊이 t(mm), 피드 f(mm)이다.]
① 절삭량 $= \dfrac{b \times t}{100f}\,[\text{cm}^3/\text{min}]$
② 절삭량 $= \dfrac{b \times t}{1,000f}\,[\text{cm}^3/\text{min}]$
③ 절삭량 $= \dfrac{b \times t \times f}{100}\,[\text{cm}^3/\text{min}]$
④ 절삭량 $= \dfrac{b \times t \times f}{1,000}\,[\text{cm}^3/\text{min}]$

12. 밀링머신에서 사용하는 바이스 중 회전과 상하로 경사시킬 수 있는 기능이 있는 것은?
① 만능 바이스
② 수평 바이스
③ 유압 바이스
④ 회전 바이스

정답　07 ②　08 ②　09 ②　10 ①　11 ④　12 ①

13. 밀링머신에서 분할 및 윤곽가공을 할 때 이용되는 부속장치는?

① 밀링 바이스
② 회전 테이블
③ 모방 밀링장치
④ 슬로팅 장치

> 해설 회전 테이블 장치(circular table)
> 가공물에 회전 운동이 필요할 때 사용하며 테이블 위의 바이스에 고정하고, 원형의 홈 가공, 바깥둘레의 원형가공, 원판의 분할 및 윤곽가공 등을 할 수 있는 장치이다.

14. 총형 공구에 의한 기어절삭에 만능밀링머신의 분할대와 같이 사용되는 밀링커터는?

① 베벨 밀링커터
② 헬리컬 밀링커터
③ 인벌류트 밀링커터
④ 하이포이드 밀링커터

> 해설 인벌류트 밀링커터 : 총형 공구에 의한 기어절삭에 만능밀링머신의 분할대와 같이 사용되는 밀링커터이다.

15. 다음 중 넓은 평면을 가공하기 위한 밀링공구로 적합한 것은?

① T홈 커터
② 볼 엔드밀
③ 정면 밀링커터
④ 더브테일 밀링커터

> 해설 정면 밀링커터(face milling cutter)
> 외주와 정면에 절삭날이 있으며 밀링커터 축에 수직인 평면을 가공에 쓰인다. 본체는 탄소강으로 팁을 납땜식, 심은날식, 스로어웨이(throw away)식으로 고정하여 사용하고 있다.

16. 다음 중 수평 밀링머신의 긴 아버(long arber)를 사용하는 절삭공구가 아닌 것은?

① 플레인 커터
② T홈 커터
③ 앵귤러 커터
④ 사이드 밀링커터

> 해설 T홈 커터는 수평 밀링에서 콜릿에 끼워 사용한다.

17. 밀링커터의 종류 중 자유 곡면 가공에 가장 적합한 것은?

① 각 밀링커터(Angle milling cutter)
② 정면 밀링커터(Face milling cutter)
③ 볼 엔드밀(Ball end mill)
④ T홈 밀링커터(T-slot milling cutter)

> 해설 볼 엔드밀(Ball end mill) : 5축 등 자유 곡면가공에 가장 적합하다.

18. 밀링머신 호칭 번호를 분류하는 기준으로 옳은 것은?

① 기계의 높이
② 주축모터의 크기
③ 기계의 설치 면적
④ 테이블의 이동거리

> 해설 밀링머신의 크기 표시
> ① 일반적으로 가공할 수 있는 최대치수 및 번호(0~5번)
> ② 표준형 : 테이블의 좌우 이송거리, 새들의 전후 이송거리, 니이의 상하 이송거리
> ③ 보통의 크기표시
> ㉠ 테이블의 이동량(좌우×전후×상하)
> ㉡ 테이블의 작업면의 크기(길이×폭)

정답 13 ② 14 ③ 15 ③ 16 ② 17 ③ 18 ④

19. 밀링머신의 크기를 번호로 나타낼 때 옳은 설명은?

① 번호가 클수록 기계는 크다.
② 호칭 번호 NO.0(0번)은 없다.
③ 인벌류트 커터의 번호에 준하여 나타낸다.
④ 기계의 크기와는 관계가 없고 공작물 종류에 따라 번호를 붙인다.

해설 보통 호칭 번호의 크기로 표시(0~5번)
→ 새들의 전후 이송거리(50mm) 간격

번호	No.0	No.1	No.2	No.3	No.4	No.5
이동거리	150	200	250	300	350	400

20. 밀링 가공에서 하향 절삭작업에 관한 설명으로 틀린 것은?

① 절삭력이 하향으로 작용하여 가공물 고정이 유리하다.
② 상향 절삭보다 공구수명이 길다.
③ 백래시 제거장치가 필요하다.
④ 기계 강성이 낮아도 무방하다.

해설 하향 절삭 작업에서는 기계 강성은 높아야 한다.

21. 니형 밀링머신의 크기는 무엇의 최대 이송거리로 표시하는가?

① 니   ② 새들
③ 테이블   ④ 바이스 조

해설 니형 밀링머신
• 니 : 새들과 테이블을 지지하고 컬럼의 미끄럼 면에서 상하 이동한다.
• 새들 : 테이블의 좌우 이동용 방향 전환 장치 및 백래시 제거장치 등이 있다.
• 테이블 : 새들 위에서 좌우 방향 이송하며 공작물 고정 및 부속장치 등을 지지 및 설치한다.

22. 일반적으로 니형 밀링머신의 크기 또는 호칭을 표시하는 방법으로 틀린 것은?

① 콜릿 척의 크기
② 테이블 작업면의 크기(길이×폭)
③ 테이블의 이동거리(좌우×전후×상하)
④ 테이블의 전·후 이송을 기준으로 한 호칭번호

해설 니형 밀링머신의 크기는 일반적으로 테이블의 크기(가로×세로)와 테이블의 이동 거리(좌우×전후×상하)를 호칭 번호로 표시하고, 또한, 수평 밀링머신은 스핀들 중심부터 테이블 면까지의 최대거리, 수직 밀링머신은 스핀들 끝부터 테이블 윗면까지의 최대거리와 스핀들 헤드의 이동 거리로 표시할 때도 있다.

23. 주축이 수평이며, 컬럼, 니이, 테이블 및 오버 암 등으로 되어 있고 새들위에 선회대가 있어 테이블을 수평면 내에서 임의의 각도로 회전할 수 있는 밀링머신은?

① 모방 밀링머신   ② 만능 밀링머신
③ 나사 밀링머신   ④ 수직 밀링머신

해설 만능 밀링머신(universal milling machine)
수평 밀링머신과 거의 같으나 다른 점은 새들 위에 선회대가 있고, 그 위에서 테이블이 수평 선회하는 점이 다르다. 이는 분할대를 이용하여 나선 홈을 가공할 수 있으며, 헬리컬 기어(helical gear), 트위스트 드릴(twist drill)의 홈 등을 절삭할 수 있다.

24. 니 컬럼형 밀링머신에서 테이블의 상하 이동 거리가 400mm이고, 새들의 전후 이동 거리는 200mm라면 호칭 번호는 몇 번에 해당하는가? (단, 테이블의 좌우 이동 거리는 550mm이다.)

① 1번   ② 2번
③ 3번   ④ 4번

정답 19 ① 20 ④ 21 ③ 22 ① 23 ② 24 ①

25. 밀링작업에서 상향 절삭과 하향 절삭의 특징을 비교했을 때 상향 절삭에 해당하는 것은?

① 동력의 소비가 적다.
② 마찰열의 작용으로 가공면이 거칠다.
③ 가공할 때 충격이 있어 높은 강성이 필요하다.
④ 뒤틈(backlash) 제거장치가 없으면 가공이 곤란하다.

해설 상향 절삭과 하향 절삭의 비교

구 분	상향 절삭	하향 절삭
칩에 영향	절삭에 방해 없다.	절삭에 방해 있다.
백래시 제거	백래시 제거장치 필요 없다.	백래시 제거장치 필요하다.
공작물 고정	불안함으로 확실히 고정해야 한다.	안정된 고정이 된다.
공구수명	수명이 짧고 날 파손은 적으나 마멸이 심하다.	수명이 길고 날 파손은 생길 수 있으나 마모가 적다.
소비동력	소비가 크다.	소비가 적다.
가공면	거칠다.	깨끗하다.

26. 밀링머신에서 주축의 회전운동을 왕복운동으로 변환시켜 가공물의 안지름에 키 홈 등을 가공할 때 사용하는 부속장치는?

① 분할대
② 회전 테이블
③ 슬로팅 장치
④ 랙 절삭 장치

해설 슬로팅 장치
니형 밀링머신의 컬럼 앞면에 주축과 연결하여 사용하며 주축의 회전운동을 공구대 램의 직선 왕복운동으로 변화시켜 바이트로써 직선 절삭이 가능하다(키이, 스플라인, 세레이션, 기어가공 등).

27. 밀링에서 하향 절삭과 비교한 상향 절삭 작업에 대한 설명 중 틀린 것은?

① 표면 거칠기가 좋다.
② 강성이 낮아도 무방하다.
③ 절삭공구를 위로 들어올리는 힘이 작용한다.
④ 백래시를 제거하지 않아도 된다.

해설 상향 절삭

장 점	단 점
① 칩이 날을 방해하지 않는다. ② 밀링커터의 진행 방향과 테이블의 이송 방향이 반대이므로 이송기구의 백래시를 제거한다. ③ 기계에 무리를 주지 않는다(절삭동력이 적게 소비된다). ④ 일반적인 가공에 유리하고 치수 정밀도의 변화가 적다. ⑤ 절삭 날에는 가공 시작부터 끝까지 절삭저항이 점차 증가하므로 절삭 날에 작용하는 충격이 적다.	① 커터가 공작물을 올리는 작용을 하므로 공작물을 견고히 고정해야 한다. ② 커터의 수명이 짧다. ③ 동력 낭비가 많다. ④ 가공 면이 깨끗하지 못하다.

28. 밀링머신의 테이블 위에 설치하여 제품의 바깥 부분을 원형이나 윤곽가공 할 수 있도록 사용되는 부속장치는?

① 더브테일
② 회전 테이블
③ 슬로팅 장치
④ 랙 절삭 장치

해설 회전 테이블 장치(circular table)
가공물에 회전 운동이 필요할 때 사용하며, 테이블 위의 바이스에 고정하고, 원형의 홈가공, 바깥둘레의 원형가공, 원판의 분할 가공 등을 할 수 있는 장치이다.

29. 밀링머신에서 테이블의 백래시(back lash) 제거장치 설치 위치는?

① 변속기어
② 자동 이송레버
③ 테이블 이송나사
④ 테이블 이송핸들

정답 25 ② 26 ③ 27 ① 28 ② 29 ③

해설 테이블 이송나사 : 밀링머신에서 테이블의 백래시(back lash) 제거장치 설치 위치이다.

30. 밀링작업에서 분할대를 사용하여 직접 분할할 수 없는 것은?

① 3등분   ② 4등분
③ 6등분   ④ 9등분

해설 직접 분할법(=면판 분할법)
분할대의 면판에 24개의 구멍이 등 간격으로 뚫어져 있다(면판 위의 24개 구멍을 이용하여 분할).
※ 24의 약수 : 2, 3, 4, 6, 8, 12, 24
⇒ 7종 분할 가능

31. 밀링 가공에서 분할대를 사용하여 원주를 6°30′씩 분할하고자 할 때, 옳은 방법은?

① 분할 크랭크를 18공열에서 13구멍씩 회전시킨다.
② 분할 크랭크를 26공열에서 18구멍씩 회전시킨다.
③ 분할 크랭크를 36공열에서 13구멍씩 회전시킨다.
④ 분할 크랭크를 13공열에서 1회전 하고 5구멍씩 회전시킨다.

해설 $\frac{6.5}{9} = \frac{13}{18}$ ⇒ 분할 크랭크를 18공열에서 13구멍씩 회전시킨다.

32. 밀링 분할대로 3°의 각도를 분할하는데, 분할 핸들을 어떻게 조작하면 되는가? (단, 브라운샤프형 No.1의 18열을 사용한다.)

① 5구멍씩 이동   ② 6구멍씩 이동
③ 7구멍씩 이동   ④ 8구멍씩 이동

해설 • 각도 분할법
$$\frac{h}{H} = \frac{\theta°}{9°} = \frac{\theta \times 60'}{540'}$$
• 원주에 3°로 분할
$$\frac{3}{9} = \frac{3 \times 2}{9 \times 2} = \frac{6}{18}$$

33. 원주를 단식 분할법으로 32등분하고자 할 때, 다음 준비된 〈분할판〉을 사용하여 작업하는 방법으로 옳은 것은?

No.1 : 20, 19, 18, 17, 16, 15
No.2 : 33, 31, 29, 27, 23, 21
No.3 : 49, 47, 43, 41, 39, 37

① 16구멍 열에서 1회전과 4구멍씩
② 20구멍 열에서 1회전과 10구멍씩
③ 27구멍 열에서 1회전과 18구멍씩
④ 33구멍 열에서 1회전과 18구멍씩

해설 $\frac{h}{H} = \frac{R}{N} = \frac{40}{N}$
여기서, H : 분할대 구멍수
h : 1회 분할에 필요한 구멍수
R : 웜과 웜휠의 회전비(브라운샤프형, 신시네티형)
N : 분할 등분수

$\frac{h}{H} = \frac{40}{N} = \frac{40}{32} = 1\frac{4}{16}$ ⇒ 분할판 16구멍 열에서 1회전과 4구멍씩 이동시킨다.

34. 밀링작업의 단식 분할법에서 원주를 15등분 하려고 한다. 이때 분할대 크랭크의 회전수를 구하고, 15구멍열 분할판을 몇 구멍씩 보내면 되는가?

① 1회전에 10구멍씩
② 2회전에 10구멍씩
③ 3회전에 10구멍씩
④ 4회전에 10구멍씩

정답 30 ④ 31 ① 32 ② 33 ① 34 ②

해설 원주 15등분
$$\frac{h}{H} = \frac{40}{15} = 2\frac{10}{15}$$

35. 밀링머신에서 원주를 단식 분할법으로 13 등분하는 경우의 설명으로 옳은 것은?

① 13구멍 열에서 1회전에 3구멍씩 이동한다.
② 39구멍 열에서 3회전에 3구멍씩 이동한다.
③ 40구멍 열에서 1회전에 13구멍씩 이동한다.
④ 40구멍 열에서 3회전에 13구멍씩 이동한다.

해설 원주 15등분
$$\frac{h}{H} = \frac{40}{13} = 3\frac{1\times 3}{13\times 3} = 3\frac{3}{39} \Rightarrow \text{분할판 39구멍 열에서 3회전에 3구멍씩 이동한다.}$$

※ 분할판 3매(No.1, 2, 3)를 사용한다.
- No.1매 : 15, 16, 17, 18, 19, 20
- No.2매 : 21, 23, 27, 29, 31, 33
- No.3매 : 37, 39, 41, 43, 47, 49

36. 분할대를 이용하여 원주를 18등분하고자 한다. 신시내티형(Cincinnati type) 54구 멍 분할판을 사용하여 단식 분할하려면 어떻게 하는가?

① 2회전 하고, 2구멍씩 회전시킨다.
② 2회전 하고, 4구멍씩 회전시킨다.
③ 2회전 하고, 8구멍씩 회전시킨다.
④ 2회전 하고, 12구멍씩 회전시킨다.

해설 원주 7등분
$$\frac{h}{H} = \frac{40}{N} = \frac{40}{18} = 2\frac{12}{54} \Rightarrow \text{분할판 54공(열)을 사용하고 2회전과 12공씩 이동시킨다.}$$

37. 밀링작업에서 스핀들의 앞면에 있는 24구 멍의 직접 분할판을 사용하여 분할하며 이때 웜을 아래로 내려 스핀들의 웜휠과 물림을 끊는 분할법은?

① 간접 분할법   ② 직접 분할법
③ 차동분할법   ④ 단식 분할법

해설
- **단식 분할법** : 직접 분할방법으로 분할할 수 없는 수 또는 분할이 정확해야 할 때 이용하며, 분할 크랭크와 분할판을 사용하여 분할하는 방법으로 웜과 웜(기어)휠의 기어 비는 1 : 40이다.
- **차동분할법** : 직접 분할법이나 단식 분할법으로 분할할 수 없는 67, 97, 121 등의 소수나 특수한 수의 분할을 하는 방법이다.
- **각도 분할법** : 분할에 의해서 공작물의 원둘레를 어느 각도로 분할할 때에는 단식 분할법과 마찬가지로 분할판과 크랭크 핸들에 의해서 분할한다.

38. 밀링머신에서 단식 분할법을 사용하여 원주를 5등분하려면 분할 크랭크를 몇 회전 씩 돌려가면서 가공하면 되는가?

① 4   ② 8
③ 9   ④ 16

해설 단식분할법
웜과 웜(기어)휠의 기어 비는 1 : 40(분할 크랭크 1회전은 웜휠을 1/40 회전시킴)

$$\frac{h}{H} = \frac{R}{N} = \frac{40}{N}$$

여기서, H : 분할대 구멍수
h : 1회 분할에 필요한 구멍수

원주 5등분 $\frac{h}{H} = \frac{40}{N} = \frac{40}{5} = \frac{1}{8} \Rightarrow$ 8회전과 1공씩 이동시킨다.

39. 밀링 분할판의 브라운 샤프형 구멍열을 나열한 것으로 틀린 것은?

① No.1 – 15, 16, 17, 18, 19, 20
② No.2 – 21, 23, 27, 29, 31, 33
③ No.3 – 37, 39, 41, 43, 47, 49
④ No.4 – 12, 13, 15, 16, 17, 18

40. 분할대에서 분할 크랭크 핸들을 1회전 하면 스핀들은 몇 도(°) 회전하는가?

① 36°   ② 27°
③ 18°   ④ 9°

해설 각도 분할법 : 분할대의 주축이 1회전 하면 360°가 되며, 크랭크 핸들이 회전과 분할대 주축과의 비는 40 : 1이므로 주축의 회전 각도는 다음과 같다.
$$\frac{360°}{40} = 9°$$

04 기타 절삭가공

01. 연삭 가공에 대한 설명으로 틀린 것은?

① 경화된 강과 같은 단단한 재료를 가공할 수 있다.
② 밀링가공에 비교하여 절입량을 크게 할 수 있어 생산성이 높다.
③ 칩이 미세하여 정밀도가 높고 표면 거칠기가 우수한 면을 가공할 수 있다.
④ 연삭 가공에서는 불꽃이 발생하는 것으로도 절삭열이 매우 높다는 것을 예측할 수 있다.

해설 연삭기의 특징
• 경화된 강과 같은 굳은 재료를 절삭할 수 있다.
• 칩이 작으므로 가공표면이 매우 매끈하다.
• 연삭 압력 및 저항은 작게 작용하고, 마그네틱 척을 사용하여 공작물을 고정한다.
• 단시간에 정확한 치수를 가공할 수 있다.
• 절삭날은 자생 작용(마모 → 파쇄 → 탈락 → 생성)을 반복한다.

02. 연삭기의 이송방법이 아닌 것은?

① 테이블 왕복식
② 플랜지 컷 방식
③ 연삭 숫돌대 방식
④ 마그네틱 척 이동 방식

03. 바깥지름 원통 연삭에서 연삭숫돌이 숫돌의 반지름 방향으로 이송하면서 공작물을 연삭하는 방식은?

① 유성형   ② 플런지 컷형
③ 테이블 왕복형   ④ 연삭숫돌 왕복형

해설 플런지 컷(plunge cut) 연삭 : 공작물은 회전만 하고 숫돌대의 연삭숫돌을 테이블과 직각으로 전후 이송을 주어 연삭하는 형식이다.

04. 연삭작업에 대한 설명으로 적절하지 않은 것은?

① 거친 연삭을 할 때에는 연삭 깊이를 얕게 주도록 한다.
② 연질 가공물을 연삭할 때는 결합도가 높은 숫돌이 적합하다.
③ 다듬질 연삭을 할 때는 고운 입도의 연삭숫돌을 사용한다.
④ 강의 거친 연삭에서 공작물 1회전마다 숫돌바퀴 폭의 1/2~3/4으로 이송한다.

해설 거친 연삭을 할 때에는 가급적 연삭 깊이를 깊게 주도록 한다.

정답 39 ④ 40 ④ / 01 ② 02 ④ 03 ② 04 ①

Part 3. 기계재료 및 측정

05. 연삭 가공에서 내면 연삭에 대한 설명으로 틀린 것은?

① 외경 연삭에 비하여 숫돌의 마모가 많다.
② 외경 연삭보다 숫돌 축의 회전수가 느려야 한다.
③ 연삭숫돌의 지름은 가공물의 지름보다 작아야 한다.
④ 숫돌 축은 지름이 작기 때문에 가공물의 정밀도가 다소 떨어진다.

해설 내면 연삭은 외경 연삭과 숫돌 축의 회전수가 동일하다.

06. 센터리스연삭기의 특징이 아닌 것은?

① 긴 홈이 있는 가공물이나 대형 또는 중량물의 연삭이 가능하다.
② 연삭숫돌 폭보다 넓은 가공물을 플랜지 컷 방식으로 연삭할 수 없다.
③ 연삭숫돌의 폭이 크므로, 연삭숫돌 지름의 마멸이 적고 수명이 길다.
④ 센터가 필요하지 않아 센터 구멍을 가공할 필요가 없고, 속이 빈 가공물을 연삭할 때 편리하다.

해설 센터리스연삭기 - 가공물은 센터로 지지하지 않는다.
① 장점
  ㉠ 연삭에 숙련을 요하지 않는다.
  ㉡ 중공물의 원통 연삭에 편리하다.
  ㉢ 가늘고 긴 가공물의 연삭에 알맞다.
  ㉣ 연삭숫돌의 너비가 크므로 지름의 마멸이 적고 수명이 길다.
  ㉤ 센터 구멍이 필요없다.
  ㉥ 공작물의 착탈 시간을 절약한다.
  ㉦ 연속작업 및 대량 생산에 적합하다.
② 단점
  ㉠ 축 방향에 키홈, 기름홈 등이 있는 일감은 연삭하기 어렵다.
  ㉡ 지름이 크고 길이가 긴 대형 일감은 연삭하기 어렵다.

07. 센터리스연삭기에 없는 부품은?

① 연삭숫돌   ② 조정숫돌
③ 양 센터   ④ 일감 지지판

해설 센터리스연삭기(centerless grinding machine) 원통연삭기의 일종이며, 양 센터(센터나 척)를 사용하지 않고 연삭숫돌과 조정 숫돌 사이를 지지판으로 지지하면서 연삭하는 것으로, 가늘고 긴 공작물을 고정 없이 연삭하는 것이 큰 특징이다.

08. 보통형과 유성형 방식이 있는 연삭기는?

① 나사 연삭기   ② 내면 연삭기
③ 외면 연삭기   ④ 평면 연삭기

해설 내면 연삭기에서 유성형(planetary type) 공작물은 정지, 숫돌축이 회전 연삭 운동과 동시에 공전운동을 하는 방식 ⇒ 공작물의 형상이 복잡하거나, 대형이어서 회전시킬 수 없을 때 사용한다.

09. 일반 연삭은 연삭 깊이가 매우 적은데 비해 한번에 연삭 깊이를 크게 하여 가공하는 연삭은?

① 성형 연삭
② 고속 연삭
③ 그립피드 연삭
④ 자기 연삭

10. 연삭숫돌 입자의 종류가 아닌 것은?

① 에머리   ② 커런덤
③ 산화규소   ④ 탄화규소

해설
- **천연산** : 다이아몬드(diamond), 금강석(emery), 커런덤(corundum)
- **인조산** : 알루미나(alumina, Al_2O_3)계와 탄화규소(SiC)계

정답 05 ② 06 ① 07 ③ 08 ② 09 ③ 10 ③

형성평가

11. 연삭숫돌의 입자 중 천연입자가 아닌 것은?
   ① 석영   ② 커런덤
   ③ 다이아몬드   ④ 알루미나

   해설 천연산 입자
   • 다이아몬드(diamond)
   • 금강석(석영 : emery) : 주성분은 알루미나이고 연마제로 이용
   • 커런덤(corundum) : 주성분은 알루미나이고 색상은 여러 가지이나 양질은 보석(루비어, 사파이어)을 이용하고 공업용으로는 유리칼, 연마제로 활용한다.

12. 숫돌 입자의 크기를 표시하는 단위는?
   ① mm   ② cm
   ③ mesh   ④ inch

   해설 숫돌 입자는 메시(mesh : 체인길이 1평방 inch 안의 체눈의 수)로써 선별하며 입자의 크기를 입도라 한다.

13. 연삭 숫돌바퀴의 구성 3요소에 속하지 않는 것은?
   ① 숫돌 입자   ② 결합제
   ③ 조직   ④ 기공

   해설

연삭숫돌의 3요소	연삭숫돌의 5인자
• 입자(절삭날) • 결합제(절삭날 지지) • 기공(칩의 저장, 배출)	• 입자의 종류 : 절삭날의 종류 • 조직 : 숫돌 입자율 • 입도 : 절삭날의 크기 • 결합제의 종류 : 결합제의 특성 • 결합도 : 절삭날 발생속도의 조정

14. 연삭숫돌에 대한 설명으로 틀린 것은?
   ① 부드럽고 전연성이 큰 공작물 연삭에는 고운 입자를 사용한다.
   ② 단단하고 치밀한 공작물의 연삭에는 고운 입자를 사용한다.
   ③ 연삭숫돌에 사용되는 숫돌 입자에는 천연입자와 인조입자가 있다.
   ④ 숫돌과 공작물의 접촉 면적이 작은 경우에는 고운 입자를 사용한다.

   해설 부드럽고 전연성이 큰 공작물 연삭에는 거친 입자를 사용한다.

   〈입도에 따른 숫돌의 선택〉

거친 입도의 숫돌	고운 입도의 숫돌
① 거친 연삭, 절삭깊이와 이송을 크게 할 때 ② 숫돌과 공작물의 접촉 면적이 클 때 ③ 연하고 연성이 있는 재료를 연삭할 때	① 다듬 연삭, 공구 연삭을 할 때 ② 숫돌과 공작물의 접촉 면적이 작을 때 ③ 경도가 높고, 메짐 재료를 연삭할 때

15. 연삭숫돌의 입도(grain size) 선택의 일반적인 기준으로 가장 적합한 것은?
   ① 절삭깊이와 이송량이 많고 거친 연삭은 거친 입도를 선택한다.
   ② 다듬질 연삭 또는 공구를 연삭할 때는 거친 입도를 선택한다.
   ③ 숫돌과 일감의 접촉 면적이 작을 때는 거친 입도를 선택한다.
   ④ 연성이 있는 재료는 고운 입도를 선택한다.

16. 연삭 가공 중 가공표면의 표면 거칠기가 나빠지고 정밀도가 저하되는 떨림 현상이 나타나는 원인이 아닌 것은?
   ① 숫돌의 평형 상태가 불량할 경우
   ② 숫돌축이 편심되어 있을 경우
   ③ 숫돌의 결합도가 너무 작을 경우
   ④ 연삭기 자체에 진동이 있을 경우

정답 11 ④ 12 ③ 13 ③ 14 ① 15 ① 16 ③

해설 연삭가공 중 떨림(chattering)의 원인
① 숫돌과 숫돌축의 불균형이다.
② 숫돌차의 결합도가 단단하다.
③ 눈 메움(Loading)하다.
④ 센터, 방진구의 사용법이 불량하다.

17. 연삭 균열에 관한 설명으로 틀린 것은?

① 열팽창에 의해 발생된다.
② 공석강에 가까운 탄소강에서 자주 발생된다.
③ 연삭 균열을 방지하기 위해서는 결합도가 연한 숫돌을 사용한다.
④ 이송을 느리게 하고 연삭액을 충분히 사용하여 방지할 수 있다.

해설 연삭 균열 : 연삭 열에 의해 열팽창, 공석강에 가까운 탄소강의 재질의 변화 등으로 연삭 균열이 일어난다.
• 원인은 숫돌 원주속도가 빠르고 결합도가 높을 때, 잔류응력이 커지기 때문
• 대책은 절입 깊이를 줄이고 충분한 연삭유를 공급할 것

18. 연삭작업에서 숫돌 결합제의 구비조건으로 틀린 것은?

① 성형성이 우수해야 한다.
② 열이나 연삭액에 대하여 안전성이 있어야 한다.
③ 필요에 따라 결합 능력을 조절할 수 있어야 한다.
④ 충격에 견뎌야 하므로 기공 없이 치밀해야 한다.

해설 결합제가 구비조건
• 결합력의 조절 범위가 넓을 것
• 열이나 연삭액에 대해 안정할 것
• 원심력, 충격에 대한 기계적 강도가 있을 것
• 성형이 좋을 것

19. 연삭숫돌의 표시에 대한 설명이 옳은 것은?

① 연삭입자 C는 갈색 알루미나를 의미한다.
② 결합제 R은 레지노이드 결합제를 의미한다.
③ 연삭숫돌의 입도 #100이 #300보다 입자의 크기가 크다.
④ 결합도 K 이하는 경한 숫돌, L~O는 중간 정도 숫돌, P 이상은 연한 숫돌이다.

해설 • 연삭입자 C는 흑자색(회색) 탄화규소를 의미한다.
• 결합제 R은 레버 결합제를 의미한다.
• 결합도 K 이하는 연한 숫돌, L~O는 중간 정도 숫돌, P 이상은 경한 숫돌이다.

20. 녹색 탄화규소 연삭숫돌을 표시하는 방법으로 옳은 것은?

① A 숫돌　　② GC 숫돌
③ WA 숫돌　　④ F 숫돌

해설 숫돌 입자의 용도(대책)

기호	KS	종류	용도
A	1A 2A	갈색 용융알루미나질 95%	일반강재, 보통탄소강
WA	3A 4A	백색 용융알루미나질 99.5%	담금질강, 내열강 고속도강, 합금강
C	1C 2C	암자색(회색) 탄화규소질 97%	주철, 석재, 유리,비철, 비금속
GC	3C 4C	흑색(녹색) 탄화규소질 98%	초경합금, 다이스강, 특수강, 세라믹

21. 다음 연삭숫돌의 입자 중 주철이나 칠드 주물과 같이 경하고 취성이 많은 재료의 연삭에 적합한 것은?

① A 입자　　② B 입자
③ WA 입자　　④ C 입자

형성평가

22. 연삭숫돌의 표시에서 WA 60 K m V 1호 205×19×15.88로 명기되어 있다. K는 무엇을 나타내는 부호인가?

① 입자
② 결합제
③ 결합도
④ 입도

해설
- WA : 입자
- 60 : 입도
- K : 결합도
- m : 조직
- V : 결합제
- 1호 : 숫돌형상

205(외경)×19(두께)×15.88(내경)

23. 결합제의 주성분은 열경화성 합성수지 베크라이트로 결합력이 강하고 탄성이 커서 고속도강이나 광학유리 등을 절단하기에 적합한 숫돌은?

① vitrified계 숫돌
② resinoid계 숫돌
③ silicate계 숫돌
④ rubber계 숫돌

24. 연삭숫돌의 결합제(bond)와 표시기호의 연결이 바른 것은?

① 셀락 : E
② 레지노이드 : R
③ 고무 : B
④ 비트리파이드 : F

해설
① 셀락(E) : 결합력 제일 약함, 거울면 연삭 절단용 및 다듬질 면의 정밀도가 높은 것에 사용
② 레지노이드(B) : 고속도강이나 광학유리 등을 절단용으로 사용
③ 고무(R) : 매우 얇은 숫돌 사용, 센터리스 조정 숫돌용
④ 비트리파이드(V) : 일반 연삭용(90% 사용)

25. 주성분이 점토와 장석이고 균일한 기공을 나타내며 많이 사용하는 숫돌의 결합제는?

① 고무 결합제(R)
② 셀락 결합제(E)
③ 실리케이트 결합제(S)
④ 비트리파이드 결합제(V)

해설
① 고무 결합제(R) : 생고무를 주성분으로 하여 유황과 기타 재료를 첨가하여 연삭입자와 혼합한 것으로 탄성이 크므로 판상, 절단용 숫돌, 센터리스 연삭기의 조정숫돌에 사용한다.
② 셀락 결합제(E) : 천연수지인 셀락이 주성분으로 비교적 저온에서 제작한다. 셀락 결합제는 강하고 탄성이 크며, 내열성이 적어 얇은 숫돌 제작에 적합하고 큰 톱, 절단용 숫돌, 리머 인선 가공에 사용된다.
③ 실리케이트 결합제(S) : 규산나트륨(Na_2SiO_3, 물유리)을 주성분으로 하여 입자와 혼합하여 성형한 후 260℃ 정도의 저온에서 1~3일간 가열하여 만든다. 이는 비트리파이드보다는 결합도가 약하고 마멸이 많다. 비트리파이드로 제조하기 곤란한 대형 연삭숫돌 제작이 용이하고, 경도가 크고 얇은 판상 가공물 고속도강과 같은 발열로 인하여 균열이 생기기 쉬운 가공물의 작업에 좋다.
④ 비트리파이드 결합제(V) : 점토, 장석 등을 주성분으로 하여 약 1300~1350℃에서 2~3일간 가열하여 도자기를 만드는 것 같이 자기질화 한 것이다. 이는 결합력을 광범위하게 조절하고 균일한 기공을 가질 수 있고 물, 산, 기름, 온도 등에 영향을 받지 않으며, 다공성이어서 연삭력이 강한 숫돌을 제작할 수 있지만 충격에 파괴되기 쉽고, 탄성이 적어 얇은 절단 숫돌의 생산에는 부적합하다.

26. 연삭액의 구비조건으로 틀린 것은?

① 거품 발생이 많을 것
② 냉각성이 우수할 것
③ 인체에 해가 없을 것
④ 화학적으로 안정될 것

해설 연삭액은 거품 발생이 없어야 한다.

정답 22 ③ 23 ② 24 ② 25 ④ 26 ①

Part 3. 기계재료 및 측정

27. 연삭작업에서 글레이징(Glazing) 원인이 아닌 것은?

① 결합도가 너무 높다.
② 숫돌바퀴 원주속도가 너무 빠르다.
③ 숫돌 재질과 일감재질이 적합하지 않다.
④ 연한 일감 연삭 시 발생한다.

해설 무딤(glazing) : 숫돌의 입자가 탈락되지 않고 마모에 의해서 납작하게 둔화된 상태
① 원인
  ㉠ 결합도가 높다.
  ㉡ 원주속도가 크다.
  ㉢ 숫돌 재료가 공작물에 부적합
② 결과
  ㉠ 연삭성 불량, 연삭열 발열
  ㉡ 연삭 손실이 생긴다.

28. 연삭숫돌에서 눈 메움 현상의 발생 원인이 아닌 것은?

① 숫돌의 원주속도가 느린 경우
② 숫돌의 입자가 너무 큰 경우
③ 연삭 깊이가 큰 경우
④ 조직이 너무 치밀한 경우

해설 눈 메움 원인
① 숫돌 입자가 너무 고운 경우
② 조직이 너무 치밀할 경우
③ 연삭 깊이가 깊을 경우
④ 원주속도가 너무 느린 경우
⑤ 결합도가 단단하여 자생 작용이 어려운 경우
⑥ 알루미늄과 구리와 같이 연성이 풍부한 재료인 경우

29. 결합도가 높은 숫돌에서 구리와 같이 연한 금속을 연삭할 경우 숫돌 기능이 저하되는 현상은?

① 채터링   ② 트루잉
③ 눈 메움   ④ 입자탈락

30. 연삭숫돌의 자생 작용이 잘되지 않아 입자가 납작해져서 날이 둔화되는 무딤 현상은?

① 글레이징(glazing)
② 로딩(loading)
③ 드레싱(dressing)
④ 트루잉(truing)

해설
- 무딤(glazing) : 숫돌의 입자가 탈락되지 않고 마모에 의해서 납작하게 둔화된 상태
- 눈메움(Loading) : 숫돌 입자의 표면이나 기공에 칩이 차 있는 상태
- 드레싱(재생작업) : 숫돌입자를 무딤이나 눈메움으로 절삭성이 나빠진 숫돌 면에 날카로운 입자를 발생시켜주는 작업
- 트루잉(성형, 모양 고치기) : 연삭숫돌의 외형을 수정하여 규격에 맞는 제품을 만드는 과정

31. 드릴의 회전수 600rpm, 이송속도 0.1mm/rev, 드릴의 원추 높이 3mm, 구멍의 깊이가 17mm일 경우 구멍을 가공하는 데 소요되는 시간은 약 몇 초인가?

① 50   ② 40
③ 30   ④ 20

해설
$$T = \frac{t+h}{Nf} i$$
$$T = \frac{17+3}{600 \times 0.1} = 0.33\text{min} = 20\text{sec}$$

32. Ø13 이하의 작은 구멍뚫기에 사용하며 작업대 위에 설치하여 사용하고, 드릴 이송은 수동으로 하는 소형의 드릴링 머신은?

① 다두 드릴링 머신
② 직립 드릴링 머신
③ 탁상 드릴링 머신
④ 레이디얼 드릴링 머신

정답 27 ④ 28 ② 29 ③ 30 ① 31 ④ 32 ③

해설
- 다두 드릴링 머신
  직립 드릴링 머신의 상부 기구를 같은 베드 위에 여러 개 나란히 장치한 것으로 각각의 스핀들에 드릴, 그 밖에 여러 가지 공구를 꽂아 드릴, 리머, 탭 등을 여러 공구를 작업 순서대로 고정 후 연속 사용한다. 황삭 및 완성 가공을 연속적으로 한다.
- 직립 드릴링 머신
  ㉠ ϕ13 이상 ϕ50 이하 가공
  ㉡ 구조 : spindle, head, colum, table, base
- 레이디얼 드릴링 머신
  ㉠ 가장 주로 쓰이며 공작물을 고정시켜 놓고 주축의 위치를 이동시켜서 구멍의 중심을 맞추어 작업
  ㉡ 비교적 대형이며 무거운 공작물의 구멍 뚫기, 주축이동
  ㉢ 암에는 새들이 있고 이동은 피니언과 랙으로 작동

33. 가공물이 대형이거나, 무거운 중량제품을 드릴 가공할 때에, 가공물을 고정시키고 드릴 스핀들을 암 위에서 수평으로 이동시키면서 가공할 수 있는 것은?

① 직립 드릴링 머신
② 레이디얼 드릴링 머신
③ 터릿 드릴링 머신
④ 만능 포터블 드릴링 머신

34. 드릴 작업에서 너트나 볼트 머리에 접하는 면을 편평하게 하여 그 자리를 만드는 작업은?

① 카운터 싱킹   ② 스폿 페이싱
④ 태핑   ⑤ 리밍

해설
- 카운터 싱킹(Counter Sinking)
  접시머리 나사의 머리가 묻히게 하기 위해 원뿔자리를 만드는 작업

- 리밍(Reaming) : 구멍의 정밀도를 높이기 위한 작업. 리머의 여유는 직경 10mm일 때 0.2mm 정도이며, 드릴작업 rpm의 2/3~3/4, 이송은 같거나 빠르게 한다.
- 태핑(Tapping) : 공작물 내부에 암나사 가공, 태핑을 위한 드릴가공은 나사의 외경 - 피치로 한다.

35. 트위스트 드릴은 절삭날의 각도가 중심에 가까울수록 절삭작용이 나쁘게 되기 때문에 이를 개선하기 위해 드릴의 웨브 부분을 연삭하는 것은?

① 시닝(thinning)
② 트루잉(truing)
③ 드레싱(dressing)
④ 글레이징(glazing)

해설
시닝(thinning) : 무뎌진 웨브를 연삭하는 것으로 드릴의 생크 쪽으로 갈수록 웨브의 두께가 증가하여 절삭성이 나빠진다. 이 웨브는 드릴 가공이 이송을 줄 때 추력이 일어나는 원인이 되며, 드릴 연삭 시 웨브의 두께를 처음 두께 상태로 얇게 연삭하는 것

36. 드릴 선단부에 마멸이 생긴 경우 선단부의 끝날을 연삭하여 사용하는 방법은?

① 시닝(thinning)
② 트루잉(truing)
③ 드레싱(dressing)
④ 글레이징(glazing)

해설
- 트루잉(truing) : 연삭숫돌의 외형을 수정하여 규격에 맞는 제품을 만드는 과정
- 드레싱(dressing) : 숫돌 입자를 무딤이나 눈메움으로 절삭성이 나빠진 숫돌 면에 날카로운 입자를 발생시켜주는 작업
- 글레이징(glazing) : 숫돌의 입자가 탈락되지 않고 마모에 의해서 납작하게 둔화된 상태

정답 33 ② 34 ② 35 ① 36 ①

Part 3. 기계재료 및 측정

37. 드릴의 웨브(web)에 관한 설명 중 옳은 것은?

① 절삭을 하는 실제 부분이다.
② 두께가 두꺼우면 절삭저항이 크다.
③ 드릴의 굵기를 나타내는 기준이 된다.
④ 절삭 구멍과 드릴 크기와의 차이이다.

[해설] 웨브 : 드릴 끝의 홈과 홈 사이의 두께로 자루 쪽으로 갈수록 두꺼우면 절삭저항이 크다.

38. 드릴에서 마진보다 지름을 적게 제작한 몸체 부분으로 절삭 시 공작물에 접촉하지 않도록 여유를 둔 부분은 무엇인가?

① 웨브(web)
② 마진(margin)
③ 몸 여유(body clearance)
④ 날 여유각(lip clearance)

[해설]
• 웨브 : 드릴 끝의 홈과 홈 사이의 두께로 자루 쪽으로 갈수록 커진다.
• 마진 : 드릴의 홈을 따라서 나타나는 좁은 면으로 드릴의 크기를 정하며 예비적 날의 역할과 날의 강도 보강하며 드릴의 위치를 잡아준다.
• 몸 여유 : 드릴과 구멍 내면이 마찰하는 것을 방지한다(백 테이퍼로 만듦).

39. 드릴의 날끝각이 118°로 되어 있으면서도 날끝의 좌우 길이가 다르다면 날끝의 좌우 길이가 같을 때보다 가공 후의 구멍 치수변화는?

① 더 커진다.
② 변함없다.
③ 타원형이 된다.
④ 더 작아진다.

[해설] 드릴의 날끝각이 118°로 되어 있으면서도 날끝의 좌우 길이가 다르다면 날끝의 좌우 길이가 같을 때보다 가공 후의 구멍 치수는 더 커진다.

40. 주철을 드릴로 가공할 때 드릴 날끝의 여유각은 몇 도(°)가 적합한가?

① 10° 이하
② 12°~15°
③ 20°~32°
④ 32° 이상

[해설] 공작물의 재료와 드릴 날 끝각과 여유각

공작물 재질	날 끝 각	여 유 각
일반재료	118°	12~15°
연 강	90~120°	12°
경 강	120~140°	10°
주 철	90~118°	12~15°

41. 트위스트 드릴의 인선각(표준각 또는 날끝각)은 연간용에 대해서 몇 도(°)를 표준으로 하는가?

① 110°
② 114°
③ 118°
④ 122°

[해설] 드릴의 각도 : 트위스트 드릴의 인선각은 연강용에 대해 118°로 일반적으로 가공 재료가 단단할수록 인선각이 커진다(여유각 : 10~15°, 웨브각 : 135°, 나선각 : 20~32°).

42. 고속도강 드릴을 이용하여 황동을 드릴링할 때, 적합한 드릴의 선단각은?

① 60°
② 90°
③ 110°
④ 125°

[해설] 공작물의 재료와 드릴 날 끝각과 여유각

공작물 재질	선단각	여유각
일반재료	118°	12~15°
연 강	90~120°	12°
경 강	120~140°	10°
주 철	90~118°	12~15°
구 리	100°	12°
황 동	110~118°	12~15°
고 무	60°	12°

정답 37 ② 38 ③ 39 ① 40 ② 41 ③ 42 ③

43. 수평식 보링머신의 분류가 아닌 것은?

① 베드형　　② 플로우형
③ 테이블형　④ 플레이너형

해설　수평식 보링머신 - 대표적인 보링머신
- 테이블형 : 보링 및 기계가공 병행 중형 이하 가공물
- 플레이너형 : 중량이 큰 일감의 정밀가공
- 플로우형 : 테이블형에서 곤란한 대형 일감
- 이동형 : 이동작업, 기계 수리형

44. 기어 절삭기에서 창성법으로 치형을 가공하는 공구가 아닌 것은?

① 호브(hob)
② 브로치(broach)
③ 랙 커터(rack cutter)
④ 피니언 커터(pinion cutter)

해설　창성에 의한 절삭
인벌류트 곡선의 성질을 응용한 정확한 기어 절삭공구를 기어의 소재와 함께 회전운동을 주며 축 방향으로 왕복운동을 시켜 절삭한다. 가공방법으로 다음과 같다.
랙 커터에 의한 방법, 피니언 커터에 의한 방법, 호브에 의한 절삭이 있다.

05　기계가공 관련 안전수칙

01. 보통 선반 작업 시의 안전사항으로 올바른 것은?

① 칩에 의한 상처를 방지하기 위해 소매가 긴 작업복과 장갑을 끼도록 한다.
② 칩이 공작물에 걸려 회전할 때는 즉시 기계를 정지시키고 칩을 제거한다.
③ 거친 절삭일 경우는 회전 중에 측정한다.
④ 측정 공구는 주축대 위나 베드 위에 놓고 사용한다.

해설　보통 선반 작업 시의 안전사항
- 작업복의 소매 자락이 회전 공작물에 말려 들지 않도록 복장을 단정하게 한다.
- 회전 중인 공작물의 가공 면에 손을 대지 말아야 하며, 치수를 측정할 때는 기계를 정지시키고 측정을 한다.
- 선반의 베드 위나 공구대 위에 직접 측정기나 공구를 올려놓지 말아야 하고, 심압대 스핀들이 지나치게 앞으로 나와서는 안 된다.

02. 선반작업에서 발생하는 재해가 아닌 것은?

① 칩에 의한 것
② 정밀 측정기에 의한 것
③ 가공물의 회전부에 휘감겨 들어가는 것
④ 가공물과 절삭공구와의 사이에 휘감기는 것

해설　정밀 측정기에 의해서 재해가 발생되지 않는다.

03. 밀링작업에 대한 안전사항으로 틀린 것은?

① 가동 전에 각종 레버, 자동이송, 급속 이송 장치 등을 반드시 점검한다.
② 정면 커터로 절삭작업을 할 때 칩 커버를 벗겨 놓는다.
③ 주축속도를 변속시킬 때에는 반드시 주축이 정지한 후에 변환한다.
④ 밀링으로 절삭한 칩은 날카로우므로 주의하여 청소한다.

해설　정면 커터로 절삭작업을 할 때 칩 커버를 벗기지 않는다.

정답　43 ①　44 ②　/　01 ②　02 ②　03 ②

Part 3. 기계재료 및 측정

04. 연삭에 관한 안전사항 중 틀린 것은?
① 받침대와 숫돌은 5mm 이하로 유지해야 한다.
② 숫돌바퀴는 제조 후 사용할 원주속도의 1.5~2배 정도의 안전 검사를 한다.
③ 연삭숫돌 측면에 연삭하지 않는다.
④ 연삭숫돌을 고정 후 3분 이상 공회전 시킨 후 작업을 한다.

해설 공작물의 받침대가 설치된 연삭기는 공작물 받침대와 연삭숫돌 사이의 틈새가 3mm 이내가 되도록 조정 작업을 한다.

05. 드릴링머신으로 구멍뚫기 작업을 할 때 주의해야 할 사항이다. 틀린 것은?
① 드릴은 흔들리지 않게 정확하게 고정해야 한다.
② 장갑을 끼고 작업을 하지 않는다.
③ 구멍뚫기가 끝날 무렵은 이송을 천천히 한다.
④ 드릴이나 드릴 소켓 등을 해머 등으로 두들겨 뽑는다.

해설 드릴이나 드릴 소켓 등을 뽑을 때에는 드릴 뽑기(쐐기 모양)를 사용하며 해머 등으로 두들겨 뽑지 않는다.

06. 드릴링머신의 안전사항에서 틀린 것은?
① 장갑을 끼고 작업을 하지 않는다.
② 가공물을 손으로 잡고 드릴링 하지 않는다.
③ 얇은 판의 구멍뚫기에는 나무 보조판을 사용한다.
④ 구멍뚫기가 끝날 무렵은 이송을 빠르게 한다.

해설 드릴 작업에서 구멍뚫기가 끝날 무렵은 이송을 느리게 한다.

07. 기계 작업 시 안전사항으로 가장 거리가 먼 것은?
① 기계 위에 공구나 재료를 올려놓는다.
② 선반작업 시 보호안경을 착용한다.
③ 사용 전 기계·기구를 점검한다.
④ 절삭공구는 기계를 정지시키고 교환한다.

해설 기계 위에 공구나 재료를 올려놓지 않는다.

08. 작업장에서 무거운 짐을 들고 운반 작업을 할 때의 설명으로 부적합한 것은?
① 짐은 가급적 몸 가까이 가져온다.
② 가능한 상체를 곧게 세우고 등을 반듯이 하여 들어 올린다.
③ 짐을 들어 올릴 때 충격이 없어야 한다.
④ 짐은 무릎을 굽힌 자세에서 들고 편 자세에서 내려놓는다.

해설 물건을 들어 올리려면 다음 무릎형의 자세를 취해서 한다.
• 무릎을 거의 직각으로 굽힌 상태에서 신체를 짐에 접근한다.
• 등줄기를 곧바로 뻗은 상태에서 짐을 잡는다.
• 등줄기를 곧바로 뻗은 체 발만을 뻗어서 들어 올리고 무릎을 굽힌 자세에서 내려놓는다.

09. 전기 스위치를 취급할 때 틀린 것은?
① 정전 시에는 반드시 끈다.
② 스위치가 습한 곳에 설비되지 않도록 한다.
③ 기계 운전시 작업자에게 연락 후 시동한다.
④ 스위치를 뺄 때는 부하를 크게 한다.

해설 스위치를 뺄 때는 부하를 걸리지 않도록 한다.

정답 04 ① 05 ④ 06 ④ 07 ① 08 ④ 09 ④

형성평가

10. 스패너 작업 시 안전사항으로 옳은 것은?

① 너트의 머리 치수보다 약간 큰 스패너를 사용한다.
② 꼭 조일 때는 스패너 자루에 파이프를 끼워 사용한다.
③ 고정 조(jaw)에 힘이 많이 걸리는 방향에서 사용한다.
④ 너트를 조일 때는 스패너를 깊게 물려서 약간씩 미는 식으로 조인다.

해설 스패너 작업의 안전
- 스패너의 입은 너트에 꼭 맞는 것을 사용하며, 너트에 스패너를 깊이 물려서 약간씩 앞으로 당기는 식으로 풀고 조이는 작업을 한다.
- 작업 자세는 양발을 적당하게 벌리고 몸의 균형을 잡은 다음 작업을 하여야 하며, 높은 곳이나 균형을 잡기 힘든 장소에서는 각별히 주의하여야 한다.
- 스패너는 가급적 손잡이가 긴 것을 사용하는 것이 좋으며 스패너의 자루에 파이프 등을 연결하거나 해머로 두들겨서 사용하는 일이 없도록 한다.

11. 다음 수기가공 시 작업안전수칙에 맞는 것은?

① 드라이버의 날 끝은 뾰족한 것이어야 하며, 이가 빠지거나 동그랗게 된 것은 사용하지 않는다.
② 정을 잡은 손은 힘을 주고 처음에는 가볍게 때리고 점차 힘을 가하도록 한다.
③ 스패너는 가급적 손잡이가 짧은 것을 사용하는 것이 좋으며, 스패너의 자루에 파이프 등을 연결하여 사용하는 것이 좋다.
④ 톱날은 틀에 끼워 두세 번 사용한 후 다시 조정을 하고 절단한다.

해설 수기가공 시 작업안전수칙
- 드라이버의 날 끝은 평편한 것이어야 하며, 이가 빠지거나 둥글게 된 것은 사용하지 않는다.
- 정을 잡은 손의 힘은 빼고, 처음에는 가볍게 때리고 점차 힘을 가하도록 한다.
- 스패너는 가급적 손잡이가 긴 것을 사용하는 것이 좋으며 스패너의 자루에 파이프 등을 연결하거나 해머로 두들겨서 사용하는 일이 없도록 한다.
- 톱날은 틀에 끼워 두세 번 사용한 후 다시 한번 조정하고 본 작업에 들어간다.

12. 해머 작업 시 유의사항으로 틀린 것은?

① 녹이 있는 재료를 가공할 때는 보호안경을 착용한다.
② 처음에는 큰 힘을 주면서 가공한다.
③ 기름이 묻은 손이자 장갑을 끼고 가공을 하지 않는다.
④ 자루가 불안정한 해머는 사용하지 않는다.

해설 처음에는 작은 힘을 주면서 가공한다.

13. 해머 작업의 안전수칙에 대한 설명으로 틀린 것은?

① 해머의 타격면이 넓어진 것을 골라서 사용한다.
② 장갑이나 기름이 묻은 손으로 자루를 잡지 않는다.
③ 담금질된 재료는 함부로 두드리지 않는다.
④ 쐐기를 박아서 해머의 머리가 빠지지 않는 것을 사용한다.

해설 손잡이가 금이 갔거나, 머리가 손상된 것, 쐐기가 없는 것, 타격면이 넓어진 것, 모양이 찌그러진 것은 사용하지 않는다.

Part 3. 기계재료 및 측정

14. 퓨즈가 끊어져서 다시 끼웠을 때 또다시 끊어졌을 경우의 조치사항으로 가장 적합한 것은?

① 다시 한 번 끼워본다.
② 조금 더 용량이 큰 퓨즈를 끼운다.
③ 합선 여부를 검사한다.
④ 굵은 동선으로 바꾸어 끼운다.

[해설] 퓨즈가 끊어져서 다시 끼웠을 때 또다시 끊어졌을 경우는 합선 여부를 검사한다.

15. 회전 중에 연삭숫돌이 파괴될 것을 대비하여 설치하는 안전 요소는?

① 덮개
② 드레서
③ 소화 장치
④ 절삭유 공급 장치

[해설] 덮개는 회전 중에 연삭숫돌이 파괴될 것을 대비하여 반드시 설치하는 안전 요소이다.

16. 공작기계의 메인 전원 스위치 사용 시 유의사항으로 적합하지 않는 것은?

① 반드시 물기 없는 손으로 사용한다.
② 기계 운전 중 정전이 되면 즉시 스위치를 끈다.
③ 기계 시동 시에는 작업자에게 알리고 시동한다.
④ 스위치를 끌 때에는 반드시 부하를 크게 한다.

[해설] 스위치를 끌 때에는 반드시 부하를 작게 한다.

17. 기계의 안전장치에 속하지 않는 것은?

① 리미트 스위치(limit switch)
② 방책(防柵)
③ 초음파 센서
④ 헬멧(helmet)

[해설] 헬멧(helmet)은 안전 보호구이다.

18. 사고발생이 많이 일어나는 것에서 점차로 적게 일어나는 것에 대한 순서로 옳은 것은?

① 불안전한 조건 → 불가항력 → 불안전한 행위
② 불안전한 행위 → 불가항력 → 불안전한 조건
③ 불안전한 행위 → 불안전한 조건 → 불가항력
④ 불안전한 조건 → 불안전한 행위 → 불가항력

[해설] 사고발생이 많이 일어나는 것에서 점차로 적게 일어나는 것에 대한 순서
불안전한 행위 → 불안전한 조건 → 불가항력

19. 재해 원인별 분류에서 인적 원인(불안전한 행동)에 의한 것으로 옳은 것은?

① 불충분한지 또는 방호
② 작업장소의 밀집
③ 가동 중인 장치를 정비
④ 결함이 있는 공구 및 장치

[해설] 정비는 가동을 중지하고 한다. 가동 중인 장치를 정비하는 것은 인적 원인이다.

정답 14 ③ 15 ① 16 ④ 17 ④ 18 ③ 19 ③

20. 안전·보건 표지의 색채와 사용 예의 연결이 틀린 것은?

① 노란색 : 비상구 및 피난소
② 흰색 : 파란색 또는 녹색에 대한 보조색
③ 빨간색 : 정지신호, 소화설비 및 그 장소
④ 파란색 : 특정 행위의 지시 및 사실의 고지

해설 주황색(오렌지색) : 항공의 보안시설, 위험 표지

21. 화재를 A급, B급, C급, D급으로 구분했을 때, 전기화재에 해당하는 것은?

① A급 ② B급
③ C급 ④ D급

해설 A급은 보통 화재, B급은 유류 화재, C급은 전기화재이다.

4 열처리 방법 결정

1. 강의 열처리

열처리는 금속의 가열과 냉각 조건을 여러 형태로 조합하여 금속재료의 조직을 조정하거나 내부에 존재하는 잔류응력을 제거하고, 요구되는 경도, 강도, 인성 등 기계적 성질을 얻기 위한 조작이다. 열처리에 따라 부품의 조직 및 특성이 변하여 제품의 신뢰도 및 내구성이 크게 좌우된다. 열처리의 목적과 종류는 다음과 같다.

1) 열처리의 목적

열처리의 목적은 경도, 강도의 증가, 조직의 미세화 및 조직의 안정화, 잔류응력제거 및 변형방지, 조직을 연화하여 기계가공성 향상 등이 있다.

2) 열처리의 종류

일반 열처리(계단 열처리)는 담금질, 뜨임, 풀림, 불림이 있고 항온 열처리로 마템퍼, 마퀜칭, 오스템퍼링, 오스포밍이 있다.

표면경화 열처리 방법으로 고주파 경화법, 화염 경화법, 하드페이싱, 쇼트피닝, 전해 경화, 방전 경화 등의 물리적 방법과 침탄법, 질화법, 금속침투법, 표면 개질법, 청화법 등의 화학적 방법이 있다.

3) 일반 열처리

(1) 담금질(quenching, 소입)

가열 후 급랭하여 강의 강도 및 경도를 증가시킨다. 담금질은 강을 강도 및 경도를 증가시킬 목적으로 아공석강인 경우 $A_3+50℃$, 공석강과 과공석강인 경우는 $A_1+50℃(850~900℃)$ 높은 온도로 일정 시간 가열한 후 물 또는 기름과 같은 담금질제 중에서 급랭시키는 조작이다. 즉 오스테나이트 조직에서 급랭함에 따라 강의 변태를 정지시키고 마텐자이트 조직을 얻는 방법이다.

담금질 조직의 경한 순으로 나열하면 다음과 같다.
시멘타이트(HB850) 〉 마텐자이트(HB650) 〉 트루스타이트(HB430) 〉 소르바이트(HB270) 〉 펄라이트(HB200) 〉 오스테나이트(HB130) 〉 페라이트(HB100)

냉각속도가 클수록 오른쪽 조직이 얻어지며, 경도는 이 순서대로 높아진다.

① 담금질 온도

아공석강은 A_3점보다 30~50℃ 높게 가열 후 급랭하며, 공석강, 과공석강은 A_1점보다 30~50℃ 높게 가열 후 급랭한다. 담금질 온도가 너무 낮으면 담금질하여도 잘 경화되지 않는다. 온도가 너무 높으면 조대한 마텐자이트 조직이 생겨 기계적 성질이 저하된다.

② 담금질 질량 효과(mass effect)

강재의 크기에 따라 담금질 효과가 변하는 것을 질량 효과라 하며, 질량이 큰 재료일수록 담금질 경도가 감소하며 작은 재료일수록 증가한다. 탄소강은 질량 효과가 크고, 합금강은 질량 효과가 작다.

③ 경화능(harden ability)

경화능은 담금질하였을 때 경화되는 깊이, 즉 마텐자이트 조직이 생기는 깊이를 말하며 경화능이 좋고 나쁨은 마텐자이트 조직의 깊이로 나타낸다.

④ 담금질 조직(냉각 속도에 따라)

〈표 1-11〉 냉각속도에 따른 조직, 경도 및 특징

냉각방법	조직	경도	특징
수중 냉각	마텐자이트(martensite)	HB600~700	내식성이 강하고 경도가 높다.
기름 냉각	트루스타이트(troostite)	HB420	인성이 커서 절삭 날에 이용된다.
공기중 냉각	솔바이트(sorbite)	HB270	강도, 탄성이 함께 요구하는 스프링 및 와이어로프에 많이 사용된다.
노중 냉각	펄라이트(pearlite)	HB155	비자성체이며, 경도는 낮으나 연신율은 크다.

⑤ 질량 효과(mass effect)

재료를 담금질할 때 질량이 작은 재료는 내·외부에 온도 차가 없으나 질량이 큰 재료는 열의 전도에 시간이 길게 소요되어 내·외부에 온도 차가 생겨 외부는 경화되어도 내부는 경화되지 않는 현상이다. 질량이 큰 재료일수록 질량 효과가 크며 담금질 효과가 감소한다.

(2) 뜨임(tempering, 소려)

A_1변태 온도 이하의 온도에서 일정 시간 유지하였다가 공기 중에서 천천히 냉각하여 담금질로 인한 내부응력을 제거하고 강도와 인성을 부여한다. 뜨임 온도가 높을수록 강도, 경도가 감소하며 연율, 단면수축률이 증가한다.

TIP

냉각방법
- 급랭 : 소금물, 물, 기름에서 급속히 냉각
- 노냉 : 노 내에서 서서히 냉각
- 공랭 : 공기 중에서 자연냉각
- 항온 냉각 : 급랭 후 일정 온도 유지한 다음 냉각

> **TIP**
> 담금질한 강을 재가열하면 마텐자이트 → 트루스타이트 → 솔바이트 → 펄라이트로 변화한다.

담금질한 강은 경도는 크나 반면 취성을 가지게 되므로 경도는 약간 낮추고 인성을 증가시키기 위해 재가열하여 서냉하는 열처리며 불안정한 조직을 안정화하는 것으로 재결정온도 이하에서 행한다. 재결정온도 이상으로 가열 유지하면 담금질 전의 상태로 되돌아가게 된다.

① 저온 뜨임

담금질한 강을 150~200℃ 부근에서 공랭시켜 마텐자이트 조직을 얻는 조작으로 담금질에 의한 내부응력이 제거되고 경년변화 및 연마균열이 방지된다(공구강).

② 고온 뜨임

담금질한 강을 500~600℃의 고온에서 뜨임하여 조직을 솔바이트(sorbite)로 만들어 탄성과 강인성을 부여한다. 뜨임 온도로부터의 냉각은 급랭(수랭, 유랭)을 해야만 하며 서냉할 경우 뜨임취성이 나타난다(기계구조용 강).

③ 뜨임취성

㉠ 탄소강을 300℃ 부근에서 뜨임시 충격치가 현저히 감소하는 저온 뜨임취성(300℃ 취성)과 500℃ 부근에서 뜨임 시 충격치 감소하는 고온 뜨임취성이 있다. 합금강을 600℃ 부근에서 뜨임 시 현저히 경화되는 것을 2차 뜨임취성이라 한다.

㉡ 뜨임은 담금질 후 뜨임처리하는데 이처럼 담금질과 뜨임을 같이 시행하는 조작을 조질이라 하며, 상온 가공한 강을 탄성한계를 향상하기 위해 250~370℃로 가열하는 작업을 블루잉(bluing)이라 한다.

④ 뜨임 균열

㉠ 발생 원인 : 탈탄층이 있을 때, 급히 가열하였을 때, 급히 냉각하였을 때

㉡ 방지책 : 뜨임 전에 탈탄층을 제거하고, 급가열을 피하고 서냉한다.

(3) 풀림(annealing, 소둔)

가열 후 서냉하여 조직을 균일하게 하고 결정입자의 조정, 연화 또는 냉간 가공에 의한 내부응력을 제거한다. 재료를 단조, 주조 및 기계가공을 하면 조직이 불균일하며 거칠어지고 가공 경화나 내부응력이 생기게 되는데 이를 제거하기 위해 변태점 이상의 적당한 온도로 가열하여 서서히 냉각시키는 작업을 풀림이라 하다.

① 풀림의 목적
　㉠ 기계적 성질 및 피절삭성의 개선이 개선되며 조직이 균일화된다.
　㉡ 내부응력 및 재료의 불균일을 제거한다.
　㉢ 인성의 증가 및 조직을 개선하고 담금질 효과를 향상한다.

② 완전 풀림
　일반적인 풀림은 완전 풀림을 말하며 Ac_3(아공석강) 혹은 Ac_1(과공석강)보다 30~50℃ 높은 온도에서 일정 시간 가열 유지한 후 가열로에서 천천히 냉각한다.

③ 연화 풀림
　냉간 가공 도중 재결정온도 이상으로 가열 후 회복 또는 재결정에 따라 경화된 재료를 연화시키는 열처리 조작을 말하며 중간 풀림이라고도 한다.

④ 확산 풀림
　황화물은 강괴의 편석과 적열취성의 원인이 되는데, 단조, 압연 전처리 공정으로 결정립이 조대화 되지 않는 정도의 고온(1,050~1,300℃)에서 장시간 가열한다.

⑤ 구상화 풀림
　펄라이트 중의 층상 또는 망상 시멘타이트가 그대로 존재하면 절삭성이 나빠진다.
　이를 방지하기 위해 Ac_1 직하(650~720℃)에서 장시간 가열 유지하거나 $Ac_1 \pm (20~30℃)$ 사이에서 반복적으로 가열 후 냉각시키는 방법으로 기계적 성질을 개선한다.

⑥ 응력제거 풀림(저온풀림)
　단조, 주조, 기계가공 및 용접 등에 의해서 생긴 잔류응력을 제거하기 위해서 행하는 열처리로 보통 500~700℃에서 1~2hr/25mm로 가열 유지한 후 두께 25mm당 200℃/h로 서냉시킨다.

(4) 불림(normalizing, 소준)

A_3변태점 또는 Acm선보다 30~50℃ 높게 가열하여 공기 중에서 공랭시켜 미세하고 균일한 표준화된 조직을 얻는다. 열간 소성가공이나 주조로 생성된 거친 조직을 미세화, 균일화하고, 편석이나 잔류응력의 제거를 목적으로 한다. 불림처리한 강의 성질은 결정입자와 조직이 미세하게 되어 경도, 강도가 많이 증가하고 연신율과 인성이 다소 증가한다.

> **TIP**
>
> **심랭처리의 목적**
> - 공구강의 경도 증대 및 성능이 향상되고 강을 강인하게 만든다.
> - 게이지 등 정밀기계부품의 조직을 안정화하고, 형상 및 치수의 변형을 방지한다.
> - 스테인리스강에서의 기계적 성질을 개선한다.

4) 심랭처리(sub zero-treatment)

담금질 후 경도 증가, 시효변형 방지하기 위하여 0℃ 이하의 온도로 냉각하면 잔류 오스테나이트를 마텐자이트로 만드는 처리를 심랭처리라 한다. 특히, 스테인리스강에서의 기계적 성질 개선과 조직 안정화와 게이지강에서의 자연시효 및 경도 증대를 위해 실시한다.

5) 열처리(담금질) 순서

① 2종의 탄소강을 그림과 같은 방법으로 담금질한다.
② 시간당 300℃의 승온 온도로 600℃까지 가열한다.
③ 시험편을 600℃에서 20분간 유지한다.
④ 담금질 온도인 850℃까지 시간당 250℃의 승온 속도로 가열한다.
⑤ 850℃에서 약 30분간 유지 후 수랭한다.
⑥ 시험편을 연마하여 금속 현미경으로 조직을 관찰한다.
⑦ 현미경 조직 사진 촬영을 한다.
⑧ 로크웰 경도기 "C" 스케일로 경도를 측정한다.

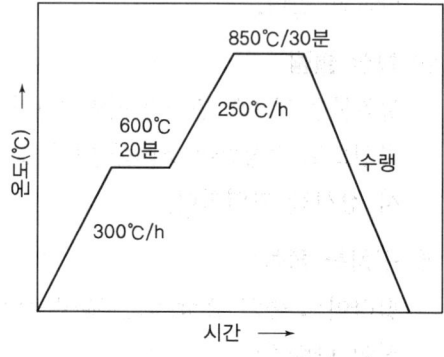

[그림 1-27] 담금질 선도

6) 항온 열처리

강을 임의의 온도에서 냉각을 정지하고 일정 시간 동안 유지하여 변태를 완료시킨다. 이와 같은 변태를 항온변태라 하고, 일정한 온도로 유지된 염 욕(salt bath)에서 시행된다. 이 항온변태 과정을 그림으로 나타낸 곡선을 항온변태 곡선 또는 T.T.T 곡선, S곡선이라고도 하며, 항온 열처리는 담금질 균열이 방지되며 경도와 인성이 동시에 요구되는 공구강, 합금강의 열처리에 이용된다.

(1) 강의 항온 냉각 변태 곡선

강을 오스테나이트 상태에서 A_1점 이하의 항온까지 급랭하여 이 온도에 그대로 항온 유지했을 때 일어나는 변태를 항온변태(isothermaltrans-formation)라 하고, 이 항온변태 및 조직의 변화를 시간에 대하여 그림으로 나타낸 것을 항온변태 곡선(time-temperature transformation ; TTT curve) 또는 그 모양이 S자이므로 S곡선이라고도 한다. 베이나이트(bainite)는 마텐자이트와 트루스타이트의 중간상태 조직이다.

(2) 연속 냉각 변태 곡선

강재를 오스테나이트 상태에서 급랭 또는 서냉할 때의 냉각곡선을 연속 냉각 변태 곡선(continuous cooling transformation curve ; CCT curve)이라 한다.

① 오스템퍼링(austempering)

Ar′와 Ar″(Ms) 변태점 사이의 온도(약 250~450℃)로 유지한 열욕에 담금질한 후 과냉 오스테나이트가 변태 완료할 때까지 항온유지 후 공랭하는 담금질이다. 베이나이트 조직이 되며 뜨임할 필요가 없고, 담금질 균열이나 변형이 잘 생기지 않는다.

② 마템퍼(martemper)

Ms~Mf(100~200℃) 온도의 열 욕에 담금질하고 항온 유지한 후 꺼내어 공랭하는 열처리이다. 마텐자이트와 베이나이트의 혼합 조직이며 경도와 인성이 크다.

③ 마퀜칭(marquenching)

Ms 점 직선으로 상승(300~400℃)의 염 욕에 담금질하고 내외부가 동일한 온도가 될 때까지 항온유지한 후 꺼내어 공기 중에서 냉각하는 방법이다. 내외의 온도 차가 없으며 동시에 서서히 마텐자이트로 되어 담금질 균열, 변형 등이 생기지 않는다.

④ 항온 뜨임(isothermal tempering)

뜨임에 의해 2차 경화되는 고속도강이나 다이스강에 대해 뜨임 온도로부터 Ms 점(약 250℃)부근의 열욕 중에 넣어 항온 유지해 2차 베이나이트가 생기도록 하는 처리로, 일명 베이나이트 템퍼링이라고도 한다. 이렇게 얻어진 고속도강 조직은 보통 뜨임으로 얻는 것보다 경도가 다소 떨어지나 인성이 크고 절삭성이 좋다.

⑤ 항온 풀림(isothermal annealing)

S곡선의 nose보다 높은 온도(600~700℃)로 급랭하여 항온 변태시킨 후 꺼내어 공랭한다. 연질의 펄라이트를 얻으며 보통풀림보다 작업시간이 짧고, 공구강, 특수강에 적합하다.

⑥ MS 담금질(MS quenching)

담금질 온도로 가열한 강재를 Ms점보다 약간 낮은 온도의 열욕에 넣어 강의 내외부가 동일 온도로 될 때까지 항온 유지한 후 꺼내어

물 또는 기름 중에 급랭하는 방법이다.

⑦ 패턴팅

시간 담금질을 응용한 방법이며 피아노선 등을 냉간가공 할 때 이 방법이 쓰인다. 패턴팅은 재료의 조직을 소르바이트 모양의 펄라이트 조직으로 만들어 인장강도를 부여하기 위한 것으로서 냉간가공 전에 한다. 고탄소강의 경우에는 900~950℃의 오스테나이트 조직으로 만든 후 400~550℃의 염욕 속에 넣어 담금질한다.

2. 표면처리

기계, 자동차 부품 중에 기어, 크랭크축, 캠축 등은 큰 힘이나 충격이 가해지며 사용하는 도중에 우수한 내마모성과 인성이 요구된다. 담금질, 템퍼링 하면 경도는 커지지만 충격치가 감소하므로 표면만 경하게 하고, 내부는 인성을 지니게 하는 방법이 필요하게 된다. 이러한 열처리를 표면경화라 하고 표면경화 강은 저탄소강을 사용해야 하며 부품을 가공할 때 절삭이 용이하다. 표면경화법은 화학적 방법과 물리적 방법으로 분류된다. 강의 표면층의 화학조성을 바꾸어 경화층을 얻는 방법이 화학적 방법이며 침탄, 질화가 여기에 속한다. 단순한 담금질에 의해 표면만 단단하게 하는 고주파 경화, 화염 경화 등이 물리적 방법이다.

1) 화학적 표면경화법

(1) 침탄법(carburizing)

0.2% C 이하의 저탄소강 표면에 탄소를 침입 확산시키고 담금질, 템퍼링 하여 표면을 경화시키는 방법으로 이 침탄처리는 침탄제에 의해 고체 침탄법, 액체 침탄법, 가스 침탄법으로 구별한다. 침탄로 안의 산소와 침탄제가 반응하여 $C+O_2 \rightarrow CO_2$이 CO_2가 다시 탄소와 반응하여 일산화탄소를 발생시킨다. $C+CO_2 \rightarrow 2CO$, CO가 이산화탄소와 탄소로 분해되어 탄소를 석출한다.

$$2CO \rightarrow [C]+CO_2 \quad [C] : 활성\ 탄소\ 또는\ 발생기\ 탄소$$
$$Fe + 2CO \rightarrow [Fe-C] + CO_2$$

① 침탄 층의 경도는 질화 층보다 작다.
② 침탄 후 열처리가 필요하다.
③ 침탄 후에도 수정할 수 있다.
④ 단시간에 표면경화할 수 있다.
⑤ 경화에 의한 변형이 생긴다.
⑥ 고온이 도면 뜨임에 의해 경도가 낮아진다.
⑦ 침탄 층은 여리지 않다.
⑧ 처리비용이 비교적 적다.
⑨ 처리 적용 강의 종류에 제한이 적다.

가) 고체 침탄법

침탄 상자에 강재 부품을 목탄, 코크스 등의 고체 침탄제와 탄산바륨($BaCO_3$), 탄산나트륨(Na_2CO_3) 등의 침탄 촉진제와 함께 넣어 밀폐시킨 후 노 속에 넣어 900~950℃ 온도로 가열하여 4~6시간 정도 유지하면 0.5~2mm 정도의 침탄 경화층을 얻을 수 있다.

① **침탄 깊이**
  ㉠ 침탄제의 종류, 강종, 침탄 온도, 시간 등에 의해 결정된다.
  ㉡ 유효 경화층 깊이 : 경화층 표면부터 경도가 Hv 550까지의 깊이

② **침탄 후 열처리**
  ㉠ 1차 담금질 : 900℃에서 실시(중심부 조직 미세화)
  ㉡ 2차 담금질 : 800℃에서 실시(경화층 표면경화)
  ㉢ 템퍼링 : 150~180℃에서 저온 템퍼링 실시

나) 액체 침탄법(침탄질화법, 청화법, 시안화법, cyaniding)

시안화칼륨(KCN), 시안화나트륨(NaCN) 등에 염화물이나 탄산염을 첨가하여 600~900℃로 가열된 염 욕 중에 침탄 소재를 30분~1시간 담금시키면 C와 N이 동시에 침입하여 침탄과 질화가 이루어지므로 침탄질화 또는 청화(cyaniding)라고도 한다.

침탄시간이 짧으므로 담금질 후 뜨임한다. 침탄 경화층의 깊이는 0.2~0.5mm, 침탄 부분의 탄소 함유량은 0.7~1.0% 정도가 된다.

① 용융염의 온도 조절과 작업이 용이하다.
② 물품은 빨리 균일하게 가열시킨다.
③ 처리시간이 짧으며, 열처리 응력이 적다.
④ 형상이 복잡하고 정밀 가공한 소형 부품에도 할 수 있다.
⑤ 대량 생산에 적합하다.

TIP
- 값이 싸다.
- 작업이 곤란하다.
- 작업이 안전하다.

⑥ 맹독을 발한다.
⑦ 염류는 값이 비싸고 소모가 많다.
⑧ 침탄 층이 얕다.

다) 가스 침탄법

침탄제로 사용되는 천연가스(LNG), 메탄, 에탄, 프로판, 부탄가스를 변성로를 통과시켜 변성된 캐리어 가스(RX 가스)에 소량의 프로판, 메탄가스 등 증탄 가스(enrich gas)를 혼합하여 가열로에 불어 넣어 침탄처리한다. 침탄성 가스를 침탄 가열로에 보내어 900~950℃로 3~4시간 가열하면 깊이 1mm 정도로 침탄하며 침탄 후 150~200℃로 뜨임한다.

① 침탄층의 침탄 농도와 확산 조절이 용이하다.
② 균일한 침탄층을 얻는다.
③ 열효율이 높다.
④ 작업이 간단하다.

(2) 질화법(nitriding)

강의 표면에 질소(N)를 침투 확산시켜 경화시키는 방법으로 가스 질화법, 연질 화법, 이온 질화법이 있다. 특징으로는

① 경화에 의한 변형이 작다.
② 높은 표면경도를 얻을 수 있다(HV 800~1200).
③ 내마모성, 내식성이 우수하고 고온 경도가 높다.
④ 열처리(담금질, 뜨임)가 필요없다.
⑤ 침탄보다 시간이 오래 걸리고 비용이 많이 든다.
⑥ 질화 후 수정이 불가능하다.
⑦ 고온으로 가열하여도 경도저하가 없다.
⑧ 질화 층은 여리다.
⑨ 처리 적용 강의 종류에 제한을 받는다.

가) 가스 질화법

Al, Cr, Mo 등을 함유한 질화용강(SACM강) 등을 암모니아(NH_3) 가스 중에서 520~550℃에서 50~100시간 가열하여 강의 표면에 N를 확산 침투시키고 대단히 경한 물질을 생성하여 내마멸성과 내식성이 우수한 표면층을 얻는다.

$$2NH_3 \rightarrow 2[N] + 3H_2$$

Al, Mo, Cr, Ti, V을 포함한 합금강은 질화가 잘 되며, 반면 Ni, Co를 포함한 합금강은 질화 효과가 작다.

나) 연질 화법(터프트라이드, Tufftride)

신속 염욕 질화법이며 530~570℃ 염욕 속에 공기를 계속 송입하고 20~30분간 가열한 후 냉각한다(연강의 연질화 후 표면경도 HV570). 일반 질화보다 경도가 훨씬 낮은 대신에 처리시간의 단축과 일반구조용 탄소강에서도 가능하며 내마모성, 내피로성이 현저히 향상되므로 자동차 부품(샤프트, 기어)에 응용된다.

다) 이온 질화법

저압의 질소 분위속에서 발생한 glow 방전 때문에 이온화된 N^+이온을 음극의 부품에 고속으로 충돌하여 가열되면서 동시에 질소를 표면에 침투시켜 질화층을 형성한다.

2) 물리적 표면경화법

(1) 화염 경화법(flame hardening)

탄소강 표면에 산소-아세틸렌(혼합비 1:1) 화염으로 표면만을 가열하고 오스테나이트화한 후 급랭하여 표면만 경화시키는 담금질 방법이다. 담금질 후 150~200℃에서 저온 뜨임을 한다. 부품 크기와 형상은 무관하며 국부 소입이 가능하여 장치가 간단하고 저렴하다. 기어의 잇면, 크랭크축, 스핀들, 캠 등에 이용된다.

> **TIP**
>
> **화염 경화법의 특징**
> - 부품의 크기와 형상에 제한이 없다.
> - 국부 담금질이 가능하고 설비비가 저렴하다.
> - 담금질 변형이 작다.
> - 가열온도의 조절이 어렵다.

(2) 고주파 경화(induction hardening)

강재의 내면, 외면, 평면에 강관으로 만들어진 코일을 위치시키고, 코일에 고주파전류를 걸어주면 강재 내에 맴돌이 전류(eddy current)가 유도되어 대부분이 표피효과(skin effect)에 의해 강재표면층에 집중되어 이 부분만 급속히 가열된다. 사용되는 강은 미리 조질 처리된 0.4~0.6% C의 구조용 탄소강 또는 저합금강을 사용한다.

가) 담금질 경화 깊이

① 자동차용 크랭크축, 캠축은 내마모성 향상을 위해 자동차용 뒤차축, 철도차량용 차축은 내피로성 향상을 목적으로 고주파 담금질을 한다.

② 고주파 열처리된 축은 그 목적에 따라 다양한 경화 깊이가 요구되며 내마모성의 향상을 위한 것은 경화 깊이는 낮아도 좋지만 피로강도의 향상을 목적으로 할 때는 경화 깊이는 일반적으로

깊고, 더구나 비교적 지름이 큰 것, 큰 기어 등은 깊은 경화층이 요구된다.

③ 경화 깊이에서 가장 중요한 조건은 주파수이다. 일반적으로 경화 깊이를 낮게 할 때는 높은 주파수를 사용하고 경화 깊이를 깊게 할 때는 낮은 주파수를 사용한다.

나) 고주파 표면경화의 특징
① 담금질 경화 깊이의 조절이 용이하다.
② 국부 가열이 가능하다.
③ 열처리할 품목의 크기에 따른 질량효과 문제는 없다.
④ 전체 변형은 적으나 급열, 급랭으로 인한 재료변형이 일어난다.
⑤ 가열 시간이 짧으므로 산화, 탈탄, 결정입자의 조대화를 방지할 수 있다.
⑥ 양산과 전자동화가 가능하다.
⑦ 직접 가열하기 때문에 열효율이 높고 대량 생산이 가능하다.
⑧ 전류는 강재표면에 흐르기 쉬우므로 표면의 가열이 잘 된다.
⑨ 유지비가 적고 균일 가열 및 온도제어가 용이하다.
⑩ 작업이 깨끗하다.
⑪ 설비비용이 많이 들고, 부품의 형상과 소재가 제한적이다.

3) 기타 표면경화법

(1) 하드 페이싱(hard facing)
강재표면에 내마모성이 좋은 스텔라이트(stellite, Co-Cr-W 합금)나 경합금 등을 녹이거나 압력을 가해서 융착시켜서 경질 표면층을 얻는 방법이다.

(2) 쇼트피닝(shot peening)
강이나 주철로 된 작은 입자($\Phi 0.5 \sim 1mm$)들을 금속표면에 고속으로 분사시켜서 가공경화에 의하여 표면의 경도를 높이는 방법으로 휨과 비틀림의 반복 응력을 받는 스프링 류의 피로한도를 증가시켜 수명을 길게 하는 데 적용된다.

(3) 방전 경화
강재를 음극(-), 탄소봉을 양극(+)으로 하여 공기 중에 방전시켜 양극의 탄소가 음극의 제품 표면으로 이동과 순간적인 급열, 급랭 때문에 표면이 경화된다.

(4) 전해 경화

담금을 할 강재를 음극(-)으로 하여 전해액에 담그고 고전압을 통전하면 부품이 가열되고 적열상태가 되었을 때 전류를 끊으면 전해액이 냉각제가 되어 그대로 담금질 처리가 된다.

(5) 금속 침투법(cementation)

강재표면에 타 금속을 침투 확산시켜 표면을 경화하고 내식성을 증가시키는 방법이다.

① Cr 침투법(chromizing)

Fe-Cr 합금 층을 형성시키는 방법으로 소재를 Cr 분말 속에 파묻고, 1,000~1,400℃로 가열한다. 소재는 0.2% C 이하의 연강을 사용하며 Cr이 침투된 표면층은 내식성, 내산성, 내마모성이 좋다.

② Si 침투법(siliconizing)

Fe-Si 합금철은 내마멸성, 내식성, 내열성이 우수하다. Fe-Si-C의 혼합물에 소재를 묻어 놓고, 950~1,050℃로 가열한다.

③ B 침투법(boronizing)

강재표면에 붕소를 침입·확산시켜 붕소화 층을 생성시키는 방법으로 생성한 붕소화 층은 Hv 1,500~2,000 정도이며 전해 붕해법이 많이 사용된다.

④ Al 침투법(calorizing)

Al 분말을 소량의 염화암모늄과 혼합하여 소재와 함께 노에 넣은 후 850~950℃에서 4~6시간 가열한다.

⑤ Zn 침투법(sheradizing)

철의 표면에 Zn을 침투·확산시키는 방법으로, 300메시 정도 미세한 Zn 분말 속에 소재를 묻고, 300~400℃에서 1~5시간 동안 유지하면 경화층을 얻는다. 볼트, 너트의 방청용으로 적합하다.

⑥ PVD법(physical vapor deposition)

㉠ 진공 증착법(evaporation) : 고진공 중에서 코팅 물질을 가열 증발시켜 이를 소재 표면에 응축시켜 1μ 이하의 박막을 형성하는 방법이다.

㉡ 스퍼터링법(sputtering) : 진공 챔버(10^{-2} Torr) 내에 Ar과 같은 불활성 가스를 넣고 (-)극에 전압을 가하면 음극 근처의 Ar이 이온화하여 Ar^+로 되어 음극과 충돌한다. 이 이온 충격 때문에 튀어나온 분자가 양극 기판에 부착하여 박막을 형성한다.

ⓒ 이온 플레이팅법(ion plating) : 코팅 물질을 플리즈마로 만든 다음 기판(−극)에 전압을 가하면 glow 방전이 일어나 이온화가 촉진되게 함으로 코팅 물질의 원자증기 상으로 방출하여 피처리물(+극)에 부착된다. 코팅 물질은 대부분 TiN이며 TiN 코팅층의 경도는 Hv 2,400이고 절삭공구, 금형, 자동차 부품, 항공기 부품 등에 적용된다.

⑦ CVD법(chemical vapor deposition)

1,000℃ 부근의 반응로 안에서 가열된 기판 위에 $TiCl_4$, H_2, CH_4 등의 혼합 가스를 접촉시키고, 기상 반응을 일으키며, 기판상에 석출시켜 증착하는 방법이다.

01 강의 열처리

01. 탄소강 및 합금강을 담금질(quenching)할 때 냉각효과가 가장 빠른 냉각액은?
① 물 ② 공기
③ 기름 ④ 염수

해설 담금질(quenching)할 때 냉각효과가 가장 빠른 순서는 염수 > 물 > 기름 > 공기이다.

02. 담금질 질량 효과(mass effect)에 대한 설명으로 틀린 것은?
① 강재의 크기에 따라 담금질 효과가 변하는 것을 질량 효과라 한다.
② 질량이 큰 재료일수록 담금질 경도가 감소하며 작은 재료일수록 증가한다.
③ 탄소강은 질량 효과가 크고 합금강은 질량 효과가 작다.
④ 질량이 큰 재료일수록 질량 효과가 크며 담금질 효과는 증가한다.

해설 질량 효과(mass effect)
재료를 담금질할 때 질량이 작은 재료는 내·외부에 온도 차가 없으나 질량이 큰 재료는 열의 전도에 시간이 길게 소요되어 내·외부에 온도 차가 생겨 외부는 경화되어도 내부는 경화되지 않는 현상이다. 질량이 큰 재료일수록 질량 효과가 크며 담금질 효과가 감소한다.

03. 경화능은 담금질하였을 때 경화되는 깊이와 관련하여 발생하는 조직은?
① 마텐자이트 조직 ② 트루스타이트
③ 소르바이트 ④ 펄라이트

해설 경화능(harden ability)
담금질하였을 때 경화되는 깊이, 즉 마텐자이트 조직이 생기는 깊이를 말하며 경화능이 좋고 나쁨은 마텐자이트 조직의 깊이로 나타낸다.

04. 고속도강을 담금질한 후 뜨임하게 되면 일어나는 현상은?
① 경년 현상이 일어난다.
② 자연균열이 일어난다.
③ 2차 경화가 일어난다.
④ 응력 부식 균열이 일어난다.

해설 고속도강을 담금질한 후 뜨임하면 2차 경화가 일어난다. 고속도강의 열처리는 1,250~1,350℃에서 담금질하고 550~600℃에서 뜨임하여 2차 경화시킨다. 풀림은 820~860℃에서 행한다.

05. 담금질한 강을 재가열할 때 600℃ 부근에서의 조직은?
① 솔바이트
② 마텐자이트
③ 트루스타이트
④ 오스테나이트

해설 고온 뜨임
주로 500~600℃가열 후 급랭시키며 뜨임취성이 발생한다. 솔바이트 조직을 얻기 위해서 강도와 인성이 풍부한 조직으로 만들기 위해서는 고온에서 뜨임을 하는데 이것을 고온 뜨임이라 한다. 따라서 구조용 강과 같이 높은 강도와 풍부한 인성이 요구되고 좋은 절삭성이 요구되는 것은 열처리를 한 후 고온 뜨임을 하여 사용한다.

정답 01 ④ 02 ④ 03 ① 04 ③ 05 ①

Part 3. 기계재료 및 측정

06. 강을 표준상태로 하기 위하여 가공조직의 균일화, 결정립의 미세화, 기계적 성질의 향상을 목적으로 오스테나이트가 되는 온도까지 가열하여 공랭시키는 열처리 방법은?

① 뜨임 ② 담금질
③ 오스템퍼 ④ 노멀라이징

해설
- 뜨임 : 담금질 후 인성부여
- 담금질 : 경도증가
- 오스템퍼 : 오스테나이트 상태에서 Ar'와 Ar"(Ms점) 변태점 사이의 온도에서 염욕에 담금질 한 후 과냉한 오스테나이트가 변태 완료할 때까지 항온으로 유지하여 베이나이트를 충분히 석출시킨 후 공랭하는 열처리로서 베이나이트 조직이 되며 뜨임이 필요 없고 담금질 균열이나 변형이 잘 생기지 않는다.

07. 아래 그림에서 Austenite강을 재결정 온도 이하, Ms점 이상의 온도범위에서 소성가공을 한 후 소입(quenching)하는 열처리는?

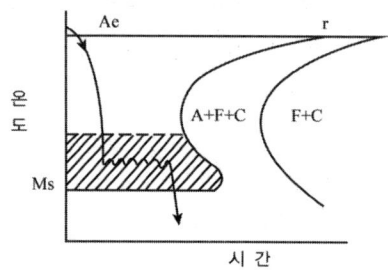

① Austempering
② Ausforming
③ Marquenching
④ Time quenching

해설 Austempering
Austenite강을 재결정 온도 이하, Ms점 이상의 온도범위에서 소성가공을 한 후 소입(quenching)하는 열처리이다.

08. 다음 담금질 조직 중에서 경도가 가장 큰 것은?

① 페라이트 ② 펄라이트
③ 마텐자이트 ④ 트루스타이트

해설 담금질 조직 중에서 경도가 가장 큰 순서
시멘타이트(HB850) > 마텐자이트(HB650) > 트루스타이트(HB430) > 소르바이트(HB270) > 펄라이트(HB200)) > 오스테나이트(HB130) > 페라이트(HB100)

09. 담금질 조직 중에 냉각속도가 가장 빠를 때 나타나는 조직은?

① 솔바이트 ② 마텐자이트
③ 오스테나이트 ④ 트루스타이트

해설 담금질 조직 중에 냉각속도가 가장 빠를 때 나타나는 조직은 마텐자이트 > 트루스타이트 > 소르바이트 > 펄라이트 > 오스테나이트 > 페라이트이다.

10. 뜨임의 목적이 아닌 것은?

① 탄화물의 고용강화
② 인성 부여
③ 담금질할 때 생긴 내부응력 감소
④ 내마모성의 향상

해설 뜨임의 목적은 인성 부여가 주목적으로 담금질할 때 생긴 내부응력 감소 및 내마모성의 향상, 치수의 경년변화 방지, 연마균열의 방지 등이다.

11. 고속도강으로 금형을 장시간 사용할 때 일어나는 시효변화를 억제하는 방법은?

① 담금질 처리를 2회 이상 한다.
② 뜨임처리를 3회 이상 반복한다.
③ 풀림처리를 2회 이상 반복한다.
④ 마텐자이트를 오스테나이트화 한다.

정답 06 ④ 07 ② 08 ③ 09 ② 10 ① 11 ②

해설 고속도강의 열처리
1,250~1,350℃에서 담금질하고 550~600℃에서 뜨임하여 2차 경화시킨다. 풀림은 820~860℃에서 행한다. 600℃까지는 HB650~700 정도이고 600℃ 이상에서는 급감하여 800℃가 되면 HB200 이하로 된다. 고속도강은 1,250℃까지는 임계구역으로 유중 급랭한다. 금형부품과 같이 장시간 사용할 때 일어나는 시효변화를 억제하는 방법은 뜨임처리를 3회 이상 반복한다.

12. 뜨임 취성(Temper brittleness)을 방지하는데 가장 효과적인 원소는?
① Mo
② Ni
③ Cr
④ Zr

해설 Mo첨가로 뜨임취성이 방지된다.

13. 상온 가공한 강을 탄성한계를 향상하기 위해 250~370℃로 가열하는 작업을 무엇이라 하는가?
① 블루잉
② 응력제거 풀림
③ 하드페이싱
④ 심랭처리

해설 상온 가공한 강을 탄성한계를 향상하기 위해 250~370℃로 가열하는 작업을 블루잉(bluing)이라 한다.

14. 풀림의 목적을 설명한 것 중 틀린 것은?
① 강의 경도가 낮아져서 연화된다.
② 담금질된 강의 취성을 부여한다.
③ 조직이 균일화, 미세화, 표준화 된다.
④ 가스 및 불순물의 방출과 확산을 일으키고, 내부응력을 저하시킨다.

해설 풀림의 목적
• 기계적 성질 및 피절삭성의 개선이 개선되며 조직이 균일화, 미세화, 표준화 된다.
• 내부응력 및 재료의 불균일 제거시킨다.
• 인성의 증가 및 조직을 개선하고 담금질 효과를 향상시킨다.

15. 풀림에 대한 설명으로 틀린 것은?
① 기계적 성질을 개선하기 위한 것이 구상화 풀림이다.
② 응력제거 풀림은 재료 내부의 잔류응력을 제거하기 위한 것이다.
③ 강을 연하게 하여 기계가공성을 향상시키기 위한 것은 완전 풀림이다.
④ 풀림 온도는 과공석강인 경우에는 A_3 변태점보다 30~50℃로 높게 가열하여 방랭한다.

해설 완전 풀림 : 일반적으로 풀림이라면 완전 풀림을 말하며, 탄소강을 고온으로 가열하면 결정입자가 커지고, 재질이 약해진다. 이 결점을 제거하기 위하여 A_3~A_1 변태점보다 30~50℃ 높은 온도에서 가열하고 노랭한다.

16. 열처리 중 연화를 목적으로 하며 오스테나이징 후 서랭하는 열처리 조작은?
① 풀림
② 뜨임
③ 담금질
④ 노멀라이징

해설 풀림 : 연화를 목적으로 하며 오스테나이징 후 서랭하는 열처리 조작이다.

17. 냉간 가공한 재료를 풀림처리 시 나타나는 현상으로 틀린 것은?
① 회복
② 재결정
③ 결정립 성장
④ 응고

해설 냉간 가공한 재료를 풀림처리 시 나타나는 현상은 회복, 재결정, 결정립 성장, 시효경화, 바우싱거 효과 등이다.

정답 12 ① 13 ① 14 ② 15 ④ 16 ① 17 ④

18. 강을 표준상태로 하고, 가공조직의 균일화, 결정립의 미세화 등을 목적으로 하는 열처리는?

① 풀림　　　② 불림
③ 뜨임　　　④ 담금질

해설
① 풀림 : 내부응력제거, 연화
② 불림 : 표준화
③ 뜨임 : 인성부여
④ 담금질 : 경도증가

19. 다음 중 열처리에서 풀림의 목적과 가장 거리가 먼 것은?

① 조직의 균질화　　　② 냉간 가공성 향상
③ 재질의 경화　　　　④ 잔류응력제거

해설
열처리에서 풀림의 목적
① 조직의 균질화
② 냉간 가공성 향상
③ 재질의 연화
④ 잔류응력제거

20. 일반적인 풀림은 완전 풀림을 말하며 Ac_3(아공석강) 혹은 Ac_1(과공석강)보다 30~50℃ 높은 온도에서 일정 시간 가열 유지한 후 가열로에서 천천히 냉각하는 열처리는?

① 완전 풀림　　　② 연화 풀림
③ 확산 풀림　　　④ 구상화 풀림

해설
• 연화 풀림 : 냉간 가공 도중 재결정온도 이상으로 가열 후 회복 또는 재결정에 따라 경화된 재료를 연화시키는 열처리 조작을 말하며 중간 풀림이라고도 한다.
• 확산 풀림 : 황화물은 강괴의 편석과 적열취성의 원인이 되는데, 단조, 압연 전처리 공정으로 결정립이 조대화 되지 않는 정도의 고온(1,050~1,300℃)에서 장시간 가열한다.
• 구상화 풀림 : 펄라이트 중의 층상 또는 망상 시멘타이트가 그대로 존재하면 절삭성이 나빠진다. 이를 방지하기 위해 Ac_1 직하(650~720℃)에서 장시간 가열 유지하거나 Ac_1 ±(20~30℃) 사이에서 반복적으로 가열 후 냉각시키는 방법으로 기계적 성질을 개선한다.

21. 강을 오스테나이트가 되는 온도까지 가열한 후 공랭시키는 열처리 방법은?

① 뜨임　　　　② 담금질
③ 오스템퍼　　④ 노멀라이징

해설
불림(Normalizing)
내부응력을 제거하면서 기계적, 물리적 성질을 표준화하는 것으로 단조, 압연 등의 소성가공이나 주조로 거칠어진 조직을 미세화하고, 편석이나 잔류응력을 제거하기 위해 A_3 변태점보다 약 30~50℃ 높게 가열하여 대기 중에서 공랭하는 조작을 불림이라 한다.

22. 강을 오스테나이트화한 후 공랭하여 표준화된 조직을 얻는 열처리는?

① 퀜칭(Quenching)
② 어닐링(Annealing)
③ 템퍼링(Tempering)
④ 노멀라이징(Normalizing)

해설
① 퀜칭(Quenching) : 강도증가
② 어닐링(Annealing) : 내부응력제거
③ 템퍼링(Tempering) : 인성부여
④ 노멀라이징(Normalizing) : 조직의 표준화

23. 공구강에서 경도를 증가시키고 시효에 의한 치수변화를 방지하기 위한 열처리 순서로 가장 적합한 것은?

① 담금질 → 심랭처리 → 뜨임처리
② 담금질 → 불림 → 심랭처리
③ 불림 → 심랭처리 → 담금질
④ 풀림 → 심랭처리 → 담금질

정답 18 ② 19 ③ 20 ① 21 ④ 22 ④ 23 ①

해설 공구강의 치수변화를 방지하기 위한 열처리 순서는 담금질 → 심랭처리 → 뜨임처리 순서이다.

24. 담금질한 강재의 잔류 오스테나이트를 제거하며, 치수변화 등을 방지하는 목적으로 0℃ 이하에서 열처리하는 방법은?

① 저온 뜨임 ② 심랭 처리
③ 마템퍼링 ④ 용체화 처리

해설 심랭 처리의 목적
- 공구강의 경도 증대 및 성능이 향상되고 강을 강인하게 만든다.
- 게이지 등 정밀기계부품의 조직을 안정화하고, 형상 및 치수의 변형을 방지한다.
- 스테인리스강에서의 기계적 성질을 개선한다.

25. 심랭처리의 효과가 아닌 것은?

① 재질의 연화
② 내마모성 향상
③ 치수의 안정화
④ 담금질한 강의 경도 균일화

해설 심랭처리의 효과
① 재질의 경화
② 내마모성 향상
③ 치수의 안정화
④ 담금질한 강의 경도 균일화

26. 다음 담금질 조직 중에서 용적변화(팽창)가 가장 큰 조직은?

① 펄라이트 ② 오스테나이트
③ 마텐자이트 ④ 솔바이트

해설 담금질 조직 중에서 용적변화(팽창)가 가장 큰 조직은 마텐자이트이다.

27. 마텐자이트(Martensite) 및 그 변태에 대한 설명으로 틀린 것은?

① 경도가 높고, 취성이 있다.
② 상온에서는 준안정상태이다.
③ 마텐자이트 변태는 확산변태를 한다.
④ 강을 수중에 담금질하였을 때 나타나는 조직이다.

해설 마텐자이트 변태
오스테나이트에서 마텐자이트로의 변태를 마텐자이트 변태라 하며 Ar"변태라고 기호로 붙인다. 마텐자이트 변태가 생기는 온도를 Ms점이라고 한다.

28. 금속의 냉각속도가 빠르면 조직은 어떻게 되는가?

① 조직이 치밀해진다.
② 조직이 거칠어진다.
③ 불순물이 적어진다.
④ 냉각속도와 조직은 아무 관계가 없다.

해설 금속의 냉각속도가 빠르면 조직이 치밀해진다.

29. 강의 항온 냉각 변태 곡선에 대한 설명으로 틀린 것은?

① 항온변태 및 조직의 변화를 시간에 대하여 그림으로 나타낸 것을 연속 냉각 변태 곡선이라 한다.
② 그 모양이 S자이므로 S곡선이라고도 한다.
③ 베이나이트(bainite)는 마텐자이트와 트루스타이트의 중간상태 조직이다.
④ 강을 오스테나이트 상태에서 A_1점 이하의 항온까지 급랭하여 이 온도에 그대로 항온 유지했을 때 일어나는 변태를 항온변태라 한다.

정답 24 ② 25 ① 26 ③ 27 ③ 28 ① 29 ①

해설
- 항온변태 및 조직의 변화를 시간에 대하여 그림으로 나타낸 것을 항온변태 곡선(time-temperature transformation ; TTT curve)이다.
- 강재를 오스테나이트 상태에서 급랭 또는 서냉할 때의 냉각곡선을 연속 냉각 변태 곡선(continuous cooling transformation curve ; CCT curve)이라 한다.

30. 항온 열처리의 종류가 아닌 것은?
① 마퀜칭
② 마템퍼링
③ 오스템퍼링
④ 오스드로잉

02 표면처리

01. 침탄법(carburizing)의 특징에 대한 설명으로 틀린 것은?
① 침탄 층의 경도는 질화 층보다 작다.
② 침탄 후 열처리가 필요하다.
③ 침탄 후에도 수정할 수 있다.
④ 경화에 의한 변형이 작다.

해설 침탄법(carburizing)의 특징
① 침탄 층의 경도는 질화 층보다 작다.
① 침탄 후 열처리가 필요하다.
③ 침탄 후에도 수정할 수 있다.
④ 단시간에 표면경화할 수 있다.
⑤ 경화에 의한 변형이 생긴다.
⑥ 고온이 도면 뜨임에 의해 경도가 낮아진다.
⑦ 침탄 층은 여리지 않다.
⑧ 처리비용이 비교적 적다.
⑨ 처리적용 강의 종류에 제한이 적다.

02. 질화법의 특징에 대한 설명으로 틀린 것은?
① 경화에 의한 변형이 크다.
② 높은 표면경도를 얻을 수 있다(HV 800~1,200).
③ 내마모성, 내식성이 우수하고 고온 경도가 높다.
④ 열처리(담금질, 뜨임)가 필요없다.

해설 질화법의 특징
- 경화에 의한 변형이 작다.
- 높은 표면경도를 얻을 수 있다(HV 800~1,200).
- 내마모성, 내식성이 우수하고 고온 경도가 높다.
- 열처리(담금질, 뜨임)가 필요 없다.
- 침탄보다 시간이 오래 걸리고 비용이 많이 든다.
- 질화 후 수정이 불가능하다.
- 고온으로 가열하여도 경도저하가 없다.
- 질화 층은 여리다.
- 처리 적용 강의 종류에 제한을 받는다.

03. 시안화칼륨(KCN), 시안화나트륨(NaCN) 등에 염화물이나 탄산염을 첨가하여 600~900℃로 가열된 염 욕 중에 침탄 소재를 30분~1시간 담금시키면 C와 N이 동시에 침입하여 침탄과 질화가 이루어지는 작업은?
① 액체 침탄법   ② 가스 침탄법
③ 가스 질화법   ④ 화염 경화법

해설 액체 침탄법(침탄질화법, 청화법, 시안화법, cyaniding)
시안화칼륨(KCN), 시안화나트륨(NaCN) 등에 염화물이나 탄산염을 첨가하여 600~900℃로 가열된 염 욕 중에 침탄 소재를 30분~1시간 담금시키면 C와 N이 동시에 침입하여 침탄과 질화가 이루어지므로 침탄 질화 또는 청화(cyaniding)라고도 한다.

형성평가

04. 강의 표면을 고온산화에 견디기 위한 시멘테이션 법은?

① 보로나이징
② 칼로라이징
③ 실리코나이징
④ 나이트라이징

해설
- 세라다이징(Zn의 침투처리) : 내식성, 경화층을 얻는 방법으로 고온산화에 강하다.
- 크로마이징(Cr 침투처리) : 표면층은 고 크롬의 조성이 되어 스테인리스강의 성질을 갖게 되므로 내열, 내식성 및 내마모성이 크게 된다.
- 칼로라이징(Al 침투처리) : 내열성 및 내스케일성 증가, 고온산화에 견딘다.
- 보로나이징(boronizing ; B 침투처리) : 내마모성 증가로 경도가 커진다(Hv=1,300~1,400).
- 실리코나이징(Siliconizing ; Si 침투처리) : 내산성을 향상한다.

05. 강의 표면경화법에 대한 설명 중 틀린 것은?

① 침탄법에는 고체침탄법, 액체침탄법, 가스침탄법 등이 있다.
② 질화법은 강 표면에 질소를 침투시켜 경화하는 방법이다.
③ 화염경화법은 일반 담금질법에 비해 담금질 변형이 적다.
④ 세라다이징은 철강 표면에 Cr을 확산 침투시키는 방법이다.

해설
- 세라다이징(Zn의 침투처리)
- 크로마이징(Cr 침투처리)
- 칼로라이징(Al 침투처리)
- 보로나이징(boronizing ; B 침투처리)
- 실리코나이징(Siliconizing ; Si 침투처리)

06. 금속 표면에 스텔라이트, 초경합금 등을 용착시켜 표면경화층을 만드는 방법은?

① 침탄처리법
② 금속침투법
③ 쇼트피닝
④ 하드페이싱

07. 고주파 경화법 시 나타나는 결함이 아닌 것은?

① 균열
② 변형
③ 경화층 이탈
④ 결정입자의 조대화

해설 고주파 경화법의 특징
- 표면경화법 중 가장 편리한 방법이다.
- 고주파 유도전류에 의하여 소요 깊이까지 급가열하여 급랭하는 방법이다.
- 가열 시간이 짧고, 복잡한 형상에 사용된다.
- 값이 저렴하고 경제적이다.
- 표면의 탈탄 및 결정입자의 조대화가 일어나지 않는다.

08. 가스 질화법의 특징을 설명한 것 중 틀린 것은?

① 질화 경화층은 침탄층보다 경하다.
② 가스 질화는 NH_3의 분해를 이용한다.
③ 질화를 신속하게 하려면 glow 방전을 이용하기도 한다.
④ 질화용강은 질화 전에 담금질, 뜨임 등 조질 열처리가 필요없다.

해설 질화용강은 질화 후에 담금질, 뜨임 등 조질 열처리가 필요없다.

정답 04 ② 05 ④ 06 ④ 07 ④ 08 ④

Part 3. 기계재료 및 측정

09. 노에 들어가지 못하는 대형 부품의 국부 담금질, 기어, 톱니나 선반의 베드면 등의 표면을 경화시키는 데 가장 많이 사용하는 열처리방법은?

① 화염 경화법
② 침탄법
③ 질화법
④ 청화법

10. 질화 경화법에서 사용하는 가스로 옳은 것은?

① 탄산가스
② 수소가스
③ 사이안화 나트륨 가스
④ NH_3(암모니아) 가스

[해설] **질화 경화법**
질화용 강의 표면층에 질소를 확산시켜, 표면층을 경화하는 방법이다. 게이지 또는 측정기의 측정면의 경화 등에 이용된다. 500~600℃, 50~100시간 가열하여, 계속해서 NH_3(암모니아) 가스를 공급하면서 서냉시킨다. 치수변화가 적고, 담금질할 필요가 없다.

11. 액체 침탄제로 사용되는 것은?

① KCN   ② NH_3
③ CH_4 ④ C_3H_8

[해설] **액체 침탄법(청화법)**
침탄제로 시안화칼륨(KCN), 시안화나트륨(NaCN) 및 페로시안칼륨($K_4Fe(CN)_6, 3H_2O$) 등을 사용하고 촉진제로는 탄산칼륨(K_2CO_3), 탄산나트륨(Na_2CO_3), 염화칼륨(KCl), 염화나트륨(NaCl) 등을 사용하여 용융 염욕(salt bath)을 만들어 이 속에 강을 침적시키는 방법으로 탄소(C) 및 질소(N)도 침투되므로 침탄 질화법(carbo-nitriding) 또는 시안 청화법(cyaniding)이라고도 한다.

12. 강의 표면경화법에 대한 설명을 틀린 것은?

① 침탄법에는 고체침탄법, 액체침탄법, 가스침탄법 등이 있다.
② 질화법은 강 표면에 질소를 침투시켜 경화하는 방법이다.
③ 화염 경화법은 일반 담금질법에 비해 담금질 변형이 적다.
④ 세라다이징은 철강 표면에 Cr을 확산 침투시키는 방법이다.

[해설] 세라다이징은 철강 표면에 Zn을 확산 침투시키는 방법이다.

13. 고주파 표면경화의 특징으로 틀린 것은?

① 담금질 경화 깊이의 조절이 용이하다.
② 국부 가열이 가능하다.
③ 열처리할 품목의 크기에 따른 질량 효과 문제는 없다.
④ 전체 변형은 적으나 급열, 급랭으로 인한 재료변형이 없다.

[해설] 전체 변형은 적으나 급열, 급랭으로 인한 재료변형이 일어난다.

14. 화염 경화법의 특징으로 틀린 것은?

① 부품의 크기와 형상에 제한이 없다.
② 국부 담금질이 가능하고 설비비가 저렴하다.
③ 담금질 변형이 작다.
④ 가열온도의 조절이 쉽다.

[해설] 가열온도의 조절이 어렵다.

정답 09 ① 10 ④ 11 ① 12 ④ 13 ④ 14 ④

Chapter 02 기본측정기 사용

1 작업계획 파악

1. 도면해독

1) 치수의 정의

도면에 그린 도형은 공작물의 형상을 표시하고, 치수는 그 위치, 자세, 크기를 정량적으로 표시한다. 자세란 구부러져 있는 정도, 수평·수직 등의 방향에 대한 정보를 의미한다. 치수에는 재료 치수, 소재 치수, 다듬질 치수 등이 있으나, 도면에 그린 도형에는 다듬질 치수로 표시하는 것이 일반적인 원칙이다.

2) 공차의 정의

공차란 설계의도에 관한 부품기능상 허용되는 치수의 오차범위를 말한다. 즉, 기준치수(목표 치수)에 대하여 가공상 허용되는 오차를 포함한 치수를 허용한계치수라고 하며, 치수의 큰 쪽을 최대 허용치수, 작은 쪽을 최소 허용치수라고 한다. 개별 공차가 없는 치수는 도면에 명시된 공통 공차를 따른다.

3) 형상 측정

(1) 측정량의 종류와 측정 대상 기하공차의 요소

측정량의 종류와 측정 대상이 되는 기하공차의 요소는 〈표 2-1〉과 같다.

〈표 2-1〉 측정량의 종류와 측정 대상 요소 예시

측정량의 종류	측정 대상(기하공차) 요소
선형 치수 및 길이	길이, 두께, 폭, 홈 깊이, 단차, 내경, 외경 등
형상	진원도, 원통도, 평면도, 평행도, 진직도 등
복합 형상	대칭도, 동심도, 흔들림, 위치도 등

(2) 기하공차 종류와 기호

기하공차의 종류와 기호는 〈표 2-2〉와 같다.

〈표 2-2〉 기하공차 종류와 기호

적용하는 형체	구분	기호	공차의 종류	
단독 형체	모양공차	—	진직도 공차	
		▱	평면도 공차	
		○	진원도 공차	
		⌀	원통도 공차	
단독 형체 또는 관련 형체		⌒	선의 윤곽도 공차	
		⌓	면의 윤곽도 공차	
관련 형체	자세공차	∥	평행도 공차	최대 실체공차 적용(MMC)
		⊥	직각도 공차	
		∠	경사도 공차	
	위치공차	⌖	위치도 공차	최대 실체공차 적용(MMC)
		◎	동축도 공차 또는 동심도 공차	
		═	대칭도 공차	
	흔들림 공차	↗	원주 흔들림 공차	
		↗↗	온 흔들림 공차	

4) 진직도 측정

기계의 직선 부분이 이상평면으로부터 어긋남의 크기를 말한다. 전직도 측정방법으로는 다음과 같다.
① 수준기에 의한 측정
② 오토콜리메이터에 의한 측정
③ 나이프 에지
④ 정반 위에서 측미기에 의한 방법
⑤ 공작기계 등에서 강선과 측미기에 의한 방법
⑥ 회전중심에 의한 방법

5) 평면도 측정

기계의 평면 부분이 이상 평면에서 벗어난 크기이다. 평면도 측정방법으로는 다음과 같다.

① 빛의 간섭에 의한 평면도 측정
② 수준기에 의한 평면도 측정
③ 오토콜리메이터에 의한 측정
④ 정밀 정반을 이용한 방법

6) 진원도 측정

진원도란 원의 중심에서의 반지름이 이상적인 진원에서 벗어난 크기를 말한다.
① 최소 제곱중심법(LSC)
② 외접원 중심법(MCC)
③ 내접원 중심법(MIC)
④ 최소 영역중심법(MZC)

7) 원통도 측정

원통도는 원통 형상의 모든 표면이 2개의 동심 원통 사이에 들어가야 하는 공차 역으로, 진원도, 진직도 및 평행도의 복합공차라 할 수 있고, 원통도 공차는 반지름 상의 공차 역이며, 실제 제품이 완전한 원통에서 벗어남의 크기이다. 방법은 V블록, 센터에 의한 방법이 있다.

8) 평행도 측정

규제된 형체의 모든 점이 다른 표면으로부터 같은 거리에 있어야 하며, 평행도 공차는 데이텀을 기준으로 하여 기하학적인 직선 평면에서 벗어난 크기를 말한다.

TIP

평행도 측정 적용 범위
- 2개의 평면인 경우
- 하나의 평면과 축심, 중간 면인 경우
- 2개의 축심과 중간 면인 경우

9) 직각도 측정

직각도는 대상이 되는 형체의 기준, 즉 데이텀이 있어야 되는 형상 공차로, 데이텀 평면이나 축심이 90°를 기준으로 한 완전한 직각으로부터의 벗어난 크기를 말한다.

10) 경사도 측정

경사도는 90°를 제외한 임의의 각도를 가진 표면이나 형체의 중심이 임의의 각도를 주어진 규제 형체로, 데이텀을 기준으로 주어진 경사도 공차 내에서 각도의 허용오차를 규제하는 것이다.

11) 흔들림 측정

흔들림은 데이텀 축심을 기준으로 규제 형체(원통, 원뿔, 평면)가 완전한 형상에서 벗어난 크기이며, 흔들림 공차는 가장 크게 벗어나는 값을 취하며, 진원도, 진직도, 직각도, 동심도의 오차를 포함하는 복합공차이다.

12) 위치 정도의 측정

(1) 위치도

규제된 형체가 다른 형체나 데이텀에 관계된 형체의 규정 위치에서 축심 또는 중간면이 이론적인 정확한 위치에서 벗어난 양을 말하며, 위치도 공차는 복합공차로서 형체의 진직도, 평행도, 진원도, 직각도 오차를 포함한다.

형상에 따라 다르지만, 원통 형상의 경우 직경 공차 영역으로, 비원통 형상의 경우는 중간 면을 기준으로 한 폭 공차 영역으로 나눈다. 기능 및 호환성이 고려되어야 하는 결함 부품에 적용된다.

> **TIP**
>
> **위치도의 사용범위**
> - 구멍 : 원형 형상과 비원형 형상의 구멍
> - 축 : 원형 형상의 축이나 비원형 형상의 돌출 형상
> - 슬롯, 노치, 보스

(2) 동심도

축심이 기준 축심과 동일 축선 상에 있어야 할 부분에 대하여 규제하며, 동심도 공차란 데이텀 축심을 기준으로 규제 형체의 축심이 벗어난 양을 원통상의 공차영역으로 표시한다.

(3) 대칭도

형체가 중심 면의 양쪽에 대하여 동일 윤곽을 갖는 상태 또는 형체가 데이텀 면과 공통의 평면을 갖는 상태이며, 대칭도 공차란 2개의 평행면과의 거리이고 형체의 중간 면은 이 안에 있지 않으면 안 된다.

13) 측정과 측정기의 개념

가공된 기계요소 부품은 그 사용목적에 따라 치수, 형상, 가공방법, 재료의 상태 등에 적합해야 한다.

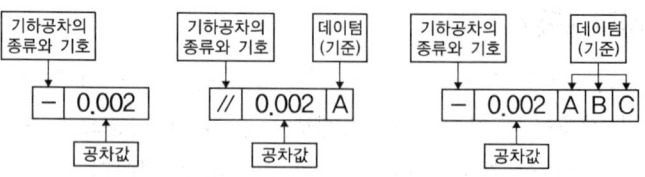

[그림 2-1] 기하공차를 지시하는 틀

이 중에서 재료에 대한 검사를 제외한 치수, 형상, 표면상태 등을 어떤 양이나 변수의 크기를 가진 그것과 같은 종류의 기준 양과 비교하여 그 크기를 수량적으로 나타내는 것을 측정이라고 하며, 측정에 사용하는 장치를 측정기라 한다.

14) 측정의 목적

① 동일 부품은 다른 제작자, 다른 시점에 제작된 것이라도 호환성을 갖게 한다.
② 성능과 품질의 우수성이 확보되어 제품 수명을 길게 한다.
③ 국제 표준규격화와 호환성으로 수출을 할 수 있다.
④ 우수한 공작기계, 치구 및 공구, 적절한 측정기 및 측정방법이 필요하며, 단위 통일이 필요하다.

15) 측정방법

(1) 직접 측정

직접 측정은 측정기를 직접 제품에 접촉 또는 비접촉을 하는 방식으로 이루어지며, 직접 눈금을 읽음으로 측정값을 얻는 방법이다. 절대 측정이라고도 한다. 장·단점은 다음과 같다.
① 측정범위가 다른 방법에 비하여 넓다.
② 직접 피측정물의 실제 치수를 읽을 수 있다.
③ 수량이 적고 종류가 많은 측정에 유리하다.
④ 눈금 읽음의 시차가 생기기 쉽고 측정시간이 많이 걸린다.
⑤ 정밀하게 측정하기 위해서는 숙련과 경험이 필요하다.

(2) 간접 측정

측정물의 모양이 기하학적으로 복잡한 경우 측정부위의 치수를 기하학적이나 수학적인 관계에서 얻을 수 있는 측정방법으로 투영기에 의한 형상 측정, 삼침을 이용한 나사의 유효지름 측정, 사인 바와 인디케이터에 의한 각도 측정, 롤러와 게이지 블록에 의한 테이퍼 측정 등이 있다.

(3) 비교측정

기준이 되는 일정한 치수와 피측정물을 비교하여 그 측정치의 차이를 읽는 방법이다. 비교측정기기에는 테스트 인디케이터, 다이얼 게이지, 실린더 게이지 등이 있다. 장·단점은 다음과 같다.
① 높은 정밀도의 측정을 비교적 쉽게 할 수 있다.

TIP

직접 측정을 이용한 예
- 자를 이용한 길이측정
- 버니어 캘리퍼스를 이용한 길이 측정
- 마이크로미터를 이용한 길이 측정
- 베벨 각도기를 이용한 각도 측정

② 치수가 고르지 못한 것을 계산하지 않고 알 수 있다.
③ 길이, 각종 모양, 공작기계의 정밀도 검사 등 사용범위가 넓다.
④ 먼 곳에서 측정할 수 있고, 자동화에 도움을 줄 수 있다.
⑤ 히스테리시스(백래시) 오차가 적다.
⑥ 범위를 전기량으로 바꾸어서 측정할 수 있다.
⑦ 나이프 에지를 이용 1,000배 정도 확대측정이 가능하다.
⑧ 측정범위가 좁고, 직접 제품의 치수를 읽을 수 없다.
⑨ 기준치수인 표준 게이지가 필요하다.

(4) 절대측정(Absolute Measurement)

정의에 따라서 결정된 양을 실현시키고, 그것을 사용하여 실시하는 측정이다. U자관 압력계 - 수은주 높이, 밀도, 중력가속도를 측정해서 종합적으로 압력의 측정값을 결정하는 것을 말한다.

형성평가

01 도면해독

01. 치수의 정의에 대한 설명으로 틀린 것은?

① 치수는 그 위치, 자세, 크기를 정량적으로 표시한다. 자세란 구부러져 있는 정도, 수평·수직 등의 방향에 대한 정보를 의미한다.
② 치수에는 재료 치수, 소재 치수, 다듬질 치수 등이 있다.
③ 도면에 그린 도형에는 소재 치수로 표시하는 것이 일반원칙이다.
④ 도면에 그린 도형은 공작물의 형상을 표시한다.

해설 도면에 그린 도형에는 다듬질 치수로 표시하는 것이 일반원칙이다.

02. 공차의 정의에 대한 설명으로 틀린 것은?

① 공차란 설계의도에 관한 부품기능상 허용되는 치수의 오차범위를 말한다.
② 기준치수에 대하여 가공상 허용되는 오차를 포함한 치수를 허용한계치수이다.
③ 치수의 큰 쪽을 최소 허용치수, 작은 쪽을 최대 허용치수라고 한다.
④ 개별 공차가 없는 치수는 도면에 명시된 공통 공차를 따른다.

해설 치수의 큰 쪽을 최대 허용치수, 작은 쪽을 최소 허용치수라고 한다.

03. 자세공차가 아닌 것은?

① 평행도 공차   ② 직각도 공차
③ 경사도 공차   ④ 대칭도 공차

해설 대칭도 공차는 위치공차이다.

04. 기계의 직선 부분이 이상 평면으로부터 어긋남의 크기를 말하는 것은?

① 진직도 측정   ② 평면도 측정
③ 진원도 측정   ④ 원통도 측정

해설
- **평면도 측정** : 기계의 평면 부분이 이상 평면에서 벗어난 크기
- **진원도 측정** : 진원도란 원의 중심에서의 반지름이 이상적인 진원에서 벗어난 크기
- **원통도 측정** : 원통 형상의 모든 표면이 2개의 동심 원통 사이에 들어가야 하는 공차역으로, 진원도, 진직도 및 평행도의 복합공차라 할 수 있다.

05. 진직도 측정방법이 아닌 것은?

① 수준기에 의한 측정
② 오토콜리메이터에 의한 측정
③ 정밀 정반을 이용한 방법
④ 정반 위에서 측미기에 의한 방법

해설 진직도 측정방법
- 수준기에 의한 측정
- 오토콜리메이터에 의한 측정
- 나이프 에지
- 정반 위에서 측미기에 의한 방법
- 공작기계 등에서 강선과 측미기에 의한 방법
- 회전중심에 의한 방법

06. 평면도 측정이 아닌 것은?

① 빛의 간섭에 의한 평면도 측정
② 수준기에 의한 평면도 측정
③ 공작기계 등에서 강선과 측미기에 의한 방법
④ 정밀 정반을 이용한 방법

정답 01 ③ 02 ③ 03 ④ 04 ① 05 ③ 06 ③

해설 평면도 측정방법
① 빛의 간섭에 의한 평면도 측정
② 수준기에 의한 평면도 측정
③ 오토콜리메이터에 의한 측정
④ 정밀 정반을 이용한 방법

07. 평면도 측정과 관계없는 것은?
① 수준기
② 링 게이지
③ 옵티컬플랫
④ 오토콜리메이터

08. 진원도 측정이 아닌 것은?
① 최대 제곱중심법(MSC)
② 외접원 중심법(MCC)
③ 내접원 중심법(MIC)
④ 최소 영역중심법(MZC)

해설 최소 제곱중심법(LSC)

09. 평행도 측정 적용 범위가 아닌 것은?
① 2개의 평면인 경우
② 하나의 평면과 축심이 중간 면인 경우
③ 2개의 축심과 중간 면인 경우
④ 하나의 평면과 축심이 양쪽 면인 경우

10. 진직도를 수치화할 수 있는 측정기가 아닌 것은?
① 수준기
② 광선정반
③ 3차원 측정기
④ 레이저 측정기

해설 광선정반 : 측정 면의 평면도 측정에 사용된다.

11. 진원도, 진직도, 직각도, 동심도의 오차를 포함하는 복합공차는?
① 진직도 측정
② 평면도 측정
③ 진원도 측정
④ 흔들림 측정

12. 위치도의 사용범위가 아닌 것은?
① 외경
② 구멍
③ 축
④ 슬롯

해설 위치도의 사용범위
• 구멍 : 원형 형상과 비원형 형상의 구멍
• 축 : 원형 형상의 축이나 비원형 형상의 돌출 형상
• 슬롯, 노치, 보스

13. 측정의 목적으로 볼 수 없는 것은?
① 동일 부품은 동일 제작자, 동일 시점에 제작된 것이 호환성을 갖게 한다.
② 성능과 품질의 우수성이 확보되어 제품 수명을 길게 한다.
③ 국제 표준규격화와 호환성으로 수출을 할 수 있다.
④ 우수한 공작기계, 치공구, 적절한 측정기 및 측정방법이 필요하다.

해설 동일 부품은 다른 제작자, 다른 시점에 제작된 것이라도 호환성을 갖게 한다.

14. 직접 측정의 설명으로 틀린 것은?
① 측정물의 실제 치수를 직접 읽을 수 있다.
② 측정기의 측정범위가 다른 측정법에 비하여 넓다.
③ 게이지 블록을 기준으로 피측정물을 측정한다.
④ 수량이 적고, 많은 종류의 제품 측정에 적합하다.

정답 07 ② 08 ① 09 ④ 10 ② 11 ④ 12 ① 13 ① 14 ③

해설 　직접 측정 : 일정한 길이나 각도로 표시되어 있는 측정기를 사용하여 피측정물에 직접 접촉하여 눈금을 읽는 방식이다(절대측정). 장점 및 단점은 다음과 같다.
- 측정범위가 다른 측정방법보다 넓다.
- 피측정물의 실제 치수를 직접 읽을 수 있다.
- 양이 적고 종류가 많은 제품을 측정하기에 적합하다(다품종 소량 생산).
- 눈금을 잘못 읽기 쉽고, 측정 시 시간이 많이 걸린다.
- 측정기가 정밀할 때는 측정 시 많은 숙련과 경험이 필요하다.
- 눈금을 잘못 읽기 쉽고, 측정 시 시간이 많이 걸린다.
- 측정기가 정밀할 때는 측정 시 많은 숙련과 경험이 필요하다.

15. 직접 측정용 길이 측정기가 아닌 것은?
① 강철자
② 사인 바
③ 마이크로미터
④ 버니어 캘리퍼스

16. 비교측정에 사용되는 측정기가 아닌 것은?
① 다이얼 게이지
② 버니어 캘리퍼스
③ 공기 마이크로미터
④ 전기 마이크로미터

해설 　버니어 캘리퍼스
직접 측정으로 외경, 내경, 깊이, 단차 및 길이를 측정하는 것으로 미터식에서는 1/20mm, 1/50mm까지 읽을 수 있다. 종류로는 미동장치가 없는 M1형(0.05mm) 및 미동장치가 있는 M2형(1/20mm까지 측정)과 CB형 및 CM형(1/20mm까지 측정)의 4가지가 있다.

17. 비교 측정하는 방식의 측정기는?
① 측장기
② 마이크로미터
③ 다이얼 게이지
④ 버니어 캘리퍼스

해설 　다이얼 게이지
길이의 비교측정에 사용되며 평면이나 원통형의 평활도, 원통의 진원도, 축의 흔들림 정도 등의 검사나 측정에 쓰이고 시계형, 부채꼴형 등이 있다.

18. 비교측정방법에 해당되는 것은?
① 사인 바에 의한 각도 측정
② 버니어 캘리퍼스에 의한 길이측정
③ 롤러와 게이지 블록에 의한 테이퍼 측정
④ 공기 마이크로미터를 이용한 제품의 치수 측정

해설 　비교측정(Relative Measurement)
기준이 되는 일정한 치수와 피측정물을 비교하여 그 측정치의 차이를 읽는 방법으로 비교측정은 다이얼 게이지, 미니미터, 공기마이크로미터(공기의 흐름을 확대기구를 이용하여 길이를 측정하는 방식), 전기마이크로미터 등이 있다.

19. 간접 측정방법에 해당되지 않는 것은?
① 투영기에 의한 형상 측정
② 삼침을 이용한 나사의 유효지름 측정
③ 사인 바와 인디케이터에 의한 각도 측정
④ 나사 마이크로미터에 의한 유효지름 측정

해설 　간접 측정방법
- 투영기에 의한 형상 측정
- 삼침을 이용한 나사의 유효지름 측정
- 사인 바와 인디케이터에 의한 각도 측정
- 롤러와 게이지 블록에 의한 테이퍼 측정

정답　15 ②　16 ②　17 ③　18 ④　19 ④

Part 3. 기계재료 및 측정

20. 비교측정의 장·단점으로 틀린 것은?

① 높은 정밀도의 측정을 비교적 쉽게 할 수 있다.
② 치수가 고르지 못한 것을 계산하지 않고 알 수 있다.
③ 길이, 각종 모양, 공작기계의 정밀도 검사 등 사용범위가 넓다.
④ 히스테리시스(백래시) 오차가 크다.

해설 히스테리시스(백래시) 오차가 적으며 측정범위가 좁고, 직접 제품의 치수를 읽을 수 없다.

2 측정기 선정

1. 측정기 종류

1) 측정기의 종류

(1) 도기(standard)

일정한 길이 또는 각도를 눈금 또는 면으로 나타낸 것으로 표준자, 금속자 등과 같이 선과 선의 간격을 길이로 나타낸 것을 선도기(line standard), 블록 게이지, 한계 게이지 등과 같이 양끝면의 간격을 길이로 나타낸 것을 단도기(end standard)라 한다.

① 선도기(line standard) : 눈금 간격의 길이를 구체화한 것으로, 줄자, 강철 자, 눈금자 등이 여기에 속한다.

② 단도기(end standard) : 양 단면의 간격으로 길이를 구체화한 것으로 게이지 블록(gauge blcok), 갭 게이지(gap gauge 또는 snap gauge), 플러그 게이지(plug gauge), 직각자 등이 여기에 속한다.

(2) 지시 측정기

측정량에 따라 표점이 눈금에 따라 이동하는 측정기기로, 버니어 캘리퍼스, 마이크로미터, 높이 게이지, 테스트 인디케이터, 지침 측미기 등이 여기에 속한다.

(3) 시준기

기계적인 접촉이 없이 광학적인 방법을 이용하여 길이를 측정하는 기기로 투영기, 공구현미경, 오토콜리메이터 등이 여기에 속한다.

(4) 게이지(gauge)

측정을 위한 측정량이 정해진 측정기이다. 움직이는 부분을 갖지 않는 것으로, R 게이지(radius gauge), 틈새 게이지, 나사 게이지, 피치 게이지(pitch gauge), 와이어 게이지(wire gauge), 게이지 블록(gauge block), 링 게이지(ring gauge) 등이 여기에 속한다.

(5) 인디케이터(indicator)

일정량의 조정 또는 지시에 사용하는 것이다.

2) 측정기 선택 시 고려사항

(1) 측정 대상의 특성
① 측정 제품의 수량이 많을 때는 비교측정, 수량이 적은 경우에는 비접촉 측정이 더 적합하다.
② 일정 치수의 외경을 측정할 때는 벤치 마이크로미터와 같은 비교측정기의 역할을 할 수 있는 측정기를 선택한다.
③ 측정 제품의 수량, 특히 다량의 측정 제품을 연속으로 측정할 때는 측정의 자동화를 고려해야 하며, 복잡한 형상 제품의 연속 측정에는 3차원 측정기가 효율적이다.
④ 측정 제품의 성질은 부드러운 재질인 경우 측정 압력으로 변형이 발생할 수 있으므로, 비접촉 측정기를 선정하는 게 적합하다.

(2) 측정환경
측정 장소의 온도, 습도, 진동, 소음 등을 고려한다. 특히, 온도의 열팽창에 의한 오차가 발생할 수 있으므로 주의해야 한다.

(3) 측정 정도
일반적으로 측정기를 선정할 때 제품의 편측 허용차의 1/10의 최소 눈금자 크기를 가진 측정기를 선정한다.

(4) 측정방법
① 측정방법은 편의법, 영위법, 치환법, 보상법 등으로 분류되며, 길이 측정에는 일반적으로 편위법과 영위법이 사용되고, 비교측정은 영위법, 보상법, 치환법 등이 복합되어 사용된다.
② 영위법이 일반적으로 널리 사용된다.

(5) 측정 능률
① 측정 능률을 높이기 위해 측정의 자동화가 요구된다.
② 개인 오차와 측정 시간을 줄이기 위해 눈금 읽기의 자동화가 필요하며, 측정값의 자동통계처리가 필요하다.

(6) 경제성
① 측정의 경제성과 직접 관련이 있는 것은 측정기의 가격, 유지비, 측정에 소요되는 부대비용이 있다.
② 고가의 측정기는 측정 목적에 따라 유지비, 수리비 및 측정에 드는 비용 등을 고려해야 한다.

3) 측정기 선정 시 주의사항

① **제품 공차** : 제품 공차의 1/10보다 높은 정도의 측정기를 선정한다.
② **제품의 수량** : 수량이 많은 경우 비교측정 및 한계 게이지로 측정하는 방법을 선정한다.
③ **측정 대상물의 재질** : 측정물이 금속이 아니고 고무, 종이, 합성수지 등과 같이 연질인 경우에는 측정 압력으로 변형이 발생할 수 있으므로, 비접촉식 측정기를 선정한다.
④ **측정기 성능** : 측정범위, 정밀도, 감도, 내구성 등을 고려하여 선정한다.
⑤ **측정방법** : 측정 제품의 수량 등을 고려하여 원격 측정, 자동 측정, 기록 등의 방법을 선정한다.

4) 제품의 형상과 측정범위에 따른 측정기를 선정

측정 요소의 형상과 측정범위에 따라 적용할 수 있는 측정기는 다음을 고려하여 선정한다.

① **측정 제품의 형상** : 제품의 형상에 따라 측정범위는 길이, 위치, 자세, 형상 및 흔들림 등이 있으므로 이에 따른 적절한 측정방법과 측정기를 선정한다.
② 측정 대상 제품의 품질 등급 또는 중요도
③ 측정 대상 제품의 수량
④ **경제성** : 절삭가공 제품에서 측정 수량이 적으면 손쉽게 다양한 기하공차를 포함한 측정이 가능한 3차원 측정기를 활용한다. 복잡하지 않은 제품은 2차원 측정기를 활용한다. 그러나 수량이 대량이면 게이지에 의한 비교측정방법이 훨씬 경제적이고 효과적이므로, 제품의 측정범위와 공차에 알맞은 게이지를 선정한다.

5) 한계 게이지

(1) 표준 게이지

호환성 있는 측정방식은 표준 게이지를 만들어 이용하였으며, 표준 게이지로는 [그림 2-2]와 같다.

① **와이어 게이지** : 각종 선재의 지름이나 판재의 두께 측정에 사용된다.
② **틈새 게이지** : 미소한 틈새측정에 사용된다.
③ **피치 게이지** : 나사의 피치나 산수를 측정한다.

④ 센터 게이지 : 나사바이트의 각도를 측정한다.
⑤ 반지름 게이지 : 곡면의 둥글기를 측정한다.
⑥ 드릴 게이지 : 단계적으로 크기 순서대로 만들어 드릴의 지름을 측정한다.

그 외에도 각도 게이지, 기어측정 게이지, 애크미 게이지 등이 있다.

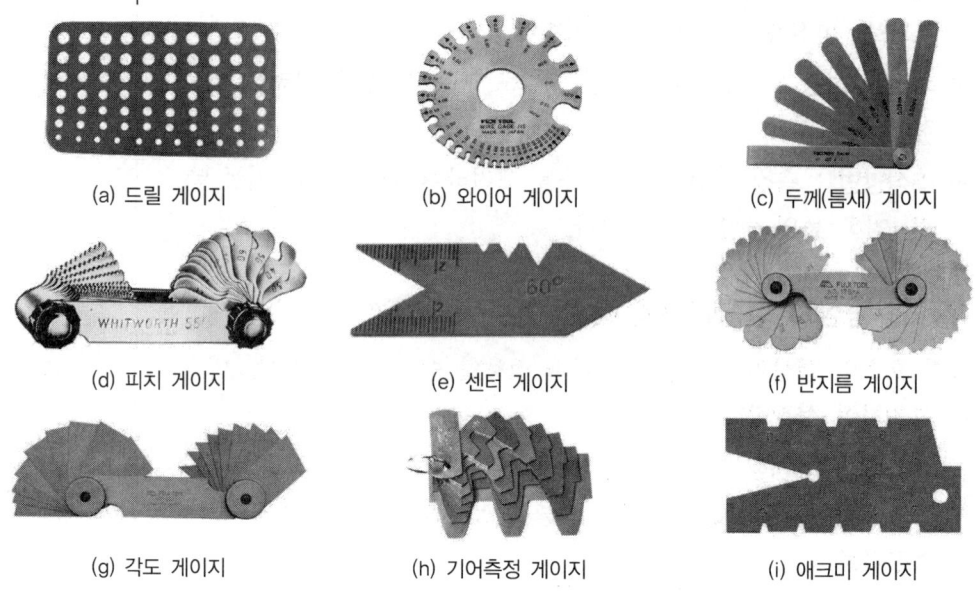

[그림 2-2] 여러 가지 표준 게이지

(2) 한계 게이지(limit gauge)

기계부품의 정해진 실제 치수가 크고 작은 2개의 한계 사이에 들도록 하는 것이 합리적이다. 이 2개의 한계를 나타내는 치수를 허용 한계 치수라 하고, 큰 쪽을 최대 허용치수, 작은 쪽을 최소 허용치수라 하고, 두 한계치수의 차를 공차라 한다. 이 부품의 실제 가공된 치수가 두 한계 허용치수 내에 있는지는 한계 게이지를 이용하여 검사한다. 공차 부호의 방향은 통과측 플러그 게이지는 +로 하고, 정지측 게이지는 -로 한다.

① 한계 게이지의 장점
　㉠ 검사하기가 편하고 합리적이다.
　㉡ 합·부 판정이 쉽다.
　㉢ 취급의 단순화 및 미숙련공도 사용이 가능하다.
　㉣ 측정시간 단축 및 작업을 단순화한다.

② 한계 게이지의 단점
　㉠ 합격 범위가 좁다.
　㉡ 특정 제품에 한하여 제작되므로 공용사용이 어렵다.

(3) 테일러(Taylor's)의 원리

한계 게이지로 검사하여 합격한 제품이라 하더라도 축의 약간 구부림 현상이나 구멍의 요철, 타원이 생겼을 때 끼워 맞춤이 안 되는 경우가 많았는데, "통과측은 전 길이에 대한 치수 또는 결정량이 동시에 검사되고 정지측은 각각의 치수가 따로따로 검사되어야 한다." 다시 말해서 통과측 게이지는 제품의 길이와 같은 원통상의 것이면 좋겠고, 정지측은 그 오차의 성질에 따라 선택해야 한다는 뜻이다.

(4) 한계 게이지 종류

[그림 2-3]과 같은 한계 게이지는 산업현장에서 측정의 목적을 효과적이면서도 경제적으로 달성할 수 있는 방법으로 절삭가공작업자가 작업현장에서 직접 사용이 가능하거나, 수량이 많은 경우 이에 알맞은 게이지를 선정한다. 보유적합한 게이지가 없다면 작업이 특성이 반복적이고 연속적이며 수량이 많은 경우 경제성과 효과성을 고려하여 게이지의 신규제작을 판단한다.

(a) 스플라인 플러그 게이지　　(b) 테이퍼 플러그 게이지
(c) 플러그 게이지　　(d) 나사 플러그 게이지
(e) 갭(gap) 또는 스냅(snap) 게이지　　(f) 링 게이지　　(g) 나사 링 게이지

[그림 2-3] 한계 게이지

① 구멍용 한계 게이지

구멍의 최소 허용치수를 기준으로 한 측정 단면이 있는 부분을 통과 (go)측이라 하고, 구멍의 최대 허용치수를 기준으로 한 측정 단면이 있는 부분을 정지(no go)라 한다.
  ㉠ 플러그 게이지(plug gauge)
  ㉡ 평 게이지(flat gauge)
  ㉢ 판 게이지(plate gauge)
  ㉣ 테보 게이지(tebo gauge)
  ㉤ 봉 게이지(bar gauge)

② 축용 한계 게이지

축의 최대 허용치수를 기준으로 한 측정 단면이 있는 부분을 통과측이라 하고, 축의 최소 허용치수를 기준으로 한 측정 단면이 있는 부분을 정지측이라 한다.
  ㉠ 링 게이지(ring gauge) : 지름이 작은 것이나 두께나 얇은 공작물의 측정에 사용된다. 링 게이지는 스냅 게이지에 비하여 가격이 비싸지만 테일러의 원리에 따라 통과측에는 링 게이지를 사용하는 것이 바람직하다.
  ㉡ 스냅 게이지(snap gauge) : 스냅 게이지를 사용한 방법은 일반적으로 측정 압력이 작용하므로 취급에 주의하여야 한다. 스냅 게이지는 테일러의 원리에 따라 정지측에만 사용하는 것이 좋으나, 게이지 원가 가격이 싸고 사용상 편리성, 축의 형상오차가 작다는 것 등을 고려하여 통과측, 정지측 모두 사용하고 있다.

6) 치수 정밀도에 따른 길이 측정기의 종류

(1) 제품의 치수 정밀도 단계

제품의 치수 측정에 있어서 측정 단계는 치수의 크기와 제품의 IT 공차 등급에 따라 달라진다. 예를 들어 구멍지름이 40mm인 경우 IT7급의 정도는 다음과 같다.
  ① 공작물의 제작 공차 : $25\mu m$
  ② 측정기의 정도 : $2.5\mu m$
  ③ 측정기 교정용 게이지 블록의 정도 : $0.25\mu m$
  ④ 가공 정도에 따른 측정기 선정은 일반적으로 피측정물 정도의 1/10배이다.

가) 0.01mm 범위의 치수 정밀도

이 범위의 치수 정밀도를 측정할 수 있는 측정기는 다음과 같다.

① 디지털 버니어 캘리퍼스(0.01mm)
② 마이크로미터(0.01mm)
③ 다이얼 게이지(0.01mm)
④ 다이얼 테스트 인디케이터(0.01mm) 등

나) 0.001mm 범위의 치수 정밀도

① 마이크로미터(0.002mm), 공기 마이크로미터(0.001mm)
② 다이얼 게이지(0.001mm), 다이얼 테스트 인디케이터(0.002mm)
③ 실린더(보어) 게이지(0.001mm)
④ 2차원 측정기, 3차원 측정기, 만능 측장기
⑤ 투영기, 공구 현미경 등

(2) 0.0001mm(0.1 μm) 범위의 치수 정밀도

① 전기 마이크로미터
② 광학식 3차원 측정기
③ 옵티컬 플랫, 옵티컬 파랄렐
④ 게이지 블록 콤퍼레이터
⑤ 레이저 측정기
⑥ 게이지 블록 등

7) 기본측정기의 종류와 특징

(1) 버니어 캘리퍼스

자와 캘리퍼스를 조합한 것으로, 공작물의 바깥지름, 안지름, 깊이, 단차 등을 측정하는 데 사용한다. 측정 정도는 일반적으로 0.02~0.05mm까지 측정할 수 있으며, 디지털이나 다이얼 타입은 0.01mm까지도 측정할 수 있다. 측정 조(jaw)와 어미자, 아들자의 눈금에 의해 치수를 측정한다. 호칭 치수는 측정이 가능한 최대 길이로 나타낸다. [그림 2-4]는 각 부분의 명칭을 표시하였다.

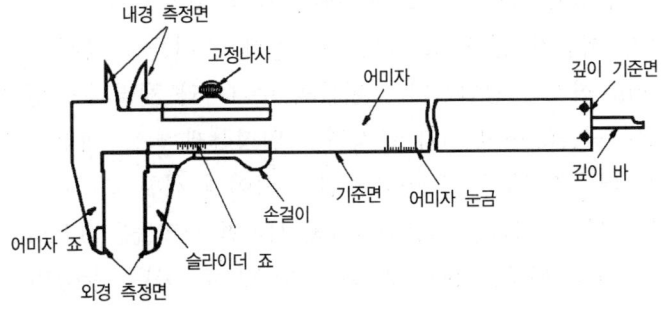

[그림 2-4] 버니어 캘리퍼스의 각 부분 명칭

① 버니어 캘리퍼스의 종류

KS에는 [그림 2-5]와 같이 M1형, M2형, CB형, CM형 네 종류를 규정하고, 그 외 다이얼캘리퍼스, 깊이 게이지, 이 두께 버니어 캘리퍼스 등이 있다.

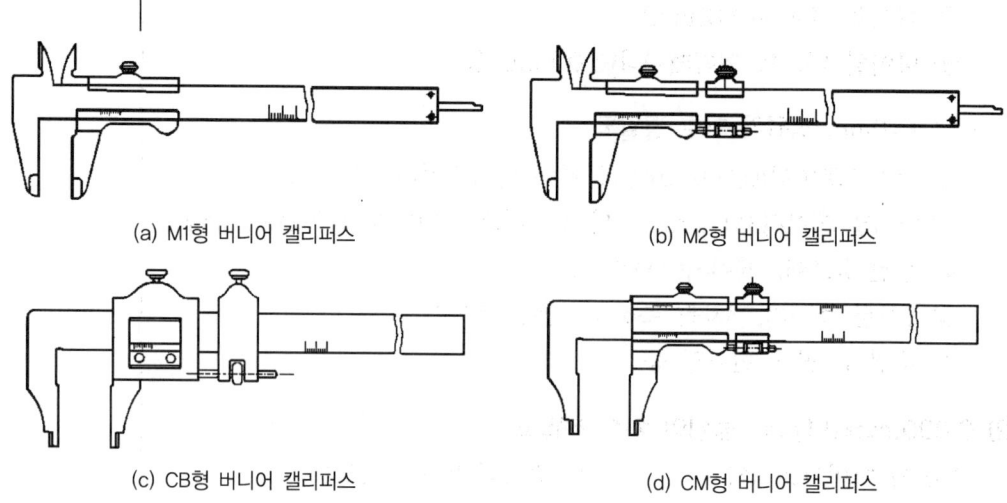

(a) M1형 버니어 캘리퍼스   (b) M2형 버니어 캘리퍼스
(c) CB형 버니어 캘리퍼스   (d) CM형 버니어 캘리퍼스

[그림 2-5] 버니어 캘리퍼스 종류

(2) 마이크로미터

마이크로미터의 원리는 나사를 이용한 것으로, 수나사가 암나사 속에서 1회전 할 때 나사축의 진행 거리는 나사의 1피치만큼 이동한다. 앤빌(anvil)은 프레임(frame)에 고정되어 있으며, 스핀들(spindle)의 1피치는 0.5mm의 정밀 나사로, 심블(thimble)에 고정되어 있다. 크기의 간격은 25mm로 되어 있어 측정물의 크기에 따라 적합한 마이크로미터를 선정한다.

① 외측 마이크로미터의 각부 명칭

[그림 2-6]은 가장 널리 사용되고 있는 외측 마이크로미터의 각부 명칭이며, U자형의 프레임에는 영점 조정을 할 수 있는 슬리브가 끼워져 있고, 그 다른 쪽 끝에 스핀들을 움직일 수 있는 0.5mm 피치인 암나사가 스핀들의 수나사와 체결되어 있다. 스핀들에는 딤블(shimble)과 측정력을 일정하게 하는 래칫 스톱이 붙어있는데, 측정물은 스핀들과 앤빌 사이에 끼워 측정한다. 일반적으로 마이크로미터는 딤블을 1회전 시키면 스핀들은 0.5mm 이송하고, 딤블의 원주는 50등분 되어 있으므로, 원주 눈금면의 1눈금 회전한 경우 스핀들의 이동량$(M) = 0.5 \times \dfrac{1}{50} = \dfrac{1}{100}$mm이다.

즉 딤블의 1눈금은 0.01mm를 나타내게 된다. 최근에는 나사 피치가 1mm이고 원주 눈금을 100등분한 것으로 0.01mm까지 측정할 수 있는 것도 있다.

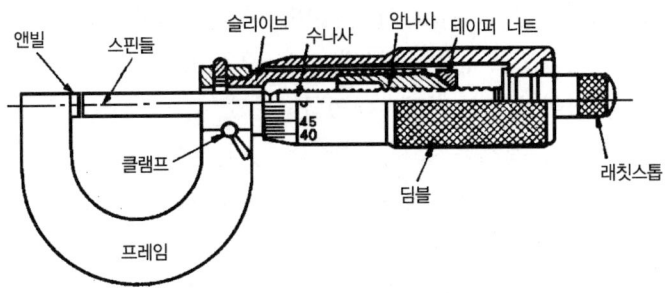

[그림 2-6] 외측 마이크로미터 각 부 명칭

② 마이크로미터의 종류

마이크로미터에는 외측 마이크로미터 이외에 내측 마이크로미터, 나사마이크로미터, 디스크마이크로미터, 포인트마이크로미터, 깊이 마이크로미터 등 여러 종류가 있다.

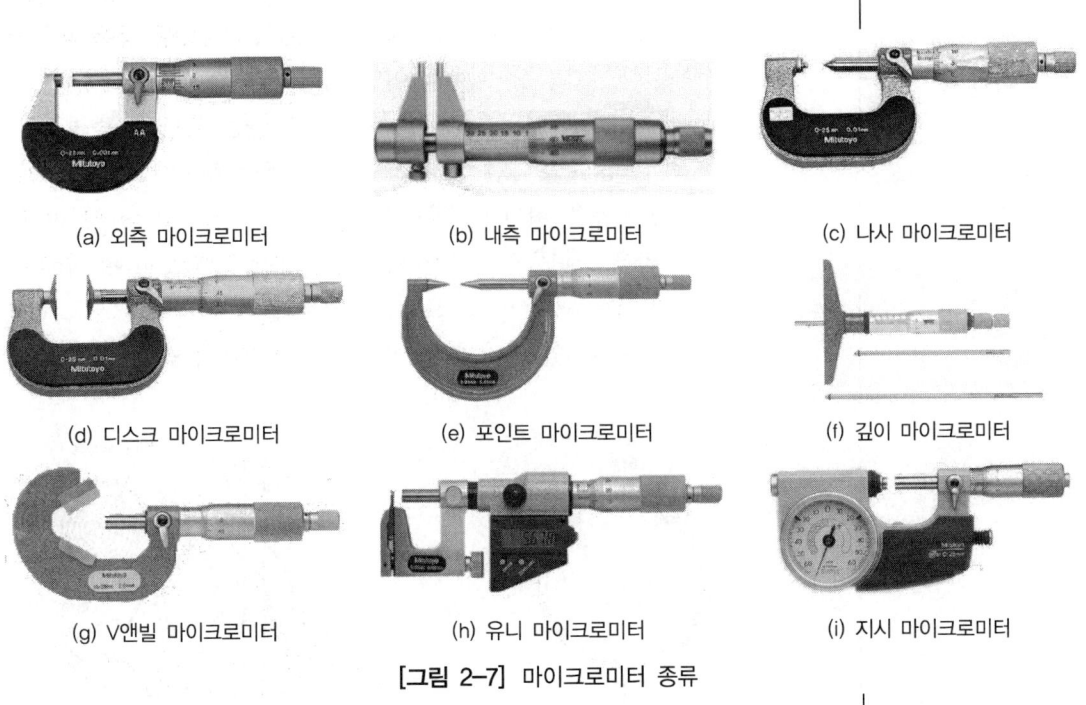

(a) 외측 마이크로미터　(b) 내측 마이크로미터　(c) 나사 마이크로미터
(d) 디스크 마이크로미터　(e) 포인트 마이크로미터　(f) 깊이 마이크로미터
(g) V앤빌 마이크로미터　(h) 유니 마이크로미터　(i) 지시 마이크로미터

[그림 2-7] 마이크로미터 종류

(3) 다이얼 게이지(dial gauge)

측정자(測定子)의 직선 또는 원호 운동을 기계적으로 확대하여 그 움직임을 지침의 회전 변위로 변환하여 눈금으로 읽을 수 있는 길이 측정기로서, 특징은 다음과 같다.

① 소형이고 가볍고 취급하기 쉬우며, 측정 범위가 넓다.
② 눈금과 지침으로 읽기 때문에 읽음 오차가 적다.
③ 연속된 변위량을 측정할 수 있다.
④ 많은 개소의 측정을 동시에 할 수 있다.
⑤ 부속장치의 사용에 따라 광범위하게 측정할 수 있다.
⑥ 다이얼 게이지의 응용 범위
    ㉠ 외경, 높이, 두께 측정   ㉡ 깊이 측정
    ㉢ 진원도 측정   ㉣ 직각도 측정
    ㉤ 흔들림 측정   ㉥ 공구 및 공작물 세팅
    ㉦ 안지름(캠식 실린더 게이지) 측정

가) 다이얼 게이지의 원리 및 사용범위

다이얼 게이지는 기준 게이지와 비교 측정하는 것과 가공면(원통면, 평면)측정, 회전축의 흔들림, 기계 정도검사, 이동량 등을 확인하는 데 사용된다. [그림 2-8]은 다이얼 게이지의 구조를 나타냈다. 스핀들에 랙이 있어서 이것과 맞무는 기어로 바늘을 돌린다. 측정자의 미소 운동이 랙 → 피니언 → 기어 → 피니언의 확대기구를 거쳐서 바늘이 회전운동을 한다. 스핀들의 움직임은 0.3~10mm의 것이 있고, 눈금판은 스핀들의 움직임 0.01mm 또는 0.001mm에 대하여 눈금을 가리키게 되어 있다. 또, 눈금판은 돌게 되어 있으므로 0점을 바늘에 맞출 수 있다. 다이얼 게이지는 측정대에 붙여서 사용한다.

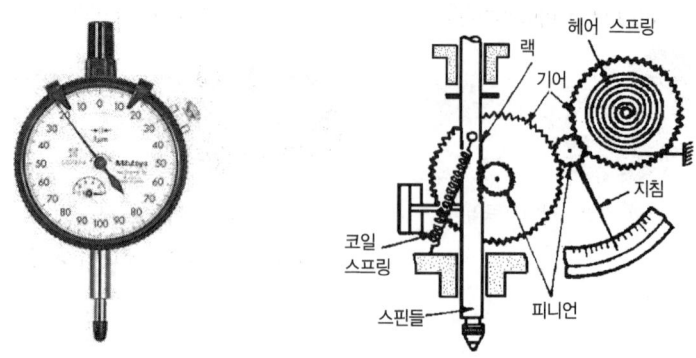

[그림 2-8] 다이얼 게이지와 내부 구조

테스트 인디케이터(test indicator)는 레버식 다이얼 게이지이며, 내부구조는 [그림 2-9]와 같다. 또한 [그림 2-10]에서와 같이 측정자의 운동방향과 지침의 회전방향에 따라 세로형, 가로형, 수직형이 있고, 최소 눈금이 0.01mm는 측정 범위가 0.8mm, 0.002mm의 것은 0.2mm로 되어 있다.

[그림 2-11]은 백플런저형 다이얼 게이지의 내부 구조이며, 이는 스핀들이 눈금판의 뒷면에 수직으로 위치하여, 스핀들이 상하운동을 직각인 눈금판에 전달하여 지침을 회전하는 구조이다. 최소 눈금은 0.01mm이며, 측정 범위는 5mm이다.

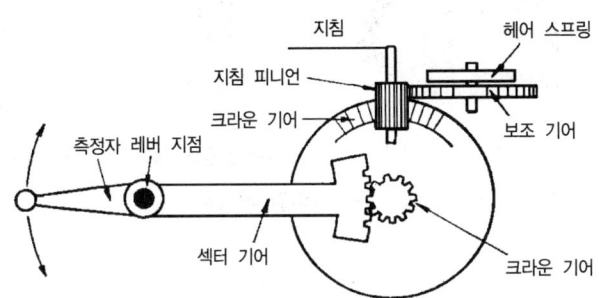

[그림 2-9] 테스트 인디케이터의 내부 구조

(a) 세로형   (b) 가로형   (c) 수직형

[그림 2-10] 테스트 인디케이터

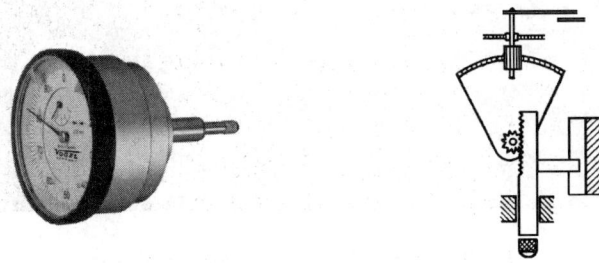

[그림 2-11] 백플런저형 다이얼 게이지와 내부 구조

나) 다이얼 게이지의 응용

기타 게이지로 공차범위 내 정밀하게 측정할 수 있는 하이케이터(hicator), 두께를 측정할 수 있는 다이얼 두께 게이지, 깊이를 측정할 수 있는 다이얼 깊이 게이지, 내경을 측정할 수 있는 실린더 게이지, 진원도 측정에는 지름법, 반지름법, 3점법 등이 있다.

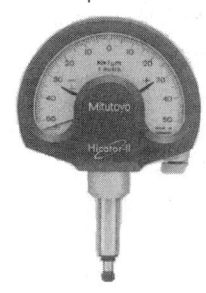 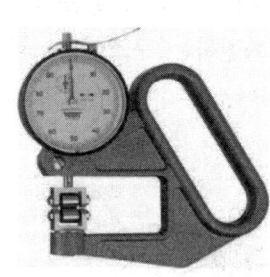 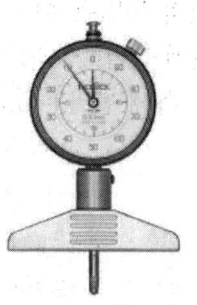 

(a) 하이케이터   (b) 다이얼 두께 게이지   (c) 다이얼 깊이 게이지   (d) 실린더 게이지

[그림 2-12] 기타 응용 다이얼 게이지

(4) 실린더 게이지

[그림 2-13]과 같은 실린더 게이지는 치수의 변화량을 측정자로 캠에 전달하고, 캠의 전도자로 누름 핀에 전달되어 다이얼 게이지의 스핀들을 변화시켜 지침으로 표시된다. 내경 또는 홈 폭을 측정하는 데 편리하다. 측정할 때는 고정된 측정자를 안쪽으로 붙여 가동식으로 하면 측정 범위가 넓어진다. 그러나 측정 길이가 길게 되면 휨이 생겨 오차의 원인이 되므로 주의해야 한다. 측정 범위는 6~400mm까지로 되어 있다. 측정자의 변화량의 운동방향을 직각으로 바꾸어 다이얼 게이지에 전달하는 기구에는 캠(Cam), 레버(Lever), 경사판, 쐐기(Wedge) 등이 주로 사용된다.

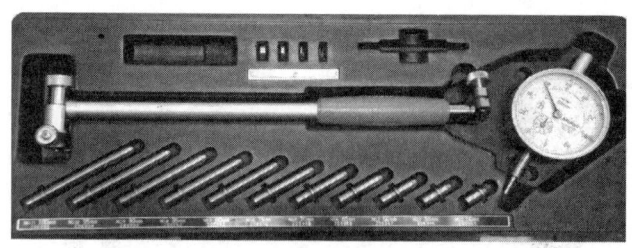

[그림 2-13] 실린더 게이지 세트 예시

(5) 게이지 블록(gauge block)

길이의 기준으로 사용되고 있는 평행 단도기로서, 1897년 스웨덴의 요한슨이 처음 제작하였다. 103개 이상의 게이지에 의해 1,000mm부터 201mm까지 0.01mm 간격으로 2만 개 정도의 많은 치수를 1개 또는 몇 개를 조합하여 얻을 수 있다. 조합된 게이지 블록의 치수 오차는 측정면이 래핑 가공되어 있으므로, 밀착하여 사용해도 $1\mu m$ 간격으로 조합할 수 있고, 그 정도가 아주 높고 쉽게 임의의 치수를 얻을 수 있다. 내마모성을 높이기 위하여 HRC 65(Hv 800 이상) 정도로 열처리 한 후 시효경화처리가 되어 있다. 수량에 따라 분류하면 103조, 76조, 47조, 32조, 8조 등으로 나눈다.

> **TIP**
>
> **게이지 블록의 특징**
> - 광 파장으로부터 직접길이를 측정한다.
> - 길이의 정도가 아주 높다(0.01 μm).
> - 측정 면이 서로 밀착하는 것이 특징으로 몇 개의 수로 많은 치수의 기준을 얻을 수 있다.
> - 사용이 편리하다.

밀착 방법은 다음과 같다.
① 밀착하기 전에 깨끗한 천으로 방청유와 먼지를 깨끗이 닦아낸다.
② 측정면의 중앙에서 서로 직교하도록 댄다.
③ 가볍게 누르면서 돌려 붙이면 밀착된다.
④ 두꺼운 것과 얇은 것과의 밀착은 [그림 2-14]의 (a)와 같이 얇은 것을 두꺼운 것의 한쪽에 대고 가볍게 누르면서 밀어 밀착한다.
⑤ 두꺼운 게이지 블록의 밀착은 [그림 2-14]의 (b)와 같이 먼저 밀착면을 직각으로 맞추고 가볍게 누르면서 90°로 회전시키면서 밀착한다.

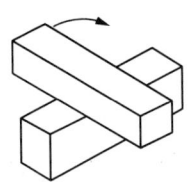
(a) 두꺼운 것끼리 밀착

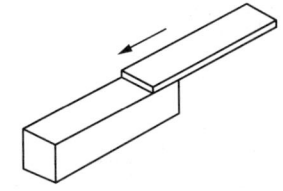
(b) 두꺼운 것과 얇은 것 밀착

[그림 2-14] 밀착 방법

가) 게이지 블록의 선택 방법

게이지 블록 표준 조합의 선택은 다음 조건을 고려해서 선택하는 것이 좋다.
① 필요로 하는 최소 치수의 단계
② 필요로 하는 측정 범위
③ 필요로 하는 치수에 대하여 밀착되는 개수를 가능하면 적게 할 것

나) 게이지 블록의 등급과 용도

게이지 블록의 등급과 용도는 〈표 2-3〉과 같다.

〈표 2-3〉 게이지 블록의 등급과 용도

사 용 목 적		등 급
참조용	• 표준용 게이지 블록의 정밀도 점검, 학술적 연구 • 검사는 3년, 정밀도(평행도 허용치)는 ±0.05μ	K 또는 00
표준용	• 공작용 게이지 블록의 정밀도 검사 • 검사용 게이지 블록의 정밀도 검사 • 검사는 2년, 정밀도(평행도 허용치)는 ±0.1μ	0
검사용	• 게이지의 정밀도 점검, 측정기류의 정밀도 조정 • 기계부품, 공구 등의 검사 • 검사는 1년, 정밀도(평행도 허용치)는 ±0.2μ	1
공작용	• 게이지의 제작, 측정기류의 조정 • 공구, 절삭공구의 설치 및 조정 • 검사는 6개월, 정밀도(평행도 허용치)는 ±0.4μ	2

다) 게이지 블록의 종류

[그림 2-15]와 같이 게이지 블록의 종류는 모양에 따라 직사각형의 단면을 가진 요한슨형, 중앙에 구멍이 뚫린 정사각형의 단면을 가진 호우크(Hoke)형과, 원형으로 중앙에 구멍이 뚫린 캐리(Cary)형, 팔각형 단면으로서 2개의 구멍을 가진 것 등이 있다. 일반적으로 KS에서 규정된 요한슨형이 많이 사용하고, 호크형은 주로 미국에서 많이 사용하며, 얇은 치수(0.05~1mm)에는 캐리형이 사용되나 근래에는 거의 생산되지 않는다.

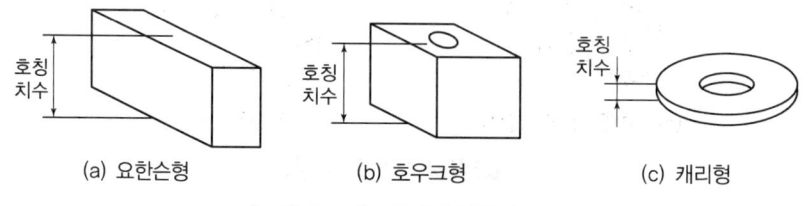

(a) 요한슨형   (b) 호우크형   (c) 캐리형

[그림 2-15] 게이지 블록의 종류

(6) 하이트 게이지(height gauge)

대형 부품, 복잡한 모양의 부품 등을 정반 위에 올려놓고 정반면을 기준으로 하여 높이를 측정하거나, 스크라이버(scriber) 끝으로 금 긋기 작업을 하는 데 사용한다. 하이트 게이지의 기본 구조는 스케일과 베이스 및 서피스 게이지를 한데 묶은 것으로, 아베의 원리에 어긋나는 구조이다. 호칭 치수는 300mm, 600mm, 1,000mm가 있다.

① 아들자의 눈금 기입방법

일반적으로 어미자 49mm를 50등분 한 아들자로서, 최소 측정값이 1/50mm로 되어 있고, 어미자 양쪽에 눈금을 새긴 것에는 1/20mm의 최소 측정값을 함께 사용하고 있다.

② 하이트 게이지 종류

하이트 게이지는 HT형, HM형, HB형의 세 종류가 있으며, HT형과 HM형의 복합형이 가장 많이 사용하고 있다.

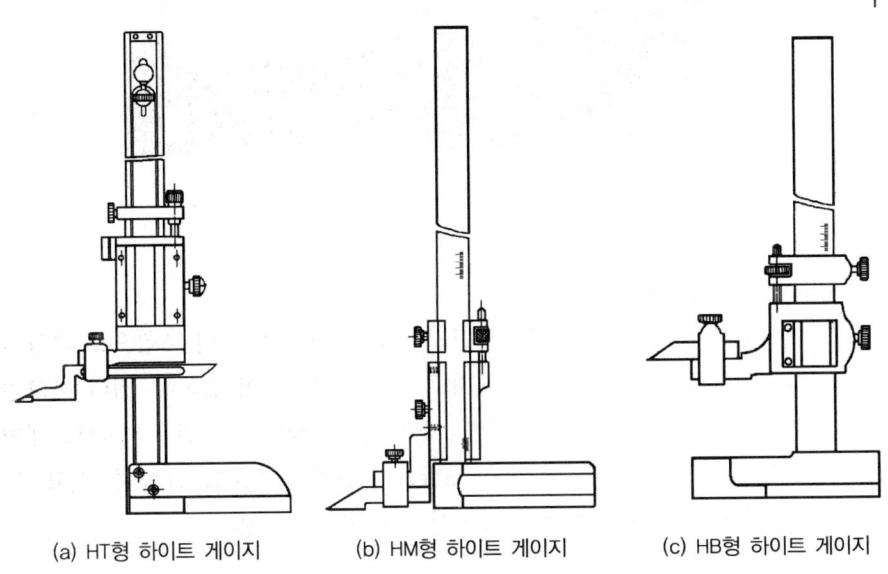

(a) HT형 하이트 게이지   (b) HM형 하이트 게이지   (c) HB형 하이트 게이지

[그림 2-16] 하이트 게이지 종류

HT형은 정반으로부터 높이를 측정할 수 있으며, 눈금자가 별도로 스탠드 홈을 따라 상하로 이동하기 때문에 0점 조정을 할 수 있고, 슬라이더를 조금씩 이동시킬 수 있는 장치가 있다. HM형은 견고하여 금 긋기 작업에 적당하고, 0점을 조정할 수 없으며, 슬라이더를 조금씩 이동시킬 수는 있다. HB형은 슬라이더가 상자 모양으로 되어 있으며, 스크라이버의 밑면은 정반면까지 내려갈 수 없으나 슬라이더의 이동거리가 곧 높이가 된다. 이는 무게가 가벼워 측정용에 사용하고 금 긋기용으로는 약해서 휨에 의한 오차가 생기기 쉽다. 하이트 게이지의 호칭치수는 300mm, 500mm, 1,000mm가 있고 기타 다이얼 하이트 게이지, 간이형 하이트 게이지 등이 있다.

(7) 측장기

내부에 표준자 또는 기준편을 가지고 피측정물의 치수와 길이를 직접 구할 수 있는 길이 측정기로서, 주로 게이지류, 정밀 공구, 정밀 부품, 길이 측정에 사용되는 것이므로, 비교적 큰 치수의 것을 높은 정밀도로 직접 측정하는 장치이다.

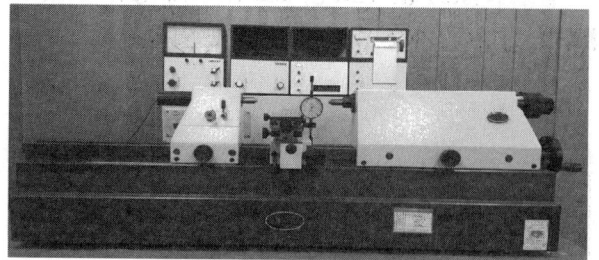

[그림 2-17] 측장기 예시

(8) 각도 게이지

여러 종류의 각도를 갖는 게이지이다. 각도 게이지의 조합으로 다양한 각도를 얻을 수 있는 게이지로, 요한슨식과 NPL식이 있다. [그림 2-18]과 같은 NPL식의 각도 게이지는 측정면이 요한슨식 각도 게이지보다 크고 몇 개의 블록을 조합하여 임의의 각도를 만들 수 있고, 그 위에 밀착이 가능하여 현장에서도 많이 쓰고 있다.

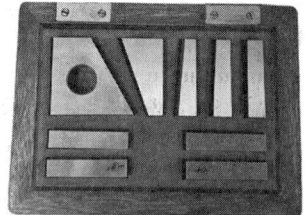

[그림 2-18] 각도 게이지(NPL식) 예시

① 요한슨식 각도 게이지

1918년 요한슨(Johansson)에 의해 고안된 게이지로 길이는 약 50mm, 폭은 19mm, 두께는 2mm의 판 게이지를 85개 또는 49개를 한 조로 하고 있다. 이 게이지는 긴 방향의 양측면이 서로 평행하여 이 평행한 측면에 대하여 게이지 면은 네 귀퉁이에 경사된 짧은 다듬질 가공면으로 되어 있고, 여기에 각도가 기입되어 있으며, S자는 그 장소를 표시한 것이다.

호울더(holder)를 이용하여 2개를 조합하여 사용하고 85개조의 측정범위는 0~10°와 350~360° 사이의 각도는 1° 간격으로, 그 외의 각도는 1′ 간격으로 만들 수 있다. 49개조는 0~10°와 350~360° 사이의 각도를 1° 간격으로 그 외의 각도는 5′ 간격으로 만들 수 있다.

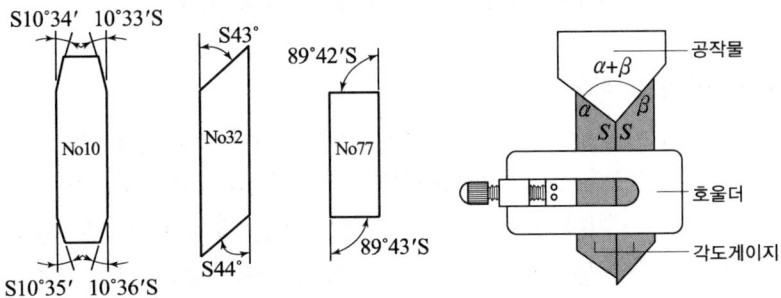

[그림 2-19] 요한슨식 각도 게이지

② NPL식 각도 게이지

1940년 영국의 톰린스(Tomlinson)에 의하여 고안된 것으로 100×15mm의 쐐기형 강철제 블록으로 되어 있다. NPL식 각도 게이지는 12개 게이지 6″, 18″, 30″, 1′, 3′, 9′, 27′, 1°, 3°, 9°, 27°, 41°를 한 조로 2개 이상 조합해서 0° ~ 81°까지 6″간격으로 임의의 각도를 만들 수 있고, 조립 후의 정도는 ±2~3″이다.

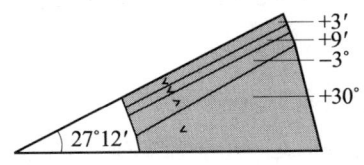

[그림 2-20] NPL식 각도 게이지

(9) 베벨 각도기

2면 간의 각도를 간단하게 측정하는 데는 베벨 각도기가 많이 쓰이며, 눈금 읽는 방법에 따라서 기계적인 각도기와 광학적인 각도기가 있다. 각도의 읽음을 5′ 또는 3′까지 읽을 수 있는 것이 있다. 원주 눈금이 새겨진 자와 읽음용 눈금 혹은 아들자 눈금을 가진 회전체로 되어 있으며, 기계적 베벨 각도기(bevel protractor)와 광학적 베벨 각도기가 많이 사용된다.

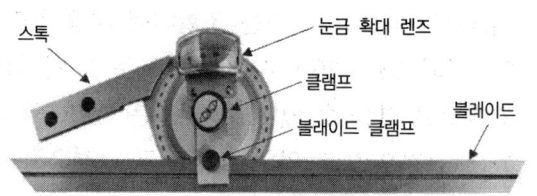

[그림 2-21] 베벨 각도기의 각부 명칭 예시

① 만능(베벨) 각도측정기

두 면 간의 각도를 측정하는 측정기로 눈금 원판은 1눈금이 1′이고, 최소 읽음 눈금은 23′를 12등분한 아들자는 5′이고, 19°를 20등분한 아들자는 3′이다. [그림 2-23]은 눈금 읽는 방법의 예로서 눈금 원판과 버니어 눈금의 일치점이 버니어 눈금에서 25′이므로 측정값은 20°25′이 되겠다.

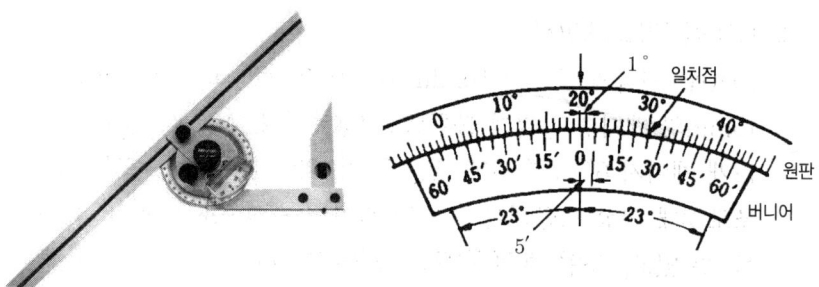

[그림 2-22] 만능(베벨) 각도측정기   [그림 2-23] 눈금 읽는 방법의 예

② 콤비네이션 세트(combination set)

강철자에 스퀘어 헤드와 센터 헤드가 있는 것을 콤비네이션 스퀘어(combination square)라 하며, 여기에 각도기가 붙어 있는 것을 콤비네이션 세트라 한다. 스퀘어 헤드는 높이 측정에 사용하고, 센터 헤드는 중심을 내는 금 긋기 작업에 이용한다. 또한, 각도기에는 수준기가 붙어 있는 것도 있다.

[그림 2-24] 콤비네이션 세트

(10) 수준기

수준기는 수평 또는 수직을 정하는 데 쓰이며, 그 외에 수평·수직으로부터 약간 경사진 부분을 측정한다. 경사각은 눈금을 읽어 각도로 환산하며 경사각을 라디안으로 나타내면 $\theta = \dfrac{L}{R}$ (θ : radian) 수준기의 감도는 KS에서 기포관의 1눈금(2mm)이 변위되는 데 필요한 경사각을 밑면 1m에 대한 높이 또는 각도로 표시된다.

따라서 $\rho = 206,265 \times \dfrac{a}{R}$ 가 된다.

(11) 투영기

나사, 게이지, 기계부품 등의 측정물을 광학적으로 정확한 배율로 확대, 투영하여 스크린에서 그 형상, 치수, 각도 등을 측정하는 장치로서, 다음과 같은 측정을 할 수 있는 측정기이다.

① 투영기의 측정 범위
  ㉠ 눈금자에 의한 치수 측정
  ㉡ 차트를 이용한 비교측정
  ㉢ XY 방향 재물대를 이용한 직각 좌표 측정
  ㉣ 회전 테이블과 XY 방향 재물대를 이용한 극좌표 측정
  ㉤ 각도 측정
  ㉥ 나사의 측정
    • 바깥지름 및 골 지름 측정
    • 유효지름 측정
    • 피치와 각도 측정

② 투영기의 배율 허용오차
  투영기의 배율 교정은 유리제 표준자와 배율 검사용 스케일로 정밀도를 확인한다. 배율 허용오차는 KS B 5609에 다음 〈표 2-4〉와 같이 정하고 있다.

〈표 2-4〉 투영기의 배율 허용차

항 목	허용값
투영 렌즈의 투과 조명에 따른 배율 정밀도	호칭 배율의 ±0.15 %
투영 렌즈의 반사 조명에 따른 배율 정밀도	호칭 배율의 ±0.25 %

(12) 형상 측정기

공작물의 형상을 측정하는 방법은 다음과 같다.

① 게이지(template)에 의한 방법
  나사산의 형상, 피치, 반지름, 각도와 같은 비교적 단순한 형상에 대하여 게이지와 공작물을 대조하여 그 틈새로서 측정한다.
② 공구 현미경에 의한 방법
  공작물의 윤곽을 현미경으로 확대하여 기준과 비교에 의해 측정한다.
③ 투영기에 의한 방법
  확대 투영한 공작물의 윤곽을 X-Y 테이블을 이송하거나, 스크린 회전으로 측정한다.
④ 형상 측정기
  표면 거칠기 측정의 원리를 이용한 기구적인 측정방법이다. 정밀도가 높으며, [그림 2-25]와 같은 고정식과 휴대용이 있다.

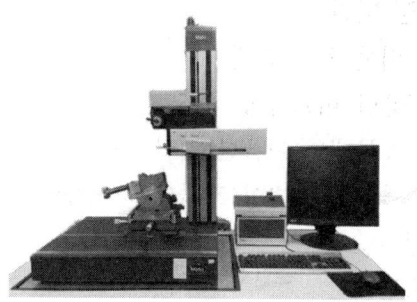

[그림 2-25] 고정식 형상 측정기 예시

(13) 표면 거칠기 측정기

표면 거칠기는 표면의 요철로 가공된 표면에 미세한 간격으로 나타나는 미세한 굴곡을 말한다. 절삭가공 방법이나 다듬질 방법에 따라 모양과 크기가 다르다. 이러한 표면 구조는 표면의 입체적 구조를 형성하는 실측 표면의 공칭 표면에 대한 변위로서, 거칠기(roughness), 파상도(waviness), 결(lay), 흠(flaw) 등으로 이루어진다. 표면 거칠기는 주로 Ra, Rz로 가장 많이 표현된다. 표면의 결에 대한 기본 그림 기호는 '√'로 표기하며, 세부적인 파라미터의 정의 및 표시는 KS B ISO4287을 참조한다.

① 표면 거칠기의 측정법
  ㉠ 비교용 표준편과의 비교측정 : 사람의 손가락 감각으로 표준편과 가공된 제품과의 표면 거칠기를 비교측정

ⓒ **광절단식 표면 거칠기 측정법** : β쪽의 좁은 틈새로 나온 빛을 투사하여 광선으로 표면을 절단하여 γ방향에서 현미경이나 투영기에 의해서 확대하여 관측 또는 사진을 찍어서 요철 상태를 알 수 있다.

ⓒ **광파간섭식 표면 거칠기 측정법** : 빛의 간섭을 이용하여 가공면의 거칠기를 측정하는 방법으로 래핑면과 같이 초점 밑면에 적합하며 1μm 이하의 비교적 미세한 표면의 측정에 사용되며, 최대 높이 거칠기는 $R_{\max} = \dfrac{b}{a} \times \dfrac{\lambda}{2}$ 식으로 구한다.

　ⓐ 장점 : 분해능력이 크고, 매우 부드러운 물체의 측정이 가능하며, 직접 측정이 어려운 기어, 나사면, 구멍 등을 측정할 수 있다.

　ⓑ 단점 : 반사면이 좋은 표면에만 사용할 수 있고, 진동에 민감하므로 연구실용으로 적당하다.

ⓔ **촉침식 표면 거칠기 측정법** : 표면 거칠기 측정법의 대표적인 방법으로 측정원리는 피측정면에 수직으로 움직이는 촉침으로 피측정면의 표면을 긁어서 상하의 움직임량을 전기적인 신호로 변환하고, 증폭시켜 그래프에 그리거나 meter에 값을 지시한다. 구성요소는 촉침, 감응기, 증폭기, 기록계(지시계) 등으로 구성된다.

② **표면 거칠기의 표현**
　㉠ 최대높이 거칠기(Ry)
　㉡ 산술평균 거칠기(Ra)
　㉢ 10점 평균 거칠기(Rz)

2. 측정 보조기구 선정

측정에서 측정 오차를 줄이는 방법의 하나는 보조기구를 적절히 사용하는 것이다. 어떤 측정 요소에서는 하나의 측정기기가 단독으로 사용할 수 없고, 둘 또는 그 이상의 조합으로 사용되므로, 제품의 형상과 측정범위의 관련 요소를 확인한다.

1) 마이크로미터 고정장치

[그림 2-26]은 마이크로미터 스탠드를 이용한 마이크로미터 고정장치로 핀이나 작은 측정물을 측정하는 데 사용한다. 실린더 게이지

(보어 게이지)의 영점을 맞추거나 확인 시, 마이크로미터의 평면도와 평행도를 고정할 때 사용한다.

[그림 2-26] 스탠드를 활용한 마이크로미터 고정장치 예시

2) 다이얼 게이지 고정장치

다이얼 게이지 고정장치에는 다이얼 게이지 스탠드, 마그네틱 스탠드, 하이트 게이지 등이 측정 목적에 따라 다양하게 사용된다. 하이트 게이지는 정반을 함께 사용한다.

(1) 다이얼 게이지 스탠드

제품이 크기가 비교적 작고, 수량이 많은 제품의 높이, 단차, 폭, 길이 등을 비교측정방법으로 측정하는데, 정반 없이 [그림 2-27]과 같이 단독으로 설치하여 사용할 수 있을 때는 다이얼 게이지 스탠드를 선정한다.

[그림 2-27] 다이얼 게이지 고정장치

(2) 마그네틱 스탠드 선정

절삭가공 제품을 세팅하거나, 사인센터를 이용한 흔들림 및 동심도 등을 측정할 때는 [그림 2-28]과 같이 마그네틱 스탠드를 선정하여 장비의 베드 면에 직접 부착하여 공작물의 흔들림 등을 측정한다.

[그림 2-28] 마그네틱 스탠드 사용 예시

(3) 하이트 게이지를 선정

정반 위에서 평면도 측정, 높이 측정 등을 측정할 때는 [그림 2-29]와 같이 하이트 게이지에 테스트 인디케이터를 부착한 하이트 게이지를 선정한다.

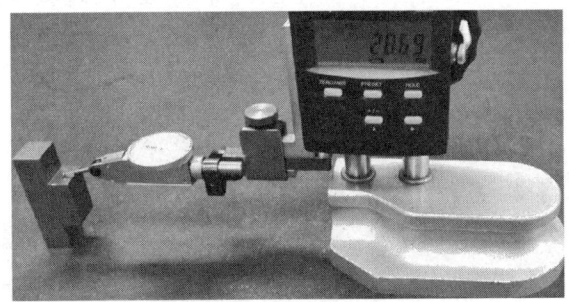

[그림 2-29] 하이트 게이지 사용 예시

3) 게이지 블록 고정장치

게이지 블록은 [그림 2-30]과 같이 일정한 단위로 명목 값이 주어진 도기로서, 필요한 측정량에 대하여 2개 이상의 조합으로 원하는 수치를 구현한다.

[그림 2-30] 게이지 블록 예시

(1) 게이지 블록 부속품

게이지 블록은 [그림 2-31]과 같은 부속품을 사용함으로써 용도를 확대하여 사용할 수 있다.

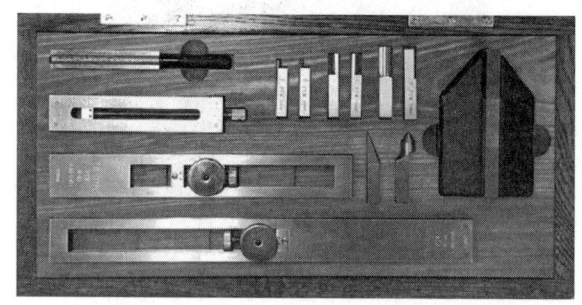

[그림 2-31] 게이지 블록 부속품 예시

① 둥근형 조(jaw)와 평행 조(jaw)

형상은 [그림 2-32(a)]와 같고 조(jaw)는 2개가 한 세트로 구성되어 있으며, 내측 및 외측을 측정할 때 [그림 2-32(b)]와 같이 홀더에 끼워 사용한다.

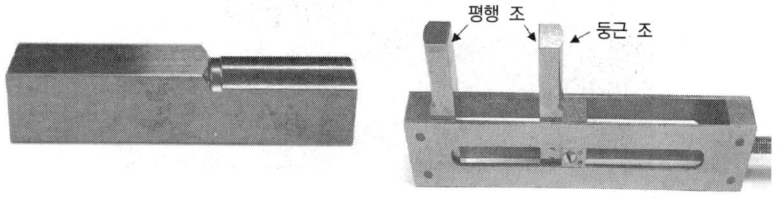

(a) 조의 형상　　　　　　　　(b) 조와 홀더 결합

[그림 2-32] 둥근형과 평행 조(jaw)의 홀더 결합 예시

② 스크라이버 포인트(scriber point)

형상은 [그림 2-33]과 같으며, [그림 2-35(b)]의 베이스 블록과 함께 홀더에 끼워 정밀 금 긋기 작업을 할 때 사용한다.

[그림 2-33] 스크라이버 포인트 예시

③ 홀더(holder)

형상은 [그림 2-34]와 같다. 게이지 블록을 끼워 내측 및 외측을 측정하거나, 실린더 게이지, 버니어 캘리퍼스, 마이크로미터를 교정할 때 사용하며, 기타 부속품과 함께 쓰인다.

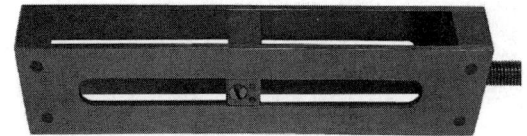

[그림 2-34] 게이지 블록 홀더 예시

④ 센터 포인트(center point)

형상은 [그림 2-35(a)]와 같다. 원을 그릴 때 중심을 지지하며, 끝이 60°로 되어 있어 나사산을 검사할 때 사용할 수 있다.

(a) 센터 포인트   (b) 베이스 블록과 조합한 사용

[그림 2-35] 센터 포인트와 베이스 블록과 조합한 사용 예시

⑤ 베이스 블록(base block)

형상은 [그림 2-36]과 같다. 금 긋기 작업이나 높이 측정을 할 때 홀더와 센터 포인트, 스크라이버 포인트 등과 함께 사용한다.

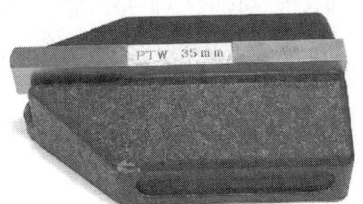

[그림 2-36] 베이스 블록 예시

⑥ 삼각 스트레이트 에지(triangle straight edge)

형상은 [그림 2-37]과 같으며, 측정하려는 면에 대고 반대쪽에서 새어 나오는 빛으로 틈새를 판단하여 면의 진직도와 평면도를 검사하는 데 사용한다.

[그림 2-37] 삼각 스트레이트 에지 예시

4) V-블록과 고정장치

V-블록은 측정 보조도구로서 [그림 2-38]과 같이 다양한 형태와 부가적인 도구들을 사용할 수 있는 구조로 되어 있다. 측정 제품 형상의 특성을 고려하여 원형 제품의 고정이나 원주 흔들림 등과 같이 비교적 간단한 측정이나 고정할 때 선정한다.

[그림 2-38] V-블록 예시

5) 표면 거칠기 고정장치

절삭가공 표면이 도면에서 요구되는 거칠기를 만족하도록 가공되었는지 판단하려면 표면 거칠기 측정기를 사용한다. 이를 사용하려면 표면 거칠기 촉침이 제품에 접근할 때 부드럽게 접촉될 수 있도록 미세조정 핸들 등이 부착된 [그림 2-39]와 같이 하이트 게이지 또는 전용 거치대를 측정 보조도구로 선정하여 사용한다.

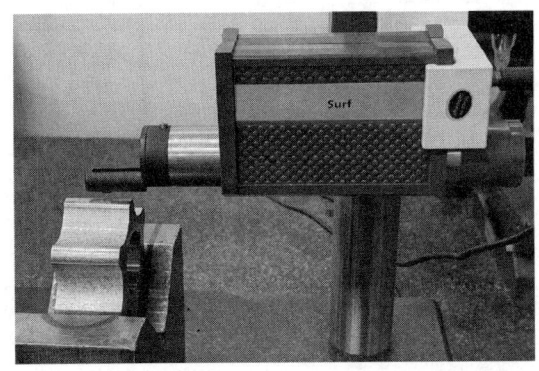

[그림 2-39] 하이트 게이지 전용 거치대를 측정 보조도구

6) 형상 측정기의 제품 고정장치

절삭가공에 의한 선의 윤곽도, 면의 윤곽도 등이 도면에서 요구되는 정도를 만족하도록 가공되었는지를 판단하려면 형상 측정기를 사용한다. 형상 측정 촉침을 제품의 다른 부분과 접촉되지 않게 고정하려면 [그림 2-40]과 같이 미세이송 및 각도를 조정할 수 있는 정밀 바이스를 측정 보조도구로 선정하여 사용한다.

[그림 2-40] 형상 측정기의 제품 고정장치 예시

01 측정기 종류

01. 눈금 간격의 길이를 구체화한 것으로 줄자, 강철 자, 눈금자 등에 속하는 측정기는?

① 선도기
② 단도기
③ 지시 측정기
④ 시준기

02. 다음 측정기를 선택하는 기준 중 거리가 가장 먼 것은?

① 공차의 크기
② 측정할 물체의 수량
③ 측정 한계
④ 측정물의 경도

해설 측정기의 선택시 고려사항
- 제품 공차 : 제품 공차의 1/10보다 높은 정도의 측정기를 선정한다.
- 제품의 수량 : 수량이 많은 경우 비교측정 및 한계 게이지로 측정하는 방법을 선정한다.
- 측정 대상물의 재질 : 측정물이 금속이 아니고 고무, 종이, 합성수지 등과 같이 연질인 경우에는 측정 압력으로 변형이 발생할 수 있으므로, 비접촉식 측정기를 선정한다.
- 측정기 성능 : 측정범위, 정밀도, 감도, 내구성 등을 고려하여 선정한다.
- 측정방법 : 측정 제품의 수량 등을 고려하여 원격 측정, 자동 측정, 기록 등의 방법을 선정한다.

03. 측정기에서 읽을 수 있는 측정값의 범위를 무엇이라 하는가?

① 지시범위
② 지시 한계
③ 측정범위
④ 측정 한계

해설 지시범위와 측정범위
① 지시범위 : 눈금 위에서 읽을 수 있는 범위라서, 반드시 0에서 시작될 필요가 없다. 마이크로미터는 25mm이며 다이얼 게이지는 5mm, 10mm이다.
② 측정범위 : 실제 측정이 가능한 범위, 즉 측정기에서 읽을 수 있는 측정값의 범위를 말한다.

04. 게이지 종류에 대한 설명 중 틀린 것은?

① pitch 게이지 : 나사 피치 측정
② thickness 게이지 : 미세한 간격(두께) 측정
③ radius 게이지 : 기울기 측정
④ center 게이지 : 선반의 나사 바이트 각도 측정

해설 radius 게이지 : 곡면의 둥글기를 측정한다.

05. 허용할 수 있는 부품의 오차 정도를 결정한 후 각각 최대 및 최소 치수를 설정하여 부품의 치수가 그 범위 내에 드는지를 검사하는 게이지는?

① 다이얼 게이지
② 게이지 블록
③ 간극 게이지
④ 한계 게이지

해설 한계 게이지
허용할 수 있는 부품의 오차 정도를 결정한 후 각각 최대 및 최소 치수를 설정하여 부품의 치수가 그 범위 내에 드는지를 검사하는 게이지로 공차 부호의 방향은 통과측 플러그 게이지의 +로 하고, 정지측 게이지는 -로 한다.

정답 01 ① 02 ④ 03 ① 04 ③ 05 ④

형성평가

06. 한계 게이지에 대한 설명 중 맞는 것은?

① 스냅 게이지는 최소 치수 측을 통과측, 최대 치수 측을 정지측이라 한다.
② 양쪽 모두 통과하면 그 부분은 공차 내에 있다.
③ 플러그 게이지는 최대 치수 측을 정지 측, 최소 치수 측을 통과측이라 한다.
④ 통과측이 통과되지 않을 경우는 기준 구멍보다 큰 구멍이다.

해설
- 한계 게이지는 공차 부호의 방향은 통과측 플러그 게이지는 +로 하고, 정지측 게이지는 -로 한다.
- 구멍용 한계 게이지(플러그 게이지)는 구멍의 최소 허용치수를 기준으로 한 측정 단면이 있는 부분을 통과(go)측이라 하고, 구멍의 최대 허용치수를 기준으로 한 측정 단면이 있는 부분을 정지(no go)라 한다.
- 축용 한계 게이지(스냅 게이지)는 축의 최대 허용치수를 기준으로 한 측정 단면이 있는 부분을 통과측이라 하고, 축의 최소 허용치수를 기준으로 한 측정 단면이 있는 부분을 정지측이라 한다.

07. 한계 게이지의 종류에 해당하지 않는 것은?

① 봉 게이지 ② 스냅 게이지
③ 다이얼 게이지 ④ 플러그 게이지

해설
- 구멍용 한계 게이지
  플러그 게이지, 봉 게이지
- 축용 한계 게이지
  링 게이지, 스냅 게이지

08. 축용으로 사용되는 한계 게이지는?

① 봉 게이지 ② 스냅 게이지
③ 게이지 블록 ④ 플러그 게이지

해설 축용 한계 게이지 : 스냅 게이지, 링 게이지

09. 허용한계치수의 해석에서 "통과측에는 모든 치수 또는 결정량이 동시에 검사되고 정지 측에는 각각의 치수가 개개로 검사되어야 한다"는 무슨 원리인가?

① 아베(Abbe)의 원리
② 테일러(Taylor)의 원리
③ 헤르츠(Hertz)의 원리
④ 훅(Hook)의 원리

해설
- 아베(Abbe)의 원리 : 독일의 아베(E. Abbe, 1893)가 제창한 이론으로, 측정기에서 표준자의 눈금 면과 측정물을 동일선상에 배치한 구조가 측정오차가 적다는 원리이다.
- 헤르츠(Hertz)의 원리 : 주파수, 진동수의 단위로 기호는 Hz이다. 1초 사이에 음이나 전기의 진동이 몇 회 반복되는지를 횟수로 나타내며 1초간의 진동수를 말한다. 약자는 Hz. 전자파(電磁波)의 전파(傳播)에 관한 연구로 알려진 H. 헤르츠(1857~94)의 이름을 딴 것으로 사이클이라고도 한다.
- 훅(Hook)의 원리 : 훅(Hook)에 의해서 제창된 탄성에 관한 법칙이다. 즉, 물체에 하중을 가하면 하중이 어떤 한도에 이르기까지는 하중과 변형이 정비례 관계에 있다고 하는 법칙이다.

10. 테일러의 원리에 맞게 제작되지 않아도 되는 게이지는?

① 링 게이지 ② 스냅 게이지
③ 테이퍼 게이지 ④ 플러그 게이지

해설 테이퍼 게이지
테일러의 원리란 "통과측에는 모든 치수 또는 결정량이 동시에 검사되고 정지 측에는 각 치수가 개개로 검사되어야 한다"라는 것으로 끼워 맞춤에 적용되는 것으로 테일러의 원리가 반드시 적용하는 것은 아니며, 게이지의 사용상 불편한 점도 있으므로 어느 정도 벗어난 것도 허용된다.

정답 06 ③ 07 ③ 08 ② 09 ② 10 ③

Part 3. 기계재료 및 측정

11. 측정기에 대한 설명으로 옳은 것은?
① 일반적으로 버니어 캘리퍼스가 마이크로미터보다 측정 정밀도가 높다.
② 사인 바(sine bar)는 공작물의 내경을 측정한다.
③ 다이얼 게이지는 각도 측정기이다.
④ 스트레이트 에지(straight edge)는 평면도의 측정에 사용된다.

[해설]
- 일반적으로 버니어 캘리퍼스가 마이크로미터보다 측정 정밀도가 낮다.
- 사인 바(sine bar)는 공작물의 각도를 측정한다.
- 다이얼 게이지는 비교측정기로서 평면이나 원통형의 평활도, 원통의 진원도, 축의 흔들림 정도 등의 검사나 측정에 사용된다.

12. M형 버니어 캘리퍼스로 작은 구멍을 측정할 때 일어나는 오차 현상은?
① 실제 직경보다 크게 측정된다.
② 실제보다 크게도 되고, 작게도 된다.
③ 실제 직경보다 작게 된다.
④ 오차는 거의 없다.

13. 버니어 캘리퍼스의 종류가 아닌 것은?
① M1형   ② B1형
③ CB형   ④ CM형

[해설] 버니어 캘리퍼스의 종류
KS에는 M1형, M2형, CB형, CM형 네 종류를 규정하고, 그 외 다이얼캘리퍼스, 깊이 게이지, 이 두께 버니어 캘리퍼스 등이 있다.

14. 일반적으로 직경(외경)을 측정하는 공구로서 가장 거리가 먼 것은?
① 강철자
② 그루브 마이크로미터
③ 버니어 캘리퍼스
④ 지시 마이크로미터

[해설] 그루브 마이크로미터 : 스핀들에 플랜지가 부착되어 구멍과 외경 내외부에 있는 홈의 너비(두께), 깊이, 위치를 측정할 수 있다.

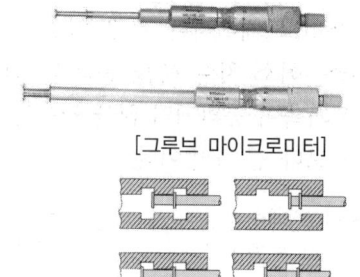

[그루브 마이크로미터]

[그루브 마이크로미터에 의한 측정]

15. 최소 눈금(딤블의 1눈금)이 0.01mm인 마이크로미터에서 스핀들 나사의 피치가 0.5mm이면 딤블의 원주 눈금은 몇 등분되어 있는가?
① 10등분   ② 50등분
③ 100등분   ④ 200등분

[해설] 표준마이크로미터는 나사의 피치 0.5mm, 딤블의 원주 눈금이 50등분 되어 있으므로 딤블의 1회전에 의한 스핀들의 이동량(M)은 0.01mm의 측정이 가능하다.
$M = 0.5 \times \dfrac{1}{50} = \dfrac{1}{100} = 0.01\,mm$

16. 마이크로미터의 나사 피치가 0.25mm일 때 딤블의 원주를 100등분 하였다면 딤블 1눈금의 회전에 의한 스핀들의 이동량은 몇 mm인가?
① 0.005   ② 0.0025
③ 0.01   ④ 0.02

[해설] $0.25 \div 100 = 0.0025$

정답 11 ④ 12 ③ 13 ② 14 ② 15 ② 16 ②

17. 마이크로미터 측정 면의 평면도 검사에 가장 적합한 측정기기는?

① 옵티컬플랫   ② 공구현미경
③ 광학식 클리노미터   ④ 투영기

해설 평행 광선정반
- 측정 면의 평면도는 광선정반, 평생 관선 정반을 사용하며, 평면도 측정(옵티컬플랫)은 일반적으로 45~60mm가 쓰인다.
- 측정 면의 평면도(옵티컬플랫, 옵티컬파라렐 : 평행도)는 4개가 1세트며 4개의 데이터 중 최댓값을 마이크로미터의 평행도로 한다.

18. 트위스트 드릴의 각부에서 드릴 홈의 골 부위(웨브 두께)를 측정하기에 가장 적합한 것은?

① 나사 마이크로미터
② 포인트 마이크로미터
③ 그루브 마이크로미터
④ 다이얼 게이지 마이크로미터

19. 드릴 홈과 같은 골지름을 측정하는 것은?

① 포인트 마이크로미터
② 나사 마이크로미터
③ 직접지시 마이크로미터
④ 캘리퍼스형 마이크로미터

20. 다이얼 게이지의 특징이 아닌 것은?

① 측정범위가 좁고 직접 제품의 치수를 읽을 수 있다.
② 소형, 경량으로 취급이 용이하다.
③ 눈금과 지침에 의해서 읽기 때문에 오차가 적다.
④ 연속된 변위량의 측정이 가능하다.

해설 다이얼 게이지의 특징
- 측정범위가 넓다.
- 연속된 변위량의 측정이 가능하다.
- 소형, 경량으로 취급이 용이하다.
- 어태치먼트의 사용방법에 따라 측정이 광범위하다.
- 다이얼 눈금과 지침에 의해서 읽기 때문에 읽기 오차가 적다.
- 다원측정(동시에 많은 개소의 측정이 가능)의 검출기로써 이용할 수 있다.

21. 원형의 측정물을 V블록 위에 올려놓은 뒤 회전하였더니 다이얼 게이지의 눈금에 0.5mm의 차이가 있었다면 그 진원도는 얼마인가?

① 0.125mm   ② 0.25mm
③ 0.5mm   ④ 1.0mm

해설 $\dfrac{0.5}{2} = 0.25\,\text{mm}$

22. 그림과 같이 테이퍼 1/30의 검사를 할 때 A에서 B까지 다이얼 게이지를 이동시키면 다이얼 게이지의 차이는 몇 mm인가?

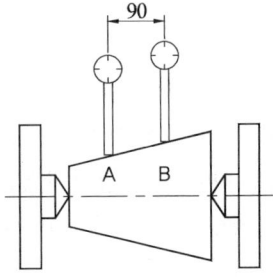

① 1.5mm   ② 2.5mm
③ 2mm   ④ 3mm

해설 $\dfrac{1}{30} = \dfrac{a-b}{90}$

$a - b = \dfrac{90}{30} = 3 \div 2 = 1.5$

23. 다음 하이트 게이지의 종류 중 스크라이버 밑면이 정반 면에 닿아 정반 면으로부터 높이를 측정할 수 있으며 강철자는 스탠드 홈을 따라 상하로 조금씩 이동시킬 수 있기 때문에 0점 조정할 수 있는 하이트 게이지는?

① HT형　　② HB형
③ HM형　　④ HC형

24. -50μ의 오차가 있는 표준편으로 세팅한 높이 게이지로 정하면서 27.25mm를 얻었다면 실제값은?

① 26.75mm　　② 27.20mm
③ 27.30mm　　④ 27.25mm

해설　$27.25 - (-0.05) = 27.20$mm

25. 측정자의 직선 또는 원호 운동을 기계적으로 확대하여 그 움직임을 지침의 회전 변위로 변환시켜 눈금으로 읽을 수 있는 측정기는?

① 수준기　　② 스냅 게이지
③ 게이지 블록　　④ 다이얼 게이지

26. $-18\mu m$의 오차가 있는 게이지 블록에 다이얼 게이지를 영점 세팅하여 공작물을 측정하였더니, 측정값이 46.78mm이었다면 참값(mm)은?

① 46.760　　② 46.798
③ 46.762　　④ 46.603

해설
- 계기 오차 = 측정값 − 참값 = $46.78 - 46$
　　　　　　　　　　　　= 0.78
- 실제 치수 = 측정값 + 오차 = $46.78 + (-0.018)$
　　　　　　　　　　　　= 46.762

27. $+4\mu m$의 오차가 있는 호칭 치수 30mm의 게이지 블록과 다이얼 게이지를 사용하여 비교 측정한 결과 30.274mm를 얻었다면 실체 치수는?

① 30.278mm　　② 30.270mm
③ 30.266mm　　④ 30.282mm

해설
- 계기 오차 = 측정값 − 참값 = $30.274 - 30$
　　　　　　　　　　　　= 0.274
- 실제 치수 = 측정값 + 오차 = $30.274 + 0.004$
　　　　　　　　　　　　= 30.278

28. 다이얼 게이지 기어의 백래시(back lash)로 인해 발생하는 오차는?

① 인접 오차　　② 지시 오차
③ 진동 오차　　④ 되돌림 오차

해설　되돌림 오차 : 측정기 자체에 의한 것(기기 오차)으로 다이얼 게이지 기어의 백래시(back lash)로 인해 발생하는 오차로 동일 측정량에 대하여 다른 방향으로부터 접근한 경우 지시의 평균값의 차로 백래시(back lash)를 의미한다.

29. 다음 그림과 같이 피측정물의 구면을 측정할 때 다이얼 게이지의 눈금이 0.5mm 움직이면 구면의 반지름(mm)은 얼마인가? (단, 다이얼 게이지 측정자로부터 구면계의 다리까지의 거리는 20mm이다.)

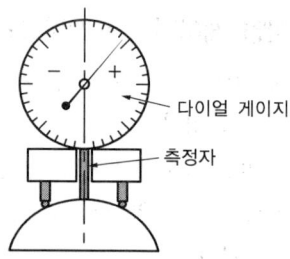

① 100.25　　② 200.25
③ 300.25　　④ 400.25

해설
반지름이므로 20mm×20=400mm
0.5mm÷2=0.25
따라서 400.25mm이다.

30. 게이지 블록의 취급 시 주의사항으로 틀린 것은?

① 먼지가 적고 건조한 실내에서 사용할 것
② 사용한 뒤에는 세척하여 염수를 발라 둘 것
③ 측정 면은 깨끗한 천이나 가죽으로 잘 닦을 것
④ 목재 테이블이나 천 또는 가죽 위에서 사용할 것

해설 게이지 블록의 취급법
- 먼지 적고 건조한 실내 사용한다.
- 목재, 천 가죽 위에서 취급한다.
- 천이나 가죽으로 세척한다.
- 상자 보관을 원칙으로 한다.
- 사용 후 방청유로 세척 보관한다.

31. 일반적인 게이지 블록 조합의 종류가 아닌 것은?

① 12개 조   ② 32개 조
③ 76개 조   ④ 103개 조

해설 게이지 블록
각 면의 치수가 다른 육면체로 아주 정밀하게 다듬질 되어 있다. 이들 각 면을 몇 개 조합하여 밀착(wringing)시켜 필요한 치수로 만들어 길이의 기준으로 한다. 보통 103, 76, 32, 8개가 한 세트로 조합되어 있다.

32. 게이지 블록 구조형상의 종류에 해당하지 않는 것은?

① 호크형   ② 캐리형
③ 레버형   ④ 요한슨형

33. 게이지 블록 중 표준용(calibration grade)으로서 측정기류의 정도 검사 등에 사용되는 게이지의 등급은?

① 00(AA)급   ② 0(A)급
③ 1(B)급   ④ 2(C)급

해설 게이지 블록의 용도
① 검사용(2급)
  - 공구절삭, 공구의 설치, 게이지 제작, 측정기의 조정
  - 공작용으로 검사는 6개월, 정밀도(평행도 허용치)는 ±0.4μ
② 검사용(1급)
  - 기계부품 공구 등의 검사, 게이지 정도 검사
  - 검사는 1년, 정밀도(평행도 허용치)는 ±0.2μ
③ 표준형(0급)
  - 일람용, 검사용, B/G의 정도 검사, 측정기류의 정도 검사
  - 검사는 2년, 정밀도(평행도 허용치)는 ±0.1μ
④ 참조형(00급)
  - 표준용 B/G의 정도 검사, 학술용
  - 검사는 3년, 정밀도(평행도 허용치)는 ±0.05μ

34. 게이지 블록 등의 측정기 측정 면과 정밀 기계부품, 광학렌즈 등의 마무리 다듬질 가공방법으로 가장 적절한 것은?

① 연삭   ② 래핑
③ 호닝   ④ 밀링

35. 20℃에서 20mm인 게이지 블록이 손과 접촉 후 온도가 36℃가 되었을 때, 게이지 블록에 생긴 오차는 몇 mm인가? (단, 선팽창계수는 1.0×10^{-6}/℃이다.)

① 3.2×10^{-4} ② 3.2×10^{-3}
③ 6.4×10^{-4} ④ 6.4×10^{-3}

정답 30 ② 31 ① 32 ③ 33 ② 34 ② 35 ①

[해설] $l\{\alpha(t_2 - t_1)\} = 20 \times 1.0 \times 10^{-6}(36-20)$
$= 3.2 \times 10-4 = 0.32 \mu m$

36. 견고하고 금 긋기에 적당하며, 비교적 대형으로 영점 조정이 불가능한 하이트 게이지로 옳은 것은?

① HT형 ② HB형
③ HM형 ④ HC형

[해설]
- HT형 : 정반으로부터 높이를 측정할 수 있으며, 눈금자가 별도로 스탠드 홈을 따라 상하로 이동하기 때문에 0점 조정을 할 수 있고, 슬라이더를 조금씩 이동시킬 수 있는 장치가 있다.
- HM형 : 견고하여 금 긋기 작업에 적당하고, 0점을 조정할 수 없으며, 슬라이더를 조금씩 이동시킬 수는 있다.
- HB형 : 슬라이더가 상자 모양으로 되어 있으며, 스크라이버의 밑면은 정반면까지 내려갈 수 없으나 슬라이더의 이동 거리가 곧 높이가 된다. 이는 무게가 가벼워 측정용에 사용하고 금 긋기용으로는 약해서 휨에 의한 오차가 생기기 쉽다.

37. 일반적으로 각도 측정에 사용되는 것이 아닌 것은?

① 콤비네이션 세트 ② 나이프 에지
③ 광학식 클리노미터 ④ 오토콜리메이터

[해설] 나이프 에지는 진직도 측정과 비교측정에 이용된다.

38. 다음 각도 게이지 중 정도가 가장 좋은 것은?

① 요한슨식 각도 게이지
② N.P.L식 각도 게이지
③ 기계식 각도 정규
④ 광학식 각도 정규

[해설] 요한슨식 각도 게이지의 정도는 조합시 ±24″ 정도이며, N.P.L식 각도 게이지의 조합 후 정도는 2~3″이다. 그리고 기계식 각도 정규는 5′이며, 광학적 각도 정규는 1도를 12등분한 것이 있다.

39. 곧은자의 좌측에 스퀘어 헤드가 있고, 우측에는 센터 헤드가 있으며, 2면이 이루는 각도 측정 및 부품의 중심을 내는 금 긋기에 사용하는 각도 게이지는 어느 것인가?

① 콤비네이션 세트 ② 베벨각도기
③ 광학식 클리노미터 ④ 광학식 각도기

[해설] 콤비네이션 세트는 곧은자의 좌측에 스퀘어헤드가 있고, 우측에는 센터헤드가 있으며, 높이 측정에 사용하거나 중심을 내는 데 사용한 각도 게이지이다.

40. 각도 측정기인 콤비네이션 세트에 관한 설명 중 올바른 것은?

① 센터 헤드는 높이 측정에 사용된다.
② 각도기에는 수준기가 붙어 있다.
③ 스퀘어 헤드는 중심을 내는 금 긋기 작업에 사용한다.
④ 분할대가 붙어 있어 분할각도 검사에 적합하다.

41. 기포관 내의 기포 이동량에 따라 측정하며, 수평 또는 수직을 측정하는 데 사용하는 것은?

① 직각자 ② 사인 바
③ 측장기 ④ 수준기

[해설] 수준기의 감도는 KS에서 기포관의 1눈금(2mm)이 변위되는 데 필요한 경사각을 밑면 1m에 대한 높이 또는 각도로 표시된다. 따라서 $\rho = 206,265 \times \dfrac{a}{R}$ 가 된다.

42. 수준기에서 1눈금의 길이를 2mm로 하고, 1눈금이 각도 5″(초)를 나타내는 기포관의 곡률 반경은?

① 7.26m ② 8.23
③ 72.6m ④ 82.5m

해설 $\rho = 206,265 \times \dfrac{a}{R} = R = \dfrac{206,265 \times 2}{5초}$
$= 82,506 \div 1,000 = 82.5\,m$

43. 광선정반으로 평면도를 측정하고자 할 때 평면도를 구하는 공식은? (단, a: 간섭무늬의 중심 간격, b: 간섭무늬의 굽은 양, λ: 사용되는 빛의 파장일 때이다.)

① 평면도 $F = \dfrac{\lambda}{2} \times \dfrac{a}{b}$
② 평면도 $F = \dfrac{\lambda}{3} \times \dfrac{a}{b}$
③ 평면도 $F = \dfrac{\lambda}{2} \times \dfrac{b}{a}$
④ 평면도 $F = \dfrac{\lambda}{3} \times \dfrac{b}{a}$

02 측정 보조기구 선정

01. 그림과 같이 마이크로미터 고정장치 사용 용도가 아닌 것은?

① 핀이나 작은 측정물을 측정하는 데 사용
② 실린더 게이지의 영점을 맞추거나 확인 시 사용
③ 마이크로미터의 평면도와 평행도를 교정할 때 사용
④ 다이얼 게이지의 영점을 맞추거나 확인 시 사용

02. HM형 높이 게이지를 사용하여 공작물의 평면도를 검사하려고 한다. 필요한 어태치먼트는 어느 것인가?

① 오프셋형 스크라이퍼
② 깊이 바아
③ 게이지 블록
④ 다이얼 게이지

해설 HM형 높이 게이지를 사용하여 공작물의 평면도를 검사하는 어태치먼트는 다이얼 게이지이다.

03. 제품이 크기가 비교적 작고, 수량이 많은 제품의 높이, 단차, 폭, 길이 등을 비교측정방법으로 측정하는 데 사용하는 측정 보조기구는?

① 다이얼 게이지 스탠드
② 마그네틱 스탠드
③ 하이트 게이지
④ 높이 게이지

04. 장비의 베드 면에 직접 부착하여 공작물의 흔들림 등을 측정하는 보조기구는?

① 게이지 블록 스탠드
② 마그네틱 스탠드
③ 하이트 게이지 스탠드
④ 높이 게이지 스탠드

05. 하이트 게이지는 다음과 같은 것들의 조합이다. 관계가 없는 것은?

① 스케일(scale)
② 베이스(base)
③ 스퀘어(square)
④ 서피스 게이지(surface gauge)

06. 게이지 블록 부속품이 아닌 것은?

① 둥근형 조(jaw)와 평행 조(jaw)
② 스크라이버 포인트(scriber point)
③ 홀더(holder)
④ 센터 게이지(center gauge)

해설 게이지 블록 부속품
① 둥근형 조(jaw)와 평행 조(jaw)
② 스크라이버 포인트(scriber point)
③ 홀더(holder)
④ 센터 포인트(center point)
⑤ 베이스 블록(base block)
⑥ 삼각 스트레이트 에지(triangle straight edge)

07. 게이지 블록의 부속 부품이 아닌 것은?

① 홀더
② 스크레이퍼
③ 스크라이버 포인트
④ 베이스 블록

해설 스크레이퍼 : 기계가공한 면을 다시 정밀하게 가공하는 작업을 스크레이핑이라고 하며 이때 사용하는 공구를 스크레이퍼라 한다. 공작기계의 베드, 미끄럼면, 측정용 정밀정반 등의 최종 마무리 가공에 사용된다.

08. 내측 및 외측을 측정할 때 사용하는 게이지 블록 부속품은?

① 둥근형 조(jaw)와 평행 조(jaw)
② 스크라이버 포인트(scriber point)
③ 베이스 블록(base block)
④ 센터 포인트(center point)

09. 실린더 게이지, 버니어 캘리퍼스, 마이크로미터를 교정할 때 사용하는 게이지 블록 부속품은?

① 홀더(holder)
② 스크라이버 포인트(scriber point)
③ 베이스 블록(base block)
④ 센터 포인트(center point)

10. 측정하려는 면에 대고 반대쪽에서 새어 나오는 빛으로 틈새를 판단하여 면의 진직도와 평면도를 검사하는 데 사용하는 게이지 블록 부속품은?

① 삼각 스트레이트 에지(triangle straight edge)
② 스크라이버 포인트(scriber point)
③ 베이스 블록(base block)
④ 센터 포인트(center point)

11. 측정 제품 형상의 특성을 고려하여 원형 제품의 고정이나 원주 흔들림 등과 같이 비교적 간단한 측정이나 고정할 때 선정하는 장치는?

① 게이지 블록 고정장치
② V-블록과 고정장치
③ 표면 거칠기 고정장치
④ 형상 측정기의 제품 고정장치

정답 05 ④ 06 ④ 07 ② 08 ① 09 ① 10 ④ 11 ②

12. 미세 이송 및 각도를 조정할 수 있는 정밀 바이스를 측정 보조도구로 선정하여 사용하는 장치는?

① 게이지 블록 고정장치
② V-블록과 고정장치
③ 표면 거칠기 고정장치
④ 형상 측정기의 제품 고정장치

13. 미세조정 핸들 등이 부착된 하이트 게이지 또는 전용 거치대를 측정 보조도구로 선정하여 사용하는 장치는?

① 게이지 블록 고정장치
② V-블록과 고정장치
③ 표면 거칠기 고정장치
④ 형상 측정기의 제품 고정장치

정답 12 ④ 13 ③

3 기본측정기 사용

1. 측정기 사용방법

1) 측정 물의 설치 시 고려사항

(1) 치환법

측정에 있어서 측정값의 신뢰도는 측정할 때 발생할 수 있는 측정 오차 발생 가능성을 최소화할 필요가 있다. 특히, 길이측정의 경우 치환법을 사용하면 측정 오차를 피하는 방법이 된다. 치환법이란, 예를 들면 게이지 블록 등의 표준 게이지로 측정기와 피측정물의 위치, 고정방법 등을 정한 후, 표준 게이지를 피측정물로 치환하는 방법이다. 다이얼 게이지를 이용하여 길이의 측정을 할 때 게이지 블록을 올려 놓고 측정한 다음 피측정물을 바꾸어 넣었을 때의 1지시의 차 $h_2 - h_1$을 읽고 사용한 블록 게이지의 높이 H_0을 알면 다음 식에 의해서 피측정물의 높이를 구할 수 있다.

$$H = H_0 + (h_2 - h_1)$$

> **TIP**
> 지시량과 미리 알고 있는 양으로부터 측정량을 아는 방법을 치환법(置換法)이라 한다.

(2) 편위법

측정하려고 하는 양의 작용 때문에 계측기의 지침에 편위를 일으켜 이 편위를 눈금과 비교함으로써 측정을 행하는 방식이다. 편위법은 정밀도를 높이기에는 곤란하지만, 조작이 간단하므로 널리 쓰이고 있다. 비교 측정치를 얻는 것으로 다이얼 게이지, 가동 코일식 전압계, 전류계 등 일반계측기는 대부분이 모두 이 방식이다.

(3) 영위법

기준량을 준비하여 측정량에 평행 시켜 계측기의 지시가 0 위치를 나타낼 때의 크기로부터 측정량의 크기를 간접으로 아는 방식이다.

 마이크로미터, 히스톤 브리지, 전위차계 등

> **TIP**
> **영위법의 특징**
> 0 위치로부터 불 평형을 검출하여 기준량에 피드백시켜 평행이 되도록 기준량의 크기를 조정하는 것이다.

(4) 보상법

천칭을 이용하여 물체의 질량 M을 측정할 때 분동과 물체의 불 평형의 정도 m을 바늘이 가리키는 눈금을 읽어도 물체의 질량을 알 수 있다. 이와 같이 측정량과 크기가 거의 같은 미리 알고 있는 양의 분동을 준비하여, 분동과 측정량의 차이로부터 알아내는 방법을 보상법(補償法)이라 한다. 보상법은 영위법과 편위법을 혼용한 방식으로 볼 수 있으며 치환법에 따른 길이의 측정도 원리적으로는 보상법과 같은 경우가 많다. 영위법과 편위법의 혼합방식이다.

2) 아베의 원리(Abbe's principle)

1890년 독일 Zeiss사의 창립자 E. Abbe에 의하면 "표준 자와 피측정물은 같은 축선 상에 있어야 한다"는 원리이다. 이것을 컴퍼레이터의 원리라고도 하며, 예를 들어 [그림 2-41]에서 외측 마이크로미터 (a)는 눈금자가 측정접촉자의 변위선상에 있고, 버니어 캘리퍼스 (b)는 눈금자가 측정접촉자와 어떤 거리만큼 떨어진 평행선상에 있으므로 같은 기울어짐에 대하여 생기는 오차는 외측 마이크로미터가 극히 작다. 그러므로 외측 마이크로미터를 아베의 원리에 만족하는 구조라 하며, 정도가 높은 측정기에서는 이러한 구조가 기본이다.

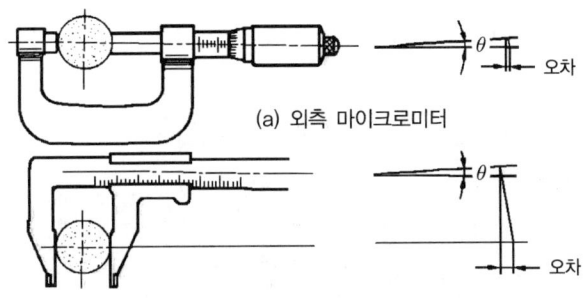

(a) 외측 마이크로미터

(b) 버니어 캘리퍼스

[그림 2-41] 아베의 원리

2. 측정기의 0점 조정

1) 사용할 측정기의 상태 확인 사항

제품을 측정하기에 앞서 항상 사용할 측정기는 0점 상태를 먼저 주의 깊게 살핀 후 측정함에 이상이 없는지 판단하고 진행한다. 기본적으로 살펴볼 사항으로는 눈금의 마모로 인한 읽음 값을 판독함에 어려움은 없는지, 특정 부분만 지속적으로 사용하여 마모로 인한 오차가 발생하지는 않는지, 지나치게 과도한 측정 압력을 가하고 있지는 않은지의 여부를 확인한다.

2) 확인 결과에 따른 0점 조정

측정기의 영점 조정이 안 되어 있으면 영점 조정에 상당한 영향을 미치게 되므로, 미리 0점의 상태 및 올바른 조정방법을 숙지하여 정확한 측정값을 얻도록 한다. 지침이나 측정값 표시장치가 있는 비교측정기는 측정작업 전에는 반드시 측정기에 대한 영점 조정을 하여야 한다. 두께 게이지, 피치 게이지, 게이지 블록 등 단순 비교측정기의 경우, 일상점검 및 정기적인 교정을 통해 측정기의 정밀도를 확보할 수 있어야 한다.

3) 강철 자의 0점 확인

강철 자는 0점 부위의 잦은 접촉과 사용으로 무뎌지기 쉽고, 찍힘에 의한 돌기 등으로 오차가 발생할 수 있으므로, 이를 먼저 확인하여 0점에 영향을 미치는 요소를 제거한 후 [그림 2-42]와 같이 게이지 블록 등을 이용하여 0점을 확인한다.

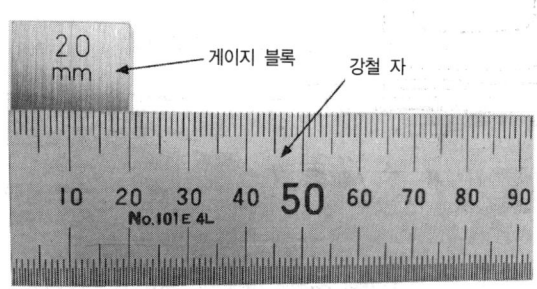

[그림 2-42] 게이지 블록을 이용한 강철 자의 0점 확인 예시

4) 버니어 캘리퍼스의 0점을 설정

① 조의 상태가 양호한지 [그림 2-43(a)]와 같이 0점에 위치하도록 밀착해서 밝은 빛에서 서로 다른 조 사이로 고르게 미세한 빛이 들어오는지 확인한다.
② 깊이 바의 무딘 상태와 휨의 발생은 없는지 확인한다.
③ 슬라이드를 이송했을 때 지나치게 헐겁거나 빡빡한 느낌은 없는지 확인한다.
④ 0점에서 눈금 정확도를 확인한다. 0점에 위치하였을 때 상태가 양호하면 [그림 2-43(b)]와 같이 게이지 블록을 이용하여 최소한 버니어 캘리퍼스의 처음, 중간, 끝부분에 해당하는 눈금의 정확도를 확인하고, 값에 차이가 나면 보정값을 적용하여 측정을 수행한다.

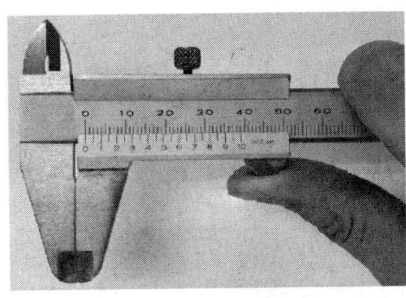 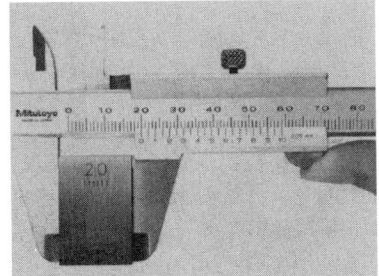

(a) 틈새 확인에 의한 0점 확인　　(b) 게이지 블록을 이용한 정확도 확인

[그림 2-43] 버니어 캘리퍼스의 0점 확인 및 정확도 확인 예시

5) 마이크로미터의 0점을 설정

마이크로미터의 종류에는 여러 가지가 있으며, 종류마다 0점을 설정하는 방법은 다음에 따른다.

(1) 외측 마이크로미터(0~25mm)

0~25mm의 측정범위를 갖는 외측 마이크로미터의 0점 조정방법은 앤빌과 스핀들 면을 깨끗이 닦은 후 [그림 2-44]와 같이 래칫 스톱을 회전시켜 서로 접촉되면 가볍고 일정하게 "따르륵" 소리가 3회 정도 나도록 돌려 0점의 눈금을 확인한다. 딤블의 0선과 슬리브의 기준선이 완전히 일치하지 않는 경우 다음과 같이 조치한다.

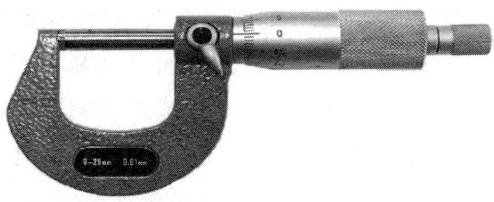

[그림 2-44] 외측 마이크로미터 0점 설정 예시

① 0점 오차가 약 ±0.01mm 이내일 때(슬리브에 의한 0점 조정)

측정기 구입 시 부품으로 제공되는 [그림 2-45]와 같은 키 렌치를 슬리브의 인덱스라인의 반대쪽에 있는 슬리브 구멍에 삽입하고, 슬리브를 돌려 0점 눈금 라인과 정렬한다.

[그림 2-45] 키 렌치

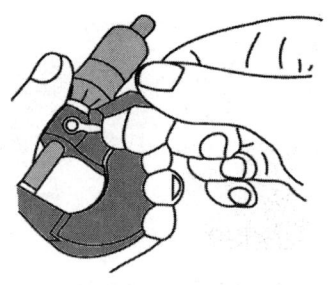 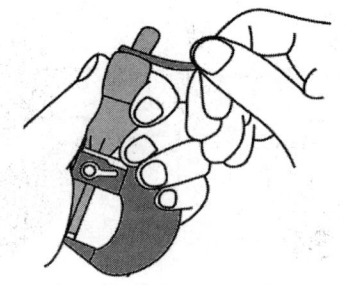

(a) 오차가 약 ±0.01mm 이내일 때   (b) 오차가 약 ±0.01mm 이상일 때

[그림 2-46] 마이크로미터의 0점 조정 예시

② 0점 오차가 약 ±0.01mm 이상일 때(딤블에 의한 0점 조정)
  ㉠ [그림 2-45]의 키 렌치를 사용하여 [그림 2-46(b)]와 같이 래칫 스톱을 푼다.
  ㉡ 딤블을 바깥쪽(래칫스톱 방향)으로 눌러 자유롭게 움직이게 한다.
  ㉢ 딤블의 영점 눈금 라인을 슬리브 인덱스 라인과 정렬시킨다.
  ㉣ 딤블을 안정시키기 위하여 키 렌치를 사용하여 래칫 스톱을 꽉 조여 원래 위치에 고정한다.
  ㉤ 만약 0점이 완벽하게 조정되지 않을 때는 ①방법에 따라 미세조정을 한다.

(2) 외측 마이크로미터(25mm 이상)

25~50mm, 50~75mm, 75~100mm 등 외측 마이크로미터의 0점 확인은 게이지 블록이나 외측 마이크로미터 전용 기준 게이지를 이용하여 확인한다. [그림 2-47]과 같이 앤빌과 스핀들 면에 게이지 블록 또는 기준 게이지를 이용하여 0점을 점검한 후, 딤블의 0선과 슬리브의 기준선이 완전히 일치하지 않으면 외측 마이크로미터 0~25mm의 조정방법에 따라 조치한다.

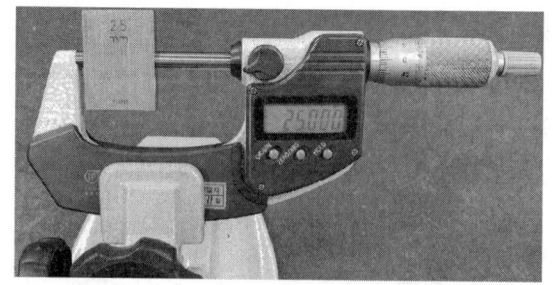

[그림 2-47] 외측 마이크로미터(25mm 이상) 0점 설정 예시

(3) 내측 마이크로미터(5~25mm)

내측 마이크로미터의 0점 조정방법에는 링 게이지를 이용하는 방법, 게이지 블록 부속품을 이용하는 방법, 외측 마이크로미터를 이용하는 방법 등이 있다.

① 링 게이지를 이용하는 방법
  ㉠ 사용할 내측 마이크로미터의 규격에 맞는 링 게이지를 선택한다.
  ㉡ 내측 마이크로미터의 조(jaw)를 선택한 링 게이지에 삽입시킨다.
  ㉢ [그림 2-48]과 같이 내측 마이크로미터의 조가 링 게이지의 양 끝 최대 지점에 잘 접촉되도록 한다.
  ㉣ 삽입했던 내측 마이크로미터를 조심스럽게 빼내어 눈금을 확인한다.
  ㉤ 눈금이 서로 일치하지 않으면 고정 클램프를 잠근다.
  ㉥ 링 게이지의 치수와 맞도록 키 렌치를 이용하여 눈금 선을 일치시킨다.

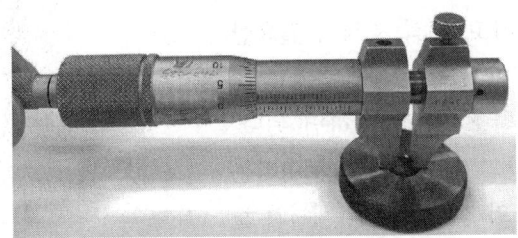

[그림 2-48] 내측 마이크로미터의 링 게이지를 이용한 0점 설정 예시

② 게이지 블록 액세서리 또는 홀더를 이용하는 방법
  ㉠ 사용할 내측 마이크로미터의 규격에 맞는 게이지 블록을 선택하여 조합한다.
  ㉡ 홀더 내에 조합한 게이지 블록을 조심스럽게 삽입한다.
  ㉢ 게이지 블록의 양 끝 면에 보조 게이지 블록을 삽입하여 홀더를 잠근다.
  ㉣ 내측 마이크로미터의 조를 홀더 내의 보조 게이지 블록면에 접촉시키되, 접촉면이 최단 거리가 되는 지점을 찾도록 한다.
  ㉤ 삽입했던 내측 마이크로미터를 제거하여 눈금을 확인한다.
  ㉥ 눈금 선이 서로 일치하지 않으면 키 렌치를 이용하여 0점을 조정한다.

③ 외측 마이크로미터를 이용하는 방법
  ㉠ 사용할 내측 마이크로미터에 해당하는 치수의 게이지 블록을 선택한다.
  ㉡ 외측 마이크로미터를 마이크로미터 스탠드에 고정한다.
  ㉢ 선택한 게이지 블록을 외측 마이크로미터의 앤빌과 스핀들 면에 삽입하여 접촉시킨다.
  ㉣ 삽입했던 게이지 블록을 제거한다.
  ㉤ 내측 마이크로미터의 조를 외측 마이크로미터의 앤빌과 스핀들 면에 삽입하여 접촉시킨다.
  ㉥ 삽입했던 내측 마이크로미터를 제거한 후 눈금을 확인한다.
  ㉦ 내측 마이크로미터의 눈금이 일치하지 않으면 키 렌치를 이용하여 0점 조정한다.

(4) 깊이 마이크로미터(25~50mm)

0~25mm의 깊이 마이크로미터는 정반을 기준으로 정반 면에 접촉시킨 후 0점을 점검하고, 0점 조정이 필요한 경우 외측 마이크로미터(0~25mm)의 방법을 참조하여 조정하면 된다. 25mm 이상의 깊이 마이크로미터는 [그림 2-49]와 같이 동일한 게이지 블록의 양쪽에 설치하여 0점을 점검하여 0점 조정이 필요한 경우 같은 방법

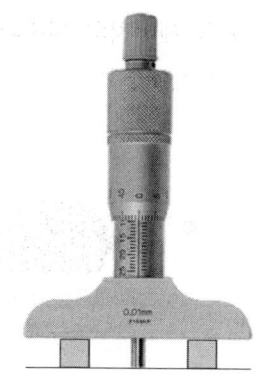

[그림 2-49] 외측 마이크로미터 (25mm 이상) 0점 설정 예시

으로 조정한다. 이때 정반 바닥면에 접촉된 깊이 마이크로미터의 스핀들이 들뜨지 않게 손가락으로 양 베이스 면을 단단히 잡은 상태에서 래칫 스톱을 돌려 0점을 점검한다.

6) 다이얼 게이지의 0점 세팅

① 바늘과 측정자의 움직임이 부드러운지 확인한다.
② 측정자를 움직였다가 놓으면 바늘이 원래 위치와 같은 지점으로 복귀하는지 확인한다.
③ 아날로그 다이얼 게이지의 경우, [그림 2-50]과 같이 다이얼 게이지의 회전 눈금판을 회전시켜 눈금판의 0점이 큰 바늘 끝을 가리키도록 하여 0점을 조정한다. 디지털 다이얼 게이지의 경우는 0점 세팅 버튼을 누르면 현재의 상태가 0점으로 설정된다. 다이얼 게이지의 0점 조정은 일반적으로 측정기준 치수에서 맞춘다.

[그림 2-50] 다이얼 게이지 0점 조정 예시

7) 인디케이터의 0점 세팅

① 바늘과 측정자의 움직임이 부드러운지 확인한다.
② 측정자를 움직였다가 놓으면 바늘이 원래 위치의 같은 지점으로 복귀하는지 확인한다.
③ 회전 눈금판(베젤)을 돌려 0점을 조정한다. 아날로그 인디케이터의 경우 [그림 2-51]과 같이 인디케이터의 회전 눈금판을 돌려서 눈금판의 0점이 큰 바늘 끝을 가리키도록 하여 0점을 조정한다. 인디케이터의 0점 조정은 일반적으로 측정기준 치수에서 맞춘다.

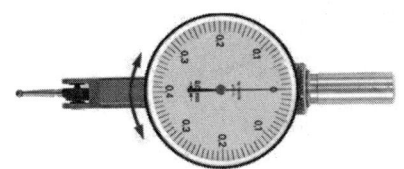

[그림 2-51] 인디케이터의 0점 조정 예시

8) 실린더 게이지의 0점 세팅

① 바늘과 측정자의 움직임이 부드러운지 확인한다.
② 측정자를 움직였다가 놓으면 바늘이 원래 위치의 같은 지점으로 복귀하는지 확인한다.
③ 측정하고자 하는 측정범위에 알맞은 교환용 로드를 조합하여 교환용 로드 부착 나사를 조인다.
④ 지시기의 눈금판을 돌려서 0점을 맞춘다. [그림 2-52]와 같이 준비한 측정기(링 게이지, 마이크로미터 등)에 기준치수를 맞춘 후 외경 마이크로미터(Micrometer)를 활용하여 실린더 게이지의

앤빌과 측정자를 접촉하여 가장 작은 값에서 지시기의 눈금판을 돌려서 0점을 맞춘다.

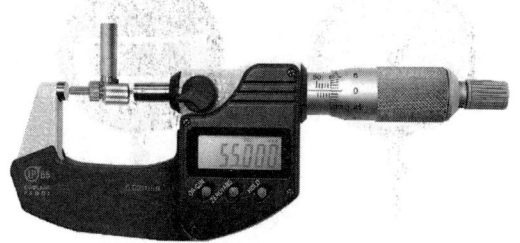

[그림 2-52] 마이크로미터를 이용한 0점 세팅 예시

3. 측정 오차

1) 오차와 보정 값

측정할 때 제품은 절삭가공으로 결정된 값을 가지는데, 이 값을 참값이라고 한다. 측정값은 환경조건, 측정기기의 오차 등 여러 가지 이유로 참값을 구현하는 것은 현실적으로 불가능에 가깝다고 보는 것이 좋다. 측정값과 참값과의 차를 오차(error)라고 하고, 보정 값은 오차의 역수가 되는 것으로 다음과 같이 나타낸다.

① 오차 = 측정값 - 참값

② 보정 값 = 참값 - 측정값

③ 오차율 = $\dfrac{오차}{참값} \times 100 (\%)$

2) 오차의 원인

(1) 측정기에 의한 오차

지시의 흐트러짐(흔들림 오차, 되돌림 오차, 반복 오차), 지시 오차, 직선성과 같은 측정기 고유의 요인으로 발생하는 오차이다.

(2) 사람에 의한 오차

측정 시 측정자의 자세에 의한 눈금 읽음, 측정 결과의 기록 오류와 같이 사람의 습관, 심리적인 요인 등으로 발생하는 오차이다.

(3) 환경에 의한 오차

측정 장소 주변 환경(온도, 먼지, 진동 등), 측정기의 측정 압력, 측정기나 소재의 탄성 변형, 측정방법 등으로 발생하는 오차이다.

(4) 복잡한 요소가 중복된 오차

여러 가지 원인(온도, 기압, 습도, 지동, 측정하는 사람의 심리적 요소 등)이 서로 독립적으로 불규칙하게 작용하여 발생하는 오차로, 원인을 규명하기 어려운 오차이다.

3) 오차의 종류

(1) 개인 오차

측정 시 눈금을 읽을 때 측정자의 습관으로 발생하는 오차로, 측정자에 따라서 한 눈금 사이를 읽을 때 실제보다 크게 또는 작게 읽는 경우이다. 이러한 오차는 반복 숙련으로 최소화할 수 있다.

(2) 기기 오차

측정기의 구조상에서 일어나는 오차로서 아무리 정밀하게 제작한 기기라도 다소의 오차는 발생한다. 측정기의 구조상의 오차가 발생하거나, 측정기 0점 조정 및 교정의 잘못으로 인하여 발생하는 오차로서, 정확하게 교정하여 사용함으로써 오차를 줄일 수 있다.

① 소중히 취급하며 가장 좋은 상태를 유지한다.
② 정도 파악 및 치수 정도에 적합한 측정기를 선택한다.
③ 반복 측정 시 산포 값은 최대와 최소의 평균값을 오차로 한 보정을 하여 준다.

    예 눈금 또는 피치의 불균일 또는 마찰, 측정압 등의 변화나 기계 각부의 조정이 잘 이루어지지 않아 일어난다. 온도 20℃, 기압 760mmHg, 습도 58%인 최적의 환경에서 이루어져야 하지만, 실제로 측정할 때는 환경차이 때문에 생기는 계기오차로서, 10의 치수를 몇 번 반복하여 측정해도 9.9 또는 10.1과 같이 표시되는 것을 기차라 하고, 다음 식으로 구한 값을 보정 값이라 한다.

$$보정\ 값 = 측정값 - 기차$$

(3) 환경 오차

실내온도나 채광의 변화가 영향을 주어 일어나는 오차이다. 따라서 실내온도나 조명법을 충분히 고려하여 이들 조건을 항상 일정하게 하여 측정치에 대한 영향을 피하도록 하여야 한다.

(4) 우연오차

잘못을 없애고, 계통적 오차를 보정하여도 여전히 측정값에는 산포가 따르는 것이 보통이다. 이것은 복잡한 요소가 중복된 것으로, 보정할 수 없는 것이 보통이다. 우연오차는 측정 횟수가 매우 많아지면 다음과 같은 특성이 나타난다.

① 작은 오차는 큰 오차보다 많이 나온다.
② 같은 크기의 음(-), 양(+)의 오차는 같은 횟수로 나온다.
③ 매우 큰 오차는 나오지 않는다.

4) 오차 요인

(1) 환경 오차 요인

① 측정에 적합한 장소를 선정한다.
  ㉠ 표준 환경 조건에서 온도, 조도 및 먼지 등이 일정하게 관리되는 장소에서 측정을 시행한다.
  ㉡ 측정물과 측정기가 열평형을 이루게 하여 측정한다.
  ㉢ 급격한 온도변화가 없는 장소에서 측정한다.

② 측정기 취급사항을 준수한다.
  ㉠ 측정기 취급 시 체온에 의한 열전달을 방지하기 위해 장갑을 착용한다.
  ㉡ 직접 접촉에 의한 열팽창을 방지하기 위해 마이크로미터 스탠드와 같은 측정기 고정장치를 사용한다.
  ㉢ 측정기 취급 시 체온에 의한 오차를 방지하기 위해 방열 커버가 있는 측정기를 사용한다.

③ 측정기 선정 시 다음 사항을 고려한다.
  측정기 선택 시 방열 커버가 있는 것을 선정한다.

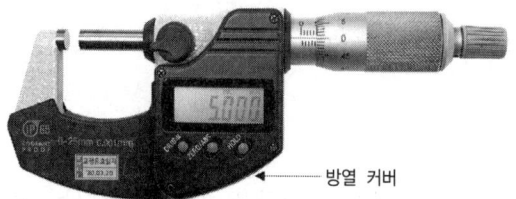

[그림 2-53] 방열 커버가 부착된 측정기

(2) 변형에 의한 오차 요인

가늘고 긴 모양의 피측정물을 정반 위에 놓으면 접촉하는 면의 형상 오차 때문에 불규칙한 변형이 생기므로, 보통 2점에서 지지한다. 이때 긴 물체는 자중 때문에 휨이 생기고 정확한 치수 측정이 불가능하다. 따라서, 각 지점의 지지 위치에 따라 모양이 각각 달라지므로, 사용목적에 따라 가장 적합한 것을 선택하여야 한다.

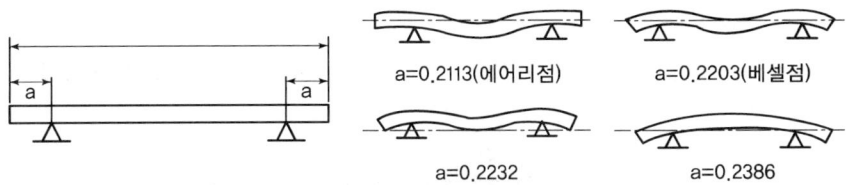

[그림 2-54] 지지점과 처짐

① a=0.2113L(에어리점, Airy Point)
   눈금이 중립면에 없는 경우 및 게이지 블록과 단도기를 수평으로 지지할 때 사용되는 방법으로서, 처음 평행한 2개의 단면이 지지 때문에 굽힘이 발생한 후에도 양단 면이 평행을 유지할 수 있는 지지 방법으로서 길이의 오차도 최소화할 수 있다.

② a=0.2203L(베셀점, Bessel Point)
   중립면에 눈금을 만든 표준자를 지지할 때 사용되는 방법이며, 눈금면의 직선거리와의 차이를 최소화하는데 사용되는 방법으로 중립축 또는 중립면의 변위를 최소화할 수 있다.

③ a=0.2232L
   전장에 걸쳐 변형이 가장 작으며, 양단과 중앙의 처짐이 동일하게 된다.

④ a=0.2386L
   지지점 사이 즉 중앙부의 처짐을 최소화(0점)할 수 있으므로 중앙부의 직선 유지가 필요한 경우에 사용된다.

(3) 측정 압력과 접촉에 의한 오차 요인

측정 시 과도한 측정 압력은 측정 제품이나 측정기의 변형을 유발하여 측정 오차를 가져올 수 있고, 너무 낮은 압력은 측정기와 측정면의 접촉 불안정에 의한 오차 요인이 되므로, 측정기 매뉴얼에 제시된 적절한 측정 압력을 갖게 한다. 특히, 아베의 원리에 어긋나는 버니어 캘리퍼스, 내측 마이크로미터의 경우 더욱 주의해야 한다.

① 측정 압력 오차 요인을 조치한다.
　㉠ [그림 2-55]와 같이 측정 압력을 조정할 수 있는 장치가 부착된 측정기를 사용한다.
　㉡ 측정 압력을 조정할 수 없는 측정기기는 반복 측정하여 편차를 확인한다.
　㉢ 버니어 캘리퍼스와 같이 측정 압력을 조정할 수 없는 측정기기는 반복 숙련이 필요하며, 숙련도 여부는 게이지 R&R을 통해 평가한다.
　㉣ 측정하고자 하는 공차보다 정밀도가 높은 측정기를 사용한다.

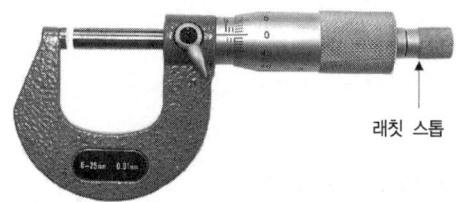

[그림 2-55] 측정 압력 조정 장치(래칫 스톱)가 부착된 측정기 예시

② 접촉 오차 요인을 조치한다.
측정자를 사용한 측정기에서 측정 공작물의 형상에 부적절한 측정자를 사용하거나, 측정기의 측정면이 마모되거나, 측정면이 평행이 아닐 때 생기는 오차이다. 이러한 오차는 다음과 같이 조치한다.
　㉠ 측정기의 측정면 모양은 측정 공작물이 외경과 같이 곡면일 때는 평면, 내경과 같이 곡면일 때는 곡면을 사용한다.
　㉡ 측정기의 측정면은 내마모성이 있는 재질(초경합금)을 사용한다.
　㉢ 측정 공작물은 측정면의 중앙에 위치시켜 측정한다.
　㉣ 두 측정면 사이의 평행 여부 등을 수시로 점검하고 사용한다.

(4) 개인오차 요인

측정자의 눈금 읽는 습관에 따라 한 눈금 사이를 읽을 때 실제보다 크게 또는 작게 읽음으로 발생하거나, 숙련도에 따라 발생하는 오차이며, 다음과 같이 조치한다.

① 눈금 읽음에 대한 오차를 조치한다.
측정 시 눈금을 읽을 때 발생하는 오차는 다음과 같이 조치하여 예방한다.
　㉠ 눈금을 읽을 때 자세는 [그림 2-56]과 같이 눈과 눈금의 위치를 직선이 되게 한다.

ⓒ 0점 조정 시 측정자의 특성에 맞춰 세팅하여 사용한다.
ⓒ 눈금을 읽는 아날로그 측정기 대신 디지매틱 측정기를 사용한다.
ⓔ 측정하려는 공차보다 정밀도가 높은 측정기를 사용한다.

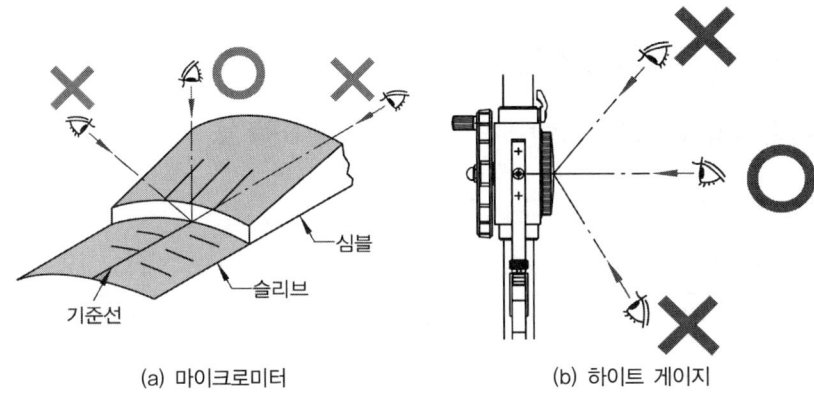

(a) 마이크로미터   (b) 하이트 게이지

[그림 2-56] 눈금 읽는 요령 예시

② 숙련도에 의한 오차를 조치한다.

숙련도에 의한 오차는 게이지 블록과 같은 표준값을 갖는 기준을 이용하여 오차가 없는 수준으로 읽을 수 있을 때까지 반복 숙련한다. 숙련도 여부는 측정자 간 게이지 R&R을 실시하여 평가한다.

(5) 기기 오차 요인

측정기의 구조상 발생하는 오차이다. 아무리 정밀하게 제작해도 눈금, 피치의 불균일 또는 마찰 및 측정압에 의해 오차가 발생하므로, 이를 방지하고 최소화하려면 다음과 같이 조치한다.

① 측정기를 취급할 때 충격이나 무리한 힘이 가해지지 않도록 주의해서 취급하고, 항상 최적의 상태로 보관한다.
② 측정기의 정밀도를 정확히 알고, 요구된 치수공차에 적합한 측정기를 선정한다.
③ 치수공차 정밀도가 높은 측정은 반복 측정하여 얻은 측정치의 최댓값과 최솟값의 평균값을 기차로 하여 보정 값을 구한다.

5) 공차

기계 절삭가공으로 각 부분의 치수를 오차 없이 가공한다는 것은 현실적으로 매우 어렵고 경제적 비용이 증가하며, 대량 생산할 수 없어진다. 따라서 용도에 따라서 기계부품의 각 부분에 요구되는 허용차가 도면에 명시되는데, 이를 공차라고 한다.

> **TIP**
> 공차=최대허용치수-최소허용치수

공차는 각 요소의 목적과 용도에 따라 한쪽 또는 양쪽 공차가 주어지며, 이들 상한과 하한을 나타내는 2개의 치수를 한계치수라 한다. 여기서 큰 것을 최대허용치수, 작은 것을 최소허용치수라고 한다.

4. 측정기 측정값 읽기

1) 버니어 캘리퍼스(vernier calipers) 길이측정

(1) 보통 버니어의 눈금 읽는 법

〈표 2-5〉 버니어 캘리퍼스의 눈금

어미 자의 최소 눈금(mm)	아들자의 눈금 기입방법	최소 측정값(mm)
0.5	12mm를 25등분	0.02
	24.5mm를 25등분	
1	49mm를 50등분	0.05
	19mm를 20등분	
	39mm를 20등분	

아들자 눈금은 어미 자의 $(n-1)$ 눈금을 n등분한 것이 가장 많이 사용한다. 즉, [그림 2-57]에서 S는 어미 자의 1 눈금의 간격, V는 아들자의 1 눈금의 간격, C는 아들자로 읽을 수 있는 최소 측정값이라면 다음과 같은 계산식이 성립한다.

$(n-1)S = nV$에서 $V = \dfrac{n-1}{n}S$ 가 된다.

그러므로 $C = S - V = S - \dfrac{n-1}{n}S = \dfrac{S}{n}$ 이다.

아들자의 1눈금은 어미자의 1눈금보다 $\dfrac{S}{n}$ 만큼 작다.

예를 들어 [그림 2-58]은 어미자의 한 눈금을 1mm로 하고, 어미자의 19개 눈금이 아들자에서는 20등분 되어있는 버니어 캘리퍼스라면 어미자와 아들자의 한 눈금의 차는 $C = S - V = \dfrac{S}{n} = \dfrac{1}{20} = 0.05\,\text{mm}$ 이 된다. 이것이 아들자로 읽을 수 있는 최솟값이 된다. 이때 아들자의 네 번째 눈금 선이 어미자 눈금과 일치하므로 어미자 23mm 눈금 선에서 아들자 0선까지의 치수 0.05×4=0.2mm가 되며, 최종 길이 읽음 값은 23 + 0.2 = 23.2mm가 된다.

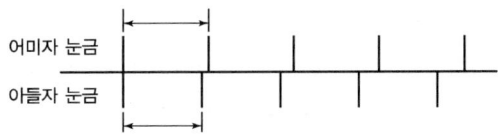

[그림 2-57] 아들자 눈금

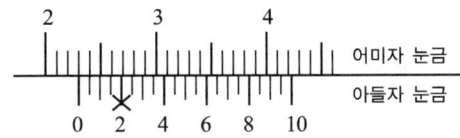

[그림 2-58] 눈금 읽는 방법

(2) 버니어 캘리퍼스 측정 및 점검

① 버니어 캘리퍼스를 점검
  ㉠ 고정나사를 푼다.
  ㉡ 측정면, 조의 슬라이드면, 눈금 면 등을 깨끗이 닦아서 먼지나 기름 등을 제거하고, 상처가 있는지 확인한다.
  ㉢ 조를 닫은 상태에서 버니어 캘리퍼스의 눈금이 0점에 일치되었는지 확인한다.
  ㉣ 본 척과 슬라이더 조의 외측 측정면을 가볍게 합치시켜 빛에 비쳐 틈새 유무를 확인한다. 이때 틈새가 없어야 한다.

② 버니어 캘리퍼스로 공작물을 측정
  ㉠ 측정물을 안정된 상태로 놓는다.
  ㉡ 슬라이더를 이동하여 양 측정면의 사이를 공작물보다 크게 벌린다.
  ㉢ 어미자의 측정면을 측정물에 접촉시키고, 오른손 엄지로 슬라이더의 측정면을 서서히 밀어 가능하면 깊게 물린다.
  ㉣ 작은 공작물을 왼손에 잡고, 큰 공작물은 왼손에 어미자의 조를 잡고 오른손으로 버니어 캘리퍼스의 슬라이더를 조작한다.
  ㉤ 내측 측정에서 내경 측정에는 최대치를, 홈 간격 측정에는 반대로 최소치를 찾는다.

③ 버니어 캘리퍼스의 눈금
  ㉠ 측정물을 끼운 상태 그대로 눈금 선의 정면에서 바라보고 눈금의 일치점을 찾는다.
  ㉡ 올바른 눈의 위치에서 눈금을 읽을 수 없는 곳의 측정은 슬라이더를 고정나사로 고정한 후, 공작물에서 조심스럽게 버니어 캘리퍼스를 빼내어 눈금을 읽는다.

ⓒ 아들자 눈금의 0점 선에서 어미자 눈금의 mm 단위를 읽고 난 다음에, 어미자 눈금과 아들자 눈금이 일직선으로 일치된 아들자의 눈금으로부터 1mm 이하의 치수를 읽는다.
ⓔ [그림 2-59]의 측정 치수는 다음과 같이 읽는다.
  ⓐ 아들자의 영점이 21mm와 22mm 사이에 있음을 기억해 둔다.
  ⓑ 어미자와 아들자의 눈금 선이 서로 일치되는 선을 찾는다.
  ⓒ 일치되는 선이 아들자 6에 있는 눈금 선에 있으므로, 아들자의 한 눈금이 0.05mm이므로 0.60mm이다.
  ⓓ 따라서 측정 치수는 21.60mm가 된다.

[그림 2-59] 버니어 캘리퍼스 눈금 읽기 예시

④ 이와 같은 방법으로 3회 측정하여 평균 측정값을 측정 기록표에 기재
⑤ 측정 결과가 도면의 요구사항에 맞는지 판단
⑥ 측정 결과 식별 및 공구를 정리 · 정돈
  ㉠ 측정이 완료된 측정물에 결과에 대한 식별 표시한다.
  ㉡ 공작물과 측정 기록을 후공정에 인계한다.
  ㉢ 측정 공구를 정리 · 정돈한다.
  ㉣ 버니어 캘리퍼스를 깨끗이 닦고 방청유를 발라서 공구함에 보관한다.

2) 하이트 게이지(height gauge) 길이측정

(1) 하이트 게이지의 점검과 측정 준비

① 0점 조정이 되었는지 확인하고, 0점 조정이 불가능한 하이트 게이지는 0점이 어긋난 만큼 측정치를 보정한다.
② 스크라이버가 필요 이상으로 길게 나오지는 않았는지 확인한다(아베의 원리에 어긋나는 구조이므로 최소화해야 한다).
③ 정밀도가 좋은 정밀 정반을 사용하고, 정반 상면을 깨끗이 닦는다.
④ 스크라이버 날 끝은 예리하므로 취급 시 다치지 않게 주의한다.
⑤ 각종 조임 나사는 충분히 조여준다.

(2) 공작물을 측정

① 하향 측정
  ㉠ 공작물을 깨끗이 닦아 정반 위에 측정할 수 있는 위치에 놓는다.
  ㉡ 하이트 게이지의 스크라이버 밑면이 공작물의 측정면에 닿도록 가볍게 접촉시킨다.
  ㉢ 눈금을 읽는다(시차를 없애기 위하여 눈의 위치를 눈금 면과 수평이 되게 한다).
  ㉣ 0점 조정을 하였을 때의 오차량 만큼 보정하여 기록표에 기록한다.

② 상향 측정
  ㉠ 공작물을 돌기가 없도록 깨끗이 닦는다.
  ㉡ 측정할 상면에 게이지 블록을 밀착시킨다(게이지 블록의 밀착이 확실한지 점검한다).
  ㉢ 측정면이 하향인 경우와 같은 방법으로 게이지 블록의 면을 측정한다(측정압으로 오차가 생기지 않게 유의한다).

③ 측정물의 각 측정부위를 3회 반복 측정하여 평균 측정값을 측정 기록표에 기록한다.

④ 측정 결과가 도면의 요구사항에 맞는지 판단한다.

⑤ 측정 결과 식별 및 공구를 정리·정돈한다.
  ㉠ 측정이 완료된 측정물에 결과에 대한 식별 표시를 한다.
  ㉡ 공작물과 측정 기록을 후공정에 인계한다.
  ㉢ 측정 공구를 정리·정돈한다.
  ㉣ 측정 공구에 방청하여 보관함에 보관한다.

3) 마이크로미터(micrometer)

(1) 눈금 읽는 방법

눈금을 읽는 방법은 먼저 슬리이브의 눈금을 읽고, 딤블의 눈금과 기선과 만나는 딤블의 눈금을 읽어 슬리이브 읽음값에 더하면 된다. 예를 들어 측정물을 끼웠을 때의 눈금의 상태가 [그림 2-60]과 같다면, 다음 계산과 같이 된다.

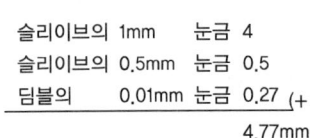
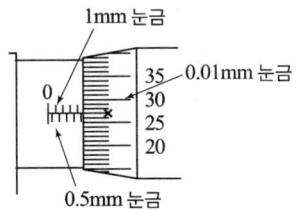

[그림 2-60] 마이크로미터의 눈금

(2) 마이크로미터로 길이 측정

① 마이크로미터의 점검과 측정 준비
- ㉠ 부드러운 천으로 마이크로미터의 측정면을 깨끗이 닦고, 측정면에는 먼지나 이물질이 묻지 않게 한다.
- ㉡ 래칫 스톱을 돌려서 스핀들의 회전 상태를 점검한다.
- ㉢ 양 측정면을 합쳐 0점 조정을 한다. 25mm 이상의 외측 마이크로미터에서는 기준 게이지 또는 게이지 블록으로 0점을 확인 및 조정한다.
- ㉣ 내측 마이크로미터의 0점 조정은 링 게이지 또는 게이지 블록과 게이지 블록 부속품을 이용하여 0점을 조정한다.

② 측정물을 측정
- ㉠ 측정물을 정반 위에 안정되게 측정할 상태로 놓는다.
- ㉡ 왼손으로 마이크로미터의 프레임을 잡고, 오른손으로 딤블을 돌려서 공작물보다 약간 크게 벌린다.
- ㉢ 딤블을 돌려서 공작물에 가볍게 접촉시킨 후, 오른손으로 래칫 스톱을 돌려서 1회전 반 또는 2회전 정도의 측정력을 가한다. 이것은 손가락으로 래칫 스톱을 3~4회 따르륵 소리가 나도록 돌리는 것과 같다.
- ㉣ 다량의 공작물을 측정할 때는 손에서 전달되는 열의 영향을 막기 위해서 마이크로미터 스탠드를 이용한다.
- ㉤ 내측 마이크로미터를 사용할 때는 측정면의 접촉이 수평 상태를 유지하게 한다.
- ㉥ 눈금은 먼저 슬리브의 눈금을 읽고, 슬리브의 기선과 만나는 딤블의 눈금을 읽어 슬리브 눈금 읽음 값에 더해서 측정값을 결정한다.

③ 이와 같은 방법으로 측정부위를 반복 측정하여 기록표에 기재한다.

④ 측정 결과가 도면의 요구사항에 맞는지 판단한다.

⑤ 측정 결과 식별 표시 및 공구를 정리·정돈한다.
- ㉠ 측정이 완료된 측정물에 결과에 대한 식별 표시를 한다.
- ㉡ 공작물과 측정 기록을 후공정에 인계한다.
- ㉢ 측정 공구를 정리·정돈한다.
- ㉣ 측정 공구에 방청하여 보관함에 보관한다.

4) 다이얼 게이지(dial gauge)

(1) 다이얼 게이지를 활용한 원통도를 측정

원통도는 원통 부분이 기하학적인 원통에서 벗어난 정도이다. 원통도의 표시는 원통 부분의 지름 최대치와 최소치와의 차를 표시한다. 원통도 mm 또는 원통도 μm로 표시하며, 다음과 같이 측정한다.

① 측정 준비
  ㉠ 정반을 깨끗이 닦는다.
  ㉡ V-블록을 깨끗이 닦은 후 정반 위에 올려놓는다.
  ㉢ 측정물을 깨끗이 닦은 후 [그림 2-61]과 같이 정반 위에 올려놓는다.
  ㉣ 하이트 게이지에 다이얼 테스트 인디케이터를 부착한다.

[그림 2-61] 원통도 측정 예시

② 방법 A : 측정물의 원통도를 V-블록을 이용하여 측정
  ㉠ 피측정물의 단면에서 약 5mm 지점에 [그림 2-62]와 같이 다이얼 테스트 인디케이터를 접촉시킨다.
  ㉡ 지침을 1/2 정도 회전시켜 눈금판의 0점을 맞춘다.
  ㉢ 측정물을 회전시키면서 최대치와 최소치를 평가란에 기록한다.
  ㉣ 측정물 중간 부분에 다이얼 테스트 인디케이터를 이동시킨 후 피측정물을 회전시키면서 최대치와 최소치를 평가란에 기록한다.
  ㉤ '①'항의 반대쪽 10mm 지점에 측정자를 접촉시켜 최대치와 최소치를 평가란에 기록한다.

③ 방법 B : 측정물의 원통도를 마이크로미터를 이용하여 측정
  ㉠ 마이크로미터의 영점을 확인하고 조정한다.
  ㉡ 측정물의 단면에서 약 5mm 지점에 [그림 2-62]와 같이 마이크로미터를 접촉시켜 각각 90° 방향으로 돌아가면서 측정하여 최대치와 최소치를 평가란에 기록한다.

ⓒ 'ⓛ'항의 반대쪽 5mm 지점에 [그림 2-62]와 같이 마이크로미터를 접촉시켜 각각 90° 방향으로 돌아가면서 측정한다.

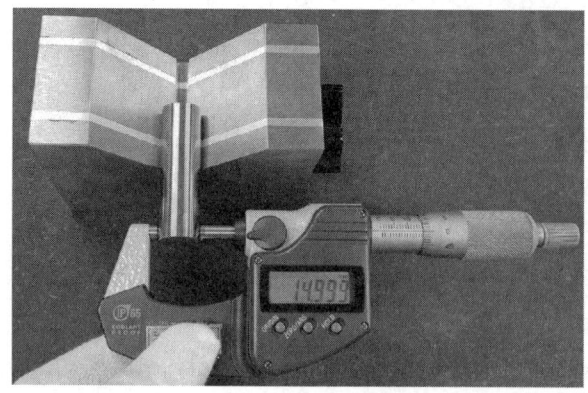

[그림 2-62] 원통도 측정 예시

④ 위의 '② 또는 ③'과 같은 방법으로 측정부위를 반복 측정하여 기록표에 기재한다.
⑤ 평가란에 기록된 측정값 중 최대치와 최소치와의 차 1/2을 원통도로 결정한다.
⑥ 측정 결과가 도면의 요구사항에 맞는지 판단한다.
⑦ 측정 결과 식별 및 측정 공구를 정리·정돈한다.
  ⓛ 측정이 완료된 측정물에 결과에 대한 식별 표시를 한다.
  ⓒ 공작물과 측정 기록을 후공정에 인계한다.
  ⓒ 측정 공구를 정리·정돈한다.
  ⓔ 측정 공구에 방청하여 보관함에 보관한다.

(2) 다이얼 게이지를 활용한 동심도를 측정

동심의 측정은 V-블록을 이용하여 간편하게 할 수 있으나, 정밀한 측정을 위해서는 진원도 측정과 함께 이루어지고, 3차원 측정기 등을 사용한다. 동심도(◎)는 축의 중심이 기준축(데이텀) 중심과 동일 축선상에서 벗어난 정도이다. 동심도의 표시는 '동심도 mm' 또는 '동심도 μm'로 표시하며, 다음과 같이 측정한다.

① 측정을 준비
  ⓛ 정반을 깨끗이 닦는다.
  ⓒ V-블록을 깨끗이 닦은 후 정반 위에 올려놓는다.
  ⓒ 측정물을 깨끗이 닦은 후 정반 위에 올려놓는다.

② 하이트 게이지에 다이얼 게이지 또는 테스트 인디케이터를 부착한다.

② 측정물의 동심도를 V-블록을 이용하여 측정

　방법 A

　　㉠ 측정물의 기준축(데이텀)을 V-블록에 올려놓고, [그림 2-63]의 좌측과 같이 다이얼 게이지를 측정하고자 하는 축의 중심에 접촉시킨다.
　　㉡ 다이얼 게이지의 0점을 조정한다.
　　㉢ 측정물을 데이텀 축을 기준으로 회전시켜 다이얼 게이지의 전체 눈금값을 읽고 이를 기록표에 기록한다.
　　㉣ 다이얼 게이지 전체 눈금 읽음 값(TIR: Test Indicator Reading)을 동심도로 한다.

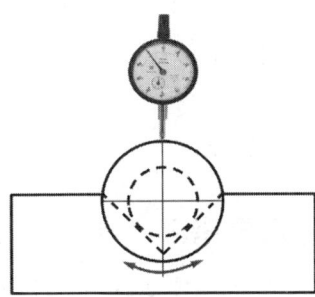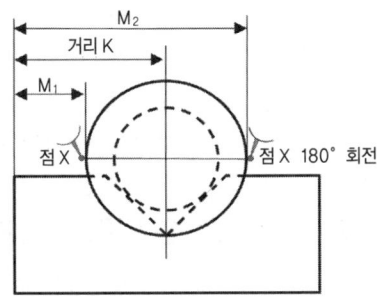

[그림 2-63] 동심도 측정방법 예시

　방법 B

　　㉠ 측정물의 기준 축(데이텀)을 V-블록에 올려놓고, 위의 [그림 2-63]의 우측과 같이 V-블록의 단면에서 데이텀 중심축까지의 거리 'K'를 구하여 기록한다.
　　㉡ [그림 2-63]과 같이 측정하려는 축의 '점 X'에 다이얼 테스트 인디케이터를 접촉시켜 'M_1'을 측정하여 기록한다.
　　㉢ 측정물의 데이텀 형체를 기준으로 측정점을 180° 회전시켜 'M_2'를 측정하여 기록한다.
　　㉣ 위의 '㉡'과 같은 방법으로 측정부위를 반복 측정하여 기록표에 기록한다.
　　㉤ 평가란에 기록된 측정값을 다음 식에 의해 동심도로 결정한다.

$$\text{동심도}(◎) = (M_2 - K) - (K - M_1)$$

여기서, K : V-블록 단면에서 데이텀 축 중심까지의 거리
M_1 : V-블록 단면에서 측정하고자 하는 축의 점 X까지의 거리
M_2 : V-블록 단면에서 측정하고자 하는 축의 점 X의 180° 지점까지의 거리

③ 측정 결과가 도면의 요구사항에 맞는지 판단한다.

전체 눈금 읽음 값(TIR: Test Indicator Reading)을 동심도로 결과 판정을 하나, 이 방법은 경우에 따라 전체 눈금 읽음값의 판독 결과가 동심도 공차를 벗어나더라도 실제로는 비원형 오차가 대칭적으로 균일한 경우에는 규격에 만족할 수 있으므로, 품질 등급이 높은 경우 방법 B의 측정법을 활용한다.

④ 측정 결과 식별 및 측정 공구를 정리·정돈
 ㉠ 측정이 완료된 측정물에 결과에 대한 식별 표시를 한다.
 ㉡ 공작물과 측정 기록을 후공정에 인계한다.
 ㉢ 측정 공구를 정리·정돈한다.
 ㉣ 측정 공구에 방청하여 보관함에 보관한다.

5) 실린더 게이지로 안지름(내경)의 길이를 측정

2점 접촉식으로 2점 접촉이 자동적으로 지름 위에 오도록 하는 중심 장치가 있다. 측정자의 변화량의 운동 방향을 직각으로 바꾸어 다이얼 게이지에 전달하는 기구에는 캠(Cam), 레버(Lever), 경사판, 쐐기(Wedge) 등이 주로 사용된다. 표준형 실린더 게이지의 측정범위는 6~400mm이다. 측정치는 최소치를 구하면 되므로 실린더 게이지의 손잡이를 측정가가 위치한 방향으로 몇 차례 움직이며 이때 발생하는 눈금의 최소치를 취한다.

(1) 실린더 게이지로 안지름(내경)의 길이를 측정 준비

① 부드러운 천으로 마이크로미터의 측정면을 깨끗이 닦고, 측정면에는 먼지나 이물질이 묻지 않도록 한다.
② 실린더 게이지 및 마이크로미터, 게이지 블록을 준비한다.
③ 도면 요구사항을 확인하여 공작물에 적합한 실린더 게이지를 선택한다.
④ 마이크로미터를 스탠드에 고정한다.

> **TIP**
> 0점 조정(Setting) 방법
> • 내경 치수와 동일한 링 게이지나 게이지 블록을 활용한다.
> • 외경 마이크로미터(Micrometer)를 활용한다.

⑤ 마이크로미터를 0점 조정한 후, 딤블을 돌려 공작물의 치수에 근접하도록 눈금을 맞추고, 클램프 나사를 고정해서 스핀들이 회전하여 치수변화가 생기지 않게 한다.
⑥ 측정하려는 공작물의 내경(안지름) 측정면을 깨끗한 천으로 먼지, 기름 등을 제거한다.

(2) 안지름(내경)을 측정

① [그림 2-64]와 같이 실린더 게이지 측정자를 마이크로미터 양 측정면 사이에 넣고, 실린더 게이지를 움직이면서 최소점을 찾는다.
② '①'의 최소점에서 실린더 게이지 눈금을 기준점으로 잡는다(0점 조정).
③ 실린더 게이지를 다시 공작물에 삽입하고, 좌우로 움직여서 최소치를 구한다(지침이 최대로 회전하는 점).
④ 실린더 게이지 눈금을 읽어 기준점에서의 편위를 구한다.
⑤ 편위량을 기준치수(마이크로미터 치수)에 가감하여 공작물의 내경을 구한다.

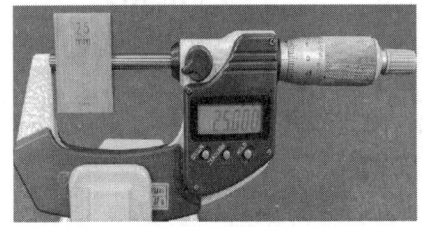 

[그림 2-64] 마이크로미터 0점 세팅 및 실린더 게이지의 0점 조정 예시

6) 나사측정

(1) 나사측정의 개요

나사는 암나사와 수나사가 있으며, 사용목적에 따라 체결용 나사와 운동용 나사로 나누고, 나사산의 모양에 따라 삼각나사, 사다리꼴 나사, 둥근나사, 사각나사 등으로 분류한다. 또한, 체결용 나사는 가장 널리 사용하는 삼각나사로서 미터나사와 유니파이 나사가 있고 각각 보통 나사와 가는 나사로 구분한다. 운동용 나사는 사각나사, 사다리꼴 나사, 톱니 나사 등이 많이 사용되고 있다 이 중에서 보통 삼각나사의 측정방법을 설명하기로 하며, 나사를 측정할 때에는 [그림 2-65]와 같이 바깥지름(outside diameter), 골지름, 유효지름, 피치(pitch), 나사의 각 등 5가지 요소를 측정한다.

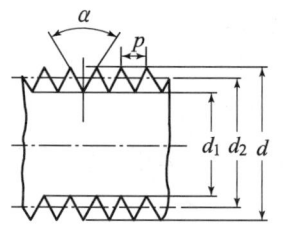

[그림 2-65] 수나사의 요소

(2) 수나사 측정

[그림 2-66]과 같이 수나사의 바깥지름 (a)은 외측 마이크로미터로 측정하고, 골 지름 측정 (b)은 V형 프리즘을 사용하여 측정한다. 유효지름을 측정은 나사 마이크로미터, 삼선법, 공구 현미경 등의 광학적 측정기로 하는 방법이 있다. 가장 정밀한 삼침법 측정방법이다.

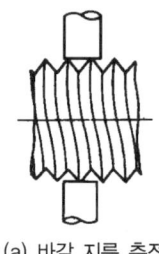 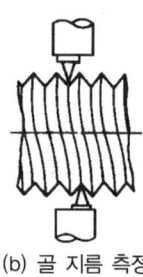 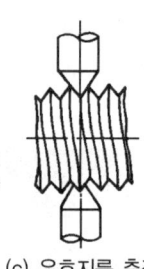

(a) 바같 지름 측정   (b) 골 지름 측정   (c) 유효지름 측정

[그림 2-66] 수나사 측정

① 나사 마이크로미터에 의한 측정

[그림 2-67]과 같이 나사 마이크로미터는 유효지름을 측정하는데 널리 사용한다. 보통 외측용 마이크로미터의 앤빌에 나사산에 적합한 모양의 V형 홈을 붙이고, 또한, 스핀들 끝에 원뿔 모양을 측정자로 붙여 보통 마이크로미터와 같이 측정한다.

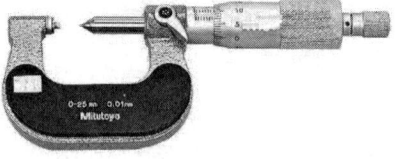 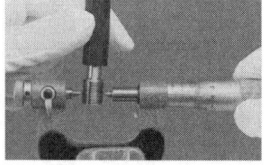

[그림 2-67] 나사 마이크로미터와 사용 예

② 나사 마이크로미터로 유효경 측정

가) 작업 준비
① 피측정물을 깨끗이 닦은 후 정반 위에 놓는다.
② 나사 마이크로미터의 측정자를 선택하여 깨끗이 닦은 후 앤빌 측과 스핀들 측에 끼운다.
③ 스핀들 쪽에 딤블을 돌려 0점을 맞춘다.
④ 0점이 맞지 않으면 앤빌 쪽에 클램프를 풀고 딤블을 돌려 0점을 맞춘 후, 클램프를 돌려 잠근다.

나) 나사의 유효경을 측정
① 나사 마이크로미터를 측정량만큼 벌린다.
② [그림 2-68]과 같이 측정자가 나사산에 접촉되도록 하여 래칫 스톱을 서서히 돌린다.
③ 나사부 상단·중간·하단부를 측정한 후 평가란에 기록한다.
④ 측정 제품을 원주 방향으로 90° 돌려 '③'과 같은 방법으로 측정한 다음, 평가란에 기록한다.

다) 측정치의 평균치를 나사의 유효경으로 결정한다.

라) 측정 결과가 도면의 요구사항에 맞는지 판단

마) 측정 결과 식별 및 측정공구를 정리·정돈
① 측정이 완료된 측정물에 결과에 대한 식별 표시를 한다.
② 공작물과 측정 기록을 후공정에 인계한다.
③ 측정 공구를 정리·정돈한다.
④ 측정 공구에 방청하여 보관함에 보관한다.

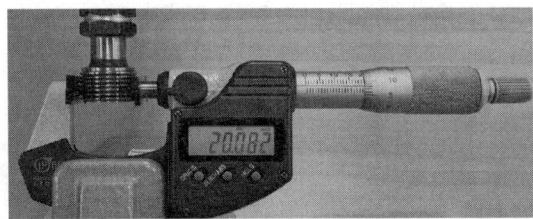

[그림 2-68] 나사의 유효경 측정 예시

7) 삼선법(삼침법)

[그림 6-69(a)]와 같이 나사의 골에 3개의 침(wire)을 끼우고 침의 외측을 외측 마이크로미터 등으로 측정하여 수나사의 유효지름을 계산하는 방법이다.

[그림 6-75(b)]에서 p는 피치, d는 와이어의 지름, α는 나사산의 각도, M은 마이크로미터의 읽음 값이며. 유효지름 d_2의 계산은 다음과 같다.

$$d_2 = M - 3d + 0.86603p$$

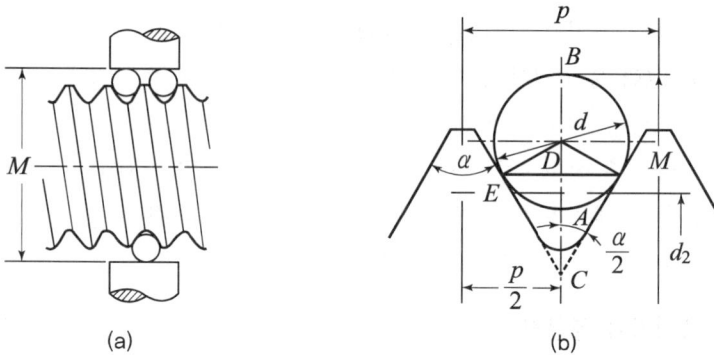

[그림 2-69] 삼선법의 유효지름 측정법

(1) 삼침법에 의한 유효경을 측정

① 측정을 준비
   ㉠ 피측정물을 깨끗이 닦은 후 정반 위에 세워 놓는다.
   ㉡ 마이크로미터를 깨끗이 닦은 후 0점 조정을 한다.
   ㉢ [그림 2-70]과 같은 나사측정용 3침을 선택하여 홀더에 부착한다.
   ㉣ 나사측정용 3침 홀더는 [그림 2-71]과 같이 하나는 마이크로미터 앤빌 쪽에, 1개는 스핀들 쪽에 끼운다.

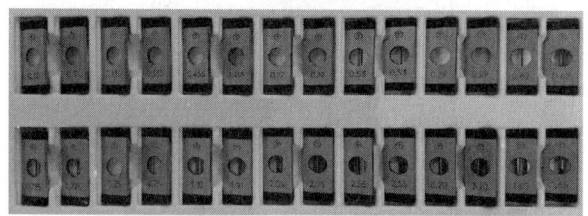

[그림 2-70] 나사측정용 3침 세트 예시

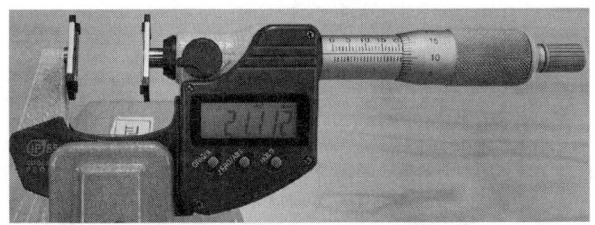

[그림 2-71] 나사측정용 3침 마이크로미터 고정 예시

② 유효경을 측정
  ㉠ 마이크로미터 딤블을 돌려 측정할 수 있는 거리만큼 벌린다.
  ㉡ 나사측정용 3침을 피측정물에 접촉되게 하여 측정한다.
  ㉢ 나사 부분 상단·중간·하단을 측정한 후 평가란에 기록한다.
  ㉣ 측정물을 원주 방향으로 90° 돌려 '㉢'과 같은 방법으로 측정한 후 평가란에 기록한다.

③ 측정값 정리
  ㉠ 평가란에 기록된 측정값의 평균치를 구한다.
  ㉡ 평균치를 다음 공식에 대입하여 유효경을 결정한다. 이 방법은 정밀도가 높은 측정기(일반적으로 횡식 옵티미터 또는 정밀도가 높은 마이크로미터)를 선택하고, 피치에 대하여 적절한 직경의 삼침(dw)을 선택해야 하고, 측정 오차가 몇 미크론 이내로 될 수 있다. 따라서 KS 1급, 2급 나사 또는 나사 게이지의 유효경도 검사할 수 있다.

④ 측정 결과가 도면의 요구사항에 맞는지 판단

⑤ 측정 결과 식별 및 측정 공구를 정리·정돈
  ㉠ 측정이 완료된 측정물에 결과에 대한 식별 표시를 한다.
  ㉡ 공작물과 측정 기록을 후공정에 인계한다.
  ㉢ 측정 공구를 정리·정돈한다.
  ㉣ 측정 공구에 방청하여 보관함에 보관한다.

8) 나사의 광학적 측정

나사의 광학적 측정에 사용하는 측정기는 공구 현미경과 투영기가 주로 사용되며, 이들 측정기는 피치나 나사산의 반각과 유효지름 등을 쉽게 측정할 수 있다. 이는 일반적으로 측정력 때문에 생기는 오차와 기계적인 방법에서 큰 반각에서 생기는 오차의 영향을 없앨 수 있는 이점이 있다.

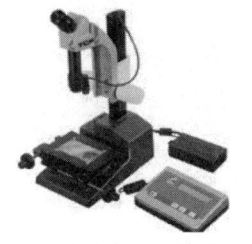 

[그림 2-72] 공구 현미경　　　[그림 2-73] 투영기

(1) 투영기를 이용하여 나사산의 각도 측정
① 측정 준비
　㉠ 피측정물의 나사, 골 부분의 먼지를 가는 실을 이용하여 깨끗이 닦아낸다.
　㉡ [그림 2-74]와 같은 투영기의 베드 면을 깨끗이 닦는다.
　㉢ 양 센터를 릴레이 렌즈 중앙에 위치시킨다.
　㉣ 한쪽 센터를 고정하고, 측정물을 센터 사이에 끼워 다른 쪽 센터를 적당한 압력을 주어 측정물을 고정한다.
　㉤ 투영기의 전원 코드를 콘센트에 꽂는다.
　㉥ 메인 스위치를 ON 한다.
　㉦ 윤곽 스위치를 ON 하면 스크린에 빛이 들어온다.

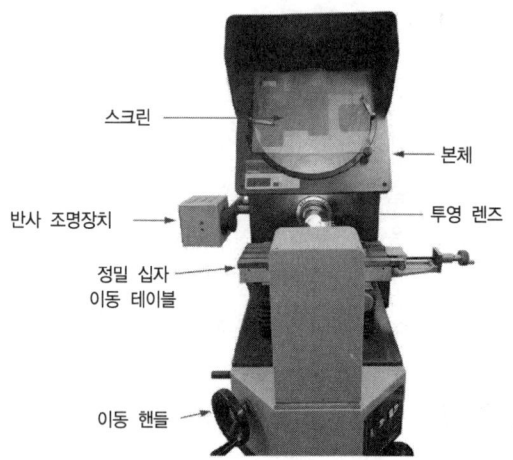

[그림 2-74] 투영기의 구조와 투영기 예시

② 피측정물의 초점을 맞춘다.
  ㉠ [그림 2-75]와 같이 스크린에 피측정물의 형상이 나타나도록 상하 이동 핸들을 돌려 릴레이 렌즈 중앙에 피측정물의 중심부를 맞춘다.
  ㉡ 마이크로미터를 이용하여 재물대를 좌우로 이동하면서 초점을 맞춘다.

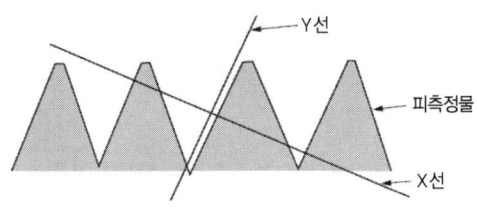

[그림 2-75] 투영기 Y선의 위치 예시

③ 나사산의 각도를 측정한다.
  재물대 아래에 좌우 2개의 고정나사를 풀고 재물대를 두 손으로 잡고 리드 각만큼 돌려 측정한다.
④ 우측 반각과 좌측 반각을 더한 것을 나사산의 각도로 결정
⑤ 측정 결과가 도면의 요구사항에 맞는지 판단
⑥ 측정 결과 식별 및 측정 공구를 정리·정돈
  ㉠ 측정이 완료된 측정물에 결과에 대한 식별 표시를 한다.
  ㉡ 공작물과 측정 기록을 후공정에 인계한다.
  ㉢ 측정 공구를 정리·정돈한다.
  ㉣ 측정 공구에 방청하여 보관함에 보관한다.

9) 삼각법에 의한 측정

원뿔형 제품의 테이퍼 각도를 측정하는 방법은 다음과 같다.
① 테이퍼 게이지를 이용하는 방법
② 사인센터를 이용하는 방법
③ 롤러를 이용하는 방법
④ 볼을 이용하여 내측 테이퍼를 구하는 방법
⑤ 3차원 측정기를 이용하는 방법

(1) 사인 바(Sine bar)

사인 바는 게이지 블록과 같이 사용하며, 삼각함수의 사인(sine)을 이용하여 임의의 각도를 길이로 계산하여 간접적으로 각도를 구하는 방법이다. 크기는 롤러와 롤러 중심 간의 거리로 표시하며, 일반적으로 100mm, 200mm를 많이 사용한다. 또한, 높은 정도의 값을 얻기 위해서는 45° 이하에서 측정하는 것이 좋으며, 윗면의 평면도, 롤러의 치수 및 진원도가 정확해야 하고, 롤러 중심선이 윗면과 평행해야 한다. [그림 2-77]과 같이 정반 위에서 게이지 블록의 높이를 각각 h, H라 하면 정반면과 사인 바의 상면이 이루는 각 α는 다음과 같다.

$$\sin\alpha = \frac{H}{L}, \quad \sin\alpha = \frac{H-h}{L}, \quad \alpha = \sin^{-1}\frac{H-h}{L}$$

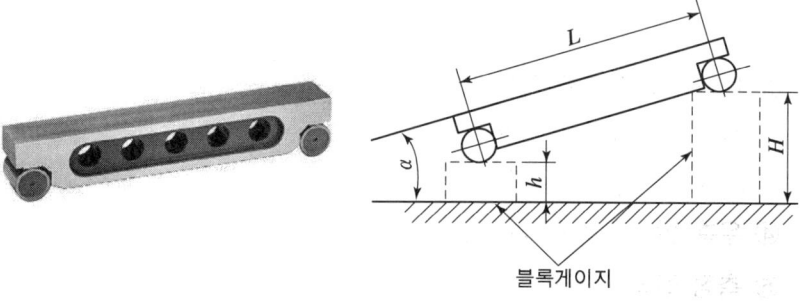

[그림 2-76] 사인 바   [그림 2-77] 사인 바 이용한 측정

(2) 탄젠트 바

중간의 블록 게이지에 의해 간격이 결정되고 미리 알고 있는 롤러 지름 d 및 D, 2개의 롤러에 의해 측정되며 더브테일 등의 측정에 응용된다.

$$\tan\alpha = \frac{H-h}{C+l} = \tan\frac{\alpha}{2} = \frac{D-d}{D+d+2L}$$

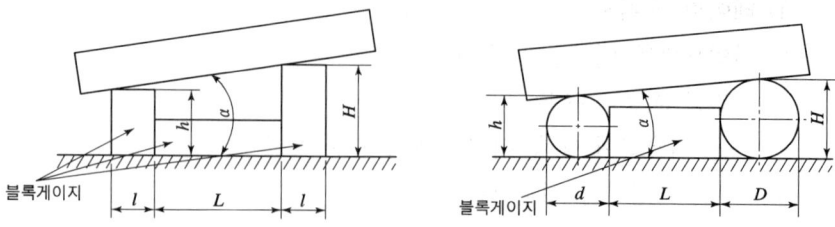

[그림 2-78] 탄젠트 바에 의한 각도 측정

(3) 원통 롤러에 의한 각도 측정

① 구배각 측정

각도 $\alpha = \sin^{-1}\dfrac{H}{D+L}$

② V홈 각도 측정

각도 $\alpha = \sin^{-1}\dfrac{D-d}{2(H_2-H_1)-(D-d)}$

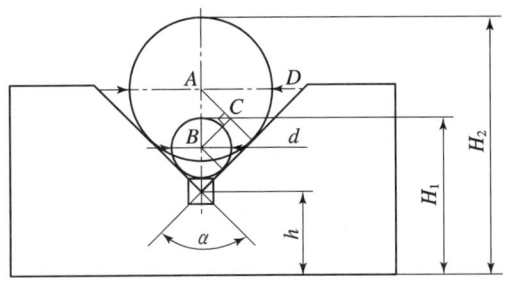 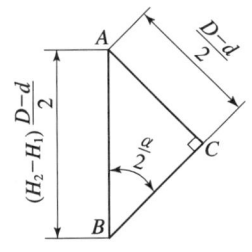

[그림 2-79] V블록에 의한 측정

10) 테이퍼의 측정

(1) 테이퍼 각의 정의

원뿔의 직경 D와 그 길이 L과의 비 D/L에서 분자(직경) D를 1로 환산환 값을 테이퍼 양이라 하고, 각도 α를 테이퍼 각이라 한다.

$$\frac{1}{x} = \frac{(D-d)}{L} = 2\tan\frac{\alpha}{2}$$

선반의 테이퍼는 모스 테이퍼, 밀링 등에서는 내셔널테이퍼를 사용하고 있다.

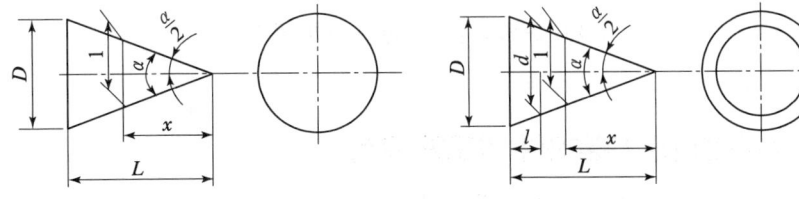

[그림 2-80] 원추의 테이퍼

(2) 볼 또는 롤러에 의한 테이퍼 측정

[그림 2-81]의 경우 $\dfrac{1}{x} = \dfrac{M_2 - M_1}{H}$ $\tan\dfrac{a}{2} = \dfrac{M_2 - M_1}{2H}$

[그림 2-82]의 경우 $\dfrac{1}{x} = \dfrac{M_1 - M_2}{H}$ $\tan\dfrac{a}{2} = \dfrac{M_1 - M_2}{2H}$

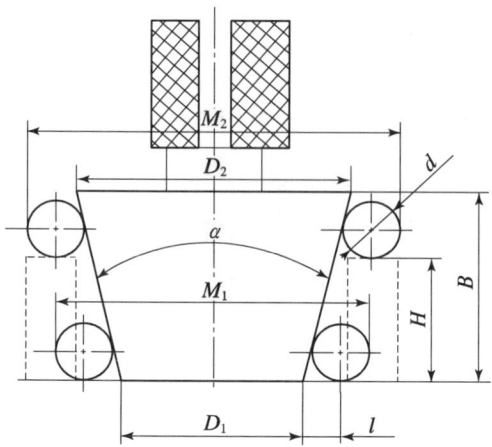

[그림 2-81] 롤러에 의한 테이퍼 측정 그림

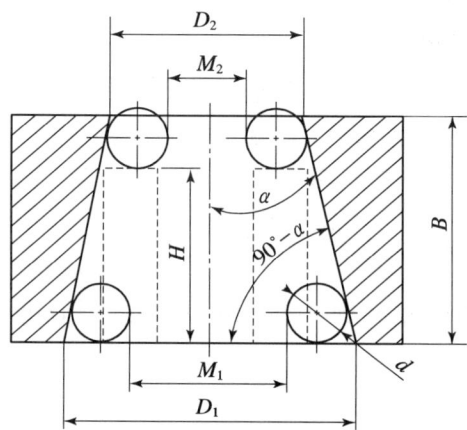

[그림 2-82] 볼에 의한 테이퍼 측정

11) 사인센터를 이용하여 각도를 측정

(1) 측정물을 설치하고 측정을 준비한다.
  ① 측정 전 사인센터의 양 센터가 잘 맞는지 확인한다.
  ② 정반을 깨끗이 닦고 그 위에 사인센터를 올려놓는다.

③ 다이얼 게이지를 [그림 2-83]과 같이 다이얼 게이지 스탠드에 부착하여 정반에 올려놓는다.

[그림 2-83] 다이얼 게이지 고정 예시

④ [그림 2-84]와 같이 사인센터의 센터 대에 공작물을 끼운 다음 테이퍼의 위쪽 모선이 정반 면과 대략 평행이 되도록 게이지 블록을 고인다.

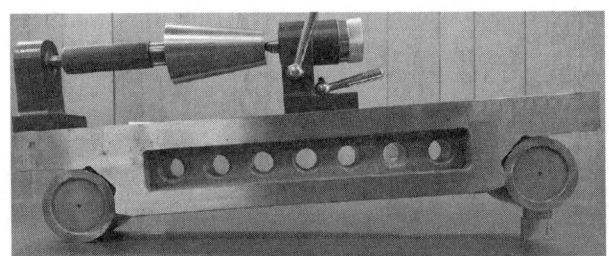

[그림 2-84] 사인센터의 설치 예시

⑤ 사인센터를 이용하여 공작물을 설치할 때는 다음 사항에 유의한다.
  ㉠ 다이얼 게이지는 오차를 줄이기 위해 수직으로 설치한다.
  ㉡ 사인센터로 게이지 블록면에 충격을 주어 손상되지 않게 한다.
  ㉢ 돌기가 생긴 게이지 블록은 오일 스톤(oil stone)으로 문질러 돌기를 제거한 후 사용해야 한다.
  ㉣ 다이얼 게이지에는 절대로 급유해서는 안 된다.

(2) 각도를 측정한다.
① 다이얼 게이지로 [그림 2-85]와 같이 테이퍼 양단의 높이차를 측정한다.

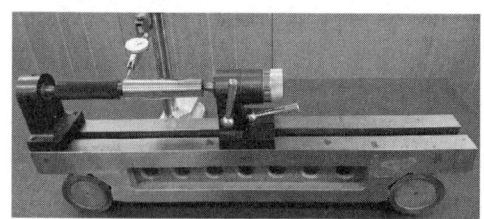

[그림 2-85] 사인센터를 이용한 테이퍼 측정 예시

② 처음 게이지 블록을 조합할 때 게이지 블록의 치수를 간단히 구하는 방법은 다음과 같다.

$$\sin\frac{\alpha}{2}=\frac{H}{L},\ H=\sin\frac{\alpha}{2}\times L$$

여기서, H : 게이지 블록 치수
L : 사인 바의 호칭 치수

③ '②'에서 구한 x′값을 가감하여 게이지 블록을 고인 다음, 양단의 지시값의 차를 구한다.
④ 양단의 지시값 차가 1~2 μm이 될 때까지 '①~③'을 반복한다.
⑤ 게이지 블록으로 고일 수 없는 값은 비례 보정한다.

(3) 측정값을 정리한다.
① H/L를 계산하여 삼각함수표로 테이퍼 반각을 초 단위까지 구하여 그 각도에 2배하여 테이퍼 각(α)을 계산한다. 또는 계산기를 이용하여 $\alpha = 2\sin-1(\frac{H}{L})$의 공식을 이용하여 계산한다.

② 테이퍼 양은 $\frac{1}{X} = 2\tan(\frac{\alpha}{2})$의 관계식을 이용하여 X를 구한 다음 $\frac{1}{X}$로 표기한다.

(4) 측정 결과가 도면의 요구사항에 맞는지 판단한다.
(5) 측정 결과 식별 및 측정 공구를 정리 · 정돈한다.
① 측정이 완료된 측정물에 결과에 대한 식별 표시를 한다.
② 공작물과 측정 기록을 후공정에 인계한다.
③ 측정 공구를 정리 · 정돈한다.
④ 측정 공구에 방청하여 보관함에 보관한다.

12) 볼을 이용한 내측 테이퍼를 측정

(1) 측정물을 설치하고 측정을 준비한다.
① 게이지 블록, 정반 등의 측정기를 깨끗이 닦아서 먼지, 기름 등을 제거한다.
② 깊이 마이크로미터, 외측 마이크로미터의 0점 조정을 한다. 25~50mm의 깊이 마이크로미터는 25mm 게이지 블록을 이용하여 0점 조정한다.
③ 정반 위에 피측정물을 올려놓고, 내측 테이퍼에 큰 직경의 볼을 넣는다.

(2) H_1, H_2 및 H를 측정한다.
① 외측 마이크로미터로 볼 직경(d, D)을 측정한다.
② 깊이 마이크로미터를 이용하여 [그림 2-86]의 (a)와 같이 H_1을 측정한다. H_1의 최솟값을 취하기 위하여 중심 근처에서 조금씩 움직여가면서 최솟값을 측정값으로 결정한다. 이때 깊이 마이크로미터는 볼의 최대 점에 접촉하도록 한다.
③ 같은 방법으로 H_2를 측정한다.
④ 깊이 마이크로미터 또는 외측 마이크로미터로 H값을 측정한다.
⑤ 측정 시 다음 사항에 유의한다.
　㉠ H_1, H_2 측정 시는 최솟값을 얻도록 한다.
　㉡ 오차를 줄이기 위해 볼은 진원도가 양호한 것을 사용한다.

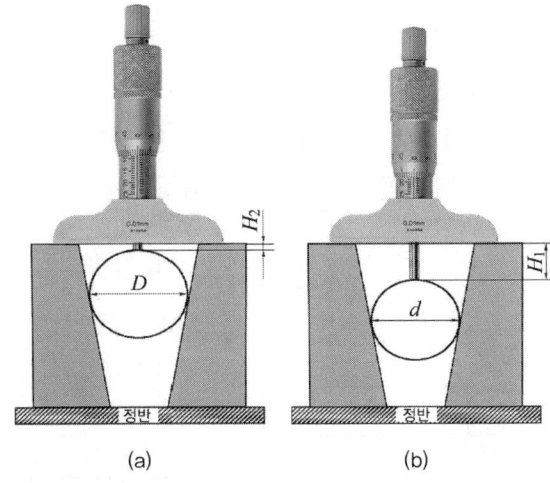

[그림 2-86] 내측 테이퍼 H_1, H_2의 측정 예시

(3) 측정값을 정리한다.
① 측정값 d, D, H_1, H_2를 이용하여 다음 식을 참조하여 각도 α를 계산한다.

$$\tan\alpha = \frac{M_2 - M_1}{2H}$$

$$D_1 = M_1 - d + \cot\frac{1}{2}(90° - \alpha)$$

$$D_2 = D_1 - 2B\tan\alpha$$

② 다음에 소단경 S_1, 대단경 S_2를 계산한다.

(4) 측정 결과가 도면의 요구사항에 맞는지 판단한다.

(5) 측정 결과 식별 및 측정 공구를 정리·정돈한다.
① 측정이 완료된 측정물에 결과에 대한 식별 표시를 한다.
② 공작물과 측정 기록을 후공정에 인계한다.
③ 측정 공구를 정리·정돈한다.
④ 측정 공구에 방청하여 보관함에 보관한다.

13) 롤러를 이용한 더브테일 각도를 측정

(1) 측정물을 설치하고 측정을 준비한다.
① 롤러, 정반 등의 측정기를 깨끗이 닦아서 먼지, 기름 등을 제거한다.
② 외측 마이크로미터, 깊이 마이크로미터의 0점을 조정한다.
③ 정반 위에 측정물과 롤러를 올려놓는다.

(2) M_1, M_2를 측정한다.
① [그림 2-87]과 같이 더브테일 홈에 작은 직경($\varnothing d$)의 롤러를 삽입하고, 외측 마이크로미터로 M_1을 측정한다.

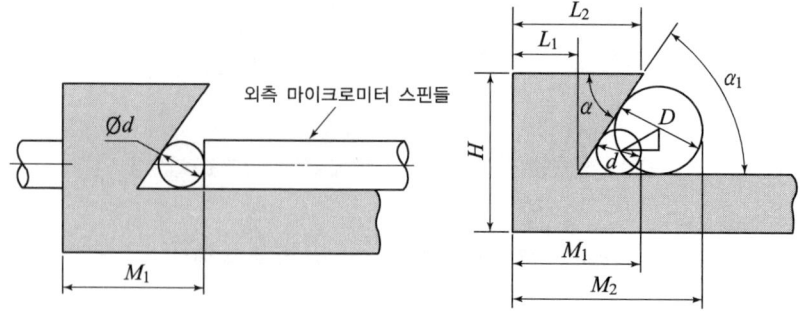

[그림 2-87] 내측 더브테일 측정 예시

② 위 그림에서 롤러($\varnothing D$)를 더브테일 홈에 삽입한 다음 M_2를 측정한다.
③ 높이(H)는 깊이 마이크로미터를 이용하여 측정한다.
④ 롤러는 오차를 예방하기 위해 진원도, 원통도가 양호한 것을 사용한다.
⑤ M_1, M_2 측정 시 최댓값을 취한다.

(3) 측정값을 정리한다.

M_1, M_2, H, d, D 값을 측정하여 다음 식에 따라 각도 α, 소단 거리 L_1, 대단 거리 L_2를 계산한다.

$$\tan\frac{\alpha_2}{2} = \frac{D-d}{2(M_1 - M_2) - (D-d)}$$

$$L_1 = M_2 - \frac{D}{2}(1 + \cot\frac{\alpha_1}{2})$$

$$L_2 = L_1 + (\frac{H}{\tan\alpha_1})$$

(4) 측정 결과가 도면의 요구사항에 맞는지 판단한다.

(5) 측정 결과 식별 및 측정 공구를 정리·정돈한다.
① 측정이 완료된 측정물에 결과에 대한 식별 표시를 한다.
② 공작물과 측정 기록을 후공정에 인계한다.
③ 측정 공구를 정리·정돈한다.
④ 측정 공구에 방청하여 보관함에 보관한다.

01 측정기 사용방법

01. 길이 측정의 경우 측정 오차를 피할 수 있는 사용방법은?

① 치환법　　　② 편위법
③ 영위법　　　④ 보상법

해설
① **치환법** : 길이측정의 경우 치환법을 사용하면 측정 오차를 피할 수 있는 방법이 된다.
② **편위법** : 정밀도를 높이기에는 곤란하지만, 조작이 간단하므로 널리 쓰이고 있다.
③ **영위법** : 기준량을 준비하여 측정량에 평행시켜 계측기의 지시가 0 위치를 나타낼 때의 크기로부터 측정량의 크기를 간접으로 아는 방식이다.
④ **보상법** : 측정량과 크기가 거의 같은 미리 알고 있는 양의 분동을 준비하여, 분동과 측정량의 차이로부터 알아내는 방법을 보상법이라 한다.

02. 마이크로미터는 어떤 측정방식에 속하는가?

① 영위법　　　② 진위법
③ 회의법　　　④ 진행법

해설
영위법 : 기준량을 준비하여 측정량에 평행시켜 계측기의 지시가 0위치를 나타낼 때의 크기로부터 측정량의 크기를 간접으로 아는 방식(예 : 마이크로미터, 휘스톤 브리지, 전위차계 등)
[특징] 0 위치로부터 불 평형을 검출하여 기준량에 피드백시켜 평형이 되도록 기준량의 크기를 조정하는 것

03. 측정에서 다음 설명에 해당하는 원리는?

> 표준자와 피측정물은 동일축선상에 있어야 한다.

① 아베의 원리　　　② 버니어의 원리
③ 에어리의 원리　　④ 헤르츠의 원리

해설 **아베의 원리**
- 측정하려는 길이를 표준자로 사용되는 눈금의 연장선상에 놓는다는 것인데 이는 피측정물과 표준자와는 측정 방향에 있어서 동일 직선상에 배치하여야 한다(독일의 아베).
- 길이측정의 경우 치환법을 응용하면 기하학적 위치에 의한 측정오차를 가장 확실하게 피할 수 있다(컴퍼레이터의 원리 : 비교측정기).
① 만족 : 외측 마이크로, 측장기
② 불만족 : 버니어 캘리퍼스

02 측정기의 0점 조정

01. 버니어 캘리퍼스의 0점을 설정하는 방법으로 틀린 것은?

① 조의 상태가 양호한지 0점에 위치하도록 밀착해서 밝은 빛에서 서로 다른 조 사이로 고르게 미세한 빛이 들어오는지 확인한다.
② 깊이 바의 무딘 상태와 휨의 발생은 없는지 확인한다.
③ 슬라이드를 이송했을 때 빡빡하도록 조정한다.
④ 0점에서 눈금 정확도를 확인한다.

해설 슬라이드를 이송했을 때 지나치게 헐겁거나 빡빡한 느낌은 없는지 확인한다.

02. 마이크로미터에서 0점 오차가 약 ±0.01mm 이내일 때 조정방법은?

① 슬리브　　　② 딤블
③ 링 게이지　　④ 게이지 블록

정답 01 ① 02 ① 03 ① / 01 ③ 02 ①

해설 ① 0점 오차가 약 ±0.01mm 이내일 때(슬리브에 의한 0점 조정)
② 0점 오차가 약 ±0.01mm 이상일 때(딤블에 의한 0점 조정)

03. 내측 마이크로미터의 0점 조정방법이 아닌 것은?

① 링 게이지를 이용하는 방법
② 게이지 블록 부속품을 이용하는 방법
③ 외측 마이크로미터를 이용하는 방법
④ 버니어 캘리퍼스를 이용하는 방법

해설 내측 마이크로미터의 0점 조정방법에는 링 게이지를 이용하는 방법, 게이지 블록 부속품을 이용하는 방법, 외측 마이크로미터를 이용하는 방법 등이 있다.

04. 정반을 기준으로 정반 면에 접촉시킨 후 0점을 점검하는 마이크로미터는?

① 깊이 마이크로미터
② 외경 마이크로미터
③ 나사 마이크로미터
④ 디스크 마이크로미터

05. 마이크로미터 0점 조정시 슬리브의 기선과 딤블의 눈금이 하나 이하의 차이가 있을 때는 무엇을 돌려 수정해야 하는가?

① 슬리브   ② 딤블
③ 래칫스톱   ④ 클램프

06. 회전 눈금판(베젤)을 돌려 0점을 조정하는 측정기는?

① 마이크로미터   ② 인디케이터
③ 버니어 캘리퍼스   ④ 하이트 게이지

07. 준비한 측정기(링 게이지, 마이크로미터 등)에 기준치수를 맞춘 후 외경 마이크로미터(Micrometer)를 활용하여 0점을 조정하는 측정기는?

① 마이크로미터   ② 인디케이터
③ 실린더 게이지   ④ 하이트 게이지

03 측정 오차

01. 다음 중 실제 치수와 표준 치수와의 차를 측정하는데 사용되는 측정기는?

① 블록 게이지
② 실린더 게이지
③ 캘리퍼스
④ 마이크로미터

02. 측정기의 측정 압력, 측정기나 소재의 탄성 변형, 측정방법 등으로 발생하는 오차는?

① 측정기에 의한 오차
② 사람에 의한 오차
③ 환경에 의한 오차
④ 복잡한 요소가 중복된 오차

03. 측정 시 측정자의 자세에 의한 눈금 읽음, 측정 결과의 기록 오류와 같이 사람의 습관, 심리적인 요인 등으로 발생하는 오차는?

① 측정기에 의한 오차
② 사람에 의한 오차
③ 환경에 의한 오차
④ 복잡한 요소가 중복된 오차

정답 03 ④ 04 ① 05 ① 06 ② 07 ③ / 01 ① 02 ③ 03 ②

Part 3. 기계재료 및 측정

04. 측정 오차에 관한 설명으로 틀린 것은?

① 계통 오차는 측정값에 일정한 영향을 주는 원인에 의해 생기는 오차이다.
② 우연오차는 측정자와 관계없이 발생하고, 반복적이고 정확한 측정으로 오차 보정이 가능하다.
③ 개인 오차는 측정자의 부주의로 생기는 오차이며, 주의해서 측정하고 결과를 보정하면 줄일 수 있다.
④ 계기 오차는 측정 압력, 측정온도, 측정기 마모 등으로 생기는 오차이다.

해설 우연오차는 측정하는 과정에서 우발적으로 발생하는 오차를 말하며, 발생 원인으로는 측정자의 심리적 변화, 측정기의 성능, 필연적이나 우발적으로 발생하는 사항 등이 있으며, 오차를 최소화하기 위하여 반복측정에 의한 산술평균으로 측정치를 결정한다.

05. 측정기, 피측정물, 자연환경 등 측정자가 파악할 수 없는 변화에 의하여 발생하는 오차는?

① 시차
② 우연오차
③ 계통오차
④ 후퇴오차

해설
- **시차** : 측정자의 부주의 즉, 읽음에 있어서 시선의 방향에 따라 생기는 오차이다.
- **계통오차** : 측정기로 동일한 측정 조건하에서 피측정물을 측정할 때에 같은 크기와 부호가 발생되는 오차로서 이는 보정하여 측정값을 수정할 수 있다.
- **후퇴오차** : 주위환경이 변화되지 않는 상태에서 읽음 값에 대해서 지침의 측정량이 증가하는 상태에서의 읽음값과 감소상태에서의 읽음값의 차이다.

06. 동일 조건 상태에서 항상 같은 크기와 같은 부호를 가지는 오차는?

① 절대오차
② 측정오차
③ 계통적 오차
④ 우연오차

07. 우연오차는 측정 횟수가 매우 많아지면 다음과 같은 특성이 나타난다. 틀린 것은?

① 작은 오차는 큰 오차보다 많이 나온다.
② 같은 크기의 음(−), 양(+)의 오차는 다르게 나온다.
③ 매우 큰 오차는 나오지 않는다.
④ 측정값에는 산포가 따르는 것이 보통이다.

해설 같은 크기의 음(−), 양(+)의 오차는 같은 횟수로 나온다.

08. 길이가 긴 게이지 블록의 양 단면이 항상 평행하게 하기 위한 지지점은? (단, L은 게이지 블록의 길이이다.)

① 0.2113L
② 0.2203L
③ 0.2232L
④ 0.2386L

해설
① 0.2113L(에어리 점, Airy Point) : 눈금이 중립면에 없는 경우 및 게이지 블록과 단도기를 수평으로 지지할 때 사용되는 방법으로서, 처음 평행한 2개의 단면이 지지에 의하여 굽힘이 발생한 후에도 양단 면이 평행을 유지할 수 있는 지지 방법으로서 길이의 오차도 최소화할 수 있다.
② 0.2203L(베셀점, Bessel Point) : 중립면에 눈금을 만든 표준자를 지지할 때 사용되는 방법이며, 눈금 면의 직선거리와의 차이를 최소화하는데 사용되는 방법으로 중립축 또는 중립면의 변위를 최소화할 수 있다.
③ 0.2232L : 전장에 걸쳐 변형이 가장 작으며, 양단과 중앙의 처짐이 동일하게 된다.
④ 0.2386L : 지지점 사이 즉 중앙부의 처짐을 최소화(0점)할 수 있으므로 중앙부의 직선의 유지가 필요한 경우에 사용된다.

09. 측정 압력 오차 요인을 조치하는 방법으로 틀린 것은?

① 측정 압력을 조정할 수 있는 장치가 부착된 측정기를 사용한다.
② 측정 압력을 조정할 수 없는 측정기기는 반복 측정하여 편차를 확인한다.
③ 버니어 캘리퍼스와 같이 측정 압력을 조정할 수 없는 측정기기는 반복 숙련이 필요하며, 숙련도 여부는 게이지 R&R을 통해 평가한다.
④ 측정하고자 하는 공차가 중요하므로 정밀도가 낮은 측정기를 사용한다.

해설 측정하고자 하는 공차보다 정밀도가 높은 측정기를 사용한다.

10. 측정에서 접촉 오차 요인을 조치하는 방법으로 틀린 것은?

① 측정기의 측정 면 모양이 측정 공작물 외경과 같이 곡면일 때는 곡면을 사용한다.
② 측정기의 측정 면은 내마모성이 있는 재질(초경합금)을 사용한다.
③ 측정 공작물은 측정 면의 양쪽에 위치시켜 측정한다.
④ 두 측정 면 사이의 평행 여부 등을 수시로 점검하고 사용한다.

해설 측정 공작물은 측정 면의 중앙에 위치시켜 측정한다.

11. 측정 시 눈금을 읽을 때 발생하는 오차는 다음과 같이 조치하여 예방한다. 맞지 않는 것은?

① 눈금을 읽을 때 자세는 눈과 눈금의 위치를 대각선이 되게 한다.
② 0점 조정 시 측정자의 특성에 맞춰 세팅하여 사용한다.
③ 눈금을 읽는 아날로그 측정기 대신 디지매틱 측정기를 사용한다.
④ 측정하려는 공차보다 정밀도가 높은 측정기를 사용한다.

해설 눈금을 읽을 때 자세는 눈과 눈금의 위치를 직선이 되게 한다.

04 측정기 측정값 읽기

01. 어미자의 1눈금이 0.5mm이며, 아들자의 눈금이 12mm를 25등분한 버니어 캘리퍼스의 최소 측정값은?

① 0.01mm　② 0.02mm
③ 0.04mm　④ 0.05mm

해설 $\dfrac{\text{어미자의 눈금수}}{\text{아들자의 등분수}} = \dfrac{0.5}{25} = 0.02$

02. 최소 눈금 1mm, 어미자 39mm를 20등분한 버니어 캘리퍼스의 최소 측정값은?

① 0.01　② 0.02
③ 0.05　④ 0.5

해설 최소 측정값 $= \dfrac{\text{어미자의 최소눈금}}{\text{등분수}(m)}$

$\dfrac{1}{20} = 0.05$

03. 다이얼 게이지로 V-블록을 이용하여 측정할 수 있는 것은?

① 동심도, 원통도　② 동심도, 평행도
③ 원통도, 평행도　④ 대칭도, 평면도

Part 3. 기계재료 및 측정

04. 다이얼 게이지로 진원도 측정방법이 아닌 것은?

① 지름법
② 반지름법
③ 3점법
④ 삼침법

05. 나사의 유효지름을 측정하는 방법이 아닌 것은?

① 삼침법에 의한 측정
② 투영기에 의한 측정
③ 플러그 게이지에 의한 측정
④ 나사 마이크로미터에 의한 측정

> **해설** 플러그 게이지에 의한 측정은 구멍을 측정한다.

06. 나사의 유효지름 측정과 관계없는 것은?

① 삼침법
② 공구 현미경
③ 나사 마이크로미터
④ 전기 마이크로미터

> **해설** 유효지름의 측정
> - 삼침법 : 나사 게이지 등과 같이 정밀도가 높은 나사의 유효지름 측정에 3침법(3선법)이 쓰이며, 지름이 같은 3개의 핀 게이지를 나사산의 골에 끼운 상태에서 바깥지름을 마이크로미터 등으로 측정하여 계산하며, 유효지름을 측정하는 가장 정밀한 방법이다.
> - 나사 마이크로미터에 의한 방법 : 엔빌 측에 V홈 측정자를 스핀들 측에 원뿔형 측정자를 사용하여 유효지름 값을 직접 읽을 수 있다.
> - 광학적인 방법 : 투영기, 공구 현미경 등의 광학적 측정기에서 나사축 선과 직각으로 움직이는 전후 이동 마이크로미터 헤드의 읽음 값으로 구할 수 있다.

07. 나사의 유효지름 측정방법 중 정밀도가 가장 높은 것은?

① 나사 마이크로미터
② 삼침법
③ 나사 한계 게이지
④ 센터 게이지

> **해설** 삼침법 : 지름이 같은 3개의 핀 게이지를 나사산의 골에 끼운 상태에서 바깥지름을 마이크로미터 등으로 측정하여 계산하며, 유효지름을 측정하는 가장 정밀한 방법이다.

08. 동일 직경 3개의 핀을 이용하여 수나사의 유효지름을 측정하는 방법은?

① 광학법   ② 삼침법
③ 지름법   ④ 반지름법

> **해설** 삼침법 : 나사 게이지 등과 같이 정밀도가 높은 나사의 유효지름 측정에 3침법(3선법)이 쓰이며, 지름이 같은 3개의 핀 게이지를 나사산의 골에 끼운 상태에서 바깥지름을 마이크로미터 등으로 측정하여 계산하며, 유효지름을 측정하는 가장 정밀한 방법이다.

09. 삼침법으로 미터나사의 유효경 측정값이 다음과 같을 때 유효지름은 약 몇 mm인가?

> - 3침을 끼우고 측정한 외측 치수 : 43mm
> - 나사의 피치 : 4mm
> - 측정 핀의 직경 : 5mm

① 18.53   ② 19.46
③ 24.53   ④ 31.46

> **해설** $d_2 = M - 3d + 0.86603P$
> $= 43 - 3 \times 5 + 0.86603 \times 4$
> $= 31.46$

형성평가

10. 나사를 1회전시킬 때 나사산이 축 방향으로 움직인 거리를 무엇이라 하는가?
① 각도(angle) ② 리드(lead)
③ 피치(pitch) ④ 플랭크(flank)

해설 리드(lead) : 나사를 1회전시킬 때 나사산이 축 방향으로 움직인 거리이다.

11. 나사의 피치나 나사산의 반각과 유효지름 등을 광학적으로 쉽게 측정할 수 있는 것은?
① 공구현미경 ② 오토콜리메이터
③ 촉침식 측정기 ④ 옵티컬 플랫

해설
① 공구현미경 : 나사의 피치나 나사산의 반각과 유효지름 등을 광학적으로 쉽게 측정한다.
② 오토콜리메이터 : 평면경, 프리즘 등을 이용하여 미소한 각도의 변화 또는 평면의 기울기 등을 측정한다.
③ 촉침식 측정기 : 표면 거칠기 측정법의 대표적인 것으로 측정 원리는 피측정면에 수직으로 움직이는 뾰족한 바늘로 피측정면의 표면을 긁어 상하의 움직임 량을 전기적인 신호로 변환하고, 다음에 증폭시킨 다음 그래프로 나타낸다.
④ 옵티컬 플랫 : 평면도의 측정에 사용되고 백색광에 의한 적색 간섭무늬의 수에 의해서 측정한다.

12. 투영기에 의해 측정을 할 수 있는 것은?
① 진원도 측정 ② 진직도 측정
③ 각도 측정 ④ 원주 흔들림 측정

해설 투영기 : 물체를 스크린 상에 확대 투영하고 그 물체의 형상이나 치수를 측정 검사하는 광학 기기로 각도 측정, 나사 유효지름, 나사산의 반각, 피치, 표면 거칠기, 윤곽 등을 측정할 수 있다.

13. 나사산의 각도를 측정하는 기기가 아닌 것은?
① 투영기 ② 공구 현미경
③ 오토콜리메이터 ④ 만능 측정 현미경

해설 오토콜리메이터 : 각도측정, 진직도 측정, 평면도 측정 등에 사용된다.

14. 각도 측정을 할 수 있는 사인 바(sine bar)의 설명으로 틀린 것은?
① 정밀한 각도측정을 하기 위해서는 평면도가 높은 평면에서 사용해야 한다.
② 롤러의 중심거리는 보통 100mm, 20mm로 만든다.
③ 45° 이상의 큰 각도를 측정하는데 유리하다.
④ 사인 바는 길이를 측정하여 직각 삼각형의 삼각함수를 이용한 계산에 의하여 임의각의 측정 또는 임의각을 만드는 기구이다.

해설 사인 바를 이용하여 각도 측정 시 α>45°로 되면 오차가 커지므로 기준면에 대하여 45° 이하로 설정한다.

15. 사인 바(Sine bar)의 호칭 치수는 무엇으로 표시하는가?
① 롤러 사이의 중심거리
② 사인 바의 전장
③ 사인 바의 중량
④ 롤러의 직경

해설 사인 바 : 삼각함수의 사인을 이용하여 임의의 각도를 설정 및 측정하는 측정기로서, 크기는 롤러 중심 간의 거리로 표시하며 일반적으로 100mm, 200mm를 많이 사용한다.

정답 10 ② 11 ① 12 ③ 13 ③ 14 ③ 15 ①

Part 3. 기계재료 및 측정

16. 호칭 치수가 200mm인 사인 바로 20°30′의 각도를 측정할 때 낮은 쪽 게이지 블록의 높이가 5mm라면 높은 쪽은 얼마인가? (단, sin20°30′=0.3665이다.)

① 73.3mm ② 78.3mm
③ 83.3mm ④ 88.3mm

해설 $\sin\theta = \dfrac{H-h}{L} = 0.3665 = \dfrac{H-5}{200} = H = 78.3$

17. 사인센터를 이용하여 공작물을 설치할 때의 유의사항으로 틀린 것은?

① 다이얼 게이지는 오차를 줄이기 위해 수평으로 설치한다.
② 사인센터로 게이지 블록 면에 충격을 주어 손상되지 않게 한다.
③ 돌기가 생긴 게이지 블록은 오일 스톤(oil stone)으로 문질러 돌기를 제거한 후 사용해야 한다.
④ 다이얼 게이지에는 절대로 급유해서는 안 된다.

해설 다이얼 게이지는 오차를 줄이기 위해 수직으로 설치한다.

18. 다음 그림에서 Y는 약 몇 mm인가? (단, tan60°=1.7321, tan30°=0.5774, 그림의 치수단위는 mm이다.)

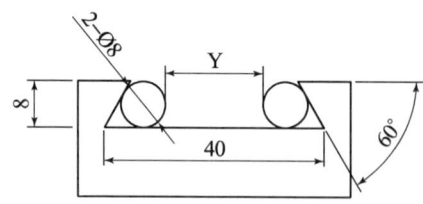

① 20.14 ② 15.07
③ 29.07 ④ 18.14

해설 $40 - \left(\dfrac{4}{\tan 30} \times 2 + 8\right) = 18.14$

19. 그림에서 플러그 게이지의 기울기가 0.05일 때, M_2의 길이(mm)는? (단, 그림의 치수단위는 mm이다.)

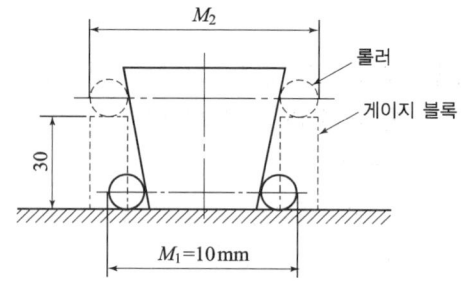

① 10.5 ② 11.5
③ 13   ④ 16

해설 $\tan\dfrac{a}{2} = \dfrac{M_2 - M_1}{2H}$

$0.05 = \dfrac{x-10}{2 \times 30}, x = 13$

20. 테이퍼 플러그 게이지(taper plug gage)의 측정에서 다음 그림과 같이 정반 위에 놓고 핀을 이용해서 측정하려고 한다. M을 구하는 식으로 옳은 것은?

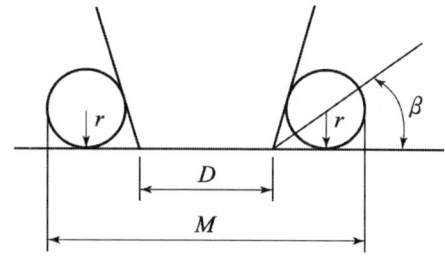

① $M = D + r + r \cdot \cot\beta$
② $M = D + r + r \cdot \tan\beta$
③ $M = D + 2r + 2r \cdot \cot\beta$
④ $M = D + 2r + 2r \cdot \tan\beta$

21. 그림에서 X는 18mm, 핀의 지름이 ⌀6mm 이면 A값은 약 몇 mm인가?

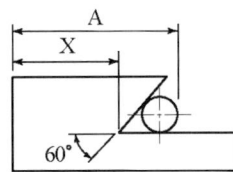

① 23.196 ② 26.196
③ 31.392 ④ 34.392

해설 $A = X + l = 18 + 8.196 = 26.196$
$l = \dfrac{3}{\tan 30°} + 3 = 8.196$

22. 그림과 같이 더브테일 홈 가공을 하려고 할 때 X의 값은 약 얼마인가? (단, tan60° = 1.7321, tan30° = 0.5774이다.)

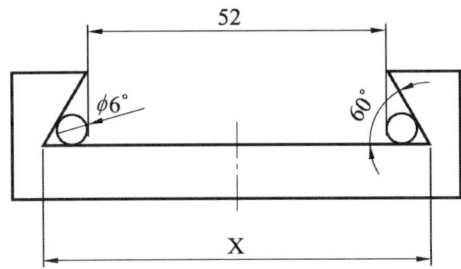

① 60.26 ② 68.39
③ 82.04 ④ 84.86

해설 $52 + \left(\dfrac{3}{\tan 30} \times 2 + 6\right) = 68.39$

부록

CBT 최종모의고사

- ▶ CBT 최종모의고사 1회
- ▶ CBT 최종모의고사 2회
- ▶ CBT 최종모의고사 3회
- ▶ CBT 최종모의고사 4회

01 기계제도

1. 베어링 호칭 번호가 6301인 구름 베어링의 안지름은 몇 mm인가?

① 5 ② 10
③ 12 ④ 15

> **해설**
>
> **1▶** 안지름 번호(세 번째, 네 번째 숫자)
> 안지름 번호 1~9까지는 안지름 번호와 안지름이 같고 안지름 번호의 안지름 20mm 이상 480mm 미만은 안지름을 5로 나눈 수가 안지름 번호이다.
> • 00 : 안지름 10mm
> • 01 : 안지름 12mm
> • 02 : 안지름 15mm
> • 03 : 안지름 17mm

2. KS 재료 표시기호 중 'SS235'에서 '235'의 의미는?

① 경도 ② 종별 번호
③ 탄소함유량 ④ 최저항복강도

> **2▶** 235 : 최저항복강도

3. 그림과 같은 등각투상도를 제3각법으로 투상하였을 때 가장 적합한 것은?

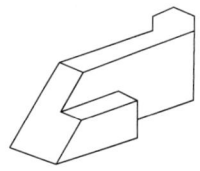

① 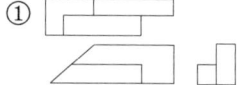 ②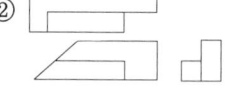

③ 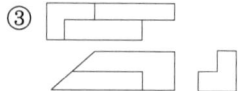 ④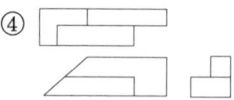

> **3▶** 위 그림의 등각투상도에서 제3각법으로 투상하였을 때 가장 적합한 것은 ①이다.

정답 1 ③ 2 ④ 3 ①

4. KS 재료기호에서 "SM 40C"의 재료명은?

① 고속도 공구강 강재
② 기계구조용 탄소강재
③ 가단주철
④ 용접구조용 압연강재

4▶ KS 재료기호
① 고속도 공구강 강재 : SKH 10
② 기계구조용 탄소강재 : SM 40C
③ 흑심 가단 주철품 : BMC270~BMC360
④ 백심가단 주철품 : WMC330~WMC540
⑤ 용접구조용 압연강재 : SM400A~SM570

5. 끼워맞춤에서 구멍이 $\phi 50^{+0.025}_{0}$ 축은 $\phi 50^{+0.050}_{+0.034}$일 때 최소 죔새는?

① 0.009
② 0.034
③ 0.059
④ 0.075

5▶ 최소 죔새
축의 최소 허용치수 − 구멍의 최대 허용치수
= 50.034 − 50.025 = 0.009

6. 그림과 같은 표면 거칠기 지시기호에서 $\lambda c 2.5$의 값은 어떤 값을 의미하는가?

$$\frac{25}{6.3}\sqrt{\lambda c 2.5}$$

① 컷 오프 값
② 거칠기 지시 값 상한값
③ 최대높이 거칠기 값
④ 거칠기 지시 값 하한값

6▶ 위 그림에서 $\lambda c 2.5$의 값은 컷 오프 값을 의미한다.

7. 표준 스퍼 기어의 항목표에서는 기입되지 아니하나 헬리컬 기어 항목표에는 기입되는 것은?

① 모듈
② 비틀림 각
③ 잇수
④ 기준 피치원 지름

7▶ 비틀림 각
스퍼 기어의 항목표에서는 기입되지 아니하나 헬리컬 기어 항목표에는 기입된다.

정답 4② 5① 6① 7②

8. 그림과 같은 기하공차의 해석으로 가장 적합한 것은?

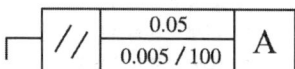

① 지정 길이 100mm에 대하여 0.05mm, 전체 길이에 대해 0.005mm의 대칭도
② 지정 길이 100mm에 대하여 0.05mm, 전체 길이에 대해 0.005mm의 평행도
③ 지정 길이 100mm에 대하여 0.005mm, 전체 길이에 대해 0.05mm의 대칭도
④ 지정 길이 100mm에 대하여 0.005mm, 전체 길이에 대해 0.05mm의 평행도

해설

8▶ 지정 길이 100mm에 대하여 0.005mm, 전체 길이에 대해 0.05mm의 평행도

9. 끼워맞춤 관계에 있어서 헐거운 끼워맞춤에 해당하는 것은?

① H7/g6 ② H7/n6
③ P6/h6 ④ N6/h6

9▶ 축과 구멍의 끼워맞춤 분류

기준축	구멍 공차역 클래스								
	헐거운 끼워맞춤			중간 끼워맞춤			억지 끼워맞춤		
H6			g5	h5	js5	k5	m5		
		f6	g6	h6	js6	k6	m6	n6	p6
H7		f6	g6	h6	js6	k6	m6	n6	p6	r6
	e7	f7		h7	js7				
H8		f7		h7					
	e8	f8		h8					
	e9								
H9	e8			h8					
	e9			h9					

10. 치수기입에 있어서 누진 치수기입방법으로 올바르게 나타낸 것은?

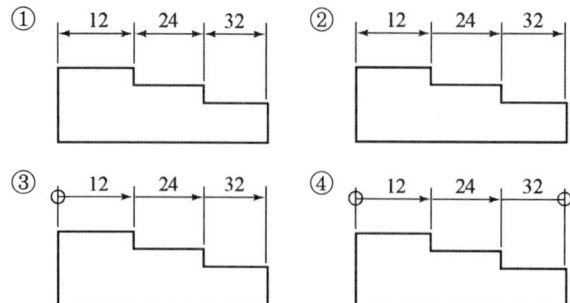

10▶ 누진 치수기입방법
이 방법에 따르면 치수공차에 관하여 병렬 치수 기입법과 완전히 동등한 의미를 가지면서, 1개의 연속된 치수선으로 간편하게 표시할 수 있다. 기점기호(○)와 치수선의 다른 끝은 화살표로 표시한다.

11. 다음 중 출력용 프린터의 해상도(resolution)를 나타내는 단위는?

① DPI   ② BPC
③ LCD   ④ CPS

해설

11 ▶ 출력용 프린터의 해상도
① DPI : 자료의 출력밀도(해상도)
② BPS : 데이터의 전송속도(통신속도)
③ CPS : 프린터의 인자속도(출력속도)

12. CAD시스템에서 서로 다른 CAD시스템 간의 데이터 교환을 위한 대표적인 표준 파일 형식이 아닌 것은?

① IGES   ② ASCII
③ DXF   ④ STEP

12 ▶ 그래픽스 표준규격
DXF, IGES, STEP, STL, GKS, CGI 등이 있다.

참고 ASCII : 미국 표준협회에서 제정한 코드로 7비트 또는 8비트로 한 128개의 문자 표현방식이다.

13. 기본 입체에 적용한 불리안(Boolean)연산 과정을 트리 구조로 저장하는 CSG 구조에 대한 설명으로 틀린 것은?

① 내부와 외부가 분명하게 구분되지 않는 입체라도 구현이 가능하다.
② 자료 구조가 간단하고 데이터의 양이 적어 데이터의 관리가 용이하다.
③ CGS 표현은 대응되는 B-rep 모델로 치환 가능하다.
④ 파라메트릭(Parametric) 모델링의 구현이 쉽다.

13 ▶ CSG 구조
① 불리언 연산자로 더하기(합), 빼고(차), 교차(적)시키는 방법을 통해 명확한 모델 생성이 쉽다.
② 데이터를 아주 간결한 파일로 저장할 수 있어, 메모리가 적다.
③ 형상 수정이 용이하고 중량을 계산할 수 있다.
④ CSG 트리로 저장된 솔리드는 항상 구현이 가능한 입체를 나타낸다.
⑤ 기본형상(primitive)의 파라미터만 간단히 변경하여 입체 형상을 쉽게 바꿀 수 있다.
⑥ CSG 표현은 항상 대응되는 B-Rep 모델로 치환 가능하다.
⑦ 모델을 화면에 나타내기 위한 디스플레이에서 체적 및 면적의 계산 등에 많은 계산시간이 필요하다.
⑧ 3면도, 투시도, 전개도, 표면적 계산이 곤란하다.

14. 베어링 호칭 번호 "6308 Z NR"에서 "08"이 의미하는 것은?

① 실드 기호
② 안지름 번호
③ 베어링 계열 기호
④ 레이스 형상 기호

해설

14▶ 베어링 호칭 번호
• 63 : 레이스 모양 기호(스냅 링붙이)
• 08 : 안지름 번호(베어링 안지름 40mm)
• Z : 실드 기호(한쪽 실드)
• NR : 베어링 계열 기호(단식 깊은 홈 볼 베어링, 치수 계열 03)

15. 나사의 표시가 "NO.8 – 36UNF"로 나타날 때, 나사의 종류는?

① 유니파이 보통 나사
② 유니파이 가는 나사
③ 관용 테이퍼 수나사
④ 관용 테이퍼 암나사

15▶ NO.8 – 36UNF
유니파이 가는 나사

16. 그림과 같은 KS 용접기호 해독으로 올바른 것은?

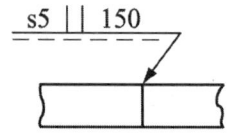

① 루트 간격은 5mm이다.
② 홈 각도는 150°이다.
③ 용접피치는 150mm이다.
④ 화살표 쪽 용접을 의미한다.

16▶ 맞대기 용접
① s5 : 용접부재의 표면에서 용입의 바닥까지의 최소거리가 5mm이다.
② 150 : 용접길이가 150mm이다.

17. 다음 치수 보조기호에 대한 설명으로 옳지 않은 것은?

① (50) : 데이텀 치수 50mm를 나타낸다.
② t=5 : 판재의 두께 5mm를 나타낸다.
③ ⌒20 : 원호의 길이가 20mm를 나타낸다.
④ SR30 : 구의 반지름 30mm를 나타낸다.

17▶ (50) : 참고 치수 50mm를 나타낸다.

18. 허용한계치수 기입이 틀린 것은?

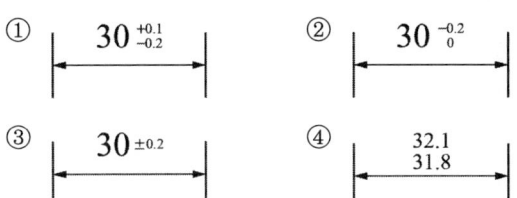

19. 그림과 같은 도면의 기하공차 설명으로 가장 옳은 것은?

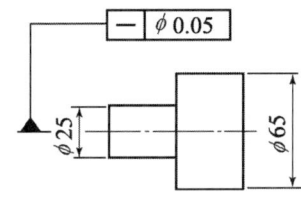

① ∅25 부분만 중심축에 대한 평면도가 ∅0.05 이내
② 중심축에 대한 전체의 평면도가 ∅0.05 이내
③ ∅25 부분만 중심축에 대한 진직도가 ∅0.05 이내
④ 중심축에 대한 전체의 진직도가 ∅0.05 이내

20. 스퍼 기어의 도시 방법에 관한 설명으로 옳은 것은?
① 잇봉우리원은 가는 실선으로 표시한다.
② 피치원은 가는 2점 쇄선으로 표시한다.
③ 이골원은 가는 1점 쇄선으로 그린다.
④ 축에 직각인 방향에서 본 그림을 단면으로 도시할 때는 이골원의 선은 굵은 실선으로 그린다.

해설

18 ▶ ②의 올바른 치수기입법

19 ▶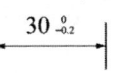
중심축에 대한 전체의 진직도가 ∅0.05 이내이다.

20 ▶ 스퍼 기어의 도시 방법
① 잇봉우리원(이끝원)은 굵은 실선으로 표시한다.
② 피치원은 가는 1점 쇄선으로 표시한다.
③ 잇줄 방향은 일반적으로 3개의 가는 실선으로 표시한다.
④ 이뿌리원(이골원)은 가는 실선으로 표시한다. 단, 축에 직각인 방향에서 본 그림을 단면으로 도시할 때 이뿌리원(이골원)의 선은 굵은 실선으로 표시한다.

정답 18 ② 19 ④ 20 ④

02 기계요소 설계

21. 그림과 같은 단식 블록 브레이크에서 드럼을 제동하기 위해 레버(lever) 끝에 가할 힘(F)을 비교하고자 한다. 드럼이 좌회전할 경우 필요한 힘을 F_1, 우회전할 경우 필요한 힘을 F_2라고 할 때 이 두 힘의 차이($F_1 - F_2$)는? (단, P는 블록과 드럼 사이에서 블록의 접촉면에 수직 방향으로 작용하는 힘이며, μ는 접촉부 마찰계수이다.)

① $F_1 - F_2 = -\dfrac{\mu Pc}{a}$

② $F_1 - F_2 = \dfrac{\mu Pc}{a}$

③ $F_1 - F_2 = -\dfrac{2\mu Pc}{a}$

④ $F_1 - F_2 = \dfrac{2\mu Pc}{a}$

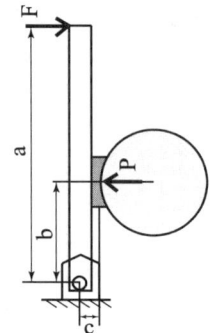

22. 풀리의 지름 200mm, 회전수 1,600rpm으로 4kW의 동력을 전달할 때 벨트의 유효 장력은 약 몇 N 인가? (단, 원심력과 마찰은 무시한다.)

① 24   ② 93
③ 239   ④ 527

22▶ 벨트의 유효 장력

$v = \dfrac{\pi \times D \times n}{1{,}000 \times 60} = \dfrac{\pi \times 200 \times 1{,}600}{1{,}000 \times 60} = 16.75$

$P = \dfrac{H}{v} = \dfrac{4 \times 102 \times 9.81}{16.75} = 238.8\text{N}$

23. 150rpm으로 5kW의 동력을 전달하는 중심축의 지름은 약 몇 mm 이상이어야 하는가? (단, 축 재료의 허용전단응력은 19.6MPa이다.)

① 36   ② 40
③ 44   ④ 48

23▶ 중심축의 지름

$T = 9{,}549 \times 10^3 \times \dfrac{5}{150} = 318{,}300$

$d = \sqrt[3]{\dfrac{5.1T}{\tau}} = \sqrt[3]{\dfrac{5.1 \times 318{,}300}{19.6}} = 43.6\text{mm}$

24. 스프링 코일의 평균지름 60mm, 유효권수 10, 소재 지름 6mm, 가로탄성계수(G)는 78.48GPa이고, 이 스프링에 하중 490N을 받을 때 코일 스프링의 처짐은 약 몇 mm가 되는가?

① 6.67　　② 83.2
③ 8.3　　　④ 66.7

24▶ 코일 스프링의 처짐
$$\delta = \frac{8n_a D^3 P}{Gd^4} = \frac{8 \times 10 \times 60^3 \times 490}{78.48 \times 6^4}$$
$$= 83,248 \div 1,000 = 83.25\text{mm}$$

25. 레이디얼 볼 베어링 '6304'에서 한계속도계수(dN, mm·rpm) 값을 120,000이라 하면, 이 베어링의 최고 사용 회전수는 약 몇 rpm인가?

① 4,500　　② 6,000
③ 6,500　　④ 8,000

25▶ 베어링이 6304이므로 내경이 20mm라면
$$N = \frac{N}{d} = \frac{120,000}{20} = 6,000\text{rpm}$$

26. 하중이 4kN 작용하였을 때 처짐이 100mm 발생하는 코일스프링의 소선 지름은 20mm이다. 이 스프링의 유효 감김수는 약 몇 권인가? (단, 스프링 지수(C)는 10이고, 스프링 선재의 전단탄성계수는 80GPa이다.)

① 3　　② 4
③ 5　　④ 6

26▶ 스프링의 유효 감김수
$$n = \frac{\delta G d^4}{8D^3 P} = \frac{100 \times 80 \times 20^4}{8 \times 200^3 \times 4} = 5$$
여기서, 코일의 평균지름
　　　　D = 스프링지수 × 소선의 지름
　　　　　= 10 × 20 = 200

27. 한 쌍의 표준 스퍼 기어에서 지름피치가 5이고, 잇수가 각각 20, 63일 때 기어 간 중심거리는 약 몇 mm인가? (단, 1inch는 25.4mm이다.)

① 210.82　　② 421.64
③ 16.3　　　④ 163

27▶ $D_p = \frac{25.4}{m}$, $m = \frac{25.4}{5} = 5.08$
중심거리
$$C = \frac{m(Z_A \pm Z_B)}{2} = \frac{5.08(20+63)}{2} = 210.82\text{mm}$$

28. 평벨트 풀리의 지름이 600mm, 축의 지름이 50mm라 하고, 풀리를 폭(b)×높이(h)=8mm×7mm의 묻힘키로 축에 고정하고 벨트 장력에 의해 풀리의 외주에 2kN의 힘이 작용하였다면, 키의 길이는 몇 mm 이상이어야 하는가? (단, 키의 허용전단응력은 50MPa로 하고, 전단응력만을 고려하여 계산한다.)

① 50 ② 60
③ 70 ④ 80

28▶ 키의 길이
$$P = 2,000N \times \frac{600}{50} = 24,000N$$
$$l = \frac{P}{b\tau} = \frac{24,000}{8 \times 50} = 60\text{mm}$$

29. 지름이 4cm의 봉재에 인장하중이 1,000N이 작용할 때 발생하는 인장응력은 약 얼마인가?

① 127.3N/cm² ② 127.3N/mm²
③ 80N/cm² ④ 80N/mm²

29▶ 인장하중 $W = \frac{\pi d^2}{4} \sigma_t$ 에서
인장응력 $\sigma_t = \frac{4W}{\pi d^2} = \frac{4 \times 1,000}{\pi \times 4^2} = 79.58\text{N/cm}^2$

30. 10kN의 축하중이 작용하는 볼트에서 볼트 재료의 허용인장응력이 60MPa일 때 축하중을 견디기 위한 볼트의 최소 골지름은 약 몇 mm인가?

① 14.6 ② 18.4
③ 22.5 ④ 25.7

30▶ 볼트의 최소 골지름
$$d = \sqrt{\frac{4W}{\pi\tau}} = \sqrt{\frac{4 \times 10,000}{\pi \times 60}} = 14.6\text{mm}$$

31. 400rpm으로 전동축을 지지하고 있는 미끄럼 베어링에서 저널의 지름은 6cm, 저널의 길이는 10cm이고, 4.2kN의 레이디얼 하중이 작용할 때, 베어링 압력은 약 몇 MPa인가?

① 0.5 ② 0.6
③ 0.7 ④ 0.8

31▶ 베어링 압력
$$q = \frac{W}{dl} = \frac{4,200}{60 \times 100} = 0.7$$

정답 28 ② 29 ③ 30 ① 31 ③

32. 재료의 파손이론(failure theory) 중 재료에 조합하중이 작용할 때 최대 주응력이 단순인장 또는 단순압축하중에 대한 항복강도, 또는 인장강도나 압축강도에 도달하였을 때 재료의 파손이 일어난다는 이론을 말하는 것으로 주철과 같은 취성재료에 잘 일치하는 이론은?

① 변형률 에너지설(strain energy theory)
② 최대 주변형률설(maximum principal strain theory)
③ 최대 전단응력설(maximum shear stress theory)
④ 최대 주응력설(maximum principal stress theory)

해설

32▶ 재료의 파손이론
- **변형률 에너지설** : 재료 내의 단위체적에 대한 변형률 에너지가 단순인장일 때 항복점의 단위체적에 대한 변형률 에너지와 같아지면 재료의 파손이 일어난다는 이론이다.
- **최대 주변형률설** : 연성재료에 발생하는 최대 주변형률이 단순 인장시험에 대한 항복점의 변형률과 같아질 때 재료의 파손이 일어나는 이론이다.
- **최대 전단응력설** : 조합하중이 작용하는 재료 내의 최대 전단응력이 그 재료의 항복전단응력에 도달하면 파손이 일어나는 이론이다.

33. 미끄럼 베어링 재료에 요구되는 성질로 거리가 먼 것은?

① 하루 중 피로에 대한 충분한 강도를 가질 것
② 내부식성이 강할 것
③ 유막의 형성이 용이할 것
④ 열전도율이 작을 것

33▶ 열전도율이 커야 한다.

34. 키 재료의 허용전단응력 60N/mm², 키의 폭×높이가 16mm×10mm인 성크 키를 지름이 50mm인 축에 사용하여 250rpm으로 40kW를 전달시킬 때, 성크 키의 길이는 몇 mm 이상이어야 하는가?

① 51 ② 64
③ 78 ④ 93

34▶ 성크 키의 길이

$T = 9.55 \times 10^6 \times \dfrac{H}{n}$

$= \dfrac{9.55 \times 10^6 \times 40}{250} = 1{,}528{,}000\,\text{N} \cdot \text{mm}$

$l = \dfrac{2T}{b\tau d} = \dfrac{2 \times 1{,}528{,}000}{16 \times 60 \times 50} = 63.67\,\text{mm}$

정답 32 ④ 33 ④ 34 ②

35. 커플링의 설명으로 옳은 것은?
① 플랜지 커플링은 축심이 어긋나서 진동하기 쉬운 데 사용한다.
② 플렉시블 커플링은 양 축의 중심선이 일치하는 경우에만 사용한다.
③ 올덤 커플링은 두 축이 평행으로 있으면서 축심이 어긋났을 때 사용한다.
④ 원통 커플링의 지름은 축 중심선이 임의의 각도로 교차되었을 때 사용한다.

36. 치공구 설계의 목적으로 가장 관계가 적은 것은?
① 정도 있고 호환성 있는 제품 생산을 위해
② 공구를 쉽게 만들 수 있는 설계의 요점을 계획하고 부적절한 사용의 방지 위해
③ 작업이 변경될 경우 추가 시설을 위하여
④ 작업자의 최대 안전을 위해

37. 아래와 같이 값을 줄 때 치공구 제작의 손익분기점은?

- 치공구를 사용하지 않고 가공할 때 걸린 시간 : 0.3시간
- 치공구를 사용하여 가공했을 때 걸린 시간 : 0.04시간
- 치공구 제작비용 : 1,000,000원
- 각 공정의 한 시간당 가공비(단가) : 2,000원

① 1,923
② 2,923
③ 3,923
④ 4,923

38. 절삭력에 견딜 수 있도록 장착과 장탈 작업을 간단히 할 수 있게 설계되어야 하는 것은?
① 체결기구(Clamp)
② 고정구(Fixture)
③ 부시(Bush)
④ 핀(Pin)

해설

35 ▶ 커플링
① 플랜지 커플링 및 원통 커플링은 축심이 일직선상에 있는 두 축을 연결한 것
② 플렉시블 커플링은 양 축의 정확한 중심선이 일치하지 않은 경우에도 사용이 가능하다.
③ 올덤 커플링은 두 축이 평행으로 있으면서 축심이 어긋났을 때 사용한다.
④ 유니버설 커플링의 지름은 축 중심선이 임의의 각도로 교차되었을 때 사용한다.

37 ▶ 치공구 제작의 손익분기점
$$N = \frac{100,000}{(0.3-0.04) \times 2,000} = 1,923개$$

정답 35 ③ 36 ③ 37 ① 38 ①

39. 플레이트 지그의 설명 중 틀린 것은?

① 수량 여부에 따라 부시를 사용하지 않고 간단히 제작하여 사용한다.
② 다리를 붙여 사용하기도 한다.
③ 클램프 장치가 필요 없다.
④ 대표적 오픈지그이다.

40. 제품을 가공하기 위한 치공구에서 가장 우선적으로 고려해야 할 사항은?

① 공작물의 고정
② 위치결정
③ 변형 방지를 위한 지지
④ 작업의 신속성

03 기계재료 및 측정

41. 인(P)의 특징으로 맞는 것은?

① 단접성을 해치고 주조성(유동성)을 좋게 한다.
② 황과 화합하여 적열취성을 방지(MnS)하게 되어 황의 해를 제거하며, 고온 가공을 용이하게 한다. 주조성을 좋게 하고 담금질 효과를 크게 한다.
③ 가공 시 편석 및 균열을 일으키며, 상온메짐성의 원인이 된다. 기포가 없는 주물을 만들 수 있고, 절삭성이 좋아진다.
④ 적열상태에서는 메짐성이 커 적열 취성의 원인이 되고, 강의 용접성을 나쁘게 하며, 강의 유동성을 해치고 기포를 발생시킨다. 망간(망가니즈)과 화합하여 절삭성이 좋아진다.

해설

39 ▶ 플레이트 지그(Plate jig)
형판 지그와 유사하나 간단한 위치 결정구와 밀착기구 및 클램핑 기구를 가지고 있으며, 제작될 공작물의 수량 여부에 따라 부시를 사용하지 않고 간단히 제작하여 사용한다.
클램프 장치가 필요 없는 것은 템플레이트 지그이다.

40 ▶ 위치결정에 의해 치수공차 내에 합격 및 불합격이 결정된다.

41 ▶ 탄소강 중 타 원소의 영향
① 규소(Si) : 단접성을 해치고 주조성(유동성)을 좋게 한다.
② 망간(망가니즈, Mn) : 황과 화합하여 적열취성을 방지(MnS)하게 되어 황의 해를 제거하며, 고온 가공을 용이하게 한다. 주조성을 좋게 하고 담금질 효과를 크게 한다.
③ 인(P) : 가공 시 편석 및 균열을 일으키며, 상온메짐성의 원인이 된다. 기포가 없는 주물을 만들 수 있고, 절삭성이 좋아진다.
④ 황(S) : 적열상태에서는 메짐성이 커 적열 취성의 원인이 되고, 강의 용접성을 나쁘게 하며, 강의 유동성을 해치고 기포를 발생시킨다. 망간과 화합하여 절삭성이 좋아진다.

정답 39 ③ 40 ② 41 ③

42. 다음 알루미늄 합금 중 내열성이 있는 주물로 공랭 실린더 헤드 및 피스톤 등에 널리 사용되는 것은?

① Y합금
② 라우탈
③ 하이드로날륨
④ 고력Al합금

43. 강의 표면을 고온산화에 견디기 위한 시멘테이션 법은?

① 보로나이징
② 칼로나이징
③ 크로마이징
④ 나이트라이징

44. 7-3황동에 Sn을 1% 첨가한 것으로 전연성이 좋아 관 또는 판을 만들어 증발기와 열교환기 등에 사용되는 주석황동은?

① 애드미럴티 황동
② 네이벌 황동
③ 알루미늄 황동
④ 망간 황동

45. 담금질한 강의 잔류 오스테나이트를 제거하고 마르텐자이트를 얻기 위하여 0℃ 이하에서 처리하는 열처리는?

① 심랭처리
② 염욕처리
③ 오스템퍼링
④ 항온변태처리

해설

42▶ Y합금
알루미늄 합금 중 내열성이 있는 주물로 공랭 실린더 헤드 및 피스톤 등에 널리 사용한다.

43▶
① 세라다이징(Zn의 침투처리) : 내식성, 경화층을 얻는 방법으로 고온산화에 강하다.
② 크로마이징(Cr 침투처리) : 표면층은 고크롬의 조성이 되어 스테인리스강의 성질을 갖게 되므로 내열, 내식성 및 내마모성이 크게 된다.
③ 칼로라이징(Al 침투처리) : 내열성 및 내스케일성 증가, 고온산화에 견딘다.
④ 보로나이징(boronizing ; B 침투처리) : 내마모성 증가로 경도가 커진다.(Hv=1300~1400)
⑤ 실리코나이징(Siliconizing ; Si 침투처리) : 내산성을 향상한다.

44▶
① 애드미럴티 황동 : 7-3황동에 Sn을 1% 첨가한 것으로 전연성이 좋아 관 또는 판을 만들어 증발기와 열교환기 등에 사용한다.
② 네이벌 황동 : 6-4황동에 0.75% Sn첨가 파이프, 용접봉, 선박기계부품으로 사용한다.
③ 알루미늄 황동 : 황동에 Al을 1.5~2.0% 첨가로 결정립자의 미세화, 내식성을 증가시킨다. 열교환기, 증류기관 등에 사용한다.
④ 망간 황동 : 6-4황동에 8% 망간을 첨가함으로써 강도는 커지나 여리고 부식성이 커지므로 해수에 약하다.

45▶ 심랭처리(Sub Zero-Treatment)
담금질 후 경도증가, 시효변형 방지하기 위하여 0℃ 이하의 온도로 냉각하면 잔류 오스테나이트를 마텐사이트로 만드는 처리를 심랭처리라 한다.

정답 42 ① 43 ② 44 ① 45 ①

46. 플라스틱 재료의 특성을 설명한 것 중 틀린 것은?
① 대부분 열에 약하다.
② 대부분 내구성이 높다.
③ 대부분 전기 절연성이 우수하다.
④ 금속재료보다 체적당 가격이 저렴하다.

46 ▶ 플라스틱 재료의 특성
우수한 내식성(耐蝕性)과 양호한 가공성, 경량, 외관이 아름다워 도장할 필요성이 없다는데 있지만, 반면에 일반적으로 내열성(耐熱性)이 부족하고, 강도가 작다는 결점을 가지고 있다. 인장강도는 대체로 금속의 1/10, 탄성계수는 1/100이다.

47. 다음 구조용 복합재료 중에서 섬유강화 금속은?
① SPF ② FRTP
③ FRM ④ GFRP

47 ▶
① FRM(Fiber Reinforced Metals) : 금속을 사용하면 섬유강화 금속
② FRP(Fiber Reinforced Plastics) : 플라스틱을 사용하면 섬유강화 플라스틱
③ FRC(Fiber Reinforced Ceramics) : 섬유강화 세라믹스
④ FRTP : 열가소성 강화 플라스틱

48. 담금질 조직 중 경도가 가장 높은 것은?
① 펄라이트
② 마텐자이트
③ 소르바이트
④ 트루스타이트

48 ▶ 담금질 조직의 경도가 가장 높은 순으로 나열하면 다음과 같다.
시멘타이트(HB850) 〉 마텐자이트(HB650) 〉 트루스타이트(HB430) 〉 소르바이트(HB270) 〉 펄라이트(HB200) 〉 오스테나이트(HB130) 〉 페라이트(HB100)

49. 금속침투법에서 Zn을 침투시키는 것은?
① 크로마이징
② 세러다이징
③ 칼로라이징
④ 실리코나이징

49 ▶
① 크로마이징 : 철강표면에 Cr확산 침투
② 세러다이징 : 철강표면에 Zn확산 침투
③ 칼로라이징 : 철강표면에 Al확산 침투
④ 실리코나이징 : 철강표면에 Si확산 침투

정답 46 ② 47 ③ 48 ② 49 ②

50. 95%Cu – 5%Zn 합금으로 연하고 코이닝(coining)하기 쉬우므로 동전, 메달 등에 사용되는 황동의 종류는?

① Naval brass
② Cartridge brass
③ Muntz metal
④ Gilding metal

50▶ 길딩 메탈(Gilding metal)
95%Cu–5%Zn 합금으로 연하고 코이닝(coining)하기 쉬우므로 동전, 메달 등에 사용되는 황동의 종류이다.

51. 반도체 재료에 사용되는 주요 성분 원소는?

① Co, Ni
② Ge, Si
③ W, Pb
④ Fe, Cu

51▶ 반도체 재료
실리콘(Si)이나 게르마늄(Ge)과 같이 잘 알려진 반도체 재료 외에도 안티몬화 인듐(indium-antimonide : InSb)이나 비화갈륨(gallium-arsenide : GaAs) 등도 그 결정구조가 다이아몬드격자에 합치되는 것들이다.

52. 0.8%C 이하의 아공석강에서 탄소함유량 증가에 따라 감소하는 기계적 성질은?

① 경도
② 항복점
③ 인장강도
④ 연신율

52▶ 0.8%C 이하의 아공석강에서 탄소함유량 증가에 따라 연신율은 감소한다.

53. 마텐자이트(Martensite) 및 그 변태에 대한 설명으로 틀린 것은?

① 경도가 높고, 취성이 있다.
② 상온에서는 준안정상태이다.
③ 마텐자이트 변태는 확산변태를 한다.
④ 강을 수중에 담금질하였을 때 나타나는 조직이다.

53▶ 마텐자이트(Martensite) 변태
오스테나이트에서 마텐자이트로 변태를 마텐자이트 변태라 하며 Ar" 변태라고 기호로 붙인다. 마텐자이트 변태가 생기는 온도를 Ms점이라고 한다.

정답 50 ④ 51 ② 52 ④ 53 ③

54. 철강 소재에서 일어나는 다음 반응은 무엇인가?

[다음] 액체 ↔ 고체 A + 고체 B

① 공석 반응　　② 포석 반응
③ 공정 반응　　④ 포정 반응

54▶ 철강 소재에서 일어나는 반응
- 공정 반응 : 액체 ↔ 고체 A+고체 B
- 포정 반응 : 고체 A+액체 ↔ 고체 B
- 편정 반응 : 고체+액체 A ↔ 액체 B

55. 드릴 작업에서 너트나 볼트 머리에 접하는 면을 편평하게 하여, 그 자리를 만드는 작업은?

① 카운터 싱킹　　② 스폿 페이싱
③ 태핑　　　　　④ 리밍

55▶
① 스폿 페이싱(Spot Facing) : 볼트 또는 너트 등의 구멍과 직각이 되게 머리부가 접촉하는 부분을 깎아서 만드는 작업
② 태핑(Tapping) : 공작물 내부에 암나사 가공, 태핑을 위한 드릴 가공은 나사의 외경−피치로 한다.

56. 밀링분할대로 3°의 각도를 분할 시 분할 핸들을 어떻게 조작하면 되는가? (단, 브라운 샤프형 No.1의 18열을 사용한다.)

① 5구멍씩 이동　　② 6구멍씩 이동
③ 7구멍씩 이동　　④ 8구멍씩 이동

56▶
- 각도 분할법 $\dfrac{h}{H}=\dfrac{\theta°}{9°}=\dfrac{\theta\times 60'}{540'}$
- 원주에 3°로 분할 $\dfrac{3}{9}=\dfrac{3\times 2}{9\times 2}=\dfrac{6}{18}$

57. 선반에서 지름 50mm의 재료를 절삭속도 60m/min, 이송 0.2mm/rev, 길이 30mm로 1회 가공할 때 필요한 시간은?

① 약 10초　　② 약 18초
③ 약 23초　　④ 약 39초

57▶
가공 $T=\dfrac{L}{Nf}i=\dfrac{30}{382\times 0.2}\times 1$
$=0.39분=23초$
$N=회전수\left(\dfrac{1,000V}{\pi D}\right)=\dfrac{1,000\times 60}{\pi\times 50}=382$

58. 밀링에서 상향 절삭과 하향 절삭의 비교 설명으로 맞는 것은?

① 상향 절삭은 절삭력이 상향으로 작용하여 가공물 고정이 유리하다.
② 상향 절삭은 기계의 강성이 낮아도 무방하다.
③ 하향 절삭은 상향 절삭에 비하여 공구 마모가 빠르다.
④ 하향 절삭은 백래시(back lash)를 제거할 필요가 없다.

 해설

58▶ 상향 절삭과 하향 절삭의 비교

구분	상향 절삭
칩에 영향	절삭에 방해 없다.
백래시 제거	백래시 제거장치가 필요 없다.
공작물 고정	불안함으로 확실히 고정해야 한다.
공구 수명	수명이 짧다. 날 파손은 적으나 마멸이 심하다.
소비 동력	소비가 크다.
가 공 면	거칠다.
기계 강성	기계의 강성이 낮아도 된다.

구분	하향 절삭
칩에 영향	절삭에 방해 있다.
백래시 제거	백래시 제거장치가 필요하다.
공작물 고정	안정된 고정이 된다.
공구 수명	수명이 길다. 날 파손은 생길 수 있으나 마모가 적다.
소비 동력	소비가 적다.
가 공 면	깨끗하다.
기계 강성	기계의 강성이 높아야 한다.

59. 중량물의 공작물을 연삭할 때 공작물이 고정되고 숫돌이 자전과 공전을 함께하는 연삭기는?

① 숫돌형 전후 이송대
② 숫돌형 왕복형
③ 테이블 왕복대
④ 플래니터리형

59▶ 연삭 작업 방식
① 트레버스 컷(Treverse cut) 방식
 공작물 회전과 숫돌이송을 동시에 좌우로 운동하여 연삭
② 플렌지 컷(Plunged cut) 방식
 숫돌 절입 방식으로 공작물과 숫돌에 이송을 주지 않고 전후(가로)이송으로 연삭
③ 플래니터리(Planetary: 유성형) 방식
 공작물은 정지 숫돌축이 회전 연삭운동과 동시에 공전운동을 하는 방식

60. 다음 중 다이얼 게이지(dial gauge)의 특징이 아닌 것은?

① 다원측정의 검출기로 이용할 수 있다.
② 눈금과 지침에 의해서 읽기 때문에 오차가 적다.
③ 연속된 변위량의 측정이 가능하다.
④ 측정범위가 넓고, 직접제품의 치수를 읽을 수 있다.

60▶ 다이얼 게이지의 특징
① 측정범위가 넓다.
② 연속된 변위량의 측정이 가능하다.
③ 소형, 경량으로 취급이 용이하다.
④ 어태치먼트의 사용방법에 따라 측정이 광범위하다.
⑤ 다이얼 눈금과 지침에 의해서 읽기 때문에 읽기오차가 적다.
⑥ 다원측정(동시에 많은 개소의 측정이 가능)의 검출기로 이용할 수 있다.

부록 CBT 최종모의고사 2회

01 기계제도

1. 다음 중 가상선을 사용하는 경우에 해당하지 않는 것은?

① 도시된 단면의 앞쪽에 있는 부분을 나타내는 경우
② 되풀이하는 것을 나타내는 경우
③ 가공 전 또는 가공 후의 모양을 나타내는 경우
④ 위치 결정의 근거가 된다는 것을 명시하는 기준선을 나타내는 경우

해설

1▶ 가상선
① 인접부분을 참고로 표시
② 공구, 지그의 위치를 참고로 표시
③ 가동부분을 이동 중의 특정한 위치 또는 이동 한계의 위치를 표시
④ 가공 전 또는 가공 후의 형상을 표시
⑤ 되풀이하는 것을 표시
⑥ 도시된 단면의 앞쪽에 있는 부분을 표시

2. 지름이 10cm이고, 길이가 20cm인 알루미늄봉이 있다. 이 알루미늄의 비중이 2.7일 때 질량(kgf)은?

① 0.424kgf   ② 4.24kgf
③ 1.70kgf   ④ 17.0kgf

2▶

$$질량(중량) = \frac{체적(cm^2) \times 비중}{1,000}$$
$$= \frac{1,571(cm^2) \times 2.7}{1,000} = 4.24 kgf$$

$$체적 = \frac{\pi \times 10^2}{4} \times 20 = 1,571 cm^2$$

3. 구름 베어링의 안지름 번호와 안지름 치수가 잘못 연결된 것은?

① 안지름 번호 : 00 → 안지름 : 10mm
② 안지름 번호 : 03 → 안지름 : 17mm
③ 안지름 번호 : 07 → 안지름 : 35mm
④ 안지름 번호 : /22 → 안지름 : 110mm

3▶ 안지름 번호(세 번째, 네 번째 숫자)
안지름 번호 1~9까지는 안지름 번호와 안지름이 같고 안지름 번호의 안지름 20mm 이상 480mm 미만에서는 안지름을 5로 나눈 수가 안지름 번호이다.

- 00 : 안지름 10mm   • 01 : 안지름 12mm
- 02 : 안지름 15mm   • 03 : 안지름 17mm

4. KS 재료기호 중 용접 구조용 압연강재 기호는?

① SM400A   ② SPHD
③ SS400   ④ SPP

4▶
① SM400A : 용접 구조용 압연강재
② SS400 : 일반구조용 압연강판
③ SPP : 배관용 탄소강관

정답 1④ 2② 3④ 4①

5. 그림과 같이 핸들이나 바퀴 등의 암 및 림, 리브, 훅, 축, 구조물의 부재 등을 나타낼 때에 사용할 수 있는 단면도는?

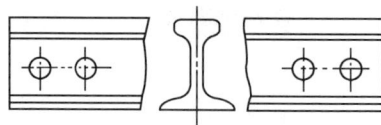

① 온 단면도　② 회전도시 단면도
③ 부분 단면도　④ 한쪽 단면도

해설

5▶ 단면도 설명
① 온 단면도 : 물체의 기본적인 모양을 가장 잘 나타낼 수 있도록 물체의 중심에서 반으로 절단하여 나타낸 것이다.
② 회전도시 단면도 : 핸들이나 바퀴 등의 암이나 리브, 훅, 축, 구조물의 부재 등의 절단면은 90° 회전하여 도시하거나 절단할 곳의 전후를 끊어서 그 사이에 그린다.
③ 부분 단면도 : 외형도에서 필요로 하는 일부분만을 부분 단면도로 도시할 수 있다. 파단선(가는실선)으로 단면의 경계를 표시하고 프리핸드로 외형선의 1/2 굵기로 그린다.
④ 한쪽 단면도 : 상하 또는 좌우 대칭형의 물체는 기본 중심선을 경계로 1/2은 외형도로, 나머지 1/2은 단면도로 동시에 나타낸다. 대칭 중심선의 우측 또는 위쪽을 단면으로 한다.

6. 그림과 같은 도시기호에 대한 설명으로 틀린 것은?

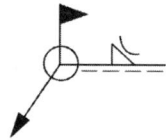

① 용접하는 곳이 화살표 쪽이다.
② 온둘레 현장 용접이다.
③ 필릿 용접을 오목하게 작업한다.
④ 한쪽 플랜지형으로 필릿 용접 작업을 한다.

6▶ 도시기호 설명
① ⚐ : 온둘레 현장 용접
② ⌒ : 오목한 필릿 용접
③ ⌐ : 한쪽 플랜지형

7. 일반적인 CAD 시스템에서 2차원 평면에서 정해진 하나의 원을 그리는 방법이 아닌 것은?
① 원주상의 세 점을 알 경우
② 원의 반지름과 중심점을 알 경우
③ 원주상의 한 점과 원의 반지름을 알 경우
④ 원의 반지름과 2개의 접선을 알 경우

7▶ 원(Circle)을 정의하는 방법
・ 중심점, 반지름(R)
・ 중심점, 지름(D)
・ 2점(2)
・ 3점(3)
・ 접선, 접선, 반지름(T)
・ 접선, 접선, 접선(A)

8. 그림과 같은 입체도의 화살표 방향 투상도로 가장 적합한 것은?

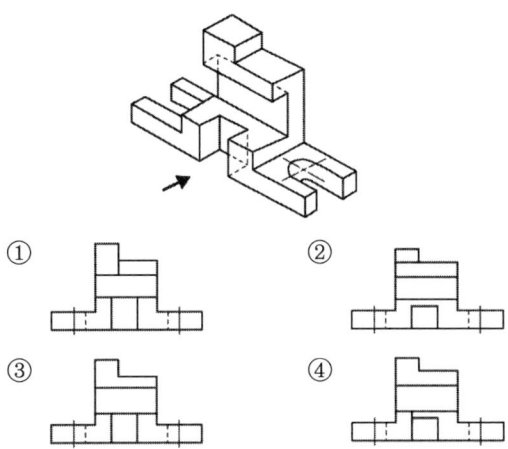

9. 최대 실체 공차방식으로 규제된 축의 도면이 다음과 같다. 실제 제품을 측정한 결과 축 지름이 49.8mm일 경우 최대로 허용할 수 있는 직각도 공차는 몇 mm인가?

① Ø0.3mm
② Ø0.4mm
③ Ø0.5mm
④ Ø0.6mm

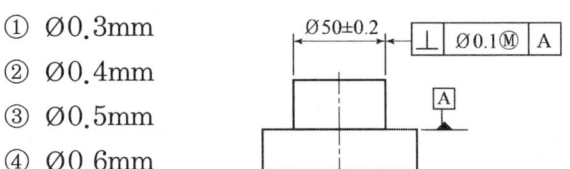

9 ▶ ±0.2 = 0.4 + 0.1 = 0.5mm

10. 4개의 모서리 점과 그 점에서 양방향의 접선 벡터를 주고 3차식을 사용하면 이것은 퍼거슨의 곡면과 동일한 곡선 및 곡면은?

① B-spline 곡선과 곡면
② 쿤스(Coons) 곡면
③ 스플라인(Spline) 곡선
④ 베지어(Bezier) 곡선과 곡면

11. 그림에서 도시한 KS A ISO 6411-A4/8.5의 해석으로 틀린 것은?

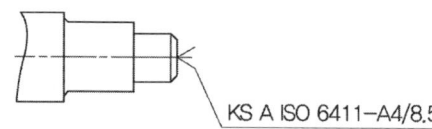

① 센터 구멍의 간략 표시를 나타낸 것이다.
② 종류는 A형으로 모따기가 있는 경우를 나타낸다.
③ 센터 구멍이 필요한 경우를 나타내었다.
④ 드릴 구멍의 지름은 4mm, 카운터싱크 구멍 지름은 8.5mm이다.

12. KS 나사에서 ISO 표준에 있는 관용 테이퍼 암나사에 해당하는 것은?

① R 3/4 ② Rc 3/4
③ Pt 3/4 ④ Rp 3/4

13. 미국 표준협회에서 제정한 코드로서 기계와 기계 또는 시스템과 시스템 사이의 상호 정보 교환을 목적으로 개발된 7비트 혹은 8비트로 한 문자를 표현하며 총 128가지의 문자를 표현할 수 있는 코드는?

① BCD ② EIA
③ EBCDIC ④ ASCII

14. 가공방법의 표시기호에서 "SPBR"은 무슨 가공인가?

① 기어 셰이빙 ② 액체 호닝
③ 배럴 연마 ④ 숏 블라스팅

해설

11▶ 종류는 A형으로 모따기는 없다.

12▶ KS 나사 설명
① R 3/4 : 관용 테이퍼 수나사
② Rc 3/4 : 관용 테이퍼 암나사
③ G 3/4 : 관용 평행 나사
④ Rp 3/4 : 관용 테이퍼 평행 암나사

13▶ ASCII
미국 표준협회에서 제정한 코드로서 기계와 기계 또는 시스템과 시스템 사이의 상호 정보 교환을 목적으로 개발된 7비트 혹은 8비트로 한 문자를 표현하며, 총 128가지의 문자를 표현할 수 있는 코드이다.

14▶ 가공방법의 표시기호
• 배럴 연마 : SPBR
• 액체 호닝 : SPL

15. 다음과 같은 표면의 결 도시기호에서 C가 의미하는 것은?

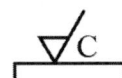

① 가공에 의한 컷의 줄무늬가 투상면에 평행
② 가공에 의한 컷의 줄무늬가 투상면에 경사지고 두 방향으로 교차
③ 가공에 의한 컷의 줄무늬가 투상면의 중심에 대하여 동심원 모양
④ 가공에 의한 컷의 줄무늬가 투상면에 대해 여러 방향

16. 구름 베어링의 상세한 간략 도시방법에서 복렬 자동 조심 볼 베어링의 도시기호는?

① 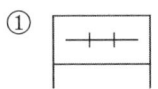 ②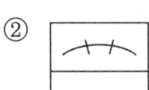
③ 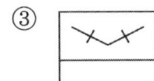 ④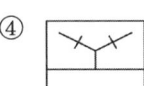

17. 솔리드 모델링 방법 중 CSG방식과 비교할 때 B-rep방식의 특징에 해당하는 것은?

① 메모리 용량이 적다.
② 파라메트릭 모델링을 쉽게 구현할 수 있다.
③ 3면도, 투시도, 전개도의 작성이 용이하다.
④ 자료구조가 단순하다.

해설

15 ▶ 표면의 결 도시기호와 의미

	가공으로 생긴 선이 거의 동심원
C	 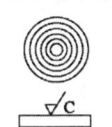

16 ▶ 구름 베어링의 간략 도시방법
① 복렬 깊은 볼 베어링
② 복렬 자동조심 볼 베어링
③ 복렬 앵귤러 콘택트 볼 베어링
④ 복렬 앵귤러 콘택트 볼 베어링(분리형)

17 ▶ B-rep & CSG방식

구 분		CSG	B-rep
데이터 작성		용이	곤란
데이터 구조		단순	복잡
필요 메모리 영역		적음	많음
데이터 수정		약간 곤란	용이
3면도, 투시도 작성		곤란	용이
패턴의 응용		비교적 용이	곤란
전개도 작성		곤란	용이
중량 계산		용이	약간 곤란
유한요소	솔리드	용이	곤란
	표면	곤란	용이

18. 베어링 기호 608 C2 P6에서 P6가 뜻하는 것은?

① 정밀도 등급 기호
② 계열 기호
③ 안지름 번호
④ 내부 틈새 기호

18▶ 베어링 기호 설명
- 60 : 깊은 홈 볼 베어링 계열 60 치수, 치수 계열 10
- 8 : 안지름 번호(베어링 안지름 8mm)
- C2 : 틈새 기호(C2의 틈새)
- P6 : 등급 기호

19. 도면에 그림과 같은 기하공차가 도시되어 있을 때 이에 대한 설명으로 옳은 것은?

| // | 0.1 | A |
| | 0.05/100 | |

① 경사도 공차를 나타낸다.
② 전체 길이에 대한 허용값은 0.1이다.
③ 지정길이에 대한 허용값은 $\frac{0.05}{100}$ mm이다.
④ 이 기하공차는 데이텀 A를 기준으로 100mm 이내의 공간을 대상으로 한다.

19▶ 위 도면에서 데이텀 A면에 대하여 전체 길이에 대한 평행도 허용값은 0.1mm이고, 지정길이 100mm에 대하여 허용값은 0.05mm이다.

20. KS 나사가 다음과 같이 표시될 때 이에 대한 설명으로 옳은 것은?

"왼 2줄 M50×-6H"

① 나사산의 감긴 방향은 왼쪽이고, 2줄 나사이다.
② 미터 보통 나사로 피치가 6mm이다.
③ 수나사이고, 공차 등급은 6급, 공차위치는 H이다.
④ 이 기호만으로는 암나사인지 수나사인지를 알 수 없다.

20▶ 왼 2줄 M50×-6H
① 나사산의 감긴 방향은 왼쪽이고, 2줄 나사이다.
② 좌 2줄 미터 보통 나사(M 50) 암나사 6H 급이다.

02 기계요소 설계

21. 단식 블록 브레이크에서 브레이크 드럼의 지름이 450mm, 블록을 브레이크 드럼에 밀어 붙이는 힘이 1.96kN인 경우 브레이크 드럼에 작용하는 제동 토크는 몇 N·m인가? (단, 마찰계수는 0.2이다.)

① 52.4　② 88.2
③ 176.4　④ 441.0

해설

21▶ 제동 토크
$$T = \frac{\mu P D}{2} = \frac{0.2 \times 1.96 \times 450}{2} = 88.2 \text{N} \cdot \text{m}$$

22. 압력각이 20°인 표준 스퍼 기어에서 언더컷을 방지하기 위한 이론적인 최소 잇수는 몇 개인가?

① 17　② 25
③ 30　④ 32

22▶ 압력각에 따른 언더컷 한계 전위 잇수

압력각	20°	15°	14.5°
이론적	17	30	32
실용적	14	25	26

23. 드릴 지그의 3요소가 아닌 것은?

① 위치 결정　② 공구의 안내
③ 체결　④ 드릴 가공

23▶ 드릴 지그 구성의 3대 요소는 위치 결정 장치, 클램프 장치, 공구 안내 장치이다.

24. 다음 중 다른 전동방식과 비교하여 체인 전동방식의 일반적인 특징에 해당하지 않는 것은?

① 미끄럼이 없는 일정한 속도비를 얻을 수 있다.
② 초장력이 필요 없으므로 베어링의 마멸이 적다.
③ 고속회전에 적당하다.
④ 전동 효율이 95% 이상으로 좋다.

24▶ 체인 전동의 특징
① 미끄럼 없이 일정한 속도비를 얻을 수 있다.
② 초장력이 필요 없으므로 베어링의 마찰손실이 작다.
③ 접촉각이 90° 이상이면 전동가능하다.
④ 내열, 내유, 내수성이 크며, 유지 및 수리가 쉽다.
⑤ 큰동력 전달효율이 95% 이상이다.
⑥ 체인의 탄성으로 어느 정도 충격하중을 흡수한다.
⑦ 진동, 소음이 생기기 쉽다.
⑧ 고속회전에 부적당하고 저속, 대마력에 적당하며, 윤활이 필요하다.

정답 21 ②　22 ①　23 ④　24 ③

25.
직경 500mm인 마찰차가 350rpm의 회전수로 동력을 전달한다. 이때 바퀴를 밀어붙이는 힘이 1.96kN일 때 몇 kW의 동력을 전달할 수 있는가? (단, 접촉부 마찰계수는 0.35로 하고, 미끄럼은 없다고 가정한다.)

① 4.5 ② 5.1
③ 5.7 ④ 6.3

25▶
$$H' = \frac{\mu PV}{102 \times 9.81}[\text{kW}]$$
$$= \frac{0.35 \times 1,960N \times 9.16}{102 \times 9.81} = 6.3\text{m/s}$$
$$V = \frac{\pi D_A N_A}{60 \times 1,000}[\text{kW}] = \frac{\pi \times 500 \times 350}{60 \times 1,000} = 9.16$$

26.
잇수 30개 압력각 30°의 스퍼 기어에서 언더컷이 생기지 않도록 전위기어로 제작하려 한다. 언더컷이 발생하지 않도록 하기 위한 최소이론 전위량은 몇 mm인가? (단, 모듈 m=6이다.)

① -10mm ② -12.5mm
③ -14mm ④ -16.5mm

26▶
$$x = 1 - \frac{Z}{2}\sin^2\alpha = 1 - \frac{30}{2}\sin^2 30° = -2.75$$
$$x \times m = -2.75 \times 6 = -16.5\text{mm}$$

27.
300rpm으로 2.5kW의 동력을 전달시키는 축에 발생하는 비틀림 모멘트는 약 몇 N·m인가?

① 80 ② 60
③ 45 ④ 35

27▶ 축의 비틀림 모멘트
$$T = 9,549 \times 10^3 \frac{H}{n} = 9,549 \times 10^3 \left(\frac{2.5}{300}\right)$$
$$= 79,575\text{N/mm} = 약\ 80\text{N}\cdot\text{m}$$

28.
그림과 같은 기어 열에서 각각의 잇수가 Z_A는 16, Z_B는 60, Z_C는 12, Z_D는 64인 경우 A 기어가 있는 Ⅰ축이 1,500rpm으로 회전할 때, D 기어가 있는 Ⅲ축의 회전수는 얼마인가?

① 56rpm
② 60rpm
③ 75rpm
④ 85rpm

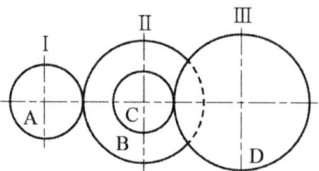

28▶
$$N_D = N_A \times \frac{Z_A \times Z_C}{Z_B \times Z_D} = 1,500 \times \frac{16 \times 12}{60 \times 64} = 75\text{rpm}$$

29. 50kN의 축 방향 하중과 비틀림이 동시에 작용하고 있을 때 가장 적절한 최소 크기의 체결용 미터나사는? (단, 허용인장응력은 45N/mm²이고, 비틀림 전단응력은 수직응력의 1/3이다.)

① M36　　② M42
③ M48　　④ M56

29▶
$$d = \sqrt{\frac{8W}{3\sigma}} = \sqrt{\frac{8 \times 50,000}{3 \times 45}} = 54.4 = M56$$

30. 12 m/s의 속도로 35.3 kW의 동력을 전달하는 평벨트의 이완측 장력은 약 몇 N인가? (단, 긴장측의 장력은 이완측 장력의 3배이고, 원심력은 무시한다.)

① 980 N　　② 1,471 N
③ 1,961 N　　④ 2,942 N

30▶
- 벨트의 전달마력
$$H = \frac{(F_1 - F_2) \times V}{102 \times 9.81} = \frac{(3F_2 - F_2) \times V}{102 \times 9.81} \text{KW}$$

- 이완측의 장력
$$F_2 = \frac{(102 \times 9.81 \times H)}{2 \times V}$$
$$= \frac{102 \times 9.81 \times 35.3}{2 \times 12} = 1,471.7 \text{N}$$

31. 다음 중 두 축이 평행하거나 교차하지 않으며 자동차 차동기어장치의 감속 기어로 주로 사용되는 것은?

① 스퍼 기어　　② 랙과 피니언
③ 스파이럴 베벨 기어　　④ 하이포이드 기어

31▶ 하이포이드 기어
두 축이 평행하거나 교차하지 않으며 자동차 차동기어장치의 감속 기어로 주로 사용된다.

32. 지름 60mm의 강 축에 350rpm으로 50kW를 전달하려고 할 때, 허용전달응력을 고려하여 적용 가능한 묻힘 키(sunk key)의 최소 길이(l)는 약 몇 mm인가? [단, 키의 허용전단응력 τ=40N/mm², 키의 규격(폭×높이)=12mm×10mm이다.]

① 80　　② 85
③ 90　　④ 95

32▶
$$T = 9,549 \times 10^3 \times \frac{50}{350} = 1,364,143 \text{N} \cdot \text{mm}$$
$$l = \frac{2T}{bd\tau} = \frac{2 \times 1,364,143}{12 \times 60 \times 40} = 94.7 \text{mm}$$

33. 10kN의 인장하중을 받는 1줄 겹치기 이음이 있다. 리벳의 지름이 16mm라고 하면 몇 개 이상의 리벳을 사용해야 되는가? (단, 리벳의 허용전단응력은 6.5MPa이다.)

① 5 ② 6
③ 7 ④ 8

해설

33▶
$P = \tau \dfrac{\pi d^2}{4} n$

$n = \dfrac{4P}{\tau \pi d^2} = \dfrac{4 \times 10,000}{6.5 \times \pi \times 16^2} = 7.6 = 8개$

34. 체인 피치가 15.875mm, 잇수 40, 회전수가 500 rpm이면 체인의 평균속도는 약 몇 m/s인가?

① 4.3 ② 5.3
③ 6.3 ④ 7.3

34▶
$v = \dfrac{pZn}{60,000} = \dfrac{15.875 \times 40 \times 500}{60,000} = 5.3 \text{m/s}$

35. 축 방향으로 32MPa의 인장응력과 21MPa의 전단응력이 동시에 작용하는 볼트에서 발생하는 최대 전단응력은 약 몇 MPa인가?

① 23.8 ② 26.4
③ 29.2 ④ 31.4

35▶ 최대 전단응력설에 의해 등가전단응력을 계산
$\tau_{max} = \dfrac{1}{2}\sqrt{\sigma^2 + 4\tau^2} = \dfrac{1}{2}\sqrt{(32)^2 + (4 \times 21^2)}$
$= 26.4 \text{MPa}$

36. 기본 부하용량이 32KN인 단열 깊은 홈형 볼 베어링이 800rpm으로 회전하면서 4KN의 레이디얼 하중을 받고 있을 때, 이 베어링의 수명은 약 몇 시간인가?

① 8,565 ② 10,666
③ 18,654 ④ 21,312

36▶
$L = \left(\dfrac{L}{P}\right)^3 \times 10^6 = \left(\dfrac{32,000}{4,000}\right)^3 \times 10^6 = 512 \times 10^6$

$\therefore L_h = \dfrac{L \times 10^6}{60n} = \dfrac{512 \times 10^6}{60 \times 800} = 10,666 시간$

정답 33 ④ 34 ② 35 ② 36 ②

37. 밀링고정구 설계에서 고정구를 기계 테이블에 고정할 때 필요한 것은?

① 부시
② 위치결정구
③ 텅
④ 필러 게이지

37▶ 텅
밀링 고정구 설계에서 고정구를 기계 테이블에 고정할 때 필요하다.

38. Vise Jig의 설명 중 다른 것은?

① 기계 바이스를 응용한다.
② 실린더 형상의 공작물 내경 작업에 적합하다.
③ 정확히 위치결정 시킬 수 있다.
④ 클램핑 시간이 다소 짧다.

38▶ 바이스 지그
① 공작물에 따라 조(jaw)를 특수하게 제작하여 사용한다.
② 공작물의 형태가 바뀌어도 간단하게 조(jaw)를 개조할 수 있다.
③ 신속한 클램핑(clamping)과 튼튼한 구조로 되어 있다.
④ 공작물의 위치결정이 어렵고 제품의 형태에 제한을 받으며, 클램핑 시 기술이 필요하다.

39. 치공구의 사용상 중요기능이 아닌 것은?

① 절삭공구의 수명연장
② 적절한 위치결정
③ 제품의 확실한 고정
④ 도면내의 치수 보증

39▶ 치공구는 제품에 있어서 필요한 제조 수단으로 공작물(또는 조립물)의 위치결정과 공작물이 움직이지 않도록 고정하여 공작물을 허용공차 내에서 제조하는 데 사용되는 생산용 특수공구이다.

40. 치공구의 3요소가 아닌 것은?

① 위치결정면
② 클램프
③ 위치결정구
④ 공작물

40▶ 치공구의 3요소는 위치결정면, 클램프, 위치결정구이다.

03 기계재료 및 측정

41. 다음 중 강의 적열취성의 주원인이 되는 원소는?
① Mn
② Si
③ S
④ P

41▶ 황(S)
적열상태에서는 메짐성이 커 적열 취성의 원인이 되며, 인장강도, 연신율, 충격값을 감소시킨다. 강의 용접성을 나쁘게 하며, 강의 유동성을 해치고 기포를 발생시킨다. 망간과 화합하여 절삭성이 좋아진다.

42. 구리합금 중 6 : 4 황동에 약 0.8% 정도의 주석을 첨가하여 내해수성이 강하기 때문에 선박용 부품에 사용하는 특수 황동은?
① 네이벌 황동
② 강력 황동
③ 납 황동
④ 애드미럴티 황동

42▶
① 네이벌 황동 : 구리합금 중 6 : 4 황동에 약 0.8% 정도의 주석을 첨가하여 내해수성이 강하기 때문에 선박용 부품에 사용한다.
② 고력 황동 : 6-4황동에 Mn(0.5~3%), Fe(0.1~1.5%), Al(0.2%)에 소량의 Ni, Sn 등을 첨가하여 강도와 내식성, 내해수성을 향상시킨 합금으로 망간 청동이라고도 하며 선박부품에 사용된다.
③ 납 황동 : 황동에 납을 1.5~3.7%까지 첨가하여 절삭성을 좋게 한 것으로 쾌삭 황동이라 한다.
④ 애드미럴티 황동 : 7-3황동에 1% Sn첨가 관, 판으로 증발기, 열교환기에 사용한다.

43. 다음 중 두랄루민 합금과 관계없는 것은?
① Al – Cu – Mg – Mn계 합금이다.
② 시효경화 처리하면 인장강도가 연강과 같은 정도가 된다.
③ 가볍고 강인하여 단조용으로 사용된다.
④ Y-합금이라고도 한다.

43▶ Y-합금
Al-Cu-Ni-Mg의 합금으로 대표적인 내열용 합금이다.

44. 양은 또는 양백으로 불리는 합금은?
① Fe – Ni – Mn계 합금
② Ni – Cu – Zn계 합금
③ Fe – Ni계 합금
④ Ni – Cr계 합금

44▶ 양은 또는 양백
7 : 3황동에 Cu35~40%, Zn40~50%, Ni8~12% 첨가한 것으로 Cu-Zn-Ni계 합금이다.

정답 41 ③ 42 ① 43 ④ 44 ②

45. 내식성과 내산화성이 크고, 성형성이 다른 것에 비해 좋은 비자성의 스테인리스강은?

① 페라이트계
② 마텐자이트계
③ 오스테나이트계
④ 석출경화형

45▶
① **페라이트계** : 내수성(耐銹性)은 크지만 질산 이외의 염산 등의 비산화성인 산에는 견디지 못하므로 내산강으로는 사용하지 않는다. 내산화온도가 높으므로 가열로 등의 부품에 사용된다.
② **마텐자이트계** : 페라이트계보다 다소 크롬이 적은 강종으로서 담금질 경화가 가능한 경화성(硬化性) 스테인리스강을 말하며 공구나 절삭날 등에 사용된다.
③ **오스테나이트계** : 18-8 스테인리스계로 대표되는 고Ni-고Cr강으로서 오스테나이트 조직에서 쓰이며 내식성과 내산화성이 크고, 성형성이 다른 것에 비해 좋은 비자성이다.
④ **석출경화형** : PH 스테인리스강(PH stainless steels)라고도 하며, 스테인리스강의 뛰어난 내식성을 유지하고, 탄화물($Cr_{23}C_6$), 질화물, NiAl화합물, Cu에 많은 상등의 석출경화 작용을 이용한 강인한 재료로서 고온강도가 높고 가공성이나 용접성도 좋으며, 초음속 제트나 미사일의 기체재료로서 발전시킨 것이다.

46. 다음 담금질 조직 중에서 경도가 가장 큰 것은?

① 페라이트
② 펄라이트
③ 마텐자이트
④ 트루스타이트

46▶ 담금질 조직 중에서 경도가 가장 큰 순으로 나열하면 다음과 같다.
시멘타이트(HB850) 〉 마텐자이트(HB650) 〉 트루스타이트(HB430) 〉 소르바이트(HB270) 〉 펄라이트(HB200) 〉 오스테나이트(HB130) 〉 페라이트(HB100)

47. 구리에 아연 5%를 첨가하여 화폐, 메달 등의 재료로 사용되는 것은?

① 델타메탈
② 길딩메탈
③ 문츠메탈
④ 네이벌황동

47▶ 길딩메탈
구리에 아연 5%를 첨가하여 화폐, 메달 등의 재료로 사용된다.

48. 동합금에서 황동에 납을 1.5~3.7%까지 첨가한 합금은?

① 강력 황동
② 쾌삭 황동
③ 배빗 메탈
④ 델타 메탈

 해설

48 ▶
① 강력 황동
  4 : 6황동에 Mn, Al, Fe, Ni, Sn 등을 첨가하여 한층 강력하게 한 황동
② 쾌삭 황동
  황동에 납을 1.5~3.7%까지 첨가한 합금
③ 배빗 메탈
  Sn-Sb-Cu계 합금으로 Sb, Cu가 높을수록 경도, 인장강도, 항압력이 증가한다. 중 내지 고하중 고속전용 베어링으로 이용된다.
④ 델타 메탈
  4 : 6황동에 철 1~2% 첨가하여 강도가 크고 내식성이 좋아 광산기계, 선박용 기계, 화학기계에 사용된다.

49. 분말 야금에 의하여 제조된 소결 베어링 합금으로 급유하기 어려운 경우에 사용되는 것은?

① Y 합금
② 켈밋(kelmet)
③ 화이트 메탈(white metal)
④ 오일리스 베어링(oilless bearing)

49 ▶ 오일리스 베어링(oilless bearing)
분말 야금에 의하여 제조된 소결 베어링 합금으로 급유하기 어려운 경우에 사용한다.

50. 금속의 결정구조 중 체심입방격자(BCC)인 것은?

① Ni   ② Cu
③ Al   ④ Mo

50 ▶ 체심입방격자(BCC)
융점 높고 강도 크다(소속 원자수 : 2개, 배위수 〈인접 원자수〉 : 8개).
• Cr, W, Mo, V, Li, Na, Ta, K, α-Fe, δ-Fe

51. 강을 오스테나이트화한 후, 공랭하여 표준화된 조직을 얻는 열처리는?

① 퀜칭(Quenching)
② 어닐링(Annealing)
③ 템퍼링(Tempering)
④ 노멀라이징(Normalizing)

51 ▶
① 퀜칭(Quenching) : 강도 증가
② 어닐링(Annealing) : 내부응력 제거
③ 템퍼링(Tempering) : 인성 부여
④ 노멀라이징(Normalizing) : 조직의 표준화

정답 48 ② 49 ④ 50 ④ 51 ④

52. 백주철을 고온에서 장시간 열처리하여 시멘타이트 조직을 분해하거나 소실시켜 인성 또는 연성을 개선한 주철은?

① 가단 주철
② 칠드 주철
③ 합금 주철
④ 구상흑연 주철

53. 플라스틱 성형재료 중 열가소성 수지는?

① 페놀 수지
② 요소 수지
③ 아크릴 수지
④ 멜라민 수지

54. GC 60 K m V 1호이며 외경이 300mm인 연삭숫돌을 사용한 연삭기의 회전수가 1,700rpm이라면 숫돌의 원주속도는 약 몇 m/min인가?

① 102
② 135
③ 1,602
④ 1,725

55. 선반 베드에서 리브의 용도는?

① 강성 증가
② 정밀도 증가
③ 경도 증가
④ 인성 증가

52▶ 가단 주철
백주철을 고온에서 장시간 열처리하여 시멘타이트 조직을 분해하거나 소실시켜 인성 또는 연성을 개선한 주철이다.

53▶

구 분	종 류
열경화성수지	페놀수지
	요소수지
	멜라민수지
	규소수지
열가소성수지	스티렌수지
	염화비닐
	폴리에틸렌
	초산비닐
	아크릴수지

54▶ 숫돌의 원주속도
$$V = \frac{\pi DN}{1,000} = \frac{\pi \times 300 \times 1,700}{1,000} = 1,602 \text{m/min}$$

55▶
• 리브의 용도는 강성을 증가시킨다.
• 종류는 평행형, 지그재그형, 십자형, X형(비틀림 및 굽힘에 가장 적합하다)이 있다.

정답 52 ① 53 ③ 54 ③ 55 ①

56. 알루미늄 주조 합금으로 내열용으로 사용되는 합금이 아닌 것은?

① Y합금
② 로우엑스
③ 코비탈륨
④ 실루민

56 ▶ 내열용 알루미늄 주조 합금

Al-Cu-Ni계	Al-Cu-Ni계	Al-Ni-Si계
Y-합금	코비탈륨 (cobitalium)	로우엑스 합금(Lo-Ex)
Al-Cu-Ni-Mg의 합금으로 대표적인 내열용 합금이다. $Al_5Cu_2Mg_2$가 석출 경화되며 시효 처리한다.	Y-합금의 일종으로 Ti와 Cu를 0.2% 정도씩 첨가한다.	Al-Si계에 Cu, Mg, Ni을 첨가한 특수 실루민으로 Na으로 개질처리 한다.

57. 커터의 지름이 100mm이고, 커터의 날 수가 10개인 정면 밀링커터로 200mm인 공작물을 1회 절삭할 때 가공시간은 약 몇 초인가? (단, 절삭속도는 100m/min, 1날당 이송량은 0.1mm이다.)

① 48.4
② 56.4
③ 64.4
④ 75.4

57 ▶
- 회전수 $N = \dfrac{1,000V}{\pi D} = \dfrac{1,000 \times 100}{\pi \times 100} = 318\text{rpm}$
- 테이블의 이송 $f = 0.1 \times 10 \times 318 = 318\text{m/min}$
- 테이블 이송거리 $L = 200 + 100 = 300\text{mm}$
- ∴ 가공시간 $T = \dfrac{L}{f} = \dfrac{300}{318} = 0.94\text{분} = 56\text{초}$

58. 다음 중 소결경질합금이 아닌 것은?

① 위디아(Widia)
② 탕갈로이(Tungaloy)
③ 카보로이(Carboloy)
④ 코비탈륨(Cobitalium)

58 ▶ 소결초경합금
고속도강보다 더욱 훌륭한 공구재료로서 Co, W, C 등의 분말형 탄화물을 프레스로 성형하여 소결시킨 것으로 소결 경질 합금이라고도 한다. 상품명으로는 독일의 비디아(Widia), 미국의 카보로이(Carboloy), 영국의 미디아(Midia), 일본의 탕갈로이(Tungaloy) 등이 있다. 초경합금은 사용목적, 용도에 따라 재질의 종류와 형상이 다양한데, 절삭공구용 P, M, K종이 있다.

59. 분할대를 이용하여 원주를 18등분하고자 한다. 신시내티형(Cincinnati type) 54구멍 분할판을 사용하여 단식분할하려면 어떻게 하는가?

① 2회전 하고, 2구멍씩 회전시킨다.
② 2회전 하고, 4구멍씩 회전시킨다.
③ 2회전 하고, 8구멍씩 회전시킨다.
④ 2회전 하고, 12구멍씩 회전시킨다.

60. 한계 게이지에 대한 설명 중 맞는 것은?

① 스냅 게이지는 최소 치수 측을 통과측, 최대 치수 측을 정지측이라 한다.
② 양쪽 모두 통과하면 그 부분은 공차 내에 있다.
③ 플러그 게이지는 최대 치수 측을 정지측, 최소 치수 측을 통과측이라 한다.
④ 통과측이 통과되지 않을 경우는 기준 구멍보다 큰 구멍이다.

해설

59▶
원주 7등분 $\dfrac{h}{H} = \dfrac{40}{N} = \dfrac{40}{18} = 2\dfrac{12}{54}$

⇒ 분할판 54공(열)을 사용하고 2회전과 12공씩 이동시킨다.

60▶ 한계 게이지
① 한계 게이지는 공차 부호의 방향은 통과측 플러그 게이지는 +로 하고, 정지측 게이지는 −로 한다.
② 구멍용 한계 게이지(플러그 게이지)는 구멍의 최소 허용치수를 기준으로 한 측정 단면이 있는 부분을 통과(go)측이라 하고, 구멍의 최대 허용치수를 기준으로 한 측정 단면이 있는 부분을 정지(no go)측이라 한다.
③ 축용 한계 게이지(스냅 게이지)는 축의 최대 허용치수를 기준으로 한 측정 단면이 있는 부분을 통과측이라 하고, 축의 최소 허용치수를 기준으로 한 측정 단면이 있는 부분을 정지측이라 한다.

정답 59 ④ 60 ③

01 기계제도

1. 그림과 같은 기하공차의 해석으로 가장 적합한 것은?

//	0.05	A
	0.005/100	

① 지정 길이 100mm에 대하여 0.05mm, 전체 길이에 대해 0.005mm의 대칭도
② 지정 길이 100mm에 대하여 0.05mm, 전체 길이에 대해 0.005mm의 평행도
③ 지정 길이 100mm에 대하여 0.005mm, 전체 길이에 대해 0.05mm의 대칭도
④ 지정 길이 100mm에 대하여 0.005mm, 전체 길이에 대해 0.05mm의 평행도

해설

1 ▶ 기하공차의 해석

//	0.05	A
	0.005/100	

지정 길이 100mm에 대하여 0.005mm, 전체 길이에 대해 0.05mm의 평행도

2. 축에 센터 구멍이 필요한 경우의 그림 기호로 올바른 것은?

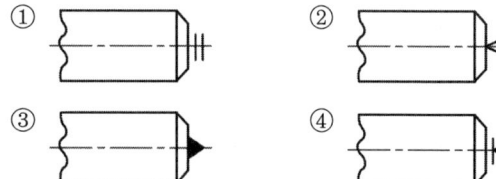

2 ▶ 도시방법

센터 구멍의 필요 여부	기호	도시방법
필요	<	KS A ISO 6411-A 2/4.25
필요하나 기본적으로 요구하지 않음	없음	KS A ISO 6411-A 2/4.25
불필요	K	KS A ISO 6411-A 2/4.25

정답 1 ④ 2 ②

3. 그림과 같이 가공된 축의 테이퍼값은 얼마인가?

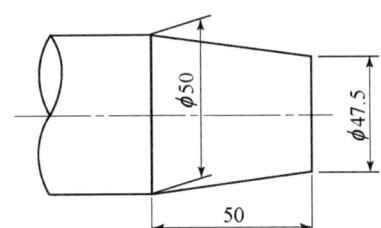

① $\dfrac{1}{5}$ ② $\dfrac{1}{10}$
③ $\dfrac{1}{20}$ ④ $\dfrac{1}{40}$

4. 베어링 호칭 번호가 6301인 구름베어링의 안지름은 몇 mm인가?

① 5 ② 10
③ 12 ④ 15

5. 그림과 같은 T형강의 표시법으로 옳은 것은? (단, 형강의 길이는 L이다.)

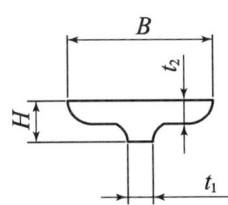

① $T\ B \times H \times t_1 \times t_2 - L$
② $T\ B \times H \times t_1 + t_2 - L$
③ $T\ H \times B \times t_1 \times t_2 - L$
④ $T\ H \times B \times t_1 + t_2 - L$

해설

3▶ 축의 테이퍼값

$$T = \frac{D-d}{l} = \frac{50-47.5}{60} = \frac{1}{20}$$

4▶ 안지름 번호(세 번째, 네 번째 숫자)

안지름 번호 1~9까지는 안지름 번호와 안지름이 같고 안지름 번호의 안지름 20mm 이상 480mm 미만은 안지름을 5로 나눈 수가 안지름 번호이다.
- 00 : 안지름 10mm
- 01 : 안지름 12mm
- 02 : 안지름 15mm
- 03 : 안지름 17mm

5▶ 형강의 종류

종류	단면모양	표시방법
T 형강		$T\ B \times H \times t_1 \times t_2 - L$
I 형강		$I\ H \times A \times t_1 \times t_2 - L$
ㄷ 형강		$\sqsubset H \times A \times B \times t - L$

정답 3 ③ 4 ③ 5 ①

6. 다음 치수 보조기호에 대한 설명으로 옳지 않은 것은?
   ① (50) : 데이텀 치수 50mm를 나타낸다.
   ② t=5 : 판재의 두께 5mm를 나타낸다.
   ③ ⌒20 : 원호의 길이 20mm를 나타낸다.
   ④ SR30 : 구의 반지름 30mm를 나타낸다.

6▶ 치수 보조기호의 설명
(50) : 참고 치수 50mm를 나타낸다.

7. 다음 그림의 용접 도시기호 설명 중 맞는 것은?
   ① 온둘레 용접표시이다.
   ② 현장용접 표시이다.
   ③ 온둘레 현장 용접표시이다.
   ④ 용접 시작점 표시이다.

7▶ 용접 도시기호의 설명
보조기호(KS B 0052)로서 현장용접을 뜻한다.

8. 그림과 같은 정면도와 우측면도에 가장 적합한 평면도는?

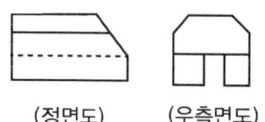
(정면도) (우측면도)

① 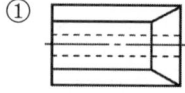 ②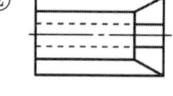

③ 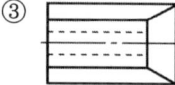 ④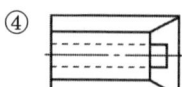

8▶
정면도와 우측면도에 가장 적합한 평면도는 ①이다.

정답 6① 7② 8①

9. 그림과 같은 입체도를 제3각법으로 투상한 투상도로 옳은 것은?

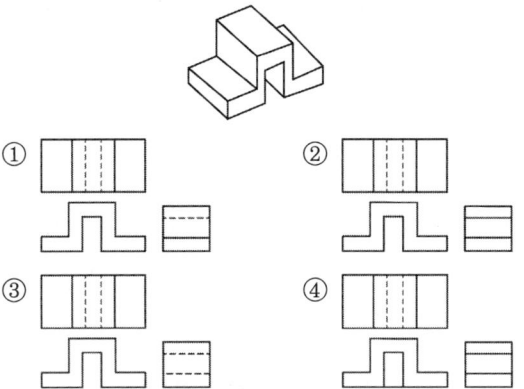

9 ▶
입체도를 제3각법으로 투상한 투상도는 ①이다.

10. 다음과 같은 물체를 제3각법으로 투상하였을 때 가장 적합한 것은?

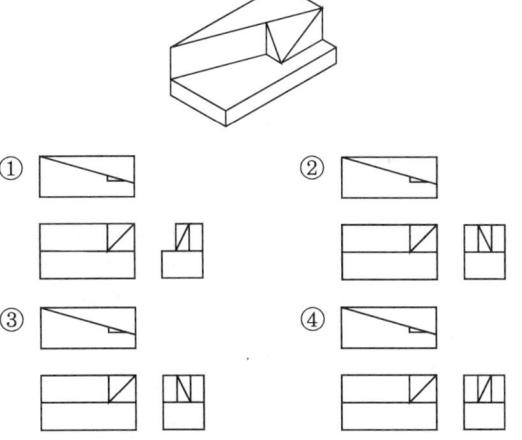

10 ▶
물체를 제3각법으로 투상하였을 때 가장 적합한 것은 ①이다.

11. 그림에 표시한 도시기호 중 가공 모양을 나타내는 것은?

① a
② b
③ c
④ d

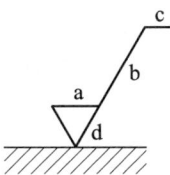

11 ▶ 도시기호 설명
- a : 산술 평균 거칠기 값
- b : 가공방법
- c : 컷 오프 값
- c' : 기준 길이
- d : 줄무늬 방향 기호
- e : 다듬질 여유 기입
- f : 산술 평균 거칠기 이외의 표면 거칠기 값
- g : 표면 파상도

정답 9 ① 10 ① 11 ④

12. 다음 중 굵은 1점 쇄선에 대한 용도로 올바른 것은?

① 기어와 스프로킷 등 이 부분에 기입하는 피치원이나 피치선
② 특수한 가공을 실시하는 부분을 표시하는 선
③ 단면을 그리는 경우 그 절단 위치를 표시하는 선
④ 도형의 중심을 표시하는 선

13. 베어링 첫 번째 숫자 형식번호에서 2, 3은 무엇을 나타내는가?

① 복렬 자동 조심형
② 복렬 자동 조심형(큰나비)
③ 단열 홈형
④ 단열 앵귤러 콘택트형(경사 접촉형)

14. 특징 형상 모델링(Feature-based Modeling)의 특징으로 거리가 먼 것은?

① 기본적인 형상 구성 요소와 형상 단위에 관한 정보를 함께 포함하고 있다.
② 전형적인 특징 형상으로 모떼기(chamfer), 구멍(hole), 슬롯(slot) 등이 있다.
③ 특징 형상 모델링 기법을 응용하여 모델로부터 공정 계획을 자동으로 생성시킬 수 있다.
④ 주로 트위킹(tweaking) 기능을 이용하여 모델링을 수행한다.

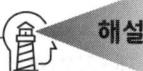

12▶ 굵은 1점 쇄선
특수한 가공을 실시하는 부분을 표시하는 선이다.

13▶ 첫 번째 숫자 : 형식번호
- 1 : 복렬 자동 조심형
- 2, 3 : 복렬 자동 조심형(큰나비)
- 6 : 단열 홈형
- N : 원통 롤러형
- 7 : 단열 앵귤러 콘택트형(경사 접촉형)

14▶ Feature-based Modeling의 특징
① 구멍(hole), 슬롯(slot), 포켓(pocket) 등의 형상단위를 라이브러리(library)에 미리 갖추어 놓고 필요시 이들의 치수를 변화시켜 설계에 사용하는 모델링 방식이다.
② 피처 기반 모델링은 모서리만 가지고 있는 와이어 프레임 모델과는 달리 체적이 있기 때문에 솔리드 모델이라 부르며, 대부분의 CAD/CAM 소프트웨어는 솔리드 모델을 피처 베이스모델 또는 3D 부품 모델링이라고 한다.
③ Design이 완료되면, 모델로부터 제작을 위한 데이터(가공경로, 가공조건, 가공 tool 등)를 추출해 낼 수 있으므로 CAM과 연결이 가능하다.

15. 다음과 같은 기하공차에 대한 설명으로 틀린 것은?

① 허용공차가 ∅0.01 이내이다.
② 문자 'A'는 데이텀을 나타낸다.
③ 기하공차는 원통도를 나타낸다.
④ 지름이 여러 개로 구성된 다단 축에 주로 적용하는 기하공차이다.

15▶
기하공차는 동축도, 동심도를 나타낸다.

16. 나사의 종류 중 ISO 규격에 있는 관용 테이퍼 나사에서 테이퍼 암나사를 표시하는 기호는?

① PT
② PS
③ Rp
④ Rc

16▶
① PT : 관용 테이퍼 나사(ISO 규격 없음)
② PS : 관용 평행 암나사(ISO 규격 없음)
③ Rp : 관용 평행 암나사(ISO 규격 있음)
④ Rc : 관용 테이퍼 암나사(ISO 규격 있음)

17. 솔리드 모델링 방법 중 CSG 방식과 비교할 때 B-rep 방식의 특징에 해당하는 것은?

① 메모리 용량이 적다.
② 파라메트릭 모델링을 쉽게 구현할 수 있다.
③ 3면도, 투시도, 전개도의 작성이 용이하다.
④ 자료 구조가 단순하다.

17▶ B-rep 방식의 특징
① CSG 방식으로 만들기 어려운 물체를 모델화시킬 때 편리하다(비행기 동체, 자동차 외형 모델).
② 화면의 재생시간이 적게 소요되며, 3면도, 투시도, 전개도, 표면적 계산이 용이하다.
③ 데이터 상호교환이 쉬워 많이 사용되고 있다.
④ 모델의 외곽을 저장하므로 많은 메모리가 필요하다.
⑤ 적분법을 사용하기 때문에 중량 계산이 곤란하다.

18. h6 공차인 축에 중간 끼워맞춤이 적용되는 구멍의 공차는?

① R7 ② K7
③ G7 ④ F7

18▶ 상용하는 축 기준 끼워맞춤

기준축	구멍 공차역 클래스						
	헐거운 끼워맞춤		중간 끼워맞춤			억지 끼워맞춤	
h5			H6	JS6	K6	M6	N6	P6
	F6	G6	H6	JS6	K6	M6	N6	P6
h6	F7	G7	H7	H7	K7	M7	N7	P7	R7
	F7								

19. 구멍 $70H7(70^{+0.030}_{0})$, 축 $70g6(70^{-0.010}_{-0.029})$의 끼워맞춤이 있다. 끼워맞춤의 명칭과 최대 틈새를 바르게 설명한 것은?

① 중간 끼워맞춤이며 최대 틈새는 0.01이다.
② 헐거운 끼워맞춤이며 최대 틈새는 0.059이다.
③ 억지 끼워맞춤이며 최대 틈새는 0.029이다.
④ 헐거운 끼워맞춤이며 최대 틈새는 0.039이다.

19▶ 헐거운 끼워맞춤
구멍의 최소 치수가 축의 최대 치수보다 큰 경우이며, 항상 틈새가 생기는 끼워맞춤으로 미끄럼 운동이나 회전 운동이 필요한 기계 부품 조립에 적용한다.

구분	구멍	축
최대허용치수	A=70.030mm	a=69.990mm
최소허용치수	B=70.000mm	b=69.971mm
최대틈새	A−b=0.059mm	
최소틈새	B−a=0.01mm	

20. 용접부의 기호 중 심 용접을 나타내는 기호는?

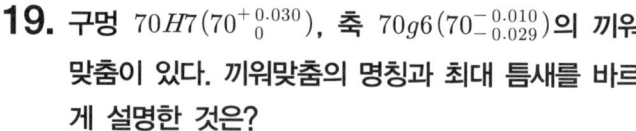

20▶ 용접부의 명칭에 따른 도시 및 기본 기호

명칭	기호	명칭	기호
평행 맞대기 용접(I형)	||	플러그 용접 또는 슬롯 용접(미국)	⊓
V형 맞대기 용접	V	이면 용접 (뒷면 용접)	⌣
필릿 용접	◿	가장자리 (edge) 용접	|||
점 용접	○	표면 육성 (덧살 붙임)	⌢
심(seam) 용접	⊖	표면(surface) 접합부	≡
개선 각이 급격한 V형 맞대기 용접	⋁	겹침 접합부	⊋

02 기계요소 설계

21. 20mm의 연강리벳 2개로 3,140kgf의 전단력을 지지하였다. 안전율은 얼마인가? (단, 연강의 최대 전단강도는 30kgf/cm²이다.)

① 2　　② 4
③ 6　　④ 8

22. 마찰차에서 원동차 및 피동차의 지름을 d_1, d_2라 하고 회전수를 N_1, N_2라 할 때 속도비를 바르게 나타낸 것은?

① 속도비 = $\dfrac{d_1}{N_1}$　　② 속도비 = $\dfrac{d_1}{d_2}$

③ 속도비 = $\dfrac{d_2}{N_2}$　　④ 속도비 = $\dfrac{N_2}{d_1}$

23. 950N·m의 토크를 전달하는 지름 50mm인 축에 안전하게 사용할 키의 최소 길이는 약 몇 mm인가? (단, 묻힘 키의 폭과 높이는 모두 8mm이고, 키의 허용 전단응력은 80N/mm²이다.)

① 45　　② 50
③ 65　　④ 60

24. 10kN의 물체를 수직방향으로 들어올리기 위해서 아이볼트를 사용하려 할 때, 아이볼트 나사부의 최소 골지름은 약 몇 mm인가? (단, 볼트의 허용인장응력은 50MPa이다.)

① 14　　② 16
③ 20　　④ 22

해설

21 ▶
① CSG방법으로 만들기 어려운 물체를 모델화시킬 때 편리하다(비행기 동체, 자동차 외형 모델).
② 화면의 재생시간이 적게 소요되며, 3면도, 투시도, 전개도, 표면적 계산이 용이하다.
③ 데이터 상호교환이 쉬워 많이 사용되고 있다.
④ 모델의 외곽을 저장하므로 많은 메모리가 필요하다.
⑤ 적분법을 사용하기 때문에 중량 계산이 곤란하다.

22 ▶ 속도비
$$i = \frac{N_2}{N_1} = \frac{d_1}{d_2}$$

23 ▶ 키의 최소 길이
$$l = \frac{2T}{bd\tau} = \frac{2 \times 950,000}{8 \times 50 \times 80} = 59.4 ≒ 60$$

24 ▶ 아이볼트 나사부의 최소 골지름
$$d = \sqrt{\frac{4W}{\pi \sigma_t}} = \sqrt{\frac{4 \times 10,000}{\pi \times 50}} = 16\text{mm}$$

정답 21 ③　22 ④　23 ④　24 ②

25. 응력-변형률 선도에서 물체가 견딜 수 있는 최대의 응력. 인장강도라고도 하며 이 점을 지나면 넥킹(necking)이 일어나서 단면적이 급격히 줄어든 E점은?

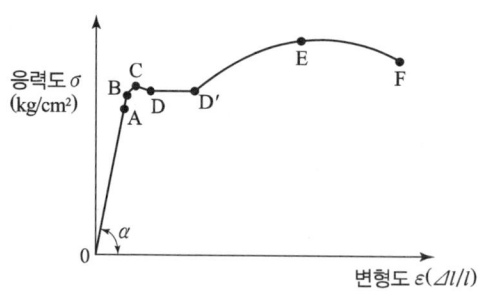

① 탄성한도　　② 비례한도
③ 극한강도　　④ 상항복점

26. 볼 베어링에서 작용 하중은 5kN, 회전수가 4,000rpm이며, 이 베어링의 기본 동정격하중이 63kN이라면 수명은 약 몇 시간인가?

① 6,300시간　　② 8,300시간
③ 9,500시간　　④ 10,200시간

27. 두 축의 교각이 120° 속도비를 2로 하는 원추각의 꼭지각은 각각 얼마인가?

① 60　　② 90
③ 45　　④ 30

해설

25▶

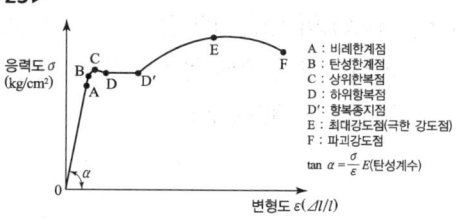

[응력 변형도 곡선]

① 탄성한도 : 가해진 응력을 제거했을 때 물체가 원상태(원점)로 돌아오는 최대 한계점
② 비례한도 : 물체를 하중을 가하면 비례한도까지 응력과 변형이 정비례한다. 물체에 가한 응력에 비례하여 물체가 변형되는 최대 한계점
③ 극한강도 : 물체가 견딜 수 있는 최대의 응력. 인장강도라고도 하며 이 점을 지나면 넥킹(necking)이 일어나서 단면적이 급격히 줄어든다. 또한 변형률은 늘어나나 작용응력은 감소한다.
④ 상항복점 : 시험 속도와 시험편의 형상 등에 영향을 받는 점으로 인장 시험에서 시험 재료의 평행부가 항복을 일으키기 이전의 최대 하중을 평행부의 원단면적으로 나눈 값

26▶

$L_h = 500 \left(\dfrac{C}{P}\right)^3 \dfrac{33.3}{N}$
$= 500 \times \left(\dfrac{63,000}{5,000}\right)^3 \times \dfrac{33.3}{4,000} = 8,326$

27▶

$\tan\theta_A = \dfrac{\sin 120°}{\dfrac{1}{2}+\cos 120°} = \dfrac{\dfrac{\sqrt{3}}{2}}{\dfrac{1}{2}-\dfrac{1}{2}}$ 에서 $\theta_A = 90°$

28. 보통운전으로 회전수 300rpm, 베어링하중 110N을 받는 단열레디얼 볼 베어링의 기본 동정격하중은? (단, 수명은 6만 시간이고, 하중계수는 1.5이다.)

① 1,693N   ② 169.3N
③ 1,650N   ④ 165.0N

28▶
① 실제 베어링 하중
$P = f_w \times P_{th} = 1.5 \times 110 = 165N$
② 수명계수
$f_w = \sqrt[3]{\dfrac{L_h}{500}} = \sqrt[3]{\dfrac{60,000}{500}} = 4.93$
③ 속도계수
$f_n = \sqrt[3]{\dfrac{33.3}{N}} = \sqrt[3]{\dfrac{33.3}{300}} = 0.48$
④ 기본 동정격하중
$C = \dfrac{f_h}{f_n} \times P = \dfrac{4.93}{0.48} \times 165 = 1,694N$

29. 하이포이드 기어(Hypoid gear) 특징으로 다른 것은?

① 베벨 기어와 같은 형상을 하고 있지만 물림 위치가 베벨 기어와는 다소 다르다.
② 평행하고 교차도 없는 기어를 말한다.
③ 이의 단면적이 크며 전동이 용이하고 축간거리를 일정 범위 내에서 임의로 정할 수 있다.
④ 자동차 감속비(뒷차축의 최종단의 감속기) 또는 감속비가 별로 크지 않을 때에는 웜기어 대신 많이 사용한다.

29▶
하이포이드 기어는 평행도 아니고 교차도 없는 기어를 말한다.

30. 12m/s의 속도로 전달 마력 48PS를 전달하는 평벨트의 이완측 장력으로 옳은 것은? (단, 긴장측의 장력은 이완측 장력의 3배이고, 원심력은 무시한다.)

① 100N   ② 1,472N
③ 200N   ④ 2,500N

30▶
• 벨트의 전달 마력
$H = \dfrac{(F_1 - F_2) \times V}{75 \times 9.81} = \dfrac{(3F_2 - F_2) \times V}{75 \times 9.81} PS$
• 이완측의 장력
$F_2 = \dfrac{(75 \times 9.81 \times H)}{2 \times V} = \dfrac{75 \times 9.81 \times 48}{2 \times 12} = 1,472N$

정답 28 ① 29 ② 30 ②

31. 다음은 타이밍 벨트의 특징을 쓴 것이다. 이 중 옳지 않은 것은?

① 슬립(slip)과 크리프(creep)가 거의 없다.
② 속도 변화가 아주 크다.
③ 굽힘저항이 작으므로 작은 지름을 사용할 수 있다.
④ 저속 및 고속에서 원활한 운전이 가능하다.

31▶ 타이밍 벨트
미끄럼 방지를 위하여 접촉면에 치형을 붙여 맞물림에 의하여 전동하도록 조합한 새로운 치붙임 동기 벨트이다. 특징은 슬립과 크리프가 거의 없고, 속도의 변화가 아주 적으므로 자동차 엔진의 점화 장치에 이용하고 있다. 그리고 굽힘저항이 작으므로 작은 지름을 사용할 수 있고 저속 및 고속에서 원활한 운전이 가능하다.

32. 두 축이 비교적 떨어진 위치에 있는 경우나 두 축의 각도가 큰 경우에 이 두 축을 연결하기 위하여 사용되는 축이음으로 자동차 전달기구 등에 쓰이는 커플링은?

① 유니버설 커플링
② 플렉시블 커플링
③ 클램프 커플링
④ 올덤 커플

32▶
① 유니버설 커플링 : 두 축이 비교적 떨어진 위치에 있는 경우나 두 축의 각도(편각)가 큰 경우에 이 두 축을 연결하기 위하여 사용되는 축이음(커플링)의 일종이다. 자동차의 프로펠러 샤프트나 드라이브 샤프트 등의 연결부, 자동차의 스터어링 기구 등에 쓴다.
② 플렉시블 커플링 : 원칙적으로 동일선상에 있는 두 축의 연결에 사용하나, 양 축간 약간의 상호이동을 허용. 온도의 변화에 따른 축의 신축 또는 탄성 변형 등에 의한 축심의 불일치를 완화하여 원활히 운전할 수 있는 커플링이다.
③ 클램프 커플링 : 일직선상에 있는 두 축을 연결한 것으로, 볼트 또는 키를 사용하여 접합하고 양축사이의 상호이동이 전혀 허용되지 않는 구조. 원통 커플링과 플랜지 커플링이 있다.
④ 올덤 커플링 : 두 축이 평행하고 축의 중심선이 약간 어긋났을 때 각 속도의 변동없이 토크를 전달하는데 사용하는 축이음이다.

33. 볼트 이음이나 리벳이음 등과 비교하여 용접 이음의 일반적인 장점으로 틀린 것은?

① 잔류응력이 거의 발생하지 않는다.
② 기밀 및 수밀성이 양호하다.
③ 공정수를 줄일 수 있고, 제작비가 싼 편이다.
④ 전체적인 제품 종량을 적게 할 수 있다.

33▶ 용접 이음의 장점 및 단점
① 사용재료의 두께 제한이 없다.
② 이음효율이 높다.
③ 대형의 가공 기계가 필요 없고 제작이 쉽다.
④ 판재, 형재를 이용해서 정밀하게 만들 수 있다.
⑤ 기밀, 수밀성 및 효율 향상
⑥ 공수 절감 및 작업속도가 빠르다.
⑦ 제품의 성능과 수명이 향상된다.
⑧ 자재 절약, 작업의 자동화가 가능하다.
⑨ 용접부의 결함 검사가 곤란하다.

정답 31 ② 32 ① 33 ①

34. 평행한 두 축 사이에 회전을 전달하는 기어는 다음 중 어느 것인가?

① 헬리컬 기어
② 베벨 기어
③ 웜 기어
④ 하이포이드 기어

34 ▶
- 두 축이 평행한 기어
  ① 스퍼 기어(평 치차)
  ② 헬리컬 기어, 더블헬리컬 기어
  ③ 내접 기어(인터널 기어)
  ④ 랙과 피니언
- 두 축이 나란하지도 교차하지도 않는 기어
  ① 하이포이드 기어
  ② 스큐 기어
  ③ 웜과 웜기어

35. 피치 3mm의 3줄 나사가 2회전하였을 때 전진 거리는?

① 8mm
② 9mm
③ 11mm
④ 18mm

35 ▶
$L = n \times p \times$ 회전수
$= 3 \times 3 \times 2$
$= 18\text{mm}$

36. 다음 중 스프링의 용도와 거리가 먼 것은?

① 하중의 측정
② 진동 흡수
③ 동력 전달
④ 에너지 축적

36 ▶ 스프링의 용도
① 완충용(충격 에너지 흡수, 방진, 진동 및 충격완화)
② 에너지 축적 이용
③ 측정 및 조정용
④ 복원력의 이용

37. 지름 60mm의 강 축에 350rpm으로 50kW를 전달하려고 할 때, 허용전달응력을 고려하여 적용 가능한 묻힘 키(sunk key)의 최소 길이(ℓ)는 약 몇 mm인가? (단, 키의 허용전단응력 $\tau = 40\text{N/mm}^2$, 키의 규격(폭×높이)=12mm×10mm이다.)

① 80
② 85
③ 90
④ 95

37 ▶
$T = 9,549 \times 10^3 \times \dfrac{50}{350} = 1,364,143\,\text{N}\cdot\text{mm}$
$l = \dfrac{2T}{bd\tau} = \dfrac{2 \times 1,364,143}{12 \times 60 \times 40} = 94.7\,\text{mm}$

정답 34 ① 35 ④ 36 ③ 37 ④

38. 치공구 설계의 기본원칙이 아닌 것은?

① 치공구를 설계할 때는 중요 구성 부품은 전문업체에서 생산되는 표준 규격품을 많이 사용할 것
② 손으로 조작하는 치공구는 충분한 강도를 가지면서 취급하기 쉽도록 설계할 것
③ 클램프 지지 거리를 되도록 길게 하고 단순하게 설계할 것
④ 치공구 본체에 가공을 위한 공구 위치 및 측정을 위한 세트 블록을 설치할 것

38▶
고정력의 작용 거리를 되도록 짧게 하고 단순하게 설계할 것

39. 짧은 원통의 위치결정으로 맞는 것은?

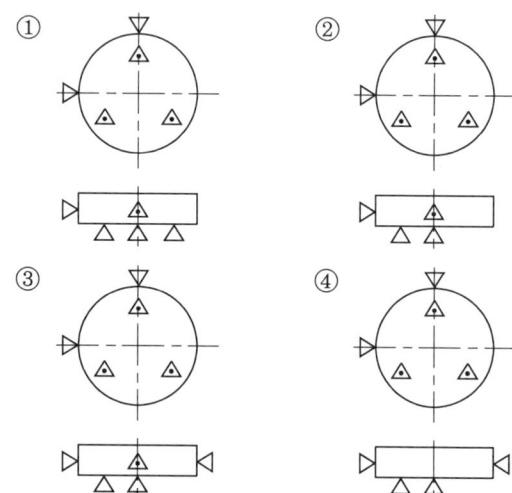

39▶ 짧은 원통 : 높이가 지름보다 작은 경우(5개)
① 평면을 결정하기 위해 3개의 위치 결정구를 밑면에 배치한다.
② 2개의 위치 결정구를 원주에 배치한다.
③ 중심에 대한 회전을 방지할 필요가 있을 경우에는 마찰구를 사용한다.

40. 헬리컬 기어와 스퍼 기어 요목표 작성시 차이점은?

① 치형 기준면과 비틀림각, 리드, 방향이 차이가 있다.
② 치형, 모듈, 압력각이 차이가 있다.
③ 기어 치형이 차이가 있다.
④ 잇수, 피치원 지름, 전체 이높이가 차이가 있다.

40▶
헬리컬 기어는 치형 기준면과 비틀림각, 리드, 방향이 있다.

03 기계재료 및 측정

41. Al합금에 첨가하는 원소 중 내식성을 해치지 않고, 강도를 개선하는 원소가 아닌 것은?
① Cr
② Si
③ Mn
④ Mg

42. 기계 구조용 탄소강 SM45C(K)에서 45가 의미하는 것은?
① 재료표시 기호
② 최저 인장강도
③ 재료 형상 기호
④ 탄소 함유량

43. 18-8형 스테인리스강의 설명으로 틀린 것은?
① 담금질에 의하여 경화되지 않는다.
② 1,000~1,100℃로 가열하여 급랭하면 가공성 및 내식성이 증가된다.
③ 고온으로부터 급랭한 것을 500~850℃로 재가열하면 탄화크롬이 적출된다.
④ 상온에서는 자성을 갖는다.

44. 양은 또는 양백은 어떤 합금계인가?
① Fe – Ni – Mn계 합금
② Ni – Cu – Zn계 합금
③ Fe – Ni계 합금
④ Ni – Cr계 합금

해설

41▶ Al의 내식성을 해치지 않고 강도를 개선하는 요소로는 Mn, Mg, Si 등이 있다.

42▶
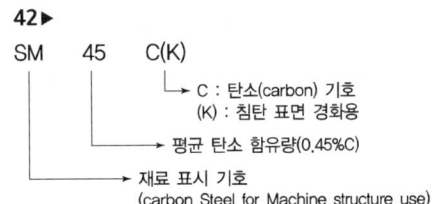

43▶ 18-8형 스테인리스강 특징
① 오스테나이트계 스테인리스강으로 내식성이 가장 높고 비자성체이다.
② 화학적 조성은 Cr 16~26%, Ni 6~20%, 나머지는 Fe로 되어 있다.
③ 담금질에 의하여 경화되지 않는다.
④ 1,000~1,100℃로 가열하여 급랭하면 가공성 및 내식성이 증가된다.
⑤ 고온으로부터 급랭한 것을 500~850℃로 재가열하면 탄화크롬이 적출된다.
⑥ 인성이 좋아 용접과 가공이 용이하고, 산과 알칼리에 강하다.

44▶ 양은 또는 양백
Ni – Cu – Zn계 합금으로 기계적 성질 및 내식성이 우수하며 정밀 저항기 등에도 사용된다.

정답 41 ① 42 ④ 43 ④ 44 ②

45. 인벌류트 기어 측정 항목으로 틀린 것은?

① 워크 흔들림 측정
② 기어 두께 측정
③ 피치 측정
④ 기어 홈의 위치도

46. 일정한 온도 영역과 변형속도 영역에서 유리질처럼 늘어나며, 이때 강도가 낮고, 연성이 크므로 작은 힘으로 복잡한 형상의 성형이 가능한 기능성 재료는?

① 형상기억 합금
② 초소성 합금
③ 초탄성 합금
④ 초인성 합금

47. 소프트웨어와 공작기계를 하나로 제어하는 것으로 공작기계의 구조를 적당히 조합하여 한 대의 기계로 만드는 공작기계는?

① 단능 공작기계
② 만능 공작기계
③ 범용 공작기계
④ 전용 공작기계

해설

45▶ 인벌류트 기어 측정 항목
① 워크 흔들림 측정
② 기어 두께 측정
③ 피치 측정
④ 치형 측정
⑤ 잇줄 방향 오차
⑥ 치 홈의 흔들림

46▶ 초소성 합금
일정한 온도 영역과 변형속도 영역에서 유리질처럼 늘어나며, 이때 강도가 낮고, 연성이 크므로 작은 힘으로 복잡한 형상의 성형이 가능한 기능성 재료이다.

47▶
① **단능 공작기계** : 간단한 공정이나 1종의 공정밖에 할 수 없는 공작기계이며, 다량 생산에 적합하나 다른 공정의 가공에 융통성이 없다. 이는 바이트 연삭기, 센터리스연삭기, 타이어 보링 머신 등의 공작기계가 있다.
② **만능 공작기계** : 선반, 드릴링머신, 밀링머신, 형삭기 등의 공작기계의 구조를 적당히 조합하여 한 대의 기계로 만든 것. 이 기계 한 대로 선삭, 구멍 뚫기, 밀링 절삭, 형삭 등의 작업을 할 수 있는 매우 편리한 기계이나 생산성은 좋지 않다.
③ **범용 공작기계** : 절삭 속도 및 이송의 범위가 크고, 부속 장치를 사용하여 다양한 종류의 가공을 할 수 있는 공작기계이며, 여러 가지 소량 생산에 적합하지만, 부품을 다량으로 양산하는 데에는 적당하지 않다. 이는 선반, 드릴링머신, 밀링머신, 연삭기 등의 공작기계가 있다.
④ **전용 공작기계** : 특정한 모양, 치수의 제품을 양산하기에 적합하도록 만든 공작기계이며, 사용 범위에는 좁고, 소량 생산에는 적합하지 않는 공작기계이다.

48. 드릴의 회전수 600rpm, 이송 속도 0.1mm/rev, 드릴의 원추 높이 3mm, 구멍의 깊이가 17mm일 경우 구멍을 가공하는데 소요되는 시간은 약 몇 초인가?

① 50
② 40
③ 30
④ 20

49. Fe–Fe₃C 평행상태도에서 나타나는 조직이 아닌 것은?

① 펄라이트
② 시멘타이트
③ 페라이트
④ 오스테나이트

50. 성형수축이 적고, 성형 가공성이 양호한 열가소성 수지는?

① 페놀 수지
② 멜라민 수지
③ 에폭시 수지
④ 폴리스티렌 수지

51. 다음 철강 조직 중에서 확산을 수반하는 상변화에 의하여 생성된 조직이 아닌 것은?

① 펄라이트
② 베이나이트
③ 마텐자이트
④ 트루스타이트

해설

48▶
$$T = \frac{t+h}{Nf} i$$
$$T = \frac{17+3}{600 \times 0.1} = 0.33\min = 20\sec$$

49▶
① 펄라이트 : A₁ 변태점에서 오스테나이트의 분열에 의하여 생기는 것으로 탄소 0.85%C의 함유한다.
② 시멘타이트 : 시멘타이트는 철(Fe)과 탄소(C)의 화합물인 탄화철(Fe₃C)로서 탄소를 6.68%의 탄소를 함유한 탄화철로 경도와 취성이 크다.
③ 페라이트 : α(BCC)철에 극히 소량(상온에서 0.006%, 721℃에서 최대0.03%)까지 탄소가 고용된 고용체이며, α고용체라고도 한다.
④ 레데뷰라이트 : γ고용체와 시멘타이트의 공정 조직으로 주철에 나타난다.

50▶ 열가소성 수지 특징 및 용도

종류	특징	용도
스티렌수지 (폴리스티렌)	성형이 용이함, 투명도가 큼	고주파 절연재료, 잡화
염화비닐	가공이 용이함	관, 판재, 마루, 건축재료
폴리에틸렌	유연성 있음	판, 피름
초산비닐	접착성이 좋음	접착제, 껌
아크릴수지	강도가 큼, 투명도가 특히 좋음	방풍, 광학 렌즈

정답 48 ④ 49 ④ 50 ④ 51 ③

52. 밀링 가공에서 하향 절삭작업에 관한 설명으로 틀린 것은?

① 절삭력이 하향으로 작용하여 가공물 고정이 유리하다.
② 상향 절삭보다 공구 수명이 길다.
③ 백래시 제거 장치가 필요하다.
④ 기계 강성이 낮아도 무방하다.

53. 표면 거칠기 측정기가 아닌 것은?

① 촉침식 측정기
② 광절단식 측정기
③ 기초 원판식 측정기
④ 광파 간섭식 측정기

54. 구성 인선의 장점은 무엇인가?

① 가공 면에 흠집을 내고 진동을 일으킨다.
② 치수 정밀도를 감소시키다.
③ 절삭 저항을 감소시킨다.
④ 동력 손실을 일으킨다.

해설

52 ▶
하향 절삭 작업에서는 기계 강성은 높아야 한다.

53 ▶ 표면 거칠기의 측정법
① 비교용 표준편과의 비교측정
사람의 손가락 감각으로 표준편과 가공된 제품과의 표면 거칠기를 비교측정
② 광절단식 표면 거칠기 측정법
현미경이나 투영기에 의해서 확대하여 관측 또는 사진을 찍어서 요철 상태를 알 수 있다.
③ 광파간섭식 표면 거칠기 측정법
빛의 간섭을 이용하여 가공면의 거칠기를 측정하는 방법으로 래핑면과 같이 초점 밑면에 적합하며 1μm 이하의 비교적 미세한 표면의 측정에 사용한다.
④ 촉침식 표면 거칠기 측정법
표면 거칠기 측정법의 대표적인 방법으로 측정원리는 피측정면에 수직으로 움직이는 촉침으로 피측정면의 표면을 긁어서 상하의 움직임 량을 전기적인 신호로 변환하고, 증폭시켜 그래프에 그리거나 meter에 값을 지시한다.

54 ▶ 구성 인선의 장·단점
① 장점 : 안정된 구성 인선은 공구에 달라붙어 공구의 수명을 연장시키고 칩과의 접촉 길이를 짧게 하여 마찰력을 감소고 경사각을 크게 하므로 절삭 저항을 감소시킨다.
② 단점 : 불안정한 구성 인선은 탈락할 때 공구의 일부와 같이 떨어져 공구의 수명을 단축하게 하고 크기가 주기마다 바뀌기 때문에 가공 면에 흠집을 내고 진동을 일으켜 가공 면의 표면 정도와 치수 정밀도를 떨어뜨린다.

55. 한계게이지에 대한 설명 중 맞는 것은?
① 스냅 게이지는 최소 치수 측을 통과측, 최대 치수 측을 정지측이라 한다.
② 양쪽 모두 통과하면 그 부분은 공차 내에 있다.
③ 플러그 게이지는 최대 치수 측을 정지측, 최소 치수 측을 통과측이라 한다.
④ 통과측이 통과되지 않을 경우는 기준 구멍보다 큰 구멍이다.

해설

55 ▶
① 한계게이지는 공차 부호의 방향은 통과측 플러그 게이지는 +로 하고, 정지측 게이지는 ―로 한다.
② 구멍용 한계게이지(플러그 게이지)는 구멍의 최소 허용 치수를 기준으로 한 측정 단면이 있는 부분을 통과(go)측이라 하고, 구멍의 최대 허용 치수를 기준으로 한 측정 단면이 있는 부분을 정지(no go)측이라 한다.
③ 축용 한계게이지(스냅 게이지)는 축의 최대 허용치수를 기준으로 한 측정 단면이 있는 부분을 통과측이라 하고, 축의 최소 허용 치수를 기준으로 한 측정 단면이 있는 부분을 정지측이라 한다.

56. 밀링작업에서 분할대를 사용하여 직접 분할할 수 없는 것은?
① 3등분
② 4등분
③ 6등분
④ 9등분

56 ▶ 직접 분할법(=면판분할법)
분할대의 면판에 24개의 구멍이 등 간격으로 뚫어져 있음(면판 위 24개의 구멍을 이용하여 분할)
※ 24의 약수 : 2, 3, 4, 6, 8, 12, 24
⇒ 7종 분할 가능

57. 사인바에서 삼각함수의 사인을 이용하여 임의의 각도를 구하는 공식은?
① $\alpha = \sin^{-1}\left(\dfrac{H}{H-L}\right)$
② $\alpha = \sin^{-1}\left(\dfrac{L}{H-h}\right)$
③ $\alpha = \sin^{-1}\left(\dfrac{H-h}{L}\right)$
④ $\alpha = \sin^{-1}\left(\dfrac{h-H}{L}\right)$

58. 주조성, 가공성, 내마멸성 등 강도가 우수하여 자동차 주물로 가장 적합한 주철은?
① 보통주철
② 칠드주철
③ 구상흑연주철
④ 내열주철

58 ▶
니켈이나 크롬(크로뮴)을 첨가하여 높은 온도에도 변하지 않고 잘 견딜 수 있게 만든 주철

59. 4개의 조가 각각 단독으로 불규칙한 모양의 공작물을 고정하는 데 많이 사용하는 척은?

① 연동척
② 만능척
③ 콜릿척
④ 단동척

59 ▶ 척의 종류
① 연동척(만능척, 스크롤 척) : 규칙적인 외경을 가진 재료를 가공. 단동척 보다 고정력이 약하다. 3개의 조를 크라운 기어를 사용, 동시에 이동시킨다.
② 단동척 : 다소 불규칙한 외경의 공작물 가공과 중심을 편심시켜 가공할 수 있다. 4개의 조가 있다.
③ 마그네틱척 : 전자석 설치, 얇은 공작물을 변형시키지 않고 가공된다.
④ 콜릿척 : 가는 지름의 환봉 재료 고정. 탁상, 터릿 선반용으로 사용된다.
⑤ 벨척 : 4, 6, 8개의 볼트로 불규칙한 환봉 재료의 고정한다.
⑥ 공기척 : 공작물의 장탈을 신속 확실하게 하기 위해 압축공기나 유압으로 조를 동작, 다수 가공 시 사용되고, 자동화에 능률적이다.
⑦ 복동척(양용척) : 조 4개, 단동척+연동척의 기능으로 먼저 단동척으로 중심을 맞추고 다음부터는 연동식으로 작업한다. 불규칙한 공작물의 다량 고정 시 유용하다. 렌치 장치에 의해 단동과 연동이 양용된다.

60. 스테인리스강의 종류에 해당하지 않는 것은?

① 페라이트계
② 마텐자이트계
③ 레데뷰라이트계
④ 석출경화형

60 ▶
① 페라이트계 : 내수성(耐銹性)은 크지만 질산 이외의 염산 등의 비산화성인 산에는 견디지 못하므로 내산강으로는 사용하지 않는다. 내산화온도가 높으므로 가열로 등의 부품에 사용된다.
② 마텐자이트계 : 페라이트계보다 다소 크롬이 적은 강종으로서 담금질 경화가 가능한 경화성(硬化性) 스테인리스강을 말하며 공구나 절삭날 등에 사용된다.
③ 오스테나이트계 : 18-8 스테인리스계로 대표되는 고Ni-고Cr강으로서 오스테나이트 조직에서 쓰이며 내식성과 내산화성이 크고, 성형성이 다른 것에 비해 좋은 비자성이다.
④ 석출경화형 : 석출 경화형 스테인리스강은 630 계열의 강을 말하며, 고용화 열처리 후 소재가 아직 굳지 않았을 때 기계 가공을 하여 부품으로 만든 후 400도 정도의 낮은 온도에서 시효 처리를 진행, 강도를 증가시킨 스테인리스강을 말한다. 인장 강도가 굉장히 우수하고 가공성이나 용접성도 좋으며, 초음속 제트나 미사일의 기체 재료로서 발전시킨 것이다.

정답 59 ④ 60 ③

부록 CBT 최종모의고사 4회

01 기계제도

1. 나사가 "M50×2-6H"로 표시되었을 때 이 나사에 대한 설명 중 틀린 것은?

① 미터 가는 나사이다.
② 왼 나사이다.
③ 피치 2mm이다.
④ 암나사 등급 6이다.

해설

1▶ M50×2-6H와 같이 "좌" 표기가 없으면 오른 나사이다.

2. KS 재료기호 "SM 10C"에서 10C는 무엇을 의미하는가?

① 최저 인장강도
② 탄소 함유량
③ 제작 방법
④ 종별 번호

2▶ 재료기호 SM10C : 기계구조용 탄소강재
① S : 재질 표시 기호(탄소강)
② M : 형상별 종류나 용도(기계구조용)
③ 10C : 탄소 함유량(0.1%의 정도 탄소함유량)

3. 최대 허용 치수 50.007mm, 최소 허용 치수 49.982mm, 기준치수 50.000mm일 때 위 치수 허용차, 아래 치수 허용차는?

    (위 치수 허용차)   (아래 치수 허용차)
① +0.007mm   -0.018mm
② -0.007mm   +0.018mm
③ -0.025mm   +0.007mm
④ +0.025mm   -0.018mm

3▶
① 위 치수 허용차(+0.007)
  =최대 허용 치수-기준치수
② 아래 치수 허용차(-0.018)
  =최소 허용 치수-기준치수

정답 1② 2② 3①

4. 그림과 같이 여러 개의 구멍이 일정한 간격으로 배치된 경우, 전체 길이 값 "A"는 얼마인가?

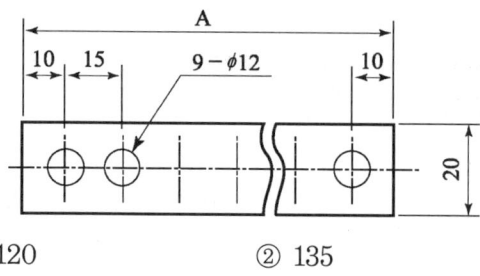

① 120 ② 135
③ 140 ④ 155

5. 다음 나사의 도시법 중 옳은 것은?
① 수나사와 암나사의 골은 굵은 실선으로 그린다.
② 암나사 탭 구멍의 드릴자리는 60°의 굵은 실선으로 그린다.
③ 완전 나사부와 불완전 나사부의 경계선은 굵은 실선으로 그린다.
④ 가려서 보이지 않는 부분의 나사부는 가는 1점 쇄선으로 그린다.

6. 평행 핀의 호칭이 바른 것은?
① 명칭, 종류, 형식, $d \times l$, 재료
② 명칭, 형식, 종류, $d \times l$, 재료
③ 명칭, $d \times l$, 재료, 지정사항
④ 명칭, 재료, $d \times l$, 지정사항

해설

4▶
$8 \times 15 = 120\text{mm} + 10 + 10 = 140\text{mm}$

5▶ 나사의 도시법
① 수나사와 암나사의 골을 표시하는 선은 가는 실선으로 그린다.
② 수나사의 바깥지름과 암나사의 안지름은 굵은 실선으로 그린다.
③ 완전 나사부와 불완전 나사부의 경계선은 굵은 실선으로 그린다.
④ 불완전 나사부의 끝밑선은 가는 실선으로 그린다.
⑤ 가려서 보이지 않는 나사부는 파선으로 그린다.
⑥ 수나사와 암나사의 측면 도시에서 골 지름은 3/4 원의 가는 실선으로 그린다.
⑦ 암나사의 단면도시에서 드릴 구멍이 나타날 때에는 굵은 실선으로 120°가 되게 그린다.

6▶ 핀의 호칭방법

명칭	호칭방법
평행 핀	규격 번호 또는 명칭, 종류, 형식, 호칭, 지름×길이, 재료
테이퍼 핀	명칭, 등급, $d \times l$, 재료
슬롯 테이퍼 핀	명칭, $d \times l$, 재료, 지정사항
분할 핀	규격번호 또는 명칭, 호칭, 지름×길이, 재료

정답 4③ 5③ 6①

7. 다음은 파라메트릭 모델링을 이용한 형상 모델링 과정들을 정리한 것이다. 가장 적절한 순서로 나열된 것은?

> ㉠ 바람직한 형상이 얻어질 때까지 형상 구속조건과 치수조건의 수정을 통해 물체의 형상을 조정하는 과정을 반복한다.
> ㉡ 형상 구속조건과 치수조건을 대화식으로 입력하고, 이를 만족하는 2차원 형상이 생성된다.
> ㉢ 대강의 스케치로 2차원 형태를 입력한다.
> ㉣ 작성된 2차원 형상을 스위핑하거나 스윙잉하여 3차원 물체를 만들어 낸다.

① ㉢-㉠-㉡-㉣
② ㉡-㉢-㉠-㉣
③ ㉢-㉡-㉠-㉣
④ ㉠-㉢-㉡-㉣

8. 그림과 같은 탄소강 재질의 가공품 질량은 약 몇 g인가? (단, 치수의 단위는 mm이며, 탄소강의 밀도는 7.8g/cm³으로 계산한다.)

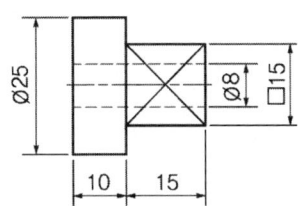

① 49.09
② 54.81
③ 64.54
④ 71.75

해설

8▶
- 중량 $= \dfrac{\text{체적} \times \text{비중}}{1{,}000} = \dfrac{7{,}027.1 \times 7.8}{1{,}000} = 54.81\text{gr}$
- 체적 $= (15 \times 15 \times 15) + (\dfrac{\pi \times 25^2}{4} \times 10) - (\dfrac{\pi \times 8^2}{4} \times 25) = 7{,}027.1\text{mm}^3$

9. 다음은 베어링을 나타내는 호칭번호이다 베어링의 종류를 나타내는 것은 어느 것인가?

NA 4916V

① NA
② 49
③ 16
④ V

9▶ 베어링 호칭 : NA 4916V
① NA : 니들 베어링
② 49 : 치수 계열
③ 16 : 안지름 번호(16×5=80mm)
④ V : 리테이너 기호(리테이너 없음)

정답 7 ③   8 ②   9 ①

10. 기어를 그릴 때 사용되는 선의 설명으로 틀린 것은?

① 잇봉우리원(이끝원)은 굵은 실선으로 그린다.
② 피치원은 가는 1점 쇄선으로 그린다.
③ 이골원(이뿌리원)은 가는 실선으로 그린다.
④ 잇줄 방향은 통상 3개의 굵은 실선으로 그린다.

11. 그림과 같은 입체도의 화살표 방향 투상도로 가장 적합한 것은?

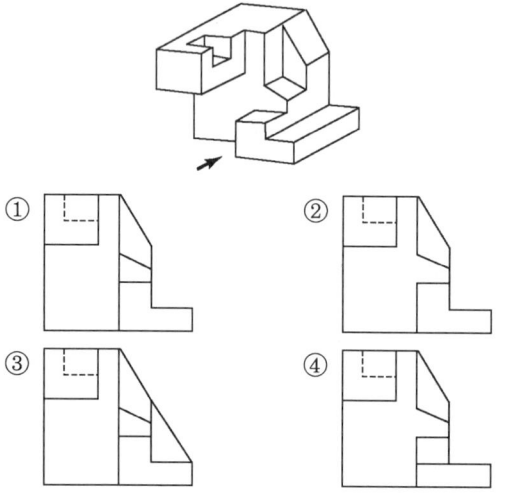

12. 축을 가공하기 위한 센터구멍의 도시 방법 중 그림과 같은 도시 기호의 의미는?

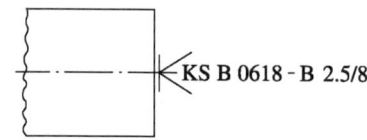

① 센터의 규격에 따라 다르다.
② 다듬질 부분에서 센터구멍이 남아 있어도 좋다.
③ 다듬질 부분에서 센터구멍이 남아 있어서는 안 된다.
④ 다듬질 부분에서 반드시 센터구멍을 남겨둔다.

10▶ 기어 제도의 도시법
① 이끝원은 굵은 실선으로 그린다.
② 피치원은 가는 1점 쇄선으로 그린다.
③ 이뿌리원은 가는 실선으로 그린다.
④ 축에 직각 방향으로 본 그림의 단면으로 도시할 때의 이뿌리원은 굵은 실선으로 그린다.
⑤ 베벨 기어와 웜휠에서 이뿌리원은 생략해도 좋다.
⑥ 잇줄 방향은 보통 3개의 가는 실선으로 그린다.
⑦ 맞물리는 한 쌍 기어의 도시에서 맞물림부의 이끝원은 모두 굵은 실선으로 그린다.

12▶
위 그림은 다듬질 부분에서 센터구멍이 남아 있어서는 안 된다.

13. 그림의 입체도에서 화살표 방향이 정면일 때 평면도로 적합한 것은?

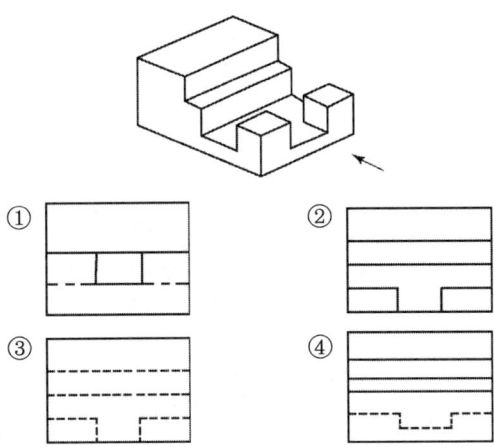

14. IGES 파일 포맷에서 엔티티들에 관한 실제데이터, 즉 예를 들어 직선 요소의 경우 두 끝점에 대한 6개의 좌표값이 기록되어 있는 부분(section)은?

① 스타트 섹션(start section)
② 글로벌 섹션(global section)
③ 디렉토리 엔트리 섹션(directory entry section)
④ 파라미터 데이터 섹션(parameter data section)

14▶ IGES 파일의 구조
① 개시 섹션(start section) : IGES 파일에 대한 임의의 주석을 기록하는 부분이다.
② 그로벌 섹션(grobal section) : IGES 파일을 만든 시스템 환경에 대한 정보를 기록하는 부분이다. 총 24개의 데이터를 기록한다.
③ 디렉토리 섹션(directory section) : 파일에 기록되어 있는 모든 형상/비형상 개체(Entity)에 대한 속성정보를 기록하는 부분이다.
④ 파라미터 섹션(parameter section) : 디렉토리 섹션에서 정의된 개체들에 대한 실제 데이터를 기록하는 부분이다.
⑤ 종결 섹션(terminate section) : 5개 구성섹션에 사용된 줄 수를 기록한다.
⑥ 플래그 섹션(flag section) : 압축형 ACSCⅡ와 이진형식에서만 사용되는 것으로 데이터의 표현형식에 따른 선택사항이다.

15. 다음 그림에서 "A"에 가장 적합한 기하공차 기호는?

①
②
③ ⊥
④

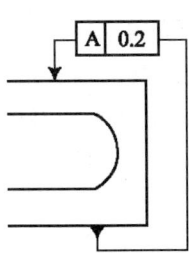

15▶
위 그림에서 "A"에 가장 적합한 기하공차 기호는 평행도(//)이다.

정답 13 ② 14 ④ 15 ②

16. 3차원 형상 모델 중 B-rep과 비교한 CSG 방식의 특징을 설명한 것으로 옳은 것은?

① 데이터의 작성에 필요한 메모리가 많이 요구된다.
② 불 연산을 통한 모델링 기법을 적용하기 곤란하다.
③ 화면 재생에 필요한 연산 과정이 적게 소요된다.
④ 3면도, 투시도, 전개도 등의 작성이 곤란하다.

17. 모델링에서 투상도 배치 방법으로 틀린 것은?

① 제3각법을 기본으로, 경우에 따라서는 제1각법도 적용된다.
② 기본적으로 적용되는 투상도는 정면도, 평면도, 측면도(투상도법에 따라 우측면도 혹은 좌측면도 적용) 및 등각 보기를 배치한다.
③ 주요 단면에 대한 단면도 및 축척에 따라 자세한 표현이 필요한 경우 상세도를 별도의 축척을 적용하여 나타낼 수도 있다.
④ 일반적으로 3D CAD 프로그램에서 제공하는 기본 템플릿은 3각법이 기본이다.

18. CAD 데이터의 교환 표준 중 하나로 국제표준화기구(ISO)가 국제표준으로 지정하고 있으며, CAD의 형상 데이터뿐만 아니라 NC 데이터나 부품표, 재료 등도 표준 대상이 되는 규격은?

① IGES   ② DXF
③ STEP   ④ GKS

 해설

16▶ CSG 방식의 특징
① 불리언 연산자로 더하기(합), 빼고(차), 교차(적)시키는 방법을 통해 명확한 모델생성이 쉽다.
② 데이터를 아주 간결한 파일로 저장할 수 있어, 메모리가 적다.
③ 형상 수정이 용이하고 중량을 계산할 수 있다.
④ CSG 트리로 저장된 솔리드는 항상 구현이 가능한 입체를 나타낸다.
⑤ 기본형상(primitive)의 파라메터만 간단히 변경하여 입체 형상을 쉽게 바꿀 수 있다.
⑥ CSG표현은 항상 대응되는 B-Rep모델로 치환이 가능하다.
⑦ 모델을 화면에 나타내기 위한 디스플레이에서 체적 및 면적의 계산 등에 많은 계산 시간이 필요하다.
⑧ 3면도, 투시도, 전개도, 표면적 계산이 곤란하다.

17▶
일반적으로 3D CAD 프로그램에서 제공하는 기본 템플릿은 1각법이 기본이다.

18▶ STEP(STandard for the Exchange of Product model data)
개별적인 생산 및 설계 시스템 간에 데이터 공유를 통한 유기적 연결을 위해 국제표준화기구(ISO)가 국제표준으로 지정하고 있으며, CAD의 형상 데이터뿐만 아니라 NC 데이터나 부품표, 재료 등도 표준 대상이 되는 규격이다.

정답 16 ④ 17 ④ 18 ③

19. 다음은 베지어(Bezier)곡선의 특징을 설명한 것이다. 이 중 잘못된 것은 무엇인가?

① 곡선은 조정점(control point)을 통과 시킬 수 있는 다각형의 바깥쪽에 위치한다.
② 곡선은 양끝점의 조정점을 통과한다.
③ 1개의 조정점 변화는 곡선 전체에 영향을 미친다.
④ n개의 조정점에 의하여 정의되는 곡선은 (n−1)차 곡선이다.

해설

19▶ 베지어 곡선은 주어진 양 끝점만 통과하고 중간의 점은 조정점의 영향에 따라 근사하고 부드럽게 연결되는 곡선으로 곡선은 조정점을 통과시킬 수 있는 다각형의 내측에 위치한다.

20. 아래 원뿔을 전개하면 오른쪽의 전개도와 같을 때 θ는 약 몇 도(°)인가? (단, $r=20$mm, $h=100$mm 이다.)

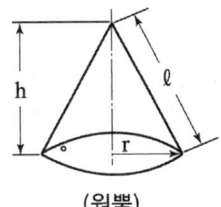
(원뿔)

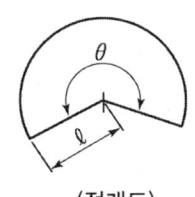
(전개도)

① 약 130°   ② 약 110°
③ 약 90°   ④ 약 70°

20▶ 원뿔 전개도에서 θ각을 구하는 방법
$l = \sqrt{h^2 + r^2} = \sqrt{100^2 + 20^2} = 101.98$
$\theta = \dfrac{r \times 360}{l} = \dfrac{20 \times 360}{101.98} =$ 약 70°

02 기계요소 설계

21. 회전속도가 7m/s로 전동되는 평벨트 전동장치에서 가죽벨트의 폭(b)×두께(t)=116mm×8mm인 경우, 최대전달동력은 약 몇 kW인가? (단, 벨트의 허용인장응력은 2.35MPa, 장력비($e^{\mu\theta}$)는 2.50이며, 원심력은 무시하고 벨트의 이음효율은 100%이다.)

① 7.45   ② 9.16
③ 11.08   ④ 13.46

21▶ 전달 마력
$H_{kw} = \dfrac{T_e v}{102 \times 9.81} \times \dfrac{e^{\mu\theta}-1}{e^{\mu\theta}}$
$T_t = bt\sigma = 116 \times 8 \times 2.35 = 2,180.8$N
$H_{kw} = \dfrac{2,180.8 \times 7}{102 \times 9.81} \times \dfrac{2.5-1}{2.5} = 9.15$

22. 그림과 같이 양쪽에 옆면 필릿 용접 이음을 한 용접구조물에서 용접부의 허용전단응력이 49.05MPa이라 할 때 약 몇 kN의 힘(P)에 견딜 수 있는가? (단, 판의 두께는 5mm이고, 용접길이(l)는 100mm 이다.)

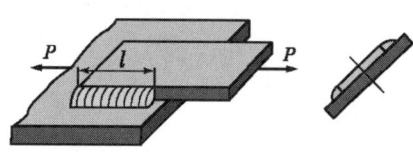

① 34.7　　② 48.6
③ 60.4　　④ 72.9

 해설

22▶
$$\tau_\sigma = \frac{0.707P}{tl}$$
$P = 2tl\tau_\sigma = 2 \times 5 \times 0.707 \times 100 \times 49.05$
$\quad = 34,678\text{N} = 34.7\text{kN}$

23. 일반적으로 저널 베어링은 장착 형태와 하중의 방향에 따라 여러 가지 형태로 분류되는데 그림과 같은 저널은 어떤 저널에 속하는가? (단, 그림에서 P는 하중의 작용을 나타내고, d는 저널의 지름을 의미한다.)

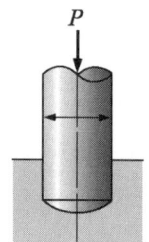

① 칼라저널　　② 피봇저널
③ 중간저널　　④ 엔드저널

23▶ 저널의 종류

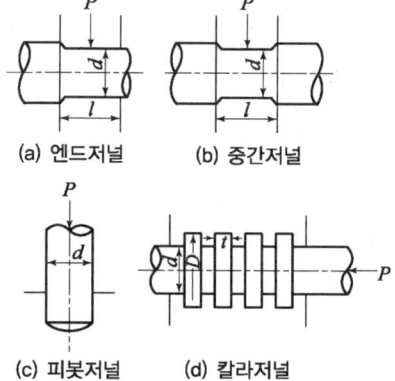

(a) 엔드저널　(b) 중간저널
(c) 피봇저널　(d) 칼라저널

24. 허용전단응력 60N/mm²의 리벳이 있다. 이 리벳에 15kN의 전단하중을 작용시킬 때 리벳의 지름은 약 몇 mm 이상이어야 안전한가?

① 17.85　　② 20.50
③ 25.25　　④ 30.85

24▶
$$\sqrt{\frac{4W}{\pi\tau}} = \sqrt{\frac{4 \times 15,000}{\pi \times 60}} = 17.84\text{mm}$$

25. 속도비 3 : 1, 모듈 3, 피니언(작은 기어)의 잇수 30인 한 쌍의 표준 스퍼 기어의 축간 거리는 몇 mm인가?

① 60　　② 100
③ 140　　④ 180

25▶
$i = n_1 \cdot z_1 = n_2 \cdot z_2$
$\dfrac{1}{3} = \dfrac{30}{x} \Rightarrow x = 90$
$C = \dfrac{(Z_1 + Z_2)}{2} \times M = \dfrac{(90 + 30)}{2} \times 3 = 180\text{mm}$

26. 지름이 50mm 이고 길이가 100mm인 저널 베어링에서 5.9kN의 하중을 지탱하고 있을 때 저널면에 작용하는 압력은 약 몇 MPa인가?

① 0.21　　② 0.59
③ 1.18　　④ 1.65

26▶
저널 베어링의 하중 $W = pdl$ 에서
저널 베어링의 압력
$p = \dfrac{W}{dl} = \dfrac{5,900}{50 \times 100} = 1.18\text{MPa}$

27. 평벨트 전동에서 유효장력이란 무엇인가?

① 벨트 긴장측 장력과 이완측 장력과의 차를 말한다.
② 벨트 긴장측 장력과 이완측 장력과의 비를 말한다.
③ 벨트 긴장측 장력과 이완측 장력을 평균한 값이다.
④ 벨트 긴장측 장력과 이완측 장력의 합을 말한다.

27▶ 유효장력(T_e)
회전하기 시작하여 동력을 전달하게 되면, 인장측의 장력은 커지고 이완측의 장력은 작아지는데, 이 장력의 차를 유효장력이라고 한다.
$T_e = T_t - T_s = \left(T_t - \dfrac{w}{g}v^2\right) \times \dfrac{e^{\mu\theta} - 1}{e^{\mu\theta}}$

28. 볼 베어링에서 수명에 대한 설명 중 맞는 것은?

① 베어링에 작용하는 하중의 3승에 비례한다.
② 베어링에 작용하는 하중의 3승에 반비례한다.
③ 베어링에 작용하는 하중의 10/3승에 비례한다.
④ 베어링에 작용하는 하중의 10/3승에 반비례한다.

28▶ 볼 베어링 수명
베어링에 작용하는 하중의 3승에 반비례한다.

29. 굽힘 모멘트만을 받는 중공축(中空軸)의 허용 굽힘 응력 σ_b, 중공축의 바깥지름 D, 여기에 작용하는 굽힘 모멘트 M일 때, 중공축의 안지름 d를 구하는 식으로 옳은 것은?

① $d = \sqrt[4]{\dfrac{D(\pi\sigma_b D^3 - 16M)}{\pi\sigma_b}}$

② $d = \sqrt[4]{\dfrac{D(\pi\sigma_b D^3 - 32M)}{\pi\sigma_b}}$

③ $d = \sqrt[3]{\dfrac{\pi\sigma_b D^3 - 16M}{\pi\sigma_b}}$

④ $d = \sqrt[3]{\dfrac{\pi\sigma_b D^3 - 32M}{\pi\sigma_b}}$

30. 다음 중 축 중심선에 직각 방향과 축 방향의 힘을 동시에 받는 데 쓰이는 베어링으로 가장 적합한 것은?

① 앵귤러 볼 베어링
② 원통 롤러 베어링
③ 스러스트 볼 베어링
④ 레이디얼 볼 베어링

31. 치공구설계의 기본원칙에 맞지 않는 것은?

① 클램프의 길이를 길게 설계할 것
② 최대한 단순하게 설계할 것
③ 전문업체에서 생산되는 표준부품을 사용할 것
④ 치공구 본체는 칩과 절삭유가 배출할 수 있도록 설계할 것

해설

29 ▶ 굽힘 모멘트만을 받는 중공축

$M = \dfrac{\pi}{32}\left(\dfrac{d_2^4 - d^4}{d_2}\right)\sigma_b \fallingdotseq \dfrac{\sigma_b(d_2^4 - d^4)}{10.2 d_2}$

$= \dfrac{\sigma_b d_2^3 (1 - x^4)}{10.2}$

∴ 바깥지름 $d_2 = \sqrt[3]{\dfrac{10.2 M}{\sigma_b(1-x^4)}}$

∴ 안지름 $d = \sqrt[4]{\dfrac{D(\pi\sigma_b D^3 - 32M)}{\pi\sigma_b}}$

30 ▶ 앵귤러 볼 베어링
축 중심선에 직각 방향과 축 방향의 힘을 동시에 받는 데 쓰이는 베어링이다.

31 ▶
클램프의 길이를 짧게 설계하고 충분한 강도를 가지면서 가볍게 설계할 것

정답 29 ② 30 ① 31 ①

32. 축간거리 55cm인 평행한 두 축 사이에 회전을 전달하는 한 쌍의 스퍼 기어에서 피니언이 124회전할 때, 기어를 96회전시키려면 피니언의 피치원 지름은?

① 48cm
② 62cm
③ 96cm
④ 124cm

해설

32 ▶

축간거리 : $C = \dfrac{D_1 + D_2}{2}$

속도비 : $i = \dfrac{n_2}{n_1} = \dfrac{D_1}{D_2}$ 에서

$550 = \dfrac{D_1 + D_2}{2}$, $i = \dfrac{96}{124} = \dfrac{D_1}{D_2}$ 이므로

$D_1 = \dfrac{96}{124} \times D_2$ 를 대입하면

$550 = \dfrac{\dfrac{96}{124} \times D_2 + D_2}{2}$ 이므로

$1,100 = \dfrac{96}{124} \times D_2 + D_2$

∴ $D_2 = 620\text{mm}$

∴ $D_1 = \dfrac{96}{124} \times D_2 = 480\text{mm} = 48\,\text{cm}$

33. 다음 내용은 드릴 지그의 설계 절차이다. 순서가 바른 것은?

1. 제품도면과 공정도 분석
2. 부시의 선정
3. 위치 결정구 선정
4. 중요 치수의 결정
5. 설계의 검토

① 1-3-2-4-5
② 1-2-3-5-4
③ 5-1-2-3-4
④ 1-2-3-4-5

34. 다음 중 인장응력을 구하는 식으로 맞는 것은? (단, σ는 인장응력, A는 단면적, P는 인장하중이다.)

① $\sigma = \dfrac{P}{A}$
② $\sigma = P \times A$
③ $\sigma = \dfrac{A}{P}$
④ $\sigma = \dfrac{P}{A^2}$

35. 볼 베어링에서 작용 하중은 5kN, 회전수가 4,000rpm 이며, 이 베어링의 기본 동정격하중이 63kN이라면 수명은 약 몇 시간인가?

① 6,300시간
② 8,300시간
③ 9,500시간
④ 10,200시간

35▶

$$L_h = 500\left(\frac{C}{P}\right)^3 \frac{33.3}{N} = 500 \times \left(\frac{63,000}{5,000}\right)^3 \times \frac{33.3}{4,000}$$
$$= 8,326$$

36. 묻힘 키(sunk key)에서 키의 폭 10mm, 키의 유효 길이 54mm, 키의 높이 8mm, 축의 지름 45mm일 때 최대 전달 토크는 약 몇 N·m인가? (단, 키(key)의 허용전단응력 35N/mm²이다.)

① 425   ② 643
③ 846   ④ 1,024

36▶

$$T = \frac{WD}{2}$$
$W = bl\tau = 10 \times 54 \times 35 = 18,900$
$\frac{18,900 \times 45}{2} = 425,250 \text{N/mm} = 425 \text{N} \cdot \text{m}$

37. 기계부품의 가공 시 최소의 경비로 가장 단순하게 사용할 수 있는 지그는?

① 박스 지그
② 분할 지그
③ 샌드위치 지그
④ 템플릿 지그

37▶

① 박스 지그 : 공작물이 한 번 장착되면 지그를 회전시켜가며 여러 면에서 가공할 수 있고, 공작물의 위치 결정이 정밀하고, 견고하게 클램핑 할 수 있는 장점이 있다. 그러나 지그를 제작하는 데 많은 시간과 제작비가 필요하며, 칩의 배출이 곤란하다.

② 분할 지그 : 공작물을 일정한 거리와 각도로 분할하여 정확한 간격으로 구멍을 뚫거나 기계가공에서 기어와 같이 분할이 어려운 공작물 가공에 사용된다.

③ 샌드위치 지그 : 공작물을 위아래에서 보호한 상태에서 가공되는 형태로서, 공작물이 얇거나 연질의 재료인 경우 가공 중 발생할 수 있는 변형을 방지하기 위하여 활용된다.

④ 템플릿 지그 : 공작물의 수량이 적거나 정밀도가 요구되지 않는 경우에 활용하며, 가장 경제적이고 간단하고 단순하게 생산 속도를 증가시키기 위하여 제작할 수 있다.

38. 800rpm으로 회전하고 1kN의 하중을 받고 있는 단열 레이디얼 볼베어링의 수명이 20,000시간이라 하면, 다음 중 어느 베어링을 사용하는 것이 가장 적당한가? (단, C는 기본 동정격하중이다.)

① 6202(C=6kN)
② 6203(C=8kN)
③ 6205(C=10kN)
④ 6206(C=15kN)

해설

38▶
- 속도계수 $f_n = \sqrt[3]{\dfrac{33.3}{n}} = \sqrt[3]{\dfrac{33.3}{800}} = 0.347$
- 수명계수 $f_h = \sqrt[3]{\dfrac{L_h}{500}} = \sqrt[3]{\dfrac{20,000}{500}} = 3.42$
- 기본 동정격 하중 $C = \dfrac{f_h}{f_n} P = \dfrac{3.42}{0.347} \cdot 1,000$
  $= 9,856\text{N} ≒ 10\text{kN}$

따라서 데이터 구름베어링에서 6205 베어링을 선정한다.

39. 중공축의 안지름과 바깥지름의 비를 $x(\ll 1)$라 할 때, 동일한 비틀림 모멘트에 대해서 동일한 비틀림 응력이 발생하기 위한 중실축 지름(d)과 중공축의 바깥지름(d_2)의 비 d_2 / d는? (단, 중실축과 중공축의 재질은 같다.)

① $\sqrt[3]{1-x^4}$
② $\sqrt[4]{1-x^4}$
③ $\dfrac{1}{\sqrt[3]{1-x^4}}$
④ $\dfrac{1}{\sqrt[4]{1-x^4}}$

39▶ 실제 원축과 구멍 원축의 강도가 같을 때 직경의 비

$\dfrac{d_2}{d} = \dfrac{1}{\sqrt[3]{1-x^4}}$

40. 직경 500mm인 마찰차가 350rpm의 회전수로 동력을 전달한다. 이때 바퀴를 밀어붙이는 힘이 1.96kN일 때 몇 kW의 동력을 전달할 수 있는가? (단, 접촉부 마찰계수는 0.35로 하고, 미끄럼은 없다고 가정한다.)

① 4.5
② 5.1
③ 5.7
④ 6.3

40▶

$H' = \dfrac{\mu PV}{102 \times 9.81}[\text{kW}]$

$= \dfrac{0.35 \times 1960N \times 9.16}{102 \times 9.81} = 6.3\text{m/s}$

$V = \dfrac{\pi D_A N_A}{60 \times 1,000}[\text{kW}] = \dfrac{\pi \times 500 \times 350}{60 \times 1,000} = 9.16$

03 기계재료 및 측정

41. 탄소강에서 적열메짐을 방지하고, 주조성과 담금질 효과를 향상시키기 위하여 첨가하는 원소는?

① 황(S)
② 인(P)
③ 규소(Si)
④ 망간(Mn)

42. 담금질 조직 중에 냉각속도가 가장 빠를 때 나타나는 조직은?

① 솔바이트
② 마텐자이트
③ 오스테나이트
④ 트루스타이트

43. 다음 중 두랄루민 합금과 관계없는 것은?

① Al – Cu – Mg – Mn계 합금이다.
② 시효경화 처리하면 인장강도가 연강과 같은 정도가 된다.
③ 가볍고 강인하여 단조용으로 사용된다.
④ Y-합금이라고도 한다.

41▶ 탄소강 중의 타 원소의 영향
① 규소(Si) : 단접성을 해치고 주조성(유동성)을 좋게 한다.
② 망간(망가니즈, Mn) : 황과 화합하여 적열취성방지(MnS)하게 되어 황의 해를 제거하며, 고온가공을 용이하게 한다. 주조성을 좋게 하고 담금질 효과를 크게 한다.
③ 인(P) : 가공 시 편석 및 균열을 일으킨다. 상온메짐성의 원인이 된다. 기포가 없는 주물을 만들 수 있고, 절삭성이 좋아진다.
④ 황(S) : 적열상태에서는 메짐성이 커 적열 취성의 원인이 되며, 강의 용접성을 나쁘게 하며, 강의 유동성을 해치고 기포를 발생시킨다. 망간과 화합하여 절삭성이 좋아진다.

42▶
담금질 조직 중에 냉각속도가 가장 빠를 때 나타나는 조직은 마텐자이트 〉 트루스타이트 〉 소르바이트 〉 펄라이트 〉 오스테나이트 〉 페라이트이다.

43▶ Y-합금
Al-Cu-Ni-Mg의 합금으로 대표적인 내열용 합금이다.

44. 특정한 제품을 대량 생산할 때 적합하지만, 사용범위가 한정되며 구조가 간단한 공작기계는?

① 범용 공작기계
② 전용 공작기계
③ 단능 공작기계
④ 만능 공작기계

45. 직접 측정의 장점에 해당되지 않는 것은?

① 측정기의 측정범위가 다른 측정법에 비하여 넓다.
② 측정물의 실제치수를 직접 읽을 수 있다.
③ 수량이 적고, 많은 종류의 제품 측정에 적합하다.
④ 측정자의 숙련과 경험이 필요없다.

46. 3침법이란 수나사의 무엇을 측정하는 방법인가?

① 골지름
② 피치
③ 유효지름
④ 바깥지름

해설

44 ▶
① 범용 공작기계 : 가공할 수 있는 기능이 다양하고 절삭 및 이송 속도의 범위가 크다.
② 전용 공작기계 : 특정한 모양이나 치수의 제품을 대량생산하는 데 적합하도록 만든 공작기계이다.
③ 단능 공작기계 : 한 가지의 가공만을 할 수 있는 기계를 말한다.
④ 만능 공작기계 : 다양한 가공을 할 수 있도록 제작된 공작기계이다.

45 ▶ 직접 측정의 단점
① 눈금을 잘못 읽기 쉽고, 측정 시 시간이 많이 걸린다.
② 측정기가 정밀할 때는 측정 시 많은 숙련과 경험이 필요하다.

46 ▶ 3침법이란 수나사의 유효지름을 측정한다.
• 유효지름의 측정방법
① 삼침법 : 나사 게이지 등과 같이 정밀도가 높은 나사의 유효지름 측정에 3침법(3선법)이 쓰이며, 지름이 같은 3개의 핀 게이지를 나사산의 골에 끼운 상태에서 바깥지름을 마이크로미터 등으로 측정하여 계산하며, 유효지름을 측정하는 가장 정밀한 방법이다.
② 나사 마이크로미터에 의한 방법 : 엔빌 측에 V홈 측정자를 스핀들 측에 원뿔형 측정자를 사용하여 유효지름 값을 직접 읽을 수 있다.
③ 광학적인 방법 : 투영기, 공구현미경 등의 광학적 측정기에서 나사축 선과 직각으로 움직이는 전후이동 마이크로미터 헤드의 읽음 값으로 구할 수 있다.

정답 44 ② 45 ④ 46 ③

47. 내식성과 내산화성이 크고, 성형성이 다른 것에 비해 좋은 비자성의 스테인리스강은?

① 페라이트계
② 마텐자이트계
③ 오스테나이트계
④ 석출경화형

47 ▶
① **페라이트계**: 내수성(耐銹性)은 크지만 질산 이외의 염산 등의 비산화성인 산에는 견디지 못하므로 내산강으로는 사용하지 않는다. 내산화온도가 높으므로 가열로 등의 부품에 사용된다.
② **마텐자이트계**: 페라이트계보다 다소 크롬이 적은 강종으로서 담금질 경화가 가능한 경화성(硬化性) 스테인리스강을 말하며 공구나 절삭날 등에 사용된다.
③ **오스테나이트계**: 18-8 스테인리스계로 대표되는 고Ni-고Cr강으로서 오스테나이트 조직에서 쓰이며 내식성과 내산화성이 크고, 성형성이 다른 것에 비해 좋은 비자성이다.
④ **석출경화형**: PH 스테인리스강(PH stainless steels)라고도 하며, 스테인리스강의 뛰어난 내식성을 유지하고, 탄화물($Cr_{23}C_6$), 질화물, NiAl화합물, Cu에 많은 상등의 석출경화작용을 이용한 강인한 재료로서 고온강도가 높고 가공성이나 용접성도 좋으며, 초음속 제트나 미사일의 기체재료로서 발전시킨 것이다.

48. 다음 각도게이지 중 정도가 가장 좋은 것은?

① 요한슨식 각도게이지
② N.P.L식 각도게이지
③ 기계식 각도 정규
④ 광학식 각도 정규

48 ▶
요한슨식 각도게이지의 정도는 조합 시 ±24″ 정도이며, N.P.L식 각도게이지의 조합 후 정도는 2~3″이다. 그리고 기계식 각도 정규는 5′이며, 광학적 각도 정규는 1도를 12등분한 것이 있다.

49. 삼각법에 의한 각도 측정 방법이 아닌 것은?

① 사인바에 의한 각도 측정
② NPL식 각도 게이지에 의한 각도 측정
③ 탄젠트바에 의한 각도 측정
④ 롤러에 의한 각도 측정

49 ▶ 삼각법에 의한 각도 측정
① 사인바
② 탄젠트바
③ 원통롤러

정답 47 ③ 48 ② 49 ②

50. 수준기에서 1 눈금의 길이를 2mm로 하고, 1 눈금이 각도 5″(초)를 나타내는 기포관의 곡률 반경은?

① 7.26m
② 8.23
③ 72.6m
④ 82.5m

해설

50 ▶
$$\rho = 206{,}265 \times \frac{a}{R} = R = \frac{206{,}265 \times 2}{5초}$$
$$= 82{,}506 \div 1{,}000$$
$$= 82.5\text{m}$$

51. 다음 센터리스 연삭기의 장단점에 대한 설명 중 틀린 것은?

① 센터가 필요하지 않아 센터 구멍을 가공할 필요가 없고, 속이 빈 가공물을 연삭할 때 편리하다.
② 긴 홈이 있는 가공물이나 대형 또는 중량물의 연삭이 가능하다.
③ 연삭숫돌 폭보다 넓은 가공물을 플랜지 컷 방식으로 연삭할 수 없다.
④ 연삭숫돌의 폭이 크므로, 연삭숫돌 지름의 마멸이 적고 수명이 길다.

51 ▶
센터리스 연삭기는 홈이 있는 가공물이나 대형 또는 중량물의 연삭이 어렵다.

52. +4μm의 오차가 있는 호칭치수 30mm의 게이지블록과 다이얼게이지를 사용하여 비교 측정한 결과 30.274mm를 얻었다면 실체치수는?

① 30.278mm
② 30.270mm
③ 30.266mm
④ 30.282mm

52 ▶
• 계기오차 = 측정값−참값 = 30.274−30
  = 0.274
• 실제치수 = 측정값+오차 = 30.274+0.004
  = 30.278

53. 투영기에 의해 측정을 할 수 있는 것은?

① 진원도 측정
② 진직도 측정
③ 각도 측정
④ 원주 흔들림 측정

53 ▶ 투영기
물체를 스크린 상에 확대 투영하고 그 물체의 형상이나 치수를 측정 검사하는 광학 기기로 각도 측정, 나사 유효지름, 나사산의 반각, 피치, 표면거칠기, 윤곽 등을 측정 할 수 있다.

정답 50 ④ 51 ② 52 ② 53 ③

54. Fe-C 평형상태도에서 공석강의 탄소 함유량은 얼마정도인가?

① 6.67% ② 4.3%
③ 2.11% ④ 0.77%

54 ▶
① 공석강 : 0.77%C(펄라이트)
② 아공석강 : 0.025~0.77%C(페라이트+펄라이트)
③ 과공석강 : 0.77~2.0%C(펄라이트+시멘타이트)

55. 다음 중 절삭 공구용 특수강은?
① Ni-Cr 강
② 불변강
③ 내열강
④ 고속도강

55 ▶
① Ni-Cr 강 : 가장 널리 쓰이는 구조용강으로 Ni강에 Cr 1% 이하의 첨가로 경도 보충한 강으로 수지상 조직이 피기 쉽고 냉각 중 헤어크랙, 백점 등을 발생시키며 뜨임 메짐이 있다.
② 불변강 : 온도가 변화하더라도 어떤 특정의 성질(열팽창 계수, 탄성 계수 등)이 변화하지 않는 강이다.
③ 내열강 : 고온에서 충분한 기계적 성질을 유지하고 산화 등 화학작용에 잘 견디는 강철로 적어도 600℃ 이상에서는 크롬-몰리브덴강, 13% 크롬강, 또는 18-8 스테인리스강을 사용한다.
④ 고속도강 : 절삭 공구강의 대표적인 특수강으로서 W, Cr, V 이외의 Co, Mo 등을 다량 함유하고 있고 대표적인 것으로는 W 18%, Cr 4%, V 1%를 함유한 18-4-1형이 있다.

56. 니이컬럼형 밀링머신에서 테이블의 상하 이동거리가 400mm이고, 새들의 전후 이동거리는 200mm라면 호칭번호는 몇 번에 해당하는가? (단, 테이블의 좌우 이동거리는 550mm이다.)

① 1번 ② 2번
③ 3번 ④ 4번

56 ▶
밀링 호칭 번호(0~5번)는 새들의 전후 이송거리로 나타낸다.

번호	No.0	No.1	No.2	No.3	No.4	No.5
이동거리	150	200	250	300	350	400

57. 밀링 커터의 날수가 10, 지름이 100mm, 절삭속도 100m/min, 1날당 이송을 0.1mm로 하면 테이블 1분간 이송량은 약 얼마인가?

① 420mm/min ② 318mm/min
③ 218mm/min ④ 120mm/min

 해설

57▶
$f = f_z \times n \times Z = 0.1 \times 318.31 \times 10$
$= 318 \text{mm/min}$
$n = \dfrac{1,000 V}{\pi \times D} = \dfrac{1,000 \times 100}{\pi \times 100} = 318.31$

58. 밀링 작업에서 스핀들의 앞면에 있는 24 구멍의 직접 분할판을 사용하여 분할하며 이때 웜을 아래로 내려 스핀들의 웜휠과 물림을 끊는 분할법은?

① 간접 분할법
② 직접 분할법
③ 차동 분할법
④ 단식 분할법

58▶
① **직접 분할법**: 분할대 주축의 앞면에 있는 24 구멍의 직접 분할 구멍을 이용하여 2, 3, 4, 6, 8, 12, 24의 등분을 간단히 할 수 있는 방법이다.
② **단식 분할법**: 직접 분할 방법으로 분할할 수 없는 수 또는 분할이 정확해야 할 때 이용하며, 분할 크랭크와 분할판을 사용하여 분할하는 방법으로 웜과 웜(기어)휠의 기어 비는 1:40 이다.
③ **차동 분할법**: 직접 분할법이나 단식 분할법으로 분할할 수 없는 67, 97, 121 등의 소수나 특수한 수의 분할을 하는 방법이다.
④ **각도 분할법**: 분할에 의해서 공작물의 원둘레를 어느 각도로 분할할 때에는 단식 분할법과 마찬가지로 분할판과 크랭크 핸들에 의해서 분할한다.

59. 밀링작업에서 상향 절삭과 하향 절삭의 특징을 비교했을 때 상향 절삭에 해당하는 것은?

① 동력의 소비가 적다.
② 마찰열의 작용으로 가공면이 거칠다.
③ 가공할 때 충격이 있어 높은 강성이 필요하다.
④ 뒤틈(backlash) 제거장치가 없으면 가공이 곤란하다.

59▶ 상향 절삭과 하향 절삭의 비교

구분	상향 절삭	하향 절삭
칩에 영향	절삭에 방해 없다.	절삭에 방해 없다.
백래시 제거	백래시 제거장치가 필요 없다.	백래시 제거장치가 필요하다.
공작물 고정	불안하므로 확실히 고정해야 한다.	안정된 고정이 된다.
공구수명	수명이 짧다. 날 파손은 적으나 마멸이 심하다.	수명이 길다. 날 파손은 생길 수 있으나 마모가 적다.
소비동력	소비가 크다.	소비가 적다.
가공면	거칠다.	깨끗하다.

정답 57 ② 58 ② 59 ②

60. 항온 열처리의 종류가 아닌 것은?

① 마퀜칭
② 마템퍼링
③ 오스템퍼링
④ 오스드로잉

60 ▶ 항온 열처리

① **오스템퍼(austemper)** : 오스테나이트 상태에서 Ar'와 Ar"(Ms점) 변태점 사이의 온도에서 염욕에 담금질한 후 과냉한 오스테나이트가 변태 완료할 때까지 항온으로 유지하여 베이나이트를 충분히 석출시킨 후, 공냉하는 열처리로서 베이나이트 조직이 되며, 뜨임이 필요 없고 담금질 균열이나 변형이 잘 생기지 않는다.

② **마템퍼(martemper)** : 담금질 온도로 가열한 강재를 Ms와 Mf점 사이의 열욕(100~200℃)에 담금질하여 과냉 오스테나이트의 변태가 거의 완료할 때까지 항온 유지한 후에 꺼내어 공랭하는 열처리로서 마아텐자이트와 베이나이트의 혼합조직이며, 경도와 인성이 크다.

③ **마퀜칭(marquenching)** : 담금질 온도까지 가열된 강을 Ar"(Ms)점보다 다소 높은 온도의 열욕에 담금질한 후 마텐자이트로 변태를 시켜서 담금질 균열과 변형을 방지하는 방법으로 복잡하고, 변형이 많은 강재에 적합하다.

기계설계산업기사 필기

정가 ▮ 37,000원

지은이 ▮ 정 연 택
펴낸이 ▮ 차 승 녀
펴낸곳 ▮ 도서출판 건기원

2023년 1월 25일 제1판 제1쇄 인쇄발행
2024년 10월 15일 제2판 제1쇄 인쇄발행

주소 ▮ 경기도 파주시 연다산길 244(연다산동 186-16)
전화 ▮ (02)2662-1874~5
팩스 ▮ (02)2665-8281
등록 ▮ 제11-162호, 1998. 11. 24
홈페이지 ▮ www.kkwbooks.com

- 건기원은 여러분을 책의 주인공으로 만들어 드리며 출판 윤리 강령을 준수합니다.
- 본 수험서를 복제·변형하여 판매·배포·전송하는 일체의 행위를 금하며, 이를 위반할 경우 저작권법 등에 따라 처벌받을 수 있습니다.

ISBN 979-11-5767-855-6 13550